“十四五”职业教育国家规划教材

“十二五”职业教育国家规划教材

建筑力学

（第三版）

主　编　郭应征

副主编　王凤波　赵　慧

参　编　张雪勤　郑海棠　董　硕

主　审　陈建平

中国电力出版社
CHINA ELECTRIC POWER PRESS

内 容 提 要

本书是“十四五”职业教育国家规划教材、“十二五”职业教育国家规划教材，也是“江苏省高等学校精品教材”项目的研究成果。

全书共分3篇，主要内容为物体的静力平衡，杆件的强度、刚度和稳定性，结构的内力和位移分析。书中有教学要求、本章小结、概念分析与工程应用实训和习题，书末附有习题参考答案。

本书理论阐述简明，文字简洁。突出工程观念的培养和力学在工程中的应用，删除了一些偏深和偏难的内容。编入了许多密切联系工程实际的例题与习题，以便于教师选用和学生练习之用。通过对工程实例的简化和比较，培养学生建立力学模型和解决实际问题的能力。特别是在各章中编写了概念分析与工程应用实训题，以求通过“学做合一”的实训教学，激发学习兴趣，使学生掌握“应用力学概念，定性分析简单工程问题”的技能。本书更多拓展资源可通过扫描书中二维码阅读。

本书可作为高职高专院校建筑工程技术等相关专业的教材，也可作为高等院校专科、职工大学、函授学院、成人教育学院等大专层次建筑工程技术等相关专业的教材，还可供有关工程技术人员参考。

图书在版编目(CIP)数据

建筑力学/郭应征主编. —3版. —北京：中国电力出版社，2021.7（2025.9重印）
ISBN 978-7-5198-6370-8

Ⅰ. ①建… Ⅱ. ①郭… Ⅲ. ①建筑科学-力学-高等学校-教材 Ⅳ. ①TU311

中国版本图书馆CIP数据核字（2021）第266846号

出版发行：中国电力出版社
地　　址：北京市东城区北京站西街19号（邮政编码100005）
网　　址：http://www.cepp.sgcc.com.cn
责任编辑：霍文婵
责任校对：黄　蓓　常燕昆　郝军燕
装帧设计：郝晓燕
责任印制：吴　迪

印　　刷：北京雁林吉兆印刷有限公司
版　　次：2009年8月第一版　2021年7月第三版
印　　次：2025年9月北京第十三次印刷
开　　本：787毫米×1092毫米　16开本
印　　张：30.25
字　　数：737千字
定　　价：78.00元

前　言

本书以习近平新时代中国特色社会主义思想为理论指导编写。融入“学以致用、精益求精”的理念，将“弘扬科学精神、树立文化自信”的精神注入教材，落实立德树人的根本任务，定心铸魂。

本书是“十四五”职业教育国家规划教材，也是“江苏省高等学校精品教材”项目的研究成果，配套《建筑力学练习册（第三版）》以及丰富的数字资源。

本书第二版于 2014 年 8 月出版以来，得到广大高职院校师生的肯定，被很多学校选为教科书。为了保持教材的连续性，本书在第二版的基础上进行了修订，仍保留了第二版理论阐述简明，概念叙述准确，文字简洁，内容丰富的特色和风格，修订工作主要是对第二版进行全面勘误、文字修改，并增加大量丰富的数字资源，包括课件、案例视频、习题及答案、考试题及答案、思政小故事等。此外，本书在中国大学 MOOC 网开设在线开放课程，可免费学习，网址如下：https://www.icourse163.org/course/JKU-1449517165。

为学习贯彻落实党的二十大精神，本书根据《党的二十大报告学习辅导百问》《二十大党章修正案学习问答》，在数字资源中设置了“二十大报告及党章修正案学习辅导”栏目，以方便师生学习。

本书编写和修订工作由东南大学成贤学院、金肯职业技术学院、苏州建设交通高等职业技术学院共同完成，东南大学成贤学院为主编单位。主编为东南大学成贤学院郭应征教授，副主编为金肯职业技术学院王凤波副教授、赵慧副教授，由郭应征教授主持修订工作。具体修订工作分工如下：第 1～7 章由王凤波修订，第 8～15 章及第 19 章由郭应征修订，第16～18 章及第 20 章和第 21 章由赵慧修订，苏州建设交通高等职业技术学院董硕、金肯职业技术学院郑海棠和南京建康高级技工学校张雪勤参加了部分修订工作。全书由郭应征统稿。南京航空航天大学陈建平教授对书稿进行了认真的审阅，特此致谢。

限于编者水平，书中存在疏漏和不当之处在所难免，敬请使用本书的广大师生和读者提出宝贵意见和建议。

编　者

2023 年 7 月

第一版前言

为贯彻落实教育部《关于进一步加强高等学校本科教学工作的若干意见》和《教育部关于以就业为导向深化高等职业教育改革的若干意见》的精神，加强教材建设，确保教材质量，中国电力教育协会组织制订了普通高等教育“十一五”教材规划。该规划强调适应不同层次、不同类型院校，满足学科发展和人才培养的需求，坚持专业基础课教材与教学急需的专业教材并重、新编与修订相结合。本书为新编教材。

本书是普通高等教育“十一五”规划教材（高职高专教育），也是“江苏省高等学校精品教材”项目的研究成果，是为高职院校的工科大学生编写的建筑力学课程的更新教材。主要特色如下：

1. 按照高职高专的教学要求，对传统的建筑力学内容进行了精选和整合。全书体系合理，理论阐述简明，概念叙述准确，文字简洁。注意将难点分解，力求易教易学，便于学生真正理解和掌握建筑力学的基本概念和方法。

2. 在每一章前编写了教学要求，使读者了解重点和难点；在每一章后编写了本章小结，便于读者消化理解和复习总结。

3. 突出工程观念的培养和力学在工程技术中的应用，删除了一些偏深和偏难的内容。编入了许多密切联系工程实际的例题与习题，以便于教师选用和学生练习之用。在编写过程中，注意通过对工程实例的简化和比较，培养学生建立力学模型和解决实际问题的能力。

4. 进行启发式教学，在正文中用楷体编入一些思考题，尝试用提问的方式进行教学，从而将对重要概念的理解引向深入，给学生留下思考的空间，增强学生自主学习的意识。

5. 在各章中精心编写了概念分析与工程应用实训题，以求通过“学做合一”的实训教学，开阔视野，激发学习兴趣，培养创新意识，使学生掌握应用建筑力学的基本概念，定性分析简单工程问题的技能，达到学以致用的目的。

本书适用于建筑施工专业群及其相关专业。全书共分 3 篇，即物体的静力平衡，杆件的强度、刚度和稳定性，结构的内力和位移分析。编写中考虑到便于使用者取舍，采用了模块式结构，可根据需要拼装成不同学时类型的建筑力学教材。

本书第一～四章由王凤波编写，第五～十五章及第十九章由郭应征编写，第十六～十八章及第二十章和第二十一章由赵慧编写，全书由郭应征主编和统稿。南京航空航天大学吴文龙教授审阅了全书。另外，东南大学的诸关炯教授和胡增强教授等对本书的编写提出了宝贵的意见。本书的编者谨向他们表示衷心的感谢。

本书在编写过程中，主要参考了郭应征和周志红编写的《理论力学》和《工程力学》，梁治明和邱侃编写的《材料力学》，郭应征和李兆霞主编的《应用力学基础》，同时还参考了国内外一些优秀教材，在此也向这些教材的编著者们深表感谢！

编　者

于南京金肯职业技术学院

第二版前言

本书是“十二五”职业教育国家规划教材，也是“江苏省高等学校精品教材”项目的研究成果，是为高职院校的工科大学生编写的建筑力学课程的更新教材。主要特色如下：

1. 按照高职高专的教学要求，对传统的建筑力学内容进行了精选和整合。全书体系合理，理论阐述简明，概念叙述准确，文字简洁。注意将难点分解，力求易教易学，便于学生真正理解和掌握建筑力学的基本概念和方法。

2. 在每一章前编写了教学要求，使读者了解重点和难点；在每一章后编写了本章小结，便于读者消化理解和复习总结。

3. 突出工程观念的培养和力学在工程技术中的应用，删除了一些偏深和偏难的内容。编入了许多密切联系工程实际的例题与习题，以便于教师选用和学生练习之用。在编写过程中，注意通过对工程实例的简化和比较，培养学生建立力学模型和解决实际问题的能力。

4. 进行启发式教学，在正文中用楷体编入一些思考题，尝试用提问的方式进行教学，从而将对重要概念的理解引向深入，给学生留下思考的空间，增强学生自主学习的意识。

5. 在各章中精心编写了概念分析与工程应用实训题，以求通过“学做合一”的实训教学，开阔视野，激发学习兴趣，培养创新意识，使学生掌握应用建筑力学的基本概念，定性分析简单工程问题的技能，达到学以致用的目的。

6. 本书配套丰富的数字资源，包括课件、案例视频、解题方法与技巧视频、作业题及解答、考试题及解答，供读者免费学习，快速提高。

7. 本书在中国大学 MOOC 网开设在线开放课程，可免费在线学习，网址如下：https://www.icourse163.org/course/JKU-1449517165。

本书适用于建筑施工专业群及其相关专业。全书共分 3 篇，即物体的静力平衡，杆件的强度、刚度和稳定性，结构的内力和位移分析。编写中考虑到便于使用者取舍，采用了模块式结构，可根据需要拼装成不同学时类型的建筑力学教材。

为了保持原书的特色和风格，修订工作主要是对第一版进行全面勘误和少量修改，具体修订工作如下：第 1～4 章由王凤波修订，第 5～15 章及第 19 章由郭应征修订，第 16～18 章及第 20 章和第 21 章由赵慧修订，金肯职业技术学院郑海棠、苏州建设交通高等职业技术学院董硕参加了部分教材的修订工作。全书由郭应征主编和统稿。南京航空航天大学陈建平教授审阅了全书。本书的编者谨向他们表示衷心感谢！

编　者

目　录

第2篇　杆件的强度、刚度和稳定性

第 3 篇　结构的内力和位移分析

第1篇　物体的静力平衡

本篇的研究对象是刚体，研究的主要内容是刚体及其刚体系统在力系作用下的静平衡问题。

所谓平衡就是指物体相对于惯性参考系静止或做匀速直线运动的状态。平衡可看作为物体运动的一种特殊形式。**力系**是指作用于物体上的一组力。若一个力系作用于物体上并使其保持平衡，则此力系称为平衡力系。

本篇主要研究以下三个问题。

1. 物体的受力分析

分析某个物体共受几个力作用，以及每个力的作用线位置、大小和方向。物体的受力分析是求解静力平衡问题的基础。

2. 力系的简化

如果将作用在物体上的一个力系用另一个与它等效的力系来代替，则称这两个力系互为等效力系。用一个简单力系等效代换一个复杂力系，称为力系的**简化**。

3. 力系的平衡条件及其应用

首先研究物体平衡时，作用在物体上的各种力系所需满足的条件。然后应用力系的平衡条件，解决工程实际问题。力系的平衡条件是进行静力计算的基础。

物体的静力平衡与分析在工程实际中有着广泛的应用，是研究其他工程技术问题的基础，具有十分重要的意义。

第1章　基本概念与物体的受力分析

拓展资源

教学要求

1. 介绍力、刚体等几个基本概念及静力学五个公理；
2. 熟悉常见约束的性质；
3. 熟练掌握物体的受力分析，能正确画出物体的受力图。

本章首先介绍力、刚体等几个基本概念，然后讨论作为平衡分析基础的五个公理，最后介绍约束、约束类型和物体的受力分析。这些内容是研究静力平衡的基础。

§1.1　力和刚体的概念

1. 力

力是物体之间的机械作用，这种相互作用使物体的运动状态和形状发生变化。力使物体运动状态发生改变的效应称为力的外效应，而力使物体形状发生改变（即产生变形）的效应称为力的内效应。本篇主要研究力的外效应，而力的内效应留待后两篇中研究。在本篇中，如果不特别指明，则力对物体的效应都是指外效应。

实践证明，力对物体的效应（包括内、外效应）取决于三个要素：大小、方向和作用点。在国际单位制中，力的单位是牛（N）或千牛（kN）。

在力学中要区别两类量：标量和矢量。在确定某种量时，只需一个数就能确定的量称为标量，例如长度、时间、质量都是标量。在确定某种量时，不但要考虑它的大小，而且要考虑它的方向，这类量称为矢量。矢量有两方面的含义：第一，它具有大小和方向，可以用一个“矢”来表示；第二，要按特定的运算规则进行运算，其中最基本的就是矢量的加法规则——平行四边形法则。

力对物体的效应不仅决定于它的大小，而且还决定于它的方向和作用点，所以是矢量。

2. 刚体

一般情况下，工程结构中的构件在力的作用下产生的变形是很微小的，在很多工程问题中，这种微小的变形对于研究物体的平衡问题影响极小，可以略去不计。忽略了物体微小的变形后便可把物体看成刚体。刚体是指在力的作用下保持其形状和大小不变的物体，或者说，在力的作用下其内任意两点之间的距离保持不变的物体。刚体是对物体加以抽象后得到的一种理想模型。在研究平衡问题时，将物体看成刚体能大大简化问题的研究。然而也应当注意，当研究另一类性质的问题时，例如研究物体内力的分布规律时，即使变形很小，也不能把物体视为刚体，而必须作为变形体来处理。所以，一个物体能否看作刚体，不仅取决于物体变形的大小，而且与要解决问题的要求有关。

§1.2 静力学公理

在静力分析方面，经过长期的经验积累与总结，以及实践的检验，表明是符合客观实际的普遍规律，称为**静力学公理**。静力学公理是研究静力平衡问题的基础和依据。

公理一 二力平衡原理

受两力作用的刚体，其平衡的必要和充分条件是：此两力的大小相等，方向相反，并且作用在同一直线上，简称为此两力等值、反向、共线。

这是最简单的平衡力系。例如不计重量的拉杆 AB，其两端分别受到两个力 $\boldsymbol{F}_A$ 和 $\boldsymbol{F}_B$ 的作用［图 1.1（a)］，由经验知道，要使拉杆平衡，这两个力必须而且只需大小相等、方向相反、且作用在同一直线上。再如钢丝绳提升重物［图 1.1（b)］，重物受到钢丝绳拉力 $\boldsymbol{F}_\mathrm{T}$ 和重力 $\boldsymbol{G}$ 的作用，这两个力方向相反，作用在同一直线上。实践证明，要使重物匀速上升、匀速下降或静止（即处于平衡状态），必须且只需使 $\boldsymbol{F}_\mathrm{T}=-\boldsymbol{G}$。

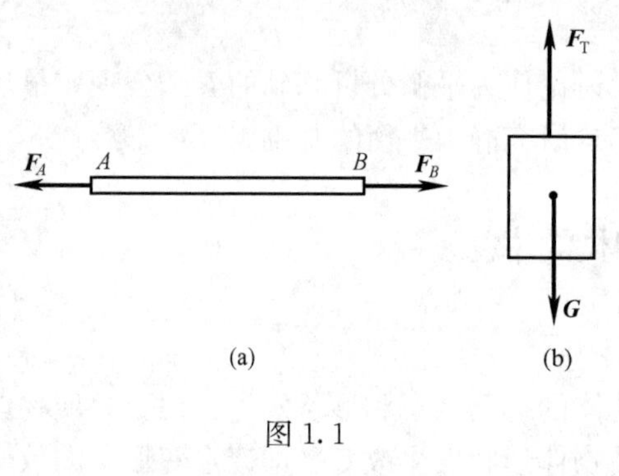

图 1.1

二力平衡原理只适用于刚体。它是论证刚体平衡条件的基础。

在两个力作用下且处于平衡的刚体称为二力体。如果物体是某种杆件或构件，则称为二力杆或二力构件。

公理二　加减平衡力系原理

在作用于刚体上的任意一个力系上，加上或减去任意一个平衡力系，并不改变原力系对刚体的效应。

此公理只是对刚体而言的，是研究力系等效代换的基础。它不适用于变形体，因为加减平衡力系会影响到物体的变形。

应用本公理可以得出如下重要推论。

推论 1　力的可传性

作用在刚体上的一个力，可沿其作用线任意移动作用点而不改变此力对刚体的效应。

必须指出，力的可传性只适用于刚体而不适用于变形体。

根据力的可传性，对于作用于刚体上的力来说，力的三要素为大小、方向和作用线，这样，力矢就可以沿其作用线滑动。因此，作用于刚体上的力是**滑动矢量。**

公理三　力的平行四边形法则

作用于物体上同一点的两个力可以合成为一个合力，合力也作用于该点，其大小和方向由以两分力为邻边所构成的平行四边形的对角线表示，如图 1.2 所示。

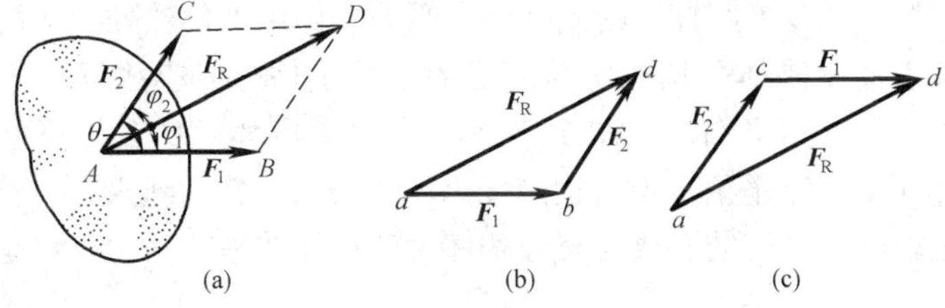

图 1.2

力的平行四边形法则指出，两个力相加（合成）要用平行四边形法则求矢量和。合力可用下列矢量等式来表示［图 1.2（a）］

$$\boldsymbol{F}_R = \boldsymbol{F}_1 + \boldsymbol{F}_2 \tag{1.1}$$

为了求出合力 $\boldsymbol{F}_R$ 的大小和方向，可以用几何作图法，或利用三角公式计算。用几何作图法时，可选取适当的力比例尺作平行四边形，然后直接从图上量取对角线的长度，它按比例表示合力 $\boldsymbol{F}_R$ 的大小，对角线与分力间的夹角表示合力的方向，可用量角器量出。利用三角公式计算时，若已知 $\boldsymbol{F}_1$、$\boldsymbol{F}_2$ 和它们的夹角 θ，则由余弦定理定理可得

$$F_R = \sqrt{F_1^2 + F_2^2 - 2F_1F_2\cos\theta} \tag{1.2}$$

为了求合力 $\boldsymbol{F}_R$ 与分力 $\boldsymbol{F}_1$、$\boldsymbol{F}_2$ 之间的夹角，可由正弦定理求得

$$\sin\varphi_1 = \frac{F_2\sin\theta}{F_R},\ \sin\varphi_2 = \frac{F_1\sin\theta}{F_R} \tag{1.3}$$

由图 1.2（b），也可以用力三角形法则求合力 $\boldsymbol{F}_R$，从任意点 a 作力矢 $\boldsymbol{F}_1$，再以力矢 $\boldsymbol{F}_1$ 的末端 b 作为力矢 $\boldsymbol{F}_2$ 的始端画出力矢 $\boldsymbol{F}_2$（即两分力首尾相连），那么矢量 $\overrightarrow{ad}$ 就代表合力矢 $\boldsymbol{F}_R$。分力矢和合力矢所构成的三角形 abd 称为力三角形。如果先画 $\boldsymbol{F}_2$，后画 $\boldsymbol{F}_1$［图 1.2（c）］，也能得到相同的合力矢 $\boldsymbol{F}_R$。可见力满足矢量的加法法则，即

$$\boldsymbol{F}_R = \boldsymbol{F}_1 + \boldsymbol{F}_2 = \boldsymbol{F}_2 + \boldsymbol{F}_1 \tag{1.4}$$

根据以上三个公理，可以得出如下推论：

推论2 三力平衡汇交定理

当刚体受三个力作用而处于平衡时，若其中两个力的作用线相交于一点，则此三力必共面和共点。

公理四 作用和反作用定律

这个定律就是牛顿第三定律。两个物体间相互作用的一对力，总是大小相等，方向相反，作用线相同，且分别作用于这两个物体上。

必须把作用和反作用定律与二力平衡原理严格地区别开来。作用和反作用定律表明两个物体相互作用的力学性质，而二力平衡原理则说明一个刚体在两个力作用下处于平衡时两力应满足的条件。

二力平衡公理和作用与反作用公理的区别是什么？

公理五 刚化原理

变形体在力系作用下处于平衡状态时，如假想将变形后的物体换成刚体（刚化），则此刚化后的物体在原力系作用下处于平衡。

例如绳 AB 在等值、反向、共线的两个拉力 $\boldsymbol{F}_1$ 和 $\boldsymbol{F}_2$ 作用下处于平衡［图1.3（a）］，则按刚化原理可知，假想 AB 为刚杆，则此刚杆在原力系作用下仍然处于平衡。这就是说，变形体平衡时力系必须满足刚体平衡时所需满足的平衡条件。但应注意，满足了刚体平衡条件，对变形体来说并不一定平衡。如图1.3（b）所示，刚体 AB 在等值、反向、共线的两个压力 $\boldsymbol{F}_1$ 和 $\boldsymbol{F}_2$ 作用下处于平衡，但若把刚杆 AB 看成为柔软的绳索，则就不可能处于平衡了。由此得出结论，刚体平衡的必要与充分条件对变形体的平衡来说，仅是必要条件而不是充分条件。

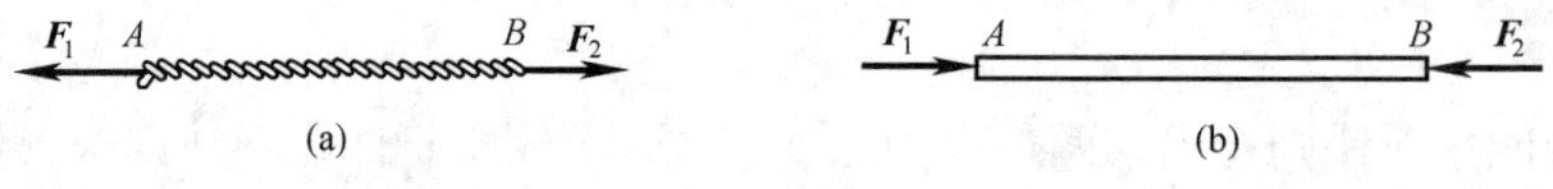

图1.3

刚化原理建立了刚体静力学和变形体静力学之间的联系。它对于研究变形体静力学具有重要的意义。

§1.3 约束与约束力

限制物体运动的条件称为**约束**。在静力学中所遇到的约束，往往都是由研究对象周围与其直接接触的物体所构成的。例如桌面就是桌面上物体的约束，机床床身导轨就是工作台的约束等。

约束能够限制物体沿某些方向的位移，因而当物体沿着约束所限制方向有运动趋势时，约束就与物体之间互相存在着作用力。约束对被约束物体的作用力称为**约束力**。约束力以外的其他力统称为主动力。主动力往往是给定的或可测定的，例如地球引力、电磁力、气体的压力等。而约束力往往是未知的，需要应用静力学的力系平衡条件求得。

工程中大量平衡问题是作用于物体上的主动力与约束力的平衡，因此研究约束及其约束力的特征对于解决静力平衡问题具有十分重要的意义。下面介绍工程中常见的几种基本约束类型，并对其约束力进行分析。

1. 柔索

工程中的钢丝绳、皮带、链条都可以简化为柔索。其特点是不计自重，不可伸长，只能承受拉力。柔索限制物体上与柔索连接的一点沿着柔索方向离开柔索，而不限制这一点沿其他方向的运动（图 1.4）。因此，柔索给被约束物体的约束力 $\boldsymbol{F}_{\mathrm{T}}$ ，作用在接触点上，方位一定沿着柔索，其指向则背离物体。

2. 光滑接触面

当两物体接触面之间的摩擦力很小，可以略去不计时，则认为接触面是“光滑”的。如物体搁置在光滑支撑面上［图 1.5（a）］，支撑面只能限制物体沿过接触点沿接触面公法线方向向下的位移，而不能限制该点离开支撑面或沿其他方向的运动。因此，光滑接触面对被约束物体的约束力，作用在接触点上，作用线过接触点沿接触面公法线方向，并指向被约束的物体，即物体受到压力作用。如图 1.5（b）中直杆搁置在凹槽中，A、B、C 三点受到约束。假定接触面是光滑的，则其约束力分别为 $\boldsymbol{F}_{\mathrm{N}A}$ 、$\boldsymbol{F}_{\mathrm{N}B}$ 、$\boldsymbol{F}_{\mathrm{N}C}$ ，而方向垂直于相应的接触面。

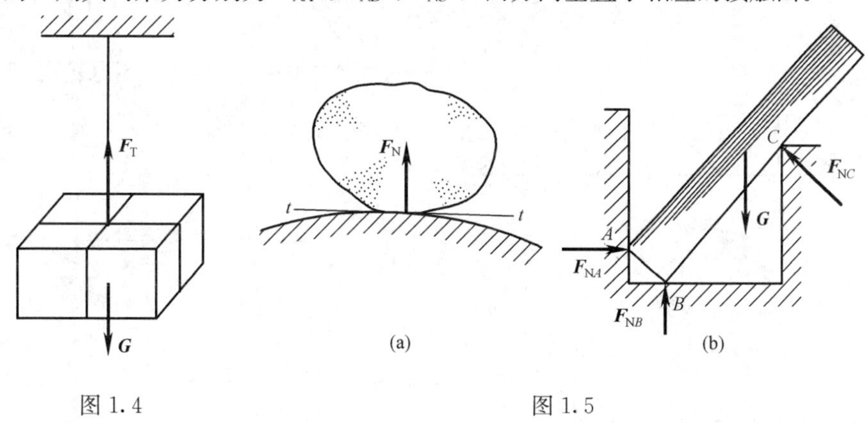

图 1.4　　图 1.5

3. 光滑圆柱铰链

光滑圆柱铰链约束是由两个带有圆孔的构件通过圆柱销钉连接而构成的。它在工程中有多种具体形式。

（1）中间铰链。

在机器中常用圆柱销钉将两个带销钉孔的构件连接在一起［图 1.6（a）、（b）］，并且假定销钉和孔是光滑的，构成**中间铰链**。这样被约束的两个构件只能绕销钉的轴线作相对转动。

图 1.7 是垂直于销钉轴线的结构对称面图。由图可见，如果摩擦较小，可以略去，销钉

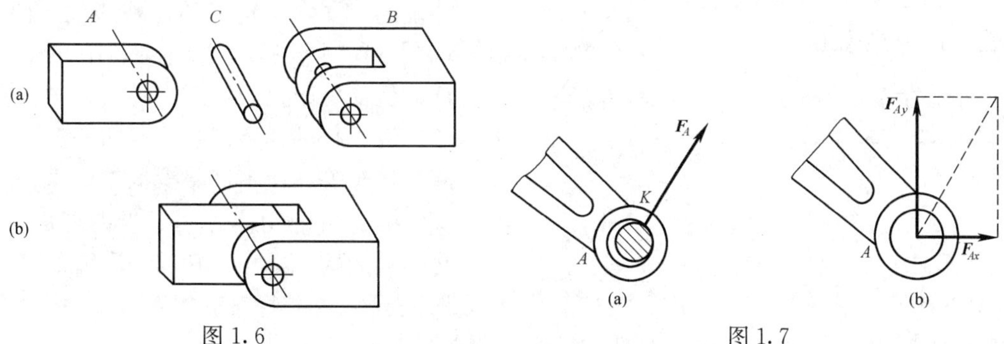

图 1.6　　图 1.7

与构件实际上是以两个光滑圆柱面相接触的。按照光滑接触约束力的特点，销钉给构件的约束力 $\boldsymbol{F}_A$ 应沿圆柱在接触点的公法线方向［图 1.7（a)］，即在通过点 K 的半径方向而过圆心。但因接触点 K 不能预先确定，所以约束力 $\boldsymbol{F}_A$ 的方向也不能预先确定。因此，在受力分析中通常将中间铰链的约束力用两个正交分力 $\boldsymbol{F}_{Ax}$ 、$\boldsymbol{F}_{Ay}$ 表示［图 1.7（b)］。

（2）固定铰链支座。

工程上常用铰链将桥梁钢架、起重机的起重臂等构件同支座或机架等连接起来，构成固定铰链支座。图 1.8（a）表示桥架 A 端用固定铰链支座支撑。固定铰链支座的构造如图 1.8（b）所示。它用圆柱销钉把桥梁钢架同固定支座连接起来。通常用图 1.8（c）所示的简化图来表示固定铰链支座。固定铰链支座的约束力方向往往不能预先确定，因此可以用两个正交分力 $\boldsymbol{F}_{Ax}$ 、$\boldsymbol{F}_{Ay}$ 来表示。

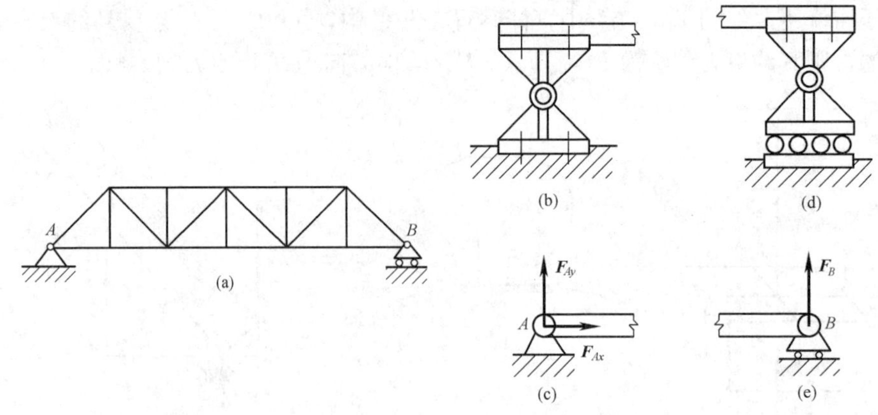

图 1.8

（3）滚动铰链支座（辊轴支座）。

如果在支座和支撑面之间有辊轴，就称为滚动铰链支座或辊轴支座，图 1.8（a）桥架的 B 端为滚动铰链支座。其构造如图 1.8（d）所示。图 1.8（e）是滚动铰链支座的简化图。因为有了辊轴，且支撑面可以看作是光滑的，支座对结构沿支撑面的运动没有限制，因此，滚动铰链支座的约束力垂直于支撑面。当桥梁因热胀冷缩而长度稍有变化时，滚动铰链支座相应地能沿支撑面移动，从而避免桥梁产生温度应力。

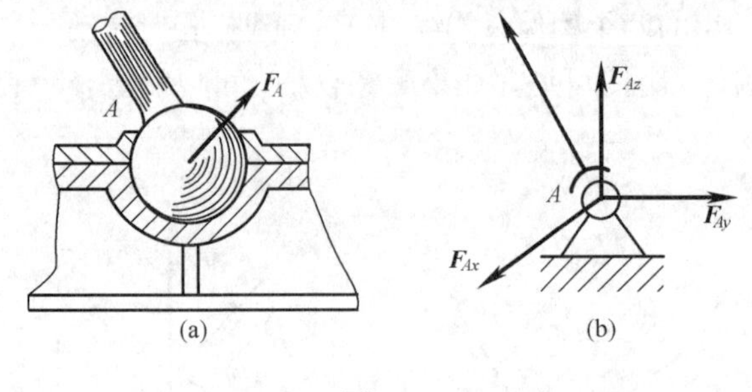

图 1.9

4. 光滑球铰链

球铰链是固连于物体的球嵌入另一物体上的球窝内而构成的一种约束［图 1.9（a)］。这种铰链在空间问题中用途比较广。例如机床上照明灯具的固定，汽车上变速操纵杆的固定以及照相机与三脚架之间的接头等。在不计摩擦的情况下，构成球铰链的两个物体之间是光滑球面接触，物体只能绕球心相对转动，因而约束力必通过球心且垂直于球面（即沿半径方向）。由于预先不能确定接触点的位置，故约束力在空间的方位未能确定。图 1.9（b）是球铰链简图的表示方法。

约束力一般以三个正交分力 $\boldsymbol{F}_{Ax}$ 、$\boldsymbol{F}_{Ay}$ 、$\boldsymbol{F}_{Az}$ 来表示。

5. 轴承

（1）向心轴承（径向轴承）。

向心轴承的转轴轴颈由向心滑动轴承所支撑（图 1.10）时，若略去摩擦，则轴颈与轴承以两个光滑圆柱面相接触。在受力分析上与光滑圆柱销钉连接是相同的。径向轴承的约束力的作用线在垂直于轴线的对称平面内，其方向不能预先确定，故可用两个正交分力 $\boldsymbol{F}_{Ax}$ 、$\boldsymbol{F}_{Ay}$ 表示，如图 1.10（b）、（c）所示。

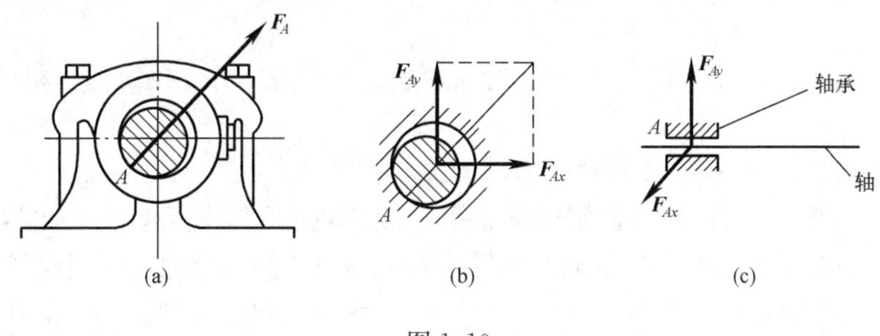

图 1.10

（2）止推轴承。

止推轴承［图 1.11（a）］与向心轴承不同，它除了限制轴的径向位移外，还限制轴沿轴向的位移，即比向心轴承多一个沿轴向的约束力。因此其约束力有三个正交分力 $\boldsymbol{F}_{Ax}$ 、$\boldsymbol{F}_{Ay}$ 、$\boldsymbol{F}_{Az}$ ，如图 1.11（b）所示。

6. 链杆

两端用光滑铰链连接且不计自重的刚杆称为**链杆**，常用作拉杆或撑杆。由于链杆为二力杆，既能受拉又能受压，故链杆的约束力沿两端铰链的连线，指向不能事先确定，如图 1.12 所示。

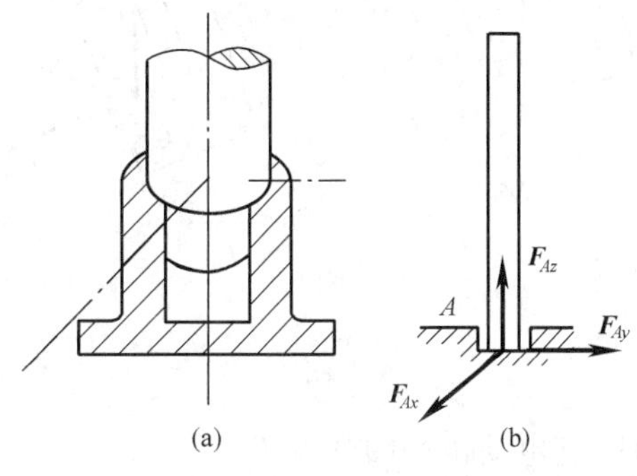

图 1.11

因此，固定铰链支座可以用两根不平行的链杆来代替［图 1.13（a）］，而滚动铰链支座可以用垂直于支撑面的一根链杆来代替［图 1.13（b）］，图 1.13 是这两种支座的另一种计算简图。

除以上几种常见的约束外，还会不断地遇到新的约束，但只要掌握了“约束力的方向与所阻碍的运动方向相反”的规律，经过不断实践，就能正确画出约束力。

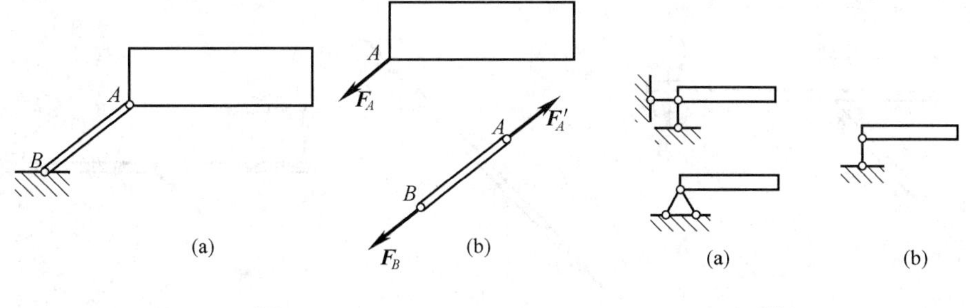

图 1.12　　　　图 1.13

§1.4　物体的受力分析与受力图

在研究静力平衡问题时，首先要确定研究对象，然后要对研究对象进行受力分析。设想把研究对象所受到的约束予以解除，即把所要研究的物体从周围物体的约束中分离出来，单独画出。这样被分离出来的物体称为**分离体**。然后用约束力代替约束对分离体的作用，并画出其上的所有主动力，这种包括分离体所受的全部作用力（包括约束力和主动力）的图称为**受力图**。

在静力学的研究中，正确地选择研究对象，进行受力分析并正确画出完整的受力图是解决问题的关键。

下面举例说明受力分析的步骤和受力图的画法。

【例 1.1】　冲天炉的加料斗由钢丝绳牵引沿倾斜轨道匀速提升，料斗连同所装炉料共重 $\boldsymbol{G}$，重心在点 C［图 1.14（a）］。略去料斗小轮与钢轨之间的摩擦，试画出料斗的受力图。

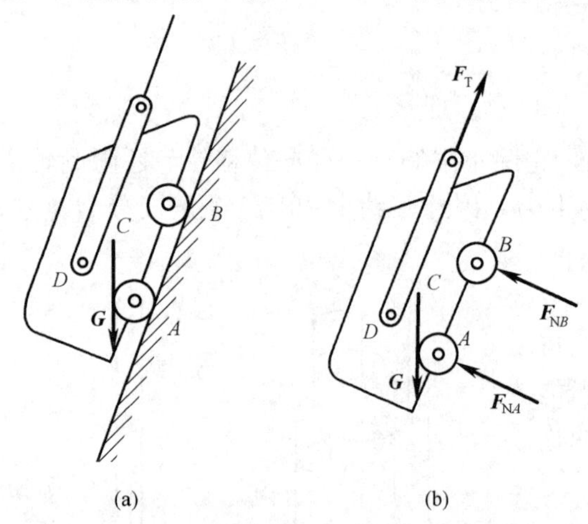

图 1.14

解　取料斗为研究对象，把料斗从与周围物体的联系中分离出来，单独画出［图 1.14（b）］。

料斗所受的力有：重力 $\boldsymbol{G}$，作用在重心 C 上；钢丝绳拉力 $\boldsymbol{F}_{\mathrm{T}}$，根据柔索约束力的特性，其方向沿钢丝绳，且为拉力；铁轨对车轮的约束力 $\boldsymbol{F}_{\mathrm{NA}}$、$\boldsymbol{F}_{\mathrm{NB}}$，根据光滑接触面约束力的特性，应垂直于钢轨，且指向车轮。料斗的受力图如图 1.14（b）所示。

【例 1.2】　梁 AB 的 B 端安装着重为 $\boldsymbol{P}$ 的电动机，并用直杆 CD 支撑，如图 1.15（a）所示，若 A、C、D 三处均为光滑圆柱铰链连接，不计梁和直杆的重量，试画出梁 AB（连电动机）的受力图。

解　(1)杆 CD。

因不计 CD 杆的自重，所以杆上只受到两端铰链的约束力 $\boldsymbol{F}_C$、$\boldsymbol{F}_D$ 作用，是二力杆。因此，约束力 $\boldsymbol{F}_C$ 与 $\boldsymbol{F}_D$ 等值、反向、共线，其指向可任意假设。根据本题中受载情况，可判断

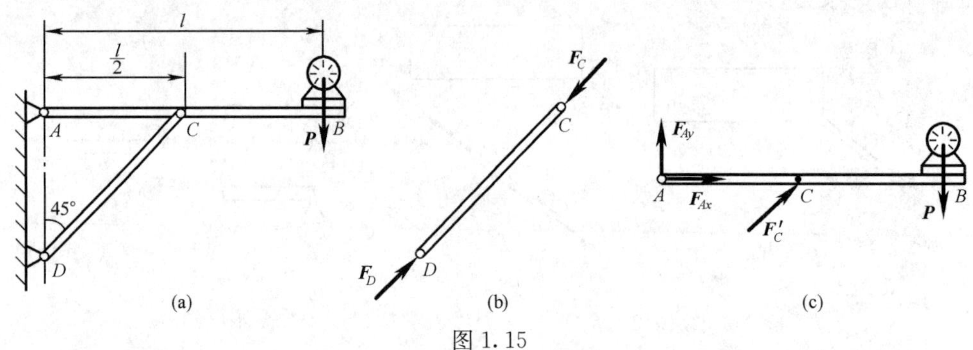

图 1.15

出杆 CD 受压力作用，其受力图如图 1.15（b）所示。

（2）梁 AB（连电动机）。

将梁 AB 和电动机看成一个整体作为研究对象，解除约束后将其单独画出［图 1.15（c）］。B 端电动机所受重力用 $\boldsymbol{P}$ 表示。A 端受到固定铰支座施加的约束力，因方向未知，用两个正交分力 $\boldsymbol{F}_{Ax}$、$\boldsymbol{F}_{Ay}$ 表示。梁在铰链 C 处受到二力杆 CD 施加的约束力 $\boldsymbol{F}'_C$ 的作用，由作用与反作用定律可知，$\boldsymbol{F}'_C$ 与 $\boldsymbol{F}_C$ 等值、反向、共线。

如果对梁 AB 用三力平衡汇交定理，则受力图应怎样画？

【例 1.3】　如图 1.16（a）所示的三铰拱 ABC，在拱 AC 上作用荷载 $\boldsymbol{F}$，不计拱的自重。试分别画出拱 AC、CB 以及整个系统的受力图。

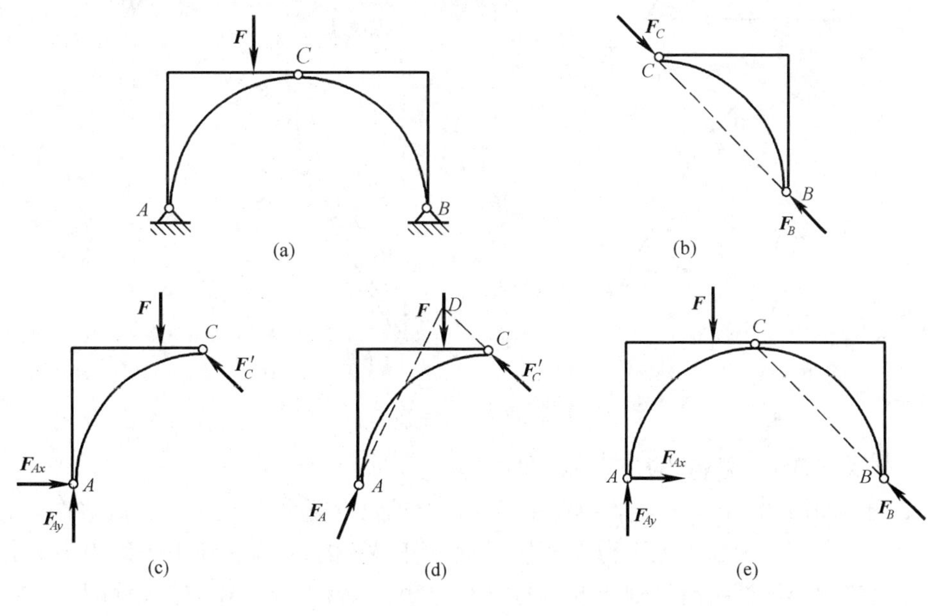

图 1.16

解　（1）拱 CB。

因不计自重，拱 CB 为二力构件，则 $\boldsymbol{F}_B=-\boldsymbol{F}_C$，其受力图如图 1.16（b）所示。

（2）拱 AC。

根据作用和反作用定律，在铰链 C 处受到拱 CB 施加的约束力 $\boldsymbol{F}'_C$，且 $\boldsymbol{F}'_C=-\boldsymbol{F}_C$。在 A 处固定铰链支座施加的约束力，由于方向未定，可用两个大小未知的正交分力 $\boldsymbol{F}_{Ax}$ 和 $\boldsymbol{F}_{Ay}$ 表示。其受力图如图 1.16（c）所示。

另外，由于拱 AC 在 $\boldsymbol{F}$、$\boldsymbol{F}'_C$ 和 $\boldsymbol{F}_A$ 三个力作用下平衡，也可根据三力平衡汇交定理，确定铰链 A 处约束力 $\boldsymbol{F}_A$ 的方向。其受力图如图 1.16（d）所示。

（3）整个系统。

由于中间铰链 C 处所受的力是内力，它们成对出现，不影响系统的平衡，因而受力图上只需画出系统以外的物体施加于系统的外力。画出荷载 $\boldsymbol{F}$，根据二力平衡条件确定 $\boldsymbol{F}_B$ 的作用线，A 处约束力用两个正交分力 $\boldsymbol{F}_{Ax}$ 和 $\boldsymbol{F}_{Ay}$ 表示（亦可由三力平衡汇交定理确定 $\boldsymbol{F}_A$ 的方位）。其受力图如图 1.16（e）所示。

若考虑左右两拱的自重，试作上述各研究对象的受力图。

【例 1.4】 杆 AB 和 BC 在 B 处用铰链连接，在 B 处作用一力 $\boldsymbol{F}_1$，在 H 处作用一力 $\boldsymbol{F}_2$。杆 DE 分别用铰链与杆 AB 和 BC 相连，如图 1.17（a）所示。若不计各杆自重和摩擦，试分别画出杆 AB（连销钉 B）和杆 BC 的受力图。

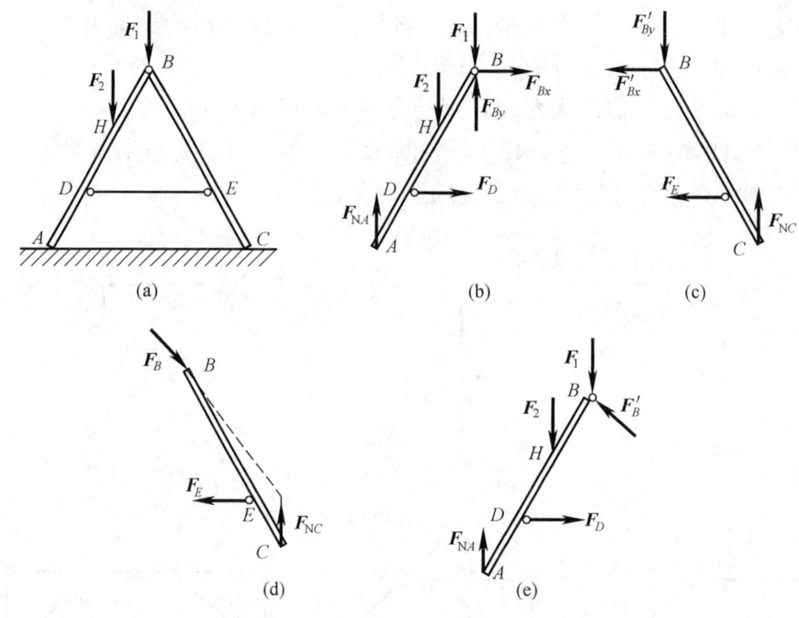

图 1.17

解 （1）杆 AB（连销钉 B）。

外力 $\boldsymbol{F}_1$ 直接作用在销钉 B 上，拆除的杆 BC 对销钉 B 施加的约束力，因方向未知，用两个正交分力 $\boldsymbol{F}_{Bx}$、$\boldsymbol{F}_{By}$ 表示；地面为光滑接触面，杆 AB 的 A 端受到法向约束力 $\boldsymbol{F}_{NA}$ 的作用；杆 DE 是二力杆，受到沿杆轴线方向的力 $\boldsymbol{F}_D$ 作用。因此，杆 AB（连销钉 B）的受力图如图 1.17（b）所示。

（2）杆 BC。

杆 BC 的孔 B 受到销钉 B 施加的正交分力 $\boldsymbol{F}'_{Bx}$、$\boldsymbol{F}'_{By}$ 是杆 AB 上力 $\boldsymbol{F}_{Bx}$、$\boldsymbol{F}_{By}$ 的反作用力；C 处受到光滑接触面法向约束力 $\boldsymbol{F}_{NC}$ 的作用；E 处受到沿二力杆 DE 轴线方向的力 $\boldsymbol{F}_E$ 作用。杆 BC 的受力图如图 1.17（c）所示。

若考虑对杆 BC 应用三力平衡汇交定理，则杆 BC 和杆 AB（连销钉 B）的受力图分别如图 1.17（d）、（e）所示。

请读者考虑，若分别取杆 AB、杆 BC（连销钉 B）为研究对象，则其受力图又应如何来画?

由以上例子可以看出，在研究静力学平衡问题时，首先要正确地选择研究对象，并对研究对象进行受力分析，画出受力图，这是解决静力学问题的关键。进行受力分析时需要注意以下几点：

（1）选取研究对象。根据问题的已知条件和题意要求明确研究对象，并将其约束解除。研究对象可以是单个物体、几个物体的组合，也可以是整个物体系统。

（2）正确分析研究对象受到哪些主动力和约束力的作用。力是物体之间的相互机械作用，因此对于研究对象所受的每一个力都应清楚地知道它是由哪一个物体作用的。主动力可先行画出。在分析约束力时要严格区别约束类型、分析约束力的作用点、方位和指向。未知指向通常可以任意假定。有时可以根据简单的平衡条件确定约束力的作用线和指向，如利用二力平衡条件可以确定二力构件的约束力方位等。

（3）分析两物体之间的相互作用力。要注意作用力与反作用力的性质。作用力的方向在图上一经确定，则反作用力的方向就应与之相反。

（4）画受力图的几点说明：

1）必须用字母对每个力（或力偶）进行标注，其中反作用力与作用力用相同的字母表示，但须加小撇上标。

2）尽管作用于刚体上的力可沿其作用线滑动，但在画受力图时，一般将力画在其作用点上；外荷载（如分布荷载）也应原样画出，不要进行简化，以便为研究变形体力学打下良好的基础。

3）在受力图上，只画外力，不画内力。力要画全，不要漏画。

本 章 小 结

1. 本篇研究物体在力系作用下的平衡规律及其应用。

2. 力和刚体的概念

力是物体间的机械作用，力有三要素，力是矢量。刚体是指在力的作用下保持其形状和大小不变的物体。

3. 静力学公理

公理一　二力平衡原理

公理二　加减平衡力系原理

公理三　力的平行四边形法则

公理四　作用和反作用定律

公理五　刚化原理

4. 约束与约束力

约束是对非自由体预加的限制，约束对非自由体施加的力称为约束力，约束力的方向与该约束所能阻碍的运动方向相反。

5. 物体的受力分析与受力图

对物体进行受力分析时，首先将研究对象取为分离体，再画出分离体的受力图。画受力图是学习理论力学的基本功，正确分析约束力是画好受力图的关键，还须注意作用力与反作用力的关系。画物体系统的受力图时，只画外力，不画内力。

概念分析与工程应用实训

1.1　若杆件自重不计，不计摩擦，试分析图 1.18 所示的受力图是否正确，说明原因并改正错误。

1.2　图 1.19 中的两种结构，若不计各构件的自重，接触面为光滑表面，$\alpha=60°$，在杆

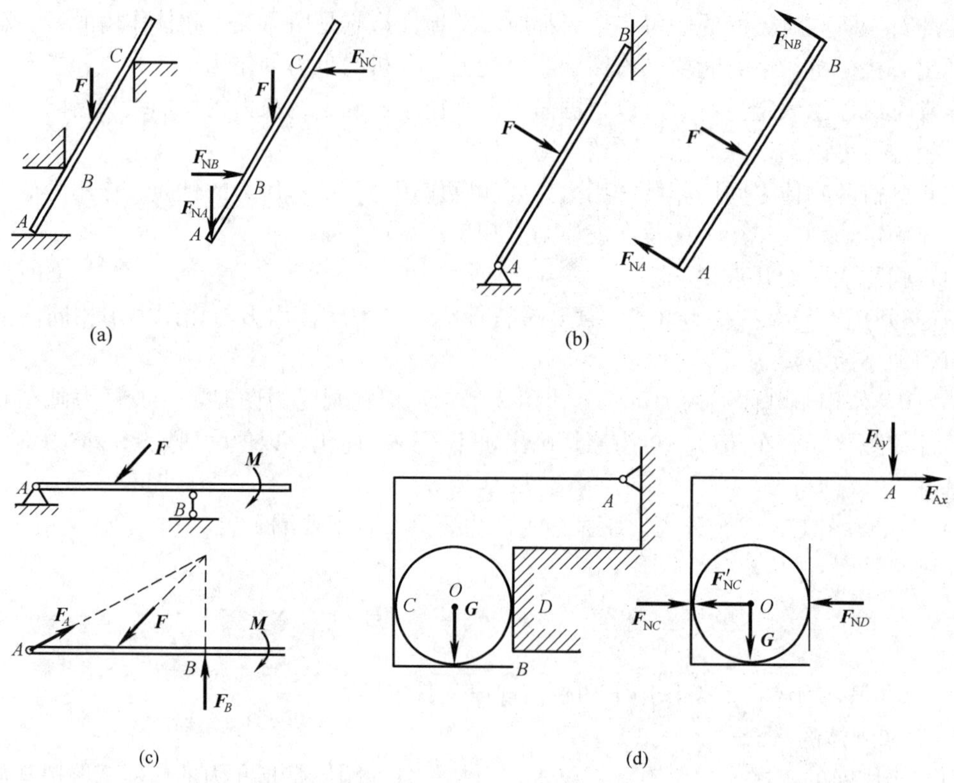

图 1.18

端 B 处都作用有相同的水平集中力 $\boldsymbol{F}$，试分别画出这两种结构的受力图，并分析支座 A 和 D 处约束反力的画法有何异同。

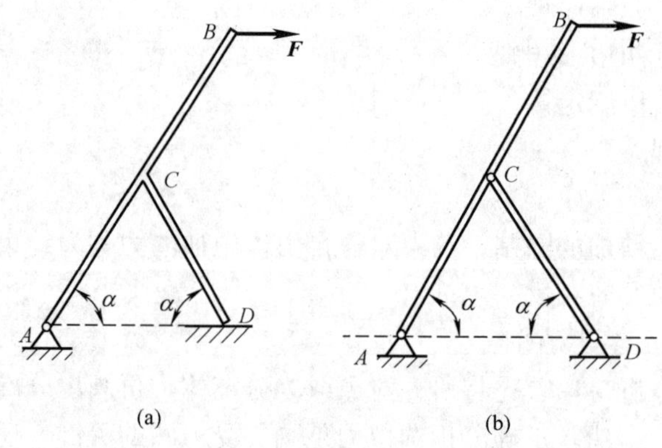

图 1.19

1.3 如图 1.20 所示的受力图是否正确？试说明原因并改正错误。

1.4 油压夹紧装置如图 1.21 所示，油压力通过活塞 A 传给连杆 BC，再由杠杆 DCE 将压力增大，以夹紧工件 I，若各构件自重不计，试对油压夹紧装置进行受力分析，并分别画出活塞 A、滚子 B 和杠杆 DCE 的受力图。

1.5 挖掘机简图如图 1.22 所示，液压缸 HF 可使大臂 AB 动作，液压缸 EC 可使斗杆

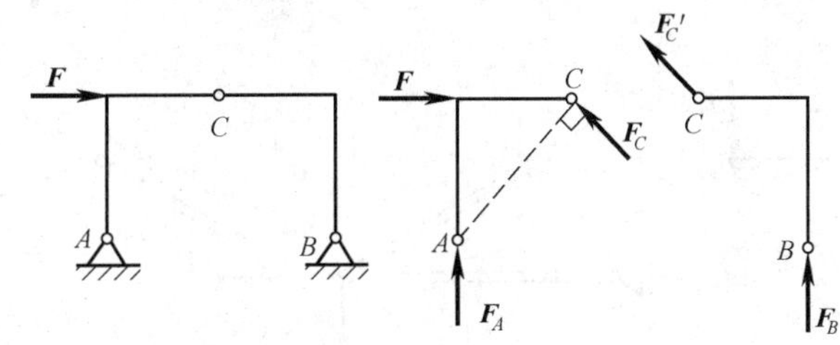

图 1.20

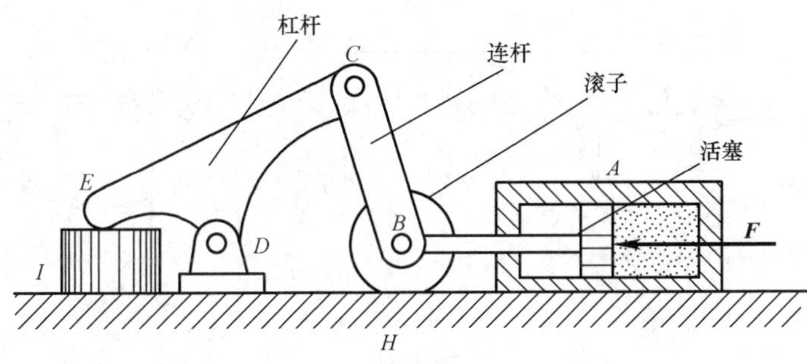

图 1.21

CD 动作，斗杆 CD 上的液压缸可控制铲斗 D 的运动。试对挖掘机进行受力分析，并分别画出大臂 AB、斗杆与铲斗组合体 CD 的受力图。

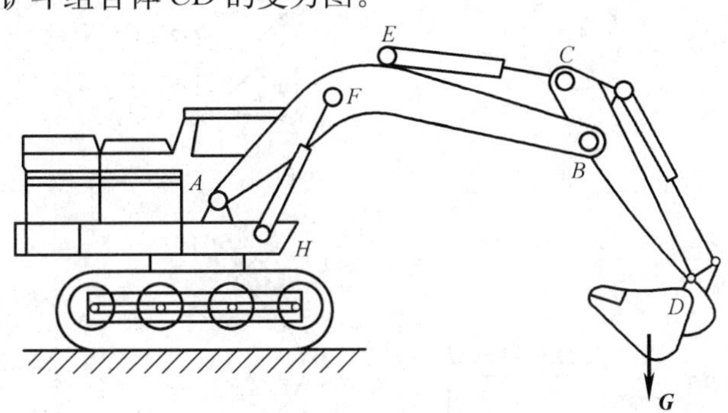

图 1.22

习　　题

1.1　指出图 1.23 中的二力构件。

1.2　画出图 1.24 中物体 A、ABC 或构件 AB、AC 的受力图。未画重力的各物体的自重不计，所有接触处均为光滑接触。

1.3　画出图 1.25 中标注字母的构件的受力图。未画重力的物体的重量均不计，所有接触处均为光滑接触。

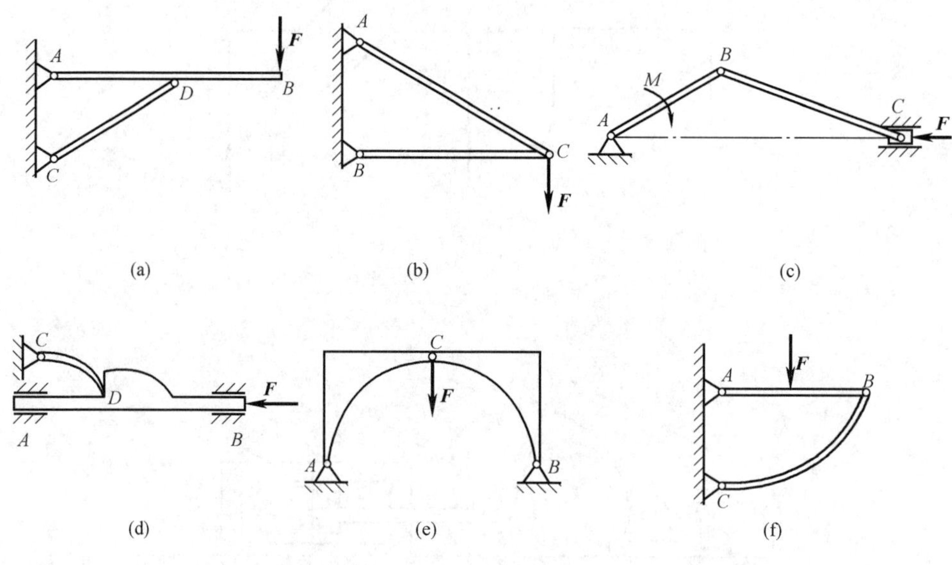

图 1.23

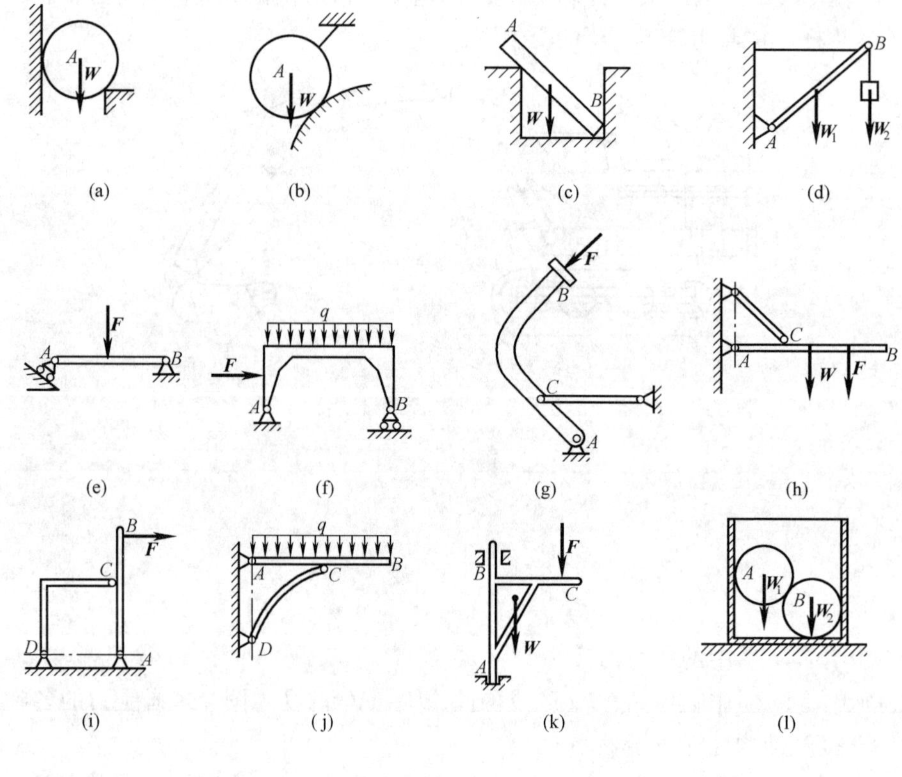

图 1.24

B
C
W_2
W_1
A
(a)
A
C
B
W
(b)
A
C
W_1
D
B
W_2
(c)
q
A
C
D
B
(d)
q
A
B
W
(e)
F_2
C
F_1
A
B
(f)
F_1
F_2
D
B
A
C
E
(g)
F
C
B
A
(h)
A
F
C
D
O
B
(i)
E
F
G
F
A
C
D
B
(j)

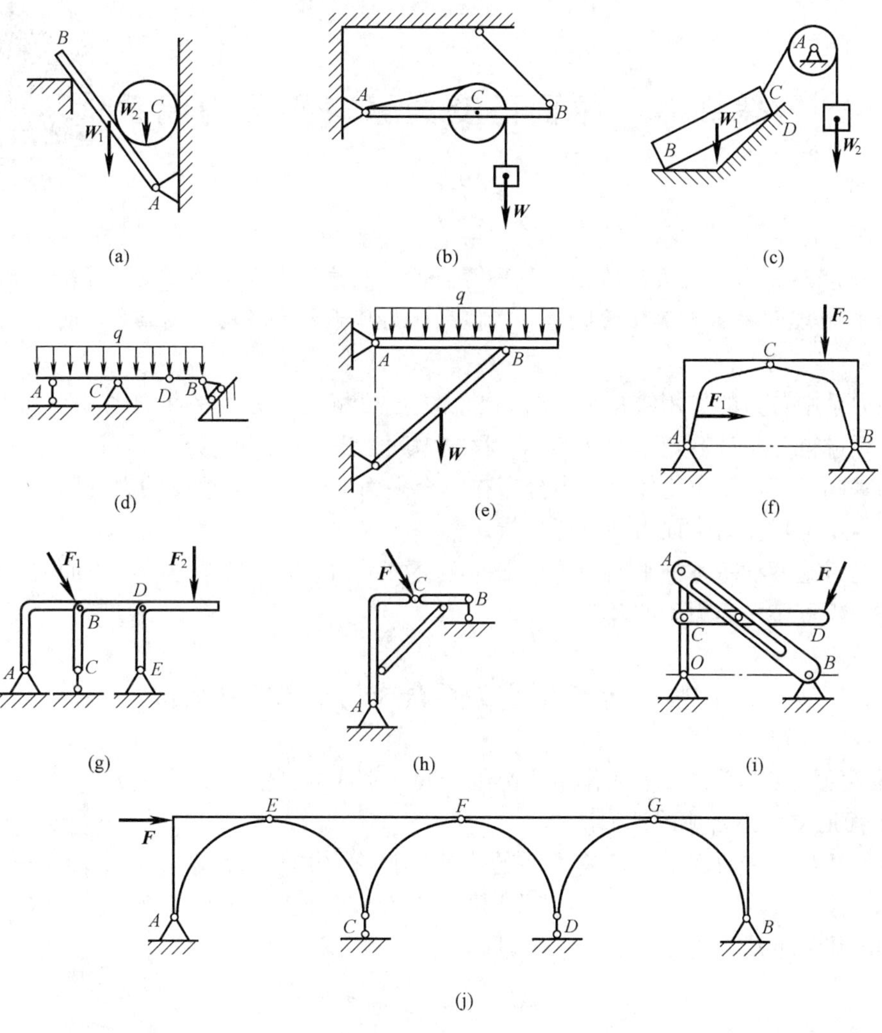

图 1.25

第 2 章　平面汇交力系　平面力偶系

教学要求

1. 正确理解平面汇交力系的合成与平衡条件，能熟练求解平面汇交力系的平衡问题；
2. 清楚地理解平面力偶矩的概念，掌握平面力偶系的合成与平衡条件，并能熟练应用。

按照力系中各力的作用线是否在同一平面内，可将力系分为平面力系和空间力系两类。对平面力系进行分析计算，不但在实际工程技术问题中有广泛的应用，而且可以作为空间力系分析的基础。若作用于物体上的力分布在一个平面上，或物体所受的力可以等效简化到同一个平面内，均可作为平面力系进行分析。

本章先讨论两种基本的平面力系：平面汇交力系和平面力偶系。基本平面力系的简化和平衡，是分析复杂平面力系的基础。

§2.1　平面汇交力系合成与平衡的几何法

所谓平面汇交力系是各力的作用线都位于同一平面内且汇交于同一点。

1. 平面汇交力系合成的几何法

现在用几何法来研究平面汇交力系的合成。设有一作用于刚体上的平面汇交力系 $\boldsymbol{F}_1$、$\boldsymbol{F}_2$、$\boldsymbol{F}_3$…，如图 2.1（a）所示，设其作用线共同汇交于同一点 O。显然，合力 $\boldsymbol{F}_R$ 的作用线必过点 O，其大小及方向如图 2.1（b）所示。

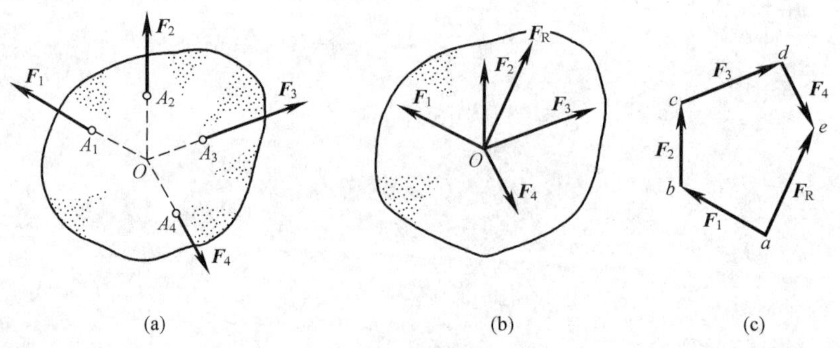

图 2.1

为求该力系的合力，可连续应用力三角形法将各力依次合成。即先将力 $\boldsymbol{F}_1$ 与 $\boldsymbol{F}_2$ 合成为一合力 $\boldsymbol{F}_{R1}$，再将力 $\boldsymbol{F}_{R1}$ 与 $\boldsymbol{F}_3$ 合成为一合力 $\boldsymbol{F}_{R2}$。这个合力 $\boldsymbol{F}_{R2}$ 就是 $\boldsymbol{F}_1$、$\boldsymbol{F}_2$、$\boldsymbol{F}_3$ 的合力。实际上，作图时力 $\boldsymbol{F}_{R1}$、$\boldsymbol{F}_{R2}$ 可不必画出，只要把各力首尾相连，则连接第一个分力始端与最后一个分力末端的矢量就是合力 $\boldsymbol{F}_R$，如图 2.1（c）所示。这样作出的多边形称为力多边形。合力是力多边形的封闭边。这种用力多边形求合力的几何方法称为**力多边形法则。**可以证明，任意改变力合成的先后次序，虽然所得到的力多边形形状不同，但合力 $\boldsymbol{F}_R$ 完全相同，

即合力 $\boldsymbol{F}_R$ 与各分力的合成次序无关。

上述方法可推广到由 n 个力组成的平面汇交力系的情况。从而可得如下结论：**平面汇交力系一般可合成为一合力，合力作用线通过力系的汇交点，合力矢等于各力的矢量和，**即

$$\boldsymbol{F}_R = \boldsymbol{F}_1 + \boldsymbol{F}_2 + \cdots + \boldsymbol{F}_n = \sum_{i=1}^{n} \boldsymbol{F}_i \tag{2.1}$$

2. 平面汇交力系平衡的几何条件

由于平面汇交力系可用其合力来代替，因此，平面汇交力系平衡的必要与充分条件是：该力系的合力等于零，即

$$\boldsymbol{F}_R = 0 \quad 或 \quad \sum_{i=1}^{n} \boldsymbol{F}_i = 0 \tag{2.2}$$

在平衡情形下，力多边形中最末一力的终点与第一力的起点重合，则该力系的力多边形的封闭边变为一点，即合力等于零。因此，任何两个相邻的力都首尾相接，构成一个封闭的力多边形。由此，可得平面汇交力系平衡的几何条件：**各力矢构成的力多边形自行封闭。**

【例 2.1】　螺栓环眼上套有三根钢丝绳，分别受力 $\boldsymbol{F}_{T1}=3\text{kN}$、$\boldsymbol{F}_{T2}=6\text{kN}$、$\boldsymbol{F}_{T3}=15\text{kN}$，其方向如图 2.2（a）所示。欲使合力 $\boldsymbol{F}_R$ 铅垂向下，试求合力 $\boldsymbol{F}_R$ 的大小和 $\boldsymbol{F}_{T3}$ 的方向。

解　三根钢丝绳都只能受拉力作用，而且三力作用线都通过环心 O，从而构成一平面汇交力系。用几何法求解。

用图 2.2 所示力的比例尺，先画已知力矢：作矢 $\vec{ab}=\boldsymbol{F}_{T1}$，由点 b 作矢 $\vec{bc}=\boldsymbol{F}_{T2}$；由于只知道 $\boldsymbol{F}_{T3}$ 的大小，故以点 c 为圆心，以 $\boldsymbol{F}_{T3}$ 的大小为半径作圆弧。由题意，合力 $\boldsymbol{F}_R$ 的方向铅垂向下，故由点 a 作铅垂线与圆弧交于点 d，得力多边形 $abcd$。

力多边形的封闭边 $\vec{ad}$ 即代表合力 $\boldsymbol{F}_R$，方向铅垂向下。从图 2.2（b）中量得 ad 的长，再按比例尺换算可得 $\boldsymbol{F}_R=18.9\text{kN}$。$\vec{cd}$ 边就是 $\boldsymbol{F}_{T3}$，与铅垂线的夹角 θ 可由图 2.2（b）量得，$\theta=23.6°$。

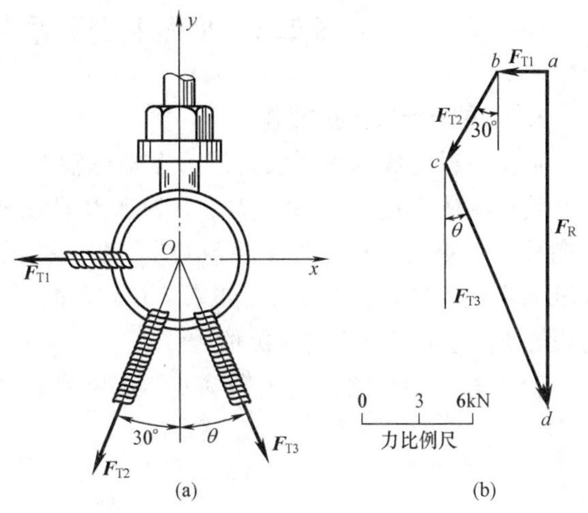

图 2.2

【例 2.2】　重 $W=20\text{kN}$ 的球置于光滑斜面上，并用无重软绳系在铅直墙面上[图 2.3（a）]。已知斜面与水平面成 30°角，绳与铅直墙面成 60°角，求绳的拉力及斜面对于球的约束力。

解　取球为研究对象，作球的受力图。作用于球上的力有：重力 $\boldsymbol{W}$ 铅直向下，绳拉力 $\boldsymbol{F}_T$，光滑斜面的约束力 $\boldsymbol{F}_N$（垂直于斜面）。这三个力的作用线都通过球的中心，因而构成平面汇交力系。因为球处于平衡状态中。故这三个力所构成的力三角形应自行封闭，如图 2.3（c）所示。可用三角公式算出要求的未知力

$$F_T = W \cdot \sin 30° = 10\text{kN}$$

$$F_N = W \cdot \cos 30° = 17.3\text{kN}$$

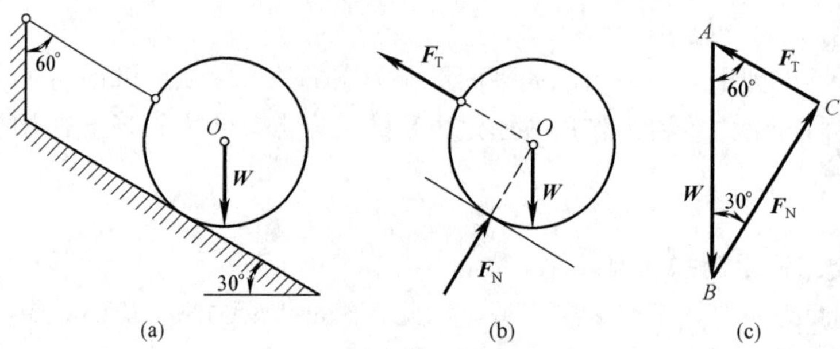

图 2.3

通过以上例题，总结出几何法解题的主要步骤如下：

（1）选取研究对象。根据题意，选取合适的物体作为研究对象，并画出简图。

（2）画受力图。在研究对象上，画出它所受的全部主动力和约束力。

（3）作出力多边形。选择适当的比例尺，从已知力开始作出该力系的力多边形。根据首尾相连的矢序规则和封闭特点，可以确定未知力的指向。

（4）求出未知量。量出未知量的大小和方向，或者用三角公式计算未知量的大小和方向。

§2.2　平面汇交力系合成与平衡的解析法

1. 力在坐标轴上的投影

汇交力系合成的解析法是以力在坐标轴上的投影为基础的。

设在刚体上点 A 作用一力 $\boldsymbol{F}$，为求力 $\boldsymbol{F}$ 在轴 x 上的投影，可通过力 $\boldsymbol{F}$ 的两端 A 和 B 分别向轴 x 作垂线，垂足为 a 和 b（图 2.4），线段 ab 的长度冠以适当的正负号就表示这个力在轴 x 上的投影，记为 $\boldsymbol{F}_x$。如果从 a 到 b 的指向与投影轴 x 的正向一致，则力 $\boldsymbol{F}$ 在轴 x 上的投影 $\boldsymbol{F}_x$ 为正值，反之为负值。

若力 $\boldsymbol{F}$ 与轴 x 之间的夹角为 α，$\boldsymbol{F}$ 与轴 y 之间的夹角为 β，则有

$$\left.\begin{aligned} F_x &= F\cos\alpha \\ F_y &= F\cos\beta \end{aligned}\right\} \tag{2.3}$$

即力在某轴上的投影，等于力的大小乘以力与该轴的正向间夹角的余弦。当夹角为锐角时，投影为正值；当夹角为钝角时，投影为负值。可见，力在轴上的投影是个**代数量**。

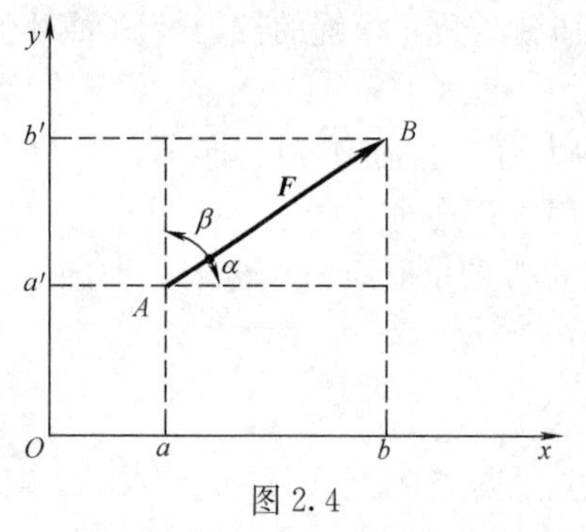

图 2.4

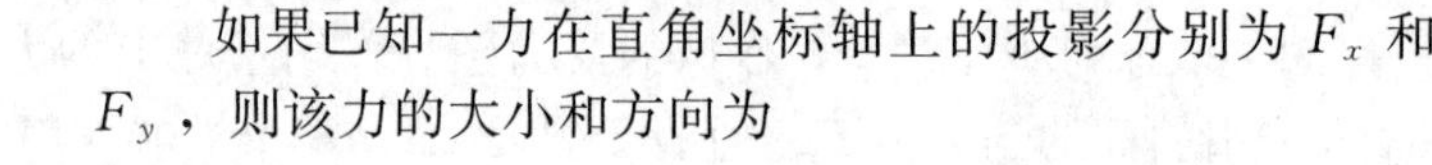

如果已知一力在直角坐标轴上的投影分别为 F_x 和 F_y，则该力的大小和方向为

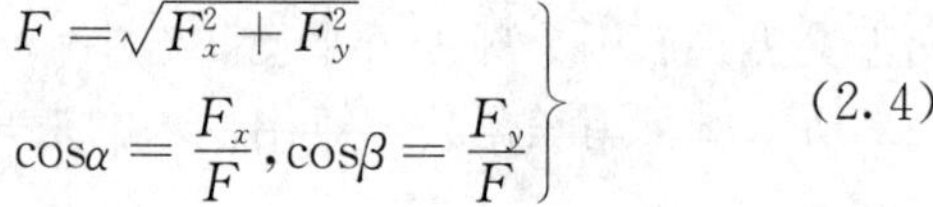

$$\left.\begin{aligned} F &= \sqrt{F_x^2 + F_y^2} \\ \cos\alpha &= \frac{F_x}{F}, \cos\beta = \frac{F_y}{F} \end{aligned}\right\} \tag{2.4}$$

则力 $\boldsymbol{F}$ 的解析表达式

$$\boldsymbol{F} = F_x\boldsymbol{i} + F_y\boldsymbol{j} \tag{2.5}$$

2. 平面汇交力系合成的解析法

合力投影定理：合力在任一轴上的投影等于各分力在同一轴上投影的代数和，即

$$F_{Rx} = F_{1x} + F_{2x} + \cdots + F_{nx} = \sum_{i=1}^{n} F_{ix} \tag{2.6}$$

设由 n 个力组成的平面汇交力系作用在刚体上，则合力

$$\boldsymbol{F}_{R} = F_{Rx}\boldsymbol{i} + F_{Ry}\boldsymbol{j} \tag{2.7}$$

由合力投影定理可得合力在轴 x、y 上的投影为

$$\left.\begin{aligned} F_{Rx} &= F_{1x} + F_{2x} + \cdots + F_{nx} = \sum F_{ix} \\ F_{Ry} &= F_{1y} + F_{2y} + \cdots + F_{ny} = \sum F_{iy} \end{aligned}\right\} \tag{2.8}$$

由此可按式（2.4）求得合力的大小和方向。

需要指出的是，本节所讲述的概念和结论适用于任何矢量。

3. 平面汇交力系的平衡方程

由于平面汇交力系平衡的必要和充分条件是力系的合力等于零。由式（2.8）可知，要使合力 $\boldsymbol{F}_R = 0$，必须也只需

$$\sum F_x = 0, \quad \sum F_y = 0 \tag{2.9}$$

由此可得平面汇交力系解析法平衡的必要和充分条件是：各力在作用面内两个任选的坐标轴（不共线）上投影的代数和分别等于零。式（2.9）称为平面汇交力系的平衡方程。这是两个独立的方程，可以求解两个未知量。

【例 2.3】　试用解析法重解［例 2.1］。

解　建立坐标 Oxy（图 2.5），根据题意，$F_{Rx} = 0$，$F_{Ry} = -F_R$，“－”号表示合力方向铅垂向下，F_R 是合力的大小。由式（2.8）得

$$F_{Rx} = \sum F_{ix} = -F_{T1} - F_{T2}\sin 30^\circ + F_{T3}\sin\theta = 0$$

$$F_{Ry} = \sum F_{iy} = -F_{T2}\cos 30^\circ - F_{T3}\cos\theta = -F_R$$

得　$\sin\theta = 0.4$，$\theta = 23.58^\circ$（$\theta = 156.42^\circ$ 不合题意，舍去）是 $\boldsymbol{F}_{T3}$ 与铅垂线的夹角。

合力的大小为

$$F_R = 6 \times \cos 30^\circ + 15 \times \cos 23.58^\circ = 18.94\text{kN}$$

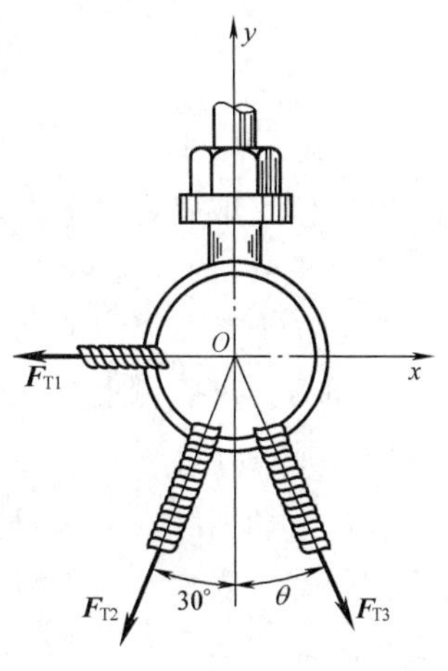

图 2.5

【例 2.4】　平面刚架 $ABCD$ 在点 B 受一水平力 $\boldsymbol{F}$ 作用，如图 2.6（a）所示。设 F=20kN，不计刚架本身的重量，求支座 A 与 D 的约束力。

解　以刚架为研究对象，其受力图如图 2.6（b）所示。根据铰链支座约束的类型，其中力 $\boldsymbol{F}_A$ 的方向本属未定，但因刚架只受三力作用而平衡，且力 $\boldsymbol{F}_D$ 铅垂向上并与力 $\boldsymbol{F}$ 相交于点 C，这样力 $\boldsymbol{F}_A$ 的作用线位置就可由三力平衡汇交定理来确定［图 2.6（b）］。用解析法求解时，受力图中力 $\boldsymbol{F}_A$ 的方位是由三力平衡汇交定理确定的，但其指向则是假定的。列平衡方程

$$\sum F_x = 0, \quad F + F_A\cos\theta = 0$$

$$\sum F_y = 0, \quad F_D + F_A\sin\theta = 0$$

求得

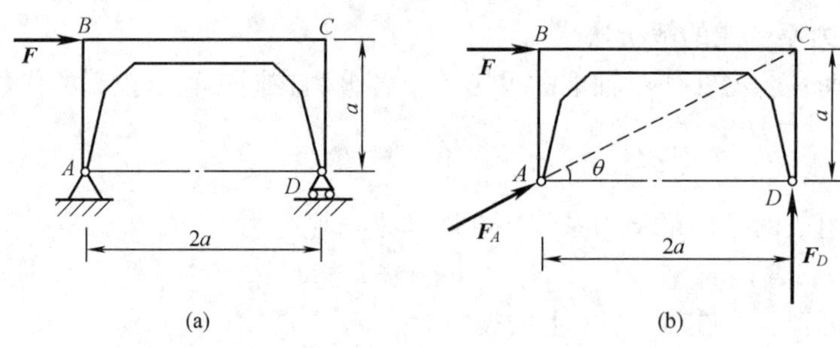

图 2.6

$$F_A = -F/\cos\theta = -20\times\sqrt{5}/2 = -22.4(\text{kN})$$

“—”号表示 F_A 的真实方向与假设相反。

$$F_D = -F_A\sin\theta = -(-22.4)/\sqrt{5} = 10(\text{kN})$$

【例 2.5】 如图 2.7（a）所示，重物 W=20kN，用钢丝绳挂在支架的滑轮 A 上，钢丝绳的另一端缠绕在铰车 D 上。杆 AB 与 AC 铰接，并以铰 B、C 与墙连接。若不计两杆和滑轮的自重，并忽略摩擦和滑轮的大小，试求平衡时杆 AB 和 AC 所受的力。

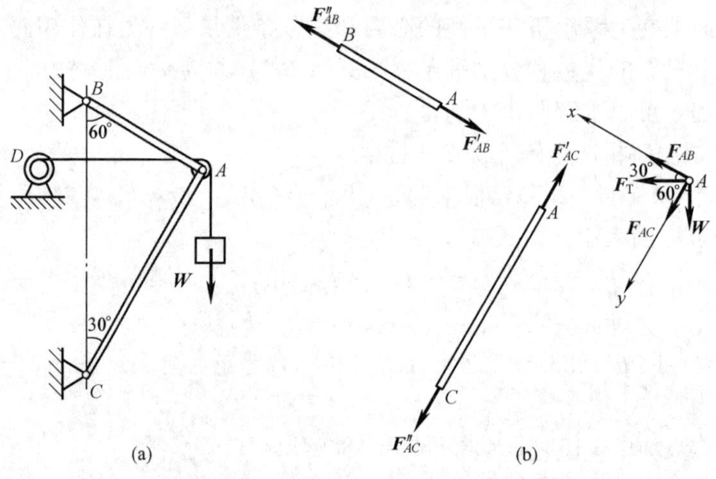

图 2.7

解 （1）取研究对象。

AB 和 AC 两杆都是二力杆，若假设杆 AB 和杆 AC 都受拉力（通常称为正向假设），如图 2.7（b）所示，求出的结果为正，则为拉力；求出的结果为负，则为压力。为了求出这两个未知力，可通过求两杆对滑轮的约束力来解决。因此选取滑轮上销钉 A 为研究对象。

（2）画受力图。

滑轮受到钢丝绳的拉力 $\boldsymbol{F}_T$ 作用，已知 $F_T = W$。此外，杆 AB 和 AC 对销钉 A 的约束力用 $\boldsymbol{F}_{AB}$ 和 $\boldsymbol{F}_{AC}$ 表示。由于滑轮的大小可忽略不计，故这些力可看作是平面汇交力系。销钉 A 的受力图如图 2.7（b）所示。

（3）建立坐标系。

选取坐标轴如图 2.7（b）所示。为使每个未知力只在一个轴上有投影，在另一轴上的投影为零，坐标轴应尽量取在与未知力作用线相垂直的方向。这样在一个平衡方程中只有一个未知数，不必解联立方程。

(4) 列平衡方程并求解。

$$\sum F_x = 0,\quad F_{AB} + F_T\cos 30° - W\sin 30° = 0$$

$$\sum F_y = 0,\quad F_{AC} + F_T\sin 30° + W\cos 30° = 0$$

解得

$$F_{AB} = -0.366W = -7.32\text{kN}$$

$$F_{AC} = -1.366W = -27.32\text{kN}$$

求出的 F_{AB} 和 F_{AC} 均为负值，表示这两杆实际受力的方向与假设的方向相反，即杆 AB 和杆 AC 都受压，即为压杆。

[例 2.4]、[例 2.5] 也可用几何法求解，请读者自行完成分析计算。

§2.3　平面内力对点之矩

1. 平面内力对点之矩

首先研究平面内力对点之矩的概念。以扳手扳动螺帽为例（图 2.8）来说明，设螺帽能绕点 O 转动。由经验知，螺帽能否扳动，不仅取决于作用在扳手上的力 $\boldsymbol{F}$ 的大小，而且还和从点 O 到力 $\boldsymbol{F}$ 的作用线的垂直距离 d 有关。只有乘积 Fd 达到或者超过某值时，才能扳动螺帽。可见，这个乘积可用来作为力 $\boldsymbol{F}$ 绕点 O 转动效应的度量。由于转动有正反两个可能方向，所以乘积 Fd 也要冠以适当的正负号来表明这两个不同的转向。这个量称为平面内力 $\boldsymbol{F}$ 对点 O 的矩，简称**力矩**。距离 d 称为力 $\boldsymbol{F}$ 对点 O 的力臂；点 O 称为矩心。用符号 $M_O(\boldsymbol{F})$ 表示力 $\boldsymbol{F}$ 对点 O 的矩，有

$$M_O(\boldsymbol{F}) = \pm Fd \tag{2.10}$$

通常规定，使物体产生逆时针方向转动效应的力矩取正值；反之取负值。

力矩的单位在国际单位制中是 N·m，或 kN·m。

2. 合力矩定理

合力矩定理：平面汇交力系的合力对于平面内任一点的矩等于力系中所有各力对于该点之矩的代数和，即

$$M_O(\boldsymbol{F}_R) = \sum_{i=1}^{n} M_O(\boldsymbol{F}_i) \tag{2.11}$$

合力矩定理建立了合力对点之矩与分力对同一点之矩的关系。这个定理也适用于有合力的其他各种力系。它提供了计算力矩的又一方法，此外利用它还可以确定力系的合力作用线位置。

【例 2.6】　某支架上点 A 处作用一力 $\boldsymbol{F}$，如图 2.9 所示，图中尺寸 l_1、l_2、l_3 和角 θ 均为已知。试求 $M_O(\boldsymbol{F})$。

解　$\boldsymbol{F} = \boldsymbol{F}_x + \boldsymbol{F}_y$

由式 (2.11) 有

$$M_O(\boldsymbol{F}) = M_O(\boldsymbol{F}_x) + M_O(\boldsymbol{F}_y) = -F\sin\theta l_2 + F\cos\theta(l_1 - l_3)$$

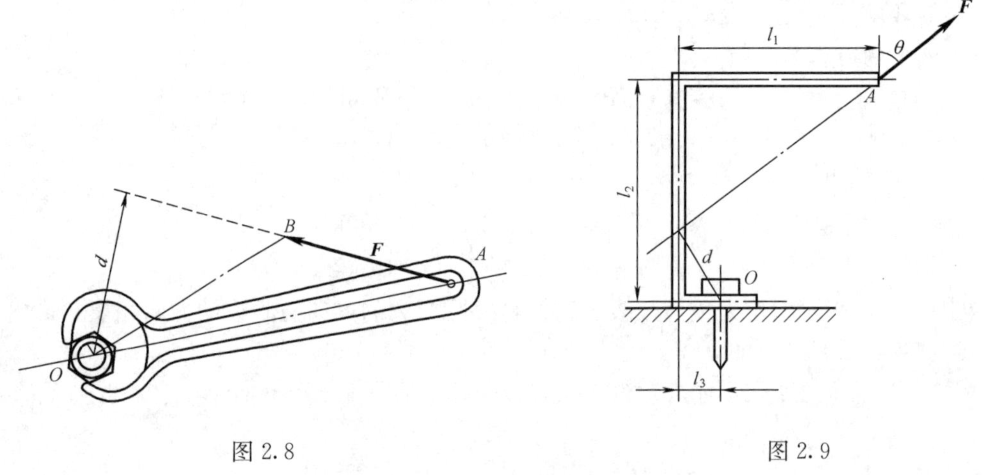

图 2.8

图 2.9

§2.4 平 面 力 偶

1. 力偶的概念

由等值、反向、平行的两个力组成的力系称为**力偶**。力偶不能合成为一个力，也不能用一个力来与它相平衡。因此，力偶和力是静力学两个基本的力学量。力偶能使物体转动，在生活和生产实践中，经常遇到物体受力偶或力偶系作用的情况，例如汽车司机转动的方向盘[图 2.10 (a)]，钳工用丝锥在工件上攻螺纹 [图 2.10 (b)] 等。在力学中，力偶常用符号 ($\boldsymbol{F}$，$\boldsymbol{F}'$) 表示，两力作用线所决定的平面称为**力偶作用面**，两力作用线间的垂直距离称为**力偶臂**，如图 2.10 所示。

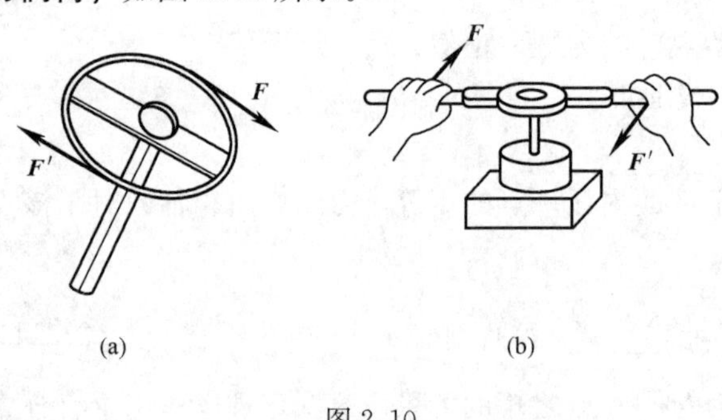

图 2.10

2. 力偶矩

力偶对于物体作用的效应不仅与组成力偶的力的大小 F 有关，而且与力偶臂的长短 d 有关。因此力偶对于物体的效应可用力偶的任一力的大小与力偶臂长度的乘积再冠以相应的正负号来表示。这个物理量就称为力偶矩，用 M 表示，则

$$M=\pm Fd \tag{2.12}$$

力偶矩的正负号通常规定如下：若力偶使物体沿逆时针方向转动，则取正号；反之取负号。力偶矩为代数量，可采用旋转符号来表示。力偶矩在国际制中的单位是 N·m 或 kN·m。

3. 平面力偶的性质

力偶对于刚体的效应，有如下性质：

(1) 力偶无合力。因此，力偶只能与力偶平衡。

(2) 力偶中的两力对作用面内任一点之矩的代数和等于力偶矩。

设有力偶 ($\boldsymbol{F}$，$\boldsymbol{F}'$)，其力偶臂为 d，如图 2.11 所示。力偶对点 O 的矩为 $M_O(\boldsymbol{F},\boldsymbol{F}')$，

则

$$M_O(\boldsymbol{F},\boldsymbol{F}') = M_O(\boldsymbol{F}) + M_O(\boldsymbol{F}') = F'\,\overline{AO} - F\,\overline{BO} = F(\overline{AO} - \overline{BO}) = Fd$$

因为矩心 O 是任意选取的，因而力偶对作用面内任一点之矩与矩心无关。因此可用符号 M 表示力偶矩，而无需标注矩心，如式（2.12）所示。

综上可知，平面力偶对物体的作用效应，决定于两个因素：力偶的大小；力偶的转向。所以平面力偶为代数量。

（3）同平面内力偶的等效定理。

既然力偶没有合力，也就不能与力等效，只能与另一个力偶等效。而力偶对物体的转动效应又完全决定于力偶矩，且与矩心的位置无关。所以，在同一平面内的两个力偶，只要它们的力偶矩大小相等、转动方向相同，则两力偶必等效。这就是平面力偶的等效定理。

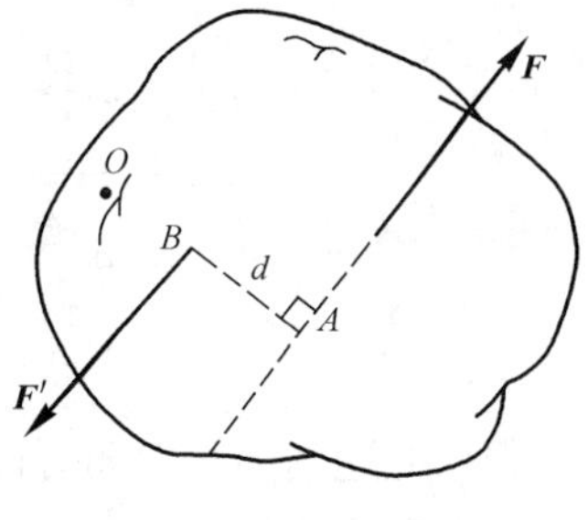

图 2.11

上述结论，可直接由经验证实。例如图 2.12（a）中作用在方向盘上的力偶（$\boldsymbol{F}_1,\boldsymbol{F}'_1$），或（$\boldsymbol{F}_2$，$\boldsymbol{F}'_2$），虽然它们的作用位置不同，但如果它们的力偶矩大小相等、转向相同，则对物体的作用效应就一样；又如作用在丝锥扳手上的力偶（$\boldsymbol{F}_1,\boldsymbol{F}'_1$）或（$\boldsymbol{F}_2,\boldsymbol{F}'_2$）[图 2.12（b）]，虽然 $F_1 \neq F_2$，$d_1 \neq d_2$，但当两个力偶矩相等时，即 $F_1 \cdot d_1 = F_2 \cdot d_2$，且转向相同，则它们对物体的作用效应就相同。

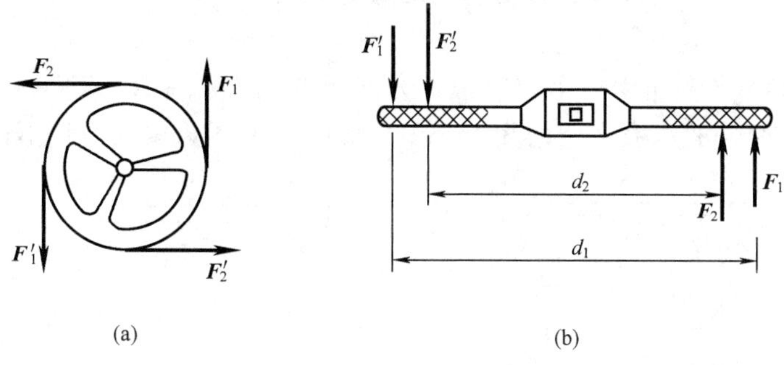

图 2.12

综上所述，可以得出下列两个推论：

（1）力偶可以在它的作用面内任意移转，而不改变它对刚体的作用。因此，力偶对刚体的作用与力偶在其作用面内的位置无关。

（2）只要保持力偶矩的大小和转向不变，可以同时改变力偶中力的大小和力偶臂的长短，而不改变力偶对刚体的作用。由此可见，力偶的臂和力的大小都不是力偶的特征量，只有力偶矩才是力偶作用的唯一度量。

§2.5　平面力偶系的合成与平衡

1. 平面力偶系的合成

设在同一平面内有两个力偶（$\boldsymbol{F}_1,\boldsymbol{F}'_1$）和（$\boldsymbol{F}_2,\boldsymbol{F}'_2$），它们的力偶臂各为 d_1 和 d_2，如图 2.13（a）所示。这两个力偶的矩分别为 M_1 和 M_2，求它们的合成结果。为此，在保持力偶矩不变的情况下，同时改变这两个力偶的力的大小和力偶臂的长短，使它们具有相同的臂

d，并将它们在平面内移转，使力的作用线重合，如图 2.13（b）所示。可得合力偶为 M_1 和 M_2 的代数和，即

$$M = M_1 + M_2$$

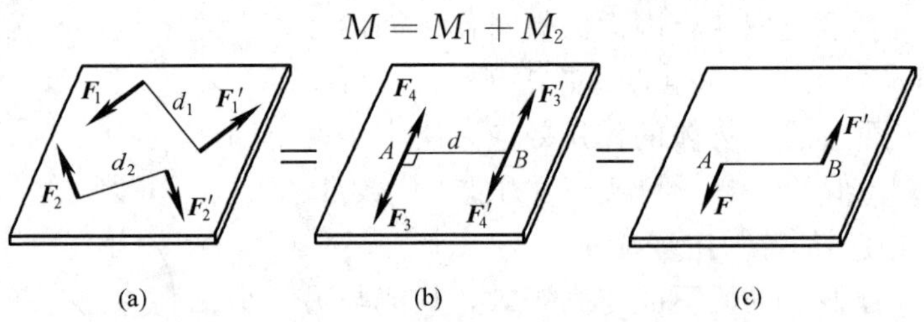

图 2.13

根据上述两共面力偶可以合成为一个力偶的性质，对于作用于刚体上的一个平面力偶系，总可以逐一将它们合成为一个合力偶，且该合力偶的力偶矩等于原力偶系各力偶矩的代数和。即合力偶的力偶矩为

$$M = M_1 + M_2 + \cdots + M_n = \sum_{i=1}^{n} M_i \tag{2.13}$$

2. 平面力偶系的平衡条件

当力偶的力偶矩为零时，不是力偶的力为零就是力偶臂为零，都是平衡力系。因此平面力偶系平衡的必要和充分条件是：各力偶矩的代数和为零，即

$$\sum M_i = 0 \tag{2.14}$$

【例 2.7】 梁 AB 上作用一个力偶，其力偶矩的大小 $m=100\ \text{kN}\cdot\text{m}$，如图 2.14（a）所示，试求 A、B 两处的约束力。已知 $l=5\text{m}$，倾角 $\theta=30°$，梁的重量不计。

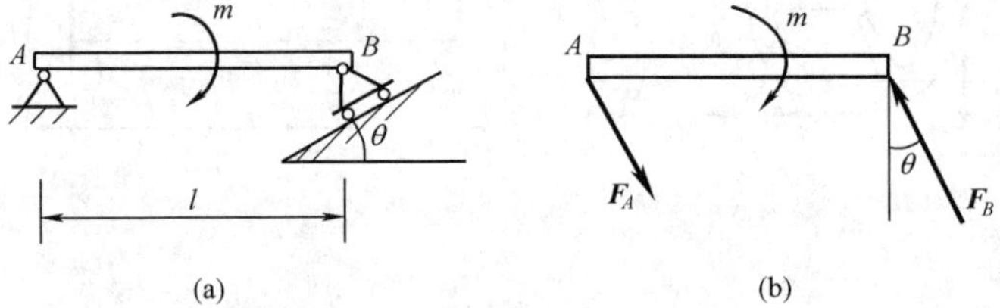

图 2.14

解 取梁 AB 为研究对象，梁受外力偶 $\boldsymbol{m}$ 作用，两支座 A、B 的约束力必构成一力偶与这个外力偶相平衡，故 $\boldsymbol{F}_A$ 和 $\boldsymbol{F}_B$ 的作用线相互平行，方向相反，且 $F_A = F_B$，其受力图如图 2.14（b）所示。由平面力偶系的平衡条件有

$$\sum M = 0,\quad F_A l\cos\theta - m = 0$$

代入数据，有

$$F_A \times 5\cos 30° - 100 = 0$$

解得

$$F_A = F_B = 23.1\text{kN}$$

本 章 小 结

1. 平面汇交力系的合成

（1）几何法：由力多边形法则，其合力矢量是各力矢量构成的力多边形的封闭边，合力

作用线通过汇交点。

(2) 解析法：合力矢为

$$\boldsymbol{F}_{\mathrm{R}} = \sum \boldsymbol{F}_i = F_{\mathrm{R}x}\boldsymbol{i} + F_{\mathrm{R}y}\boldsymbol{j}$$

$$F_{\mathrm{R}x} = \sum F_{ix}, \quad F_{\mathrm{R}y} = \sum F_{iy}$$

由此可以求得合力的大小与方向。

2. 平面汇交力系的平衡条件

(1) 平衡的几何条件：平面汇交力系的力多边形自行封闭。

(2) 平衡的解析条件（平衡方程）

$$\sum F_x = 0, \quad \sum F_y = 0$$

3. 平面内的力对点 O 之矩是代数量，记为 $M_O(\boldsymbol{F})$

$$M_O(\boldsymbol{F}) = \pm Fd$$

4. 力偶和力偶矩

力偶是由两个等值、反向、平行的力组成的特殊力系。力偶无合力，也不能用一个力来平衡。

平面力偶对物体的作用效应取决于力偶矩 M 的大小和转向，即

$$M = \pm Fd$$

力偶对平面内任一点的矩等于力偶矩，力偶矩与矩心的位置无关。

5. 同平面内力偶的等效定理

同平面内的两个力偶，如果力偶矩相等，则彼此等效。

6. 平面力偶系的合成与平衡

平面力偶系可以合成为一个合力偶，合力偶的力偶矩等于各力偶力偶矩的代数和。

$$M = \sum M_i$$

平面力偶系的平衡条件为

$$\sum M_i = 0$$

概念分析与工程应用实训

2.1　简易起重装置如图 2.15 所示，重物吊在钢丝绳的一端，钢丝绳的另一端跨过定滑轮 A，绕在绞车 D 的鼓轮上，定滑轮用直杆 AB 和 AC 支撑。定滑轮半径较小，且定滑轮和各直杆以及钢丝绳的重量与重物相比很小，滑轮与轴之间有润滑油。设重物重力为 $\boldsymbol{W}$，试

(1) 建立简易起重机的力学模型，画出计算简图；

(2) 对力学模型进行受力分析，分别画出匀速提升重物时各构件的受力图；

(3) 计算匀速提升重物时，杆 AB 和 AC 所受的力。

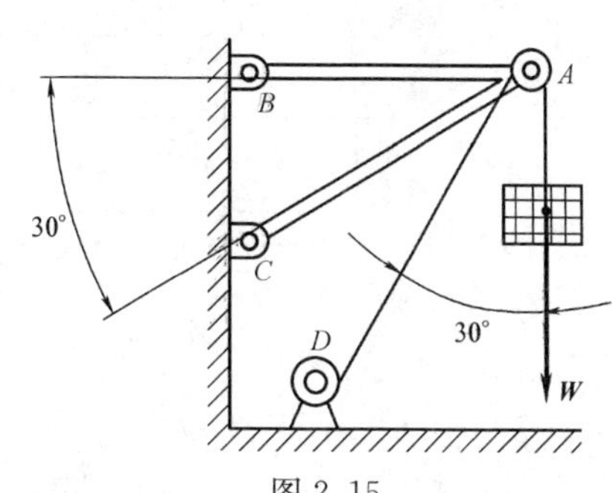

图 2.15

2.2　如图 2.16 所示的压榨机，将油缸的总压力

通过铰链 B 传给压杆，从而利用增大的压力来压榨物料。若杆 AB 和 BC 的长度相等，自重忽略不计，A、B、C 处均为铰接。

（1）建立压榨机的力学模型，画出计算简图；

（2）画出铰链 B 的受力图，若已知油压力 $\boldsymbol{P}$，试导出压榨力 $\boldsymbol{F}$ 的表达式；

（3）试导出压榨力放大倍数的表达式，并分析增力效果与哪些因素有关。

2.3 司机驾驶汽车时，有时用双手对方向盘施加一力偶（$\boldsymbol{F}$，$\boldsymbol{F}'$），有时也用单手对方向盘施加一个力 $2\boldsymbol{F}$，如图 2.17 所示，试分析这两种方法产生的效果有什么不同。

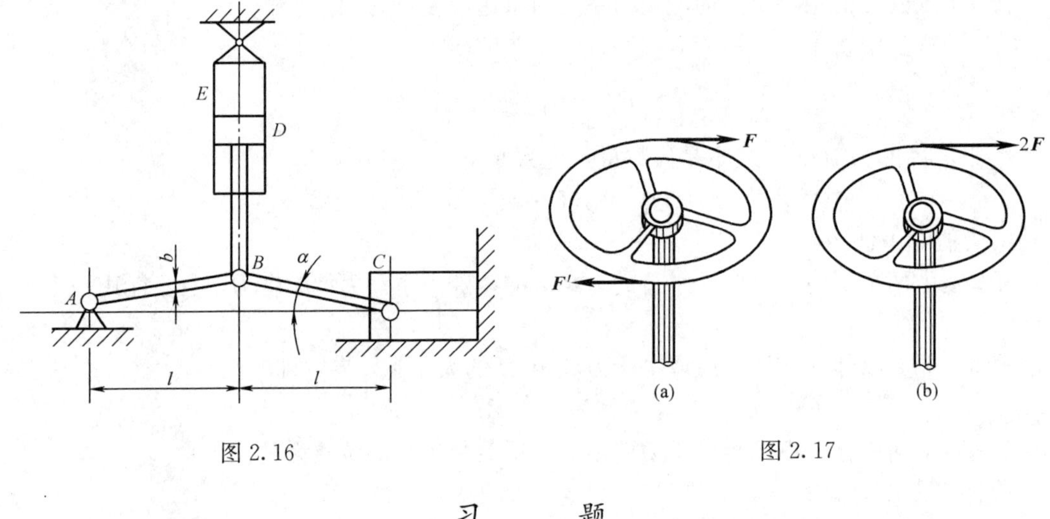

图 2.16 图 2.17

习 题

2.1 铆接薄板在孔心 A、B 和 C 处受三力作用，如图 2.18 所示。$F_1 = 100\text{N}$，沿铅直方向；$F_3 = 50\text{N}$，沿水平方向，并通过点 A；$F_2 = 50\text{N}$，力的作用线也通过点 A，尺寸如图。求此力系的合力。

2.2 如图 2.19 所示，固定在墙壁上的圆环受三条绳索的拉力作用，力 $\boldsymbol{F}_1$ 沿水平方向，力 $\boldsymbol{F}_3$ 沿铅直方向，力 $\boldsymbol{F}_2$ 与水平线成 40°角。三力的大小分别为 $\boldsymbol{F}_1 = 2000\text{N}$，$\boldsymbol{F}_2 = 2500\text{N}$，$\boldsymbol{F}_3 = 1500\text{N}$。求三力的合力。

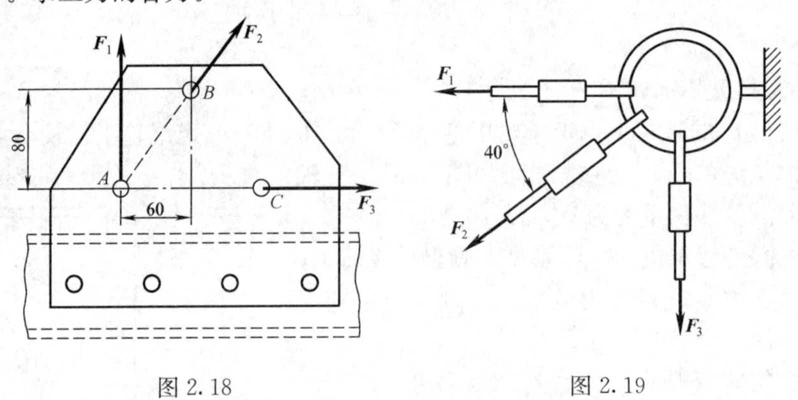

图 2.18 图 2.19

2.3 电动机重 W=5000N，放在水平梁 AC 的中央，如图 2.20 所示。梁的 A 端以铰链固定，另一端以撑杆 BC 支持，撑杆与水平梁的夹角为 30°。如忽略梁和撑杆的重量，求撑

杆 BC 的内力及铰支座 A 处的约束力。

2.4　物体重 $W=20\text{kN}$，用绳子挂在支架的滑轮 B 上，绳子的另一端接在铰车 D 上，如图 2.21 所示。转动铰车，物体便能升起。设滑轮的大小、AB 与 CB 杆自重及摩擦略去不计，A、B、C 三处均为铰链连接。当物体处于平衡状态时，试求拉杆 AB 和支杆 CB 所受的力。

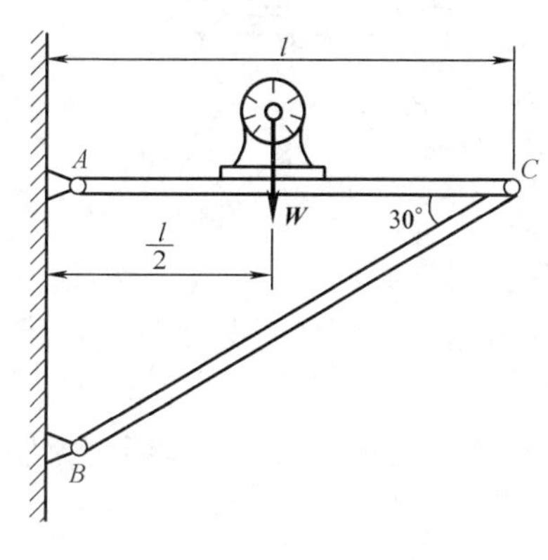

图 2.20

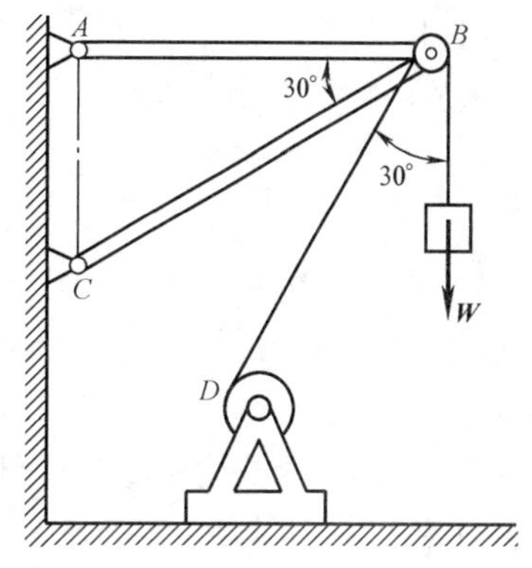

图 2.21

2.5　图 2.22 所示液压夹紧机构中，D 为固定铰链，B、C、E 为活动铰链。已知力 $\boldsymbol{F}$，机构平衡时角度如图，求此时工件 H 所受的压紧力。

2.6　图 2.23 所示为一拔桩装置。在木桩的点 A 上系一绳，将绳的另一端固定在点 C，在绳的点 B 系另一绳 BE，将它的另一端固定在点 E。然后在绳的点 D 用力向下拉，并使绳的 BD 段水平，AB 段铅直，DE 段与水平线、CB 段与铅直线间成等角 $\theta=0.1\text{rad}$（弧度）（当 θ 很小时，$\tan\theta\approx\theta$）。如向下的拉力 $F=800\text{N}$，求绳 AB 作用于桩上的拉力。

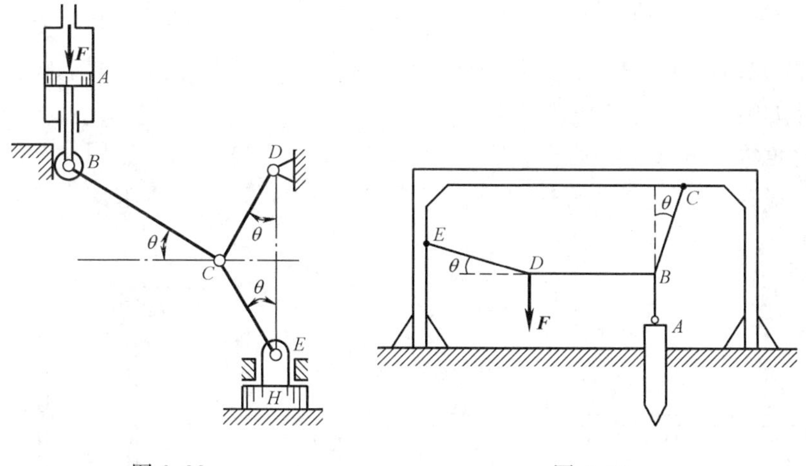

图 2.22　　图 2.23

2.7　铰链四杆机构 $CABD$ 的 CD 边固定，在铰链 A、B 处有力 $\boldsymbol{F}_1$、$\boldsymbol{F}_2$ 作用，如图 2.24 所示。该机构在图示位置平衡，杆重略去不计。求力 $\boldsymbol{F}_1$ 与 $\boldsymbol{F}_2$ 的关系。

2.8　如图 2.25 所示，为了测定飞机螺旋桨所受的空气阻力偶，可将飞机水平放置，其一轮搁置在地秤上。当螺旋桨未转动时，测得地秤所受的压力为 4.6kN，当螺旋桨转动时，测得地秤所受的压力为 6.4kN。已知两轮间距离 $l=2.5\text{m}$，求螺旋桨所受的空气阻力偶矩 M。

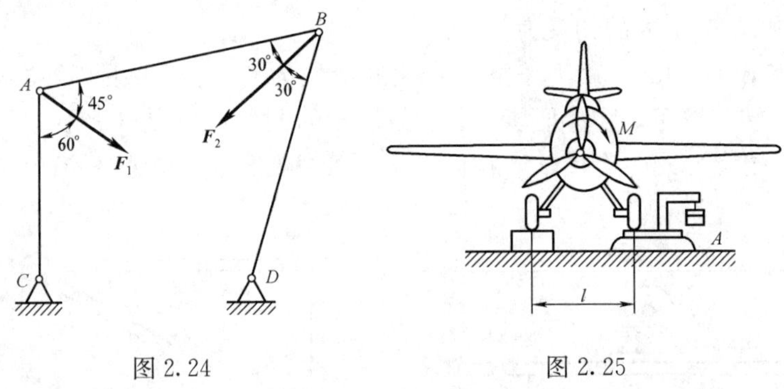

图 2.24 图 2.25

2.9 铰接四连杆机构 $OABO_1$ 在图示位置平衡。已知：$OA=0.4\text{m}$，$O_1B=0.6\text{m}$，作用在 OA 上的力偶的力偶矩 $M_1=1\text{N}\cdot\text{m}$，如图 2.26 所示。各杆的重量不计。试求力偶矩 M_2 的大小和杆 AB 所受的力。

2.10 在图 2.27 所示结构中，各构件的自重不计。在构件 AB 上作用一力偶矩为 M 的力偶，求支座 A 和 C 的约束力。

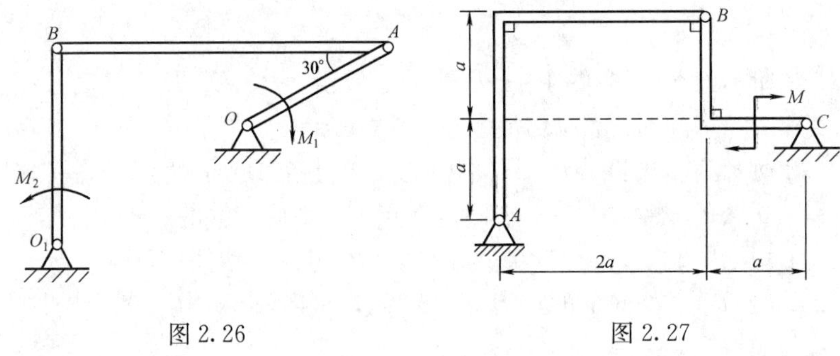

图 2.26 图 2.27

2.11 在图 2.28 所示结构中，各构件的自重不计，在构件 BC 上作用一力偶矩为 M 的力偶，各尺寸如图，求支座 A 处的约束力。

2.12 直角弯杆 $ABCD$ 与直杆 DE 及 EC 铰接如图 2.29 所示，作用在 DE 杆上力偶的力偶矩 $M=40\text{kN}\cdot\text{m}$，不计各杆件自重，不考虑摩擦，尺寸如图。求支座 A、B 处的约束力及 EC 杆受力。

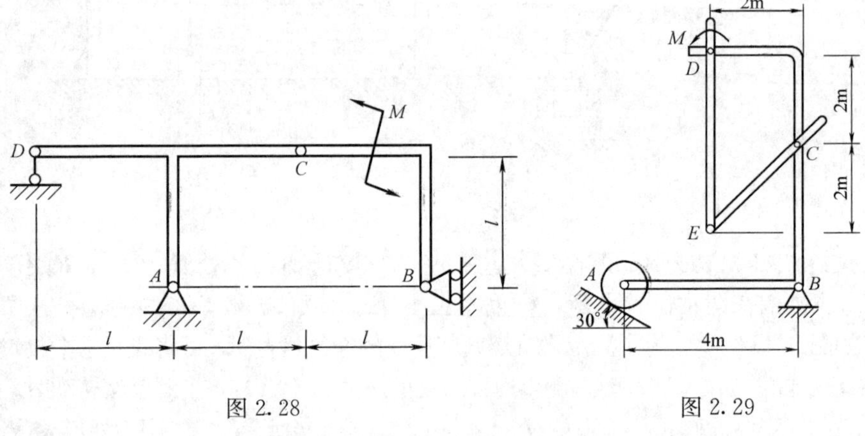

图 2.28 图 2.29

第3章 平面任意力系

教学要求

1. 掌握平面任意力系的简化；
2. 熟练选取分离体画受力图，应用平面任意力系的平衡方程求解平衡问题。

前面讨论了两种特殊的平面力系的合成与平衡。在工程上常遇到作用线在同一平面内，但彼此既不平行，也不汇交于一点的平面力系，这种力系称为**平面任意力系**。本章讨论平面任意力系的简化和平衡条件以及工程应用。

§3.1 力的平移

平面任意力系的简化有多种方法，一般采用力系向一点简化的方法。在讲述这个方法以前，先引入力的平移定理。

定理：作用在刚体上的力可以从原来的作用点平行移动到任一点，但需附加一个力偶，附加力偶的矩等于原来的力对该点的矩。

证明：设在刚体上某点 A 作用一力 $\boldsymbol{F}_A$。为了使这个力平移到刚体内任意给定的一点 B［图 3.1（a)］，而不改变对刚体的效应，可进行如下变换。

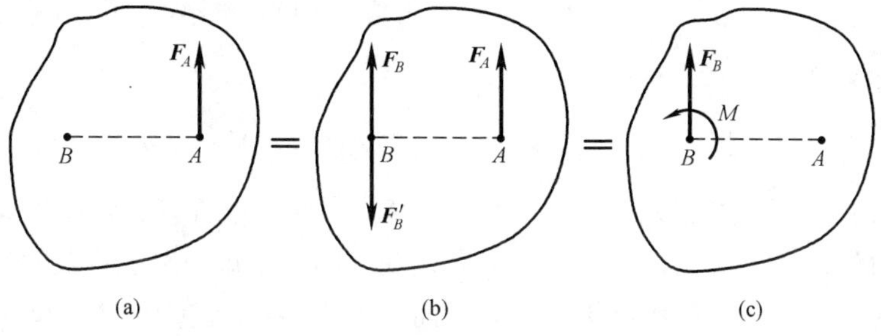

图 3.1

在点 B 上加上一对与原来力 $\boldsymbol{F}_A$ 平行的平衡力 $\boldsymbol{F}_B$ 、$\boldsymbol{F}'_B$ ，且 $\boldsymbol{F}_B = -\boldsymbol{F}'_B = \boldsymbol{F}_A$［图 3.1（b)］。显然，这样做并不改变原力系对刚体的作用效应。但是，现在刚体可看成受一个力 $\boldsymbol{F}_B$ 和一个力偶（$\boldsymbol{F}_A, \boldsymbol{F}'_B$）的作用，力偶（$\boldsymbol{F}_A, \boldsymbol{F}'_B$）的矩等于原力 $\boldsymbol{F}_A$ 对点 B 的矩 $M_B(\boldsymbol{F}_A)$［图 3.1（c)］，即有

$$M = F_A \overline{AB} = M_B(\boldsymbol{F}_A) \tag{3.1}$$

这个力偶称为附加力偶。

由此可见，可以把作用于刚体上点 A 的力平移到另一点 B，但同时需附加一个力偶。此外，由上述证明的逆过程可知，作用在同一平面内的一个力和力偶，可以用一个力来等效替换。

§3.2　平面力系向一点简化

1. 平面力系向一点简化

在力系所在平面内任取一点 O 作为简化中心。应用力的平移定理，将各力平移至点 O 并各附加一力偶，于是得到一个作用于点 O 的平面汇交力系 $\boldsymbol{F}'_1$、$\boldsymbol{F}'_2$、…、$\boldsymbol{F}'_n$ 和力偶矩为 M_1、M_2、…、M_n 的一个平面力偶系［图 3.2（b）］。因此平面任意力系的简化就转化为此平面汇交力系和平面力偶系的合成。将汇交力系及力偶系分别合成，就得到一个作用于点 O 的力 $\boldsymbol{F}'_R$ 和力偶矩为 M_O 的一个力偶［图 3.2（c）］。

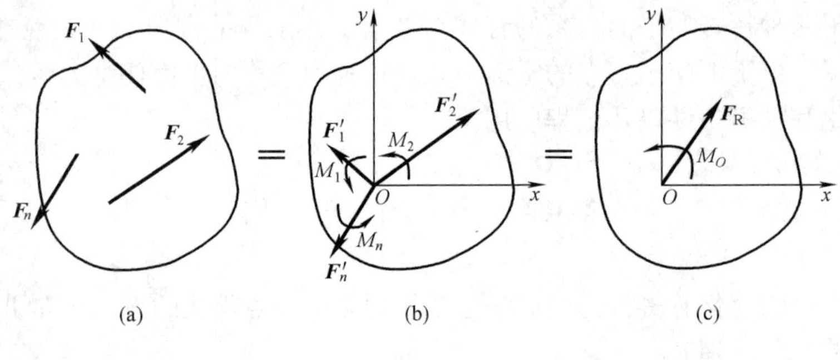

图 3.2

根据平面汇交力系合成的理论有

$$\boldsymbol{F}'_R = \boldsymbol{F}_1 + \boldsymbol{F}_2 + \cdots + \boldsymbol{F}_n = \sum_{i=1}^{n} \boldsymbol{F}_i \tag{3.2}$$

$\boldsymbol{F}'_R$ 称为该力系的主矢。显然，主矢 $\boldsymbol{F}'_R$ 的大小与方向均与简化中心位置无关。另根据平面力偶系合成的理论有

$$M_O = M_1 + M_2 + \cdots + M_n = \sum_{i=1}^{n} M_O(\boldsymbol{F}_i) \tag{3.3}$$

M_O 称为该力系对于简化中心 O 的主矩。主矩与简化中心的位置有关，取不同的点为简化中心，则各力的力臂及各力对简化中心的矩也有改变，因而主矩一般也将改变。

为了计算主矢和主矩，可用解析法。通过简化中心 O 建立直角坐标 Oxy，将主矢 $\boldsymbol{F}'_R$ 及各力分别投影在两个直角坐标轴上，则有

$$F'_{Rx} = \sum F_{ix}, \quad F'_{Ry} = \sum F_{iy} \tag{3.4}$$

可得主矢 $\boldsymbol{F}'_R$ 的大小和方向余弦分别为

$$\left.\begin{array}{c} F'_R = \sqrt{(\sum F_{ix})^2 + (\sum F_{iy})^2} \\ \cos(\boldsymbol{F}'_R, \boldsymbol{i}) = \dfrac{\sum F_{ix}}{F'_R}, \quad \cos(\boldsymbol{F}'_R, \boldsymbol{j}) = \dfrac{\sum F_{iy}}{F'_R} \end{array}\right\} \tag{3.5}$$

而力系对简化中心 O 的主矩的解析表达式为

$$M_O = \sum_{i=1}^{n} M_O(\boldsymbol{F}_i) \tag{3.6}$$

由此得结论：平面任意力系可以简化为在任意选定的简化中心上作用的主矢及主矩，主矢与主矩是描述力系的两个特征量。显然，主矢与简化中心的选择无关；而主矩一般与简化

中心的选择有关。亦即，选择不同的简化中心时，所得的主矢量的大小和方向相同，主矩一般不同。

2. 固定端约束

下面利用力系向一点简化的方法，分析固定端（插入端）约束及其约束力。在工程实际中，经常见到固定端约束［图 3.3（a)］，比如房屋建筑中将阳台梁砌入墙体就可以简化为固定端约束，又如悬臂梁、刀架、卡盘等。以悬臂梁为例，固定端支座在物体与之接触的面上作用了分布的约束力。在平面问题中，这些力为一平面任意力系［图 3.3（b)］。

将这些力向作用平面内点 A 简化得到一个主矢和一个主矩［图 3.3（c)］。一般情况下这个主矢的大小和方向均为未知量。可用两个正交分力来代替。因此，在平面力系情况下，固定端 A 处的约束力作用可简化为两个约束力分量 $\boldsymbol{F}_{Ax}$ 、$\boldsymbol{F}_{Ay}$ 和一个力偶矩为 M_A 的约束力偶［图 3.3（d)］。

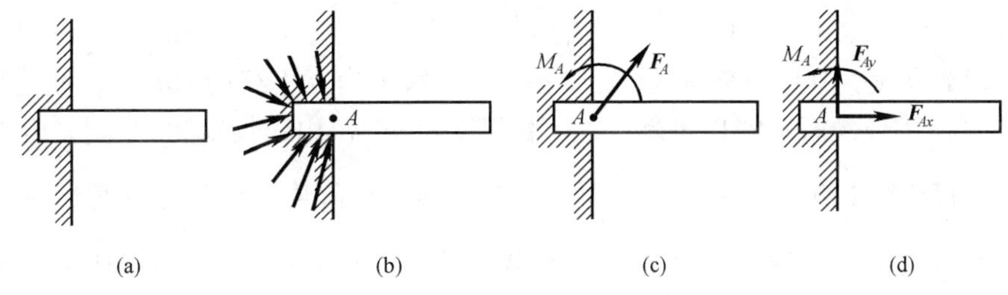

图 3.3

3. 平面任意力系的简化结果

平面任意力系向一点简化，随着主矢 $\boldsymbol{F}'_{\mathrm{R}}$ 和主矩 M_O 的不同，可能出现下列几种不同的情况：

(1) $\boldsymbol{F}'_{\mathrm{R}} = 0$, $M_O = 0$ 。力系平衡，将在后面的章节中详细讨论这种情况。

(2) $\boldsymbol{F}'_{\mathrm{R}} = 0$, $M_O \neq 0$ 。力系简化为合力偶，合力偶的力偶矩等于力系对简化中心 O 的主矩。这时，如把原力系向其他点简化，结果一样，即在这一情况下，力系的主矩与简化中心的位置无关。

(3) $\boldsymbol{F}'_{\mathrm{R}} \neq 0$, $M_O = 0$ 。力系简化为合力，合力的作用线一定通过简化中心。

(4) $\boldsymbol{F}'_{\mathrm{R}} \neq 0$, $M_O \neq 0$ 。这时可以做进一步的简化，利用力的平移定理，可将主矢、主矩进一步简化为一个作用于另一点的合力，如图 3.4 所示。合力作用线与简化中心的距离为

$$d = \left| \frac{M_O}{F'_{\mathrm{R}}} \right| \tag{3.7}$$

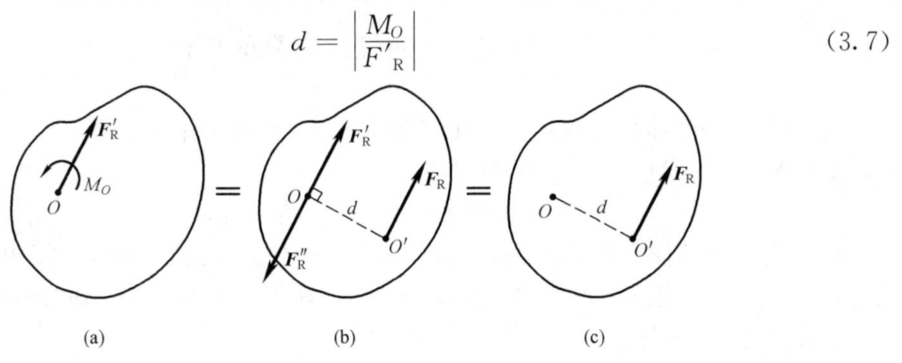

图 3.4

由上易得

$$M_O(\boldsymbol{F}_{\mathrm{R}}) = \boldsymbol{F}_{\mathrm{R}}d = \boldsymbol{F}'_{\mathrm{R}}d = M_O$$

又因为主矩为

$$M_O = \sum M_O(\boldsymbol{F}_i)$$

所以

$$M_O(\boldsymbol{F}_{\mathrm{R}}) = \sum M_O(\boldsymbol{F}_i) \tag{3.8}$$

式（3.8）即为平面任意力系的**合力矩定理。**即平面任意力系的合力，对于平面内任一点的矩等于各分力对于同一点之矩的代数和。

4. 分布荷载

结构物的荷载如果作用面积很小，可以简化成一个单个的力，称为**集中力**或**集中荷载**，如机车车轮对铁轨的压力，吊车缆绳对货物的提升拉力等。在求解实际的工程问题时还会遇到另一种力——分布力，这种荷载连续地作用在一定范围之内，称为**分布力**或**分布荷载**，如结构的自重、风载、水压等。描述分布力的大小用单位作用长度（面积、体积）上的荷载 q 表示，称为**荷载集度，**其单位分别为 N/m（$\mathrm{N/m^2}$、$\mathrm{N/m^3}$）。平行的分布力的简化或合成比较容易，如图 3.5（a）所示的均布荷载，荷载集度为 q，作用线长度为 l，则其合力为 $F = ql$，作用于长度 l 的中点。图 3.5（b）所示为三角形分布荷载，其合力为 $F = \frac{1}{2}ql$，作用点距右端距离为 $l/3$。对集度不均匀的一般荷载，其合力大小及作用位置应通过积分确定。

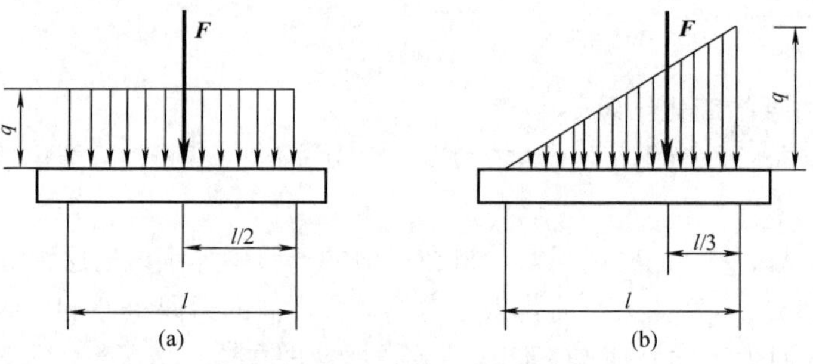

图 3.5

以上结果表明，沿直线且垂直于该直线分布的同向线荷载，其合力的大小等于荷载图形的面积，合力方向与原荷载方向相同，合力作用线通过荷载图形的形心。

§3.3 平面任意力系的平衡

当平面任意力系的主矢和主矩同时等于零时，刚体平衡。由式（3.5）和式（3.3）可知，要使 $\boldsymbol{F}'_{\mathrm{R}} = 0$，$M_O = 0$，必须且只需

$$\sum F_x = 0, \sum F_y = 0, \sum M_O = 0 \tag{3.9}$$

式（3.9）称为平面任意力系的平衡方程，这是三个独立的代数方程，可以求解三个未知量。式（3.9）是平面任意力系平衡方程的基本形式，除了这种形式外，还可将平衡方程表示为二力矩形式或三力矩形式。

二力矩形式的平衡方程

$$\sum F_x = 0, \quad \sum M_A = 0, \quad \sum M_B = 0 \tag{3.10}$$

即一个投影方程和两个力矩方程，其中点 A 和 B 是平面内任意两点，但 A、B 的连线不能与 x 轴垂直。如果不加上 A、B 的连线不能与 x 轴垂直这一附加条件，则方程（3.10）只是平衡的必要条件。

三力矩形式的平衡方程为

$$\sum M_A = 0, \sum M_B = 0, \sum M_C = 0 \tag{3.11}$$

三力矩形式的平衡方程是任取不在同一直线上的三点 A、B、C 为矩心而得到的平衡方程。

尽管平衡方程可以写成不同的形式，但是，平面任意力系的独立平衡方程只有三个，只能求解三个未知数。平衡方程的多种形式为列写平衡方程提供了很大的选择余地，为了简化计算，可适当选取投影轴和矩心，尽可能使一个方程只含一个未知数，尽量不解或少解联立方程。如能灵活运用，可使解题过程十分简捷。

【例 3.1】 起重吊车的简图如图 3.6（a）所示，A 端为止推轴承，B 处为向心轴承，自重 $\boldsymbol{P}$，起吊重物重 $\boldsymbol{W}$。试计算吊车平衡时 A、B 处的约束力。

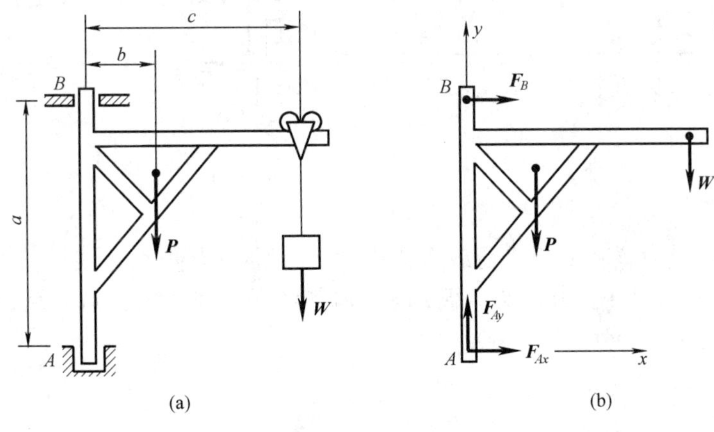

图 3.6

解 (1)考虑吊车的平衡。对吊车进行受力分析，画受力图。

先画出主动力 $\boldsymbol{W}$、$\boldsymbol{P}$，再根据止推轴承对物体的限制作用，则 A 处约束力有 x、y 方向两个分量 $\boldsymbol{F}_{Ax}$ 、$\boldsymbol{F}_{Ay}$；向心轴承 B 可简化为一光滑圆环，因而其约束力 $\boldsymbol{F}_B$ 垂直于支撑面，指向可任意假设，此处假设向右，吊车的受力图如图 3.6（b）所示。

（2）建立坐标系，列写平衡方程，由已知量求未知量。

对点 A 取矩有

$$\sum M_A = 0, \quad -F_B a - Pb - Wc = 0$$

可得 B 处的约束力为

$$F_B = -\frac{Pb + Wc}{a}$$

由 y 方向力的投影方程

$$\sum F_y = 0, \quad F_{Ay} - W - P = 0$$

可得 A 处约束力的铅垂分量为

$$F_{Ay} = P + W$$

由 x 方向力的投影方程

$$\sum F_x = 0, \quad F_{Ax} + F_B = 0$$

可得 A 处约束力的水平分量

$$F_{Ax} = \frac{Pb + Wc}{a}$$

【例 3.2】 在图 3.7（a）所示刚架中，已知 $q_m = 3\text{kN/m}$，$F = 6\sqrt{2}\text{kN}$，$M = 10\text{kN} \cdot \text{m}$。不计刚架自重，求固定端 A 处的约束力。

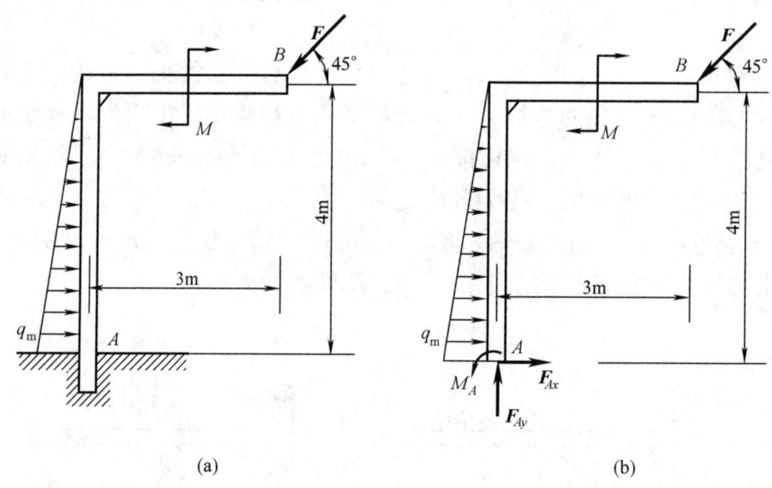

图 3.7

解 分析刚架受力，其上所受荷载有集中力 $\boldsymbol{F}$、集中力偶 M、线性分布荷载，约束力有固定端的约束力 $\boldsymbol{F}_{Ax}$、$\boldsymbol{F}_{Ay}$ 和约束力偶 M_A，刚架的受力图如 3.7（b）所示。

列平衡方程

$$\sum F_x = 0, \quad F_{Ax} + \frac{1}{2} q_m \times 4 - F\cos 45^\circ = 0$$

$$\sum F_y = 0, \quad F_{Ay} - \frac{\sqrt{2}}{2} F = 0$$

$$\sum M_A = 0, \quad M_A - M - \frac{1}{2} q_m \times 4 \times \frac{1}{3} \times 4 + \frac{F}{\sqrt{2}}(4 - 3) = 0$$

代入数值，解得

$$F_{Ax} = 0, \quad F_{Ay} = 6\text{kN}, \quad M_A = 12\text{kN} \cdot \text{m}$$

平面汇交力系、平面力偶系的平衡方程易于从平面任意力系的结果中得到。

各力作用线在同一平面内且相互平行的力系称为**平面平行力系**。它也是平面任意力系的特例，也应满足平面任意力系平衡方程。若取力系中各力平行于轴 Oy，则 $\sum F_x \equiv 0$，于是平面平行力系的平衡方程只有两个，即

$$\sum F_y = 0, \sum M_O = 0 \tag{3.12}$$

当然也可将上式表示为两力矩形式。平面平行力系的独立平衡方程只有两个，只能求解两个未知量。

【例 3.3】 塔式轨道起重机如图 3.8 所示。机身重 $G = 220\text{kN}$，作用线通过塔架的中心。已知最大起重量 $P = 50\text{kN}$，起重悬臂长 12m，轨道 AB 的间距为 4m，平衡重 $\boldsymbol{W}$ 到机身中心线的距离为 6m。试求能保证起重机不会翻倒的平衡重的大小 W。

解　取起重机整体为研究对象。起重机在起吊重物时，作用在它上面的力有机身自重 $\boldsymbol{G}$，平衡重 $\boldsymbol{W}$，起吊重量 $\boldsymbol{P}$，以及轨道对轮子的约束力 $\boldsymbol{F}_A$、$\boldsymbol{F}_B$，这些力组成一平面平行力系，如图 3.8 所示。

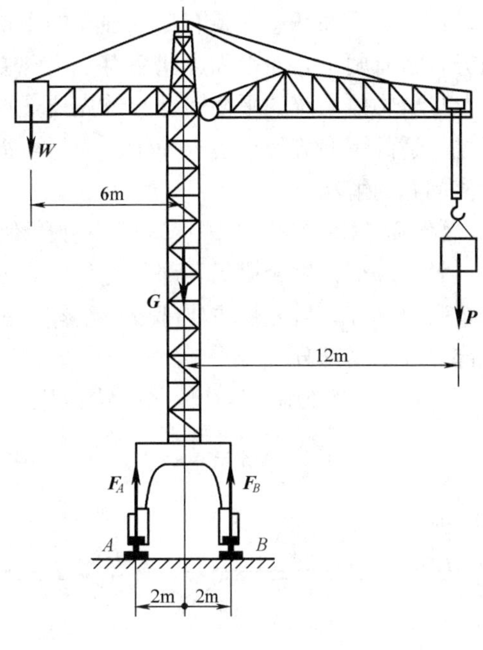

图 3.8

要保证起重机不会翻倒，就是要保证起重机在满载时不绕点 B 向右翻倒；空载时不绕点 A 向左翻倒。这就要求作用在起重机上的力系在以上两种情况下都能满足平衡条件。

满载时（$P=50\text{kN}$），假定起重机处于平衡的临界情况（即将翻未翻时），则有 $F_A=0$，这时可由平衡方程式求出平衡重的最小值 $W_{\min}$，对点 B 取矩有

$$\sum M_B = 0$$

$$G\times 2+W_{\min}\times(6+2)-P\times(12-2)=0$$

求得满载时保证起重机不会翻倒的最小平衡重为

$$W_{\min}=7.5\text{kN}$$

空载时（$P=0$），又假定起重机处于平衡的另一临界情况，则有 $F_B=0$，这时可由平衡方程求出平衡重的最大值 $W_{\max}$。对点 A 取矩有

$$\sum M_A = 0 \qquad W_{\max}\times(6-2)-G\times 2=0$$

可得空载时保证起重机不会翻倒的最大平衡重为

$$W_{\max}=110\text{kN}$$

上面 $W_{\min}$ 的 $W_{\max}$ 和是在满载和空载两种极限平衡状态下求得的，起重机实际工作时当然不允许处于这种危险状态。因此要保证起重机不会翻倒，平衡重的大小 W 应在这两者之间，即

$$7.5\text{kN}<W<110\text{kN}$$

从以上例题可知，求解静力学平衡问题的步骤为：

（1）取研究对象；

（2）画受力图；

（3）选择并建立坐标系；

（4）列平衡方程式；

（5）解方程；

（6）校核。

§3.4　物体系统的平衡

在工程实际中，要研究由多个物体组成的系统的平衡问题。当物体系统平衡时，组成系统的每一个物体都处于平衡状态，因此对于系统中每一个物体，均可写出一定数目的平衡方

程。例如，平面任意力系有三个独立的平衡方程，平面汇交力系和平面平行力系的独立的平衡方程各有两个，而平面力偶系有一个独立的平衡方程。

求解物体系统的平衡问题，首先要选取合适的研究对象，正确分析并画出受力图，然后建立合适的平衡方程求解未知量，应尽可能使计算简化。下面通过实例来说明各种物体系统平衡问题的解法。

【例 3.4】 如图 3.9（a）所示组合梁，已知 a、θ、q，$F = qa$。试求 A、C 处的约束力。

解 分析：组合梁的各部分有主次之分，在研究有主次之分的物体系统的平衡时，应先分析次要部分，后分析主要部分或整体。本题 AB 梁是主要部分或基本部分，而 BC 梁是次要部分或附属部分。

先取 BC 梁为研究对象，受力图如图 3.9（b）所示。列平衡方程

$$\sum M_B = 0，\quad F_C\cos\theta \times 2a - Fa = 0，\quad F_C = qa/(2\cos\theta)$$

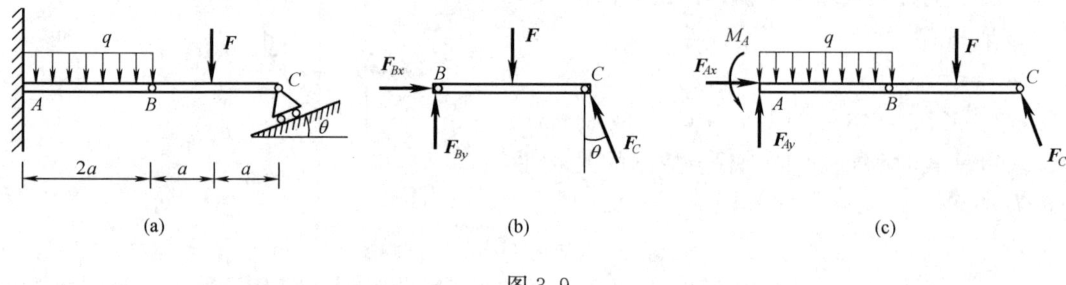

图 3.9

再研究整体［图 3.10（c）］

$$\sum F_x = 0，\quad F_{Ax} - F_C\sin\theta = 0, F_{Ax} = (qa\tan\theta)/2$$

$$\sum F_y = 0，\quad F_{Ay} - 2qa - F + F_C\cos\theta = 0, F_{Ay} = 5qa/2$$

$$\sum M_A = 0，\quad M_A - 2qa \cdot a - F \times 3a + F_C\cos\theta \times 4a = 0, M_A = 3qa^2$$

【例 3.5】 由 AC 和 CD 构成的组合梁通过铰链 C 连接。它的支撑和受力如图 3.10（a）所示。已知 $q = 10\text{kN/m}$，$M = 40\text{kN}\cdot\text{m}$，不计梁的自重。求支座 A、B、D 及铰链 C 处的约束力。

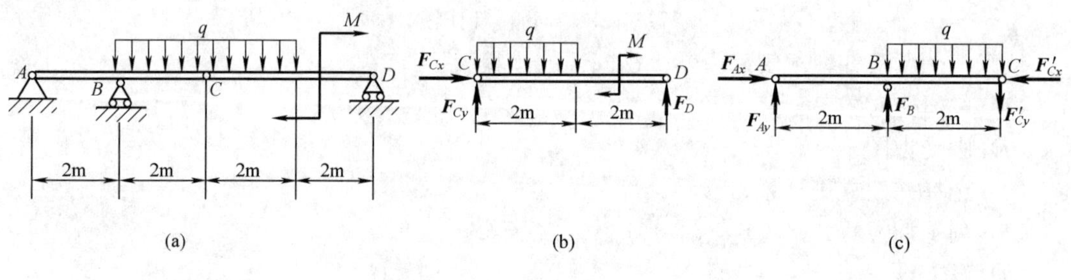

图 3.10

解 先研究次梁 CD，受力图见图 3.10（b）。

$$\sum M_C = 0，\quad F_D \times 4 - \frac{1}{2}q \times 2^2 - M = 0，\quad F_D = 15\text{kN}$$

$$\sum F_x = 0，\quad F_{Cx} = 0$$

$$\sum F_y = 0，\quad F_C + F_D - q \times 2 = 0，\quad F_C = 5\text{kN}$$

再研究主梁 AC，受力图见 3.10（c）。

$$\Sigma M_A = 0, \quad F_B \times 2 - F_{Cy} \times 4 - q \times 2 \times 3 = 0, \qquad F_B = 40\text{kN}$$

$$\Sigma F_x = 0, \quad F_{Ax} = 0$$

$$\Sigma F_y = 0, \quad F_A + F_B - F_{Cy} - q \times 2 = 0, \quad F_A = -15\text{kN}$$

【例 3.6】 构架如图 3.11（a）所示。已知 A、B、C、O 均为光滑铰链连接，重物重 P，滑轮半径 $r = \dfrac{a}{2}$，杆及滑轮的重量不计。求支座 A 和 B 处的约束力。

解 分析：本系统没有主次之分。先考虑取整体为研究对象［图 3.11（b）］可显示 A、B 处待求未知力，4 个未知量 3 个方程无法全部解出，但可以求出 $\boldsymbol{F}_{Ax}$ 和 $\boldsymbol{F}_{Bx}$。为达到全部求出的目的，考虑取分离体补充平衡条件。由于水平杆 AC 几何关系简单，故可取杆 AC 为研究对象［图 3.11（c）］，两个研究对象有 6 个未知量和 6 个独立方程，可以求解。根据题意，杆 AC 部分只需列一个平衡方程即可求解。

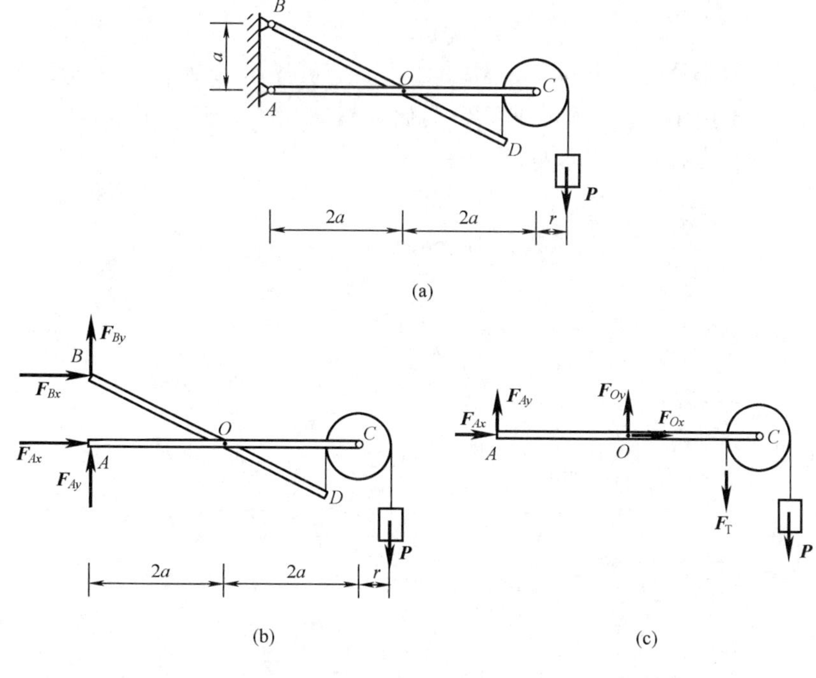

图 3.11

先取整体为研究对象，受力图如图 3.11（b）所示。列平衡方程

$$\Sigma M_B = 0, \quad F_{Ax}a - P \times (4a + r) = 0, \quad F_{Ax} = 4.5P$$

$$\Sigma M_A = 0, \quad -F_{Bx}a - P \times (4a + r) = 0, \quad F_{Bx} = -4.5P \tag{a}$$

$$\Sigma F_y = 0, \quad F_{Ay} + F_{By} - P = 0$$

该方程有两个未知量，需要补充方程。

再取 AC 杆、滑轮及重物组成的系统为研究对象，受力图如图 3.11（c）所示。列平衡方程

$$\Sigma M_O = 0, \quad F_{Ay} \times 2a + F_T \times (2a - r) + P(2a + r) = 0$$

利用 $F_T = P$，得

$$F_{Ay} = -2P$$

将 F_{Ay} 代入到方程（a），得

$$F_{By} = 3P$$

可由 BD 杆的平衡条件校核以上结果。

【例 3.7】 三铰拱如图 3.12（a）所示。已知 $\boldsymbol{F}_1$、$\boldsymbol{F}_2$、l，试求 A、B 处的约束力和铰链 C 所受的力。

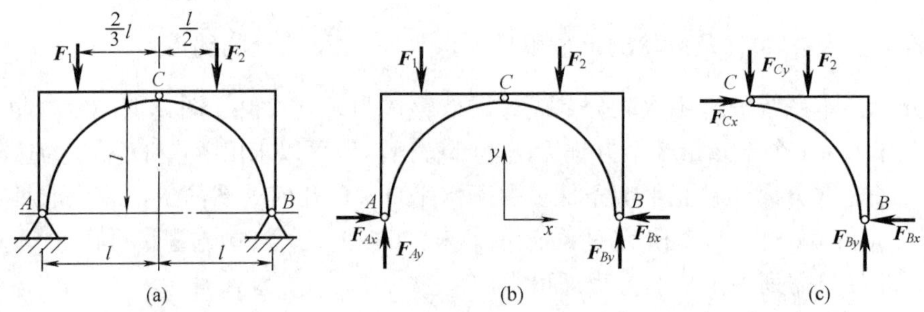

图 3.12

解 分析：先取整体为研究对象［图 3.12（b）］可显示 A、B 处待求未知力，4 个未知量 3 个方程无法全部解出。再取 AC 或 BC 为研究对象［图 3.12（c）］，两个研究对象有 6 个未知量和 6 个独立方程，可以求解。

研究整体［图 3.12（b）］

$$\sum M_A = 0,\quad F_{By}\times 2l - F_1\times\frac{l}{3} - F_2\times\frac{3l}{2} = 0$$

$$\sum M_B = 0,\quad F_1\times\frac{5l}{3} + F_2\times\frac{l}{2} - F_{Ay}\times 2l = 0$$

$$\sum F_x = 0,\quad F_{Ax} - F_{Bx} = 0$$

由前两式，可得

$$F_{By} = \frac{F_1}{6} + \frac{3F_2}{4},\quad F_{Ay} = \frac{5F_1}{6} + \frac{F_2}{4}$$

研究 BC［图 3.12（c）］

$$\sum M_C = 0,\quad F_{By}l - F_{Bx}l - F_2\times\frac{l}{2} = 0$$

可得 F_{Bx}，代入整体平衡方程第三式，可解出 F_{Ax}，即

$$F_{Ax} = F_{Bx} = \frac{F_1}{6} + \frac{F_2}{4}$$

又有

$$\sum F_x = 0,\quad F_{Cx} = F_{Bx} = \frac{F_1}{6} + \frac{F_2}{4}$$

$$\sum F_y = 0,\quad F_{By} - F_{Cy} - F_2 = 0,\quad F_{Cy} = \frac{F_1}{6} - \frac{F_2}{4}$$

本 章 小 结

1. 力的平移定理：平面中一力 $\boldsymbol{F}$ 可以向一点 O 平移而不改变对刚体的作用，但必须附

加一力偶，附加力偶的力偶矩等于原力对平移点的力矩，$M=M_O(\boldsymbol{F})$。

2. 平面任意力系可以向平面上任选的简化中心 O 简化，一般可得一个力和一个力偶。这个力即为力系的主矢，有

$$\boldsymbol{F}'_R = \sum \boldsymbol{F}_i$$

或

$$F'_{Rx} = \sum F_{ix} \text{，} F'_{Ry} = \sum F_{iy}$$

与简化中心的选择无关，作用线通过简化中心；这个力偶即为力系的主矩，有

$$M_O = \sum M_O(\boldsymbol{F}_i)$$

一般与简化中心的选择有关。

3. 平面任意力系简化的最后结果有三种情况：平衡、合力偶、合力。

4. 平面任意力系的平衡条件是

$$\sum \boldsymbol{F}_i = 0 \text{，} \sum M_O(\boldsymbol{F}_i) = 0$$

独立的平衡方程有3个，其基本形式为

$$\sum F_x = 0, \sum F_y = 0, \sum M_O = 0$$

平衡方程还有二矩式 $\sum F_x = 0, \sum M_A = 0, \sum M_B = 0$，其中 x 轴不得垂直于 A、B 连线；

三矩式 $\sum M_A = 0, \sum M_B = 0, \sum M_C = 0$，其中 A、B、C 不得共线。

5. 平面任意力系在特殊情况下的平衡方程基本形式是：

平面汇交力系为 $\sum F_x = 0, \sum F_y = 0$，独立平衡方程的个数是2；

平面平行力系（各力与轴 y 平行）为 $\sum F_y = 0, \sum M_O = 0$，独立平衡方程的个数是2；

平面力偶系为 $\sum M_i = 0$，独立平衡方程的个数是1。

概念分析与工程应用实训

3.1 宽度为1m的大门上沿设置钢筋混凝土过梁及板式雨篷悬挑结构，其剖面图如图3.13所示，已知：砖砌体的自重为19kN/m^3，钢筋混凝土的自重为25kN/m^3，雨篷承受的均布活荷载为0.7kN/m^2，施工或检修集中荷载按1kN/m计。墙厚300mm，雨篷板宽度为1m，长度为1.6 m，厚度为0.1m。试求：

（1）建立钢筋混凝土雨篷的力学模型，画出雨篷的受力图；

（2）估算雨篷的外荷载，计算雨篷在固定端截面处的弯矩；

（3）对雨篷进行抗倾覆计算。

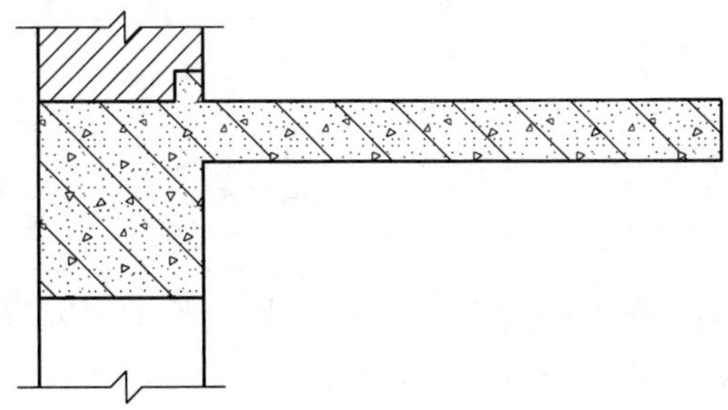

图3.13

3.2 厂房的边柱如图 3.14 所示。左侧均布荷载为风压力，由屋架、左侧牛腿上托墙梁、右侧台阶上吊车梁施加的力，以及柱的自重等均用集中力表示。柱的下端是杯形基础，用细石混凝土灌缝。试

（1）对边柱进行受力分析，画出边柱的受力图，并对各种荷载标注符号；

（2）根据平衡条件，导出边柱支座反力的表达式；

（3）对边柱进行抗倾覆计算，并分析为提高边柱的抗倾覆能力应注意哪些问题。

3.3 大型塔式起重机如图 3.15 所示，试

（1）假设各尺寸和荷载的符号，并进行标注；

（2）分析塔式起重机的工作过程，在静止平衡或匀速运行的情况下，找出可能的危险工况；

（3）对上述各种可能的危险工况进行受力分析，分别画出其受力图；

（4）对各种可能的危险工况进行抗倾覆分析，建立抗倾覆条件；

（5）分析塔式起重机组装或拆卸时的受力情况，并指出必须注意的问题。

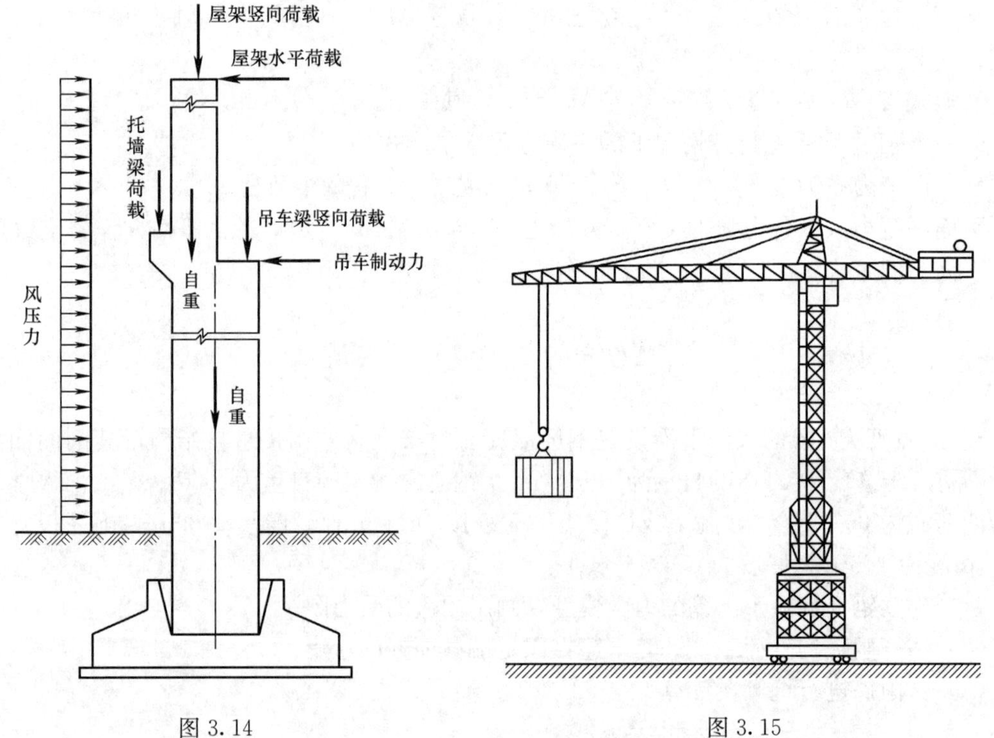

图 3.14　　图 3.15

习　　题

3.1 试将图 3.16 所示滑轮上所受的力系 $\boldsymbol{F}_1$、$\boldsymbol{F}_2$、$\boldsymbol{F}_3$ 向中心简化，其中 $F_1=1200\text{N}$，$F_2=900\text{N}$，$F_3=500\text{N}$，$R=0.3\text{ m}$，$r=0.2\text{m}$。

3.2 图 3.17 所示平面任意力系中，$F_1=40\sqrt{2}\text{N}$，$F_2=80\text{N}$，$F_3=40\text{N}$，$F_4=110\text{N}$，$M=2000\text{N}\cdot\text{mm}$。各力作用位置如图 3.17 所示，图中尺寸的单位为 mm。试求力系向点 O

简化的结果。

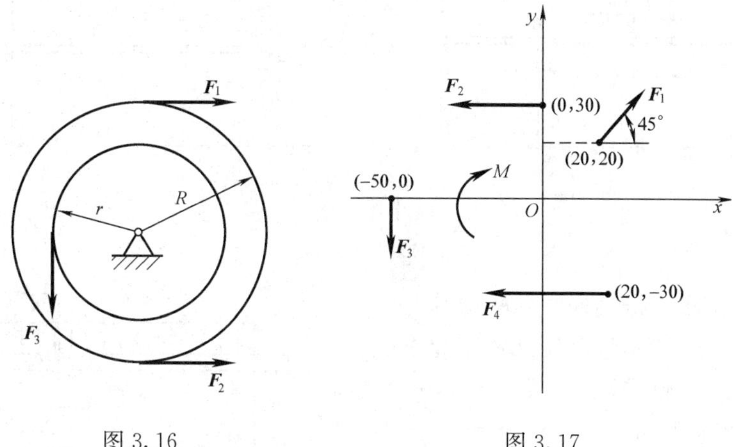

图 3.16　　图 3.17

3.3 杠杆 ABC 在 A 处用铰链连接，而在 B 处与一曲杆 BD 相连，如图 3.18 所示。已知作用于 C 处的水平力 $F=400\text{N}$，构件自重不计。求 A 处所受的约束力。

3.4 如图 3.19 所示，飞机机翼上安装 1 台发动机，作用在机翼 OA 上的气动力按梯形分布：$q_1=60\text{kN/m}, q_2=40\text{kN/m}$，机翼重 $P_1=45\text{kN}$，发动机重 $P_2=20\text{kN}$，发动机螺旋桨的反作用力偶矩 $M=18\text{kN}\cdot\text{m}$。求机翼处于平衡状态时，机翼根部固定端 O 的受力。

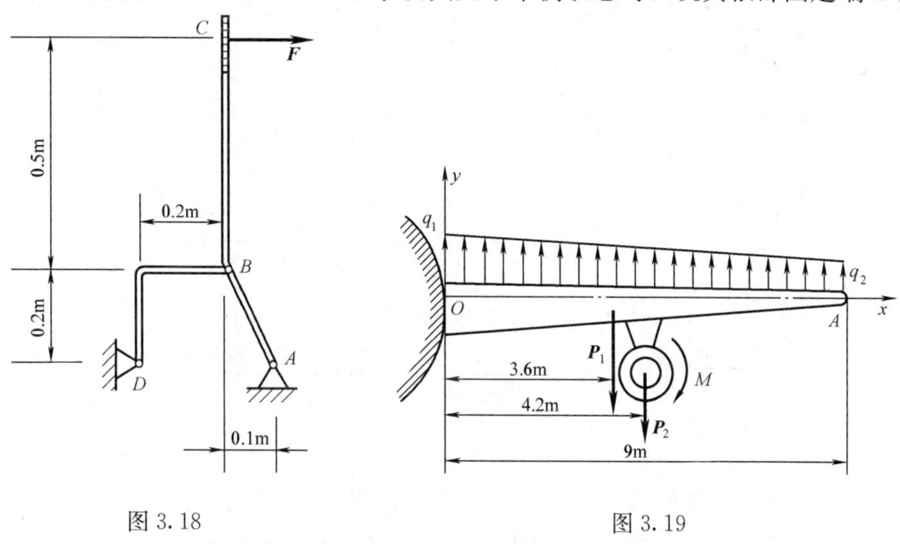

图 3.18　　图 3.19

3.5 无重水平梁的支撑和荷载如图 3.20 所示。已知力 $\boldsymbol{F}$、力偶矩为 M 的力偶和荷载集度为 q 的均布荷载。求支座 A 和 B 处的约束力。

3.6 如图 3.21 所示，悬臂梁 AB 受到均布荷载和力偶的作用，已知荷载集度 $q=2\text{kN/m}$，力偶矩 $M=5\text{kN}\cdot\text{m}$，$l=4\text{m}$。求固定端 A 处的约束力。

3.7 如图 3.22 所示，厂房立柱的根部用混凝土砂浆与基础连在一起，已知吊车梁给立柱的铅垂荷载 $P=60\text{kN}$，风的分布荷载集度 $q=2\text{kN/m}$，立柱自身的重量 $G=40\text{kN}$，且 $a=0.5\text{m}$，$h=10\text{m}$。试求立柱根部的约束力。

3.8 梁 AB 用 a、b、c 三根链杆支撑，其受载情况如图 3.23 所示。已知 $F=100\text{kN}$，

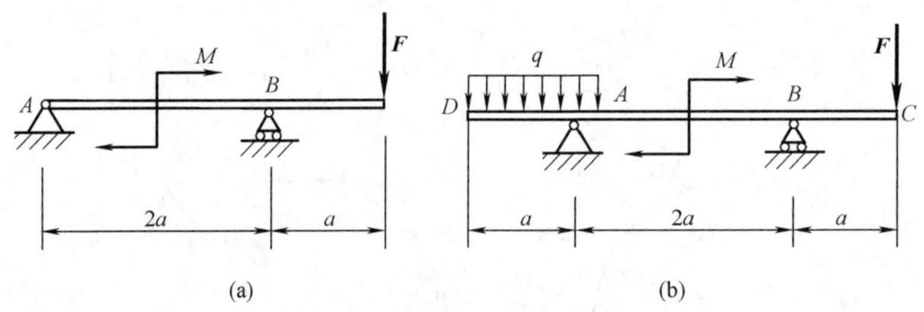

图 3.20

$M=50\text{kN}\cdot\text{m}$，试求三根链杆所受的约束力。

3.9 如图 3.24 所示，液压式汽车起重机全部固定部分（包括汽车自重）总重 $P_1=60\text{kN}$，旋转部分总重 $P_2=20\text{kN}$，$a=1.4\text{m}$，$b=0.4\text{m}$，$l_1=1.85\text{m}$，$l_2=1.4\text{m}$。求：

（1）当 $l=3\text{m}$，起吊重量 $P=50\text{kN}$ 时，支撑腿 A、B 所受地面的约束力；

（2）当 $l=5\text{m}$ 时，为了保证起重机不致翻倒，问最大起重量为多大？

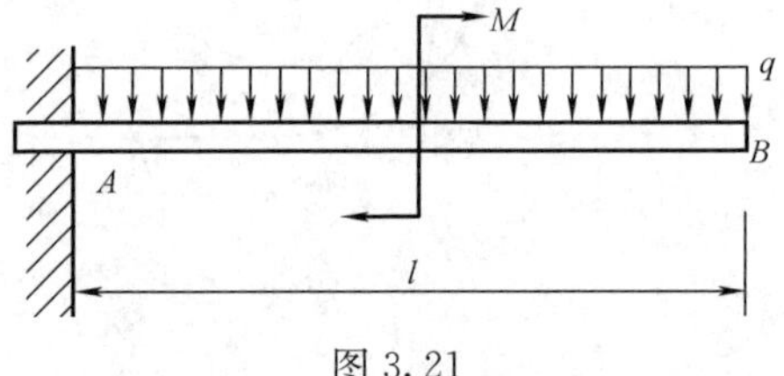

图 3.21

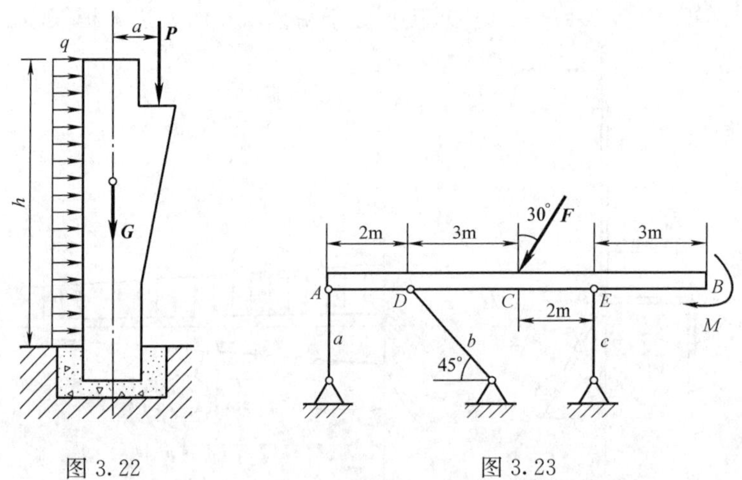

图 3.22 图 3.23

3.10 水平梁 AB 由铰链 A 和杆 BC 所支持，如图 3.25 所示。有梁上 D 处用销子安装半径 $r=0.1\text{m}$ 的滑轮，有一跨过滑轮的绳子，其一端水平地系于墙上，另一端悬挂有重 $P=1800\text{N}$ 的重物。如 $AD=0.2\text{m}$，$BD=0.4\text{m}$，$\varphi=45°$，且不计梁、杆、滑轮和绳的重量。试求铰链 A 和杆 BC 对梁的约束力。

3.11 轮式拖拉机制动器的操纵机构如图 3.26 所示。作用在踏板 A 上的力 $\boldsymbol{F}$ 通过杠杆 AOB 和拉杆 BC 传给摇臂 CD，若不计各构件的重量，求平衡时力 $\boldsymbol{F}_1$ 与力 $\boldsymbol{F}$ 的比值。

3.12 如图 3.27 所示，在曲柄压力机中，已知曲柄 $OA=R=230\text{mm}$，设计要求：当 $\theta=20°,\varphi=3.2°$ 时达到最大冲压力 $F=3150\text{kN}$，求最大冲压力 $\boldsymbol{F}$ 作用时，导轨对滑块的侧压力和曲柄上所加的转矩 M，并求此时轴承 O 处的约束力。

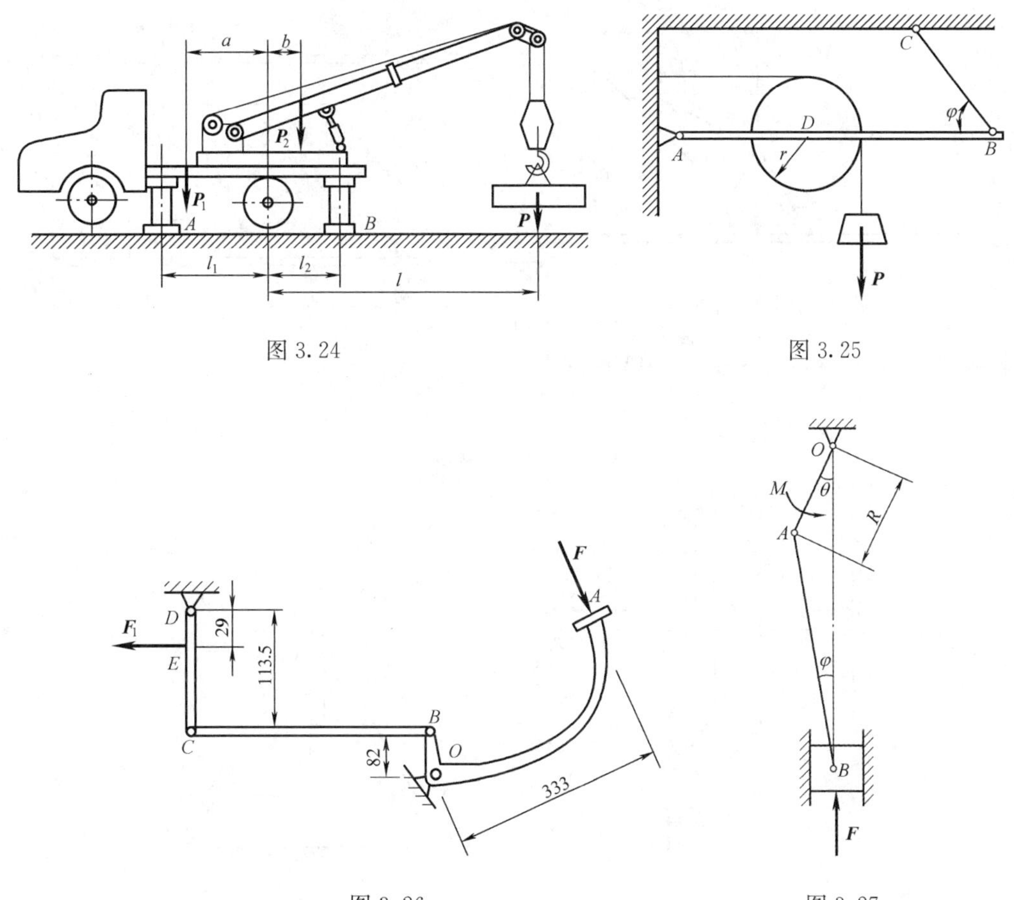

图 3.24

图 3.25

图 3.26

图 3.27

3.13　如图 3.28 所示，组合梁由 AC 和 CD 两段铰接构成，起重机放在梁上。已知起重机重 $P_1=50\text{kN}$，重心在铅直线 EC 上，起重荷载 $P_2=10\text{kN}$。如不计梁重，求支座 A、B、D 三处的约束力。

3.14　在图 3.29（a）、（b）所示两连续梁中，已知 q、M、a 及 θ，不计梁的自重，求两连续梁在 A、B、C 三处的约束力。

3.15　图 3.30 所示构架中，物体重 $P=1200\text{N}$，由细绳跨过滑轮 E 而水平系于墙上，尺寸如图 3.33 所示。不计杆和滑轮的重量，求支撑 A 和 B 处的约束力，以及杆 BC 的内力 $\boldsymbol{F}_{BC}$。

3.16　如图 3.31 所示，折梯由两个相同的部分 AC 和 BC 构成，这两部分各重 $W=100\text{N}$，在点 C 用铰链连接，并用绳子在点 D、E 互相连接，销钉上悬挂重物 $P=500\text{N}$。已知 $AC=BC=4\text{m}$，$DC=EC=3\text{m}$，$\angle CAB=60°$，不计摩擦。求绳子的拉力和杆 AC、BC 作用于销钉 C 的约束力。

3.17　如图 3.32 所示，构架由杆 AB 和 BC 组成。已知重物 $G=20\text{kN}$，$AD=DB=1\text{m}$，$AC=2\text{m}$，滑轮半径均为 30cm，不计杆和滑轮的自重。试求 A 和 C 处的约束力。

3.18　构架由杆 AB、AC 和 DF 组成，如图 3.33 所示。杆 DF 上的销子 E 可在杆 AC 的光滑槽内滑动，不计各杆的重量。在水平杆 DF 的一端作用铅直力 $\boldsymbol{F}$，求铅直杆 AB 上铰链 A、D 和 B 所受力。

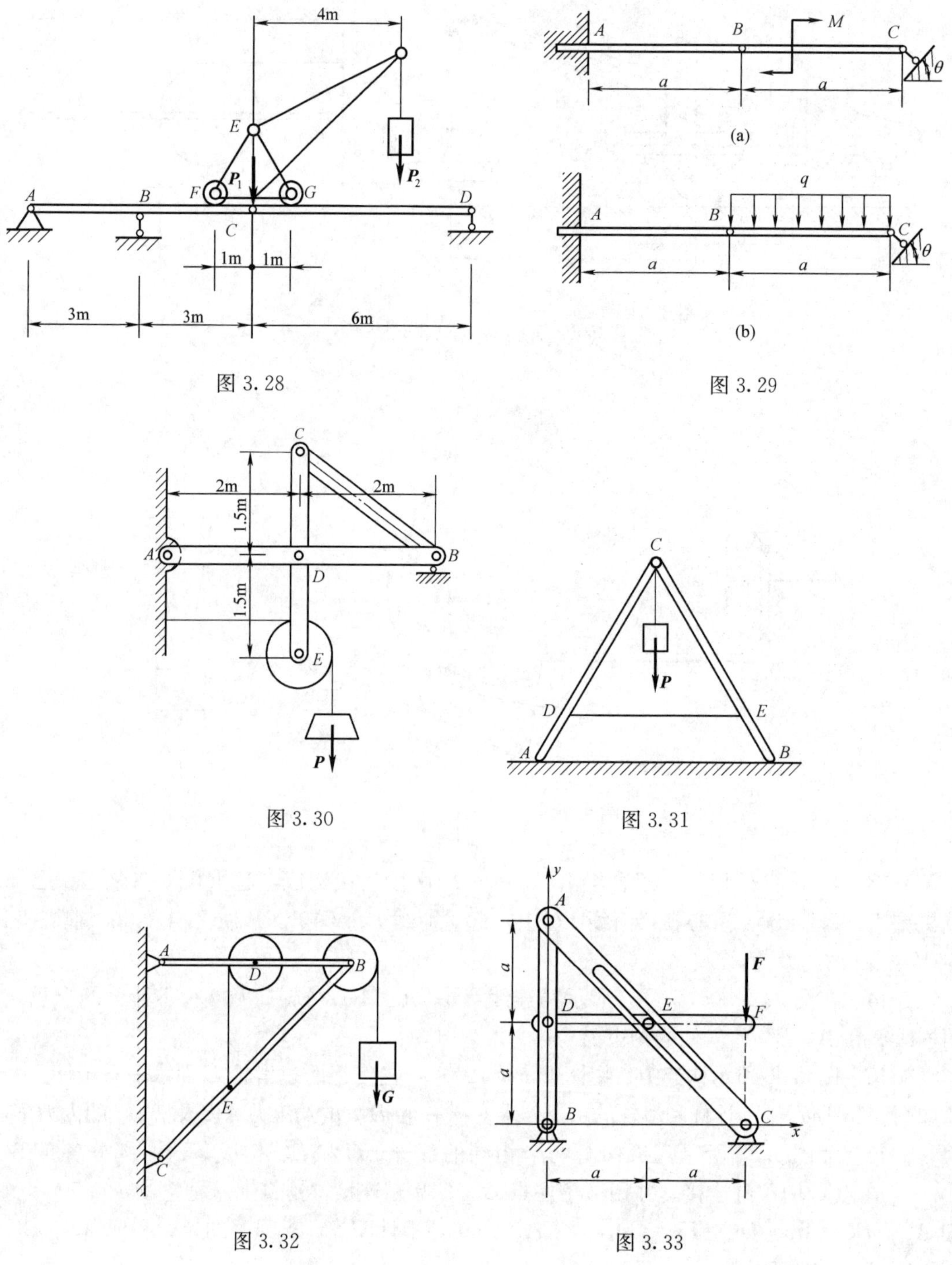

图 3.28

图 3.29

图 3.30

图 3.31

图 3.32

图 3.33

第 4 章　摩　　擦

教学要求

1. 理解滑动摩擦的概念和特征；
2. 能求解考虑摩擦时的平衡问题。

本章阐述静滑动摩擦和动滑动摩擦的性质、摩擦定律以及工程中常用的摩擦角、自锁现象等，最后介绍考虑摩擦时物体平衡问题的分析方法。

§4.1　滑　动　摩　擦

1. 摩擦的概念

在前面几章中，都假定物体间的接触是绝对光滑的，因而接触物体间的相互作用力都是沿着接触面的公法线方向。实际上，绝对光滑的接触面并不存在，任何物体表面总有些凹凸不平。因此，当两个接触物体沿接触面有相对运动或相对运动趋势时，在接触面上就产生阻碍运动的阻力，即摩擦力。在许多问题中摩擦的作用十分显著，甚至起主要作用。例如，梯子倚在墙边不倒，就是依靠了粗糙地面的摩擦力；汽车之所以能向前行驶，也是依靠了主动轮与地面间向前的摩擦力。其他如人的行走，机床上用的夹具，摩擦轮的传动，都是依靠摩擦来实现的。根据两物体间接触表面物理本质的不同，摩擦可分为干摩擦和湿摩擦。如果接触面是干燥的，例如，摩擦桩与土体，夹具与工件等，即为干摩擦；如果两物体接触处存在润滑剂，或流体与其他物体间所出现的摩擦，例如，加有润滑剂的轴与轴承、流水与坝面间的摩擦等，都属于湿摩擦。此外，按两接触物体相对运动的形式，摩擦又可分为滑动摩擦和滚动摩擦。前者是指接触物体间有相对滑动或滑动趋势时出现的摩擦；后者指有相对滚动或滚动趋势时所产生的摩擦。本章着重研究发生在干燥接触面上的滑动摩擦。

2. 滑动摩擦

两个表面粗糙的物体，当其接触表面之间有相对滑动趋势或相对滑动时，彼此作用有阻碍相对滑动的阻力，即滑动摩擦力。摩擦力作用在两物体相互接触处，其方向与相对滑动的趋势或相对滑动的方向相反，它的大小根据主动力的不同，可以分为三种情况，即静滑动摩擦力、最大静滑动摩擦力和动滑动摩擦力。

（1）静滑动摩擦力。

当物体间仅有相对滑动趋势时，沿公切线的阻力称为静滑动摩擦力。

在粗糙的水平面上放置一重为 W 的物体，在重力 $\boldsymbol{W}$ 和法向约束力 $\boldsymbol{F}_{\mathrm{N}}$ 的作用下处于平衡状态。今在该物体上作用一个大小可变化的水平力 $\boldsymbol{P}$，当力 $\boldsymbol{P}$ 由零逐渐增大但不超过某一值时，物体仍保持静止。由此可见，支撑面对物体的作用力，除了法向约束力 $\boldsymbol{F}_{\mathrm{N}}$ 之外，还有一个阻碍物体沿水平面向右滑动的切向约束力，此力即为**静滑动摩擦力**，简称**静摩擦力**，以 $\boldsymbol{F}_{\mathrm{s}}$ 表示，方向向左，如图 4.1 所示。因而，静摩擦力是不光滑接触面对物体作用的切向

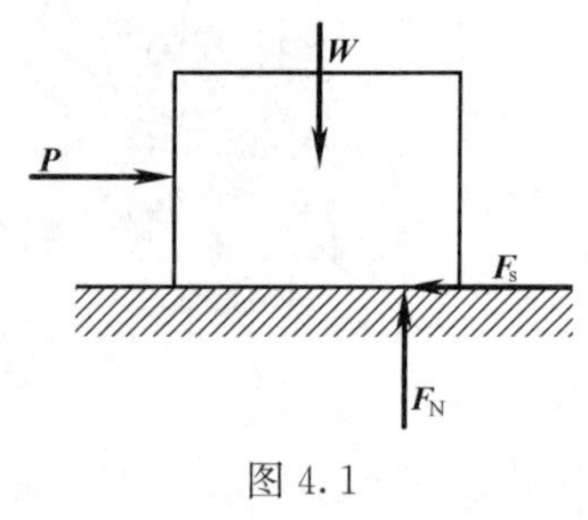

图 4.1

约束力，其方向与物体的相对滑动趋势相反，它的大小可由平衡方程确定，即由 $\sum F_x = 0$，解得静摩擦力的大小 $F_s = P$。由此可知，当主动力 $\boldsymbol{P}$ 的大小在一定的范围内时，静摩擦力的大小随水平力 $\boldsymbol{P}$ 的增大而增大，这是静摩擦力和一般约束力相同的性质。

当力 $\boldsymbol{P}$ 的大小增至某一数值时，物体处于将要滑动，但尚未滑动的临界平衡状态。这时，力 $\boldsymbol{P}$ 再增大一点，物体即开始滑动。当物体处于临界平衡状态时，静摩擦力达到最大值，即为最大静滑动摩擦力，简称最大静摩擦力，以 $\boldsymbol{F}_{max}$ 表示。此后，如果 $\boldsymbol{P}$ 再继续增大，物体由静止进入滑动，平衡被破坏。

由上面的讨论可知，静摩擦力的大小随主动力变化而改变，但它有一个确定的范围，即

$$0 \leqslant F_s \leqslant F_{max} \tag{4.1}$$

式（4.1）表明，静摩擦力并不随着力 $\boldsymbol{P}$ 的增大而无限度地增大，这是静摩擦力与其他约束力的根本区别。大量的实验证明：最大静摩擦力的大小与两接触物体间的正压力（即法向约束力）成正比，即

$$F_{max} = f_s F_N \tag{4.2}$$

式中，f_s 称为**静滑动摩擦因数**（简称**静摩擦因数**），它是量纲为一的量，其大小需由实验测定。它与相互接触的物体的材料、表面粗糙度、湿度、温度有关，而与接触面积的大小无关。表 4.1 中列出了部分材料的静摩擦因数，供参考。式（4.2）称为静摩擦定律（又称库仑定律），它是静摩擦的近似定律，远不能反映出静滑动摩擦的复杂现象。但由于公式简单，计算方便，且有足够的准确性，所以在工程实际中被广泛地应用。

表 4.1　常用材料的滑动摩擦因数

材料名称	静摩擦因数 f_s		动摩擦因数 f	
	无润滑剂	有润滑剂	无润滑剂	有润滑剂
钢、钢	0.15	0.1～0.12	0.15	0.05～0.10
钢、铸铁	0.30		0.18	0.05～0.15
钢、青铜	0.15	0.1～0.15	0.15	0.1～0.15
钢、软钢			0.2	0.1～0.2
铸铁、铸铁		0.18	0.15	0.07～0.12
皮革、铸铁	0.4	0.15	0.6	0.15
木材、木材	0.4～0.6	0.1	0.2～0.5	0.07～0.15

静摩擦定律指出了利用摩擦和减少摩擦的途径。要增大最大静摩擦力，可以通过加大正压力或增大摩擦因数来实现。例如，汽车一般都用后轮驱动，因为后轮正压力大于前轮，这样可以产生较大的向前推动的摩擦力。又如，要在下雪后的路面上撒煤渣，以增大汽车行驶时的摩擦因数，避免打滑。

（2）动滑动摩擦力。

在图 4.1 中，当摩擦力达到最大值，即最大静摩擦力时，若主动力 $\boldsymbol{P}$ 再继续增大，两接触物体之间将出现相对滑动。这时在接触面上产生的摩擦力，称为动滑动摩擦力，简称**动**

摩擦力，以 $\boldsymbol{F}$ 表示，$\boldsymbol{F}$ 的数值略小于 $\boldsymbol{F}_{max}$ 。实验表明：动摩擦力的大小与两接触物体间的正压力（即法向约束力）成正比，即

$$F = fF_N \tag{4.3}$$

式中，f 称为**动滑动摩擦因数**（简称**动摩擦因数**），它与接触物的材料和接触表面情况有关，且略小于静摩擦因数，即 $f < f_s$ ，见表4.1。实验表明，通常 f 随两接触物体的相对速度增加而减小，最后达到某一极限值，但在一定的速度范围内，可近似地认为是个常数。在机器中，通常用降低接触面的粗糙度或加入润滑剂等方法，使动摩擦因数 f 降低，以减小摩擦和磨损。

§4.2　摩擦角和自锁现象

1. 摩擦角

当考虑摩擦时，支撑面对物体的约束力由法向约束力 $\boldsymbol{F}_N$ 和切向约束力 $\boldsymbol{F}_s$（即静摩擦力）构成。这两个力的矢量和 $\boldsymbol{F}_R = \boldsymbol{F}_s + \boldsymbol{F}_N$ 称为支撑面的**全约束力**，它的作用线与支撑面的公法线成一夹角 φ ，如图4.2所示，即有

$$\tan\varphi = \frac{F_s}{F_N}$$

当物体处于临界平衡状态时，静摩擦力 $\boldsymbol{F}_s$ 达到由式(4.2)确定的最大值 $\boldsymbol{F}_{max}$ ，则由上式可知，夹角 φ 也达到最大值 φ_f 。我们把全约束力与支撑面法线的夹角的最大值 φ_f 称为**摩擦角**，即

$$\tan\varphi_f = \frac{F_{max}}{F_N} = \frac{f_s F_N}{F_N} = f_s \tag{4.4}$$

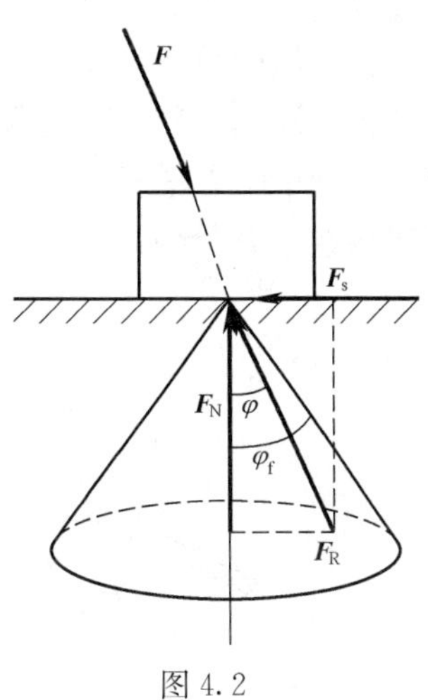

图4.2

由上式可见，摩擦角的正切等于静摩擦因数。这说明，摩擦角和静摩擦因数一样，都是表示材料摩擦性质的物理量。当物体的滑动趋势方向改变时，相应的静摩擦力方向也随之改变，因而全约束力作用线的方向也随之改变。如果接触面沿任何方向的静摩擦因数都相同，则在物体的临界平衡状态下，全约束力的作用线将在空间形成一个顶角为 $2\varphi_f$ 的圆锥面，称之为摩擦锥。

2. 自锁现象

物块平衡时，静摩擦力不一定达到最大值，可为确定范围内的任一值，即 $0 \leqslant F_f \leqslant F_{max}$，用摩擦角表示，有

$$0 \leqslant \varphi \leqslant \varphi_f$$

上式表明：物体平衡时，全约束力的作用线必在摩擦角之内。由此可知：

(1) 如果作用于物块的全部主动力的合力 $\boldsymbol{F}_R$ 的作用线在摩擦角 φ_f 之内，则无论这个力多么大，物块必保持平衡。这种现象称为**自锁现象**。

因为在这种情况下，主动力的合力 $\boldsymbol{F}_P$ 与法线间的夹角 $\varphi \leqslant \varphi_f$ ，而由上面的讨论可知，全约束力 $\boldsymbol{F}_R$ 的作用线也在摩擦角之内，因此 $\boldsymbol{F}_P$ 和 $\boldsymbol{F}_R$ 必能满足二力平衡条件，且 $\theta = \varphi$[图

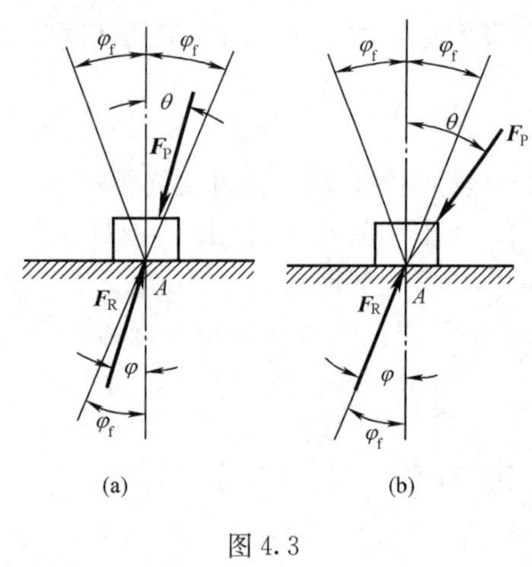

图 4.3

4.3(a)]。

工程实际中常应用自锁原理设计一些机构或夹具，如千斤顶、坑道施工中广泛采用的楔连接、电工攀登电线杆的脚套钩等，使它们始终保持在平衡状态下工作。

(2) 如果作用于物块的全部主动力的合力 $\boldsymbol{F}_{\mathrm{P}}$ 的作用线在摩擦角之外，则无论这个力多么小，物块都不能保持平衡。因为在这种情况下，$\theta > \varphi$，而 $\varphi \leqslant \varphi_{\mathrm{f}}$，支撑面的全约束力 $\boldsymbol{F}_{\mathrm{R}}$ 和主动力的合力 $\boldsymbol{F}_{\mathrm{P}}$ 不可能满足二力平衡条件[图 4.3(b)]。工程实际中，应用这个道理，设法避免发生自锁现象，如工作台在导轨中要求能顺利滑动，不允许发生卡住现象。

3. 摩擦角和自锁现象的应用

应用摩擦角的概念，可采用试验方法测定静摩擦因数。如图 4.4（a）所示，把要测定的两种材料分别做成斜面和物块，把物块放在斜面上，并逐渐从零起增大斜面的倾角 θ，直至物体刚开始下滑为止。记下斜面倾角 θ，而此 θ 角就是要测定的摩擦角 φ_{f}，其正切就是要测定的摩擦因数 f_{s}。这是因为：物块仅受重力 $\boldsymbol{G}$ 和全约束力 $\boldsymbol{F}_{\mathrm{R}}$ 作用而平衡，因而 $\boldsymbol{F}_{\mathrm{R}}$ 与 $\boldsymbol{G}$ 应等值、反向，共线，也即 $\boldsymbol{F}_{\mathrm{R}}$ 的方向为铅垂方向，$\boldsymbol{F}_{\mathrm{R}}$ 与斜面法线的夹角等于斜面的倾角 θ。当物块处于临界平衡状态时，全约束力 $\boldsymbol{F}_{\mathrm{R}}$ 与法线间的夹角等于摩擦角 φ_{f}，即 $\theta = \varphi_{\mathrm{f}}$。因而摩擦因数 $f_{\mathrm{s}} = \tan\varphi_{\mathrm{f}} = \tan\theta$。

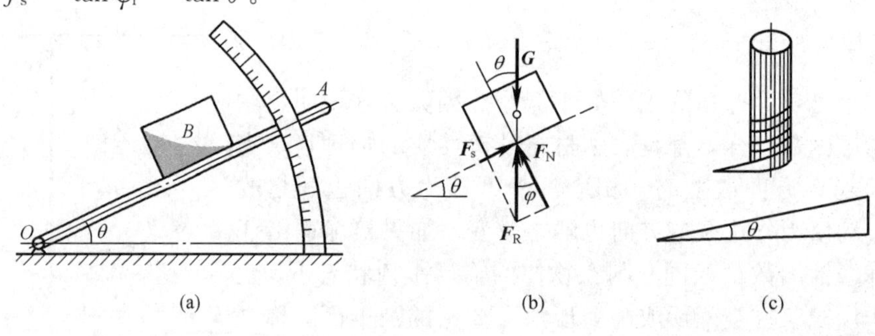

图 4.4

下面讨论斜面的自锁条件，即讨论物块在铅垂荷载 $\boldsymbol{G}$ 的作用下[图 4.4(b)]不沿斜面下滑的条件。由前面分析可知，只有当 $\theta \leqslant \varphi_{\mathrm{f}}$ 时，物块不下滑，即斜面的自锁条件是斜面的倾角小于或等于摩擦角。斜面的自锁条件就是螺纹的自锁条件。因为螺纹可看成绕在一圆柱体上的斜面[图 4.4(c)]，螺纹升角 θ 就是斜面的倾角，螺母相当于斜面上的滑块 B，加于螺母的轴向荷载 $\boldsymbol{G}$，相当于物块 B 的重力，要使螺纹自锁，必须使螺纹的升角 θ 小于或等于摩擦角 φ_{f}。因此螺纹的自锁条件是 $\theta \leqslant \varphi_{\mathrm{f}}$，若螺旋千斤顶的螺杆与螺母之间的摩擦系数 $f_{\mathrm{s}} = 0.1$，则 $\tan\varphi_{\mathrm{f}} = f_{\mathrm{s}} = 0.1$，即 $\varphi_{\mathrm{f}} = 5°43'$，为保证螺旋千斤顶自锁，一般取螺纹升角 $\theta = 4° \sim 4°30'$。利用摩擦角的概念与自锁条件 $\theta \leqslant \varphi_{\mathrm{f}}$，可求解有摩擦的平衡问题，这种方法也称为几何法。

§4.3 考虑摩擦的平衡问题

考虑摩擦时物体平衡问题的求解方法，与忽略摩擦时物体平衡问题的求解方法基本相同，都要通过受力分析，列静力学平衡方程来求解。但考虑摩擦的平衡问题还是有其不同之处：

（1）分析物体受力时，必须考虑接触面之间的切向约束力，即摩擦力 $\boldsymbol{F}_s$ ，这样就增加了未知量的数目。

（2）为确定这些新增加的未知量，除了要写出平衡方程之外，还需根据摩擦定律列出补充方程，即 $F_s \leqslant f_s F_N$ 。

（3）由于物体平衡时，静滑动摩擦力（简称静摩擦力）有一定的取值范围，即 $0 \leqslant F_s \leqslant f_s F_N$ ，这就使得考虑摩擦的平衡问题的解也有一定的范围，而不是一个确定的值。

考虑摩擦的平衡问题一般可以分为以下三种类型：

（1）已知作用在物体上的主动力，需要判断物体是否处于平衡状态并计算其所受的摩擦力，也称为不定状态问题。

（2）已知物体处于临界平衡状态，需要求主动力的大小或物体的平衡位置。

（3）求物体的平衡范围。由于静摩擦力 $\boldsymbol{F}_s$ 可以随主动力而变化（只要满足 $F_s \leqslant F_{max}$ ）。因此在考虑摩擦的平衡问题中，物体所受主动力的大小或平衡位置允许在一定范围内变化。这类问题的解答往往是一个范围值，称为平衡范围。

下面举例加以说明。

【例 4.1】 物块重 $G = 980\text{N}$ ，放在一倾斜角 $\theta = 30^\circ$ 的斜面上。已知接触面间的静摩擦因数 $f_s = 0.2$ 。今有一大小为 $F = 588\text{N}$ 的力沿斜面作用于物块上[图 4.5(a)]。问物块在斜面上是否处于静止？若静止，这时摩擦力为多大？

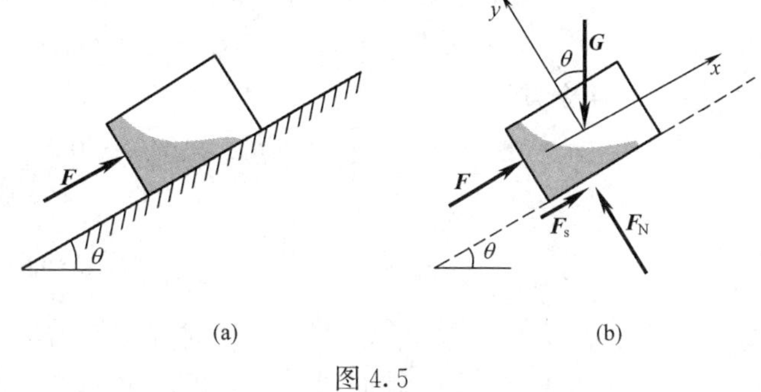

图 4.5

解 本题需判断物块是否处于静止状态，并计算摩擦力，属于不定状态问题。先假设物块平衡，然后根据平衡条件计算所需要的摩擦力以及可能的最大静摩擦力 $\boldsymbol{F}_{max}$ ，进行比较后，就可以确定物块所处的真实状态。

取物块为研究对象。设物块沿斜面有下滑的趋势，静摩擦力 $\boldsymbol{F}_s$ 的指向应与滑动趋势相反，物体的受力图和坐标轴如图 4.5（b）所示。由平衡方程

$$\Sigma F_x = 0, \qquad F_s - G\sin\theta + F = 0, \qquad F_s = -98\text{N}$$

$$\Sigma F_y = 0, \qquad F_N - G\cos\theta = 0, \qquad F_N = 848.7\text{N}$$

根据库仑定律，可能达到的最大静摩擦力为 $F_{max} = f_s F_N = 169.7\text{N}$ ，由于摩擦力 F_s 的绝对值小于最大静摩擦力的值 F_{max} ，说明平衡时需要的静摩擦力小于可能的最大值，故假设平衡正确，物块在斜面上保持平衡。这时摩擦力的大小为 98N，方向与假设相反，是沿斜面

向下。

【例 4.2】　斜面上放一重为 $\boldsymbol{G}$ 的物体，如图 4.6（a）所示。斜面的倾角为 θ，物体与斜面之间的摩擦角为 φ_f，且知 $\theta > \varphi_f$。试求维持物体在斜面上静止时，水平推力 $\boldsymbol{F}_A$ 所容许的范围。

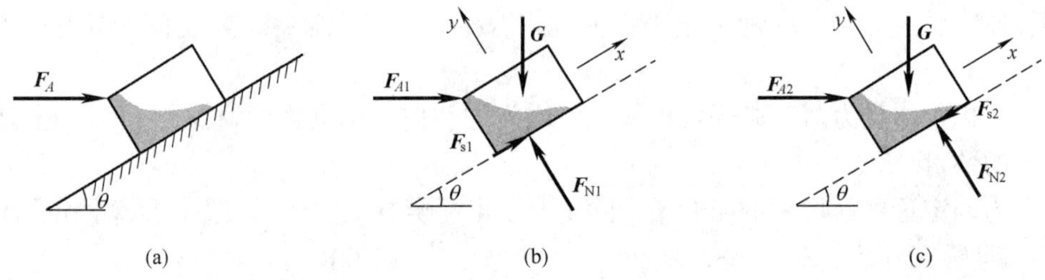

图 4.6

解　取物体为研究对象。由题意知 $\theta > \varphi_f$，如果不加水平力 $\boldsymbol{F}_A$，物体将向下滑动，现在加上水平推力 $\boldsymbol{F}_A$ 可阻止物体向下滑动。当 $\boldsymbol{F}_A$ 最小时，物体处于即将向下滑动的临界状态，当 $\boldsymbol{F}_A$ 最大时，物体处于即将向上滑动的临界状态，所受静摩擦力都达到最大值。故本例为第三种类型的题目。可分为两种临界状态进行分析。

（1）求 F_A 的最小值。设 $F_{A\min}=F_{A1}$，这时静摩擦力 $\boldsymbol{F}_{s1}$ 的方向应沿斜面向上。物体受力情况示于图 4.6（b）。取 xy 坐标轴如图，由平衡方程

$$\sum F_x = 0, F_{A1}\cos\theta - G\sin\theta + F_{s1} = 0$$

$$\sum F_y = 0, \quad -F_{A1}\sin\theta - G\cos\theta + F_{N1} = 0$$

及关于摩擦力的补充方程

$$F_{s1} = f_s F_{N1} = F_{N1}\cdot\tan\varphi_f$$

解得

$$F_{A1} = G\frac{\tan\theta - f_s}{1 + f_s\tan\theta} = G\tan(\theta - \varphi_f)$$

（2）求 F_A 的最大值。设 $F_{A\max}=F_{A2}$，这时静摩擦力的方向应沿斜面向下。物体受力情况示于图 4.6（c），取 xy 坐标轴如图，由平衡方程

$$\sum F_x = 0, \quad F_{A2}\cos\theta - G\sin\theta - F_{s2} = 0$$

$$\sum F_y = 0, -F_{A2}\sin\theta - G\cos\theta + F_{N2} = 0$$

及补充方程

$$F_{s2} = f_s F_{N2} = F_{N2}\tan\varphi_f$$

解得

$$F_{A2} = G\tan(\theta + \varphi_f)$$

本例也可用几何法求解。为此，求 $\boldsymbol{F}_{A1}$ 时把法向约束力 $\boldsymbol{F}_{N1}$ 和摩擦力 $\boldsymbol{F}_{s1}$ 用全约束力 $\boldsymbol{F}_{R1}$ 表示，作用线按滑动趋势的方向偏在接触面公法线的左侧，与公法线的夹角为 φ_f。这样物体在 $\boldsymbol{G}$、$\boldsymbol{F}_A$、$\boldsymbol{F}_{R1}$ 三力作用下处于平衡[图 4.7(a)]，作用力三角形如图所示，解该力三角形可得

$$F_{A1} = G\tan(\theta - \varphi_f)$$

同理，求 $\boldsymbol{F}_{A2}$ 时把法向约束力 $\boldsymbol{F}_{N2}$ 和摩擦力 $\boldsymbol{F}_{s2}$ 用全约束力 $\boldsymbol{F}_{R2}$ 表示，作用线按滑动趋势的方向偏在接触面公法线的右侧[图 4.7(b)]，解其力三角形可得

$$F_{A2}=G\tan(\theta+\varphi_f)$$

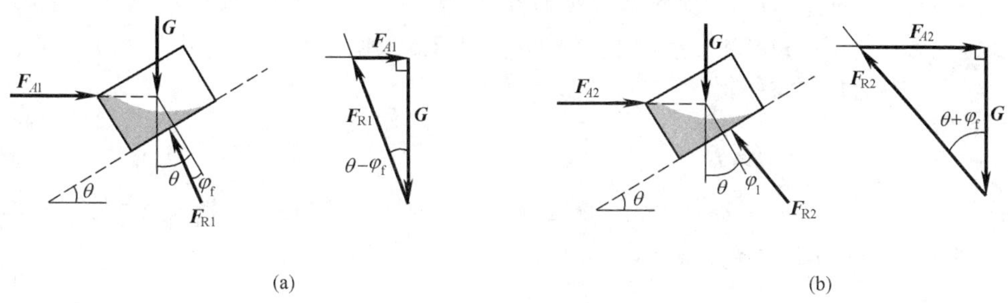

图 4.7

由上可知，当水平推力 $\boldsymbol{F}_A$ 的大小在 $F_{A1}\leqslant F_A\leqslant F_{A2}$ 范围变化时，物体在斜面上总保持静止。这就是它的平衡范围。

【例 4.3】 某变速机构中滑移齿轮如图 4.8（a）所示。已知 b、d、F，齿轮孔与轴间的静摩擦因数 f_s，轮重不计。试求齿轮在推力 $\boldsymbol{F}$ 作用下不被卡住的距离 a。

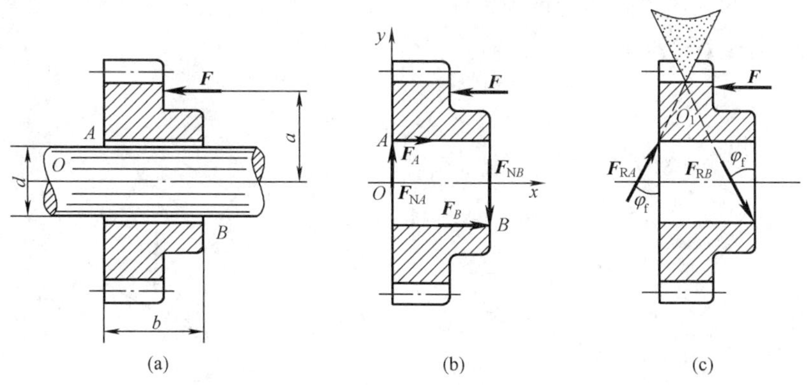

图 4.8

解 本例所要求的距离 a 为不卡住的范围值。先求卡住的范围值，此范围之外就是不卡住的范围。故为第三类型的问题。

取齿轮为研究对象。孔与轴间有间隙，在力 $\boldsymbol{F}$ 作用下，齿轮与轴仅在 A、B 两点接触。假设齿轮处于向左滑动临界状态，摩擦力应向右，受力图如图 4.8（b）所示。

$$\sum F_y=0,F_{NA}-F_{NB}=0$$

$$\sum F_x=0,f_sF_{NA}+f_sF_{NB}-F=0,F_{NA}=F_{NB}=\frac{F}{2f_s}$$

$$\sum M_O=0,Fa-F_{NB}b=0,a=\frac{b}{2f_s}$$

由观察可知，a 越小，齿轮越不会被卡住，故上面求出的 a 值是最大值。齿轮不被卡住的 a 值有一个变化范围

$$0 \leqslant a < \frac{b}{2f_s}$$

可见，这里是将摩擦平衡范围问题转化为临界平衡问题来求解。

本题也可用几何法求解。仍考虑上述临界状态，将 A、B 处的约束力用全约束力 $\boldsymbol{F}_{RA}$、$\boldsymbol{F}_{RB}$ 画出，与法线夹角为摩擦角 φ_f，由三力平衡汇交定理，力 $\boldsymbol{F}$ 的作用线必过汇交点 O_1，由图 4.8（c）中的几何关系得

$$(a + d/2)\tan\varphi_f + (a - d/2)\tan\varphi_f = b,\quad a = \frac{b}{2\tan\varphi_f} = \frac{b}{2f_s}$$

由图 4.8（c）可见，三力汇交点在阴影区时，$\boldsymbol{F}_{RA}$、$\boldsymbol{F}_{RB}$ 均不会超出 φ_f，齿轮自锁。欲使齿轮不被卡住，a 必须小于临界值，即

$$0 \leqslant a < \frac{b}{2f_s}$$

由以上结果可知，当 b 一定时，a 仅取决于摩擦角，与力 $\boldsymbol{F}$ 大小无关。

在上述例题中，物体的临界平衡状态均属于滑动临界平衡状态。实际上，当主动力作用线与物体的摩擦面相距较远时，物体还可能处于**翻倒临界平衡状态**。下面通过例题加以说明。

【例 4.4】 均质箱体重 $P=200\text{kN}$，宽 $b=1\text{m}$，高 $h=2\text{m}$，置于倾角 $\theta=20°$ 的斜面上[图 4.9(a)]，箱体与斜面之间的摩擦因数 $f_s=0.2$，求使箱体处于平衡状态时点 C 的作用力 $\boldsymbol{F}$ 的大小。设 $AC=a=1.8\text{m}$。

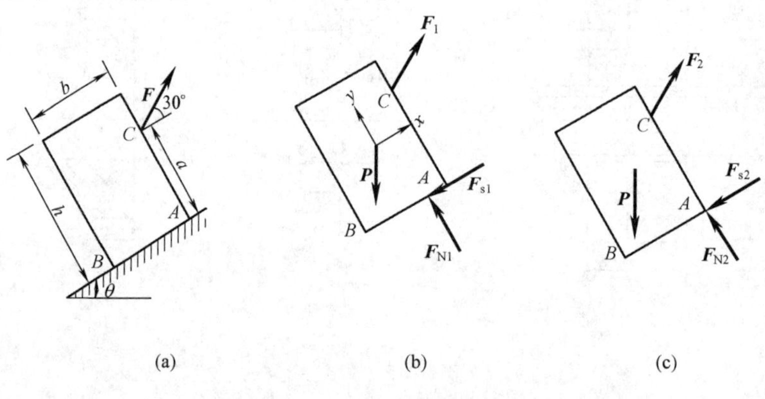

图 4.9

解 本题属于平衡范围的问题类型，但箱体的临界平衡状态有可能是滑动临界平衡状态，还可能是翻倒临界平衡状态。即要使箱体保持平衡，必须使作用力 $\boldsymbol{F}$ 的大小满足箱体既不上滑也不下滑；既不绕点 A 向上翻倒，也不绕点 B 向下翻倒的条件。

（1）考虑箱体处上滑的临界状态，受力图如图 4.9（b）所示。

$$\sum F_x = 0,\quad F_1\cos 30° - P\sin\theta - F_{s1} = 0$$

$$\sum F_y = 0,\quad F_1\sin 30° - P\cos\theta + F_{N1} = 0$$

$$F_{s1} = f_s F_{N1}$$

得

$$F_1 = \frac{\sin 20° + f_s\cos 20°}{\cos 30° + f_s\sin 30°}P = 109.7\text{kN}$$

（2）考虑箱体处绕 A 翻倒的临界状态，受力图如图 4.9（c）所示。

$$\sum M_A = 0,\quad F_2\cos 30^\circ \cdot a - P\sin\theta \cdot \frac{h}{2} - P\cos\theta \cdot \frac{b}{2} = 0$$

得
$$F_2 = \frac{b\cos 20^\circ + h\sin 20^\circ}{2a\cos 30^\circ} \cdot P = 104.2\text{kN}$$

综合以上两种情况分析，当作用力 F 增大过程中，箱体先行翻倒，故欲使箱体平衡，需 $F \leqslant \min(F_1, F_2) = F_2 = 104.2\text{kN}$

(3) 考虑箱体处下滑的临界状态，受力图如图 4.10 所示。

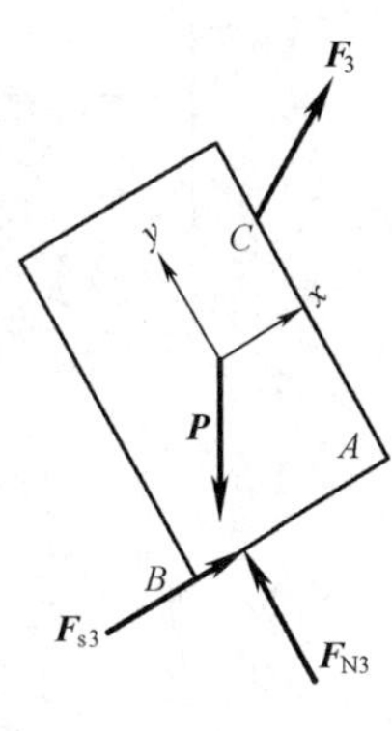

图 4.10

$$\sum F_x = 0,\quad F_3\cos 30^\circ - P\sin\theta + F_{s3} = 0$$

$$\sum F_y = 0,\quad F_3\sin 30^\circ - P\cos\theta + F_{N3} = 0$$

$$F_{s3} = f_s F_{N3}$$

得
$$F_3 = \frac{\sin 20^\circ - f_s\cos 20^\circ}{\cos 30^\circ - f_s\sin 30^\circ}P = 40.23\text{kN}$$

(4) 考虑箱体处绕点 B 翻倒的临界状态。

仔细考察可以发现，作用力 $\boldsymbol{F}_4$(>0) 和重力 $\boldsymbol{P}$ 对点 B 的力矩是顺时针转向故没有使箱体绕点 B 逆时针翻倒的可能性（若进行计算，可得出 F_4 为负值）。

综合 (3)、(4) 情况，得欲使箱体平衡的最小作用力 $F = F_3 = 40.23\text{kN}$。

综上所述，当 $40.23\text{kN} \leqslant F \leqslant 104.2\text{kN}$ 时箱体处于状态平衡。

本　章　小　结

1. 滑动摩擦力是在两个物体相互接触的表面之间有相对滑动趋势或相对滑动时出现的切向约束力。前者即为静滑动摩擦力，后者即为动滑动摩擦力。

静摩擦力：方向与相对滑动趋势相反，大小满足 $0 \leqslant F_s \leqslant F_{max}$，其中 $F_{max} = f_s F_N$。

动摩擦力：方向与相对滑动速度方向相反，大小为 $F = fF_N$。

2. 全约束力与法线间夹角 φ 的变化范围为 $0 \leqslant \varphi \leqslant \varphi_f$，其中 φ_f 称为摩擦角，且 $\tan\varphi_f = f_s$。当主动力合力的作用线在摩擦角之内时产生自锁现象。

3. 在求解有摩擦的平衡问题时，要正确区分问题的类型，应用平衡方程和摩擦条件 ($F_s \leqslant f_s F_N$)，由于不等式的出现，有摩擦的平衡问题的求解结果是一个范围。

概念分析与工程应用实训

4.1　吊桥的锚固墩如图 4.11 所示，吊桥的主拉钢索就锚固在墩内。试

(1) 画出锚固墩的受力图，对各力进行标注；

(2) 建立临界状态下锚固墩的平衡条件；

(3) 分析研究欲提高锚固力可采取哪些措施。

4.2　混凝土坝的横断面如图 4.12 所示，坝高 50m，底宽 44m。坝体左侧受到水压力的作用，若混凝土的重度 $\gamma = 25\text{kN/m}^3$，坝与地面的静摩擦系数 $f_s = 0.6$。试分析研究下述问题：

(1) 坝体是否会滑动？

(2) 坝体是否会绕点 B 翻倒？

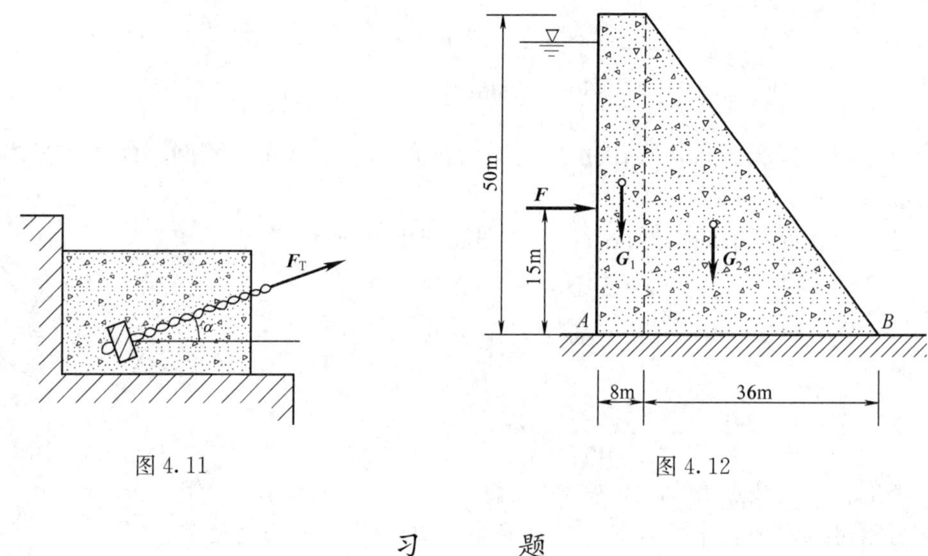

图 4.11　　　　图 4.12

习　　题

4.1　如图 4.13 所示，重 $P=3N$ 的物块，受水平力 $F=8N$ 作用而静止于铅垂墙上，已知墙面与物块间的摩擦因数 $f_s=0.5$，试求物块受到的摩擦力。

4.2　简易升降混凝土吊筒装置如图 4.14 所示。混凝土和吊筒共重 25kN，吊筒与滑道间的动摩擦因数为 0.3。试分别求出重物匀速上升和下降时绳子的张力。

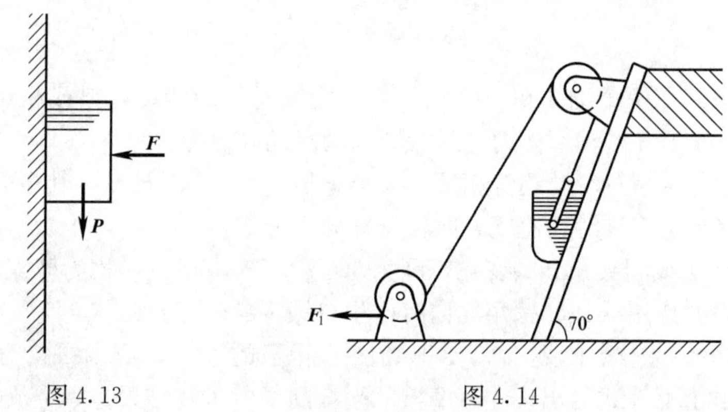

图 4.13　　　　图 4.14

4.3　如图 4.15 所示，矩形活动木窗重 60N，可沿导槽上下移动，木窗由细绳跨过滑轮，用两个 30N 的平衡重吊住。若左边细绳突然被拉断，试问木窗与导槽间的静摩擦因数 f_s 为多大时，木窗才不致滑下（假设木窗与导槽间有微小间隙，当左边细绳被拉断时木窗在 A、D 两点接触）。

4.4　电工攀登电线杆的脚套钩如图 4.16 所示。设电线杆直径 $d=300\text{mm}$，A、B 间的铅直距离 $b=100\text{mm}$。若套钩与电线杆之间的摩擦因数 $f_s=0.3$。求工人操作时，为了安全，站在套钩上的最小距离 l 应为多大。

4.5　梯子 AB 靠在墙上，其重为 $P=200N$，如图 4.17 所示。梯长为 l，并与水平面交角 $\theta=60°$。已知接触面间的摩擦因数均为 0.25。今有一重 650N 的人沿梯上爬，问人所能达到的最高点 C 到 A 点的距离 s 应为多少？

4.6 楔块顶重装置如图 4.18 所示，在楔块 B 上作用力 $\boldsymbol{P}$，设楔块 A 与 B 间的摩擦角为 φ_f，其他有滚珠处表示光滑。求使系统保持平衡所需力 $\boldsymbol{F}$ 的值（θ 为已知）。

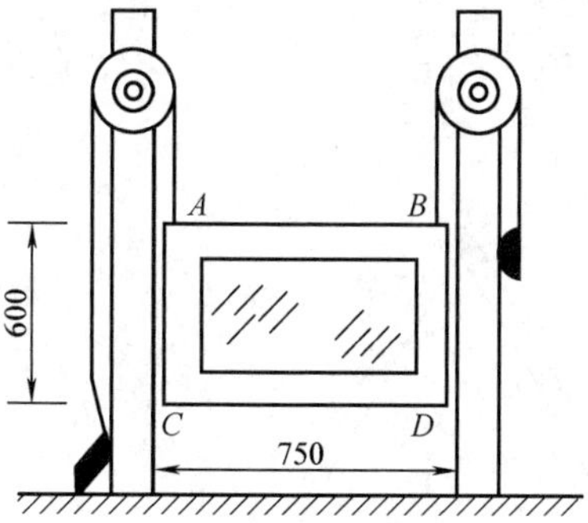

图 4.15

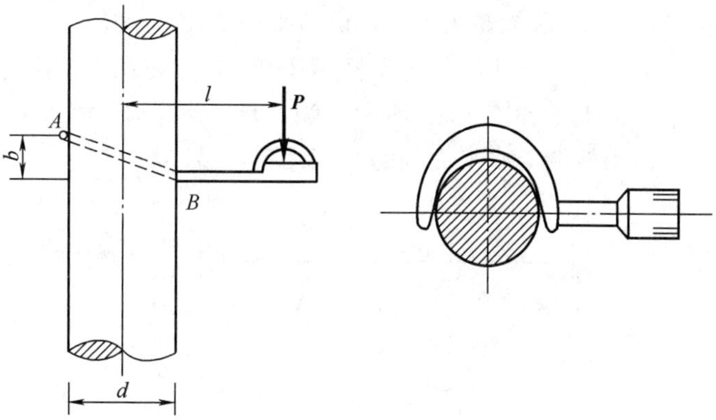

图 4.16

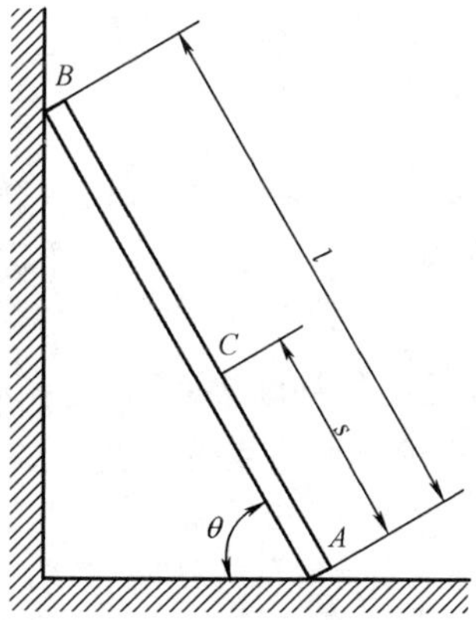

图 4.17

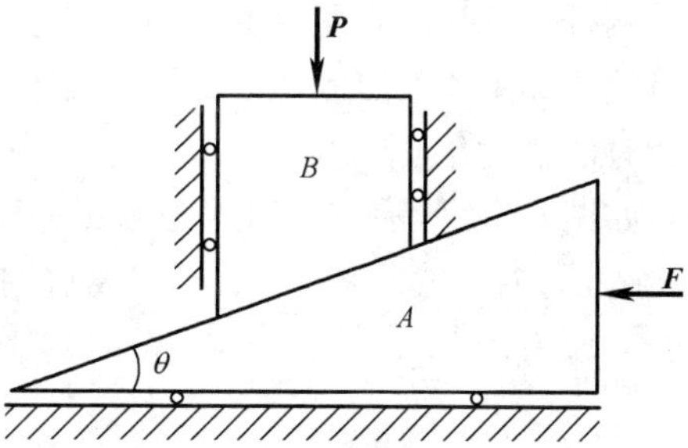

图 4.18

4.7 试求使自重 $P=2\text{kN}$ 的物块 C 开始向右滑动时，作用于楔块 B 上力 $\boldsymbol{F}$ 的大小，如图 4.19 所示。已知各接触面间的摩擦角均为 $\varphi_f=15°$。楔块 A、B 的自重不计。

4.8 砖夹的宽度为 250mm，曲杆 AGB 与 $GCED$ 在 G 点铰接，尺寸如图 4.20 所示。设砖重 $P=120\text{N}$，提起砖的力 $\boldsymbol{F}$ 作用在砖夹的中心线上，砖夹与砖间的摩擦因数 $f_s=0.5$，试求距离 b 为多大才能把砖夹起。

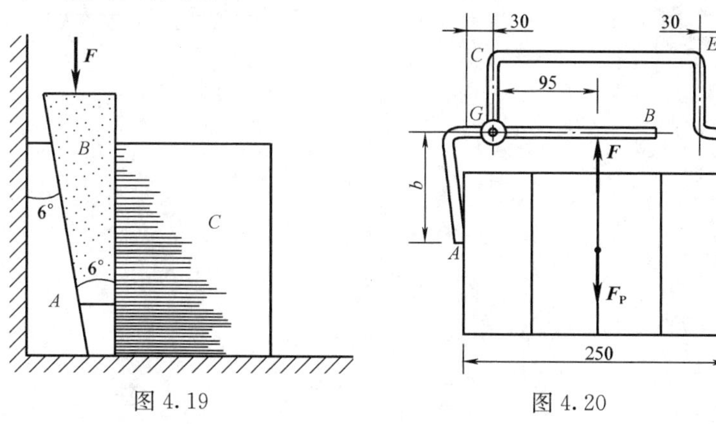

图 4.19

图 4.20

4.9　平面曲柄连杆机构如图 4.21 所示。$OA=l$，在曲柄 OA 上作用有一矩为 M 的力偶，OA 水平。连杆 AB 与铅垂线的夹角为 θ，滑块与水平面之间的摩擦角为 φ_f，不计重量，且 $\theta>\varphi_f$。求机构在图示位置保持平衡时 $\boldsymbol{F}$ 力的值。

4.10　两根相同的匀质杆 AB 和 BC，在端点 B 用光滑铰链连接，A、C 端放在不光滑的水平面上，如图 4.22 所示。当 ABC 成等边三角形时，系统在铅直面内处于临界平衡状态。试求杆端与水平面间的摩擦因数。

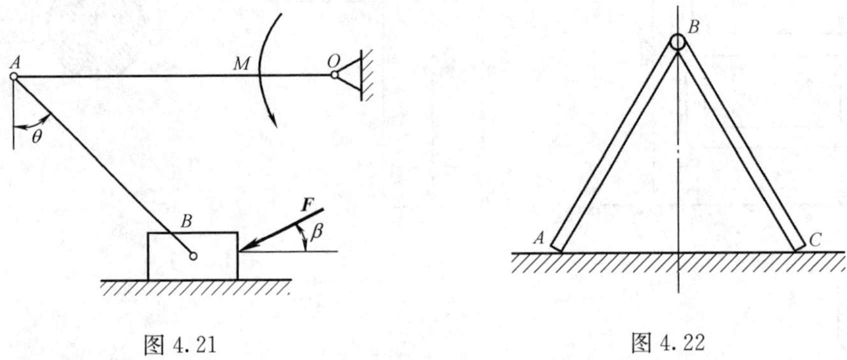

图 4.21　　图 4.22

4.11　两杆长度相等，重量相同的均质杆 AB 和 BC 在 B 端铰接，A 端铰接在墙上，C 端则由墙阻挡，如图 4.23 所示。墙与 C 端接触处的摩擦因数 $f_s=0.5$，铰链中摩擦不计。试确定平衡时的最大角 θ。

4.12　如图 4.24 所示，均质木箱重 $P=5\text{kN}$，其与地面间的静摩擦系数 $f_s=0.4$，图中 $h=2\text{m}$，$a=1\text{m}$，$\theta=30°$。求：(1) 当 D 处的拉力 $F=1\text{kN}$ 时，木箱是否平衡？(2) 保持木箱平衡的最大拉力。

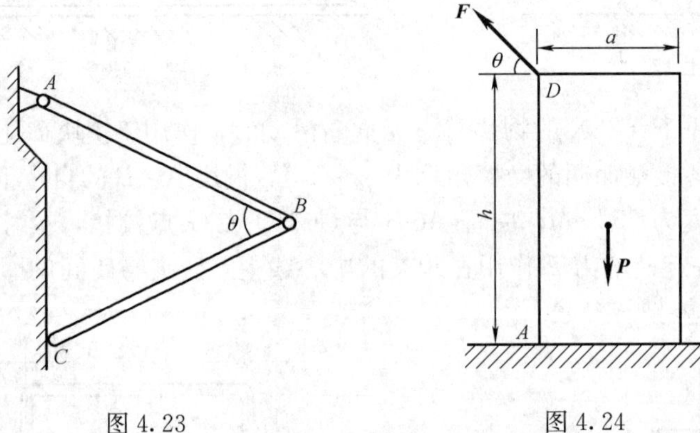

图 4.23　　图 4.24

第 5 章　空　间　力　系

教学要求

1. 熟悉空间力的投影，空间力偶、力矩的概念和性质；
2. 掌握空间力系的简化，能应用空间力系的平衡条件求解未知力；
3. 掌握重心的计算。

前面研究了平面力系的合成与平衡问题，但是在实际问题中，作用在物体上各力的作用线往往不在同一平面内，而是分布在空间中，这种力系就不再是平面力系，称为**空间力系**。显然，平面力系是空间力系的特殊情况。

在空间力系中，如果各力的作用线交于一点，则称为**空间汇交力系**。如果空间力系是由几个不在同一平面内的力偶组成，则称为**空间力偶系**。空间汇交力系和空间力偶系是空间力系中最简单的情形，是研究空间力系简化和平衡条件的基础。

本章将介绍力对点之矩和力对轴之矩的概念及相互关系，并在此基础上研究空间力系的简化和平衡方程，最后介绍物体重心的概念及重心位置的求解。

§5.1　空间汇交力系

1. 力在直角坐标轴上的投影

根据已知条件的不同，空间力在直角坐标轴上的投影，可以采用下列两种计算方法。

若已知力 $\boldsymbol{F}$ 与空间直角坐标系 $Oxyz$ 的三个轴的正向夹角分别为 α、β 和 γ，如图 5.1（a）所示，则可用一次（直接）投影法，力 $\boldsymbol{F}$ 在三个坐标轴上的投影等于力 $\boldsymbol{F}$ 的大小乘以力 $\boldsymbol{F}$ 与各轴夹角的余弦，即

$$\left.\begin{aligned} F_x &= F\cos\alpha \\ F_y &= F\cos\beta \\ F_z &= F\cos\gamma \end{aligned}\right\} \tag{5.1}$$

若已知力 $\boldsymbol{F}$ 与 z 轴的夹角 γ 和力 $\boldsymbol{F}$ 在 Oxy 平面上的分量 $\boldsymbol{F}_{xy}$ 与 x 轴的夹角 φ，如图 5.1（a）所示，则可用**二次投影法**，力 $\boldsymbol{F}$ 在三个坐标轴上的投影，可表示为

$$\left.\begin{aligned} F_x &= F\sin\gamma\cos\varphi \\ F_y &= F\sin\gamma\sin\varphi \\ F_z &= F\cos\gamma \end{aligned}\right\} \tag{5.2}$$

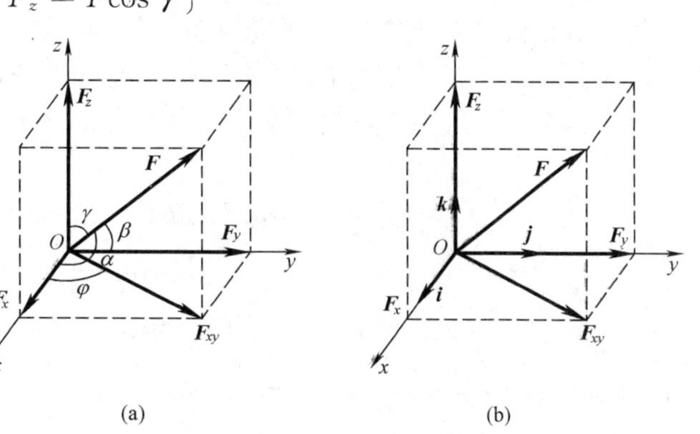

图 5.1

这种投影法先将力投影到平

面，然后再将力投影到坐标轴上，故称为二次投影法。注意，力投影到平面得到的仍是矢量。二次投影法由于所需的两个角度便于测量，故较为常用。力 $\boldsymbol{F}$ 的解析表达式[图 5.1(b)]为

$$\boldsymbol{F} = F_x\boldsymbol{i} + F_y\boldsymbol{j} + F_z\boldsymbol{k} \tag{5.3}$$

2. 空间汇交力系的合成与平衡

将平面汇交力系的合成结果推广至空间，得空间汇交力系的合成结果为：**空间汇交力系的合力等于各个分力的矢量和，合力的作用点为汇交点**，即

$$\boldsymbol{F}_{\mathrm{R}} = \boldsymbol{F}_1 + \boldsymbol{F}_2 + \cdots + \boldsymbol{F}_n = \sum_{i=1}^{n}\boldsymbol{F}_i \tag{5.4}$$

$$\boldsymbol{F}_{\mathrm{R}} = F_{\mathrm{R}x}\boldsymbol{i} + F_{\mathrm{R}y}\boldsymbol{j} + F_{\mathrm{R}z}\boldsymbol{k} \tag{5.5}$$

而合力在任一轴上的投影等于各分力在同一轴上投影的代数和。即

$$F_{\mathrm{R}x} = \Sigma F_x, F_{\mathrm{R}y} = \Sigma F_y, F_{\mathrm{R}z} = \Sigma F_z \tag{5.6}$$

应用式（5.6），可得合力的大小和方向余弦。

由于空间汇交力系合成为一个合力，因此，空间汇交力系平衡的必要和充分条件为：**该力系的合力等于零**，即 $\boldsymbol{F}_{\mathrm{R}} = \Sigma\boldsymbol{F} = 0$，为使合力为零，必须有

$$\Sigma F_x = 0,\ \Sigma F_y = 0,\ \Sigma F_z = 0 \tag{5.7}$$

于是，空间汇交力系平衡的充分和必要条件是：力系中所有各力在三个坐标轴上的投影的代数和分别等于零。式（5.7）称为空间汇交力系的平衡方程，可以求解三个未知量。

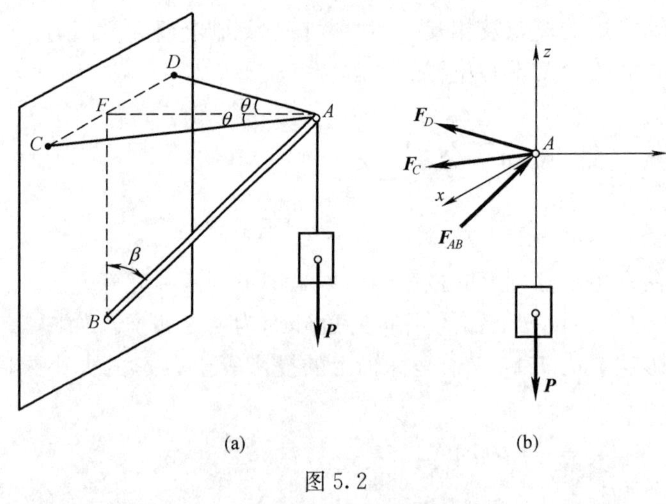

图 5.2

【例 5.1】 简易起吊架如图 5.2（a）所示。杆 AB 铰接于墙上，不计自重。绳索 AC 与 AD 在同一水平面内。已知起吊重物的重量 $P = 1000\mathrm{N}$，$CE = DE = 12\mathrm{cm}$，$AE = 24\mathrm{cm}$，$\beta = 45°$，求绳索的拉力及杆 AB 所受的力。

解 取铰链 A 连同重物为研究对象，作用其上的力有：重力 $\boldsymbol{P}$，绳索拉力 $\boldsymbol{F}_C$ 和 $\boldsymbol{F}_D$，杆 AB 对铰结点 A 的作用力 $\boldsymbol{F}_{AB}$。因为 AB 是二力杆，所以力 $\boldsymbol{F}_{AB}$ 的作用线为沿杆 AB 的轴线。以上四个力组成一个空间汇交力系，如图 5.2（b）所示。选取坐标轴如图，列出平衡方程

$$\Sigma F_x = 0,\quad F_C\sin\theta - F_D\sin\theta = 0,\quad F_C = F_D$$

$$\Sigma F_y = 0,\quad -F_C\cos\theta - F_D\cos\theta + F_{AB}\sin\beta = 0$$

$$\Sigma F_z = 0,\quad F_{AB}\cos\beta - P = 0$$

其中，$\theta = \arctan\dfrac{1}{2} = 26.57°$。解得

$$F_{AB} = 1414\mathrm{N},\ F_C = F_D = 559\mathrm{N}$$

§5.2 力对点之矩矢 力对轴之矩

1. 力对点之矩矢

对于平面力系，各力对点之矩具有同一个力矩平面，因而，只要知道力矩的大小及表示力矩转向的正负号，就可完全表明力使物体绕矩心转动的效应。也就是说在平面力系中，力对点之矩用代数量表示就可以了。但是在空间力系中，各力与同一矩心分别构成不同的力矩平面，力使物体绕矩心的转动效应，不仅取决于力矩的大小和转向，还取决于各力矩平面在空间的方位。显然，力使物体绕 O 点的转动效应，与力矩平面的方位有关。因此，在空间力系中，力对点之矩的概念应包括三个因素：即力矩的大小，力矩在其平面内的转向，以及力矩平面的方位。这三个因素可用一个矢量来表示，即力对点之矩可用一个矢量来表示，该矢量记作 $\boldsymbol{M}_O(\boldsymbol{F})$。

力对点之矩的矢量表示如下：设在空间点 A 作用一力 $\boldsymbol{F}$，以矢量 AB 表示，如图 5.3 所示。取点 O 为矩心，矩心到力 $\boldsymbol{F}$ 作用线的垂直距离为 h。过矩心 O 作矢量 $\boldsymbol{M}_O(\boldsymbol{F})$，其长度按一定的比例尺以表示力矩的大小，即 $|\boldsymbol{M}_O(\boldsymbol{F})| = Fh = 2\triangle OAB$，亦即等于 $\triangle OAB$ 面积的两倍；其方位与力矩平面 OAB 的法线方位相同；其指向按右手螺旋法则确定，即以右手的四指表示力矩的转向，则大拇指的指向就是矢量 $\boldsymbol{M}_O(\boldsymbol{F})$ 的指向。

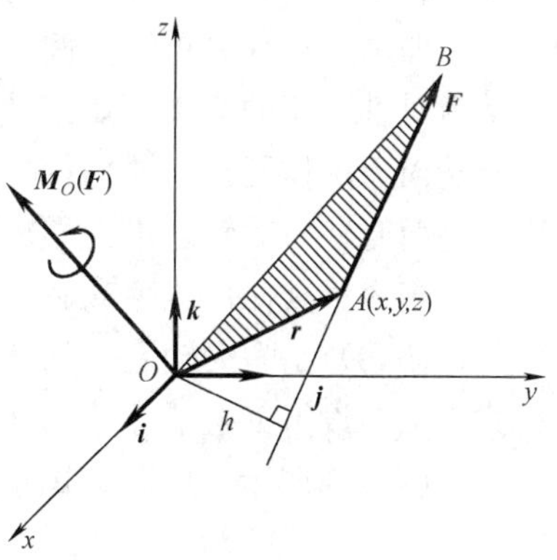

图 5.3

由图 5.3 可见，当矩心的位置改变时，力矩矢 $\boldsymbol{M}_O(\boldsymbol{F})$ 的大小和方向都随之改变，故力矩矢 $\boldsymbol{M}_O(\boldsymbol{F})$ 的始端必须在矩心，这种矢量也称为**定位矢量**。

另一方面，在图 5.3 中以 $\boldsymbol{r}$ 表示力 $\boldsymbol{F}$ 的作用点 A 对矩心 O 的矢径，则矢积 $\boldsymbol{r}\times\boldsymbol{F}$ 的模等于$\triangle OAB$ 面积的两倍，其方位垂直于 $\boldsymbol{r}$ 与 $\boldsymbol{F}$ 所组成的平面 OAB，指向同样按右手螺旋法则确定。因此可得

$$\boldsymbol{M}_O(\boldsymbol{F}) = \boldsymbol{r}\times\boldsymbol{F} \tag{5.8}$$

上式为力对点之矩的矢量表达式，即：**力对任一点之矩，等于力的作用点对矩心的矢径与该力的矢积。**由矢量叉积的计算公式，可得

$$\begin{aligned}\boldsymbol{M}_O(\boldsymbol{F}) = \boldsymbol{r}\times\boldsymbol{F} &= \begin{vmatrix} \boldsymbol{i} & \boldsymbol{j} & \boldsymbol{k} \\ x & y & z \\ F_x & F_y & F_z \end{vmatrix} \\ &= (yF_z - zF_y)\boldsymbol{i} + (zF_x - xF_z)\boldsymbol{j} + (xF_y - yF_x)\boldsymbol{k}\end{aligned} \tag{5.9}$$

上式为力对点之矩的解析式，再利用矢量投影的关系，可求出 $\boldsymbol{M}_O(\boldsymbol{F})$ 的大小和方向余弦。力对点之矩的单位为 N · m 或 kN · m。

2. 力对轴之矩

力对点之矩可用来度量力使物体绕某点转动的效应，工程中，常遇到物体在力的作用下绕某固定轴转动的情形，为了度量力使物体绕固定轴转动的效应，需要阐述力对轴之矩的概念。现以开门为例来说明。如图 5.4 所示，在门的点 A 作用一力 $\boldsymbol{F}$，使门绕门轴 z 转动。现

将力 $\boldsymbol{F}$ 分解为平行于轴 z 的分力 $\boldsymbol{F}_z$ 和垂直于轴 z 的分力 $\boldsymbol{F}_{xy}$（此力即为力 $\boldsymbol{F}$ 在垂直于轴 z 的平面 Oxy 上的分量）。由经验可知，分力 $\boldsymbol{F}_z$ 不能使门绕轴 z 转动，而分力 $\boldsymbol{F}_{xy}$ 才能使门绕轴 z 转动。现用符号 $M_z(\boldsymbol{F})$ 表示力 $\boldsymbol{F}$ 对轴 z 之矩，点 O 为平面 Oxy 与轴 z 的交点，h 为点 O 到力 $\boldsymbol{F}_{xy}$ 作用线的距离。而分力 $\boldsymbol{F}_{xy}$ 使门绕轴 z 转动的效应，可用力 $\boldsymbol{F}_{xy}$ 对点 O 之矩来度量。于是，力对轴之矩的定义为：力对轴之矩的大小，等于该力在垂直于此轴平面上的分力对此轴与此平面交点之矩。用公式表示为

$$M_z(\boldsymbol{F}) = M_O(\boldsymbol{F}_{xy}) = \pm F_{xy}h = \pm 2\triangle OAB \tag{5.10}$$

由上式可知，力对轴之矩是一个代数量，其正负号表示力 $\boldsymbol{F}$ 使物体绕轴 z 转动的方向，通常用右手螺旋法则确定，即以右手四指表示力 $\boldsymbol{F}$ 使物体绕轴 z 转动的方向，若大拇指的指向与轴 z 正向相同，则 $M_z(\boldsymbol{F})$ 取正号；反之为负号。力对轴之矩的单位与力矩的单位相同。

不难看出，在平面力系中力对平面内某点之矩，实际上是力对过此点且与此平面垂直的轴之矩。即为力对轴之矩的特例。

从力对轴之矩的定义可知：

(1) 当力的作用线与轴平行时（此时 $\boldsymbol{F}_{xy}=0$）或相交时（此时 $h=0$），亦即力与轴位于同一平面时，力对轴之矩为零。

(2) 当力沿其作用线移动时，它对轴之矩不变（此时 $\boldsymbol{F}_{xy}$ 及 h 均不变）。

式 (5.10) 是力对轴之矩的定义式，可由此式求出力对轴之矩，此外力对轴之矩也可用解析式表示。设力 $\boldsymbol{F}$ 在三个坐标轴上的投影分别为 F_x、F_y、F_z，力作用点 A 的坐标为 x、y、z，如图 5.5 所示。由合力矩定理，得

$$M_z(\boldsymbol{F}) = M_O(\boldsymbol{F}_{xy}) = M_O(\boldsymbol{F}_x) + M_O(\boldsymbol{F}_y) = xF_y - yF_x$$

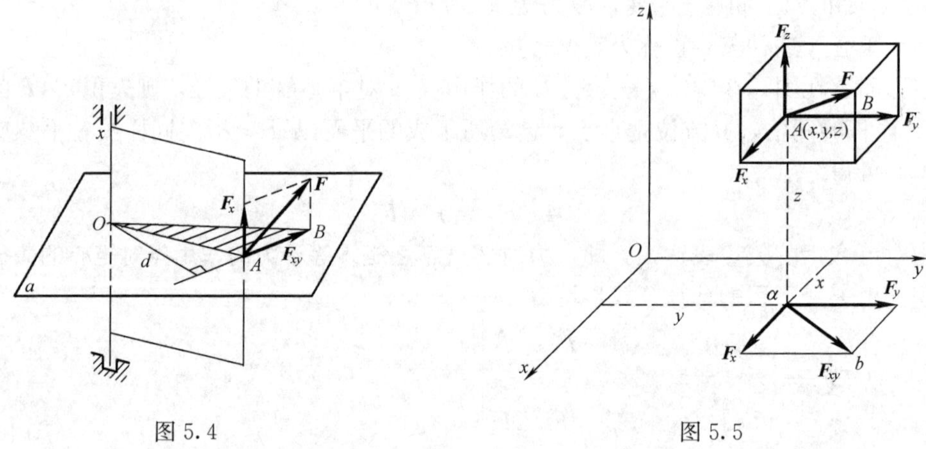

图 5.4　　图 5.5

同理可得其余两式。将三式合写为

$$\left.\begin{aligned} M_x(\boldsymbol{F}) &= yF_z - zF_y \\ M_y(\boldsymbol{F}) &= zF_x - xF_z \\ M_z(\boldsymbol{F}) &= xF_y - yF_x \end{aligned}\right\} \tag{5.11}$$

上述三式是计算力对轴之矩的解析式。

【例 5.2】 托架 OC 套在转轴 z 上，在点 C 作用一力 $F=2000\text{N}$，方向如图 5.6 (a)

所示。点 C 在 Oxy 平面内。试分别求力 $\boldsymbol{F}$ 对三个坐标轴的矩以及对点 O 的矩。

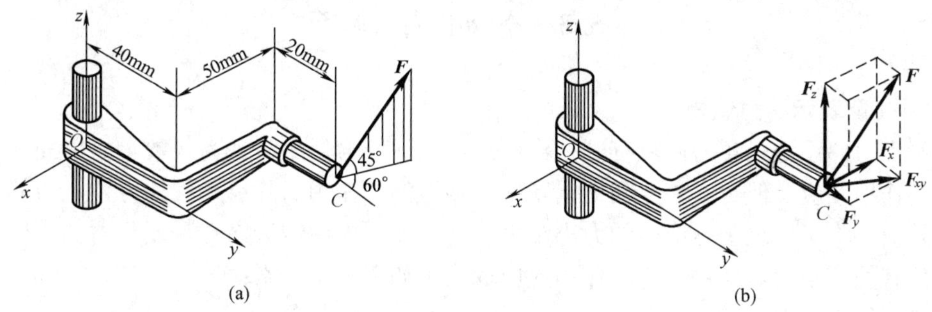

图 5.6

解 力 $\boldsymbol{F}$ 作用点的坐标是 $x=-50\text{mm}, y=60\text{mm}, z=0$

力 $\boldsymbol{F}$ 沿各坐标轴的投影[图 5.6(b)]是

$$F_x=-F\cos 45^\circ \sin 60^\circ=-1224.7\text{N}$$

$$F_y=F\cos 45^\circ \cos 60^\circ=707.1\text{N}$$

$$F_z=F\sin 45^\circ=1414.2\text{N}$$

将各量代入式（5.11），可得力 $\boldsymbol{F}$ 对三个坐标轴的矩分别为

$$M_x(\boldsymbol{F})=yF_z-zF_y=0.06\times 1414.2=84.9(\text{N}\cdot\text{m})$$

$$M_y(\boldsymbol{F})=zF_x-xF_z=-(-0.05)\times 1414.2=70.7(\text{N}\cdot\text{m})$$

$$M_z(\boldsymbol{F})=xF_y-yF_x=(-0.05)\times 707.1-0.06\times(-1224.7)=38.1(\text{N}\cdot\text{m})$$

则力 $\boldsymbol{F}$ 对点 O 的矩为

$$\boldsymbol{M}_O(\boldsymbol{F})=(84.9\boldsymbol{i}+70.7\boldsymbol{j}+38.1\boldsymbol{k})\text{N}\cdot\text{m}$$

3. 力对点之矩和力对轴之矩的关系

由式（5.9）可知

$$\boldsymbol{M}_O(\boldsymbol{F})=(yF_z-zF_y)\boldsymbol{i}+(zF_x-xF_z)\boldsymbol{j}+(xF_y-yF_x)\boldsymbol{k}$$

令 $[\boldsymbol{M}_O(\boldsymbol{F})]_x$、$[\boldsymbol{M}_O(\boldsymbol{F})]_y$、$[\boldsymbol{M}_O(\boldsymbol{F})]_z$ 分别表示 $\boldsymbol{M}_O(\boldsymbol{F})$ 在轴 x、y、z 上的投影，得

$$\boldsymbol{M}_O(\boldsymbol{F})=[\boldsymbol{M}_O(\boldsymbol{F})]_x\boldsymbol{i}+[\boldsymbol{M}_O(\boldsymbol{F})]_y\boldsymbol{j}+[\boldsymbol{M}_O(\boldsymbol{F})]_z\boldsymbol{k}$$

比较上述两式，得

$$\left.\begin{aligned}[\boldsymbol{M}_O(\boldsymbol{F})]_x&=yF_z-zF_y\\ [\boldsymbol{M}_O(\boldsymbol{F})]_y&=zF_x-xF_z\\ [\boldsymbol{M}_O(\boldsymbol{F})]_z&=xF_y-yF_x\end{aligned}\right\}\tag{5.12}$$

再比较式（5.11）和式（5.12），可得

$$\left.\begin{aligned}[\boldsymbol{M}_O(\boldsymbol{F})]_x&=M_x(\boldsymbol{F})\\ [\boldsymbol{M}_O(\boldsymbol{F})]_y&=M_y(\boldsymbol{F})\\ [\boldsymbol{M}_O(\boldsymbol{F})]_z&=M_z(\boldsymbol{F})\end{aligned}\right\}\tag{5.13}$$

上式说明：**力对点的矩矢在过该点的任意轴上的投影，等于力对该轴之矩。**式（5.13）阐述了力对点之矩和力对轴之矩的关系。式（5.9）及式（5.12）给出了计算力对点之矩的两种方法。

§5.3 空间力偶系

1. 以矢量表示的力偶矩

在平面力偶系中，各力偶具有同一作用面，因而，力偶矩被视为代数量，可完全表示其对物体的作用效应。但是，在空间力偶系中，各力偶的作用面具有不同的方位，力偶对物体的作用效应，除了取决于力偶矩的大小和力偶在其作用面内的转向外，还与力偶作用面在空间的方位有关。空间力偶对物体的作用效应取决于如下三个因素：

(1) 力偶矩的大小；

(2) 力偶作用面的方位；

(3) 力偶在作用面内的转向。

由此可知，空间力偶的力偶矩可用矢量来表示：矢量的长度表示力偶矩的大小；矢量的方位表示力偶作用面的法线方位；矢量的指向按右手螺旋法则确定，表示力偶的转向。即右手四指顺着力偶的转向，则大拇指的指向为力偶矩矢量的指向，如图 5.7 所示。这个矢量称为力偶矩矢，记作 $\boldsymbol{M}$。力偶矩的单位为 N·m。

力偶对刚体的作用效果，可用组成力偶的两个力对空间某点之矩的矢量和来度量。

设力偶 ($\boldsymbol{F}$, $\boldsymbol{F}'$)，其力偶矩矢为 $\boldsymbol{M}$，如图 5.8 所示。在空间任取一点 O 为矩心，以 $\boldsymbol{r}_A$ 和 $\boldsymbol{r}_B$ 分别表示力 $\boldsymbol{F}$ 和 $\boldsymbol{F}'$ 的作用点 A 和 B 对矩心 O 的矢径，而点 A 相对于点 B 的矢径记为 $\boldsymbol{r}$，因此有

$$\boldsymbol{M}=\boldsymbol{r}_A\times\boldsymbol{F}+\boldsymbol{r}_B\times\boldsymbol{F}'=\boldsymbol{r}_A\times\boldsymbol{F}+\boldsymbol{r}_B\times(-\boldsymbol{F})=(\boldsymbol{r}_A-\boldsymbol{r}_B)\times\boldsymbol{F}=\boldsymbol{r}\times\boldsymbol{F}$$

上式表明，力偶对空间任一点的矩恒等于力偶矩矢，与矩心无关。也就是说，力偶对物体的作用效应只取决于力偶矩矢。

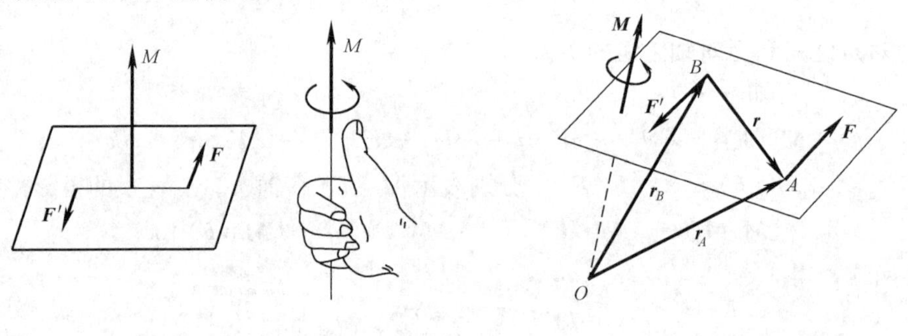

图 5.7　　　　图 5.8

2. 空间力偶的等效条件

力偶对物体的作用效应只取决于力偶矩矢。**作用在同一刚体上的两个力偶，如果它们的力偶矩矢相等，则彼此等效。**可得出如下推论：

(1) 只要保持力偶矩的大小和转向不变，力偶可从刚体的一个平面移到同一刚体的另一个平行的平面内，而不改变其对刚体的作用效应。这是因为，移动前后，力偶作用面的方位并未改变，因而力偶矩矢不变，从而它对刚体的作用效应不变。

(2) 只要保持力偶矩的大小和转向不变，可以同时改变力与力偶臂的大小或将力偶在其作用面内任意移转，而不改变其对刚体的作用效应。

空间力偶的上述特性，在实践中也得到验证。如图 5.9 所示绞车，圆盘 A 和圆盘 B 相互平行，力偶（$\boldsymbol{F}$，$\boldsymbol{F}'$）无论是作用在圆盘 A 还是作用在圆盘 B 上，对绞车转动的效应完全相同。

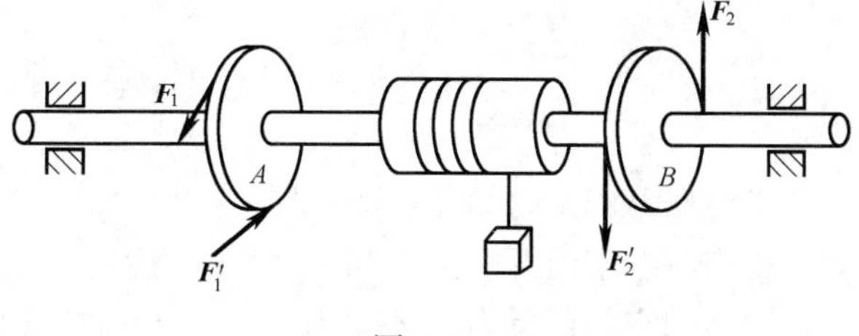

图 5.9

力偶既可以在其作用面内移转，又可以从一个平面移到另一个平行平面内，因而，只要力偶矩矢的大小和方向不变，它可以在空间平行移动或沿矩矢方向任意滑动，这种矢量称为**自由矢量**。

3. 空间力偶系的合成与平衡条件

（1）空间力偶系的合成。

任意一个空间力偶可合成为一个合力偶，合力偶矩矢等于各分力偶矩矢的矢量和。即

$$\boldsymbol{M} = \boldsymbol{M}_1 + \boldsymbol{M}_2 + \cdots + \boldsymbol{M}_n = \sum \boldsymbol{M}_i \tag{5.14}$$

【例 5.3】 工件四个面上钻有五个孔，如图 5.10（a）所示，每个孔所受的切削力偶矩均为 80N・m，转向如图。求工件所受合力偶的矩在轴 x、y、z 上的投影。

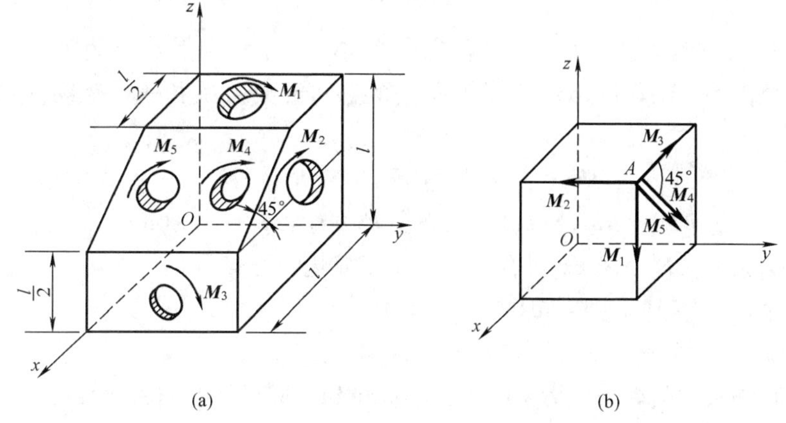

图 5.10

解 将各力偶用力偶矩矢量表示，并将其平行移到点 A[图 5.10(b)]。得

$$M_x = \sum M_x = -M_3 - M_4\cos 45° - M_5\cos 45° = -193.1\text{N}\cdot\text{m}$$

$$M_y = \sum M_y = -M_2 = -80\text{N}\cdot\text{m}$$

$$M_z = \sum M_z = -M_1 - M_4\cos 45° - M_5\cos 45° = -193.1\text{N}\cdot\text{m}$$

（2）空间力偶系的平衡条件。

由空间力偶系合成的结果，很容易得出空间力偶系平衡的充分和必要条件是：合力偶矩矢等于零，亦即力偶系中各力偶矩矢的矢量和等于零，即

$$\boldsymbol{M} = \sum \boldsymbol{M}_i = 0 \tag{5.15}$$

可得空间力偶系的平衡方程为

$$\sum M_x = 0,\ \sum M_y = 0,\ \sum M_z = 0 \tag{5.16}$$

即空间力偶系平衡的充分和必要条件是：力偶系中所有各力偶矩矢在三个坐标轴中每一轴上的投影的代数和等于零。

§5.4 空间任意力系向一点简化

与平面任意力系的简化方法一样，应用力线平移定理，空间任意力系可以向任一点进行简化，得到一个空间汇交力系和一个空间力偶系，然后再分别求这两个力系的合成结果。

设刚体受空间任意力系 $\boldsymbol{F}_1$、$\boldsymbol{F}_2$、…、$\boldsymbol{F}_n$ 的作用，如图 5.11 所示。

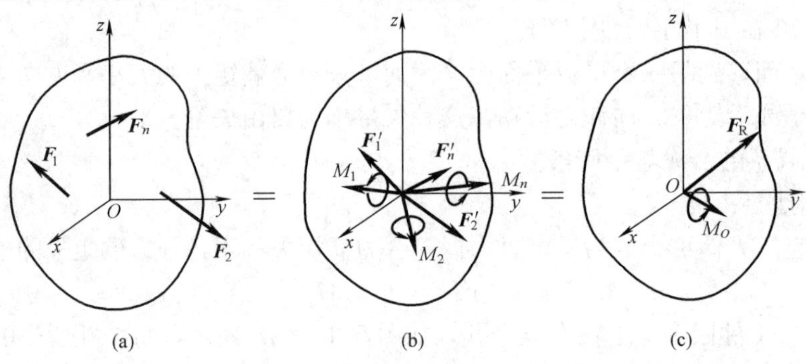

图 5.11

任取一点 O 为简化中心，由力线平移定理，将各力平移到点 O 并附加一个力偶，这样原来的空间任意力系[图 5.11(a)]就等效为一个空间汇交力系和一个空间力偶系[图 5.11(b)]。其中

$$\boldsymbol{F}'_1=\boldsymbol{F}_1,\ \boldsymbol{F}'_2=\boldsymbol{F}_2,\ \cdots,\ \boldsymbol{F}'_n=\boldsymbol{F}_n$$

$$\boldsymbol{M}_1=\boldsymbol{M}_O(\boldsymbol{F}_1),\boldsymbol{M}_2=\boldsymbol{M}_O(\boldsymbol{F}_2),\cdots,\boldsymbol{M}_n=\boldsymbol{M}_O(\boldsymbol{F}_n)$$

空间汇交力系 $\boldsymbol{F}'_1$、$\boldsymbol{F}'_2$、…、$\boldsymbol{F}'_n$ 可合成为作用于简化中心点 O 的一个力 $\boldsymbol{F}'_{\mathrm{R}}$ [图 5.11(c)]，这个矢量 $\boldsymbol{F}'_{\mathrm{R}}$ 称为原力系的主矢，即

$$\boldsymbol{F}'_{\mathrm{R}}=\sum\boldsymbol{F}'_i=\sum\boldsymbol{F}_i \tag{5.17}$$

由式（5.17）可知，主矢等于原力系中各力的矢量和。同样，空间力偶系可合成为一个力偶[图 5.11(c)]，这个力偶的力偶矩矢称为原力系对简化中心的主矩，记为 $\boldsymbol{M}_O$，它等于原力系中各力对简化中心之矩的矢量和，即

$$\boldsymbol{M}_O=\sum\boldsymbol{M}_O(\boldsymbol{F}_i) \tag{5.18}$$

因而有结论：**空间任意力系向任一点 O 简化，可得到一个力与一个力偶。这个力作用在简化中心 O，称为原力系的主矢，等于原力系中各力的矢量和，主矢与简化中心位置无关；这个力偶的力偶矩矢称为原力系对简化中心的主矩，等于原力系中各力对简化中心之矩的矢量和，主矩一般情况下与简化中心的位置有关。**

下面讨论主矢及主矩的计算。取简化中心 O 为坐标原点，建立直角坐标系 $Oxyz$，则得主矢

$$F'_{\mathrm{R}x}=\sum F_{ix},\qquad F'_{\mathrm{R}y}=\sum F_{iy},\qquad F'_{\mathrm{R}z}=\sum F_{iz} \tag{5.19}$$

主矩有

$$M_{Ox}=\sum M_x(\boldsymbol{F}),\qquad M_{Oy}=\sum M_y(\boldsymbol{F}),\qquad M_{Oz}=\sum M_z(\boldsymbol{F}) \tag{5.20}$$

由上，亦可求得主矢、主矩的大小和方向。

§5.5 空间任意力系的平衡

由上一节讨论可知，空间任意力系平衡的必要和充分条件是：力系的主矢和对任一点的主矩都等于零，即

$$\boldsymbol{F}'_{\mathrm{R}} = 0\,, \qquad \boldsymbol{M}_O = 0$$

根据式（5.19）和式（5.20），上述条件可写成空间任意力系的平衡方程

$$\left.\begin{array}{l}\sum F_x = 0, \sum F_y = 0, \sum F_z = 0 \\ \sum M_x = 0, \sum M_y = 0, \sum M_z = 0\end{array}\right\} \tag{5.21}$$

因此，空间任意力系平衡的必要和充分条件又可表述为：力系中所有各力在三个坐标轴上投影的代数和等于零，以及这些力对每一坐标轴之矩的代数和也等于零。式（5.21）称为**空间任意力系的平衡方程**。在求解空间任意力系平衡问题时，可应用式（5.21）中六个平衡方程求解六个未知量。应用空间力系的平衡方程解题时，坐标轴不一定要相互垂直，只要它们不共面且不平行即可。应该说明的是，空间任意力系的平衡方程，与平面任意力系相同，也有其他的形式，即四矩式、五矩式以及六矩式。这里不再详述。

从空间任意力系的平衡方程式（5.21），可以导出空间特殊力系的平衡方程，如空间汇交力系、空间力偶系、空间平行力系、平面任意力系等。现以空间平行力系为例，设物体受一空间平行力系的作用，取直角坐标系 $Oxyz$ 中的轴 z 与力系中各力的作用线平行，由于各力平行于轴 z，因而各力对轴 z 的矩等于零，又由于轴 x 和轴 y 与各力垂直，所以各力在这两轴上的投影也等于零。因而在平衡方程式（5.21）中，第一、第二和第六个方程成了恒等式。于是，空间平行力系的平衡方程为

$$\sum M_z = 0, \sum M_x = 0, \sum M_y = 0 \tag{5.22}$$

空间力系平衡问题的求解方法与平面力系相同，先确定研究对象，进行受力分析，并作出受力图，选取适当的坐标系，列出平衡方程并求解未知量，将在下面举例说明。但应强调的是，在进行受力分析时，对于各种类型约束的性质要熟悉，现将常见的约束及相应的约束力归纳并列表如下，见表5.1。

表5.1　空间约束的类型及其约束力举例

序号	约束力未知量	约束类型
1	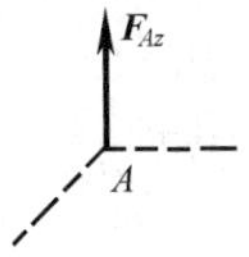 F_{Az}，A	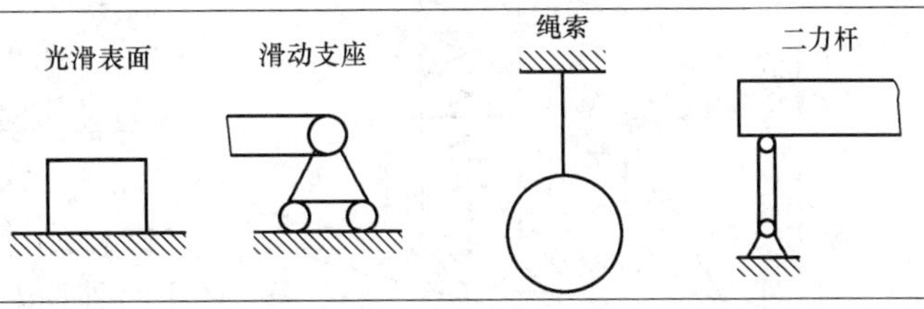 光滑表面、滑动支座、绳索、二力杆
2	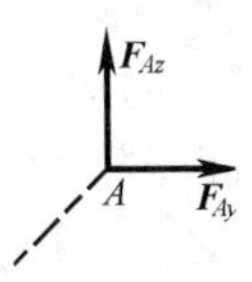 F_{Az}，F_{Ay}，A	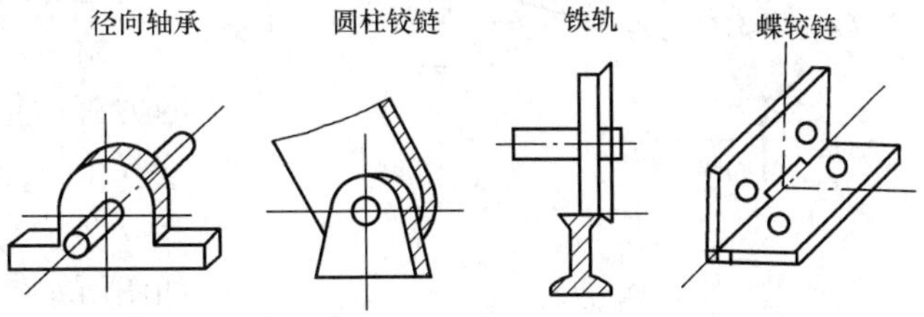 径向轴承、圆柱铰链、铁轨、蝶铰链

续表

序号	约束力未知量	约束类型
3	F_{Az}, F_{Ax}, F_{Ay}	球形铰链；止推轴承
4	(a) F_{Az}, M_{Az}, M_{Ay}, F_{Ay} (b) F_{Az}, M_{Ay}, F_{Ay}, F_{Ax}	导向轴承 (a)；万向接头 (b)
5	(a) F_{Az}, M_{Az}, M_{Ax}, F_{Ay}, F_{Ax} (b) F_{Az}, M_{Az}, F_{Ay}, M_{Ax}, M_{Ay}	带有销子的夹板 (a)；导板 (b)
6	F_{Az}, M_{Az}, M_{Ay}, F_{Ay}, F_{Ax}, M_{Ax}	空间的固定端支座

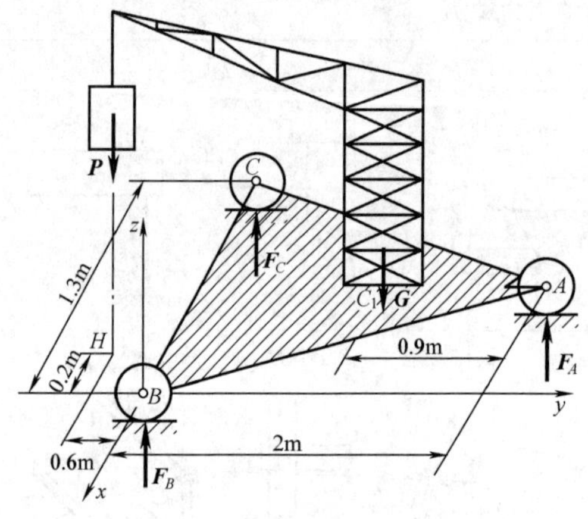

图 5.12

现举例说明空间力系平衡问题的求解。

【例 5.4】 三轮起重车的简图如图 5.12 所示。已知车自重 $G=12.5\text{kN}$，重力 $\boldsymbol{G}$ 的作用线通过平面 ABC 内的点 C_1。连线 AC_1 延长后垂直平分线段 BC。起吊物重 $P=5\text{kN}$。重力 $\boldsymbol{P}$ 的作用线通过平面 ABC 内的点 H。试求静止时地面对起重车各轮的约束力。

解 取整个起重车为研究对象。其上所受的力有：重力 $\boldsymbol{G}$ 与 $\boldsymbol{P}$，约束力 $\boldsymbol{F}_A$、$\boldsymbol{F}_B$ 与 $\boldsymbol{F}_C$。这 5 个力组成一个空间平行力系。3 个未知力，有 3 个独立的平衡方程，可以求解。取坐标系如图所示，可得

$$\sum M_x = 0,\ F_A \times 2 - G \times 1.1 + P \times 0.6 = 0,\ F_A = 5.4\text{kN}$$

$$\sum M_y = 0,\ F_A \times \frac{1.3}{2} + F_C \times 1.3 - G \times \frac{1.3}{2} - P \times 0.2 = 0, F_C = 4.3\text{kN}$$

$$\sum F_z = 0,\ F_A + F_B + F_C - G - P = 0,\ F_B = 7.8\text{kN}$$

解空间力系平衡问题时，通常选取与所要避开的未知力相交的轴为矩轴，尽量使1个方程只含1个未知量，从而达到简化计算的目的。

【例5.5】 图5.13所示车床主轴安装在轴承 A 与 B 上，A 为止推轴承，B 为向心轴承。已知 $a = 50\text{mm}, b = 200\text{mm}, c = 100\text{mm}, r_C = 100\text{mm}, r_D = 50\text{mm}$，压力角 $\theta = 20^\circ$。切削力作用在 H 处，各分量大小为 $F_x = 470\text{N}, F_y = 350\text{N}, F_z = 1400\text{N}$。试求齿轮 C 所受的啮合力 $\boldsymbol{F}_\text{P}$ 和两轴承的约束力。部件重量不计。

解 取系统整体为研究对象，画受力图，建立坐标系 $Axyz$ 如图5.13所示。系统所受的力构成空间任意力系，未知力有6个，可由6个平衡方程求解。

$$\Sigma F_y = 0,\quad F_{Ay} - F_y = 0,\quad F_{Ay} = F_y = 350\text{kN}$$

$$\Sigma M_y = 0,\quad F_\text{P}\cos\theta r_C - F_z r_D = 0,\quad F_\text{P} = 745\text{N}$$

$$\Sigma M_x = 0,\quad F_{Bz}b + F_z(b+c) - F_\text{P}\sin\theta a = 0,\quad F_{Bz} = -2036\text{N}$$

$$\Sigma M_z = 0,\quad -F_{Bx}b + F_x(b+c) - F_y r_D - F_\text{P}\cos\theta a = 0,\quad F_{Bx} = 442\text{N}$$

$$\Sigma F_x = 0,\quad F_{Ax} + F_{Bx} - F_x - F_\text{P}\cos\theta = 0,\quad F_{Ax} = 728\text{N}$$

$$\Sigma F_z = 0,\quad F_{Az} + F_{Bz} + F_z + F_\text{P}\sin\theta = 0,\quad F_{Az} = 381\text{N}$$

F_{Bz} 为负值，表明该力的实际方向与假设方向相反。

【例5.6】 如图5.14所示，匀质长方形板边长分别为 a 和 b，由六根直杆支持于水平位置，直杆两端各用球铰链与板和地面连接。板距地面高度为 b，板重为 $\boldsymbol{P}$，在 A 处作用一水平力 $\boldsymbol{F}$，且 $F=2P$。求各杆的内力。

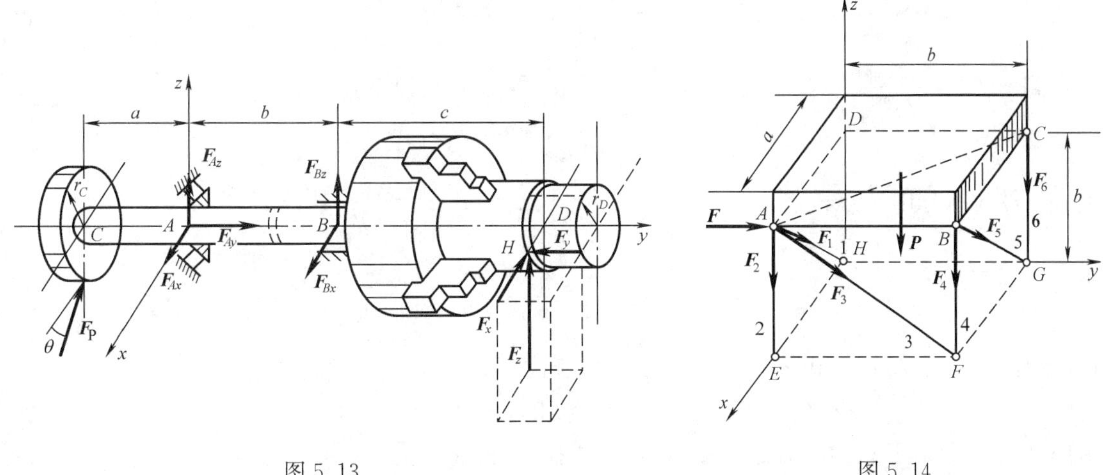

图5.13　　　　图5.14

解 取长方形板为研究对象。设各杆均受拉力，其受力图如图5.14所示。

解法1 基本方程法

取坐标系 $Hxyz$。为了避免遗漏和便于检查，可将各力的投影和对各坐标轴的矩列表如下（表5.2）（设 $\angle DAH = \angle CBG = \theta$）：

表 5.2 各力的投影相对各坐标轴的矩

项目	**F**	**P**	$\boldsymbol{F}_1$	$\boldsymbol{F}_2$	$\boldsymbol{F}_3$	$\boldsymbol{F}_4$	$\boldsymbol{F}_5$	$\boldsymbol{F}_6$
F_x	0	0	$-F_1\cos\theta$	0	0	0	$-F_5\cos\theta$	0
F_y	F	0	0	0	$\frac{\sqrt{2}}{2}F_3$	0	0	0
F_z	0	$-P$	$-F_1\sin\theta$	$-F_2$	$-\frac{\sqrt{2}}{2}F_3$	$-F_4$	$-F_5\sin\theta$	$-F_6$
M_x	$-bF$	$-\frac{b}{2}P$	0	0	$-\frac{\sqrt{2}}{2}bF_3$	$-bF_4$	$-bF_5\sin\theta$	$-bF_6$
M_y	0	$\frac{a}{2}P$	0	aF_2	$\frac{\sqrt{2}}{2}aF_3$	aF_4	0	0
M_z	aF	0	0	0	$\frac{\sqrt{2}}{2}aF_3$	0	$bF_5\cos\theta$	0

列平衡方程，相当于把上表中每一行的各项代数和相加并令其等于零，因而可立即写出其平衡方程

$$\sum F_x = 0,\quad -F_1\cos\theta - F_5\cos\theta = 0 \tag{a}$$

$$\sum F_y = 0,\quad F + \frac{\sqrt{2}}{2}F_3 = 0 \tag{b}$$

$$\sum F_z = 0,\quad -P - F_1\sin\theta - F_2 - \frac{\sqrt{2}}{2}F_3 - F_4 - F_5\sin\theta - F_6 = 0 \tag{c}$$

$$\sum M_x = 0,\quad -bF - \frac{b}{2}P - \frac{\sqrt{2}}{2}bF_3 - bF_4 - bF_5\sin\theta - bF_6 = 0 \tag{d}$$

$$\sum M_y = 0,\quad \frac{a}{2}P + aF_2 + \frac{\sqrt{2}}{2}aF_3 + aF_4 = 0 \tag{e}$$

$$\sum M_z = 0,\quad aF + \frac{\sqrt{2}}{2}aF_3 + bF_5\cos\theta = 0 \tag{f}$$

注意到 $\sin\theta = \frac{b}{\sqrt{a^2+b^2}}, \cos\theta = \frac{a}{\sqrt{a^2+b^2}}$，由式（b）可以解得

$$F_3 = -\sqrt{2}F = -2\sqrt{2}P$$

由式（f）可解得

$$F_5 = 0$$

由式（a）得

$$F_1 = 0$$

把已得的 F_1、F_3 与 F_5 代入式（c）、式（d）和式（e），经化简后得

$$F_2 = 1.5P,\qquad F_4 = 0,\qquad F_6 = -0.5P$$

由以上结果可知杆 1、4、5 受力为 0，杆 2 受拉，杆 3、6 受压。

解法 2 力矩方程法

选取适当的平衡方程，可使一个方程只含有一个未知量。一般，力矩方程比较灵活，如

$$\sum M_{AE}=0,\quad F_5=0$$

$$\sum M_{BF}=0,\quad F_1=0$$

$$\sum M_{AC}=0,\quad F_4=0$$

$$\sum M_{AB}=0,\quad \frac{a}{2}P+aF_6=0,\ F_6=-0.5P$$

$$\sum M_{DH}=0,\quad aF+\frac{\sqrt{2}}{2}aF_3=0,\ F_3=-2\sqrt{2}P$$

$$\sum M_{FG}=0,\quad bF-\frac{b}{2}P-bF_2=0,\quad F_2=1.5P$$

本题的解法 1 是空间任意力系平衡问题的基本解法，即画出研究对象的受力图后，将各荷载、约束力对所取坐标轴的投影及矩按顺序计算并列表，把表中每行各项代数相加，一般可得 6 个独立的平衡方程，可求解 6 个未知量。此解法的优点是步骤程序化，只要按部就班就可列出方程，缺点是常需解较多的联立方程，计算繁琐。解法 2 是力矩方程法，当选择了适当的矩轴，可使一个方程只含有一个未知量，计算简便。其实本题还可用其他形式的平衡方程求解。总之，为简化计算，应尽量选取与所要避开的其余未知力垂直的坐标轴为投影轴，尽量选取与所要避开的其余未知力平行或相交的坐标轴为矩轴。

§5.6 重 心

1. 重心

如果物体的尺寸相对地球很小，则地球附近物体上各点的重力可以被认为是平行力系。而此空间平行力系的合力，就是物体的重量，这个合力的作用线总是通过一确定的点，此点就是物体的**重心**。由经验可知，刚体的重心在刚体内的相对位置是不变的，也就是说，不论物体如何放置，其重力的作用线总是通过它的重心。重心位置的计算公式为

$$x_C=\frac{\sum G_ix_i}{\sum G_i},\qquad y_C=\frac{\sum G_iy_i}{\sum G_i},\qquad z_C=\frac{\sum G_iz_i}{\sum G_i}\tag{5.23}$$

式中，G_i 表示物体任一微小单元的重力，物体的重力为 $G=\sum G_i$。

如果物体是均质的，其单位体积的重量 γ 为常数，任一微小部分的体积为 V_i，整个物体的体积为 V，则有

$$G=\sum V_i\gamma=\gamma\sum V_i=\gamma V$$

代入式（5.23），得物体重心 C 的坐标为

$$x_C=\frac{\sum V_ix_i}{V},\qquad y_C=\frac{\sum V_iy_i}{V},\qquad z_C=\frac{\sum V_iz_i}{V}\tag{5.24}$$

由式（5.24）可见，均质物体的重心位置完全取决于物体的几何形状，而与物体的重量无关。

由物体的几何形状所决定的物体的几何中心，称为该物体的**形心**。确切地说，由式

（5.23）所决定的点，称为物体的重心；由式（5.24）所决定的点，称为物体的形心。对均质物体，其重心和形心是重合的，而对于非均质物体而言，其重心与形心一般不重合。

如果物体是均质等厚的薄壳，如薄壁容器等，其厚度与其表面积相比很小，采用上述同样的方法可得薄壳重心为

$$x_C = \frac{\sum A_i x_i}{A}, \quad y_C = \frac{\sum A_i y_i}{A}, \quad z_C = \frac{\sum A_i z_i}{A} \tag{5.25}$$

如果物体是均质等厚的平面薄板，其厚度不计时，取薄板的平面为坐标平面 Oxy，在式（5.25）中，$z_C = 0$，而 x_C 和 y_C 仍按式（5.25）的前两式计算。

2. 重心的确定

（1）规则形状均质物体的重心。

如果均质物体具有对称面、对称轴或对称中心，不难证明，该物体的重心就在对称面、对称轴或对称中心上。例如圆柱体、正圆锥体或正棱锥体的重心都在它们的中心轴线上；圆环、圆面积、球体（面）或平行四边形的重心都与它们的几何中心重合。对于具有简单形状均质物体的重心，一般可用积分形式的重心坐标公式求解，或查阅有关工程手册。表5.3列出了几种常见的简单几何形体的形心。

表 5.3　　简单几何形体的形心

图形	形心坐标	图形	形心坐标
三角形	$y_C = \frac{1}{3}h$ $A = \frac{1}{2}bh$	弓形	$x_C = \frac{2}{3}\frac{r^3 \sin^3\theta}{A}$ 其中弓形面积 $A = \frac{r^2(2\theta - \sin 2\theta)}{2}$
梯形	$y_C = \frac{h(a+2b)}{3(a+b)}$ $A = \frac{1}{2}(a+b)h$	圆弧	$x_C = \frac{r\sin\theta}{\theta}$ 对于半圆弧 $\theta = \frac{\pi}{2}$,则 $x_C = \frac{2r}{\pi}$
扇形	$x_C = \frac{2}{3}\frac{r\sin\theta}{\theta}$ （θ用弧度表示，下同）对半圆， $\theta = \frac{\pi}{2}$,则 $x_C = \frac{4r}{3\pi}, A = \theta R^2$	部分圆环（扇面）	$x_C = \frac{2(R^3 - r^3)\sin\theta}{3(R^2 - r^2)\theta}$ $A = \theta(R^2 - r^2)$

续表

图　　形	形　心　坐　标	图　　形	形　心　坐　标
抛物线面	$x_C=\frac{3}{5}a$ $y_C=\frac{3}{8}b$ $A=\frac{2}{3}ab$	半圆球体	$z_C=\frac{3}{8}r$ $V=\frac{2}{3}\pi r^3$
抛物线面	$x_C=\frac{3}{4}a$ $y_C=\frac{3}{10}b$ $A=\frac{1}{3}ab$	正圆锥体	$z_C=\frac{1}{4}h$ $V=\frac{1}{3}\pi r^2 h$

(2) 分割法。

工程上，有些均质物体是由几个规则形状的物体组合而成。求这类物体的重心时，可将其分割成几个简单形状的物体，而各简单形状物体的重心很容易求得，则整个物体的重心可按求和形式的重心坐标公式求出。这时，公式中的体积元素、面积元素或长度元素应为所分割的简单形状物体的体积、面积或长度，而 x_i、y_i、z_i 为其相应的重心坐标。这种求重心的方法称为**分割法**。

【例 5.7】 角钢截面尺寸如图 5.15 所示，试求其形心位置。

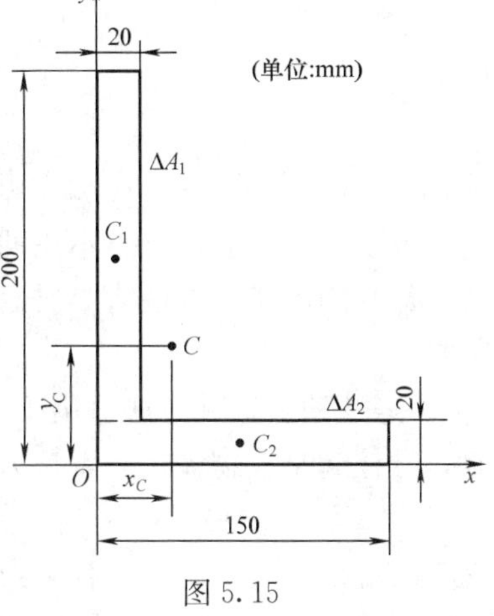

图 5.15

解　取坐标系如图所示，用虚线将图形分割为两个矩形，其面积 A_1、A_2 和形心坐标为

$$A_1=(200-20)\times 20=3600(\text{mm}^2)$$

$$A_2=150\times 20=3000(\text{mm}^2)$$

$$x_1=10\text{mm},y_1=20+\frac{200-20}{2}=110(\text{mm})$$

$$x_2=75\text{mm},y_2=10\text{mm}$$

将以上数值代入式 (5.25)，得角钢截面相对于所取坐标系的形心坐标为

$$x_C=\frac{x_1A_1+x_2A_2}{A_1+A_2}=39.5\text{mm}$$

$$y_C=\frac{y_1A_1+x_2A_2}{A_1+A_2}=64.5\text{mm}$$

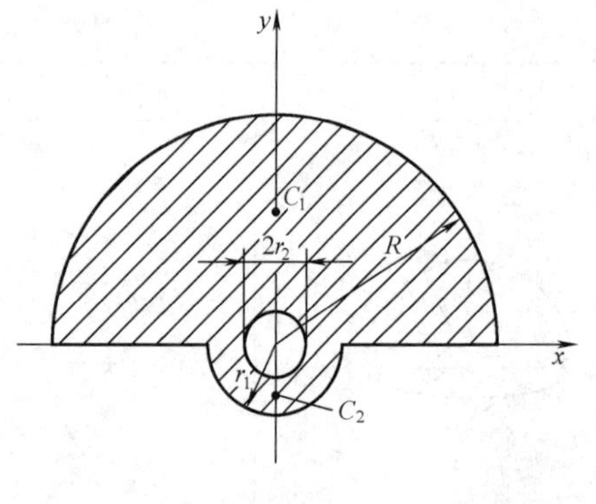

图 5.16

有些均质物体，可以看成是从某个简单形状物体中挖去另一个简单形状物体而成，对于这类物体，仍可用上述求和形式的公式求其重心，这时，只需把被挖去的体积（或面积）取为负值。这种方法称**负体积法**（或**负面积法**）。

【例 5.8】 振动器的偏心块形如图 5.16 所示。已知 $R=100\text{mm},r_1=30\text{mm},r_2=13\text{mm}$ 。试求其形心坐标。

解 由对称性可知，形心 C 一定在对称轴 y 上。同时采用分割法和负面积法，将图形看成是由半径为 R 的大半圆、半径为 r_1 的小半圆和半径为 r_2 的负面积小圆组成。以 C_i 和 A_i（i=1、2、3）表示各分割图的形心和面积，查表 5.3 可求得

$$A_1=\pi R^2/2=5000\pi\ \text{mm}^2,y_1=\frac{4R}{3\pi}=\frac{400}{3\pi}\text{mm}$$

$$A_2=\pi r_1^2/2=450\pi\ \text{mm}^2,y_2=\frac{4r_1}{3\pi}=-\frac{40}{\pi}\text{mm}$$

$$A_3=-\pi r_2^2=-169\pi\ \text{mm}^2,y_3=0$$

注意到 A_3 为负面积，由形心公式得

$$x_C=0$$

$$y_C=\frac{A_1y_1+A_2y_2+A_3y_3}{A_1+A_2+A_3}=39.1\text{mm}$$

（3）实验法。

对形状复杂或质量分布不均的物体，很难计算其重心坐标。此时，可用实验来测定重心位置，最常用的实验方法有悬挂法和称重法两种，这两种方法的理论根据都是物体的平衡条件。

1）**悬挂法**：这种方法适用于平板或薄片物件。如图 5.17 所示，先通过物体的任意点 A 将物体悬挂起来。物体在绳索拉力和重力作用下平衡，根据二力平衡公理，重心应在通过悬挂点 A 的直线上。再另选一点 B 将物体悬挂起来，使之处于平衡状态，同理，重心应在通过该点的直线上。实验时，画出两直线，其交点即为物体的重心。

2）**称重法**：这种方法适用于体积较大的物体，以具有对称轴的连杆为例，如图 5.18 所

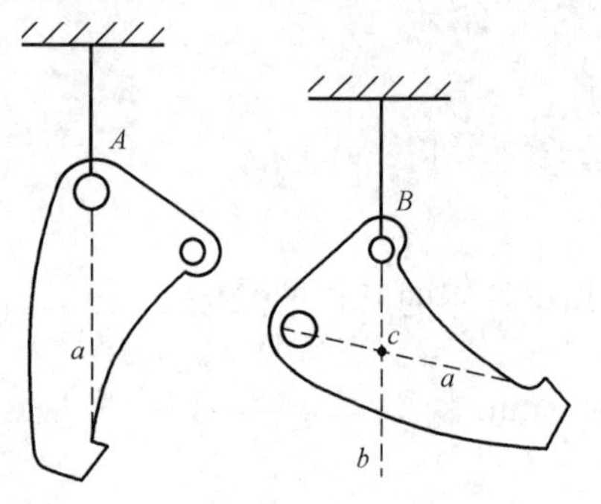

图 5.17

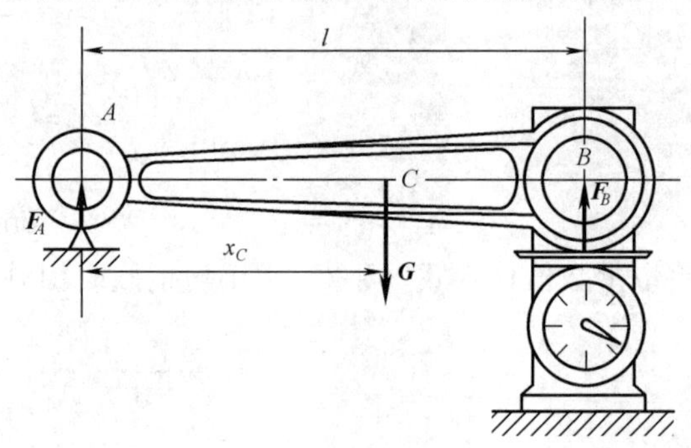

图 5.18

示。这种情况下只需要测定重心在对称轴上的位置，首先称出连杆的重量 G，然后将杆的一端 A 放置在刀口上，另一端 B 放在台秤上，并使对称轴线处于水平位置。从台秤上读出支撑力 F_B 的大小，量出 A、B 两点的水平距离 l，由平衡可知

$$\sum M_A = 0,\quad F_B l - G x_C = 0$$

即

$$x_C = \frac{F_B}{G} l$$

这样，通过两次称重确定了重心在轴线上的位置。

对于非对称的物体，可以在三个方向重复上述作法，从而确定物体重心的位置。

本 章 小 结

1. 空间中的力是三维矢量，力的解析表达式为 $\boldsymbol{F} = F_x\boldsymbol{i} + F_y\boldsymbol{j} + F_z\boldsymbol{k}$ 。

求力在坐标轴上的投影 F_x、F_y、F_z ，可用直接投影法或二次投影法。

2. 空间汇交力系可以合成为一个合力，即 $\boldsymbol{F}_{\mathrm{R}} = \sum \boldsymbol{F}_i$ ，其平衡条件是 $\sum \boldsymbol{F}_i = 0$ ，平衡方程为 $\sum F_x = 0, \sum F_y = 0, \sum F_z = 0$，可以求解 3 个未知量。

3. 空间中力对点的力矩是定位矢量，有 $\boldsymbol{M}_O(\boldsymbol{F}) = \boldsymbol{r} \times \boldsymbol{F} = \begin{vmatrix} \boldsymbol{i} & \boldsymbol{j} & \boldsymbol{k} \\ x & y & z \\ F_x & F_y & F_z \end{vmatrix}$

空间中力对轴之矩是代数量，可按定义计算：$M_z(\boldsymbol{F}) = M_O(F_{xy}) = \pm F_{xy}h$ ；也可按公式计算：$M_x(\boldsymbol{F}) = yF_z - zF_y, M_y(\boldsymbol{F}) = zF_x - xF_z, M_z(\boldsymbol{F}) = xF_y - yF_x$ 。

力对点之矩与力对轴之矩的关系：力对点之矩在通过该点某轴上的投影等于力对该轴之矩，即 $[\boldsymbol{M}_O(\boldsymbol{F})]_z = M_z(\boldsymbol{F})$ 。

4. 空间中力偶的力偶矩是矢量，记为 $\boldsymbol{M}$。力偶的两力对空间中任一点的力矩之矢量和均等于力偶的力偶矩 $\boldsymbol{M}$。

力偶可以在空间中任意移转，或同时改变力及力偶臂的大小，只要保持力偶矩矢量不变，力偶对刚体的作用就不变，所以力偶矩是自由矢量。

多个力偶可以合成为一个力偶，合力偶的力偶矩等于分力偶的力偶矩矢量和。

空间力偶系的平衡方程为 $\sum M_x = 0, \sum M_y = 0, \sum M_z = 0$，可以求解三个未知量。

5. 空间任意力系可以简化为在任意选定的简化中心 O 上作用的一个主矢及一个主矩，主矢为 $\boldsymbol{F}'_{\mathrm{R}} = \sum \boldsymbol{F}_i$ ，主矩为 $\boldsymbol{M}_O = \sum \boldsymbol{M}_O(\boldsymbol{F}_i)$ ，分别等价于 3 个代数方程。

6. 空间任意力系的平衡条件是 $\sum \boldsymbol{F}_i = 0$, $\sum \boldsymbol{M}_O(\boldsymbol{F}_i) = 0$ 。独立的平衡方程有 6 个，其基本形式为

$$\left.\begin{aligned} \sum F_x = 0, \sum F_y = 0, \sum F_z = 0 \\ \sum M_x = 0, \sum M_y = 0, \sum M_z = 0 \end{aligned}\right\}$$

另外还有四矩式、五矩式、六矩式等形式，在解题时可以灵活选用，使得一个方程中只出现一个未知量，以尽量避免求解联立方程。

7. 物体重心 C 的位置由下式确定

$$x_C = \frac{\sum G_i x_i}{\sum G_i}, y_C = \frac{\sum G_i y_i}{\sum G_i}, z_C = \frac{\sum G_i z_i}{\sum G_i}$$

均质物体的重心与形心重合。

习　　题

5.1　图示空间构架由三根无重直杆组成，在 D 端用球铰链连接，如图 5.19 所示。A、B 和 C 端则用球铰链固定在水平地板上。如果挂在 D 端的物重 $P=10\text{kN}$，试求三杆的受力。

5.2　如图 5.20 所示，试求三脚架每根杆的内力。设各杆的自重不计，载荷 $\boldsymbol{F}$ 沿轴 y 的正向，其大小 $F=200\text{N}$。

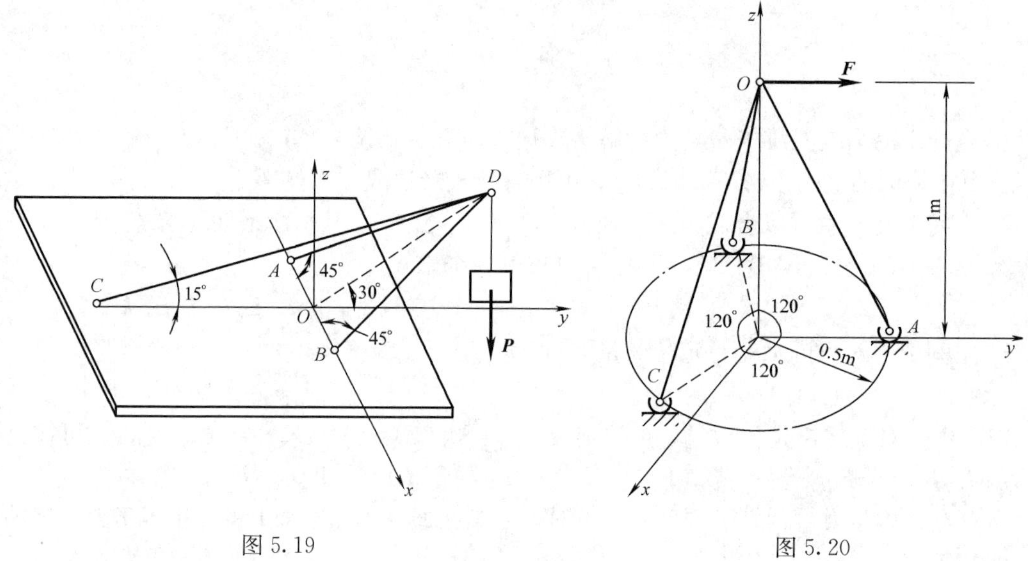

图 5.19　　　　图 5.20

5.3　如图 5.21 所示，力 $\boldsymbol{F}$ 作用在曲柄的中点 A。已知 $\alpha=30^\circ, F=1\text{kN}, d=400\text{mm}, r=50\text{mm}$。试求力 $\boldsymbol{F}$ 对轴 x、y、z 的力矩。

5.4　作用在手柄上的力 $\boldsymbol{F}=100\text{N}$，作用线位置及手柄尺寸如图 5.22 所示。试求力 $\boldsymbol{F}$ 对轴 x、y、z 的力矩。

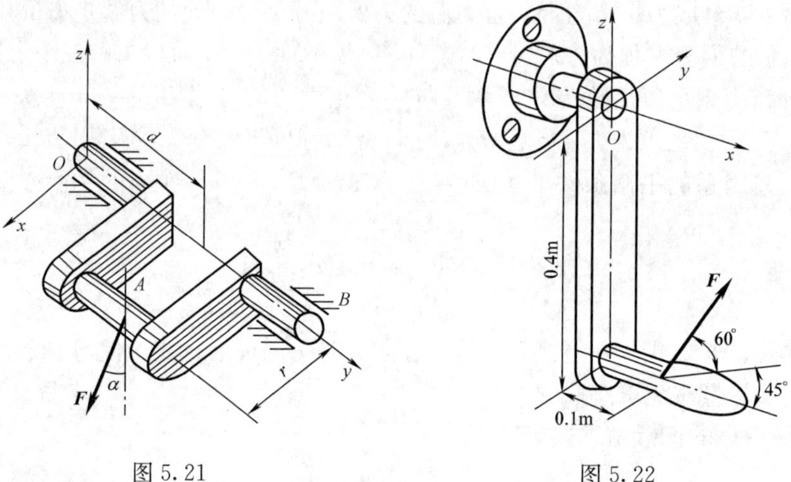

图 5.21　　　　图 5.22

5.5 图 5.23 所示力系的三力分别为 $F_1 = 350N$ 、$F_2 = 400N$ 和 $F_3 = 600N$ ，其作用线的位置如图 5.23 所示。试将此力系向原点 O 简化。

5.6 一重 $P=20kN$、水平悬挂的长方形平板被匀速提升，如图 5.24 所示。重力 $\boldsymbol{P}$ 的作用线通过平板上点 C，试确定所需三力 $\boldsymbol{F}_1$、$\boldsymbol{F}_2$ 及 $\boldsymbol{F}_3$ 的大小。不计滑轮中的摩擦。

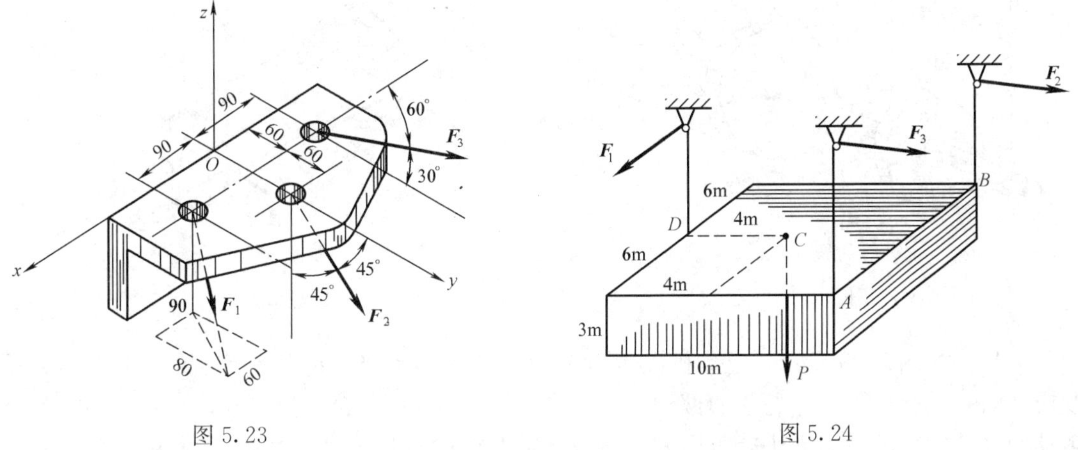

图 5.23　　图 5.24

5.7 图 5.25 所示三圆盘 A、B 和 C 的半径分别为 150mm、100mm 和 50mm。三轴 OA、OB 和 OC 在同一平面内，$\angle AOB$ 为直角。在这三圆盘上分别作用力偶，组成各力偶的力作用在轮缘上，它们的大小分别等于 10N、20N 和 F。如这三圆盘所构成的物系是自由的，不计物系重量，求能使此物系平衡的力 $\boldsymbol{F}$ 和角 θ 的大小。

5.8 如图 5.26 所示，一传动轴以 A、B 两轴承支撑。中间的圆柱直齿齿轮的节圆直径 $d=173mm$，压力角 $\alpha = 20°$，在右端的法兰盘上作用一力偶矩 $M=1030N\cdot m$ 的力偶。设轮轴自重和摩擦不计，求传动轴匀速转动时轴承 A、B 处的约束力。

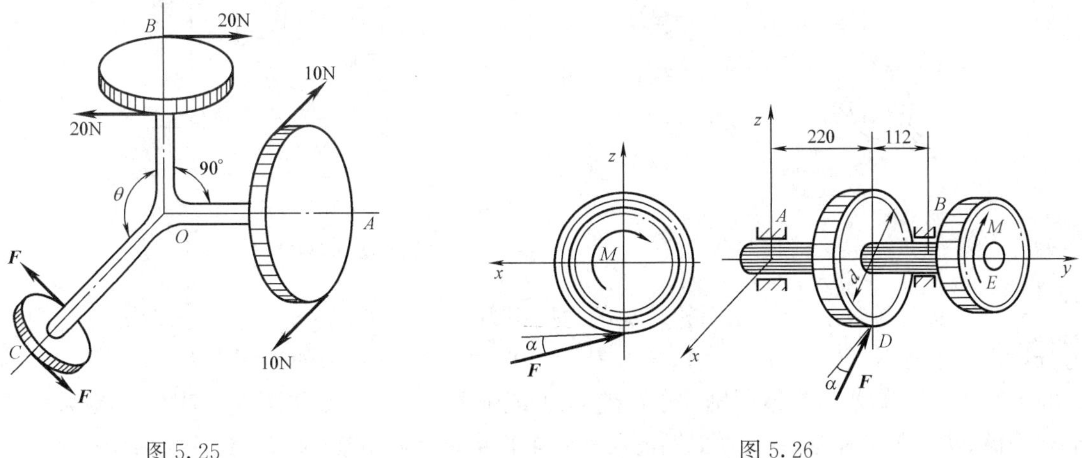

图 5.25　　图 5.26

5.9 如图 5.27 所示，一传动轴上装有两个皮带轮，其半径分别为 $r_1=200mm$，$r_2=250mm$，轮Ⅰ的皮带是水平的，其张力 $F_1=2F_2=5kN$，轮Ⅱ的皮带与铅垂线的夹角 $\theta = 30°$，其张力 $F_3=2F_4$。求传动轴作匀速转动时的张力 F_3、F_4 和轴承的约束力。

5.10 如图 5.28 所示，已知镗刀杆刀头上受切削力 $F_z = 500N$，径向力 $F_x = 150N$，轴

向力 $F_y = 75\text{N}$，刀尖位于 Oxy 平面内，其坐标 $x=75\text{mm}$，$y=200\text{mm}$。工件重量不计，试求被切削工件左端 O 处的约束力。

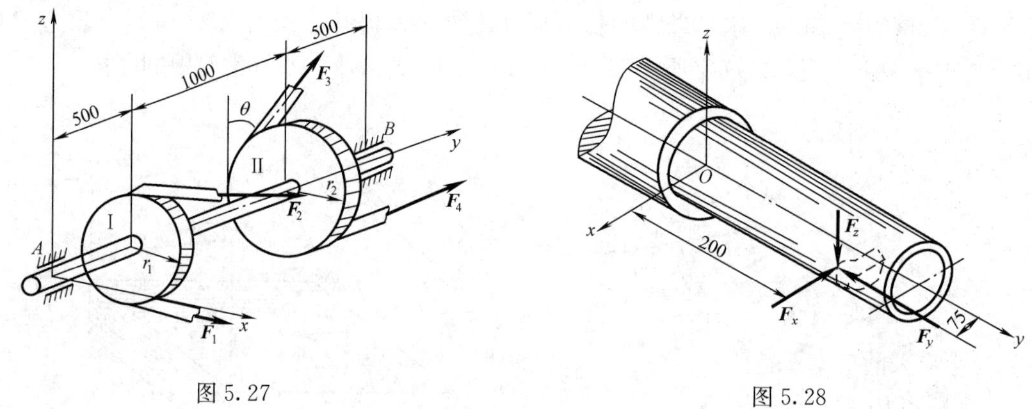

图 5.27　　图 5.28

5.11　如图 5.29 所示，电动机以转矩 M 通过链条传动将重物 P 等速提起，链条与水平线成 30°角（直线 O_1x_1 平行于直线 Ax）。已知：$r=100\text{mm}$，$R=200\text{mm}$，$P=10\text{kN}$，链条主动边（下边）的拉力为从动边拉力的两倍。轴及轮的重量不计，求轴承 A 和 B 的约束力以及链条的拉力。

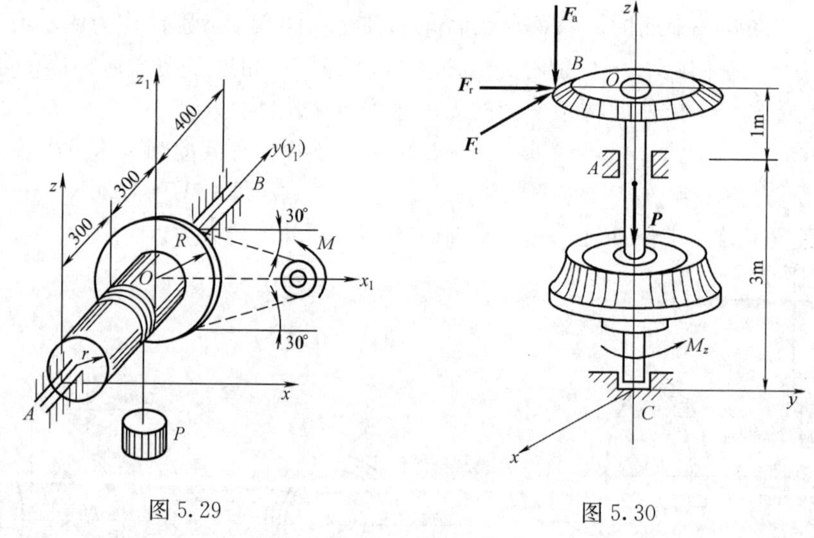

图 5.29　　图 5.30

5.12　如图 5.30 所示，水涡轮转动的力偶矩为 $M_z = 1200\text{N}\cdot\text{m}$。在锥齿轮 B 处受到的力分解为三个分力：切向力 $\boldsymbol{F}_\text{t}$、轴向力 $\boldsymbol{F}_\text{a}$ 和径向力 $\boldsymbol{F}_\text{r}$。这些力的比例为 $F_\text{t} : F_\text{a} : F_\text{r} = 1 : 0.32 : 0.17$。已知水涡轮连同轴和锥齿轮的总重为 $P=12\text{kN}$，其作用线沿轴 Cz，锥齿轮的平均半径 $OB=0.6\text{m}$，其余尺寸如题图所示。求止推轴承 C 和轴承 A 的约束力。

5.13　如图 5.31 所示，均质长方形薄板重 $P=200\text{N}$，用球铰链 A 和蝶铰链 B 固定在墙上，并用绳子 CE 维持在水平位置。求绳子的拉力和支座约束力。

5.14　如图 5.32 所示，矩形搁板 $ABCD$ 可绕轴线 AB 转动，用杆 DE 支撑成水平位置。撑杆 DE 两端均为铰链连接。搁板连同其上重物共重 $G=800\text{N}$，重力作用线通过矩形板几何中心。已知 $AB=1.5\text{m}$，$AD=0.6\text{m}$，$AK=BM=0.25\text{m}$，$DE=0.75\text{m}$。求撑杆 DE

所受的力以及蝶形铰链 K 和 M 的约束力。

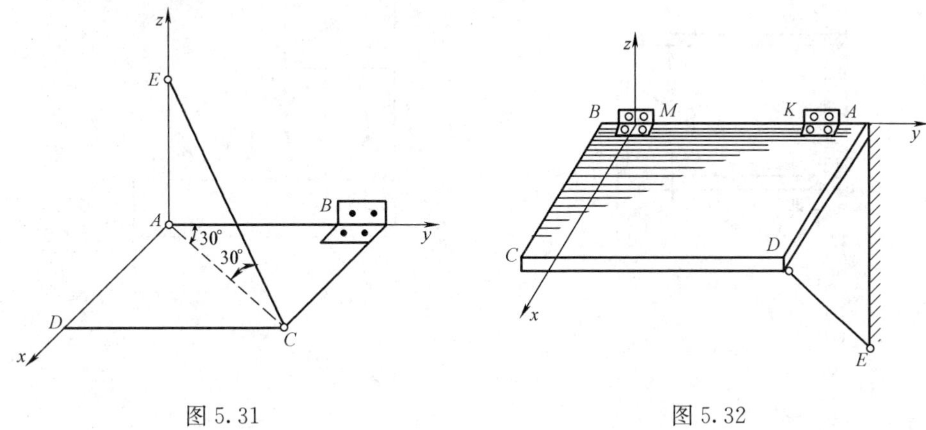

图 5.31 图 5.32

5.15 如图 5.33 所示，六杆支撑一水平板，在板角处受铅直力 $\boldsymbol{F}$ 作用。设板和杆自重不计，求各杆的内力。

5.16 如图 5.34 所示，一个宽、高、长各等于 a、b、c 的长方体，由图 5.34 所示六杆件用铰链支撑在水平位置。今有一水平力 $\boldsymbol{F}$ 沿 GH 方向作用于点 G。试求各支承杆所受的力，不计长方体及各杆的重量。图中点 M 是线段 AB 的中点，夹角 θ 和 φ 均已知。

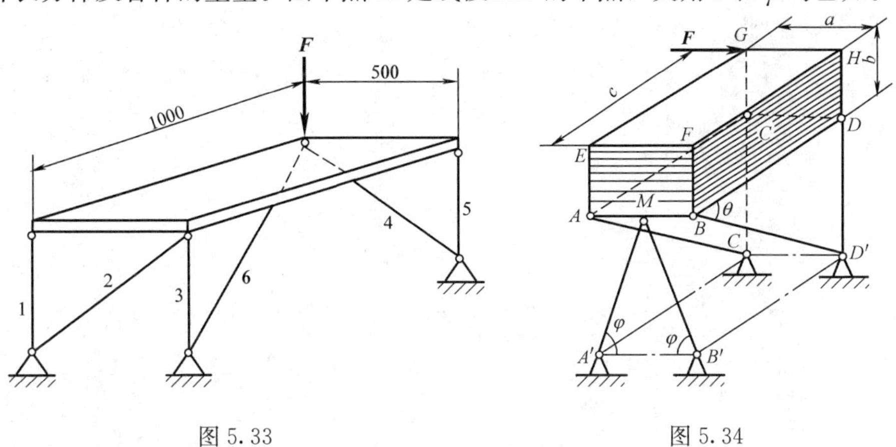

图 5.33 图 5.34

5.17 图中均质杆 AB 长 l，重 $\boldsymbol{P}$，A 端由一球形铰链固定在地面上，B 端自由地靠在一铅直墙面上，墙面与铰链 A 的水平距离等于 a，图中平面 AOB 与 Oyz 的交角为 θ，如图 5.35 所示。杆 AB 与墙面间的摩擦因数为 f_s，铰链的摩擦阻力可不计。试求杆 AB 将开始沿墙滑动时，θ 角应等于多大？

5.18 试求图 5.36 所示两平面图形的形心位置，图中尺寸单位为 mm。

5.19 试求图 5.37 所示型材截面形心的位置，图中尺寸单位为 mm。

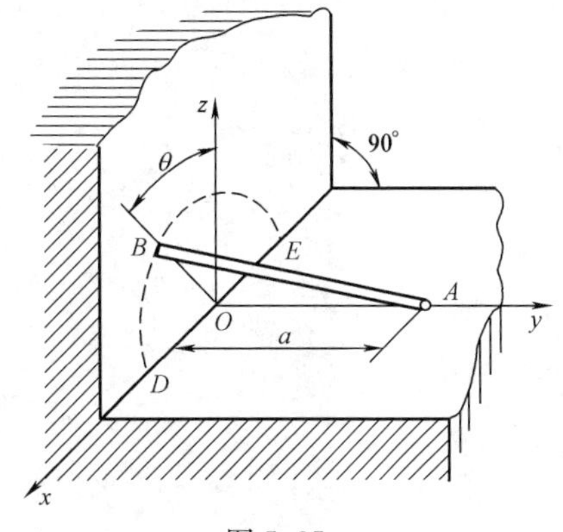

图 5.35

y
16
860
16
O
50
16
x
1400
(a)
y
ϕ60
80
40
45°
O
50
x
200
(b)
y
30
30
170
30
O
x
240
(a)
y
200
O
20
x
150
20
200
20
(b)
y
30
300
30
O
200
x
(c)

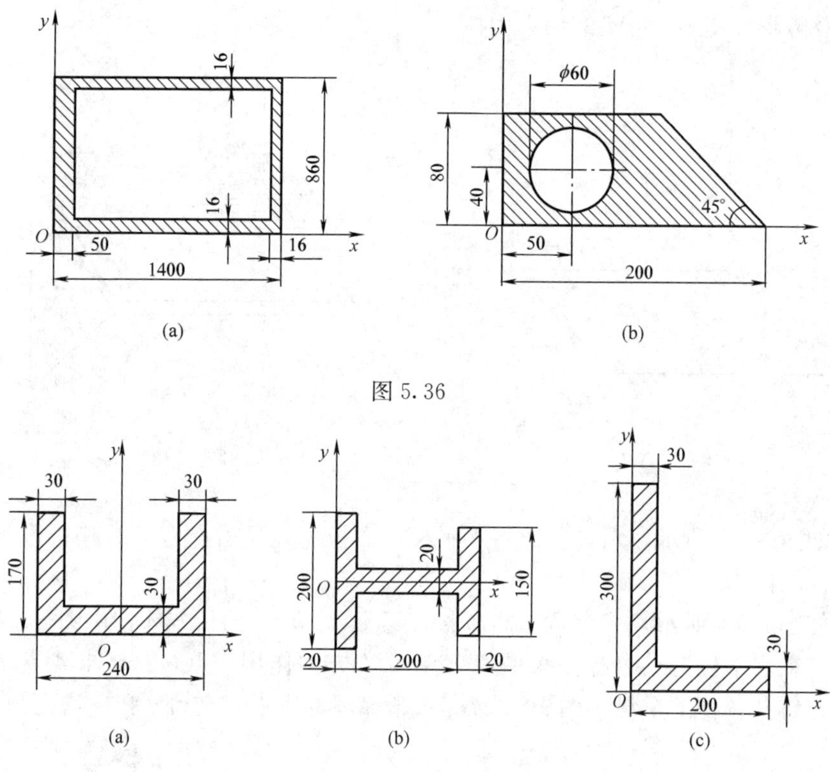

图 5.36

图 5.37

第 2 篇　杆件的强度、刚度和稳定性

本篇的研究对象是变形固体，研究的主要内容是工程结构中各种杆件在外荷载作用下的力学性质和力学行为，即研究其内力和变形等问题。

本篇要重点研究杆件的强度问题，即保证构件不破坏，能正常工作。为了研究的方便起见，通常将杆件的变形归纳为四种基本形式：拉压、剪切、扭转、弯曲。本篇首先讨论在四种基本变形下杆件的内力、应力和强度计算，然后讨论组合变形下构件的强度问题。截面法是计算杆件内力的唯一方法，而研究杆件横截面上的应力通常采用微元分析法，这两种方法是本篇研究问题的基本方法。

本篇研究的第二个问题是杆件的刚度问题，即要求构件不产生过大的变形。本篇分别讨论了在各种基本变形下杆件变形的概念和计算方法。杆件变形的计算，不仅是进行刚度计算的需要，也为研究超静定问题提供了必要的基础。求解超静定问题需要应用三关系法，即综合静力平衡、几何变形和材料物理三方面的关系进行分析计算，三关系法是本篇的重要方法和精髓。

本篇研究的第三个问题是压杆的稳定问题，为工程中柱的稳定计算提供理论基础和分析方法。

综上所述，本篇主要研究杆件的强度、刚度和稳定性问题，为设计安全、经济和适用的构件提供理论基础和分析计算方法，也为研究和分析复杂的工程结构打好基础。

第 6 章　杆件变形的基本概念

§6.1　研究变形构件的任务和方法

一切工程构件都是由固体形态的材料制成的。在外力作用下，构件的几何形状和尺寸大小都要发生一定程度的改变，这种改变称为**变形**（deformation）。若所受外力不断增加，最后构件就将会破坏。

工程构件在外力作用下丧失正常功能的现象称为**失效**（failure）。工程构件的失效形式很多，通常可分为三类：

强度（strength）失效，是指构件在外力作用下发生断裂或产生不可恢复的变形；

刚度（stiffness）失效，是指构件在外力作用下产生过大的变形；

稳定（stability）失效，是指构件在轴向压力作用下其原有平衡形态发生突然转变。

在工程中，为保证结构能正常工作而不失效，要求各个构件都必须具有足够的强度、刚度和稳定性。工程中所用的任何结构，应该是既安全又适用，而且设计时还要使它是最经济的。安全、适用和经济是任何工程结构必须满足的三个基本要求。

在研究构件的强度、刚度和稳定性时，还应了解材料在外力作用下的力学性能，材料的

力学性能要由材料试验来测定。因此，研究材料的力学性能也是本篇的重要内容。

本篇的任务是：研究各种材料及构件在外力作用下所表现出的力学性能，在满足强度、刚度和稳定性的条件下，为工程构件的力学设计提供必要的理论基础和分析计算方法，以保证设计出的构件能够满足安全、适用和经济的要求。

本篇中所研究的问题，都是工程或生活实际中的问题。遵循认识论的规律，其研究方法首先是从生活、工程或实验中观察各种现象，从复杂的现象中抓住共性，找出反映事物本质的主要因素，略去次要因素，经过简化，把作机械运动的实际物体抽象为**力学模型**（mechanical model），建立力学模型是工程力学研究方法中很重要的一个步骤。因为实际中的力学问题往往是很复杂的，这就需要对同一个研究对象，为了不同的研究目的，进行多次实验，反复观察，仔细分析，抓住问题的本质，作出正确的假设，使问题理想化或简化，从而达到在满足一定精确度的要求下用简单的模型解决问题的目的。

对变形构件的分析研究与数学有着密切的关系，建立了力学模型以后，还要按照机械运动的基本规律和力学定理，对力学模型进行数学描述，建立力学量之间的数量关系，得到力学方程，即**数学模型**（mathematical model）。然后，经过逻辑推理和数学演绎进行理论分析和计算，或用计算机求数值解。最后，所得到的结果和结论是否正确，还要进一步通过实验或工程实践来检验。

§6.2 变形固体及其基本假设

实际物体在外力作用下都要发生变形。但是，工程中构件的变形通常是很微小的，力对物体的外效应的影响极小。因此，在本书第1篇中只研究物体的受力、平衡时，这种微小的变形可以略去不计，将受力物体抽象化为不变形的**刚体**（rigid body）。

但是，在本篇中将研究构件的强度、刚度、稳定性等问题，物体的变形将成为主要矛盾，这时应将物体视为**可变形的固体**（deformable body）。任何固体在外力作用下均将发生变形，当卸除外力后能完全消失的变形，称为**弹性变形**（elastic deformation）；不能消失而残留下来的那一部分变形，则称为**塑性变形**（plastic deformation）。

变形固体有多方面的属性，研究的角度不同，侧重面也不一样。本篇是从宏观的角度研究物体内部的受力和变形规律的，为得到简化的力学模型，一般认为变形固体具有如下的基本属性：

（1）均匀、连续性。

实际变形固体的材料，从微观的层次看是不连续的，因为组成固体的粒子之间存在着空隙。但这种空隙与构件的尺寸相比极其微小，于是可理想化地认为固体内部毫无空隙地充满了物质，这就是变形固体的**连续性假设**（continuity assumption）。另外，组成固体的粒子，彼此的物理性质并不完全相同，但因构件的任一部分都包含为数极多的微小粒子，而且无规则地排列着，从统计平均的角度看，认为由同一种材料组成的构件，各处的物理性质是相同的，这就是变形固体的**均匀性假设**（homogenization assumption）。

根据变形固体的均匀、连续性假设，就可以从固体内任意截取一部分来研究，且在外力作用下引起的内力、应力、应变等力学量均可表示为坐标的连续函数，以便于进行数学分析。

同时还应指出，在正常工作条件下，变形前连续的固体，变形后仍应保持其连续性，即变形固体的相邻部分既不引起空隙也不产生重叠的现象，这种变形连续性的条件称为**几何相容条件**（geometric compatibility condition）。

（2）各向同性与各向异性。

材料沿不同方向上的力学性能都相同，称为**各向同性**（isotropy）；沿不同方向的力学性能不同，称为**各向异性**（anisotropy）。绝大多数材料，如金属、工程塑料、搅拌均匀的混凝土等，都可视作各向同性材料。例如，金属从微观上看是多晶体材料，单个晶体的力学性能是有方向性的，但由于各晶体是随机排列的，在宏观上表现为各向同性。

有些材料，如木材、纤维增强复合材料，其整体的力学性能具有明显的方向性，则应看作是各向异性材料。

本篇主要研究均匀、连续、各向同性的变形固体，且通常限于研究在弹性变形范围内和小变形条件下的问题。

§6.3　杆件变形的基本形式

若构件的长度远大于其横向尺寸，就称为**杆**（bar）。杆的各横截面形心的连线称为杆的轴线。根据杆的轴线是曲线还是直线，可将杆分为曲杆及直杆；根据各横截面完全相等或不等，又可将杆分为等截面杆及变截面杆。本篇的主要研究对象是杆，而且多为直杆。实际构件的形状有时相当复杂，不过往往可以近似地应用杆的概念进行分析和研究。

由于外力的作用，杆件产生的变形有下列几种基本形式：

（1）轴向拉伸[图 6.1(a)]与压缩[图 6.1(b)]；

（2）剪切（图 6.2）；

（3）扭转（图 6.3）；

（4）弯曲（图 6.4）。

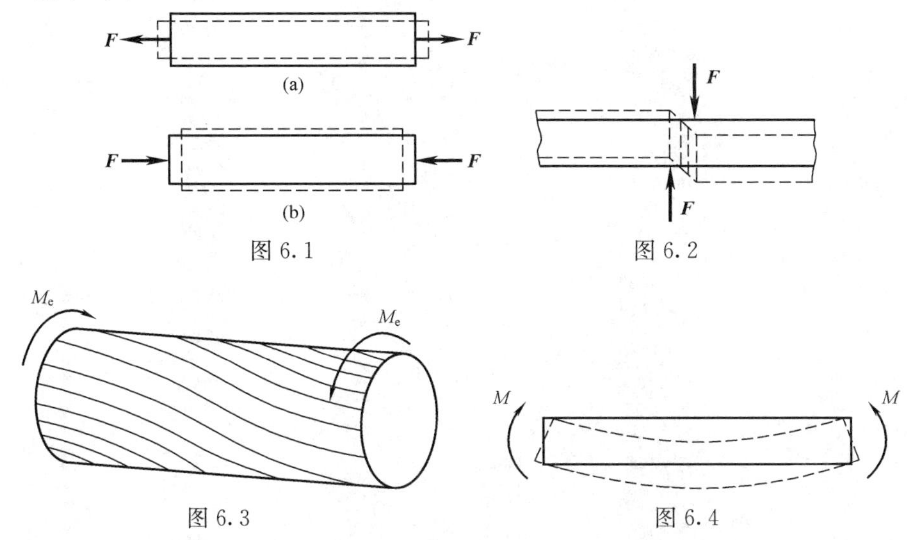

图 6.1　图 6.2　图 6.3　图 6.4

有时杆件的变形较为复杂，不过可以看成是由上述某几种基本变形组合而成。在工程中，通常将受拉的杆件称为**杆**；受压的杆件称为**压杆**或**柱**；主要承受扭转的杆件称为**轴**；主要承受弯曲的杆件称为**梁**。

根据几何形状和尺寸的不同，工程构件大致可分为：杆件、平板、壳体和块体四大类。在研究构件的强度、刚度和稳定性问题时，本篇中主要涉及杆件。若研究板、壳及块体的强度、刚度和稳定性问题，可进一步学习“弹性力学”和“板壳理论”等课程。

在本篇的各章中，首先分别讨论杆件的各种基本变形问题，然后再讨论复杂变形问题。

第 7 章　拉 伸 与 压 缩

教学要求

1. 建立轴力的概念，熟练掌握轴力的计算和画轴力图的方法；
2. 正确建立应力的概念，掌握拉压直杆横截面和斜截面上正应力的计算；
3. 了解低碳钢和铸铁在拉伸和压缩时的力学行为，了解应力集中的概念；
4. 建立安全因数的概念，熟练掌握拉压杆三种强度问题的计算方法；
5. 掌握用胡克定律计算拉压杆变形的方法，明确弹性模量、泊松比、拉压刚度的概念。
6. 理解求解超静定问题的“三关系法”及其在工程中的应用，会求解简单的拉压超静定问题。

在直杆的基本变形中，轴向拉伸与压缩较为简单。关于拉伸与压缩问题的一些概念和研究方法，在材料力学中是基本的和重要的，也是研究杆件其他各种基本变形以及组合变形的基础。

本章首先介绍轴向拉伸与压缩的概念和内力计算，然后引入正应力与正应变的概念，讨论拉压杆的应力和变形计算，接着介绍材料在拉伸与压缩时的力学性能以及拉压杆的强度计算，最后讨论简单的拉压超静定问题。

§7.1　轴向拉伸与压缩的概念及实例

在工程结构和机械设备中，由于外力作用产生拉伸或压缩变形的构件是很常见的。例如，起重机的吊缆，汽缸的螺栓和大型桁架的拉杆（如图 7.1 中的杆 A）等，都是拉伸的实例；结构的支柱，桥墩，千斤顶的螺杆和桁架中的压杆（如图 7.1 中的杆 B）等，都是压缩的实例。

实际拉（压）杆的端部有各种连接方式，若不考虑其端部具体连接方式的影响，将上述这些受拉及受压的构件取出，且忽略构件所受的重力，加以简化，可得计算简图如图 7.2 (a)、(b) 所示，各为一根等截面直杆，其受力特点是：在杆两端各受到一集中力 F 的作用，

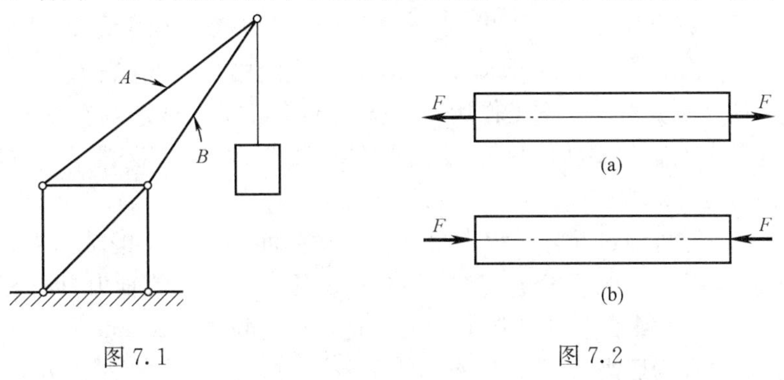

图 7.1　　图 7.2

这一对力 $\boldsymbol{F}$ 的大小相等，指向相反，且力作用线与杆轴线重合。等直杆在这种受力情况下，其主要的变形是纵向伸长或缩短。这种变形形式称为**轴向拉伸**或**轴向压缩**，这类构件称为拉杆或压杆。

§7.2 内力 轴力与轴力图

1. 内力的概念

物体内部各质点之间存在着相互作用的力，既有相互间的吸引力，也有相互间的排斥力。物体不受外力作用时，这两种力是互相平衡的，它使质点间的距离保持某一定值，从而使物体能保持一定的形状。物体在外力作用下产生变形，使内部各质点之间的距离发生了变化，其质点之间的相互作用力也随之发生改变。这种由于外力（或其他外界因素）作用引起物体内部作用力的改变量，称为**内力**（internal force）。严格地说，它是由外力作用所引起的附加内力。

一般而言，截面上的内力是连续分布的内力系，应用理论力学的力系简化理论，可将分布内力系向该截面上某点简化，得到内力系的合成结果。在材料力学中，所谓构件横截面上的内力，通常是指在外力作用下，构件内部该横截面上增加的分布内力系向截面形心简化后的合成结果。

2. 截面法、轴力

为显示内力并确定其大小和方向，可采用截面法。

设一等直杆在两端轴向拉力的作用下处于平衡状态[图 7.3(a)]，欲求杆件某一横截面 $m-m$ 上的内力，可用一假想平面将截面 $m-m$ 截开，分成 A、B 两部分，并任取一部分(如部分 A)作为研究对象[图 7.3(b)]，舍弃另一部分(如部分 B)，并用截开面上的内力代替舍弃部分对保留部分的作用。

对于保留部分 A 而言，截面 $m-m$ 上的内力 F_N就成为外力。由于整个杆件处于平衡状态，因此杆件上的任一部分均应保持平衡，故其保留部分 A 也应保持平衡。所以，杆件横截面 $m-m$ 上的内力一定是与其左端外力 F 共线的轴向内力 F_N，如图 7.3（b）所示。内力 F_N 的数值可由平衡方程求得。

$$\sum F_x = 0,\ F_N - F = 0$$

可得

$$F_N = F$$

式中，F_N为杆件任一横截面 $m-m$ 上的内力，其作用线与杆的轴线重合，即垂直于横截面并通过其形心。这种内力称为**轴力**（axial force），并规定用符号 F_N 表示。

若保留部分 B 为研究对象，则由作用与反作用定律可知，部分 B 在截开面 $m-m$ 上的轴力与上述部分 A 上的轴力的数值相等而指向相反[图 7.3(c)]，显然，其数值同样可由部分 B 的平衡条件通过计算求得。

对于压杆，也一样可通过前述过程求得其任一横截面 $m-m$ 上的轴力 F_N，其指向如图 7.4 所示。为了使由部分 A 和部分 B 所求得同一截面 $m-m$ 上的轴力具有相同的正负号，根据变形情况规定：产生纵向伸长变形的轴力为正，称为**拉力**（tensile force）；产生纵向缩短变形的轴力为负，称为**压力**（compressional force）。按此规定，当轴力方向与杆横截面的外法线方向一致时即为正，反之为负。由图 7.3（b）、（c）可见，拉力的方向是离开研究对象的；由图 7.4（b）、（c）可见，压力的方向是指向研究对象的。

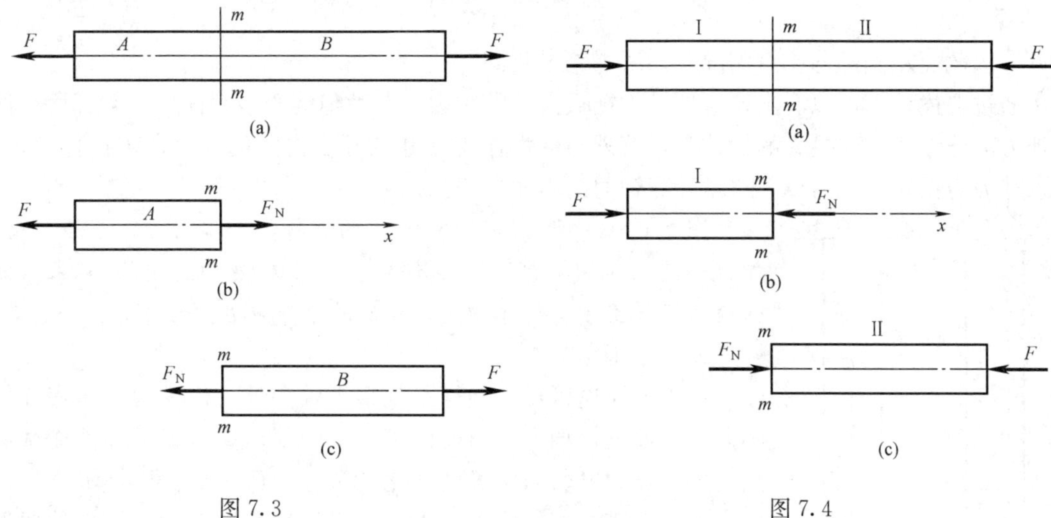

图 7.3　　　图 7.4

上述分析计算内力的方法称为**截面法**（method of sections），是求内力的一般方法，适用于各种变形形式的杆件。截面法有以下三个步骤：

（1）截取：在需要求内力的杆段上某处，假想用平面将杆件截成两部分，取其中一部分，舍弃另一部分；

（2）代弃：在保留部分上，用截开面上的内力或内力偶，代替舍弃部分对保留部分的作用；

（3）平衡：以保留部分为研究对象，根据平衡方程，可由已知外力计算出杆在截开面上的未知内力。

【例 7.1】 一等直杆承受轴向荷载如图 7.5（a）所示，试求截面 $a-a$、$b-b$ 上的内力分量。

解 应用截面法，将杆沿截面 $a-a$ 截开，并取截面以左部分为研究对象[图 7.5(b)]，设该截面上的轴力为 F_{N1}，假设为正，由平衡方程

$$\sum F_x=0, F_{N1}-7=0$$

得

$$F_{N1}=7\text{kN}$$

结果为正值，表明该力的方向与假设的方向一致，即为拉力。

同理，将杆沿截面 $b-b$ 截开，并取右段为研究对象[图 7.5(c)]，仍假设截面上的轴力 F_{N2} 为正，由平衡条件求得

$$F_{N2}=-8\text{kN}$$

负值表明该力的方向与假设的方向相反，即为压力。

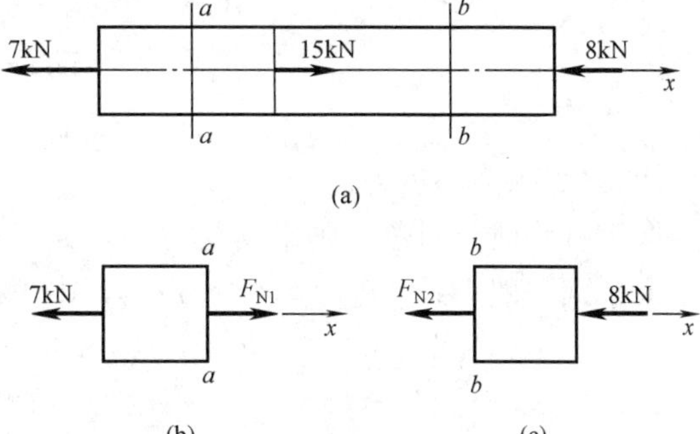

图 7.5

在上例中，若取截面 $a-a$ 的右侧杆段为研究对象，由平衡方程

$$\sum F_x = 0, -F_{N1} + 15 - 8 = 0$$

可得

$$F_{N1} = 15 - 8 = 7(\text{kN})$$

可见，取截面左侧部分或右侧部分，所得结果相同。

通过上述计算可以看出，直杆某一横截面上的轴力，其数值等于该截面任一侧杆段上所有外力沿杆轴线方向投影的代数和，若外力使力作用面和截开面之间的杆段产生拉伸变形，则该外力为正，反之为负。这是计算轴力的简便方法。

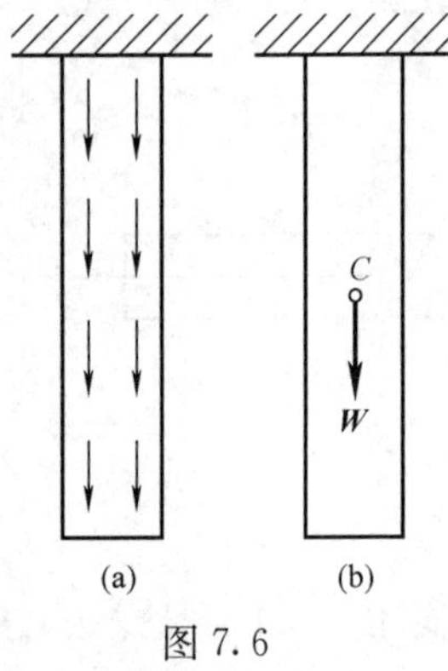

图 7.6

图 7.6（a）所示总重量为 W 的直杆，上端固定，下端自由。能否如图 7.6（b）所示，以作用在重心 C 处的总重力 $\boldsymbol{W}$ 来等效代换实际作用于全杆体积内各点处的分布重力？为什么？

3. 轴力图

由以上讨论可见，当杆受到多个轴向外力作用时，在直杆的不同横截面上，轴力之值彼此不同。为了形象地表示杆件横截面上的轴力随着横截面位置而变化的情况，可用平行于杆轴线的坐标表示各个横截面的位置，用垂直于杆轴线的坐标表示横截面上轴力的数值，从而绘出表示轴力与截面位置关系的图线，称为**轴力图**（diagram of normal forces）。从轴力图上可以清楚地看到轴力沿杆件轴向的变化情况，并且可确定最大轴力的大小及其所在横截面的位置。

【例 7.2】 钢杆 AD，下端固定，上端自由，受力如图 7.7（a）所示，已知：尺寸 a，试求钢杆各段的轴力，并绘制轴力图。

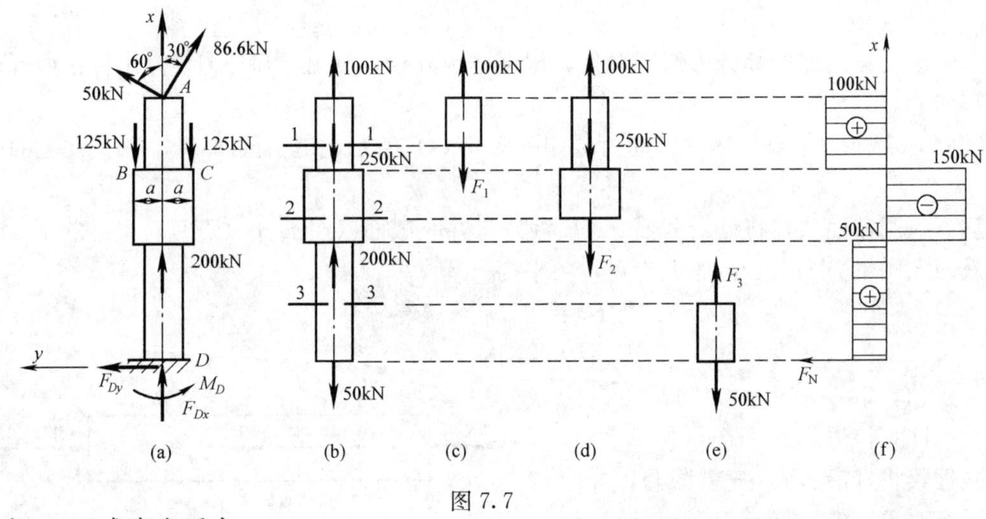

图 7.7

解 (1)求支座反力。

取钢杆为研究对象，画出其受力图，如图 7.7（a）所示，该杆所受的外力和约束力组成一个平面一般力系，建立坐标系 Dxy，由平衡方程

$$\sum F_y = 0, \quad F_{Dy} + 50\sin 60^\circ - 86.6\sin 30^\circ = 0\text{，可得 } F_{Dy} = 0$$

$$\sum M_A = 0, \quad M_D + 125a - 125a = 0\text{，可得 } M_D = 0$$

$$\sum F_x = 0,$$

$$F_{Dx}+50\cos 60^{\circ}+86.6\cos 30^{\circ}-125-125+200=0$$

可得　$$F_{Dx}=-50\text{kN}$$

求出的结果为负值，表示约束力 F_{Dx} 的方向与图中假设的方向相反，实际指向铅垂向下。

（2）求轴力。

将作用于点 A 处的两个斜向外力 F_1 和 F_2 合成，其合力作用线与杆轴线重合，由平行四边形法则可求得合力的大小为 100kN。将作用于点 B 和点 C 处的两个大小相等的平行力，向该截面形心简化，可得一个大小为 250kN，作用线与杆轴线重合，指向向下的合力。因此，可画出钢杆的计算简图，如图 7.7（b）所示。

在上段内某处，假想以平面 1—1 沿着垂直于杆轴的方向将杆切开，取截面上侧一段[图 7.7(c)]，假设轴力 F_1 为拉力，研究其平衡，由前述计算轴力的简便方法，可直接求得轴力

$$F_1=100\text{kN}$$

结果为正值，则 F_1 为拉力。

对于中段[图 7.7(d)]，可得

$$F_2=100-250=-150(\text{kN})$$

结果为负值，则 F_2 为压力。

对于下段[图 7.7(e)]，可得

$$F_3=50\text{kN}$$

结果为正值，则 F_3 为拉力。

（3）绘轴力图。

由上述计算结果可知，钢杆上、中、下三段的轴力分别有三个常量，沿平行和垂直杆轴线的方向分别取轴 x 和轴力 F_{N}，按适当比例，绘制轴力图，并标注轴力数值，如图 7.7（f）所示。显然，最大轴力 $F_{\text{N,max}}$ 发生在中段的任一截面上，其大小为 150kN。

【例 7.3】　图 7.8（a）所示拉杆，杆长为 l，横截面面积为 A，下端受力 F 作用。已知杆材料的密度为 ρ，如果考虑杆的自重，试写出杆的轴力方程，并作轴力图。

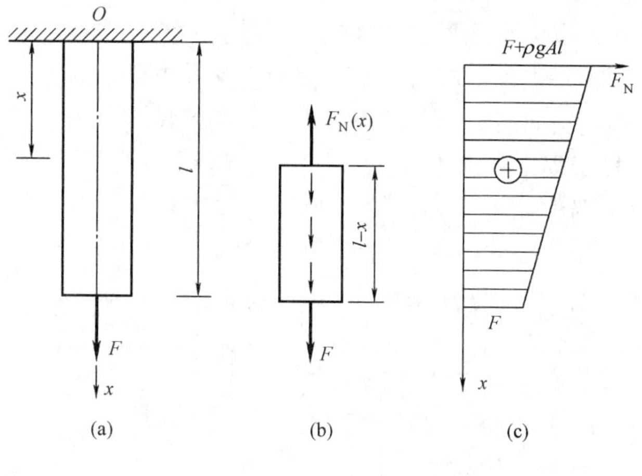

图 7.8

解　取坐标轴 Ox 如图 7.8 所示，用截面法将杆沿 x 处截开，考虑下段杆的平衡[图 7.8(b)]，求得

$$F_N(x) = F + \rho g A(l - x)$$

此即为轴力方程。绘制轴力图时以平行于杆轴线的坐标 x 表示横截面位置，以垂直于杆轴线的坐标表示轴力的数值，其轴力图如图 7.8（c）所示。

§7.3 应力 拉伸或压缩杆的应力

在计算出杆件的轴力后，还无法确定杆件是否会因强度不足而失效。这是因为轴力只是杆件横截面上分布内力系向截面形心简化后得到的合力，而要判断杆件是否会因强度不足而失效，还必须知道分布内力在杆内各点处的强弱程度，这需要引入应力的概念。

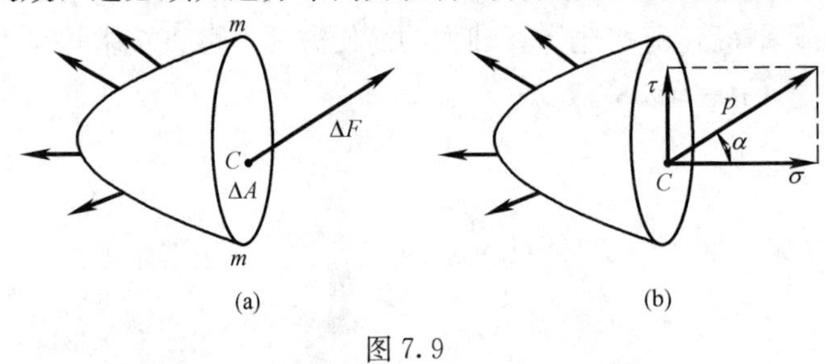

图 7.9

1. 应力

受力物体任一截面上的内力是连续分布的，为考察截面上分布内力在某一点 C 处的强弱程度，可在该截面围绕点 C 取一微面积 ΔA，设作用在该微面积上的内力为 ΔF，如图 7.9（a）所示。当微面积无限缩小趋于零时，其极限值

$$p = \lim_{\Delta A \to 0} \frac{\Delta F}{\Delta A}$$

定义为该截面上点 C 处的**总应力**（total stress），反映截面上分布内力在点 C 处的强弱程度，即**集度**（intensity）。

通常将总应力 p 分解成垂直于截面的法向分量 σ 和切于截面的切向分量 τ[图 7.9(b)]。法向分量 σ 称为**正应力**（normal stress），切向分量 τ 称为**切应力**（shearing stress）。应力的单位是 Pa，工程中通常使用 MPa($1\text{MPa} = 10^6\text{Pa}$)。

由应力的定义可知，应力是在受力构件的某一截面的某一点处定义的，因此，计算应力必须明确是哪个截面上哪一点处的应力。某一截面上某一点处的应力是矢量，一般规定离开研究对象的正应力为正，指向研究对象的正应力为负，即拉应力为正，压应力为负。

2. 拉伸或压缩杆横截面上的应力

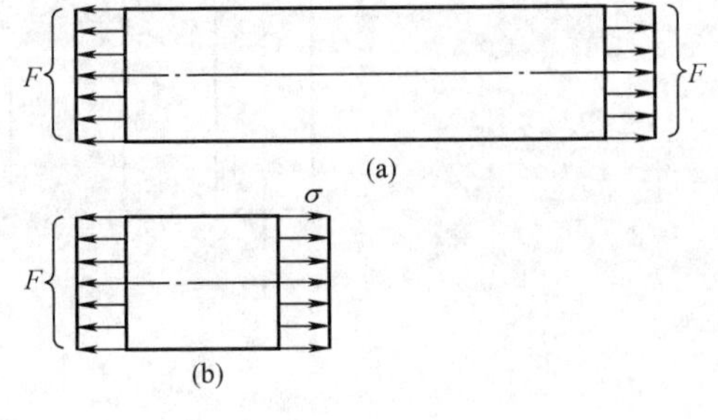

图 7.10

一等截面直杆，两端作用有一对等值、反向的外力 F[图 7.10(a)]，假设外力在端面上是均匀分布的，则其合力作用线与杆轴线重合，因而横截面上的内力只有轴力 F_N。显然，横截面上各点的切应力不可能合成为垂直于横截面的轴力，因此可以推断，横截面上只可能有垂直于横截面的正应力，而没有切应力。由于假设材料是均匀连续的，杆件在一对等值、反向、在端面均匀分布的轴向拉力的作用下，各纵向线段的伸长必然都相同，所以横截面上作用有均匀分布的正应力[图 7.10(b)]。再由静力关系

$$F_N = \int_A \sigma \mathrm{d}A = \sigma \int_A \mathrm{d}A = \sigma A$$

求得

$$\sigma = \frac{F_N}{A} \tag{7.1}$$

这就是拉杆横截面上正应力的计算公式，式中，F_N 是轴力；A 为杆的横截面面积。对于轴向压缩的杆件，上式同样适用。由于正应力的正负号与轴力的正负号相一致，故受拉时应力为正，受压时为负。应注意的是，细长压杆容易被压弯，这是属于稳定性问题，将在第15章中讨论。受压时按式（7.1）计算的压应力是指杆件并未压弯的情况。

在导出式（7.1）的过程中，曾假设直杆两端的面力分布是均匀的，在此前提下按此公式计算的应力才能严格满足两端力的边界条件。但在实际问题中，杆端外力总是通过不同的连接方式（如铆接、焊接等）传递到杆上的，在外力作用点的附近区域，应力情况比较复杂。实验结果表明：将物体局部边界上的外力用一静力等效的力系代替，则受力局部区域的应力分布将有显著改变，而稍远的应力改变甚微，其影响可忽略不计。这一论断，称为**圣维南原理**（Saint-Venant Principle）。根据圣维南原理，在距外力稍远处，可用式（7.1）计算拉压杆横截面上的正应力。

对于变截面直杆，由于变形的非均匀性，横截面上的应力并非均匀分布。若截面变化比较缓慢，按式（7.1）计算所引起的误差不大，这在工程中一般是允许的。但若截面尺寸有急剧改变，在截面突变处的局部范围内，应力数值急剧增加，而稍远处横截面上的应力则趋于均匀。这种由于杆件截面尺寸的突然变化而引起局部应力骤增的现象，称为**应力集中**（stress concentration）。例如，开有圆孔和带有切口的板条（图7.11），受轴向拉伸时，在圆孔和切口附近的局部区域内，应力将急剧增加。弹性理论或实验结果表明：截面尺寸的改变越急剧，应力集中的程度就越严重。

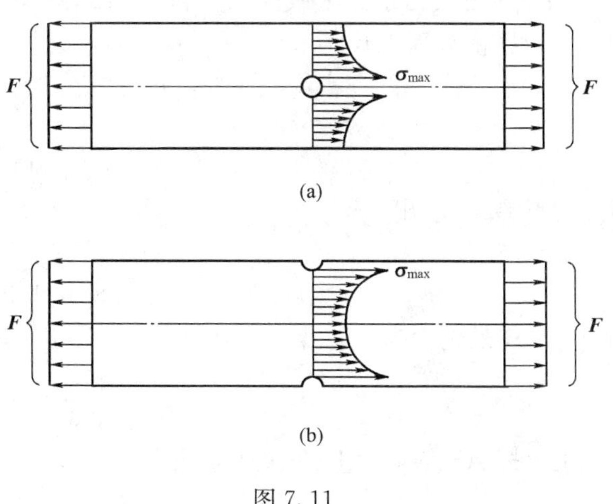

图 7.11

材料不同，对应力集中的敏感程度是不同的。塑性材料有屈服阶段（参阅§7.4），当局部的最大应力达到材料的屈服应力时，该处的变形随着外力的增加继续增长，而应力却基本上不增加。这时增加的外力由截面上尚未屈服的材料来承担，从而降低了应力不均匀的程度。因此，在静荷载的条件下，用塑性材料制成的构件可以不考虑应力集中的影响。脆性材料由于没有屈服阶段，局部应力集中处的应力始终是最大的，该处将首先产生裂纹。所以，用脆性材料制成的构件，即使在静荷载的条件下也应考虑应力集中的影响。

【例7.4】　图7.12（a）为一悬臂吊车的简图，斜杆 AB 为直径 $d = 20\text{mm}$ 的钢杆，荷载 $F = 15\text{kN}$。试求当 F 移到点 A 时，斜杆 AB 横截面上的应力。

解　当荷载 F 移到点 A 时，斜杆 AB 受到的拉力最大，此时杆 AB 和杆 BC 的轴力与荷

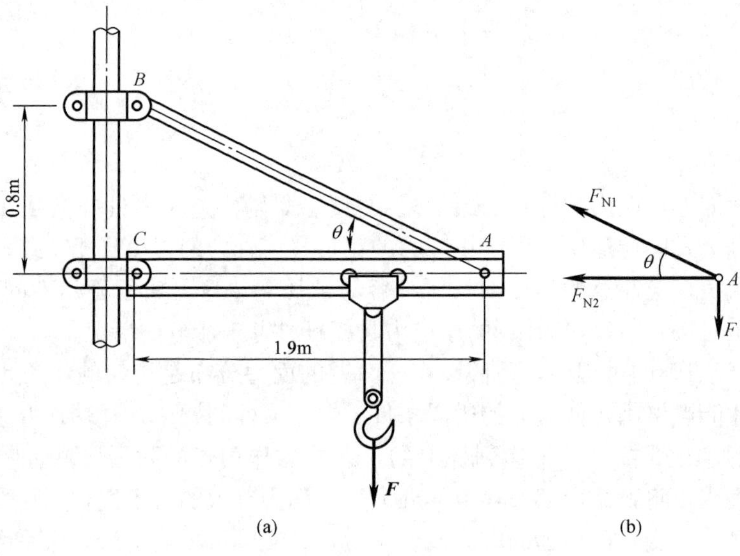

图 7.12

载 F 组成一汇交力系。用截面法，将杆 AB 和 AC 截开，取节点 A 作为研究对象[图 7.12(b)]。由平衡方程 $\Sigma F_y = 0$，得

$$F_{N1} \sin\theta - F = 0$$

$$F_{N1} = \frac{F}{\sin\theta}$$

由三角形 ABC 求出

$$\sin\theta = \frac{0.8}{\sqrt{0.8^2 + 1.9^2}} = 0.388$$

则斜杆 AB 的轴力为

$$F_{N1} = \frac{15}{0.388} = 38.7(\text{kN})$$

由此求得杆 AB 横截面上的应力为

$$\sigma = \frac{F_{N1}}{A} = \frac{38.7 \times 10^3}{\frac{\pi}{4}(20 \times 10^{-3})^2}$$

$$= 123 \times 10^6 (\text{Pa}) = 123(\text{MPa})$$

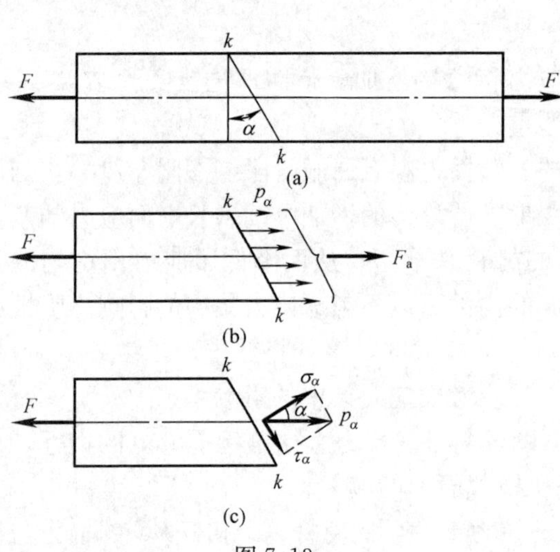

图 7.13

3. 拉伸或压缩杆斜截面上的应力

前面讨论了拉伸或压缩直杆横截面上的正应力，现研究与横截面成角 α 的斜截面 $k-k$ 上的应力[图 7.13(a)]。假想沿斜截面 $k-k$ 将杆件分成两部分，研究左段的平衡[图 7.13(b)]，由平衡方程可得斜截面上的内力 F_α 为

$$F_\alpha = F \tag{a}$$

仿照论述横截面上正应力均匀分布的方法，

可知斜截面上各点的总应力 p_α 也是均匀分布的。于是有

$$p_\alpha = \frac{F_\alpha}{A_\alpha} \tag{b}$$

式中，A_α 为斜截面的面积。A_α 与横截面面积 A 的关系为 $A_\alpha = A/\cos\alpha$，代入式（b），并由式（a）可得

$$p_\alpha = \frac{F}{A}\cos\alpha = \sigma\cos\alpha \tag{c}$$

式中，σ 为直杆横截面上的正应力。

将总应力 p_α 分解成垂直于斜截面的正应力 σ_α 和与斜截面相切的切应力 τ_α，如图 7.13（c）所示。因此有

$$\sigma_\alpha = p_\alpha\cos\alpha = \sigma\cos^2\alpha \tag{d}$$

$$\tau_\alpha = p_\alpha\sin\alpha = \frac{\sigma}{2}\sin 2\alpha \tag{e}$$

由以上公式可见，斜截面上的正应力 σ_α 和切应力 τ_α 的数值随着角 α 的改变做周期性的变化。当 $\alpha = 0$ 时，斜截面成为垂直于轴线的横截面，σ_α 达到最大值，且 $\sigma_{\alpha,\max} = \sigma$。当 $\alpha = 45^\circ$ 时，斜截面上切应力 τ_α 达到最大值，且 $\tau_{\alpha,\max} = \dfrac{\sigma}{2}$。

§7.4 拉伸或压缩杆的变形

1. 拉伸或压缩杆的线应变

直杆在轴向拉力作用下，将产生纵向尺寸伸长和横向尺寸缩短。反之，在轴向压力作用下，将产生纵向缩短和横向膨胀。

考察原长为 l，横截面面积为 A 的等直杆（图 7.14），在轴向拉力 F 的作用下，长度由 l 伸长为 l_1，杆长的纵向改变量为

$$\Delta l = l_1 - l \tag{a}$$

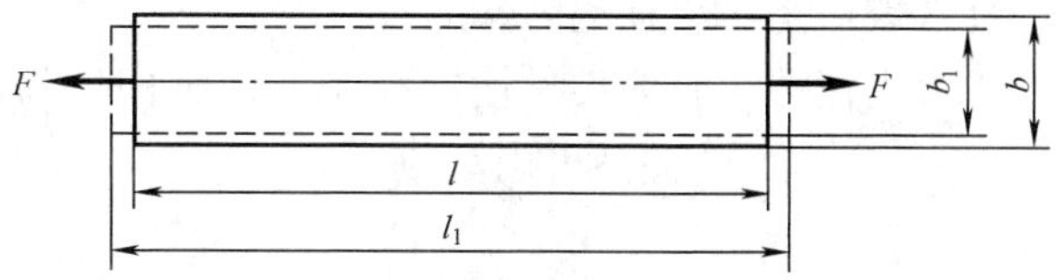

图 7.14

纵向改变量只反映杆的总变形量，而不能说明各段杆的变形程度。可以用单位杆长上的纵向改变量来表示杆件的纵向变形程度，即定义比值

$$\varepsilon = \frac{\Delta l}{l} \tag{b}$$

称为直杆的纵向线应变。由式（a）可得，杆伸长时纵向线应变为正，杆缩短时纵向线应变为负。

应该指出，式（b）所计算的是杆在长度 l 内的平均线应变，若杆沿纵向为非均匀变形时，式（b）并不能反映沿杆长各点处的纵向线应变。为研究杆件内某点处的线应变，设想围绕该点截取一微小的正六面体［图 7.15（a）］，受力变形后，微体各棱边的长度将发生改变。例如，平行于轴 x 的棱边 AB 原长为 Δx，变形后的长度为 $\Delta x+\Delta u$［图 7.15（b）］，则定义极限值

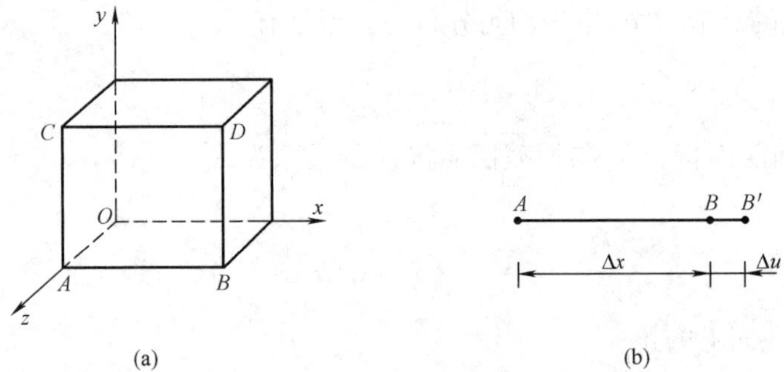

图 7.15

$$\varepsilon_x = \lim_{\Delta x \to 0} \frac{\Delta u}{\Delta x} \tag{c}$$

为点 A 处沿 x 方向的**线应变**（normal strain），表示该点处沿 x 方向长度改变的程度。

同样，若杆件变形前的横向尺寸为 b，变形后为 b_1（图 7.14），则横向变形量为

$$\Delta b = b_1 - b \tag{d}$$

则横向线应变为

$$\varepsilon' = \frac{\Delta b}{b} = \frac{b_1 - b}{b} \tag{e}$$

试验结果表明：在弹性范围内，横向线应变 ε' 与纵向线应变 ε 之比的绝对值是一个常数，即

$$\left| \frac{\varepsilon'}{\varepsilon} \right| = \nu \tag{f}$$

式中，ν 称为**泊松比**，是由科学家泊松（S. D. Poisson）首先提出的。ν 是表示材料物理性质的弹性常数，是一个量纲为一的量。

因为当杆件轴向伸长时横向缩小，而轴向缩短时横向增大，所以 ε' 和 ε 的符号始终相反。因此，ε' 和 ε 的关系可以写成

$$\varepsilon' = -\nu\varepsilon \tag{g}$$

上述 ε' 和 ε 都是表示变形固体内沿某一方向的长度改变程度的代数量，统称为**线应变**，二者都是比值，即都是量纲为一的量。

2. 胡克定律

拉伸或压缩杆件的变形量与其所受外力之间的关系，只能通过实验来测定。通过对常用工程材料制成的杆状试件所作的大量拉伸或压缩实验表明：当杆内的应力不超过材料的某一极限值，即比例极限（见§7.6）时，杆件的伸长量 Δl 与轴向外力 F 及杆件原长 l 成正比，而与其横截面面积 A 成反比，即

$$\Delta l \propto \frac{Fl}{A}$$

引入比例常数 E，并注意到 $F=F_{\mathrm{N}}$，可得

$$\Delta l = \frac{Fl}{EA} = \frac{F_{\mathrm{N}} l}{EA} \tag{7.2}$$

这个关系式是由著名科学家胡克（R. Hooke）首先发现的，故称为**胡克定律**（Hooke law）。式中比例常数 E 称为**弹性模量**（modulus of elasticity），E 的量纲与应力的量纲相同，单位是

Pa 或 GPa（1GPa = 10^9 Pa）。几种常用工程材料的 E 和 ν 的约值已列入表 7.1 中。

表 7.1　　几种常用材料的 E 和 ν 的约值

材料名称	E/GPa	ν	材料名称	E/GPa	ν
碳钢	198～210	0.24～0.28	铝合金	70	0.33
合金钢	190～206	0.25～0.30	混凝土	15～36	0.16～0.18
灰铸铁	80～162	0.23～0.27	木材（顺纹）	9～12	
铜及其合金	73～128	0.31～0.42			

式（7.2）可以改写成

$$\frac{F_N}{A} = E \cdot \frac{\Delta l}{l}$$

若取杆轴线为轴 x，式中 $\frac{F_N}{A}$ 为杆横截面上的正应力 σ_x，$\frac{\Delta l}{l}$ 为 x 方向的线应变 ε_x。在杆内截取微小的正六面体，如图 7.16 所示，称为**单元体**。可见该单元体只在一对面上承受 x 方向的正应力作用而其余四个面上没有应力，这种状态称为**单向拉伸应力状态**（one dimensional stress state in tension），于是，由上式可以得到胡克定律的另一表示式

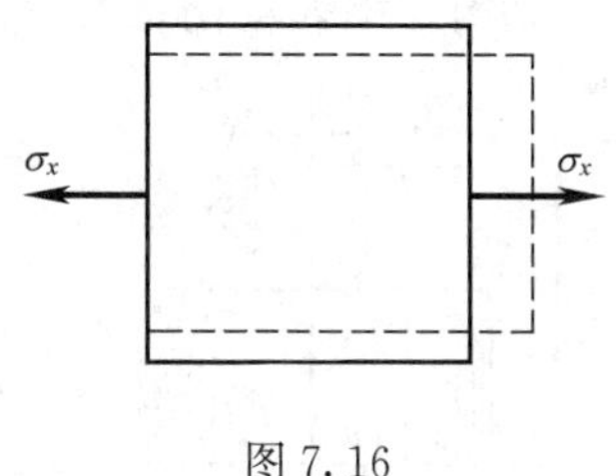

图 7.16

$$\sigma_x = E\varepsilon_x \tag{7.3}$$

式中，应力与应变之间呈线性关系，这种关系称为**线弹性**（linear elasticity）。胡克定律式（7.3）可以普遍地适用于所有单向拉伸或压缩应力状态，也称为单向应力状态下的胡克定律。

3. 拉伸或压缩杆的变形计算

式（7.2）计算的是杆件在长度 l 内的平均变形量 Δl，若杆件在轴力作用下发生不均匀轴向变形（伸长或缩短）。可假设从杆中任取一微段 $\mathrm{d}x$ [图 7.17（a）]，并认为在微段内杆件的轴向变形是均匀的，在轴力 F_N 作用下变形后的长度为 $\mathrm{d}x + \Delta\mathrm{d}x$，则微段沿轴线方向的平均线应变为 $\varepsilon = \frac{\Delta \mathrm{d}x}{\mathrm{d}x}$。在线弹性范围内，由胡克定律可知

$$\varepsilon = \frac{\Delta \mathrm{d}x}{\mathrm{d}x} = \frac{F_N}{EA} \tag{7.4}$$

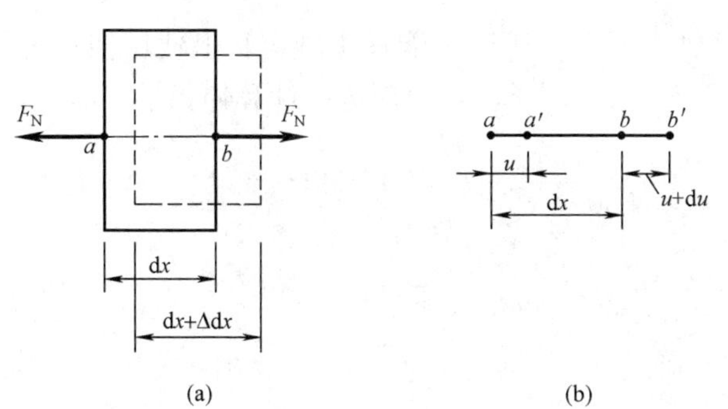

图 7.17

则微段的伸长量为

$$\Delta \mathrm{d}x = \frac{F_N \mathrm{d}x}{EA}$$

在整个杆长内积分，即可求得杆件总的伸长量为

$$\Delta l = \int_l \frac{F_N \mathrm{d}x}{EA} \tag{7.5}$$

只当杆件为等截面直杆，且轴力为常量时，可由上式积分得到杆的平均伸长量。以上分析同样适用于受压杆件，当

轴向受压时，F_N 为负值，即表示轴向变形为缩短。

现在来考察杆件横截面的位移。设微段轴线点 a 处的轴向位移为 u，点 b 处的轴向位移为 $u+\mathrm{d}u$［图7.17（b）］，则轴向的线应变可表示为 $\varepsilon=\frac{\mathrm{d}u}{\mathrm{d}x}$，式（7.4）可改写成

$$\frac{\mathrm{d}u}{\mathrm{d}x}=\frac{F_N}{EA} \tag{7.6}$$

此即为拉压杆轴向位移的微分方程，EA 为**拉压刚度**（axial rigidity）。积分上式，便可得到杆件任一截面的轴向位移

$$u=\int\frac{F_N\mathrm{d}x}{EA}+C \tag{7.7}$$

其中 C 为积分常数，由杆件的约束条件确定。

轴向变形和轴向位移这两个概念有何区别和联系？

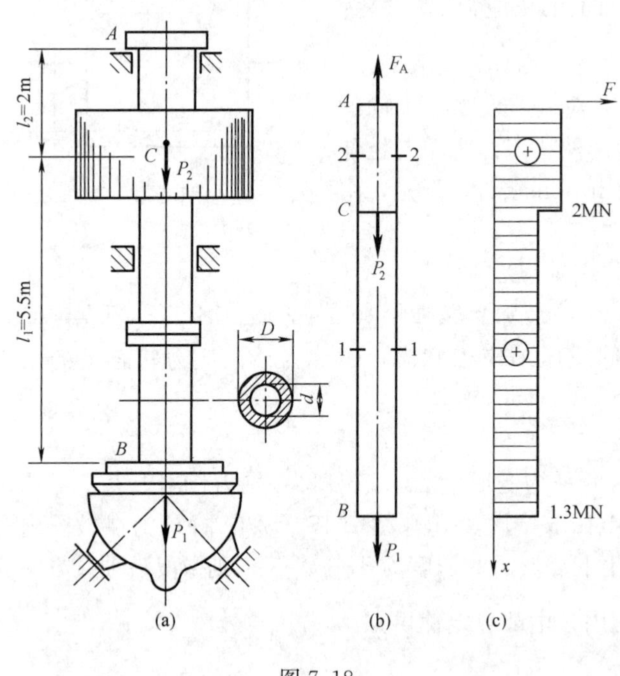

图7.18

【例7.5】 水轮发电机主轴 AB 为一空心圆截面等直杆，受力如图7.18（a）所示。轴的外径 $D=500\text{mm}$，内径 $d=340\text{mm}$，材料为合金钢，$E=200\text{GPa}$。已知 $P_1=1300\text{kN}$，$P_2=700\text{kN}$，不计轴的自重，试求轴 AB 的总伸长量。

解 （1）外力分析。

作用在轴 AB 上的外力除重力 P_1 和 P_2 外，还有截面 A 处的支座反力 F_A，主轴的受力图如图7.18（b）所示。由平衡条件可得

$$F_A=P_1+P_2=2000\text{kN}$$

（2）内力计算。

由截面法可得 BC 段和 AC 段的轴力分别为

$$F_1=1300\text{kN},F_2=2000\text{kN}$$

主轴的轴力图如图7.5（c）所示。

（3）求总伸长量。

AC 和 BC 段的截面面积虽然相同，但轴力不等，所以不能在主轴全长上使用伸长量计算公式（7.2）。而在两段内分别满足式（7.2）的应用条件，故应分段计算伸长量，即

$$\Delta l_{BC}=\frac{F_1l_1}{EA}=\frac{4\times1300\times10^3\times5.5\times10^3}{200\times10^3\pi\times(500^2-340^2)}=0.339(\text{mm})$$

$$\Delta l_{AC}=\frac{F_2l_2}{EA}=\frac{4\times2000\times10^3\times2\times10^3}{200\times10^3\pi\times(500^2-340^2)}=0.189(\text{mm})$$

轴 AB 的总伸长量为

$$\Delta l=\Delta l_{BC}+\Delta l_{AC}=0.339+0.189=0.528(\text{mm})$$

【例 7.6】 一简单支架如图 7.19 所示。杆 BC 为圆钢，横截面直径 $d=20\text{mm}$。杆 BD 为 8 号槽钢，已知：$[\sigma]=160\text{MPa}$，$E=200\text{GPa}$，试求点 B 的位移。

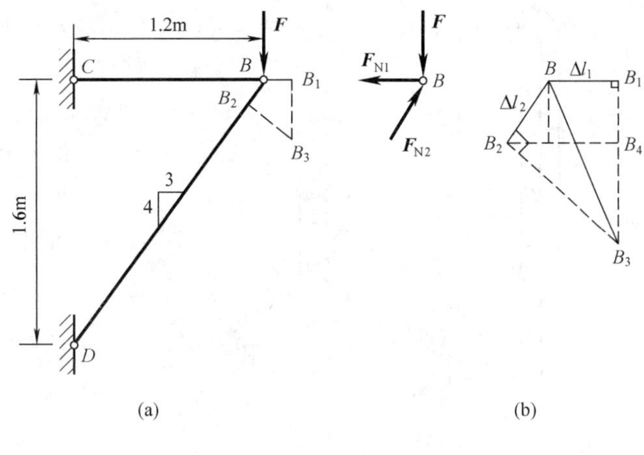

图 7.19

解 (1) 求杆轴力。

根据支架三角形边长的比例关系，可求得杆 BD 的长度为 2m。研究点 B，其受力图如图 7.19 (b) 所示，内力按真实方向假设。由平衡方程，可求得杆 BC 的轴力 F_{N1} 和杆 BD 的轴力 F_{N2} 分别为

$$F_{N1}=\frac{3}{4}F=45\text{kN(拉)},F_{N2}=\frac{5}{4}F=75\text{kN(压)}$$

(2) 求杆变形。

由式 (7.2)，可得杆 BC 和杆 BD 的变形量分别为

$$BB_1=\Delta l_1=\frac{F_{N1}l_1}{EA_1}=\frac{4\times45\times10^3\times1.2\times10^3}{(200\times10^3\ \text{N/mm}^2)\pi\times(20\text{mm})^2}=0.86\text{mm}\,(\text{伸长})$$

$$BB_2=\Delta l_2=\frac{F_{N2}l_2}{EA_2}=\frac{(75\times10^3\text{N})\times(2\times10^3\text{mm})}{(200\times10^3\ \text{N/mm}^2)\times(1024.8\text{mm}^2)}=0.73\text{mm}(\text{缩短})$$

(3) 求点 B 位移。

假想将支架在点 B 处拆开，杆 BC 伸长后长度为 B_1C，杆 BD 伸长缩短后长度为 B_2D，若分别以点 C 和点 D 为圆心，以长度 B_1C 和 B_2D 为半径，画弧相交于点 B' [图 7.19 (b) 中没有画出]，点 B'就是点 B 变形后的真实位置。因为变形很小，所以可分别用垂直于 BC 和 BD 的切线代替圆弧线，这两段直线的交点 B_3是点 B 变形后的近似位置 [图 7.19 (b)]。实际计算表明，在小变形条件下，点 B_3与点 B'的位置误差很小可以忽略，而经过以切线代替弧线的近似处理后，可简化计算。因此可以认为，BB_3就是点 B 的位移 [图 7.19 (b)]。

将点 B 的位移图放大画出，如图 7.19 (b) 所示。由几何关系可求出

$$B_2B_4=\Delta l_2\times\frac{3}{5}+\Delta l_1$$

点 B 的铅垂位移为

$$B_1B_3=B_1B_4+B_4B_3=BB_2\times\frac{4}{5}+B_2B_4\times\frac{3}{4}=\Delta l_2\times\frac{4}{5}+\left(\Delta l_2\times\frac{3}{5}+\Delta l_1\right)\frac{3}{4}=1.56\text{mm}$$

点 B 的水平位移为

$$BB_1=\Delta l_1=0.86\text{mm}$$

点 B 的总位移为

$$BB_3=\sqrt{(B_1B_3)^2+(BB_1)^2}=\sqrt{1.56^2+0.86^2}=1.78(\text{mm})$$

【例 7.7】 一线弹性等直杆受自重和集中力作用，如图 7.20 所示。杆的长度为 l，抗拉刚度为 EA，材料的单位体积质量为 ρ，试求：

(1) 杆中间截面 C 以及自由端截面 B 的位移；

(2) 杆 CB 段的伸长量。

解　首先求任一横截面的轴力。取坐标轴 x 如图 7.20 (a) 所示，将杆沿截面 x 处截开，并研究下边部分 [图 7.20 (b)] 的平衡，求得

$$F_N(x) = F + \rho g A(l - x)$$

应用式 (7.7)，求得杆沿轴线方向的位移为

$$u = \int \frac{F_N \mathrm{d}x}{EA} + C = \frac{1}{EA}\left[Fx + \rho g A\left(lx - \frac{x^2}{2}\right)\right] + C$$

积分常数 C 由边界条件决定。因为固定端处的位移等于零，将 $x = 0$ 代入上式，求得 $C = 0$，于是

$$u = \frac{Fx}{EA} + \frac{\rho g(2lx - x^2)}{2E}$$

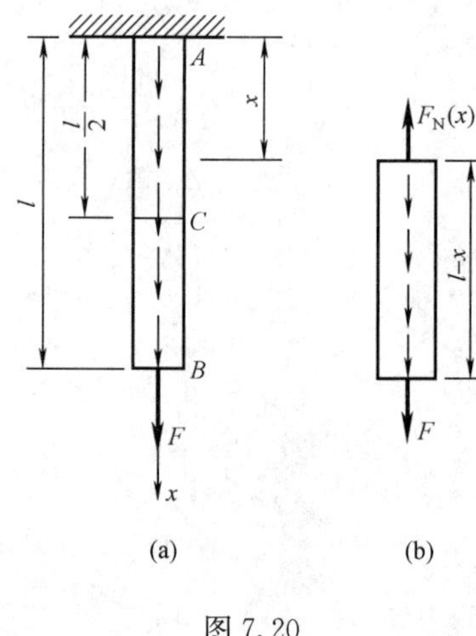

图 7.20

分别令 $x = l/2$ 和 $x = l$，即可求得截面 C 和 B 的位移

$$u_C = \frac{Fl}{2EA} + \frac{3\rho g l^2}{8E}$$

$$u_B = \frac{Fl}{EA} + \frac{\rho g l^2}{2E}$$

CB 段的伸长量为 C、B 两截面间的相对位移，故

$$\Delta l_{CB} = u_B - u_C = \frac{Fl}{2EA} + \frac{\rho g l^2}{8E}$$

若采用定积分计算 CB 段的伸长量，积分上下限应如何选取？

§7.5　拉伸或压缩时材料的力学性能

分析构件的强度时，除计算应力外，还应了解材料的力学性能，也称为机械性质，是指材料在外力作用下表现出的变形，失效等方面的特性。材料的力学性能由实验来测定。

1. 拉伸和压缩试验

常温静载**拉伸试验** (tensile test)，是指标准的轴向拉伸试样，在室温下以缓慢平稳加载的方式进行的拉断试验，为便于比较不同材料的试验结果，对试验条件、加载速度，以及试样的形状、加工精度等都制定了国家标准。金属材料的拉伸试验，应符合《金属拉伸试验方法》(GB/T 228—2002)。常用的标准拉伸试样如图 7.21 所示，对于试验段直径为 d 的圆截面试样，通常规定

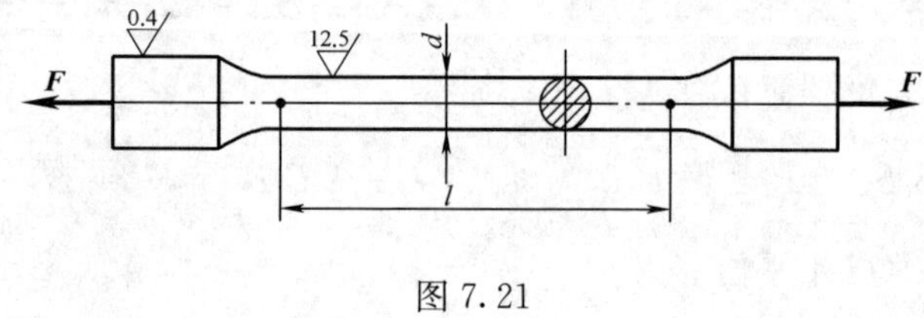

图 7.21

$$l = 10d \text{ 或 } l = 5d$$

式中，l 为试样中间等直部分的工作段，称为标距；d 为试样直径。对于试验段横截面面积为 A 的矩形截面试样，则规定

$$l = 11.3\sqrt{A} \text{ 或 } l = 5.65\sqrt{A}$$

金属材料的压缩试样通常采用圆截面或正方形的短柱体 (图 7.22)，圆柱高度约为直径

或边长的1～3倍，以避免试样在试验过程中被压弯或失稳。

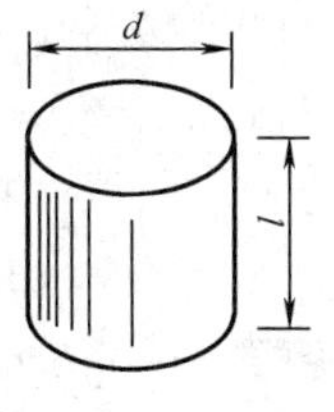

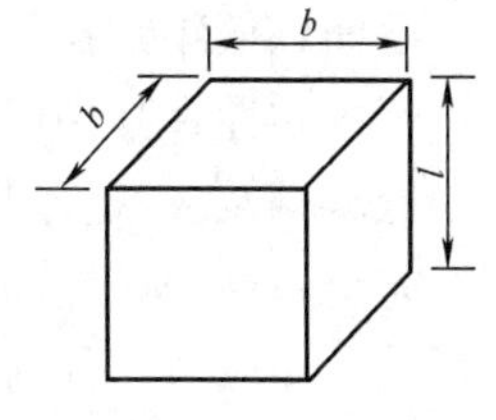

图7.22

将试样安装在材料试验机上，缓慢加载，同时测定试样的受力和标距内的变形，并记录下来。以力F为纵坐标，试样标距内的变形Δl为横坐标，即可绘出F和Δl之间的关系曲线。此曲线通常称为拉伸（压缩）图或F—Δl曲线。

2. 金属材料拉伸时的力学性能

（1）应力—应变曲线（σ-ε曲线）。

F—Δl曲线与试样的尺寸有关。为了消除尺寸的影响，将F和Δl分别除以试样的初始截面积A_0和标距l_0，便得到材料拉伸时的**应力—应变曲线**（stress-strain curve），即σ-ε曲线。

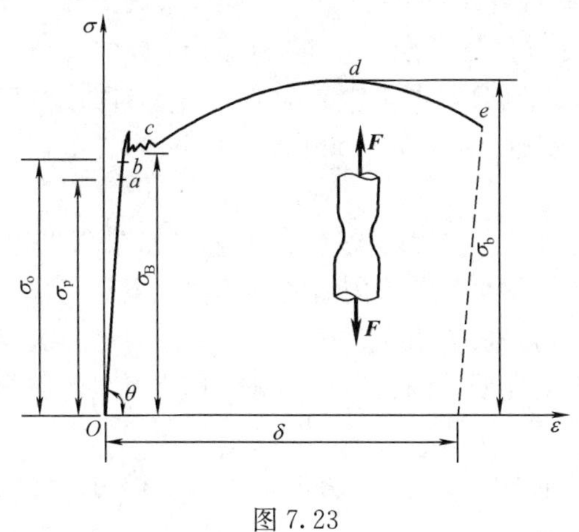

图7.23

图7.23是低碳钢拉伸时的σ-ε曲线。低碳钢是工程上最广泛使用的钢材，其力学性能具有典型性。

图7.24是灰铸铁拉伸时的σ-ε曲线。灰铸铁是金属中典型的脆性材料。

图7.25是其他常用金属材料的σ-ε曲线。

值得注意的是，绝大多数金属材料在拉伸过程中会发生显著的塑性变形，试样的截面积和长度的改变是很明显的。以F除以初始截面积A_0得到的应变σ，已不再是试样横截面上的真实应力。同样，以Δl除以初始标距的长度l_0得到的应变，也不能代表试样的真实应变。因此，以$\sigma=\dfrac{F}{A_0}$为纵坐标，$\varepsilon=\dfrac{\Delta l}{l_0}$为横坐标所绘的$\sigma$-$\varepsilon$曲线，仅是名义应力$\sigma$（又称为工程应力）与名义应变$\varepsilon$（又称为工程应变）之间的关系曲线，也称为工程应力—应变曲线。

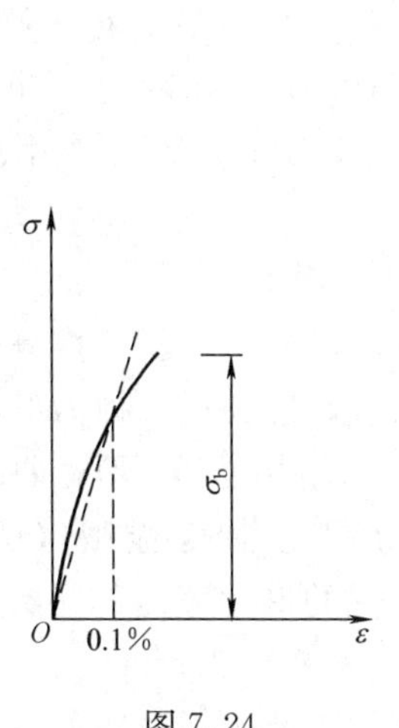

图7.24

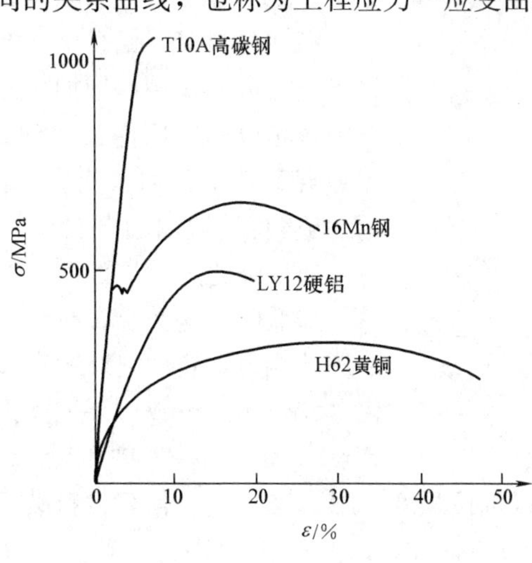

图7.25

下面以低碳钢拉伸为主，讨论材料拉伸时的主要力学性能。

(2) 弹性、弹性模量和泊松比。

低碳钢及多数金属材料的σ-ε曲线，在变形的初始阶段，应力与应变呈线性关系，且变形是完全弹性的，即当试样上的荷载被卸除后，变形可以完全恢复。这一区域称为线弹性区，其最高应力值称为**比例极限**（proportional limit），用σ_p表示。当$\sigma<\sigma_p$时，材料服从胡克定律式（7.3），从σ-ε曲线的直线部分可得

$$E=\frac{\sigma}{\varepsilon}=\tan\theta \tag{7.8}$$

所以弹性模量E是直线Oa的斜率（图7.23）。

当应力超过比例极限后，σ与ε的关系不再是直线（如图7.23中的ab段），但变形仍为弹性的。只引起弹性变形的最高应力值称为**弹性极限**（elastic limit），用σ_e表示。低碳钢的弹性极限与比例极限很接近，在实测中很难区分。但有些材料（如橡胶）的应力与应变之间虽无比例关系，但呈现出很好的弹性，这种非比例的弹性是**非线性弹性**（nonlinear elasticity）。

灰铸铁拉伸时的应力—应变曲线没有明显的直线部分，通常以总应变为0.1%时所对应的割线的斜率为其弹性模量（图7.24），称为**割线模量**（secant modulus）。

(3) 屈服、屈服应力。

有些金属材料，例如低碳钢、中碳钢和低合金钢，当应力超过弹性极限（如图7.23中的点b）后，出现应力几乎不增加（事实上，应力在很小的范围内波动）的情况下应变快速增加，这种现象称为**屈服**（yield）。在屈服阶段内的最高应力和最低应力分别称为上屈服点和下屈服点。下屈服点一般比较稳定，能反映材料的性质，通常以下屈服点作为材料的**屈服应力**（yielding stress），用σ_s表示。

材料屈服时，在经磨光的试样表面可观察到与轴线大致成45°方向的条纹，称为**滑移线**（slip-lines），是金属材料屈服时晶格发生错动的结果。

材料在屈服阶段，会引起显著的塑性变形，也就是说，即使卸去荷载，也有不可恢复的变形存在，与此对应的应变称为**残余应变**（residual strain）。材料发生显著的塑性变形，将会影响到构件的正常工作，所以屈服应力σ_s是衡量材料强度的重要指标。

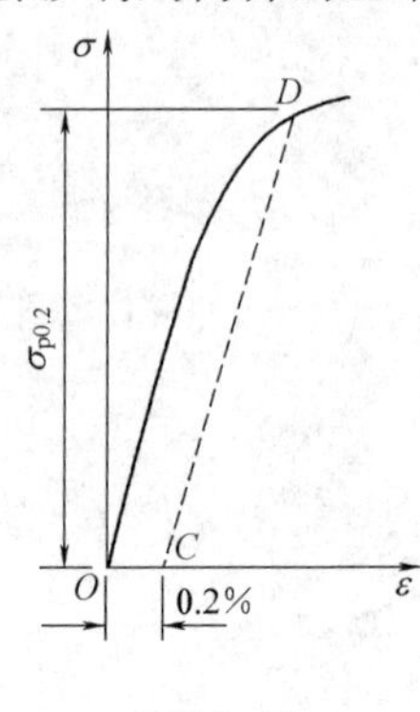

图7.26

有些材料（如铝合金、黄铜等），在应力超过比例极限后，应变将与应力成非比例地增加，并没有显示出明显的屈服现象。在国家标准中，是以非比例伸长达到试样原始标距的0.2%时所对应的应力，作为**规定非比例伸长应力**，记作$\sigma_{p0.2}$，如图7.26所示。图中的直线CD与弹性阶段内的直线平行。

(4) 强化、抗拉强度。

如低碳钢这类金属材料，过了屈服阶段以后，材料又恢复了抵抗变形的能力，要使它继续变形必须增大荷载，这种现象称为材料的**强化**（strengthening）。在强化阶段（如图7.23中的cd段），曲线上最高点（如图7.23中的点d）处的应力称为**强度极限**（ultimate strength）或抗拉强度，用σ_b表示。σ_b代表材料破坏以前能够承受的最大应力，是衡量材料强度的另一重要指标。

多数塑性较好的金属材料，当应力增加到应力—应变曲线的最高点时，试样的变形开始

集中在某一局部区域内，横向尺寸突然急剧缩小，形成**缩颈**（necking）。但应指出，有些金属材料，如高碳钢，强度很高，但塑性较差，直到断裂时仍没有缩颈现象。

灰铸铁、铸造铝合金等脆性材料没有屈服和缩颈现象，拉断前的变形很小，发生断裂时的应力达到最大，即以断裂时的应力值作为抗拉强度。

（5）伸长率、断面收缩率。

试样断裂后，弹性变形消失，塑性变形保留，试样标距内的长度由原来的 l_0 变为 l_1 。定义

$$\delta = \frac{l_1 - l_0}{l_0} \times 100\% \tag{7.9}$$

为材料的**伸长率**（percentage elongation）。伸长率是衡量材料塑性的一个重要指标。低碳钢的伸长率约为 $\delta = 20\% \sim 30\%$ ，说明低碳钢的塑性性能很好。工程上通常按伸长率的大小将材料分成两大类：$\delta \geqslant 5\%$ 的材料称为**塑性材料**（ductile materials），如碳钢、铝合金、黄铜等；$\delta < 5\%$ 的材料称为**脆性材料**（brittle materials），如灰铸铁、玻璃、陶瓷等。

表示材料塑性还有另一个指标。设试样的初始横截面面积为 A_0 ，拉断后颈缩处的最小横截面面积为 A_1 ，定义

$$\psi = \frac{A_0 - A_1}{A_0} \times 100\% \tag{7.10}$$

为材料的**断面收缩率**（percentage reduction of area）。低碳钢的 ψ 约为 60%。

（6）卸载规律、冷作硬化。

对于低碳钢等塑性金属材料，当试样被加载至应力—应变曲线非弹性区的某一点后，然后缓慢卸载（图 7.27），此时应力和应变不再按原来的加载路线返回坐标原点，而是沿着与弹性区直线段相平行的路径返回到应力的零点。这说明在卸载过程中，应力与应变之间按直线规律变化，这就是**卸载规律**（unloading rules）。卸载后，弹性变形消失［图 7.27（a）中的 cb' ］，而塑性变形将残留下来［图 7.27（a）中的 Oc ］。对于没有明显屈服现象的塑性材料，按照卸载规律，也可以将卸载后产生 0.2%塑性应变所对应的应力值作为屈服指标。这与前述按产生一定的非比例伸长来确定屈服应力是一致的。

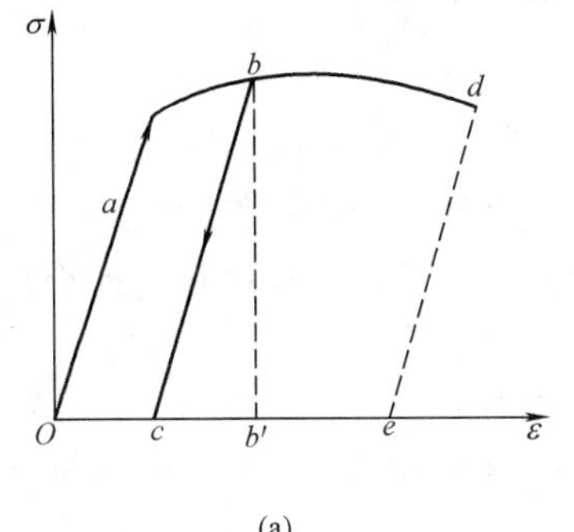

(a)

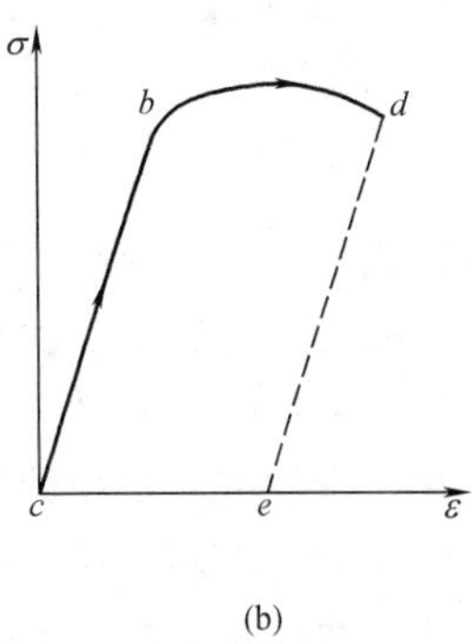

(b)

图 7.27

如果卸载后在短期内再次加载，则应力和应变基本上仍沿着卸载时的斜直线变化，直到开始卸载时的应力为止，再往后大体上沿着原来的曲线变化［图 7.28（b）］。比较图 7.27 中的 $Oabd$ 和 cbd 两条曲线可见，在非弹性区内卸载后再加载，比例极限得到了提高，但塑性却有所降低。这种现象称为**冷作硬化**（cold hardening）。工程上常利用冷作硬化来提高钢

筋和钢缆绳等构件在弹性范围内的承载能力。

3. 金属材料压缩时的力学性能

大多数塑性金属材料在静载**压缩试验**（compressive test）中，当应力未超过比例极限或屈服应力时，其应力—应变曲线与受拉时的曲线基本上是重合的，表明塑性材料受压时的弹性性能和屈服应力与受拉时的大致相同。但当进入屈服阶段后，塑性材料发生明显的塑性变形，受压试样的横截面积不断增加。且由于试验机平台与试样两端面之间有摩擦作用，使试样两端的横向变形受到阻碍，以致被压成鼓形。随着荷载的增加，试样被压成饼状，所以无法测定受压时的强度极限。图 7.28 为低碳钢拉伸与压缩时应力—应变曲线的比较。不难看出，屈服以后二者有很大的差异。

脆性材料在拉伸和压缩时的力学性能有较大的区别。图 7.29 所示为灰铸铁在拉伸和压缩时的应力—应变曲线。比较两条曲线可以看出：

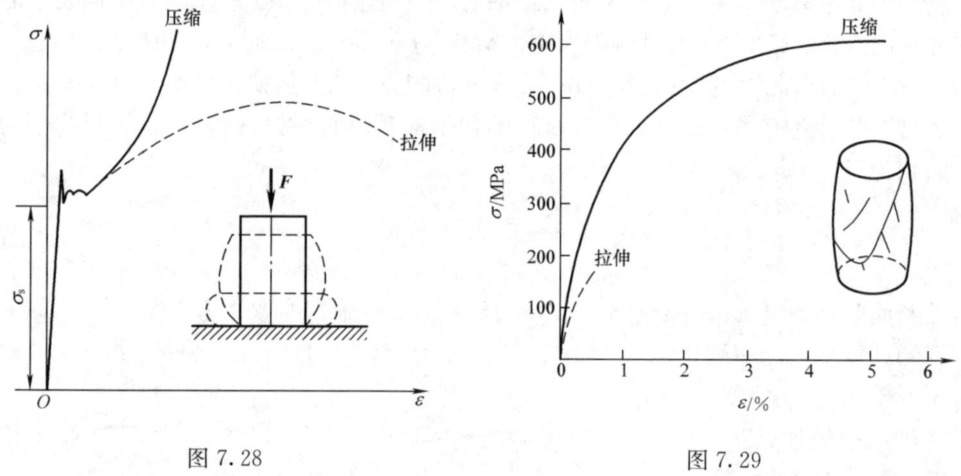

图 7.28　　图 7.29

(1) 抗压强度要比抗拉强度大得多，约为拉伸时的 4～5 倍；

(2) 虽然压缩破坏时的变形较小，但比拉伸破坏时的变形要大得多。可见，铸铁这类脆性材料，宜于作受压构件。

因此，压缩试验比拉伸试验更为重要。

脆性材料受拉和受压时的破坏形式也是不同的。如铸铁拉伸时沿横截面发生断裂，而压缩时的破坏断面与横截面大致成 45° ～ 50° 的倾角。

表 7.2 列出了部分金属材料在常温和静载下的一些力学性能。

表 7.2　　几种常用金属材料的力学性能

材料名称	牌　号	σ_s/MPa	σ_b/MPa	δ_5/%
碳素结构钢 (GB 700—1988)	Q215	185～215	335～410	28～31
	Q235	205～235	375～460	23～26
	Q275	245～275	490～610	17～20
优质碳素结构 (GB 699—1988)	40	335	570	19
	45	355	600	16
普通低合金结构钢 (GB/T 1591—1994)	Q295	235～295	390～570	23
	Q345	275～345	470～630	21～22

续表

材料名称	牌 号	σ_s/MPa	σ_b/MPa	δ_5/%
合金结构钢 (GB 3077—1988)	20Cr 40Cr	540 785	835 980	10 9
球墨铸铁 (GB 1348—1988)	QT450-10 QT600-3	310 370	450 600	10 3
灰铸铁 (GB 9439—1988)	HT150 HT300		120～175(拉) 230～290(拉)	
铝合金(挤压棒) (GB/T 3191—1982)	LF12 LY12	190 260	380 400	15 12

注 表中 δ_5 是指 $l=5d$ 的标准试样的伸长率。

4. 非金属材料在常温静载下的力学性能

(1)混凝土、天然石料。

凝土和天然石料都是脆性材料，其抗压能力比抗拉能力要大得多，故一般只适用于作受压构件。

混凝土和石料的压缩试样，通常做成立方体形。例如对于混凝土，规定用边长为 0.2m 的正立方体作为标准试块，在标准养护条件下经过 28 天后，进行压缩试验。

混凝土压缩时的 σ-ε 曲线如图 7.30(a)所示。在加载初期有一段很短的直线段，以后明显弯曲，在变形不大的情况下发生破坏。破坏形式与试块两端面的润滑条件有关。一种是两端面不加润滑剂，由于摩擦阻力大，压坏时是靠近中间剥落而形成两个对接的截锥体［图 7.30(b)］；另一种是加润滑剂，因摩擦阻力小，破坏时是沿纵向开裂［图 7.30(c)］。两种破坏形式所对应的抗压强度有差异，在规范中是以不加润滑剂时的试验结果作为标准的混凝土的标号。由于混凝土应力与应变的非线性，通常规范以 $\sigma=0.4\sigma_b$ 时割线斜率确定混凝土的弹性模量。

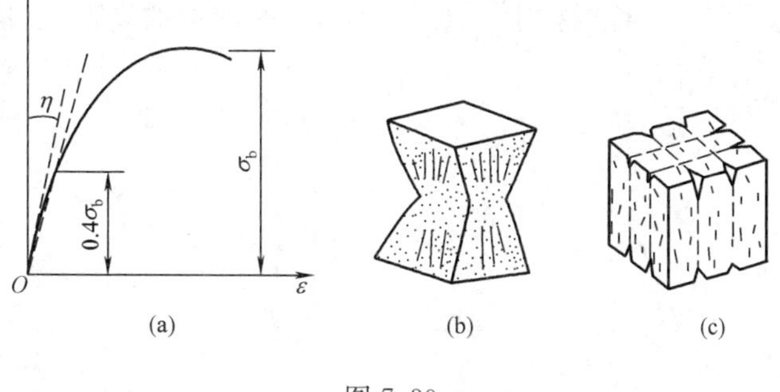

图 7.30

天然石料的力学性能与混凝土相似，但石料具有一定的各向异性力学性能，即沿着岩层方向及垂直于岩层方向的强度和弹性模量有一定的差异。

混凝土和石料的抗拉强度很小，约为抗压强度的 1/10～1/20。故混凝土作为梁、板等结构的材料时，常在其受拉部位用钢筋来加强，称为钢筋混凝土结构。

(2)木材。

木材是一种由许多管状细胞组成的纤维状天然材料，其力学性能具有方向性，平行于木纹(称为顺纹)和垂直于木纹(称为横纹)有明显的不同，是属于各向异性材料。

木材的力学性能因树种、产地、生长条件等不同而有很大的差异。图 7.31 是松木在顺纹拉伸、压缩和横纹压缩时的 σ-ε 曲线。从图中可见，木材顺纹方向的抗拉强度大于抗压强

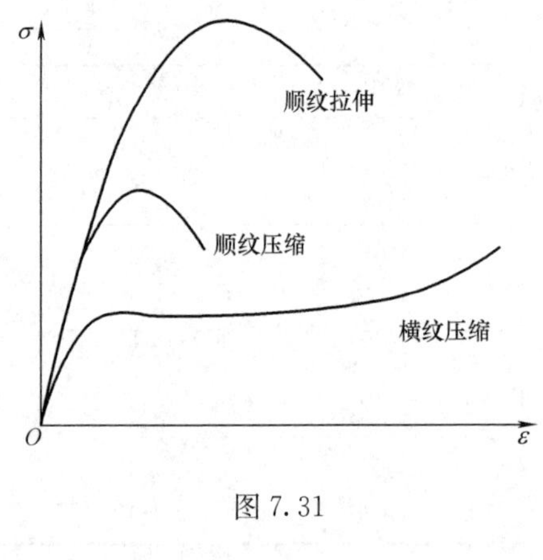

图 7.31

度，而顺纹方向的抗压强度又大于横纹方向的抗压强度。木材顺纹方向的抗拉强度虽然很高，但因受木节等缺陷的影响，其数值波动较大，而抗压强度受其影响较小。因此，在工程中被广泛用作柱、斜撑等承压构件。木材横纹方向的抗拉强度很低，在工程中应避免横纹受拉。另外，顺纹方向的弹性模量远大于横纹方向的。至于与木纹成斜向拉伸或压缩时的强度和弹性模量，都将随应力方向与木纹方向间的倾角不同而变化，详情可参阅《木结构设计规范》(GB 50005—2003)。

(3) 高分子材料。

高分子材料是以高分子化合物为主要组成部分的材料。所谓“高分子化合物”是指分子量很大的有机化合物，也常称为聚合物。自 20 世纪 70 年代开始，高分子材料的发展非常迅速，在三大高分子材料（塑料、橡胶和纤维）中，尤其以塑料的增长最快。

高分子材料的种类很多，它们的力学性能有很大的差异。图 7.32 是高分子材料几种典型的应力—应变曲线。图 7.32 (a) 是硬而脆的高分子材料的 σ-ε 曲线，如聚苯乙烯、聚甲基丙烯酸甲酯（有机玻璃）。具有一定强度和韧性的结晶态高分子材料，通常表现出如图 7.32 (b) 所示的变形行为，如聚酰胺（尼龙）、聚碳酸酯等，具有这种性能的塑料，被广泛地用于工程结构中。图 7.32 (c) 是典型的高弹性材料的 σ-ε 曲线，如合成橡胶。

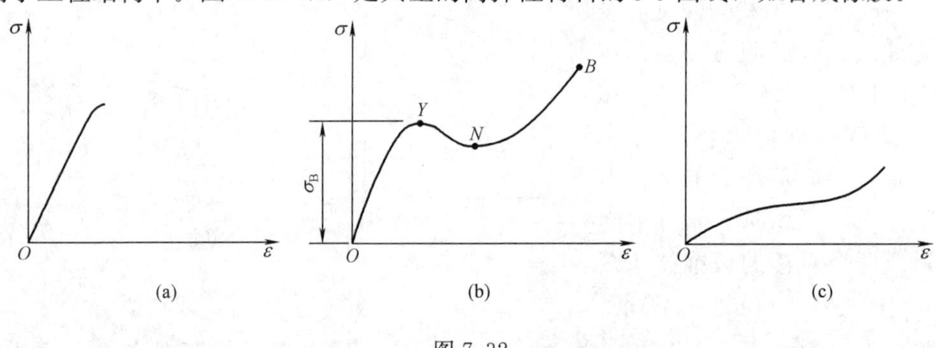

图 7.32

必须指出，结晶态高分子材料的应力—应变曲线［图 7.32 (b)］，初始阶段（OY）发生均匀伸长的弹性变形，Y 为屈服点，这与低碳钢一类塑性材料是相同的。但屈服后，随之局部将出现颈缩，荷载下降，从而使应力—应变曲线呈现急剧下降的趋势，如图中 YN 段所示。颈缩以后并不立即发生断裂，而是由于应变的增加，促使细颈部分的分子链出现取向强化，从而应力—应变曲线再次上升，直到点 B 断裂。

§7.6　拉伸或压缩杆的强度计算

由脆性材料制成的构件，在拉力作用下，当变形很小时就会突然断裂。由塑性材料制成的构件，在拉断之前已出现显著的塑性变形，由于不能保持原有的形状和尺寸，已不能正常工作。构件在外力作用下产生断裂或产生不可恢复的塑性变形，称为**强度失效**（failure by lost strength)。脆性材料断裂时应力是强度极限 σ_b，塑性材料屈服时的应力是屈服极限 σ_s，这两者均为构件失效时的极限应力。为保证构件有足够的强度，在外荷载作用下构件内最大的工作应力，显然应低于极限应力。因此，须为各种材料定出构件能正常工作时所能允许的应力的最高值。

这个最大的允许应力称为**许用应力**（allowable stress），用 $[\sigma]$ 表示。对塑性材料

$$[\sigma] = \frac{\sigma_s}{n_s} \tag{7.11}$$

对脆性材料

$$[\sigma] = \frac{\sigma_b}{n_b} \tag{7.12}$$

式中，大于 1 的因数 n_s 或 n_b 分别称为塑性材料和脆性材料的**安全因数**（safety factor）。显然，安全因数越大，构件的安全性越高，但材料的消耗增加而不够经济。所以，应权衡安全与经济两方面的要求，恰当地选取安全因数。在静载情况下，塑性材料可取 $n_s = 1.2 \sim 2.5$；脆性材料通常以断裂的形式失效，一般取 $n_b = 2.5 \sim 3.0$。

将杆件中最大应力限制在允许的范围内，以保证杆件能正常工作，不发生强度失效，称为**强度设计**（strength design）。对于轴向拉伸或压缩的杆件，其**强度条件**（strength condition）为

$$\sigma = \frac{F_N}{A} \leqslant [\sigma] \tag{7.13}$$

根据强度条件，可以解决三类强度问题：

（1）强度校核。已知杆件的轴力，横截面积以及许用应力，计算出最大工作应力，看看是否满足强度条件式（7.13）。若满足，则杆件强度足够；否则，杆件强度不足。

（2）截面设计。已知杆件所受的轴力以及许用应力，根据强度条件式（7.13），可设计出杆件的横截面面积为

$$A \geqslant \frac{F_N}{[\sigma]} \tag{7.14}$$

（3）确定许可荷载。由强度条件式（7.13），根据杆件的横截面积以及许用应力，可确定杆件能承受的最大轴力，即杆件能承受的最大荷载为

$$[F_N] \leqslant [\sigma]A \tag{7.15}$$

下面用例题来说明拉压杆的强度计算方法。

【例 7.8】 图 7.33 所示蒸汽机汽缸的内径 $D = 400\text{mm}$，汽缸内的工作压力 $p = 1.2\text{MPa}$，汽缸盖和汽缸用螺纹根部直径为 $d_2 = 18\text{mm}$ 的螺栓来连接。已知活塞杆材料的许用应力为 $[\sigma_1] = 50\text{MPa}$，螺栓材料的许用应力 $[\sigma_2] = 40\text{MPa}$。试求活塞杆的直径及所需螺栓的个数。

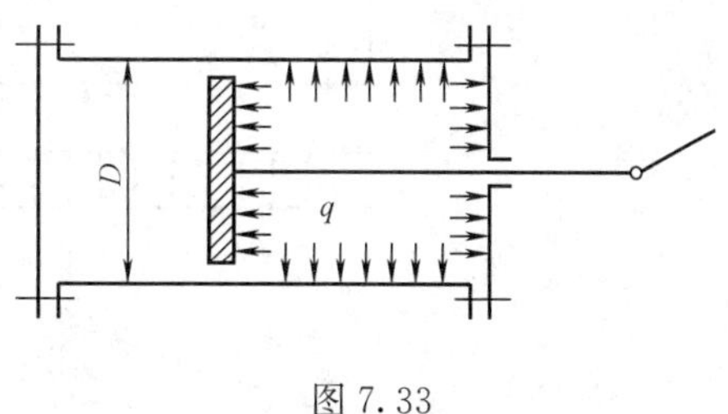

图 7.33

解　(1) 设计活塞杆直径。

活塞杆因作用于活塞上的蒸汽压力而受拉，所受拉力可由蒸汽压力及活塞面积求得，即

$$F_N = pA = p \cdot \frac{\pi}{4}D^2$$

设活塞杆直径为 d_1，由强度条件式（7.14）可得

$$A_1=\frac{\pi}{4}d_1^2\geqslant\frac{F_N}{[\sigma_1]}=\frac{\pi pD^2}{4[\sigma_1]}$$

计算可得活塞杆直径为

$$d_1\geqslant D\sqrt{\frac{p}{[\sigma_1]}}=400\times\sqrt{\frac{1.2}{50}}=62(\text{mm})$$

（2）确定螺栓个数。

设所需螺栓个数为 n，汽缸盖所受的压力应与 n 个螺栓所受的总拉力相等，由强度条件式（7.14），有

$$A_2=n\cdot\frac{\pi}{4}d_2^2\geqslant\frac{F_N}{[\sigma_2]}=\frac{\pi pD^2}{4[\sigma_2]}$$

可得螺栓个数为

$$n\geqslant\frac{pD^2}{[\sigma_2]\ d_2^2}=\frac{1.2\times400^2}{40\times18^2}=14.8$$

因此，至少需用 15 个螺栓。

【例 7.9】 三铰屋架的结构简图及主要尺寸如图 7.34（a）所示。屋架承受长度为 $l=$

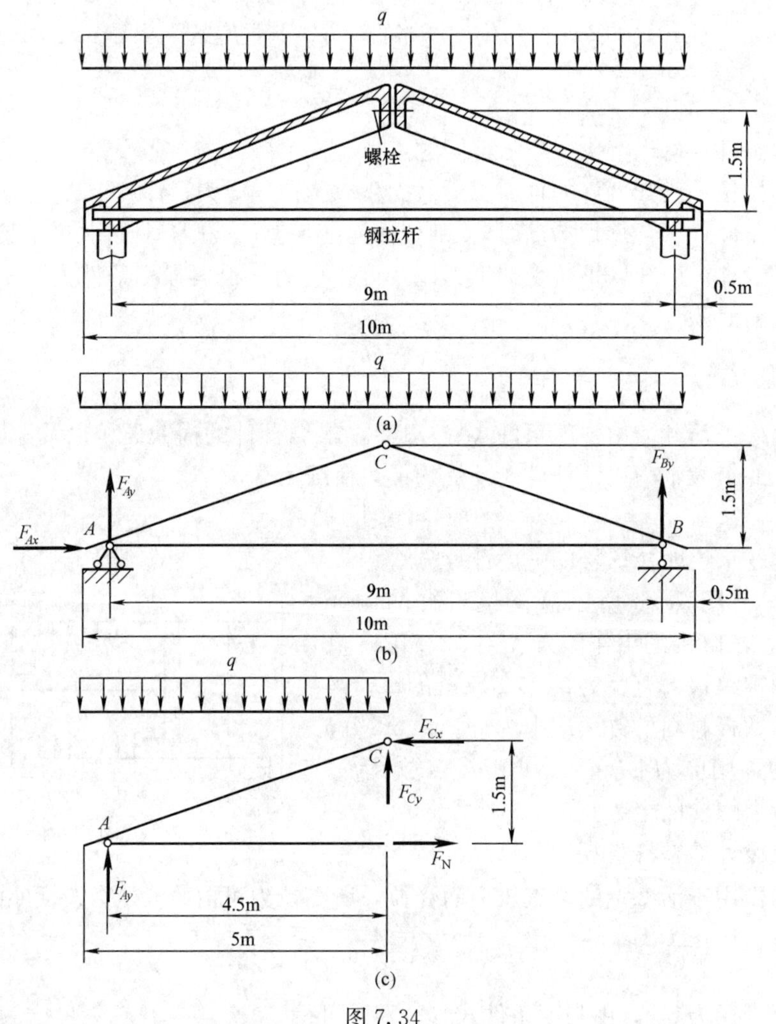

图 7.34

10m 的铅垂均布荷载作用，沿水平方向的集度为 $q=5\text{kN/m}$ 。屋架中的下弦钢拉杆的直径 $d=20\text{mm}$ ，许用应力 $[\sigma]=170\text{MPa}$ 。试校核拉杆的强度。

解　(1) 外力分析。

由于人字梁之间以及人字梁与拉杆之间的接头不能阻止微小的相对转动，可将接头近似看作铰接，画出屋架的计算简图如图 7.34（b）所示。由屋架整体的平衡并利用对称性，可求得支座反力分别为

$$\Sigma F_x=0,\quad F_{Ax}=0$$

$$\Sigma F_y=0,\quad F_{Ay}=F_{By}=\frac{1}{2}ql=\frac{1}{2}\times5\times10^3\times10=25(\text{kN})$$

(2) 内力计算。

取左半屋架为研究对象（图 c），由平衡方程，有

$$\Sigma M_C=0,\quad 1.5F_\text{N}-4.5F_{Ay}+\frac{5^2}{2}q=0$$

将 $F_{Ay}=25\text{kN}$ 和 $q=5\text{kN/m}$ 代入上式，可得

$$F_\text{N}=33.3\text{kN}$$

(3) 强度校核。

由拉杆的轴力 F_N 和直径 $d=20\text{mm}$ ，可求得拉杆横截面上最大的工作应力为

$$\sigma=\frac{F_\text{N}}{A}=\frac{4F_\text{N}}{\pi d^2}=\frac{4\times33.3\times10^3}{\pi\times20^2}=106(\text{N/mm}^2)=106(\text{MPa})<[\sigma]$$

因此，拉杆的强度足够。

【例 7.10】　简易吊车由工字钢梁 AB 和拉杆 BC 组成，如图 7.35（a）所示。工字钢梁为 16 号型钢，长 $l=2\text{m}$ ，拉杆直径 $d=25\text{mm}$ 。梁 AB 和杆 BC 的材料均为 Q235 钢，许用应力 $[\sigma]=120\text{MPa}$ 。当荷载 F 沿水平梁移动到点 B 时，试求吊车的许可荷载。不计梁和杆的自重。

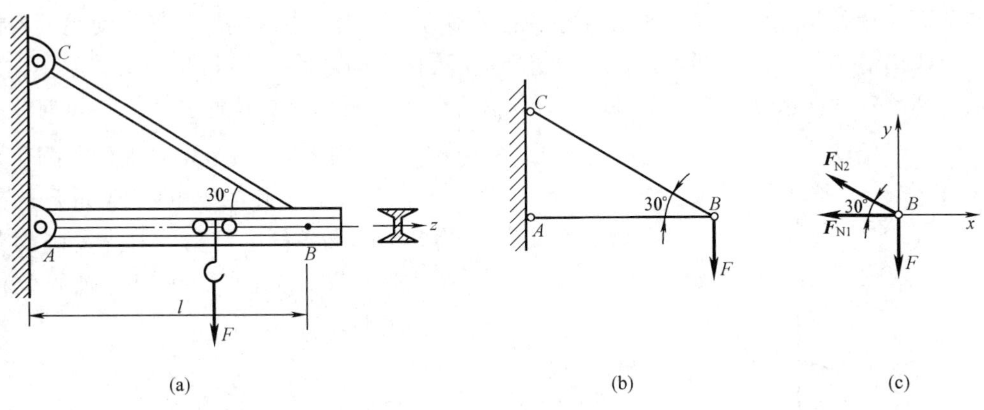

图 7.35

解　(1) 外力分析。

本题只要求荷载移动到点 B 时吊车的许可荷载，因此，杆 AB 和杆 BC 的两端均可简化为铰接，荷载作用在铰链 B 上，计算简图如图 7.35（b）所示。不考虑结构的自重，因此杆 AB 和杆 BC 均为二力杆。

(2) 内力计算。

以点 B 为研究对象，轴力均正向假设，设杆 AB 和杆 BC 的轴力分别为 F_{N1} 和 F_{N2} ，受力图如图 7.35 (c) 所示。由平衡方程，有

$$\sum F_y = 0,\quad F_{N2}\sin 30^\circ - F = 0,\quad F_{N2} = 2F$$

$$\sum F_x = 0,\quad -F_{N1} - F_{N2}\cos 30^\circ = 0,\quad F_{N1} = -\sqrt{3}F$$

(3) 确定吊车的许可荷载。

对于杆 AB ，由型钢表查得 16 号工字钢的横截面面积 $A_1 = 26.1\ \mathrm{cm}^2$ ，由强度条件有

$$\sigma_{AB} = \frac{|F_{N1}|}{A_1} = \frac{\sqrt{3}F}{26.1} \leqslant [\sigma]$$

可解出保证杆 AB 强度足够时，吊车的许可荷载为

$$[F_1] \leqslant \frac{[\sigma]\cdot 26.1^2}{\sqrt{3}} = \frac{120\times 10^6 \times 26.1\times 10^{-4}}{\sqrt{3}} = 181\times 10^3 = 181(\mathrm{kN})$$

对于杆 BC ，由强度条件，有

$$\sigma_{BC} = \frac{F_{N2}}{A_2} = \frac{4(2F)}{\pi d^2} \leqslant [\sigma]$$

可解出保证杆 BC 强度足够时，吊车的许可荷载为

$$[F_2] = \frac{\pi d^2}{8}[\sigma] = \frac{\pi\times 25^2\times 120^2}{8} = 29.5\times 10^3 = 29.5(\mathrm{kN})$$

为保证吊车各杆件的强度均满足要求，其许可荷载应取上述两个许可荷载中的最小者。因此，吊车的许可荷载为

$$[F] = \min\{[F_1],[F_2]\} = 29.5\mathrm{kN}$$

§7.7 拉压超静定问题

在前面讨论的问题中，杆件的轴力可由静平衡方程求出，这类问题为静定问题。若杆件的轴力不能由静平衡方程全部求出，则为超静定问题。而未知量的数目与独立平衡方程数目的差数为超静定的次数。现以图 7.36 (a) 所示的桁架为例，说明其解法。若已知钢杆 1 和 2 的拉压刚度均为 E_1A_1 ，铜杆 3 的拉压刚度为 E_3A_3 ，节点 A 处的荷载为 F ，夹角为 θ，试求各杆的内力。首先，画出节点 A 的受力图，如图 7.36 (b) 所示。由静平衡关系，有

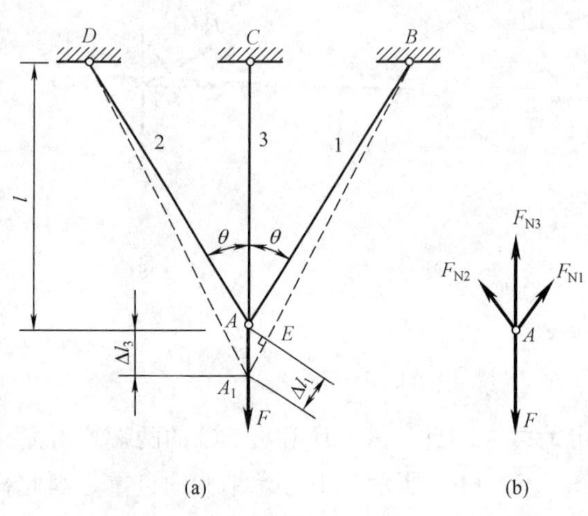

图 7.36

$$\left.\begin{aligned}\sum F_x = 0,\quad & F_{N1} = F_{N2}\\ \sum F_y = 0,\quad & F_{N3} + 2F_{N1}\cos\theta - F = 0\end{aligned}\right\}\tag{a}$$

有 2 个平衡方程，但未知力有 3 个，无法用平衡方程全部求出，为一次超静定问题。必须设法再建立 1 个关于未知力的补充方程，方可求解上述超静定问题。

为此，必须研究变形几何关系。由于结构及荷载均关于杆 3 对称，桁架的变形也必然是对称的。由于变形很小，可用垂直于 A_1B 的直线 AE 代替上述弧线，由图 7.36（a）中直角三角形 $\triangle AA_1B$ 可得变形几何关系为

$$\Delta l_1 = \Delta l_3 \cos\theta \tag{b}$$

三根杆的变形只有满足上式，才可能在变形后仍然在节点 A_1 处相连接，三杆变形才是相互协调的。

由胡克定律可得各杆轴力与变形的物理关系分别为

$$\Delta l_1 = \frac{F_{N1} l}{E_1 A_1 \cos\theta},\quad \Delta l_3 = \frac{F_{N3} l}{E_3 A_3} \tag{c}$$

将式（c）代入式（b），得

$$\frac{F_{N1} l}{E_1 A_1 \cos\theta} = \frac{F_{N3} l}{E_3 A_3}\cos\theta \tag{d}$$

这就是研究变形得到的补充方程。联立求解式（a）、式（d），可得

$$F_{N1} = F_{N2} = \frac{F\cos^2\theta}{2\cos^3\theta + \dfrac{E_3A_3}{E_1A_1}},\quad F_{N3} = \frac{F}{1 + 2\dfrac{E_1A_1}{E_3A_3}\cos^3\theta}$$

以上例子表明，综合静力关系、几何关系和物理关系，可求解超静定问题，这种方法简称为**三关系法**。

【例 7.11】 等截面热力管道 AB 的两端与刚性墙壁连接，如图 7.37（a）所示。设管道长为 l，横截面面积为 A，材料的弹性模量为 E，线膨胀系数为 α，试求温度升高 Δt 时，管道内由于温度上升而产生的应力。

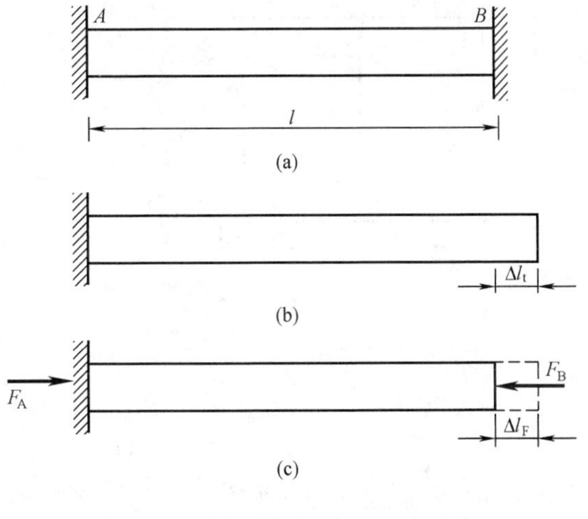

图 7.37

解 对于两端固定的直管道 AB（图 c），由平衡关系只能得出

$$F_A = F_B \tag{a}$$

1 个平衡方程，2 个未知力，为一次超静定问题。必须再建立 1 个补充方程。设想解除右端支座 B，管道可自由膨胀，当升温 Δt 时，膨胀量为

$$\Delta l_t = \alpha \Delta t \cdot l \tag{b}$$

实际上，升温后支座 B 对管道施加轴向压力 F_B，产生的缩短量为

$$\Delta l_F = \frac{F_B l}{EA} \tag{c}$$

注意到升温后，管道 AB 总长度不变，其变形几何关系为

$$\Delta l_{AB} = \Delta l_t - \Delta l_F = 0$$

将式（b）和式（c）代入上式，得

$$\alpha \Delta t \cdot l - \frac{F_B l}{EA} = 0$$

这就是补充方程，由此可求出轴力为

$$F_B = F_A = EA\alpha \Delta t$$

应力为

$$\sigma = \frac{F_B}{A} = \alpha E \Delta t$$

碳钢的 $\alpha = 12.5 \times 10^{-6}℃^{-1}, E = 200\text{GPa}$，若温升 $\Delta t = 50℃$ 时，管壁应力

$$\sigma = \alpha E \Delta t = 12.5 \times 10^{-6} \times 200 \times 10^3 \times 50 = 125(\text{MPa})$$

可见，当温升 Δt 较大时，应力的数值相当可观，可造成管道破坏。在超静定结构中，这种由于温度变化引起的变形受到限制而在构件中产生的应力称为**温度应力**。为避免产生过高的温度应力，在热力管道中常设置弯道伸缩节，削弱约束的影响，在铁路钢轨接头处，以及混凝土路面中，通常留有伸缩缝，以降低温度应力。

【例 7.12】 刚性梁 AB 由三根杆支撑，如图 7.38（a）所示。由于制造误差，钢杆 3 比其他两杆短微小量 δ。已知：三钢杆截面面积均为 A，杆长为 l，弹性模量为 E。将三杆与水平梁装配好后，试求各杆的内力。

解 （1）静力关系。

将杆 3 拉长 δ，与水平梁装配好以后，将外力去除，为维持水平梁的平衡，杆 1 和杆 3 受拉，杆 2 受压，水平梁的受力图如图 7.38（b）所示。由静力平衡关系，有

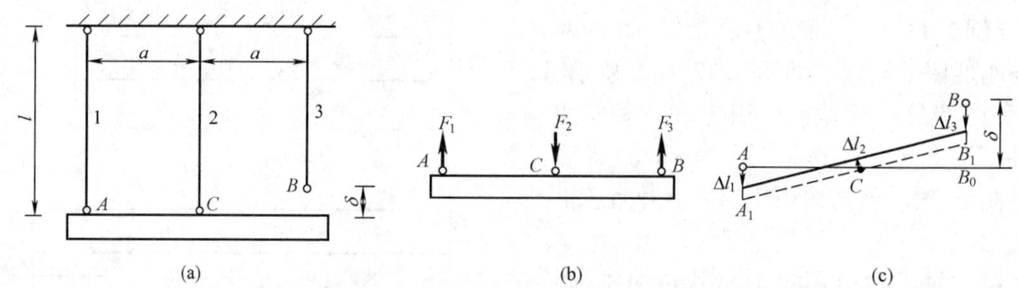

图 7.38

$$\Sigma M_C = 0, \quad F_1 = F_3 \tag{a}$$

$$\Sigma M_A = 0, \quad F_2 = 2F_3 \tag{b}$$

3 个未知量，2 个独立的平衡方程，为一次超静定。

（2）几何关系。

水平梁在三杆轴力作用下平衡，拉杆伸长，压杆缩短，据此画出变形图如图 7.38（c）所示。图中水平线 ACB_0 为装配前水平梁的位置，斜直线为装配后水平梁的位置。拉力 F_1 和 F_3 产生伸长量 Δl_1 和 Δl_3，压力 F_2 产生缩短量 Δl_2，力与变形协调一致。为得到各变形量之间的关系，可过中点 C 作斜直线的平行线，如图 7.38（c）中虚线所示，由长度 AA_1 等于长度 B_1B_0，可得几何方程

$$\Delta l_1 + \Delta l_2 = \delta - (\Delta l_3 + \Delta l_2)$$

整理后，有

$$\Delta l_1 + 2\Delta l_2 + \Delta l_3 = \delta \tag{c}$$

（3）物理关系。

由胡克定律，可得

$$\Delta l_1=\frac{F_1 l}{EA},\quad \Delta l_2=\frac{F_2 l}{EA},\quad \Delta l_3=\frac{F_3 l}{EA}$$

代入式（c），整理后，得

$$F_1+2F_2+F_3=\frac{EA}{l}\delta \tag{d}$$

上式就是补充方程，联立求解式（a）、（b）和（d），可得各杆轴力分别为

$$F_1=F_3=\frac{EA}{6l}\delta\ (\text{拉}),\ F_2=\frac{EA}{3l}\delta\ (\text{压})$$

若事先假设三杆均受拉力，能否求出正确结果？若能，请求出各杆内力，并与上述解法作比较。

由上例可见，对超静定结构，加工误差会使结构在没有外荷载作用的情况下，产生内力和应力，称为**装配内力**和**装配应力**。这种装配应力的存在，有时是不利的，但有时也可以带来有利的结果。例如，在机械制造工程中利用装配应力使套与轴紧密配合，连接成一体。土木工程中的预应力钢筋混凝土构件，利用装配应力来提高构件的承载能力。

在静定结构中，会不会产生温度应力和装配应力？为什么？

本 章 小 结

1. 拉压杆横截面上的应力公式

$$\sigma=\frac{F_N}{A}$$

其适用范围为：

（1）适用于弹性和塑性变形。

（2）适用于锥角小于 20°，横截面连续变化的直杆。

2. 拉压杆的强度条件

$$\sigma_{max}=\left(\frac{F_N}{A}\right)_{max}\leqslant[\sigma]$$

其中许用应力的计算式为

$$[\sigma]=\frac{\sigma_u}{n}$$

校核强度：
$$\sigma_{max}=\left(\frac{F_N}{A}\right)_{max}\leqslant[\sigma]$$

设计截面：
$$A\geqslant\frac{F_N}{[\sigma]}$$

确定许可荷载：
$$F_N\leqslant[\sigma]A$$

3. 拉压杆的轴向变形

$$\Delta l=\int_0^l\frac{F_N(x)\mathrm{d}x}{EA(x)}$$

上式适用于应力不超过材料比例极限的弹性范围内。当 F_N、A、E 均为常数时，可得

$$\Delta l=\frac{F_N l}{EA}$$

对于阶梯形拉压杆件，其总变形应分段计算，再代数相加，即

$$\Delta l = \sum_{i=1}^{n} \frac{E_{Ni} l_i}{EA_i}$$

拉压杆的轴向线应变为

$$\varepsilon = \frac{\Delta l}{l} = \frac{\sigma}{E}$$

拉压杆的横向线应变为

$$\varepsilon' = -\nu\varepsilon$$

泊松比为

$$\nu = \left| \frac{\varepsilon'}{\varepsilon} \right|$$

4. 解拉压超静定问题的一般步骤

（1）由静平衡条件列出平衡方程，确定超静定次数；

（2）根据结构变形的几何相容条件，列出变形的几何方程；

（3）由胡克定律，列出杆件变形与轴力之间的物理方程，代入几何方程，得补充方程；

（4）将补充方程和静平衡方程联立，求解全部未知数。

采用静力关系、几何关系、物理关系求解超静定问题的“三关系法”，是材料力学方法的精髓。

概念分析与工程应用实训

7.1　三种材料的拉伸应力—应变曲线如图7.39所示，试比较三种材料的强度，刚度和塑性。

7.2　边长为0.2m的正立方体作为混凝土标准试块，在标准养护条件下经过28天后，进行压缩试验。压缩破坏形式与试块两端面的润滑条件有关。一种是两端面不加润滑剂，压坏时是靠近中间剥落而形成两个对接的截锥体［图7.40（a）］；另一种是加润滑剂，破坏时是沿纵向开裂［图7.40（b）］。

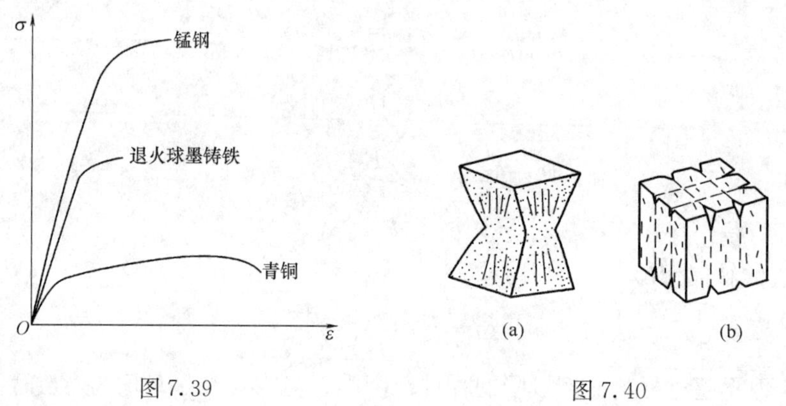

图7.39　　图7.40

（1）对上述两种实验条件下的混凝土试块进行受力分析，分别画出其受力图。

（2）通过试块的变形分析，说明加润滑剂时试块沿纵向开裂［图 7.40（b）］破坏的原因。

（3）同样的混凝土试块在哪种实验条件下测得的抗压强度偏小？并说明理由。

（4）在工程规范中是以哪种试验结果作为标准混凝土的标号，为什么？

7.3 土木工程中的预应力钢筋混凝土构件，利用装配应力来提高构件的承载能力。施加预应力的方法主要有：先张法［图 7.41（a）］和后张法［图 7.41（b）］。

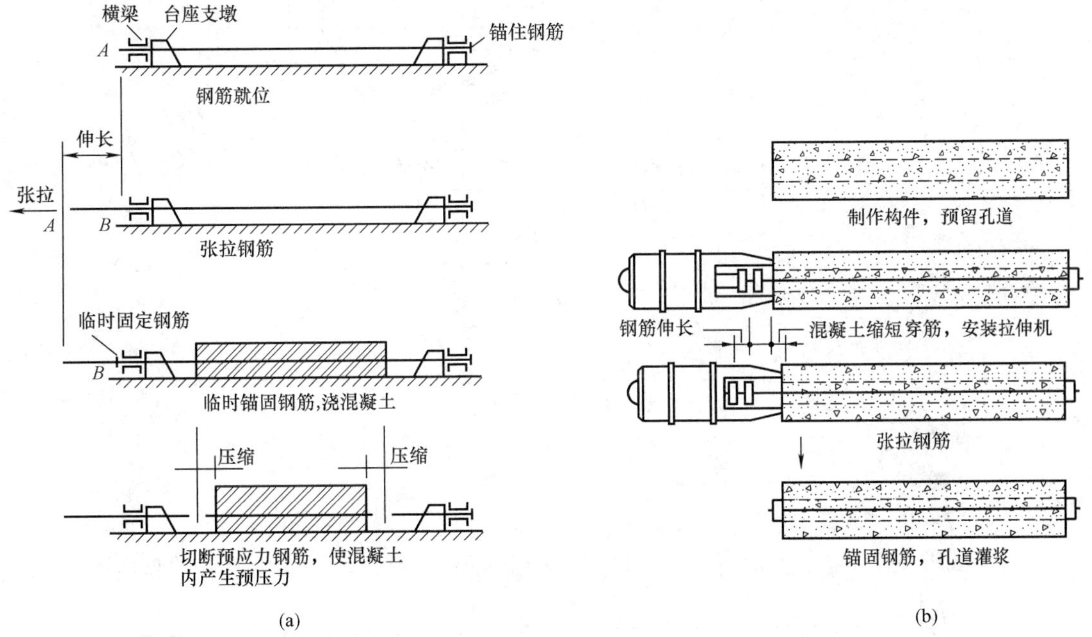

图 7.41

（1）试对照插图分别说明这两种方法的工序步骤。

（2）试运用拉压超静定的概念，对预应力混凝土构件进行受力分析，说明其提高承载能力的原理。

7.4 取一张 A4 纸，用刻纸刀刻成等宽的 4 个长条，每条长约 290mm，宽约 52mm，在其中刻一直径为 20mm 的光边圆孔和长为 20mm 的横向缝隙，如图 7.42 所示。

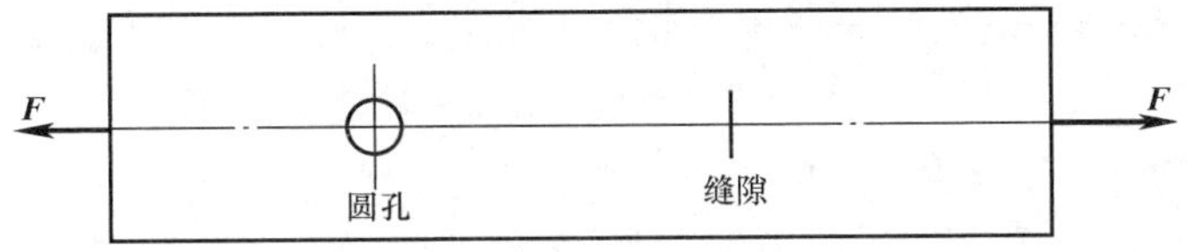

图 7.42

（1）用手拉纸条的两端加载，观察破坏现象，并分析原因。

（2）若要求每位同学在同样的纸条上横向切开尺寸为 20mm，形式不限的开口。试设计并制作开口，将纸条两端用胶水分别固定在筷子上，晾干后将上端支撑或悬挂，下端用弹簧秤及塑料袋盛黄沙加载，记录破坏荷载。看谁的纸条承载能力最大。

（3）对各种形式的开口进行力学分析，阐述纸条承载能力不同的原因。说明这个制作实验所涉及的概念在工程中有哪些应用。

7.5 直径相同的铸铁圆截面杆，设计成图7.43（a）和图7.43（b）所示的两种结构形式。已知铸铁的许用拉应力约为50MPa，许用压应力约为180MPa。

（1）分别对两种结构进行力学分析，说明哪种结构所承受的荷载大？大多少倍？

（2）上述分析和结果，对工程结构设计及材料的选择有哪些启示？

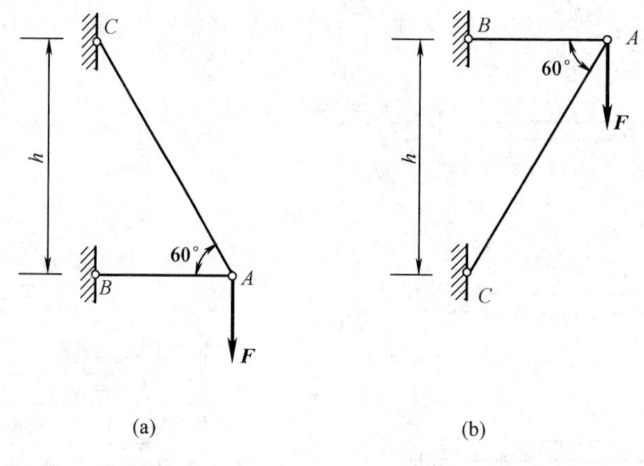

图7.43

习 题

7.1 试求图7.44中所示直杆各段内任一横截面上的轴力，并绘出全杆的轴力图。

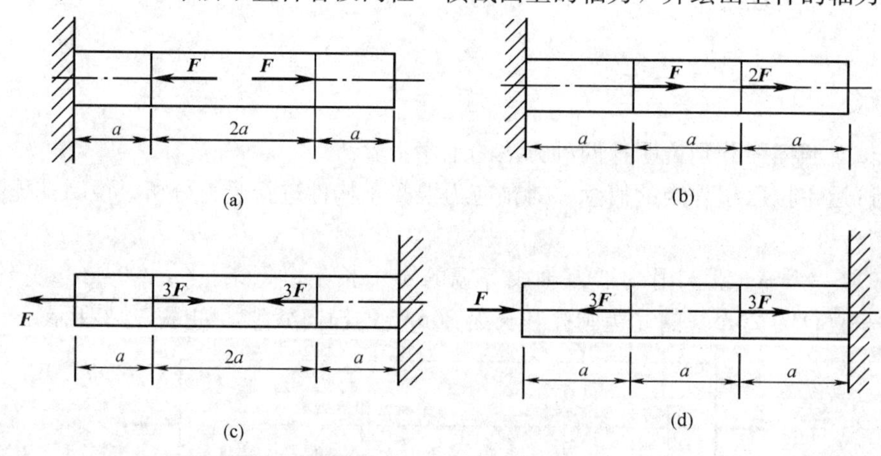

图7.44

7.2 试绘出图7.45中所示直杆的轴力图。

7.3 已知直杆的横截面面积为A，尺寸a，材料的密度为ρ，所受的外力如图7.46所示，且有$P=10\rho gAa$。若（1）略去杆的自重；（2）考虑杆的自重，试求各杆段内的轴力，并绘出图中所示各杆的轴力图。

7.4 已知阶梯杆的长度为l，材料的密度为ρ，三段的横截面面积分别为$A_1=A$，$A_2=2A$，$A_3=3A$，所受的外力如图7.47所示，且有$P=4\rho gAl$。试绘出图中所示各杆的轴力图。

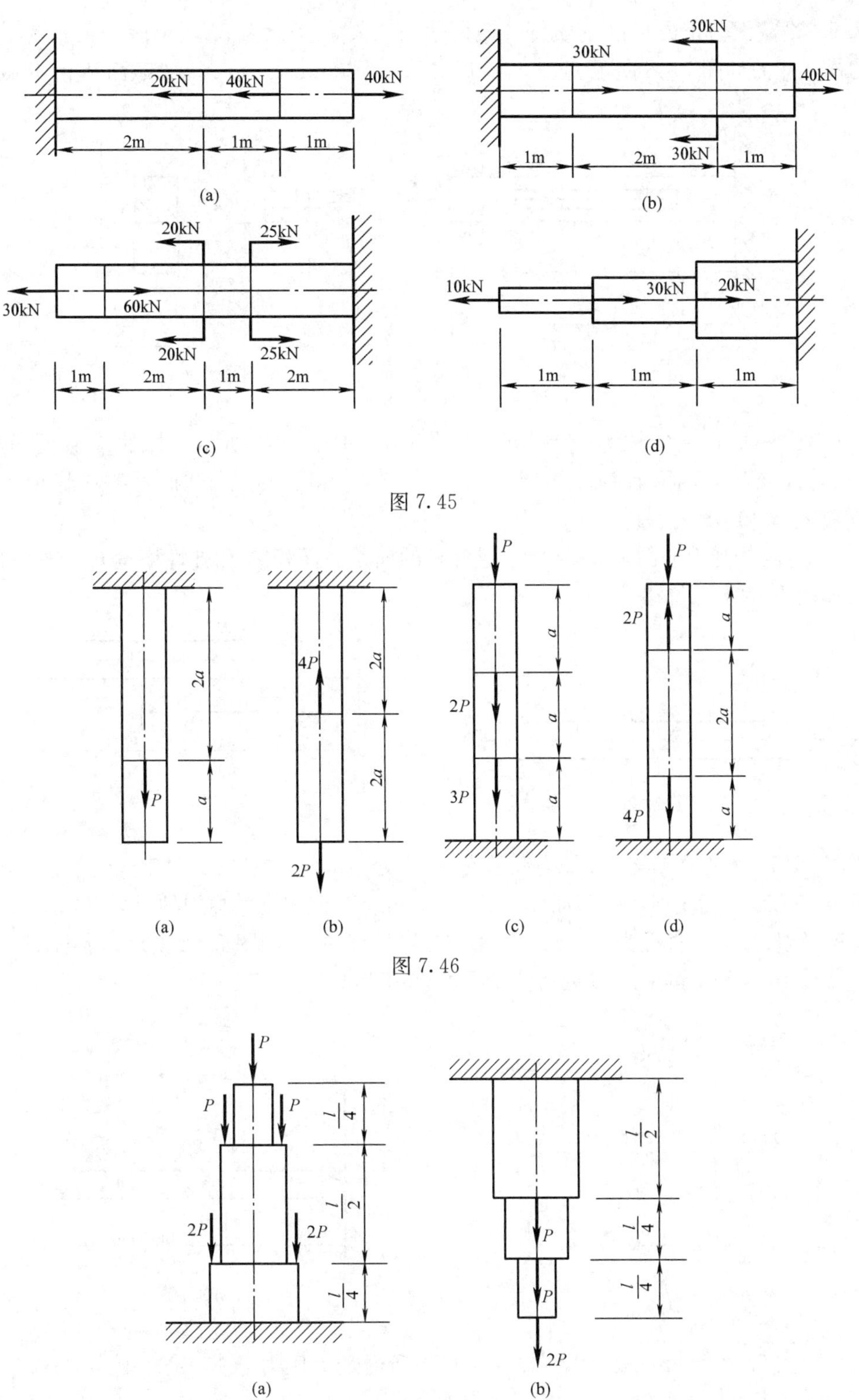

图 7.45

图 7.46

图 7.47

7.5 横截面为正方形的钢质杆，截面边长为 a，杆长为 $2l$，中段铣去长为 l，宽为 $a/2$ 的槽，受力如图 7.48 所示。若 $F=15\text{kN}, a=20\text{mm}$，试求Ⅰ-Ⅰ截面和Ⅱ-Ⅱ截面上的应力。

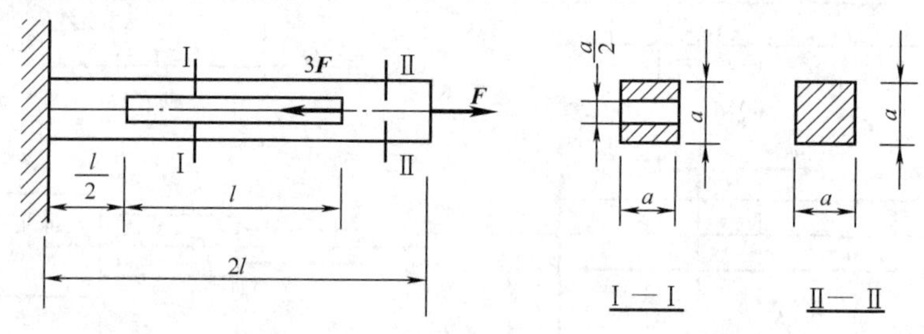

图 7.48

7.6 拉杆受到轴向拉力 $F=10\text{kN}$ 的作用，如图 7.49 所示，杆的横截面面积 $A=100\text{mm}^2$。试求当斜截面与横截面的夹角 $\alpha=0°$、30°、45°、60°、90°时，各斜截面上的正应力和切应力，并用图表示其方向。

7.7 等直杆受力如图 7.50 所示。已知杆的横截面面积 A 和弹性模量 E。试作轴力图，并求杆端面 D 的水平位移。

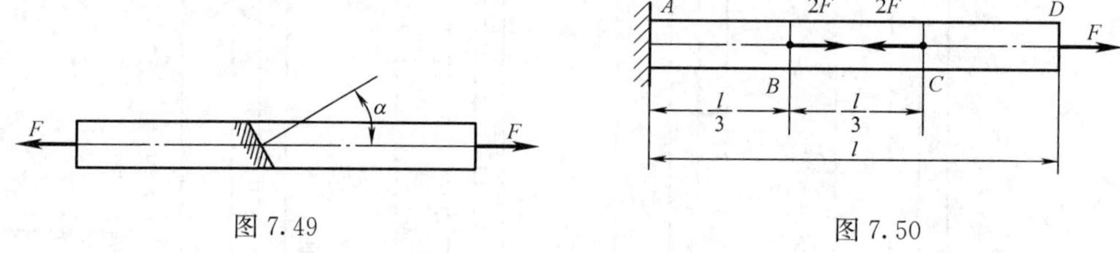

图 7.49　　图 7.50

7.8 图 7.51 所示结构，A 处为铰链支撑，C 处为滑轮，AB 梁通过钢丝绳悬挂在滑轮上。已知 $F=70\text{kN}$，钢丝绳的横截面面积 $A=500\text{mm}^2$。试求钢丝绳中的应力。

7.9 钢杆 CD，直径为 20mm，用来拉住刚性杆 AB，如图 7.52 所示。若杆 CD 的许用应力 $[\sigma]=160\text{MPa}$，试求点 B 处所能承受的许用荷载。

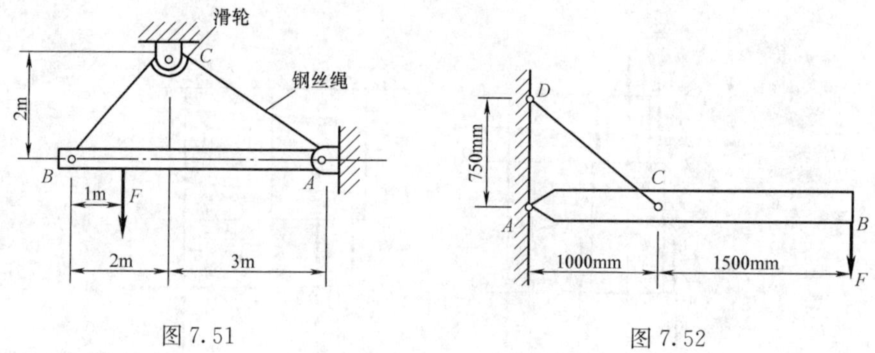

图 7.51　　图 7.52

7.10 图 7.53 所示一压力机，在物体 C 上所受最大压力为 150kN，已知压力机立柱 A 和螺杆 BB 所用材料为 Q235 钢，其许用应力 $[\sigma]=160\text{MPa}$。

(1) 试按强度要求设计立柱 A 的直径 D。

(2) 若螺杆 BB 的螺纹内径 $d=40\text{mm}$，校核其强度。

7.11 三脚架 ABC（图 7.54）由两杆 AC 及 BC 组成，$\alpha = 30^\circ$，在节点 C 受有荷载 $F = 350\text{kN}$。杆 AC 由两根槽钢构成，杆 BC 由一根工字钢构成。若许用拉应力和许用压应力均为 160MPa，试选择两杆的截面。

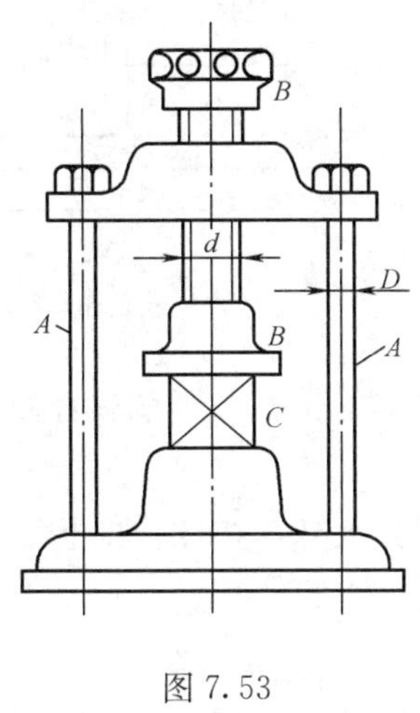

图 7.53

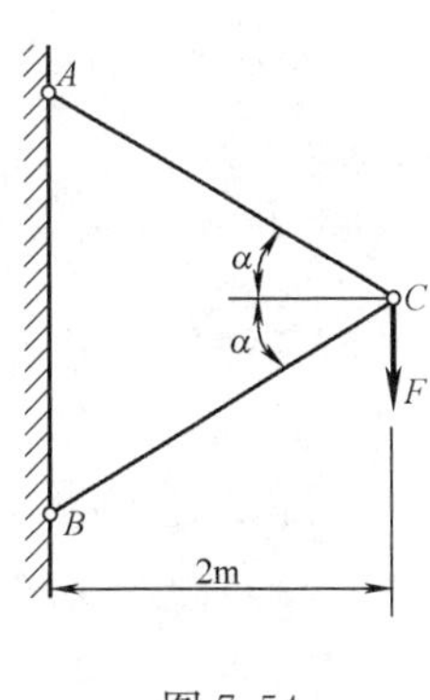

图 7.54

7.12 在图 7.55 所示结构中，梁 AB 上受有均布荷载集度 $q = 30\text{kN/m}$，钢索 BC 由一组直径 $d = 2\text{mm}$ 的钢丝组成。

（1）若钢丝的许用应力 $[\sigma] = 160\text{MPa}$，试求所需钢丝的根数。

（2）若将钢索改为由两根等边角钢焊接而成的杆件，试确定所需等边角钢的号数。角钢的 $[\sigma] = 160\text{MPa}$。

7.13 图 7.56 所示构架，杆 1、2 的横截面均为圆形，直径分别为 $d_1 = 30\text{mm}$ 和 $d_2 = 20\text{mm}$，两杆材料相同，许用应力 $[\sigma] = 160\text{MPa}$，该构架在节点 A 处受铅垂方向的荷载 F 作用，试确定荷载 F 的最大允许值。

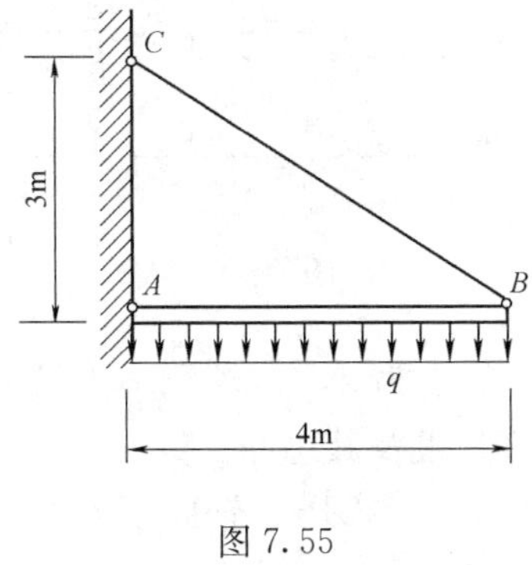

图 7.55

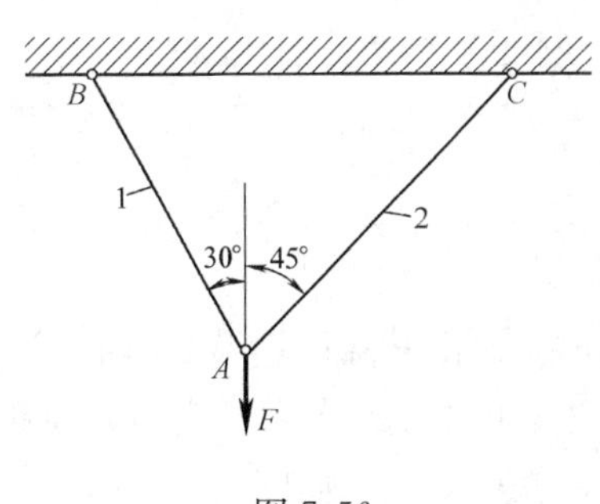

图 7.56

7.14 图 7.57 所示结构中 AC 为刚性梁，BD 为斜撑杆，荷载 F 可沿梁 AC 水平移动。试问：为使斜撑杆具有最小重量，斜撑杆与梁之间的夹角 θ 应取何值。

7.15 图 7.58 所示结构中梁 AB 的变形及重量可忽略不计。杆 1 为钢质圆杆，直径 $d_1 = 20\text{mm}$，$E_1 = 200\text{GPa}$；杆 2 为铜质圆杆，直径 $d_2 = 25\text{mm}$，$E_2 = 100\text{GPa}$。试问：

（1）荷载 F 加在何处，才能使加力后梁 AB 仍保持水平？

（2）若此时 $F = 30\text{kN}$，则两杆的正应力各为多少？

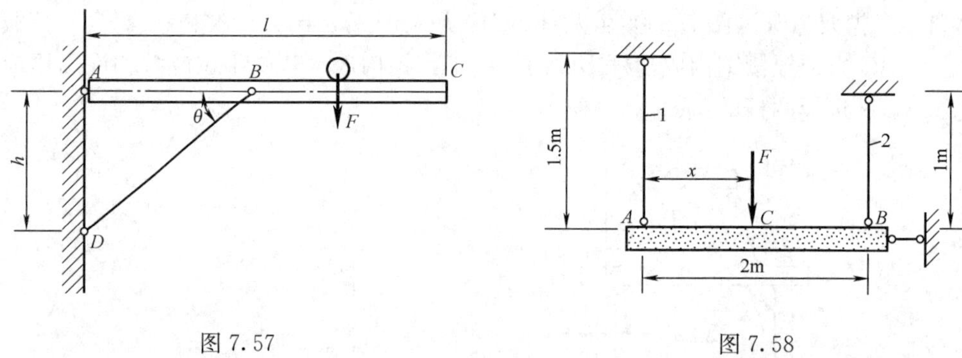

图 7.57 图 7.58

7.16 习题 7.5 所示杆件由低碳钢制成，若 $l=400\text{mm}$，材料的弹性模量 $E=200\text{GPa}$。试求杆的总伸长。

7.17 长 $l=320\text{mm}$，直径 $d=32\text{ mm}$ 的圆截面钢杆，在试验机上受到 135kN 的力而拉伸，测得直径减缩 $6.2\times10^{-3}\text{ mm}$，在 50mm 长度内伸长 $4\times10^{-2}\text{ mm}$。试求弹性模量 E 和泊松比 ν。

7.18 刚性梁 $ABCD$ 在 B、D 两点用一根钢丝绳悬挂，如图 7.59 所示；G、H 两处均为无摩擦滑轮。若已知钢丝绳截面积 $A=100\text{mm}^2$，材料的弹性模量 $E=200\text{GPa}$，$F=20\text{kN}$。试求加力点 C 的铅垂位移。

7.19 阶梯状杆受力如图 7.60 所示。横截面面积分别为 $A_1=200\text{mm}^2$ 和 $A_2=100\text{ mm}^2$，材料的 $E=200\text{GPa}$。试求横截面 B 和 C 的位移以及位移为零的横截面位置。

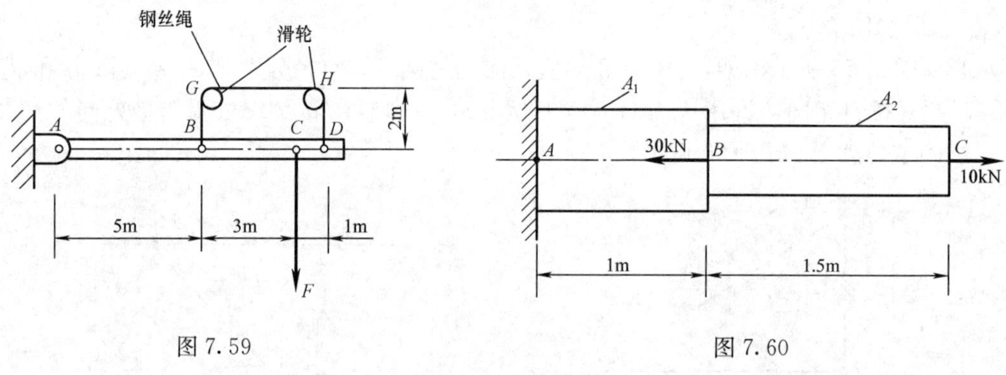

图 7.59 图 7.60

7.20 已知矿山升降机钢缆材料的密度为 ρ，许用应力为 $[\sigma]$。若钢缆下端所受的拉力为 $\boldsymbol{F}$，钢缆截面积不变。若考虑自重，试求钢缆的允许长度及其总伸长量。

7.21 铸铁柱的尺寸如图 7.61 所示，其弹性模量 $E=120\text{GPa}$，轴向压力 $F=30\text{kN}$，若不计自重，试求柱的变形。

7.22 图 7.62 所示两根铸铁柱 AD 和 BE 的尺寸与题 7.21 中的铸铁柱相同。若横梁 AB 可视为刚体，$F=50\text{kN}$，试求外力 F 的作用点 C 处的位移。

7.23 钢制受拉杆件如图 7.63 所示，横截面面积 $A=200\text{mm}^2$，长度 $l=5\text{m}$，材料单位体积的质量为 $\rho=7.8\times10^3\text{kg/m}^3$。若不计自重，试计算杆件的应变能 V_ε 和应变能密度 ν_ε。若考虑自重的影响，试计算杆件的应变能，并求应变能密度的最大值。已知 $E=200\text{GPa}$。

7.24 在图 7.64 所示简单杆件系统中，已知杆 AB 是直径为 20mm 的圆截面直杆，杆

AC 是直径为 24mm 的圆截面直杆，材料的弹性模量 $E=200\text{GPa}$，铅垂作用的外荷载 $F=50\text{kN}$，试求该杆件系统节点 A 处的铅垂位移。

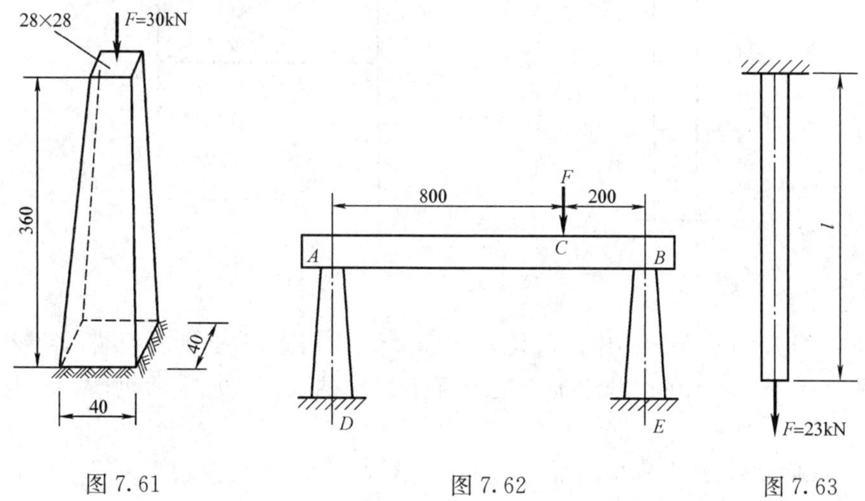

图 7.61　　图 7.62　　图 7.63

7.25　由五根钢杆组成的简单杆件系统如图 7.65 所示。已知：尺寸 a，各杆的横截面面积均为 $A=500\text{mm}^2$，材料的弹性模量 $E=200\text{GPa}$，若沿对角线 AC 方向作用一对 $F=20\text{kN}$ 的拉力，试求 A 和 C 两点之间距离的改变量。

7.26　在题 7.24 中，若杆 AB 和杆 AC 的直径并未给出，但要求铅垂力 F 的作用点 A 无水平位移，试求两杆的直径之比。

7.27　在图 7.66 所示支架中，已知拉杆 DE 的长度为 2m，横截面为直径为 15mm 的圆截面，材料的弹性模量 $E=210\text{GPa}$。若杆 ADB 和杆 AEC 可以视作刚体，铅垂外力 $F=20\text{kN}$，试求铅垂力 F 的作用点 A 处的铅垂位移和点 C 处的水平位移。

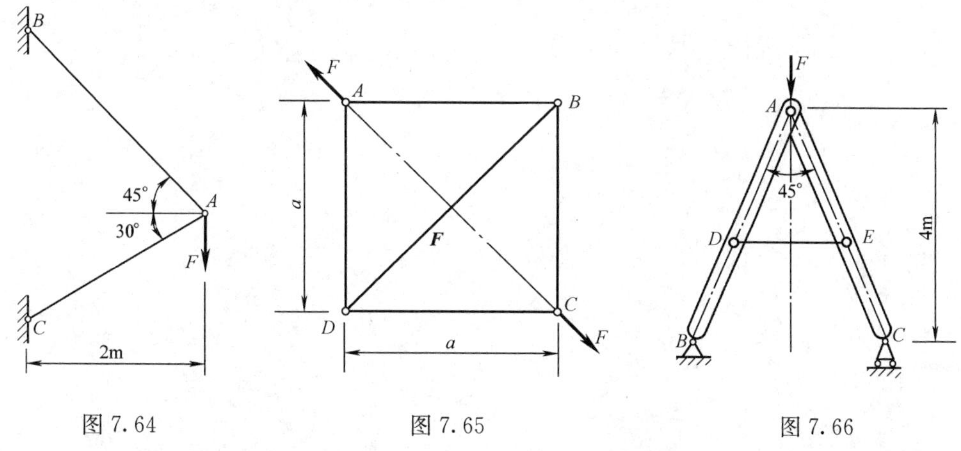

图 7.64　　图 7.65　　图 7.66

7.28　图 7.67 所示等截面直杆两端固定，横截面面积为 $2\times10^3\ \text{mm}^2$。杆的上段为铜，$E_1=100\text{GPa}$；下段为钢，$E_2=200\text{GPa}$。若荷载 $F=100\text{kN}$，试求各段内横截面上的应力。

7.29　图 7.68 所示结构的三杆件用同一种材料制成。已知三根杆的横截面面积分别为 $A_1=200\ \text{mm}^2$，$A_2=300\ \text{mm}^2$ 和 $A_3=400\ \text{mm}^2$，荷载 $F=40\text{kN}$。试求各杆横截面上的应力。

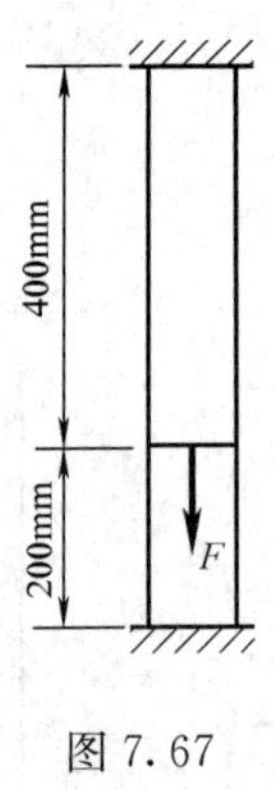

图 7.67

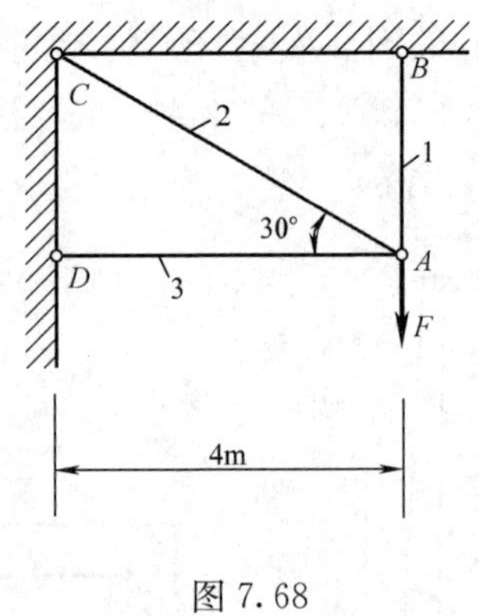

图 7.68

7.30　在图 7.69 所示结构中，荷载 $F = 1\text{kN}$ 作用于刚性杆 AD 的顶端，钢丝 BE 及 CF 的截面面积都是 6mm^2，在荷载未加上时都无应力。试求荷载加上后钢丝 BE 及 CF 中的应力。

7.31　一刚性梁，放在三根混凝土支柱上（图 7.70），承受荷载 $F = 720\text{kN}$，各支柱的横截面面积都是 $4 \times 10^4\ \text{mm}^2$。若未加荷载时，中间支柱与刚性梁之间有 $\Delta = 1.5\text{mm}$ 的空隙，试求加荷载后各支柱内的应力。混凝土的弹性模量 $E = 15\text{GPa}$。

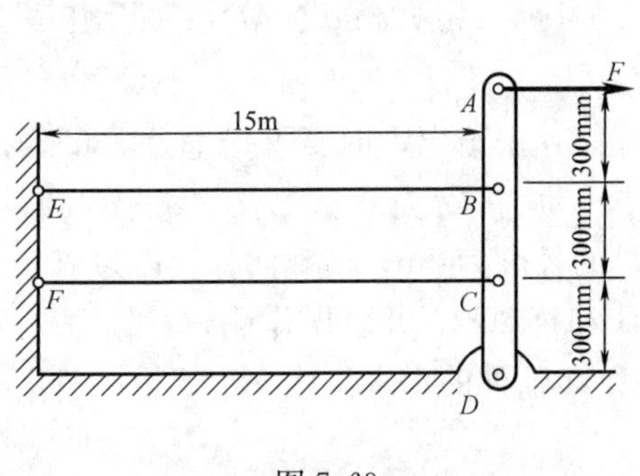

图 7.69

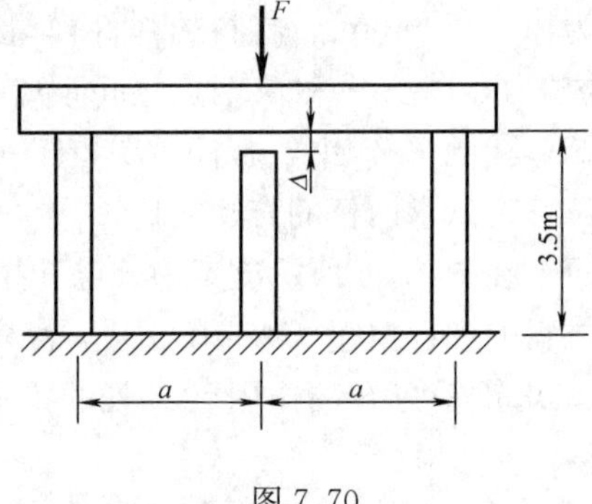

图 7.70

第8章 剪切与挤压

教学要求

1. 建立剪切和挤压变形的概念，能正确判定剪切面和挤压面；
2. 能正确理解和掌握剪切和挤压的实用计算方法；
3. 能对工程实际中简单连接件进行实用计算。

由第7章可知，杆件在轴向拉压时，斜截面上有切应力存在。实际工程中的连接件，例如铆钉连接、销钉连接、螺栓连接和键连接等，在外荷载作用下将产生剪切和挤压变形，在连接件横截面上有切应力，在其表面有挤压应力。本章首先介绍剪切和挤压的概念，接着讨论剪切和挤压的实用计算方法，最后介绍工程中连接件的计算实例。

§8.1 剪切与挤压的概念及工程实例

在工程中，用剪床剪断钢板的情况是剪切破坏的实例。剪断钢板时，上刀刃与下刀刃分别压在钢板的两侧表面上，如图8.1（a）所示，使钢板两侧分别受到大小相等、方向相反的两个力作用。由于两个刀刃互相靠紧，所以两个力的作用线相距很近［图8.1（b）］。在这样一对力的作用下，两力之间的截面 $m—m$ 两侧的材料将产生相对错动［图8.1（c）］，钢板最后沿截面 $m—m$ 被剪断，钢板的这种变形形式称为**剪切**（shear）。

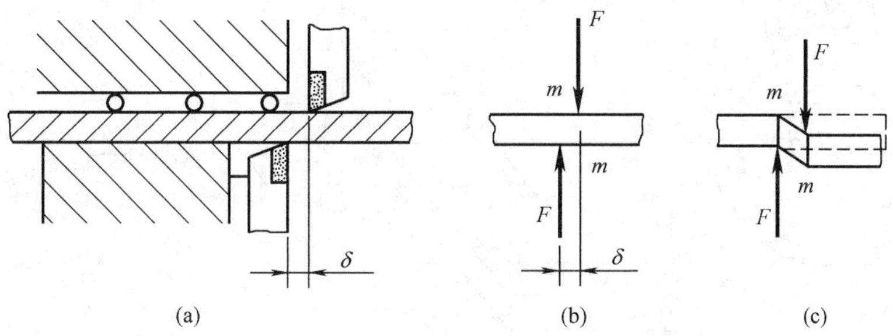

图8.1

在工程结构和机械中，连接件的受力和变形情况与钢板受剪切的情况类似。例如，用螺钉（或铆钉）连接两个受拉杆件［图8.2（a）］时，两个拉杆的孔壁压紧螺钉的圆柱表面，在拉杆所施加的一对方向相反的横向力作用下［图8.2（b）］，螺钉将沿截面 $m—m$ 产生剪切变形［图8.2（c）］。又如，在链条连接中，当链条受拉力作用时，链片孔压紧销钉的圆柱表面［图8.3（a）］，使销钉在横向力作用下［图8.3（b）］，沿截面 $m—m$ 和截面 $n—n$ 产生剪切变形［图8.3（c）］。再如，在键连接中，在驱动力矩和阻力矩的作用下，轮毂和轴上的键槽分别压紧键的两侧表面［图8.4（a）］，在键的两侧面上受到两组方向相反的横向分布力作用［图8.4（b）］，使键沿截面 $m—m$ 产生剪切变形［图8.4（c）］。

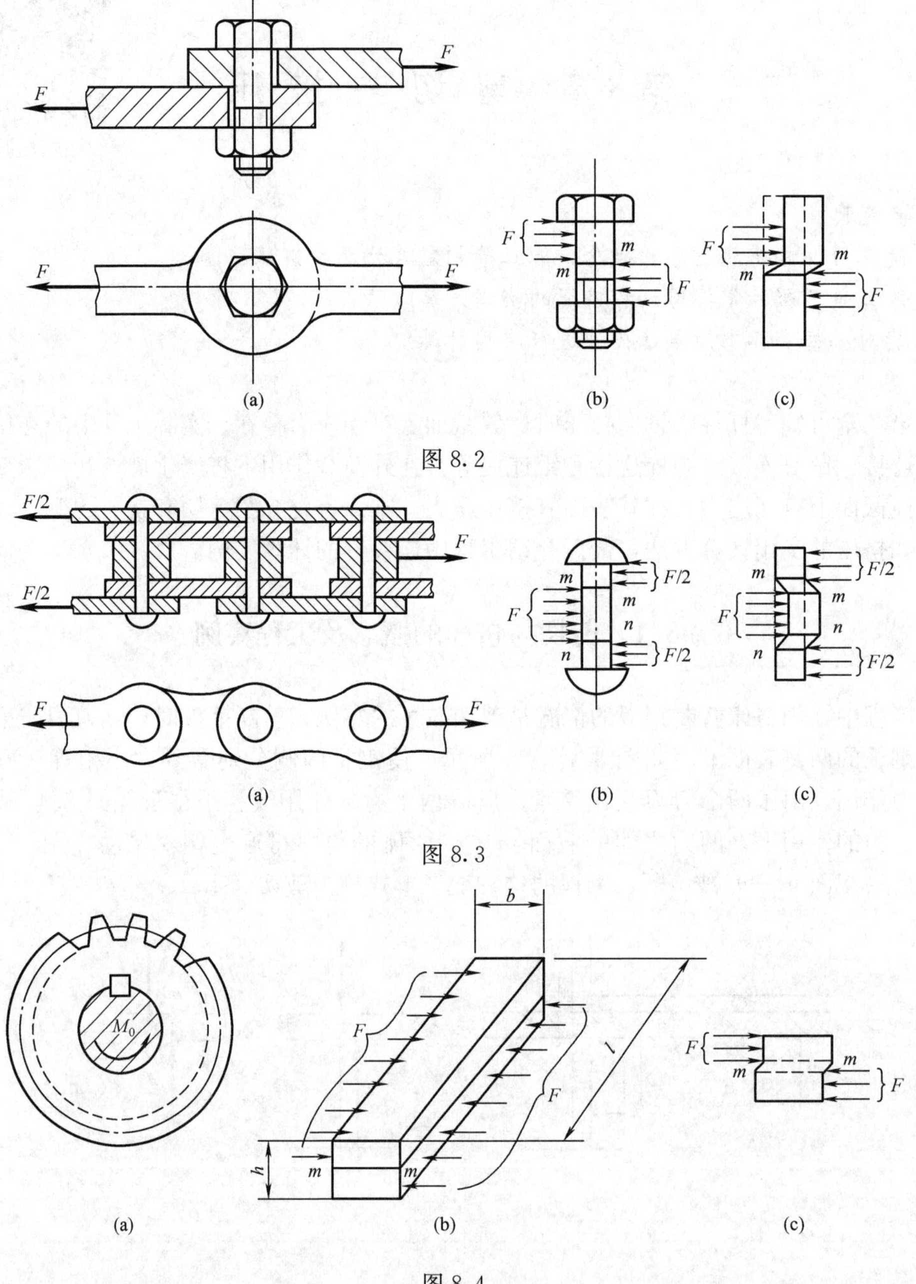

图 8.2

图 8.3

图 8.4

综上所述，可见这类构件受剪切时的受力特点是：作用在构件两侧表面上的横向外力大小相等，方向相反，作用线相距很近。其变形特点是：位于两侧横向力作用线之间的截面发生相对错动。这种发生相对错动或有相对错动趋势的截面称为**剪切面**。图 8.2（c）所示的螺钉和图 8.4（c）中的键均只有一个剪切面，这种情况称为**单剪**。而链条内的销钉［图 8.3（c）］中，同时存在着两个剪切面，这种情况称为**双剪**。

上述实例表明，由于与受剪构件相连接的物体压紧受剪构件的侧表面，才使受剪构件受到横向力的作用。因此，在构件发生剪切变形时，在横向力作用的侧表面上往往还伴有挤压现象。当挤压力比较大时，就可能导致构件在挤压部位产生显著的塑性变形而被压溃（图 8.5），这种变形形式称为**挤压**（bearing）。连接件与被连接件互相接触彼此压紧的表面称为**挤压面**。

因此，在工程计算中，对连接件除进行剪切强度计算外，一般还要进行挤压强度计算。正确地判定剪切面和挤压面，是进行剪切和挤压强度计算的关键。

应该指出，在横向力作用下，构件常常会变弯，如图 8.6 所示。但是，在一般情况下，连接件的纵向尺寸与其横向尺寸相比，并不很大，因而弯曲变形很小。相对而言，剪切和挤压变形是影响这类构件强度的主要因素。因此，对连接件通常按剪切强度和挤压强度进行计算。

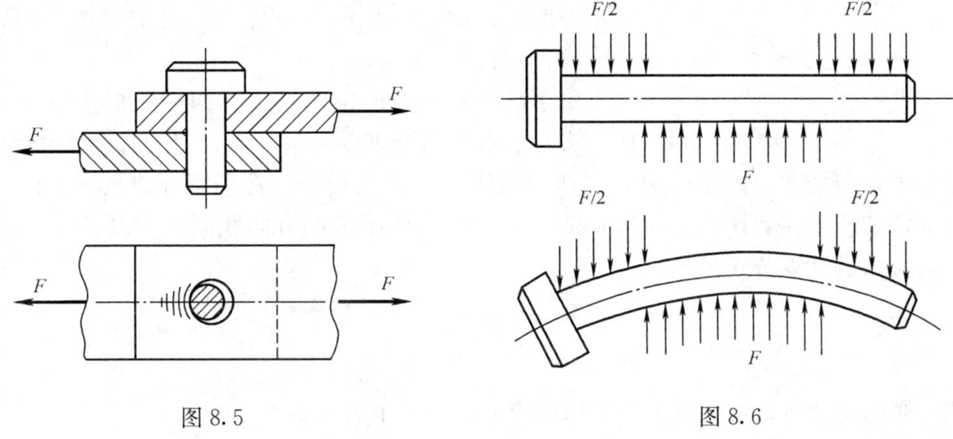

图 8.5　　　图 8.6

§8.2 剪切的实用计算

1. 剪切面上的内力

为了进行剪切强度计算，必须计算受剪构件剪切面上的内力。为此，首先需正确判定剪切面的位置，然后应用截面法求出剪切面上的内力。

现以图 8.7 所示的连接螺钉为例说明剪切内力分析方法。螺钉的受力图如图 8.7（a）所示，显然，螺钉的剪切面就是截面 m—m，由截面法求内力的步骤是：

（1）分二取一。沿剪切面 m—m 将螺钉切成两部分，舍弃上半部，取下半部为研究对象，如图 8.7（b）所示。

（2）内力代弃。由于螺钉下半部分右侧圆柱表面上，作用有垂直于螺钉轴线的横向力 F，因此，舍弃部分对

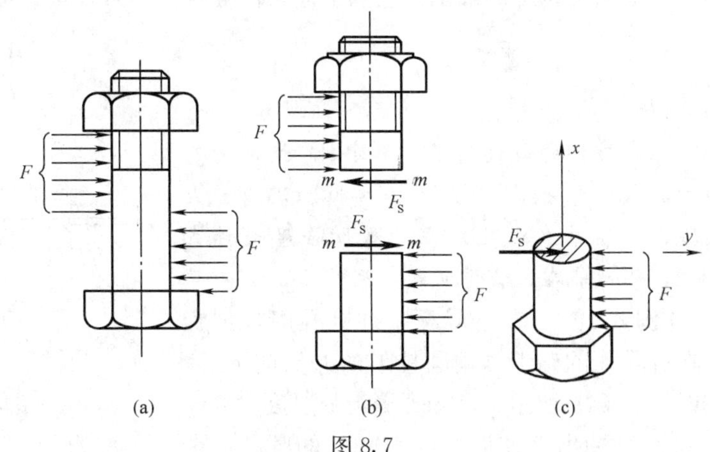

图 8.7

保留部分的作用，可用沿截面 m—m 作用，与外力 F 方向相反的内力 F_S 代替［图 8.7(c)］，这种内力称为**剪力**（shearing force）。

(3) 内外平衡。螺钉下半部分在外力 F 和内力 F_S 的共同作用下处于平衡状态，由平衡方程可知

$$\sum F_y = 0, \quad F_S - F = 0$$

$$F_S = F$$

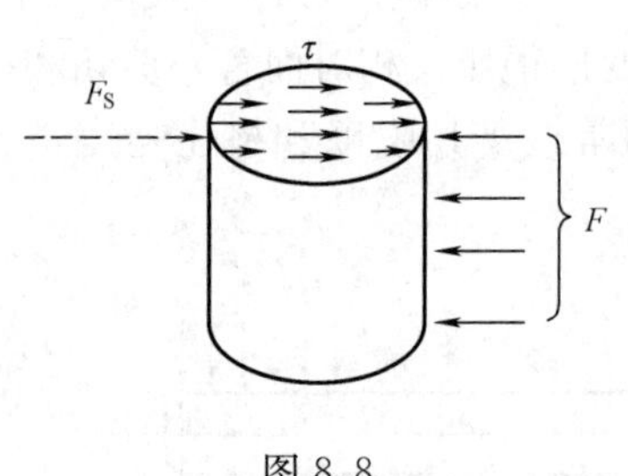

图 8.8

2. 剪切面上的应力

剪力 F_S 是剪切面上各点处应力合成的结果，因此，构件在外力作用下产生剪切变形时，剪切面上产生沿剪切面作用的应力分量（图 8.8），该应力与剪切面相切，故称为切应力，用符号 τ 表示。

由于剪切件的变形常常发生在构件上很小的局部范围内，实际变形的情况难以观察，而且受力和变形极为复杂，要确定应力在剪切面上的实际分布规律非常困难。在工程中，常采用近似且实用的计算方法，即假定切应力在剪切面上均匀分布，其方向与剪力 F_S 的方向相同。若以 A 表示剪切面面积，切应力的计算公式为

$$\tau = \frac{F_S}{A} \tag{8.1}$$

由上式计算出的切应力，实质上是平均切应力，是一个名义切应力。

3. 剪切强度条件

为了保证螺钉不被剪断，必须使剪切面上的切应力 τ 不超过材料的许用切应力 $[\tau]$。因此，剪切强度条件为

$$\tau = \frac{F_S}{A} \leqslant [\tau] \tag{8.2}$$

在实用计算中，材料的许用切应力 $[\tau]$，需要通过直接剪切实验来确定。实验时，使试件的受力情况与剪切件实际的受力情况相似，加载至试件破坏，测出试件被剪断时的剪力 $\boldsymbol{F}_{Sb}$，仍然应用切应力在截面上均匀分布的公式（8.1），可求出材料的剪切强度极限 τ_b。最后，考虑实际构件的加工工艺和工作条件等有关因素，选择适当的安全因数 n_b，由

$$[\tau] = \frac{\tau_b}{n_b}$$

可求得许用切应力。

在连接件的剪切实用计算中，“切应力在剪切面上均匀分布”的假设与实际情况有较大误差，但为什么由此建立的剪切强度条件式(8.2)仍然能在工程中实际应用?

【例 8.1】 在金属板上冲圆孔时，把板放在有圆孔的砧上，用圆柱形的冲头向下冲，如图 8.9 (a) 所示。已知金属板的厚度为 $\delta = 6\text{mm}$，欲冲出直径为 $d = 20\text{mm}$ 的圆孔，金

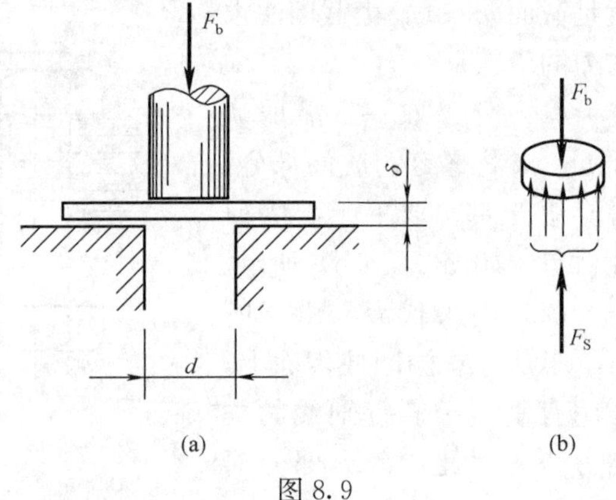

图 8.9

属板的剪切强度极限为 $\tau_b = 330\text{MPa}$，试求冲头的冲压力 F_b。

解　(1) 求剪力。

可用截面法计算金属板被冲出圆孔时的内力，为此，先要确定剪切面。显然，板被冲出圆孔时，圆筒形的孔壁就是剪切面，这种情况称为**环剪**。因此假想以圆筒形曲面从板上切出一块圆片，如图 8.9（b）所示。

由此可见，圆筒形剪切面上分布内力的合力即是剪力 F_S，其大小与冲力 F_b 相等。

(2) 求冲压力。

假定上述圆筒形剪切面上的切应力均匀分布，由剪切强度条件式（8.2）可得

$$
\begin{aligned}
F_b &= F_{Sb} = \tau_b A = \tau_b(\pi d\delta) \\
&= 330 \times 10^6 \times \pi \times 0.02 \times 0.006 \\
&= 124 \times 10^3(\text{N}) = 124(\text{kN})
\end{aligned}
$$

§8.3　挤压的实用计算

1. 挤压应力

两个构件相接触时，常常通过很小的接触面而互相压紧，作用于接触面上的压力称为**挤压力**，用符号 F_{bs} 表示。挤压面上的分布压力集度称为挤压应力，用符号 σ_{bs} 表示。由于挤压应力在挤压面上的分布情况比较复杂，在工程中，对于挤压强度问题通常也采用实用计算，即假定挤压面上各点处的挤压应力可按均匀分布计算。因此，实用的挤压应力计算公式为

$$
\sigma_{bs} = \frac{F_{bs}}{A_{bs}} \tag{8.3}
$$

式中，A_{bs} 为挤压面的面积。在键连接和榫连接等情况中，接触面一般为平面，A_{bs} 就是该平面的面积。而在铆接和销钉连接等情况中，接触面为圆柱面的一半，图 8.10（a）所示为铆接中的一个铆钉，其接触面上挤压应力的分布比较复杂，如图 8.10（b）所示，在半圆柱形接触面中央处挤压应力最大。通常以铆钉相应的直径平面面积，即铆钉直径与板厚之积，作为挤压面面积［图 8.10（c）］，即 $A_{bs} = t \times d$，理论分析与实验测试结果表明，用直径平面作为挤压面，按式（8.3）求得的挤压应力与接触面上实际最大挤压应力大致相等。

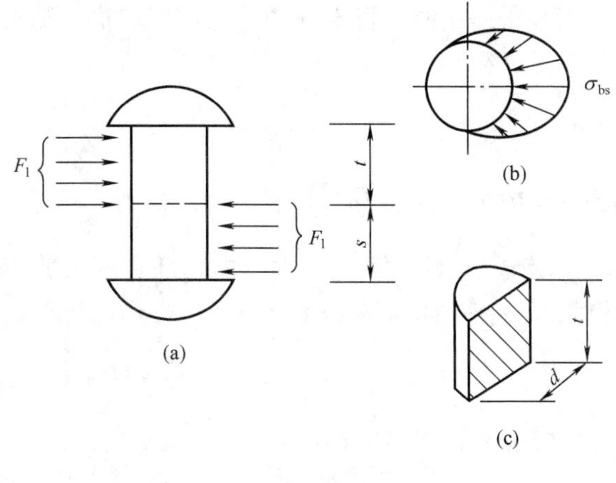

图 8.10

2. 挤压强度条件

为了保证构件正常工作，要求挤压应力不得超过材料的许用挤压应力［σ_{bs}］，可得挤压强度条件为

$$
\sigma_{bs} = \frac{F_{bs}}{A_{bs}} \leqslant [\sigma_{bs}] \tag{8.4}
$$

材料的许用挤压应力 $[\sigma_{bs}]$，可用直接实验的方法来确定，一般可从有关设计规范或手册中查取。显然，若两个互相接触构件的材料不同，则应采用数值较小的 $[\sigma_{bs}]$ 进行挤压强度计算。

上面分别得到了剪切强度条件式（8.2）和挤压强度条件式（8.4），利用这两个强度条件，可以对连接件进行三类强度计算，即校核强度、设计截面尺寸及确定许可荷载。

【例 8.2】 用两块钢板连接两根矩形截面的木杆，如图 8.11（a）所示。已知木杆所受的轴向拉力 $F=50\text{kN}$，木杆截面宽度 $b=250\text{mm}$，木材顺纹的许用切应力 $[\tau]=1\text{MPa}$，顺纹的许用挤压应力 $[\sigma_{bs}]=10\text{MPa}$，试求该连接接头所需的尺寸 a 和 c。

解　(1) 求尺寸 a。

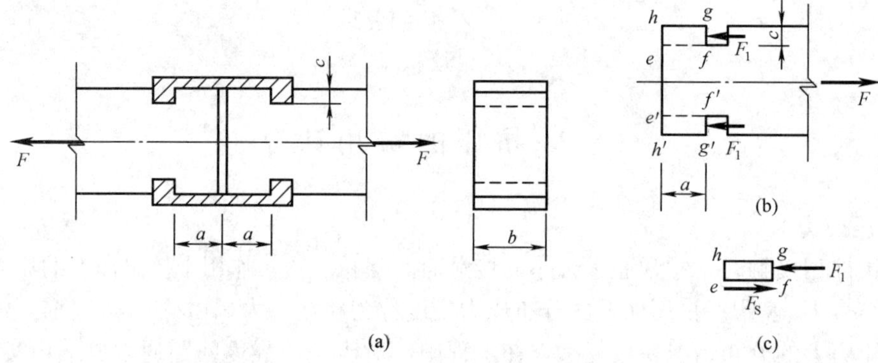

图 8.11

钢板所连接的两根木杆的受力情况相同。研究右杆，作受力图如图 8.11（b）所示。由平衡条件可得

$$\sum F_x=0\ ,\ F_1=\frac{F}{2}$$

即钢板作用于木杆的力，上下相等，各为 $\dfrac{F}{2}$。

由图 8.11（b）可见，木杆的端部有两个剪切面，分别为 ef 和 $e'f'$。假想沿平面 ef 将木杆切开，研究木块 $efgh$ [图 8.11（c）]，由平衡条件可得

$$\sum F_x=0\ ,\ F_S=F_1=\frac{F}{2}$$

由剪切强度条件式（8.2），有

$$A\geqslant\frac{F_S}{[\tau]}$$

即

$$ba\geqslant\frac{F}{2[\tau]}$$

可求得

$$a\geqslant\frac{F}{2b[\tau]}=\frac{50\times10^3}{2\times0.25\times1\times10^6}=0.1(\text{m})=100(\text{mm})$$

(2) 求尺寸 c。

由图 8.11（b）可见，木杆的端部有两个挤压面，分别为 fg 和 $f'g'$。每个挤压面受到的挤压力皆为

$$F_{bs} = F_1 = \frac{F}{2}$$

由挤压强度条件式（8.4），有

$$A_{bs} \geqslant \frac{F_{bs}}{[\sigma_{bs}]}$$

即

$$bc \geqslant \frac{F}{2[\sigma_{bs}]}$$

可求得

$$c \geqslant \frac{F}{2b[\sigma_{bs}]} = \frac{50 \times 10^3}{2 \times 0.25 \times 10 \times 10^6} = 0.01(\text{m}) = 10(\text{mm})$$

§8.4 工程应用实例

【例8.3】 图8.12（a）所示的传动轴，已知直径 $d = 100\text{mm}$，采用平键所传递的力偶矩 $M_O = 1.5\text{kN}\cdot\text{m}$，平键材料许用切应力 $[\tau] = 40\text{MPa}$，许用挤压应力 $[\sigma_{bs}] = 100\text{MPa}$。试确定平键尺寸，并校核其强度。

解 由机械零件设计手册查得，对于直径 $d = 100\text{mm}$ 的轴应选平键的尺寸为（图8.12）

$$b \times h \times l = 28 \times 16 \times 70$$

（1）求外力。

将键与轴从轮孔中取出，如图8.12（b）所示。轮毂的键槽对键的横向作用力为 F，由平衡方程

$$\sum M_O = 0,\ M_O - F \times \frac{d}{2} = 0$$

求得

$$F = \frac{2M_O}{d} = \frac{2 \times 1.5}{100 \times 10^{-3}} = 30(\text{kN})$$

（2）求内力。

位于键高中点处的纵向截面 m—m 是剪切面。用剪切面将键截开，取下半部分为研究对象[图8.12（c）]，由平衡方程可得剪切面上的剪力为

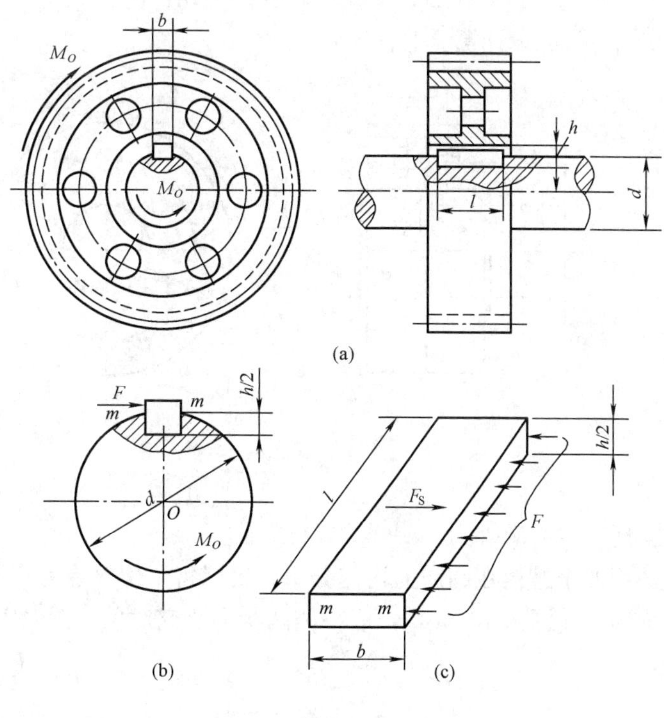

图8.12

$$F_S = F = 30\text{kN}$$

（3）校核剪切强度。

键的剪切面面积为

$$A = b \times l = 28 \times 70 = 1960(\text{mm}^2)$$

由剪切强度条件式（8.2）可得

$$\tau = \frac{F_S}{A} = \frac{30 \times 10^3}{1960 \times 10^{-6}} = 15.3(\text{MPa}) < [\tau] = 40\text{MPa}$$

（4）校核挤压强度。

挤压力为

$$F_{bs} = F = 30\text{kN}$$

挤压面是键的下半部分侧表面，其挤压面面积为

$$A_{bs} = \frac{h}{2} \times l = \frac{16}{2} \times 70 = 560(\text{mm}^2)$$

由挤压强度条件式（8.4）可得

$$\sigma_{bs} = \frac{F_{bs}}{A_{bs}} = \frac{30 \times 10^3}{560 \times 10^{-6}} = 53.6(\text{MPa}) < [\sigma_{bs}] = 100\text{MPa}$$

上述计算结果表明，键的剪切强度和挤压强度都满足要求。

【例 8.4】 联轴节将两轴用凸缘相连接，如图 8.13（a）所示。沿凸缘直径 $D = 150\text{mm}$ 的圆周上均匀地分布着四个连接螺栓来传递力偶 M_e。已知力偶矩 $M_e = 2.5\text{kN} \cdot \text{m}$，凸缘厚度为 $t = 10\text{mm}$，螺栓材料的许用切应力为 $[\tau] = 80\text{MPa}$，许用挤压应力为 $[\sigma_{bs}] = 200\text{MPa}$。试设计螺栓的直径 d。

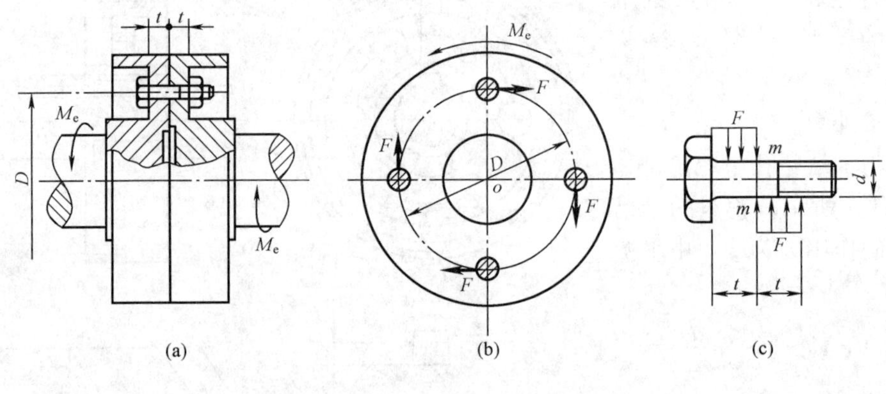

图 8.13

解 （1）求外力。

因四个螺栓在圆周上均匀分布，所以每个螺栓受力相同。设凸缘的螺栓孔传给螺栓的横向力为 F［图 8.13（c）］，取一侧凸缘为研究对象［图 8.13（b）］，由平衡方程

$$\sum M_O = 0, \; M_e - 4 \times F \times \frac{D}{2} = 0$$

求得

$$F = \frac{M_e}{2D} = \frac{2.5}{2 \times 150 \times 10^{-3}} = 8.33(\text{kN})$$

（2）求内力。

沿剪切面 $m—m$［图 8.13（c）］将螺栓切开为两段，由一段螺栓的平衡条件可得剪力为

$$F_S = F = 8.33\text{kN}$$

（3）设计螺栓直径。

先按剪切强度条件设计，由式（8.2）

$$\tau=\frac{F_S}{A}=\frac{F_S}{\left(\frac{\pi d_1^2}{4}\right)}\leqslant[\tau]$$

可得

$$d_1\geqslant\sqrt{\frac{4F_S}{\pi[\tau]}}=\sqrt{\frac{4\times8.33\times10^3}{\pi\times80}}=11.5(\text{mm})$$

再按挤压强度条件设计，由式（8.4）

$$\sigma_{bs}=\frac{F_{bs}}{A_{bs}}=\frac{F_{bs}}{t\times d_2}\leqslant[\sigma_{bs}]$$

可得

$$d_2\geqslant\frac{F_{bs}}{t\times[\sigma_{bs}]}=\frac{8.33\times10^3}{10\times200}=4.17(\text{mm})$$

根据强度计算结果可知，螺栓直径应取两者中的大者，方可保证同时满足剪切和挤压强度要求。因此，螺栓直径为

$$d=\max(d_1,d_2)=d_1\geqslant11.5\text{mm}$$

【例 8.5】 桁架节点如图 8.14（a）所示。已知受力 F_A作用的右斜杆为一拉杆，由两根尺寸为 70mm×50mm×8mm 的不等边角钢组成，被四根直径为 $d=19\text{mm}$ 的铆钉连接在厚度为 $t=10\text{mm}$ 的节点钢板上。已知：材料的许用拉应力为 $[\sigma]=150\text{MPa}$，许用切应力为 $[\tau]=100\text{MPa}$，许用挤压应力为 $[\sigma_{bs}]=335\text{MPa}$。试确定该斜拉杆所能承受的许可拉力 $[F_A]$。

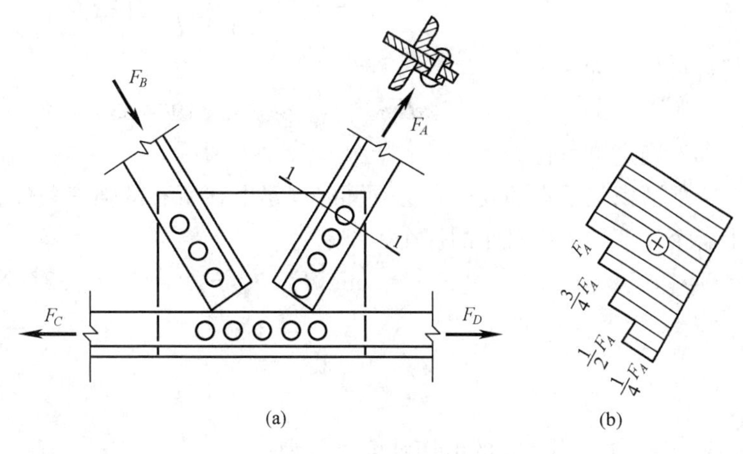

图 8.14

解　（1）由角钢的拉伸强度求许可拉力。

每根角钢的横截面面积为 947mm²，在铆钉孔处被削弱。由图 8.14（b）所示的斜拉杆轴力图可见，截面 1—1 是危险截面，其净面积为

$$A_1=2\times(947-8\times19)=1590(\text{mm}^2)$$

由角钢拉伸强度条件可得许可拉力为

$$F_1\leqslant A_1[\sigma]=1590\times150=239(\text{kN})$$

（2）由铆钉的剪切强度求许可拉力。

由于四根铆钉直径相同，且均匀分布在拉力作用线上，因此可假定各铆钉受力相等，即每根铆钉承受斜杆拉力的四分之一。另外，每根铆钉均受双剪，故每个剪切面上的剪力为斜

杆拉力的八分之一，且铆钉每个剪切面上的切应力相等。设斜杆许可拉力为 F_2，则有

$$\tau=\frac{F_S}{A}=\frac{F_2/8}{\left(\frac{\pi d^2}{4}\right)}\leqslant[\tau]$$

可得许可拉力为

$$F_2\leqslant 8\left(\frac{\pi d^2}{4}\right)[\tau]=\frac{8\pi}{4}\times 19^2\times 100=227(\text{kN})$$

（3）由角钢或节点板的挤压强度求许可拉力。

由于角钢及节点板材料相同，只需要比较并选出相同挤压力下挤压面最小的构件进行计算即可。显然，在相同挤压力作用下，节点板的挤压面的面积最小，就根据节点板的挤压强度求许可拉力。设斜杆许可拉力为 F_3，在每个铆钉孔处，节点板所受的挤压力为

$$F_{bs}=\frac{F_3}{4}$$

挤压面面积为

$$A_{bs}=t\times d$$

由节点板挤压强度条件式（8.4），有

$$\sigma_{bs}=\frac{F_{bs}}{A_{bs}}=\frac{F_3/4}{t\times d}\leqslant[\sigma_{bs}]$$

可得许可拉力为

$$F_3\leqslant 4td[\sigma_{bs}]=4\times 10\times 19\times 335=255(\text{kN})$$

（4）确定许可拉力。

为保证桁架节点的安全，必须同时满足上述所有的强度条件。因此，斜杆许可拉力应为以上各个计算结果中最小的那个，即有

$$[F_A]=\min(F_1,F_2,F_3)=F_2\leqslant 227\text{kN}$$

本 章 小 结

1. 连接件实用计算的剪切强度条件为

$$\tau=\frac{F_S}{A}\leqslant[\tau]$$

2. 连接件实用计算的挤压强度条件为

$$\sigma_{bs}=\frac{F_{bs}}{A_{bs}}\leqslant[\sigma_{bs}]$$

概念分析与工程应用实训

8.1 铆接接头如图 8.15 所示，已知 h、t、F。

（1）试分析并阐述力的传递路径；

（2）试分别画出主板和盖板的内力图，分析可能的危险截面，写出可能的最大应力表达式，并进行分析比较；

(3) 若板与铆钉的材料相同，铆钉的直径均为 d，为保证铆接接头的安全，试列出需要满足的所有强度条件。

8.2 两钢板铆接和受力情况如图 8.16 所示，已知：a、l、θ，各铆钉的材料和直径 d 均相同，试

(1) 将外力向铆钉群的中心进行简化，写出简化结果的表达式；

(2) 分别写出各铆钉的剪力和切应力的计算式。

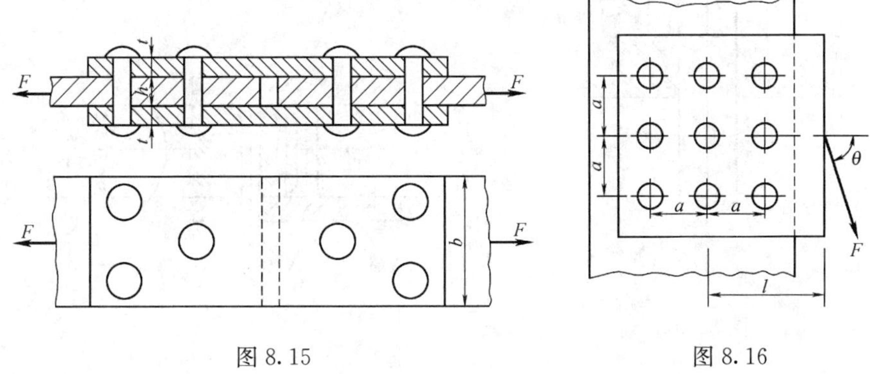

图 8.15　　　图 8.16

习　　题

8.1 销钉连接接头如图 8.17 所示。已知拉力 $F = 100\text{kN}$，销钉直径 $d = 30\text{mm}$，材料的许用应力为 $[\tau] = 60\text{MPa}$，试校核销钉的剪切强度。若强度不够，应改用多大直径的销钉？

8.2 如图 8.18 所示，一根螺栓将拉杆与厚度为 8mm 的两块盖板相连接。已知各零件的材料相同，其许用应力均为 $[\sigma] = 80\text{MPa}$，$[\tau] = 60\text{MPa}$，$[\sigma_{bs}] = 160\text{MPa}$。拉杆厚度 $t = 15\text{mm}$，拉力 $F = 100\text{kN}$，试设计螺栓直径 d 及拉杆宽度 b。

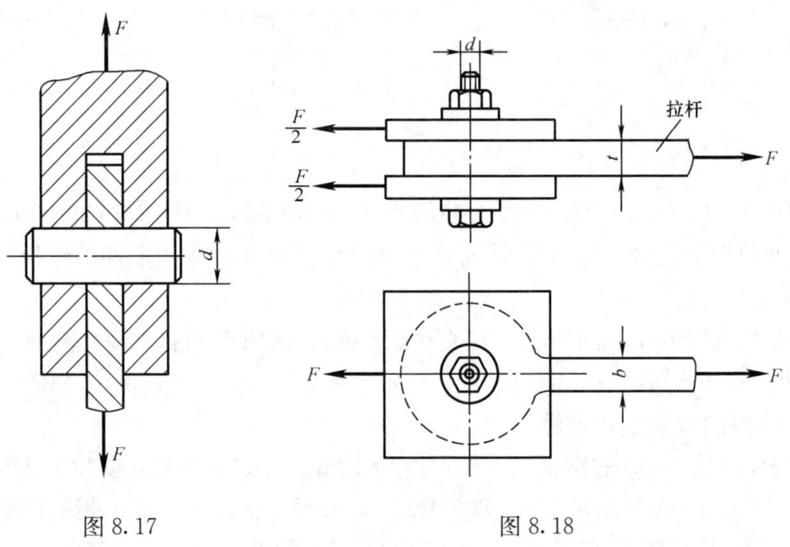

图 8.17　　　图 8.18

8.3 螺栓受到拉力的作用如图8.19所示。已知材料的剪切许用应力［τ］和拉伸许用应力［σ］之间的关系为［τ］=0.6［σ］，试求螺栓直径d与螺栓头高度h的合理比值。

8.4 图8.20所示车床的传动光杆装有安全联轴器，超载时安全销即被剪断。已知安全销的平均直径为5mm，材料为45钢，其剪切极限应力$\tau_u = 370\text{MPa}$，试求安全联轴器所能传递的力偶矩M_e。

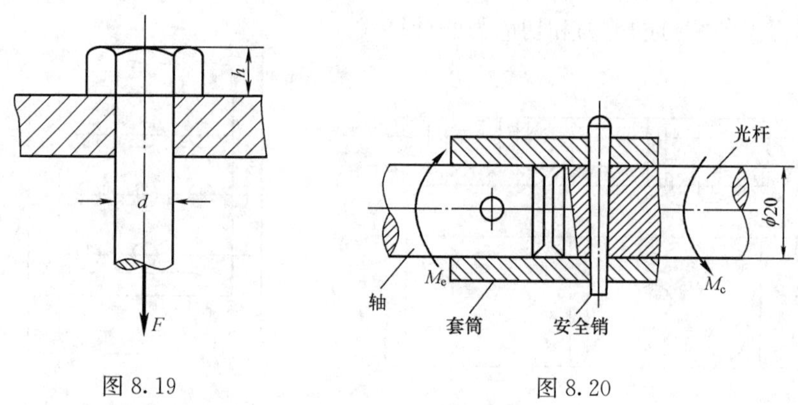

图8.19 图8.20

8.5 水轮发电机组的卡环尺寸如图8.21所示。已知轴向荷载$F = 1450\text{kN}$，卡环材料的$[\tau] = 80\text{MPa}$，$[\sigma_{bs}] = 150\text{MPa}$，试对卡环进行强度校核。

8.6 图8.22所示轴的直径$d = 80\text{mm}$，键的尺寸$b = 24\text{mm}$，$h = 14\text{mm}$，键的许用切应力$[\tau] = 40\text{MPa}$，许用挤压应力$[\sigma_{bs}] = 90\text{MPa}$。若通过键所传递的扭转力矩为$T = 3.2\text{kN}\cdot\text{m}$。试求键的长度$l$。

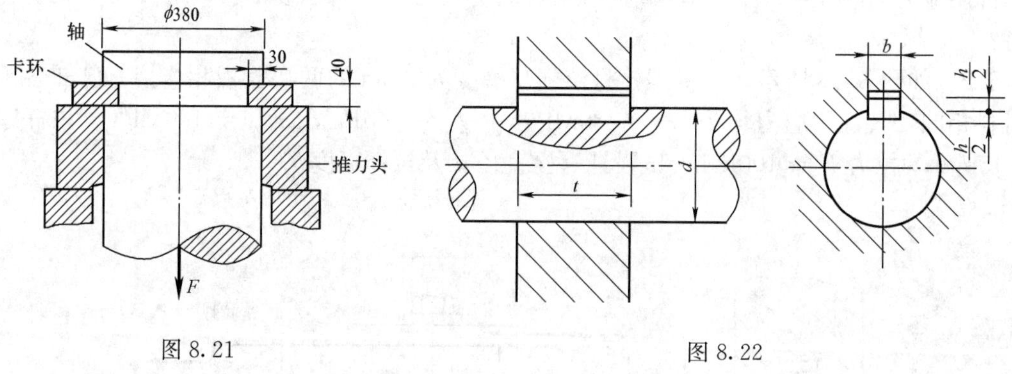

图8.21 图8.22

8.7 如图8.23所示，冲床的最大冲压力$F = 400\text{kN}$，冲头材料的许用应力$[\sigma] = 440\text{MPa}$，被冲剪钢板之剪切强度极限$\tau_b = 360\text{MPa}$。求此冲床所能冲剪钢板圆孔的最小直径和钢板的最大厚度。

8.8 两块厚度为10mm的钢板，用直径为20mm的铆钉对接在一起（图8.24）。钢板受拉力$F = 80\text{kN}$。已知：［τ］=140MPa，［σ_{bs}］=280MPa，［σ］=160MPa。试求所需的铆钉数目并校核板的宽度是否足够。

8.9 两块厚度为5mm的钢板与一块厚度为12mm的钢板连接，受拉力$F = 180\text{kN}$（图8.25）。已知$[\tau] = 100\text{MPa}$，$[\sigma_{bs}] = 280\text{MPa}$。试求所需直径为20mm铆钉的数目。

8.10 两板搭接，铆钉直径为25mm，排列如图8.26所示。已知$[\tau] = 100\text{MPa}$，

$[\sigma_{bs}]=280\text{MPa}$。板 1 的 $[\sigma]_1=160\text{MPa}$，板 2 的 $[\sigma]_2=140\text{MPa}$。试求拉力 F 的许可值。如果铆钉排列次序相反，即自下而上，第一行是三个铆钉，第二行是两个铆钉，则 F 值如何改变？

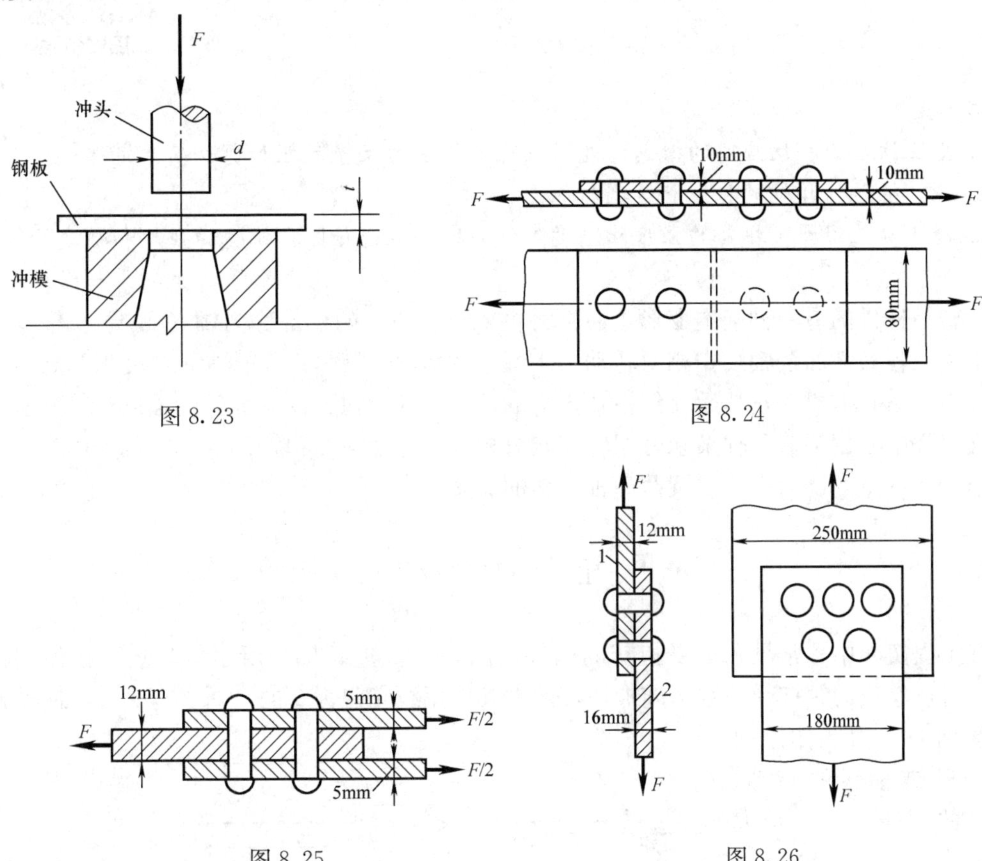

图 8.23

图 8.24

图 8.25

图 8.26

第 9 章　扭　转

教学要求

1. 建立切应力和切应变的概念，能正确理解切应力互等定理和剪切胡克定律；
2. 能熟练地计算轴的扭矩和绘制扭矩图；
3. 能正确应用圆轴扭转的强度和刚度条件，熟练地进行圆轴扭转的强度和刚度计算。

扭转是杆件的另一种基本变形，通常将主要承受扭转的杆件称为**轴**（shaft）。轴发生扭转变形时，各横截面绕轴线作相对转动。工程中的传动轴就是以扭转为主要变形形式的。本章首先引入扭转的概念，然后介绍扭转内力的计算。接着讨论圆截面轴的强度计算和刚度计算，在工程中常用圆截面轴来承受扭转，其分析计算也比较简单，因此，这部分内容是本章的重点。在本章的最后介绍非圆截面轴扭转的概念。

§9.1　扭转的概念及工程实例

在工程实际中，常见到承受扭转的构件。例如，图 9.1（a）所示的丝攻，在使用该工具攻丝时，丝攻的绞杠受到双手施加在杠两端其作用线相距为 a 的一对平行力 F，使丝锥在顶端受到一个力偶作用而产生绕丝锥轴线的转动。丝锥杆的下端受到一个大小相等转向相反的阻力偶，丝锥杆的受力图如图 9.1（b）所示。可见，受扭杆件的受力特点是：在杆件的两端作用两个大小相等，方向相反，且作用平面垂直于杆件轴线的力偶作用。杆件在外力偶作用下产生扭转变形的特点是：杆件的各横截面绕杆轴线发生了相对的转动。由于扭转变形，杆端横截面 A 相对杆端横截面 B 转了一个角度 φ [图 9.1（b）]，这个角度称为截面 A 相对截面 B 的**扭转角**。

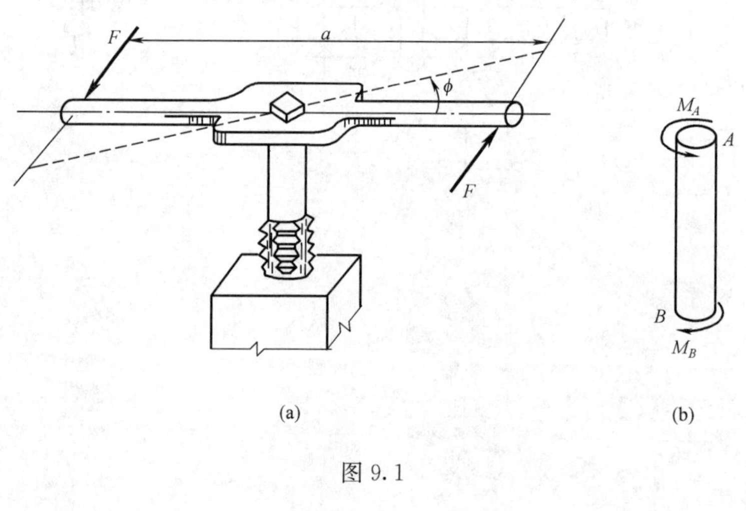

图 9.1

在工程中，有很多构件，例如车床的光杆、搅拌机轴、汽车传动轴等，都是受扭杆件。工程中还有许多轴类零件，例如电动机的主轴、变速箱传动轴、水轮机主轴、内燃机曲轴等，这些轴除有扭转变形以外，往往还伴有其他形式的变形，如弯曲变形，这属于组合变形的范畴，这类问题将在第 14 章组合变形的内容中讨论。在本章中，只讨论与扭转有关的问题。

§9.2 外力偶矩 扭矩与扭矩图

1. 外力偶矩的计算

在研究扭转的应力和变形之前，首先需要讨论作用于轴上的外力偶矩及其横截面上的内力。

在工程计算中，作用于轴上的外力偶矩往往事先并不知道，而常常可以从电动机铭牌上知道电动机所传递的额定功率以及转速。例如，在图9.2中，根据电动机的转速和功率，可以计算出传动轴AB的转速以及通过皮带轮输入的功率。功率输入到轴AB上，然后经过右端的齿轮输送出去。若通过皮带轮输入给轴AB的功率为P，单位为kW。因为1kW＝1000N·m/s，所以输入功率P，就相当于在每秒钟内输入$P\times1000$（N·m）的功。电动机是通过皮带轮以施加力偶矩M_e的方式作用于轴AB上的，若轴的转速为n（r/min），则力偶矩M_e在每秒钟内所作的功应为$2\pi\times\frac{n}{60}\times M_e$（N·m）。因为力偶矩$M_e$所作的功也就是输入给轴$AB$的功，因此有

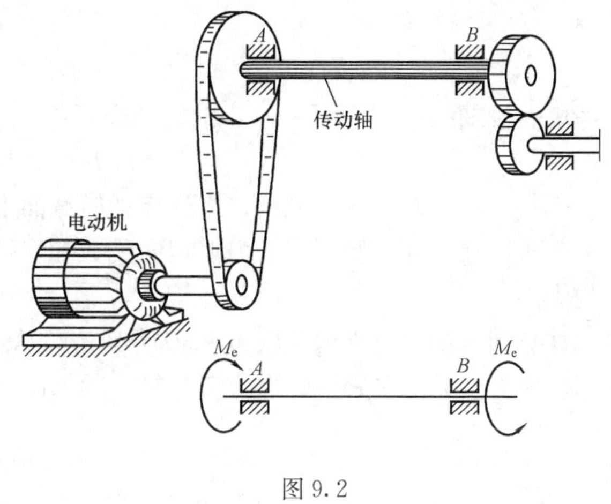

图9.2

$$2\pi\times\frac{n}{60}\times M_e(\mathrm{N\cdot m/s})=P\times1000(\mathrm{W})$$

可得计算外力偶矩M_e的公式为

$$\{M_e\}_{\mathrm{N\cdot m}}=9549\,\frac{\{P\}_{\mathrm{kW}}}{\{n\}_{\mathrm{r/min}}}\tag{9.1}$$

2. 扭矩

求出作用在轴上的所有外力偶矩后，就可以计算轴各个横截面上所受的内力。下面研究扭转轴的内力和内力计算方法。

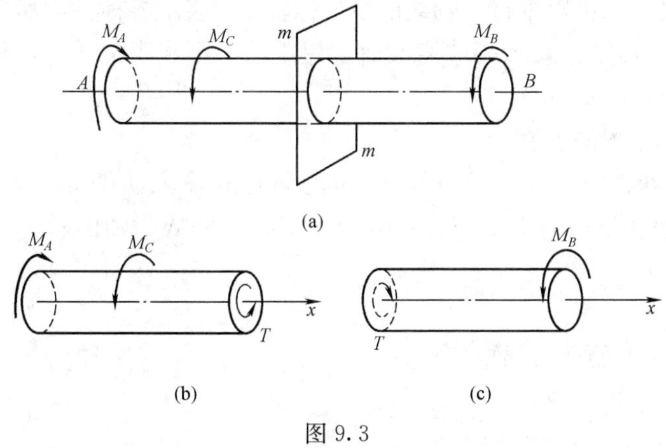

图9.3

图9.3（a）所示的圆轴AB，在垂直于轴线的几个平面内分别受到外力偶矩M_A、M_B及M_C的作用而处于平衡状态。现在仍然应用截面法计算任一横截面上的内力。假想将扭转轴沿截面$m—m$切为两段，并任取左段为研究对象［图9.3（b）］，由于整个轴原来是平衡的，因此所取出的左段也必然处于平衡状态。作用在左段上的力，除已知的外力偶矩M_A

和M_C外，还有作用在截面 m—m 上的未知内力。因为作用在左段轴上的外力全是力偶，由平衡条件可知，在截开面上的未知内力必然也是一个力偶，这个内力偶矩称为**扭矩**（torsional moment），用符号 T 表示。

图 9.3（b）中所示的内力偶 T 就是轴的右段作用于左段上的力偶。取轴线为坐标轴 x，由左段的平衡条件，有

$$\sum M_x = 0 \text{ , } T - M_A + M_C = 0$$

可得

$$T = M_A - M_C \tag{a}$$

若考虑右段轴的平衡［图 9.3（c）］，同样可得

$$T = M_B = M_A - M_C \tag{b}$$

由式（a）和式（b）可见，当计算轴横截面上的扭矩时，轴任一横截面上的扭矩，在数值上等于该截面任一侧所有外力偶矩的代数和。按照这一法则，可方便地求出轴横截面上扭矩的大小。

注意到，如果分别取左段或右段为研究对象，求出的扭矩 T 转向相反［图 9.3（b）、（c）］。为了使无论取哪一段为研究对象，所求出的同一截面上的扭矩不仅数值相等，而且表示其转向的符号也相同。按照扭转变形的情形，对扭矩 T 的符号作如下规定：按照右手螺旋法则，将右手拇指指向截面的外法线方向，如果内力偶的转向与其余四个指头转向一致，扭矩为正，反之为负。按此符号规则可以判定，图 9.4（a）所示左右横截面上的扭矩均为正，而图 9.4（b）所示左右横截面上的扭矩均为负。

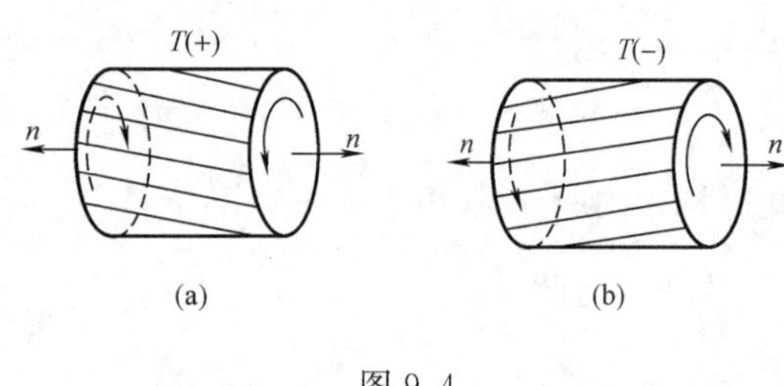

图 9.4

实际计算扭矩时，可直接写出截开面任一侧轴上所有外力偶矩各项的大小，根据上述符号规则，由各外力偶矩的转向确定每项的正负号，通过计算可得该截面上待求扭矩的大小和转向。

3. 扭矩图

当作用在轴上的外力偶较多时，与在拉伸或压缩问题中作轴力图一样，可以用图线来表示轴在各个横截面上扭矩的变化情况。图中以平行于轴线的横坐标轴 x，表示各横截面所在的位置，以垂直于轴 x 的轴 T 为纵坐标轴，表示相应横截面上扭矩的大小和正负号，这种图线称为**扭矩图**（diagram of torsional moment）。

下面用例题说明扭矩的计算和扭矩图的绘制。

【例 9.1】 传动轴的计算简图如图 9.5（a）所示，已知主动轮的输入功率为 $P_A=36\text{kW}$，从动轮 B、C 和 D 的输出功率分别为 $P_B=P_C=10\text{kW}$，$P_D=16\text{kW}$，轴的转速为 $n=400\text{r/min}$，试画出轴的扭矩图。

解 （1）求外力偶矩。

根据式（9.1）可求得作用于各轮上的外力偶矩分别为

$$M_{eA} = 9549 \times \frac{36}{400} = 860(\text{N} \cdot \text{m})$$

$$M_{eB}=M_{eC}=9549\times\frac{10}{400}=239(\mathrm{N\cdot m})$$

$$M_{eD}=9549\times\frac{16}{400}=382(\mathrm{N\cdot m})$$

（2）求扭矩。

由受力情况可见，轴在 BC、CA、AD 三段内，各截面上的扭矩是不相等的。可用截面法，分别用截面1—1、截面2—2和截面3—3将轴切开，取左段或右段［图9.5（b）、（c）、（d）］为研究对象，再根据平衡方程，可分别计算出各段内的扭矩 T_1、T_2 和 T_3。

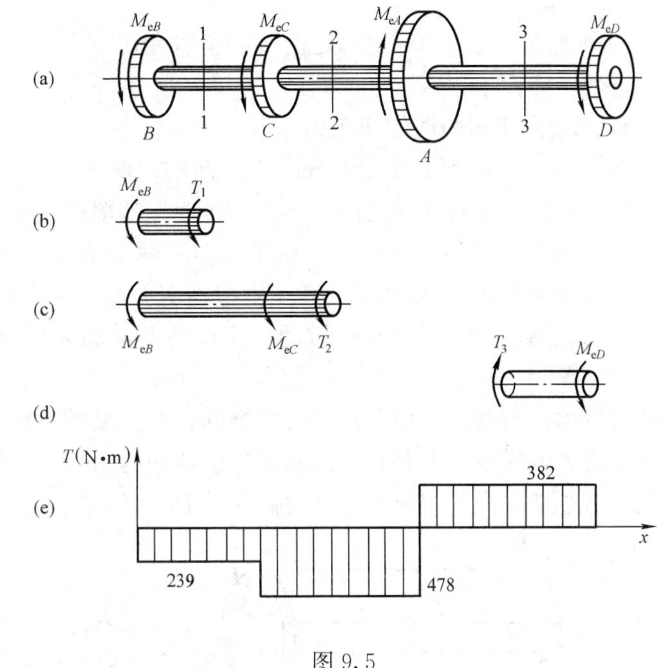

图9.5

下面用前述简便方法直接求扭矩。

用假想平面1—1将图9.5（a）中的轴一分为二，取左段，观察到该段上只有一个外力偶矩 M_{eB}，根据扭矩的符号规则，用右手其余四指沿外力偶矩 M_{eB} 的旋转方向抓住轴线，大拇指的方向与研究对象（即外力偶矩 M_{eB} 和扭矩 T_1 作用面之间的这一段轴）上截面 B 的外法线方向相反，因此外力偶矩 M_{eB} 为负，可直接写出

$$T_1=-M_{eB}=-239\mathrm{N\cdot m}$$

负号说明扭矩 T_1 的转向与图9.5（b）中的转向相反。

用平面2—2将轴切开取左段，用上述方法，可直接写出

$$T_2=-M_{eB}-M_{eC}=-239-239=-478(\mathrm{N\cdot m})$$

用平面3—3将轴切开取右段，可直接写出

$$T_3=+M_{eD}=382\mathrm{N\cdot m}$$

根据所求得的结果，按照各横截面上的扭矩沿轴线变化情况，画出扭矩图，如图9.5（e）所示。由图可见，最大扭矩 T_{max} 发生在 CA 段内，其大小为478N·m。

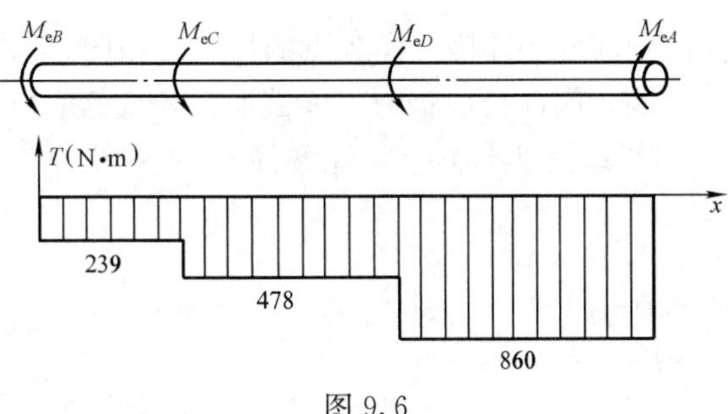

图9.6

在上例中，若把主动轮 A 安装在轴的右端，则轴的扭矩图将如图9.6所示。在这种情况下，轴的最大扭矩为 $T_{max}=860\mathrm{N\cdot m}$。可见，在传递相同功率的情况下，当传动轴上主动轮和从动轮安装的位置不同时，轴所承受的最大扭矩一般是不同的。从安全和经济方面考虑，当然希望轴所承受的最大扭矩最小。通

过比较上述两种布置方案，显然，图 9.5 的布局设计更合理。

§9.3 薄壁圆筒的扭转

在讨论扭转的应力和变形之前，为了研究切应力和切应变的规律以及两者之间的关系，先考察薄壁圆筒的扭转。

1. 薄壁圆筒扭转时的切应力

图 9.7（a）所示的等截面直圆筒，筒的壁厚 δ 比筒的内外半径平均值 R 小很多，即筒是薄壁的。进行扭转实验之前，先在一等厚度的薄壁圆筒表面画上等距的纵向平行线和圆周线，如图 9.7（a）所示。然后，在薄壁圆筒两端垂直于轴线的平面内施加一对大小相等转向相反的外力偶 M_e，使薄壁圆筒产生扭转变形［图 9.7（b）］。通过观察可以看到，由于截面 q—q 对于截面 p—p 作相对转动，使得薄壁圆筒表面每个矩形的左右两边产生了相对错动，使每个矩形均变成了菱形，如图 9.7（c）所示。但是，圆筒沿轴线的长度以及各圆周线的长度均没有变化。根据观察可以推断，在圆筒的横截面以及与轴线平行的纵向截面上都没有正应力，横截面上只有与截面相切的切应力 τ，切应力与横截面上各点微面积相乘所得的无数微小切向力，组成了与外力偶 M_e 相平衡的平面内力系。

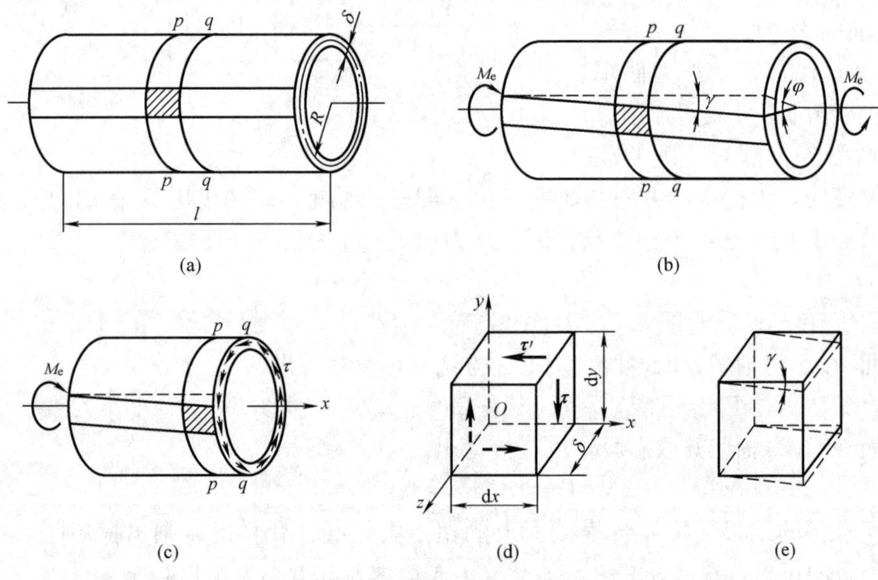

图 9.7

因为圆筒壁的厚度 δ 很小，可以近似认为沿圆筒壁的厚度方向各点的切应力相同。由对称性可知，在横截面的同一圆周上各点的应力相同，因此可以推断，横截面上各点的应力相同［图 9.7（c）］。已知圆筒的平均半径为 R，取轴线为坐标轴 x，取截面 q—q 的左段为研究对象［图 9.7（c）］，由平衡方程，有

$$\sum M_x = 0\ ,\ 2\pi R\delta \cdot \tau \cdot R - M_e = 0$$

可得薄壁圆筒横截面上扭转切应力的近似计算公式为

$$\tau = \frac{M_e}{2\pi R^2 \delta} \tag{9.2}$$

2. 切应力互等定理

用相距很近的一对横截面和两个纵向截面，从受扭圆筒上截取一边长分别为 dx、dy 和 δ 的单元体，并放大画出，如图 9.7（d）所示。单元体的左、右两侧面是圆筒横截面的一部分，所以面内只有切应力没有正应力，这两个面上的切应力 τ 的大小相等，均可由式（9.2）计算求得，而它们的方向由外力偶 M_e 的转向确定，显然这两个面上的切应力方向相反，组成一个力偶矩为（$\tau\delta dy$）dx 的顺时针转向的力偶。为保持单元体的平衡，单元体的上下两个侧面上必须有切应力，并组成力偶与力偶（$\tau\delta dy$）dx 相平衡。由平衡方程 $\sum F_x=0$ 可知，上下两个面上存在大小相等，方向相反的切应力 τ'，组成力偶矩为（$\tau'\delta dx$）dy 的逆时针转向的力偶。

由单元体的平衡方程，有

$$\sum M_z=0\ ,(\tau'\delta dx)dy-(\tau\delta dy)dx=0$$

可得

$$\tau=\tau' \tag{9.3}$$

上式表明：作用在相互垂直平面上的切应力必然成对出现，且大小相等，两者都垂直于两相互垂直平面的交线，方向则均指向或均背离该交线。这一规律称为**切应力互等定理**（theorem of conjugate shearing stress）。由单元体的平衡条件可知，该定理在单元体上同时有正应力存在的情况下仍然成立。利用切应力互等定理，只需已知单元体某一个面上的切应力，就可知道与其相邻的其他三个互垂面上切应力的大小和方向。单元体在其两对互相垂直的平面上只有切应力而没有正应力，在另一对表面上没有应力的状态［图 9.7（d）］，称为**纯剪切应力状态**（pure shearing stress state）。薄壁圆筒产生扭转变形时，筒壁内的所有单元体均处于纯剪切应力状态。

能将切应力互等定理推广为剪力互等定理吗？为什么？

3. 切应变

薄壁圆筒产生扭转变形后，纯剪切单元体的左右两侧面将发生微小的相对错动，如图 9.7（e）所示，使原来圆筒表面上每个矩形的直角均产生变化，改变了一个微量 γ，这种直角的改变量是微体剪切变形的度量，称为**切应变**（shearing strain），用 γ 表示。切应变的单位是 rad，是量纲为一的量。

由图 9.7（b）可见，薄壁圆筒表面的纵向线段在扭转变形后的倾角就是 γ，若圆筒两端的相对扭转角为 φ，长度为 l，则薄壁圆筒上微体的切应变与扭转角的关系为

$$\gamma=\frac{R}{l}\varphi \tag{9.4}$$

在平板表面点 A 处画有夹角 $120°$ 的两条直线，变形后此夹角为 $119.5°$，点 A 处切应变是否等于 $0.5°$？为什么？点 A 处切应变等于多少？

4. 剪切胡克定律

可以通过上述薄壁圆筒的扭转试验，来得到材料在纯剪切应力状态下切应力 τ 和切应变 γ 之间的关系。

进行试验时，可将薄壁圆筒的一端固定，对另一端施加自零缓慢增加的外力偶，使圆筒产生扭转变形。记录分级施加的外力偶矩 M_e 和相应的扭转角 φ 的数值，可绘出 M_e-φ 曲线［图 9.8（a）］。为消除薄壁圆筒试件尺寸的影响，可由式（9.2）计算出对应各 M_e 的切应力

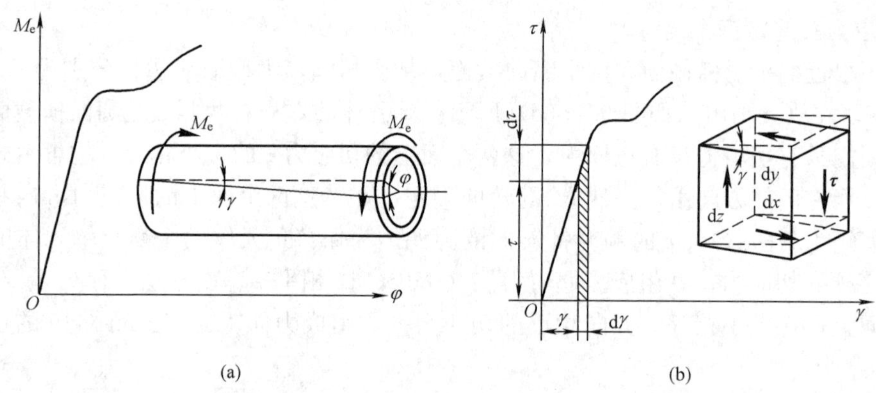

图 9.8

τ 的数值，并由式（9.4）计算出对应各 φ 的切应变 γ 的数值。根据这一系列 τ 与 γ 的对应值，可绘出 τ-γ 曲线，称为**切应力—切应变图**［图 9.8（b）］。大量的工程材料扭转试验结果表明：当切应力没超过剪切比例极限时，切应力 τ 与切应变 γ 成正比，即

$$\tau = G\gamma \tag{9.5}$$

式中，G 为比例常数，称为**切变模量**（shear modulus），是材料的另一个弹性常数。式（9.5）称为**剪切胡克定律**（Hooke law in shear）。因为 γ 的量纲为一，所以 G 的量纲与 τ 相同。钢材的 G 值约为 80GPa。表 9.1 中列出了几种常用工程材料切变模量 G 的约值。

表 9.1　　几种常用材料切变模量 G 的约值

材料名称	G/GPa	材料名称	G/GPa
钢	75～82	铜	41
灰铸铁	41	黄铜	39
球墨铸铁	62	铝及铝合金	28

至此，已介绍了表示材料弹性性质的三个常数，即弹性模量 E、泊松比 ν 和切变模量 G。对于各向同性材料，存在下列关系

$$G = \frac{F}{2(1+\nu)} \tag{9.6}$$

即各向同性材料只有两个独立的弹性常数。

剪切胡克定律的适用条件是什么？

§9.4　扭转圆轴的应力　强度计算

1. 圆轴扭转时的切应力

下面研究实心圆轴扭转时横截面上的应力。

图 9.9 所示实心圆截面轴，半径为 R，在圆轴两端垂直于轴线的平面内施加一对大小相等而转向相反的外力偶 M_e，使圆轴产生扭转变形。与前节研究薄壁圆筒的扭转变形类似，首先进行扭转变形的实验观察，然后作出一些简化假设，最后通过分析推导，得到受扭圆轴横截面上的应力分布及其计算公式。由于圆截面轴受扭时，横截面上各点应力均为未知量，

是超静定问题。因此，研究受扭圆轴横截面上的应力，必须采用三关系法。

（1）几何关系。

先在圆轴表面画上一些横向圆周线和纵向线，如图9.9所示。扭转变形后，可观察到：各圆周线绕轴线相对转过一个角度，但其大小、形状和间距不变。在小变形情况下，纵向线仍近似为一条直线，只不过倾斜了一个微小角度γ。变形前表面上矩形格，变形后成为菱形。由于实验观察到的只是圆轴表面在扭转时的变形情况，而观察不到圆轴内部的变形情况，这就需要对圆轴内部的变形作出一些假设。因此，作出圆轴扭转的平面假设：圆轴扭转变形前的横截面，变形后仍保持为平面，形状大小不变，半径仍保持为直线，且相邻两截面间的距离不变。由于相邻横截面的间距不变，圆轴受扭时没有轴向伸长和缩短变形，因此可以推断横截面上没有正应力，只可能有切应力。按照上述假设，圆轴扭转变形时，横截面如刚性平面一样，绕轴线转过一角度。现截取长为dx的一段进行分析［图9.10（a）］，两侧截面上有扭矩T。可将实心圆轴想象成由许多套在一起的薄壁圆筒所组成，扭转时各个圆筒的扭转角相同，相邻套筒的内外表面之间没有相互作用力。现研究图9.10（a）所示微段轴中半径为ρ的薄壁套筒，套筒的厚度为$d\rho$。设$d\varphi$代表微段dx的相对扭转角，由薄壁圆筒切应变公式（9.4）可知，半径为R的薄壁圆筒，筒壁上的切应变（剪切变形角）为

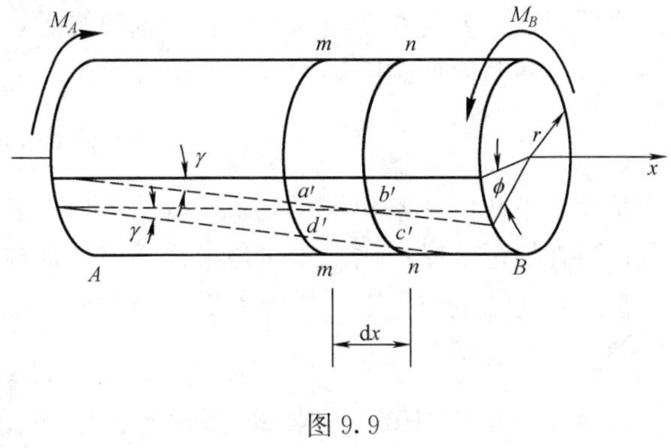

图9.9

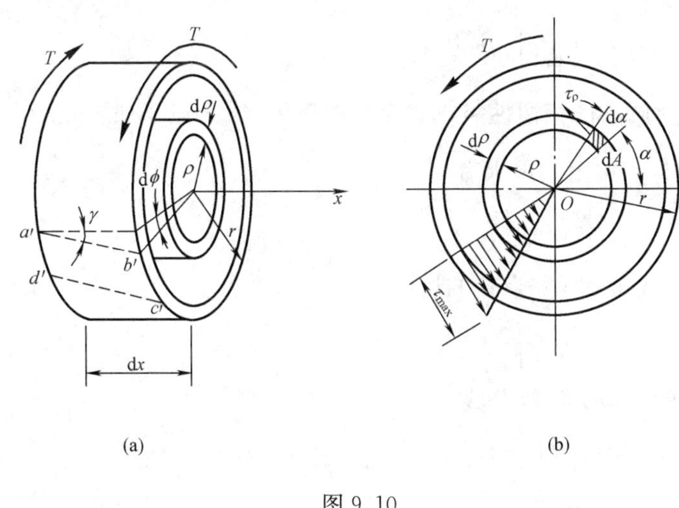

图9.10

$$\gamma = \frac{R\mathrm{d}\varphi}{\mathrm{d}x}$$

对照上式，对于半径为ρ的薄壁套筒，筒壁上的切应变为

$$\gamma_\rho = \frac{\rho\mathrm{d}\varphi}{\mathrm{d}x} \tag{9.7}$$

式中，$\frac{\mathrm{d}\varphi}{\mathrm{d}x}$为相对扭转角沿轴线长度的变化率。对于给定的横截面，$\frac{\mathrm{d}\varphi}{\mathrm{d}x}$为常量。式（9.7）就是圆轴扭转变形的几何方程。由上式可见，切应变γ_ρ随着半径ρ成正比地增大。在圆轴表面，即$\rho=R$，切应变最大；而在圆轴中心，$\rho=0$，切应变为零。

（2）物理关系。

由前面的讨论可知，组成实心圆轴的每一个薄壁圆筒，在其横截面上没有正应力，而只

有沿着圆周切线方向的切应力 τ_ρ。若圆轴扭转后，材料仍处于线弹性范围内，则由剪切胡克定律，可得横截面上距圆心为 ρ 处的切应力为

$$\tau_\rho = G\gamma_\rho = G\rho \frac{\mathrm{d}\varphi}{\mathrm{d}x} \tag{9.8}$$

上式是综合了几何关系和物理关系所得的结果，表明：扭转圆轴横截面上一点处的切应力与该点距圆心的距离成正比，方向与半径垂直，且与扭矩转向一致。在圆截面边缘处切应力最大，在圆心处切应力为零。切应力沿半径的分布如图 9.10（b）所示。

（3）静力关系。

因为式（9.8）中的 $\frac{\mathrm{d}\varphi}{\mathrm{d}x}$ 未知，仍不能用该式计算切应力。考虑到横截面上分布内力合成为扭矩的静力条件还没有用到。因此，需要研究静力关系。

根据静力关系，在横截面上任取一微面积 $\mathrm{d}A$［图 9.10（b）］，作用在微面积上的微小剪力为 $\tau_\rho \mathrm{d}A$，该力的作用线与半径为 ρ 的圆周相切。这个力对圆心的力矩为 $\rho \cdot \tau_\rho \mathrm{d}A$，在整个截面上所有这些力矩的总和应等于截面上的扭矩 T，即

$$T = \int_A \tau_\rho \rho \mathrm{d}A$$

将式（9.8）代入上式，得

$$T = G\frac{\mathrm{d}\varphi}{\mathrm{d}x}\int_A \rho^2 \mathrm{d}A$$

令 $I_\mathrm{p} = \int_A \rho^2 \mathrm{d}A$，称为横截面对圆心的**极惯性矩或截面二次极矩**（second polar moment of area），其单位为 mm^4 或 m^4。这样，由上式可求得

$$\frac{\mathrm{d}\varphi}{\mathrm{d}x} = \frac{T}{GI_\mathrm{p}} \tag{9.9}$$

将式（9.9）代入式（9.8），即得横截面上任一点处的切应力为

$$\tau_\rho = \frac{T\rho}{I_\mathrm{p}} \tag{9.10}$$

这就是圆轴扭转时横截面上任意点的切应力计算公式。

在横截面周边各点处，切应力达到最大值。将 $\rho = \frac{D}{2}$ 代入式（9.10），即得

$$\tau_{\max} = \frac{T}{I_\mathrm{p}} \cdot \frac{D}{2} = \frac{T}{W_\mathrm{p}} \tag{9.11}$$

式中，$W_\mathrm{p} = \frac{I_\mathrm{p}}{D/2}$，称为扭转**截面系数**（section modulus of torsion），其单位为 mm^3 或 m^3。

在式（9.9）、式（9.10）和式（9.11）中，引进了截面的极惯性矩 I_p 和扭转截面系数 W_p，它们仅与截面的形状和尺寸有关。在实心轴的情况下，可取半径为 ρ、宽度为 $\mathrm{d}\rho$ 的圆环形微面积［图 9.10（b）］，其面积为 $\mathrm{d}A = 2\pi\rho\mathrm{d}\rho$，代入 I_p 的积分式中，得到

$$I_\mathrm{p} = \int_A \rho^2 \mathrm{d}A = 2\pi\int_0^{D/2} \rho^3 \mathrm{d}\rho = \frac{\pi D^4}{32} \tag{9.12}$$

而

$$W_\mathrm{p} = \frac{I_\mathrm{p}}{D/2} = \frac{\pi D^3}{16} \tag{9.13}$$

式中，D 为圆截面的直径。在空心圆轴的情况下，采用与上述类似的计算方法可得 I_p 和 W_p 分别为

$$I_p = \frac{\pi}{32}(D^4 - d^4) = \frac{\pi D^4}{32}(1-\alpha^4) \tag{9.14}$$

$$W_p = \frac{I_p}{D/2} = \frac{\pi D^3}{16}(1-\alpha^4) \tag{9.15}$$

式中，D 和 d 分别为空心圆轴的外径和内径；α 为内、外径的比值，即 $\alpha=\frac{d}{D}$。

最后必须指出，在推导扭转切应力和变形公式的过程中，应用了剪切胡克定律，故要求最大切应力 τ_{max} 不得超过材料的剪切比例极限。同时还需强调，以上公式只适用于圆截面杆。弹性理论分析表明，扭转轴横截面变形后仍保持平面，只有对于等圆截面直轴才成立；对于非圆截面轴，横截面将发生翘曲，以上公式不适用。对于圆截面大小沿轴线改变的变截面圆轴，在沿轴线截面变化缓和的情况下，用上述公式计算扭转切应力的误差不大。

2. 扭转圆轴的强度计算

对扭转圆轴进行强度计算，要求轴的最大工作切应力不超过材料的许用切应力 $[\tau]$，等截面圆轴的强度条件为

$$\tau_{max} = \frac{T_{max}}{W_p} \leqslant [\tau] \tag{9.16}$$

对于变截面圆轴，W_p 不是常量，最大切应力不一定发生在扭矩最大的截面上，需要综合考虑 T 和 W_p 这两个因素。

圆轴扭转时，许用切应力值应根据扭转试验测得的屈服极限 τ_s 或强度极限 τ_b 的数值，再考虑轴的实际工作情况，除以适当的安全因数来确定。对于一般工程材料的 $[\tau]$ 值，可在有关的设计规范或手册中查得。在静载情况下，许用切应力 $[\tau]$ 值和许用正应力 $[\sigma]$ 值之间存在着一定的关系，例如

钢：$[\tau] = (0.5 \sim 0.6)[\sigma]$；

铸铁：$[\tau] = (0.8 \sim 1.0)[\sigma]$。

【例 9.2】 卡车的传动轴 AB 由无缝钢管制成，如图 9.11 所示。钢管外径 $D=90\text{mm}$，壁厚 $\delta=3\text{mm}$，材料为 45 钢，许用切应力 $[\tau]=60\text{MPa}$。若传动轴最大的工作扭矩 $T=1.8\ \text{kN}\cdot\text{m}$，试校核轴 AB 的扭转强度。

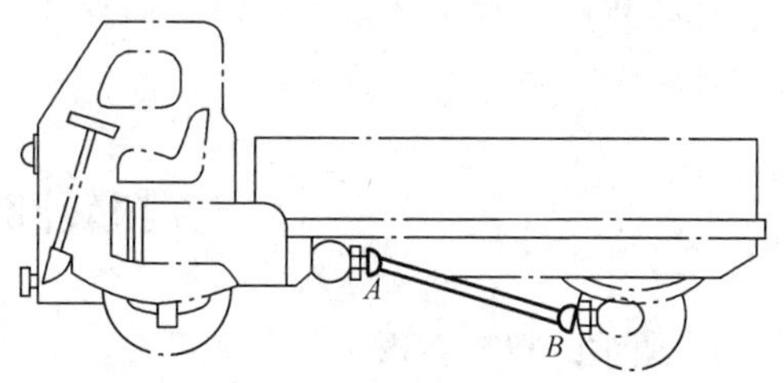

图 9.11

解 (1) 计算截面几何量。

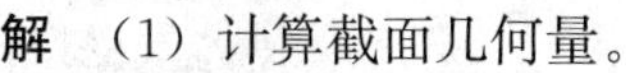

传动轴内外径之比为

$$\alpha = \frac{d}{D} = \frac{90-2\times 3}{90} = 0.933$$

扭转截面系数为

$$W_p = \frac{\pi D^3}{16}(1-\alpha^4) = \frac{\pi \times 90^3}{16} = 1-0.933^4 = 34\ 500(\text{mm}^3)$$

(2) 校核强度。

传动轴最大切应力为

$$\tau_{\max} = \frac{T}{W_{\mathrm{p}}} = \frac{1.8 \times 10^6}{34\ 500} = 52(\mathrm{N/\ mm^2}) = 52(\mathrm{MPa}) < [\tau]$$

因此，传动轴满足扭转强度条件。

【例 9.3】 若将上例中传动轴设计成实心轴，其强度与空心轴相同，试计算实心轴直径，并比较空心轴与实心轴的重量。

解 当空心轴和实心轴的最大应力均为许用切应力时，两轴的许可扭矩分别为

$$T_1 = \frac{\pi D_1^3}{16}(1-\alpha^4)[\tau] = \frac{\pi \times 90^3}{16}(1-0.933^4)[\tau]$$

$$T_2 = \frac{\pi}{16}D_2^2[\tau]$$

式中，D_1 为空心轴的外径，D_2 为实心轴的直径。若两轴强度相同，则许可扭矩 T_1 与 T_2 应相等，有

$$90^3 \times (1-0.933^4) = D_2^3$$

$$D_2 = 56\mathrm{mm}$$

实心轴的横截面面积为

$$A_2 = \frac{\pi D_2^2}{4} = \frac{\pi \times 56^2}{4} = 2460(\mathrm{mm^2})$$

空心轴的横截面面积为

$$A_1 = \frac{\pi}{4}(D_1^2 - d_1^2) = \frac{\pi}{4}(90^2 - 84^2) = 820(\mathrm{mm^2})$$

在两轴材料相同，长度相等的情况下，两轴的重量之比就等于横截面面积之比，即

$$\frac{A_1}{A_2} = \frac{820}{2460} = 0.33$$

可见，在荷载相同的情况下，空心轴的重量只有实心轴的三分之一，可以大大节约材料，减轻重量。

试从扭转圆轴横截面上切应力的分布规律，说明空心轴节省材料的原因，这对扭转圆轴的设计有哪些启示?

§9.5 扭转圆轴的变形 刚度计算

1. 圆轴的扭转变形

圆截面直轴扭转时，在小变形的情况下，可以认为各横截面之间的距离保持不变，仅绕轴线作相对转动。设微段 $\mathrm{d}x$ 的相对扭转角为 $\mathrm{d}\varphi$，沿轴线方向的变化率为$\frac{\mathrm{d}\varphi}{\mathrm{d}x}$，在线弹性范围内$\frac{\mathrm{d}\varphi}{\mathrm{d}x}$与扭矩 T 成正比，由式（9.9）可知，相距为 $\mathrm{d}x$ 的两相邻截面之间的相对扭转角为

$$\mathrm{d}\varphi = \frac{T}{GI_{\mathrm{p}}}\mathrm{d}x$$

此式即为圆轴扭转时的位移微分方程，式中 GI_{p} 称为圆轴的**扭转刚度**（torsional rigidity），

反映了圆轴材料的切变模量和截面尺寸的分布，在抵抗圆轴扭转变形中的能力。在同样的外力偶作用下，GI_p 值越大，则扭转角 φ 越小。

任意两截面 a、b 之间的相对扭转角为

$$\varphi_{ab}=\int_{x_a}^{x_b}\frac{T\mathrm{d}x}{GI_p} \tag{9.17}$$

整个轴的总扭转角则为

$$\varphi=\int_{l}\frac{T\mathrm{d}x}{GI_p} \tag{9.18}$$

同样，对于长度为 l，两端仅受外力偶作用的等截面圆轴，各横截面的扭矩 T 不变，即 T 和 GI_p 为常量，由上式积分可得圆轴两端的相对扭转角为

$$\varphi=\frac{Tl}{GI_p} \tag{9.19}$$

上式表明，相对扭转角与扭矩和轴的长度成正比，与扭转刚度成反比。相对扭转角 φ 的单位为 rad。φ 的正、负号与扭矩的正、负号相一致，分别如图 9.12 (a)、(b) 所示。

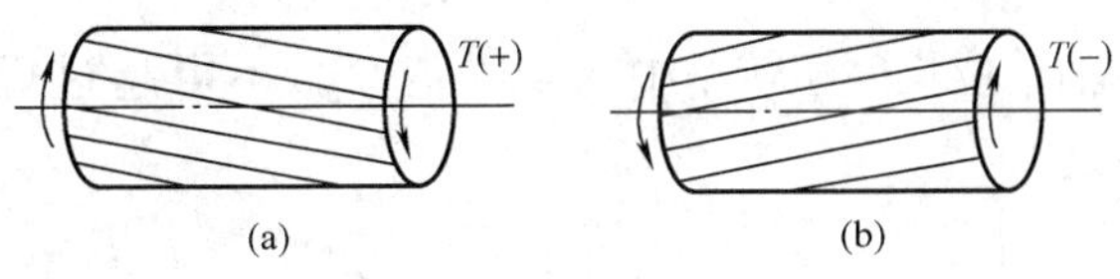

图 9.12

【例 9.4】 图 9.13 所示钻杆横截面直径为 20mm，在旋转时 BC 段受均匀分布的扭矩 m_e 的作用。已知使其转动的外力偶矩 $M_e=120\text{N}\cdot\text{m}$，材料的切变模量 $G=80\text{GPa}$，试求钻杆两端的相对扭转角。

解 由钻杆的平衡方程

$$\sum M_x=0,\quad M_e-m_e\times l_{BC}=0$$

得

$$m_e=\frac{M_e}{l_{BC}}$$

截面 A 和 C 之间的相对扭转角为

$$\varphi_{AC}=\varphi_{AB}+\varphi_{BC}$$

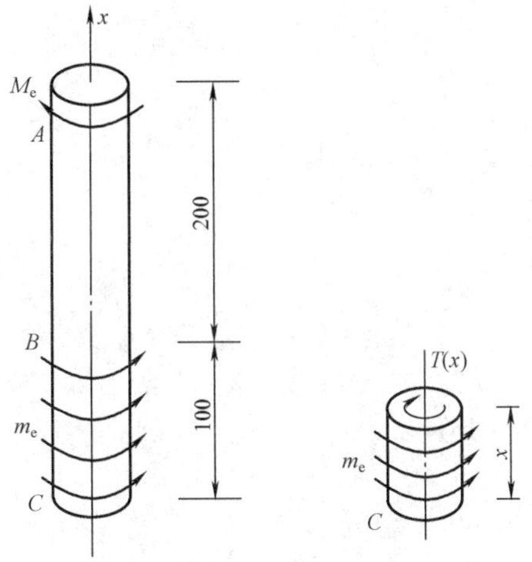

由截面法，BC 段任一截面的扭矩为

$$T(x)=-m_e x\qquad(0<x<0.1\text{m})$$

AB 段任一截面上的扭矩 $T=-M_e$，所以

$$\varphi_{AB}=\frac{Tl_{AB}}{GI_p}=-\frac{M_e l_{AB}}{GI_p}$$

$$\varphi_{BC}=\int_0^{l_{BC}}\frac{T(x)\mathrm{d}x}{GI_p}=-\frac{m_e l_{BC}^2}{2GI_p}=-\frac{M_e l_{BC}}{2GI_p}$$

图 9.13

则

$$\varphi_{AC}=-\frac{M_e l_{AB}}{GI_p}-\frac{M_e l_{BC}}{2GI_p}=-\frac{M_e}{GI_p}(l_{AB}+0.5l_{BC})$$

将已知数据代入，求得

$$\varphi_{AC}=-\frac{120}{80\times10^9\times\frac{\pi}{32}\times0.02^4}\times(0.2+0.5\times0.1)$$

$$=-0.0239(\text{rad})=-1.37°$$

2. 扭转圆轴的刚度计算

受扭转的圆轴除应满足强度条件外，往往还要满足刚度要求，因为过大的扭转变形会影响轴类零件的正常工作。例如，若机器的传动轴扭转变形过大，在运转时会产生较大的扭转振动；机床主轴若扭转变形较大，会影响加工精度。因此，对某些轴的扭转变形常有一定的限制。

由式（9.19）表示的扭转角与轴的长度有关，为消除长度的影响，可用单位长度轴的相对扭转角，即 φ 对 x 的变化率 $\frac{d\varphi}{dx}$，来表示扭转变形程度。受扭圆轴的刚度要求，就是限制圆轴单位长度扭转角中的最大值 φ'_{max} 不得超过规定的允许值［φ'］，即受扭圆轴的刚度条件是

$$\varphi'_{max}=\left(\frac{T}{GI_p}\right)_{max}\leqslant[\varphi'] \tag{9.20}$$

式中，$[\varphi']$ 的单位为 rad/m。但工程中习惯用（°）/m 作为 $[\varphi']$ 的单位，由于按公式 $\varphi'=\frac{T}{GI_p}$ 计算的单位是 rad/m，故须先将其单位换算为（°）/m。这时，圆轴扭转的刚度条件可写成

$$\varphi'_{max}=\left(\frac{T}{GI_p}\right)_{max}\times\frac{180}{\pi}\leqslant[\varphi'](°)/m \tag{9.21}$$

应该注意，上式中 T、G 和 I_p 的单位分别是 N·m、Pa 和 m^4。许可单位长度扭转角 $[\varphi']$，通常按具体工作条件和要求确定。例如，对于精密机械中的轴，$[\varphi']=(0.15\sim0.5)(°)/m$；对一般传动轴，$[\varphi']=(0.5\sim1)(°)/m$。具体数值可查阅有关设计手册或规范。

【例 9.5】 图 9.14（a）所示传转轴，转速 $n=300$r/min，已知主动轮 A 的输入功率为 50kW，从动轮 B、C、D 的输出功率分别为 10kW、20kW、20kW。轴材料的［τ］＝40MPa，［θ］＝0.5（°）/m，$G=80$GPa。试

（1）合理地布置各轮的位置；

（2）设计轴的直径。

解 （1）外力偶矩。

按公式 $M_e=9549\,\frac{P}{n}$，计算作用于各轮的外力偶矩；

$$M_A=9549\times\frac{50}{300}=1592(\text{N}\cdot\text{m})$$

$$M_B=9549\times\frac{10}{300}=318.3(\text{N}\cdot\text{m})$$

$$M_C=M_D=9549\times\frac{20}{300}=636.6(\text{N}\cdot\text{m})$$

（2）布置各轮的位置，并作扭矩图。

因为从动轮与主动轮的转向相反，若将主动轮放置于轴的左端（或右端），则最大扭矩为 1592N·m；若将主动轮放置于轮 B 和 C 之间，最大扭矩为 1273N·m；而将主动轮放置于 C、D 轮之间，最大扭矩为 955N·m。可见，后一种是最合理的布置方式，其扭矩图如图 9.14（b）所示。

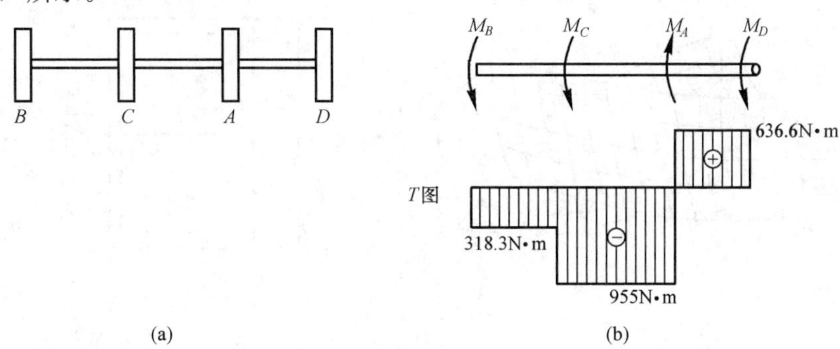

图 9.14

（3）设计轴的直径。

由强度条件

$$\tau_{max}=\frac{T_{max}}{W_p}=\frac{16T_{max}}{\pi D^3}\leqslant[\tau]$$

得

$$D\geqslant\sqrt[3]{\frac{16T_{max}}{\pi[\tau]}}=\sqrt[3]{\frac{16\times 955}{\pi\times 40\times 10^6}}=0.049\ 5(\mathrm{m})=49.5(\mathrm{mm})$$

由刚度条件

$$\varphi'_{max}=\frac{T_{max}}{GI_p}\times\frac{180}{\pi}=\frac{32T_{max}}{G\times\pi D^4}\times\frac{180}{\pi}\leqslant[\varphi']$$

得

$$D\geqslant\sqrt[4]{\frac{32T_{max}\times 180}{G\pi^2[\varphi']}}=\sqrt[4]{\frac{32\times 180\times 955}{80\times 10^9\times\pi^2\times 0.5}}=0.061(\mathrm{m})=61(\mathrm{mm})$$

根据以上计算结果，为同时满足强度和刚度要求，应取 D=61mm。

§9.6 矩形截面轴扭转的概念

非圆截面轴由于不存在几何形状的轴对称性，扭转后横截面将不再保持平面而要发生翘曲。因此，等直圆轴扭转时的计算公式就不能应用到非圆截面轴的扭转问题中。

若等直非圆截面轴扭转时横截面的翘曲不受任何限制，则各横截面的翘曲程度相同，纵向线段的长度不变，这时横截面上只有切应力而无正应力，这种情况称为**自由扭转**（free torsion）。若受到约束的限制，使非圆轴各横截面的翘曲程度不同，这时将引起纵向线段的伸长或缩短，横截面上不仅有切应力而且有正应力，这种情况称为**约束扭转**（constraint torsion）。对于一般实心轴，约束扭转引起的正应力很小，可以忽略不计，但对于薄壁扭转轴一般不能忽略。

由于矩形截面轴扭转时，横截面发生翘曲（图9.15），变形几何关系很复杂。这类问题属于弹性力学研究的范畴，这里仅介绍一些主要结果。

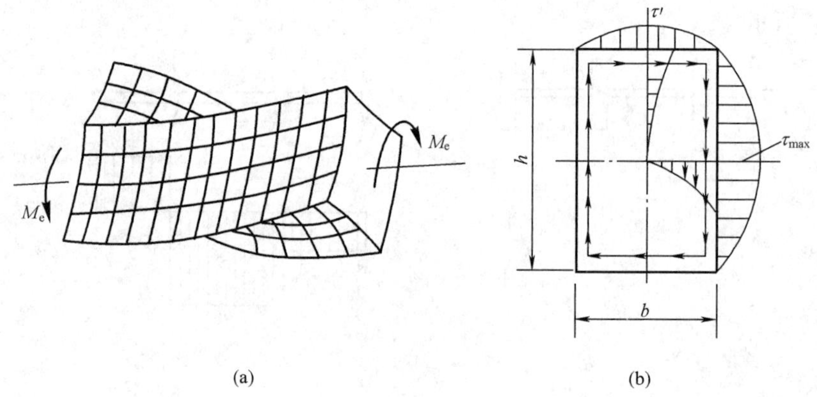

图9.15

由切应力互等定理可知，横截面上边缘各点处的切应力必平行于截面周边，且截面角点处的切应力一定为零；横截面上的切应力分布，按弹性力学的研究表明为非线性分布［图9.15（b）］；最大切应力发生在长边的中点。最大切应力和单位长度的扭转角可按下列公式计算

$$\tau_{max}=\frac{T}{\alpha hb^2}=\frac{T}{W_t} \tag{9.22}$$

$$\varphi'=\frac{T}{G\beta hb^3}=\frac{T}{GI_t} \tag{9.23}$$

式中，$W_t=\alpha hb^2$ 也称为扭转截面系数，而 $I_t=\beta hb^3$ 称为截面的相当极惯性矩。α、β 两系数可从表9.2中查出，它们均随截面的长、短边尺寸 h 和 b 的比值而变化。

表9.2　　矩形截面轴扭转时的系数

h/b	1	1.2	1.5	2.0	2.5	3.0	4.0	6.0	8.0	10.0	∞
α	0.208	0.219	0.231	0.246	0.258	0.267	0.282	0.299	0.307	0.313	0.333
β	0.141	0.166	0.196	0.229	0.249	0.263	0.281	0.299	0.307	0.313	0.333

由表9.2可见，对于 $h/b>10$ 的狭长矩形截面，$\alpha=\beta\approx\frac{1}{3}$。若将狭长矩形截面的短边尺寸 b 改为 δ，则

$$I_t=\frac{1}{3}h\delta^3 \tag{9.24}$$

$$W_t=\frac{1}{3}h\delta^2=\frac{I_t}{\delta} \tag{9.25}$$

这时，式（9.22）与（9.23）成为

$$\tau_{max}=\frac{T\delta}{I_t}=\frac{3T}{h\delta^2} \tag{9.26}$$

$$\varphi' = \frac{T}{GI_t} = \frac{3T}{Gh\delta^3} \tag{9.27}$$

狭长矩形截面上的切应力分布如图 9.16 所示。沿长边各点的切应力基本相等，仅在角点处迅速变为零；切应力沿厚度方向近似线性分布。

狭长矩形截面轴受扭时的切应力和变形公式也可用于等厚度的开口薄壁截面轴的扭转，例如图 9.17 所示截面。在计算时，可将截面展直为狭长矩形截面来处理。与闭口薄壁截面轴相比，开口薄壁截面的抗扭性能要差很多。因此，工程上的扭转轴应尽量避免采用开口薄壁截面。

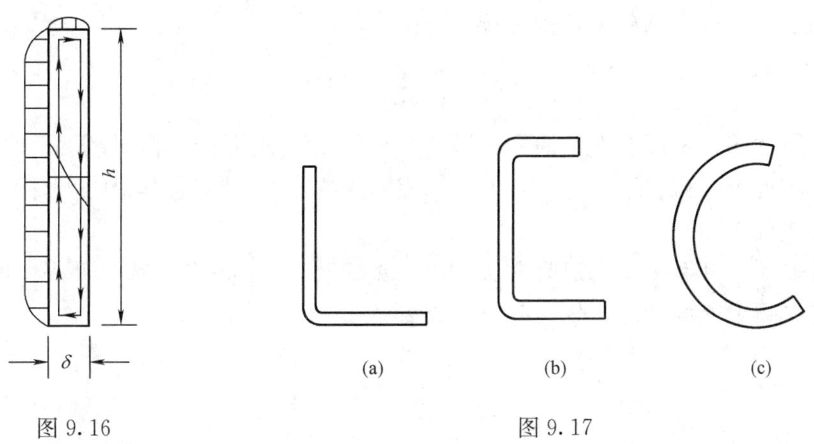

图 9.16　　图 9.17

【例 9.6】 两根材料相同、横截面面积相等、长度相同的等截面轴，一根轴的横截面为矩形，矩形的长边与短边之比为$h/b=1.5$。另一根轴的横截面为圆形。若两轴截面上的扭矩相等，试求两轴横截面上的最大切应力之比和单位长度扭转角之比。

解 (1) 求最大切应力之比。

已知矩形截面的长边 $h=1.5b$，由两杆横截面面积相等，可以建立圆截面直径 d 与矩形短边 b 的关系为

$$\frac{\pi}{4}d^2 = bh = b\,(1.5b)$$

可得

$$d = \sqrt{\frac{4\times 1.5}{\pi}}b = 1.382b$$

由表 9.2 查得，当$h/b=1.5$时，$\alpha=0.231$。由式 (9.22) 可知矩形截面轴横截面上的最大切应力为

$$\tau_{\max,1} = \frac{T}{\alpha hb^2} = \frac{T}{0.231\times(1.5b)b^2} = 2.886\,\frac{T}{b^3}$$

由式 (9.11) 可知圆截面轴横截面上的最大切应力为

$$\tau_{\max,2} = \frac{T}{W_p} = \frac{16T}{\pi d^3} = \frac{16T}{\pi\,(1.382b)^3} = 1.930\,\frac{T}{b^3}$$

因此矩形截面和圆截面轴横截面上最大切应力之比为

$$\frac{\tau_{\max,1}}{\tau_{\max,2}} = \frac{2.886}{1.930} = 1.485$$

(2) 求单位长度扭转角之比。

由表9.2查得，当$h/b=1.5$时，$\beta=0.196$。由式（9.23）可得矩形截面轴单位长度扭转角为

$$\varphi_1'=\frac{T}{G\beta hb^3}=\frac{T}{0.196\times(1.5b)b^3G}=3.401\frac{T}{b^4G}$$

由式（9.22）可得圆截面轴单位长度扭转角为

$$\varphi_2'=\frac{T}{GI_p}=\frac{32T}{\pi d^4G}=\frac{32T}{\pi(1.382b)^4G}=2.792\frac{T}{b^4G}$$

因此矩形截面和圆截面轴单位长度扭转角之比为

$$\frac{\varphi_1'}{\varphi_2'}=\frac{3.401}{2.792}=1.218$$

上述计算表明，矩形截面轴的最大切应力和单位长度扭转角都比横截面面积相等的圆截面轴要大。因此可以得出结论，在其他条件相同的情况下，圆截面轴比矩形截面轴抗扭强度更大，抗扭刚度更高。

试通过具体计算和画曲线图的方法，研究在不同比值h/b下矩形截面轴抗扭强度的变化规律，将其与圆截面轴进行比较，并分析原因。

本 章 小 结

1. 圆轴扭转的概念

构件特点：构件为等圆截面直杆。

受力特点：外力偶矩的作用面与杆件的轴线相垂直。

变形特点：杆件任意两横截面绕杆件轴线产生相对转动，杆件表面的纵向直线变形成为螺旋线。

2. 外力偶矩计算公式

$$M_e=9549\frac{P}{n}$$

3. 切应力互等定理

在单元体相互垂直的两个侧面上，切应力必成对出现，其数值相等，方向均垂直于两侧面的交线，且共同指向或背离交线。

4. 剪切胡克定律

当切应力不超过材料的剪切比例极限τ_p时，切应力与切应变成正比，其表达式为

$$\tau=G\gamma$$

5. 圆轴扭转切应力

横截面上距圆心为ρ的任一点的切应力为

$$\tau_\rho=\frac{T}{T_p}\rho$$

横截面上的最大切应力为

$$\tau_{max}=\frac{T}{I_p}R=\frac{T}{W_p}$$

实心圆截面：$I_p = \dfrac{\pi D^4}{32}$，$W_t = \dfrac{\pi D^3}{16}$；

空心圆截面：$I_p = \dfrac{\pi D^4}{32}(1-\alpha^4)$，$W_t = \dfrac{\pi D^3}{16}(1-\alpha^4)$，式中，$\alpha = \dfrac{d}{D}$。

6. 圆轴扭转强度条件

圆轴扭转时横截面上的最大切应力不得超过材料的许用切应力，即

$$\tau_{max} = \left(\frac{T}{W_p}\right)_{max} \leqslant [\tau]$$

校核强度：$\tau_{max} = \left(\dfrac{T}{W_p}\right)_{max} \leqslant [\tau]$

设计截面：$W_p \geqslant \dfrac{T}{[\tau]}$，由 W_p 计算截面直径。

确定许可荷载：$T \leqslant [\tau] W_p$，由 T 计算外力偶矩。

7. 圆轴扭转变形公式

$$\frac{d\varphi}{dx} = \frac{T(x)}{GI_p(x)}$$

若轴的长度为 l，由上式积分，可得该轴两端面的相对扭转角为

$$\varphi = \int_l d\varphi = \int_0^l \frac{T(x)}{GI_p(x)} dx$$

若扭矩不变，轴为等直杆，则$\dfrac{T}{GI_p}$为常量，由上式积分可得两端面的相对扭转角为

$$\varphi = \frac{Tl}{GI_p}$$

若$\dfrac{T}{GI_p}$在轴的各段上为常量，由分段积分可得两端面的相对扭转角为

$$\varphi = \sum_{i=1}^{n} \frac{T_i l_i}{GI_{pi}}$$

8. 圆轴扭转刚度条件

$$\varphi'_{max} = \frac{T_{max}}{GI_p} \times \frac{180}{\pi} \leqslant [\varphi'](^\circ)/m$$

校核刚度：$\varphi'_{max} = \dfrac{T}{GI_p} \times \dfrac{180}{\pi} \leqslant [\varphi']$

设计截面：$I_p \geqslant \dfrac{T}{G[\varphi']} \times \dfrac{180}{\pi}$，由 I_p 计算截面直径。

确定许可荷载：$T \leqslant [\varphi'] GI_p \times \dfrac{\pi}{180}$，由 T 计算外力偶矩。

概念分析与工程应用实训

9.1　房屋建筑中带雨篷的门过梁，如图 9.18 所示，若考虑结构自重，试对雨篷梁进行

受力分析，画出其受力图，并说明雨篷梁会产生哪些变形。

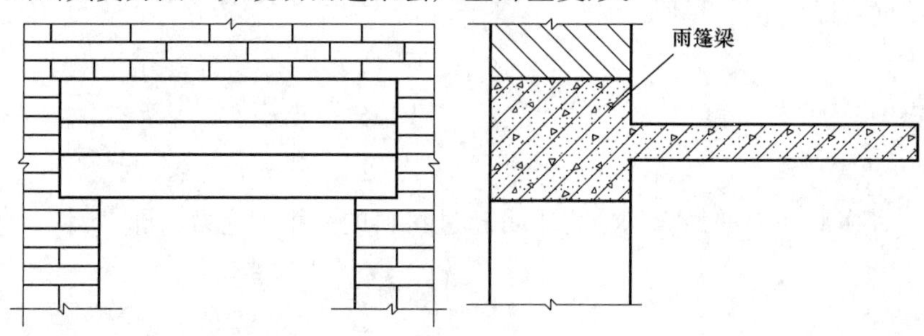

图 9.18

9.2 对细竹竿两端施加一对大小相等、转向相反的扭矩，使其产生扭转变形。当竹竿破坏时往往不是沿横截面断开，而是沿竹竿纵向裂开。试求：

（1）对竹竿进行受力分析，画出竹竿横截面上切应力分布图；

（2）根据切应力互等定理，画出竹竿纵向截面内切应力分布图；

（3）说明竹竿沿纵向截面破坏的原因。

习 题

9.1 试绘出图 9.19 所示各轴的扭矩图。

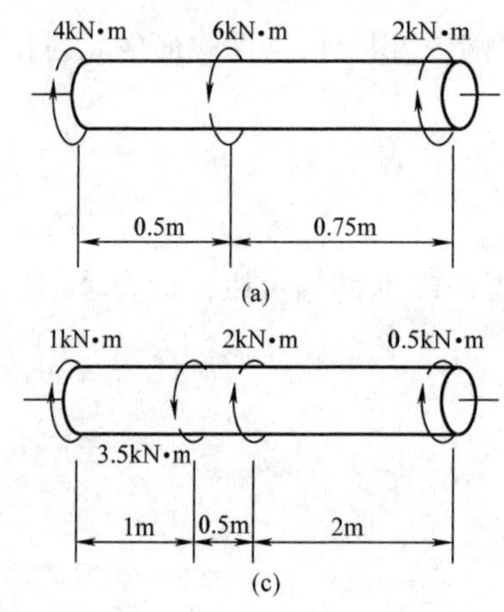

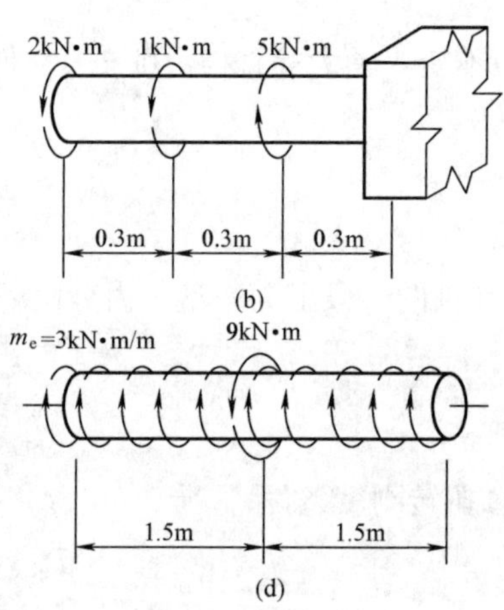

图 9.19

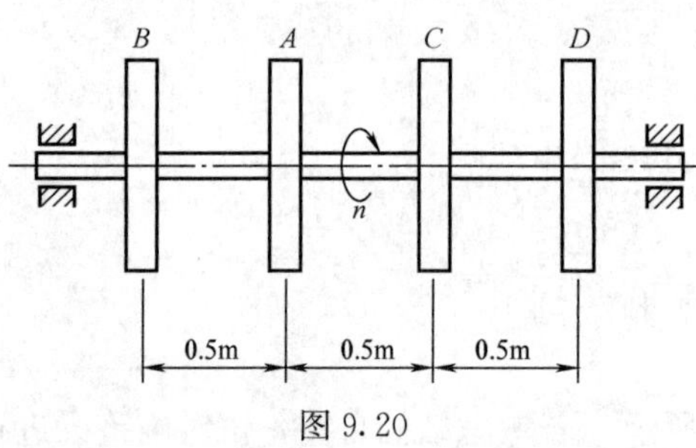

图 9.20

9.2 图 9.20 所示传动轴，转速 $n=200$ 转/分。轮 A 为主动轮，输入功率 $P_A=60\text{kW}$，轮 B、C 和 D 均为从动轮，输出功率分别为 20kW、15kW 和 25kW。

（1）试绘出该轴的扭矩图；

（2）若将轮 A 和轮 C 的位置对调，试分析对轴的强度是否有利。

9.3 受扭圆截面轴如图 9.21（a）所示。

现用两个横截面 ABC 和 DEF，以及一个纵向截面 $ABED$，截出轴的一部分，如图 9.21(b) 所示。试绘出该隔离体各截面上的切应力分布图，并说明隔离体三个截面上的内力是如何维持平衡的。

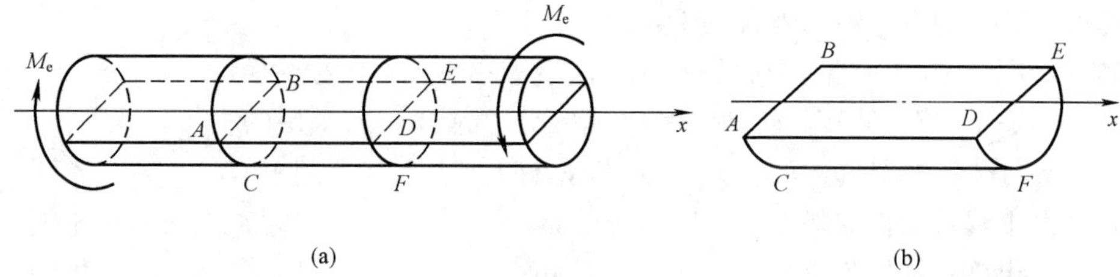

图 9.21

9.4　直径为 90mm 的轴，以 150 转/分的转速传递 36.8kW 的功率。轴长 4m，材料的切变模量 G=80GPa。试求：

(1) 横截面上的最大切应力及轴两端截面间的相对扭转角；

(2) 横截面上半径 $\rho_A=\dfrac{d}{4}$ 处的切应力和切应变。

9.5　一个轴上有三个皮带轮（图 9.22）。AB 段轴的直径为 50mm，BC 段直径为 75mm。已知 T_A=1.3kN·m，T_B=3.0kN·m，T_C=1.7kN·m，试作扭矩图并求轴的最大切应力。

9.6　直径为 75mm 的等截面轴上装有四个皮带轮，作用在皮带轮上的外力偶矩如图 9.23 所示。已知 G=80GPa。试：

(1) 作扭矩图；

(2) 求每段内的最大切应力；

(3) 求轴的总扭转角。

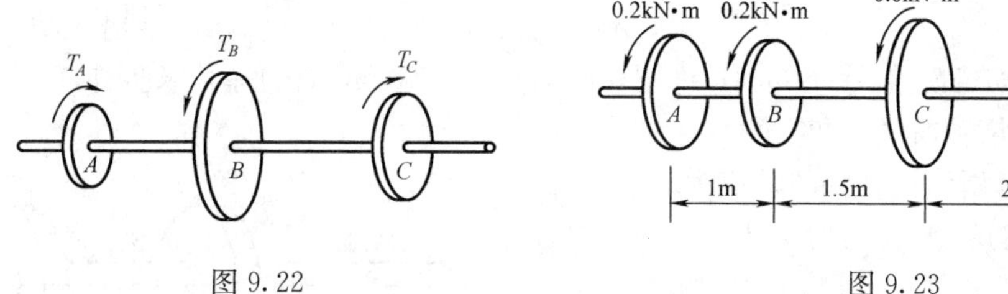

图 9.22　　图 9.23

9.7　船用推进器的轴一部分是实心，其截面的直径为 280mm，这部分轴内最大切应力为 70MPa；另一部分是空心的，其内径为外径的一半，在这部分内的最大切应力等于 50MPa，受力情况如图 9.24 所示，求空心部分轴的外直径 D。

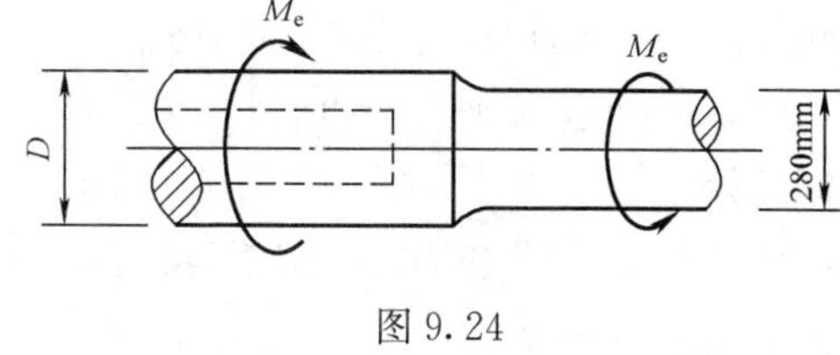

图 9.24

9.8　一个圆轴以 300 转/分的转速传递 331kW 的功率。已知 $[\tau]=40\text{MPa}$，$[\varphi']=0.5(°)/\text{m}$，$G=80\text{GPa}$，求轴的直径。

9.9　一钢轴，直径为 20mm，许用切应力 $[\tau]$=100MPa，试求该轴所能承受的扭矩，若转速为100转/分，问该轴能传递多少功率？

9.10　实心轴和空心轴通过牙嵌离合器而连接，如图9.25所示。已知轴的转速 $n=100$ 转/分，传递的功率 $P=7.36\text{kW}$，许用切应力 $[\tau]=20\text{MPa}$，试选择实心轴的直径 d_1 和内外直径比值为1/2的空心轴的外直径 D_2。

9.11　如图9.26所示钻探机钻杆的外直径 $D=60\text{mm}$，内直径 $d=50\text{mm}$，功率 $P=7.36\text{kW}$，转速 $n=180$ 转/分，钻杆钻入土层的深度 $l=40\text{m}$，材料的切变模量 $G=80\text{GPa}$，许用切应力 $[\tau]=40\text{MPa}$，假设土壤对钻杆的阻力沿长度均匀分布。

（1）试求土壤对钻杆单位长度上的阻力矩m；

（2）试作钻杆的扭矩图，并进行强度校核；

（3）截面 A 和 B 的相对扭转角。

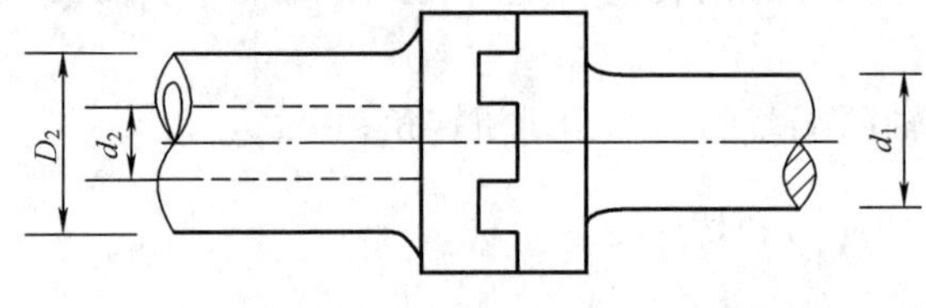

图9.25

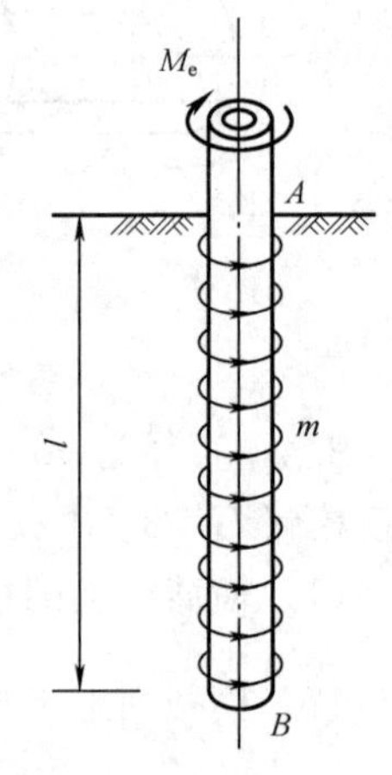

图9.26

9.12　直径为200mm的轴，在长度1m内产生相对扭转角0.3°。已知转速为150r/min，材料的切变模量 $G=80\text{GPa}$，试求该轴传递的功率和最大切应力。

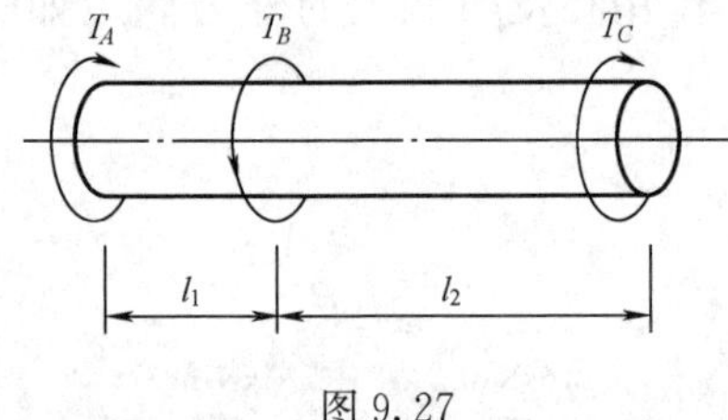

图9.27

9.13　图9.27所示钢轴，已知 $T_A=0.8\text{kN}\cdot\text{m}$，$T_B=1.2\text{kN}\cdot\text{m}$，$T_C=0.4\text{kN}\cdot\text{m}$，$l_1=0.3\text{m}$，$l_2=0.7\text{m}$，$[\tau]=50\text{MPa}$，$[\varphi']=0.25(°)/\text{m}$。试求轴的直径。

9.14　已知空心圆轴的外径 $D=140\text{mm}$，内径 $d=100\text{mm}$，轴的转速 $n=300\text{r/min}$，传递的功率 $P=330\text{kW}$。轴材料的切变模量 $G=80\text{GPa}$，许用切应力 $[\tau]=60\text{MPa}$，许可单位长度扭转角 $[\varphi']=0.5(°)/\text{m}$。试校核该轴的强度和刚度。

9.15　图9.28所示传动轴的转速为 $n=500\text{r/min}$，主动轮1输入功率 $P_1=368\text{kW}$，从动轮2和3分别输出功率 $P_2=147\text{kW}$ 和 $P_3=221\text{kW}$。已知 $[\tau]=70\text{MPa}$，$[\varphi']=1(°)/\text{m}$，$G=80\text{GPa}$。

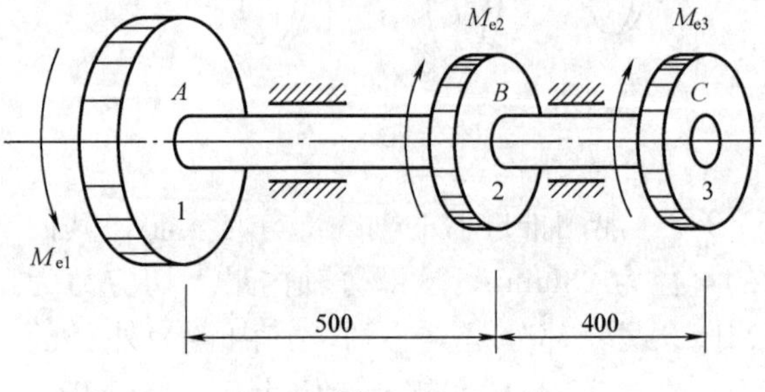

（1）试确定 AB 段的直径 d_1 和 BC 段的直径 d_2。

（2）若 AB 段和 BC 段选用同一直径，试确定直径 d。

图9.28

（3）主动轮和从动轮的位置若可以重新安排，试问怎样安排才比较合理？

9.16　圆截面和正方形截面的扭转轴，若截面积和承受的扭矩均相同，试比较两轴横截面上的最大切应力。

9.17 图9.29所示开口和闭口薄壁管横截面的平均值均为d，壁厚均为δ，承受相同的扭矩M_e。

（1）画出两者横截面上切应力沿壁厚方向的分布；

（2）设开口和闭口薄壁圆管横截面上的最大切应力分别为τ_{1max}和τ_{2max}，试证明：$\dfrac{\tau_{1max}}{\tau_{2max}}\approx\dfrac{3d}{2\delta}$。

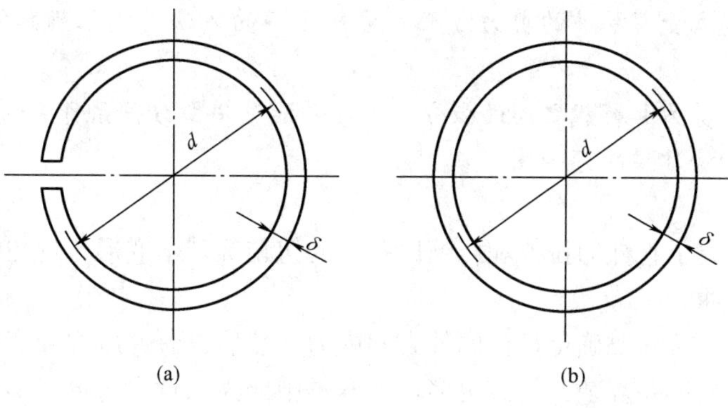

图9.29

第10章 弯 曲 内 力

教学要求

1. 正确建立对称弯曲的概念，能将简单的受弯构件简化为力学模型并画出计算简图；
2. 熟练掌握建立受弯构件的剪力方程和弯矩方程的方法，能正确熟练地绘制剪力图和弯矩图；
3. 理解弯矩、剪力和荷载之间的微分关系，并能利用微分关系作梁的剪力图和弯矩图；
4. 能应用叠加法作梁的弯矩图。

在前几章中研究了直杆的拉伸和压缩以及轴的扭转等基本变形，现在要研究直杆的另一种基本变形——弯曲。

研究弯曲问题，首先要确定杆件的外力和内力，然后再研究应力和变形等问题。由于弯曲问题比前面几种变形要复杂，内容也多，在本书中分为三章来讨论。本章首先介绍弯曲的概念，接着重点讨论在外力作用下弯曲内力的计算和内力图的画法。

§10.1 对称弯曲的概念及工程实例

等截面直杆在包含杆轴线的纵向平面内，受到垂直于杆轴线的外力或纵向平面内的外力偶的作用，杆的轴线由直线变成为曲线，这种变形称为**弯曲**（bend）。以弯曲为主要变形的杆件，在工程中通常称为**梁**（beam）。梁是一类常见的构件，在许多工程中都有重要的应用。例如，图 10.1（a）所示为一桥梁主梁的示意图，图 10.1（b）所示为一机器主轴的示意图。在图示外力的作用下，轴线弯成了如图中虚线夸大所示的曲线。

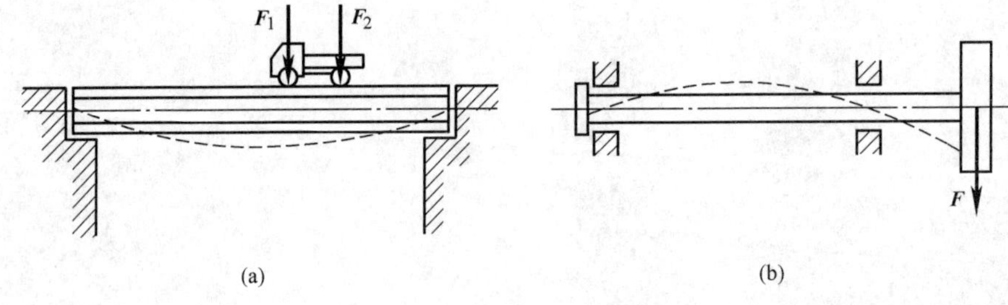

图 10.1

梁的轴线方向称为纵向，垂直于轴线的方向称为横向。图 10.1 中所示的梁，受到的外荷载和支座反力都是垂直于轴线的，因此这些力称为**横向力**（transverse force），梁在横向外力作用下产生的弯曲，称为**横力弯曲**（transverse bending）。

工程中常见的梁，通常其横截面都具有对称轴，整个梁具有包含所有截面对称轴的纵向对称平面，如图 10.2 所示。若梁所受到的全部外力经等效简化后，都作用在该纵向对称面内。则由于梁的几何形状、材料性质以及外力均对称于该纵向对称面，因此，梁弯曲变形以后其轴线弯成的曲线也一定在此纵向对称面内（图 10.2），这种弯曲称为**对称弯曲**（symmetric bending）。对称弯曲比较简单，在工程实际中最常见，本书将以对称弯曲为主，讨论梁的应力和变形问题。

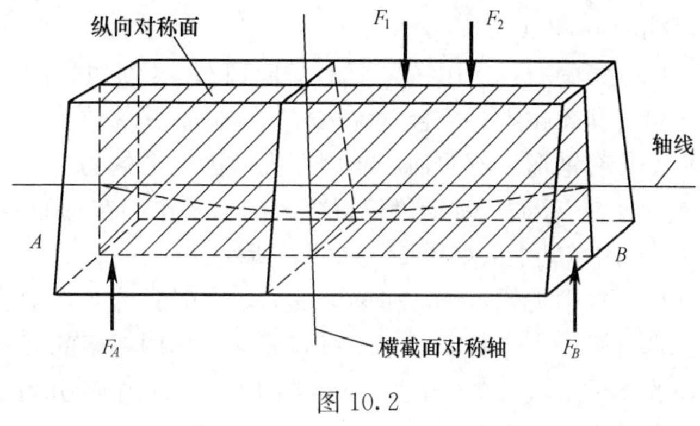

图 10.2

§10.2　梁的计算简图

作用在梁上的外力，包括外荷载和支座反力。在进行设计计算时，首先要确定这两种外力。在工程实际中，梁的外荷载和支撑情况往往是比较复杂的，为了计算梁的外力，应根据实际情况进行合理的简化，画出梁的计算简图，使其能基本反映所研究问题的主要力学本质，而又便于计算。

由于研究的是具有纵向对称面的等截面直梁，且所受外力可简化为该对称平面内的平面力系，因此，在计算简图中可对梁本身进行简化，通常是用梁的轴线来代替实际的梁，即用一根粗实线表示梁。例如，图 10.3（a）、（c）中所示的梁，在图 10.3（b）、（d）中用粗实线 AB 表示。

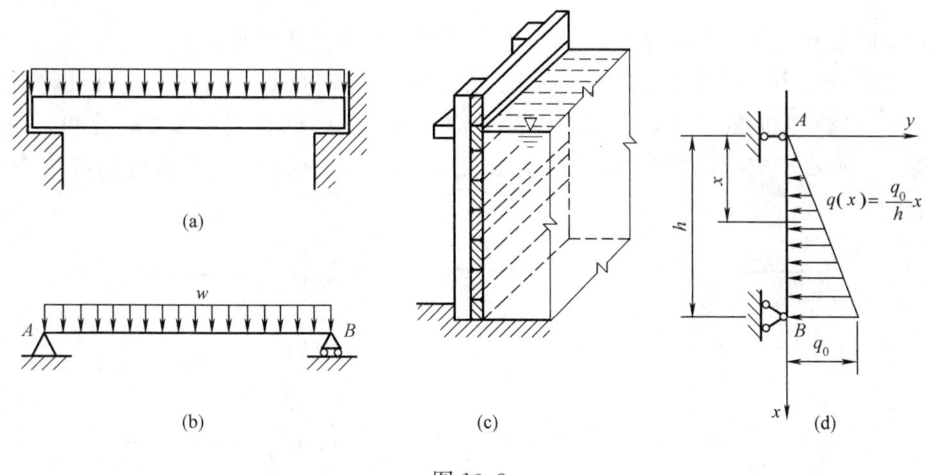

图 10.3

梁的外荷载按其作用状况，可简化为下列三种情况：

（1）分布荷载：通常用沿梁轴线的荷载集度 q（N/m）来表示，其单位为 N/m 或 kN/m。分布荷载有时是均匀分布的，荷载集度为常数，称为均布荷载。例如，图 10.3（a）中作用在等截面梁上的自重，就可简化为均布荷载，如图 10.3（b）所示。分布荷载的一般情形是非均匀分布的，若取梁轴线为坐标轴 x，荷载集度 $q(x)$ 为坐标 x 的函数。例如，图 10.3（c）中所示木挡水墙的立柱，作用在柱上的水压力 $q(x)$ 就是一个线性变化的分布荷载，如图 10.3（d）所示。

（2）集中力：作用在梁上的横向荷载，有时只分布在梁的很短一段长度上，而集度很大，可将其简化为一个合力，称为集中力，其单位为 N 或 kN。例如，图 10.4（a）所示是一根安装有锥形齿轮的轴，作用在锥形齿轮上的力可用其互相垂直的三个分力 F_x、F_y、F_z 表示。分力 F_y 通过锥形齿轮以分布的形式作用在轴的一小段上，可以将其简化为一个集中力 F_y 作用在轴上，如图 10.4（b）所示。

（3）集中力偶：作用在梁上的力，有时只分布在梁的很短一段长度上，合成的结果是一个力偶使梁产生弯曲变形。可将其简化为作用在梁的某一截面上的力偶，称为集中力偶，其单位为 N·m 或 kN·m。例如，图 10.4（a）中的分力 F_x 通过锥形齿轮对轴的作用就可以简化为一个集中力偶，如图 10.4（c）所示。

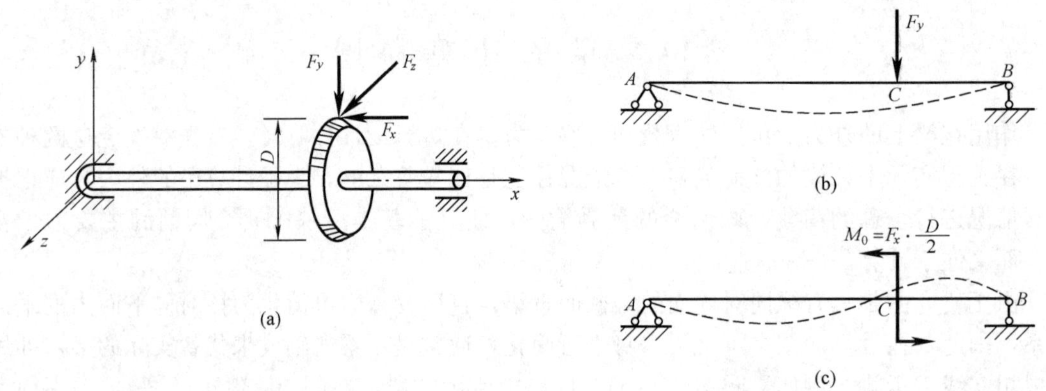

图 10.4

梁的支座按其对梁的约束情况，可简化为下面三种理想化的形式：

（1）可动铰支座。可动铰支座的示意图如图 10.5（a）所示。这种支座只限制梁在支座处沿垂直于支撑面方向的移动，而不限制沿支撑面方向的移动和绕支撑点的转动。因此，该支座只有一个垂直于支撑面的约束力 F_A，如图 10.5（b）所示。该支座处的约束力未知数只有一个。

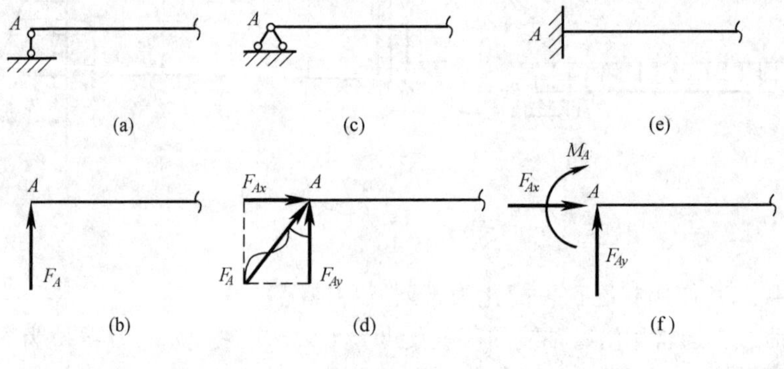

图 10.5

（2）固定铰支座。固定铰支座的示意图如图 10.5（c）所示。这种支座限制梁在支撑点沿任意方向的移动，而不限制绕支撑点的转动。该支座的约束力是通过支撑点沿某方向的约束力，通常将其分解为水平约束力 F_{Ax} 和铅垂约束力 F_{Ay}，如图 10.5（d）所示。显然，该支座处的约束力未知数有两个。

（3）固定端。固定端的示意图如图 10.5（e）所示。可见，这种支座使梁的约束面既不能移动也不能转动。将约束面上的分布约束力向该截面形心进行简化，一般可得一个力和一个力偶。由于该约束力的方向未知，通常将其分解为水平约束力和铅垂约束力。因此，固定端的支座约束力通常用作用在约束面形心上的水平约束力 F_{Ax}、铅垂约束力 F_{Ay} 和约束力偶 M_A 来表示，如图 10.5（f）所示。因此，该支座处的约束力未知数有三个。

在工程中，为了使梁在工作时不致发生刚体移动或转动，必须有足够的支座约束。既有足够的约束，又没有多余约束的梁，常见的有下列三种形式：

（1）悬臂梁。梁的一端是固定端，另一端是自由端，中间没有约束，称为悬臂梁，如图 10.6（a）所示。

（2）简支梁。梁的一端是固定铰支座，另一端是可动铰支座，称为**简支梁**，如图 10.6（b）所示。梁在两支座之间的部分称为**跨**，跨的长度称为**跨度**。

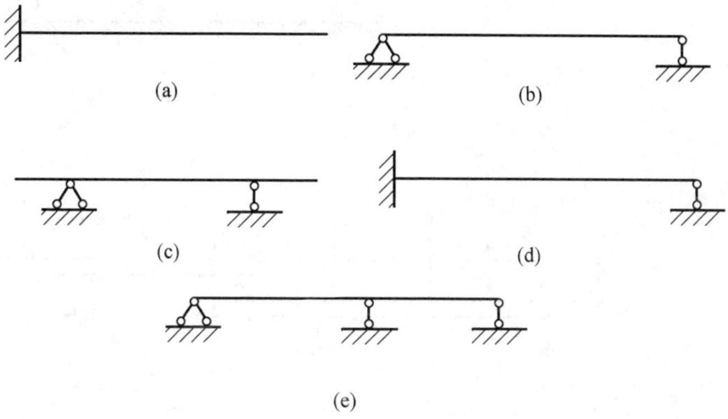

(a)　(b)　(c)　(d)　(e)

图 10.6

（3）外伸梁。梁用一个固定铰支座和一个可动铰支座支撑，但梁的端部伸出支座之外，称为外伸梁，如图 10.6（c）所示。

梁所受的荷载和支座约束力一般可简化为一个平衡的平面力系，上述三种形式的梁，其约束力未知数均只有三个，可由平面一般力系三个独立的平衡方程直接求出，这种梁称为**静定梁**（statically determinate beams）。

有时为了工程上的需要，给梁设置了较多的支座，如图 10.6（d）、（e）所示，使得梁的支座约束力的数目多于独立的平衡方程的数目，仅用静平衡方程就不能求出所有的支座约束力，这种梁称为**超静定梁**或**静不定梁**（statically indeterminate beams）。超静定梁的解法将在第 12 章中讨论。

【例 10.1】　桥梁的示意图如图 10.7（a）所示，可以简化为多跨静定梁。已知桥面自重单位长度的荷载集度为 q，长度 a。桥梁所受集中荷载如图 10.7（a）所示。试画出桥梁的计算简图，并求支座约束力。

解　支座 A 和 G 为凹凸形垫板结构，在梁的重压下可限制水平和铅垂方向的移动，但不限制微小的转动，因此可简化为固定铰支座。支座 B 和 E 为两个凸形垫板结构，在梁的重压下只能限制沿铅垂方向的移动，不能限制沿水平方向的微小移动，也不限制微小转动，因此可简化为可动铰支座。梁 CD 的两端约束段较短，不限制微小的转动，由于结合处有间隙，不限制沿水平方向的微小移动，且在水平外力作用下梁 CD 也不会产生整体的水平移动，因此，可将该梁的一端支撑 C 简化为固定铰支座，另一端 D 简化为可动铰支座。最后，可画出桥梁的计算简图，如图 10.7（b）所示。

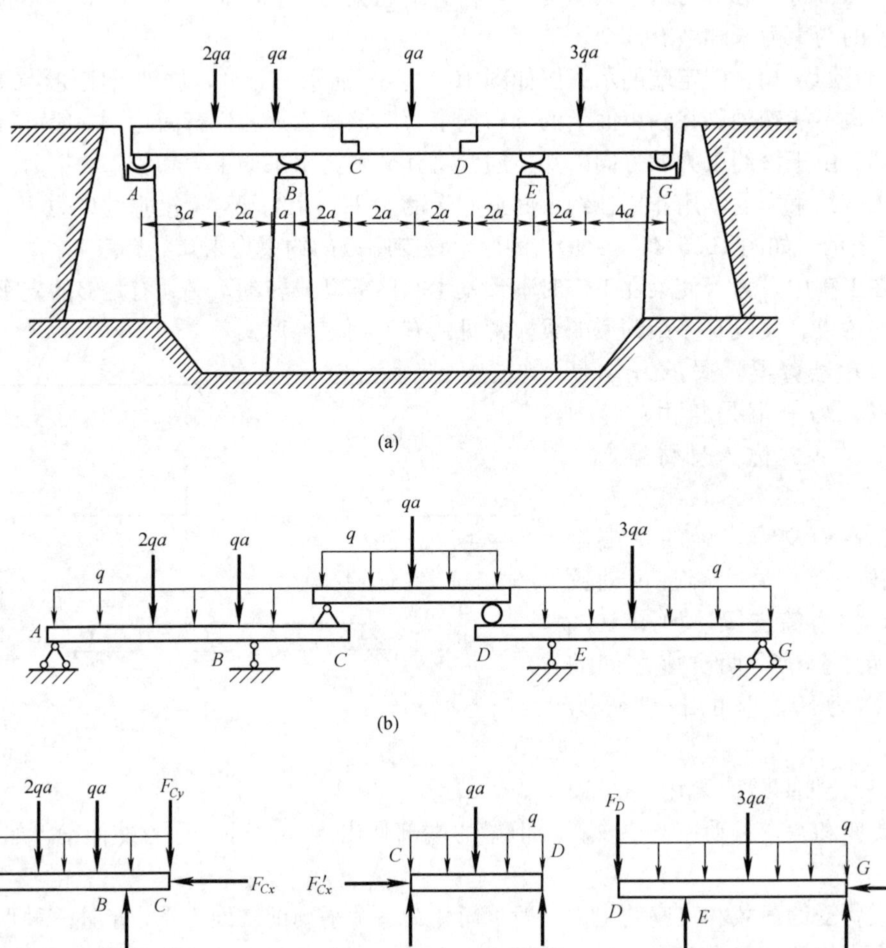

图 10.7

在组合梁的结构中，能独立承受荷载的梁段称为主梁，而需要依附于其他梁才能承载的梁段称为副梁。由桥梁的计算简图可见，梁 CD 为副梁，梁 ABC 和梁 DEG 为主梁。对于静定组合梁的平衡问题，可先研究副梁，再研究主梁。

(1) 研究梁 CD，其受力图如图 10.7 (d) 所示。由平衡方程，有

$\sum M_C = 0$，　　$4qa \times 2a + qa \times 2a - F'_D \times 4a = 0$

$$F'_D = \frac{5}{2}qa$$

$\sum F_x = 0$，　　$F'_{Cx} = 0$

$\sum F_y = 0$，　　$F'_{Cy} - 4qa - qa + F'_D = 0$

$$F'_{Cy} = \frac{5}{2}qa$$

(2) 研究梁 ABC，其受力图如图 10.7 (c) 所示。由平衡方程，有

$\sum M_A = 0$，$8qa \times 4a + 2qa \times 3a + qa \times 5a + F_{Cy} \times 8a - F_B \times 6a = 0$

$$F_B = \frac{21}{2}qa$$

$\sum F_x = 0$，　　$F_{Ax} = 0$

$\sum F_y = 0$，　　$F_{Ay} - 8qa - 2qa - qa - \frac{5}{2}qa + F_B = 0$

$$F_{Ay} = 3qa$$

(3) 研究梁 DEG，其受力图如图 10.7 (e) 所示。由平衡方程，有

$\sum M_G = 0$，　$8qa \times 4a + F_D \times 8a + 3qa \times 4a - F_E \times 6a = 0$

$$F_E = \frac{32}{3}qa$$

$\sum F_x = 0$，　　$F_{Ax} = 0$

$\sum F_y = 0$，　　$F_E + F_{Gy} - 8qa - F_D - 3qa = 0$

$$F_{Gy} = \frac{17}{6}qa$$

外伸梁承受平行于梁轴线方向的均布荷载作用，如图 10.8 所示。已知：均布荷载集度 q，长度 l，高度 h。若用梁的轴线代替该梁，试画出外伸梁的计算简图。

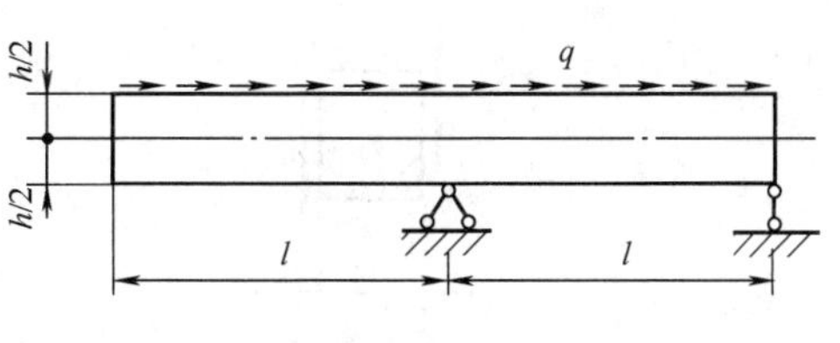

图 10.8

§10.3　剪力与弯矩

画出了梁的计算简图，再用平衡方程求得静定梁的支座反力后，就可以用截面法计算梁横截面上的内力了。

研究图 10.9 (a) 所示的简支梁，梁上作用有集中力 F_1、F_2 和 F_3，由平衡方程可求出支座反力 F_A 和 F_B，为求横截面 $m—m$ 上的内力，假想将梁沿该截面分为左右两段，考察图 10.9 (b) 所示左段的平衡。由于原来的梁是平衡的，因此从其中取出的左段也应是平衡

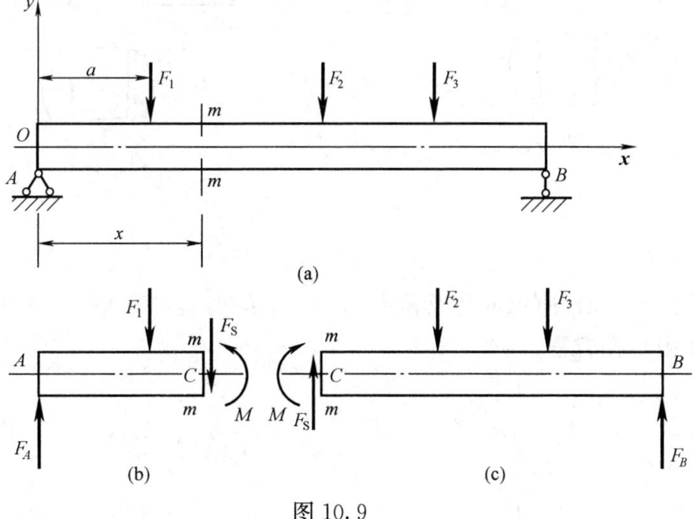

图 10.9

的。为了与左段上的横向外力 F_1 和支座反力 F_A 相平衡，这就要求横截面 $m-m$ 上有一个与横截面相切的内力 F_S，称为**剪力**（shearing force）。同样，为了平衡外力 F_1 和支座反力 F_A 对截面 $m-m$ 上形心 C 的力矩，一般要求截面 $m-m$ 上还应有一个内力偶矩 M，称为**弯矩**（bending moment）。

若考察图 10.9（c）所示截面 $m-m$ 右段的平衡，用相同的方法，也可以得到截面 $m-m$ 上的剪力 F_S 和弯矩 M，大小与上面所得的相等，但方向相反。

用相邻的两横截面截出一微段梁，在剪力 F_S 的作用下，使梁横截面处的微段产生左端向上而右端向下的相对错动时［图 10.10（a）］，相应截面上的剪力规定为正，反之为负［图 10.10（b）］。按此规定，当剪力相对于微段梁的转向为顺时针时即为正，反之为负。

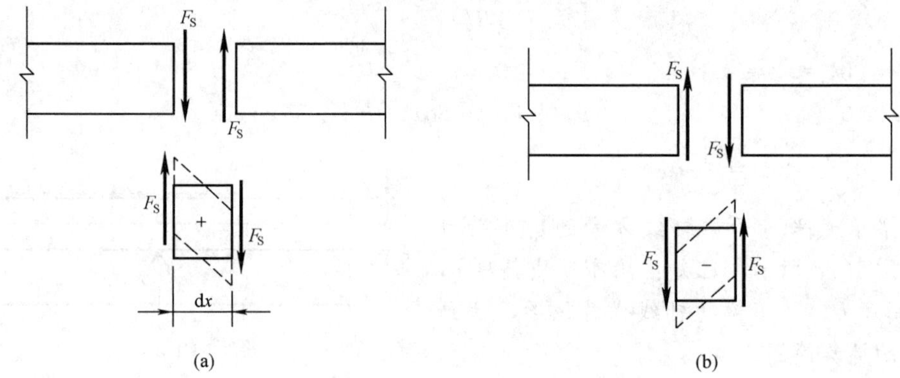

(a)　(b)

图 10.10

用相邻的两横截面截出一微段梁，在弯矩 M 的作用下，使梁发生上凹下凸的弯曲变形时［图 10.11（a）］，相应的截面上的弯矩规定为正，反之为负［图 10.11（b）］。

如果梁在图中不是水平放置的，可沿梁轴线取坐标轴 x，垂直于梁轴线取轴 y，轴 y 的正方向为梁的上侧面，然后再按上述符号规定确定剪力和弯矩的正负号。

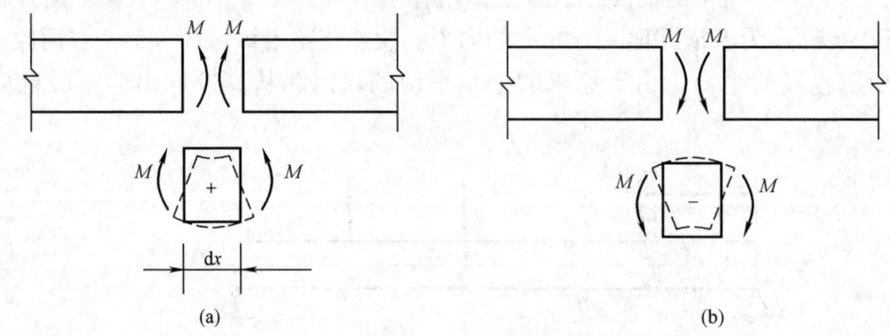

(a)　(b)

图 10.11

下面求解图 10.9（a）所示简支梁截面 $m-m$ 上的剪力和弯矩。取梁的左段为研究对象［图 10.9（b）］，由平衡方程，有

$\sum F_x = 0$，　　$F_A - F_1 - F_S = 0$

$\sum M_C = 0$，　　$M - F_A x + F_1(x-a) = 0$

求解可得

剪力　　$F_S = F_A - F_1$

弯矩　　$M = F_A x - F_1(x-a)$

通过上述计算可以看出，直梁横截面上的剪力和弯矩，与该截面一侧梁上的外力相平衡，因而可以通过一侧梁段上的外力直接求得截面上的剪力和弯矩：

（1）直梁任一横截面上的剪力，其数值等于该截面一侧梁段上所有横向外力的代数和。凡是外力使力作用面与截开面之间的梁段产生左上右下的相对错动时，该外力项取正号，反之取负号。

（2）直梁任一横截面上的弯矩，其数值等于该截面一侧梁段上所有外力（包括力偶）对该截面形心的力矩的代数和。凡是外力使力作用面与截开面之间的梁段产生上凹下凸的弯曲变形时，该弯矩项取正号，反之取负号。

上述求直梁横截面上剪力和弯矩的方法可分为两个步骤：第一步，先写出所求内力截面处的内力符号和等号，然后**看**保留梁段上有几个横向外力（或对截开面形心有几个外力矩），就在等号后写出这几项；第二步，根据上述正负号规则确**定**每一项的正负号，并求出结果。因此，这种求内力的简便方法也称为**一看一定法**。

【例 10.2】　简支梁如图 10.12（a）所示，受到图示荷载的作用。试求截面 C 和截面 D

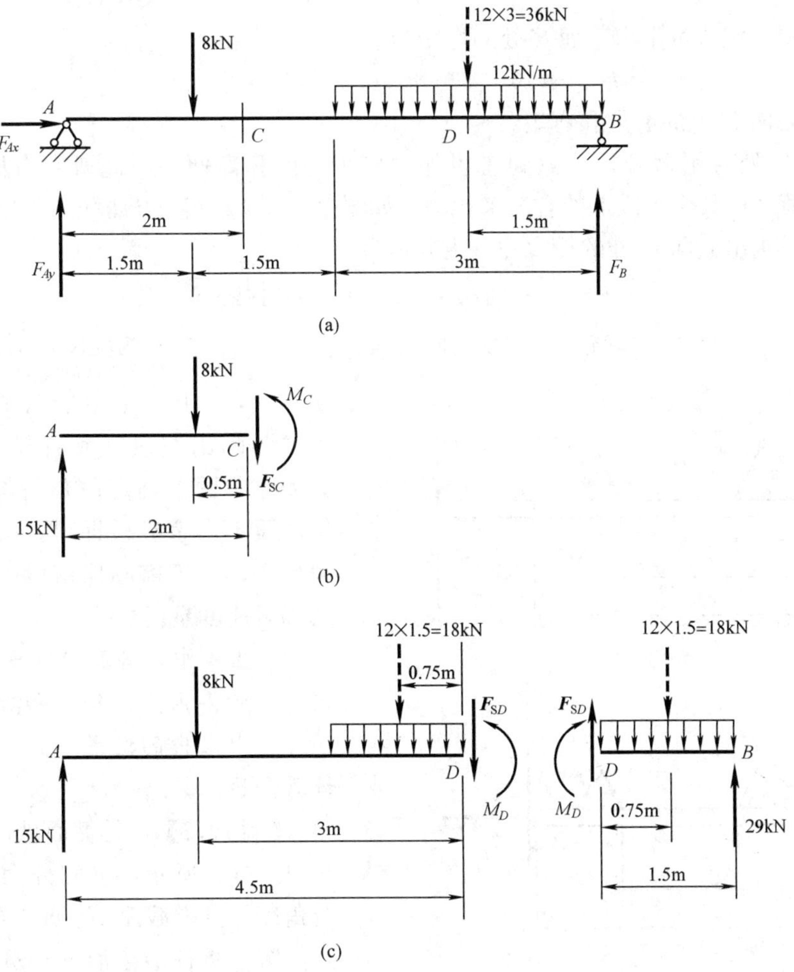

图 10.12

上的剪力和弯矩。

解 (1) 求支座约束力。

取简支梁整体为研究对象，其受力图如图10.12（a）所示。由平衡方程

$$\sum F_x = 0, \qquad F_{Ax} = 0$$

$$\sum M_B = 0, \qquad -F_{Ay} \times 6 + 8 \times 4.5 + 12 \times 3 \times 1.5 = 0$$

$$F_{Ay} = 15\text{kN}$$

$$\sum M_A = 0, \qquad F_B \times 6 - 8 \times 1.5 - 12 \times 3 \times 4.5 = 0$$

$$F_B = 29\text{kN}$$

再由平衡方程进行校核

$$\sum F_y = 15 - 8 - 12 \times 3 + 29 = 0$$

可知支座约束力计算无误。

(2) 求截面C上的剪力和弯矩。

在截面C处将梁截开，研究左段［图10.12（b）］，先写出$F_{SC}=$，然后，看到左段上只有两个集中力，在等号后写出这两项；最后，根据变形确定各项的正负号，求出结果。因此有

$$F_{SC} = +15 - 8 = 7(\text{kN})$$

同样，由一看一定法可求出截面C处的弯矩为

$$M_C = +15 \times 2 - 8 \times 0.5 = 26(\text{kN} \cdot \text{m})$$

(3) 求截面D上的剪力和弯矩。

在截面D处将梁截开，注意到右段外力较少，计算简便。因此研究右段［图10.12（c）］，均布荷载用其作用段上的合力来代替，如图10.12（c）中DB段梁上的虚线所示。由一看一定法可求出截面D处的剪力和弯矩分别为

$$F_{SD} = +12 \times 1.5 - 29 = -11(\text{kN})$$

$$M_D = -12 \times 1.5 \times 0.75 + 29 \times 1.5 = 30(\text{kN} \cdot \text{m})$$

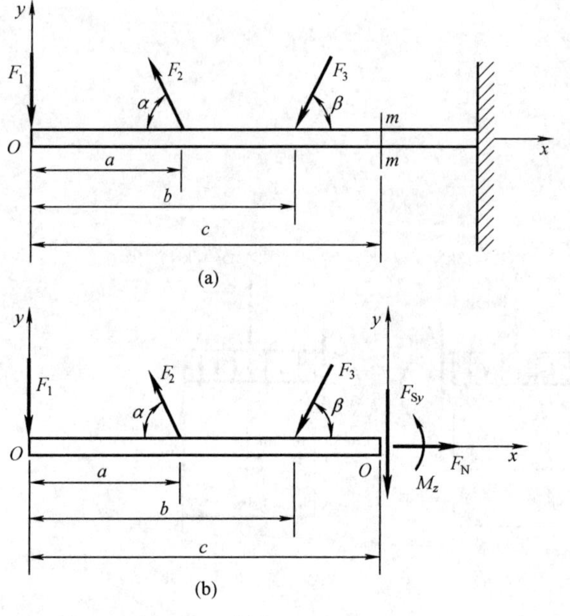

图10.13

实际上，在用一看一定法求内力时，并不需要画出左段（或右段）的受力图，只需在题图上确定截开面位置后，仅看保留段不看舍弃段即可。由于该方法书写量小，又不需画保留段受力图，计算熟练后速度是很快的。

在上例中，若取AD段求截面D的内力，所得内力的符号和数值应与［例10.2］中求出的结果一致。请读者自行计算和验证。

【例10.3】 等截面悬臂梁受力如图10.13（a）所示，已知外力的作用位置及角度，试求截面$m-m$上的内力分量。

解 将杆沿截面$m-m$截开，取左段为研究对象，由平衡可知截面上有内

力分量 F_N、F_{Sy}、M_z［图 10.13（b）］，由一看一定法可得截面 $m-m$ 上的内力分量分别为

轴力：$F_N = F_2\cos\alpha + F_3\cos\beta$

剪力：$F_{Sy} = -F_1 + F_2\sin\alpha - F_3\sin\beta$

弯矩：$M_z = -F_1c + F_2\sin\alpha(c-a) - F_3\sin\beta(c-b)$

§10.4　剪力图与弯矩图

梁在外力作用下，各截面上的剪力和弯矩一般是不相同的。其中剪力和弯矩为最大的截面，相对于梁的强度来说都是可能的危险截面。要确定危险截面的位置，就必须知道剪力和弯矩沿梁轴线的变化情况。为此，可以选取梁轴线上一点为坐标原点，沿梁轴线选取轴，将各截面上的剪力和弯矩表示成梁轴线坐标 x 的函数，即

$$F_S = F_S(x)$$

$$M = M(x)$$

上述方程分别称为**剪力方程**（shearing force equation）和**弯矩方程**（bending moment equation）。若以平行于梁轴线的横坐标 x 表示横截面的位置，用垂直于梁轴线的坐标分别表示相应截面上的剪力和弯矩，这样绘出的图线分别称为**剪力图**（diagram of internal force）和**弯矩图**（diagram of bending moment）。对于土木类的工程专业，通常将正值剪力画在轴 x 的上侧，而将正值弯矩画在轴 x 的下侧，将弯矩图画在梁的受拉侧。

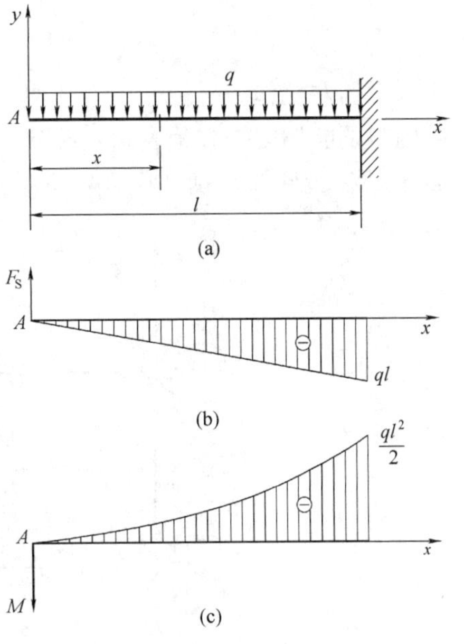

下面通过例题来说明绘制剪力图和弯矩图的基本方法。

【例 10.4】　悬臂梁左端自由，右端固定，承受集度为 q 的均布荷载作用，如图 10.14（a）所示。试列出其剪力方程和弯矩方程，并作剪力图和弯矩图。

图 10.14

解　以梁左端为坐标原点，建立坐标系 Axy 如图 10.14（a）所示。取距原点为 x 的任意截面，研究截面 x 的左段梁，由一看一定法可得剪力方程和弯矩方程分别为

$$F_S = -qx \qquad (0 \leqslant x < l) \tag{a}$$

$$M = -qx \times \frac{x}{2} = -\frac{qx^2}{2} \qquad (0 \leqslant x < l) \tag{b}$$

由式（a）可知，剪力图是一段向下的斜直线，只要确定两点就可画出这一斜直线。由 $x=0$ 时 $F_S=0$，$x=l$ 时 $F_S=-ql$ 可定出两个端点，画出的剪力图如图 10.14（b）所示。

由式（b）可知，弯矩图是一条抛物线，若确定三点就可大致画出这一曲线。可取梁的左端、中点、右端偏左三个截面，由 $x=0$ 时 $M=0$，$x=\dfrac{l}{2}$ 时 $M=-\dfrac{ql^2}{8}$，$x=l$ 时 $M=-\dfrac{ql^2}{2}$，可在坐标系 AxM 内定出三点连成光滑曲线，画出的弯矩图如图 10.14（c）所示。

由图 10.14（b）可见，在固定端左侧截面上剪力的绝对值最大，$F_{S,max}=ql$；由图 10.14（c）可见，在固定端左侧截面上弯矩的绝对值最大，$M_{max}=\dfrac{ql^2}{2}$。

由上例可知，绘制剪力图和弯矩图的**基本方法**是：先由一看一定法求梁的剪力方程和弯矩方程，然后用描点作图的方法画剪力图和弯矩图。

【例 10.5】 如图 10.15（a）所示的简支梁受集中力 F 作用，试列出梁的剪力方程和弯矩方程，并作出剪力图和弯矩图。

解 由平衡条件，求得梁的支座约束力分别为

$$F_A=\frac{Fb}{l},\qquad F_B=\frac{Fa}{l}$$

以梁的左端作为坐标原点，选取坐标系 Axy 如图 10.15（a）所示。由于梁 AC 段和 CB 段的内力不能用同一方程表示，应分两段考虑。在 AC 段内取距原点为 x 的任意截面，考虑截面 x 以左部分的平衡［图 10.15（a）］，由一看一定法可得 AC 段的剪力和弯矩方程分别为

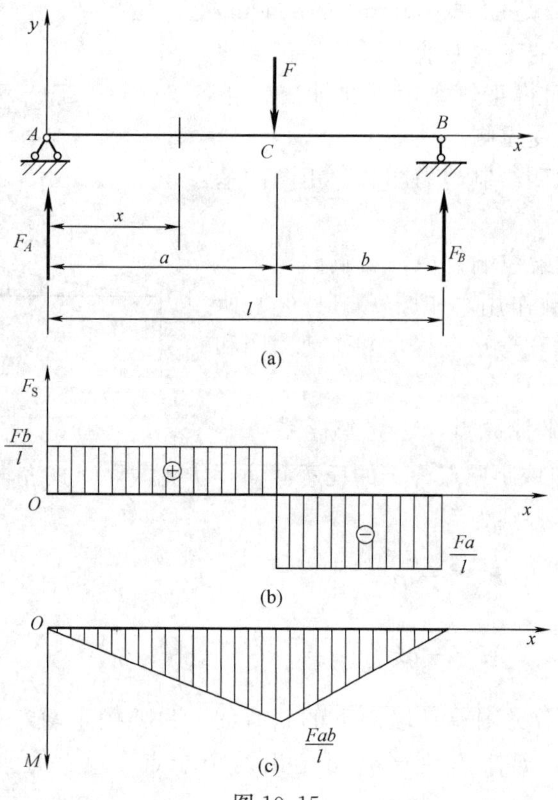

图 10.15

$$F_S(x) = F_A = \frac{Fb}{l} \qquad (0 < x < a)$$

$$M(x) = F_A x = \frac{Fb}{l}x \qquad (0 \leqslant x \leqslant a)$$

同理，在 CB 段内取距 A 端为 x 的任意截面，仍考虑截面以左部分的平衡，则由一看一定法可得 CB 段的剪力和弯矩方程分别为

$$F_S(x) = F_A - F = -\frac{Fa}{l} \qquad (a < x < l)$$

$$M(x) = F_A x - F(x-a) = \frac{Fa}{l}(l-x) \qquad (a \leqslant x \leqslant l)$$

根据剪力方程和弯矩方程，采用描点作图的方法绘制梁的剪力图和弯矩图，分别如图 10.15（b）和图 10.15（c）所示。从图中看到，剪力值在集中力作用的 C 处有突然变化，即 C 处左侧截面的剪力值为 $\frac{Fb}{l}$，而 C 处右侧截面的剪力值为 $-\frac{Fa}{l}$，其突变量等于集中力 F 的数值；而 C 处的弯矩值并没有突然变化，但弯矩图斜率在 C 处发生了突变，故最大弯矩值就发生在截面 C 处，其值为 $M_{max} = \frac{Fab}{l}$。

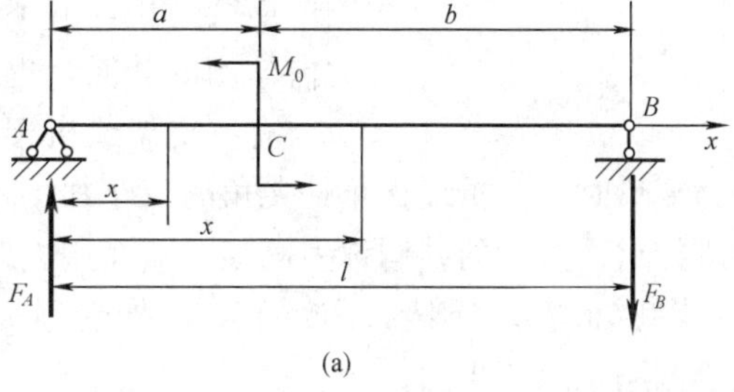

(a)

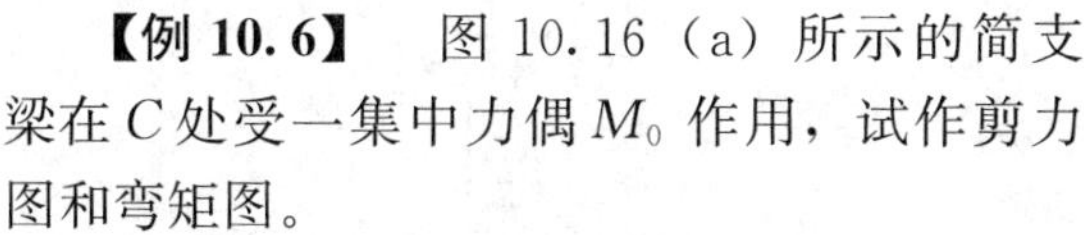

【例 10.6】 图 10.16（a）所示的简支梁在 C 处受一集中力偶 M_0 作用，试作剪力图和弯矩图。

解 梁仅受一力偶作用，显然，A、B 两支座的反力必然数值相等，方向相反，由平衡方程求得

$$F_A = F_B = \frac{M_0}{l}$$

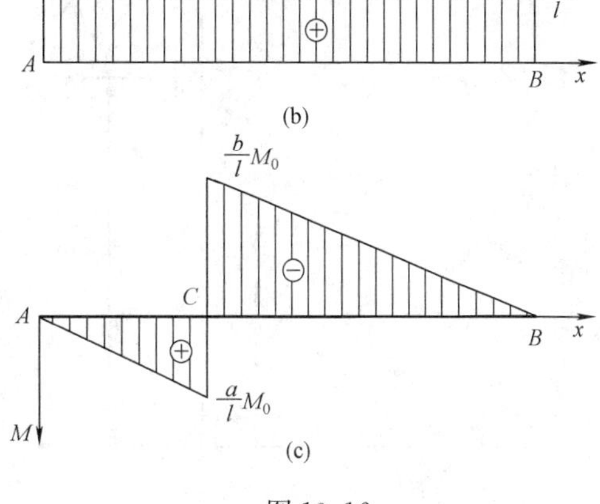

(c)

图 10.16

由一看一定法可分段列出内力方程

$$AC\text{段}: F_S(x) = F_A = \frac{M_0}{l} \qquad (0 < x \leqslant a)$$

$$M(x) = F_A x = \frac{M_0}{l}x \qquad (0 \leqslant x < a)$$

$$CB\text{段}: F_S(x) = F_A = \frac{M_0}{l} \qquad (a \leqslant x < l)$$

$$M(x) = F_A x - M_0 = -\frac{M_0}{l}(l-x) \qquad (a < x \leqslant l)$$

由以上方程可见，任一截面的剪力值均为常量，故剪力图是一条平行于轴 x 的直线

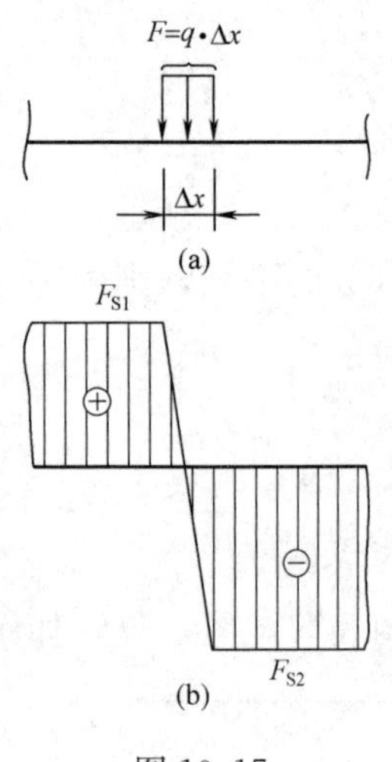

图 10.17

[图 10.16（b）]；左、右两段的弯矩方程均为 x 的一次函数，故左、右两段的弯矩图均为斜直线，但在集中力偶作用的截面 C 处弯矩发生突变，左侧截面的弯矩值为$\frac{a}{l}M_0$，右侧截面为$-\frac{b}{l}M_0$，其突变量就等于 M_0，所作的弯矩图如图 10.16（c）所示。

由以上的几个例题可见，凡是集中力作用的截面上，剪力有突变，似乎没有确定的数值，在 x 的取值范围中，也是将该点剔除的。事实上，所谓的集中力不可能只"集中"作用于一点，而是分布于某微段 Δx 内的分布力经人为简化后的结果。如果在 Δx 范围内将荷载看成是均匀分布的［图 10.17（a）］，则画出的剪力图将在 Δx 范围内连续变化，而不会产生突变［图 10.17（b）］。同样，对于集中力偶作用的截面，也可作类似地解释。

有些支架或机架的轴线是由几段直线组成的折线。这种支架在受力变形时，其折线拐角处夹角的变化很小，可忽略不计，这种连接点也称为刚接点。杆件由刚接点连接成的结构称为**刚架**。下面用例题说明静定刚架弯矩图的绘制。

【例 10.7】　刚架 ABC 在点 B 处受到一水平集中力 F 的作用，如图 10.18（a）所示。试绘制刚架的弯矩图。

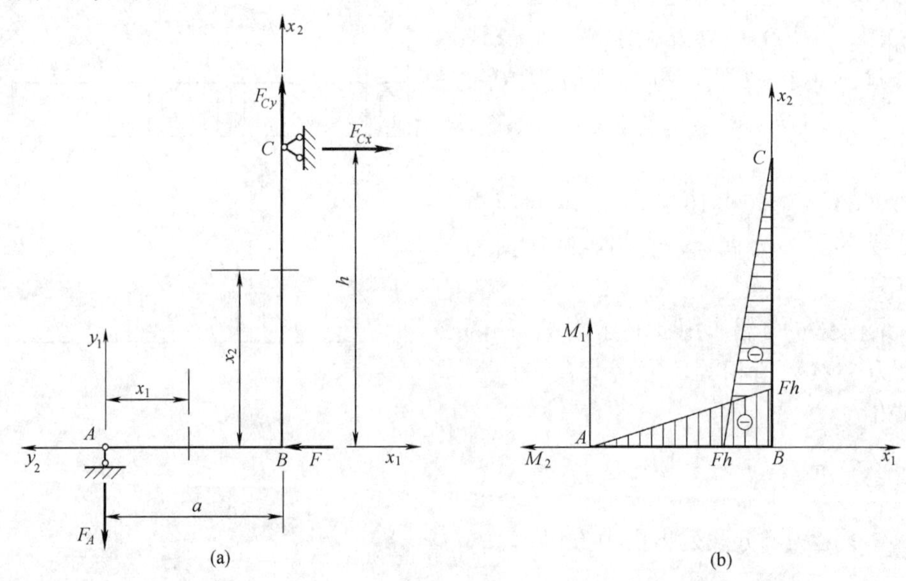

图 10.18

解　（1）求支座约束力。

研究刚架 ABC，其受力图如图 10.18（a）所示。由平衡方程

$\sum M_C=0$，　　$F_Aa-Fh=0$，　　$F_A=\frac{Fh}{a}$（↓）

$\sum F_x=0$，　　$F_{Cx}-F=0$，　　$F_{Cx}=F$（→）

$\sum F_y=0$，　　$F_{Cy}-F_A=0$，　　$F_{Cy}=F_A=\frac{Fh}{a}$（↑）

（2）求弯矩方程。

对于 AB 段，建立坐标系 Ax_1y_1，如图 10.18（a）所示。研究截面 x_1 的左段，由一看一定法可得弯矩方程为

$$M_1=-F_Ax_1=-\frac{Fh}{a}x_1\quad(0\leqslant x_1\leqslant a)$$

对于 BC 段，建立坐标系 Bx_2y_2，如图 10.18（a）所示。研究截面 x_2 的右段，由一看一定法可得弯矩方程为

$$M_2=-F_{Cx}(h-x_2)=-F(h-x_2)\quad(0\leqslant x_2\leqslant h)$$

由上述弯矩方程，在刚架轴线上建立相同的坐标系，用描点作图的方法可绘出刚架的弯矩图，如图 10.18（b）所示。可见，刚架弯矩的最大值在拐角处，其数值为

$$M_{\max}=Fh$$

§10.5　分布荷载集度、剪力及弯矩之间的微分关系

事实上，梁的分布荷载集度，剪力及其弯矩之间存在着一定的关系，掌握了这个关系，对于作梁的剪力图和弯矩图是很有帮助的。

设在梁上作用有任意分布的荷载 $q(x)$，并规定分布荷载的方向向上时为正［图 10.19（a)］。用截面法截取一微段 $\mathrm{d}x$［图 10.19（b)］，微段左侧截面上有剪力 $F_S(x)$ 和弯矩 $M(x)$，微段的右侧较左侧截面增加了距离 $\mathrm{d}x$，因此右侧截面上的剪力和弯矩分别为 $F_S(x)+\mathrm{d}F_S(x)$ 和 $M(x)+\mathrm{d}M(x)$。设该微段两侧面上的内力均为正值，由平衡方程

$$\Sigma F_y=0,\ F_S(x)+q(x)\mathrm{d}x-F_S(x)-\mathrm{d}F_S(x)=0$$

$$\Sigma M_O=0,\ -F_S(x)\mathrm{d}x-M(x)-q(x)\mathrm{d}x\cdot\frac{1}{2}\mathrm{d}x+M(x)+\mathrm{d}M(x)=0$$

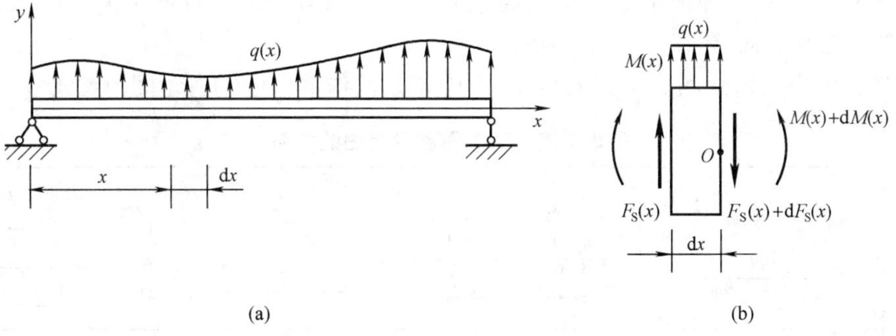

图 10.19

略去高阶微量 $\frac{1}{2}q(x)(\mathrm{d}x)^2$ 后，得到

$$\frac{\mathrm{d}F_S(x)}{\mathrm{d}x}=q(x)\tag{10.1}$$

$$\frac{\mathrm{d}M(x)}{\mathrm{d}x}=F_S(x)\tag{10.2}$$

$$\frac{\mathrm{d}^2M(x)}{\mathrm{d}x^2}=q(x)\tag{10.3}$$

以上各式即为剪力、弯矩与分布荷载集度之间的平衡微分关系，这些微分关系可用来帮助绘制或校核剪力图和弯矩图。为此，将荷载集度、剪力和弯矩的相互关系归纳如下：

（1）在梁的某一段内若无分布荷载作用，即 $q(x)=0$，由 $\dfrac{dF_S(x)}{dx}=q(x)=0$ 可知，$F_S(x)=$ 常数。因此，这段梁的剪力图是平行于轴 x 的一条水平线，如图 10.16（b）所示。由 $\dfrac{d^2M(x)}{dx^2}=q(x)=0$ 可知，$M(x)$ 一般是 x 的一次函数，弯矩图是一条斜直线。若对应梁段内剪力为正，即弯矩图斜率为正，是一条向下斜的直线；反之，则为向上斜的直线，如图 10.16（c）所示。

（2）在梁的某一段内若作用均布荷载，即 $q(x)=$ 常数，由于 $\dfrac{dF_S(x)}{dx}=q(x)=$ 常数，可知 $F_S(x)$ 是 x 的一次函数。因此，这段梁的剪力图是斜直线，若分布荷载 $q(x)$ 向上，剪力图斜率为正，是一条向上斜的直线；反之，则为向下斜的直线，如图 10.14（b）所示。由于 $\dfrac{d^2M(x)}{dx^2}=q(x)=$ 常数，可知 $M(x)$ 是 x 的二次函数，弯矩图是一条抛物线。若对应梁段内分布荷载 $q(x)$ 向上作用，则 $\dfrac{d^2M(x)}{dx^2}=q(x)>0$，弯矩图是下凹的抛物线；反之，则为上凹的抛物线，如图 10.14（c）所示。

（3）在梁的某截面上若 $F_S(x)=\dfrac{dM(x)}{dx}=0$，可知该截面上弯矩有极值，即弯矩的极值产生于剪力为零的截面上。

（4）在集中力作用的截面处剪力图有突变，且剪力突变的数值就等于该集中力的数值，如图 10.15（b）所示。在集中力偶作用的截面处弯矩图有突变，且弯矩突变的数值就等于该集中力偶的数值，如图 10.16（c）所示。

将荷载、剪力和弯矩的关系列入表 10.1 中，以便作剪力图和弯矩图时参考。

表 10.1　荷载集度与剪力图和弯矩图的关系

梁上外荷载	无荷载 $q=0$	均布荷载 $q>0$ 或 $q<0$	集中力 F	集中力偶 M
剪力图	水平线，通常为 + 或 −	斜直线 向上斜 或 向下斜	有突变 F	无影响
弯矩图	通常为斜直线 向下斜 或 向上斜	抛物线 下凹 或 上凹	有尖角	有突变 M

§10.6 用微分关系作剪力图与弯矩图

利用荷载集度与剪力图和弯矩图的关系绘制剪力图和弯矩图，不必列出剪力方程和弯矩方程，使作图过程简化，因此这种作图法也称为简便方法。下面通过例题来说明简便方法的应用。

【例10.8】 简支梁受均布荷载的作用，如图10.20（a）所示。已知分布荷载集度为q，梁的长度为l，试作梁的剪力图和弯矩图。

解 （1）求支座约束力。

由平衡方程可求得简支梁左右两端的支座约束力为

$$F_A=\frac{ql}{2}(\uparrow),\ F_B=\frac{ql}{2}(\uparrow)$$

（2）作剪力图。

将支座约束力F_A和F_B画在图10.20（a）中梁的两端，即梁在外荷载和约束力的共同作用下处于平衡状态。由表10.1可知，梁在向下的均布荷载下，剪力图是一条向下的斜直线。由一看一定法可求得截面A右侧面和截面B左侧面上的剪力分别为

$$F_{SA}^{R}=+F_A=\frac{ql}{2}$$

$$F_{SB}^{L}=-F_B=-\frac{ql}{2}$$

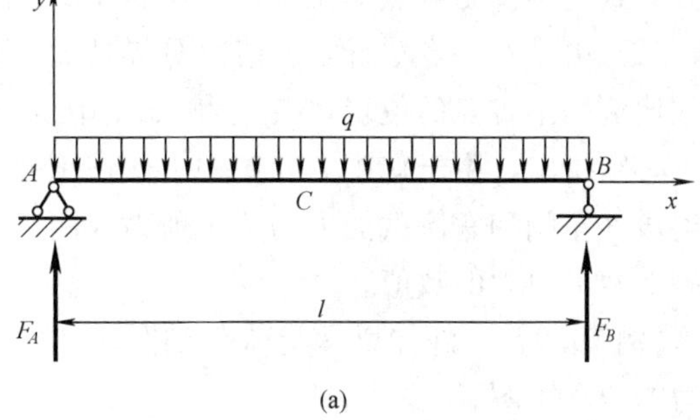

(a)

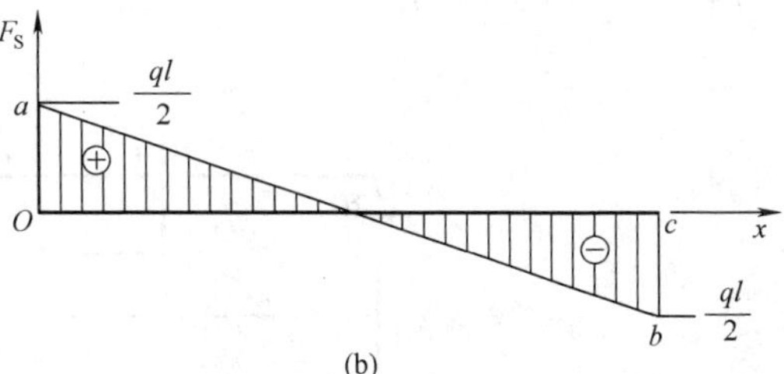

(b)

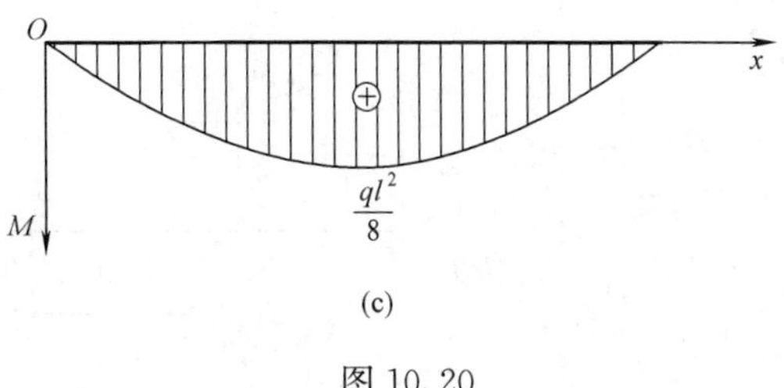

(c)

图10.20

在剪力图上对应梁的截面A，作一自下而上的铅垂线Oa［图10.20（b）］，突变数值等于约束力F_A的大小$ql/2$；对应梁的截面B，作一自上而下的铅垂线bc［图10.20（b）］，突变数值等于约束力F_B的大小为$ql/2$。连接点a和点b，作一条向下的斜直线，图形$Oabc$即为剪力图。

（3）作弯矩图。

由表10.1可知，剪力图为斜直线则对应的弯矩图为下凸的抛物线。由微分关系可知，剪力为零的截面处弯矩有极值。由一看一定法可求得梁左端和右端的弯矩为$M_A=M_B=0$。梁中间截面C上的弯矩为

$$M_C=F_A\times\frac{l}{2}-\frac{ql}{2}\times\frac{l}{4}=\frac{ql^2}{8}$$

在弯矩图上对应梁的左端面、中间面和右端面定出相应弯矩数值的三个点，用一条上凹的光滑曲线连接这三点，可作出梁的弯矩图［图10.20（c）］。

由剪力图和弯矩图可得，梁内剪力和弯矩的最大值分别为

$$F_{S,\max}=\frac{ql}{2},\ M_{\max}=\frac{ql^2}{8}$$

由上例可知，作剪力图和弯矩图的**简便方法**是：

(1) 根据梁上外荷载和约束力，由一看一定法计算各段梁分界处的剪力值，并在剪力图上按大致比例标出各点的位置，按照表10.1中线形对应关系连接各点，作出剪力图。

(2) 由一看一定法计算各段梁分界处的弯矩值和剪力为零处的弯矩极值，在弯矩图上按大致比例标出各点的位置，按照表10.1中线形对应关系连接各点，作出弯矩图。

必须指出，由于集中力或集中力偶作用处，剪力或弯矩有突变，必须用一看一定法分别求出该处左侧和右侧截面上的两个剪力或两个弯矩数值，并在相应的内力图中标出该截面左右侧上两个内力的数值。

【例10.9】 外伸梁承受荷载如图10.21(a)所示，已知 q、a，试用简便方法作梁的剪力图和弯矩图。

解 (1) 求支座约束力。

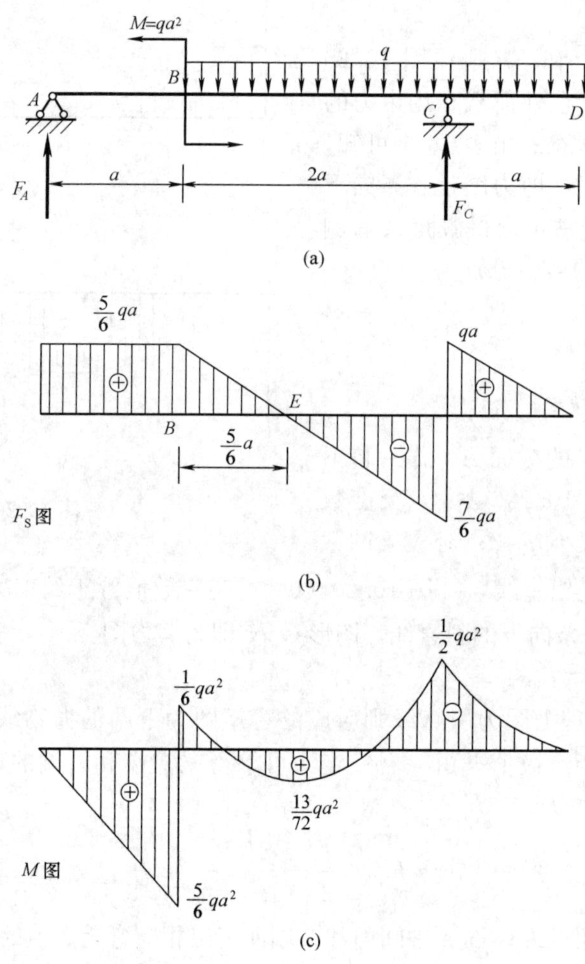

图10.21

$$\sum M_C = 0, \quad -F_A \times 3a + q a^2 + q \times 3a \times 0.5a = 0$$

$$F_A = \frac{5}{6}qa$$

$$\sum M_A = 0, \quad F_C \times 3a + qa^2 - q \times 3a \times 2.5a = 0$$

$$F_C = \frac{13}{6}qa$$

将求出的支座约束力 F_A 和 F_C，画在梁的受力图上［图 10.21（a)］。

（2）作剪力图。

由于在集中力和集中力偶作用处，某些内力分量将发生突变。因此，将整个外伸梁划分为 AB、BC 和 CD 三段。

AB 段，$q(x)=0$，剪力图为水平线，其值为

截面 A 右侧 $\qquad F_{SA}^{R} = F_A = \frac{5}{6}qa$

BC 和 CD 段，$q(x)=-q$，由表 10.1 可知剪力图均为斜率为负的斜直线。但在支座 C 处，有一集中力 F_C 作用，故剪力图在 C 处有沿 F_C 方向的突变。由一看一定法求得 BC 和 CD 段各分段截面处的剪力值分别为

截面 B $\qquad F_{SB} = F_A = \frac{5}{6}qa$

截面 C 左侧 $\qquad F_{SC}^{L} = F_A - q \times 2a = -\frac{7}{6}qa$

截面 C 右侧 $\qquad F_{SC}^{R} = qa$

截面 D 左侧 $\qquad F_{SD}^{L} = 0$

将上述计算结果按大致比例在剪力图上标出各点位置，按表 10.1 所示的各段线形对应关系，从左至右分别绘出各段剪力图，全梁的剪力图如图 10.21（b）所示。

（3）作弯矩图。

显然，由表 10.1 可知，AB 段的弯矩图为向下斜的直线，BC 和 CD 段均为上凹的抛物线。由于截面 B 处有一集中力偶，故弯矩图在 B 处有突变。同时，在 BC 段剪力等于零的截面 E 处弯矩有极值。

首先由一看一定法计算各分段截面处的弯矩值，可得

截面 A $\qquad M_A = 0$

截面 B 左侧 $\qquad M_B^{L} = F_A \times a = \frac{5}{6}qa^2$

截面 B 右侧 $\qquad M_B^{R} = F_A \times a - M = -\frac{1}{6}qa^2$

截面 C $\qquad M_C = -\frac{1}{2}qa^2$

截面 D $\qquad M_D = 0$

为求 BC 段弯矩的极值，应先确定 $F_S=0$ 的截面位置。由于 BC 段的剪力图为斜直线，由剪力图三角形对应边长的比例关系可知，截面 B 至弯矩极值点 E 的距离为$\frac{5}{6}a$。于是，由

一看一定法求得弯矩的极值为

$$M_E = F_A\left(a+\frac{5}{6}a\right)-M-\frac{1}{2}q\times\left(\frac{5}{6}a\right)^2=\frac{13}{72}q\,a^2$$

将上述各截面弯矩的计算结果按大致比例在弯矩图上标出各点位置，按各段梁的线形对应关系，从左至右分别绘出各段弯矩图，全梁的弯矩图如图 10.21（c）所示。

§10.7　用叠加法作弯矩图

在［例 10.3］中，由一看一定法求出截面 $m-m$ 处的弯矩为

$$M_C=-F_1c+F_2\sin\alpha\,(c-a)-F_3\sin\beta\,(c-b)$$

可见，截面 $m-m$ 处的弯矩就等于集中力 F_1、F_2 和 F_3 单独作用时，在该截面上分别产生的弯矩 $-F_1c$ 和 $F_2\sin\alpha\,(c-a)$以及$-F_3\sin\beta\,(c-b)$的代数和。换句话说，当梁受到几个荷载共同作用时，任一横截面上的弯矩就等于梁在各个荷载单独作用下在同一横截面上产生弯矩的代数和。

上述规律是一个普遍性的原理，称为**叠加原理**(superposition theorem)：若所求变量(如支座反力、弯矩或应力)与梁上荷载为线性关系时，则由若干个荷载共同作用下所产生该变量的数值，就等于各个荷载单独作用下所产生该变量数值的叠加。

用叠加法作弯矩图的步骤是：

（1）将梁上复杂荷载进行分解，以使梁在各简单荷载单独作用下的弯矩图容易画出；

（2）分别作各简单荷载单独作用下的弯矩图，选择长直线弯矩图为基本弯矩图，将短曲线弯矩图作为叠加弯矩图，将叠加弯矩图的基线倾斜，使其与基本弯矩图的图线平行，并标注弯矩值和极值；

（3）将叠加弯矩图与基本弯矩图叠加，将叠加弯矩图的图线画成实线，将基本弯矩图的图线画成虚线，标注弯矩值。

为方便使用，将静定梁在简单荷载作用下的弯矩图列入表 10.2。

表 10.2　　静定梁在简单荷载作用下的弯矩图

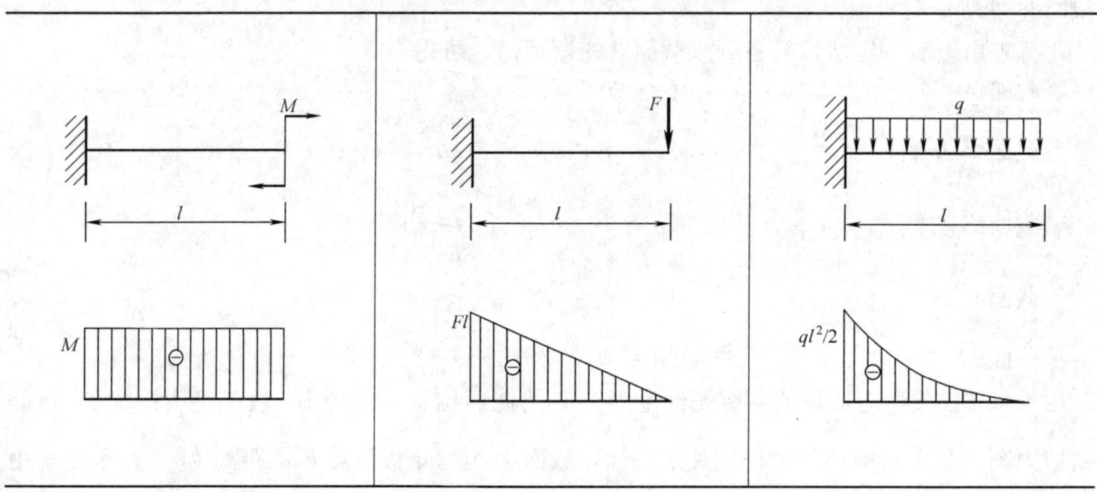

续表

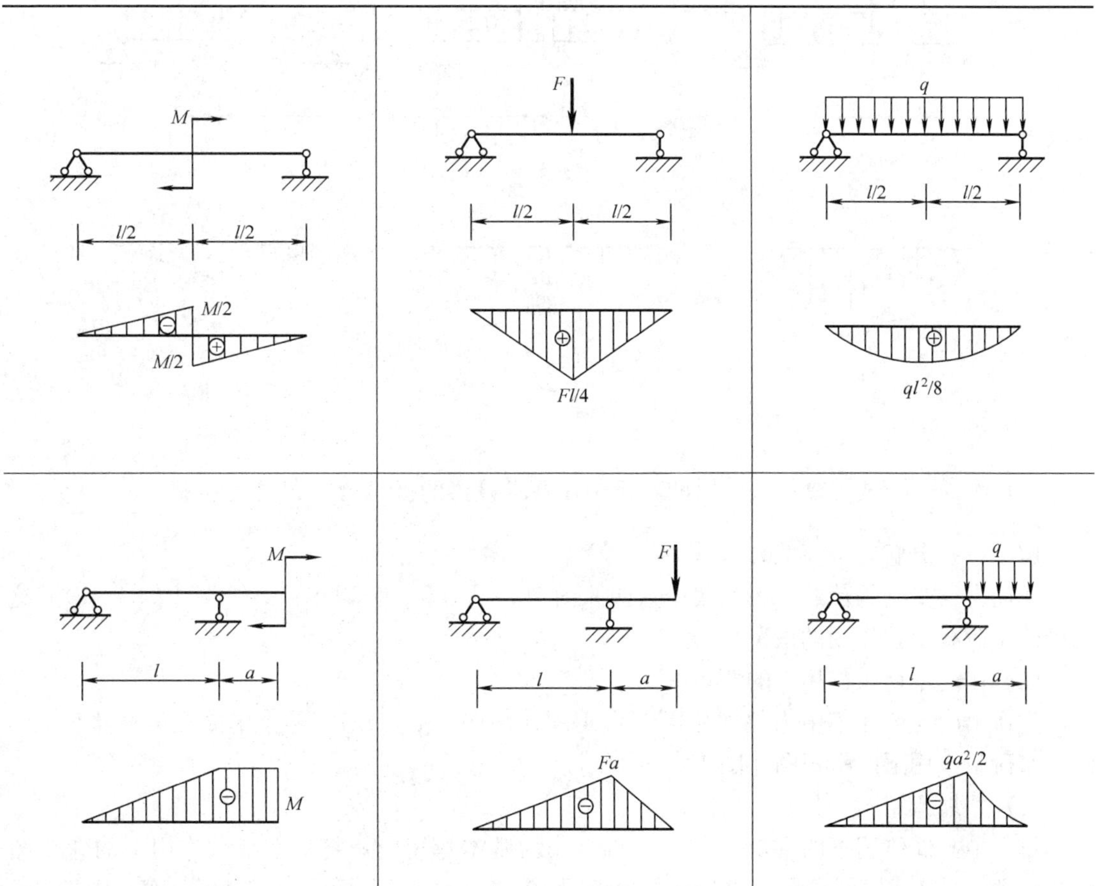

【例 10.10】 简支梁受到均布荷载和集中荷载作用，如图 10.22（a）所示，已知 q、a，试用叠加法作梁的弯矩图，并求该梁的最大弯矩。

解 （1）分解复杂荷载。

将简支梁受到的荷载分解为均布荷载［图 10.22（b）］和集中力［图 10.22（c）］这两种简单荷载单独作用的情况。

（2）画各个荷载单独作用下梁的弯矩图。

先作出简支梁在集度为 q 的均布荷载作用下的弯矩图［图 10.22（e）］，再作出简支梁在大小为 qa 的集中荷载作用下的弯矩图［图 10.22（f）］。

（3）叠加弯矩图。

将均布荷载下的弯矩图 10.22（e）的基线倾斜，平移到基本弯矩图 10.22（f）上进行叠加，得到在全部外荷载作用下的总弯矩图 10.22（d），图中虚线表示了叠加过程。

（4）求最大弯矩

由总弯矩图 10.22（d）可见，最大弯矩位于梁的中间截面处，其大小为

$$M_{\max}=qa^2$$

【例 10.11】 简支梁受到均布荷载和集中力偶作用，如图 10.23（a）所示。已知：l，

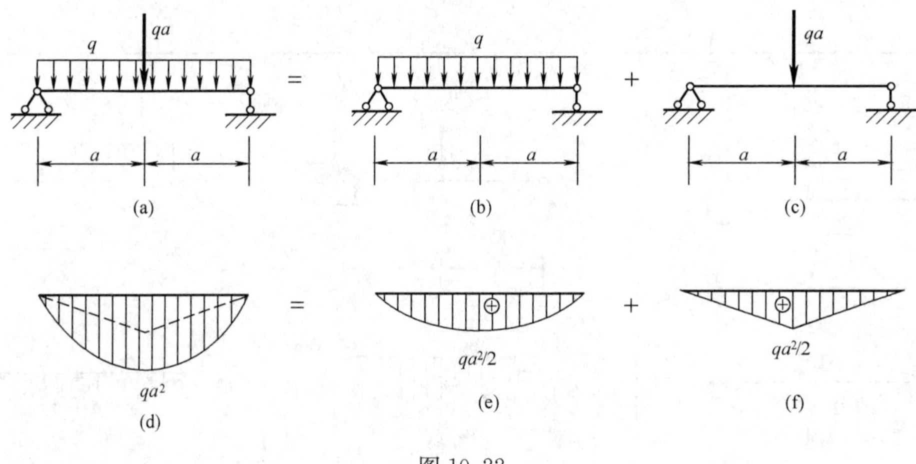

图 10.22

q，且有 $M=\frac{ql^2}{8}$，试用叠加法作梁的弯矩图，并求该梁的极值弯矩和最大弯矩。

解 （1）分解复杂荷载。

将简支梁受到的荷载分解为集中力偶［图 10.23（b）］和均布荷载［图 10.23（c）］这两种简单荷载单独作用的情况。

（2）作简单荷载作用下的弯矩图。

先作出简支梁在集中力偶作用下的弯矩图［图 10.23（e）］，再作出简支梁在集度为 q 的均布荷载作用下的弯矩图［图 10.23（f）］。

（3）叠加弯矩图。

将集中力偶作用下的弯矩图 10.23（e）作为基本弯矩图，将均布荷载作用下的弯矩图 10.23（f）的基线倾斜后，平移到基本弯矩图 10.23（e）上进行叠加，得到总弯矩图 10.23（d），图中虚线表示了叠加过程。

（4）求极值弯矩。

首先求出支座 A 处的反力，由平衡方程有

$$\sum M_B=0, \qquad F_A l-M-ql\times\frac{l}{2}=0$$

可得

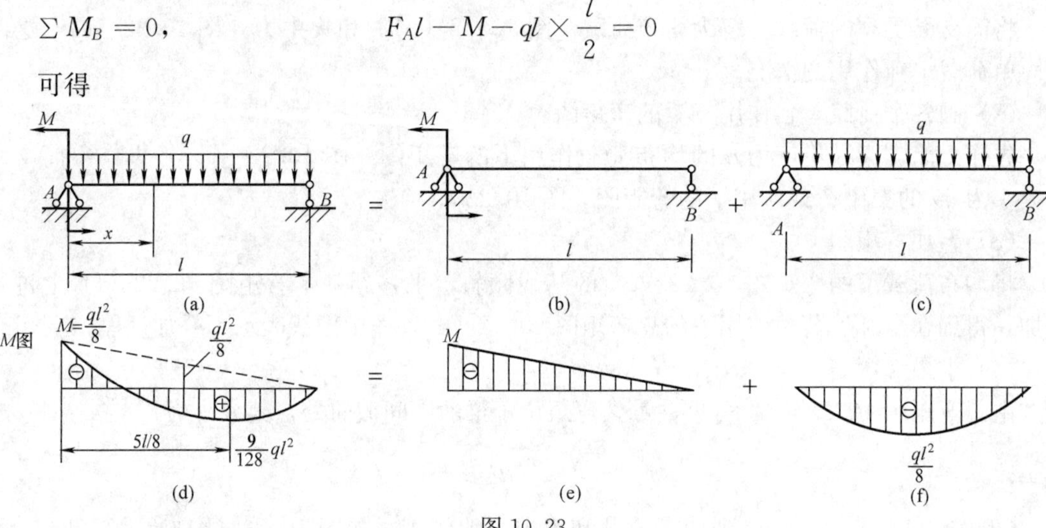

图 10.23

$$F_A=\frac{M}{l}+\frac{ql}{2}=\frac{5ql}{8}(\uparrow)$$

极值弯矩所在的截面上剪力为零，令该截面到支座 A 的距离为 x，由一看一定法有

$$F_S(x)=F_A-qx=\frac{5}{8}ql-qx=0$$

可得

$$x=\frac{5}{8}l$$

由一看一定法可求得截面 $x=\frac{5}{8}l$ 处的极值弯矩为

$$M(x)=F_Ax-M-\frac{qx^2}{2}=\frac{9}{128}ql^2$$

由总弯矩图 10.23（d）可见，全梁的最大弯矩在截面 A 处，其大小为

$$M_{\max}=\frac{ql^2}{8}$$

由上述例题可见，叠加法是将熟悉的简单荷载下的弯矩图进行叠加，不需求支座反力，作图简单迅速。

【例 10.12】 简支梁受到均布荷载和集中力的作用，如图 10.24（a）所示。已知：F，q，a，及支座反力 F_A 和 F_E，试用叠加法作简支梁 BD 段的弯矩图。

解 （1）计算 BD 梁段两端截面 B 和 D 处的弯矩。

因为简支梁 $ABCDE$ 的支座反力全部已知，可直接用一看一定法求 BD 梁段两端截面上的弯矩

$$M_B=F_A\times\frac{a}{2}-\left(2q\times\frac{a}{2}\right)\times\frac{a}{4}=\frac{F_Aa}{2}-\frac{qa^2}{4}$$

$$M_D=F_Ea-qa\times\frac{a}{2}=F_Ea-\frac{qa^2}{2}$$

（2）用叠加法作 BD 梁段的弯矩图。

可画出 BD 梁段的受力图，如图 10.24（b）所示。事实上，BD 梁段的受力情况与图 10.24（c）所示简支梁 BD 的受力情况完全相同，因此，将画 BD 梁段的弯矩图转换为画相应简支梁 BD 的弯矩图。

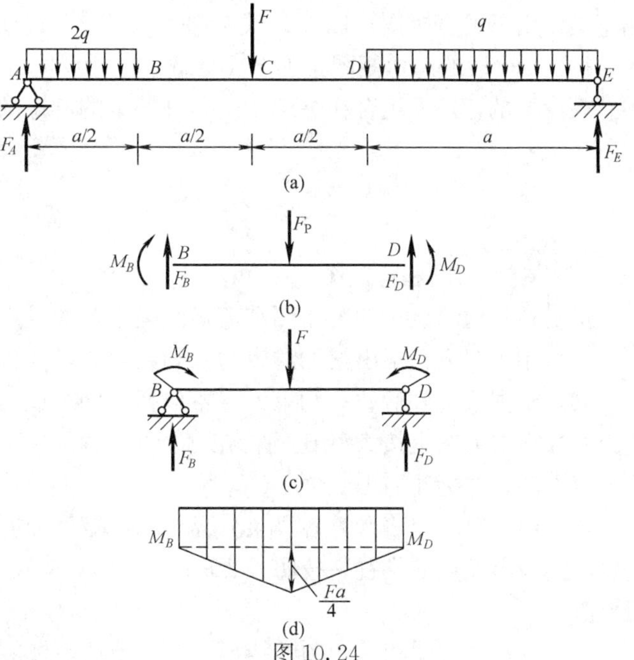

图 10.24

根据 BD 梁段的端截面弯矩 M_B 和 M_D 的大小和正负，在弯矩图基线上描出控制点，再用虚线连接这两点［图 10.24（d）］，得到在梁端弯矩作用下的弯矩图；再作简支梁 BD 在集中力 F 作用下的弯矩图，并与梁端弯矩的弯矩图叠

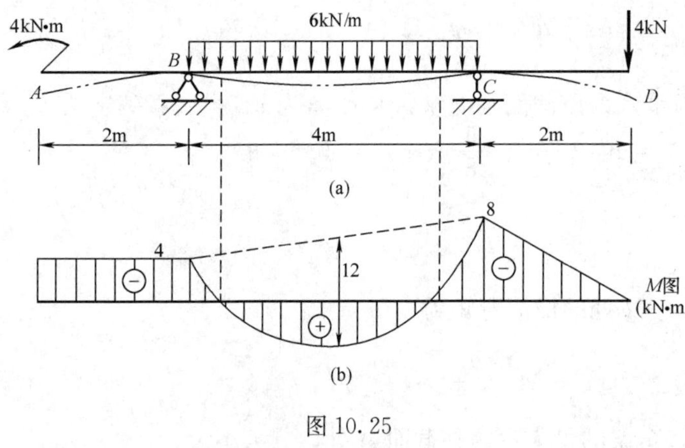

图 10.25

加，得到 BD 梁段总弯矩图，如图 10.24（d）所示。

上例就是用区段叠加法作指定梁段的弯矩图，其基本思路是：任意梁段的弯矩图就是将该梁段看成简支梁在外荷载和梁端弯矩共同作用下的弯矩图。

【例 10.13】 外伸梁承受荷载作用，如图 10.25（a）所示。试用区段叠加法作外伸梁的弯矩图，并画出梁的大致挠曲线。

解 （1）计算截面 B 和 C 处的弯矩。

用一看一定法直接求外伸梁在截面 B 和 C 处的弯矩

$$M_B = -4\text{kN} \cdot \text{m}$$

$$M_C = -4 \times 2 = -8(\text{kN} \cdot \text{m})$$

（2）作外伸段 AB 和 CD 的弯矩图。

作弯矩图的基准线，在截面 B 和 C 处，按 $-4\text{kN} \cdot \text{m}$ 和 $-8\text{kN} \cdot \text{m}$ 描出控制点。外伸段 AB 为纯弯曲变形，弯矩图为一条 $-4\text{kN} \cdot \text{m}$ 的水平线；截面 D 处弯矩为零，外伸段 CD 的弯矩图为一条斜直线，如图 10.25（b）所示。

（3）用区段叠加法作 BC 段的弯矩图。

用虚线连接截面 B 处 $-4\text{kN} \cdot \text{m}$ 和截面 C 处 $-8\text{kN} \cdot \text{m}$ 的控制点，该虚线即是 BC 段梁端弯矩作用下的弯矩图。以此虚线为基线，再叠加上简支梁 BC 在均布荷载作用下的弯矩图，得到 BC 段的总弯矩图，如图 10.25（b）所示。

三段梁的弯矩图组合在一起，就是外伸梁的弯矩图。

本 章 小 结

1. 绘制剪力图和弯矩图

正确熟练地绘制梁的剪力图和弯矩图是本章的重点，其步骤是：

（1）用平衡方程求出梁的约束力和约束力偶，并将其作为外荷载画在梁上。

（2）根据梁上外荷载和约束力（不包括集中力偶），由一看一定法计算各段梁分界处的剪力值并在剪力图上按大致比例标出各点的位置，按照表 10.1 中线形对应关系连接各点，作出剪力图，并标注剪力数值。

（3）由一看一定法计算各段梁分界处的弯矩值和剪力为零处的弯矩极值，在弯矩图上按大致比例标出各点的位置，按照表 10.1 中线形对应关系连接各点，作出弯矩图，并标注弯矩数值。

（4）校核剪力图和弯矩图的线形，突变数值，极值的正确性。

为方便绘图，减少错误，梁的荷载图与剪力图及弯矩图应上下对齐。

2. 用叠加法绘制弯矩图

用叠加法绘制弯矩图的方法是：先分解，再叠加。即先将复杂荷载分解为简单荷载，再将简单荷载下的弯矩图进行叠加。经过训练后，力求做到不画荷载分解图及简单荷载下的弯矩图，将叠加过程中的图线画成虚线，分解和叠加在一幅图上完成。

概念分析与工程应用实训

10.1　建筑工地脚手架上长度为 l 的跳板两端自由支撑，可视为简支梁。其上堆放总重量为 P 的砌砖，若将砖平摊摆放或集中堆放在跨中处，如图 10.26 所示。不计跳板的重量。

(1) 试对两种堆砖情况下的跳板进行受力分析，分别画出其受力图；

(2) 试分别作两种堆砖情况下跳板的剪力图和弯矩图，并对特殊值进行字母标注；

(3) 试对两种堆砖方式的利弊进行比较分析与评价；

(4) 为进一步降低跳板内的最大弯矩，试设计更好的堆砖方式，并用力学分析的方法说明理由。

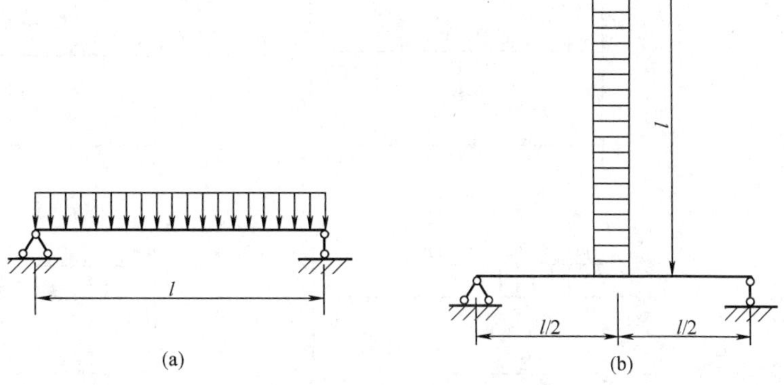

图 10.26

10.2　有体重均为 800N 的两人，需借助跳板从小河的左端到右端去。已知跳板的许用弯矩 $[M]=600\text{N}\cdot\text{m}$，其尺寸如图 10.27 所示。若忽略跳板的自重，试

(1) 建立跳板的力学模型，画出其计算简图；

(2) 用绘制跳板内力图的方法，分析独自一人经跳板过河，最多能走多远？

(3) 设计两人安全过河的方案，并用力学分析的方法说明其可行性。

10.3　飞机在水平匀速直线飞行时，若忽略机翼自重，可认为机翼在铅垂平面内承受发动机重力和气动浮力的作用，假设将后者简化成梯形分布荷载，如图 10.28 所示。已知：P，q_A，q_B，a，l，试

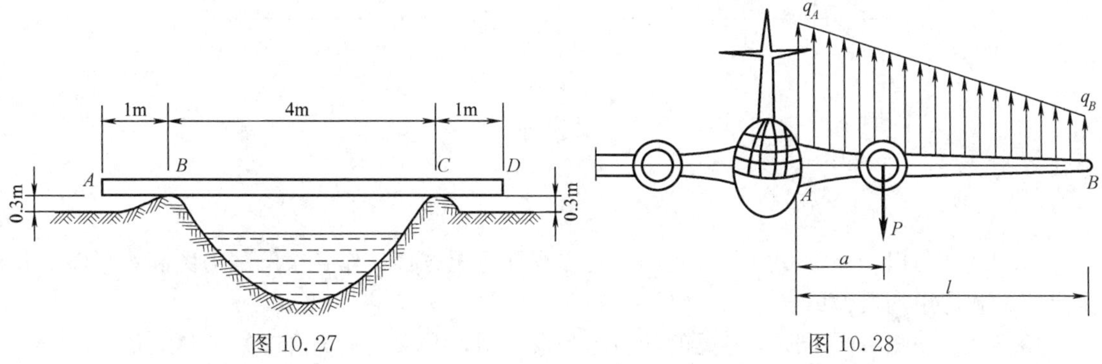

图 10.27　　图 10.28

（1）建立机翼的简化力学模型，画出其计算简图；

（2）绘制机翼的剪力图和弯矩图；

（3）根据内力分析结果，说明机翼变截面设计的必要性和合理性。

习　　题

10.1　试求图10.29所示各梁在指定截面上的剪力和弯矩。图中各指定截面无限接近于截面A、B、C、D。

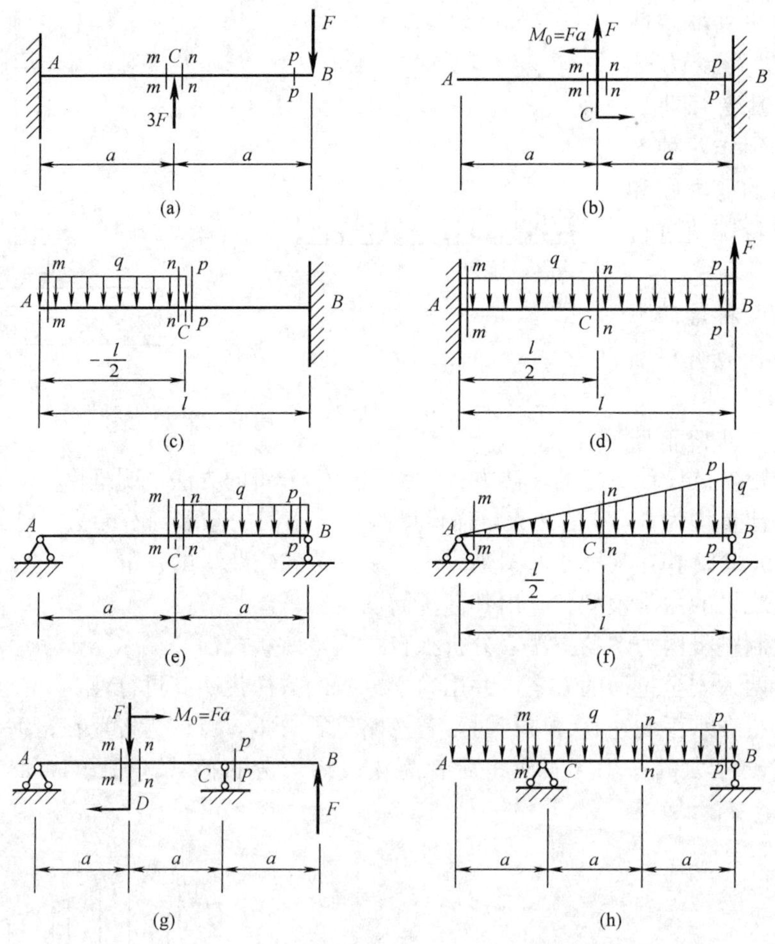

图10.29

10.2　试写出图10.30所示各梁的剪力方程和弯矩方程，作各梁的剪力图和弯矩图，并求出剪力和弯矩的最大值。

10.3　试作图10.31所示各梁的剪力图和弯矩图，并求出剪力和弯矩的最大值。

2F
F
A
C
B
a
a
(a)
$M_0=\frac{qa^2}{2}$
q
A
C
B
a
a
(b)
F
F
A
C
D
B
a
2a
a
(c)
F
A
C
D
B
F
a
2a
a
(d)
F
$M_0=Fa$
A
C
B
a
a
(e)
$M_0=qa$
q
A
C
B
a
a
(f)
q
A
C
D
B
a
2a
a
(g)
2q
q
A
C
B
a
a
(h)
q
A
C
B
2a
a
(i)
$M_0=qa^2$
q
A
C
B
a
a
a
(j)
F=qa
q
A
C
B
2a
a
(k)
$M_0=q_0a^2$
$F=q_0a$
q_0
A
C
D
E
B
a
a
a
a
(m)

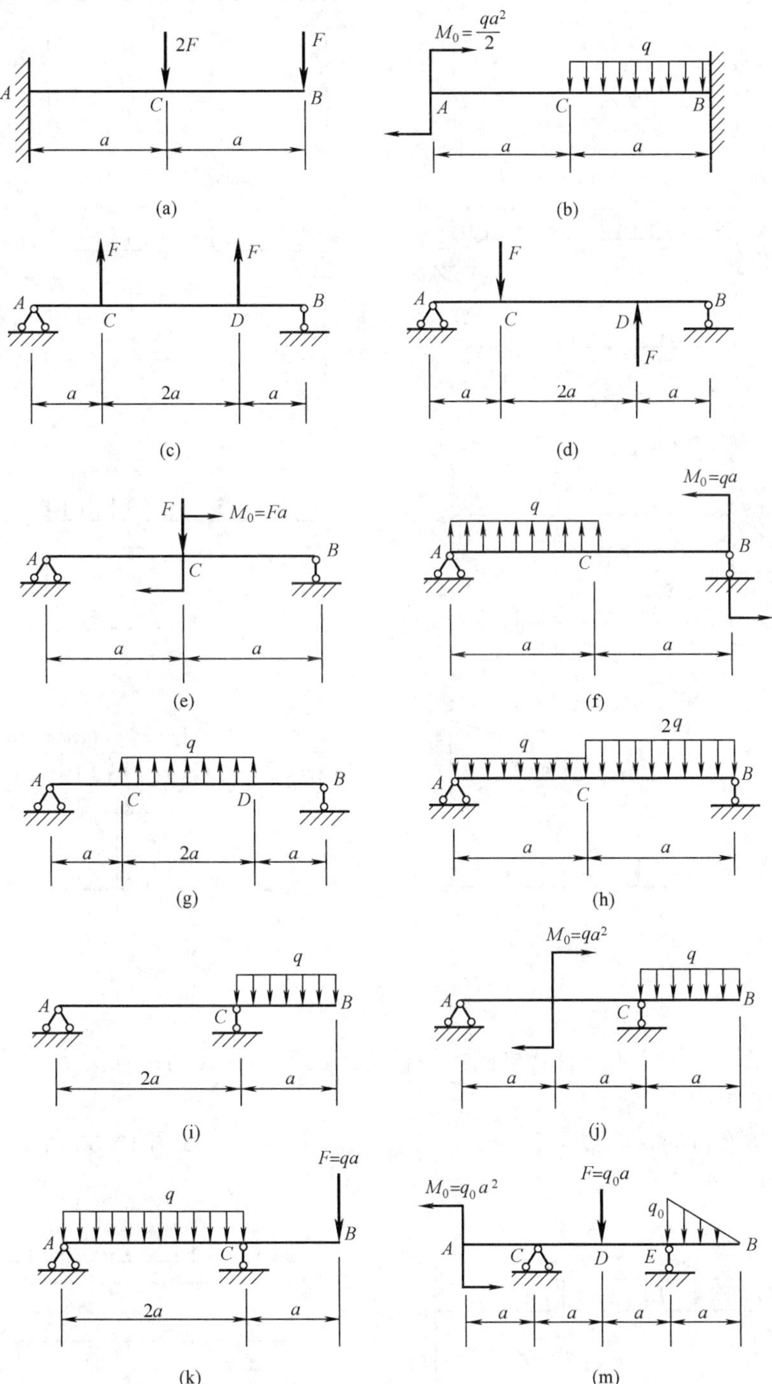

图 10.30

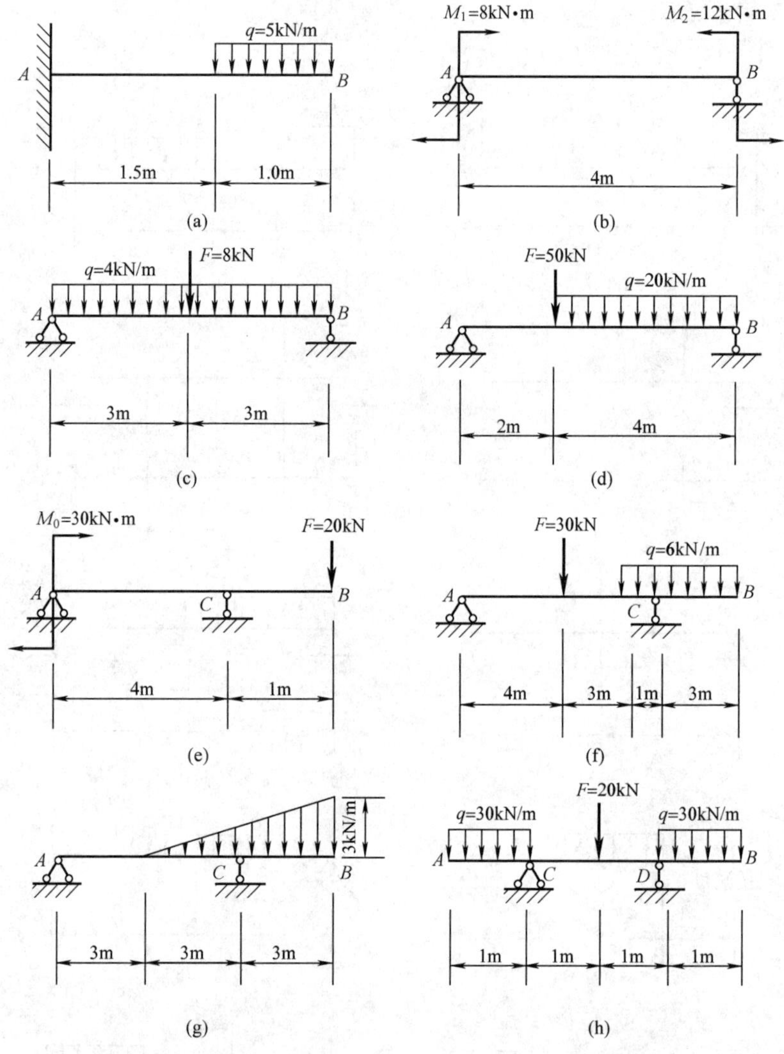

图 10.31

10.4 试求图 10.32 所示悬臂梁固定端截面上的弯矩为零时横向力 F 的大小，并作该梁的剪力图和弯矩图。

10.5 锅炉汽包的总重量为 200kN，支撑在 C、D 两处，如图 10.33 所示。试在下列条件下求比值 l/a：

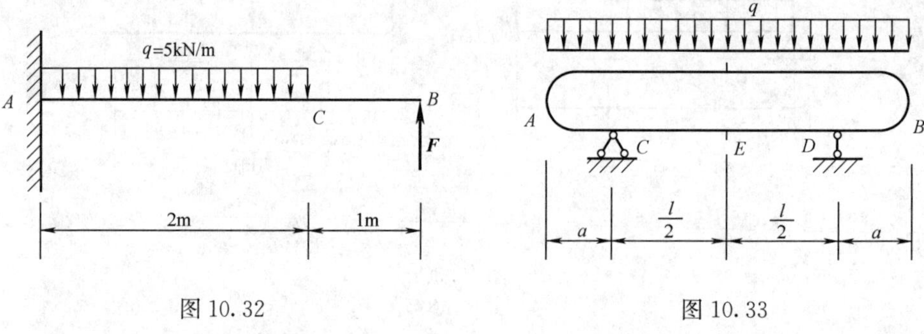

图 10.32　　图 10.33

（1）使 $M_C=M_D=-M_E$；

（2）使 $M_E=0$。

10.6 试作图 10.34 所示梁 ABC 的剪力图和弯矩图。

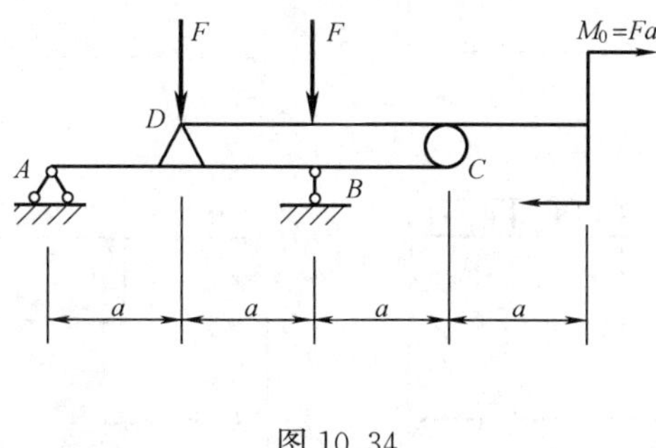

图 10.34

10.7 试利用荷载集度、剪力和弯矩间的微分关系，指出图 10.35 中梁剪力图和弯矩图中的错误。

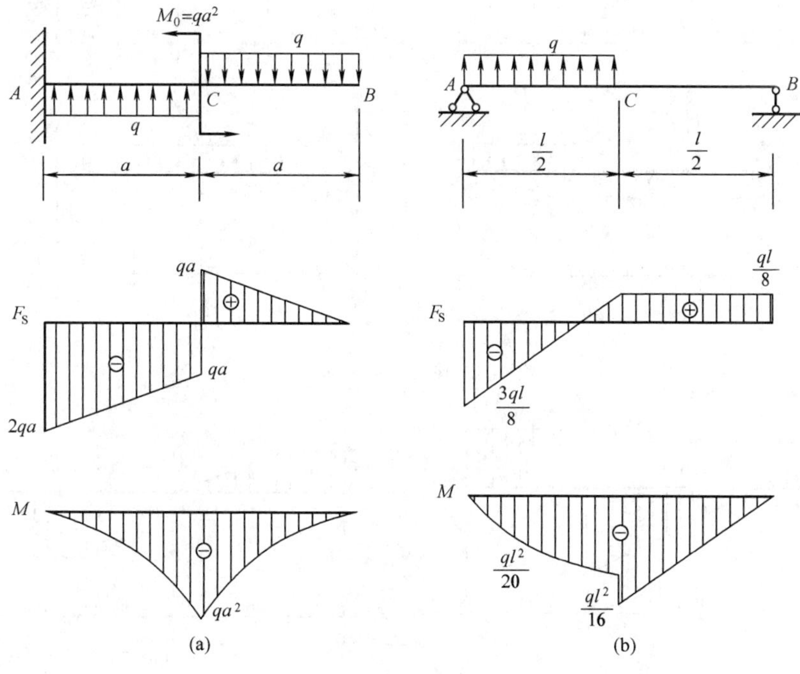

图 10.35

10.8 试利用荷载集度、剪力和弯矩间的微分关系，作图 10.36 中梁的剪力图和弯矩图。

10.9 简支梁的剪力图如图 10.37 所示。已知梁上没有集中力偶作用，试作该梁的剪力图和弯矩图。

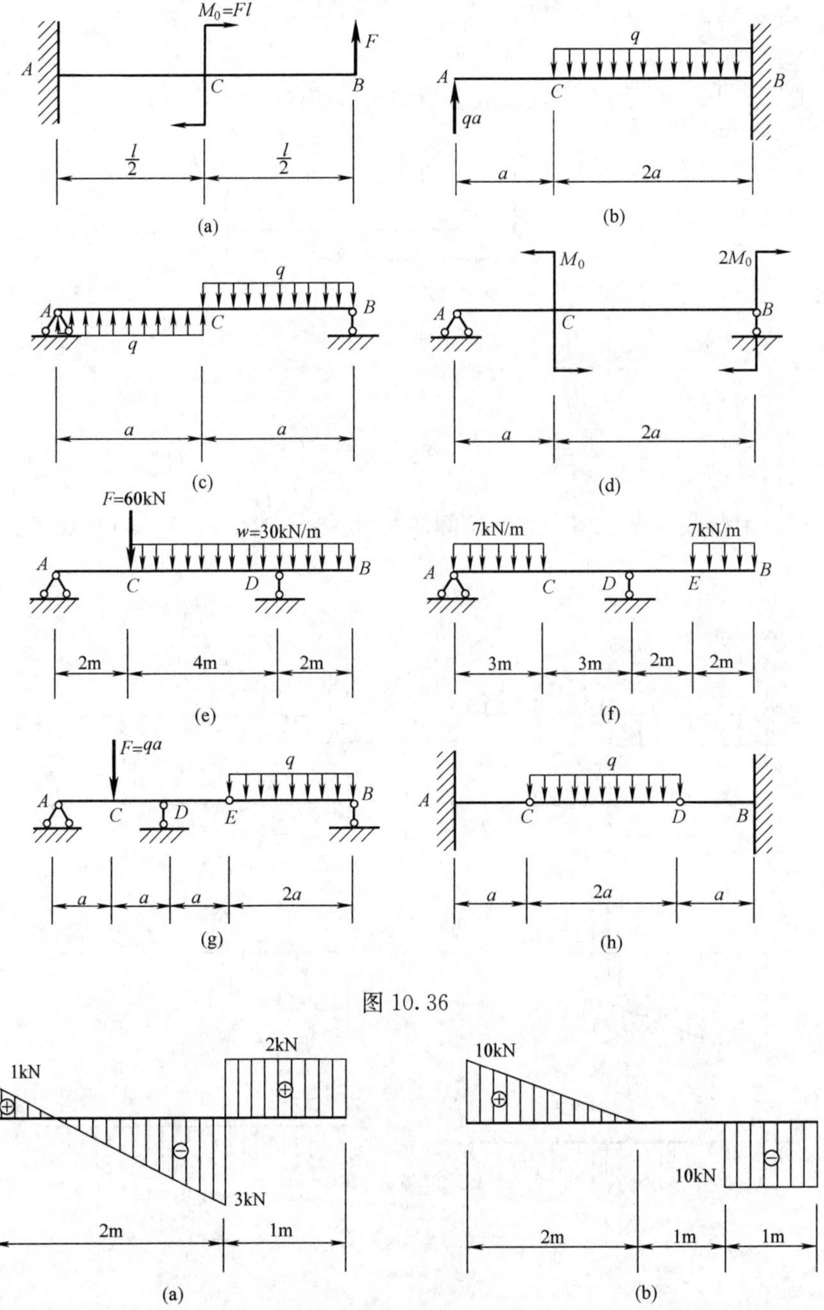

图 10.36

图 10.37

10.10 已知简支梁的弯矩图如图 10.38 所示，试作该梁的剪力图和弯矩图。

10.11 试求铰链 C 的位置 x，使图 10.39 中所示梁 ACB 的固定端弯矩与 CB 段内的最大弯矩二者的绝对值相等。

10.12 图 10.40 所示起重机主梁上，起重小车的轮距为 c，起重量为 F，试求：

（1）欲使梁内弯矩最大，小车所在的位置以及最大弯矩的数值；

（2）若 c 与 l 相比可以忽略不计，上述问题的近似结果。

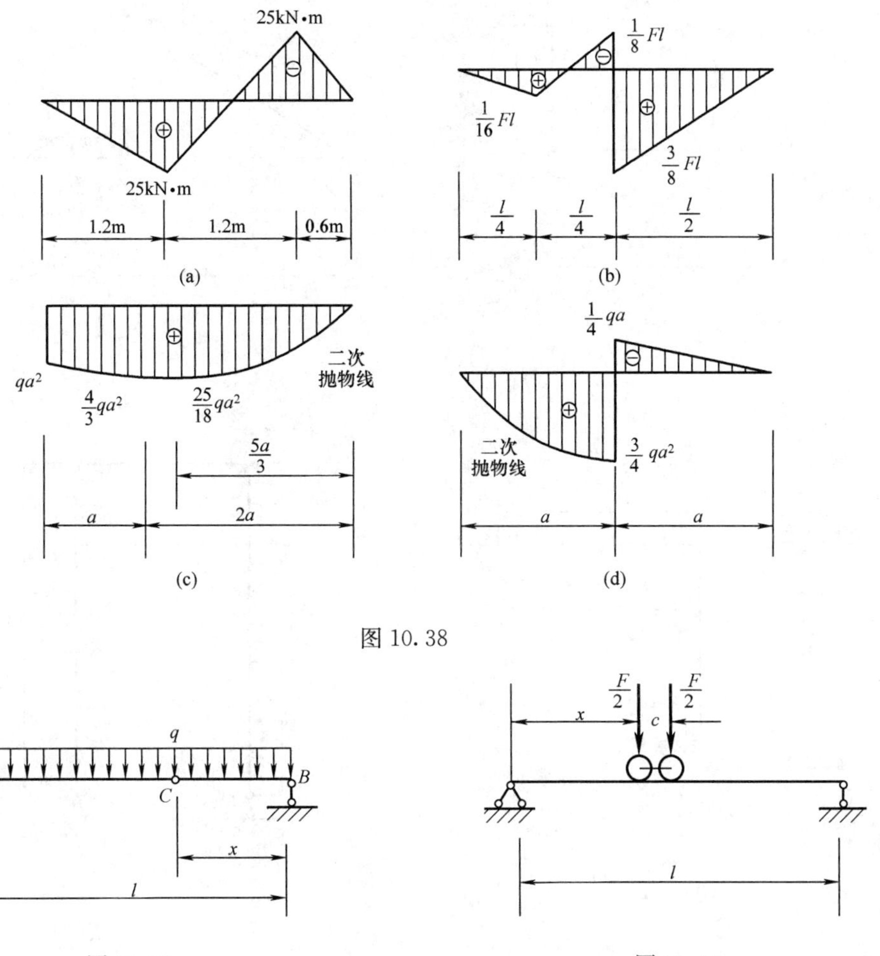

图 10.38

图 10.39

图 10.40

10.13 试作图 10.41（a）所示斜梁的内力图，若支座改成图 10.41（b）和图 10.41（c）的情况，内力图有何改变?

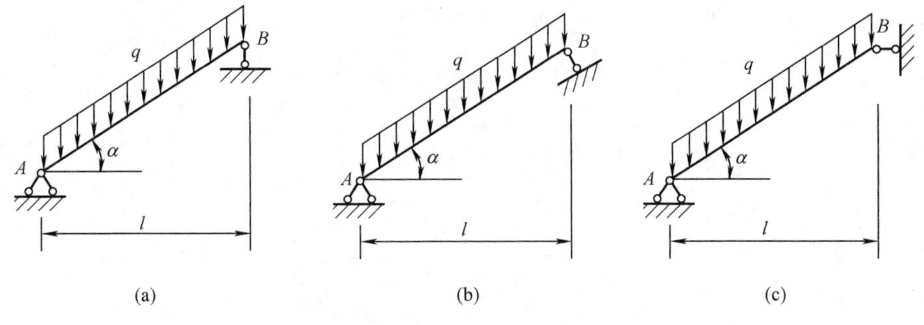

图 10.41

10.14 折杆 ABC 受力如图 10.42 所示，试作各折杆的内力图。

10.15 试作图 10.43 所示各刚架的内力图。

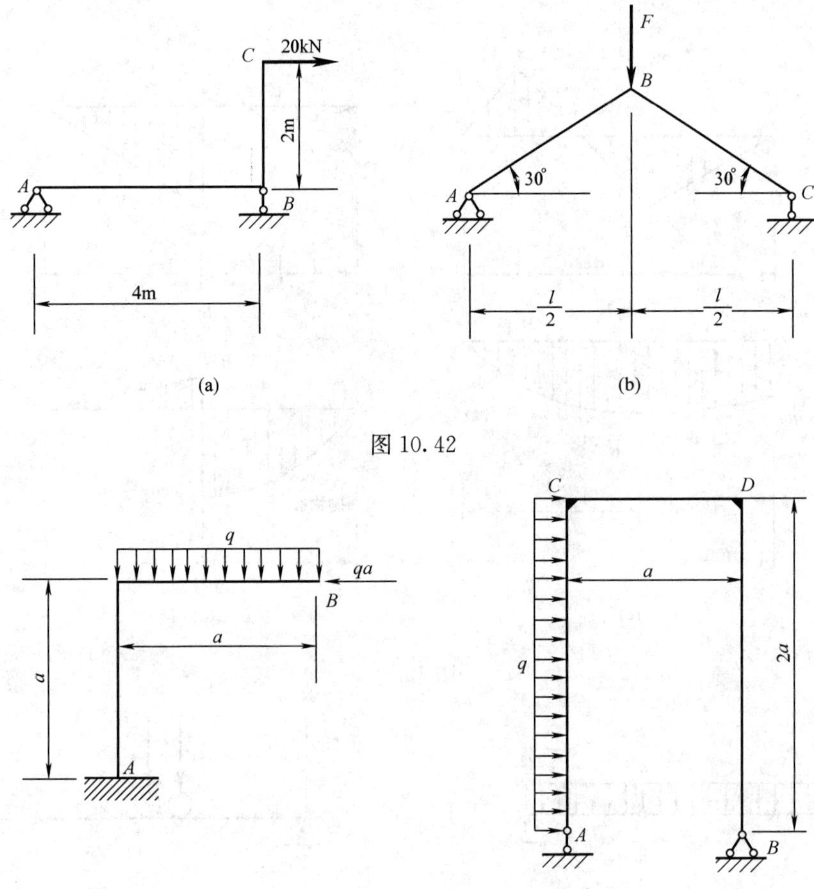

图 10.42

图 10.43

第 11 章　弯　曲　应　力

教学要求

1. 能正确认识弯曲梁横截面上正应力的分布规律，熟练计算梁的弯曲正应力；

2. 熟练掌握弯曲正应力强度条件及其在工程实际中的应用；

3. 掌握工程中常见截面梁横截面上最大弯曲切应力的计算，了解常用截面上弯曲切应力的分布规律；

4. 掌握弯曲切应力强度条件和计算方法及其在工程中的应用；

5. 了解提高梁弯曲强度的主要措施。

在第 4 章中，采用平衡的方法，计算出梁横截面上的剪力和弯矩。而梁的强度，与横截面上的应力分布有关。那么，弯曲梁横截面上的正应力和切应力是如何分布的？如何计算梁内最大正应力和最大切应力，并确定其所在位置？如何进行弯曲梁的三类强度计算？这些就是本章要重点讨论的问题。由于分析计算横截面上各点的应力属超静定问题，仍需综合静力、几何和物理三方面的关系进行研究。本章首先研究对称弯曲梁横截面上的正应力和切应力，然后介绍梁的强度计算，接着讨论两互垂平面内的弯曲，最后介绍非对称弯曲和弯曲中心的概念。

§ 11.1　纯弯曲时梁横截面上的正应力

梁在外荷载作用下产生弯曲变形，其横截面上将产生什么应力？这些应力在横截面上是如何分布的？如何计算这些应力？下面就围绕这些问题进行分析和研究。

为了便于研究，先考察梁的横截面上只有弯矩没有剪力的简单情形。例如，当梁的两端各受到一个大小相等、转向相反的力偶 M 作用时［图 11.1（a)］，横截面上就只有弯矩 M，而剪力 $F_S=0$，这种情形称为**纯弯曲**（pure bending)。在力学实验室里，常常用图 11.1（b）所示的简单而方便的加载方式来实现纯弯曲变形。梁在距两端均为 a 处分别受到一个集中力 F 的作用，由图 11.1（c)、(d）所示梁的剪力图和弯矩图可见，在两个集中力 F 之间的一段梁的变形就是纯弯曲。

若等截面直梁的横截面有一对称轴，它与轴线形成梁的纵向对称面。当梁上的外力均作用在该对称面内时（图 11.2)，则变形后的轴线是位于这个对称面内的一条平面曲线，这种弯曲就是对称弯曲。

仅从梁横截面上法向力的合成结果等于弯矩的静力条件，可知弯曲正应力在截面上可以有许多种分布形式都能满足要求，所以，这是一个超静定问题。因此，需要采用三关系法来研究对称弯曲梁纯弯曲时横截面上的正应力。

1. 几何关系

为分析梁的弯曲变形，首先要进行实验观察。取一根矩形等截面直杆做弯曲实验。在加

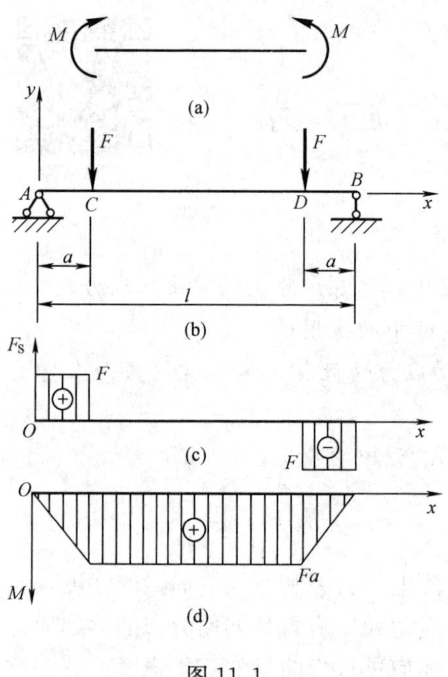

图 11.1

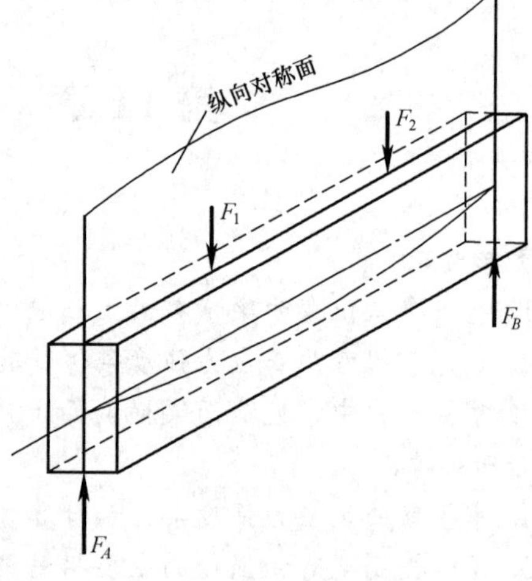

图 11.2

载前，先在杆的中段表面上作横向直线，并在直杆的两侧面上作纵向直线，如图 11.3（a）所示。然后在直杆两端施加一对集中力偶 M，使其产生纯弯曲变形，如图 11.3（b）所示。可观察到以下现象：

（1）杆侧面上的横向线仍为直线，只不过各线已互相倾斜，但仍与纵向线垂直。横向轮廓线在一个倾斜的平面内。

（2）纵向线弯成曲线，靠近直杆上表面的纵向线缩短，而靠近直杆下表面的纵向线伸长。

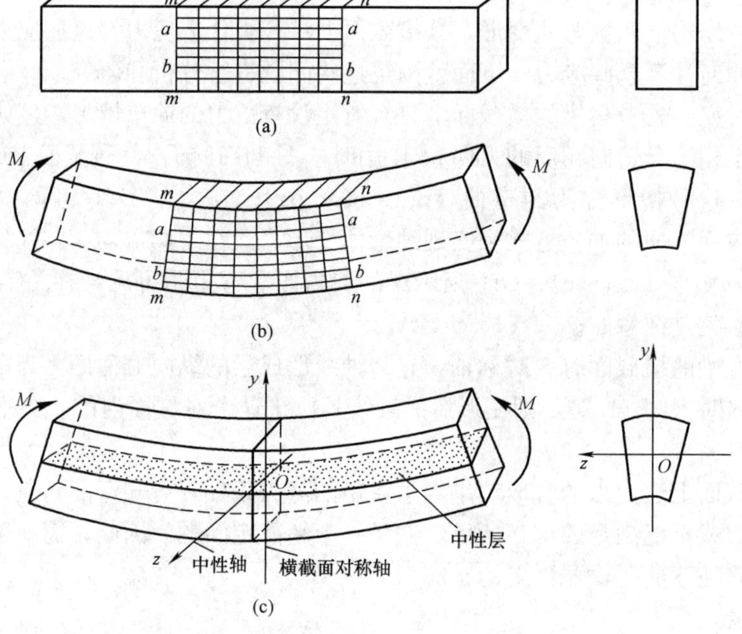

图 11.3

根据直杆弯曲后表面的变形情况，经过由表及里的推断，可假设：直梁产生纯弯曲变形时，横截面仍保持为平面，且始终与梁的轴线垂直。这就是梁弯曲变形时横截面的**平面假设**，是推导梁纯弯曲时应力和变形公式的基础，弹性理论的分析和实验结果都证实了平面假设的正确性。

设想梁是由许多纵向纤维组成的，根据观察结果可知梁弯曲变形后，必然要引起靠近底面的纵向纤维伸长，靠近顶面的纵向纤维缩短。因为横截面仍保持为平面，应由底面纤维的伸长连续地逐渐变为顶面纤维的缩短，中间必有一层纵向纤维既不伸长也不缩短，这层长度不变的纤维层称为**中性层**（neutral surface）［图 11.3（c）］。中性层与横截面的交线称为**中性轴**（neutral axis）。取梁横截面的对称轴为轴 y，中性轴为轴 z，而轴 x 沿梁的轴线方向［图 11.4（a）］。现考察梁某一微段 dx［图 11.4（b）］的变形。变形后，中性层上的纵向线段变成圆弧线，设其曲率半径为 ρ，而微段两端横截面绕其中性轴相对地转动了一个角度 $d\theta$。距中性层为 y 的任一纵向线段 ab，由原长 $dx=\rho d\theta$，变为 $(\rho-y)d\theta$。因此，线段 ab 的纵向应变为

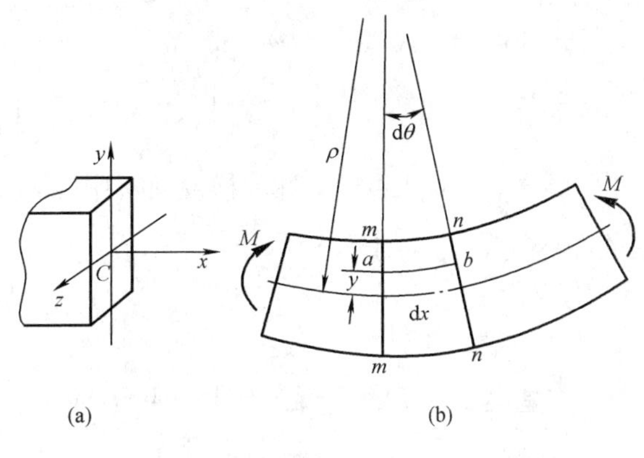

图 11.4

$$\varepsilon_x=\frac{(\rho-y)d\theta-\rho d\theta}{\rho d\theta}=-\frac{y}{\rho}$$

上式表明，纵向线段的线应变与其距中性层的距离成正比。负号表示在正弯矩作用下，中性层以上的纵向线段缩短，以下的纵向线伸长。

2. 物理关系

由于等直梁段上没有横向力作用，可假设纵向线段之间没有挤压，亦即处于单向拉伸或压缩的状态下，当应力不超过某一极限值（比例极限）时，由胡克定律可知横截面上正应力的分布规律为

$$\sigma=E\varepsilon_x=-E\frac{y}{\rho} \tag{11.1}$$

即横截面上的正应力沿宽度均匀分布，沿高度呈线性规律变化，在中性轴各点处的正应力均为零［图 11.5（a）］。

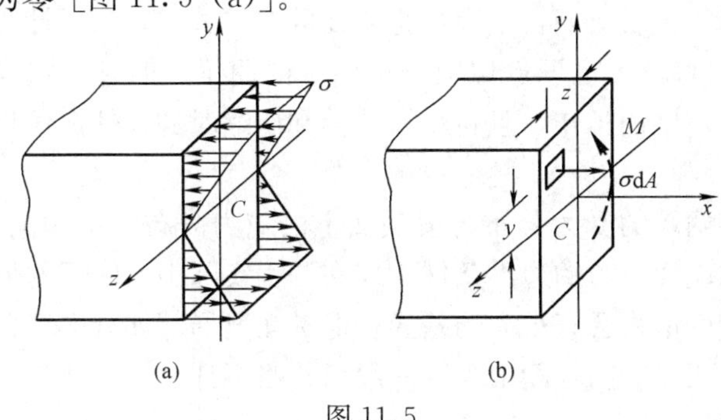

图 11.5

3. 静力关系

由于横截面上的内力分量只有作用于纵向对称平面内的弯矩 M［图 11.5（b）］。因此，应力与内力分量间的静力关系为

$$F_N=\int_A \sigma dA=0 \tag{a}$$

$$M_z=-\int_A y\sigma dA=M \tag{b}$$

将式（11.1）代入式（a），得

$$\int_A \sigma \mathrm{d}A = -\frac{E}{\rho}\int_A y\mathrm{d}A = -\frac{E}{\rho}S_z = 0$$

由于 $\frac{E}{\rho}$ 不可能为零，则要求横截面对中性轴的静矩 S_z 等于零，因此中性轴必须通过截面的形心。

将式（11.1）代入式（b），得

$$-\int_A y\sigma \mathrm{d}A = \frac{E}{\rho}\int_A y^2 \mathrm{d}A = M$$

令积分 $\int_A y^2 \mathrm{d}A = I_z$，称为横截面对中性轴 z 的**惯性矩**或**截面二次轴矩**（second axial-moment of area），于是

$$\frac{1}{\rho} = \frac{M}{EI_z} \tag{11.2}$$

式中，$\frac{1}{\rho}$是梁变形后的曲率。上式表明当 M 不变时 EI_z 越大，则曲率$\frac{1}{\rho}$越小，故 EI_z 称为梁的弯曲刚度（flexural rigidity）。

将式（11.2）代回式（11.1），即得对称弯曲梁纯弯曲时横截面上任一点处的正应力为

$$\sigma = -\frac{My}{I_z} \tag{11.3}$$

横截面上的最大拉、压应力分别发生在离中性轴的最远处。当中性轴为截面的对称轴（如圆形、工字形截面）时，则最大拉、压应力在数值上是相等的，令 $y_{\max}$表示最远处到中性轴的距离，则

$$\sigma_{\max} = \frac{My_{\max}}{I_z} = \frac{M}{W_z} \tag{11.4}$$

式中，$W_z = \frac{I_z}{y_{\max}}$ 称为**弯曲截面系数**（section modulus in bending）。

对称纯弯曲梁的正应力公式（11.3）是综合考虑了几何、物理和静力三个关系才得到的。问题的几何关系是在横截面保持平面的基础上，得到梁的纵向线段的线应变与距中性轴的距离成正比。按弹性理论的方法进行分析，可以证明等截面直梁在纯弯曲时其横截面确实保持平面。但当横截面上同时有剪力和弯矩时（即横力弯曲），由于有切应力，其截面将发生翘曲；同时，由于梁上横向力的作用，往往还会引起纵向线段之间的挤压。这些因素均会影响到横截面上正应力的分布规律。但对于细长梁而言，弯矩是主要的，按式（11.3）计算的正应力一般不会引起很大的误差。式（11.3）也可近似用于小曲率的曲梁，但有一定误差。问题的物理关系则要求材料在线弹性范围内工作，且材料在拉伸和压缩时的弹性模量相等，这是应用式（11.3）的限制条件。

此外，在研究问题的过程中，假设梁两端的受力分布与横截面上的应力分布完全相同。在此前提下得到的应力公式才严格满足两端面上力的边界条件。但在工程实际中，端部的加载方式可能不同，局部受力区域的应力和变形将会有很大的差异。但是在离局部加载区域稍远处，根据圣维南原理，受其不同加载方式影响的程度很小，一般可忽略不计。

§11.2 惯性矩 平行轴定理

在应用式（11.3）计算梁的正应力时，须预先计算横截面对中性轴的惯性矩。对于一些简单图形的截面，如矩形、圆形等，可以直接根据惯性矩的定义，用积分的方法来计算。例如，为求图 11.6 所示矩形截面对中性轴 z 的惯性矩 I_z，可取宽为 b，高为 dy 的狭长条作为微面积，即取 $\mathrm{d}A=b\mathrm{d}y$，积分后得

$$I_z=\int_A y^2\mathrm{d}A=\int_{-\frac{h}{2}}^{\frac{h}{2}} y^2 b\mathrm{d}y=\frac{bh^3}{12} \tag{11.5}$$

用同样的方法，可求得直径为 d 的圆形截面对通过圆心轴 z 的惯性矩为

$$I_z=\frac{\pi}{64}d^4 \tag{11.6}$$

若是外径为 D 内径为 d 的圆环形截面，则

$$I_z=\frac{\pi}{64}(D^4-d^4)=\frac{\pi D^4}{64}(1-\alpha^4) \tag{11.7}$$

式中，$\alpha=\dfrac{d}{D}$。

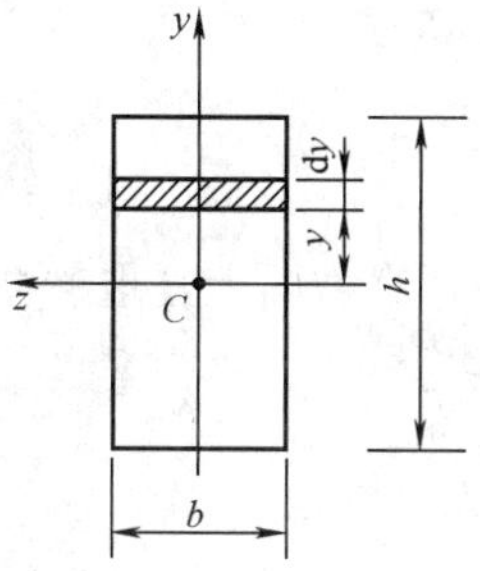

图 11.6

有时为了简便起见，将惯性矩表示为图形面积与某一长度平方的乘积，即

$$I_z=i_z^2A$$

$$i_z=\sqrt{\frac{I_z}{A}} \tag{11.8}$$

式中，i_z 为图形对轴 z 的**惯性半径**（radius of gyration for an area）。例如，矩形（图 10.6）对轴 z 的惯性半径为

$$i_z=\sqrt{\frac{I_z}{A}}=\sqrt{\frac{bh^3}{12bh}}=\frac{h}{2\sqrt{3}}$$

同样可算得直径为 d 的圆形截面对任一形心轴的惯性半径为$\dfrac{d}{4}$。

工程上有许多梁的截面形状是比较复杂的，有些梁的截面形状是由几个部分组成的，对于这种组合图形，根据惯性矩的定义，组合图形对某一轴的惯性矩应等于各个组成部分对同一轴的惯性矩之和。例如图 11.7 所示的 T 形截面，可将其分为两个矩形 Ⅰ 和 Ⅱ，则整个截面对轴 z 的惯性矩等于两个矩形对轴 z 的惯性矩$(I_z)_{\mathrm{I}}$与$(I_z)_{\mathrm{II}}$之和，即

$$I_z=(I_z)_{\mathrm{I}}+(I_z)_{\mathrm{II}}$$

在计算组合图形的各部分对整个截面中性轴的惯性矩时，往往会遇到这样的问题，中性轴并不通过各部分的形心，对中性轴的惯性矩并无简单的计算公式，图 11.7 所示的 T 字形截面就属于这种情况。这时，可应用下述的平行轴定理进行计算。

设有一任意形状的截面（图 11.8），轴 y 和轴 z 是通过形心的一对形心轴，已知截面对形心轴的惯性矩分别为 I_y 和 I_z。如另一对坐标轴 y_1 和轴 z_1，它们分别与轴 y 和轴 z 平行，平行轴之间的距离分别为 a 和 b。现求截面对平行轴 y_1 和轴 z_1 的惯性矩。

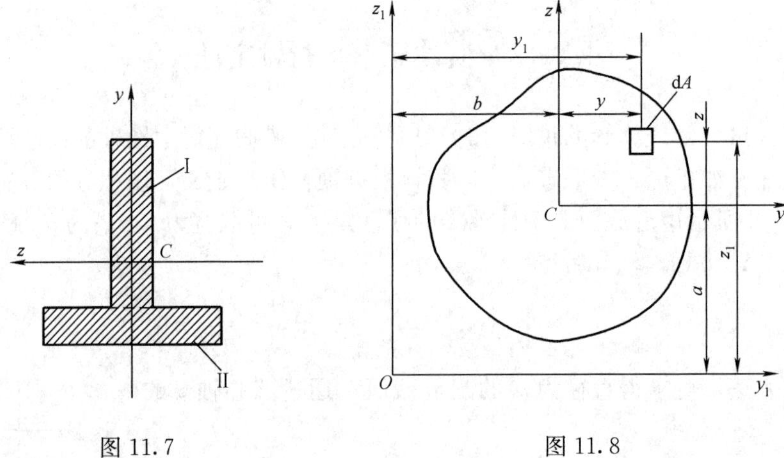

图 11.7　　　　图 11.8

在截面上任取一微面积 $\mathrm{d}A$，其在两个坐标系内的坐标（y，z）与（y_1，z_1）之间的关系为

$$y_1 = y + b, z_1 = z + a$$

则

$$\begin{aligned} I_{y_1} &= \int_A z_1^2 \mathrm{d}A = \int_A (z+a)^2 \mathrm{d}A \\ &= \int_A z^2 \mathrm{d}A + 2a\int_A z\mathrm{d}A + a^2\int_A \mathrm{d}A \end{aligned}$$

上式中等号右边的第一项是截面对形心轴 y 的惯性矩 I_y；第二项中的积分为截面对形心轴 y 的静矩，必然等于零；第三项中的积分为截面的面积 A。因此，上式可表示为

$$I_{y_1} = I_y + a^2 A \tag{11.9a}$$

同理

$$I_{z_1} = I_z + b^2 A \tag{11.9b}$$

式（11.9）称为惯性矩的**平行轴定理**（parallel axis theorem）。

【例 11.1】　T 形截面铸铁外伸梁的荷载和尺寸如图 11.9（a）所示，试求梁内的最大拉应力和压应力。

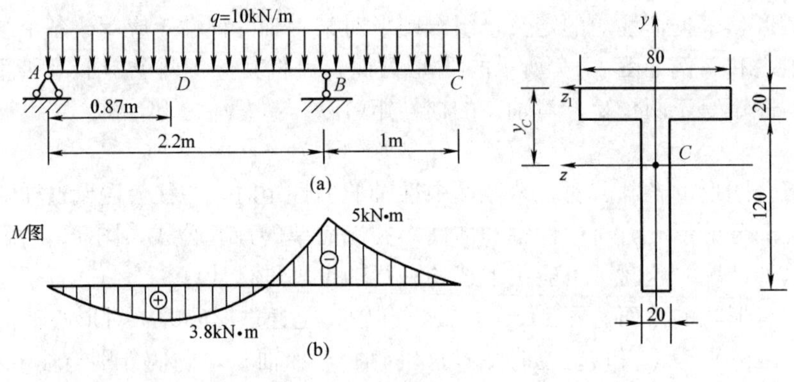

图 11.9

解 （1）确定截面中性轴的位置，并计算对中性轴的惯性矩。

设截面形心到顶边的距离为 y_C，取顶边轴 z_1 作参考轴，则

$$y_C=\frac{\sum A_i y_i}{\sum A_i}=\frac{80\times 20\times 10+20\times 120\times 80}{80\times 20+20\times 120}=52(\mathrm{mm})$$

根据惯性矩的平行轴定理式（11.9），求得截面对中性轴的惯性矩为

$$I_z=\frac{80\times 20^3}{12}+80\times 20\ (52-10)^2+\frac{20\times 120^3}{12}+20\times 120\times (80-52)^2$$
$$=764\times 10^4\ (\mathrm{mm}^4)=7.64\times 10^{-6}\ (\mathrm{m}^4)$$

（2）作弯矩图。

如图 11.9（b）所示，截面 B 有最大负弯矩，$M_B=-5\mathrm{kN\cdot m}$；在 $x=0.87\mathrm{m}$ 处截面 D 剪力为零，弯矩有极值，其值为 $M_D=3.8\mathrm{kN\cdot m}$。

（3）求最大正应力。

截面 B 负弯矩的绝对值最大，上边缘有最大拉应力，下边缘有最大压应力，即

$$\sigma_{\mathrm{t,max}}=\frac{5\times 10^3\times 52\times 10^{-3}}{7.64\times 10^{-6}}=34\times 10^6\ (\mathrm{Pa})=34\ (\mathrm{MPa})$$

$$\sigma_{\mathrm{c,max}}=\frac{5\times 10^3\times (140-52)\times 10^{-3}}{7.64\times 10^{-6}}=57.6\times 10^6\ (\mathrm{Pa})=57.6\ (\mathrm{MPa})$$

在截面 D，虽弯矩小于截面 B 弯矩的绝对值，但 M_D 是正弯矩，$\sigma_{\mathrm{t,max}}$位于截面的下边缘，由于离中性轴的距离最远，有可能发生比截面 B 还要大的拉应力。可得

$$\sigma_{\mathrm{t,max}}=\frac{3.8\times 10^3\times (140-52)\times 10^{-3}}{7.64\times 10^{-6}}=43.8\ (\mathrm{MPa})$$

可见，梁内的最大拉应力发生在截面 D 的下边缘，其值为 $\sigma_{\mathrm{t,max}}=43.8\mathrm{MPa}$，而最大压应力发生在截面 B 的下边缘，其值为 $\sigma_{\mathrm{c,max}}=57.6\mathrm{MPa}$。

§11.3 弯曲正应力的强度计算

等截面直梁的最大弯曲正应力发生在最大弯矩的横截面上距中性轴最远的各点处，由下节内容可知，该处的切应力往往等于零。而由横向力产生的挤压应力较小，可忽略不计。因此，可将最大弯曲正应力所在各点处的受力状况看作单向拉伸应力状态（图 7.16）或单向压缩应力状态。所以，可按照单向拉压强度条件的形式，建立梁弯曲正应力的强度条件为

$$\sigma_{\max}=\frac{M_{\max}}{W}\leqslant [\sigma] \tag{11.10}$$

即梁横截面上最大工作正应力不得超过材料的许用应力。根据强度条件式（11.10），可对梁进行强度校核、截面设计以及确定许可荷载。

对拉压强度相等的材料，例如低碳钢等塑性材料，只要梁内绝对值最大的正应力不超过许用应力即可。

对拉压强度不等的材料，例如铸铁等脆性材料，则最大拉应力和最大压应力都应不超过各自的许用应力。

【例 11.2】 简支木梁如图 11.10（a）所示。已知梁的跨度 $l=5\mathrm{m}$，承受均布荷载 $q=3.6\mathrm{kN/m}$，木材顺纹许用应力$[\sigma]=10\mathrm{MPa}$。若木梁的横截面为矩形［图 11.10（b）］，截面

宽度与高度之比约为 2∶3，试设计木梁的截面尺寸。

解 根据已知条件可作木梁的弯矩图如图 11.10（c）所示。最大弯矩在梁的跨中截面上，其大小为

$$M_{\max}=\frac{ql^2}{8}=\frac{3.6\times5^2}{8}=11.25\ (\text{kN}\cdot\text{m})$$

由木梁弯曲正应力的强度条件式（11.10），可得弯曲截面系数为

$$W_z\geqslant\frac{M_{\max}}{[\sigma]}=\frac{11.25\times10^3}{10\times10^6}=1.125\times10^{-3}\ (\text{m}^3)$$

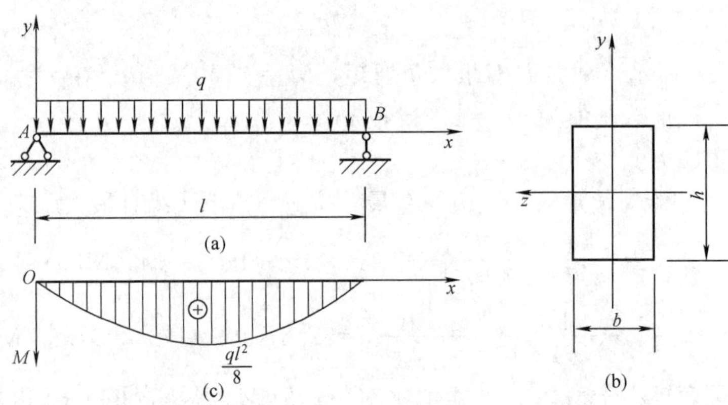

图 11.10

矩形截面弯曲截面系数的表达式为

$$W_z=\frac{bh^2}{6}$$

已知截面宽度与高度之比约为

$$\frac{b}{h}=\frac{2}{3}$$

所以有

$$W_z=\frac{1}{6}\times\frac{2h}{3}\times h^2\geqslant1.125\times10^{-3}\,\text{m}^3$$

可得

$$h\geqslant0.216\text{m},\ b\geqslant0.144\text{m}$$

【例 11.3】 悬臂工字钢梁如图 11.11（a）所示。已知梁的长度 $l=1.2$m，在自由端承受一集中荷载 $\boldsymbol{F}$ 的作用，工字钢的型号为 18 号，钢材的许用应力$[\sigma]=170$MPa，略去梁的自重，试求悬臂梁的最大许可荷载值。

解 根据已知条件可作悬臂梁的弯矩图，如图 11.11（c）所示。最大弯矩在靠近固定端的截面上，其大小为

$$M_{\max}=Fl=1.2F\text{N}\cdot\text{m}$$

由附录中工字钢的型钢表可查得，18 号工字钢的弯曲截面系数为

$$W_z=185\times10^3\ \text{mm}^3=185\times10^{-6}\,\text{m}^3$$

由悬臂梁弯曲正应力的强度条件式（11.10），可得

$$M_{\max}=1.2F\leqslant W_z[\sigma]=185\times10^{-6}\times170\times10^6$$

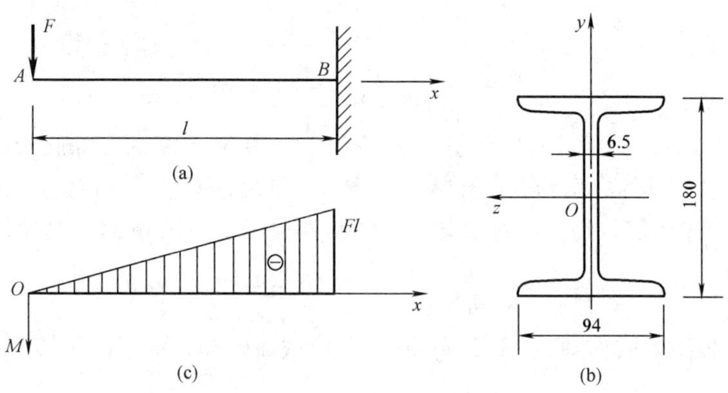

图 11.11

因此，可求得悬臂梁的最大许可荷载值为

$$[F]_{\max}=\frac{185\times10^{-6}\times170\times10^{6}}{1.2}=26.2\times10^{3}\ (\mathrm{N})=26.2\ (\mathrm{kN})$$

【例 11.4】 对于［例 11.1］中 T 形截面铸铁外伸梁，若已知铸铁的许用拉应力 $[\sigma_t]=30\mathrm{MPa}$，许用压应力 $[\sigma_c]=90\mathrm{MPa}$。(1) 试校核梁的强度；(2) 若截面尺寸不变，试确定许可荷载集度 $[q]$；(3) 若荷载不变，T 形截面翼缘宽度不变，板厚不变，试设计截面腹板的高度。

解 (1) 校核强度。

由［例 11.1］的计算结果可知，最大压应力发生在截面 B 的下边缘，有

$$\sigma_{c,\max}=57.6\mathrm{MPa}<[\sigma_c]=90\mathrm{MPa}$$

最大拉应力发生在截面 D 的下边缘，有

$$\sigma_{t,\max}=43.8\mathrm{MPa}>[\sigma_t]=30\mathrm{MPa}$$

可见，最大压应力满足强度条件，而最大拉应力不满足强度条件，需要修改设计。

(2) 确定许可荷载集度 $[q]$。

研究外伸梁，由平衡方程可得支座 A 处的约束力为

$$\sum M_B=0,\qquad F_A=0.873q$$

截面 D 处的弯矩为

$$M_D=0.873q\times0.873-\frac{q}{2}(0.873)^2=0.381q$$

若截面尺寸不变，由截面 D 下边缘的最大拉应力的强度条件，有

$$\sigma_{t,\max}=\frac{0.381q\times(140-52)\times10^{-3}}{7.64\times10^{-6}}\leqslant[\sigma_t]=30\times10^{6}\ \mathrm{N/m^2}$$

可得许可荷载集度为

$$[q]=\frac{30\times10^{6}\times7.64\times10^{-6}}{88\times10^{-3}\times0.381}=6.8\times10^{3}\ (\mathrm{N/m})=6.8\ (\mathrm{kN/m})$$

(3) 设计腹板高度。

若外荷载集度不变，仍为 $q=10\mathrm{kN/m}$。由截面 D 下边缘的最大拉应力强度条件，有

$$\sigma_{t,\max}=\frac{3.81\times10^{3}y_{\max}}{I_z}\leqslant[\sigma_t]=30\times10^{6}\ \mathrm{N/m^2}$$

可得比值

$$\frac{y_{\max}}{I_z}\leqslant\frac{30\times10^6}{3.81\times10^3}=7874/\text{m}^3$$

式中，$y_{\max}$为T形截面形心至下边缘的距离。图11.9中T形截面，除腹板高度外，其他尺寸不变。给定一个腹板高度，可求出形心位置 y_C 和惯性矩 I_z，由截面总高度减 y_C 可得 $y_{\max}$，从而求出上述比值。经过试算可知，当腹板高度 $h=151\text{mm}$ 时，其比值

$$\frac{y_{\max}}{I_z}=\frac{105.1\times10^{-3}}{13.44\times10^{-6}}=7820/\text{m}^3<7874/\text{m}^3$$

因此，当腹板高度增加到 $h=151\text{mm}$ 时，T形截面外伸梁的强度足够。

§11.4 梁横截面上的切应力

梁在横向力作用下产生弯曲时，在横截面上通常不仅有弯矩而且有剪力，这时横截面上除正应力外，还存在切应力。

研究截面上的弯曲切应力的分布比正应力分布要复杂些，要根据截面具体形状对切应力的分布适当地作出一些假设，然后采用局部平衡的方法，得出近似的公式。下面介绍等截面直梁在对称弯曲情形下，几种常见截面上切应力的计算公式。

1. 矩形截面梁

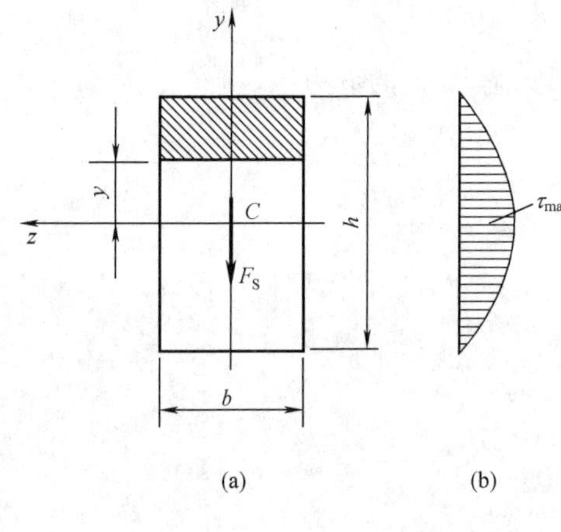

图 11.12

宽为 b，高为 h 的矩形截面如图11.12（a）所示，截面上沿轴 y 作用有剪力 F_S。若 $h>b$，可以假设截面上各点切应力的方向与剪力 F_S 平行，且切应力沿截面宽度均匀分布。根据这些假设，由微体平衡条件可导出横截面上距中性轴为 y 的各点处切应力的近似计算公式为

$$\tau=\frac{F_S S_z^*}{bI_z} \tag{11.11}$$

式中，I_z 是截面对中性轴的惯性矩；b 为所求切应力点处截面的宽度；S_z^* 为过所求切应力点沿宽度方向将横截面分为两部分，其中任一部分对中性轴的静矩。对于矩形截面［图11.12（a）］

$$S_z^*=\int_{A^*}y\mathrm{d}A=\int_y^{\frac{h}{2}}yb\mathrm{d}y=\frac{b}{2}\left[\left(\frac{h}{2}\right)^2-y^2\right]$$

$$I_z=\frac{bh^3}{12}$$

于是，由式（11.11）得

$$\tau=\frac{3F_S}{2bh}\left(1-\frac{4y^2}{h^2}\right) \tag{11.12}$$

可见，切应力沿截面高度成抛物线分布［图11.12（b）］。最大切应力发生在中性轴处（$y=0$），其值为

$$\tau_{\max}=\frac{3F_S}{2bh} \tag{11.13}$$

在截面高度 h 大于宽度 b 的情况下，按以上公式进行分析能满足工程上的要求。

2. 工字形截面梁

对于工字形截面［图 11.13（a）］。由于翼缘的宽度远大于腹板的宽度，翼缘主要承受水平方向的切应力，而铅垂方向的切应力很小，可略去。剪力 F_S 主要由腹板承担，沿 y 方向的切应力 τ 可按式（11.11）计算。由于 S_z^* 是 y 的二次函数，故腹板部分的切应力沿高度也是按抛物线规律变化的，如图 11.13（b）所示。最大切应力发生在中性轴处，其值为

$$\tau_{\max}=\frac{F_S S_{z,\max}^*}{dI_z} \tag{11.14}$$

(a) (b)

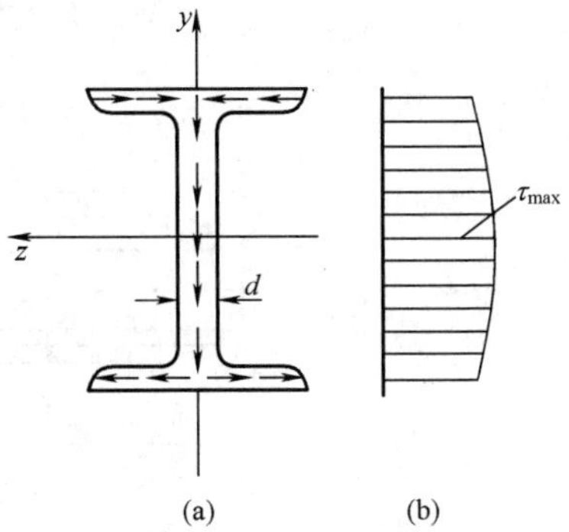

图 11.13

式中，d 为腹板宽度；$S_{z,\max}^*$ 为中性轴任一侧的面积对中性轴的静矩。对于轧制的工字型钢，$I_z/S_{z,\max}^*$ 可直接由型钢表查得。

§11.5 弯曲切应力的强度计算

对于横截面上既有弯矩又有剪力的横力弯曲情形，梁除满足正应力强度条件外，还应满足切应力强度要求。

等直梁的最大切应力一般发生在横截面中性轴上各点处，这些点处的正应力为零，均为纯剪切应力状态［图 9.7（d）］。因此，弯曲切应力的强度条件为

$$\tau_{\max}=\frac{F_{S,\max} S_{z,\max}^*}{bI_z}\leqslant[\tau] \tag{11.15}$$

进行弯曲梁的强度设计时，必须同时满足正应力和切应力强度条件。可先按正应力进行强度计算，再按切应力进行强度校核。细长实体梁的控制因素通常是弯曲正应力，只有在下述情况下，才进行梁的弯曲切应力强度校核：

（1）梁的跨度较短，或在支座附近作用较大的荷载，致使梁的弯矩较小，而剪力很大；

（2）铆接或焊接的薄壁截面梁，如工字梁等，若腹板较薄，小于相应型钢腹板，应对腹板进行切应力校核；

（3）经焊接、铆接或胶合而成的梁，一般需对焊缝、铆钉或胶合面进行剪切强度计算。

【例 11.5】 一吊车大梁，为 20a 号工字钢并在中段上、下用两块钢板加强而成，有关尺寸如图 11.14(a)所示。若工字钢与钢板许用应力相同，$[\sigma]=165\text{MPa}$，$[\tau]=100\text{MPa}$。起吊重量 $F=50\text{kN}$，试校核梁的强度。

解 （1）校核正应力强度。

当荷载 F 位于梁跨度中点时［图 11.14（b）］，梁有最大弯矩，其值为

$$M_{\max}=62.5\text{kN}\cdot\text{m}$$

因为梁中段用钢板加强，故横截面的惯性矩应为工字钢与加强板截面的惯性矩之和。由型钢表查得 20a 号工字钢的惯性矩为 2370cm^4，故加强后截面的惯性矩为

$$I_z=2370+\frac{1}{12}\times12\times(22^3-20^3)=5018\ (\text{cm}^4)$$

则梁跨中截面上的最大正应力为

$$\sigma_{\max}=\frac{M_{\max}y_{\max}}{I_z}=\frac{62.5\times10^3\times0.11}{5018\times10^{-8}}=137\ (\text{MPa})<[\sigma]=165\text{MPa}$$

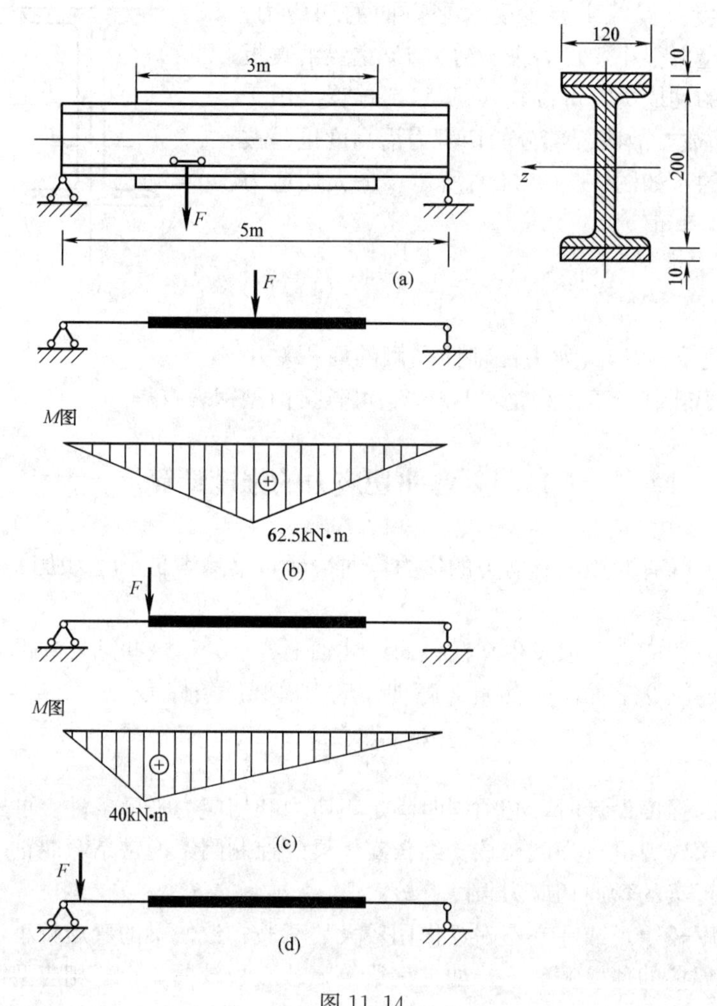

图 11.14

当荷载移至截面突变处也是一种不利位置［图 11.14（a)］，此时梁的最大弯矩为

$$M'_{\max}=40\text{kN}\cdot\text{m}$$

未加强段横截面的弯曲截面系数由型钢表查得 $W_z=237\ \text{cm}^3$。这时梁内的最大正应力为

$$\sigma'_{\max}=\frac{M'_{\max}}{W_z}=\frac{40\times10^3}{237\times10^{-6}}=169\ (\text{MPa})>[\sigma]=165\text{MPa}$$

计算表明，梁跨中截面最大弯曲正应力满足强度条件，而截面突变处最大弯曲正应力大于许用正应力，但由于最大正应力超出许用正应力的数值相对许用正应力的百分比没超出 5%，仍可认为该梁满足正应力强度条件。

(2) 校核切应力强度。

当荷载很靠近支座 A 时 [图 11.14 (d)],梁内的剪力最大。由平衡条件可知,支反力 F_A 约等于 F。于是,由截面法求得

$$F_{S,\max}=F_A\approx F=50\mathrm{kN}$$

由型钢表查得 $I_z/S_{z,\max}=17.2\mathrm{cm}$,腹板厚度 $d=7\mathrm{mm}$。于是,按式 (11.14) 求得梁内的最大切应力为

$$\tau_{\max}=\frac{F_{S,\max}S_{z,\max}}{dI_z}=\frac{50\times10^3}{7\times10^{-3}\times17.2\times10^{-2}}=41.5\ (\mathrm{MPa})<[\tau]=100\mathrm{MPa}$$

综上所述,荷载在移动过程中,梁内的最大正应力为 169MPa,最大切应力为 41.5MPa,分别满足正应力和切应力强度条件。

由上例可见,即使对于型钢这类薄壁截面的细长梁,在强度设计中,其弯曲正应力强度仍为主要控制因素,而弯曲切应力为次要因素。

在 [例 11.4] 中,当腹板高度 $h=151\mathrm{mm}$ 时,试计算外伸梁内最大切应力的大小,并指出其所在位置。若许用切应力 $[\tau]=26\mathrm{MPa}$。试说明是否需要校核该梁的弯曲切应力强度。

§11.6 提高梁弯曲强度的措施

要保证梁有足够的弯曲强度,又要尽量节省材料以降低成本,这是一对矛盾。强度设计的任务就在于合理地解决这一矛盾。在设计中应具体分析影响梁强度的各种因素,例如,梁的受力和约束情况,梁的外形和截面尺寸等方面。下面将讨论工程中常采用的一些提高梁弯曲强度的措施。

1. 合理安排梁的荷载和约束

弯矩是引起弯曲变形的主要因素,合理地安排梁的荷载和约束,可以降低弯矩,从而提高梁的承载能力。

例如,受集中荷载作用的简支梁,当荷载位于梁跨度的中点时 [图 11.15 (a)],梁内的弯矩最大。若将原来的单个集中力改为两个集中力 [图 11.15 (b)] 或均布荷载 [图 11.15 (c)],则后二者的最大弯矩仅为原来的一半。对于受均匀荷载作用的简支梁,若将两端的铰链支座各向内移动 $0.2l$ [图 11.15 (d)],则梁的最大弯矩仅为均布荷载简支梁的 $\frac{1}{5}$。

2. 合理选择截面形状

由于梁的弯曲正应力与梁的弯曲截面系数 W 成反比,因此,在横截面面积 A 相同的前提下,应尽量提高 W 值。为了发挥材料的潜力,应将较多的材料配置在远离中性轴的部位。由此可见,环形截面比圆形合理,矩形截面竖放比平放合理,而工字形又比竖放的矩形更合理些。

在选择梁的截面形状时,还要考虑到材料的特性。对于抗拉与抗压能力相等的塑性材料,应采用对称于中性轴的截面,这样才能使横截面上的最大拉、压应力值同时达到材料的许用应力,例如,工字形、箱形、圆形等截面。但对于用脆性材料制成的梁,由于材料的抗

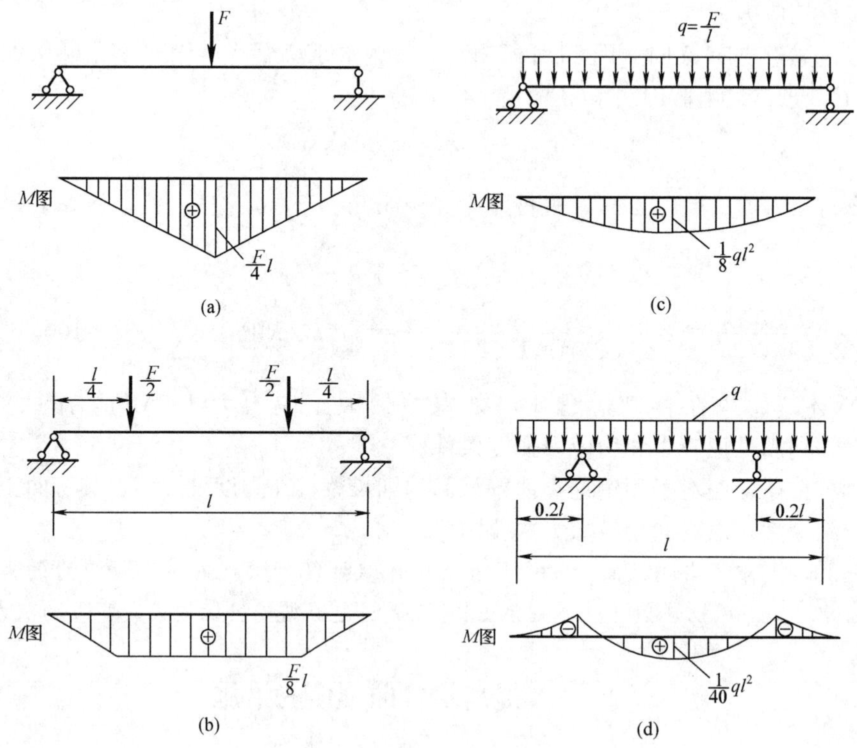

图 11.15

压强度高得多，所以，宜采用T形、U形等对中性轴不对称的截面，并使中性轴偏向于受拉的一侧，尽量使梁的最大拉、压应力同时达到相应的许用拉、压应力。

应该指出，在设计矩形或工字形截面梁时，截面不能过于狭长，以免发生侧向失稳而丧失承载能力。另外，在设计工字形等薄壁截面梁时，应注意腹板的厚度不能太小，否则会因切应力强度不足而破坏。

3. 合理设计梁的外形

为了减轻梁自重和节省材料，常将梁设计成变截面的，尽量使各截面上的最大正应力相等。若各截面上的最大正应力都相等，这种梁称为等强度梁（beam of constant strength）。根据梁的正应力强度条件，可以得到梁截面的弯曲截面系数沿轴线的变化规律，即

$$W(x)=\frac{M(x)}{[\sigma]} \tag{11.16}$$

例如，宽度 b 不变而高度 h 可变化的矩形截面简支梁，梁的跨度中间受一集中力。若按等强度设计，则随截面位置而变化的截面高度 h（x）可由式（11.16）求得，即

$$W(x)=\frac{bh^2(x)}{6}=\frac{\frac{F}{2}x}{[\sigma]}\quad\left(0\leqslant x\leqslant\frac{1}{2}\right)$$

$$h(x)=\sqrt{\frac{3Fx}{b[\sigma]}} \tag{a}$$

在靠近支座外，还应满足切应力的强度条件

$$\tau_{\max}=\frac{3}{2}\frac{F_S}{A}=\frac{3}{2}\frac{F/2}{bh_{\min}}=[\tau]$$

故支座附近处截面的最小高度为

$$h_{\min}=\frac{3F}{4b[\tau]} \tag{b}$$

按式（a）和式（b）设计梁的外形，如图 11.16（a）所示，若将梁制作成图 11.16（b）所示形式，就是工程中常见的鱼腹梁了。

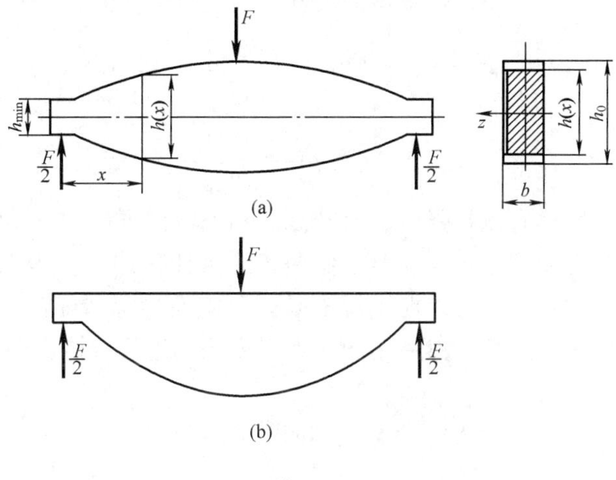

图 11.16

本　章　小　结

1. 纯弯曲梁横截面上的正应力

横截面上距中性轴为 y 的任一点的正应力为

$$\sigma=\frac{M}{I_z}y$$

弯曲正应力的分布规律：横截面上任一点处的正应力的大小，与该点至中性轴的距离成正比，中性轴一侧为拉应力，另一侧为压应力。

最大正应力为

$$\sigma_{\max}=\frac{M_{\max}}{I_z}y_{\max}=\frac{M_{\max}}{W_z}$$

2. 横力弯曲梁横截面上的切应力

横截面上距中性轴为 y 的任一点的切应力为

$$\tau=\frac{FS_z^*}{bI_z}$$

矩形截面梁弯曲切应力的分布规律：切应力方向与截面上剪力的方向一致，其大小沿截面高度呈抛物线变化。

最大切应力发生在截面中性轴处，计算公式为

$$\tau_{\max}=\frac{F_{S}S_{z,\max}^{*}}{bI_{z}}$$

3. 弯曲正应力的强度条件

$$\sigma_{\max}=\frac{M_{\max}}{W_{z}}\leqslant[\sigma]$$

校核强度 $\sigma_{\max}=\frac{M_{\max}}{W_{z}}\leqslant[\sigma]$

设计截面 $W_{z}\geqslant\frac{M_{\max}}{[\sigma]}$，由 W_z 计算截面尺寸。

确定许可荷载 $M_{\max}\leqslant[\sigma]W_{z}$，由 $M_{\max}$ 计算许可荷载值。

4. 弯曲切应力的强度条件

$$\tau_{\max}=\frac{F_{S,\max}S_{z,\max}^{*}}{bI_{z}}\leqslant[\tau]$$

切应力的强度计算同样有校核强度、设计截面和确定许可荷载三类问题。

应当指出：对于受弯曲的细长实体梁，弯曲正应力比弯曲切应力大得多，是主要因素，因此通常只需进行正应力强度计算。对于短梁或薄壁截面梁等情况，弯曲切应力不可忽略，可先按正应力强度条件进行计算，然后用切应力强度条件进行校核。

概念分析与工程应用实训

11.1 弯曲梁由四根等长的角钢组成，如图 11.17 所示。若外荷载作用在梁的纵向对称面内，试

(1) 通过对各种组合梁弯曲正应力的分析，说明哪一种组合形式强度最好，哪一种强度最差。

(2) 上述分析对弯曲梁的截面设计有什么启示？

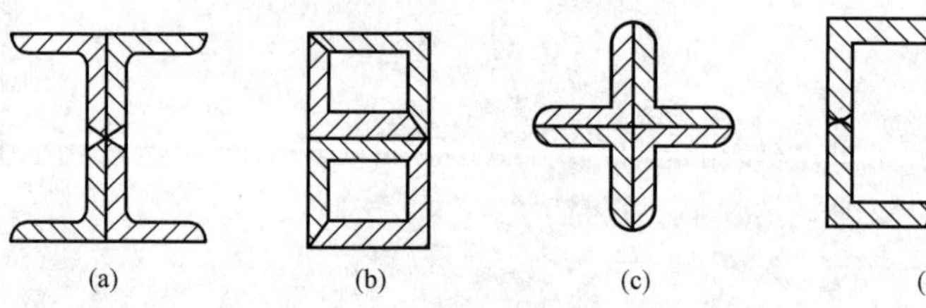

图 11.17

11.2 中国古代木结构建筑中，在上梁与柱子［图 11.18 (a)］的连接处，常常采用一种在世界上独具风格的斗拱结构［图 11.18 (b)］。试

(1) 建立斗拱的力学模型，画出其计算简图；

(2) 对斗拱的力学模型进行内力分析，并与无斗拱梁的内力进行比较；

(3) 对斗拱的力学模型进行应力分析和截面设计，并与无斗拱梁进行比较；

(4) 根据上述分析结果，阐述这种在世界上特有的斗拱结构有何优点。

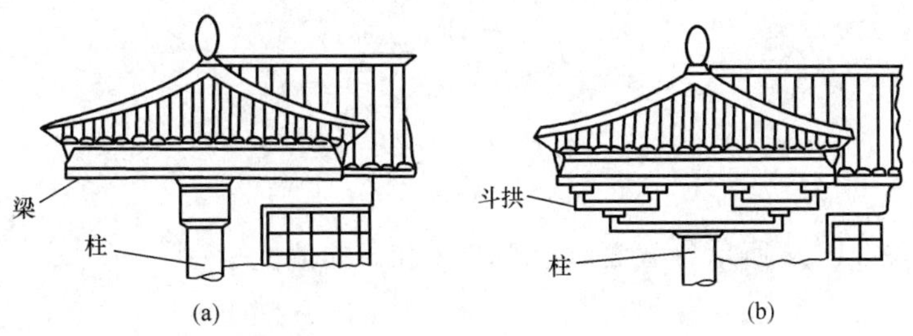

图 11.18

11.3 矩形截面钢筋混凝土梁的配筋如图 11.19 所示，试通过弯曲梁内的正应力和切应力的分析以及钢筋混凝土梁的破坏形式，分别说明设置箍筋、弯起钢筋、梁底直筋、梁顶直筋的主要作用。

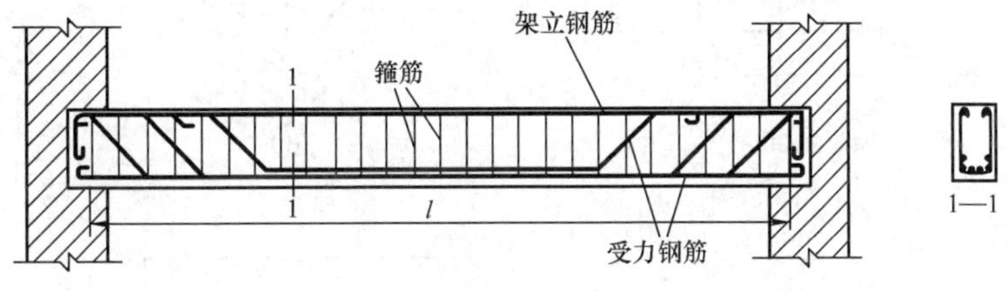

图 11.19

11.4 设计强度好的闭口薄壁截面形式，并绘制等截面直梁的草图。用同样数量的 A4 复印纸和胶水，制作与复印纸长度相同的等截面直梁，采用加载试验的方法，看谁设计的梁承载能力最大，并建立力学模型，分析原因。

习　　题

11.1 正方形截面悬臂梁承载如图 11.20 所示，若按图 11.20（a）、（b）两种方式放置，试问抗弯强度何者为大，抗弯刚度何者为大？

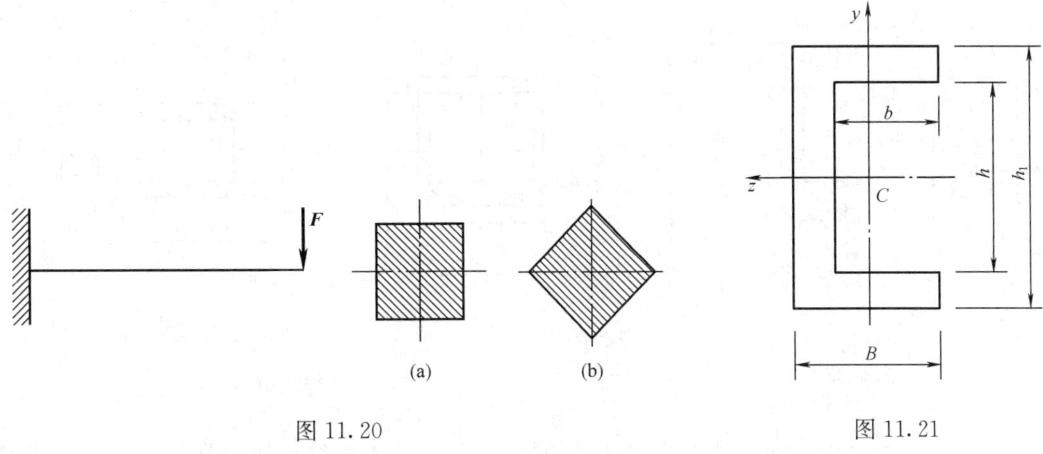

图 11.20　　　　图 11.21

11.2 试问图 11.21 所示槽形截面对形心主轴 z 和 y 的惯性矩是否可按下式计算？为什么？

$$I_y=\frac{h_1B^3}{12}-\frac{hb^3}{12}$$

$$I_z=\frac{Bh_1^3}{12}-\frac{bh^3}{12}$$

11.3　试求图11.22所示各截面对形心轴 y 和 z 的惯性矩。

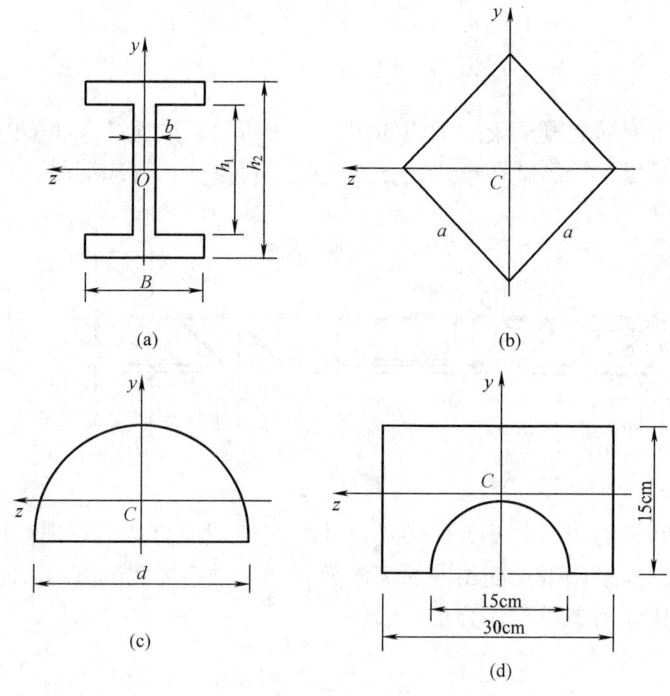

图11.22

11.4　试求图11.23中各图形对水平形心轴 y_C 的惯矩。

11.5　试求图11.24所示各截面图形对形心轴 z 的惯矩以及惯性半径。

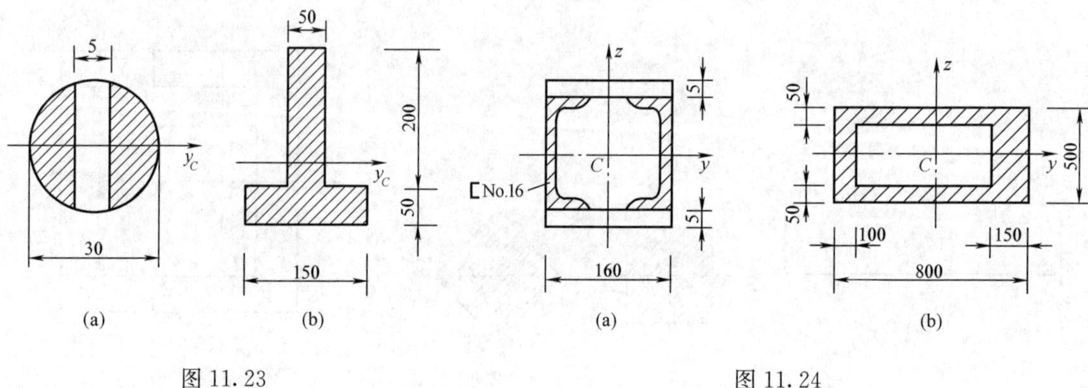

图11.23　　　　图11.24

11.6　直径为 d 的钢丝，绕在直径为 D 的圆筒上，已知钢丝在弹性范围内工作，其弹性模量为 E，试求钢丝中的最大弯曲正应力。

11.7　矩形截面悬臂梁承受荷载如图11.25所示。求作弯矩图并求危险截面上距下边

40mm 的点 A 处正应力和危险截面上的最大正应力。

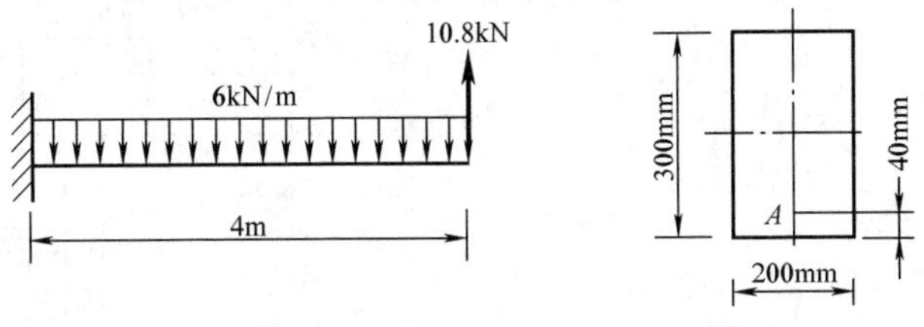

图 11.25

11.8　图 11.26 中圆轴的外伸段为空心管状，试作弯矩图，并求轴内的最大正应力。

11.9　一外伸梁受载如图 11.27 所示，梁为 16a 号槽钢所制成。试求梁内的最大拉应力和最大压应力，并指出其所作用的截面和位置。

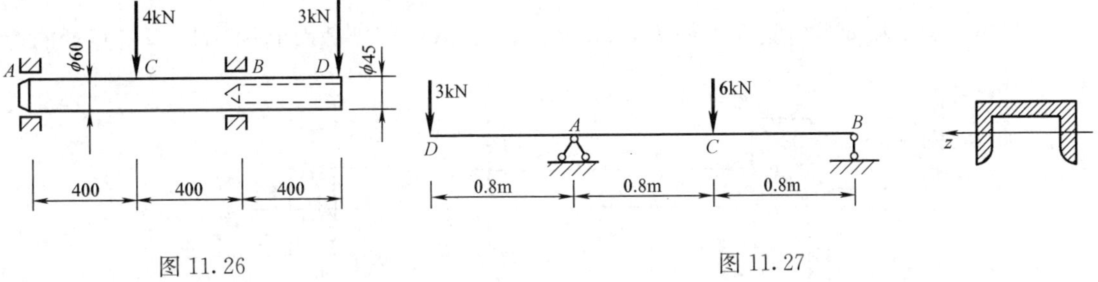

图 11.26　　图 11.27

11.10　$100\times150\text{mm}^2$ 的矩形截面悬臂梁，在自由端受横向集中力 75kN 作用。已知材料的许用应力为 100MPa，试求梁的许可长度。

11.11　用两个槽钢组成的简支梁如图 11.28 所示。若 $[\sigma]=120\text{MPa}$，试选择此梁的槽钢型号。

11.12　10 号工字钢梁 AB，支撑和荷载情况如图 11.29 所示。已知圆钢杆 BC 的直径 $d=20\text{mm}$，梁和杆的许用应力 $[\sigma]=160\text{MPa}$，试求许可均布荷载集度 q。

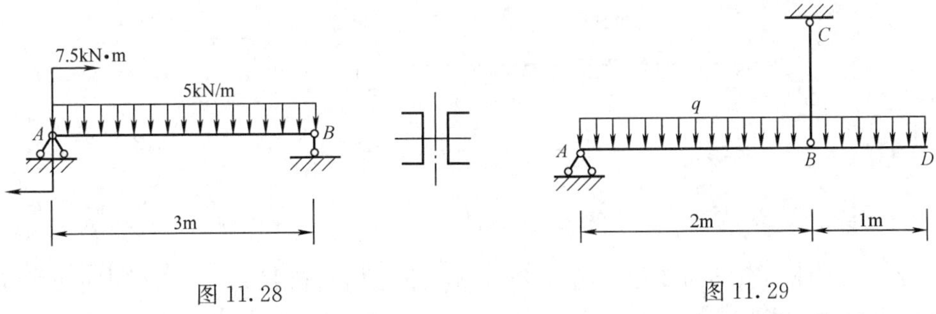

图 11.28　　图 11.29

11.13　集中力直接作用于简支梁 AB 的中点时，梁内最大应力超过许用值 30%；为了消除此过载现象，配置了辅助梁 CD，如图 11.30 所示。已知 $l=6\text{m}$，试求梁 CD 的跨度 a。

11.14　简支梁跨度 $l=2.4\text{m}$，在梁跨中点有一向下的集中荷载 F，梁的截面如图 11.31 所示。若许用拉应力 $[\sigma_t]=15\text{MPa}$，许用压应力 $[\sigma_c]=30\text{MPa}$，试求荷载 F 可以有多大。

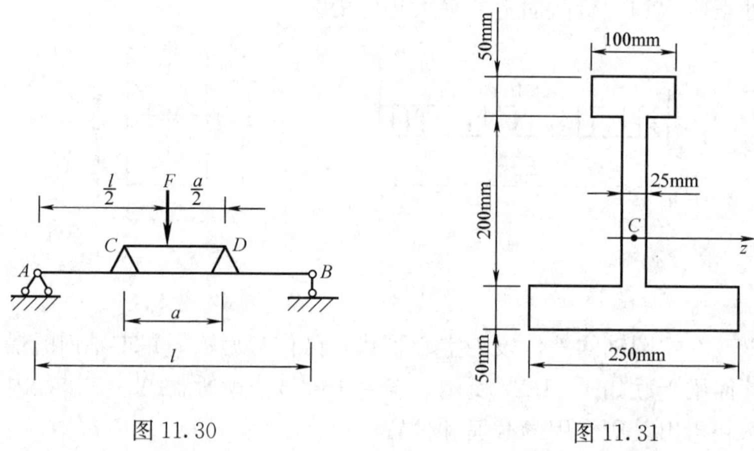

图 11.30 图 11.31

11.15 矩形截面悬臂梁受力如图 11.32 所示，试求固定端截面上 A、B、C 各点处的切应力。

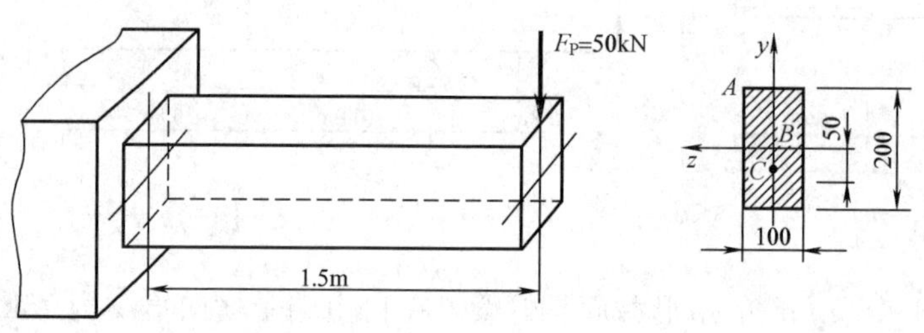

图 11.32

11.16 起重吊车行走于两根 No.28a 工字钢所组成的简支梁上，如图 11.33 所示。吊车最大起重量为 50kN，自重为 10kN。试确定吊车在移动过程中，梁内的最大正应力和最大切应力。

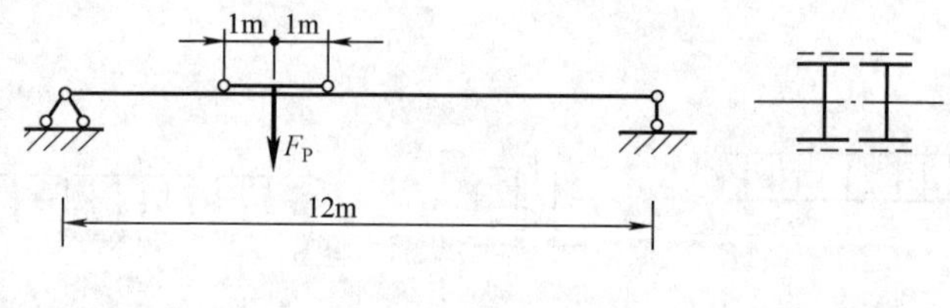

图 11.33

11.17 25a 号工字钢简支梁，跨度 $l=4$m，承受均布荷载 q。已知梁内最大正应力为 120MPa，求梁内最大切应力。

11.18 $100\times150\text{mm}^2$ 矩形截面的简支梁，跨度 $l=4$m，受力情况如图 11.34 所示。试求在离右支座 0.5m 的截面 D 上与梁的底面相距 40mm 处的切应力。

11.19 铸铁圆管的一端伸出支座之外 0.3m，在管外伸端受集中载荷 6kN，管的外径为 100mm，壁厚 10mm，若 $[\sigma]=32$MPa，$[\tau]=26$MPa，试校核管外伸部分的强度。

11.20 起重机行走于两根工字钢所组成的简支梁上，如图 11.35 所示。起重机自重 $G=50$kN，起重量 $P=10$kN，梁材料的许用应力 $[\sigma]=170$MPa，试选择工字钢的号码。

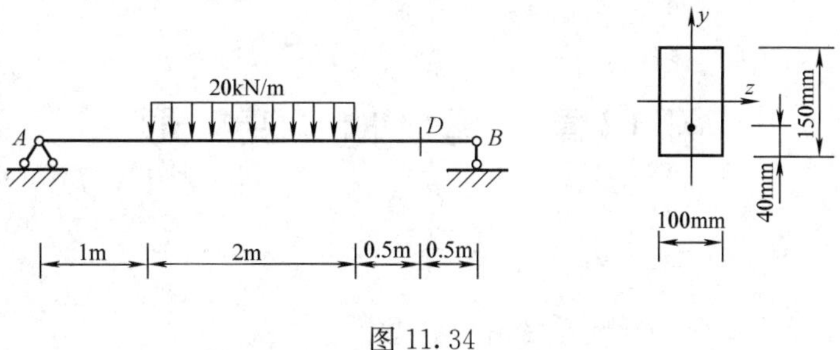

图 11.34

梁自重影响不计。

11.21　如图 11.36 所示，一工字型钢梁的型号为 20a，梁的中部上、下用钢板加强，全梁作用有均布荷载 q。已知 $l=6\text{m}$，$q=12\text{kN/m}$，钢板厚度 $\delta=10\text{mm}$，钢材的许用应力 $[\sigma]=170\text{MPa}$，$[\tau]=100\text{MPa}$。试校核该梁的强度。

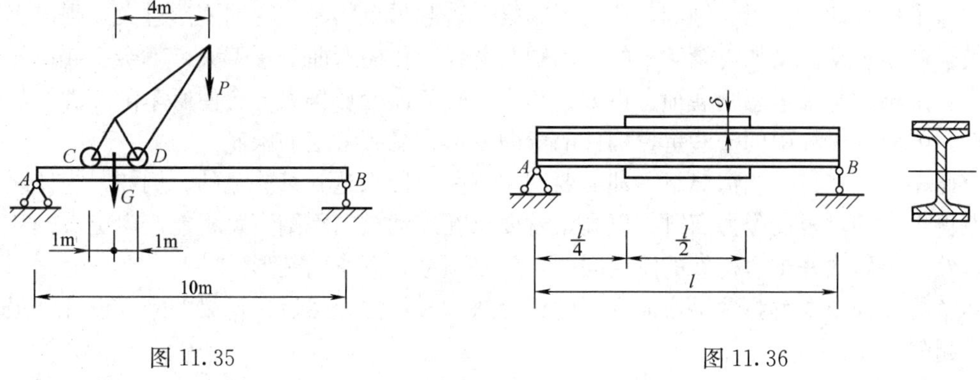

图 11.35　　图 11.36

第12章　弯　曲　变　形

教学要求

1. 正确建立梁的挠曲线、挠度和转角的概念；
2. 了解计算梁变形的积分法，掌握计算梁变形的叠加法；
3. 能正确应用梁的刚度条件进行刚度计算，了解提高梁刚度的主要措施；
4. 能正确应用变形比较法求解梁的简单超静定问题。

在工程中，抗弯构件须满足一定的刚度要求，否则，尽管最大工作应力并未超过许用应力，但这个构件却不合用。例如，桥式吊车梁，若起吊重物时，弯曲变形过大，则吊车行驶起来就会产生振动。又如齿轮箱中的传动轴，若在工作中弯曲变形偏大，就会引起齿轮啮合不良，会使轴颈与轴承急剧磨损。再如，车床主轴弯曲变形偏大，会使所车削工件的加工精度降低。因此，工程中的一些抗弯构件的弯曲变形常受到一定的限制。

与此相反，在另一些情况下，却需要利用弯曲变形来达到某些目的。例如，为使跳水运动员获得更大的跳板反弹力而跳得更高，就要求在运动员的踩踏下跳板能产生更大的弯曲变形。显然，要解决好抗弯构件的刚度问题，就必须会计算弯曲变形。

本章首先介绍求解弹性梁弯曲变形的积分法和叠加法，然后讨论梁的刚度设计，最后研究简单超静定梁。

即使将梁的变形限制在弹性范围内，对细长梁来说，过大的弹性变形也会影响其正常工作。因此，在梁的设计中，刚度设计是一个很重要的方面。

§12.1　梁的挠度和转角

在对称弯曲的情况下，梁的轴线弯曲成平面曲线，也称为**挠曲线**，梁轴线上任一点的横向线位移称为**挠度**（deflection），横截面绕中性轴转过的角度称为**转角**（slope）。在发生对称弯曲时，挠曲线与外力的作用平面相重合（或平行），是一条光滑平坦的平面曲线（图12.1）。挠曲线上任一点的纵坐标即代表相应截面上的挠度，用w表示。任一截面的挠度w是截面位置x的函数，故**挠曲线方程**（equation of deflection curve）可以写成

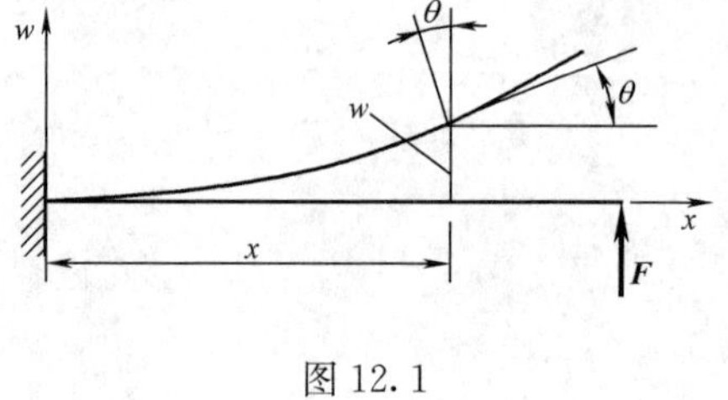

图12.1

$$w=f(x) \tag{12.1}$$

应当指出，梁轴线弯成曲线后，在x方向也是有位移的。但对于细长梁，在小变形的条件下，沿轴线方向的位移与挠度相比属于高阶微量，一般可略去不计。

对于纯弯曲的等直梁，横截面变形后仍然保持平面，且仍垂直于变弯后的轴线。所以，截面的转角θ应与挠曲线的倾角（挠曲线切线与轴x的夹角）相等。在小变形情况下，有

$$\theta \approx \tan\theta = \frac{\mathrm{d}w}{\mathrm{d}x} = f(x) \tag{12.2}$$

即挠曲线上任意一点处的切线斜率$\frac{\mathrm{d}w}{\mathrm{d}x}$，可以足够精确地代表该处横截面的转角。式（12.2）称为**转角方程**（slope equation）。

在图 12.1 所示的坐标系中，正值的挠度表示向上，负值向下；正值的转角为逆时针转向，而负值为顺时针转向。

§12.2　用积分法求梁的变形

在线弹性范围内，由式（12.2）可知

$$\frac{1}{\rho} = \frac{M}{EI}$$

此为纯弯曲情况下梁的变形公式。如果忽略剪力对变形的影响，上式也可适用于横力弯曲的情况。在一般情况下，弯矩和曲率都随截面的位置而变化，即均是 x 的函数，对于等截面直梁横力弯曲的情况，上式可写为

$$\frac{1}{\rho(x)} = \frac{M(x)}{EI} \tag{a}$$

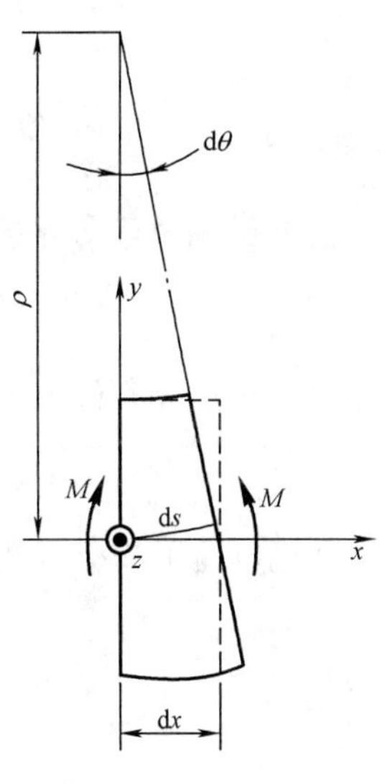

图 12.2

在小变形时，由梁微段的弯曲变形关系（图 12.2），曲率$\frac{1}{\rho}$可近似写成

$$\frac{1}{\rho(x)} = \frac{\mathrm{d}\theta}{\mathrm{d}s} = \frac{\mathrm{d}\theta}{\mathrm{d}x} \approx \frac{\mathrm{d}\left(\frac{\mathrm{d}w}{\mathrm{d}x}\right)}{\mathrm{d}x} = \frac{\mathrm{d}^2 w}{\mathrm{d}x^2} \tag{b}$$

将式（b）代入式（a），得到

$$\frac{\mathrm{d}^2 w}{\mathrm{d}x^2} = \frac{M(x)}{EI} \tag{12.3}$$

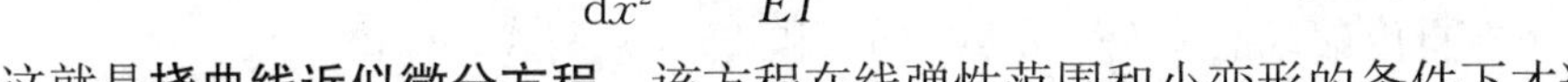
这就是**挠曲线近似微分方程**。该方程在线弹性范围和小变形的条件下才适用。

对挠曲线近似微分方程（12.3）积分两次，即得转角和挠度方程

$$\theta(x) = \int \frac{M(x)\mathrm{d}x}{EI} + C \tag{12.4}$$

$$w(x) = \int \left[\int \frac{M(x)\mathrm{d}x}{EI}\right]\mathrm{d}x + Cx + D \tag{12.5}$$

式中，C、D 为积分常数，可通过梁的位移边界条件、位移的连续条件以及挠曲线的光滑条件来确定。

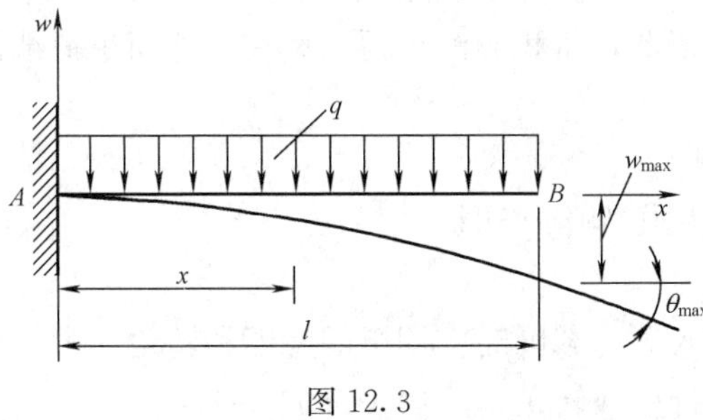

图 12.3

【例 12.1】　图 12.3 所示一弯曲刚度为 EI 的悬臂梁，在梁上受集度为 q 的均布荷载作用，试求此梁的挠度方程和转角方程，并确定其最大挠度和转角。

解 选取坐标系如图 12.3 所示，研究截面 x 右段梁，由一看一定法可得任意截面上的弯矩为

$$M(x)=-\frac{1}{2}q(l-x)^2$$

代入方程（12.3），得挠曲线近似微分方程

$$EIw''=M(x)=-\frac{1}{2}q(x^2-2lx+l^2) \tag{a}$$

经过两次积分，得

$$EIw'=-\frac{1}{2}q\left(\frac{1}{3}x^3-lx^2+l^2x\right)+C \tag{b}$$

$$EIw=-\frac{1}{2}q\left(\frac{1}{12}x^4-\frac{1}{3}lx^3+\frac{1}{2}l^2x^2\right)+Cx+D \tag{c}$$

悬臂梁的位移边界条件是固定端处的挠度和转角都等于零，即当 $x=0$ 时

$$w'_A=0,\ w_A=0$$

根据这两个边界条件，由式（b）、式（c），可得

$$C=0,\ D=0$$

将已确定的积分常数代入式（b）、式（c）两式，即得梁的转角方程和挠度方程分别为

$$\theta=w'=-\frac{q}{6EI}(x^3-3lx^2+3l^2x) \tag{d}$$

$$w=-\frac{q}{24EI}(x^4-4lx^3+6l^2x^2) \tag{e}$$

根据梁的受力情况和边界条件，画出梁的挠曲线示意图（图 12.3），可知，此梁的最大转角和最大挠度均发生在自由端截面 B 处。由式（d）和式（e）两式，即得

$$\theta_{\max}=|\theta|_{x=l}=\left|-\frac{ql^3}{6EI}\right|=\frac{ql^3}{6EI}$$

$$w_{\max}=|w|_{x=l}=\left|-\frac{ql^4}{8EI}\right|=\frac{ql^4}{8EI}$$

式中，θ 为负，表示截面 B 的转角是顺时针的；w 为负，表示截面 B 的挠度向下。

用积分法求梁的挠度和转角的计算较繁，在下节中将介绍利用积分法的计算结果，采用叠加的方法计算梁在指定截面上的挠度和转角。因此，将积分法求得的梁在一些简单荷载作用下变形的结果列入表 12.1 中，以供查用。

§12.3 用叠加法求梁的变形

在线弹性范围和小变形的条件下，为求梁在几项荷载同时作用下的挠度和转角，可应用叠加法。即先分别计算每一项荷载单独作用下的挠度或转角，然后再叠加。

【例 12.2】 简支梁受力如图 12.4（a）所示，试用叠加法求截面 A 的转角。

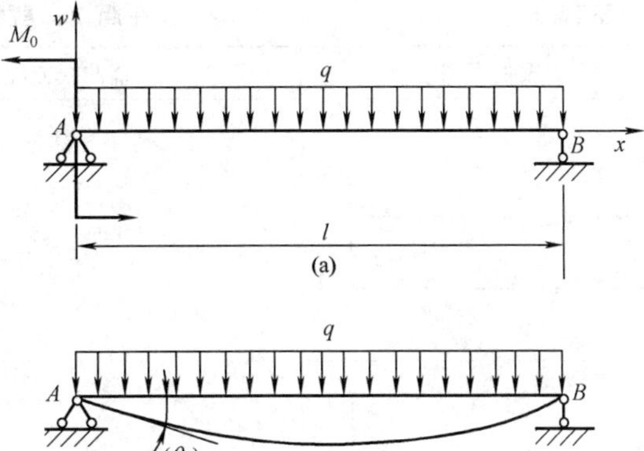

解 在分布荷载 q 单独作用下［图 12.4（b）］，截面 A 转角由表 12.1 查得

$$(\theta_A)_q=-\frac{ql^3}{24EI}$$

在集中力偶 M_0 单独作用下［图 12.4（c）］，截面 A 的转角为

$$(\theta_A)_{M_0}=\frac{M_0 l}{3EI}$$

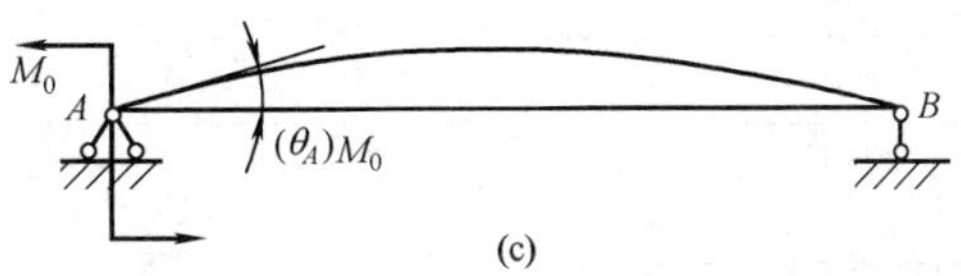

图 12.4

叠加以上结果，即得在 q 和 M_0 共同作用下截面 A 的转角

$$\theta_A=-\frac{ql^3}{24EI}+\frac{M_0 l}{3EI}$$

上述求解方法也称为**荷载分解法**。

【例 12.3】 悬臂梁如图 12.5（a）所示，已知：尺寸 a 和 l，均布荷载集度为 q，梁的弯曲刚度为 EI，试求悬臂梁自由端截面 C 的挠度。

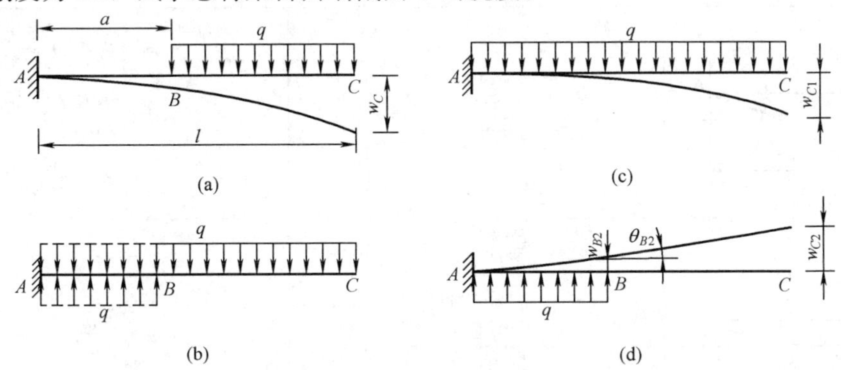

图 12.5

解 为便于利用表 12.1 中悬臂梁受均布荷载的计算结果，先将图 12.5（a）中梁的 AB 段加上等值、反向的均布荷载，如图 12.5（b）所示。然后将图 12.5（b）梁所承受的荷载分解为图 12.5（c）和图 12.5（d）两种情况。由表 12.1 查得以上两种情况自由端的挠度分别为

$$w_{C1}=-\frac{ql^4}{8EI}$$

$$w_{C2}=w_{B2}+\theta_{B2}\times(l-a)=\frac{qa^4}{8EI}+\frac{qa^3}{6EI}\times(l-a)$$

因此，悬臂梁自由端截面 C 的总挠度为

$$w_C=w_{C1}+w_{C2}=-\frac{q}{24EI}(3l^4-4la^3+a^4)$$

表 12.1　　**梁在简单荷载作用下的位移**

梁的简图	挠曲线方程	端截面转角和最大挠度
A　θ_B　B　M　w_B　l	$w=-\dfrac{Mx^2}{2EI}$	$\theta_B=-\dfrac{Ml}{EI}$ $w_B=-\dfrac{Ml^2}{2EI}$
F　A　B　θ_B　w_B　l	$w=-\dfrac{Fx^2}{6EI}(3l-x)$	$\theta_B=-\dfrac{Fl^2}{2EI}$ $w_B=-\dfrac{Fl^3}{3EI}$
q　B　A　θ_B　w_B　l	$w=-\dfrac{qx^2}{24EI}(x^2-4lx+6l^2)$	$\theta_B=-\dfrac{ql^3}{6EI}$ $w_B=-\dfrac{ql^4}{8EI}$
M　A　θ_A　θ_B　B　l	$w=-\dfrac{Mx}{6EIl}(l^2-x^2)$	$\theta_A=-\dfrac{Ml}{6EI}$，$\theta_B=\dfrac{Ml}{3EI}$ $w_{\max}=\dfrac{-Ml^2}{9\sqrt{3}EI}\left(x=\dfrac{\sqrt{3}}{3}l\right)$ $w_{l/2}=-\dfrac{Ml^2}{16EI}$
F　A　θ_A　θ_B　B　a　b　l	$w=-\dfrac{Fbx}{6EIl}(l^2-x^2-b^2)$ $(0\leqslant x\leqslant a)$ $w=-\dfrac{Fb}{6EIl}\left[\dfrac{l}{b}(x-a)^3+(l^2-b^2)x-x^3\right]$ $(a\leqslant x\leqslant l)$	$\theta_A=-\dfrac{Fab(l+b)}{6EIl}$ $\theta_B=\dfrac{Fab(l+a)}{6EIl}$ $w_{l/2}=-\dfrac{Fb(3l^2-4b^2)}{48EI}$ $(a>b)$
q　A　B　θ_A　θ_B　l	$w=-\dfrac{qx}{24EI}(l^3-2lx^2+x^3)$	$\theta_A=-\theta_B=-\dfrac{ql^3}{24EI}$ $w_{\max}=-\dfrac{5ql^4}{384EI}\left(x=\dfrac{l}{2}\right)$

【例 12.4】　结构受力如图 12.6（a）所示，已知：尺寸 l 和 l_1，外力 F，梁 AB 抗弯刚度为 EI，杆 DB 的抗拉刚度为 EA。试求梁截面 C 的挠度及截面 B 的转角。

解　在计算挠度和转角时，为了能利用表 12.1 求解，将结构的变形分解成两部分：(1) 先将杆 DB 刚化为刚性杆，只考虑梁 AB 的变形［图 12.6（b)］；(2) 再将梁 AB 刚化为刚性梁，只考虑杆 DB 的变形［图 12.6（c)］。

下面分别加以讨论。

图 12.6（b）即为简支梁受集中力的情况。由表 12.1 求得

$$w_{C1}=-\frac{Fl^3}{48EI},\quad \theta_{B1}=\frac{Fl^2}{16EI}$$

在图 12.6（c）中，杆的伸长为

$$\Delta l=\frac{F_N l_1}{EA}=\frac{Fl_1}{2EA}$$

由于杆的变形将引起梁的刚性转动，故

$$w_{C2}=-\frac{\Delta l}{2}=-\frac{Fl_1}{4EA}$$

$$\theta_{B2}=-\frac{\Delta l}{l}=-\frac{Fl_1}{2EAl}$$

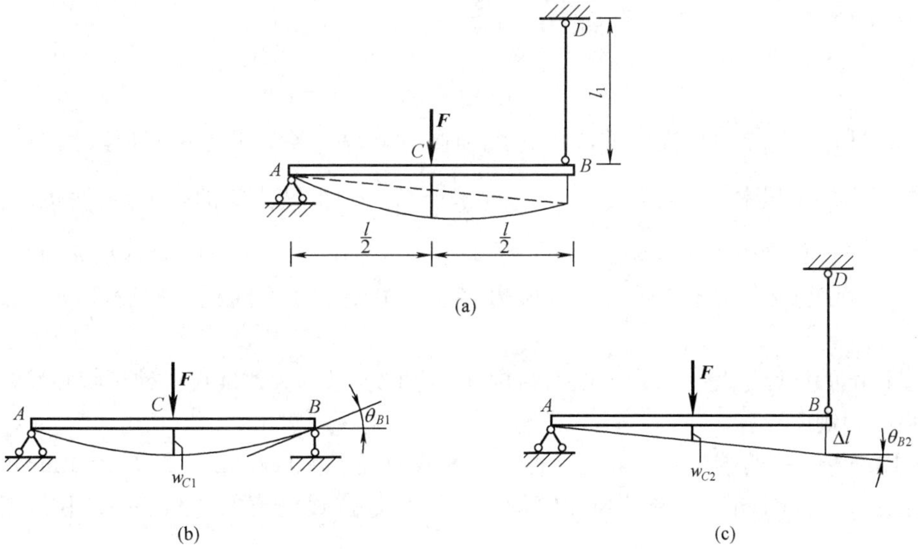

图 12.6

根据叠加法，原结构梁 AB 在截面 C 处的挠度及截面 B 处的转角分别为

$$w_C=w_{C1}+w_{C2}=-\frac{Fl^3}{48EI}-\frac{Fl_1}{4EA}$$

$$\theta_B=\theta_{B1}+\theta_{B2}=\frac{Fl^2}{16EI}-\frac{Fl_1}{2EAl}$$

上述求解方法也称为**逐段刚化法**。

试用叠加法求下列梁（图 12.7）跨中截面的挠度 w_C。

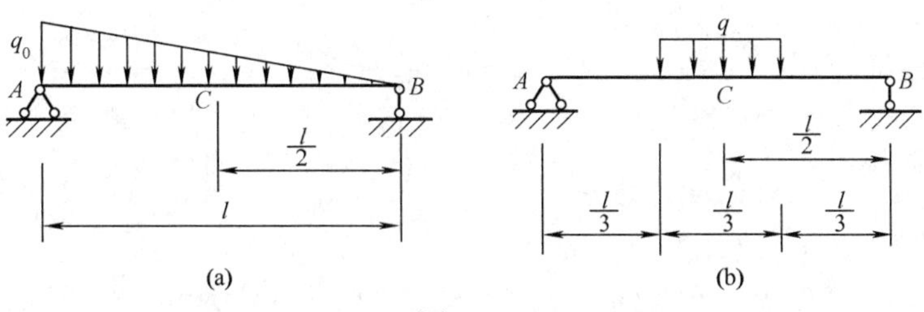

图 12.7

§12.4 梁的刚度计算及提高弯曲刚度的措施

1. 梁的刚度计算

工程中的受弯梁除应满足强度要求外，往往还有刚度要求，因为过大的弯曲变形同样会影响到梁的正常工作。例如，机器的传动轴，运转过程中往往同时发生扭转和弯曲变形。若弯曲变形过大，会影响到齿轮间的啮合和轴与轴承间的配合，从而使齿轮和轴承的磨损增加，寿命降低。如果是机床的主轴，若弯曲变形过大，还会影响到机床的加工精度。所以，即使梁的变形是弹性的，但若超过允许值，也将使梁丧失承载能力而失效。

对于弯曲梁，通常限制最大挠度和最大转角，使其不超过某一规定的允许值，即梁的刚度条件为

$$w_{\max}\leqslant [w] \tag{12.6a}$$

$$\theta_{\max}\leqslant [\theta] \tag{12.6b}$$

式中，$[w]$ 和 $[\theta]$ 分别是规定的许可挠度和许可转角。各类工程对变形限制的规定不相同。例如，土建工程中，一般规定 $[w]=\left(\frac{1}{250}\sim\frac{1}{1000}\right)l$（$l$ 为梁的跨度）。而机械工程中，对变形的要求比较严格，通常规定 $[w]=(0.000\,1\sim0.000\,5)\ l$（$l$ 为轴承间距），$[\theta]=(0.001\sim0.005)$ rad。对于锅炉、化工压力容器，主要是强度问题，一般可以不考虑刚度要求。

大多数梁的设计过程一般是先根据结构和工艺的要求，大致确定梁的形状和尺寸，然后再进行强度和刚度计算。

【例12.5】 一两端简支的输气管道，已知其外径 $D=114$mm，壁厚 $\delta=4$mm，单位长度的重量为 $q=106$N/m，材料的弹性模量 $E=210$GPa。设管道的 $[\sigma]=80$MPa，$[w]=\frac{1}{500}$，试确定此管道的最大跨度。

解 简支管道在均布荷载作用下的最大挠度，从表12.1中查得

$$w_{\max}=\frac{5ql^4}{384EI}$$

根据梁的刚度条件式（12.6a），要求

$$\frac{w_{\max}}{l}=\frac{5ql^3}{384EI}\leqslant\frac{1}{500}$$

即

$$l\leqslant\sqrt[3]{\frac{384EI}{5\times500q}}$$

其截面的惯性矩为

$$I=\frac{\pi}{64}\ (D^4-d^4)\ =\frac{\pi}{64}\ [D^4-(D-2\delta)^4]$$

$$=\frac{\pi}{64}\left[114^4-(114-2\times4)^4\right]\times10^{-12}=2.09\times10^{-6}\ (\mathrm{m}^4)$$

于是

$$l\leqslant\sqrt[3]{\frac{384\times210\times10^9\times2.09\times10^{-6}}{5\times500\times106}}=8.6\ (\mathrm{m})$$

现在再校核梁的弯曲正应力强度。梁内的最大弯矩为

$$M_{\max}=\frac{1}{8}ql^2=\frac{1}{8}\times106\times8.6^2=980\ (\mathrm{N\cdot m})$$

其截面的弯曲截面系数为

$$W=\frac{\pi D^3}{32}(1-\alpha^4)=\frac{\pi\times114\times10^{-3}}{32}\times\left[1-\left(\frac{106}{114}\right)^4\right]=3.67\times10^{-5}\ (\mathrm{m}^3)$$

则最大正应力为

$$\sigma_{\max}=\frac{M_{\max}}{W}=26.7\times10^6\,\mathrm{Pa}=26.7\,\mathrm{MPa}<[\sigma]$$

因此，根据管道的弯曲强度和刚度要求，其最大跨度为8.6m。

【例12.6】 简支梁由22a号工字钢制成，所受荷载如图12.8（a）所示。已知：$q=4\mathrm{kN/m}$，$l=6\mathrm{m}$，$E=200\mathrm{GPa}$，$[w]=\frac{l}{5000}$。试校核简支梁的刚度。

解 （1）求最大挠度。

由平衡方程可求得简支梁的支座约束力分别为

$$F_{Ax}=0,\ F_{Ay}=\frac{ql}{4}(\downarrow),\ F_{By}=\frac{ql}{4}(\uparrow)$$

根据梁所受荷载及其约束力的情况可以推断，弯曲变形后梁的挠曲线必然关于中间截面C成反对称，如图12.8（a）中虚线所示。因此，跨度中点C的挠度等于零。

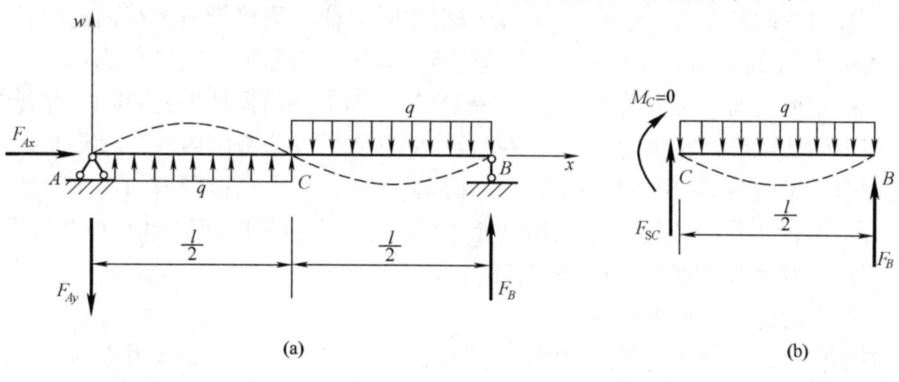

图12.8

假想在中间截面C处将梁切开，任取CB段进行研究，由平衡方程可得截面C处的剪力和弯矩分别为

$$F_{SC}=\frac{ql}{4}(\uparrow),\ M_C=0$$

如图 12.8（b）所示。可见，CB 段梁的受力情况和边界条件与跨度为$\frac{l}{2}$的简支梁相同，最大挠度发生在 CB 段梁的中间截面处，由表 12.1 可得

$$w_{max}=\frac{5q}{384EI}\left(\frac{l}{2}\right)^4=\frac{5ql^4}{6144EI}$$

（2）校核刚度。

根据梁的刚度条件式（12.6a），要求

$$\frac{w_{max}}{l}=\frac{5ql^3}{6144EI}=\frac{5\times4000\times6^3}{6144\times200\times10^9\times34\times10^{-6}}=\frac{1}{9670}<\frac{1}{5000}=\frac{[w]}{l}$$

可见，该梁符合刚度要求。

2. 提高弯曲刚度的措施

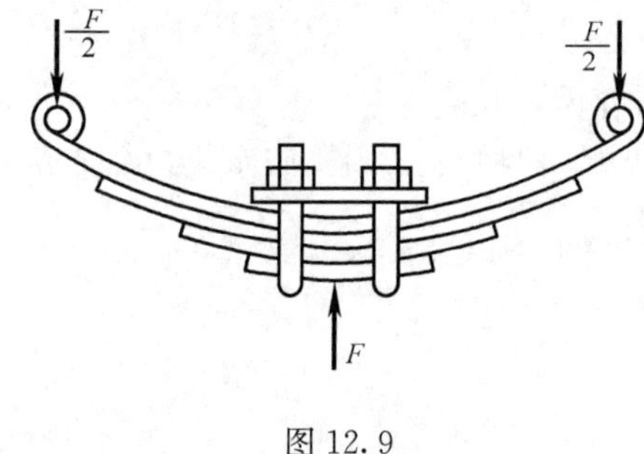

图 12.9

在实际工程问题中，多数情况下要求限制梁的弯曲变形，即刚度设计的任务是在满足刚度要求的前提下，尽可能合理地选用材料和降低材料的消耗量。但在另一些情况下，常常又利用梁的变形达到某种要求。例如，设计叠板弹簧（图 12.9）时，为了更好地起缓冲减振作用，要求在满足强度要求的前提下，使叠板弹簧梁有较大的变形。

梁的变形与荷载的大小及作用方式、支座条件、杆件的几何尺寸，以及材料的弹性模量等多种因素有关。在某些方面提高梁的刚度与提高强度的措施相一致，这里不再赘述，以下仅是强调两点：

（1）增大梁的弯曲刚度 EI。

梁的位移与弯曲刚度 EI 成反比。在截面积相同的情况下尽量增大截面的惯性矩 I，或选用弹性模量 E 大的材料，均能减小梁的变形。例如，工字形、箱形截面都比面积相等、而高度不变的矩形截面有更大的惯性矩。一般来说，增大截面惯性矩的同时，有利于提高梁的强度。但更确切地说，在强度问题中应提高弯矩较大的局部范围内的抗弯截面系数；而弯曲变形则与全长梁内各部分的刚度都有关系，因此要考虑梁全长范围内的弯曲刚度。同时也应指出，对于钢材来说，采用高强度钢可以大大地提高梁的强度，但却不能提高梁的刚度，因为高强度钢与普通低碳钢的 E 值是相近的。

（2）调整梁的跨长和增加约束。

梁的跨长直接影响到梁的强度和刚度。例如，悬臂梁自由端受集中力作用，最大弯矩与梁长度的一次方正比，而最大转角和挠度分别与梁长度的二次方和三次方成正比。因此，减小梁的跨长有利于提高梁的强度，但对提高梁的刚度则更为明显。如果梁的变形过大，而又不允许缩短梁的长度时，则可采用增加支撑的办法。当然，梁增加支撑后，其变形应按超静定问题求解。

§12.5 简单超静定梁

前面所讨论的都是静定梁，其支座反力可全部由静平衡方程求出。例如悬臂梁、简支梁和外伸梁，均为静定梁。在工程上，为减少梁的变形以增加刚度，除维持平衡必需的约束外，还增加一些约束。这样，梁未知约束力数多于独立的平衡方程数，只用静平衡方程不能确定全部约束力，这种梁称为**超静定梁**（statically indeterminate beams），仍用三关系法求解。

如图 12.10（a）所示，细长工件左端由卡盘夹紧，为减少车削时工件的弯曲变形，提高加工精度，在工件右端安装了尾顶针。将卡盘夹紧端简化为固定端，尾顶针简化为铰支座，画出计算简图如图 12.10（b）所示。共有 4 个未知约束力 F_{Ax}、F_{Ay}、M_A、F_B，由工件的静力关系，有

$$\sum F_x=0,\qquad F_{Ax}=0$$

$$\sum F_y=0,\qquad F-F_{Ay}-F_{By}=0$$

$$\sum M_A=0,\qquad Fa-M_A-F_{By}l=0$$

3 个平衡方程，4 个未知力，为一次超静定梁。必须再建立一个补充方程，方可求解。

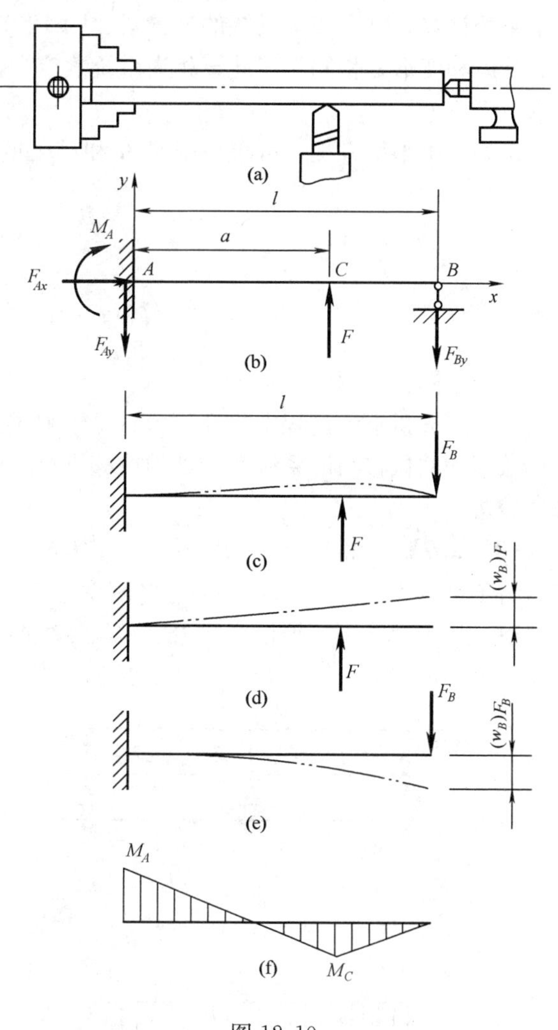

图 12.10

为建立变形几何方程，设想解除支座 B，用力 F_B 代替其作用。这样就将原超静定梁在形式上转变为静定的悬臂梁，称为**基本结构**。在基本结构上，除原外荷载 F 外，还有未知约束力 F_B［图 12.10（c）］，共同组成**相当系统**，且认为相当系统中的静定梁与原超静定梁的受力和变形完全相同。比较相当系统与原超静定梁在截面 B 处的挠度，B 处原为铰支座，挠度为零，则变形几何方程为

$$w_B=0$$

在相当系统中，由叠加法可知，悬臂梁截面 B 处的总挠度，应为外力 F 和约束力 F_B 单独作用时，产生的挠度 w_{BF} 和 w_{BR}［图 12.10（d）和（e）］的代数和。因此，可将几何方程写为

$$w_B=w_{BF}+w_{BR}=0 \tag{a}$$

由叠加法，可求出 F 和 F_B 单独作用时，悬臂梁截面 B 处挠度，得物理方程

$$w_{BF}=\frac{Fa^3}{3EI}+\frac{Fa^2}{2EI}(l-a)=\frac{Fa^2}{6EI}(3l-a)$$

$$w_{BR}=-\frac{F_Bl^3}{3EI}$$

代入式（a），可得补充方程，解得截面 B 处约束力为

$$F_B=\frac{F}{2}\left(3\frac{a^2}{l^2}-\frac{a^3}{l^3}\right)$$

接下来的计算，可在相当系统的悬臂梁［图 12.10（c）］上进行，由于相当系统与原超静定梁的受力和变形处相同，因此，相当系统静定梁上的计算结果，就是超静定梁对应截面上的结果。

例如，由平衡方程，可求得截面 A 和 C 处的弯矩分别为

$$M_A=Fa-F_Bl=\frac{Fl}{2}\left(2\frac{a}{l}-3\frac{a^2}{l^2}+\frac{a^3}{l^3}\right)$$

$$M_C=-F_B(l-a)=-\frac{F(l-a)}{2}\left(3\frac{a^2}{l^2}-\frac{a^3}{l^3}\right)$$

作梁的弯矩图，如图 12.10（f）所示。

在上述分析求解过程中，几何关系是求解超静梁的关键，采用将相当系统上未知约束力作用截面处的位移与原系统对应处的位移进行比较，得到几何方程，因此这种方法也称为**变形比较法**。

【例 12.7】 图 12.11（a）所示三支座桁架梁 ABC，可简化为受均布荷载作用。已知：均布荷载集度为 q，尺寸 l，梁的弯曲刚度为 EI，试求桁架梁的支座反力。

解 将桁架梁用一根粗实线表示，其自重简化为均布荷载，画出桁架梁的计算简图，如图 12.11（b）所示。

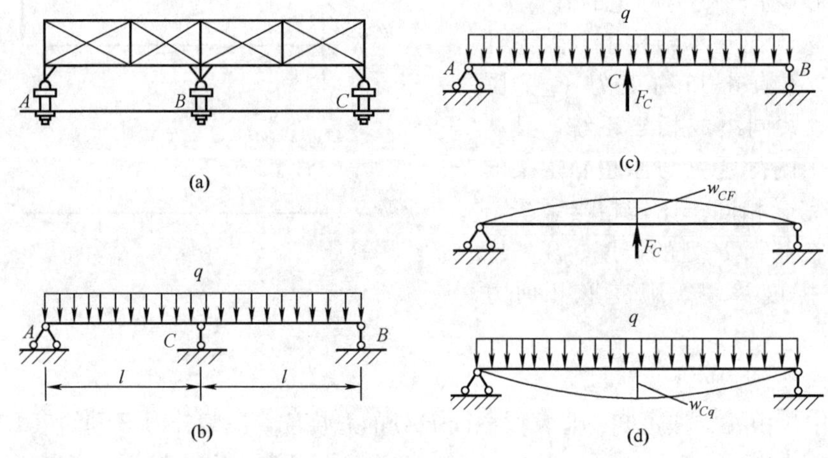

图 12.11

将桁架梁的计算简图与简支梁作比较，三支座桁架梁多了一个可动铰支座，即增加了一个未知约束力。因此，为一次超静定梁。

若解除支座 A 或 B，相应的基本结构均为外伸梁，计算挠度不太方便。因此，解除中间支座 C，取简支梁为基本结构，加上均布荷载及约束力 F_C，得到相当系统，如图 12.11（c）所示。比较相当系统中简支梁与原超静定梁在截面 C 处的挠度，利用叠加法，可得几何方程为

$$w_C = w_{CF} + w_{Cq} = 0 \tag{a}$$

查表 12.1，可得简支梁在中间截面处约束力 F 或均布荷载 q 单独作用下［图 12.11（d）］，中间截面挠度 w_{CF} 或 w_{Cq} 的表达式，代入式（a），可得补充方程为

$$\frac{F_C(2l)^3}{48EI} - \frac{5q(2l)^4}{384EI} = 0$$

可解得截面 C 处约束力为

$$F_C = \frac{5}{4}ql$$

求出约束力 F_C 后，研究静定的相当系统［图 12.11（c）］，由静平衡方程，并利用对称性，可得其余支座反力为

$$F_A = F_B = \frac{3}{8}ql$$

本 章 小 结

1. 挠曲线

梁在弯曲变形后的轴线称为挠曲线。挠曲线在坐标平面内的函数表达式为挠曲线方程，可以表示为

$$w = f(x)$$

2. 挠曲线近似微分方程

在线弹性范围内，小变形情况下挠曲线近似微分方程为

$$\frac{d^2w}{dx^2} = \frac{M(x)}{EI}$$

3. 求梁的挠度和转角的叠加方法

在小变形和材料服从胡克定律的条件下，梁的转角和挠度方程与梁上的荷载成线性齐次关系。因此，梁上某一荷载引起的变形，不受同时作用的其他荷载的影响，每一个荷载对弯曲变形的贡献是各自独立的。当梁上同时作用若干个荷载时，可分别计算每一个荷载单独作用时所引起的变形，然后将这些变形求代数和，即为所有荷载共同作用时梁的变形。

叠加法适宜于求解梁上指定截面的挠度和转角值。

4. 梁的刚度条件

$$|w|_{max} \leqslant [w]$$
$$|\theta|_{max} \leqslant [\theta]$$

5. 静不定梁的解题步骤

（1）建立相当系统。选择形式简单的几何不变结构为基本结构，加上原有的外荷载和多

余约束力，共同组成相当系统。

(2) 列出几何方程。比较相当系统与原静不定梁在多余约束处的变形，并用叠加法列出相应的变形几何方程。

(3) 求解约束力。将相当系统的位移与荷载间的物理关系代入几何方程，得到补充方程，与静力平衡方程联立求解，可得所有的约束力。

概念分析与工程应用实训

建筑工程中常见的钢筋混凝土结构，在设计上布置钢筋来承受拉力，而让混凝土承受压力。今有一座钢筋混凝土结构的桥梁，如图 12.12 所示。在长期使用后出现了险情：列车通过时跨中挠度超出了设计要求。

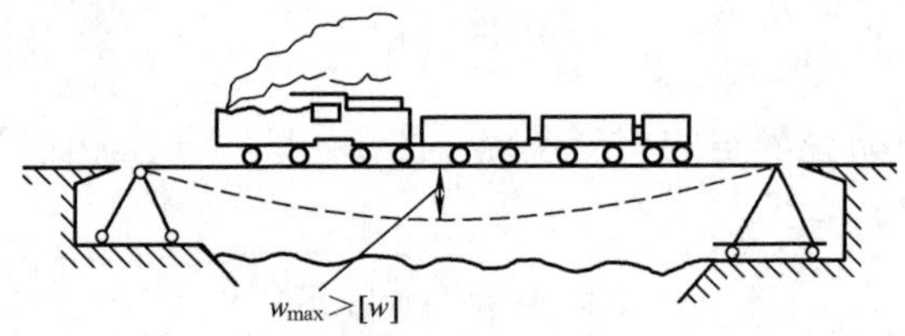

图 12.12

(1) 试对“在桥梁跨中部位再加一个桥墩”的方案进行力学分析，论证其可行性；

(2) 通过力学分析，设计一个既合理又可行的加固方案。

习　　题

12.1　试用叠加法求图 12.13 所示各梁截面 A 的挠度和截面 B 的转角。设杆件的抗弯刚度 EI 为常量。

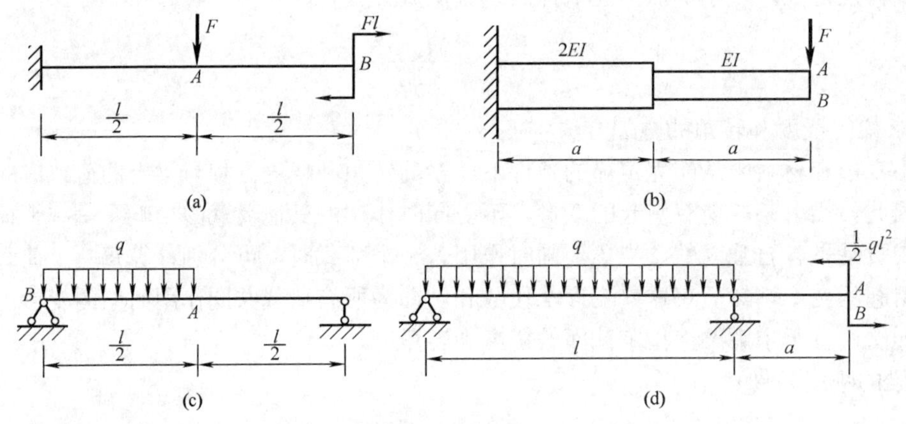

图 12.13

12.2　图 12.14 中两根梁的 EI 相同，且等于常量，两梁由铰链相互连接。试求力 F 作用点 D 的位移。

12.3 图 12.15 所示结构，梁 AC 的抗弯刚度为 EI，杆 DB 的抗拉刚度为 EA。试求截面 C 的铅垂位移。

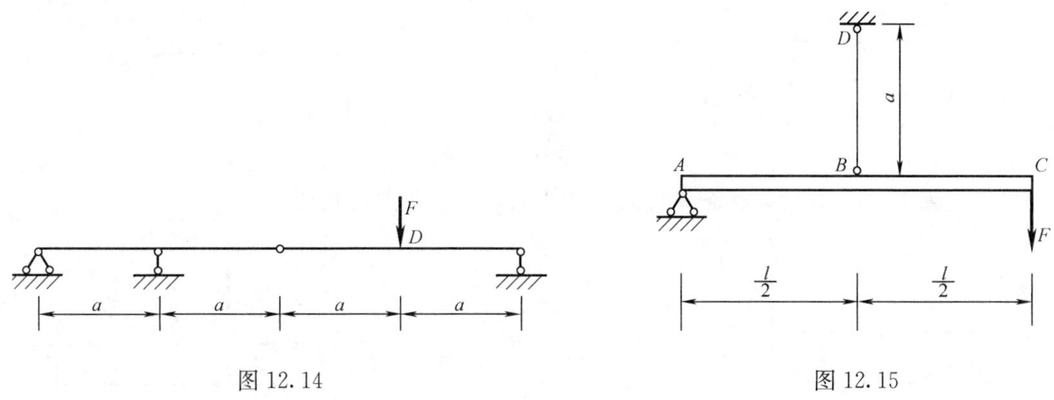

图 12.14　　　　图 12.15

12.4 一两端简支的输气管道，已知其外径 $D=114\text{mm}$，壁厚 $\delta=4\text{mm}$，单位长度重量为 $q=106\text{N/m}$，材料的弹性模量 $E=210\text{GPa}$，设管道的许可挠度 $[w]=l/500$，试确定此管道的最大跨度。

12.5 如图 12.16 所示，桥式吊车的最大荷载为 $F=20\text{kN}$，吊车大梁为 32a 工字钢，$E=210\text{GPa}$，$l=8.76\text{m}$，许可挠度为 $[w]=l/500$，试校核大梁的刚度。

12.6 悬臂梁 AB，长度 $l=3\text{m}$，所受荷载如图 12.17 所示。若许用应力 $[\sigma]=150\text{MPa}$，许可挠度 $[w]=l/300$；试选一适当工字钢。($E=200\text{GPa}$)

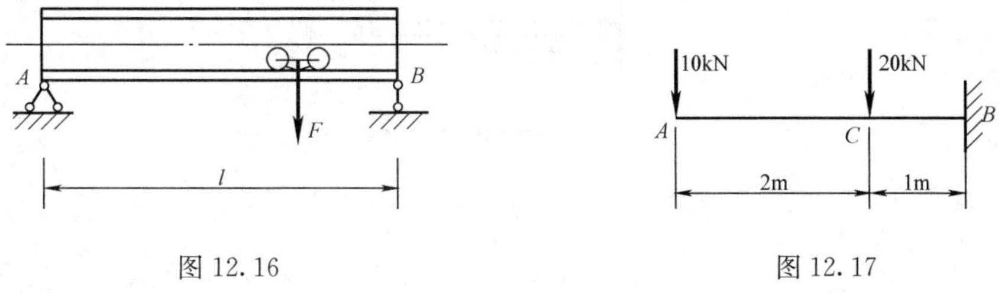

图 12.16　　　　图 12.17

12.7 如图 12.18 所示，在 No.18 工字钢梁上作用着可移动的荷载 F。已知 $E=200\text{GPa}$，$[\sigma]=100\text{MPa}$，$[w]=\dfrac{l}{400}$（l 为两支撑间的跨长）。为提高梁的承载能力，试确定 a 的合理数值及相应的许可荷载，并校核梁的刚度。

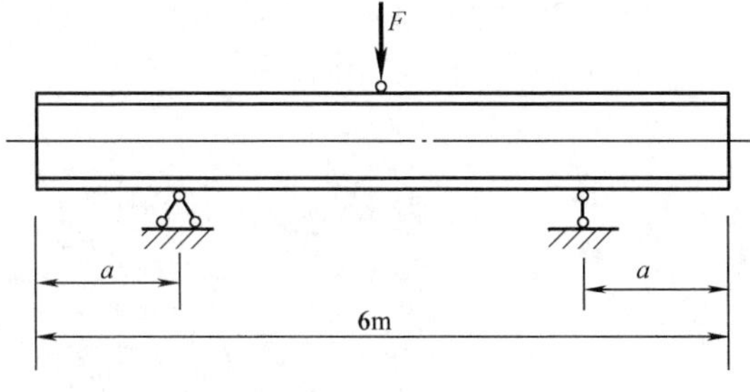

图 12.18

12.8 试求图 12.19 所示各超静定梁的支座反力。

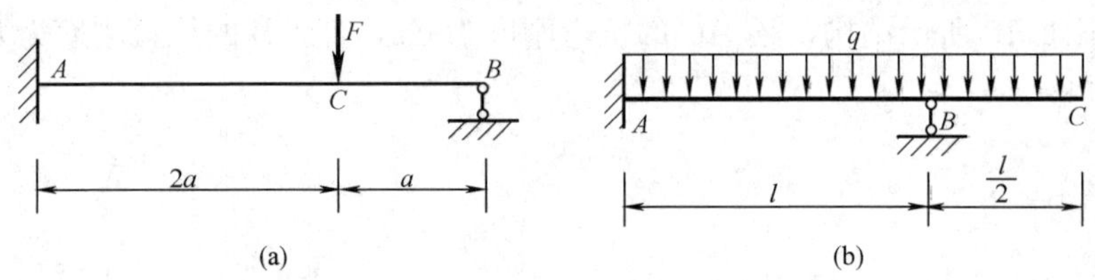

图 12.19

12.9　试求出图 12.20 中各梁的反力，并绘出剪力图及弯矩图。

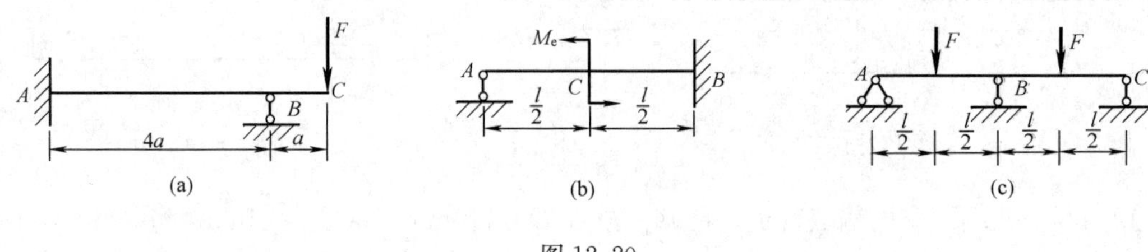

图 12.20

12.10　悬臂梁 AB 因强度不足，用同一材料相同截面的一根短梁 AC 加固，如图 12.21 所示。问：

（1）支点 C 处的反力 F_C 为多少?

（2）梁 AB 的最大弯矩和点 B 的挠度，比没有加固梁 AC 支撑时减小多少?

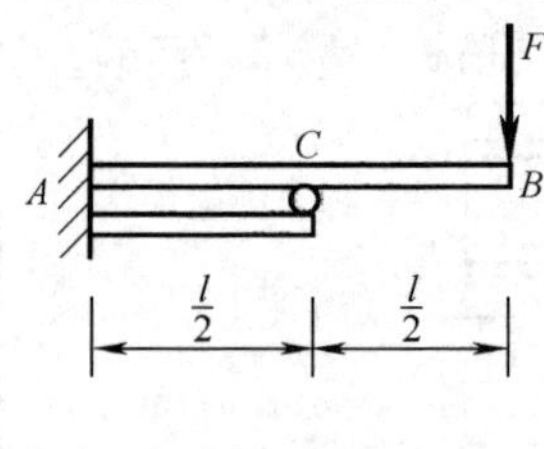

图 12.21

第13章　应力状态　主应力迹线

教学要求

1. 正确建立一点应力状态、主平面和主应力的概念；

2. 能用解析法和图解法分析和计算平面应力状态下任意截面的应力、主应力，并能正确确定主平面方位；

3. 能应用应力状态的概念分析梁的主应力迹线。

在前述各章中，分别讨论了拉伸与压缩、扭转、弯曲时杆件的强度设计，所涉及的最大应力点为单向拉伸、单向压缩或纯剪，即最大应力点只受单向正应力或切应力作用，因此可通过同样受力情况下的实验结果，直接确定许用正应力或许用切应力，从而建立强度条件。

在工程中，实际构件的受力常常是复杂的，其最大应力点往往同时受多向正应力作用，或受正应力和切应力同时作用，这就需要研究一点的应力状态并求出该点最大应力的数值及其作用面的方位。

本章首先介绍应力状态的概念和工程实例，接着讨论平面应力状态的分析方法，最后应用应力状态理论研究梁的主应力迹线。

§13.1　应力状态的概念及工程实例

在前述各章强度计算中，其最大应力的作用面都是杆件的横截面。在工程实际中，常常需要分析构件上一点所有截面上的应力情况。例如，图13.1所示的钢筋混凝土梁作静载破坏试验时，在跨中截面下边缘会产生由最大拉应力所引起的竖向裂纹，当这些裂纹向梁内部扩展时会产生倾斜。这一现象表明，梁内部某点的斜截面上有最大拉应力。因此，有必要研究构件上一点所有截面上的应力情况。

在§7.3中，应用截面法得到了拉杆斜截面上应力的计算公式为

$$\sigma_\alpha = p_\alpha \cos\alpha = \sigma\cos^2\alpha$$

$$\tau_\alpha = p_\alpha \sin\alpha = \frac{\sigma}{2}\sin 2\alpha$$

由此可见，拉杆某截面上的正应力和切应力是随着该截面的倾斜角 α 的变化而变化的，即过一点不同截面上的应力是角 α 的函数。因此，同一点不同斜截面上的应力是不相同的。通过一点所有截面上应力的总和，称为该**点的应力状态**（stress state at a point）。

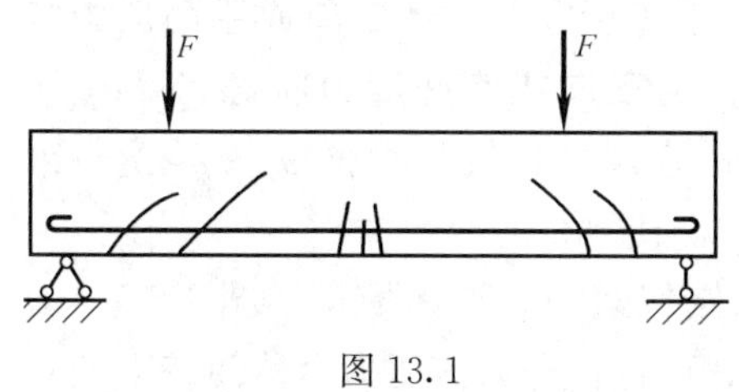

图13.1

为了分析受力构件内一点处的应力状态，可围绕该点截取各边长均为无穷小量的正六面体，称为**单元**

体（element）。因为单元体的尺寸是无限小的，所以可认为，单元体各面上的应力是均匀分布的，并且在每一对平行面上，应力的大小和性质都是相同的。因此，单元体六个面上的应力就代表在该点处位于互相垂直的三个截面上的应力。由于单元体是平衡的，单元体的任意一部分也一定是平衡的。所以，当单元体各面上的应力已知时，就可以用假想平面将单元体从任意方向面处截开，考察任意一部分的平衡，由平衡条件求得该点的任意方位面上的应力。

在截取单元体时，应尽量使各面上的应力容易确定。例如，对于轴向拉伸杆内的点 A［图 13.2（a）］，可围绕点 A 分别用三对无限靠近的横截面、水平和铅垂纵向截面截取一单元体。已知左、右两横截面上的正应力为 $\sigma=\dfrac{F_N}{A}$，其他两对截面上没有应力，故点 A 处的应力状态如图 13.2（b）所示。又如受扭圆轴表面上的点 A［图 13.3（a）］，可围绕该点分别用横截面、径向和切向截面截取单元体，其应力状态如图 13.3（b）所示。

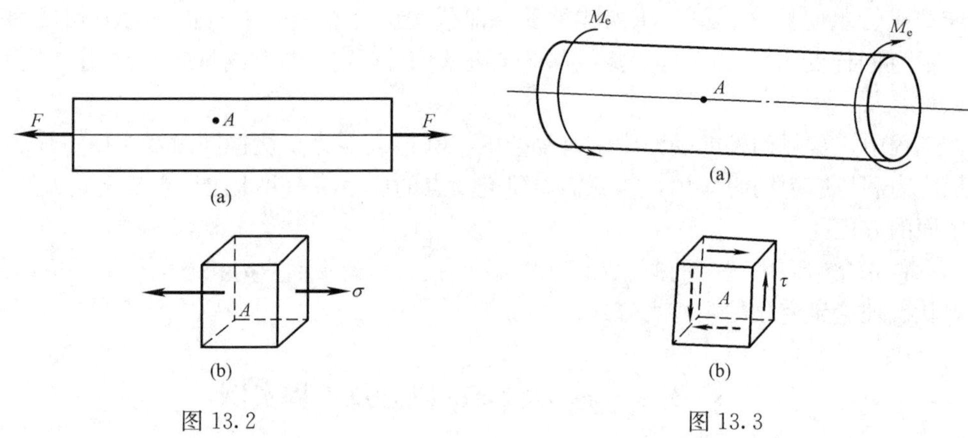

图 13.2　　图 13.3

对于图 13.4 所示在横向力作用下产生对称弯曲的梁，试用单元体分别表示横截面上 A、B、C 三点处的应力状态。

对于受力构件内的同一点，按不同方位所截取的单元体，其各面上的应力是不同的。若单元体某一面上的切应力等于零，则称该面为**主平面**（principal plane）。主平面上的正应力称为**主应力**（principal stress）。进一步分析可以证明，在受力构件内任一点处总可以找到三个相互垂直的主平面。用三个主平面截取的单元体称为**主应力单元体**（principal stress element）。

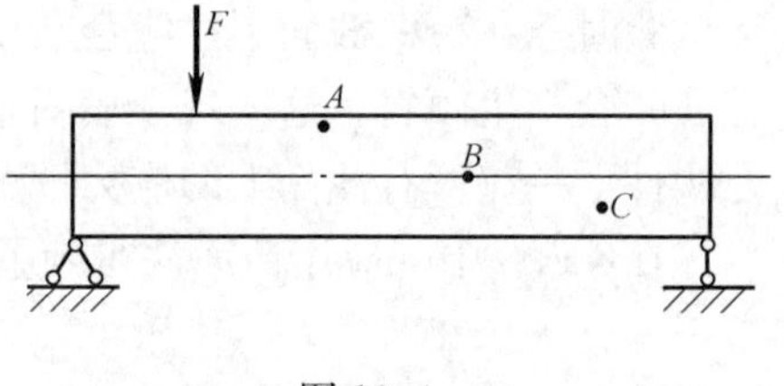

图 13.4

根据主应力的情况，可将应力状态分为三类：三个主应力中只有一个不等于零，称为**单向应力状态**（state of uniaxial stress）；若有二个主应力不等于零，称为**二向或平面应力状态**（state of plane stress）；若三个应力皆不等于零，称为**三向或空间应力状态**（state of space stress）。通常规定三个主应力分别用 σ_1、σ_2 和 σ_3 表示，且按代数值 $\sigma_1 \geqslant \sigma_2 \geqslant \sigma_3$ 来排列。

【例 13.1】　工程中常见的圆筒形压力容器，例如储气罐和蒸汽锅炉，如图 13.5（a）所示。已知壁厚 $\delta=10\text{mm}$，内径 $D=1\text{m}$，内压力 $p=3\text{MPa}$。试分析该压力容器筒壁上任意点处单元体的应力状态，并计算其应力分量。

解　(1) 求圆筒横截面上的应力。

研究表明，若圆筒壁厚壁 δ 远小于圆筒直径 D，即有 $\delta<\dfrac{D}{20}$，可认为筒壁应力沿壁厚均匀分布。

圆筒横截面上的应力沿圆筒轴线方向，称为轴向应力，用 σ_x 表示。假想用一个平面沿着垂直于筒轴方向将圆筒切开，任取截面一侧［如图 13.5（b）所示取右侧的部分］为研究对象，由平衡条件，有

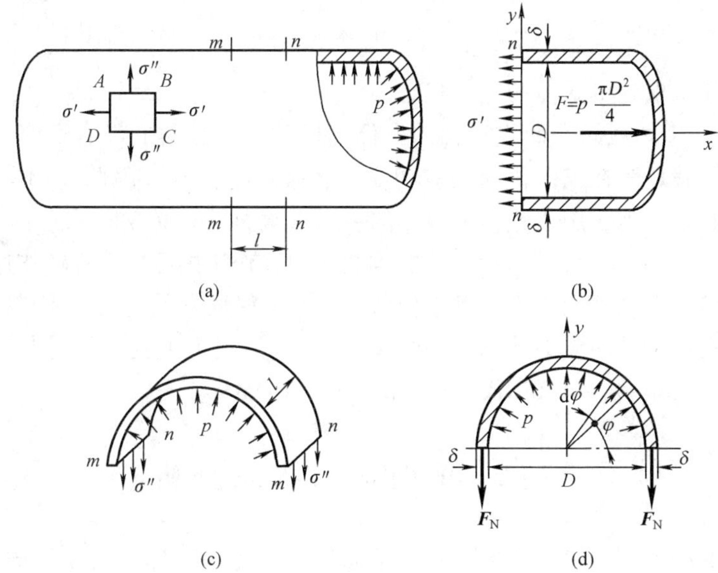

(a)　(b)

(c)　(d)

图 13.5

$$\sum F_x = 0, \qquad p\,\frac{\pi D^2}{4} - \sigma_x(\pi D\delta) = 0$$

由此可得

$$\sigma_x = \frac{pD}{4\delta} \tag{13.1}$$

薄壁圆筒形压力容器的轴向应力为

$$\sigma_x = \frac{pD}{4\delta} = \frac{3\times10^6\times1}{4\times10\times10^{-3}} = 75\times10^6\ (\text{Pa}) = 75\ (\text{MPa})$$

(2) 求圆筒纵向截面上的应力。

圆筒纵向截面上的应力沿圆筒圆周方向，称为周向应力或环向应力，用 σ_t 表示。假想用相距为 l 的两个横截面和包含直径的纵向平面，从圆筒中截取一部分[图 13.5(c)]为研究对象，在筒壁纵向截面上的应力就是周向应力 σ_t，则内力为

$$F_N = \sigma_t \delta l$$

在圆筒内壁的微分面积 $l\cdot\dfrac{D}{2}\mathrm{d}\varphi$ 上，压力为 $pl\cdot\dfrac{D}{2}\mathrm{d}\varphi$，由积分可求出内压力在 y 方向投影的总和为

$$\int_0^\pi pl\,\frac{D}{2}\sin\varphi\,\mathrm{d}\varphi = PlD$$

积分结果表明，研究对象在纵向平面上的投影面积 lD 与 p 的乘积，就等于内压力的合力。

由平衡条件，有

$$\sum F_y = 0,\qquad p(Dl) - 2(\sigma_t\delta l) = 0$$

$$\sigma_t = \frac{pD}{2\delta} \tag{13.2}$$

薄壁圆筒形压力容器的周向应力为

$$\sigma_t = \frac{pD}{2\delta} = \frac{3\times10^6\times1}{2\times10\times10^{-3}} = 150\times10^6\ (\text{Pa}) = 150\ (\text{MPa})$$

（3）画筒壁任意点处单元体的应力状态。

轴向应力 σ_x 作用的截面类似直杆轴向拉伸的横截面，截面上没有切应力。此外，由于内压力是轴对称荷载，若在纵向截面上有切应力将破坏对称性，因此在周向应力 σ_t 作用的纵向截面上也没有切应力。用相距为无穷小的一对横截面、一对纵向截面、一对圆筒面切出的单元体 $ABCD$ 如图 13.5（a）所示。注意到圆筒内壁作用内压 p，外壁作用大气压力，其数值均远小于周向应力和轴向应力，可近似认为一对圆筒面上的应力为零。因此，圆筒壁上任一点的应力状态均为二向应力状态［如图 13.5（a)］。三个主应力分别为

$$\sigma_1 = \sigma_t = 150\text{MPa},\qquad \sigma_2 = \sigma_x = 75\text{MPa},\qquad \sigma_3 = 0$$

§13.2 平面应力状态分析

在薄壁圆筒形压力容器壁上，用三对主平面切出单元六面体，对于二向应力状态情况，有一对主平面上应力为零，其他四个面上的应力都平行于零应力的主平面，因此，二向应力状态也称为平面应力状态。

以零应力主平面的法线为轴，建立直角坐标系 $Oxyz$，在一般情况下，在以轴 x 及轴 y 为法线的平面上，既有正应力 σ_x 和 σ_y 又有切应力 τ_x 和 τ_y，如图 13.6（a）所示。为简便计，可用其正投影图表示，如图 13.6（b）所示。图 13.5（a）所示受内压 p 作用的薄壁圆筒形压力容器，若在两端还有一对外力偶作用而受扭，则用横截面和纵向截面以及圆筒面切出的单元体，其应力情况就如图 13.6（b）所示。

1. 斜截面上的应力

已知平面应力状态单元体上的各应力分量，欲求单元体任意斜截面上的应力。为此，研究图 13.6（a）中垂直于轴 z 的任一斜截面 $ACDE$ 上的应力。该斜截面的方位可用斜截面的外法线 n 与轴 x 的夹角 θ 来表示，将该斜截面称为 θ 面。σ_θ 和 τ_θ 分别表示 θ 面上的正应力和切应力，正应力以拉应力为正，压应力为负；切应力对于所作用的研究对象为顺时针转向为正，反之为负。根据此规则可知，在图 13.6（a）中，σ_x、σ_y 和 τ_x 皆为正，而 τ_y 为负。至于角度 θ 的符号，规定由轴 x 转至外法线 n 为逆时针转向时为正，反之为负。

已知图 13.6（a）和（b）中的 σ_x、σ_y 及 τ_x 的大小和方向，为了求出任意方向面上的应力 σ_θ 和 τ_θ，应用截面法，假想用 θ 面将单元体截为两部分，考察其中任意部分，可取棱柱体 $ABCDEF$ 为研究对象，如图 13.6（c）和（d）所示。设斜截面 $ACDE$ 的面积为 $\mathrm{d}A$，则

由图可见，棱柱体左侧面 $ABFE$ 和底面 $BCDF$ 的面积分别为 $\mathrm{d}A\cos\theta$ 和 $\mathrm{d}A\sin\theta$。画出研究对象的受力图如图 13.6（e）所示，分别由斜截面外法线 n 方向和切线 t 方向的平衡条件可得

$$\sum F_n = 0,\quad \sigma_\theta \mathrm{d}A - (\sigma_x \mathrm{d}A\cos\theta)\cos\theta + (\tau_x \mathrm{d}A\cos\theta)\sin\theta - (\sigma_y \mathrm{d}A\sin\theta)\sin\theta + (\tau_y \mathrm{d}A\sin\theta)\cos\theta = 0$$

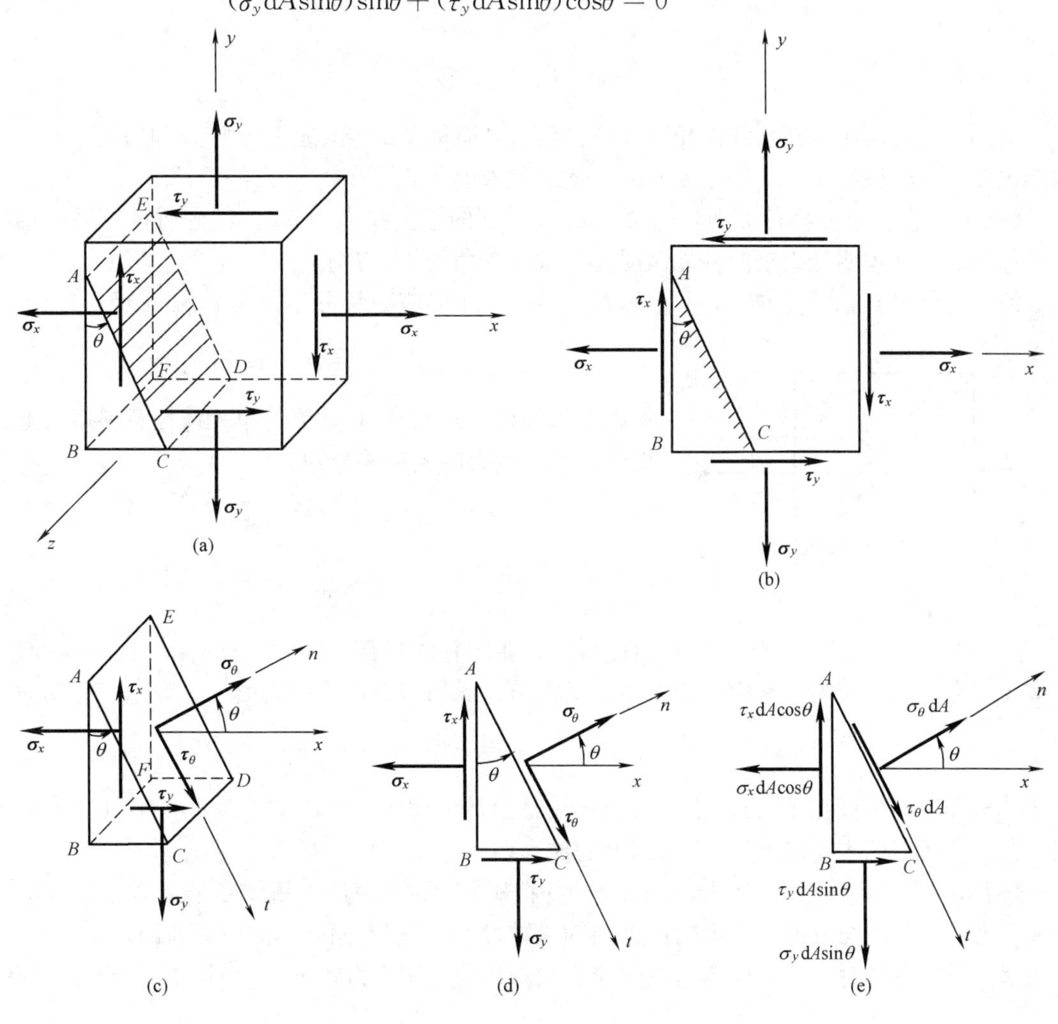

图 13.6

$$\sum F_t = 0,\quad \tau_\theta \mathrm{d}A - (\sigma_x \mathrm{d}A\cos\theta)\sin\theta - (\tau_x \mathrm{d}A\cos\theta)\cos\theta + (\sigma_y \mathrm{d}A\sin\theta)\cos\theta + (\tau_y \mathrm{d}A\sin\theta)\sin\theta = 0$$

根据切应力互等定理，τ_x 和 τ_y 在数值上相等，以 τ_x 代换 τ_y，消去 $\mathrm{d}A$，经过化简上述两个平衡方程可得

$$\begin{aligned}\sigma_\theta &= \sigma_x\cos^2\theta + \sigma_y\sin^2\theta - 2\tau_x\sin\theta\cos\theta \\ \tau_\theta &= (\sigma_x - \sigma_y)\sin\theta\cos\theta + \tau_x(\cos^2\theta - \sin^2\theta)\end{aligned} \tag{13.3}$$

利用三角函数公式

$$\cos^2\theta = \frac{1+\cos2\theta}{2}$$

$$\sin^2\theta = \frac{1-\cos2\theta}{2}$$

$$2\sin\theta\cos\theta = \sin2\theta$$

可将式1（13.1）写为

$$\sigma_\theta = \frac{\sigma_x + \sigma_y}{2} + \frac{\sigma_x - \sigma_y}{2}\cos2\theta - \tau_x\sin2\theta \tag{13.4a}$$

$$\tau_\theta = \frac{\sigma_x - \sigma_y}{2}\sin2\theta + \tau_x\cos2\theta \tag{13.4b}$$

应用上式可求出，在法线倾角为θ的斜截面（简称θ面）上的正应力σ_θ和切应力τ_θ。必须指出，计算时应将σ_x、σ_y、τ_x及θ的代数值代入上述公式。

【例13.2】　已知横截面面积为A的杆件受到的轴向拉力为F_N，试分析拉杆最大切应力的作用面，并说明低碳钢拉杆屈服时在与轴线夹角为45°方向上产生滑移线的原因。

解　杆件受到轴向拉伸时，其上任意一点均为单向应力状态，如图13.7所示。且有

$$\sigma_x = \frac{F_N}{A},\quad \sigma_y = 0,\quad \tau_x = \tau_y = 0$$

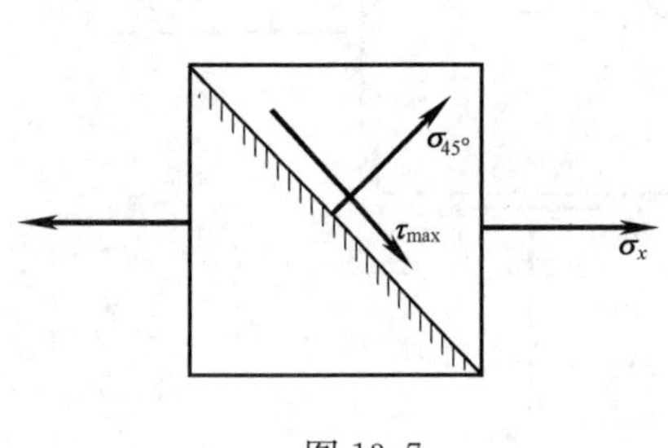

图13.7

将以上条件代入式（13.4），可得单元体任意斜截面上的正应力和切应力的表达式分别为

$$\sigma_\theta = \frac{\sigma_x}{2} + \frac{\sigma_x}{2}\cos2\theta$$

$$\tau_\theta = \frac{\sigma_x}{2}\sin2\theta$$

由此可见，在所有的斜截面中，当$\theta=45°$时，斜截面上既有正应力又有切应力，其中正应力不是最大值，而切应力却是最大值，其表达式分别为

$$\sigma_{45°} = \frac{\sigma_x}{2} = \frac{F_N}{2A},\qquad \tau_{45°} = \tau_{max} = \frac{\sigma_x}{2} = \frac{F_N}{2A}$$

上述分析表明，拉杆在45°方向上产生滑移线是由最大切应力引起的。因此，可以认为低碳钢拉杆产生屈服的主要原因是45°方向上的最大切应力。

【例13.3】　已知直径为d的圆轴受到外扭矩M_e的作用产生扭转变形，试分析圆轴的最大应力及其作用面方位，并说明铸铁圆轴扭转时沿45°螺旋面破坏的主要原因。

解　圆轴扭转时，其上任意一点的应力状态均为纯切应力状态，如图13.8所示。且有

$$\sigma_x = \sigma_y = 0, \tau_x = \tau_y = \frac{32M_e}{\pi d^4}\rho$$

将以上条件代入式（13.4），可得单元体任意斜截面上的正应力和切应力的表达式分别为

$$\sigma_\theta = -\tau_x\sin2\theta$$

$$\tau_\theta = \tau_x\cos2\theta$$

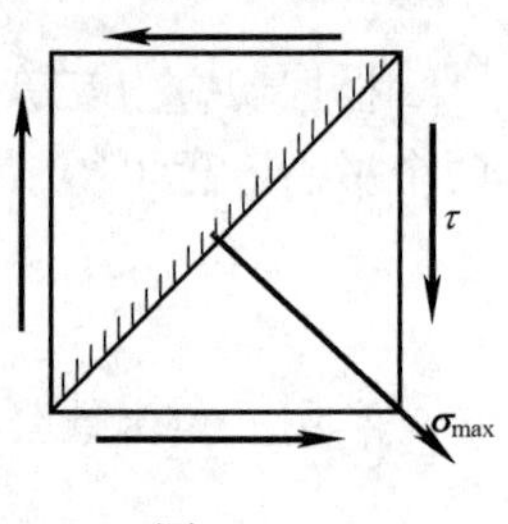

图13.8

可见，当$\theta=\pm45°$时，斜截面上只有正应力没有切应力。对于图13.8所示的应力状态，在$\theta=45°$的斜截面上，有最大压应力；在$\theta=-45°$的斜截面上，有最大拉应力。即有

$$\sigma_{45°} = \sigma_{Y,max} = -\tau_x = \frac{32M_e}{\pi d^4}\rho,\quad \tau_{45°} = 0$$

$$\sigma_{-45^\circ}=\sigma_{\mathrm{L,max}}=\tau_x=\frac{32M_e}{\pi d^4}\rho,\quad \tau_{-45^\circ}=0$$

由于铸铁的抗拉强度远低于抗压强度，铸铁圆轴作扭转破坏实验时，正是沿最大拉应力作用面，即-45°螺旋面，断裂破坏的。因此，可以认为铸铁圆轴扭转时沿45°螺旋面破坏是由最大拉应力引起的。

取两根圆截面粉笔，分别使其弯曲和扭转而断裂，试观察它们的断口有何不同？试分析它们危险点处的应力状态，并解释其破坏的原因。

2. 应力圆

由式（13.4a）和式（13.4b）可以看出，在平面应力状态中，斜截面上的应力σ_θ和τ_θ之值都是倾角θ的连续函数。这两个公式可以看成是以θ为参变量的方程，因此，只要设法将θ消去，就可得到σ_θ与τ_θ之间的直接关系式。

为此，将式（13.4a）改写为

$$\sigma_\theta-\frac{\sigma_x+\sigma_y}{2}=\frac{\sigma_x-\sigma_y}{2}\cos2\theta-\tau_x\sin2\theta$$

将上式等号两边的表达式分别平方，得

$$\left(\sigma_\theta-\frac{\sigma_x+\sigma_y}{2}\right)^2=\left(\frac{\sigma_x-\sigma_y}{2}\cos2\theta-\tau_x\sin2\theta\right)^2 \tag{a}$$

同理，可将式（13.4b）改写为

$$(\tau_\theta-0)^2=\left(\frac{\sigma_x-\sigma_y}{2}\sin2\theta+\tau_x\cos2\theta\right)^2 \tag{b}$$

将式（a）和式（b）相加，并注意到$\sin^2 2\theta+\cos^2 2\theta=1$，可得

$$\left(\sigma_\theta-\frac{\sigma_x+\sigma_y}{2}\right)^2+(\tau_\theta-0)^2=\left(\frac{\sigma_x-\sigma_y}{2}\right)^2+\tau_x^2 \tag{13.5}$$

由解析几何可知，方程

$$(x-a)^2+(y-0)^2=R^2 \tag{c}$$

所代表的曲线是在xy坐标平面内的一个圆，圆心在轴x上，其坐标为（a，0），半径为R。若已知σ_x、σ_y、τ_x，将式（13.5）与式（c）对比，可看出式（13.3）是以σ_θ和τ_θ为变量的圆周方程。在以σ_θ为横轴，τ_θ为纵轴的坐标系中，可以画一个圆。圆心的坐标为$\left(\frac{\sigma_x+\sigma_y}{2},\ 0\right)$，半径$R$为$\sqrt{\left(\frac{\sigma_x-\sigma_y}{2}\right)^2+\tau_x^2}$，此圆称为**应力圆**（stress circle），是由德国工程师莫尔（Otto Mohr）最早提出，故称为莫尔应力圆，简称**莫尔圆**（Mohr circle）。

现以图13.9（a）所示平面应力状态为例说明应力圆的作法。因为，应力圆上某一点的坐标与单元体某一斜截面上的应力有着一定的对应关系。由式（13.4）可知：

当$\theta=0$时

$$\sigma_\theta=\sigma_x,\qquad \tau_\theta=\tau_x$$

当$\theta=\frac{\pi}{2}$时

$$\sigma_\theta=\sigma_y,\qquad \tau_\theta=-\tau_x$$

据此，即可在σ_θ—τ_θ坐标系中分别确定相应的点D和点D'，它们的坐标分别代表面x和面y上的应力。连接DD'，与横轴（轴σ）相交于点C，以点C为圆心，长度CD为半径作圆。

不难证明，所作的圆就是对应于该平面应力状态下的应力圆，如图 13.9（b）所示。

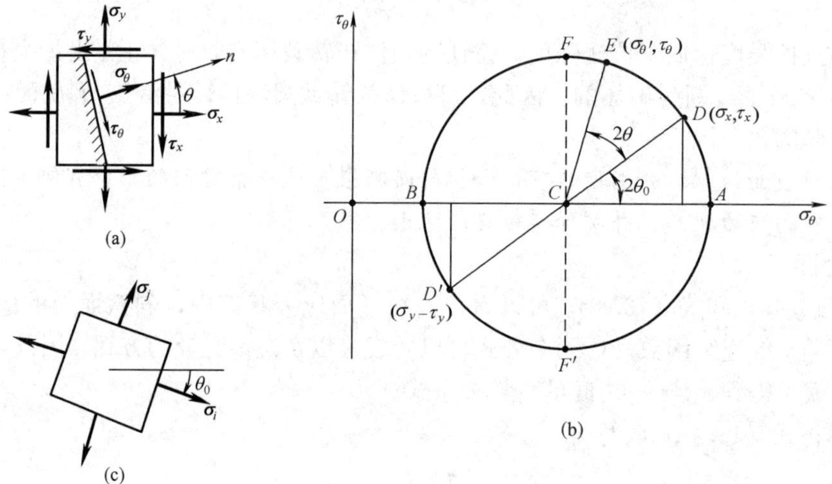

图 13.9

从图 13.9 中看出，单元体截面的法线由轴 x 逆时针转过 90°至轴 y 时，在应力圆上相应的点 D 沿圆周按相同的方向转过 180°至点 D'。同理，若单元体由轴 x 到任意斜截面法线的夹角为 θ，则在应力圆上，从相应的点 D 沿圆周按同一方向转过角度 2θ，得到点 E。点 E 的坐标就代表该斜截面上的正应力和切应力分量［参看图 13.9（b）］。

3. 主应力与面内最大切应力

由图 13.9（b）可以看出，应力圆与横轴相交于 A、B 两点的纵坐标（切应力）等于零，所以 A、B 两点的横坐标代表平面应力状态的两个主应力。根据图中的几何关系可见，A、B 两点的横坐标分别等于圆心坐标加上或减去圆半径，因此得到

$$\left.\begin{matrix}\sigma_i\\ \sigma_j\end{matrix}\right\}=\frac{\sigma_x+\sigma_y}{2}\pm\sqrt{\left(\frac{\sigma_x-\sigma_y}{2}\right)^2+\tau_x^2} \tag{13.6}$$

其中，主应力 σ_i 为垂直于零应力平面（z 面）的一组截面上最大正应力，而主应力 σ_j 为该组截面上的最小正应力。

主平面的方位角也可以从应力圆上确定。由于应力圆上从点 D 到点 A 所对应的圆心角为 $2\theta_0$，且为顺时针转向。表明单元体上从轴 x 顺时针转过一角度 θ_0，即可确定 σ_i 所在主平面的方位角。按前述对角度 θ 的正负号规定，θ_0 应为负值，因此，由图 13.9（b）中 $2\theta_0$ 所在直角三角形的几何关系可知

$$\tan(-2\theta_0)=\frac{\tau_x}{\frac{1}{2}(\sigma_x-\sigma_y)}$$

或

$$\tan 2\theta_0=-\frac{2\tau_x}{\sigma_x-\sigma_y} \tag{13.7}$$

由上式可求出相差 90°的两个角度 θ_0，它们确定的两个互垂平面分别为主应力 σ_i 和 σ_j 所在的平面，如图 13.9（c）所示。从图中可见，由轴 x 顺着 τ_x 的方向转过一角度 $|\theta_0|$ 即为最大主应力的方向。说明单元体上对应于最大主应力作用平面的方位角的转向，与 x 面上切

应力相对于单元体的转向是一致的。

考虑到应力为零的面 z 也是主平面，因此，单元体有三个相互垂直的主平面，三个主应力的方向相互垂直。

从图 13.9（b）中看出，应力圆的 F 和 F' 两点，切应力绝对值最大，是平面应力状态中垂直于零应力平面的一组截面中切应力的最大者，称为**面内最大切应力**，其绝对值等于应力圆的半径，故数值为

$$\tau_{\max}=\sqrt{\left(\frac{\sigma_x-\sigma_y}{2}\right)^2+\tau_x^2}=\frac{\sigma_i-\sigma_j}{2} \tag{13.8}$$

从应力圆中也不难看出，$\tau_{\max}$所在平面与 σ_i（或 σ_j）的主平面夹角为$\frac{\pi}{4}$。

以上分析是利用应力圆的几何关系，得到有关主平面、主应力和面内最大切应力的解析公式的。实际上，采用将式（13.4）对角 θ 求导数的方法，也可得到相应的结论。有兴趣的读者可以自行推证。

当平面应力状态中的正应力 $\sigma_x=\sigma_y=0$ 时，这种应力状态称为**纯切应力状态**（shearing state of stresses）。读者不难分析，扭转圆轴内任一点处的应力状态均为纯切应力状态；受横向荷载的弯曲梁，其中性轴各点处亦为纯切应力状态。

请读者画出纯切应力状态单元体的应力圆，分析并写出该单元体的主平面方位角、主应力和最大切应力的表达式。

【例 13.4】　受力构件内某点处的应力状态如图 13.10 所示。试

（1）求指定斜截面上的应力；

（2）用主应力表示该点的应力状态。

解　(1)求斜截面上应力。

按应力和斜截面方位角的正负号规定，在 Oxy 坐标系中的应力分量为 $\sigma_x=30\text{MPa}$，$\sigma_y=-40\text{MPa}$，$\tau_x=-60\text{MPa}$，所求斜面的方位角 $\theta=-30°$。由式(13.4)可得斜面上的应力为

$$\begin{aligned}\sigma_{-30°}&=\frac{1}{2}\times(30-40)+\frac{1}{2}\times(30+40)\cos(-60°)-(-60)\sin(-60°)\\&=-39.5\text{MPa}\end{aligned}$$

$$\tau_{-30°}=\frac{1}{2}\times(30+40)\sin(-60°)+(-60)\cos(-60°)=-60.3\text{MPa}$$

按应力的正负号规定，斜截面上正应力和切应力的实际方向示于图 13.10（a）中。

（2）求主应力及主平面方位角。

主应力的大小按式（13.6）计算，得

$$\left.\begin{matrix}\sigma_i\\\sigma_j\end{matrix}\right\}=\frac{1}{2}\times(30-40)\pm\sqrt{\left(\frac{30+40}{2}\right)^2+60^2}=\begin{cases}64.5\text{MPa}\\-74.5\text{MPa}\end{cases}$$

另一个主应力为零。根据主应力 $\sigma_1\geqslant\sigma_2\geqslant\sigma_3$ 的排列顺序，可知

$$\sigma_1=64.5\text{MPa},\quad\sigma_2=0,\quad\sigma_3=-74.5\text{MPa}$$

由式（13.7）可得主应力所在截面的方位角

$$\tan2\theta_0=-\frac{2\tau_x}{\sigma_x-\sigma_y}=-\frac{2\times(-60)}{30+40}=1.71$$

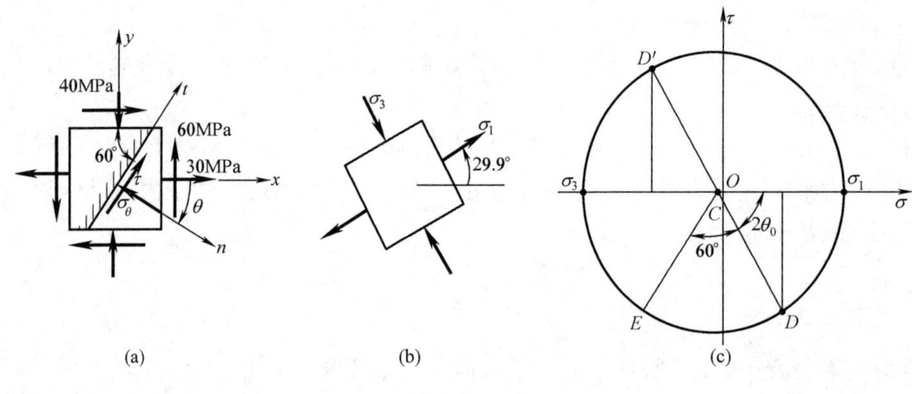

图 13.10

所以

$$\theta_0 = 29.9^\circ \text{或} -60.1^\circ$$

顺着切应力 τ_x 方向转过的角度 $\theta_0 = 29.9^\circ$ 即为对应最大主应力作用平面的方位角，按此方位所确定的主应力单元体如图 13.10（b）所示。

对于图 13.10（a）所示的应力状态，可以画出相应的应力圆，并在圆上确定斜截面上应力所对应点的坐标，如图 13.10（c）所示。建议读者根据所作的应力圆来检查以上分析结果的正确性。

【例 13.5】　图 13.11（a）所示为承受内压的圆筒形薄壁容器。已知圆筒的平均直径为 D，壁厚为 $\delta\left(\delta \leqslant \dfrac{D}{20}\right)$，承受的内压压强为 p。试分析筒壁上任一点 A 处的主应力。

解　两端封闭的圆筒，作用于筒底的合力为 $F = p \times \dfrac{\pi D^2}{4}$［图 13.11（c）］，薄壁圆筒横截面的面积为 $A \approx \pi D\delta$，则由内压引起横截面上的轴向应力为

$$\sigma_x = \frac{p \times \dfrac{\pi D^2}{4}}{\pi D\delta} = \frac{pD}{4\delta} \tag{a}$$

在内压作用下，纵截面上有正应力 σ_y，由于薄壁，纵截面上的应力可视为均匀分布。用截面法，取单位长圆筒并将其一分为二，以上半部分为研究对象［图 13.11（d）］，由 $\sum F_y = 0$ 得

$$2\sigma_y\delta = \int_0^\pi p\frac{D}{2}\sin\theta \mathrm{d}\theta = pD$$

所以

$$\sigma_y = \frac{pD}{2\delta} \tag{b}$$

此外，由于内压力的作用，在容器内壁还存在垂直于内壁的径向应力 $\sigma_z = -p$。但对于薄壁容器，其径向应力远小于 σ_x 和 σ_y，常可忽略不计。于是，可认为筒壁上任一点处于二向应力状态［图 13.11（b）］，其主应力为

$$\sigma_1 = \frac{pD}{2\delta}, \quad \sigma_2 = \frac{pD}{4\delta}, \quad \sigma_3 = 0$$

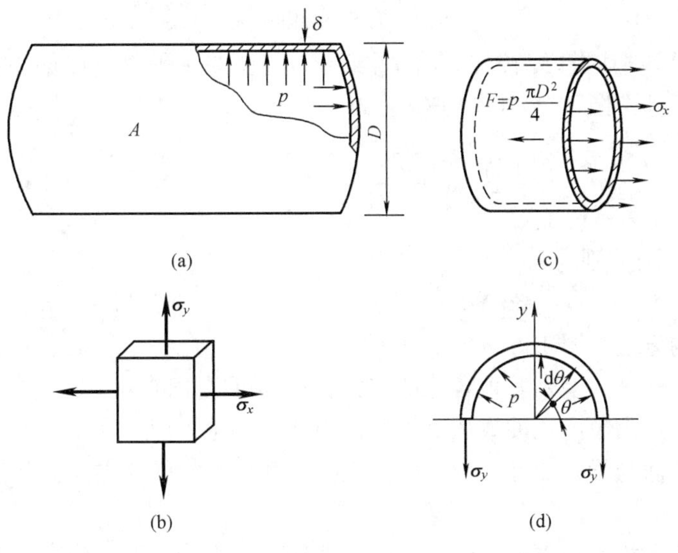

图 13.11

§13.3　梁的主应力迹线

【例 13.6】　图 13.12（a）所示为承受均布荷载的简支梁，由外荷载及支座反力可求得横截面 $m—m$ 上的弯矩 M 和剪力 F_S，进一步可求得该截面上点 A 处的弯曲正应力和切应力分别为：$\sigma=-70\text{MPa}$，$\tau=50\text{MPa}$［图 13.12（b）］。试确定点 A 处的主应力及主平面方位，并讨论同一截面上其他点的应力状态。

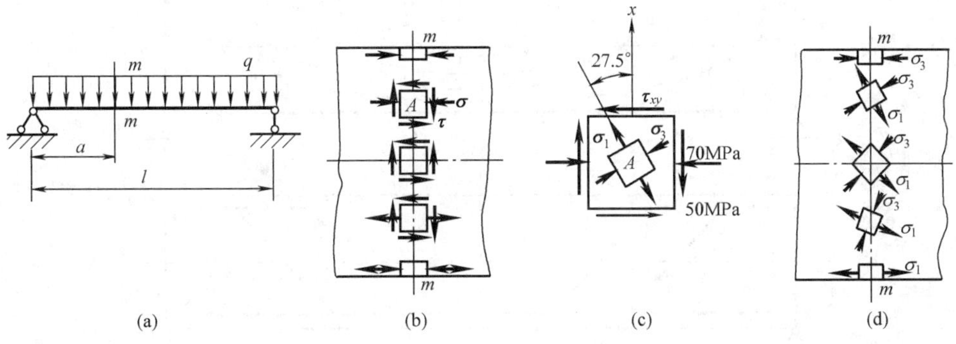

图 13.12

解　从点 A 处截取单元体，放大如图 13.12（c）所示。建立坐标轴 x 方向铅垂向上，单元体上各应力分量分别为

$$\sigma_x=0,\quad \sigma_y=-70\text{MPa},\quad \tau_x=-50\text{MPa}$$

由式（13.5），有

$$\tan 2\theta_0=-\frac{2\tau_x}{\sigma_x-\sigma_y}=-\frac{2\times(-50)}{0-(-70)}=1.429$$

可得

$$2\theta_0=55^\circ\text{或 }235^\circ$$

$$\theta_0 = 27.5° \text{或} 117.5°$$

以轴 x 为起始位置，逆时针旋转 27.5°，得到 σ_{max} 所在的主平面；以同一方向旋转 117.5°，得到 σ_{min} 所在的另一主平面。这两个主应力的大小可由式（13.7）求得为

$$\begin{Bmatrix}\sigma_{max}\\ \sigma_{min}\end{Bmatrix} = \frac{0+(-70)}{2} \pm \sqrt{\left[\frac{0-(-70)}{2}\right]^2 + (-50)^2} = \begin{Bmatrix}26\\ -96\end{Bmatrix} \text{(MPa)}$$

点 A 处的三个主应力分别为

$$\sigma_1 = 26\text{MPa},\quad \sigma_2 = 0,\quad \sigma_3 = -96\text{MPa}$$

主应力及主平面的方位如图 13.12（c）所示。

在梁的横截面 m—m 上，其他各点的应力状态都可以用同样的方法进行分析。在截面的上、下边缘处的各点为单向拉伸或压缩，横截面就是其主平面；在中性轴上，各点的应力状态为纯剪切，主平面与梁轴成 45°。从上边缘到下边缘，各点的主应力状态如图 13.12（d）所示。

综观全梁，各点均存在由正交的主拉应力和主压应力构成的主应力状态，形成全梁的主应力场。为了能直观地表示梁内各点主应力的方向，可以用两组互相正交的曲线来描述主应力场。其中，一组曲线上每一点的切线方向是该点的主拉应力方向，用实线表示；另一组曲线上每一点的切线方向是该点的主压应力方向，用虚线表示。这两组曲线称为梁的**主应力迹线**。图 13.13（a）所示为受均布荷载梁内的两组主应力迹线，实线为主拉应力迹线，虚线为主压应力迹线。

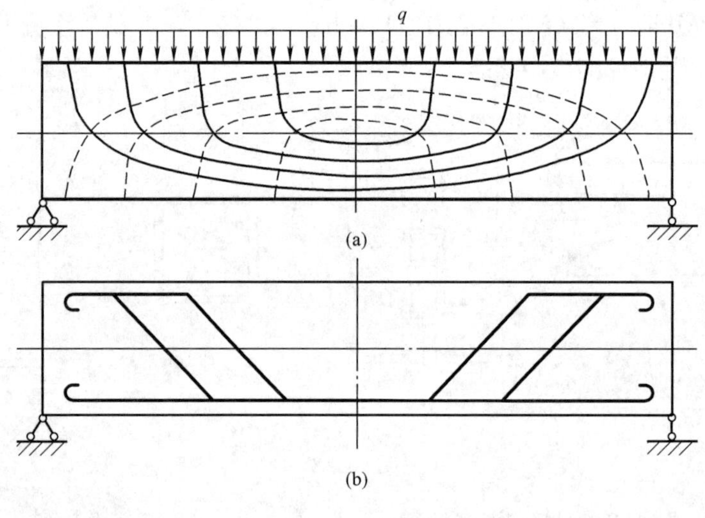

图 13.13

在钢筋混凝土梁的设计中，主应力迹线是有用的。由于主拉应力会使得混凝土沿主应力迹线方向受拉而产生断裂，所以必须在梁内根据主拉应力迹线的方向配置相应的钢筋，以提高钢筋混凝土梁的抗拉强度，如图 13.13（b）所示。因此，主应力迹线是钢筋混凝土梁中受力钢筋配置的重要依据。

必须指出，梁的支撑不同，所受的荷载不同，其主应力迹线也不相同。作为示例，图 13.14 给出了几种不同支撑及不同荷载作用下梁的主应力迹线。

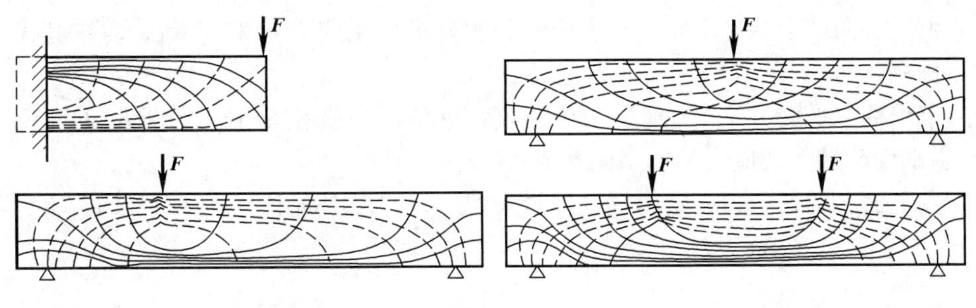

图 13.14

本　章　小　结

1. 一点的应力状态

通过受力构件内的任一点，不同方位截面上应力的集合，称为该点的应力状态。围绕该点，截取一微小的正六面体，称为单元体。由于单元体是无限小的，因此，单元体各面上的应力是均匀分布的，且相互平行的平面上的应力大小相等，方向相反。

2. 主平面和主应力

应力单元体中切应力为零的平面，称为主平面。主平面上的正应力称为主应力，分别用符号 σ_1、σ_2、σ_3 表示，且按其代数值大小排列 $\sigma_1 \geqslant \sigma_2 \geqslant \sigma_3$。在一般情况下，任一点处的应力状态，一定存在一个由三对相互垂直的主平面所组成的主应力单元体。

3. 平面应力状态分析

任意斜截面上的应力

$$\sigma_\theta = \frac{\sigma_x + \sigma_y}{2} + \frac{\sigma_x - \sigma_y}{2}\cos 2\theta - \tau_x \sin 2\theta$$

$$\tau_\theta = \frac{\sigma_x - \sigma_y}{2}\sin 2\theta + \tau_x \cos 2\theta$$

主应力的大小为

$$\sigma_i = \sigma_{\max} = \frac{\sigma_x + \sigma_y}{2} + \sqrt{\left(\frac{\sigma_x - \sigma_y}{2}\right)^2 + \tau_x^2}$$

$$\sigma_j = \sigma_{\min} = \frac{\sigma_x + \sigma_y}{2} - \sqrt{\left(\frac{\sigma_x - \sigma_y}{2}\right)^2 + \tau_x^2}$$

主平面方位为

$$\tan 2\theta_0 = -\frac{2\tau_x}{\sigma_x - \sigma_y}$$

面内最大切应力的大小为

$$\tau_{\max} = \sqrt{\left(\frac{\sigma_x - \sigma_y}{2}\right)^2 + \tau_x^2} = \frac{\sigma_i - \sigma_j}{2}$$

应当指出：

(1) 斜截面上的应力公式是由微元上力的平衡条件求得，应力不存在平衡关系。

(2) 上述公式中的符号规定为：正应力以拉为正，压为负；切应力以对单元体内任一点产生顺时针转动趋势者为正，反之为负；角度 θ 以逆时针转向为正，反之为负。

（3）由于二向应力状态中有一个主应力为零，求出主应力 σ_i 和 σ_j 后，需按其代数值的大小重新排序。

（4）求出的主平面方位 $2\theta_0$ 应有两个角度，这两个角度相差 180°，即 θ_0 的两个角度相差 90°。主平面与最大切应力的作用面互成 45°。

（5）主平面上的切应力一定为零，但最大切应力的作用面上的正应力却通常不为零，而是等于 $\frac{\sigma_x+\sigma_y}{2}$。

概念分析与工程应用实训

13.1　对某实际的钢筋混凝土雨篷进行测绘，画出结构图。试

（1）建立雨篷的力学模型，估算雨篷承受的荷载，画出计算简图；

（2）对雨篷纵对称面进行平面应力状态分析，画出主应力迹线；

（3）根据主拉应力迹线，画出雨篷主要受力钢筋的配筋简图。

13.2　对某实际建筑中矩形截面的钢筋混凝土单跨梁进行测绘，画出结构简图。试

（1）建立钢筋混凝土单跨梁的力学模型，画出计算简图，估算所承受的荷载，并计算支座约束力；

（2）对单跨梁纵对称面进行平面应力状态分析，画出主应力迹线；

（3）根据主拉应力迹线，画出主要钢筋大致的配筋图。

13.3　对某实际建筑中矩形截面的钢筋混凝土外伸梁进行测绘，画出结构简图。试

（1）建立钢筋混凝土外伸梁的力学模型，画出计算简图，估算所承受的荷载，并计算支座约束力；

（2）对外伸梁的纵剖面进行平面应力状态分析，画出主应力迹线；

（3）根据主拉应力迹线，画出主要钢筋大致的配筋图。

（4）将上述实际的悬臂梁、单跨梁和外伸梁的配筋图进行比较分析。

习　　题

13.1　纯弯曲梁内任一点处只有正应力，而扭转轴内任一点处只有切应力，这种说法对吗？为什么？

13.2　构件受力如图 13.15 所示，试画出危险点单元体的应力状态。

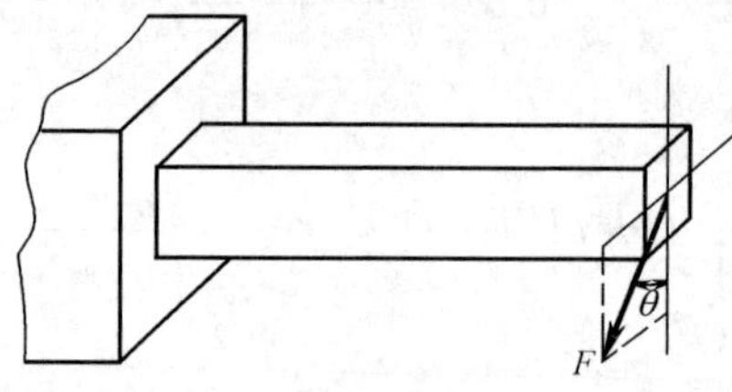

图 13.15

13.3　试从图 13.16 所示各构件中点 A 和 B 处截取单元体，并计算单元体各面上的

应力。

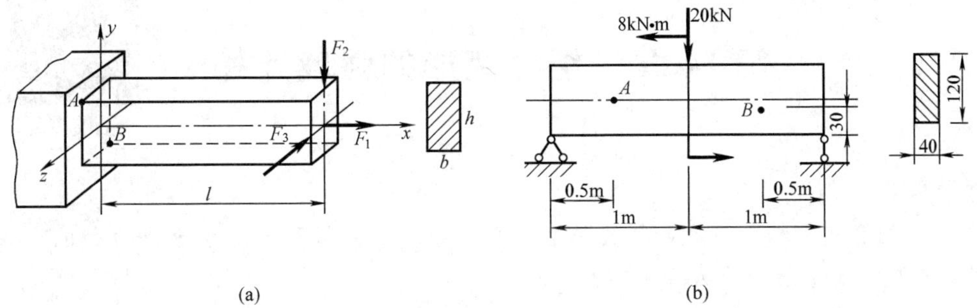

(a)　(b)

图 13.16

13.4　已知平面应力状态如图 13.17 所示，试计算图中各单元体指定斜截面上的应力（应力单位为 MPa）。

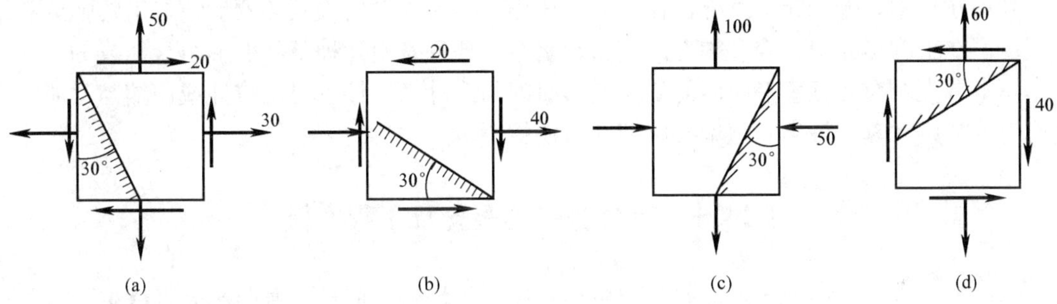

(a)　(b)　(c)　(d)

图 13.17

13.5　已知平面应力状态如图 13.18 所示（应力单位为 MPa），试用计算图中各单元体主应力的大小和主平面方位，并画出主应力单元体。

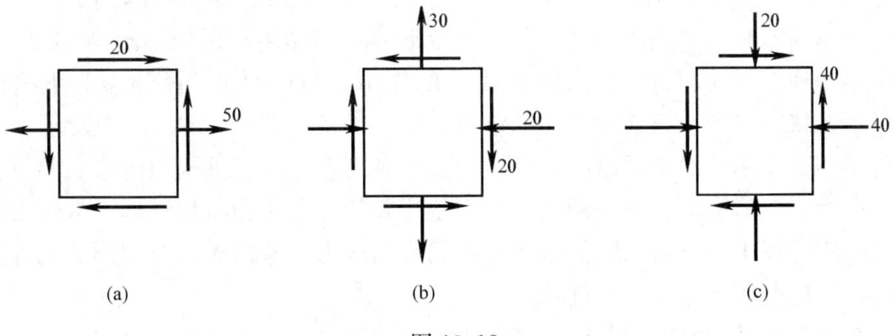

(a)　(b)　(c)

图 13.18

第 14 章　组合变形的强度计算

教学要求

1. 建立组合变形杆件强度计算的基本概念，能正确分析和判定危险截面和危险点的位置，并能正确计算危险点应力分量；

2. 熟练掌握两互垂平面内弯曲的组合变形杆件的应力分析和强度计算；

3. 熟练掌握拉（压）弯组合变形杆件的应力分析和强度计算；

4. 掌握偏心压缩杆件的应力分析和强度计算。

在前几章中，分别介绍了杆件在拉伸、压缩、扭转和弯曲等基本变形情形下的强度和刚度问题。在工程实际中，许多构件的变形较复杂，往往是由几种基本变形组合而成的。

本章首先介绍两互垂平面内的弯曲变形时的强度计算，接着讨论拉伸或压缩与弯曲组合变形时的强度计算，最后介绍偏心压缩和截面核心。

§14.1　组合变形的概念及工程实例

在前面各章中，分别讨论了杆件的拉伸与压缩、扭转、剪切、弯曲等基本变形。在工程实际中，构件受到外力作用后所产生的变形往往并不单纯是某一种基本变形，而是两种或更多的基本变形形式的组合，称为**组合变形**（combined deformation）。

例如，图 14.1（a）中所示的烟囱，除了因重力 P 的作用而产生轴向压缩变形外，同时，又因受到风压力 p 的作用而产生弯曲。又如，图 14.1（b）中所示的挡土墙，同时受到自重引起的压缩变形和土壤侧压力产生的弯曲变形的共同作用。再如，图 14.1（c）中所示的工业厂房牛腿柱，桥式起重机传来的荷载 F 的作用线与柱的轴线不重合，牛腿柱在偏心受压的情况下，将同时产生压缩和弯曲的组合变形。最后，图 14.1（d）中所示屋架上的檩条，由于荷载不是作用在檩条的纵向对称面内，檩条将产生两互垂平面内弯曲的组合变形。

在构件的组合变形中，若有一种基本变形是主要的，有时为简化计算，常略去其他次要变形，而在强度计算中，可适当降低所用材料的许用应力。若构成组合变形的几种基本变形都是重要的，则应按组合变形进行计算。

计算组合变形杆件的强度问题时，基于小变形的假设，一般可应用叠加原理，即假设所有外荷载的作用彼此独立互不相关，任一荷载所引起的应力和变形都不受其他荷载的影响。因此，当杆受到复杂荷载作用产生几种变形时，可先将荷载向截面形心简化，使其分解为几组静力等效的荷载，其中每组荷载产生一种基本变形，然后分别计算各基本变形下所产生的应力，最后将应力叠加，得到组合变形的总应力。特别需要指出的是，叠加原理的成立，要求内力、应力、位移和应变等待求量与外力为线性关系。若没有上述线性关系，叠加原理则不成立。可以证明，在线弹性范围内，小变形条件下，上述线性关系成立，可以应用叠加原理计算杆件的内力、应力、位移与应变。

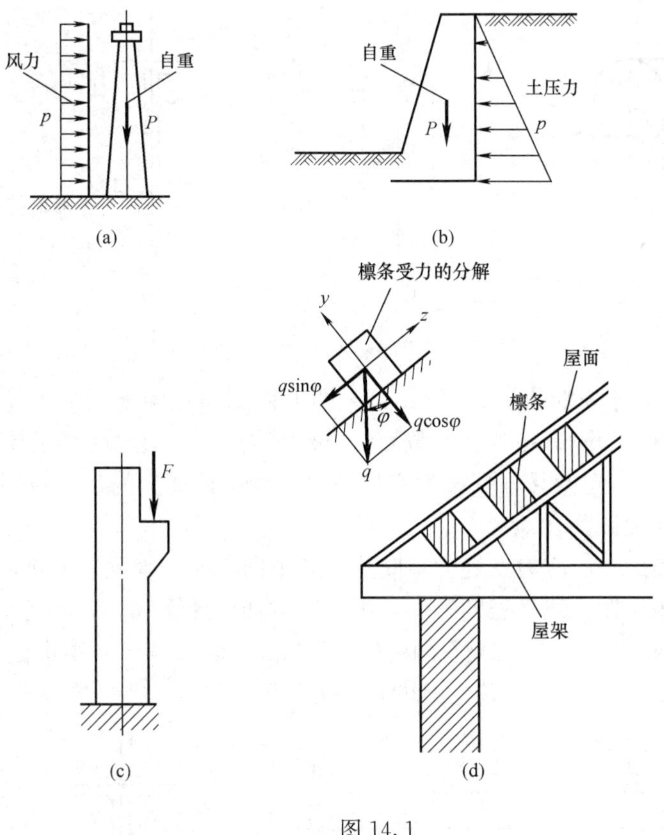

图 14.1

§14.2　两互垂平面内的弯曲

梁发生对称弯曲时，变形后的轴线所在平面与荷载作用面及梁的纵向对称面为同一平面，因此也称为**平面弯曲**（plane bending），实际上对称弯曲是平面弯曲的一种最简单的特例。在工程实际中，许多梁具有正交双对称截面，如矩形、工字形截面等，当在双对称纵向面内均作用横向荷载时，梁就会同时产生两互垂平面内的对称弯曲。若材料服从胡克定律，且变形很小，由于对称弯曲正应力与荷载为线性关系，可采用叠加的方法计算两互垂面内对称弯曲时，截面上任意一点的正应力。

如果梁的横截面是双向对称的，两纵向对称面内的弯矩 M_y、M_z 均按正值画出，如图 14.2（a）所示。采用叠加的方法，得到横截面上任一点 A（y，z）处的正应力为

$$\sigma = \sigma_{M_y} + \sigma_{M_z} = \frac{M_y}{I_y}z - \frac{M_z}{I_z}y \tag{14.1}$$

为确定横截面上的最大正应力，需先确定中性轴的位置。设中性轴上各点的坐标为（y_0，z_0），由于中性轴上各点的应力为零，于是，由式（14.1）可得

$$\frac{M_y}{I_y}z_0 - \frac{M_z}{I_z}y_0 = 0 \tag{14.2}$$

可见，中性轴是通过截面形心的斜直线。中性轴将截面划分为受拉和受压的两个区域。在截面周边上，离中性轴最远的 D_1 和 D_2 两点分别是截面上最大拉、压应力的作用点［图

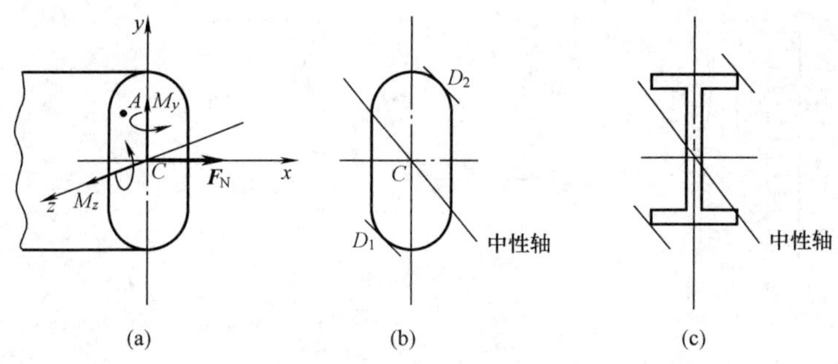

图 14.2

14.2（b）]。将两点的坐标分别代入式（14.1），即可得到横截面上的最大拉、压应力。对于周边具有棱角的截面（如矩形和工字形截面），最大的拉、压应力必然发生在截面的棱角处［图 14.2（c）]。于是，可直接根据梁的变形情况，确定截面上的最大拉、压应力所在的位置，而无需确定中性轴位置。

由于最大拉应力和最大压应力点处为单向拉伸和单向压缩，因此，可直接将最大正应力与材料的许用正应力相比较，建立强度条件，进行三类强度计算。

【例 14.1】　图 14.3（a）所示悬臂梁由工字钢制成。若作用于自由端的集中力 $\boldsymbol{F}$ 与轴 y 的夹角为 φ，许用应力为 $[\sigma]$，试建立梁的正应力强度条件。

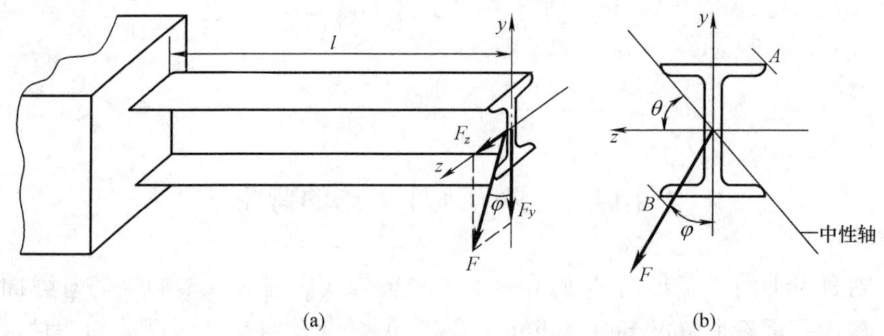

图 14.3

解　在图示坐标系中，y、z 为截面的对称轴。将 F 沿轴 y、z 分解，得

$$F_y = F\cos\varphi, \quad F_z = F\sin\varphi$$

问题转化为两相互垂直平面内对称弯曲的叠加。在固定端，弯矩最大，其值为

$$M_y = -F_z l = -F\sin\varphi l$$

$$M_z = -F_y l = -F\cos\varphi l$$

按式（14.1），可知固定端截面上任一点的正应力为

$$\sigma = \frac{M_y}{I_y}z - \frac{M_z}{I_z}y = -Fl\left(\frac{\sin\varphi}{I_y}z - \frac{\cos\varphi}{I_z}y\right) \tag{a}$$

若令 $\sigma=0$，即得中性轴方程

$$\frac{M_y}{I_y}z_0 - \frac{M_z}{I_z}y_0 = 0$$

设中性轴与轴 z 的夹角为 θ［图 14.3（b）]，则

$$\tan\theta = \frac{y_0}{z_0} = \frac{I_z}{I_y}\frac{M_y}{M_z} = \frac{I_z}{I_y}\tan\varphi$$

因为 $I_z \neq I_y$，故 $\theta \neq \varphi$，表明中性轴与力的作用平面并不垂直。由于变形后梁轴线所在平面与中性轴不垂直，所以变形后梁轴线所在平面不在力作用面内，而是倾斜了一个角度，因此这种弯曲也称为**斜弯曲**。离中性轴最远的两点为 A 和 B，分别是梁内的最大拉、压应力作用点，其应力的绝对值相等，由式（a）可建立梁的正应力强度条件为

$$\sigma_{\max} = \left|\frac{M_y}{I_y}z_{\max}\right| + \left|\frac{M_z}{I_z}y_{\max}\right| = \frac{|M_y|}{W_y} + \frac{|M_z|}{W_z} \leqslant [\sigma]$$

实际上，工字钢截面的危险点必然位于棱角处，完全可以直接按梁的变形来判断危险点的位置以及应力的正负。

§ 14.3　拉伸或压缩与弯曲的组合

当杆件横截面上同时作用有轴力和弯矩时，若材料服从胡克定律且为小变形，可应用叠加原理计算其正应力。

以如图 14.4 所示的具有纵向对称截面的杆件为例，横截面上作用有轴力 F_N 和位于纵向对称面内的弯矩 M_z，这是轴向拉应力和对称弯曲正应力的叠加问题，其横截面上任一点处的正应力为

$$\sigma = \frac{F_N}{A} - \frac{M_z y}{I_z} \tag{14.3}$$

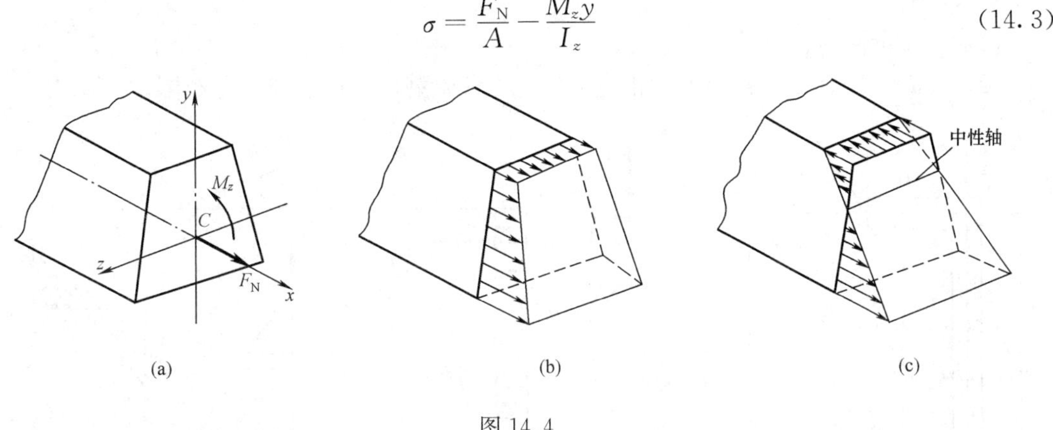

图 14.4

可见横截面上的正应力为 y 的一次函数，仍然是线性分布的，若轴力和弯矩均为正值，其正应力可能的分布规律分别如图 14.4（b）、（c）所示。这时中性轴不再通过形心，中性轴的位置应根据 $\sigma=0$ 重新确定。

如果杆件横截面是双向对称的，截面上同时作用的有轴力 F_N 和两纵向对称面内的弯矩 M_y 和 M_z，各内力分量均按正值画出，如图 14.5（a）所示。由叠加原理，可得横截面上任一点（y，z）处的正应力为

$$\sigma = \frac{F_N}{A} + \frac{M_y}{I_y}z - \frac{M_z}{I_z}y \tag{14.4}$$

为确定横截面上的最大应力，需先确定中性轴的位置。设中性轴上各点的坐标为（y_0，z_0），由于中性轴上各点的应力为零，由式（14.4）可得

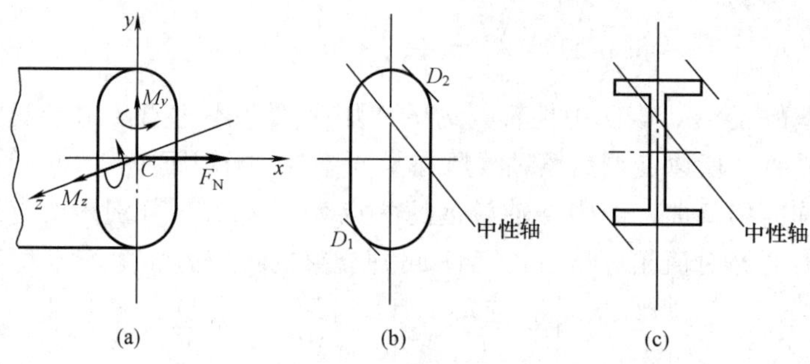

图 14.5

$$\frac{F_N}{A}+\frac{M_y}{I_y}z_0-\frac{M_z}{I_z}y_0=0 \tag{14.5}$$

可见，中性轴是一条不通过截面形心的斜直线［图 14.5（b）、（c）］。中性轴将截面划分为受拉和受压两个区域。离中性轴最远的两点 D_1 和 D_2 分别是截面上最大拉应力和最大压应力的作用点［图 14.5（b）］。将两点的坐标分别代入式（14.4），可得最大拉、压应力。对于有棱角的截面，最大拉、压应力必然发生在截面的棱角处［图 14.5（c）］，可直接根据梁的变形，确定截面上最大拉、压应力的位置。

【例 14.2】 矩形截面折杆 ABC，荷载和支撑情况如图 14.6（a）所示。已知：集中力 F，方位角 $\theta=\arctan\frac{4}{3}$，尺寸 $a=\frac{l}{4}$。

（1）试作折杆的轴力图和弯矩图；

（2）设 $l=12h$，试求杆内最大正应力，并作危险截面上的正应力分布图。

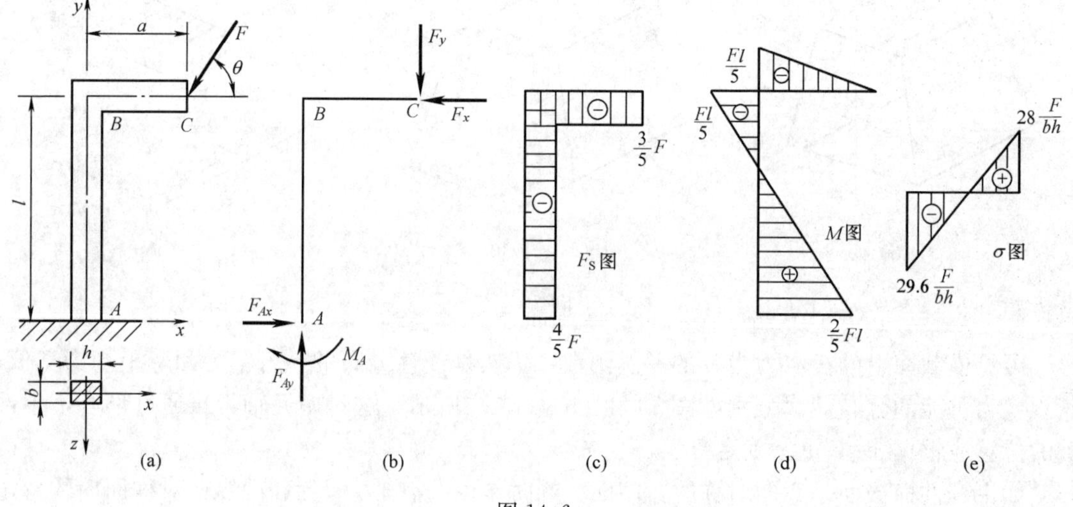

图 14.6

解 （1）分析外力并作折杆受力图。

将集中力 F 沿水平和铅垂方向分解，可得分力分别为

$$F_x=F\cos\theta=\frac{3}{5}F$$

$$F_y=F\sin\theta=\frac{4}{5}F$$

可画出折杆的受力图如图 14.6（b）所示。

由平衡方程可求得折杆的约束力分别为

$$F_{Ax}=\frac{3}{5}F(\rightarrow),\quad F_{Ay}=\frac{4}{5}F(\uparrow),\quad M_A=\frac{2}{5}Fl\ (\curvearrowright)$$

（2）作折杆的轴力图和弯矩图。

根据折杆的受力图，可作出轴力图和弯矩图，分别如图 14.6（c）和图 14.6（d）所示。

（3）确定危险截面并求最大正应力。

由轴力图和弯矩图可见，折杆的危险截面在固定端截面 A 处。

在截面 A 的左边缘，正应力为

$$\sigma_{\min}=\frac{F}{A}-\frac{M}{W_z}=-\frac{\frac{4}{5}F}{bh}-\frac{\frac{2}{5}Fl}{\frac{bh^2}{6}}=-\frac{4F}{5bh}\left(1+\frac{3l}{h}\right)=-29.6\frac{F}{bh}$$

在截面 A 的右边缘，正应力为

$$\sigma_{\max}=\frac{F}{A}+\frac{M}{W_z}=-\frac{\frac{4}{5}F}{bh}-\frac{\frac{2}{5}Fl}{\frac{bh^2}{6}}=\frac{4F}{5bh}\left(-1+\frac{3l}{h}\right)=28\frac{F}{bh}$$

（4）作危险截面上的正应力分布图。

在截面 A 上，距形心轴 z 为 x 的任一点处，正应力为

$$\sigma=\frac{F}{A}+\frac{M}{I_z}x$$

式中 $\frac{F}{A}$ 与 $\frac{M}{I_z}$ 皆为常量。可见，正应力 σ 沿截面高度，即沿左右方向，按直线规律变化。因此，作出的 σ 分布图如图 14.6(e)所示。

【例 14.3】 直径 $d=200\text{mm}$ 的电线杆，如图 14.7(a)所示。在离地面 $H=5\text{m}$ 处安装了两组电线，相互夹角为 120°。两组电线作用于杆上的水平分力分别为 $F_1=1\text{kN}$ 和 $F_2=1.5\text{kN}$。两组电线传到杆上的总铅垂分力为 2.8kN，杆的自重为 900kN。试求电线杆在地面处横截面上的最大拉应力和最大压应力。

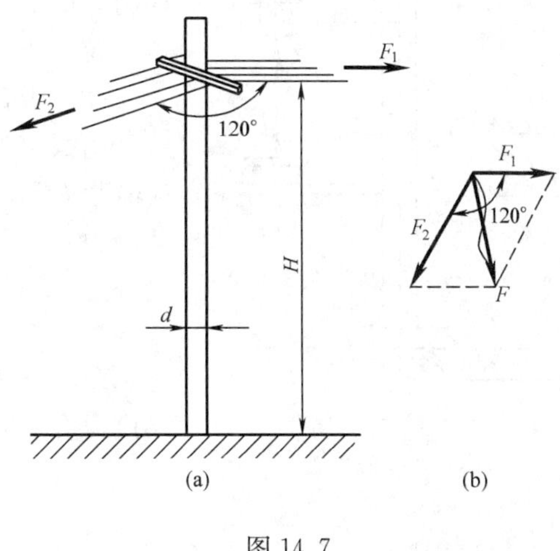

图 14.7

解　(1)变形分析。

电线杆受到两组荷载的作用。一组是水平力，另一组是铅垂力。前者使电线杆产生横力弯曲，后者使电线杆产生轴向压缩。因此，在这两组荷载的共同作用下，电线杆产生压缩与弯曲的组合变形。

（2）内力计算。

两组电线对杆施加的水平力，可用其合力来等效代换，如图 14.7(b)所示。其数值为

$$F=\sqrt{F_1^2+F_2^2+2F_1F_2\cos 120^\circ}=\sqrt{1^2+1.5^2+2\times1\times1.5\cos 120^\circ}$$

$$=1.323\text{kN}$$

由于合力 F 的作用，杆在地面处横截面上的弯矩最大，其数值为

$$M_{\max}=1.323\times 5=6.62\text{kN}\cdot\text{m}$$

由于铅垂力的作用，电线杆横截面上的轴力为

$$F_N=-2.8-0.9=-3.7\text{kN}$$

(3) 应力计算。

圆截面的面积和弯曲截面系数分别为

$$A=\frac{\pi}{4}d^2=\frac{\pi}{4}\times 0.2^2=3.14\times 10^{-2}\ \text{m}^2$$

$$W=\frac{\pi}{32}d^3=\frac{\pi}{32}\times 0.2^3=7.85\times 10^{-4}\ \text{m}^3$$

由叠加原理可得杆在地面处的横截面上的最大正应力为

$$\sigma_{\max}=\frac{F_N}{A}+\frac{M_{\max}}{W}=-\frac{3.7\times 10^3}{3.14\times 10^{-2}}+\frac{6.62\times 10^3}{7.85\times 10^{-4}}=8.32\text{MPa}$$

这就是最大拉应力。同理，可求得该横截面上的最小正应力为

$$\sigma_{\min}=\frac{F_N}{A}-\frac{M_{\max}}{W}=-\frac{3.7\times 10^3}{3.14\times 10^{-2}}-\frac{6.62\times 10^3}{7.85\times 10^{-4}}=-8.55\text{MPa}$$

因此，最大压应力为

$$\sigma_{c,\max}=8.55\text{MPa}$$

【例 14.4】 图 14.8 所示的钻床，在零件上钻孔时，心轴 D 受到的压力为 $F=15\text{kN}$，已知尺寸 $e=400\text{mm}$，许用应力 $[\sigma]=35\text{MPa}$。试计算圆截面立柱 B 所需的直径。

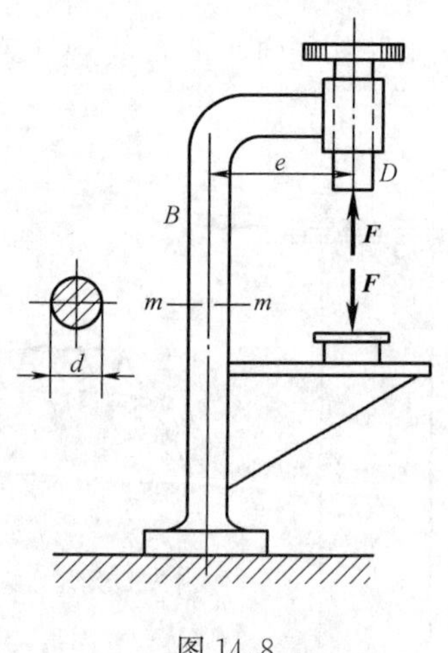

图 14.8

解 (1)组合变形分析。

在力 F 的作用下，圆截面立柱 B 受到偏心拉伸，产生拉伸与弯曲的组合变形。

拉力 $F=15\text{kN}$，偏心距 $e=400\text{mm}$。

(2) 设计直径。

由式 (14.4) 可求得在拉伸与弯曲的组合变形下，立柱 B 横截面上的最大正应力。因此，可建立偏心拉伸的强度条件为

$$\sigma_{t,\max}=\frac{F}{A}-\frac{M_z}{I_z}y_{\max}\leqslant[\sigma_t]$$

在立柱 B 的 m—m 截面右侧（图 14.8）各点上产生的最大拉应力，其强度条件为

$$\sigma_{t,\max}=\frac{F}{A}+\frac{Fe}{W_z}\leqslant[\sigma_t]$$

将已知数据代入上式，可得

$$\frac{15\times 10^3}{\frac{\pi}{4}d^2}+\frac{15\times 10^3\times 0.4}{\frac{\pi}{32}d^3}\leqslant 35\times 10^6\,\text{Pa}$$

求解上式可得

$$d\geqslant 0.122\text{m}$$

即当直径大于等于 122mm 时，立柱 B 可满足强度要求。

【例 14.5】 一起重架由工字钢梁 AB 和拉杆 BC 组成，荷载可沿梁移动[图 14.9(a)]。工字钢梁为 16 号型钢，梁长 $l=2\text{m}$，拉杆直径 $d=25\text{mm}$。若材料的许用应力 $[\sigma]=100\text{MPa}$，试求此结构的许可荷载。

解　(1)由杆 BC 的拉伸强度确定最大荷载。

当梁上荷载移动至 B 处，拉杆轴力最大，由平衡求得轴力 $F_{\text{N}}=2F$，建立强度条件为

$$\sigma=\frac{F_{\text{N}}}{A_1}=\frac{2F}{A_1}\leqslant[\sigma]$$

$$F\leqslant\frac{[\sigma]A_1}{2}=\frac{100\times10^6\times\frac{\pi}{4}\times25^2\times10^{-6}}{2}$$

$$=24.5\times10^3(\text{N})=24.5(\text{kN})$$

(2) 由梁 AB 的弯曲强度确定最大荷载。

设荷载 F 与 A 端的距离为 x，根据梁的平衡[图 14.9(b)]，求得支座 A 处的约束力为

$$F_{Ax}=\frac{\sqrt{3}Fx}{l},\ F_{Ay}=\frac{F(l-x)}{l}$$

可见，梁的变形为弯曲与压缩的组合。在荷载作用处的横截面上，轴力和弯矩为

$$F_{\text{N}}=F_{Ax}=\frac{\sqrt{3}Fx}{l}(\text{压}),\ M=F_{Ay}x=\frac{F(l-x)x}{l}$$

在该截面的上边缘有最大压应力，其值为

$$\sigma_{\max}=\frac{F_{\text{N}}}{A}+\frac{M}{W}=\frac{F}{l}\left[\frac{\sqrt{3}x}{A}+\frac{x(l-x)}{W}\right]$$

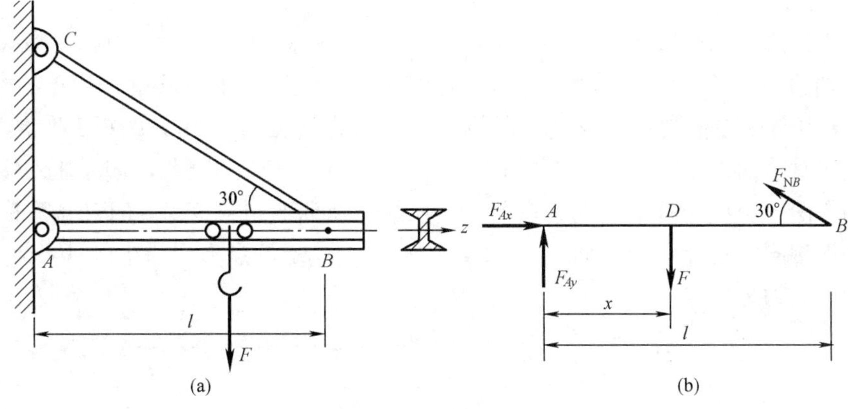

图 14.9

应力随荷载作用的位置而变化，最危险状况为 $\sigma_{\max}$ 取得极大值，由 $\frac{\text{d}\sigma_{\max}}{\text{d}x}=0$，得到

$$x=\frac{1}{2}+\frac{\sqrt{3}W}{2A}$$

查型钢表得 $W=141\ \text{cm}^3$，$A=26.1\ \text{cm}^2$，计算表明 $\frac{\sqrt{3}W}{2A}\ll\frac{l}{2}$，故可认为荷载位于梁跨度中

点时最危险。这时 $F_N=\frac{\sqrt{3}}{2}F$，$M=\frac{Fl}{4}$，由于危险点处于单向应力状态，其强度条件为

$$\sigma_{max}=\frac{\sqrt{3}F}{2A}+\frac{Fl}{4W}\leqslant[\sigma]$$

将已知数据代入

$$F\left[\frac{\sqrt{3}}{2\times(26.1\times10^{-4})}+\frac{2}{4\times(141\times10^{-6})}\right]\leqslant100\times10^{6}$$

解得

$$F\leqslant25.6\times10^{3}\text{N}=25.6\text{kN}$$

(3)确定结构的许可荷载。

为保证结构的强度足够，应取上述两个许可荷载的最小值为结构的许可荷载。因此，结构的许可荷载为

$$[F]=24.5\text{kN}$$

若梁用脆性材料制成，在进行强度分析时，危险点是否仅为梁中间截面的上边缘？应如何确定结构的许可荷载？

由上例可见，组合变形杆件强度计算的关键是如何确定内力最大的危险截面，应力最大的危险点的位置，以及危险点的应力状态。通常需要全面考虑外荷载作用的危险工况、结构形式及杆件内力图来确定可能的危险截面；根据危险截面上各内力分量引起的应力分布以及应力的叠加，确定可能的危险点的位置；最后，由各危险点的相应的强度条件，进行三类强度计算。

§14.4 偏心压缩 截面核心

当短柱上的压力与轴线平行但不重合时，将产生**偏心压缩**。图14.10(a)表示一横截面具有双对称轴的短柱承受偏心距为 e 的压力 F 产生偏心压缩，压力 F 的作用点的坐标为 y_F，z_F。将偏心压力向短柱轴线 O_1O 简化，得到与轴线重合的压力 F 和力偶矩 Fe。然后，将 Fe 分解为两纵向对称面 xy 和 xz 内的弯矩 $M_z=Fy_F$ 和 $M_y=Fz_F$。因此，偏心压缩使短柱产生轴向压缩和在两个纵向对称面内的纯弯曲，是压缩与弯曲的组合变形，且在任意横截面上的内力和应力均相同。在任意横截面 $n-n$ 上，坐标为 (y,z) 的点 B 处[图14.10(b)]，与三种变形对应的正应力分别是

$$\sigma'=-\frac{F}{A},\ \sigma''=\frac{M_zy}{I_z}=-\frac{Fy_Fy}{I_z},\ \sigma'''=\frac{M_yz}{I_y}=-\frac{Fz_Fz}{I_y}$$

式中，负号表示压应力。叠加以上三种应力，并注意到 $I_z=Ai_z^2,I_y=Ai_y^2$，可得点 B 的应力为

$$\sigma=-\frac{F}{A}\left(1+\frac{y_Fy}{i_z^2}+\frac{z_Fz}{i_y^2}\right)\tag{14.6}$$

若中性轴上各点的坐标为 (y_0,z_0)，由中性轴各点的正应力为零，可得中性轴方程为

$$1+\frac{y_F}{i_z^2}y_0+\frac{z_F}{i_y^2}z_0=0\tag{14.7}$$

若中性轴在轴 y 和轴 z 上的截距分别为 a_y 和 a_z，可得中性轴截距公式为

$$a_y=-\frac{i_z^2}{y_F},\ a_z=-\frac{i_y^2}{z_F} \tag{14.8}$$

由上式可见，压力作用点坐标值 y_F 和 z_F 越小，中性轴截距就越大。因此，当压力作用点位于截面形心附件的某区域内时，可使中性轴不与短柱横截面相交，则横截面上不出现拉应力，这个区域称为**截面核心**。土木工程中，常用的混凝土构件和砖石砌体，其抗拉强度远低于抗压强度，在设计这类材料制作的受偏心压缩的短柱时，往往要求其横截面上不出现拉应力，即要求压力作用点在截面核心之内。

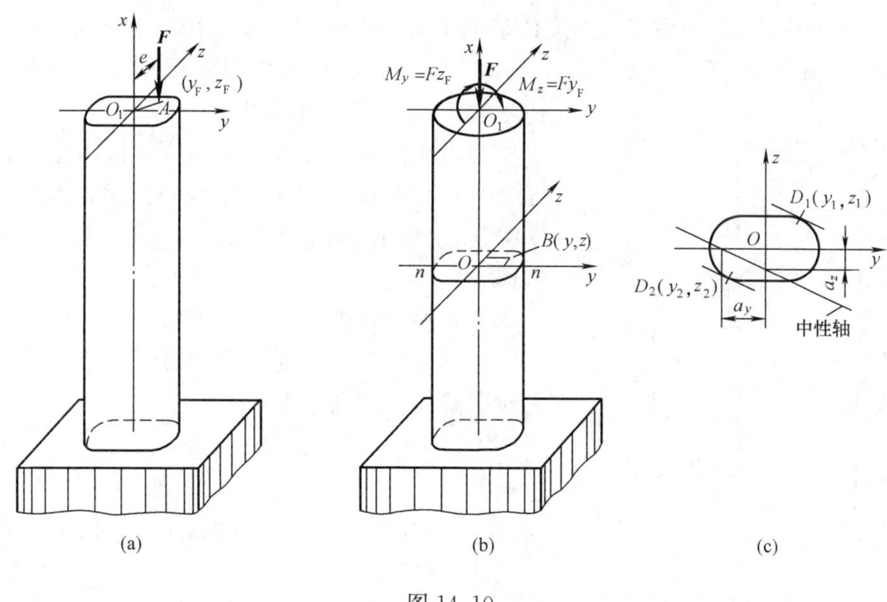

图 14.10

【例 14.6】 若短柱的截面为矩形，如图 14.11 所示，已知：b,h，试确定截面核心。

解　矩形截面对两对称轴 y 和 z 的惯性半径分别为

$$i_y^2=\frac{I_y}{A}=\frac{hb^3}{12bh}=\frac{b^2}{12}$$

$$i_z^2=\frac{I_z}{A}=\frac{bh^3}{12bh}=\frac{h^2}{12}$$

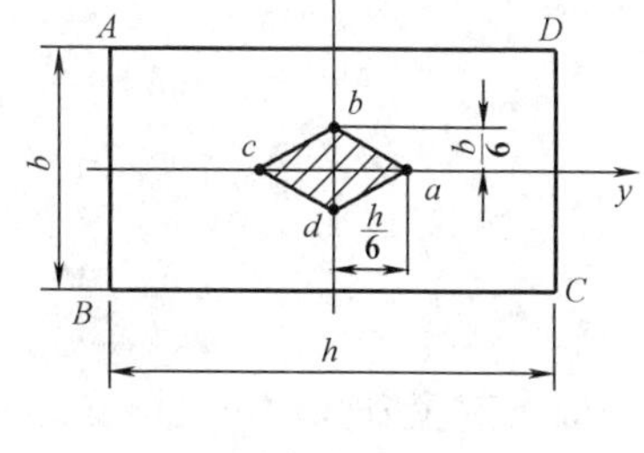

图 14.11

若中性轴与边 AB 重合，则其在两坐标轴上的截距分别为

$$a_y=-\frac{h}{2},\ a_z=\infty$$

代入式（14.8），可得压力 F 的作用点 a 的坐标为

$$y_F=-\frac{i_z^2}{a_y}=-\frac{h^2}{12}\left(-\frac{2}{h}\right)=\frac{h}{6},\quad z_F=-\frac{i_y^2}{a_z}=0$$

同理，当中性轴与 BC 重合时，压力作用点 b 的坐标是

$$y_F=0,\quad z_F=\frac{b}{6}$$

当中性轴从截面的侧边 AB 绕点 B 旋转到邻边 BC 时，得到一组通过点 B 但斜率不同的

中性轴，将点 B 坐标代入中性轴方程式（14.7），可得

$$1+\frac{y_B}{i_z^2}y_F+\frac{z_B}{i_y^2}z_F=0$$

在上式中，点 B 坐标（y_B，z_B）为常数。因此，上式可看作当中性轴绕点 B 旋转时，外力作用点坐标 y_F 和 z_F 的直线方程，即压力作用点移动轨迹为直线 ab。

同理，可确定点 c 和点 d（图 14.11），由中性轴绕角点旋转，压力作用点轨迹为相应两点的连线，可得矩形截面的截面核心为一个菱形。

试确定半径为 r 的圆形截面的截面核心。

【例 14.7】 图 14.12 所示的高压电缆钢塔，由 4 根 $63\times63\times6\text{mm}^3$ 的等边角钢组装而成。塔身自重为 $G=8\text{kN}$，由高压电缆传来的重力为 $P=20\text{kN}$，作用在铅垂对称面内，其偏心距为 $e=1.2\text{m}$，等边角钢的许用应力为 $[\sigma]=60\text{MPa}$。试校核钢塔的强度。

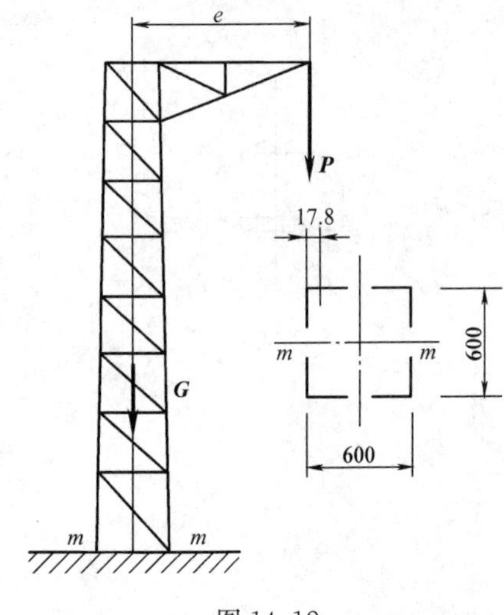

图 14.12

解　(1)组合变形分析。

钢塔在自身重力 G 的作用下，产生轴向压缩。又因电缆重力 P 的作用而产生偏心压缩，因此，钢塔在 G 和 P 的共同作用下产生轴向压缩与偏心压缩的组合变形。

(2) 内力分析。

在钢塔底部横截面上内力最大，为危险截面。在塔底部截面上的轴力为

$$F=-(P+G)=-(20+8)=-28\text{kN}$$

弯矩为

$$|M|=Pe=20\times1.2\text{m}=24\text{kN}\cdot\text{m}$$

(3) 强度校核。

由型钢表查得等边角钢的横截面面积、形心位置和惯性矩后，可计算出钢塔底部截面四个角钢的截面面积 A、惯性矩 I 及弯曲截面系数 W 分别为

$$A=4\times7.288\times10^{-4}=2.92\times10^{-3}(\text{m}^2)$$

$$I=4\left[27.12\times10^4+7.288(30-1.78)^2\times10^4\right]=233\times10^{-6}(\text{m}^4)$$

$$W=\frac{233\times10^{-6}}{0.3}=777\times10^{-6}(\text{m}^3)$$

最大拉应力产生在钢塔底部截面左侧边缘处，其数值为

$$\sigma_{\text{t,max}}=\frac{F}{A}+\frac{|M|}{W}=-\frac{28\times10^3}{2.92\times10^{-3}}+\frac{24\times10^3}{777\times10^{-6}}$$

$$=21.3\times10^6\text{Pa}=21.3\text{MPa}<[\sigma]=60\text{MPa}$$

最大压应力产生在钢塔底部截面右侧边缘处，其数值为

$$\sigma_{\text{c,max}}=\left|\frac{F}{A}-\frac{|M|}{W}\right|=\left|-\frac{28\times10^3}{2.92\times10^{-3}}-\frac{24\times10^3}{777\times10^{-6}}\right|$$

$$=40.5\times10^6\text{Pa}=40.5\text{MPa}<[\sigma]=60\text{MPa}$$

由上述计算可知，钢塔强度满足要求。

本 章 小 结

1. 组合变形下强度计算的方法

（1）外力分析。

根据已知条件计算外荷载数值，并将荷载向杆件截面的形心进行简化，以得到符合各种基本变形外力作用条件的静力等效力系，进而可知杆件变形是由哪几种基本变形组合而成。这一步骤也称为**外力分解**。

（2）内力分析。

根据各基本变形外力作用的情况，作出各基本变形下的内力图，确定组合变形时危险截面的位置，并计算相应的内力分量。

（3）应力分析。

根据基本变形下横截面上的应力分布规律，确定危险截面上可能的危险点的位置，并应用基本变形应力公式计算相应的应力分量。然后，应用叠加原理将危险点的应力进行叠加，得到组合变形下危险点的应力状态，画出危险点单元体图，并叠加相应的应力分量。这一步骤也称为**应力叠加**。

（4）强度计算。

根据危险点的应力状态，建立强度条件，进行三类强度计算。

2. 两互垂平面内弯曲的组合变形

两互垂平面内弯曲的组合，也称为斜弯曲。梁变形后的轴线与外荷载不在同一个纵向平面内。由上述组合变形下强度计算的方法，确定危险截面和危险点的位置后，危险点为单向应力状态。

（1）圆形或圆管形截面。

危险点在危险截面外边缘的某点，由于截面关于其形心对称，且两平面内弯矩矢量正交，可由正交矢量合成方法得到危险截面上的合成弯矩，其强度条件为

$$\sigma_{\max}=\frac{\sqrt{M_y^2+M_z^2}}{W}\leqslant[\sigma]$$

（2）矩形截面。

危险点在危险截面的某尖角处，具体位置可由应力叠加结果确定，其强度条件为

$$\sigma_{\max}=\frac{|M_y|}{W_y}+\frac{|M_z|}{W_z}\leqslant[\sigma]$$

3. 拉（压）和弯曲的组合变形

确定危险截面后，危险点的位置完全由弯曲变形决定，危险点为单向应力状态。对于圆形或圆管形截面，其强度条件为

$$\sigma_{\max}=\frac{|F_{\mathrm{N}}|}{A}+\frac{\sqrt{M_y^2+M_z^2}}{W}\leqslant[\sigma]$$

对于矩形截面，其强度条件为

$$\sigma_{\max}=\frac{|F_{\mathrm{N}}|}{A}+\frac{|M_y|}{W_y}+\frac{|M_z|}{W_z}\leqslant[\sigma]$$

4. 偏心压缩与截面核心

横截面上任意一点（y，z）处的应力为

$$\sigma_x=-\frac{F}{A}\left(1+\frac{y_{\mathrm{F}}y}{i_z^2}+\frac{z_{\mathrm{F}}z}{i_y^2}\right)$$

中性轴方程为

$$\frac{y_{\mathrm{F}}y}{i_z^2}+\frac{z_{\mathrm{F}}z}{i_y^2}=-1$$

中性轴与轴 y 和轴 z 的截距分别为

$$a_y=-\frac{i_z^2}{y_{\mathrm{F}}},\ a_z=-\frac{i_y^2}{z_{\mathrm{F}}}$$

危险点仍然为单向应力状态，其强度条件为

$$\sigma_{\max}=\frac{F}{A}\left(1+\frac{y_{\mathrm{F}}y_1}{i_z^2}+\frac{z_{\mathrm{F}}z_1}{i_y^2}\right)\leqslant[\sigma]$$

使横截面上只产生压应力的外力作用区域，称为截面核心。可由与截面周边相切的中性轴的截距，反求外力作用点的位置，即由

$$y_{\mathrm{F}}=-\frac{i_z^2}{a_y},\ z_{\mathrm{F}}=-\frac{i_y^2}{a_z}$$

来确定截面核心的封闭区域。

概念分析与工程应用实训

在某大型钢桁架中，通过检测发现一矩形截面拉杆上侧边缘处有一小裂纹，经过验算得知拉杆剩余截面的抗拉强度足够。为了防止裂纹进一步扩展，保证桁架安全工作，工程技术人员提出了两个维修方案：

（1）在裂纹尖端处钻一个光滑小圆孔，如图14.13(a)所示；

（2）除了在上述位置钻孔外，还在对称位置再钻一个同样大小的圆孔，如图14.13（b）所示。

试对上述两个维修方案进行力学分析，并作出评价和选择。

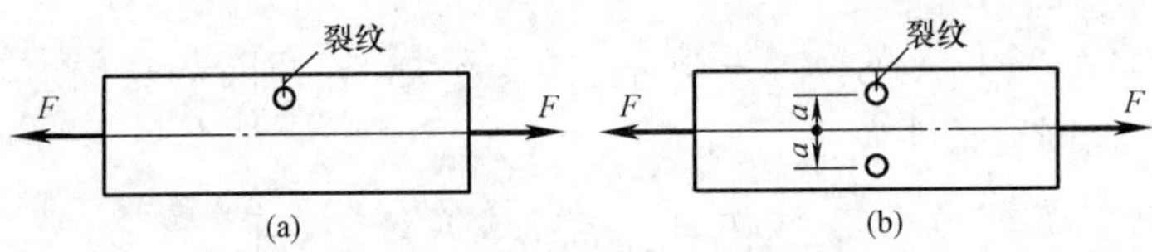

图14.13

习 题

14.1 图 14.14 所示悬臂梁由 No.14 工字钢制成，承受的荷载 $F_1 = 2.5\text{kN}$，$F_2 = 1\text{kN}$，尺寸 $l = 1\text{m}$。试求危险截面的最大正应力。

14.2 图 14.15 所示矩形截面悬臂木梁，在自由端平面内作用一通过形心的集中力 F，力 F 与轴 y 的夹角为 $\varphi = 30°$，已知：木材许用应力 $[\sigma] = 10\text{MPa}$，木梁矩形截面尺寸 $b \times h = 120\text{mm} \times 200\text{mm}$，力 $F = 2\text{kN}$，梁长 $l = 2\text{m}$，试分别计算固定端截面上点 A、B、C、D 的正应力，并进行强度校核。

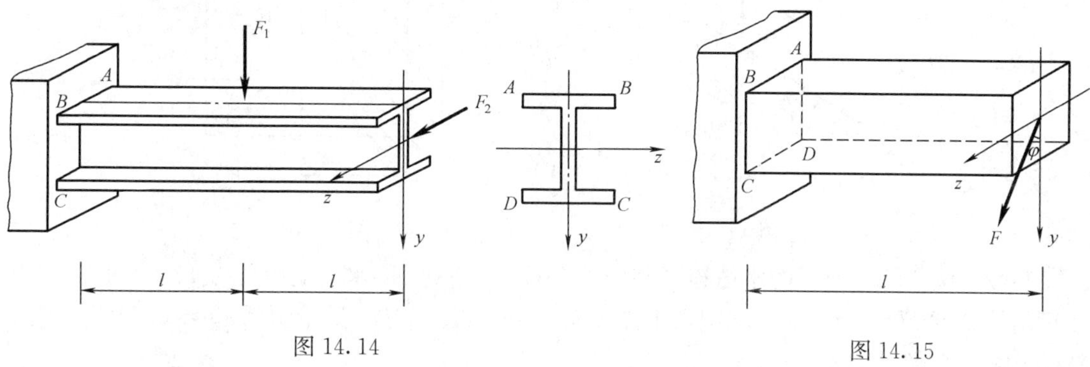

图 14.14 图 14.15

14.3 悬臂钢梁承受均布荷载和水平横向集中力作用如图 14.16 所示，已知：均布荷载集度 $q = 20\text{kN/m}$，力 $F = 10\text{kN}$，梁长 $l = 2\text{m}$，钢材许用应力 $[\sigma] = 160\text{MPa}$，试按下列两种情况确定梁的截面尺寸。

（1）截面为矩形，$h = 2b$；

（2）截面为圆形。

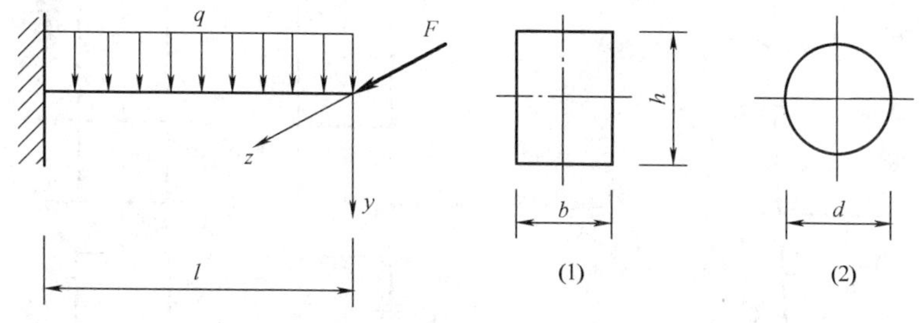

图 14.16

14.4 承受均布荷载作用的矩形截面简支梁如图 14.17 所示，已知：$b \times h = 120\text{mm} \times 150\text{mm}$，梁长 $l = 4\text{m}$，材料的许用应力 $[\sigma] = 10\text{MPa}$，均布荷载 q 与轴 y 的夹角为 $\varphi = 15°$，试求梁能承受的最大均布荷载 $q_{\max}$。

14.5 图 14.18 所示一简支斜梁 AB，在中点受一集中荷载 $F = 20\text{kN}$，梁的截面为矩形，宽 200mm，高 300mm。试求梁内的最大压应力及其所在位置。

14.6 混凝土坝，高 8m，侧面如图 14.19 所示，混凝土比重 $\gamma = 20\text{kN/m}^3$，如果要使坝在受水压力作用后，坝底没有拉应力，试计算坝宽 a 所需的最小尺寸。（提示：可取长为 1m 的一段坝，考虑其应力）

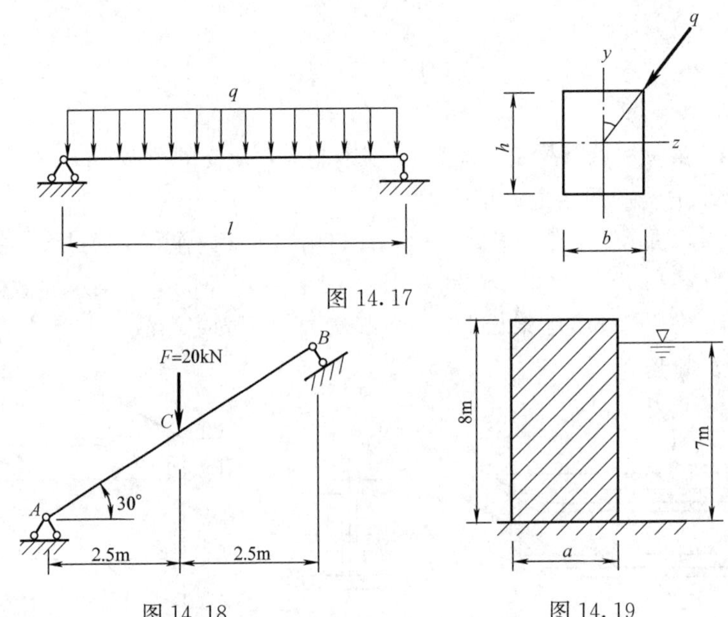

图 14.17

图 14.18

图 14.19

14.7 图 14.20 所示的水塔连同基础共重 $G=6000\text{kN}$，水塔受风压力 $F=60\text{kN}$，作用在离地面高度 $H=15\text{m}$ 处。基础入土深度 $h=3\text{m}$。设土的许用压应力 $[\sigma]=0.3\text{MPa}$，试求基础所需的直径 d。

14.8 图 14.21(a)所示一截面为 200mm × 200mm 的木柱，下面垫一截面为 200mm × 300mm 的柱脚。木柱受轴向荷载 $F=350\text{kN}$，求柱脚内的最大压应力。如柱脚截面尺寸和木柱的一样，如图 14.21(b)所示，比较这两种情况柱脚内的最大压应力。

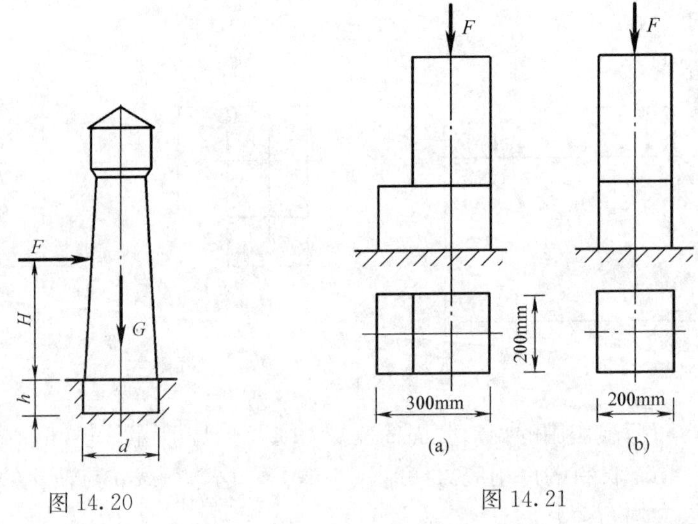

图 14.20

图 14.21

14.9 如图 14.22 所示，一实心圆杆 AB，其 B 端为铰支撑，其 A 端靠于光滑的竖直面上（无摩擦力）。试求由于杆重产生最大压应力的横截面到 A 端的距离 s。已知杆长为 l，直径为 d，杆的轴线与水平线间的夹角为 θ。

14.10 图 14.23 所示钢板，在一侧切去宽 40mm 的缺口，试绘出截面 $A-B$ 上的应力变化图，并求最大应力 $\sigma_{\max}$。若两侧各切去宽 40mm 的缺口，此时 $\sigma_{\max}$ 是多少？

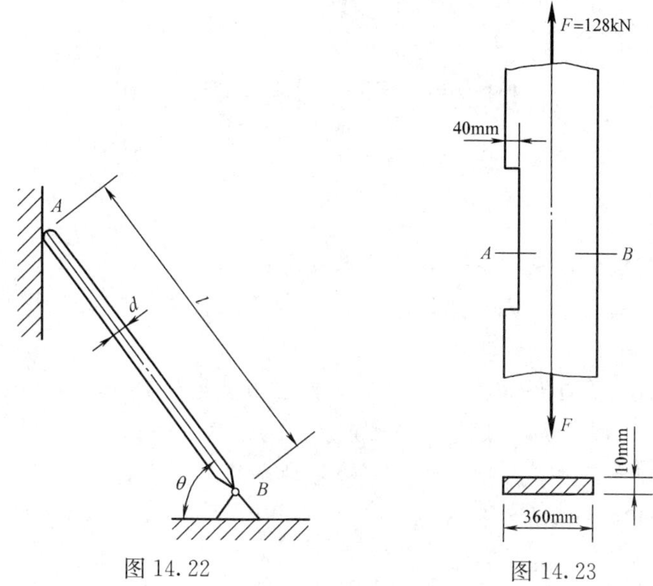

图 14.22　　图 14.23

14.11　图 14.24 所示正方形截面折杆，外力 F 的作用线通过 A 和 B 两截面的形心。已知 $F=10\text{kN}$；正方形截面的边长 $a=60\text{mm}$。试求杆内最大正应力。

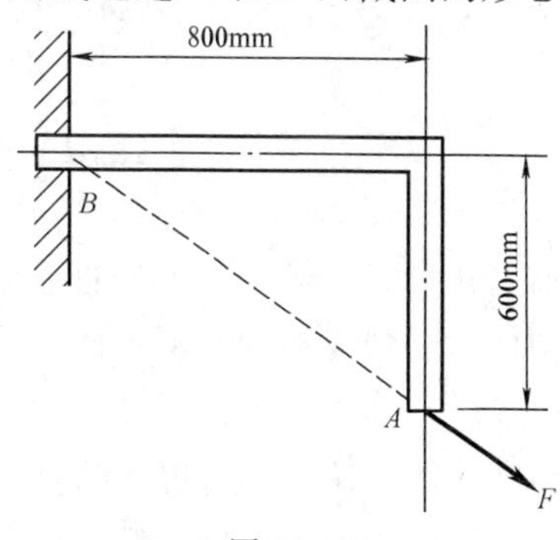

图 14.24

14.12　承受偏心荷载的矩形截面杆如图 14.25 所示。今用实验方法测得杆两侧的纵向应变分别为 $\varepsilon_a=1\times10^{-3}$ 和 $\varepsilon_b=0.4\times10^{-3}$，材料的弹性模量 $E=210\text{GPa}$。试求拉力 F 和偏心距 e 的数值。

14.13　在力 F_1 和 F_2 联合作用下的短柱如图 14.26 所示，试求固定端截面上角点 A、B、C、D 的正应力。

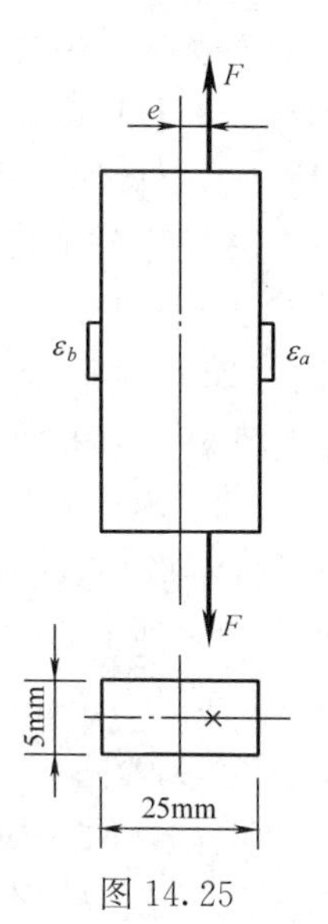

图 14.25

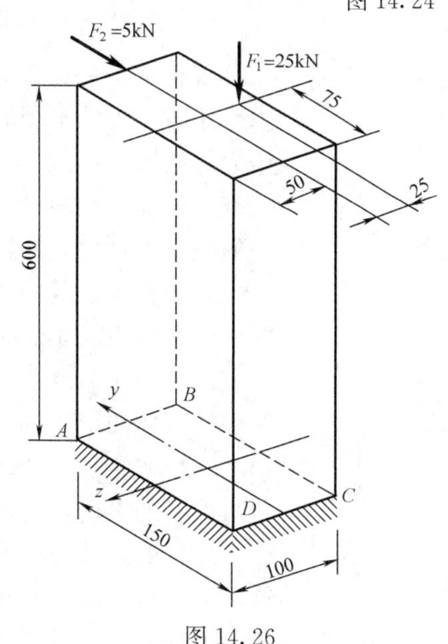

图 14.26

第 15 章　压　杆　稳　定

教学要求

1. 正确建立压杆稳定以及临界荷载的基本概念；

2. 明确长度因数的力学意义，熟练掌握四种常见约束条件下细长压杆临界荷载的分析计算方法；

3. 正确建立压杆的柔度和临界应力以及临界应力总图的概念，掌握不同类型压杆的判别方法以及大柔度、中柔度和小柔度压杆临界应力的计算方法；

4. 理解压杆的稳定条件，熟练掌握压杆稳定计算的三类问题；

5. 了解提高压杆稳定性的主要措施。

本章首先阐述压杆稳定的基本概念，然后主要讨论压杆的临界荷载、临界应力的求解方法，工程上稳定性设计的方法以及提高压杆稳定性的措施。

§15.1　压杆稳定的概念及工程实例

前面几章，已经讨论了构件在静力平衡状态下的应力、应变以及强度和刚度的设计问题。构件除了强度和刚度不足而引起失效外，有时由于不能保持其原有的平衡状态而失效，这种失效形式称为丧失稳定性。因此，对某些构件必须进行稳定性设计。

构件在外力作用下，由于材料的弹性而产生变形，整个构件保持平衡，构件的任一部分在弹性内力作用下也保持平衡，这种状态称为弹性平衡。弹性平衡的形式有时是稳定的，有时是不稳定的。

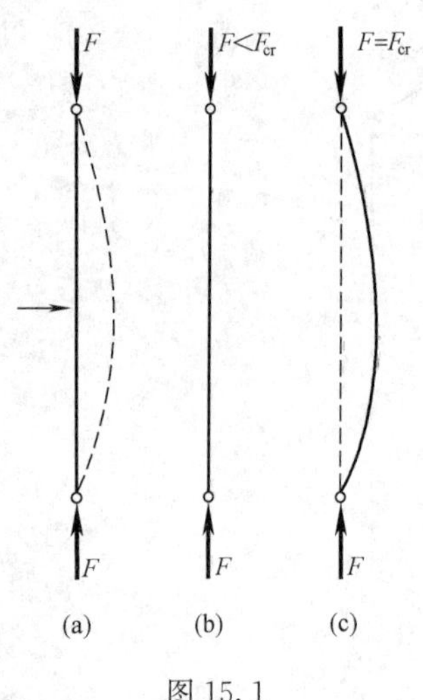

图 15.1

现在来研究图 15.1 所示的两端铰支的细长压杆受轴向压力作用时，弹性平衡的稳定性问题。在杆两端加轴向压力，当压力逐渐增加，但小于某一临界值时，杆的轴线仍为直线。为检查这种弹性平衡是否稳定，可在杆的中间截面处，施加一微小的横向干扰力，使杆产生轻微弯曲[图 15.1(a)]，当干扰力除去后，杆经过若干次振动后恢复原直线形状[图 15.1(b)]，这表明在数值较小的压力作用下，压杆直线形式的弹性平衡是稳定的。当压力增加到某一临界值时，当横向扰力除去后，杆将保持微弯曲形态的平衡，而不能恢复原直线形状的平衡[图 15.1(c)]。此时，压杆直线形状的平衡是不稳定的，将转变为曲线形状的平衡，这种现象也称为**屈曲**（buckling）。

压杆的弹性平衡是否稳定，与所受轴向压力的大小有关。这可以用一个简单的实验来说明。例如，取一根直径为 4mm，长为 1m 的钢杆，下端固定、上端自由，在自由端装有一个重 3N 的铁块。在 3N 力的作用下，杆处于直线平衡状态，如果轻轻推动铁块，杆会左右摆动产生弯曲变形，但最后能恢复其原有的直线平衡位形，如图 15.2(a)所示。但是，若将铁块换为重 8N 的，则钢杆不仅不能恢复原有的直线位形，而且会被压弯倒下去[图 15.2(b)]。这表明：在 3N 的压力作用下，杆的直线位形是弹性稳定的；而在 8N 的压力作用下，杆的直线位形是不稳定的，发生了失稳现象。可以推断，在 3N 和 8N 之间一定存在一个压力 F_{cr}，在该压力作用下，压杆的直线位形处于由稳定过渡到不稳定的临界状态。这个压力 F_{cr} 称为压杆的**临界力**（critical force）或**临界荷载**（critical load)，它是决定压杆直线位形是否稳定的关键。

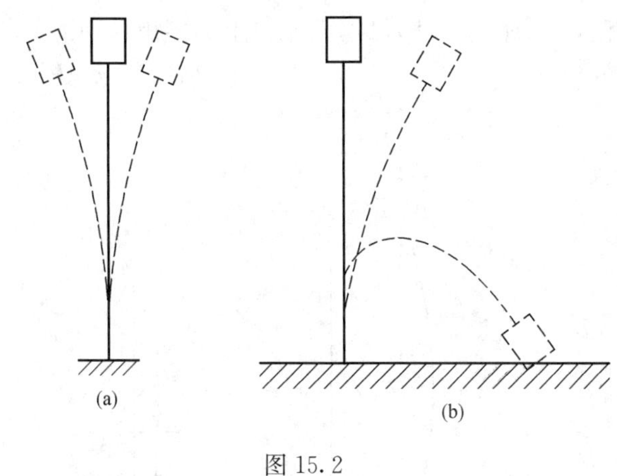

图 15.2

除上述压杆的失稳形式外，一些细长或薄壁的构件也存在静力平衡的稳定性问题。例如，细长圆杆的纯扭转、薄壁矩形截面梁的横力弯曲，以及承受均布压力的薄壁圆环等，都有可能丧失原有的平衡状态而失效。图 15.3 给出了这几种构件失稳的示意图，图中虚线分别表示屈曲状态。本章只讨论压杆的稳定问题。

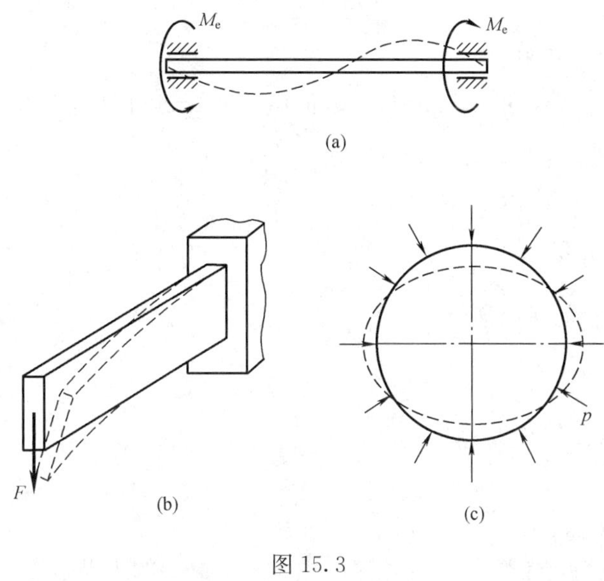

图 15.3

构件丧失了稳定，往往会造成突然破坏，甚至引起整个工程结构的崩溃，危害性是很严重的。工程上曾多次发生过这类严重事故。因此，在设计中要像强度和刚度问题一样，给予重视，防止意外事故的发生。

设计压杆时，除了强度以外，还必须考虑到平衡的稳定性。若能计算出压杆的临界力，而使压杆在轴向力远小于临界力的情况下工作，就可以避免发生丧失稳定的现象。由此可见，对压杆进行稳定性设计，首先需要确定临界力。

§15.2 细长压杆的临界力

1. 两端铰支压杆的临界力

设长度为 l 的等截面直杆，两端由球形铰支撑，承受轴向压力 F 作用。若压力 F 达到临界力 F_{cr} 时，压杆将处于临界状态，即杆在微弯形态下保持平衡，如图 15.4(a)所示。应用

截面法，由图 15.4(b)可得截面 x 上的弯矩和轴力。若略去轴力影响，其弯矩为

$$M(x) = -F_{cr}w$$

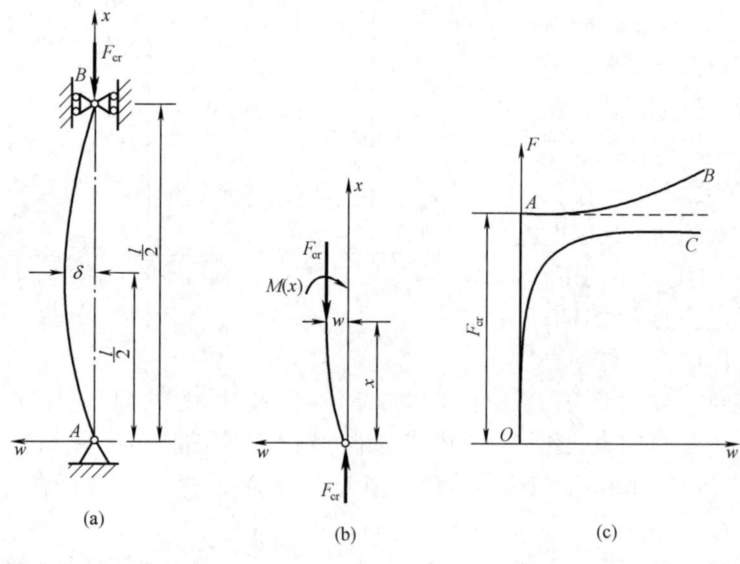

图 15.4

由于压杆的临界状态是微弯的平衡状态，可以用挠曲线近似微分方程进行分析。由式(12.3)可得

$$EI\frac{\mathrm{d}^2w}{\mathrm{d}x^2} = M(x) = -F_{cr}w \tag{a}$$

式中 EI 为杆的弯曲刚度。引入记号 k，并令

$$k^2 = \frac{F_{cr}}{EI} \tag{b}$$

于是，式(a)可改写为

$$\frac{\mathrm{d}^2w}{\mathrm{d}x^2} + k^2w = 0$$

方程的通解是

$$w = C_1\sin kx + C_2\cos kx \tag{c}$$

上式是杆挠曲线的方程，其中 C_1、C_2 是待定常数，k 为不定值。由图 15.4(a)的边界条件：

在 $x = 0$ 处， $w = 0$， 得 $C_2 = 0$。

在 $x = l$ 处， $w = 0$， 得 $C_1 = 0$ 或 $\sin kl = 0$。

显然 $C_1 = 0$ 不符合临界状态下杆微弯的特征。由 $\sin kl = 0$，可得

$$kl = nx, k = \frac{n\pi}{l}\ (n = 0,1,2,\cdots) \tag{d}$$

将 $C_2 = 0$ 和式 (d) 代入式 (c)，挠曲线方程可写成为

$$w = C_1\sin\frac{n\pi}{l}x\ (n = 0,1,2,\cdots)$$

临界力由式 (b) 得

$$F_{cr} = \frac{n^2\pi^2EI}{l^2} \quad (n = 0,1,2,\cdots)$$

可见，杆的挠曲线和临界力在理论上是多值的。但是，按照静力平衡稳定性的物理概念，当 $n=1$ 压杆开始处于微弯的临界状态时，已经丧失了原有的平衡状态，即丧失了稳定性。因此，压杆在没有其他支撑的情况下，应取 $n=1$，即取理论上求出的临界力的最小值，作为实际的临界力和分析其挠曲线形态。据此

$$w=C_1\sin\frac{\pi}{l}x \tag{e}$$

$$F_{\mathrm{cr}}=\frac{\pi^2EI}{l^2} \tag{15.1}$$

由式（e）可见，两端铰支压杆的挠曲线为半个正弦波，挠曲线的幅值 $w_{\max}=\delta=C_1$ 是不确定值（仅要求微小），这是因为采用的是挠曲线近似微分方程分析的缘故。若采用精确的微分方程，可求得挠曲线幅值 w 与轴向压力 F 确定的对应关系，结果如图 15.4(c)中曲线 OAB 所示。应该指出，在工程中的实际压杆，上述理想的轴向受压模型是很难遇到的，总是存在诸如轴向压力的偏心、压杆轴线的初曲率，以及材料的不均匀等因素，实际压杆轴向压力与幅值的曲线（F-w 曲线）如图 15.4(c)中曲线 OC 所示，临界力 F_{cr} 是其上极限值。

2. 不同杆端约束下压杆的临界力

对于其他支撑情况的压杆，由于杆端的约束不同，其约束力，临界状态下挠曲线的形态就不同，临界力也将不同，但分析方法和求解过程是相似的，表 15.1 给出了四种理想约束下压杆临界力的计算结果。

比较四种理想约束情况下压杆的临界力，可见表达式基本相似，仅在分母中长度 l 前的系数不同，因此可将不同杆端约束的临界力表达成统一的形式

$$F_{\mathrm{cr}}=\frac{\pi^2EI}{(\mu l)^2} \tag{15.2}$$

表 15.1　　杆端不同约束时的临界力

杆端约束情况	两端铰支	一端固定，一端自由	一端固定，一端铰支	两端固定
挠曲线形状	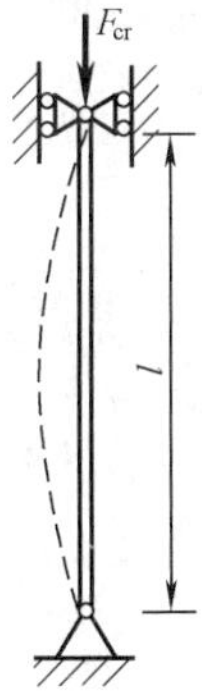 F_{cr}, l	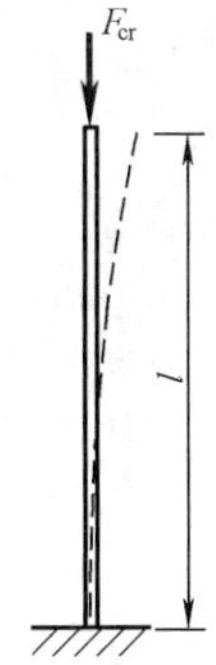 F_{cr}, l	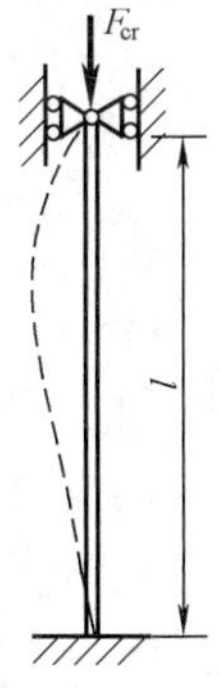 F_{cr}, l	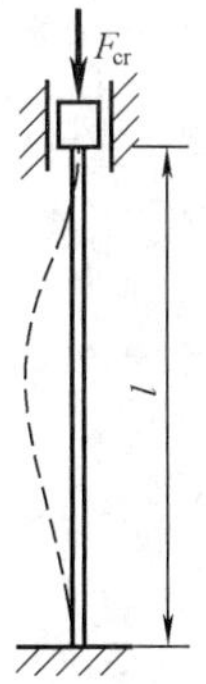 F_{cr}, l
临界力	$F_{\mathrm{cr}}=\frac{\pi^2EI}{l^2}$	$F_{\mathrm{cr}}=\frac{\pi^2EI}{(2l)^2}$	$F_{\mathrm{cr}}=\frac{\pi^2EI}{(0.7l)^2}$	$F_{\mathrm{cr}}=\frac{\pi^2EI}{(0.5l)^2}$
长度系数	$\mu=1$	$\mu=2$	$\mu=0.7$	$\mu=0.5$

式中，μ 是与杆端约束条件有关的系数，称为**长度因数**（factor of length），μl 称为**相当长度**。式（15.2）称为细长压杆临界力的**欧拉公式**（Euler formula）。

应当注意，表15.1中所列的各种约束，均为理想约束，而工程中的实际约束，除某些典型支撑可以简化为理想约束外，一般很难归结为某一种理想约束。此时需要根据实际情况，选取适当的长度因数μ值。

【例15.1】 在§15.1中进行压杆稳定实验时所用的钢杆（图15.2），长为$l=1\text{m}$，直径为$d=4\text{mm}$，材料的弹性模量$E=200\text{GPa}$。试计算该钢杆的临界力。

解 根据已知条件，可得钢杆横截面的惯性半径为

$$i=\sqrt{\frac{I}{A}}=\sqrt{\frac{\pi d^4}{64}\cdot\frac{4}{\pi d^2}}=\frac{d}{4}=1\text{mm}$$

钢杆下端固定，上端自由，长度因数为$\mu=2$。可得钢杆的柔度为

$$\lambda=\frac{\mu l}{i}=\frac{2\times1000}{1}=2000>100$$

因此，实验所用的钢杆为细长压杆，可用欧拉公式计算临界力。

钢杆横截面的惯性矩为

$$I=\frac{\pi d^4}{64}=\frac{\pi}{64}\times(4\times10^{-3})^4=1.257\times10^{-11}\ \text{m}^4$$

根据压杆下端固定，上端自由的约束条件，由表15.1中的相应公式，可得其临界力为

$$F_{\text{cr}}=\frac{\pi^2EI}{(2l)^2}=\frac{\pi^2\times200\times10^9\times1.257\times10^{-11}}{4}=6.2\text{N}$$

计算结果表明，实验压杆的临界力6.2 N的确是介于3N和8N之间的一个压力。

【例15.2】 试利用欧拉公式研究：对于长度相同，横截面面积相同的细长压杆，在同样的荷载和约束条件下，什么样的实心截面形状其稳定性最好。

解 可取圆截面和矩形截面进行研究（图15.5）。假设：两细长压杆两端均铰支，受轴向压力作用，长度皆为$l=1.5\text{m}$，横截面皆为$A=20\,\text{cm}^2$，材料的弹性模量皆为$E=200\text{GPa}$。对于矩形截面，设$h=2b$。通过分别计算两杆的临界力，来研究其压杆截面形状的抗失稳能力。

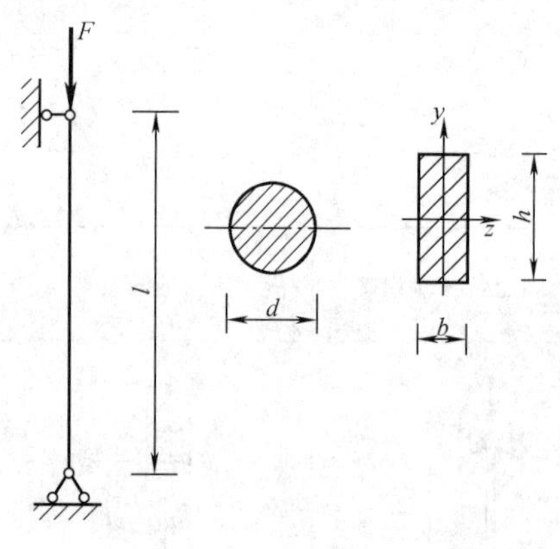

图15.5

(1) 圆截面。

设圆截面的直径为d，其横截面面积

$$A=\frac{\pi d^2}{4}$$

因此有

$$\pi d^4=\frac{16A^2}{\pi}$$

惯性矩为

$$I=\frac{\pi d^4}{64}=\frac{16A^2}{64\pi}=\frac{A^2}{4\pi}$$

压杆两端均铰支，长度因数$\mu=1$。由欧拉公式，可得圆截面压杆的临界力为

$$F_{cr} = \frac{\pi^2 EI}{l^2} = \frac{\pi^2 \times 200 \times 10^9 \times (20 \times 10^{-4})^2}{4\pi \times 1.5} = 279(\mathrm{kN})$$

（2）矩形截面。

由图 15.5 可见，$I_z > I_y$，所以截面绕轴 y 旋转而屈曲。截面绕轴 y 的惯性矩为

$$I_y = \frac{hb^3}{12} = \frac{b^4}{6} = \frac{A^2}{24}$$

压杆两端铰支，长度因数 $\mu = 1$。由欧拉公式，可得矩形截面压杆的临界力为

$$F_{cr} = \frac{\pi^2 EI_y}{l^2} = \frac{\pi^2 (200 \times 10^9) \times (20 \times 10^{-4})^2}{24 \times 1.5} = 146(\mathrm{kN})$$

上述计算结果表明：圆截面压杆的稳定性远好于题设的矩形截面压杆。

分析题设的矩形截面压杆稳定性差的原因可知，由于 $I_z > I_y$，横截面绕轴 y 旋转而使压杆屈曲失稳。因此可以推断，在横截面积相同的情况下，若使 $I_z = I_y$，可显著提高压杆的临界力。下面计算正方形截面压杆的临界力。

（3）正方形截面。

正方形截面的轴惯性矩为

$$I = \frac{hb^3}{12} = \frac{b^4}{12} = \frac{A^2}{12}$$

压杆两端铰支，长度因数 $\mu = 1$。由欧拉公式，可得矩形截面压杆的临界力为

$$F_{cr} = \frac{\pi^2 EI}{l^2} = \frac{\pi^2 \times 200 \times 10^9 \times (20 \times 10^{-4})^2}{12 \times 1.5} = 292(\mathrm{kN})$$

上述计算结果表明：正方形截面压杆的稳定性好于圆截面压杆，但两者已相差不多。

上述研究表明，使压杆横截面对两根正交对称轴的惯性矩相等，可提高压杆的临界力。

由欧拉公式可见，截面的惯性矩越大，临界力越大。因此可以推断，在横截面面积相同且不产生压瘪失稳的情况下，同样形状的空心压杆比实心压杆稳定性要好得多。

试利用欧拉公式研究：什么样的空心截面形状其稳定性最好？

【例 15.3】 两端铰支的细长压杆如图 15.6 所示，长度为 l，横截面面积为 A，抗弯刚度为 EI。设杆处于变化的均匀温度场中，若材料的线膨胀系数为 α_l，初始温度为 T_0，试求压杆失稳时的临界温度值 T_{cr}。

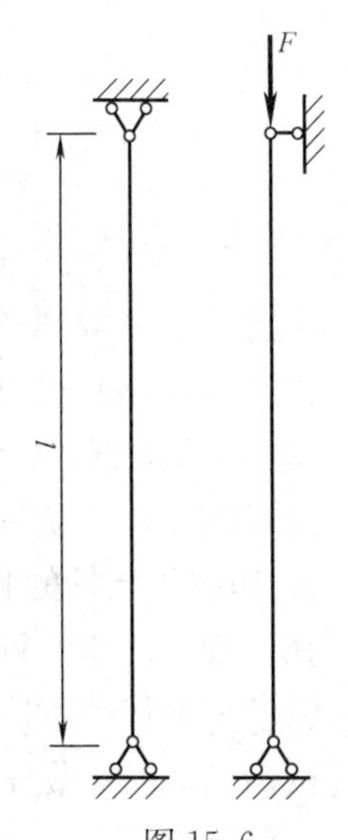

图 15.6

解 图示结构为一次超静定问题。其变形几何条件是

$$\Delta l = \Delta l_T - \Delta l_F = 0$$

压杆的自由热膨胀量

$$\Delta l_T = \alpha_l (T - T_0) l$$

由于约束而引起的轴向压力 F_R 产生的变形为

$$\Delta l_R = \frac{F_R l}{EA}$$

故

$$F_R = EA\alpha_l (T - T_0)$$

显然，当轴向力 F_R 等于压杆的临界荷载 F_{cr} 时，杆将丧失稳定性。此时对应的温度称为临界温度 T_{cr}。由式（15.1）得

$$F_{cr} = \frac{\pi^2 EI}{l^2} = EA\alpha_l (T_{cr} - T_0)$$

$$T_{cr} = T_0 + \frac{\pi^2 I}{\alpha_l A l^2}$$

在超静定结构中，由于温度变化而引起的失稳问题称为**热屈曲**（thermal buckling）。对于轴向压力和热屈曲同时存在的问题，可以采用叠加方法求解。

在静定结构中，会产生热屈曲吗？为什么？

§15.3 非细长压杆的临界应力

1. 临界应力 欧拉公式的适用范围

由于计算和工程设计的需要，定义压杆临界力除以横截面面积的量为临界应力，用 σ_{cr} 表示，即

$$\sigma_{cr} = \frac{F_{cr}}{A} = \frac{\pi^2 EI}{A\ (\mu l)^2} \tag{a}$$

引入惯性半径 $i = \sqrt{\frac{I}{A}}$ 和 λ，且令

$$\lambda = \frac{\mu l}{i} \tag{15.3}$$

将 i 和 λ 代入临界应力表达式（a）得

$$\sigma_{cr} = \frac{\pi^2 E}{\lambda^2} \tag{15.4}$$

上式是欧拉公式的另一种表达形式。式中 λ 称压杆的柔度或长细比。柔度是一个量纲一的量，仅与压杆的杆端约束情况和几何特征有关，是压杆抵抗失稳能力的特征量。

由于欧拉公式是应用杆挠曲线近似微分方程而导出的，因此，仅适用于线弹性范畴。于是，临界应力公式（15.4）的适用范围可表示为

$$\sigma_{cr} = \frac{\pi^2 E}{\lambda^2} \leqslant \sigma_p \tag{15.5}$$

令

$$\lambda_p = \sqrt{\frac{\pi^2 E}{\sigma_p}} \tag{15.6}$$

则式（15.5）可写为

$$\lambda \geqslant \lambda_p \tag{15.7}$$

满足式（15.5）或式（15.7）的压杆，方可用欧拉公式计算临界荷载或临界应力。这样的压杆称为**大柔度杆**或**细长压杆**（long columns）。

由式（15.6）可见，λ_p 与材料的力学性质有关，材料不同，λ_p 也就不同，需要具体地计算。例如 Q235 钢，$E \approx 200\text{GPa}$，$\sigma_p \approx 200\text{MPa}$，由式（15.6）可得，$\lambda_p \approx 100$。因此，对 Q235 钢，只有当 $\lambda \geqslant 100$ 时，才能使用欧拉公式。

2. 非细长压杆的临界应力

在工程实际中，许多压杆的柔度往往低于 λ_p，在这种情况下，压杆横截面上的应力将超过材料的比例极限，欧拉公式已不再适用。对于 $\lambda \leqslant \lambda_p$ 的这类压杆稳定性问题，人们在大量失稳试验的同时，做了弹塑性理论分析。由于试验结果具有明显的分散度和理论分析的复杂性，这里将不做进一步的讨论。工程上一般采用以试验结果为依据的经验公式，比较常用的

直线公式将临界应力与柔度表示成以下的直线关系：

$$\sigma_{cr} = a - b\lambda \tag{15.8}$$

式中，a、b 为与材料性质有关的常数。在表 15.2 中列入了一些材料的 a 和 b 的数值。

表 15.2　　直线公式适用范围及常用材料 a、b 值

材　　料	a/MPa	b/MPa	λ_p
Q235 钢 $\sigma_s = 235$MPa $\sigma_b \geqslant 372$MPa	304	1.12	100
优质碳钢 $\sigma_s = 306$MPa $\sigma_b \geqslant 471$MPa	460	2.57	90
硅钢 $\sigma_s = 353$MPa $\sigma_b \geqslant 510$MPa	578	3.74	86
铸铁	332	1.45	80
硬铝	373	2.14	50
松木	28.7	0.19	100

对于柔度很小的短柱，例如压缩试验用的金属短柱形试件或水泥试块，在受压时不会像大柔度杆那样产生弯曲变形，而会因应力达到屈服极限（塑性材料）或强度极限（脆性材料）而失效，这属于强度问题。

因此，对于塑性材料，按式（15.8）计算出的应力最大只能等于 σ_s，若相应的柔度为 λ_s，则有

$$\lambda_s = \frac{a - \sigma_s}{b} \tag{15.9}$$

这是使用直线公式（15.8）的最小柔度。若 $\lambda \leqslant \lambda_s$，就应按压缩强度进行计算，要求

$$\sigma_{cr} = \frac{F}{A} \leqslant \sigma_s$$

对于脆性材料，只需要将以上各式中的 σ_s 换成 σ_b 即可。

3. 临界应力总图

由上面讨论可知，对于 $\lambda < \lambda_s$ 的小柔度压杆，应按压缩强度问题计算，在图 15.7 中表示为水平线 AB。对于 $\lambda \geqslant \lambda_p$ 的大柔度压杆，用欧拉公式（15.4）计算临界应力，在图 15.7 中表示为曲线 CD。对于柔度 λ 介于 λ_s 和 λ_p 之间（$\lambda_s \leqslant \lambda \leqslant \lambda_p$）的压杆，称为中柔度压杆，用直线经验公式（15.8）计算临界应力，在图 15.7 中表示为斜直线 BC。图 15.7 表示临界应力 σ_{cr} 随压杆柔度 λ 变化的情况，称为临界应力总图。临界应力总图形象明确地显示出三类压杆所处的柔度范围以及所适用的临界应力计算公式。

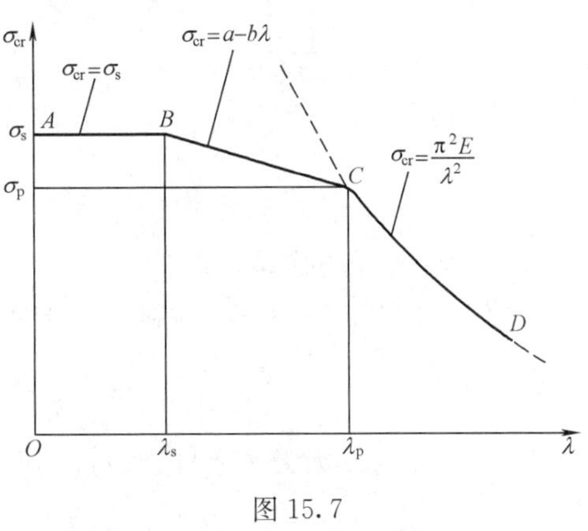

图 15.7

由图 15.7 中曲线 CD 的延长虚线可见，中柔度杆的临界应力远低于用欧拉公式计算出来的数值。因此，如果错误地依据欧拉公式来判断中柔度压杆的承载能力，就会估计过高，

这是十分危险的。

【例15.4】 材料为优质碳钢的三根轴向受压圆杆，长度l分别为0.28m、0.75m和1m，直径分别为20mm、40mm和50mm，各杆支撑如图15.8所示。试求各杆的临界力。

解　(1) 计算各杆的柔度。

杆1：$\mu_1 = 2$，$l_1 = 0.28\text{m}$，$d_1 = 20\text{mm}$，则 $i_1 = \sqrt{\dfrac{I}{A}} = \dfrac{d_1}{4} = 5\text{mm}$

$$\lambda_1 = \frac{\mu_1 l_1}{i_1} = \frac{2 \times 280}{5} = 112$$

杆2：$\mu_2 = 1$，$l_2 = 0.75\text{m}$，$d_2 = 40\text{mm}$，则 $i_2 = \dfrac{d_2}{4} = 10\text{mm}$

$$\lambda_2 = \frac{\mu_2 l_2}{i_2} = \frac{1 \times 750}{10} = 75$$

杆3：$\mu_3 = 0.5$，$l_3 = 1\text{m}$，$d_3 = 50\text{mm}$，则 $i_3 = \dfrac{d_3}{4} = 12.5\text{mm}$

$$\lambda_3 = \frac{\mu_3 l_3}{i_3} = \frac{0.5 \times 1000}{12.5} = 40$$

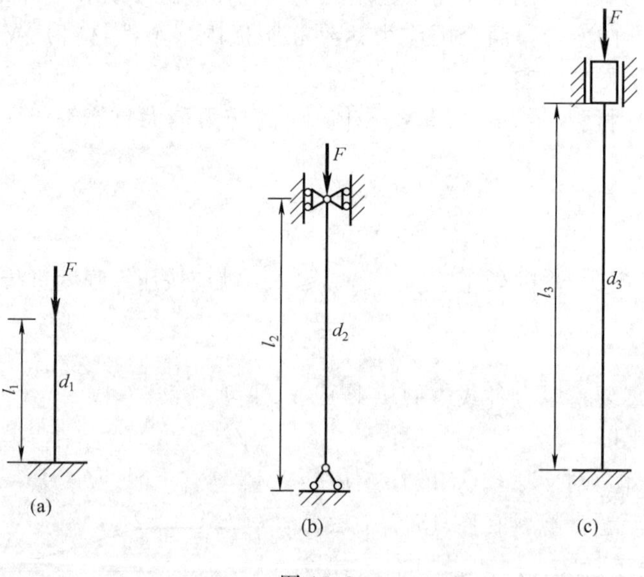

图15.8

(2) 计算各杆的临界力。

查表15.2得，$\lambda_p = 90$。材料对应于屈服极限的柔度为

$$\lambda_s = \frac{a - \sigma_s}{b} = \frac{460 - 306}{2.57} = 60$$

杆1：$\lambda_1 > \lambda_p$，为大柔度杆，应选用欧拉公式（15.2）计算临界力，可得

$$F_{cr,1} = \frac{\pi^2 EI}{(\mu_1 l_1)^2} = \frac{\pi^3 \times 200 \times 10^9 \times 0.02}{64 \times (2 \times 0.28)^2} = 49.4(\text{kN})$$

杆2：$\lambda_s < \lambda_2 < \lambda_p$，为中柔度杆，应选用直线公式（15.8）计算临界力，可得

$$F_{cr,2} = \sigma_{cr} \cdot A = \frac{\pi d_2^2}{4}(a - b\lambda_2) = \frac{\pi \times 40^2 \times (460 - 2.57 \times 75)}{4} = 336(\text{kN})$$

杆 3：$\lambda_3 < \lambda_s$，为小柔度杆，属于强度问题，应由屈服极限计算临界力，可得

$$F_{cr,3} = \sigma_{cr} A = \sigma_s \frac{\pi d_2^2}{4} = 306 \times \frac{\pi \times 50}{4} = 601(\text{kN})$$

§15.4 压杆的稳定计算

1. 实际压杆的稳定因数

工程实际中压杆的轴线不可能是理想的直线，压力的轴线也不可能与压杆的轴线完全重合，由于压杆在制造过程中需进行轧制、切割、焊接等，在截面上会产生残余应力。这些不利因素的存在，都会降低压杆的临界力。因此，必须综合考虑实际压杆的初曲率，压力的偏心度以及截面上的残余应力，来计算压杆的临界承载力，进而得到符合实际制造工艺水平和实际受力情况的极限应力。由于实际情况复杂，考虑的因素又多，这就使得计算十分繁复。

为简化计算，便于设计者使用，在压杆的设计中，将材料的许用应力 $[\sigma]$ 乘以一个大于零小于一的折扣系数 φ，作为压杆的稳定许用应力 $[\sigma]_{st}$，这样就将所有复杂因素集中在折扣系数 φ 内来考虑，在设计中只需通过简单的查表方法得到其数值。由于压杆的柔度越大，其极限应力值就越小，因此可知，折扣系数 φ 是随柔度 λ 而变化的，是柔度 λ 的函数，即有 $\varphi = \varphi(\lambda)$，通常将折扣系数 φ 称为实际压杆的**稳定因数**（factor of stability）。综上所述，压杆的稳定许用应力可表示为

$$[\sigma]_{st} = \varphi[\sigma] \tag{15.10}$$

式中，$[\sigma]$ 为压杆材料的许用应力，在钢结构规范中为材料的抗压强度设计值 f。

稳定因数 φ 与压杆所使用的材料及杆件的截面类型有关。我国钢结构设计规范根据国内常用构件的截面形式、尺寸和加工条件，规定了相应的残余应力变化规律，并考虑了初曲率，计算了 96 根压杆的稳定因数 φ 与柔度 λ 之间的关系数值，然后将承载能力相近的截面归并为 a、b、c 三类，根据不同材料的屈服强度分别给出 a、b、c 三类截面在不同柔度 λ 下的 φ 值，以供压杆设计时参考和使用。

在表 15.3 中，根据稳定因数 φ 与柔度 λ 之间的关系，给出了钢制圆管、工字形截面和 T 形截面的分类，其他分类见钢结构设计规范以及木结构设计规范。

表 15.3　　轴心受压构件的截面分类（板厚 $t<40$mm）

截 面 形 式	对轴 z	对轴 y
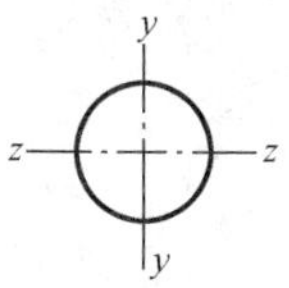 轧制	a 类	a 类
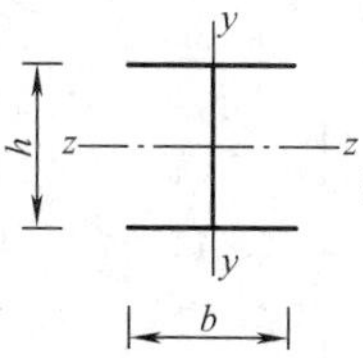 轧制，$b/h \leqslant 0.8$	a 类	b 类

续表

截 面 形 式			对轴 z	对轴 y
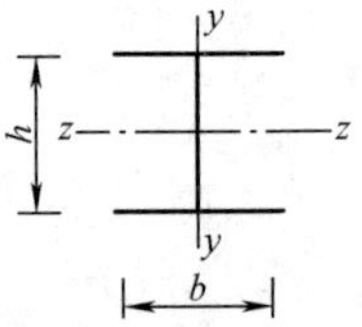 轧制，$b/h>0.8$	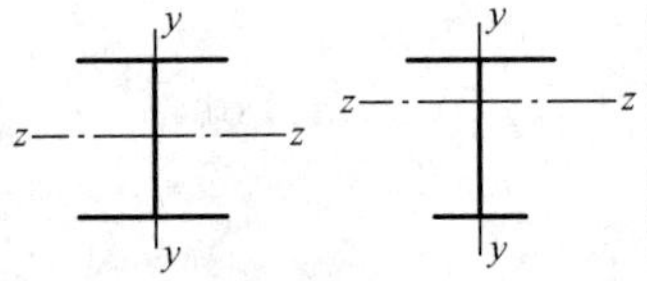 焊接，翼缘为焰切边	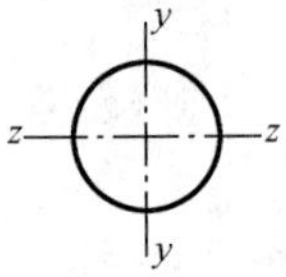 焊接	b类	b类
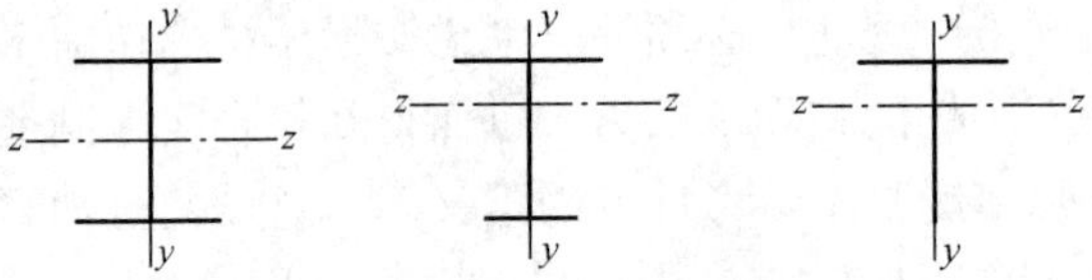 焊接，翼缘为轧制或剪切边			b类	c类

在表15.4和表15.5中，分别给出了Q235钢a、b类截面的稳定因数φ值。

表15.4　　Q235钢a类截面中心受压直杆的稳定因数φ

λ	0	1.0	2.0	3.0	4.0	5.0	6.0	7.0	8.0	9.0
0	1.000	1.000	1.000	1.000	0.999	0.999	0.998	0.998	0.997	0.996
10	0.995	0.994	0.993	0.992	0.991	0.989	0.988	0.986	0.985	0.983
20	0.981	0.979	0.977	0.976	0.974	0.972	0.970	0.968	0.966	0.964
30	0.963	0.961	0.959	0.957	0.955	0.952	0.950	0.948	0.946	0.944
40	0.941	0.939	0.937	0.934	0.932	0.929	0.927	0.924	0.921	0.919
50	0.916	0.913	0.910	0.907	0.904	0.900	0.897	0.894	0.890	0.886
60	0.883	0.879	0.875	0.871	0.867	0.863	0.858	0.851	0.849	0.844
70	0.830	0.834	0.829	0.824	0.818	0.813	0.807	0.801	0.795	0.789
80	0.788	0.776	0.770	0.763	0.757	0.750	0.743	0.736	0.728	0.721
90	0.714	0.706	0.699	0.691	0.684	0.676	0.668	0.661	0.653	0.645
100	0.638	0.630	0.622	0.615	0.607	0.600	0.592	0.585	0.577	0.570
110	0.563	0.555	0.548	0.541	0.534	0.527	0.520	0.514	0.507	0.500
120	0.494	0.488	0.481	0.475	0.469	0.463	0.457	0.451	0.445	0.440
130	0.434	0.429	0.423	0.418	0.412	0.407	0.402	0.397	0.392	0.387
140	0.383	0.378	0.373	0.369	0.364	0.360	0.356	0.351	0.347	0.343
150	0.339	0.335	0.331	0.327	0.323	0.320	0.316	0.312	0.309	0.305
160	0.302	0.298	0.295	0.292	0.289	0.285	0.282	0.279	0.276	0.273
170	0.270	0.267	0.264	0.262	0.259	0.256	0.253	0.251	0.248	0.246
180	0.243	0.241	0.238	0.236	0.233	0.231	0.229	0.226	0.224	0.222
190	0.220	0.218	0.215	0.213	0.211	0.209	0.207	0.205	0.203	0.201
200	0.199	0.198	0.196	0.194	0.192	0.190	0.189	0.187	0.185	0.183
210	0.182	0.180	0.179	0.177	0.175	0.174	0.172	0.171	0.169	0.168
220	0.166	0.165	0.164	1.162	0.161	0.159	0.158	0.157	0.155	0.154
230	0.150	0.152	0.150	0.149	0.148	0.147	0.146	0.144	0.143	0.142
240	0.141	0.140	0.139	0.138	0.136	0.135	0.134	0.133	0.132	0.131
250	0.130									

表 15.5 **Q235 钢 b 类截面中心受压直杆的稳定因数 φ**

λ	0	1.0	2.0	3.0	4.0	5.0	6.0	7.0	8.0	9.0
0	1.000	1.000	1.000	0.999	0.999	0.998	0.997	0.996	0.995	0.994
10	0.992	0.991	0.989	0.987	0.985	0.983	0.981	0.978	0.976	0.973
20	0.970	0.967	0.963	0.960	0.957	0.953	0.950	0.946	0.943	0.939
30	0.936	0.932	0.929	0.925	0.922	0.918	0.914	0.910	0.906	0.903
40	0.899	0.895	0.891	0.887	0.882	0.878	0.874	0.870	0.865	0.861
50	0.856	0.852	0.847	0.842	0.838	0.833	0.828	0.823	0.818	0.813
60	0.807	0.802	0.797	0.791	0.786	0.780	0.774	0.769	0.763	0.757
70	0.751	0.745	0.739	0.732	0.726	0.720	0.714	0.707	0.701	0.694
80	0.688	0.681	0.675	0.668	0.661	0.655	0.648	0.641	0.635	0.628
90	0.621	0.614	0.608	0.601	0.594	0.588	0.581	0.575	0.568	0.561
100	0.555	0.549	0.542	0.536	0.529	0.523	0.517	0.511	0.505	0.499
110	0.493	0.487	0.481	0.475	0.470	0.464	0.458	0.453	0.447	0.442
120	0.437	0.432	0.426	0.421	0.416	0.411	0.406	0.402	0.397	0.392
130	0.387	0.383	0.378	0.374	0.370	0.365	0.361	0.357	0.353	0.349
140	0.345	0.341	0.337	0.333	0.329	0.326	0.322	0.318	0.315	0.311
150	0.308	0.304	0.301	0.298	0.265	0.291	0.288	0.285	0.282	0.279
160	0.276	0.273	0.270	0.267	0.265	0.262	0.259	0.256	0.254	0.251
170	0.249	0.246	0.244	0.241	0.239	0.236	0.234	0.232	0.229	0.227
180	0.225	0.223	0.220	0.218	0.216	0.214	0.212	0.210	0.208	0.206
190	0.204	0.202	0.200	0.198	0.197	0.195	0.193	0.191	0.190	0.188
200	0.186	0.184	0.183	0.181	0.180	0.178	0.176	0.175	0.173	0.172
210	0.170	0.169	0.167	0.166	0.165	0.163	0.162	0.160	0.159	0.158
220	0.156	0.155	0.154	0.153	0.151	0.150	0.149	0.148	0.146	0.145
230	0.144	0.143	0.142	0.141	0.140	0.138	0.137	0.136	0.135	0.134
240	0.133	0.132	0.131	0.130	0.129	0.128	0.127	0.126	0.125	0.124
250	0.123									

我国木结构设计规范按照树种的强度等级给出了由木制压杆的柔度 λ 计算其稳定因数 φ 的两组公式，例如，树种等级为 TC15、TC15 及 TB20 时

$\lambda \leqslant 75$

$$\varphi = \frac{1}{1+\left(\frac{\lambda}{80}\right)^2} \tag{15.11a}$$

$\lambda > 75$

$$\varphi = \frac{3000}{\lambda^2} \tag{15.11b}$$

树种等级后的数字为树种的弯曲强度（MPa），在树种强度等级中，TC15 有红杉、云杉等；TC17 有柏木、东北落叶松等；TB20 有栎木、桐木等。

2. 压杆的稳定计算

与构件的强度计算不同，压杆的稳定计算不是从某一危险点而是从压杆整体抗失稳的承载能力出发来考虑问题的。因此，不必寻找危险截面和危险点，只需将压杆最大工作荷载与稳定许用荷载相比较，即可完成稳定校核工作。

综上所述，压杆的稳定条件可表示为

$$\sigma = \frac{F}{A} < [\sigma]_{st}$$

将式（15.10）代入上式，有

$$\sigma = \frac{F}{A} < \varphi [\sigma] \tag{15.12a}$$

通常改写为

$$\frac{F}{\varphi A} < [\sigma] \tag{15.12b}$$

式中，F 为压杆承受的轴向压力；φ 为稳定因数；A 为压杆的横截面面积，因为稳定计算是从压杆整体抗失稳的承载能力出发来考虑问题的，所以不必考虑由于钉孔等原因使局部截面削弱所产生的影响，而是以毛面积进行计算。但在强度计算中，应按局部被削弱的净面积进行计算。$[\sigma]$ 为压杆材料的许用应力，按材料的抗压强度设计值取值。

稳定计算的三类问题分别为：

（1）稳定校核：已知压杆的材料、杆长、截面尺寸、杆端的约束条件及其承受的轴向压力。首先计算压杆柔度 λ，再根据截面的分类，由表 15.4 或表 15.5 查得 φ 值，代入式（15.12）进行稳定性校核。

（2）设计截面：已知压杆的材料、杆长、截面尺寸、杆端的约束条件及其承受的轴向压力，利用式（15.12）进行压杆截面尺寸的设计计算。由于柔度 λ 及稳定因数 φ 均与截面尺寸有关，所以通常采用试算法。

（3）确定许用荷载：已知压杆材料的 $[\sigma]$、杆长、截面尺寸及杆端的约束条件，计算 A 和 λ，再查取 φ，代入式（15.12）求出压杆所能承受的最大轴向压力。

【例 15.5】 一根热轧普通钢管，长度 $l=5\text{m}$，外径 $D=160\text{mm}$，内径 $d=140\text{mm}$，其强度许用应力 $[\sigma]=120\text{MPa}$。现将该钢管用来当作起重机的扒杆，如图 15.9 所示。试计算钢管所能承受的许用压力。

解　（1）压杆截面的几何量。

钢管内径与外径之比为

$$\alpha = \frac{d}{D} = \frac{140}{160} = 0.875$$

钢管截面的惯性半径为

$$i = \sqrt{\frac{I}{A}} = \sqrt{\frac{4\pi D^4(1-\alpha^4)}{64\pi D^2(1-\alpha^2)}} = \frac{D}{4}\sqrt{\frac{1-\alpha^4}{1-\alpha^2}} = \frac{160}{4}\sqrt{\frac{1-0.875^4}{1-0.875^2}} = 53.15(\text{mm})$$

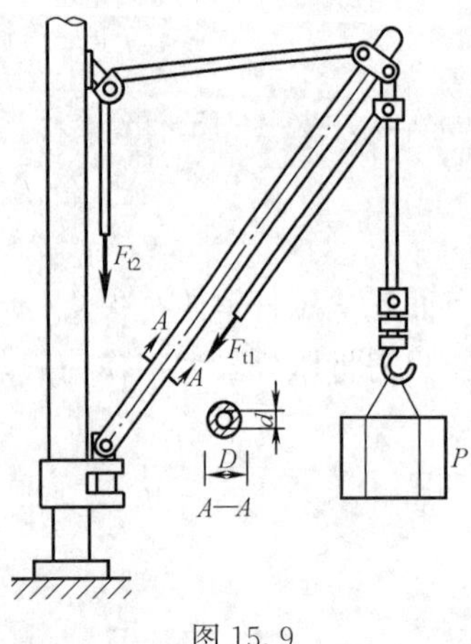

图 15.9

（2）压杆在纸平面内失稳的许用压力。

若在图示纸平面内，扒杆在轴向压力作用下失稳，则杆的轴线将弯成半个正弦波，长度因数可取为$\mu_1=1$。因此，其柔度为

$$\lambda_1 = \frac{\mu_1 l}{i} = \frac{1 \times 5000}{53.15} = 94$$

由表 15.3 可知，热轧普通钢管截面为 a 类，根据 $\lambda_1=94$ 查表 15.4 可得稳定因数为

$$\varphi = 0.684$$

可求得钢管能承受的许用压力为

$$[F] = \varphi [\sigma] A = 0.684 \times 120 \times \frac{\pi \times 160}{4} \times (1-0.875^2)$$

$$=387\text{kN}$$

(3) 压杆在垂直纸面的平面内失稳的许用压力。

扒杆的上端在垂直纸面的方向并无约束，则压杆在垂直纸面的平面内失稳时，可视为下端固定上端自由，长度因数可取为 $\mu_2=2$。因此，其柔度为

$$\lambda_2=\frac{\mu_2 l}{i}=\frac{2\times5000}{53.15}=188$$

热轧普通钢管截面为 a 类，根据 $\lambda_2=188$ 查表 15.4 可得稳定因数为

$$\varphi=0.224$$

可求得钢管能承受的许用压力为

$$[F]=\varphi[\sigma]A=0.224\times120\times\frac{\pi\times160}{4}\times(1-0.875^2)=127(\text{kN})$$

试通过扒杆屈曲受力分析说明，上述两个许用压力中哪一个更接近实际情况？

【例 15.6】 一机器连杆，材料为 Q235 钢，两端为柱形铰支撑，力学简图如图 15.10 所示，承受最大轴向压力为 $F_{max}=60\text{kN}$。若强度许用应力 $[\sigma]=160$ MPa，试校核连杆的稳定性。

解 (1) 计算压杆的柔度。

由于柱形铰支撑的特性，由图 15.10(b)、(c)可见，在 xOy 和 xOz 两正交平面内，计算长度和约束情况均不同，因此需要分别计算相应的柔度，以确定连杆失稳的平面。

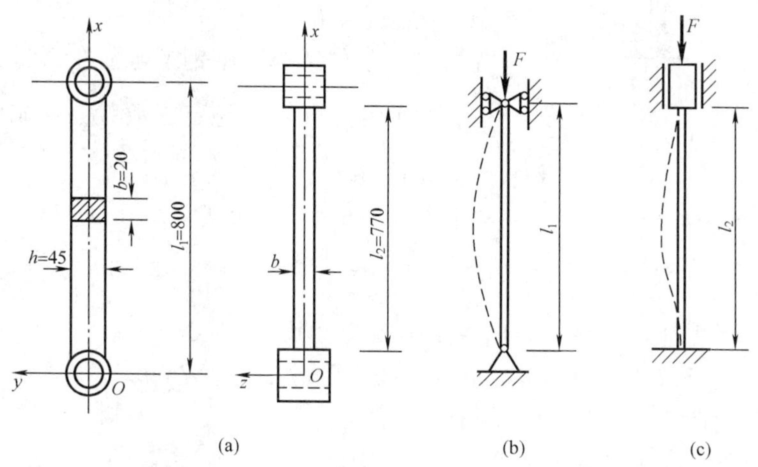

图 15.10

在 xOy 平面[图 15.10(b)]，两端视为铰支座，取 $\mu=1$，惯性半径 i_z 为

$$i_z=\sqrt{\frac{I_z}{A}}=\frac{h}{2\sqrt{3}}=\frac{45}{2\sqrt{3}}=12.99(\text{mm})$$

柔度 λ_z 为

$$\lambda_z=\frac{\mu l_1}{i_z}=\frac{1\times800}{12.99}=61.9$$

在 xOz 平面[图 15.10(c)]，两端视为固定端，取 $\mu=0.5$，惯性半径 i_y 为

$$i_y=\sqrt{\frac{I_y}{A}}=\frac{h}{2\sqrt{3}}=\frac{20}{2\sqrt{3}}=5.77(\text{mm})$$

柔度 λ_y 为

$$\lambda_y=\frac{\mu l_2}{i_y}=\frac{0.5\times 770}{5.77}=66.7$$

比较可得，$\lambda_y>\lambda_z$，连杆将在 xOz 平面内失稳（即绕轴 y 屈曲）。

（2）校核连杆的稳定性。

为保证安全起见，若将绕轴 y 屈曲的连杆矩形截面归为 b 类，根据 $\lambda_y=66.7$ 查表 15.4，经插值计算可得稳定因数为

$$\varphi=0.770$$

由式（15.12b）校核连杆的稳定性

$$\frac{F}{\varphi A}=\frac{60\times 10^3}{0.770\times 20\times 45}=86.6(\text{MPa})<[\sigma]=160\text{MPa}$$

计算结果表明，连杆具有足够的稳定性。

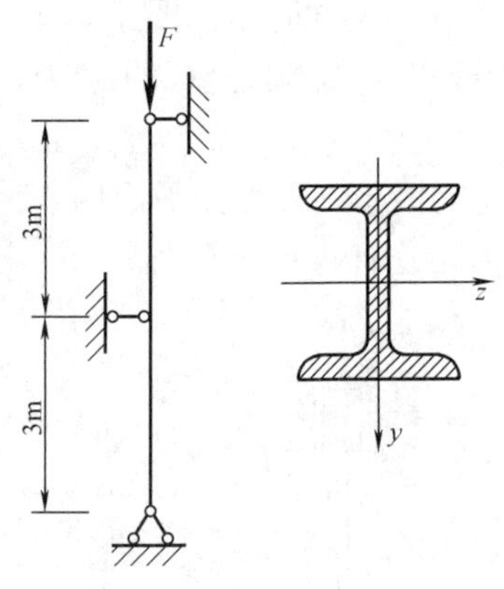

图 15.11

【例 15.7】 工字形截面的型钢压杆，其力学计算简图如图 15.11 所示，在压杆长度的中间截面处沿轴 z 方向有一横向支撑。压杆材料为 Q235 钢，许用应力 $[\sigma]=170$ MPa，轴向压力 $F=800$kN，试选择型钢的号码。

解　本例为截面设计问题，应采用试算法。

（1）试选工字钢型号。

先按稳定条件选择工字钢型号。在选择截面时，由于 $\lambda=\frac{\mu l}{i}$ 无法计算，相应的稳定因数 φ 无法确定，故只能先假设一个 φ 值进行计算。

先假设 $\varphi=0.55$，则由式（15.12a）可得

$$A\geqslant\frac{F}{\varphi[\sigma]}=\frac{800\times 10^3}{0.55\times 170}=8556(\text{mm}^2)=85.6\text{ cm}^2$$

由型钢表选择型号为 No. 40a 的工字钢，其截面几何性质为

$$A=86.1\text{ cm}^2,\ i_z=15.9\text{cm},\ i_y=2.77\text{cm},\ b=142\text{mm},\ h=400\text{mm}$$

（2）校核稳定性。

绕两正交对称轴屈曲的柔度分别为

$$\lambda_z=\frac{\mu l_z}{i_z}=\frac{1\times 6}{15.9\times 10^{-2}}=37.7,\quad \lambda_y=\frac{\mu l_y}{i_y}=\frac{1\times 3}{2.77\times 10^{-2}}=92.3$$

由于 $\lambda_z<\lambda_y$，所以压杆绕轴 y 屈曲。因 $\frac{b}{h}=\frac{142}{400}=0.355<0.8$，故由表 15.3 可知，对轴 y 属 b 类截面。根据 $\lambda_y=92.3$ 查表 15.4，经插值后可得稳定因数为

$$\varphi=0.606$$

由式（15.12b）校核压杆的稳定性

$$\frac{F}{\varphi A}=\frac{800\times 10^3}{0.606\times 86.1\times 10^2}=153(\text{MPa})<[\sigma]=170\text{MPa}$$

虽然满足压杆稳定性条件，但显得过于富裕。

（3）重选工字钢，再校核稳定性。

再假设 $\varphi=0.487$，则由式（15.12a）可得

$$A \geqslant \frac{F}{\varphi[\sigma]} = \frac{800 \times 10^3}{0.487 \times 170} = 9663(\text{mm}^2) = 96.6\ \text{cm}^2$$

由型钢表选择型号为 No. 40c 的工字钢，其截面几何性质为

$$A = 102.1\ \text{cm}^2,\ i_z = 15.2\text{cm},\ i_y = 2.65\text{cm},\ b = 146\text{mm},\ h = 400\text{mm}$$

绕两正交对称轴屈曲的柔度分别为

$$\lambda_z = \frac{\mu l_z}{i_z} = \frac{1 \times 6}{15.2 \times 10^{-2}} = 39.5, \quad \lambda_y = \frac{\mu l_y}{i_y} = \frac{1 \times 3}{2.65 \times 10^{-2}} = 113$$

由于 $\lambda_z < \lambda_y$，所以压杆绕轴 y 屈曲。因 $\dfrac{b}{h} = \dfrac{146}{400} = 0.365 < 0.8$，故由表 15.3 可知，对轴 y 属 b 类截面。根据 $\lambda_y=113$ 查表 15.4，可得稳定因数为

$$\varphi = 0.475$$

由式（15.12b）校核压杆的稳定性

$$\frac{F}{\varphi A} = \frac{800 \times 10^3}{0.475 \times 102.1 \times 10^2} = 165(\text{MPa}) < [\sigma] = 170\text{MPa}$$

满足压杆稳定性条件。显然，采用型号为 No. 40c 的工字钢比用 No. 40a 的工字钢更经济更合理。

§ 15.5　提高压杆稳定性的措施

由以上各节的讨论可知，压杆的临界荷载与压杆的长度、支撑、截面的形状以及选用的材料等因素有关。因此，通过对上述诸方面的综合考虑，进行合理设计，就可以提高压杆的稳定性。

1. 减小柔度

对于一定材料制成的压杆，临界应力随柔度的减小而增加，柔度越小，稳定性越好。为了减小柔度，在可能的条件下可以从下列几方面考虑。

（1）改善支撑情况。支撑越接近固定端，μ 值就越小，压杆的临界荷载就越大，故采用 μ 值较小的支座形式，可以提高压杆的稳定性。

（2）减小压杆的长度。杆长 l 与柔度成正比，杆长越小，柔度越小，临界荷载就越高。对于图 15.12(a)两端铰支的杆，若在杆的中点增加一铰支座，以减小压杆的计算长度，如图 15.12(b)所示，则其挠曲线将由半个正弦波(图中虚线)变为一个正弦波，临界荷载将提高为原来的 4 倍。

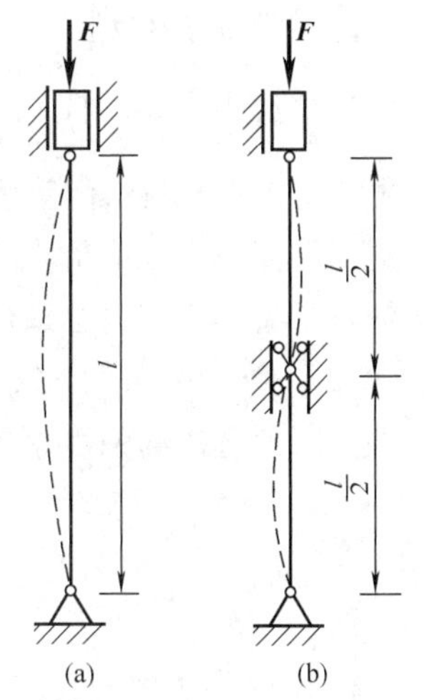

图 15.12

（3）选择合理的截面形状。当压杆两端在各弯曲平面内约束相同时，失稳总是发生在最小刚度平面内。因此当截面面积一定时，使 $I_y = I_z$，并且在可能条件下，尽可能地把材料放在离截面形心较远处，以获得较大的 I 值，从而提高压杆的临界荷载。例如，由四根角钢组成的起重臂，如图 15.13 所示。应将四根角钢分散安置在正方形截面的四角[图 15.13(b)]，而不是集中地放置在截面形心的附

近[图15.13(c)]。同理，由型钢组成的大型桁架中的压杆以及建筑物中的钢结构柱，也都是将型钢分开安放，形成空心的正方形截面，如图15.14所示。当然，也不能无限制地增加环形截面的直径并减小其壁厚，这将有可能引起局部失稳而发生局部皱褶。对于由型钢组成的组合压杆，也要用足够多和强的缀条或缀板把分开设置的型钢连接成一个整体，形成格构柱，如图15.13和图15.14所示。否则，各型钢将变为单独的受压杆件，达不到预期的稳定性。

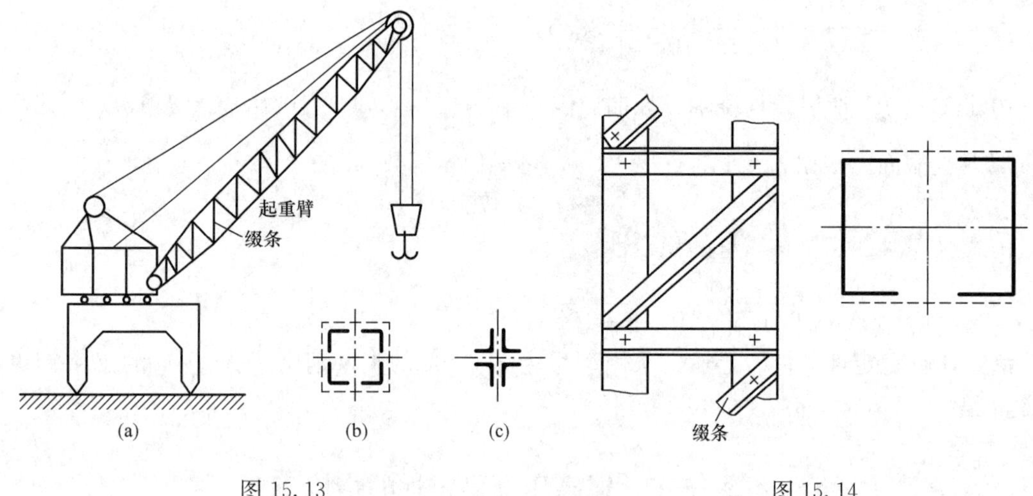

图15.13　　图15.14

当压杆两端在二个正交弯曲平面内约束不同时，应使$\lambda_y=\lambda_z$，这是压杆合理截面设计的原则。例如，[例15.6] 中机器的连杆，应使得连杆截面在两个主惯性平面内的柔度接近相等，这样，连杆在两个正交的对称平面内可以有接近相等的稳定性。

2. 合理选择材料

(1) 对于大柔度杆 ($\lambda \geqslant \lambda_p$)，临界应力$\sigma_{cr}=\dfrac{\pi^2 E}{\lambda^2}$，可见临界应力与压杆材料的弹性模量$E$成正比，而与材料的强度指标（屈服极限和强度极限）无关。因此选择E数值大的材料可以提高压杆抗失稳的能力。对于E值大致相同的合金钢和普通碳钢，若选用合金钢作细长压杆，意义不大，只会造成材料的浪费。

(2) 对于中柔度杆 ($\lambda_s < \lambda \leqslant \lambda_p$)，由式 (15.8) 和表15.2可见，临界应力与材料的强度有关，因此选用高强度钢可以提高中柔度杆的稳定性。

本 章 小 结

1. 压杆的柔度或长细比

$$\lambda=\frac{\mu l}{i}$$

2. 大柔度（细长）压杆临界力的欧拉公式

$$F_{cr}=\frac{\pi^2 EI}{(\mu l)^2}$$

3. 大柔度（细长）压杆的临界应力为

$$\sigma_{cr}=\frac{F_{cr}}{A}=\frac{\pi^2 E}{\lambda^2}$$

当压杆横截面上的应力达到材料的比例极限时，压杆的柔度值 λ_p 为

$$\lambda_p=\sqrt{\frac{\pi^2 E}{\sigma_p}}$$

当压杆的柔度 $\lambda \geqslant \lambda_p$ 时，称为大柔度杆或细长杆。欧拉公式仅适用于大柔度压杆即细长压杆。

4. 中柔度（中长）压杆临界应力的直线公式

$$\sigma_{cr}=a-b\lambda$$

5. 压杆的稳定计算

为保证压杆能安全工作，压杆的最大工作应力应小于等于压杆的稳定许用应力，即压杆的稳定条件为

$$\sigma=\frac{F}{A}<\varphi[\sigma]$$

与强度计算类似，压杆的稳定计算也包括三个方面：稳定校核；设计压杆截面；确定压杆的许可荷载。

概念分析与工程应用实训

15.1 将一张纸竖立在桌上，如图 15.15(a)所示，其自重就足以使其弯曲而无法竖立。若将纸折成直角形，如图 15.15(b)所示，则自重就不能使其弯曲，而可以竖立在桌上。若将纸卷成圆筒后竖放，如图 15.15(c)所示，甚至在顶端加上小砝码也不会弯曲。试对上述现象进行力学分析，说明原因。

15.2 两榀大跨平行弦桁架的计算简图，如图 15.16 所示。两桁架承受相同的荷载，可简化为在上弦结点处受到同样大小的铅垂集中荷载作用。已知这两榀桁架除了斜杆的布置不同以外，其他条件完全相同。试通过力学分析说明，哪种桁架的设计比较合理。

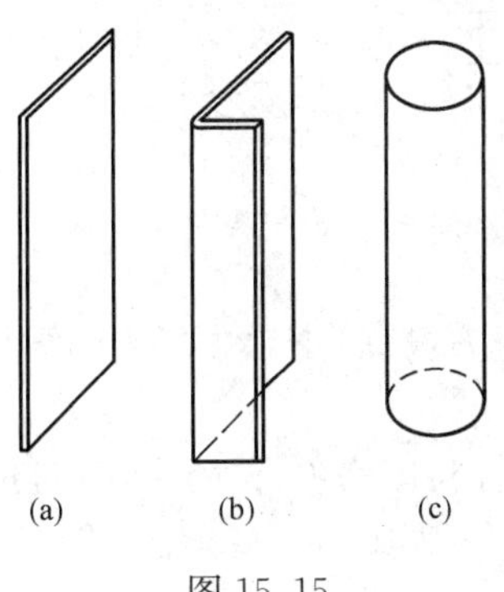

图 15.15

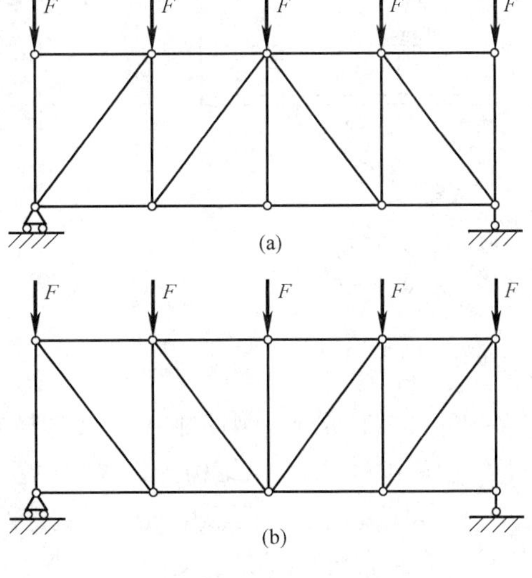

图 15.16

习 题

15.1 三根细长压杆如图15.17所示，材料均为Q235钢，横截面均为圆形，且面积相同。试问哪一根杆能承受的压力最大？哪一根最小？

15.2 两材料均为铝合金的等直细长杆，铰接如图15.18所示，承受集中荷载 $\boldsymbol{F}$。已知铝合金的弹性模量 $E=70\text{GPa}$，两杆的横截面均为 $50\text{mm}\times 50\text{mm}$ 的正方形，试求结构在本身平面内失稳时的临界荷载。

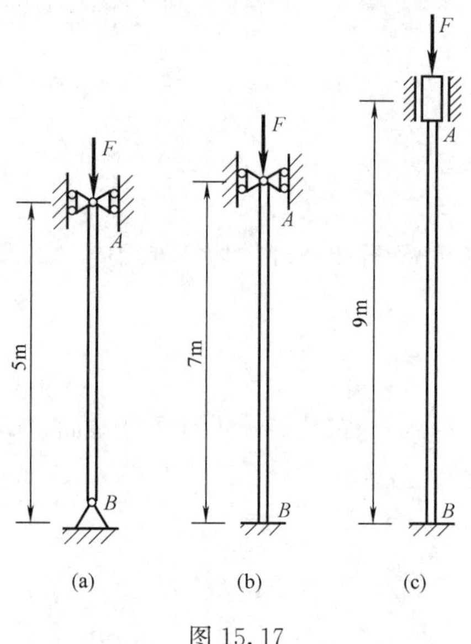

图15.17

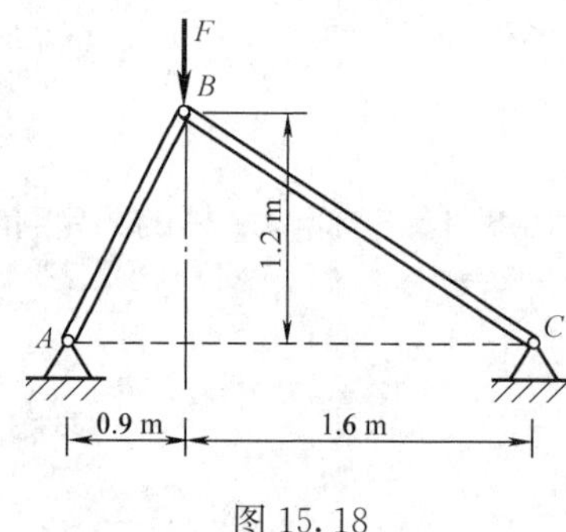

图15.18

15.3 简易起重架如图15.19所示，压杆 BD 为20号槽钢，材料为Q235钢，最大起重量 $F=40\text{kN}$。若材料的许用应力 $[\sigma]=160\text{MPa}$，试校核压杆的稳定性。

15.4 图15.20所示结构中，AB 为圆杆，直径 $d=80\text{mm}$，一端固定，一端铰支；BC 为正方形截面杆，边长 $a=70\text{mm}$，两端均为球铰。已知两杆材料均为Q235钢，材料的许用应力 $[\sigma]=160\ \text{MPa}$，$l=3\text{m}$，试求结构所能承受的最大荷载 F。

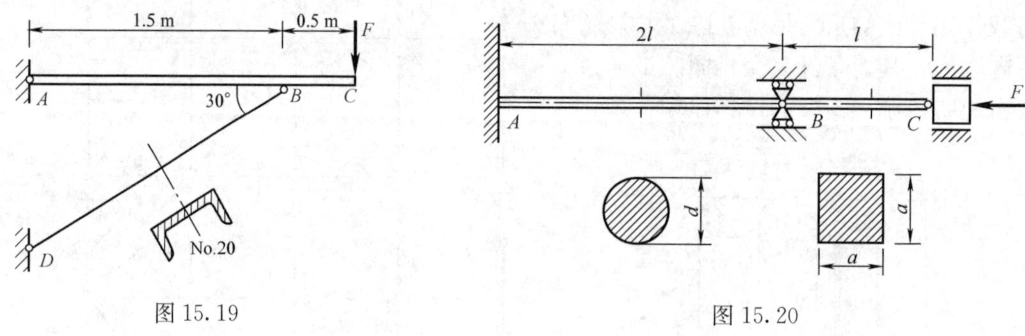

图15.19

图15.20

15.5 图15.21所示一刚性杆 AB，A 端铰支，C、D 处与两根抗弯刚度为 EI 的细长杆铰接，已知尺寸 h 和 l，试求该结构的临界荷载。

15.6 图15.22所示由两根钢质圆杆支撑的水平平台。杆长度为 l，直径为 d，且两端均为刚性连接。在平台中点 C 处承受集中荷载 F，若可应用欧拉公式，试求其临界值。

15.7 两端铰支的工字钢受到轴向压力 $F=400\text{kN}$ 的作用，已知工字钢长度为 $l=3\text{m}$，

材料的许用应力为 $[\sigma]=160\text{MPa}$，试选定工字钢的型号。

15.8 如图 15.23 所示，柱的两端为铰支，已知柱长为 $l=3\text{m}$，轴向压力 $F=200\text{kN}$，材料为铸铁，许用压应力为 $[\sigma_c]=90\text{MPa}$，试在下列两种情况下确定柱的截面尺寸，并比较两者的重量：

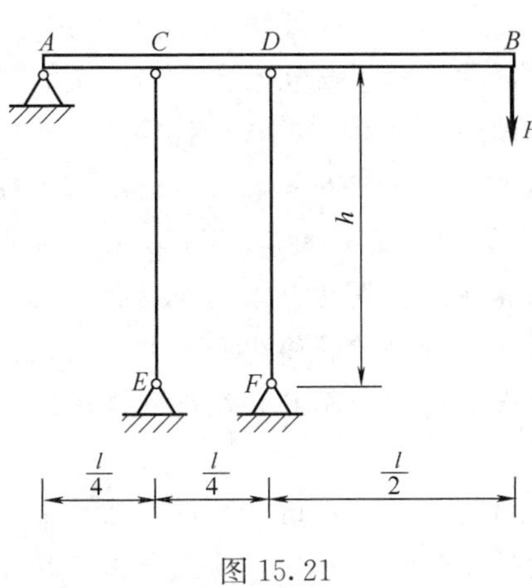

图 15.21

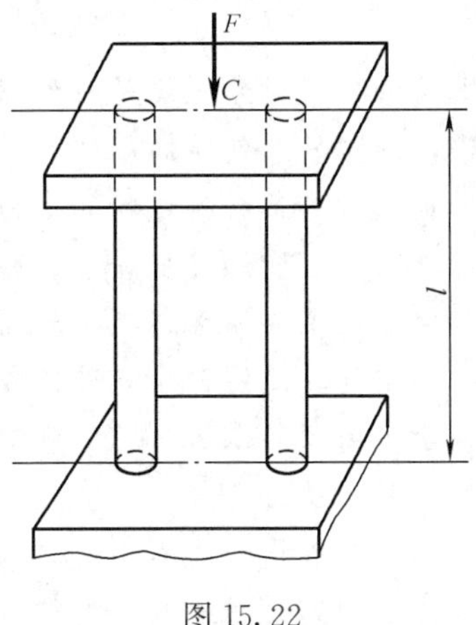

图 15.22

(1) 截面为圆形，直径为 d_1；

(2) 截面为圆环形，内外直径之比为 $\alpha=\dfrac{d_2}{D_2}=0.6$。

15.9 图 15.24 所示支架结构的水平梁 CD 上作用有均布荷载 $q=50\text{kN/m}$，圆木柱 AB 的两端为铰支，材料是强度等级为 TC17 的东北落叶松，许用压应力为 $[\sigma_c]=11\text{MPa}$，试求木柱 AB 的直径 d。

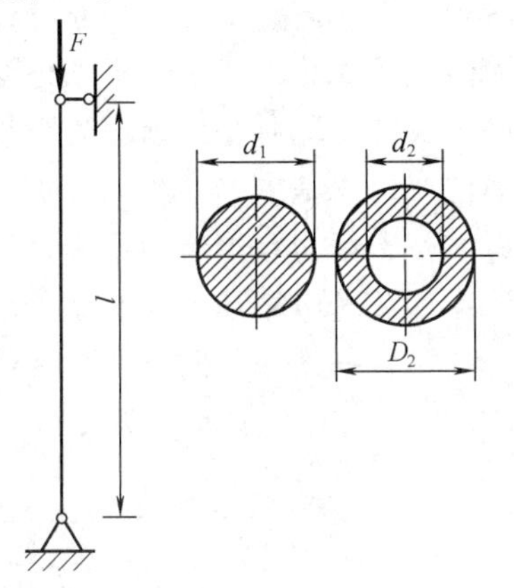

图 15.23

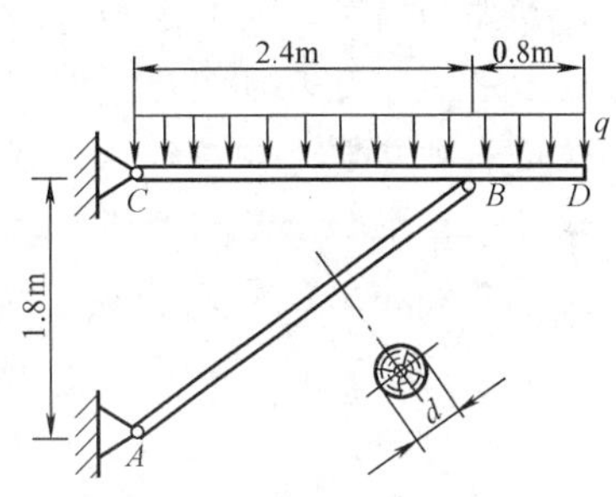

图 15.24

第3篇　结构的内力和位移分析

本篇的研究对象主要是杆件组成的系统，即结构。研究的主要内容是工程结构的简化，结构的几何组成规律，结构内力和位移的计算原理与分析方法。

结构通常是各种构筑物的受力骨架，不论何种承载结构，都要通过正确细致的设计计算，才可能满足安全、经济和适用的要求。实际的工程结构往往是很复杂的，需要抓住主要因素忽略次要因素，建立其荷载、支撑、结构组成的简化力学模型，并画出计算简图，才能进行分析与计算。这种科学的简化和抽象方法，由于深刻地揭示了问题的本质，不仅可使分析计算得以简化，而且又能得到满足工程精度要求的计算结果。

结构和机构是两个不同的概念，机构中的构件是可以运动的，而结构中的构件是不允许运动的。因此，首先需要研究结构的几何组成规律，为设计出各种合理的结构，提供几何组成分析的基础。

结构的内力分析是强度计算的前提，本篇在前两篇学习的基础上，应用静力平衡分析方法，对静定梁、静定刚架、三铰拱、静定平面桁架和静定平面组合结构等五类工程结构的内力进行分析计算。

结构的位移分析是刚度计算的基础，本篇应用变形体的虚功原理导出了计算结构位移的单位荷载法，并介绍了单位荷载法的简便计算方法——图乘法，以及计算位移的互等定理。利用这些方法分析计算了各种静定结构的位移。

实际上，大多数的工程结构都是超静定结构，因此超静定结构的分析计算是本篇的重要内容。在第2篇求解简单构件超静定问题的基础上，本篇重点介绍求解复杂杆系结构超静定问题的力法和位移法，这些方法可使对超静定结构的分析更加程式化，计算更加简便，同时也为进一步学习奠定理论基础。

通过本篇的学习，可为后续课程（如钢筋混凝土结构和钢结构等）的学习打下必要的理论基础，也为今后解决工程实际中的各种技术问题提供基本分析方法。因此，在学习过程中要注意理论联系实际，贯彻“理实一体，学做合一”的理念，积极进行概念分析和工程应用实训，努力培养应用力学理论分析和解决工程问题的能力。

第16章　平面体系的几何组成分析

教学要求

1. 掌握结构简化的要点，能够进行常见工程结构的简化，并能画出相应的计算简图；

2. 理解几何不变体系、几何可变体系和刚片、自由度、约束等概念，并了解瞬变体系与常变体系的区别；

3. 掌握无多余约束的几何不变体系的几何组成规则，并能运用这些规则正确地判断体系是否属于几何不变的；

4. 熟练掌握常见结构的几何组成分析；

5. 理解并掌握结构的几何特性与静力特性。

§16.1　结构的计算简图

1. 工程结构的简化

实际工程中的结构很复杂，在对工程结构进行分析计算时，必须将实际工程中的结构以及受力情形加以简化，抓住主要因素，略去对结构受力影响小的次要因素，这样既基本保留了主要受力特征，又得到了易于分析计算的力学模型，即**计算简图。**

计算简图的选择，受到多种因素的影响。虽有一般规律可以遵循，但在运用时要注意灵活性，按以下不同情况区别考虑：

(1) 结构的重要性——对重要的结构应采用比较精确的计算简图；反之，可用较粗略的计算简图。

(2) 设计阶段——在初步设计阶段可使用粗略的计算简图；在技术设计阶段再使用比较精确的计算简图。

(3) 计算问题的性质——通常对于结构的静力计算，可使用比较精确的计算简图；对结构作动力计算和稳定计算时，由于问题比较复杂，要使用比较简单的计算简图。

(4) 计算工具——使用的计算工具越先进，采用的计算简图就可以越精确。例如用电子计算机就可以比用手算采用更精确一些的计算简图。

确定计算简图时，应对实际结构进行如下几方面简化：

(1) 杆件的简化。

结构是由若干杆件组成的，杆件的截面尺寸（宽、高）通常比杆件长度小得多。在计算简图中，结构的杆件可用其纵向轴线代替。如梁、柱等构件的纵轴线为直线，就用相应的直线表示；拱、曲杆等构件的纵轴线为曲线，则用相应的曲线来表示。杆件之间的联结用结点表示，杆长用结点间的距离表示。在比较复杂的结构中，有时可用一个杆件代替一个杆件体系，使计算简化。如图 16.1(a)所示的厂房排架，在计算柱的内力时，屋架只起到横向联结两柱顶的作用，可以用一根横杆来代替，如图 16.1(d)所示。至于屋架各杆本身的内力，可以简化为桁架计算。

(2) 结点的简化。

结构中两个或两个以上的杆件共同连接处称为**结点**。根据结点的实际构造，通常简化为铰结点、刚结点和组合结点三种类型。

1) 铰结点。

铰结点约束杆端的相对线位移，但铰结点处各杆端可以相对转动，各杆间的夹角受载后发生改变，如图 16.2(a)所示，因此铰结点不能承受和传递力矩。

2) 刚结点。

刚结点约束结点处各杆端的相对线位移和相对转角，各杆间的夹角受载后保持不变，如图 16.2(b)所示，因此刚结点可以承受和传递力矩。

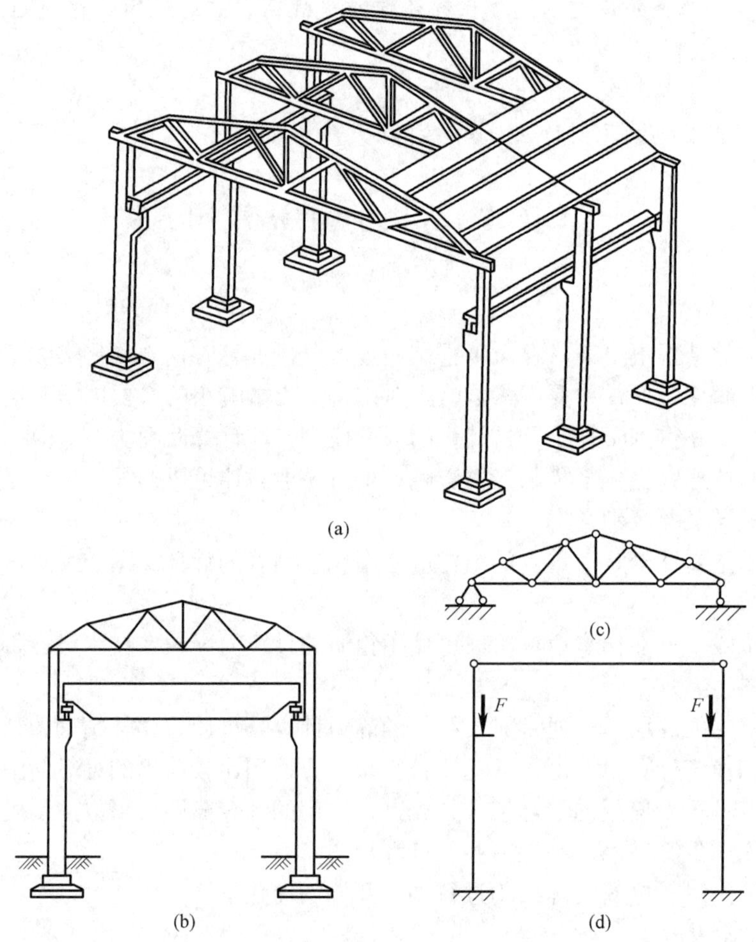

图 16.1

3）组合结点（半铰结点）。

若在同一结点处，某些杆间相互刚结，而另一些杆间相互铰结，则称为组合结点或半铰结点，如图 16.2(c)所示。

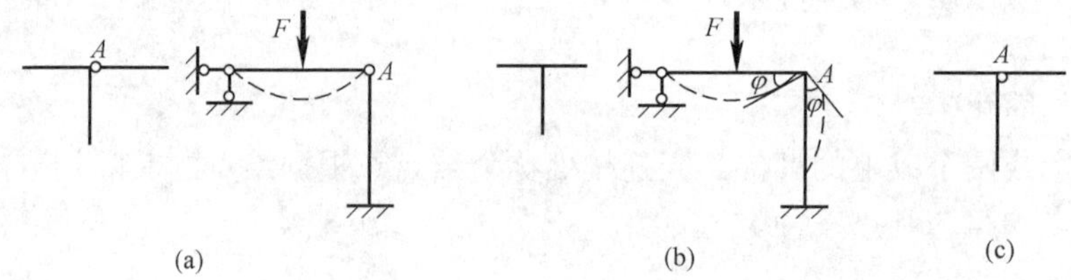

图 16.2

（a）铰结点；（b）刚结点；（c）组合结点

如图 16.3 所示木屋架的端部结点，可简化为铰接点。图 16.4 所示为钢筋混凝刚架的一个结点，可简化为刚结点。

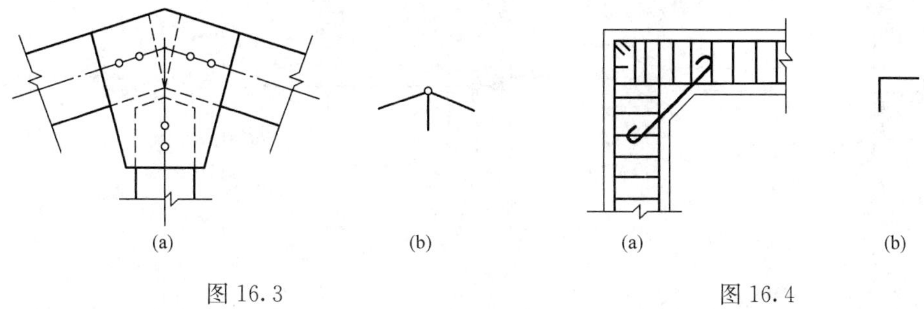

(a)　(b)

图 16.3

(a)　(b)

图 16.4

(3) 支座的简化。

结构与基础相连接起来的装置称为支座，在平面结构中，支座的实际构造形式很多，但根据其对结构的约束作用，可简化为可动铰支座（图 16.5）、固定铰支座（图 16.6）、固定端支座（图 16.8）和定向支座（图 16.11）四种类型。在实际结构中，凡属于不能移动而可做微小转动的装置，都可视为固定铰支座；凡嵌入墙体的杆件，其嵌入部分足够的长度，致使杆端不能有任何移动和转动时，该杆端所联结的支座就可视为固定端支座。例如图 16.7 所示的插入杯形基础的钢筋混凝土柱子，当用沥青麻丝填缝时，则柱与基础的联结便可视为固定铰支座。又如图 16.9 所示的悬挑阳台梁，其与墙的联结可视为固定端支座。再如图 16.10 所示插入杯形基础中的柱子，如果用细石混凝土填实或与基础整体现浇，则柱与基础的联结也可看作固定端支座。

(a)　(b)

图 16.5

(a)　(b)　(c)

图 16.6

(a)　(b)

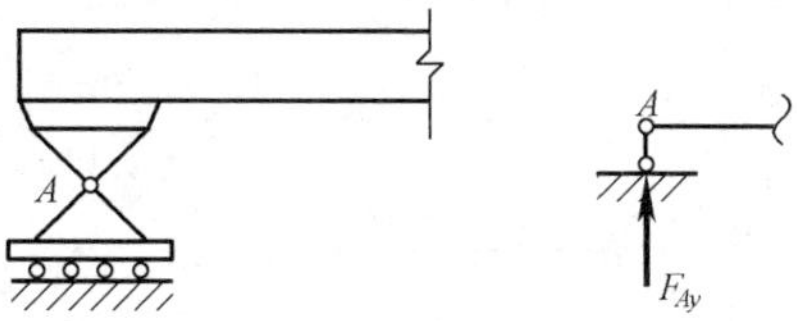

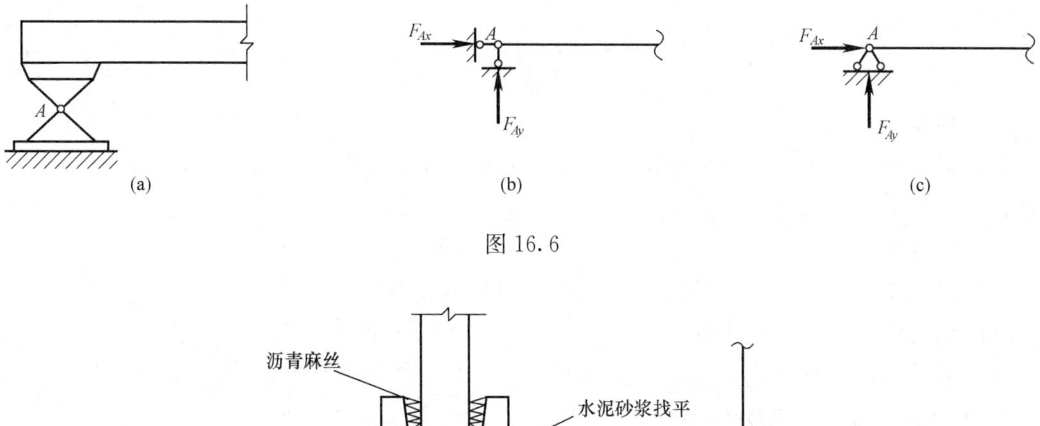

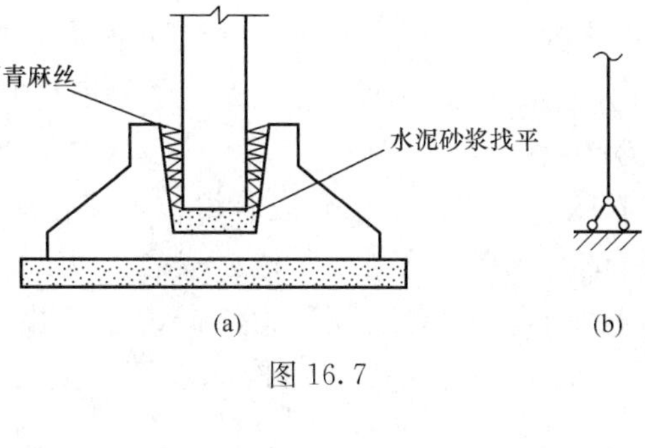

图 16.7

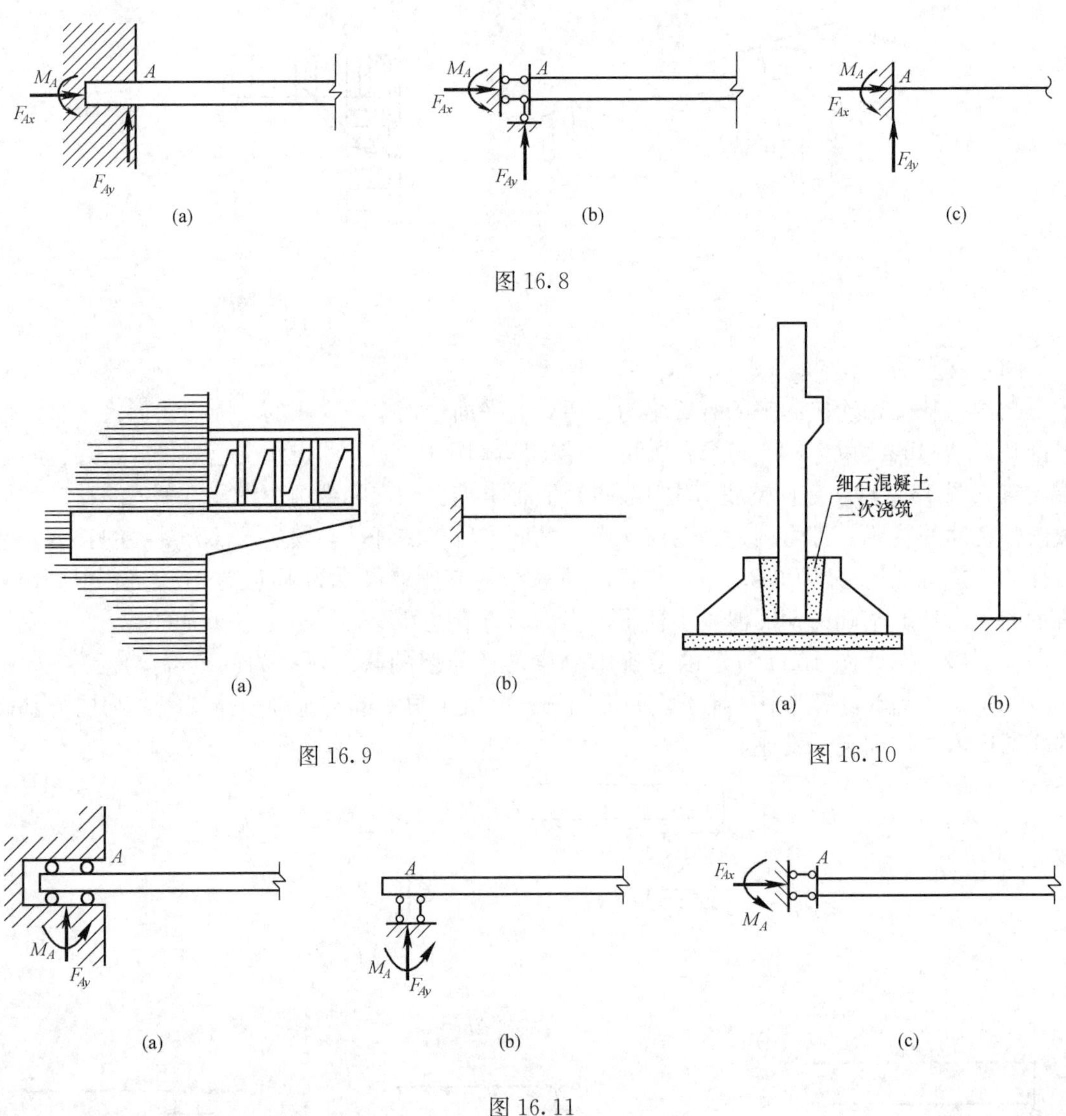

图 16.8

图 16.9

图 16.10

图 16.11

(4) 荷载的简化。

荷载是主动作用于结构上的外力。结构上的荷载比较复杂，根据实际受力情况，通常可将荷载简化为集中荷载或分布荷载等。

(5) 结构的平面简化。

一般结构实际上都是空间结构，各部分互相联结成为一个空间整体，以便承受空间各个方向可能出现的荷载。在适当的条件下，根据受力状态和结构的特点，可以设法将空间结构分解为平面结构，这种简化称为结构的平面简化。这是结构简化时经常碰到的问题。

2. 工程结构简化的实例

要对实际结构进行科学的、正确的抽象，以获得一个简化的计算简图，十分重要的一点，就是必须掌握结构各部分的“相对刚度”这一概念。实际上，在此以前所论及的选择计算简图问题，都是以构件间“相对刚度”为依据进行简化的，只不过当时由于不宜理解而没有明确指明罢了。现在，对构件或结构的强度、刚度已有了比较全面的认识，并且掌握了各种计算方法，在此基础上，就可以从“相对刚度”这一概念对计算简图做一综合讨论。

如果由平面单元加支撑而构成的空间结构系统，当其平面单元的刚度大，而其间的空间联系刚度小，则可以把空间系统分开为各个平面单元进行计算。例如一般房屋的桁架，单层工业厂房的排架以及刚架等正是根据这一点简化为平面结构计算的。

一个空间系统的结构，如果其相互垂直的两个方向刚度相近，则荷载按两个方向传递。如果其中一个方向的刚度远比另一个方向的大，则荷载主要沿刚度大的方向传递，结构可简化为单向体系。例如图 16.12 所示的钢筋混凝土肋形楼盖，其楼板两个方向的跨度 l_1 与 l_2 的比值大于 2，即其短向的刚度远比长向的大，板的荷载沿短向传给次梁，属于单向板，其计算简图为一连续梁；否则属于四边支撑的连续双向板。

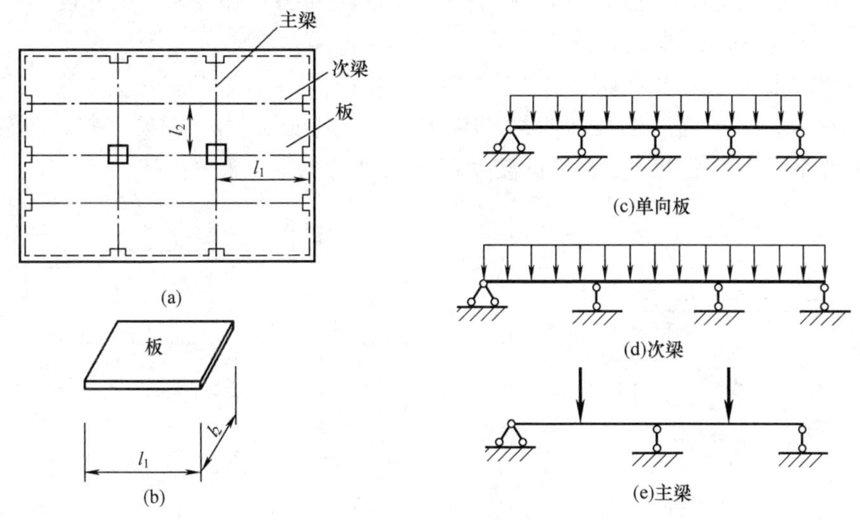

图 16.12

图 16.12 中的次梁、楼盖，他们是相互联系的，但两者之间的刚度相差较大，这样就可以分开计算。楼板的抗弯刚度小于梁；而次梁与主梁比较，次梁刚度小，变形大，主梁刚度大，变形小。于是，次梁可视为楼板的支撑，主梁又是次梁的支撑点。楼板上的荷载经楼板传给次梁，再传给主梁。这说明一个原则：结构中相互联系的部分，如果刚度相差较大，则可以分开计算，把刚度大的看作为基本部分，而刚度小的可以看作为支撑于基本部分上的附加部分。如图 16.13(a)所示工业厂房的平面排架，假如左边部分附跨由砖柱、斜梁组成，与右边主跨钢筋混凝土柱、屋架构成的排架比较，刚度小得多，于是可以近似地分开计算。由于主跨的刚度比附跨大，变形小，作用在主跨上的荷载主要由主跨承受，分配给附跨的很少，可以近似地认为对附跨没有影响。这样可以先单独计算附跨，并忽略主跨的变形，把主跨视为附跨的刚性支撑，如图 16.13(b)所示。然后把这个支撑反力反作用于主跨，作为主跨的一部分荷载，单独计算主跨，如图 16.13(c)所示。

对于支座的简化同样也可以用相对刚度的概念，主要是考虑支座对构件的约束刚度与构件本身刚度的比值。在计算简图中，一般把支座视作固定支座和铰支座两大类。但须知道，在建筑结构中，绝对的固定支座和铰支座几乎是没有的，实际上，绝大多数的支座都是介乎这两者之间，即所谓“弹性支座”。于是，就有一个简化的过程。当实际支座的刚度远比结

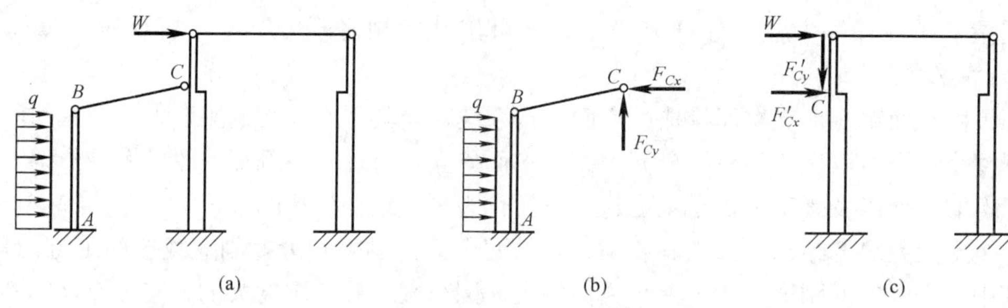

图 16.13

构或构件本身的刚度大时，可简化为固定支座；反之，则简化为铰支座。例如梁的一端嵌固在墙中，是属于固定支座还是铰支座，仅看嵌固长度还不够，还要看梁的刚度。图 16.14 所示为嵌固长度同为 a 的两根梁，图 16.14(a)为一细长梁，梁的抗弯刚度很小，嵌固长度 a 所获得的转动约束能力比梁的转动刚度(可理解为梁绕点 A 转动的能力)大得多，可以视为固定支座；图 16.14(b)是一根很高的梁，本身的抗弯刚度很大，同样的嵌故长度 a 就显得转动约束能力小了，不足以约束杆端的转动，所以可简化为一个铰支座。

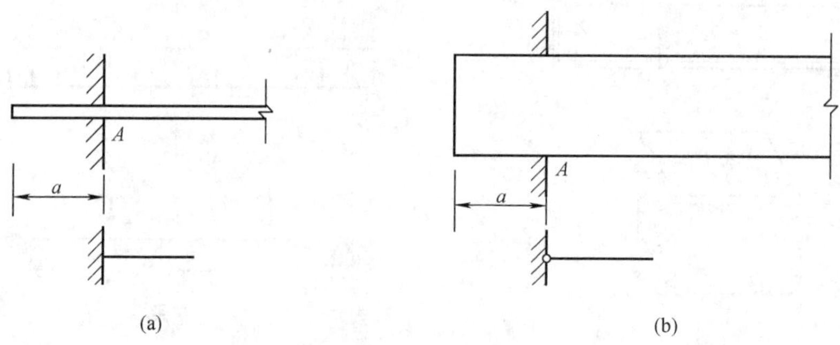

图 16.14

当然，在某些复杂的情况下，如果需要精确计算，则某些支座应按弹性支撑考虑。

又如梁与柱子的联系，倘若是砖柱与钢筋混凝土梁，这时，由于柱顶与梁联系的部位和方式对于抗转动的刚度比较小，所以一般都简化为铰支撑。倘若柱与梁均为钢筋混凝土的，而且整体浇筑，则其节点一般刚度较大，可视为刚接，梁柱成为一个整体，按刚架计算。但是，假如柱子的转动刚度比梁小得多，则可把柱子看作梁的铰支座，这样梁的计算简图是简支在柱顶的梁或连续梁。

综合以上分析可见，简化实际结构为计算简图，要根据相互联系的构件间的相对刚度，即两者刚度比值的大小。其简化手段是把相对刚度大的部分简化为无限大刚度，相对刚度小的部分简化为零刚度。从这一点来看，计算的结果具有近似性，其精确程度决定于相对刚度的比值。一般来说，刚度相差越大，这种简化的结果越精确。

下面以图 16.1 (a) 所示单层厂房结构为例说明如何将实际工程进行简化。图中所示单层厂房结构是由多个横向排架通过屋面板、吊车梁、柱间支撑等联成一个空间结构体系。从其荷载传递情况来看，屋面荷载和吊车荷载等都主要是通过屋面板和吊车梁等构件传递到一个个的横向排架上，故在选择计算简图时，可以略去排架之间纵向联系的作用，而把这样的空间结构简化为一系列的平面排架来分析，如图 16.1 (b) 所示。

在分析排架柱的内力时，可用实体杆代替桁架，得出计算简图如图 16.1（d）所示。

在计算桁架的内力时，可单独取出并用铰支座代替其相互联结作用，其计算简图如图 16.1（c）所示。

§16.2　几何组成分析的目的

1. 几何不变体系和几何可变体系的概念

杆件结构是由若干杆件互相连接所组成的体系，并与地基连接成一整体，用来承受荷载的作用。体系受到任意荷载作用后，在不考虑材料应变的条件下，能保持其几何形状和位置不变者，称为**几何不变体系**，如图 16.15 所示。再如图 16.16 所示体系，尽管只受到很小的荷载 F_P 作用，也将引起几何形状的改变，这类体系称为**几何可变体系**。显然，结构必须是几何不变的，几何可变体系不能作为结构采用。

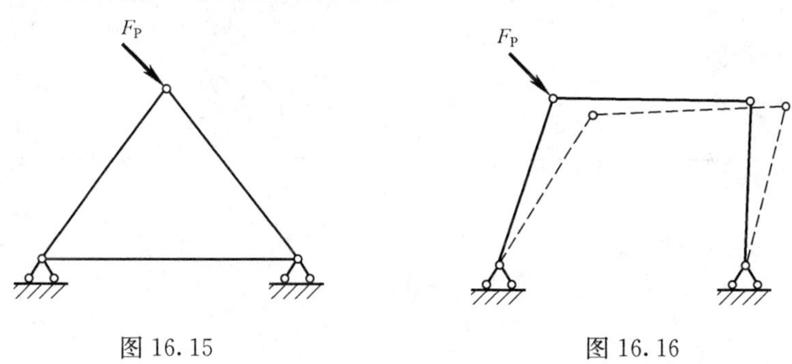

图 16.15　　图 16.16

2. 几何组成分析的目的

对体系几何组成的性质和规律进行分析，从而判别体系属几何不变体系还是几何可变体系的过程称为**几何组成分析。**

对体系进行几何组成分析的目的在于：

（1）判定体系是否几何不变，从而确定其能否作为结构使用。

（2）研究几何不变体系的组成规则，以保证所设计的结构是合理的。

（3）能正确判定结构是静定的还是超静定的，从而选择合适的计算方法。

本书只讨论平面杆件体系的几何组成分析。

§16.3　刚片　自由度　约束

1. 刚片

几何形状不变的平面体，简称为**刚片**。在几何组成分析中，由于不考虑材料的弹性变形，故所有连续不断的平面杆件均可视为刚片，例如，每根杆件或每根梁、柱都可以看作一个刚片，建筑物的基础或地球也可看作是一个大刚片。

2. 自由度

平面体系的**自由度**是指确定体系的位置所需独立坐标的数目。

在平面内，一个点可有两种独立的运动方式。例如图 16.17(a)中点 A 到点 A'位置的移动可以分解为水平和竖直两个方向的独立运动，或者说，一个点在平面内的位置需由两个独立坐标来确定。如点 A 坐标为(x, y)，点 A'坐标为$(x+\Delta x, y+\Delta y)$。因此，在平面内一个点的自由度是 2。

一个刚片在平面内可有上下、左右两个方向移动和绕某点转动三种运动方式。例如图 16.17(b)中刚片 AB 到 $A'B'$位置的运动，或者说，它在平面内的位置需由三个独立坐标来确定。如 AB 的坐标(x_A, y_B, θ_A)和 $A'B'$的坐标$(x_A+\Delta x_A, y_B+\Delta y_B, \theta_A+\Delta\theta_A)$。因此，在平面内一个刚片的自由度是 3。

一般说，一个体系有几个独立运动方式，即有几个自由度。凡是自由度没有全部受到约束的体系，即有自由度的体系都是几何可变体系。

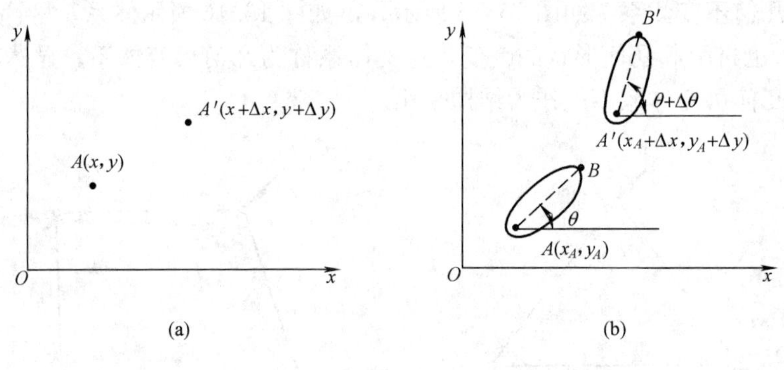

图 16.17

3. 约束

对运动起限制作用的装置称为**约束**。显然，约束能减少体系的自由度，能减少一个自由度的装置相当于一个约束。常用的约束有链杆、铰和刚性连接。

(1)链杆。

链杆是两端以铰与别的物体相连的刚性杆。

如图 16.18 所示，用一个链杆将刚片与基础相连，则刚片将不能沿链杆方向移动，减少了一个自由度，故一根链杆相当于一个约束。

如果在点 A 处再加上一根水平链杆，如图 16.19 所示，即点 A 处成为一个固定铰支座，则刚片 Ⅰ 只能绕点 A 转动，其自由度只有一个。可见，增加一个固定铰支座可减少 2 个自由度，故一个固定铰支座相当于两个约束。

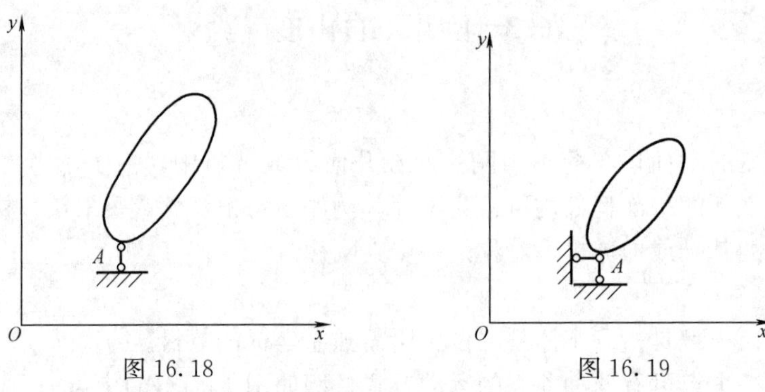

图 16.18　　图 16.19

思考：链杆一定是直杆吗？

(2)单铰。

单铰是连接两个刚片的铰。

如图 16.20 所示，用一单铰将刚片Ⅰ、Ⅱ在点 A 连接起来，对于刚片Ⅰ，其位置可由三个坐标(x_A，y_A，θ_1)来确定；对于刚片Ⅱ，因为它与刚片Ⅰ连接，随着刚片Ⅰ而移动，只能绕点 A 有独立的转动(转角)，所以刚片Ⅱ的位置只需用倾角 θ_2 一个独立参数就可以确定。这样，两刚片原有的 6 个自由度减少为 4 个，故一个单铰相当于两个约束。

(3)复铰。

复铰是连接三个或三个以上刚片的铰。

如图 16.21 所示，在刚片Ⅰ上加一铰 A，在铰 A 处，依次添加刚片Ⅱ，刚片Ⅲ，…，刚片 n，每增加一个刚片，该刚片的自由度就比起有铰 A 连接之前减少两个自由度，若增至第 n 个刚片，比没有铰 A 连接之前减少 $(n-1)\times 2$ 个自由度，因此连接 n 个刚片的复铰相当于 $n-1$ 个单铰，也相当于 $2(n-1)$ 个约束。

如图 16.22 所示，两个刚片由两链杆连接。若每根链杆的两端均分别连在此两个刚片上，则这两根链杆的约束作用等效于链杆交点处的一个铰的约束作用，这种等效约束称为**瞬铰**(或**虚铰**)。图 16.22 中两链杆的延长线交于点 O。此时，刚片Ⅰ的运动情况与刚片Ⅰ用虚铰 O 与刚片Ⅱ相连时的运动情况相同。

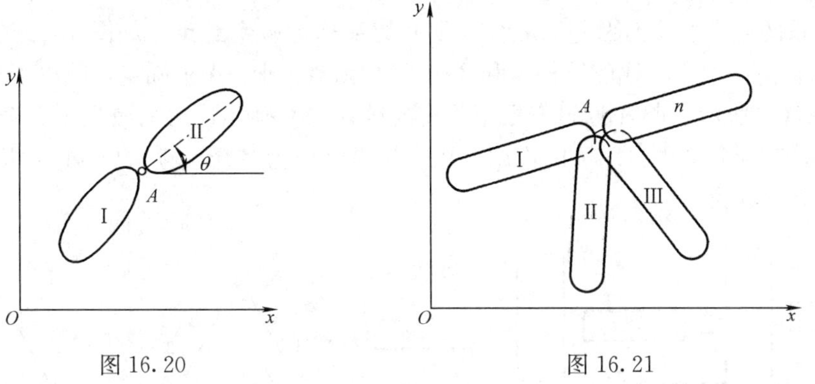

图 16.20　　　　图 16.21

当连接两个刚片的两根链杆平行时，如图 16.23(a)所示，则认为虚铰位置在沿链杆方向的无穷远处。图 16.23(b)所示为虚铰的另一种形式。

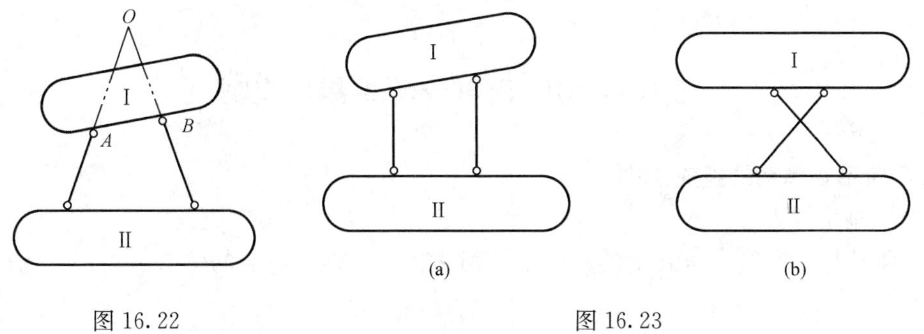

图 16.22　　　　图 16.23

思考：1. 图 16.24 所示复铰各折算为几个单铰？

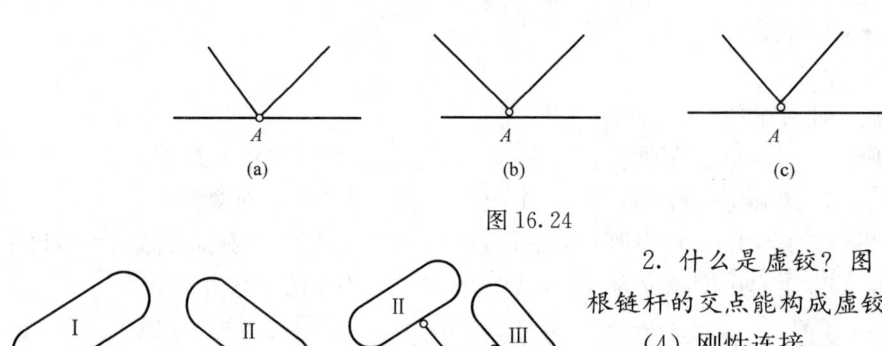

图 16.24

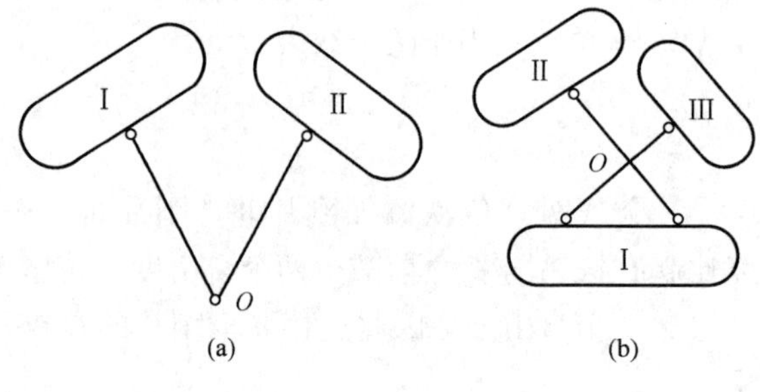

图 16.25

2. 什么是虚铰？图 16.25 所示的两根链杆的交点能构成虚铰吗？

（4）刚性连接。

如图 16.26 所示，刚片Ⅰ、Ⅱ在 A 处刚性连接成一个整体，原来两个刚片在平面内具有 6 个自由度，二者刚性连接成整体后，不能发生任何相对运动，构成了一个大刚片，此时它有 3 个自由度，故一个刚性连接相当于三个约束。

一个平面体系，通常都是若干个刚片加入某些约束所组成的。加入约束的目的是为了减少体系的自由度。如果在组成体系的各刚片之间恰当地加入足够的约束，就能使刚片与刚片之间不可能发生相对运动，从而使该体系成为几何不变体系。但如果在一个体系中增加一个约束，而体系的自由度并不因此而减少，则此约束称为**多余约束**。如图 16.27(a)所示，在平面内点 A 通过两根不共线的链杆 1 和 2 与基础相连，则点 A 被固定，减少了 2 个自由度。若如图 16.27(b)所示，点 A 通过三根不共线的链杆与基础相连，只减少了 2 个自由度，有一根链杆并没有起到减少自由度的作用，故有一根链杆为多余约束。（可把三根链杆中的任何一根视为多余约束。）

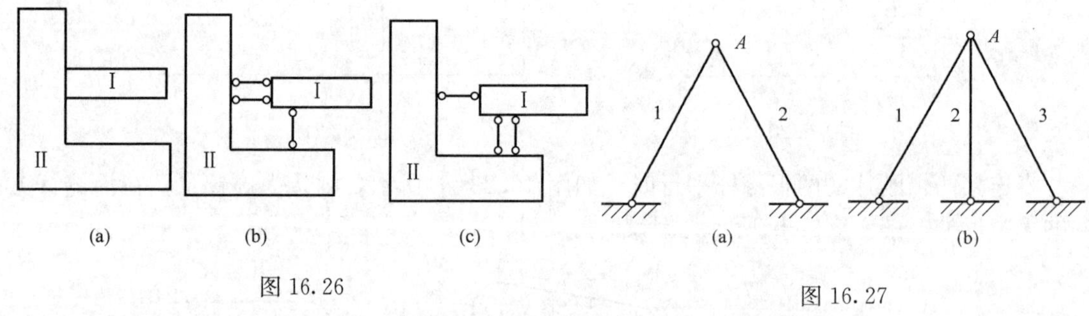

图 16.26　　图 16.27

§16.4　几何不变体系的组成规则

1. 几何不变体系的组成规则

（1）三刚片规则。

三个刚片用不在同一直线上的三个单铰两两相连，则所组成的体系是无多余约束的几何不变体系。

如图 16.28(a)所示，刚片Ⅰ、Ⅱ、Ⅲ用不着同一直线上的 A、B、C 三个铰两两相连。若刚片Ⅰ固定不动(例如视为基础)，则刚片Ⅱ将只能绕着点 A 转动，其上点 C 必在半径为

AC 的圆弧上运动，而刚片Ⅲ则只能绕点 B 转动，其上点 C 又必自半径为 BC 的圆弧上运动。但因刚片Ⅱ、Ⅲ用 C 铰相连，点 C 只能在上述两圆弧交点处固定不动，故各刚片之间不可能发生相对运动，所以这样组成的体系是几何不变体系。

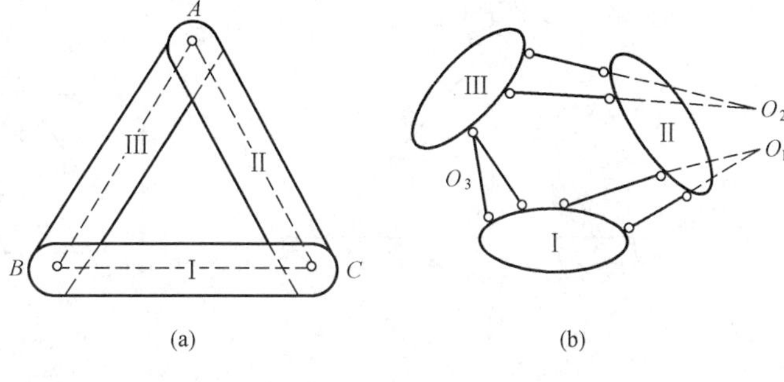

图 16.28

当然，这其中的单铰也可是由两根链杆构成的实铰或虚铰，只需满足三铰不共线即可，如图 16.28（b）所示。

三刚片以三个单铰两两相连组成的体系一定不可变吗?

（2）两刚片规则。

两刚片用一铰和一延长线不通过该铰的链杆相连，或用不全平行也不全交于一点的三根链杆相连，则所组成的体系是无多余约束的几何不变体系。

如图 16.29(a)所示，若将 AB、BC、AC 均视为刚片，则符合三刚片规则，故该体系为无多余约束的几何不变体系。

若将图 16.29(a)中的铰 A 用两链杆代替，即可得到图 16.29(b)、(c)所示的两刚片用三根不全平行也不全交于一点的三根链杆相连的体系，该体系也为无多余约束的几何不变体系。

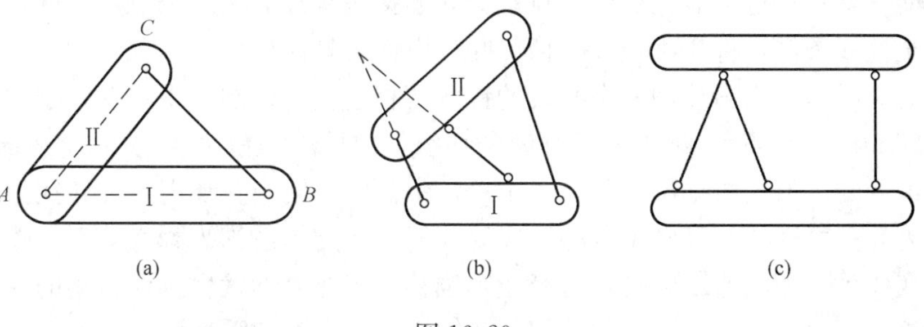

图 16.29

（3）二元体规则。

一个体系不因增加或减少二元体而改变其原有的几何组成性质（即几何不变性和几何可变性）。

所谓二元体是指连接一个新结点的不共线两链杆装置，如图 16.30 所示的 ABC 部分。在平面内增加一个结点，则会增加两个自由度，而新增加的两根不共线的链杆恰能减少两个自由度，故增加一个二元体对原体系的自由度并无影响。换句话说，在一个已知体系上增加一个二元体，不会改变其原有的几何不变性或几何可变性。同理，在一个已知体系上拆除一个二元体，也不会改变其原有的几何不变性或几何可变性。

如图 16.31 所示桁架，即为以任意铰接三角形（如 123）为基础，依次增加二元体而组成的，故知其为一个无多余约束的几何不变体系。反过来，用拆除二元体的方法来分析亦可得到同样的结果。

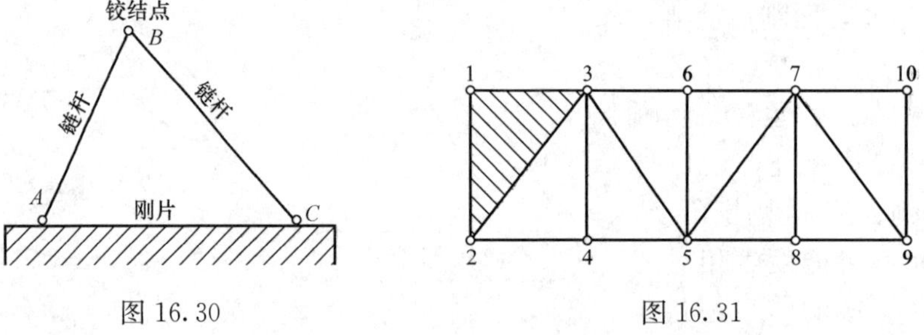

图 16.30　　图 16.31

固定一个点需要几个约束？约束应该满足什么条件？什么是二元体？图 16.32 中 B-A-C 能否可看成二元体？

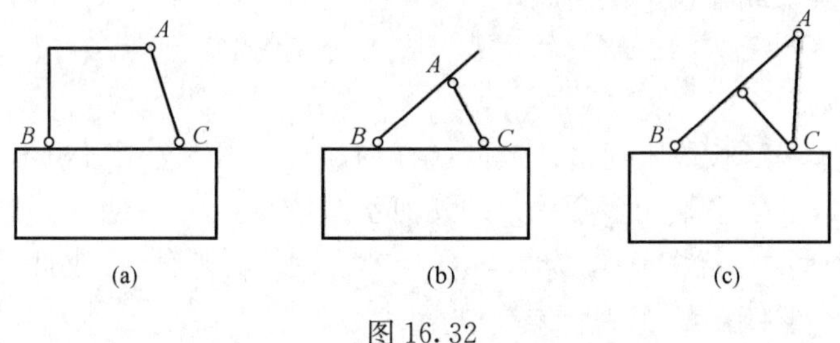

图 16.32

2. 瞬变体系

在前述的组成规则中，对刚片间的连接方式都提出来一些限制条件，如连接两刚片的三根链杆，不能完全平行也不能全交于一点；又如连接三刚片的三个单铰，不能在同一直线上等。若不满足这些条件，将会出现什么情况呢？下面将具体讨论。

如图 16.33 所示，三刚片用三个共线的铰两两相连。假设刚片Ⅲ不动，刚片Ⅰ、Ⅱ分别绕铰 A、B 转动时，在点 C 处两圆弧有一公切线，故此瞬时铰 C 可沿此公切线方向移动，因而是几何可变的，但经微小位移后，三个单铰不再位于同一直线上，即转换为几何不变体系。这种原为几何可变的，经微小位移后成为几何不变的体系称为**瞬变体系**。瞬变体系也是一种几何可变体系。为了加以区别，将经微小位移后仍能继续发生刚体运动的几何可变体系称为**常变体系**，如图 16.16 所示。故几何可变体系包括常变和瞬变两种。

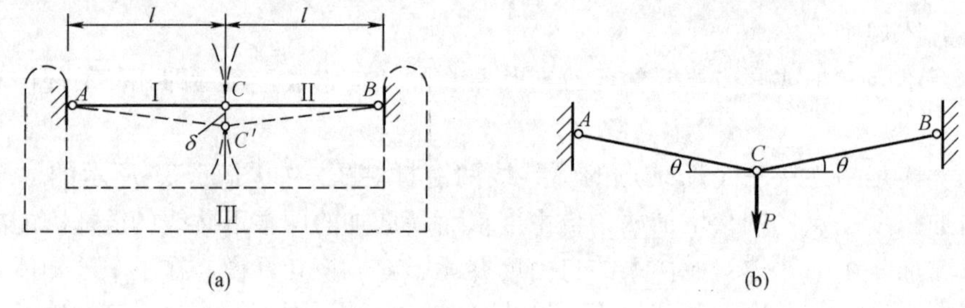

图 16.33

工程中能否采用瞬变体系作为结构使用？试用图 16.23(b)所示的体系为例子进行受力分析说明原因。

再如图 16.34(a)所示，两刚片用全交于一点的三根链杆相连，此时两刚片可绕点 O 作相对转动，为几何可变的，但发生微小转动后，三根链杆就不再交于一点，则该两刚片不再继续发生相对转动，变为几何不变的。这种体系也为瞬变体系。

当两刚片用完全平行但不等长的三根链杆相连时，可以认为三根链杆相交于无穷远处，如图 16.34（b）所示，两刚片可沿与链杆垂直的方向发生相对移动。但发生微小的相对移动后，三根链杆不再相互平行，这种体系亦为瞬变体系。

两刚片用三根链杆相连的特殊情况是三根链杆相交于一点，如图 16.34(c)所示，或三根链杆平行且等长，如图 16.34(d)所示，显然二者都可以发生相对而持续的运动，故二者都是几何可变体系。

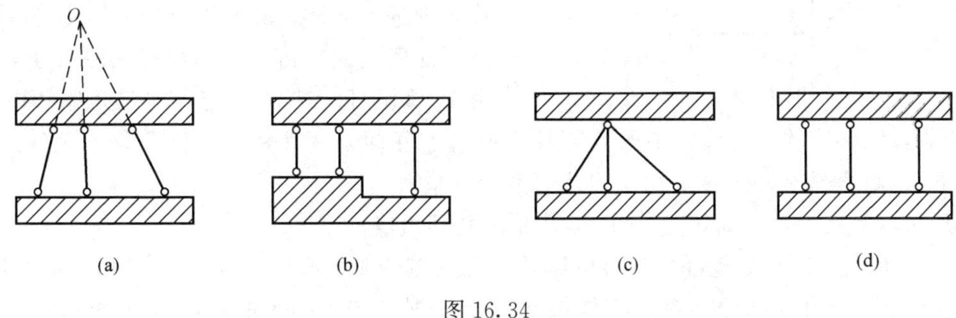

图 16.34

§16.5　几何组成分析应用实例

几何组成分析的依据是几何不变体系组成规则。灵活运用这些规则，即可分析各种平面体系几何组成性质。分析时，应注意：

（1）先从能直接观察到的几何不变的部分（小刚片）开始，应用组成规则，将小刚片逐步扩大为大的几何不变部分（大刚片），直至整体。

（2）对于复杂体系，宜先采用以下方法对体系作适当简化：

1）当体系上有明显二元体时，可依次拆除二元体。

2）当上部体系用三根链杆按两刚片规则与基础相连时，则可以拆除支座链杆与基础，只就上部体系进行分析。当体系中支座链杆多于三根时，则必须把基础视为一个刚片，就整个体系进行几何组成分析。

3）利用约束的等效替换。只有两个铰与其他部分连接的刚片可与通过两铰中心的链杆等效代换；两刚片之间两根链杆构成的实铰或虚铰可与一个单铰等效代换。

【例 16.1】 分析图 16.35 所示连续梁体系的几何组成。

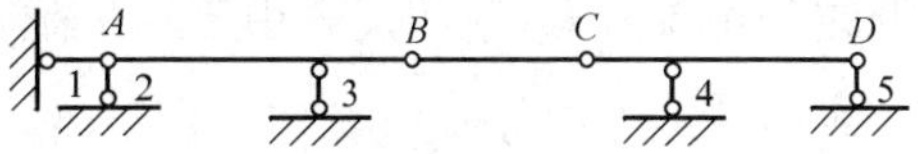

图 16.35

解　刚片 AB 用不交于一点的三链杆 1、2、3 与基础相连。将 AB 与地基视为几何不变的大刚片，其与刚片 CD 之间又用不交于一点的三链杆 4、5 和 BC 相连，故该体系为无多余约束的几何不变体系。

【例 16.2】 分析图 16.36 所示屋架体系的几何组成。

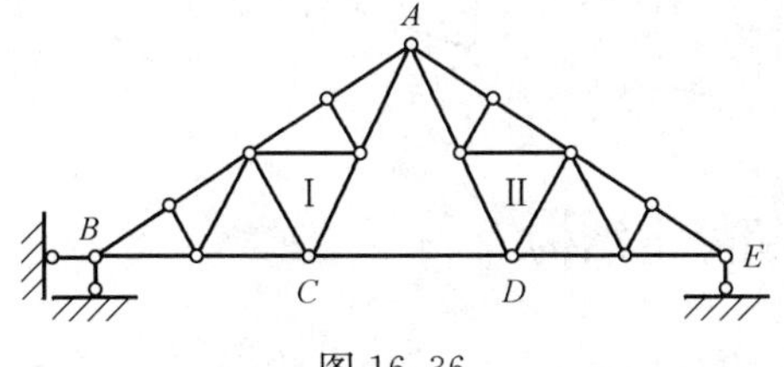

图 16.36

解　体系中，ABC 部分由一个基本的铰接三角形开始，依次增加二元体而得，故为几何不变的，可视为刚片Ⅰ。同理，ADE 部分也为几何不变的，视为刚片Ⅱ。刚片Ⅰ、Ⅱ之间用一个铰 A 和一个不通过铰 A 的链杆 CD 相连，组成几何不变体系 ABE，它可视为一个大刚片。将基础视为另一个刚片，则两刚片间用三根既不交于一点又不全平行的链杆连接，故组成无多余约束的几何不变体系。

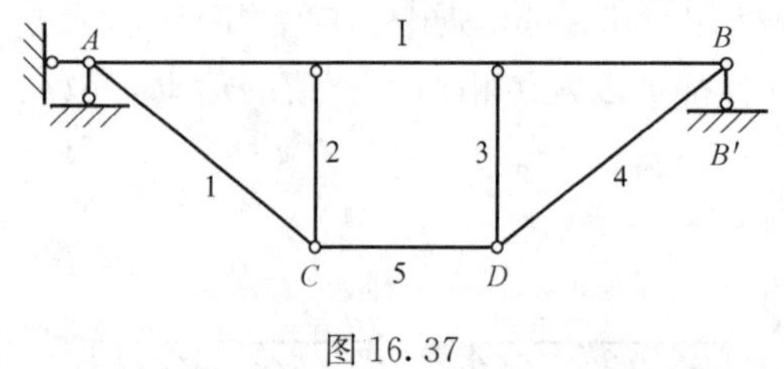

图 16.37

【例 16.3】 分析图 16.37 所示组合结构体系的几何组成。

解　体系 $ABCD$ 与基础是用三链杆按两刚片规则进行连接，故可以只就 $ABCD$ 体系本身进行几何组成分析。将 AB 视为刚片Ⅰ，增加由 1、2 链杆与结点 C 构成的二元体和由 3、4 链杆与结点 D 构成的二元体，不改变刚片Ⅰ原有的几何不变性，而链杆 5 是多余约束，故体系 $ABCD$ 本身是有一个多余约束的几何不变体系。

【例 16.4】 分析图 16.38 所示门架体系的几何组成。

解　只有两个铰与其他部分连接的刚片可与通过两铰中心的链杆等效代换。而该体系中 AC 只有两个铰与其他部分连接，其作用相当于一根如图 16.38 所示的虚线表示的链杆 1。同理，刚片 BD 相当于图 16.38 中虚线表示的链杆 2。于是，刚片 CDE 与基础之间用三根交于一点 O 的三根链杆 1、2、3 连接，故该体系为瞬变体系。

【例 16.5】 分析图 16.39 所示体系的几何组成。

解　把 AD 视为刚片Ⅰ，BE 视为刚片Ⅱ，CF 视为Ⅲ，刚片Ⅰ与刚片Ⅱ之间由链杆 AB 和链杆 DE 连接，相当于一个虚铰在 $O_{Ⅰ,Ⅱ}$ 点。同理，刚片Ⅱ与刚片Ⅲ之间由虚铰 $O_{Ⅱ,Ⅲ}$ 相连，刚片Ⅰ与刚片Ⅲ之间由虚铰 $O_{Ⅰ,Ⅲ}$ 相连，由于三个虚铰不在同一条直线上，故该体系为无多余约束的几何不变体系。

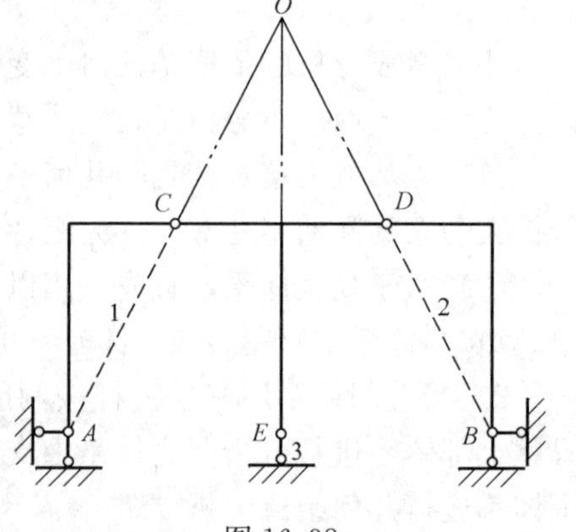

图 16.38

【例 16.6】 分析图 16.40 所示桁架体系的几何组成。

解　把 AD 视为刚片Ⅰ，BE 视为刚片Ⅱ，CF 视为Ⅲ，刚片Ⅰ与刚片Ⅱ之间由链杆 AB 和链杆 DE 连接，相当于一个虚铰在 $O_{Ⅰ,Ⅱ}$ 点。同理，刚片Ⅱ与刚片Ⅲ之间由虚铰 $O_{Ⅱ,Ⅲ}$ 相连，刚片Ⅰ与刚片Ⅲ之间由虚铰 $O_{Ⅰ,Ⅲ}$ 相连，由于三个虚铰在同一条直线上，故该体系为几何可变体系。

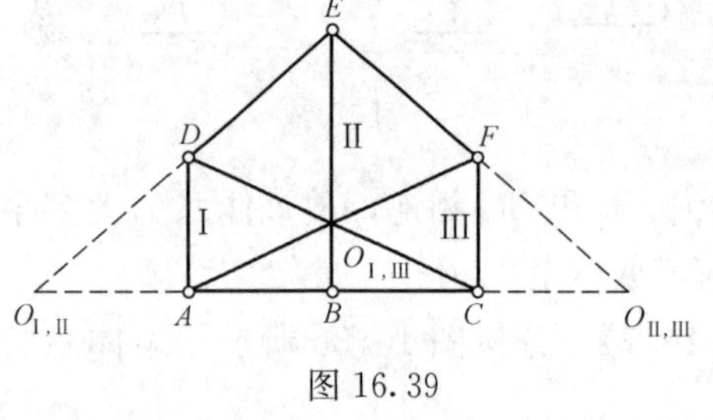

图 16.39

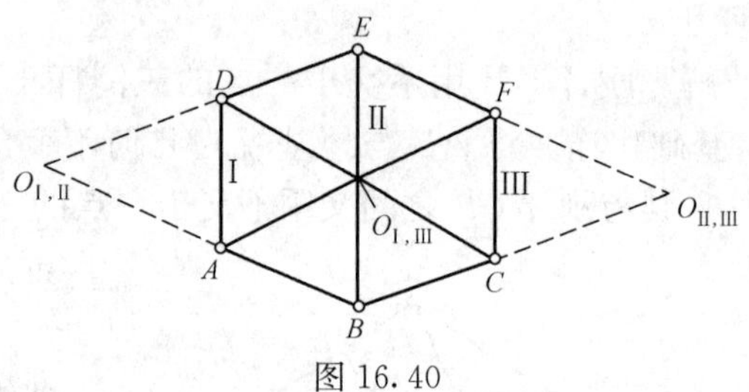

图 16.40

§ 16.6　静定结构与超静定结构

前面提到，用来作为建筑结构的体系必须是几何不变体系。而几何不变体系又可分为无多余约束的和有多余约束的。

1. 静定结构和超静定结构

平面杆系结构可分为静定结构和超静定结构两类。凡可以用静力平衡方程确定全部支座反力和内力的结构是**静定结构**。静定结构的未知数目与平衡方程数目相等。如图 16.41（a）所示简支梁即是静定结构的例子。它的三个反力和内力均可由静力平衡方程唯一确定。凡反力和内力不能全由平衡方程确定的结构成为**超静定结构**。图 16.41（b）所示连续梁是超静定结构的例子，四个反力不能全由平衡方程求出，还须考虑结构变形条件才能求出全部反力。

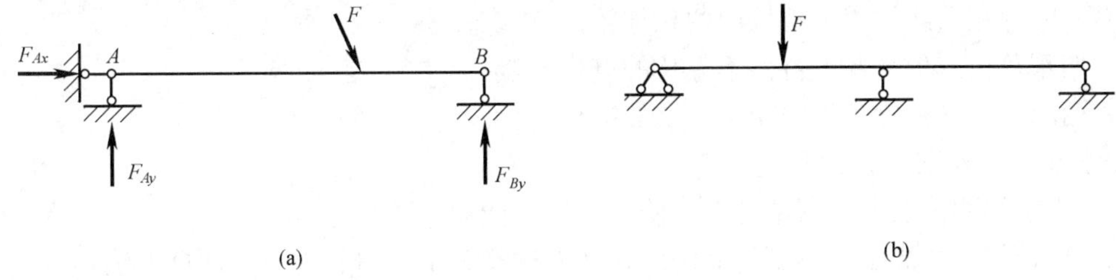

图 16.41

2. 几何组成与静定性的关系

通过几何组成规则可分析结构体系的几何特征。对于几何不变体系，还可分析出结构是否存在多余约束，即

（1）静定结构的几何特征——几何不变体系，且无多余约束；

（2）超静定结构的几何特征——几何不变体系，且有多余约束；多余约束的个数即为结构的超静定次数。

本　章　小　结

1. 几何体系的分类

（1）几何可变体系：不能作为结构。

（2）几何不变体系：

1）无多余约束——静定结构；

2）有多余约束——超静定结构。

2. 平面体系的约束性质

（1）一个链杆或一个可动铰支座相当于一个约束，能使平面体系减少一个自由度；

（2）一个单铰或一个固定铰支座相当于两个约束，能使平面体系减少两个自由度；

（3）一个刚结点或固定支座相当于三个约束，能使平面体系减少三个自由度。

3. 平面体系组成的判定

（1）无多余约束的几何不变体系的组成规则：

1）三刚片规则。三个刚片用不在同一直线上的三个单铰两两相连，则所组成的体系是无多余约束的几何不变体系。

2）两刚片规则。两刚片用一铰和一延长线不通过该铰的链杆相连，或用不全平行也不全交于一点的三根链杆相连，则所组成的体系是无多余约束的几何不变体系。

3）二元体规则。一个体系不因增加或减少二元体而改变其原有的几何组成性质（即几何不变性和几何可变性）。

（2）几何常变体系的判定：

1）两刚片用少于三根的链杆连接；

2）三刚片用少于三个的单铰连接；

3）两刚片由三根等长且彼此平行的链杆连接。

（3）几何瞬变体系的判定：

1）三刚片用共线的三个单铰两两相连接；

2）两刚片由三根彼此平行但不等长的链杆连接；

3）两刚片由三根轴延长线交于一点的链杆连接。

4. 分析几何组成的目的及应用

（1）判定结构体系的几何不变性，确保其承载能力；

（2）确定结构是静定的还是超静定的，从而选择确定反力和内力的计算方法；

（3）通过几何组成分析，明确结构的构成特点，从而选择受力分析的顺序，便于结构的合理设计。

概念分析与工程应用实训

16.1 如图 16.42 所示的地下涵管，试对其进行结构简化，画出计算简图，并对其进行几何组成分析，确定多余约束数目。

提示：此类结构的横截面和荷载沿长度方向基本保持不变，可沿长度方向取一个薄片（通常取单位长度）按平面结构计算，如图 16.42（b）所示。

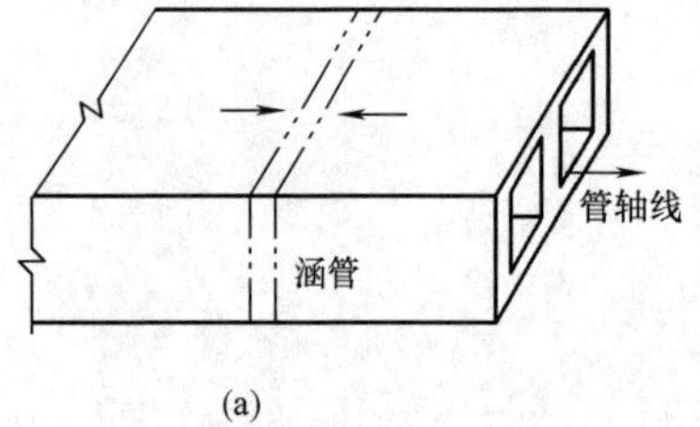

(a)

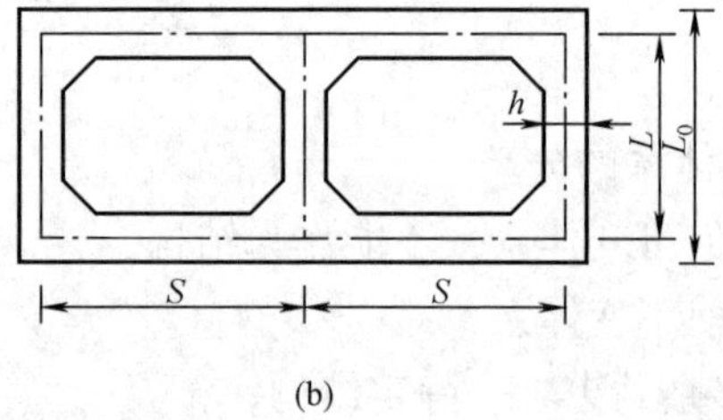

(b)

图 16.42

16.2 一些多跨多层房屋框架结构，如图 16.43 所示，试将该空间刚架结构进行结构简化，并分析其几何组成，确定多余约束数目。（提示：可简化为两个方向的平面结构）

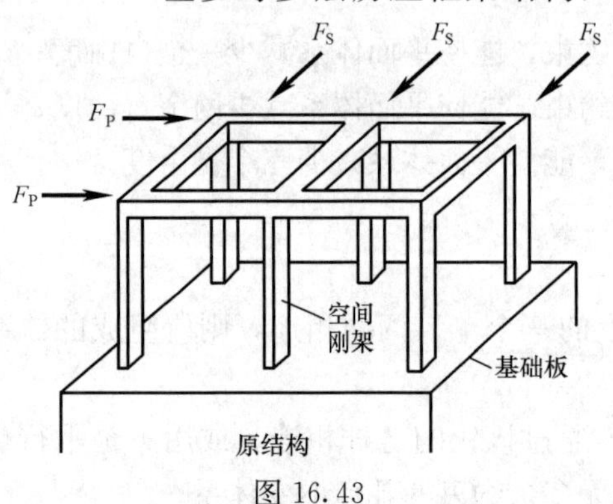

图 16.43

16.3 如图 16.44（a）、（b）、（c）所示的三类框架结构，分别为现浇整体式框架结构、装配式框架结构、装配整体式框架结构。试将这三类框架结构进行结构简化，画出计算简图，并对其进行几何组成分析，确定多余约束数目。

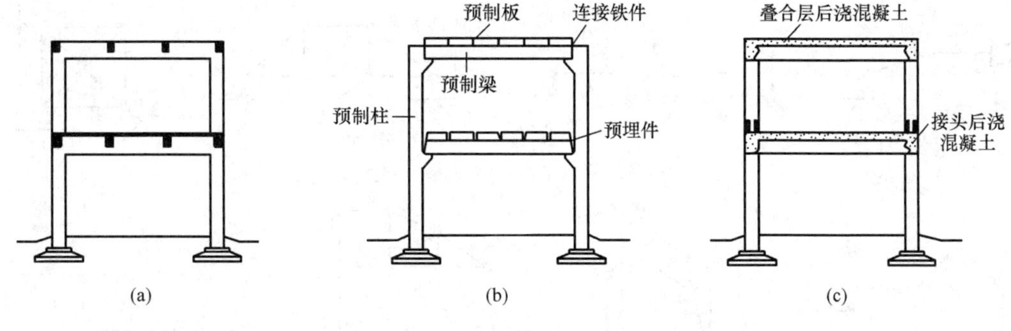

图 16.44

16.4　单层工业厂房主要由屋盖结构（包括屋架、屋面板等构件）、横向平面排架、纵向平面排架及围护结构四大部分组成。该厂房结构实际上是空间受力体系，但为了计算方便，一般分别按纵向和横向平面排架近似进行计算。纵向平面排架的柱较多，通常水平刚度较大，分配到每根柱的水平力很小，因而往往不必计算。因此，厂房结构计算主要归结于横向平面排架与吊车梁的计算。如图 16.45 所示为某工厂金工车间双跨等高排架结构的横剖面图，每跨跨度为 18m，柱距为 6m，厂房长度为 60m，其基础为预制柱杯形基础，用细石混凝土浇实，完成柱与基础的连接，基础底面标高为－1.80m，底板厚为 250mm，柱伸入基础 800mm，细石混凝土找平层为 50mm，基础全高为 1100mm。

（1）试将横向平面排架进行结构简化，画出计算简图，并对其进行几何组成分析，确定是静定结构还是超静定结构，若为超静定结构，需确定超静定次数。

（2）试画出屋架结构的计算简图，并分析其几何组成。

（3）试画出吊车梁的计算简图。

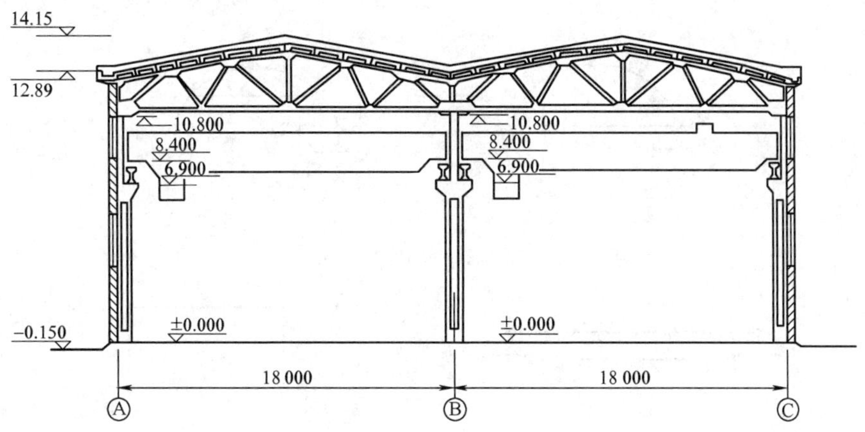

图 16.45

习　　题

16.1　试分析图 16.46 中体系的几何组成。

16.2　试将图 16.47 中几何可变体系改造为静定结构。

(a)
(b)
(c)
(d)
(e)
(f)
(g)
(h)
B C A D E
(i)
A C E B D F
(j)
F G H C A D E B
(k)
A B C D E
(l)
A B C D E
(m)
C A B
(n)
C D E A B
(o)
(a)
(b)
(c)
(d)

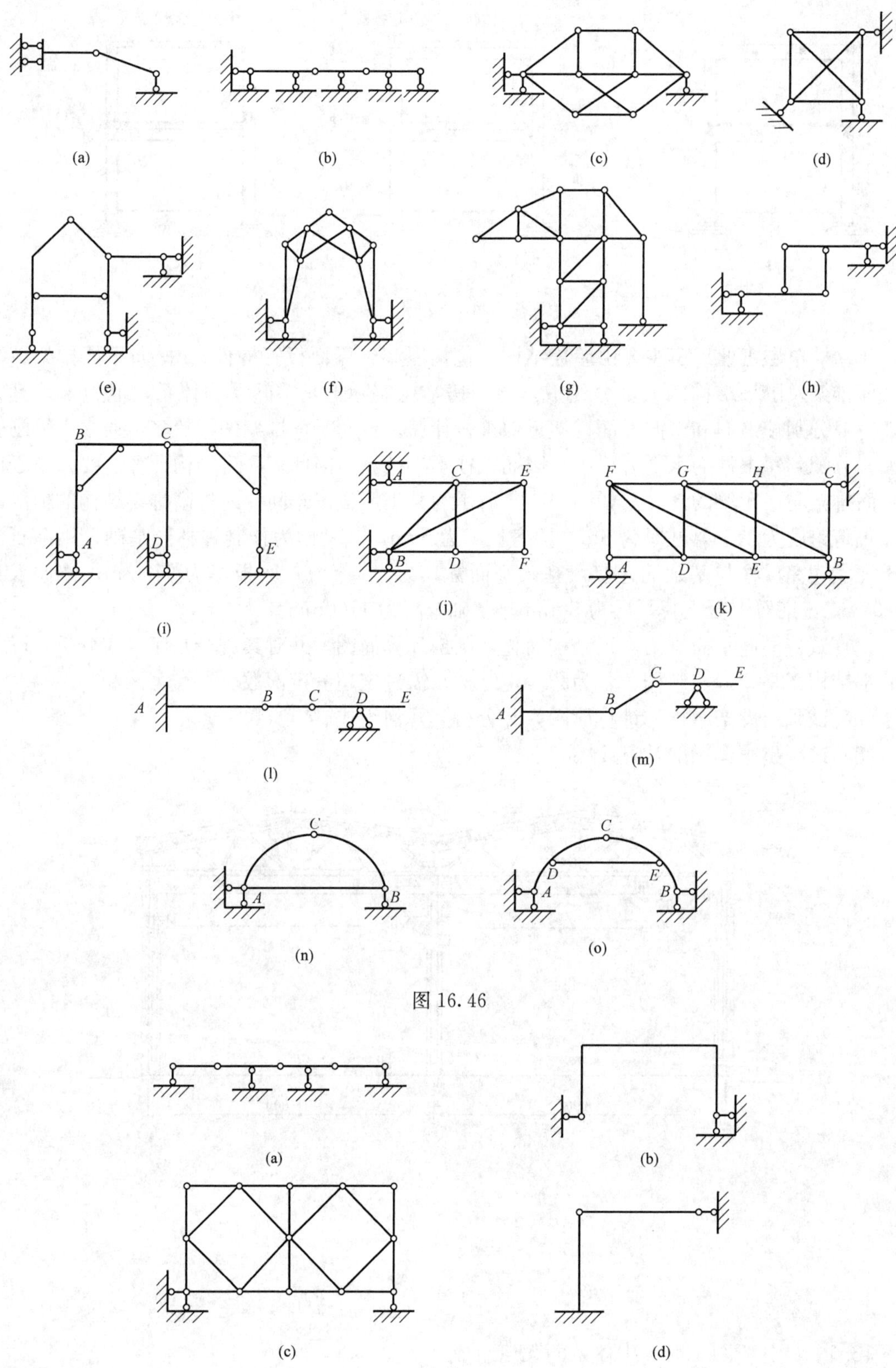

图 16.46

图 16.47

16.3　试将图 16.48 中超静定结构改造为静定结构。(不少于两种选择)

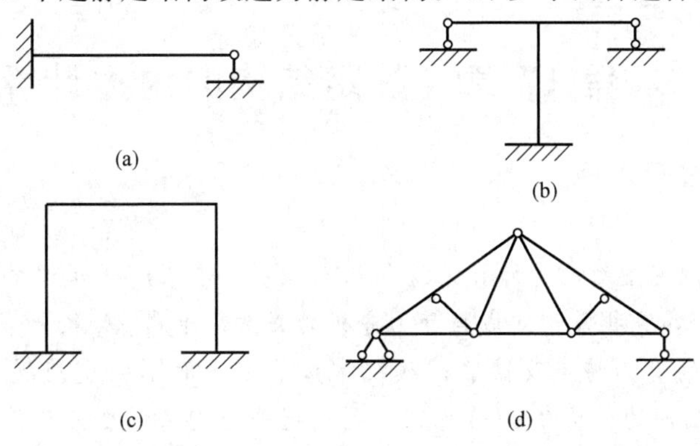

图 16.48

第 17 章　静定结构的内力计算

教学要求

1. 理解多跨静定梁的内力计算方法和基本原则，在求解多跨梁的受力分析中，能分清基本部分和附属部分，掌握几何组成与受力分析的关系，能熟练地绘制多跨静定梁的内力图。

2. 了解刚架的受力特点及性能；熟练掌握静定平面刚架支座反力的求法，以及用截面法求刚架杆端截面内力的方法；熟练掌握利用荷载与内力的微分关系及叠加法绘制静定刚架内力图的方法，特别是熟练掌握弯矩图的绘制方法。

3. 理解拱式结构的组成和受力特点；基本掌握三铰拱的内力计算；了解三铰拱合理拱轴的概念。

4. 了解桁架的受力特点和分类；掌握零杆的判别方法；熟练掌握运用结点法、截面法和联合法计算简单桁架、联合桁架的内力。

5. 了解常用梁式桁架的受力特点；了解组合结构的计算方法。

§17.1　多 跨 静 定 梁

多跨静定梁是由若干单跨静定梁（简支梁、悬臂梁、外伸梁）用铰联结，并与基础相连而组成的静定结构。如图 17.1（a）、图 17.2（a）所示为木屋盖檩条、钢筋混凝土桥梁，这是工程中常采用的多跨静定梁的结构形式之一，其计算简图如图 17.1（b）和图 17.2（b）所示。在对多跨静定梁作内力分析之前，应对其进行几何组成分析，了解其各部分之间的构造关系，传力次序等，再进行计算。

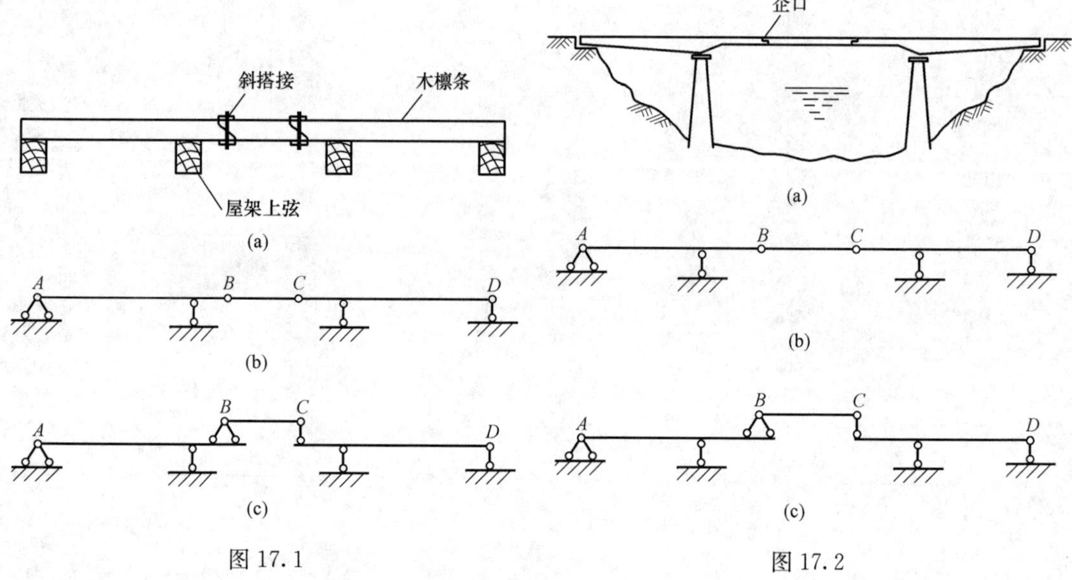

图 17.1　　图 17.2

1. 多跨静定梁的几何组成分析

多跨静定梁包括基本部分与附属部分。图 17.1（b）和图 17.2（b）中 AB 部分是由一根链杆和一个固定铰支座与基础连接，是几何不变的，它不依赖梁 BC 部分和 CD 部分而能独立承受荷载，像这样与基础组成几何不变的，可以独立地承受荷载而保持平衡的静定结构称之为**基本部分**。若仅受竖向荷载作用，此时 CD 部分能独立承受竖向荷载作用而保持平衡状态，同样可视为基本部分。而 BC 部分则必须依靠基本部分 AB 和 CD 才能保持平衡状态，像这样须依靠基本部分保持其几何不变性和承受荷载的部分，称为**附属部分**。

为了便于清楚地表达梁之间力的传递过程，可以用两根链杆代替一个铰，把基本部分画在下层，附属部分画在上层，如图 17.1（c）、图 17.2（c）所示，这种图称为**层叠图**。

2. 多跨静定梁的内力分析

从层叠图可以得知梁各部分的传力关系。例如在图 17.1（c）中，若在最上面的附属部分 BC 受荷载作用，经过支座 B 和支座 C 将力传给基本部分 AB 和 CD，因此基本部分 AB 和 CD 也会受力。若只有基本部分受荷载作用，此时只有基本部分受力而附属部分不受力。

总而言之，多跨静定梁的受力特点——荷载作用在基本部分上，基本部分受力（即产生反力和内力），对附属部分无影响（即不产生反力和内力）；荷载作用在附属部分上时，通过铰结处将荷载传至相关的基本部分，相关的基本部分和附属部分都受力（即产生反力和内力）。因而，在计算多跨静定梁的反力和内力之前，可把各部分断开后视为单跨梁，分清基本部分和附属部分，及各部分间的传力关系。计算的原则是：先计算附属部分，再计算基本部分；在附属部分与基本部分连接铰处，后者为前者提供支撑反力；这个反力在反向后就成为加于基本部分的一个“荷载”，将各段（单跨梁）的内力图连在一起，就是静定多跨梁的内力图。

【例 17.1】 在图 17.3（a）所示的多跨静定梁中，荷载如图所示。试用叠加法绘出弯矩图，最后根据弯矩图求出剪力图。

解　分析图 17.3（a）所示多跨静定梁，可知 CDE 为基本部分，ABC 为附属部分，其层叠图 17.3（b）所示。首先，从附属部分开始计算。如图 17.3（c）所示，取 ABC 段为隔离体，则

$$\Sigma M_B = 0, F_{Cy} \times 4 + F \times 2 = 0, F_{Cy} = -40\text{kN}(\downarrow)$$

$$\Sigma M_C = 0, -F_{By} \times 4 + F \times 6 = 0, F_{By} = 120\text{kN}(\uparrow)$$

再取 CDE 部分为隔离体，受力如图 17.3(d) 所示，则

$$\Sigma M_D = 0, F_{Ey} \times 8 - 10 \times 8 \times 4 - M + F'_{Cy} \times 2 = 0, F_{Ey} = 58\text{kN}(\uparrow)$$

$$\Sigma M_E = 0, F'_{Cy} \times 10 - F_{Dy} \times 8 + 10 \times 8 \times 4 - M = 0, F_{Dy} = -18\text{kN}(\downarrow)$$

$$\Sigma F_x = 0, F_{Ex} = 0$$

校核：$\Sigma F_y = F_{By} + F_{Dy} + F_{Ey} - F - q \times 8 = 120 - 18 + 58 - 80 - 10 \times 8 = 0$　计算正确

AB 段：B 截面弯矩　$M_B = -80 \times 2 = -160(\text{kN}\cdot\text{m})$

B 左截面剪力　$F_{SB}^{左} = -80\text{kN}$

B 右截面剪力　$F_{SB}^{右} = 40\text{kN}$

BD 段：D 截面弯矩　$M_D = -F'_{Cy} \times 2 = -(-40 \times 2) = 80(\text{kN}\cdot\text{m})$

D 左截面剪力　$F_{SD}^{左} = 40\text{kN}$

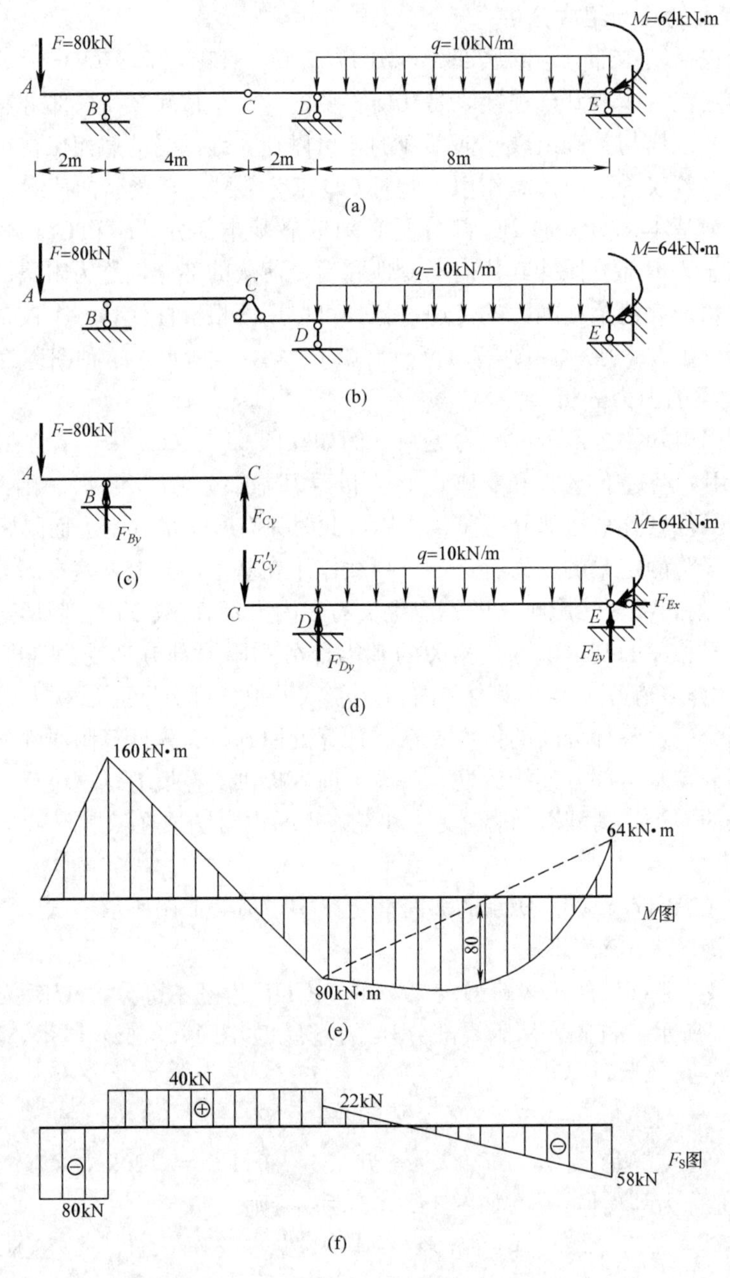

图 17.3

D 右截面剪力 $F_{SD}^{右}=-80+120-18=22(\text{kN})$

DE 段：E 截面弯矩 $M_E=-64\text{kN}\cdot\text{m}$

E 左截面剪力 $F_{SE}^{左}=-58\text{kN}$

先作 M 图，将各控制截面的弯矩用虚线连接。

根据叠加原理，各段梁的弯矩图如下：

AB 段：无荷载，弯矩图为斜直线，将虚线改为实线。

BD 段：无荷载，弯矩图为斜直线，且 C 为铰点，$M_C=0$，即这条斜直线通过点 C。将虚线改为实线。

DE 段：作用有 $q=10\text{kN/m}$ 的均布荷载，同跨长简支梁中点弯矩为

$$\frac{1}{8}ql^2=\frac{1}{8}\times10\times8^2=80\ (\text{kN}\cdot\text{m})$$

以 BD 段的虚直线为基线画出同跨长简支梁受均布荷载作用时的弯矩图，即得 BD 段的弯矩图。

全梁的弯矩图如图 17.3（e）所示。

根据各控制截面的剪力，可绘出剪力图如图 17.3（f）所示。

【例 17.2】 如图 17.4（a）所示，绘出内力图。

解　分析图 17.6(a)所示多跨静定梁，可知 ACD 为基本部分，DB 为附属部分，其层叠图 17.4(b)所示。首先，从附属部分开始计算。如图 17.4(c)所示，取 DB 段为隔离体，则

$$\sum M_B=0,-F_{Dy}\times4+20\times4\times2=0,F_{Dy}=40\text{kN}(\uparrow)$$

$$\sum M_D=0,-F_{By}\times4+20\times4\times2=0,F_{By}=40\text{kN}(\uparrow)$$

再取 ACD 部分为隔离体，受力如图 17.4(d) 所示，则

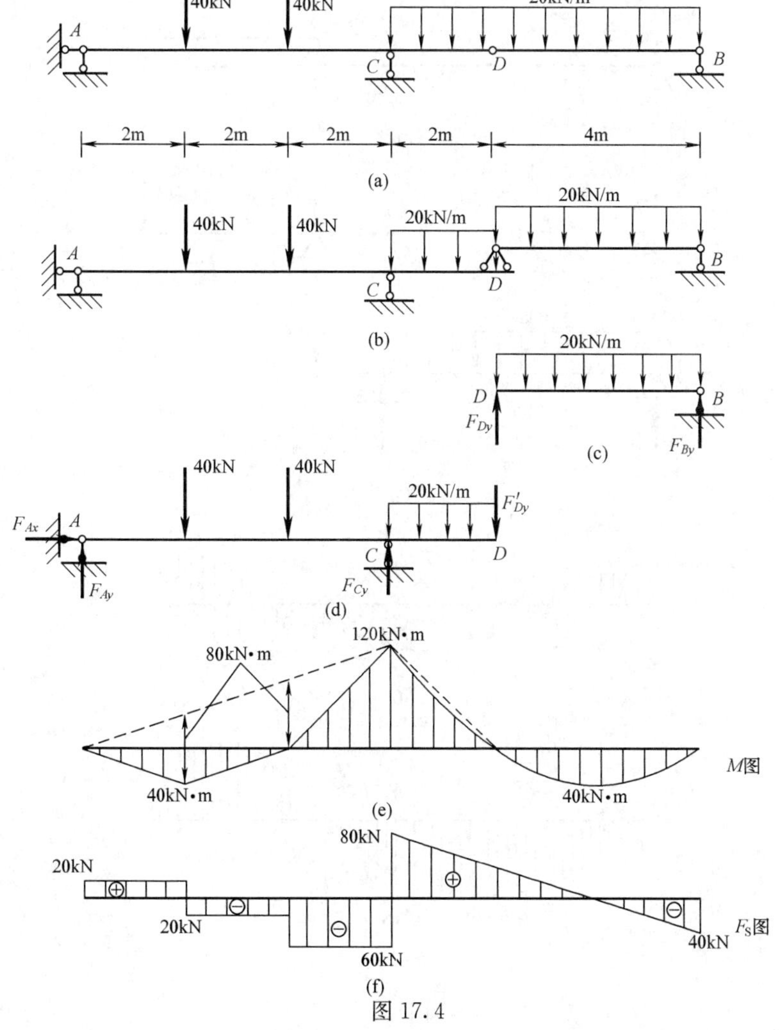

图 17.4

$\Sigma M_A = 0, -F_{By} \times 12 - 20 \times 6 \times 9 - 40 \times 2 - 40 \times 4 + F_{Cy} \times 6 = 0, F_{Cy} = 140\text{kN}(\uparrow)$

$\Sigma M_C = 0, F_{By} \times 6 - 20 \times 6 \times 3 + 40 \times 2 + 40 \times 4 - F_{Ay} \times 6 = 0, F_{Ay} = 20\text{kN}(\uparrow)$

$\Sigma F_x = 0, F_{Ax} = 0$

校核：$\Sigma Y = F_{Ay} + F_{By} + F_{Cy} - 40 - 40 - 20 \times 6 = 20 + 40 + 140 - 40 - 40 - 120 = 0$

计算结果正确。

C 截面弯矩 $M_C = -20 \times 2 \times 1 - 40 \times 2 = -120$（kN·m）

根据叠加法，可画出全梁的弯矩图和剪力图，如图 17.4（e）、（f）所示。

【例 17.3】 试绘制图 17.5（a）所示多跨静定梁的内力图。

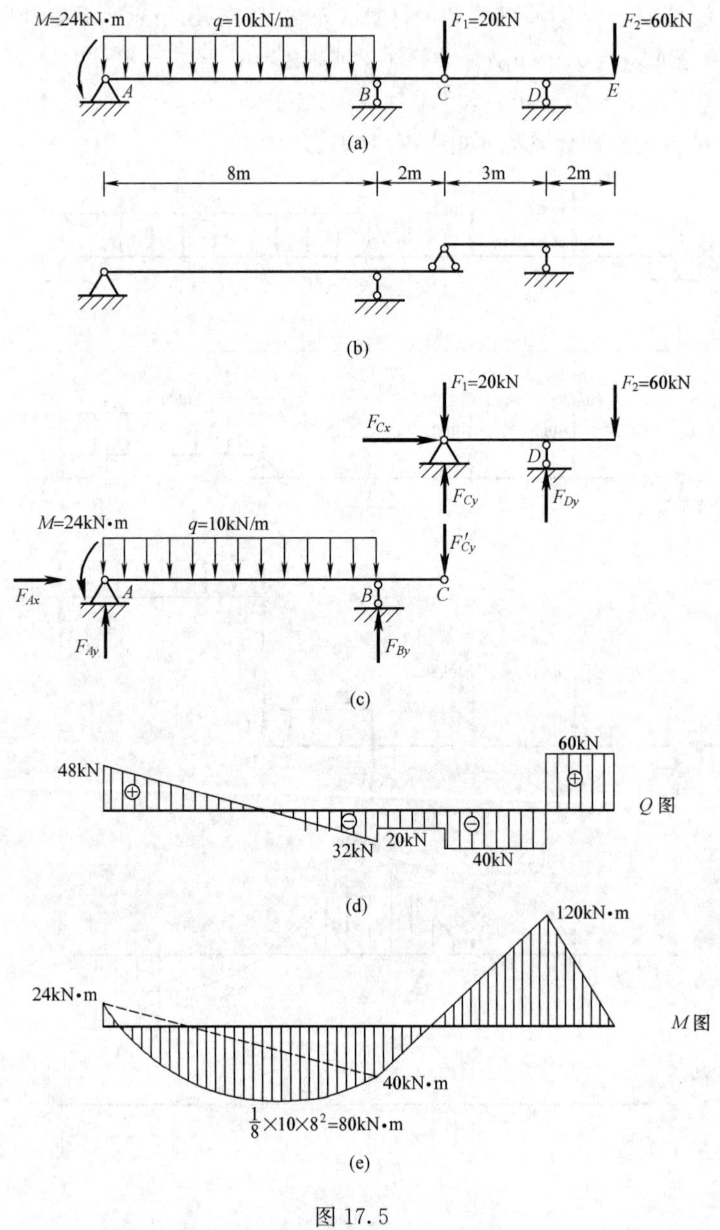

图 17.5

解　分析图 17.5（a）所示多跨静定梁，可知 ABC 为基本部分，CDE 为附属部分，其层叠图 17.5（b）所示。首先，从附属部分开始计算。如图 17.5（c）所示，取 CDE 段为隔离体，由静力平衡方程 $\sum M_B=0$、$\sum M_C=0$ 得 CDE 梁的支座反力为

$$F_{Cx}=0, F_{Cy}=-20\text{kN}, F_{Dy}=100\text{kN}$$

其次，将 F_{Cy} 的反作用力作为外荷载加在 ABC 段的 C 处，取 ABC 为隔离体，如图 17.5（c）所示，求出 ABC 梁的支座反力为

$$F_{Ax}=0,\ F_{Ay}=48\text{kN},\ F_{By}=12\text{kN}$$

最后，分别绘制各段梁的内力图，再将各段梁的内力图连接在一起就是所求的多跨静定梁的内力图，如图 17.5（d）、（e）所示。此处将计算和绘图过程略去，读者可自行计算。

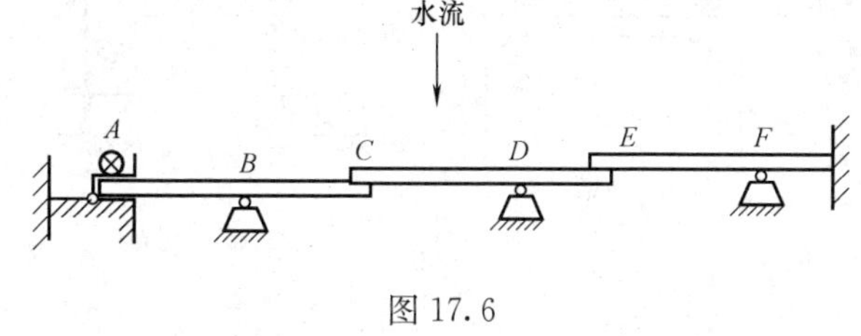

图 17.6

图 17.6 代表木制的挡水坝示意图，B、D、F 是固定铰支座，C 和 E 是梁端单向承压接触部分，A 为插销。当挡水时，插销 A 处于固定状态；当需要泄水时，将插销 A 取走，各梁两端分别绕 B、D、F 固定铰转动，从而失去挡水作用，水可泄走。试画出该挡水坝的计算简图。

§17.2　静定平面刚架

1. 静定平面刚架的特点及分类

刚架是由若干直杆全部或部分通过刚结点连接而成的结构。当组成刚架的各杆的轴线和外力都在同一平面内时，称为平面刚架。

刚架和桁架的区别：桁架中的结点全部都是铰结点，刚架中的结点全部或部分是刚结点。如图 17.7（a）所示的几何可变体系，可通过增加一根斜杆使其成为超静定桁架结构，如图 17.7（b）所示，也可将 B、C 铰改成刚性联结（刚结点）使其成为超静定刚架结构，如图 17.7（c）所示。从变形方面看，刚结点处各杆不能发生相对转动，因而刚结点处各杆件之间的夹角始终保持不变，如图 17.7（c）所示。而由铰结点联结的各杆件，当结构发生变形时，各杆件之间的夹角也随之改变，如图 17.7（b）所示。从受力方面看，刚结点可以承受和传递弯矩，因而刚架中的内力主要是弯矩，而铰结点不能传递弯矩。从结构复杂性方面看，刚架的杆件较少，内部空间大，且施工方便，所以在工程中得到广泛运用。工程中实际使用的刚架大多为超静定刚架，静定刚架应用较少。但静定刚架的内力分析，却是超静定刚架计算的基础。

常见的静定平面刚架主要有以下四种：

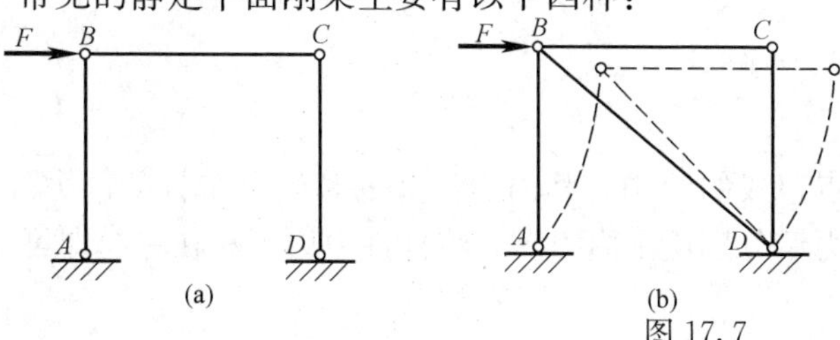

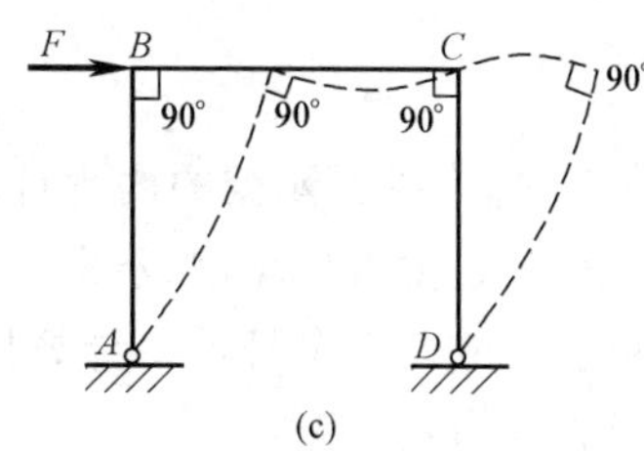

图 17.7

(1) 悬臂刚架。

悬臂刚架一般由一个折杆用一个固定支座与地基联结而成，如图 17.8 (a) 所示的站台雨篷，其结构简图如图 17.8 (b) 所示。

(2) 简支刚架。

简支刚架常见的有门式和 T 形的两种，一般是由一个构件组成的，用一个固定铰支座和一个活动铰支座与地基相连，或用三根既不完全平行又不完全交于一点的链杆与地基相连，如图 17.9 (a)、(b) 所示的渡槽横向计算简图。

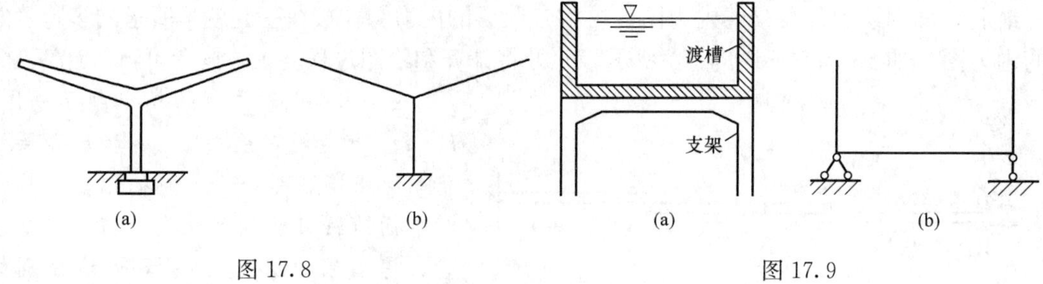

图 17.8

图 17.9

(3) 三铰刚架。

三铰刚架一般由两个构件用铰联结，底部用两个固定铰支座与地基相连，如图 17.10 所示的屋架。

(4) 组合刚架。

组合刚架一般由上述三种刚架中的某一种作为基本部分，再按几何不变体系的组成规则联结相应的附属部分组合而成，如图 17.11 所示。

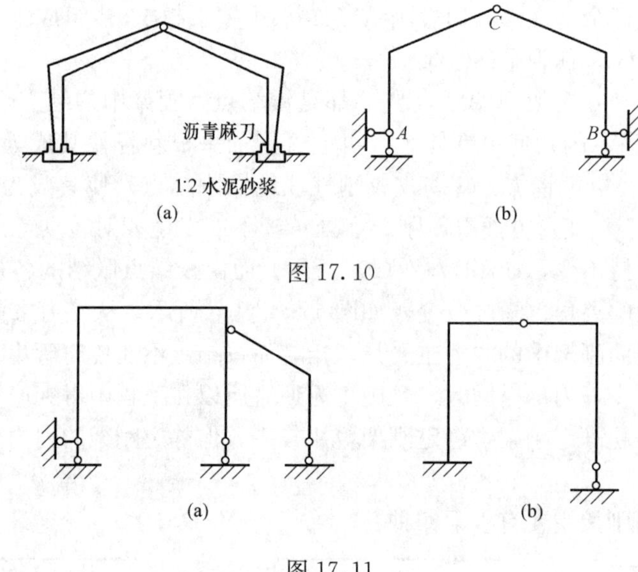

图 17.10

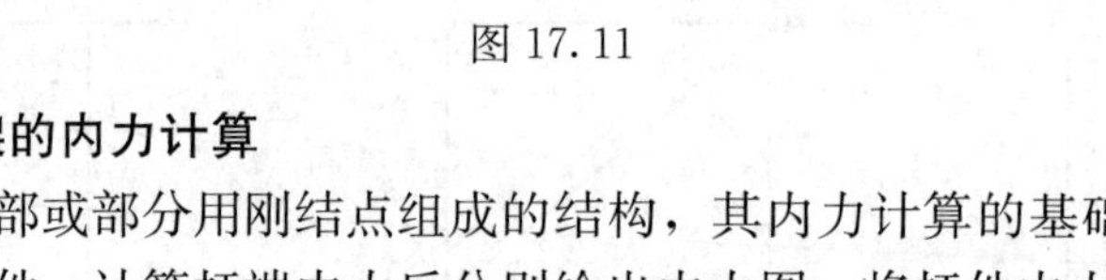

图 17.11

2. 静定平面刚架的内力计算

刚架是由直杆全部或部分用刚结点组成的结构，其内力计算的基础是单杆的内力计算。把刚架拆成若干个杆件，计算杆端内力后分别绘出内力图，将杆件内力图和在一起即可得到刚架的内力图。

在刚架中，杆件一般承受三种内力：弯矩、剪力和轴力。弯矩通常规定使刚架内侧受拉者为正（若不便区分内外侧时可假设任一侧受拉为正），其剪力和轴力正负号规定与梁相同。剪力以使所在杆段顺时针转动效果为正，反之为负；轴力以拉为正，以压为负。为了明确表示各截面内力，特别为了区别相交于同一刚结点的不同杆端截面的内力，在内力符号右下角采用两个下标：第一个下标表示截面所在杆端，第二个下标表示该截面所在杆的另一端。例如M_{AB}表示AB杆A端截面的弯矩，M_{BA}表示AB杆B端截面的弯矩，F_{SAC}则表示AC杆A端截面的剪力。

刚架的内力计算可分以下三个步骤进行：

（1）求支座反力和连接处的约束反力。

悬臂刚架可以不先求支座反力，也能画内力图。

简支刚架三个平衡方程可求三个支座反力。

三铰刚架有四个支座反力（图 17.12）。除以整体为隔离体列出三个独立平衡方程外。还需对左半部分或右半部分为隔离体列以中间铰点为矩心的力矩平衡方程，方可解四个反力。

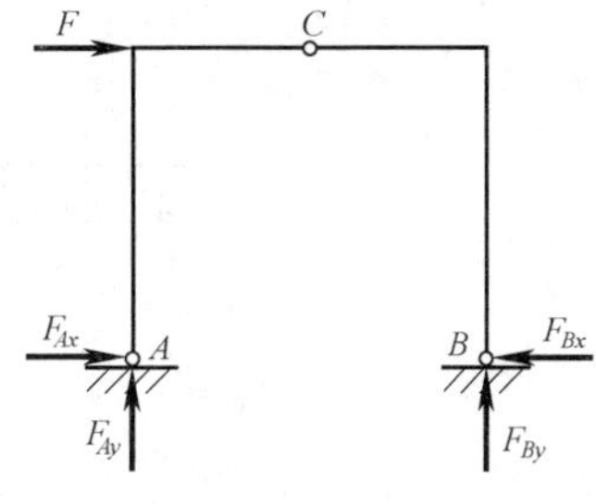

图 17.12

组合刚架由基本部分和附属部分组成，则其计算原则与多跨静定梁完全相同。

（2）求各杆件的杆端截面内力。

由截面法按三个平衡方程求得刚结点处各杆端截面的内力。未知内力 F_S、F_N 均设为正号方向，M 可设为使任一边纤维受拉为正。计算结果为负时，则表明与原假设方向相反。

弯矩 ＝ 截面一边所有外力对截面形心（或截面与轴线的交点）的力矩的代数和。

剪力 ＝ 截面一边所有外力在截面投影的代数和。当外力使外力作用点与截面间的杆段有顺时针转动趋势时，外力取正号，反之取负号。

轴力 ＝ 截面一边所有外力在轴线上投影的代数和。当外力使外力作用点与截面间的杆段发生拉伸变形时，外力取正号，反之取负号。

（3）绘制内力图。

1）作弯矩图。当杆件上无外荷载作用时，将杆端弯矩纵标以直线相连即可作出弯矩图；当杆件上有荷载作用时，将两端弯矩纵标顶点连一虚线；以此虚线为基线，在此基线上叠加相应简支梁荷载作用下的弯矩图，弯矩图绘于拉边，不需注明正、负号。

当两杆结点上无外力矩作用时，结点处两杆弯矩图的纵标在同侧且数值相等。

铰支端和悬臂端无外力矩作用时，弯矩为零；作用外力矩时，弯矩值等于该外力矩。

2）剪力图。根据杆端剪力，按剪力图形状特征可作出剪力图。剪力图绘于杆件的任一边，需注明正、负号。

3）轴力图。根据杆端轴力作出杆件的轴力图。轴力图可绘于杆件的任一边，需注明正、负号。

【例 17.4】 试作图 17.13（a）所示悬臂刚架的内力图。

解　悬臂刚架的内力分析与悬臂梁大致相同，可不必计算支座反力，从自由端开始，计算各杆段的内力。

（1）求各控制截面上的内力。以每个杆件的两端为控制截面，从自由端开始，根据荷载情况按内力计算法则计算。

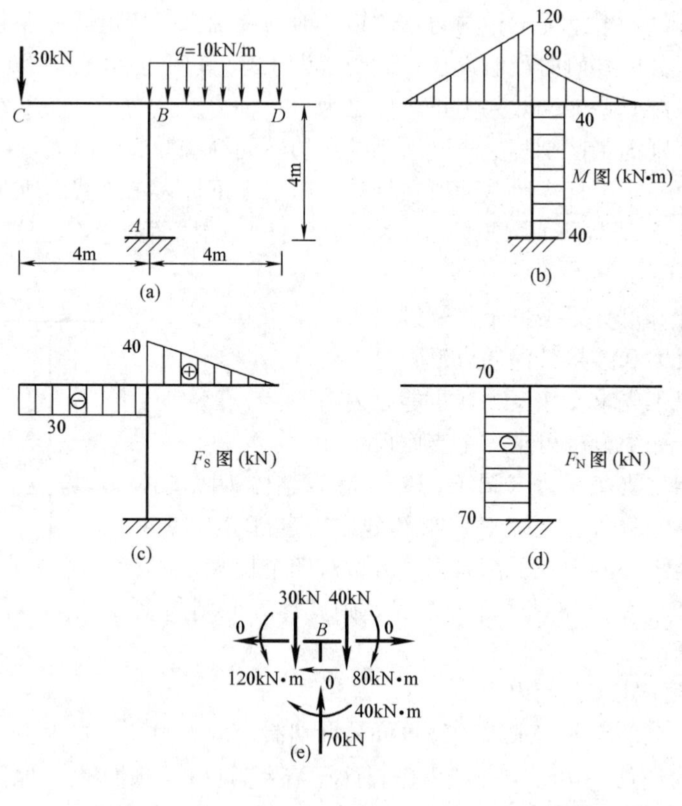

图 17.13

从自由端点 C 开始算得

$M_{CB}=0$，$F_{SCB}=-30\text{kN}$，$F_{NCB}=0$

$M_{BC}=-30\times4=-120$（kN·m）（上侧受拉），$F_{SBC}=-30\text{kN}$，$F_{NBC}=0$

同样从自由端点 D 开始算得

$M_{DB}=0$，$F_{SDB}=0$，$F_{NDB}=0$

$M_{BD}=-10\times4\times2=-80$（kN·m）（上侧受拉），$F_{SBD}=10\times4=40$（kN），$F_{NBD}=0$

再截断 AB 柱的上端，取 CBD 部分为隔离体可算得

$M_{BA}=30\times4-10\times4\times2=40$（kN·m）（右侧受拉）

$F_{SBA}=0$

$F_{NBA}=-30-10\times4=-70$（kN）

取 AB 杆为脱离体可得

$M_{AB}=40\text{kN}\cdot\text{m}$（右侧受拉），$F_{SAB}=0$，$F_{NAB}=-70\text{kN}$

（2）绘制内力图。

以杆轴为基线，根据上述计算结果，并利用 q、S 和 M 三者的微分关系，即可绘出整个刚架的内力图，弯矩图画在受拉的一侧，如图 17.13（b）所示。绘出 S 图如图 17.13（c）所示。剪力图可画在杆轴任一侧，但要注明正负号。轴力图如图 17.13（d）所示。轴力图亦可画在杆轴的任一侧，也必须注明正负号。

为了校核弯矩图、剪力图和轴力图的正确性，可取刚架的任一部分为隔离体，检验是否符合平衡条件。例如，取结点 B 为隔离体，如图 17.13（e）所示，有

$$\sum M=-120+80+40=0$$

$$\sum F_x=70-30-40=0 \quad \text{（计算无误）}$$

【例 17.5】 图 17.14 所示结构为一静定平面刚架，结构尺寸及受载情况如图所示。试求支座反力并作 M、F_S、F_N 图。

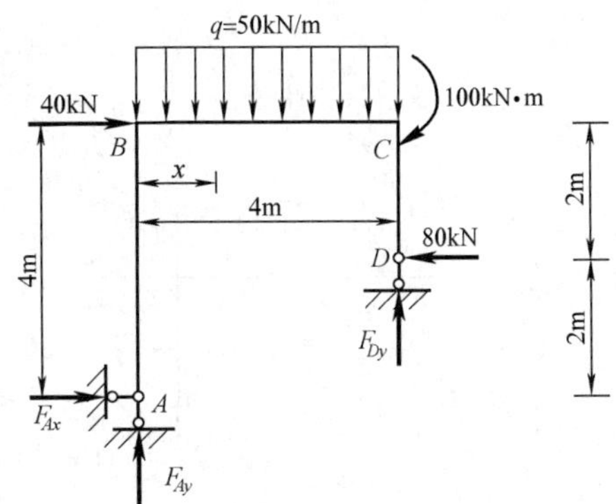

图 17.14

解　(1) 求支座反力。

$\sum F_x=0$，$-80+40+F_{Ax}=0$，$F_{Ax}=40\text{kN}(\rightarrow)$

$\sum M_A=0$，$4F_{Dy}-100-50\times4\times2-40\times4+80\times2=0$，$F_{Dy}=125\text{kN}(\uparrow)$

$\sum F_y=0$，$F_{Ay}-50\times4+125=0$，$F_{Ay}=75\text{kN}(\uparrow)$

(2) 求各控制截面的内力。把刚架分为三段，并以刚架内侧受拉力为正。

AB 段　$M_{AB}=0$，$F_{SAB}=-40\text{kN}$

$M_{BA}=-40\times4=-160\text{kN}\cdot\text{m}$（外侧受拉），$F_{SBA}=-40\text{kN}$

$F_N=-F_{Ay}=-75\text{kN}$

CD 段　$M_{DC}=0$，$F_{SDC}=80\text{kN}$

$M_{CD}=-80\times2=-160$（$\text{kN}\cdot\text{m}$）（外侧受拉），$F_{SCD}=80\text{kN}$

$F_N=-F_{Dy}=-125\text{kN}$

BC 段　$M_x=-40\times4+75x-\dfrac{1}{2}\times50x^2=-160+75x-25x^2$

$F_{Sx}=F_{Ay}-qx=75-50x$

$F_N=-F_{Ax}-40=-40-40=-80$（kN）

当 $x=0$，$M_{BC}=-160\text{kN}\cdot\text{m}$，$F_{SBC}=F_{Ay}=75\text{kN}$

当 $x=4\text{m}$，$M_{CB}=-160+75\times4-25\times4^2=-260$（$\text{kN}\cdot\text{m}$），$F_{SCB}=-F_{Dy}=-125\text{kN}$

当 $\dfrac{dMx}{dx}=0$，可求得 M 的极值，即令 $\dfrac{dMx}{dx}=75-50x=0$

解得 $x=1.5\text{m}$ 所以，当 $x=1.5\text{m}$ 时产生 M 的极值，其数值为

$$M_{max}=-160+75\times1.5-4\times1.5^2=-103.75\ (\text{kN}\cdot\text{m})$$

(3) 绘制内力图。根据以上计算结果及 q、F_S 和 M 的微分关系绘制内力图。弯矩图如图 17.15（a）所示，剪力图如图 17.15（b）所示，轴力图如图 17.15（c）所示。

取 B、C 结点为隔离体，如图 17.16（a）、（b）所示，校核内力图的正确性。

B 结点　$\sum M_B=-160+160=0$

$\sum F_y=75-75=0$

$\sum F_x=40+40-80=0$

计算正确。

C 结点　$\sum M_C=260-160-100=0$

$\sum F_y=125-125=0$

$\sum F_x = 80 - 80 = 0$

计算正确。

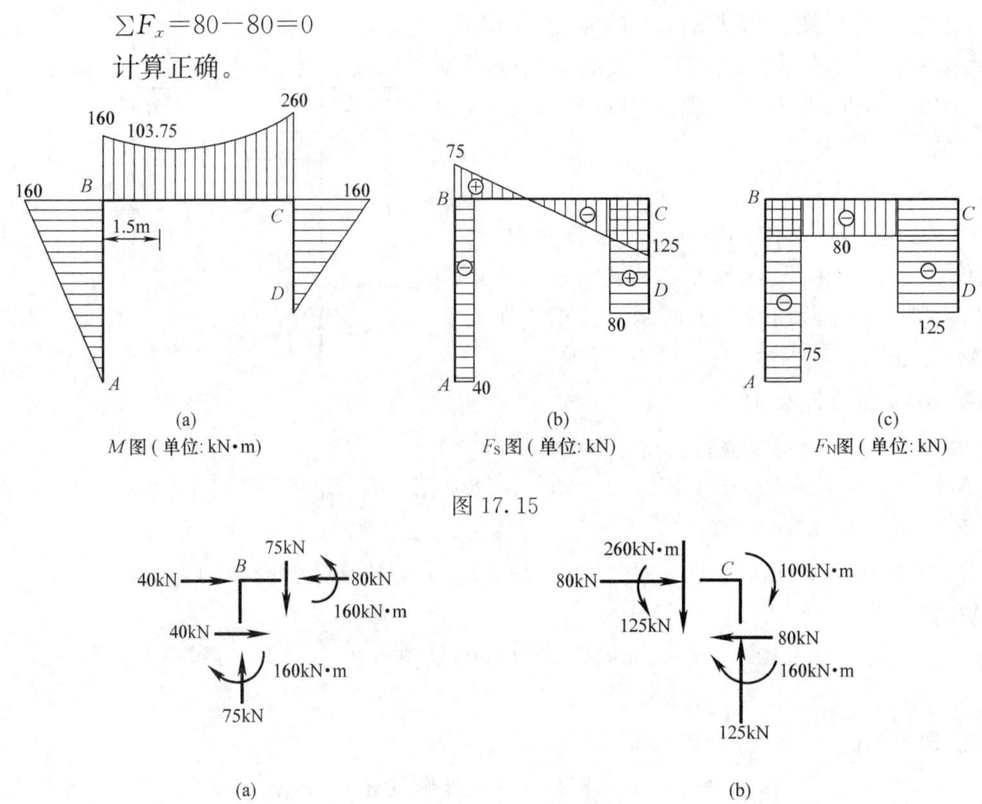

图 17.15

图 17.16

【例 17.6】 图 17.17（a）为一三铰刚架的计算简图。已知 $l=8\text{m}$，$h_1=4\text{m}$，$h_2=3\text{m}$，$\tan\alpha=\dfrac{3}{4}$，$q=14\text{kN/m}$。

解　组成分析为：基础作为一个不可变部分，左右两半刚架也是几何不变部分，这三个几何不变部分用 A、B、C 三个铰相联结，三铰不在一直线上，故整个刚架是几何不变的静定结构。

（1）求支座反力。

以整个结构为隔离体。

$\sum F_x=0 \quad F_{Ax}-F_{Bx}=0$，$F_{Ax}=F_{Bx}$

$\sum M_A=0 \quad 8F_{By}-14\times4\times2=0$，$F_{By}=14\text{kN}$（↑）

$\sum M_B=0 \quad 8F_{Ay}-14\times4\times6=0$，$F_{Ay}=42\text{kN}$（↑）

以右半刚架为隔离体，

$\sum M_C=0 \quad -7F_{Bx}+14\times4=0$，$F_{Bx}=8\text{kN}$（←），$F_{Ax}=F_{Bx}=8\text{kN}$（→）

（2）求各控制截面的内力。

AD 段　$M_{AD}=0$，$M_{DA}=-8\times4=-32\text{kN}\cdot\text{m}$（外侧受拉）

$F_{SAD}=F_{SDA}=-F_{Ax}=-8\text{kN}$

$F_{NAD}=F_{NDA}=-F_{Ay}=-42\text{kN}$

DC 段　$M_x=-8\left(4+\dfrac{3}{4}x\right)+42x-\dfrac{1}{2}\times14x^2=-32+36x-7x^2$

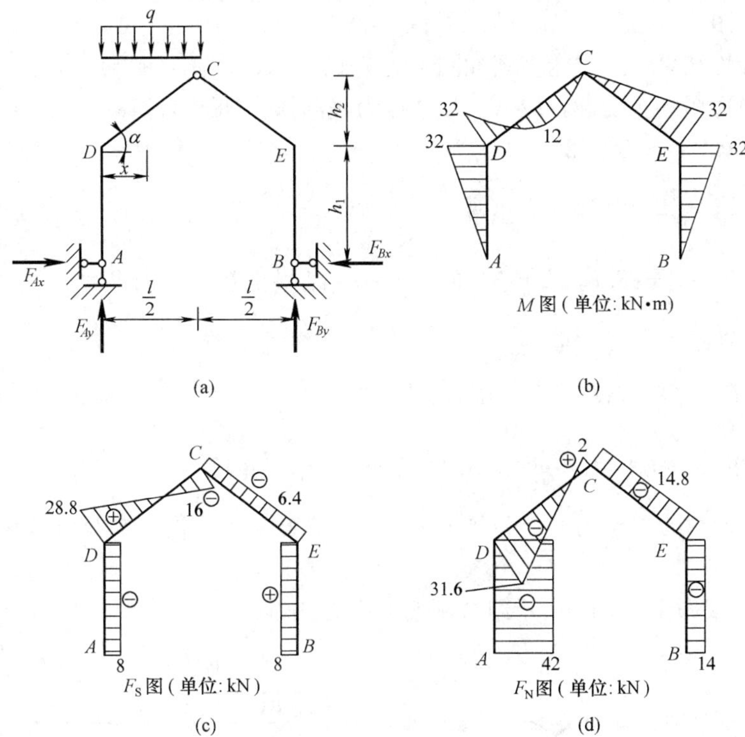

图 17.17

当 $x=0$，$M_{DC}=-32\text{kN}\cdot\text{m}$（外侧受拉）

当 $x=2\text{m}$，$M_x=12\text{kN}\cdot\text{m}$（内侧受拉）

当 $x=4\text{m}$，$M_{CD}=0$

$$F_{Sx}=F_{Ay}\cos\alpha-F_{Ax}\sin\alpha-qx\cos\alpha=42\times\frac{4}{5}-8\times\frac{3}{5}-14x\times\frac{4}{5}=28.8-11.2x$$

当 $x=0$，$F_{SDC}=28.8\text{kN}$

当 $x=4$，$F_{SCD}=28.8-44.8=-16\ (\text{kN})$

$$F_{Nx}=-F_{Ay}\sin\alpha-F_{Ax}\cos\alpha+qx\cos\alpha=-42\times\frac{3}{5}-8\times\frac{4}{5}+14x\times\frac{3}{5}=-31.6+8.4x$$

当 $x=0$，$F_{NDC}=-31.6\text{kN}$（压力）

当 $x=4$，$F_{NCD}=2\text{kN}$（拉力）

CE 段　$M_{CE}=0$，$M_{EC}=-8\times4=-32\ (\text{kN}\cdot\text{m})$（外侧受拉）

$$F_S=-F_{By}\cos\alpha+F_{Bx}\sin\alpha=-14\times\frac{4}{5}+8\times\frac{3}{5}=-11.2+4.8=-6.4\ (\text{kN})$$

$$F_{SCE}=F_{SEC}=-6.4\text{kN}$$

$$F_N=-F_{By}\sin\alpha-F_{Bx}\cos\alpha=-14\times\frac{3}{5}-8\times\frac{4}{5}=-11.2+4.8=-14.8\ (\text{kN})$$

$$F_{NCE}=F_{NEC}=-14.8\text{kN}$$

EB 段　$M_{EB}=-8\times4=-32\ (\text{kN}\cdot\text{m})$（外侧受拉），$M_{BE}=0$

$F_{SEB}=F_{SBE}=F_{Bx}=8\text{kN}$

$F_{NEB}=F_{NBE}=F_{By}=-14\text{kN}$

(3) 绘内力图。

根据以上计算结果，绘制内力图如图 17.17 (b)、(c)、(d) 所示。

为了检验内力图的正确性，取 D、E 结点为隔离体，如图 17.18 (a)、(b) 所示，则有

D 结点 $\sum M_D=-32+32=0$

$$\sum F_y=42-28.8\times\frac{4}{5}-31.6\times\frac{3}{5}=0$$

$$\sum F_x=8+28.8\times\frac{3}{5}-31.6\times\frac{4}{5}=0\quad\text{结果正确。}$$

E 结点 $\sum M_E=-32+32=0$

$$\sum F_y=14-14.8\times\frac{3}{5}-6.4\times\frac{4}{5}=0$$

$$\sum F_x=-8+14.8\times\frac{4}{5}-6.4\times\frac{3}{5}=0\quad\text{结果正确。}$$

在进行刚架的内力图绘制时，如何根据弯矩图来绘制剪力图，又如何根据剪力图来绘制轴力图？

【例 17.7】 试作图 17.19 所示组合刚架的内力图。

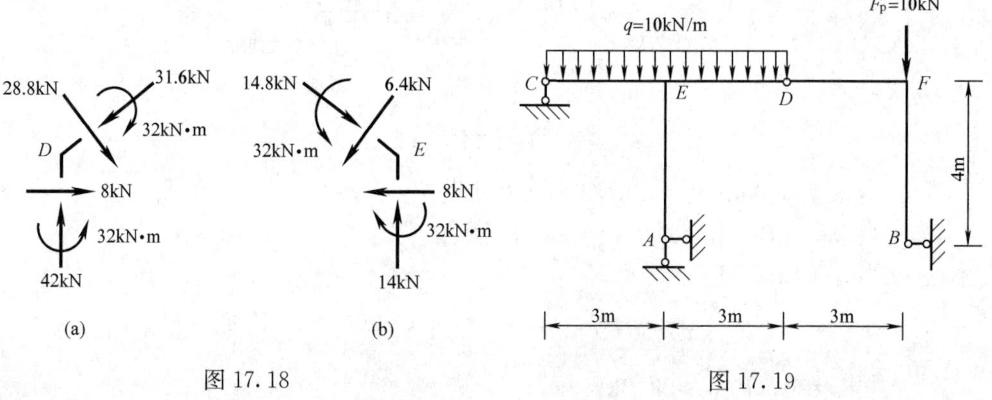

图 17.18　　图 17.19

解 组合刚架的计算，首先要分清基本部分和附属部分，先计算附属部分，后计算基本部分，在图 17.19 中，$ACED$ 为基本部分，DFB 为附属部分。

(1) 附属部分的计算。

1) 求附属部分的支座反力和约束反力。取刚架的附属部分 BFD 为隔离体，如图 17.20 (a) 所示，由平衡方程 $\sum M_D=0$，$\sum F_x=0$，$\sum F_y=0$，得

$$F_{Bx}=7.5\text{kN}\ (\rightarrow),\ F_{Dx}=7.5\text{kN}\ (\leftarrow),\ F_{Dy}=10\text{kN}\ (\uparrow)$$

2) 求附属部分的杆端内力。

DF 段 $M_{DF}=0$，$M_{FD}=10\times3=30$ (kN·m)(内侧受拉)

$F_{SDF}=10\text{kN}$，$F_{SFD}=10\text{kN}$，$F_{NDF}=7.5\text{kN}$，$F_{NFD}=7.5\text{kN}$

FB 段 $M_{FB}=10\times3=30$ (kN·m)(内侧受拉)，$M_{BF}=0$

$F_{SFB}=-7.5\text{kN}$，$F_{SBF}=-7.5\text{kN}$，$F_{NFB}=0$，$F_{NBF}=0$

(2) 基本部分的计算。

1) 求支座反力。

将铰 C 对附属部分 DFB 的约束反力的反作用力加在基本部分上，取刚架的基本部分

ACED 为隔离体，如图 17.20（b）所示，由平衡方程$\sum M_A=0$，$\sum F_x=0$，$\sum F_y=0$，得

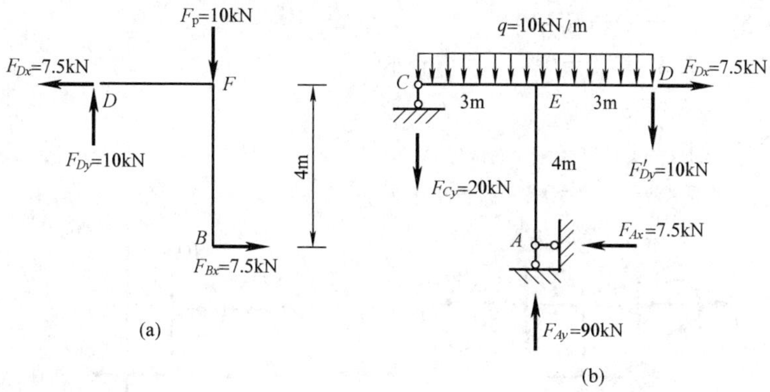

图 17.20

$$F_{Cy}=20\text{kN}\ (\downarrow),\ F_{Ax}=7.5\text{kN}\ (\leftarrow),\ F_{Ay}=90\text{kN}\ (\uparrow)$$

2）求基本部分的杆端内力。

CE 段　$M_{CE}=0$，$M_{EC}=-20\times3-10\times3\times1.5=-105$（kN·m）（上侧受拉）

$F_{SCE}=-20\text{kN}$，$F_{SEC}=-50\text{kN}$，$F_{NCE}=0$，$F_{SEC}=0$

ED 段　$M_{ED}=-10\times3\times1.5-10\times3=-75$（kN·m）（上侧受拉），$M_{DE}=0$

$F_{SED}=10+10\times3=40\text{kN}$，$F_{SDE}=10\text{kN}$

$F_{NED}=7.5\text{kN}$，$F_{NDE}=7.5\text{kN}$

AE 段　$M_{AE}=0$，$M_{EA}=7.5\times4=30$（kN·m）（右侧受拉）

$F_{SAE}=7.5\text{kN}$，$F_{SEA}=7.5\text{kN}$

$F_{NAE}=-90\text{kN}$，$F_{NEA}=-90\text{kN}$

3）绘制内力图。

按照 q、F_S 和 M 的微分关系绘内力图，如图 17.21（a）、（b）、（c）所示。

分别取 E、F 刚结点为隔离体，如图 17.22（a）、（b）所示。

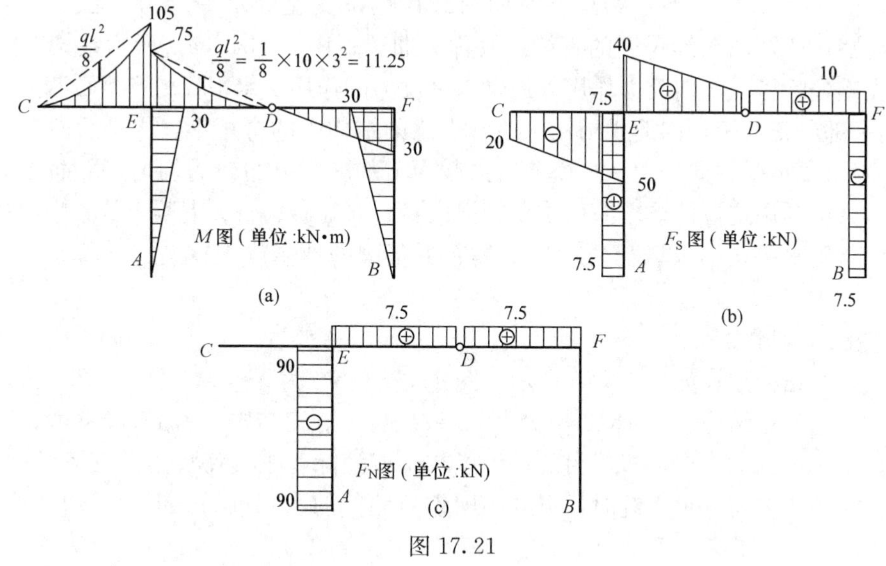

图 17.21

F 结点 $\sum M_F=-105+75+30=0$

$\sum F_y=90-50-40=0$

$\sum F_x=7.5-7.5=0$ 计算正确。

E 结点 $\sum M_E=30-30=0$

$\sum F_y=10-10=0$

$\sum F_x=7.5-7.5=0$ 计算正确。

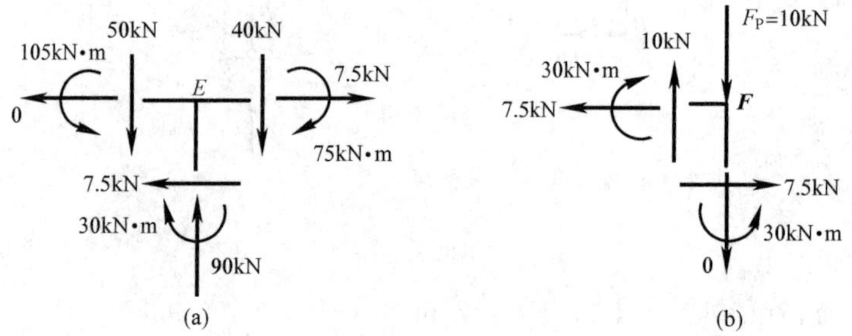

图 17.22

§17.3 三 铰 拱

在工程中，拱结构在房屋建筑中应用较为广泛，如礼堂、体育馆、展览馆等，此外在桥梁建筑和水工建筑中也得到广泛应用，如图 17.23 所示。

1. 拱结构的受力特点和组成

(1) 拱结构的受力特点。

杆轴线为曲线并且在竖向荷载作用下在支座处会产生水平推力的结构称为拱结构。该水平推力，是指拱两端支座处指向拱内部的水平支座反力。拱结构特点有二：一是杆轴线为曲线，二是在竖向荷载作用下在支座处会产生水平推力。这个水平推力，是拱结构与梁结构的主要区别。如图 17.24 (a)、(b) 所示，两个跨度相等的结构，且轴线均为曲线，但产生的内力不同。图 17.24 (b) 所示结构在竖向荷载作用下支座处水平反力为零，产生正弯矩(使下侧受拉)，弯矩图同等跨度的直梁，故称为曲梁；图 17.24 (a) 所示结构在竖向荷载作用下在支座处除了受竖向反力作用外还受水平反力的作用，水平反力产生负弯矩 (上侧受拉)，抵消一部分正弯矩，因此拱结构中的弯矩比梁结构中的弯矩小 (详见后面有关章节弯矩算式)，它主要承受轴向压力。这就使得拱截面上的应力分布较为均匀，因而更能发挥材料的作用，并可利用抗拉性能较差而抗压较强的材料 (如砖、石、混凝土等) 来建造。但是由于支座要承受水平推力，因而要求比梁具有更坚固的地基或支撑结构 (墙、柱、墩、台等)。

(2) 拱的结构形式。

常见的拱的结构形式如图 17.25 所示。图 17.25 (a) 为无铰拱，图 17.25 (b) 为两铰拱，两者均是超静定结构；图 17.25 (c) 为三铰拱，是静定结构。图 17.25 (d)、(e)、(f) 为系杆拱，是三铰拱的变形形式，目的是为了减小或消除水平支座反力对支撑结构的影响，这类拱结构在用于屋盖承重系统时，可减小屋盖对墙体的水平推力，但为了增加使用空间，可将拉杆提高，图 17.25 (e) 所示。

拱桥

拱结构幕墙

拱结构棚顶

赵州桥

图 17.23

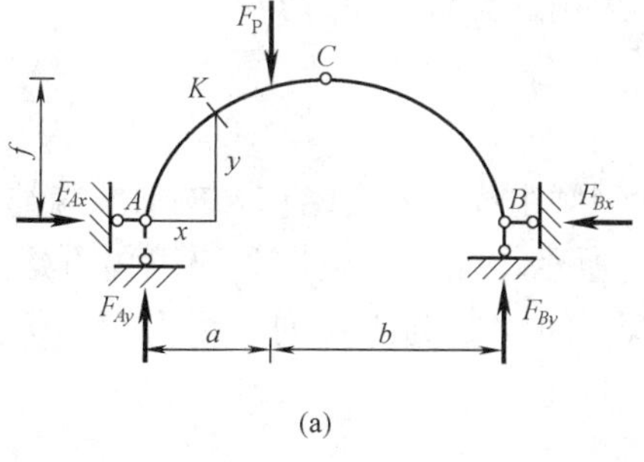

(a)

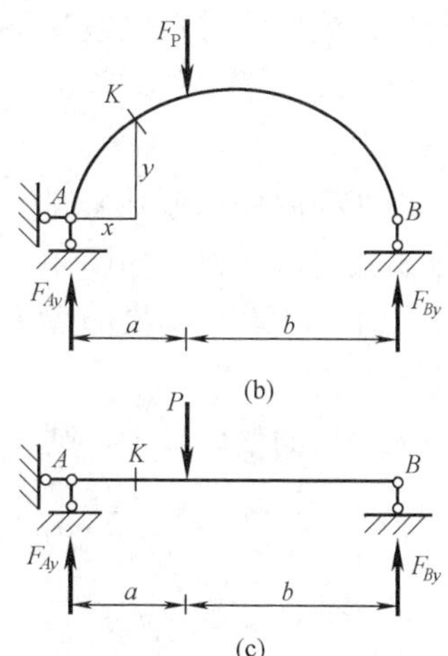

(b)

(c)

图 17.24

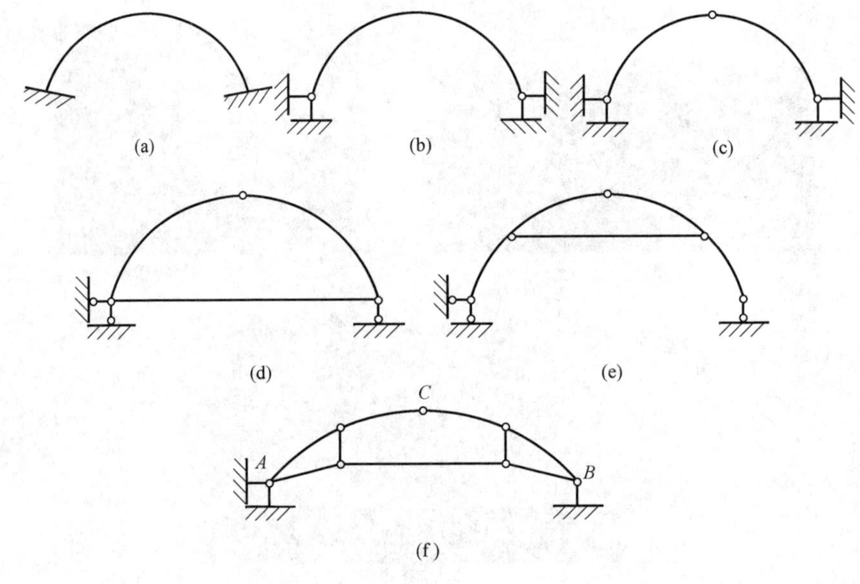

图 17.25

(a) 无铰拱；(b) 两铰拱；(c) 三铰拱；(d) 系杆拱；(e) 系杆拱；(f) 系杆拱

拱的轴线形状有多种，如抛物线、圆弧线等，在实际应用中，可以根据外荷载及采用的建材的情况进行选择。

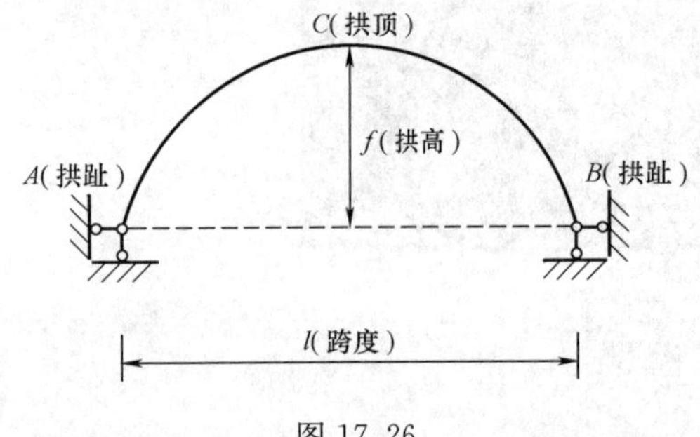

图 17.26

2. 拱结构的组成

拱与基础的联结处称为拱址（拱脚），拱轴的最高点称为拱顶，拱顶到两拱脚的连线的竖向垂直距离称为拱高 f，两拱脚的水平距离称为跨度 l，如图 17.26 所示。拱高 f 与跨度 l 之比称为拱的高跨比。高跨比是拱的一个重要参数。

为什么三铰拱可以用砖、石、混凝土等抗拉性能差而抗压性能好的材料建造？而梁却很少用这类材料建造？

3. 三铰拱的内力计算

(1) 支座反力。

三铰拱是由两根曲杆与地基之间按三刚片规则组成的静定结构，拱的两端都是固定铰支座，共有四个未知支座反力，如图 17.27 (a) 所示，除了取全拱为隔离体可建立三个平衡方程外，还须取左（或右）半拱的隔离体，以中间铰 C 为矩心列一个力矩平衡方程，从而求出所有的支座反力。

首先考虑三铰拱的整体平衡，则

$$\sum M_A=0,\ F_{P1}a_1+F_{P2}a_2-F_{By}l=0,\ F_{By}=\frac{F_{P1}a_1+F_{P2}a_2}{l}$$

$$\sum M_B=0,\ F_{Ay}l-F_{P1}b_1-F_{P2}b_2=0,\ F_{Ay}=\frac{F_{P1}b_1+F_{P2}b_2}{l}$$

$$\sum F_x=0,\ F_{Ax}=F_{Bx}=F_H$$

再取左半拱为隔离体，如图 17.27（b）所示，因为点 C 为铰，所以 $M_C=0$，由 $\sum m_C=0$ 有 $F_{Ay}l_1-F_{Ax}f-F_{P1}(l_1-a_1)=0$　$F_H=F_{Ax}=F_{Bx}=\dfrac{F_{Ay}l_1-F_{P1}(l_1-a_1)}{f}$

为了方便，常与已经熟悉的梁的计算联系起来。取一个简支梁，令其跨度荷载均与图 17.27（a）中的三铰拱相同，这个梁称为三铰拱的相应简支梁或“相当梁”，如图 17.27（c）所示。取相应简支梁整体为隔离体。

由 $\sum m_A=0$　得　$-F_{P1}a_1-F_{P2}a_2+F_{By}^0 l=0$，　$F_{By}^0=\dfrac{F_{P1}a_1+F_{P2}a_2}{l}$

由 $\sum m_B=0$　得　$F_{P1}b_1+F_{P2}b_2-F_{Ay}^0 l=0$，　$F_{Ay}^0=\dfrac{F_{P1}b_1+F_{P2}b_2}{l}$

再由图 17.27（d），可求得对应简支梁 C 截面的弯矩 M_C^0。由 $\sum m_C=0$ 得

$$M_C^0=F_{Ay}^0 l_1-F_{P1}(l_1-a_1)$$

比较三铰拱与对应简支梁的支座反力，可得到：

$$F_{Ay}=F_{Ay}^0,\quad F_{By}=F_{By}^0,\quad F_H=\frac{M_C^0}{f}$$

所以三铰拱的支座反力，可利用对应简支梁进行计算。

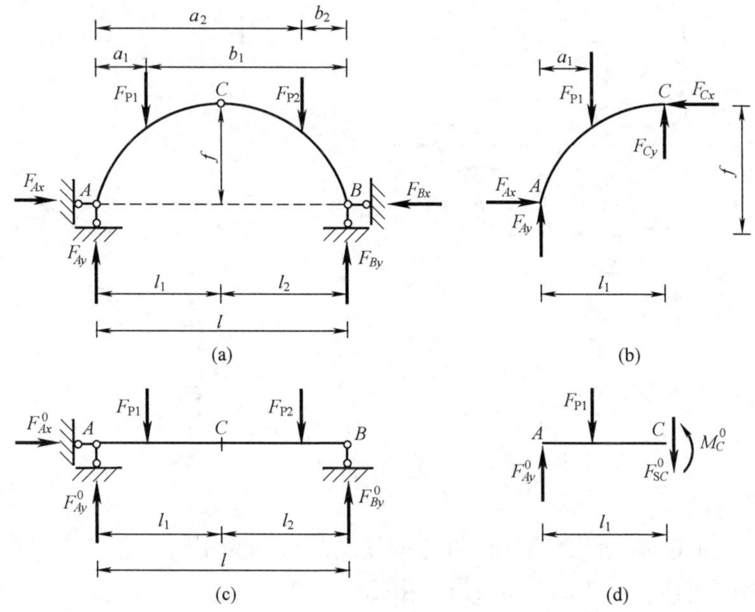

图 17.27

从上式中可以总结出三铰拱的支座反力的特点如下：

1）在竖向荷载的作用下，三铰拱的竖向反力与其对应简支梁的竖向反力相等。

2）三铰拱的水平推力 H 等于对应简支梁 C 截面的弯矩 M_C^0 除以拱高 f。当荷载和跨度不变时，推力 H 与拱高 f 成反比。也就是说，高跨比越小即拱越陡时，水平推力就越大；高跨比越大即拱越平坦时，水平推力就越小。当 f 趋于无穷小时，H 将无穷大，则三铰拱的三个铰趋于一条直线上，此时体系为瞬变体系。所以高跨比是拱的重要几何参数。

（2）内力计算。

三铰拱的内力可用截面法进行计算。但是，由于拱轴是曲线，所取截面应垂直于拱轴线的切线方向。每一个截面 K 的位置由该截面形心的坐标（x_K、y_K）以及该截面与 x 坐标轴的倾角 ϕ_K 来确定。这一个坐标由拱轴方程 $y=f(x)$ 确定。任一截面 K 的内力可分解为弯矩 M_K、剪力 F_{SK} 和轴力 F_{NK}，其中 F_{SK} 沿截面，F_{NK} 沿垂直于截面，如图 17.28（c）所示。

1）弯矩的计算。

弯矩的符号规定以使拱内侧纤维受拉的为正，反之为负。

取 AK 段为隔离体，如图 17.28（c）所示，建立如图坐标系。

由 $\sum m_K=0$，得 $-F_{Ay}x_K+F_H y_K+F_{P1}(x_K-a_1)+M_K=0$

则
$$M_K=F_{Ay}x_K-F_H y_K-F_{P1}(x_K-a_1)$$

在相应简支梁上，$M_K^0=F_{Ay}^0 x_K-F_{P1}(x_K-a_1)$

则
$$M_K=M_K^0-F_H\cdot y_K$$

即拱内任意截面的弯矩等于相应简支梁对应截面的弯矩减去由于拱的推力 $\boldsymbol{F}_H$ 所引起的弯矩 $F_H\cdot y_K$。所以三铰拱的各截面弯矩总是小于对应简支梁的弯矩。

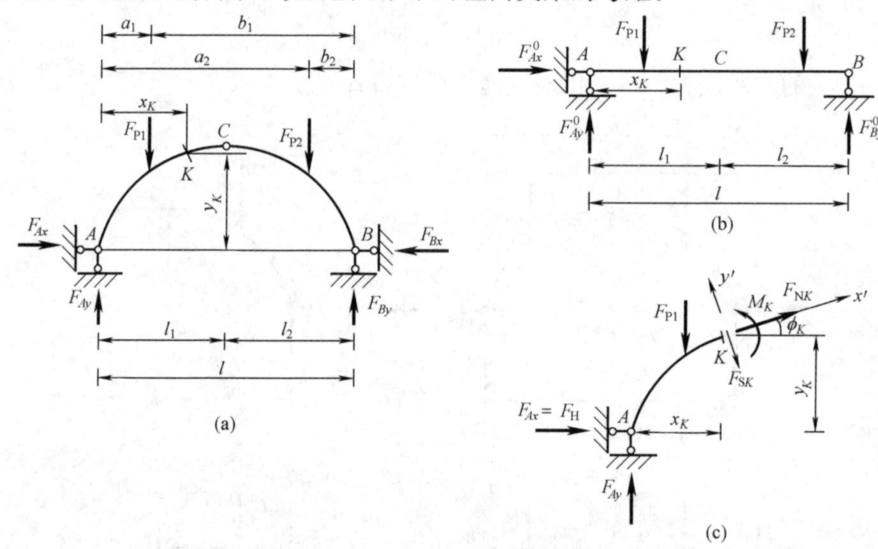

图 17.28

2）剪力的计算。

剪力的符号规定以使隔离体有顺时针方向转动趋势的为正，反之为负。

取 AK 段为隔离体，沿 F_{SK} 方向投影，由 $\sum F_{y'}=0$，得

$$F_{SK}=F_{Ay}\cos\phi_K-F_H\sin\phi_K-F_{P1}\cos\phi_K=(F_{Ay}-F_{P1})\cos\varphi_K-F_H\sin\phi_K$$

在相应简支梁上，$F_{SK}^0=F_{Ay}^0-F_{P1}$

则
$$F_{SK}=F_{SK}^0\cos\phi_K-F_H\sin\phi_K$$

3）轴力的计算。

轴力的符号通常规定以受拉为正，受压为负。

取 AK 段为隔离体，沿 F_{NK} 方向投影，由 $\sum F_x{}'=0$

$$F_{NK}=-F_{Ay}\sin\phi_K-F_H\cos\phi_K+F_{P1}\sin\phi_K=-(F_{Ay}-F_{P1})\sin\phi_K-F_H\cos\phi_K$$

而在相应的简支梁上，$F_{Ay}^0-F_{P1}=F_{SK}^0$

则
$$F_{NK}=-(F_{SK}^0\sin\phi_K+F_H\cos\phi_K)$$

由此可见，拱截面有轴力，且为压力。

于是，在已知拱轴的曲线方程时，就可以利用以上公式计算任意截面的内力，作出内力图。

【例 17.8】 试求图 17.29 (a) 所示三铰拱截面 D 和 E 上的内力。已知拱轴方程为 $y=\frac{4f}{l^2}\times x(l-x)$。

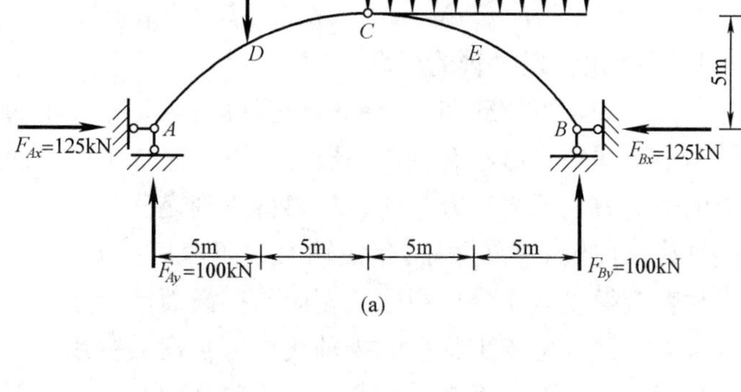

(a)

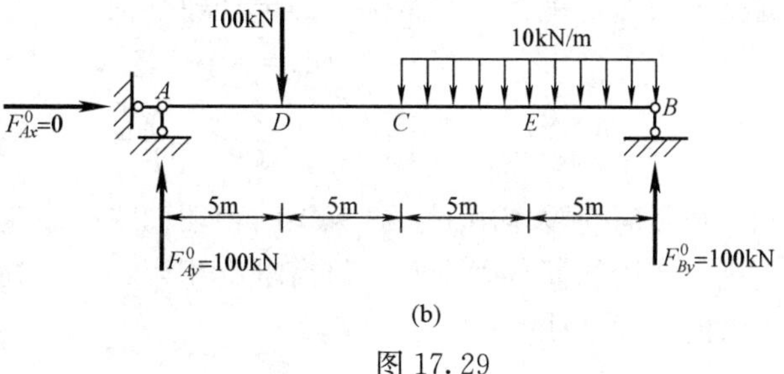

(b)

图 17.29

解　(1) 相应简支梁的有关数据计算。作三铰拱的相应简支梁如图 17.29 (b) 所示。其支座反力为

$$F_{Ax}^0=0，F_{Ay}^0=F_{By}^0=100\text{kN}$$

简支梁截面 C 处的弯矩为

$$M_C^0=500\text{kN}\cdot\text{m}$$

(2) 计算三铰拱的支座反力。

三铰拱的支座反力为

$$F_{Ay}=F_{Ay}^0=100\text{kN}$$

$$F_{By}=F_{By}^0=100\text{kN}$$

$$F_{Ax}=F_{Bx}=F_H=M_C^0/f=100\text{kN}$$

(3) 计算 D 截面上的内力。计算所需有关数据为

$$x_D=5\text{m}，y_D=\frac{4f}{l^2}x_D(l-x_D)=3.75\text{m}$$

$$\tan\phi_D=0.500，\sin\phi_D=0.447，\cos\phi_D=0.894$$

$$F_{SDA}^0=100\text{kN}，F_{SDC}^0=0，M_D^0=500\text{kN}\cdot\text{m}$$

三铰拱 D 截面上的内力为

$$M_D=M_D^0-F_Hy_D=125\text{kN}\cdot\text{m}$$

$$F_{SDA}=F_{SDA}^0\cos\phi_D-F_H\sin\phi_D=44.7\text{kN}\cdot\text{m}$$

$$F_{SDC}=F_{SDC}^0\cos\phi_D-F_H\sin\phi_D=-44.7\text{kN}\cdot\text{m}$$

$$F_{NDA}=-(F_{NDA}^0\sin\phi_D+F_H\cos\phi_D)=-134.1\text{kN}$$

$$F_{NDC}=-(F_{NDC}^0\sin\phi_D+F_H\cos\phi_D)=-89.4\text{kN}$$

(4) 计算 E 截面上的内力。计算所需有关数据为

$$x_E=15\text{m}，y_E=\frac{4f}{l^2}x_E(l-x_E)=3.75\text{m}$$

$$\tan\phi_E=-0.500，\sin\phi_E=-0.447，\cos\phi_E=0.894$$

$$F_{SE}^0=-50\text{kN}，M_E^0=375\text{kN}\cdot\text{m}$$

算得三铰拱 E 截面上的内力为

$$M_E=M_E^0-F_Hy_E=0$$

$$F_{SE}=F_{SE}^{0}\cos\phi_{E}-F_{H}\sin\phi_{E}=-0.025\text{kN}\approx 0$$

$$F_{NE}=-(F_{SE}^{0}\sin\phi_{E}+F_{H}\cos\phi_{E})=-111.75\text{kN}$$

4. 三铰拱合理拱轴的概念

由前已知，当荷载和三个铰的位置确定时，三铰拱的支座反力与拱的轴线形状无关，但其内力与拱的轴线形状有关。一般情况下，三铰拱各截面上的内力有弯矩、剪力和轴力，截面上的正应力是不均匀分布的，材料得不到充分利用。对于给定的荷载，可以选择一个适当的拱轴线，使拱上所有截面存在轴力，而弯矩和剪力等于零，此时拱截面上正应力均匀分布，材料能得以最充分地利用，相应的拱截面尺寸是最小的。这种在某一确定荷载作用下使拱各截面上处于无弯矩状态的拱轴线称为**合理拱轴线。**

根据拱各截面弯矩为零的条件，确定合理拱轴线如下：

令
$$M_K=M_K^0-F_H y_K=0$$

得
$$y_K=\frac{M_K^0}{F_H}$$

因此，在竖向荷载作用下，三铰拱的合理轴线的纵坐标与相当梁的弯矩图纵标成比例。于是，当拱上作用的荷载确定时，只需求出相当梁的弯矩方程，再除以水平推力 F_H，就可得到三铰拱的合理轴线。

§17.4 静定平面桁架

1. 概述

(1) 桁架的特点。

由前已知，静定梁、静定刚架和静定拱的内力沿结构轴向的分布和应力沿横截面上的分布都是不均匀的，因而材料不能得到充分利用，不仅增加了自重，还间接影响结构承受荷载的能力。随着社会的发展，要求结构有较大的跨度和承受较大的荷载，于是出现了桁架。

桁架是指各杆件的两端，按一定方式相互联结起来的一种结构，桁架各杆轴线处于同一平面内的为平面桁架，如图 17.30、图 17.31 所示。在桁架中，几根杆件相互结合的地方称为**结点**。桁架中的杆件，由于所在位置的不同，可分为弦杆和腹杆两类，弦杆是指桁架上下外围的杆件，上边的杆件称为**上弦杆**，下边的杆件称为**下弦杆**。桁架上弦杆和下弦杆之间的杆件称为**腹杆**。腹杆又分为竖杆和斜杆。弦杆上二相邻结点的间隔称为**节间**，其距离 d 称为节间长度，二支座之间的距离 l 称为桁架的**跨度**，二支座的连线到桁架最高点之间的垂直距离 H 称为**桁高**。

实际工程中，为了杆件联结和施工的方便，结点完成后一般都具有刚性。有些杆件在结点处还是连续不断的，各杆轴线也不一定都交于一点。所以实际上桁架属于复杂的超静定结构，要精确计算其内力比较复杂。为了简化计算，又能反映杆件的主要受力特点，在选取桁架计算简图时，通常假定：

1) 各杆的两端用无摩擦的理想铰连接；

2) 各杆的轴线都是直线，且通过铰的中心，都在同一平面内；

3) 荷载和支座反力都作用在结点上，并位于桁架平面内。

满足上述假定的桁架称为**理想桁架**。桁架各杆只承受轴力，每根杆任意截面上的正应力

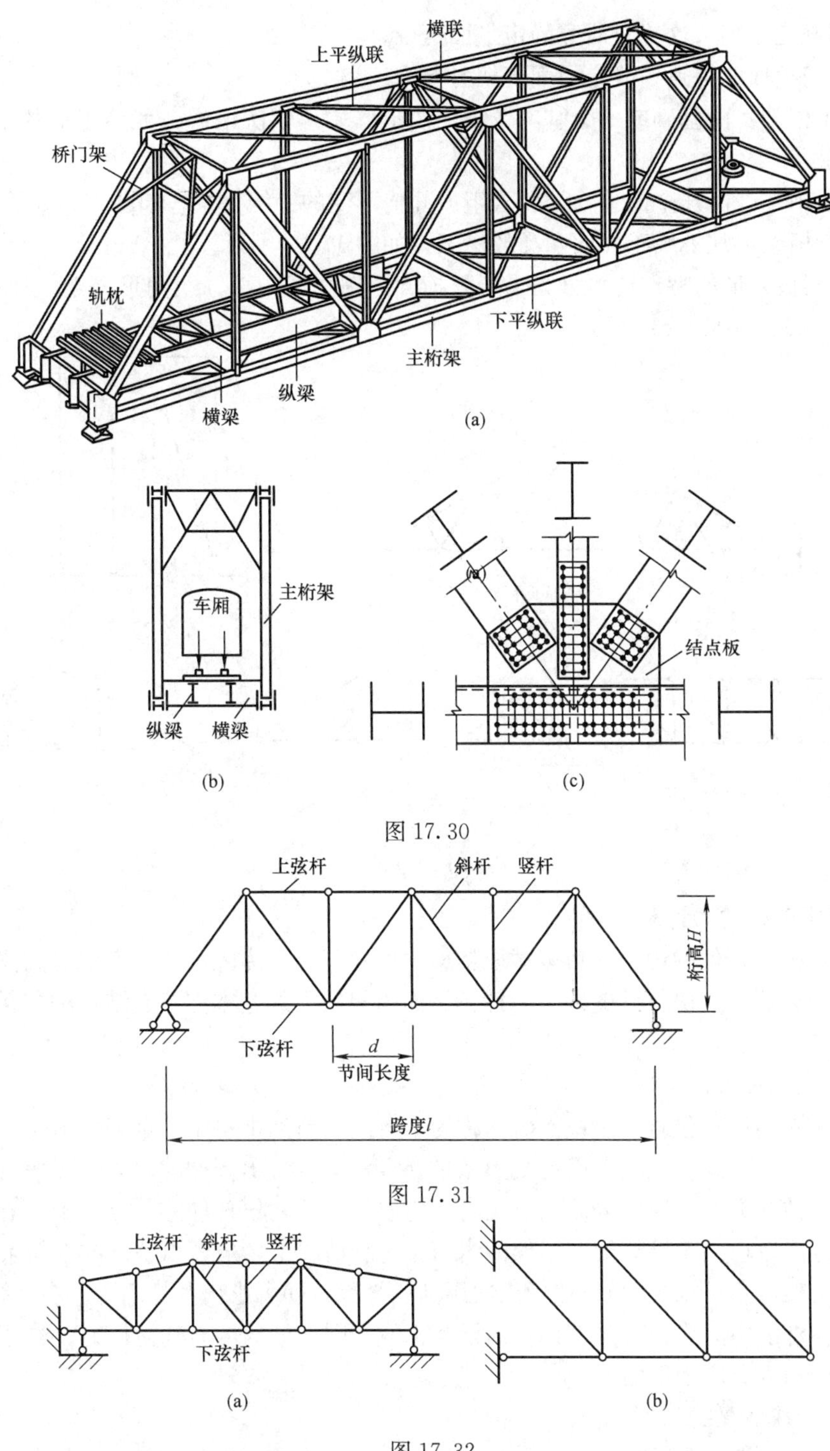

图 17.30

图 17.31

图 17.32

分布均匀，使材料可充分发挥作用，因而桁架比梁能节省材料，减轻自重，在大跨度的屋盖、桥梁、支撑、起重机、输电塔等承重系统中得到广泛运用。

(2) 平面桁架的分类。

桁架的杆件布置必须满足几何不变体系的组成规律。无多余约束的为静定桁架，有多余约束的为超静定桁架，这里只研究静定平面桁架。

根据几何组成的特点，静定平面桁架可分为三类：

1）简单桁架：由基础或一个基本铰结三角形开始，依次增添二元体组成的桁架，如图 17.32 所示。

2）联合桁架：由几个简单桁架联合组成几何不变的铰结体系，如图 17.33 所示。

3）复杂桁架：凡不属于前面两类的桁架，如图 17.34 所示。

此外桁架按外形的特点还可分为平行弦桁架、抛物线桁架、三角形桁架、梯形桁架等，如图 17.35（a）、（b）、（c）所示。

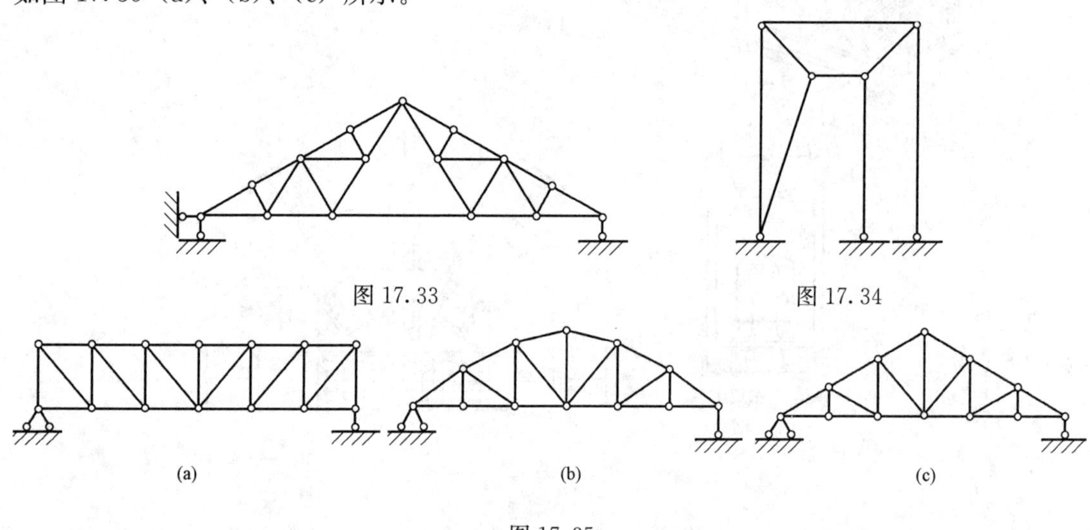

图 17.33

图 17.34

(a) (b) (c)

图 17.35

2. 平面桁架的内力计算

为了计算桁架杆件的内力，可以截取桁架中的一部分作为隔离体，考虑隔离体的平衡条件，列出平衡方程，解出杆件的内力。计算平面桁架内力的基本方法有结点法和截面法。

（1）结点法。

1）结点法的原理。

当截取的隔离体只包含一个结点时，称为结点法。桁架中每个结点都是承受一个平面汇交力系而处于平衡状态，故用平面汇交力系平衡方程即可解出杆件的内力。因平面汇交力系平衡只有两个独立方程，所以采用结点法时，应取只连接两根杆件的结点开始，依次计算较为简便。结点法较适用于计算简单桁架的内力。一般情况下，应先由整体的平衡条件求支座反力（悬臂桁架可不想求反力），然后依次用结点方程，即可求出各杆内力。在计算过程中，通常先假定各杆的内力为拉力，若计算结果为正值，则该杆的内力确为拉力；若计算结果为负值，则该杆的内力应为压力。

2）几种特殊情况的判别。

内力为零的杆件称为**零杆。**

①L 形结点（或两杆结点），当结点上无荷载作用时，则该两杆均为零杆；当结点上有荷载作用且荷载作用线与其中一根杆的轴线共线，则另外一根杆为零杆，如图 17.36（a）、（b）所示。

②T 形结点（或三杆结点），属三根杆件汇交的结点，且其中两根杆件在一直线上，当

结点上无荷载作用时，则第三根杆件为零杆，而在同一直线上的两根杆件，内力必然等值且性质相同（都为拉力或压力），如图 17.36（c）所示。

③X 形结点，属四杆汇交的结点，它们两两共线，当结点上无荷载作用时，则同一直线上的两杆内力等值且性质相同，如图 17.36（d）所示。

④K 形结点，也属四杆汇交的结点，其中两杆共线，而其他两杆位置对称且在共线两杆轴线的同一侧，则对称两杆内力等值而性质相反（一为拉力，一为压力），共线的两杆内力不等，如图 17.36（e）所示。

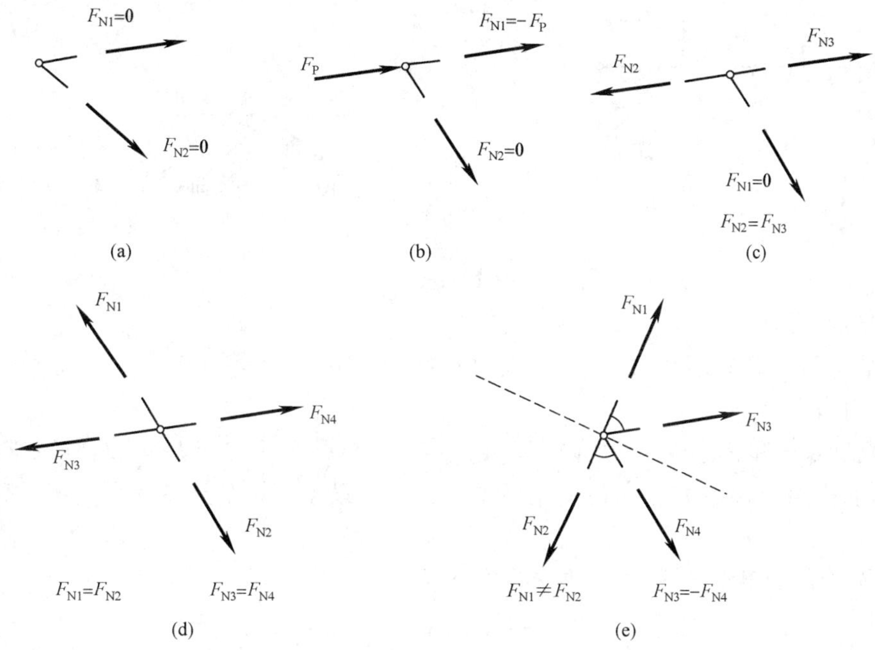

图 17.36

根据以上结论，不难推出图 17.37（a）、（b）中，虚线各杆为零杆，这样可使桁架内力计算工作大为简便。

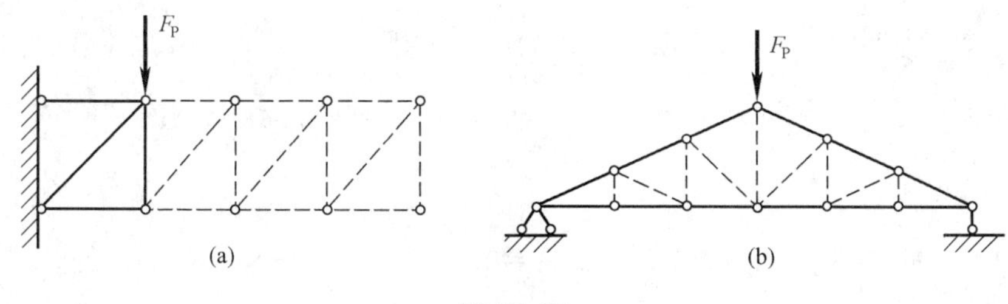

图 17.37

解题时宜注意：

1）去掉零杆；

2）从二杆结点和单杆算起；

3）简单桁架可用结点法求出全部内力。

【例 17.9】 试用结点法求如图 17.38（a）所示桁架各杆的内力。

解 由于桁架和荷载都对称，只需计算桁架的一半内力，另一半利用对称关系即可确定。

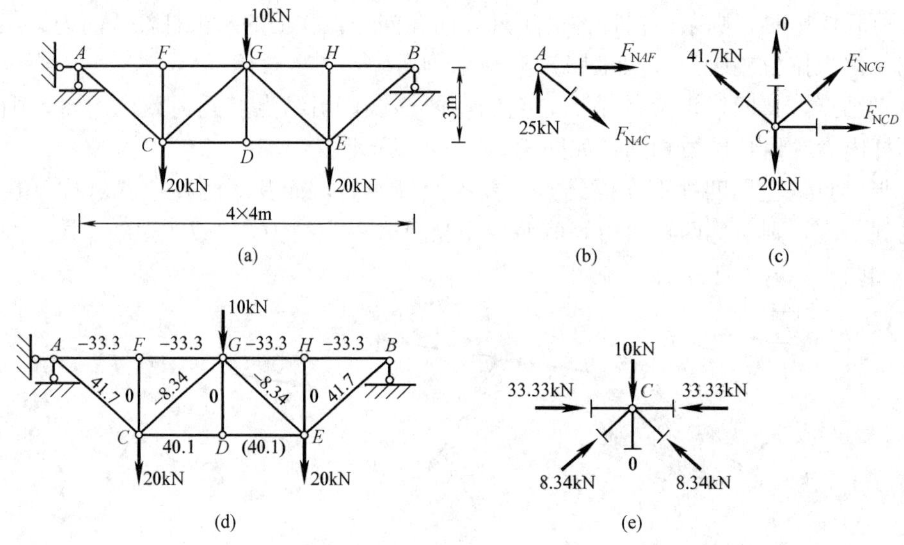

图 17.38

1）求支座反力。

由于结构和荷载都对称，故 $F_{Ay}=F_{By}=25\text{kN}$（↑），$F_{Ax}=0$

2）求内力。

首先判别零杆和其他特殊杆的内力，由结点 F、结点 H 和结点 D 可知，杆 CF、EH 和 DG 均为零杆，且 $F_{NAF}=F_{NFG}$，$F_{NHG}=F_{NHB}$。因此，只需计算结点 A 和结点 C，便可求得各杆内力。

结点 A　受力如图 17.38（b）所示，由 $\Sigma F_y=0$ 得

$$-F_{NAC}\times\frac{3}{5}+25=0,\ F_{NAC}=41.7\text{kN}（拉）$$

由 $\Sigma F_x=0$ 得

$$F_{NAF}+41.7\times\frac{4}{5}=0,\ F_{NAF}=-33.3\text{kN}（压）$$

结点 C　受力如图 17.38（c）所示，由 $\Sigma F_y=0$ 得

$$F_{NCG}\times\frac{3}{5}-20+41.7\times\frac{3}{5}=0,\ F_{NCG}=-8.34\text{kN}（压）$$

由 $\Sigma F_x=0$ 得

$$F_{NCD}-41.7\times\frac{4}{5}-8.34=0,\ F_{NCD}=41.7\text{kN}（拉）$$

右半结构的内力可以对称得到，如图 17.38（d）所示。

3）校核。取结点 G，受力如图 17.38（e）所示。

$$\Sigma F_x=8.34\times\frac{4}{5}+33.3-8.34\times\frac{4}{5}-33.3=0$$

$$\Sigma F_y=8.34\times\frac{3}{5}+8.34\times\frac{3}{5}-10=0\quad 说明计算无误。$$

（2）截面法。

用截面将桁架假想切成两部分，取其中任一部分（包含两个或两个以上结点）为隔离

体，求解杆件内力的方法称为截面法。

截面中未知量数目不得多于 3 个。在截面法中所列的力矩方程或投影方程，每个方程务必只包含一个未知量。

【例 17.10】 试求图 17.39（a）中所示桁架 1、2、3 各杆内力。

解 用一截面切断三杆，将该桁架假想切开，为免于计算支座反力，取截面以右部分为研究对象，其受力图如图 17.39（b）所示。

由$\sum M_K=0$得

$$4F_{N1}-3F_P=0,\quad F_{N1}=\frac{3}{4}F_P\text{（拉）}$$

由$\sum F_y=0$得

$$\frac{4}{5}F_{N2}-2F_P=0,\quad F_{N2}=\frac{5}{2}F_P\text{（拉）}$$

由$\sum M_G=0$得

$$-4F_{N3}-3F_P-6F_P=0,\quad F_{N3}=-\frac{9}{4}F_P\text{（压）}$$

校核

$$\sum F_x=-F_{N1}-\frac{3}{5}F_{N2}-F_{N3}=-\frac{3}{4}F_P-\frac{3}{5}\times\frac{5}{2}F_P+\frac{9}{4}F_P=0\quad\text{计算正确。}$$

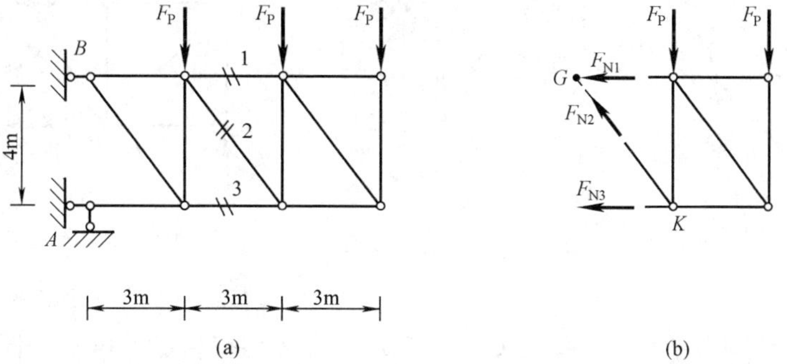

图 17.39

（3）结点法和截面法的联合应用。

在工程结构中，常见的是简单桁架和联合桁架。当计算简单桁架中的某指定杆件内力时，往往单独应用结点法或截面法，工作量大。而对于几何组成较复杂的联合桁架，用结点法更难计算出各杆的内力。此时，将结点法和截面法联合应用即可较为简便地求解桁架的内力。

如图 17.40 所示，要计算 a 杆的内力。如果单独用截面法或单独用结点法，都难以一次求出结果。此时，联合应用结点法和截面法可较为简便地求出结果。先用截面Ⅰ－Ⅰ截取右半桁架，利用$\sum M_C=0$，求出 F_{Nb}；再用截面Ⅱ-Ⅱ截取左半部分桁架，由利用$\sum M_D=0$，求

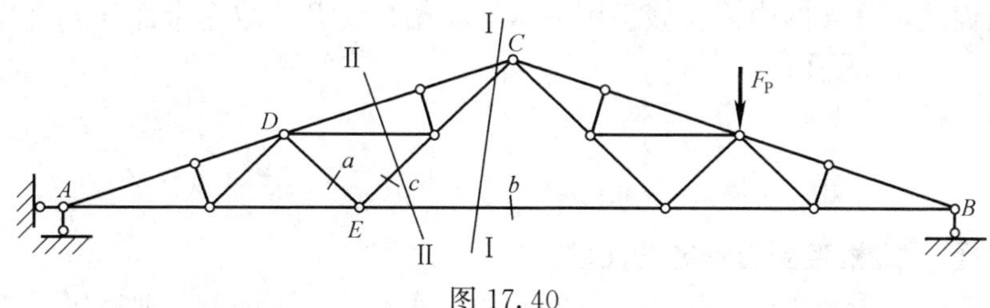

图 17.40

出 F_{Nc}；最后取结点 E，由$\sum F_y=0$，求出 F_{Na}。

【例 17.11】 试求图 17.41（a）中所示桁架 1、2、3、4 各杆的内力。

解 （1）求支座反力。

整个桁架受力图如图 17.41（a）所示。

由$\sum F_x=0$ 得 $F_{Ax}=0$

由$\sum M_A=0$ 得 $F_{By}\times 3a-F_P\times 4a=0$， $F_{By}=\dfrac{4}{3}F_P(\uparrow)$

由$\sum M_B=0$ 得 $-F_{Ay}\times 3a-F_P\times a=0$，$F_{Ay}=-\dfrac{F_P}{3}(\downarrow)$

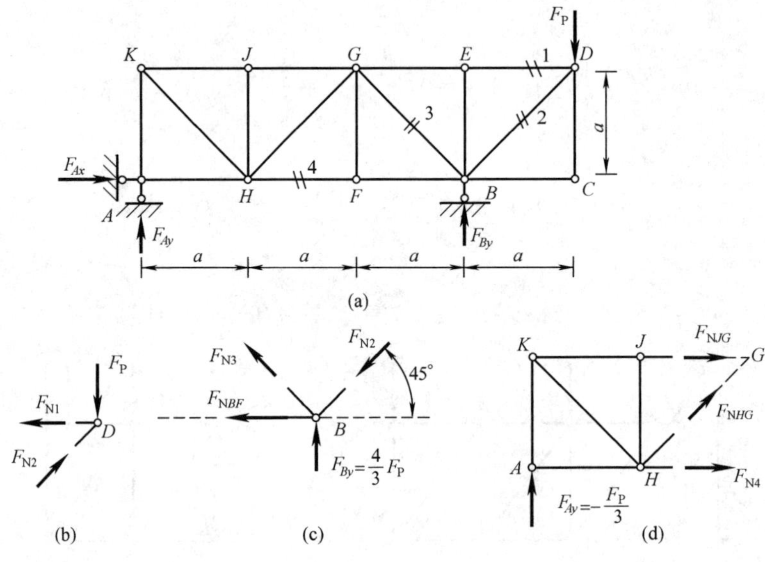

图 17.41

（2）求内力。

首先判别零杆，由结点 A、结点 C、结点 E、结点 F 和结点 J 可知，杆 AH、CD、CB、EB、FG 和 JH 均为零杆。

首先取结点 D 研究对象，其受力如图 17.41（b）所示，由$\sum F_y=0$ 得

$$F_{N2}\times\cos 45^\circ-F_P=0,\ F_{N2}=\sqrt{2}F_P\ (\text{压})$$

由$\sum F_x=0$ 得

$$-F_{N1}+F_{N2}\times\cos 45^\circ=0,\ F_{N1}=F_P\quad(\text{拉})$$

再取结点 B 为研究对象，其受力如图 17.41（c）所示，由$\sum F_y=0$ 得

$$-F_{N2}\times\cos 45^\circ+F_{N3}\times\cos 45^\circ+\frac{4}{3}F_P=0,\ F_{N3}=-\frac{\sqrt{2}F_P}{3}\ (\text{压})$$

最后用截面法求杆 4 的内力，假想用一截面将桁架切开，取左半部分为研究对象，其受力图如图 17.41（d）所示。

由$\sum M_G=0$ 得

$$-F_{Ay}\times 2a+F_{N4}\times a=0,\ F_{N4}=2F_{Ay}=-\frac{2F_P}{3}\ (\text{压})$$

3. 几种主要梁式桁架受力性能的比较

在荷载一定时，桁架中内力的分布与桁架的形式有关。下面就工业和民用建筑中常用的

几种梁式桁架的受力情况做简单的讨论，以了解桁架的形式对内力分布和构造上的影响，以及它们的应用范围，以便在结构设计中合理选用。

（1）平行弦桁架。

如图 17.42（a）所示，平行弦桁架在满跨均布结点荷载作用时，弦杆内力从两端向中间递增，中间弦杆的内力最大，且上弦杆受压，下弦杆受拉；腹杆内力从两端向中间递减，两端腹杆内力最大，中间腹杆内力最小；竖杆和斜杆的内力符号相反。

（2）三角形桁架。

如图 17.42（b）所示，三角形桁架的内力分布与平行弦桁架相反。弦杆内力两端大，中间小；斜杆或竖杆内力两端小，中间大；竖杆和斜杆的内力符号相反。

（3）抛物线形桁架。

如图 17.42（c）所示，在满跨均布结点荷载作用时，抛物线桁架的腹杆内力等于零；各下弦杆具有相同的拉力；各弦杆受压，其水平分量都相等，且等于下弦杆内的拉力。

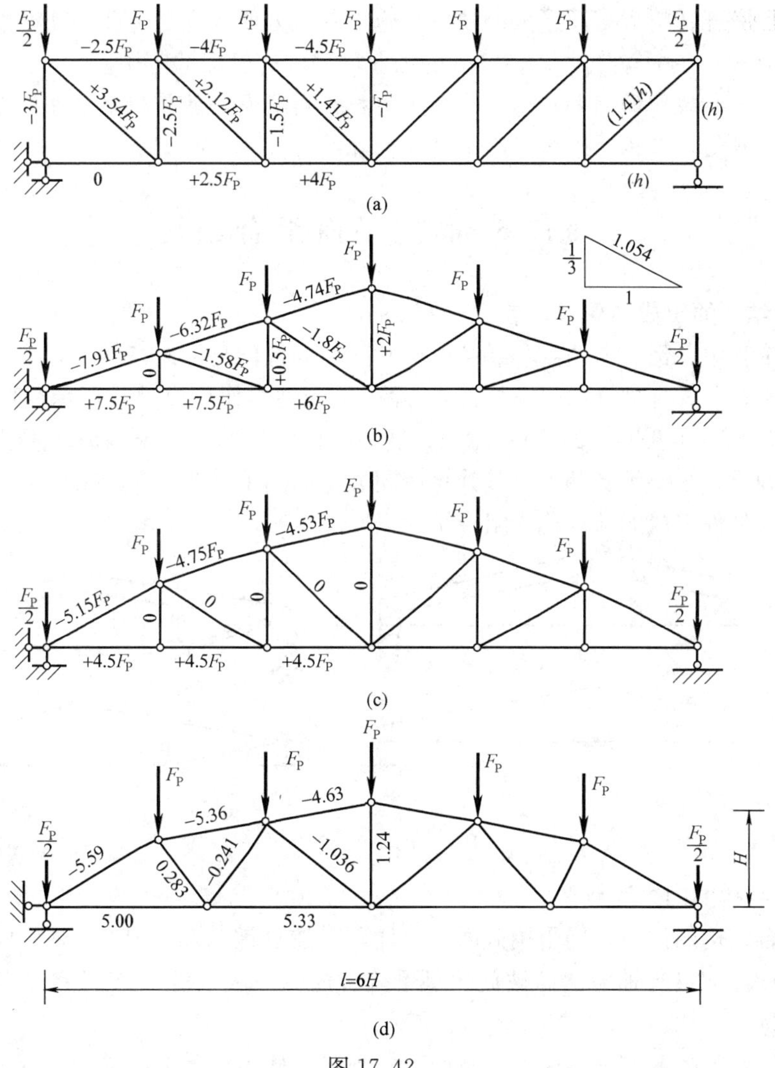

图 17.42

(4) 折线形桁架。

如图 17.42 (d) 所示，折线形桁架是介于三角形桁架和抛物线形桁架之间的一种桁架形式。上下弦杆内力变化不大；腹杆内力与三角形桁架的变化规律相同，从两端向中间递增。

基于上述桁架受力性能的比较分析，我们在工程实际运用上可得到如下结论：

(1) 平行弦桁架的内力分布不均匀，各节间弦杆截面均应有所不同，这就增加了结点上拼接的困难。通常，在各节间弦杆采用等截面，这种桁架结点构造简单，便于施工，但只宜用于跨度不太大的情况。

(2) 三角形桁架内力分布不均匀。靠近支座处的上下弦杆的夹角小，内力大，导致端结点构造复杂。宜用于跨度小、坡度较大的屋盖。

(3) 抛物线形桁架弦杆受力均匀，腹杆轻，自重小，但上弦杆为折杆，结点构造复杂，施工难，宜用于大跨的情况。

(4) 折线形桁架弦杆的内力比三角形桁架的小，内力分布比三角形桁架均匀，又克服了抛物线桁架上弦杆转折太多而形成的缺点，施工制造方便。它是目前钢筋混凝土屋架中经常使用的一种形式，在中等跨度 18～24m 的工业厂房中有较多的应用。

为什么理想桁架中的杆都可以认为是二力杆？用截面法计算桁架杆件内力，为什么截断的杆件一般不应超过三根？什么情况下可以例外？

§17.5　静定平面组合结构

1. 组合结构的组成和受力特点

在实际工程中，经常会遇到一些结构，其一部分杆件是桁架杆件，只承受轴力作用；而另一部分杆件是梁式杆件（即受弯杆件），除了承受轴力作用以外，还承受弯矩和剪力的作用。例如，图 17.43 (a)、(c) 所示屋架，其上弦杆由钢筋混凝土制成，主要承受弯矩，下弦杆由型钢制成，主要承受轴力，其计算简图分别如图 17.43 (b)、(d) 所示。这种在同一结构中由两类杆件组成的结构称为组合结构。

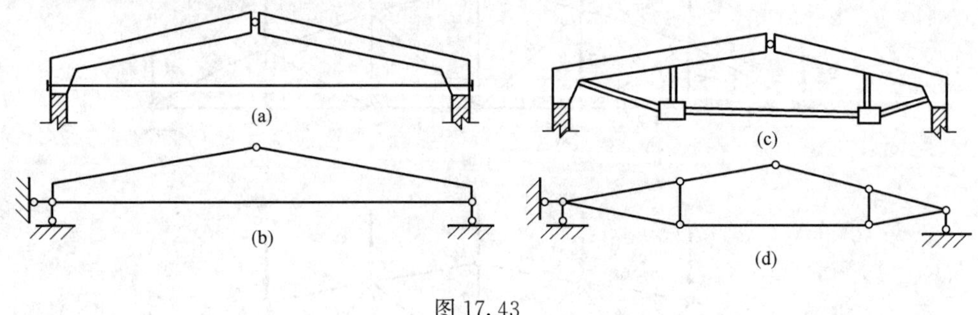

图 17.43

2. 组合结构的内力计算

计算组合结构的内力，仍采用截面法。计算时注意被截断的杆件是桁架杆还是梁式杆，对于链杆，截面上只有轴力；而被截的是梁式杆时，一般情况下截面上有三个内力，即弯矩、剪力和轴力。

由于梁式杆件的截面上一般有三个内力，为了不使脱离体上的未知力过多，应尽可能避免截断梁式杆。

组合结构内力计算的步骤为：

（1）计算支座反力；

（2）计算桁架杆的轴力；

（3）计算梁式杆的内力并绘制内力图。

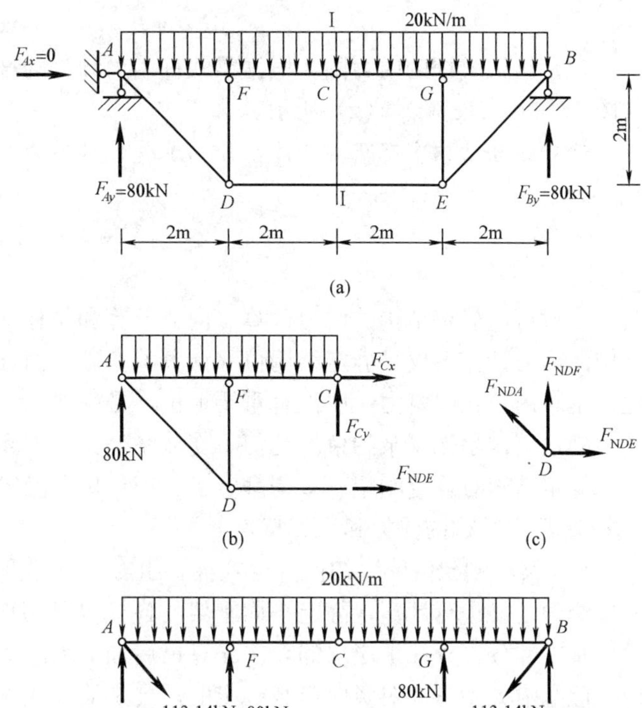

【例 17.12】 试计算如图 17.44（a）所示组合结构，绘出内力图。

解 此结构为一下撑式组合屋架。其中杆 AB、CB 为梁式杆，杆 AD、DF、DE、EG、EB 为桁架杆。因为此结构是对称的，支座反力和内力也应是对称的，因此只计算出一半结构上的内力即可。

（1）求支座反力。取结构整体为隔离体，由平衡方程 $\sum M_A=0$，$\sum M_B=0$，得

$$F_{Ax}=0,\ F_{By}=F_{Ay}=80\text{kN}\ (\uparrow)$$

（2）计算桁架杆的内力。以Ⅰ—Ⅰ截面从 C 处截断结构，取左半部分为隔离体，如图 17.44（b）所示，由平衡方程

$$\sum M_C=0,\ F_{NDE}\times 2-F_{Ay}\times 4+20\times 4\times 2=0$$

得　$F_{NDE}=80\text{kN}$（拉）

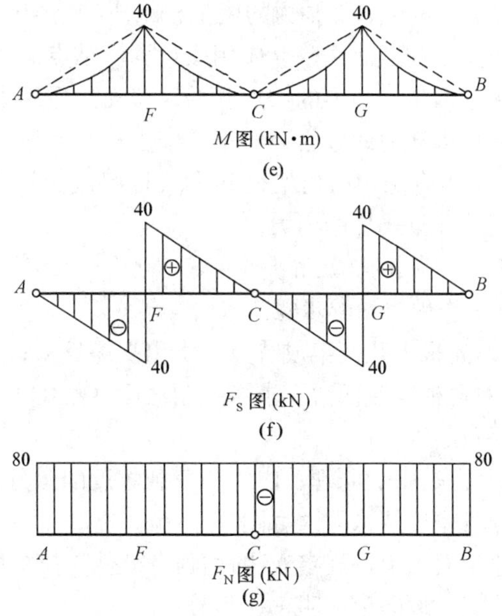

图 17.44

取结点 D 为隔离体，如图 17.44（c）所示，由平衡方程 $\sum F_x=0$，得

$$F_{NDA}=\sqrt{2}F_{NDE}=113.14\text{kN}\ (拉)$$

由平衡方程 $\sum F_y=0$，得

$$F_{NDF}=-\frac{\sqrt{2}}{2}F_{NDA}=-80\text{kN}\ (压)$$

（3）计算梁式杆内力。将桁架杆内力的反作用力作为荷载作用在梁式杆上，如图 17.44（d）所示。取 AFC 为隔离体，以 A、F、C 为控制截面。控制截面上的内力为

$$M_{AF}=0,\ M_{FA}=M_{FC}=-40\text{kN}\cdot\text{m}\ (上侧受拉),\ M_{CF}=0$$

$$F_{SAF}=0,\ F_{SFA}=-40\text{kN},\ F_{SFC}=40\text{kN},\ F_{SCF}=0$$

$$F_{NAC}=F_{NCA}=-80\text{kN}$$

(4) 绘梁式杆的内力图。根据梁式杆内力计算的结果，可以绘出梁式杆的内力图，分别如图 17.44 (e)、(f)、(g) 所示。

静定组合结构中有几类杆件？分别承受什么内力？

本 章 小 结

本章讨论静定结构的内力计算。内力计算和位移计算是静定结构分析的两个主题。静定结构的内力计算不仅是静定结构位移计算的基础，而且也是超静定结构内力计算的基础。因此，本章内容在建筑力学中占有重要地位，必须熟练掌握。

静定结构是无多余约束的几何不变体系，其内力和支座反力可由平衡方程唯一地确定。

静定结构有静定刚架、多跨静定梁、三铰拱、静定桁架、静定组合结构等。

1. 静定结构的受力和计算特点

(1) 梁和刚架由受弯构件（梁式杆）组成。以计算单跨静定梁为基础，多跨静定梁可拆成单跨静定梁进行计算，静定平面刚架的各杆也可当作梁计算。主从结构要先算附属部分，后算基本部分，分几个层次的，要先算最后加上去的。值得注意的是，多跨静定梁属主从结构，但基附关系是针对竖向荷载确定的，凡是能独立承受作用于其自身上的竖向荷载而处于平衡状态的梁都是基本部分，它可以是几何不变体系，也可以是几何可变体系。

(2) 三铰拱在竖向荷载作用下，有水平推力，内力以轴力为主，且为压力。

(3) 桁架由只受轴力的桁架杆组成。桁架的内力计算可先判定零杆，再用结点法、截面法、结点法和截面法联合应用法计算。结点法适用于求简单桁架中各杆的内力，选取结点应从不多于两个未知力的结点开始；截面法适用于求桁架中指定杆的内力，除特殊情况外，截断的杆件未知力的数目一般不应多于三个。遇到对称桁架时，应充分利用对称性。

(4) 组合结构由桁架杆和梁式杆组成。计算时要分清杆件的类型，先计算桁架杆的轴力，后计算梁式杆的内力。

2. 内力图的作法和要求

(1) 作内力图的步骤。

1) 先根据几何组成特点，求出支座反力；

2) 再根据截面法，求各控制截面（集中力作用处、集中力偶作用处、支座处、荷载变化处等）的内力；

3) 根据叠加原理、内力与荷载集度的微分关系和单跨静定梁在单一荷载作用下的内力图，分段作出结构的内力图。

建筑力学中，规定 M 图均画在杆件受拉一侧，不注正、负号；F_S、F_N 图则可画在杆件的任一侧，但必须注明正、负号。

(2) 画弯矩图时要注意：

1) 杆的铰支端或自由端，若无外力偶作用，则弯矩等于零。

2) 对于刚架，若一个刚结点上只有两根杆，且无外力偶作用，则弯矩图或者都在结点外侧，或者都在内侧。

内力图的校核是必要的，通常截取结点或结构的一部分，验算其是否满足平衡条件。

概念分析与工程应用实训

17.1　试画出图 17.45 所示管道的计算简图。

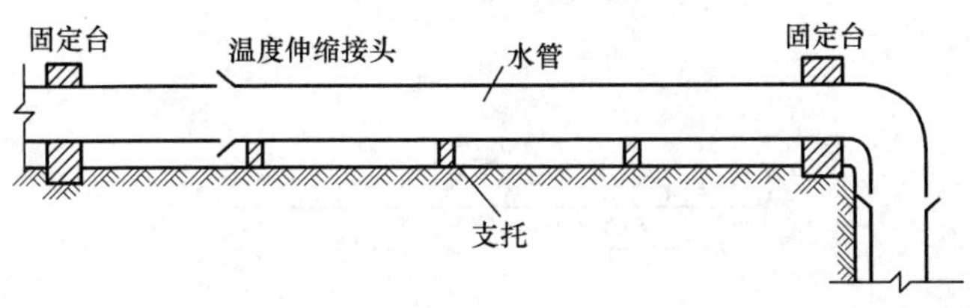

图 17.45

17.2　试画出图 17.46 所示为三角形钢屋架及图 17.47 所示的折线形钢筋混凝土屋架的计算简图，并分析结构中各杆件的受力，比较不同类型的桁架的优缺点，它们分别适用于哪种工程情况。

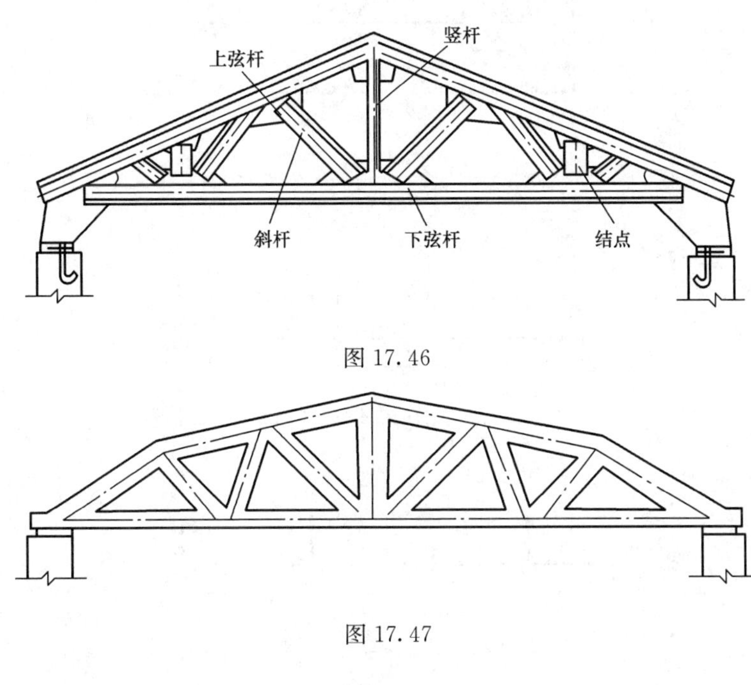

图 17.46

图 17.47

习　　题

17.1　试绘制图 17.48 所示单跨静定梁的内力图。

17.2　试作图 17.49 所示多跨静定梁的内力图。

17.3　多跨静定梁如图 17.50 所示，已知 $F=2\text{kN}$，$q=4\text{kN/m}$，试求梁的支座反力并绘出 M、F_S 图。

17.4　图 17.51 所示多跨静定梁中，设支座 B 弯矩的绝对值与 AB 跨中点弯矩相等，试确定 a 值。

60kN•m
F=100kN
30kN•m
A
C
B
2m
3m
(a)
10kN/m
40kN•m
A
C
B
C
2m
2m
(b)

10kN/m
40kN•m
10kN
A
C
B
C
2m
2m
2m
2m
(c)

图 17.48

q
A
B
C
D
L
L/2
L
(a)
F
F
F
A
B
C
C
D
E
F
a
a
a/2
a
a
a/2
(b)
20kN
10kN
q=2kN/m
A
B
C
D
E
F
3m
3m
1.5m
2m
2.5m
1.5m
4.5m
(c)

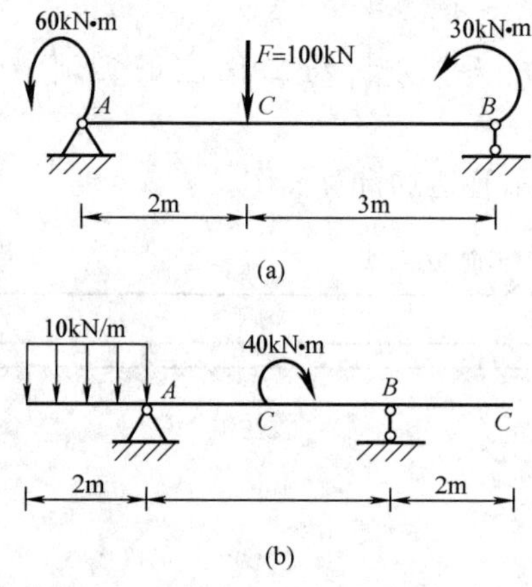

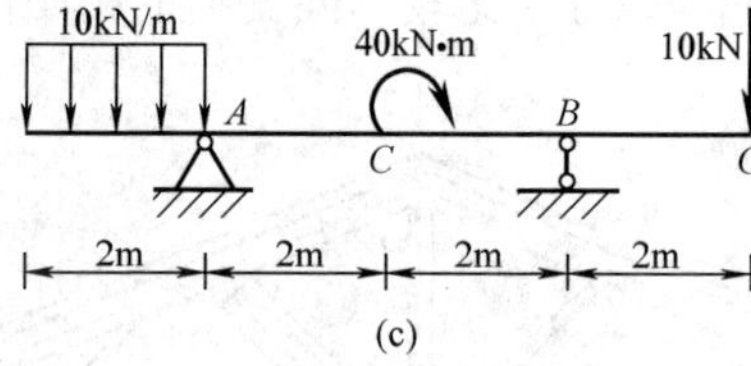

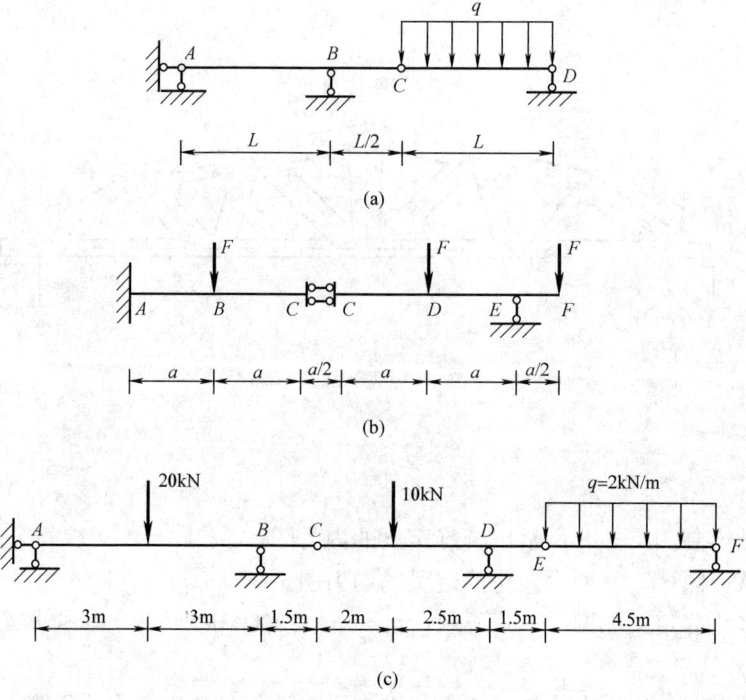

图 17.49

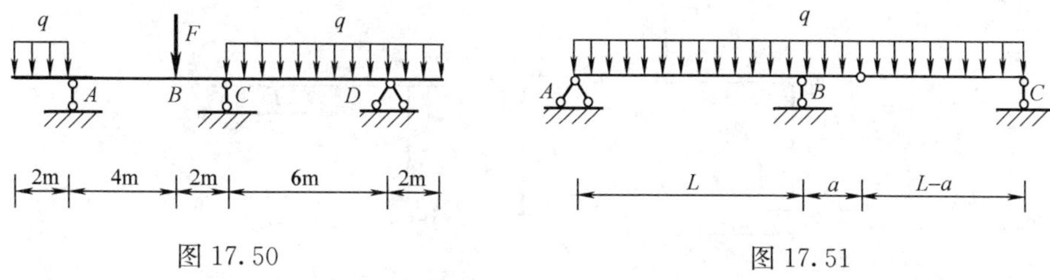

图 17.50　　图 17.51

17.5　试求图 17.52（a）、（b）所示结构中的支座反力 F_{RA}、F_{RB}、F_{RC}，并对所得结果进行比较。

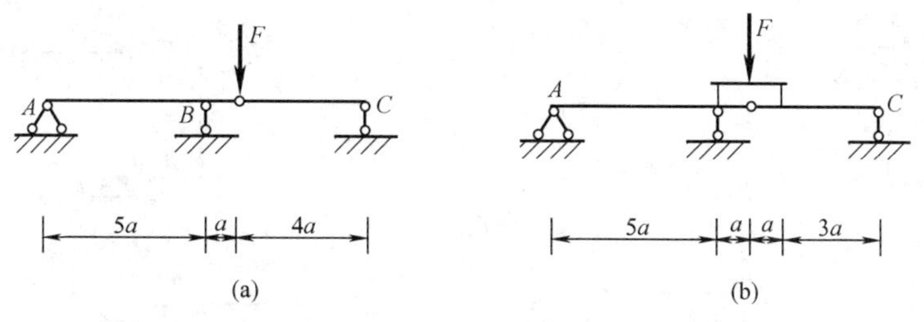

图 17.52

17.6　试改正图 17.53 所示静定平面刚架弯矩图中的错误。

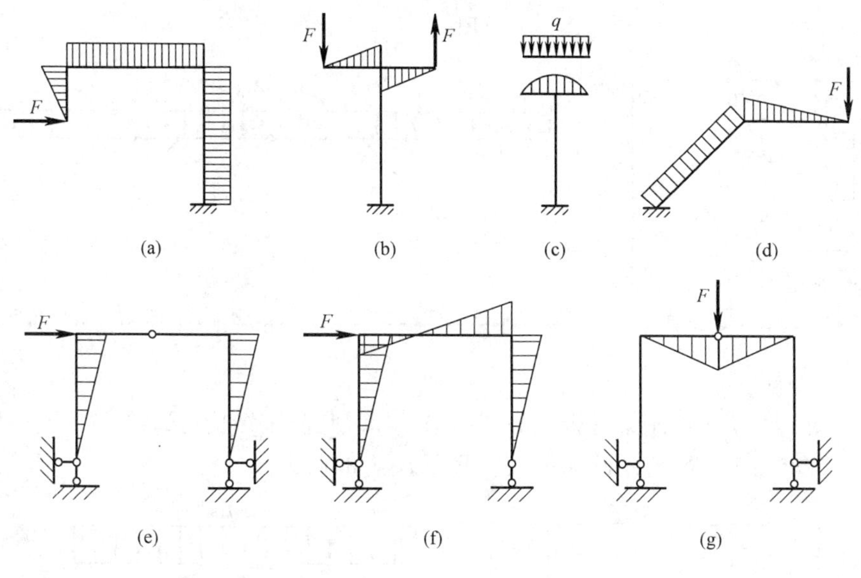

图 17.53

17.7　试绘制图 17.54 所示结构的 M、F_S、F_N 图。

17.8　试绘制图 17.55 所示刚架的 M 图。

17.9　试用内力计算公式绘制图 17.56 所示刚架的 M、F_S、F_N 图。求出 AB 段弯矩的极值及所在截面位置。

17.10　试作图 17.57 所示结构中 $ABCD$ 部分的 M、F_S、F_N 图。

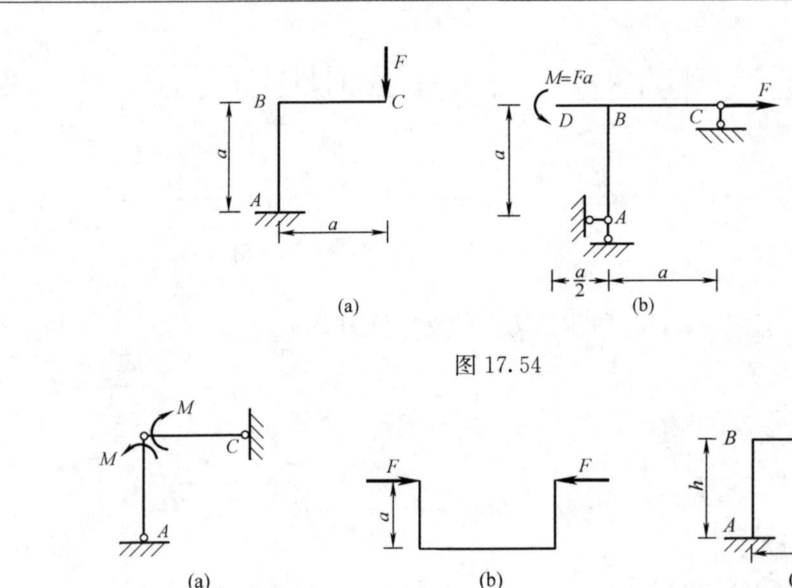

图 17.54

图 17.55

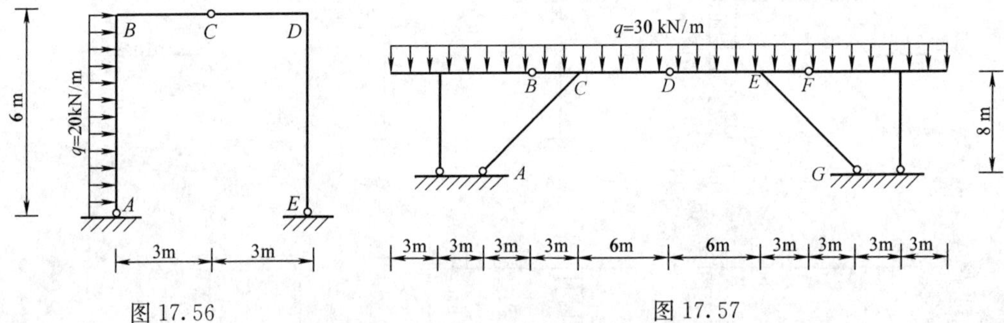

图 17.56　　图 17.57

17.11　图 17.58 所示刚架是否是静定结构？如果是静定结构，试绘 M、F_S、F_N 图。

17.12　试求图 17.59 所示圆弧三铰拱截面 K 上的内力。

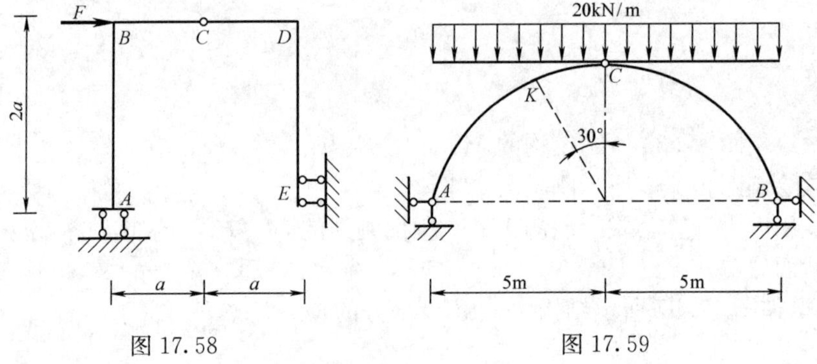

图 17.58　　图 17.59

17.13　试指出图 17.60 所示各桁架中的零杆。

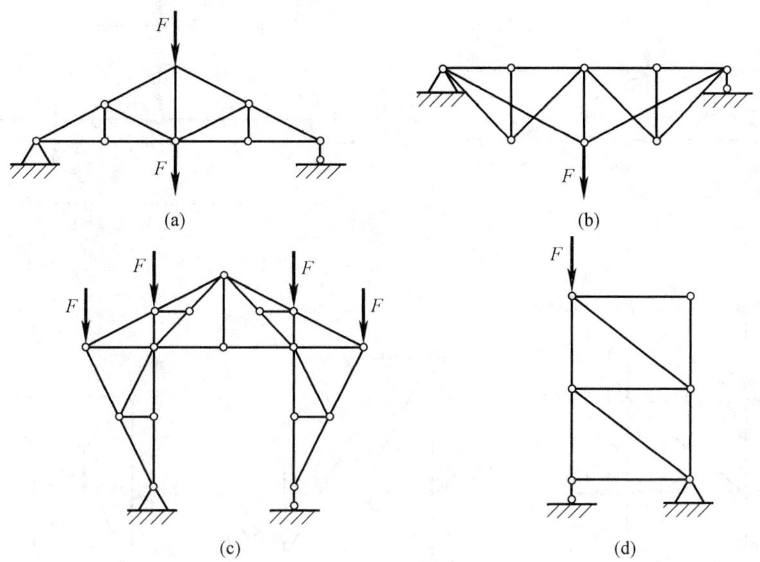

图 17.60

17.14　试求图 17.61 所示桁架中各杆件的内力。

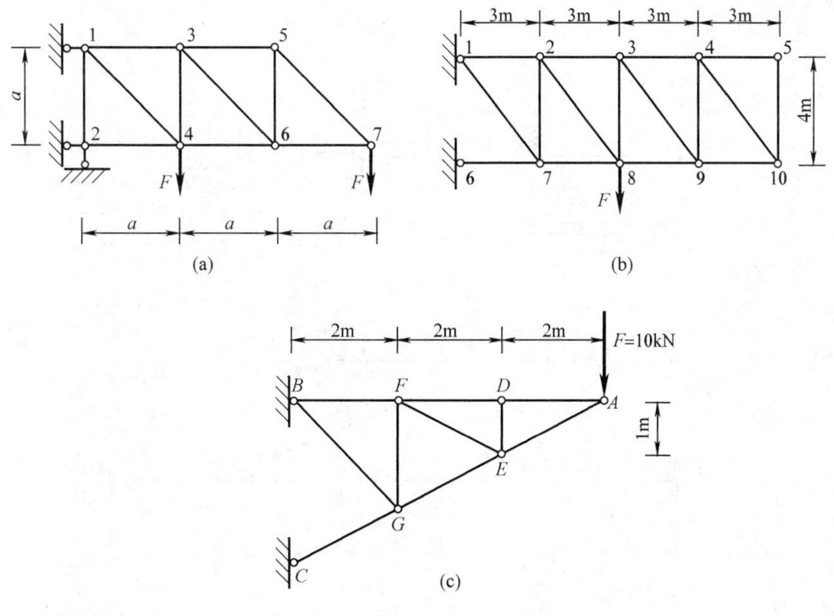

图 17.61

17.15 试求图 17.62 所示桁架中指定杆件的内力。

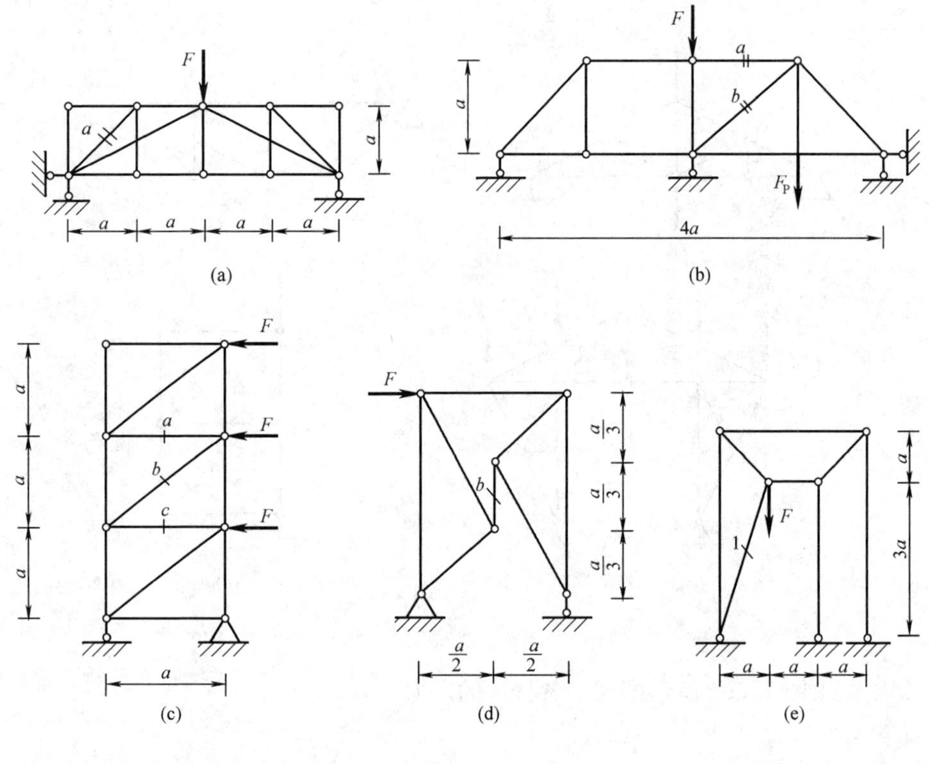

图 17.62

17.16 试计算图 17.63 所示组合结构，绘制梁式杆的内力图。

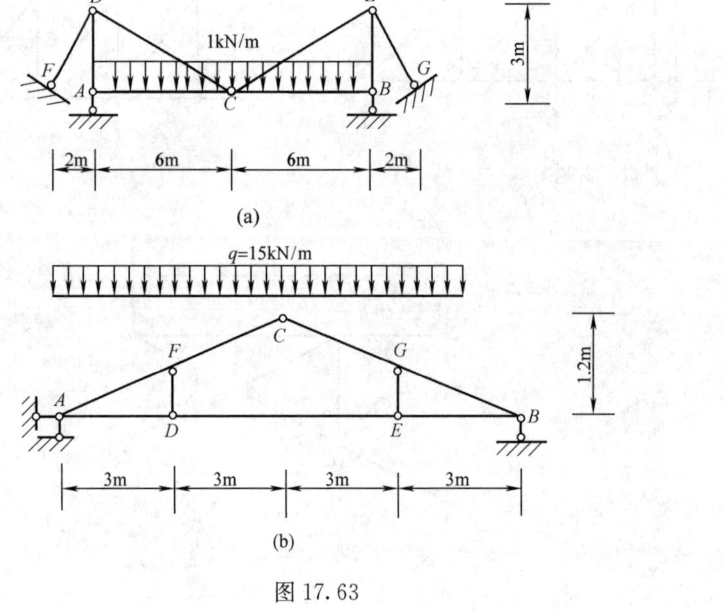

图 17.63

第 18 章 静定结构的位移计算

教学要求

1. 理解静定结构位移计算的重要性，了解温度改变产生的位移计算；
2. 理解实功、虚功、广义力、广义位移、虚功原理等概念；
3. 能应用单位荷载法计算荷载作用下结构的位移；
4. 能用图乘法熟练计算结构的位移；
5. 了解支座移动时结构位移计算方法；
6. 理解功的互等定理及其应用，了解位移互等定理、反力互等定理及其应用。

§18.1 位移计算的目的及工程实例

1. 位移的概念及工程实例

建筑结构在施工和使用过程中，由于荷载、温度变化、支座移动等因素的作用，常会发生变形和位移。变形是指结构原有形状的变化，而位移是指结构上各点的移动或截面的转动。通常结构的位移可用线位移和角位移来度量。**线位移**是指截面形心所移动的距离；**角位移**是指横截面转动的角度。如图 18.1 所示，简支梁在竖向荷载 F 作用下发生弯曲，梁上的截面 $m—m$ 发生位移。截面 $m—m$ 的形心 C 移动到 C'，则 CC' 称为点 C 的线位移或挠度；同时截面 $m—m$ 转动了一个角度 φ_C，则 φ_C 称为截面的角位移或转角。在工程中，还会遇到如图 18.2 所示的悬臂刚架结构，其在荷载 F 作用下产生虚线所示变形，截面形心由点 A 移动到 A'，线段 AA' 则为 A 点的线位移 Δ_A；A 截面所转动的角度则为截面 A 的角位移或转角 φ_A。其中 Δ_A 还可分解为水平线位移 Δ_{AH} 和竖向线位移 Δ_{AV}。

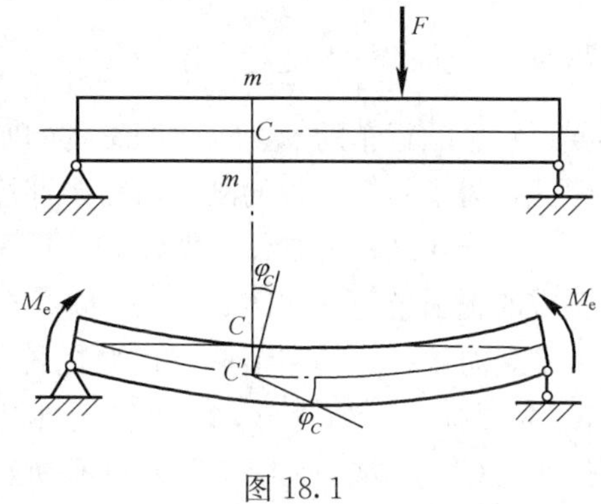

图 18.1

又如图 18.3 所示的简支刚架，在荷载 F 作用下，发生虚线所示的变形。截面 A 和 B 的

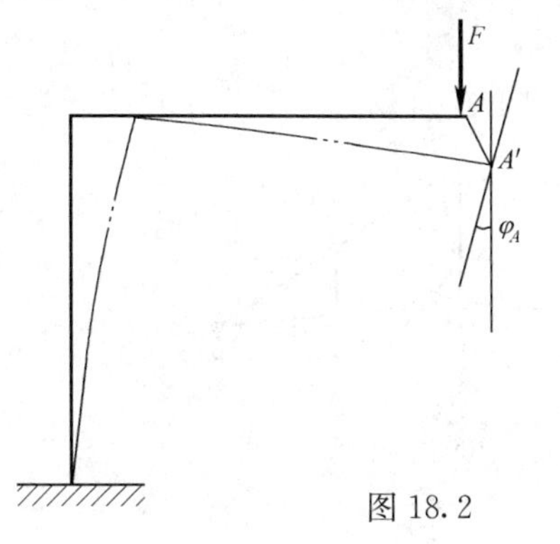

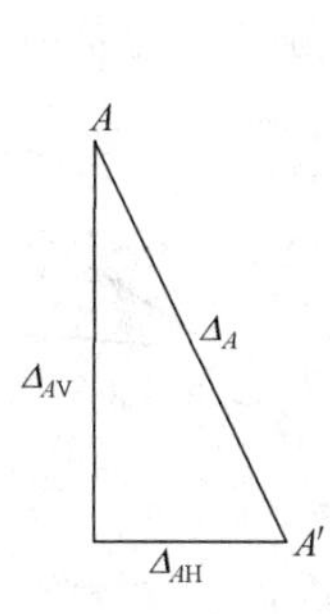

图 18.2

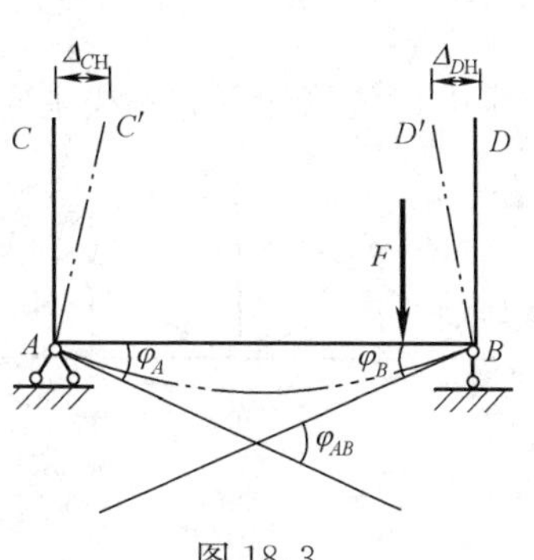

图 18.3

角位移分别为 φ_A（顺时针方向）和 φ_B（逆时针方向），这两个反向的角位移之和称为 A 和 B 截面的相对角位移，即 $\varphi_{AB}=\varphi_A+\varphi_B$；而 C 和 D 两点沿水平方向产生的线位移分别为 Δ_{CH}（向右）和 Δ_{DH}（向左），这两个反向的水平线位移之和称为 C 和 D 两点的水平方向的相对线位移，即 $\Delta_{CDH}=\Delta_{CH}+\Delta_{DH}$。

绝对位移（包括线位移、角位移）和相对位移（包括相对线位移和相对角位移）统称为**广义位移。**

使结构产生位移的外界因素，主要有以下三个：

（1）荷载。结构在荷载作用下产生内力，由此材料发生应变，从而使结构产生位移。

（2）温度变化。材料有热胀冷缩的物理性质，当结构受到温度变化的影响时，就会产生位移。

（3）支座移动。当地基发生沉降时，结构的支座会产生移动及转动，由此使结构产生位移。

其他，如材料的干缩及结构构件尺寸的制造误差，也会使结构产生位移。

2. 计算结构位移的目的

位移的计算是工程设计和施工过程中经常遇到的问题，其重要性可想而知，概括地说，有以下三个方面用途：

（1）验算结构的刚度及检验结构的变形是否超过允许限值。在设计吊车梁时，规范中对吊车梁产生的最大挠度限制为 $\frac{1}{500}\sim\frac{1}{600}$，否则将会影响吊车的正常行驶。桥梁结构的过大变形将影响行车的安全；水闸结构的闸墩或闸门的过大变形，可能影响闸门的启闭和止水。因此，为了验算结构的刚度，需要计算结构的位移。

（2）在结构的制作、架设和养护等过程中，常需预先知道结构变形后的位置，以便采取相应的施工措施。如图 18.4（a）所示屋架，在屋盖自重作用下，下弦各结点将产生虚线所示的竖向位移，其中结点 C 的竖向位移最大。为了减小屋架在使用阶段下弦杆结点的竖向位移，制作时常将各下弦的实际下料长度做得比设计长度短些，以使屋架拼装后，结点 C 位于点 C' 的位置，如图 18.4（b）所示。这样，屋盖系统施工完毕后，屋架在屋盖自重作用下，其下弦各杆能接近于原设计的水平位置。这种做法称为建筑起拱。显然，欲知道 Δ_{max} 的大小及各下弦杆的实际下斜长度，就必须研究屋架的变形和位移之间的关系。

（3）为分析超静定结构打好基础。在弹性范围内分析超静定结构时，只考虑静力平衡条件无法求出全部未知量，还需考虑几何变形协调条件，而建立结构的变形条件，就必须计算结构的位移。

建筑力学中，位移计算的方法主要是以虚功原理为基础的单位荷载法。本章先介绍虚功

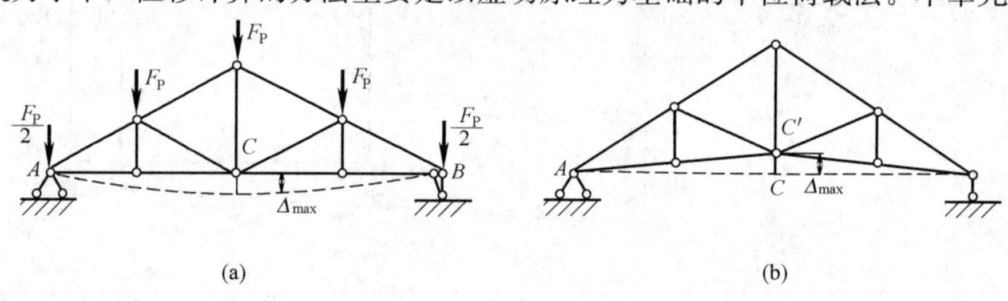

图 18.4

原理，然后讨论不同因素作用下静定结构位移的计算。

§18.2　变形体的虚功原理

1. 实功与虚功

在物理学中讲过功的概念，即恒力对物体所做的功等于该力在作用点位移方向的分量与作用点位移大小的乘积。功包含了力与位移两个因素，但功的定义中并未规定位移是什么原因引起的。下面根据力与位移两个因素之间存在的两种不同情况，分别对功进行讨论。

（1）实功。

力在其自身引起的位移上所做的功称为**实功**。如图 18.5（a）所示，在常力 F 的作用下物体从 A 移到 A'，在力 F 方向上产生线位移 Δ，由物理学中功的定义知，F 与 Δ 的乘积为力 F 在位移 Δ 上所做的功，即 $W = F\Delta$。如图 18.5（b）所示，拉力 F 使物体发生的实际位移 s，$\Delta = s\cos\theta$ 为作用点在力作用线方向的位移分量，即 Δ 为 F 的相应位移，此时 F 所做的功为 $W = F\Delta$，亦即 $W = Fs\cos\theta$。

若一对大小相等方向相反的力 F 作用在圆盘上的 A、B 两点，如图 18.5（c）所示。设圆盘转动时，力 F 的大小不变而方向始终垂直于直径 AB。当圆盘转过一角度 θ 时，两力所做的功为

$$W = 2Fr\theta = M\theta$$

其中 $M=Fr$，即力偶所做的功等于力偶矩与角位移的乘积。

由此可见，功可用两个因素的乘积来表示。其中与力相应的因素称为**广义力**，与位移相应的因素称为**广义位移**。

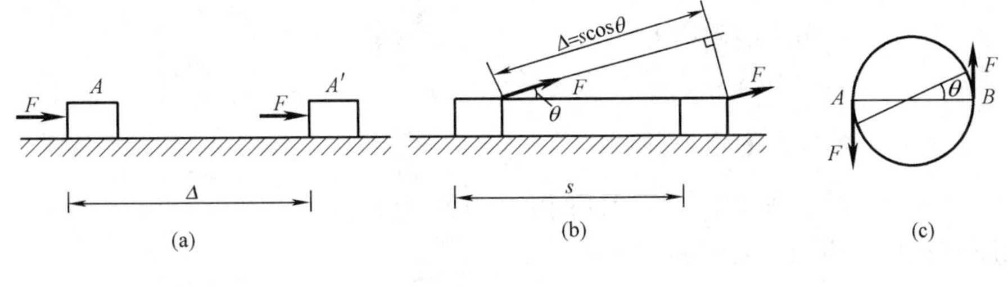

图 18.5

（2）虚功。

力在其他因素引起的位移上所做的功称为**虚功**。如图 18.6 所示的简支梁受力 F_1 作用，由于支座 B 发生铅垂位移 Δ 而引起 F_1 作用点处向下位移 Δ_1，则力 F_1 所做的功为 $W = F_1\Delta_1$。又如图 18.7（a）所示在荷载作用下的直杆，此时杆轴温度为 t。当温度升高 Δ_t，杆件伸长 Δ_1，如图 18.7（b）所示。在杆件伸长的整个过程中，F_P 是作用在杆件上的一个常力，因此，荷载在其相应的位移上应当做功，其大小为 $W_1 = F_P\Delta_1$。由于位移 Δ_1 是由于温度变化引起的，与 F_P 无关，所以 W_1 是力 F_P 所做的虚功。“虚”表示功中的位移与力彼此无关。因此可将两者看成是同一结构的两种彼此无关的状态，其中力系所属状态为力状态，如图 18.7（a）所示；位移所属状态为位移状态，如图 18.7（b）所示。应该指出，不仅可以把位移状态看作是虚设的。也可以把力状态看作是虚设的，各有不同的应用。

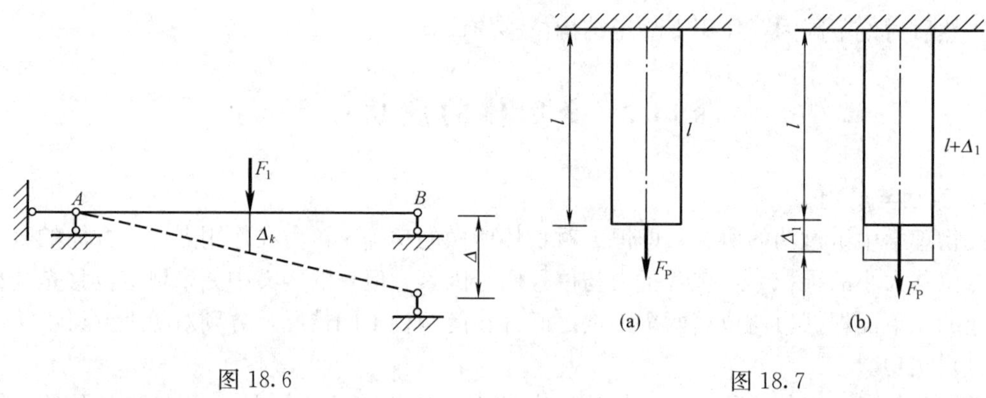

图 18.6　　　　图 18.7

2. 变形体的虚功原理

变形体的虚功原理可表述为：变形体系处于平衡的充分和必要条件是，对于任意微小的虚位移，外力所做的虚功总和等于各微段上的内力在其变形体上所做的虚功总和，即外力虚功 W_e 等于内力虚功 W_i，可写为

$$W_e = W_i \tag{18.1}$$

上式称为**虚功方程**。必须指出，所假设的虚位移必须满足结构的几何约束条件和变形连续条件，必须与结构的变形相协调，是结构可能产生的位移。

对于杆系结构，虚功原理可用下式表示

$$W_e = \Sigma\int F_N \mathrm{d}u + \Sigma\int F_S \mathrm{d}v + \Sigma\int M\mathrm{d}\varphi \tag{18.2}$$

式（18.2）为杆系结构的虚功方程。

式中　W_e ——外力在虚位移上所做的外虚功；

F_N, F_S, M ——力状态下各微段上的轴力、剪力、弯矩；

$\mathrm{d}u, \mathrm{d}v, \mathrm{d}\varphi$ ——位移状态下各微段上的变形；

$\int$ ——对各杆段的定积分；

Σ——对整个结构所有杆段的内力虚功求代数和。

虚功原理在具体应用时有两种方式：

（1）虚位移原理：这是在给定的力状态与虚设的位移状态之间应用虚功原理。

（2）虚力原理：这是在给定的位移状态与虚设的力状态之间应用虚功原理。

本章的结构位移计算，是以变形体的虚力原理为基础的。

虚功和实功的区别是什么？

§18.3　单位荷载法的位移计算公式

下面将以虚力原理为基础，讨论计算结构位移的一般公式，即单位荷载法的位移计算公式。

设如图 18.8（a）所示杆系结构，已知在荷载（F_{P1}、F_{P2}）、温度变化（由 t_1 变化至 t_2）及支座移动（C_1、C_2、C_3）等因素作用，发生了如虚线所示的变形。现需求任一指定点 K 沿任一指定方向 k—k 上的位移 Δ_K。

要利用虚力原理解决这个问题，就需要建立两个状态：即力状态和位移状态。已知要求的结构位移是由荷载、温度变化及支座移动等因素引起的，故就以此实际状态作为结构的位移状态。另外，为求点 K 处沿 $k-k$ 方向的位移，就在点 K 处沿 $k-k$ 方向虚加一单位集中力 $F_{PK}=1$，称为**单位荷载，**如图 18.8（b）所示，作为虚设的力状态。

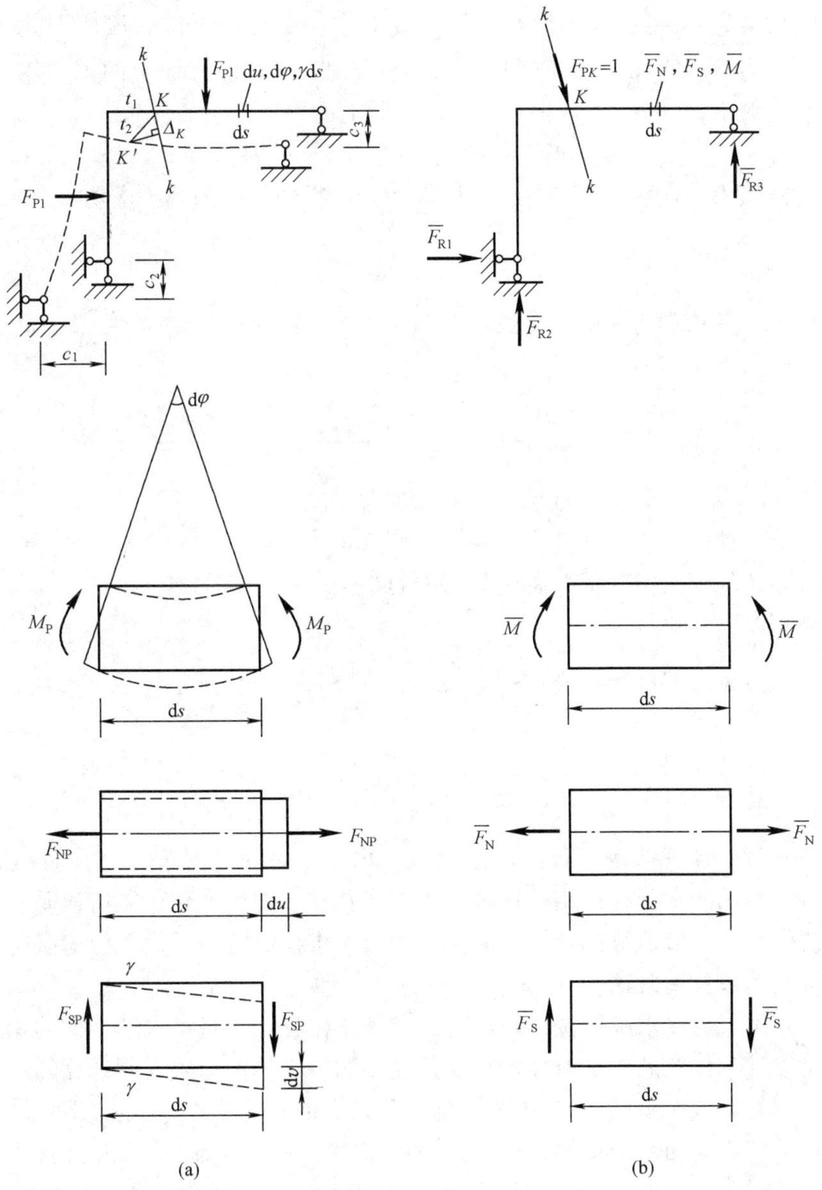

图 18.8

(a) 位移状态（实际状态）；(b) 力状态（虚设状态）

首先计算虚设状态的外力在实际状态的位移上所做的外虚功 W_e。设在虚设状态中由单位荷载 $F_{PK}=1$ 引起的支座反力为 $\overline{F_{R1}}$、$\overline{F_{R2}}$、$\overline{F_{R3}}$，实际状态中相应的支座位移分别为 C_1、C_2、C_3，则外力虚功 W_e 为

$$W_e = F_{PK}\Delta_K + \overline{F_{R1}}C_1 + \overline{F_{R2}}C_2 + \overline{F_{R3}}C_3 = \Delta_K + \sum \overline{F_{Ri}}C_i \tag{18.3}$$

式中 $\overline{F_{Ri}}$ ——虚设状态中的支座反力；

C_i——实际状态中相应的支座位移；

$\sum \overline{F_{Ri}} C_i$ ——支座反力所做虚功之和。

然后计算单位荷载产生的内力在实际状态相应的变形上所做的内虚功 W_i。从虚设状态的结构上截取长度为 dx 的微段，设在单位荷载 $F_{PK}=1$ 作用下该微段两端截面上的轴力、剪力、弯矩分别为 $\overline{F}_N$、$\overline{F}_S$、$\overline{M}$；而实际状态中同一微段 dx 两端截面上的内力用 F_{NP}、F_{SP}、M_P 表示，相应的变形用 du、dv、$d\varphi$ 表示，则该微段上的内虚功为

$$dW_i = \overline{F}_N du + \overline{F}_S dv + \overline{M} d\varphi \tag{18.4}$$

将上式沿杆长积分，然后对结构中各杆求和，便得到结构的内力虚功

$$W_i = \sum \int \overline{F}_N du + \sum \int \overline{F}_S dv + \sum \int \overline{M} d\varphi \tag{18.5}$$

由杆件拉压、剪切和弯曲变形公式可知，$du = \dfrac{F_{NP}}{EA}dx$，$dv = \gamma ds = \dfrac{\mu F_{SP}}{GA}dx$，$d\varphi = \dfrac{M_P}{EI}dx$，代入式（18.5）得

$$W_i = \sum \int \frac{\overline{F}_N F_{NP}}{EA}dx + \sum \int \frac{\mu \overline{F}_S F_{SP}}{GA}dx + \sum \int \frac{\overline{M} M_P}{EI}dx \tag{18.6}$$

式中 EA，GA，EI——分别为抗拉、抗剪、抗弯刚度；

$\overline{F}_N, \overline{F}_S, \overline{M}$ ——单位荷载 $F_{PK}=1$ 所引起的内力；

F_{NP}, F_{SP}, M_P ——实际荷载所引起的内力。

由虚功原理 $W_e = W_i$ 得

$$\Delta_K + \sum \overline{F}_{Ri} C_i = \sum \int \frac{\overline{F}_N F_{NP}}{EA}dx + \sum \int \frac{\mu \overline{F}_S F_{SP}}{GA}dx + \sum \int \frac{\overline{M} M_P}{EI}dx$$

即

$$\Delta_K = \sum \int \frac{\overline{F}_N F_{NP}}{EA}dx + \sum \int \frac{\mu \overline{F}_S F_{SP}}{GA}dx + \sum \int \frac{\overline{M} M_P}{EI}dx - \sum \overline{F}_{Ri} C_i \tag{18.7}$$

式（18.7）就是计算结构位移的一般公式。由于上述讨论过程中已涉及材料的物理性质，式（18.7）适用于平面杆系结构在荷载、支座移动、温度变化、制造误差、材料收缩等外因引起的线弹性小变形位移的计算。由于采用沿所求位移方向虚设单位荷载的方法来求结构位移，故称其为**单位荷载法。**

式（18.7）不仅可以求解线位移，还可以求解角位移，而且可求解结构的相对位移，即单位荷载法可以计算任意的广义位移，只要所虚设的广义单位荷载与所计算的广义位移相对应即可。这里“相对应”是指力与位移在做功关系上的对应，即求某点沿某方向的线位移时，就在该点沿某方向加一个单位集中力，如图 18.9（a）所示；求某截面的转角时，就在该截面加一个单位力偶，如图 18.9（b）所示；求某两点沿某方向的相对线位移时，在该两点沿某方向加一对指向相反的单位集中荷载，如图 18.9（c）所示；求某两截面的相对转角时，在该两截面加一对指向相反的单位力偶，如图 18.9（d）所示。

求桁架某杆的角位移时，由于桁架只承受轴力，故应将单位力偶用等效的结点集中荷载代换，即在该杆两端节点上加一对方向与杆件垂直、大小等于杆长倒数而指向相反的集中力，如图 18.10（a）所示。这是因为在微小位移的情况下，桁架杆件的角位移等于其两端在垂直于杆轴方向上的相对线位移除以杆长，如图 18.10（b）所示，即

$$\varphi_{AB}=\frac{\Delta_A+\Delta_B}{d} \tag{18.8}$$

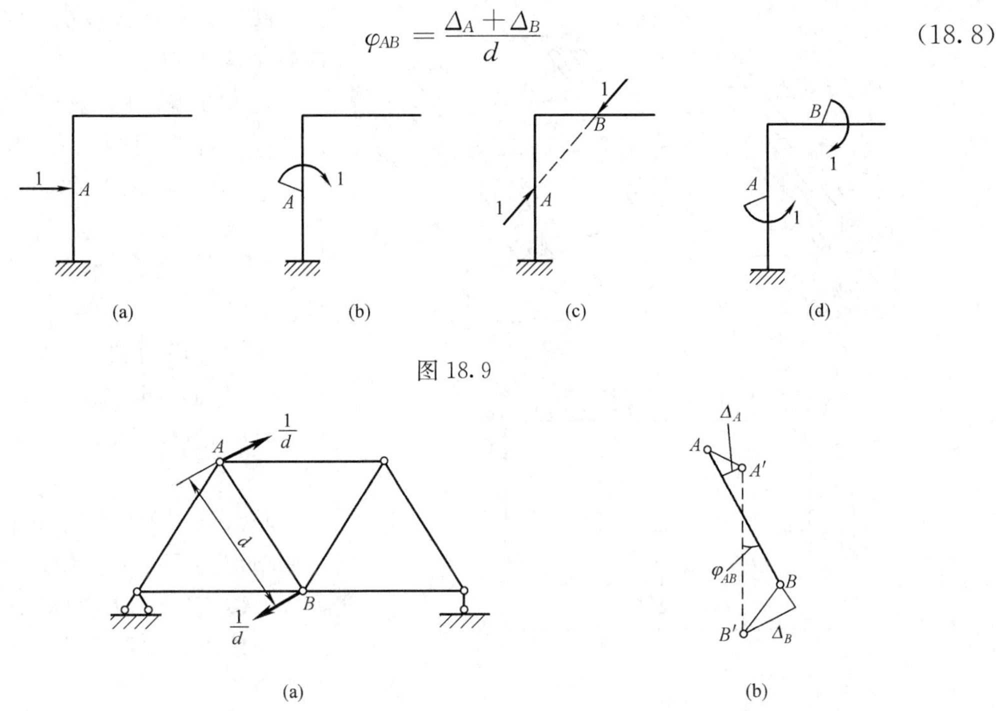

图 18.9

图 18.10

试说明荷载作用下的位移计算公式（18.7）各项的物理意义及其适用的情况。

§18.4　荷载作用下结构的位移计算

本节讨论荷载作用下静定结构的位移计算，引起位移的原因只有荷载，并无其他因素（如无支座位移等），则由式（18.7）得到荷载作用下静定平面杆系结构的位移计算公式

$$\Delta_K=\Sigma\int\frac{\overline{F}_{\mathrm{N}}F_{\mathrm{NP}}}{EA}\mathrm{d}x+\Sigma\int\frac{\mu\overline{F}_{\mathrm{S}}F_{\mathrm{SP}}}{GA}\mathrm{d}x+\Sigma\int\frac{\overline{M}M_{\mathrm{P}}}{EI}\mathrm{d}x \tag{18.9}$$

式中右边三项分别表示结构的弯曲变形、轴向变形和剪切变形对所求位移的影响。分析上式可知其物理意义为：单位荷载所对应的内力虚功总和即为所求位移。

对于不同形式的结构，所考虑的主要变形不相同，故式（18.9）对于不同类型的结构可采用不同的简化公式。下面分别针对梁和刚架、桁架、组合结构的位移计算进行讨论。

1. 荷载作用下静定梁和刚架的位移计算

一般情况下，梁和刚架的主要变形是弯曲变形，而轴向变形和剪切变形很小，通常可忽略不计。故由式（18.9）简化可得梁和刚架的位移计算公式

$$\Delta_K=\Sigma\int\frac{\overline{M}M_{\mathrm{P}}}{EI}\mathrm{d}x \tag{18.10}$$

【例 18.1】　如图 18.11（a）所示的楼板梁，采用两槽钢的组合截面，承受由楼板传来的荷载 $p=5\mathrm{kN/m^2}$，钢梁的间距为 1.2m，跨度为 $l=5\mathrm{m}$。试求钢梁跨中点 C 的竖向位移 Δ_{CV} 和钢梁一端截面 B 的转角 φ_B。已知钢梁的 EI 为常数。

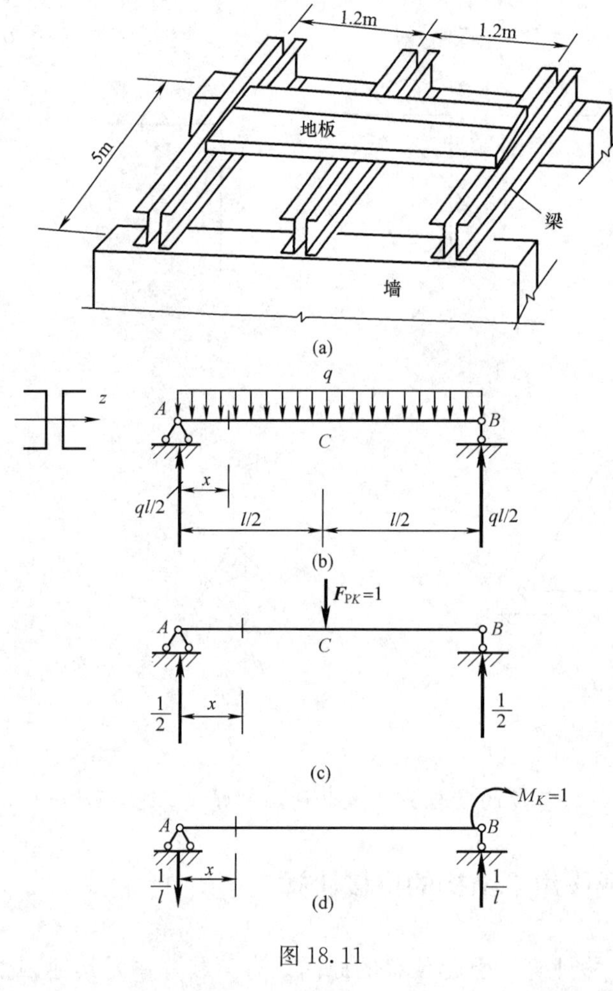

图 18.11

解 （1）画计算简图并确定外荷载。

支撑在墙上的钢梁可按简支梁来考虑，计算简图如图 18.11（b）所示，每根梁承受的均布荷载为

$$q=p\times1.2=5\times1.2=6\text{kN/m}$$

（2）求钢梁跨中点 C 的竖向位移 Δ_{CV}。

首先虚设力状态。在钢梁跨中点 C 处施加一个竖向单位力 $F_{PK}=1$，指向假设向下，如图 18.11（c）所示。

其次分别列出荷载 q 作用下和竖向单位力 $F_{PK}=1$ 作用下的弯矩方程。以支座 A 为坐标原点，在荷载 q 作用下，距原点为 x 处截面的弯矩方程为

$$M_P=\frac{ql}{2}x-\frac{qx^2}{2}$$

$$\left(0\leqslant x\leqslant\frac{l}{2}\right)\quad（下侧受拉）$$

单位力 $F_{PK}=1$ 作用下的弯矩方程为

$$\overline{M}=\frac{1}{2}x$$

$$\left(0\leqslant x\leqslant\frac{l}{2}\right)\quad（下侧受拉）$$

最后根据对称性，由式(18.10)得

$$\Delta_{CV}=\Sigma\int\frac{\overline{M}M_P}{EI}\text{d}s=2\int_0^{\frac{l}{2}}\frac{\frac{1}{2}x\left(\frac{qlx}{2}-\frac{qx^2}{2}\right)}{EI}\text{d}x=\frac{5ql^4}{384EI}=\frac{5\times6\times5^4}{384EI}=\frac{3125}{64EI}\ (\downarrow)$$

（3）求钢梁一端截面 B 的转角 φ_B。

首先，虚设力状态，在钢梁一端截面 B 处施加一个单位力偶 $M_K=1$，指向先假设为顺时针，如图 18.11（d）所示。

其次，分别列出荷载 q 作用下和单位力偶 $M_K=1$ 作用下的弯矩方程。以支座 A 为坐标原点，在外荷载 q 作用下距原点为 x 的任一截面弯矩方程为

$$M_P=\frac{ql}{2}x-\frac{qx^2}{2}\ (0\leqslant x\leqslant l)\quad（下侧受拉）$$

单位力偶 $M_K=1$ 作用下的弯矩方程为

$$\overline{M}=-\frac{x}{l}\quad(0\leqslant x\leqslant l)\quad(上侧受拉)$$

最后，由式（18.10）得

$$\varphi_B=\Sigma\int\frac{\overline{M}M_P}{EI}ds=\int_0^l\frac{-\frac{1}{l}x\left(\frac{qlx}{2}-\frac{qx^2}{2}\right)}{EI}dx=-\frac{ql^3}{24EI}=-\frac{6\times5^3}{24EI}=-\frac{125}{4EI}\quad(↻)$$

【例 18.2】　求图 18.12（a）所示刚架 C 端的水平位移 Δ_{CV} 和角位移 φ_C。已知 AB 段抗弯刚度为 $2EI$，BC 段抗弯刚度为 EI，EI 为常数。

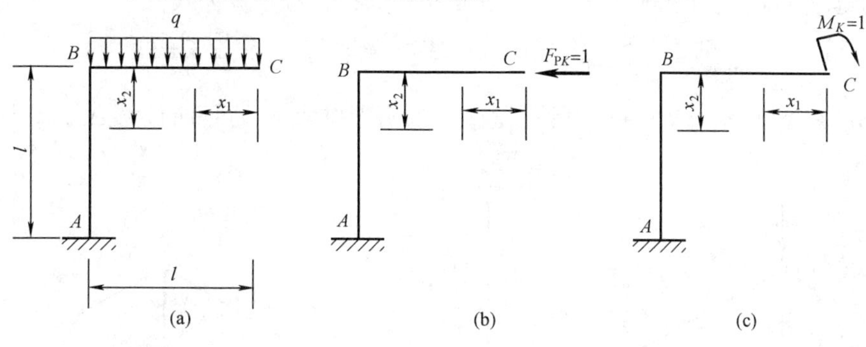

图 18.12

解　(1) C 端的水平位移 Δ_{CV}。

首先，虚设力状态，在 C 处施加一个水平向单位力 $F_{PK}=1$，指向假设向左，如图 18.12（b）所示。

其次，分别列出各段在荷载 q 作用下和水平单位 $F_{PK}=1$ 作用下的弯矩方程。坐标如图所示。

BC 段：在荷载 q 作用下　　$M_P=-\frac{1}{2}qx_1^2$

在水平单位力 $F_{PK}=1$ 作用下　$\overline{M}=0$

AB 段：在荷载 q 作用下　　$M_P=-\frac{1}{2}ql^2$

在水平单位力 $F_{PK}=1$ 作用下　$\overline{M}=x_2$

最后，由式（18.10）得

$$\Delta_{CH}=\Sigma\int\frac{\overline{M}M_P}{EI}ds=\int_0^l\frac{x_2\left(-\frac{ql^2}{2}\right)}{2EI}dx_2=-\frac{ql^2x_2^2}{8EI}\bigg|_0^l=-\frac{ql^4}{8EI}\quad(\rightarrow)$$

(2) C 端的角位移 φ_C。

首先，虚设力状态，在 C 处施加一个单位力偶 $M_K=1$，指向假设顺时针，如图 18.12（c）所示。

其次，分别列出各段在荷载 q 作用下和单位力偶 $M_K=1$ 作用下的弯矩方程。坐标如图所示。

BC 段：在荷载 q 作用下　　$M_P=-\frac{1}{2}qx_1^2$

在单位力偶 $M_K=1$ 作用下　$\overline{M}=-1$

AB 段：在荷载 q 作用下　　$M_P=-\frac{1}{2}ql^2$

在单位力偶 $M_K=1$ 作用下 $\overline{M}=-1$

最后，由式（18.10）得

$$\varphi_C=\Sigma\int\frac{\overline{M}M_P}{EI}ds=\int_0^l\frac{(-1)\left(-\frac{qx_1^2}{2}\right)}{EI}dx_1+\int_0^l\frac{(-1)\left(-\frac{ql^2}{2}\right)}{2EI}dx_2=\frac{ql^3}{6EI}+\frac{ql^3}{4EI}=\frac{5ql^3}{12EI}(\curvearrowright)$$

2. 荷载作用下静定平面桁架的位移计算

在桁架中，各杆只有轴力作用，故只有轴向变形，且同一杆件的轴力 $\overline{F}_N$、F_N 及均为常量，若 EA 也为常数，则由式（18.9）简化可得桁架的位移计算公式

$$\Delta_K=\Sigma\int\frac{\overline{F}_NF_{NP}}{EA}dx=\Sigma\frac{\overline{F}_NF_{NP}}{EA}\int dx=\Sigma\frac{\overline{F}_NF_{NP}l}{EA}\tag{18.11}$$

【例 18.3】 如图 18.13（a）所示屋架，求桁架结点 C 的竖向位移 Δ_{CV}。已知 EA 为常数。

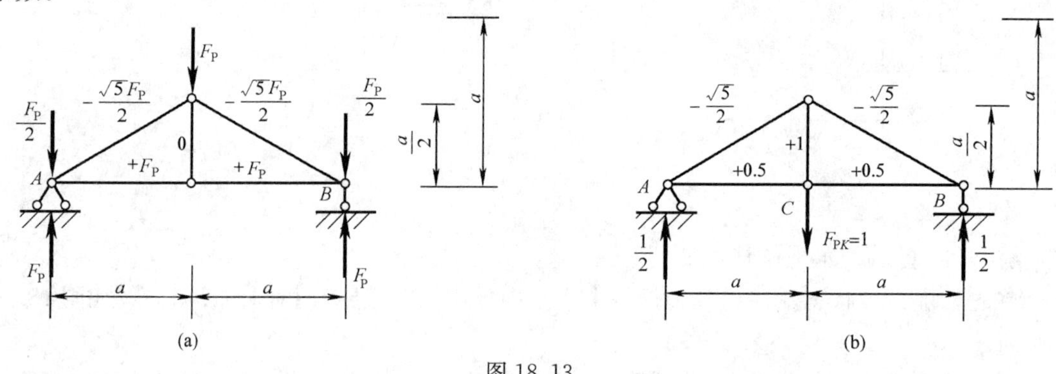

图 18.13

解 首先，虚设力状态，在 C 处施加一个竖向单位力 $F_{PK}=1$，指向假设向下，如图 18.13（b）所示。

其次，分别列出各桁架杆在荷载作用下和竖向单位力 $F_{PK}=1$ 作用下的轴力，轴力计算结果分别如图 18.13（a）、（b）所示。

最后，由式（18.11）得

$$\Delta_{CV}=\Sigma\frac{\overline{F_N}F_{NP}}{EA}l=2\frac{\left(-\frac{\sqrt{5}}{2}\right)\times\left(-\frac{\sqrt{5}}{2}F_P\right)}{EA}\frac{\sqrt{5}}{2}a+2\frac{0.5F_P}{EA}a=\frac{5\sqrt{5}+4}{4EA}F_Pa$$

当杆件较多时，可列表格进行计算。

3. 荷载作用下静定平面组合结构的位移计算

在组合结构中，既有受弯杆件，又有桁架杆。受弯杆件主要承受弯矩，其变形主要考虑弯曲变形；而桁架杆件只承受轴力，只有轴向变形，故由式（18.9）简化可得组合结构的位移计算公式

$$\Delta_K=\Sigma\frac{\overline{F}_NF_{NP}l}{EA}+\Sigma\int\frac{\overline{M}M_P}{EI}dx\tag{18.12}$$

【例 18.4】 如图 18.14（a）所示组合结构，其中 CD、BD 为二力杆，其抗拉（压）刚度为 EA；AC 为受弯杆件，其抗弯刚度为 EI。求点 D 的竖向位移 Δ_{DV}。已知 EA、EI 为常数。

解 首先，虚设力状态，在 D 处施加一个竖向单位力 $F_{PK}=1$，指向假设向下，如图

18.14（b）所示。

其次，分别求出各桁架杆件、受弯杆件在荷载作用下和竖向单位力 $F_{PK}=1$ 作用下的内力，桁架杆件的轴力分别标注，如图 18.14（b）、（c）所示。受弯杆件 AC 的弯矩方程如下：

BC 段：在荷载 F_P 作用下　　　$M_P=F_Px$

在竖向单位力 $F_{PK}=1$ 作用下　　$\overline{M}=x$

AB 段：在荷载 F_P 作用下　　　$M_P=F_Pa$

在竖向单位力 $F_{PK}=1$ 作用下　　$\overline{M}=a$

最后，由式（18.12）得

$$\Delta_{DV}=\Sigma\frac{\overline{F}_NF_{NP}l}{EA}+\Sigma\int\frac{\overline{M}M_P}{EI}$$

$$=\frac{1\times F_P\times a}{EA}+\frac{(-\sqrt{2})\times(-\sqrt{2}F_P)\times\sqrt{2}a}{EA}+\int_0^a\frac{F_Px^2}{EI}\mathrm{d}x+\int_0^a\frac{F_Pa^2}{EI}\mathrm{d}x$$

$$=\frac{(1+2\sqrt{2})F_Pa}{EA}+\frac{4F_Pa^3}{3EI}(\downarrow)$$

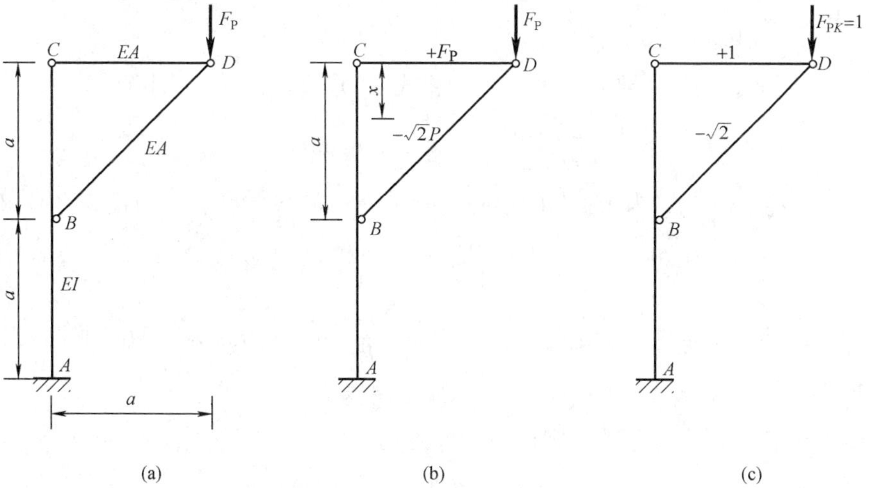

图 18.14

应用单位荷载法求位移时，所求位移方向如何确定？

§18.5　图乘法及其应用

1. 图乘法应用条件及图乘公式

从上节可知，梁和刚架在荷载作用下的位移计算公式如式（18.10）

$$\Delta_K=\Sigma\int\frac{\overline{M}M_P}{EI}\mathrm{d}x$$

计算时先要写出 $\overline{M}$ 和 M 的方程，代入该式进行积分，比较麻烦。但是，当结构的各杆段满足以下条件时：①杆轴为直线；②EI 为常数；③$\overline{M}$ 和 M_P 两个弯矩图中至少有一个是直线图形。则可用下述图乘法来代替上式积分运算，可以简化计算。

下面推导图乘法计算结构位移的基本公式。如图 18.15 所示，等截面直杆 AB 段上的两

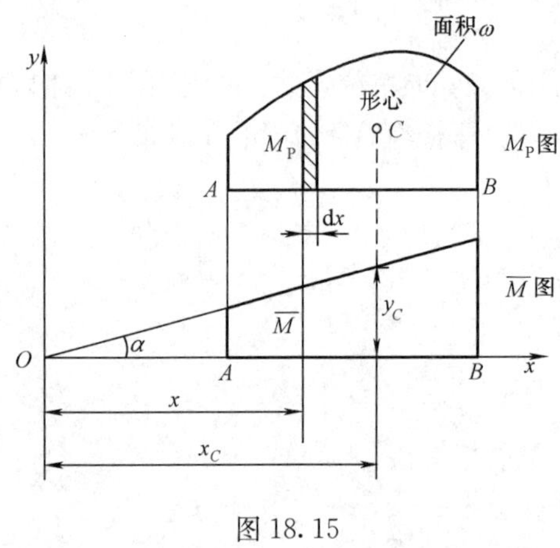

图 18.15

个弯矩图，其中 $\overline{M}$ 图为直线图形。而 M_P 图为任意形状。现以杆轴为轴 x，以 $\overline{M}$ 图上直线的延长线与轴 x 的交点 O 为原点，由 $\overline{M}$ 图可知

$$\overline{M} = x\tan\alpha$$

代入积分式则有

$$\int_A^B \frac{\overline{M}M_P}{EI}dx = \frac{1}{EI}\int_A^B x\tan\alpha M_P dx = \frac{\tan\alpha}{EI}\int_A^B xM_P dx = \frac{\tan\alpha}{EI}\int_A^B x d\omega \tag{a}$$

式中 $d\omega = M_P dx$，为 M_P 图中阴影部分的微面积，而 $xd\omega$ 就是这个微面积对轴 y 的静矩。故可知积分 $\int_A^B x d\omega$ 为 AB 段 M_P 图的面积对轴 y 的静矩，即

$$\int_A^B x d\omega = \omega x_C \tag{b}$$

其中 x_C 是 M_P 图面积的形心到轴 y 的距离。将式（b）代入式（a）则有

$$\int_A^B \frac{\overline{M}M_P}{EI}dx = \frac{1}{EI}\omega x_C \tan\alpha \tag{c}$$

但因 $x_C\tan\alpha = y_C$，y_C 为 M_P 图的形心处所对应的 $\overline{M}$ 图的纵标，故由式（c）有

$$\int_A^B \frac{\overline{M}M_P}{EI}dx = \frac{\omega y_C}{EI} \tag{18.13}$$

可见，当上述三个条件能满足时，积分式 $\int_A^B \frac{\overline{M}M_P}{EI}dx$ 的值就等于 M_P 图的面积 ω 乘以其形心所对应 $\overline{M}$ 图上的纵标 y_C 再除以 EI。这就是**图乘法**。

如果结构上各段杆均可图乘，则位移计算公式（18.10）可写成

$$\Delta_K = \Sigma\int \frac{\overline{M}M_P}{EI}dx = \Sigma\frac{\omega y_C}{EI} \tag{18.14}$$

2. 用图乘法解题时应注意的几个问题

（1）必须符合上述三个条件，才可使用图乘法计算位移（注意：对于平面桁架和平面组合结构，只要满足这三个条件，也可用图乘法来计算其结构位移）。

（2）纵标 y_C 必须在直线图形上取，而不能在折线或曲线图形上取。

（3）面积 ω 与纵标 y_C 若在杆轴同一侧时，乘积取正号；异侧时取负号。

（4）若 M_P 图和 $\overline{M}$ 图均为直线图形，则式（18.14）中 ω 可从任一图形上取；若 M_P 图是曲线图形，$\overline{M}$ 图是折线图形，如图 18.16（a）所示，或杆件截面不同，而每段范围内截面不变，如图 18.16（b）所示，或两弯矩图中有一个其一部分为零，如图 18.16（c）所示，则均应当从转折点分开，分段图乘，然后求代数和。

图 18.16（a）的位移计算可按下式进行

$$\Delta_K = \Sigma\int \frac{\overline{M}M_P}{EI}dx = \sum\frac{\omega y_C}{EI} = \frac{\omega_1 y_{C1} + \omega_2 y_{C2} + \omega_3 y_{C3}}{EI}$$

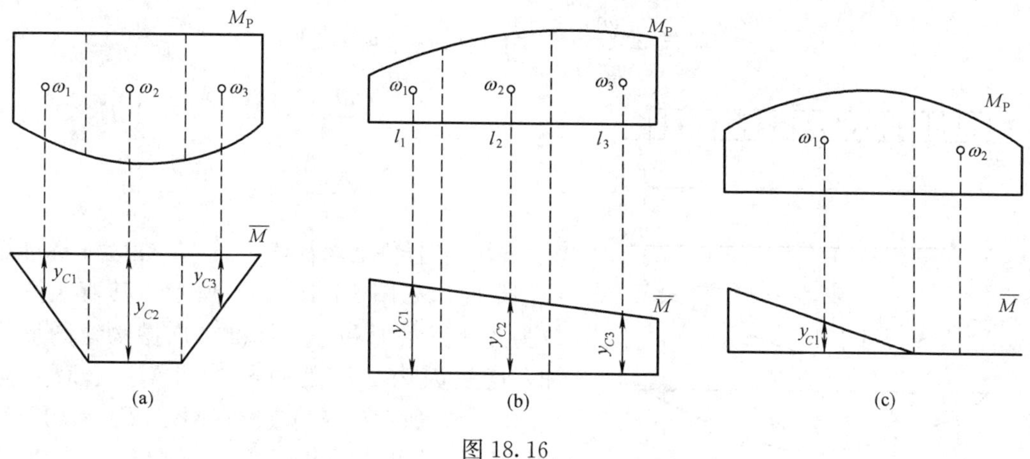

图 18.16

图 18.16（b）的位移计算可按下式进行

$$\Delta_K = \sum\int\frac{\overline{M}M_P}{EI}dx = \sum\frac{\omega y_C}{EI} = \frac{\omega_1 y_{C1}}{EI_1}+\frac{\omega_2 y_{C2}}{EI_2}+\frac{\omega_3 y_{C3}}{EI_3}$$

图 18.16（c）的位移计算可按下式进行

$$\Delta_K = \sum\frac{\omega y_C}{EI} = \frac{\omega_1 y_{C1}+\omega_2\times 0}{EI} = \frac{\omega_1 y_{C1}}{EI_1}$$

（5）若 M_P 图是梯形图形，如图 18.17 所示，图乘时不必求梯形的形心，而将梯形分解为两个三角形 ACD 和 ABD，这两个三角形面积分别与 $\overline{M}$ 图中相应的纵标相乘后取代数和，即

$$\Delta_K = \sum\frac{\omega y_C}{EI} = \frac{1}{EI}(\omega_1 y_{C1}+\omega_2 y_{C2})$$

$$\omega_1 = \frac{al}{2},\ y_{C1} = \frac{2}{3}c+\frac{1}{3}d$$

$$\omega_2 = \frac{bl}{2},\ y_{C2} = \frac{1}{3}c+\frac{2}{3}d$$

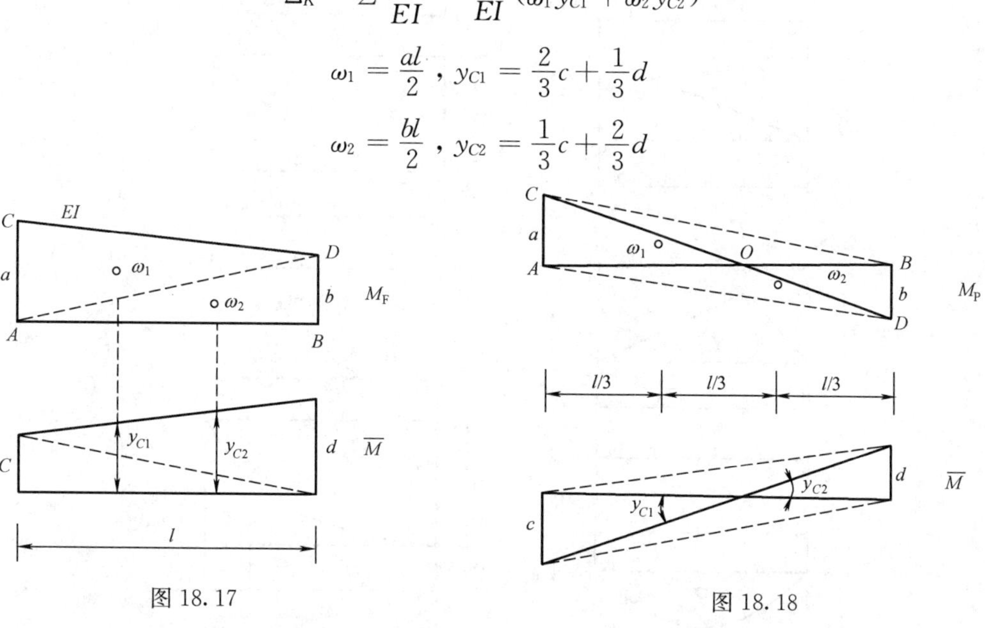

图 18.17　　图 18.18

（6）若 M_P 图和 $\overline{M}$ 图不在基线的同一侧，如图 18.18 所示。这时三角形 AOC 和 BOD 的面积计算均较麻烦。为简便，可将 M_P 图看作是三角形 ABC 和三角形 ABD 的叠加，将这两个三角形面积分别与 $\overline{M}$ 图中相应的纵标相乘后取代数和，即

$$\Delta_K = \sum \frac{\omega y_C}{EI} = \frac{1}{EI}(\omega_1 y_{C1} + \omega_2 y_{C2})$$

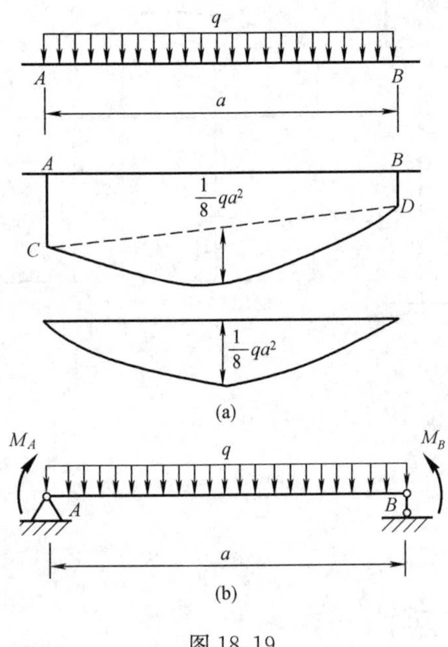

图 18.19

$$\omega_1 = \frac{al}{2},\ y_{C1} = \frac{2}{3}c - \frac{1}{3}d$$

$$\omega_2 = \frac{bl}{2},\ y_{C2} = \frac{2}{3}d - \frac{1}{3}c$$

（7）若杆件的 AB 段，其 M_P 图为非标准抛物线图形时，如图 18.19（a）所示，其弯矩图可划分为两个三角形和一个标准二次抛物线图形的叠加，这是因为 AB 段的弯矩图 M_{AB} 、M_{BA} 与图 18.19（b）所示相应简支梁在两端弯矩和均布荷载 q 作用下的弯矩图是相同的。必须指出，所谓弯矩图的叠加是指其纵标的叠加，而不是原图形状的剪贴拼合。因此，叠加后的抛物线图形的所有纵标仍应为竖向的，而不是垂直于 M_{AB} 、M_{BA} 的连线。而两个图形总的面积大小和形心位置仍然是相同的。

3. 常用的几种图形的面积及其形心位置

为了计算时便于查用，现将几种常用图形的面积及其形心位置列出，如图 18.20 所示。应该特别指出，其中抛物线均为顶点在中点或端点的抛物线图形，而“顶点”是指其切线平行于基线的点。

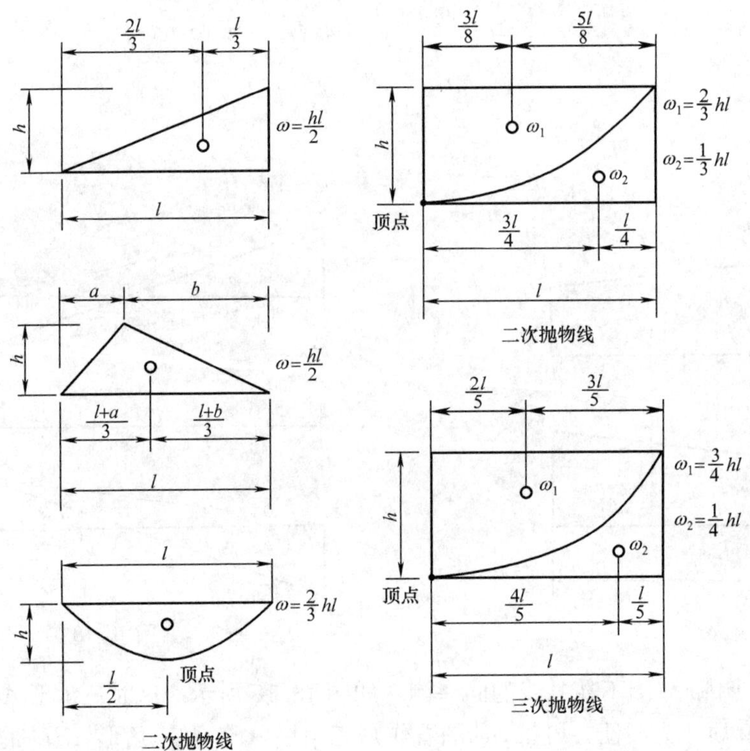

图 18.20

(1) 图乘法的应用条件是什么？怎样确定图乘结果的正负号？求连续变截面梁的位移时，是否可以用图乘法？

(2) 设 M_P 和 $\overline{M}$ 图如图 18.21 所示都是梯形，试问下列算法是否正确？

$$\int M_P M_K \mathrm{d}x = \omega_1 y_{C1} + \omega_2 y_{C2}$$

(3) 图 18.22 所示 M_P 和 $\overline{M}$ 图是抛物线和三角形，试问下列算法是否正确？

$$\int M_P \overline{M} \mathrm{d}x = \left(\frac{2}{3} \times \frac{1}{8} q l^2 \times l\right) \times \frac{l}{4}$$

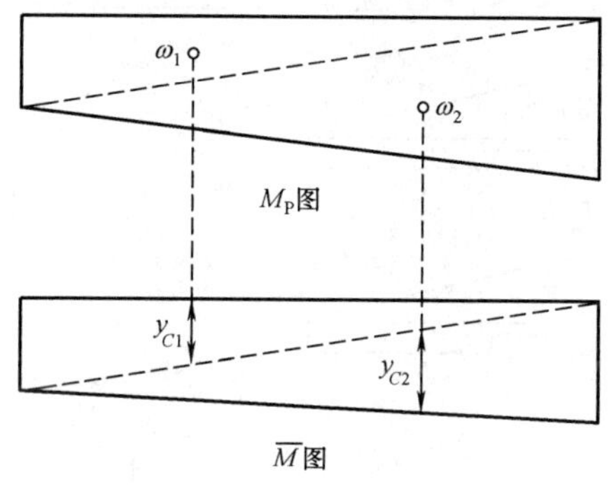

图 18.21

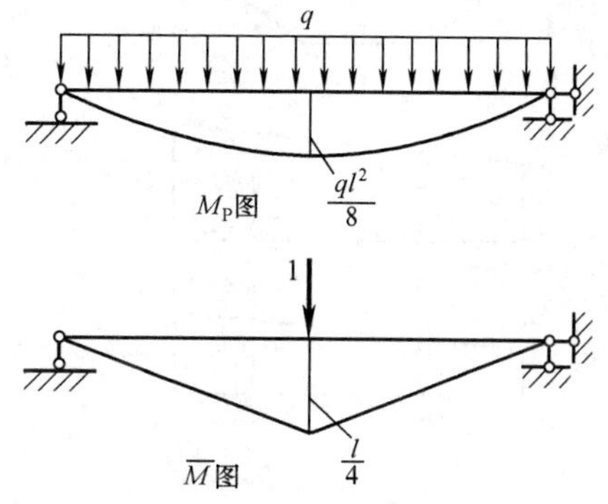

图 18.22

(4) 图 18.23 所示 M_P 和 $\overline{M}$ 图，试问下列算法是否正确？

$$\int M_P \overline{M} \mathrm{d}x = \left(\frac{1}{3} \times q l^2 \times l\right) \times \frac{3l}{4}$$

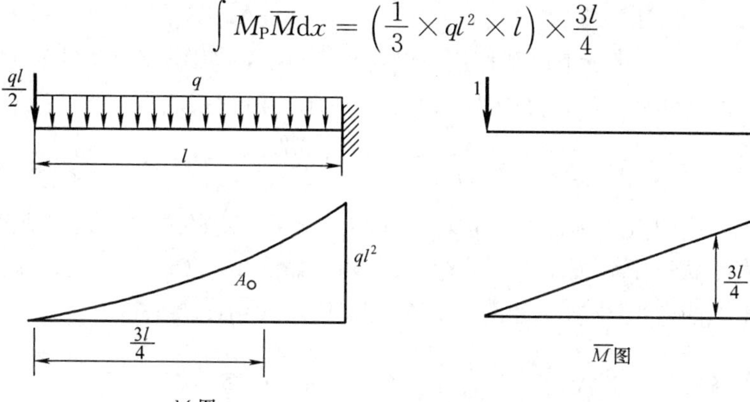

图 18.23

(5) 图 18.24 所示 M_P 和 $\overline{M}$ 图都是梯形，试推导出下列计算式

$$\int M_P \overline{M} \mathrm{d}x = \frac{al}{6}(2c + d) \times \frac{bl}{6}(c + 2d)$$

(6) 下列图 18.25 各图乘是否正确？如不正确应如何改正？

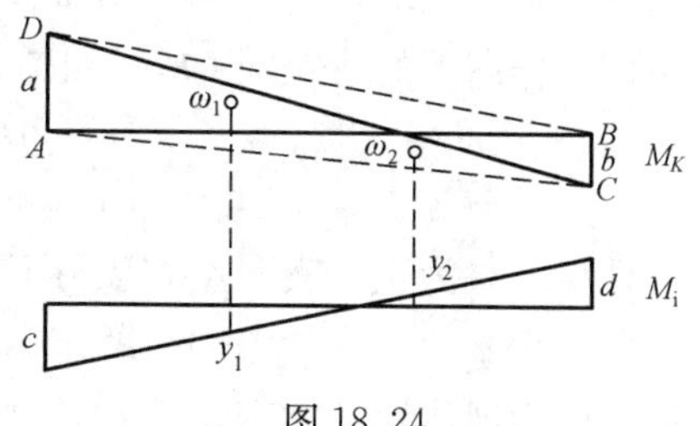

图 18.24

4. 图乘法的计算步骤及举例

(1) 绘制实际状态荷载作用下的内力图；

(2) 确定需虚设的单位荷载，绘制虚设单位荷载作用下的内力图；

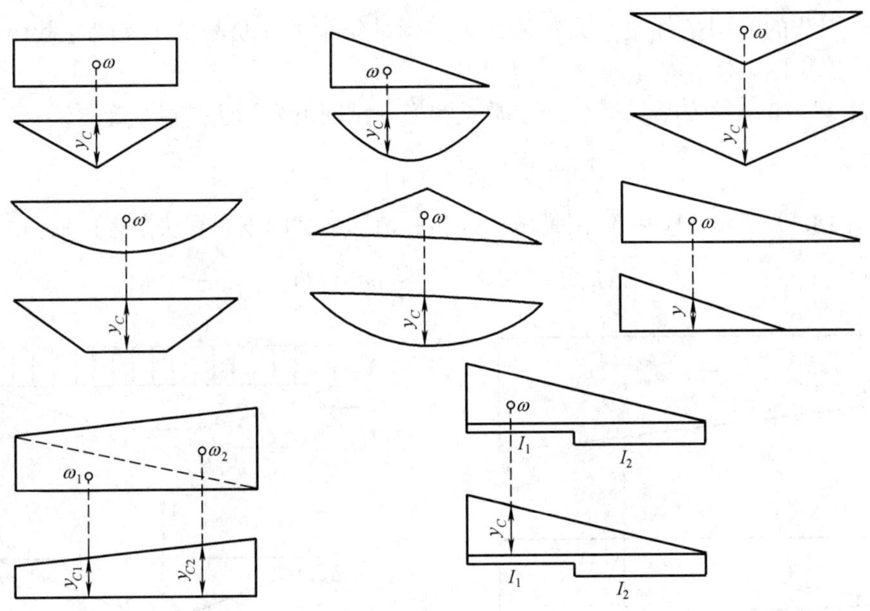

图 18.25

(3) 分段计算 M_P（或 $\overline{M}$）图形的面积 ω 及其形心相应的 $\overline{M}$（或 M_P）图形的纵标；

(4) 代入图乘公式（18.14）计算位移。

【例 18.5】 如图 18.26（a）所示简支梁，试用图乘法计算跨中点 C 的竖向位移 Δ_{CV} 和截面 B 的转角 φ_B。已知 EI 为常数。

解 (1) 求 Δ_{CV}。实际状态中荷载作用下的弯矩图 M_P，如图 18.26（b）所示；虚设的竖向单位力作用下的弯矩图 $\overline{M_1}$，如图 18.26（c）所示，由图乘法得

$$\Delta_{CV}=\frac{1}{EI}(\omega_1 y_{C1}+\omega_2 y_{C2})=\frac{1}{EI}\left(\frac{2}{3}\times\frac{l}{2}\times\frac{ql^2}{8}\right)\times\frac{5l}{32}\times 2=\frac{5ql^4}{384EI}(\downarrow)$$

计算结果为正，表明点 C 实际竖向位移方向与虚设单位力的方向相同，即向下。

(2) 求 φ_B。实际状态中荷载作用下的弯矩图 M_P，如图 18.26（b）所示；虚设的顺时针方向单位力偶作用下的弯矩图 $\overline{M_2}$，如图 18.26（d）所示，由图乘法得

$$\varphi_B=-\frac{1}{EI}\omega y_C=-\frac{1}{EI}\left(\frac{2}{3}\times l\times\frac{ql^2}{8}\right)\times\frac{1}{2}=-\frac{ql^3}{24EI}\qquad(\circlearrowright)$$

计算结果为负，表明截面 B 的实际转动方向与虚设单位力偶的方向相反，即逆时针。

【例 18.6】 试用图乘法计算图 18.27（a）所示刚架 C 端的水平位移 Δ_{CV} 和角位移 φ_C。已知 AB 段抗弯刚度为 $2EI$，BC 段抗弯刚度为 EI，EI 为常数。

解 (1) 求 Δ_{CV}。实际状态中荷载作用下的弯矩图 M_P，如图 18.27（b）所示；虚设的竖向单位力作用下的弯矩图 $\overline{M_1}$，如图 18.27（c）所示，由图乘法得

$$\Delta_{CV}=\frac{\omega_1 y_{C1}}{EI}+\frac{\omega_2 y_{C2}}{2EI}=\frac{1}{EI}\left(\frac{1}{3}\times l\times\frac{ql^2}{2}\times\frac{3l}{4}\right)+\frac{1}{2EI}\left(l\times\frac{ql^2}{2}\times l\right)=\frac{3ql^4}{8EI}(\downarrow)$$

计算结果为正，表明点 C 实际竖向位移方向与虚设单位力的方向相同，即向下。

(2) 求 φ_B。实际状态中荷载作用下的弯矩图 M_P，如图 18.27（b）所示；虚设的顺时针方向单位力偶作用下的弯矩图 $\overline{M_2}$，如图 18.27（d）所示，由图乘法得

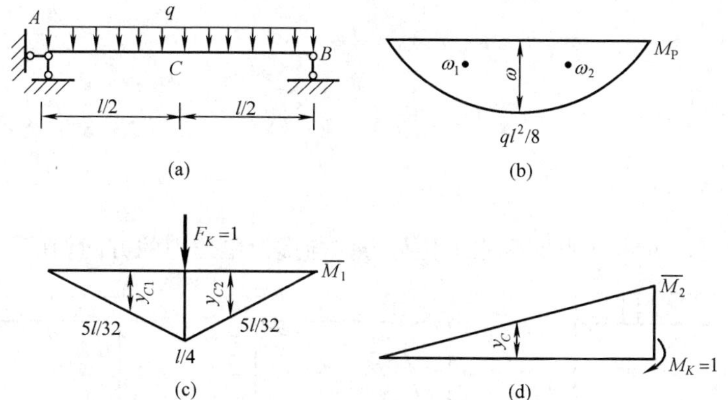

图 18.26

$$\varphi_C=\frac{1}{EI}(\omega_1 y_{C1}+\omega_2 y_{C2})=\frac{1}{EI}\left(\frac{1}{3}\times l\times\frac{ql^2}{2}\times 1+l\times\frac{ql^2}{2}\times 1\right)=\frac{2ql^3}{3EI}\quad(\curvearrowright)$$

将上述两个例题计算过程与［例 18.1］、［例 18.2］进行比较，可知用图乘法求位移要简便得多。

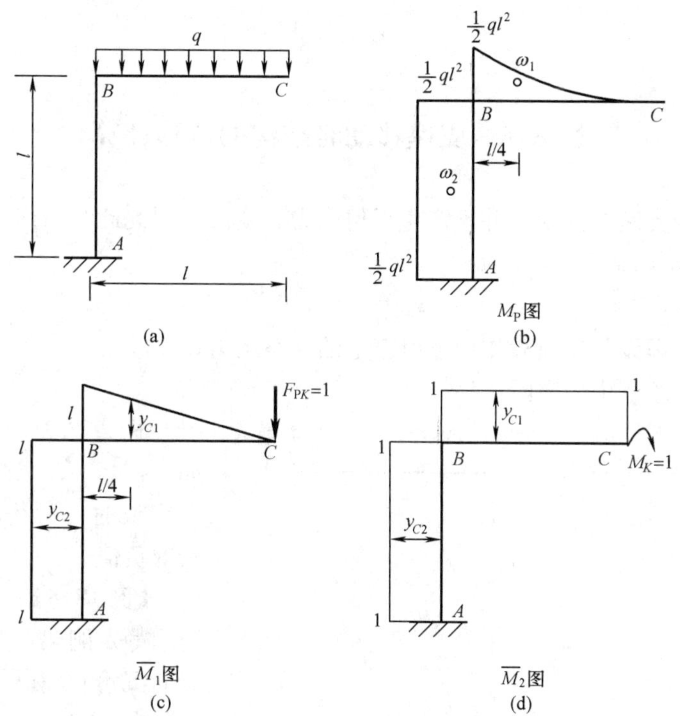

图 18.27

【例 18.7】　如图 18.28（a）所示静定刚架，在荷载 F_P 和 q 作用下，试求 B 支座处的水平位移 Δ_{BH}。已知 EI 为常数。

解　求 Δ_{BH}。实际状态中荷载作用下的弯矩图 M_P，如图 18.28（b）所示；虚设的水平单位力作用下的弯矩图 $\overline{M}$，如图 18.28（c）所示，由图乘法得

$$\Delta_{CV}=\frac{1}{EI}\omega_1 y_{C1}+\frac{1}{2EI}(\omega_2 y_{C2}+\omega_3 y_{C3})$$
$$=\frac{1}{EI}\left(-\frac{1}{2}\times a\times qa^2\times\frac{2a}{3}\right)+\frac{1}{2EI}\left(-\frac{1}{2}\times a\times qa^2\times a-\frac{2}{3}\times\frac{1}{8}qa^2\times a\times a\right)$$
$$=-\frac{5qa^4}{8EI}(\rightarrow)$$

计算结果为负，表明 B 点实际水平位移方向与虚设单位力的方向相反，即向右。

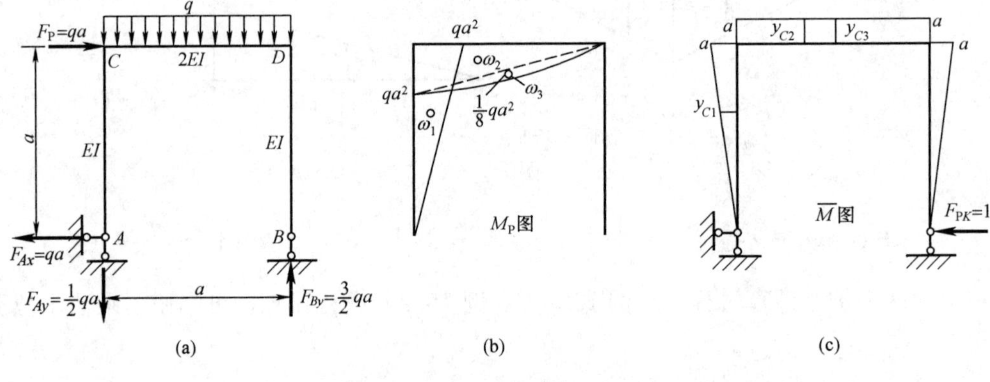

图 18.28

§18.6　支座移动时结构的位移计算

由于静定结构支座的移动，并不产生任何内力和变形，因此此时结构的位移纯属刚体位移。因而，可将式（18.7）简化为

$$\Delta_K=-\sum\overline{F}_{Ri}C_i \tag{18.15}$$

式中　$\overline{F}_{Ri}$——在虚设单位荷载作用下所产生的支座反力；

C_i——支座产生的实际位移。

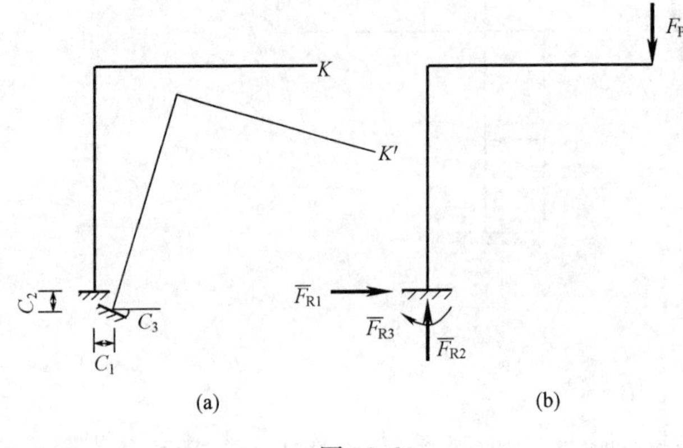

图 18.29

式（18.15）中的正负号规定如下：当 $\overline{F}_{Ri}$ 和实际位移 C_i 的方向一致时，所得乘积取正值，反之取负值。

【例 18.8】　如图 18.29（a）所示静定刚架，支座水平移动 C_1、竖向沉落 C_2 和转角 C_3，试求点 K 的竖向位移 Δ_{KV}。

解　虚设力状态如图 18.29（b）所示，在 K 点施加一竖向单位力 $F_{PK}=1$，此时由平衡方程得支座的反力分别为

$$\overline{F}_{R1}=0,\overline{F}_{R2}=1,\overline{F}_{R3}=-l(\text{逆时针})$$

则由式（18.15）得

$$\Delta_{KV} = -\sum \overline{F}_{Ri}C = -(0\times C_1 - 1\times C_2 - lC_3) = C_2 + lC_3$$

【例 18.9】　如图 18.30（a）所示静定简支梁，支座 B 竖直下沉，试求跨中点 C 的竖向位移 Δ_{CV}。

解　虚设力状态如图 18.30（b）所示，在点 C 施加一竖向单位力 $F_{PK}=1$，此时由平衡方程得支座的反力分别为

$$\overline{F}_{RA} = \frac{1}{2}(\uparrow),\overline{F}_{RB} = \frac{1}{2}(\uparrow)$$

则由式（18.15）得

$$\Delta_{CV} = -\sum \overline{F}_{Ri}C = -(-\overline{F}_{RB}\times\Delta_B) = \frac{1}{2}\Delta$$

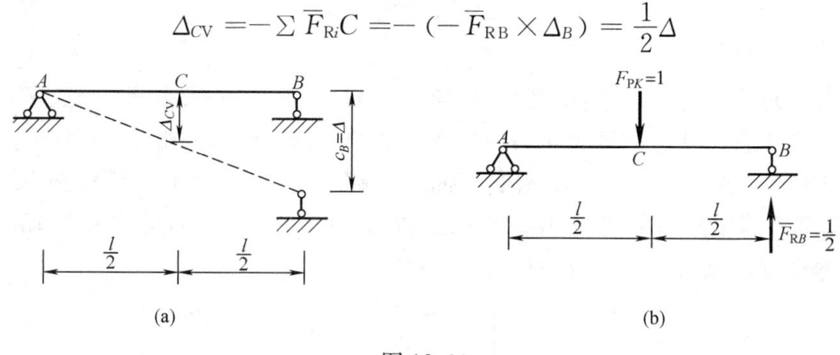

图 18.30

§ 18.7　互等定理及其应用

本节介绍线弹性结构的互等定理：功的互等定理、位移互等定理、反力互等定理，其中最基本的是功的互等定理，其他三个定理都可由此推导出来。这些定理在以后的章节中是经常引用的。

1. 功的互等定理

设有两组外力 F_{P1} 和 F_{P2} 分别作用于同一线弹性结构上，如图 18.31（a）、（b）所示，分别称为结构的第一状态和第二状态。

如果我们来计算第一状态的外力和内力在第二状态相应的位移和变形上所做的外虚功 W_{e12} 和内虚功 W_{i12}，并根据虚功原理 $W_{e12}=W_{i12}$，则有

$$F_{P1}\Delta_{12} = \sum\int\frac{M_1M_2\,dx}{EI} + \sum\int\frac{F_{N1}F_{N2}\,dx}{EA} + \sum\int\frac{\mu F_{S1}F_{S2}\,dx}{GA} \quad (a)$$

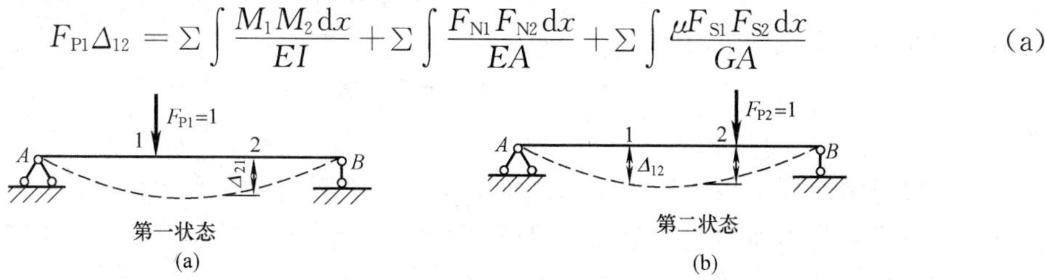

图 18.31

这里，位移 Δ_{12} 的两个下标的含义：第一个下标“1”表示位移的地点和方向，即该位移是 F_{P1} 作用点沿 F_{P1} 方向上的位移；第二个下标“2”表示产生位移的原因，即该位移是由于

F_{P2} 所引起的。

而第二状态的外力和内力在第一状态相应的位移和变形上所做的外虚功 W_{e21} 和内虚功 W_{i21}，并根据虚功原理 $W_{e21}=W_{i21}$，则有

$$F_{P2}\Delta_{21}=\Sigma\int\frac{M_2M_1\,dx}{EI}+\Sigma\int\frac{F_{N2}F_{N1}\,dx}{EA}+\Sigma\int\frac{\mu F_{S2}F_{S1}\,dx}{GA} \tag{b}$$

因式（a）和式（b）的等号右边相等，故左边也相等，则有

$$F_{P1}\Delta_{12}=F_{P2}\Delta_{21} \tag{18.16}$$

也可写成

$$W_{e12}=W_{e21} \tag{18.17}$$

这就是功的**互等定理**。

功的互等定理表述为：对于任一线弹性结构，第一状态的外力在第二状态相应的位移上所做的虚功，等于第二状态的外力在第一状态相应的位移上所做的虚功。

【例 18.10】 图 18.32（a）所示变截面梁，在 F 点作用向下的单位荷载时，B、C、E、F 点的挠度（单位：cm）如图 18.32（a）所示。若将该变截面梁改为图 18.32（b）所示荷载和支撑情况，试求各支座反力。

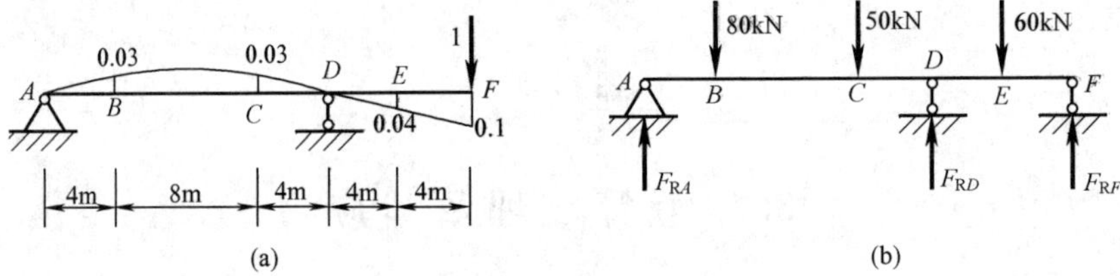

图 18.32

解 根据功的互等定理，图 18.32（b）状态的外力在图 18.32（a）状态的位移上所做的功等于图 18.32（a）状态的外力在图 18.32（b）状态的位移上所做的功，即

$$F_{RA}\times0-80\times0.03-50\times0.03+F_{RD}\times0+60\times0.04-F_{RF}\times0.1=0$$

解得

$$F_{RF}=15\text{kN}$$

然后用平衡条件就可求得 $F_{RA}=65\text{kN}(\uparrow)$，$F_{RD}=110\text{kN}(\uparrow)$

2. 位移互等定理

如图 18.33（a）、（b）所示，假设两个状态中的荷载都是单位力，即 $F_{P1}=1$、$F_{P2}=1$，则由功的互等定理式（18.16）得

$$1\times\delta_{12}=1\times\delta_{21}$$

即

$$\delta_{12}=\delta_{21} \tag{18.18}$$

这就是**位移互等定理**。可表述为：第二个单位力所引起的第一个单位力作用点沿其方向的位移等于第一个单位力所引起的第二个单位力作用点沿其方向的位移。

应该指出，这里的单位力也包括单位力偶，即可以是广义单位力。位移也包括角位移，即是相应的广义位移。例如图 18.34（a）、（b）所示的两个状态中，根据位移互等定理，应有 $\varphi_{21}=\delta_{12}$。又由材料力学可知

$$\varphi_{21}=\frac{F_{P1}l^2}{16EI},\ \delta_{12}=\frac{M_1l^2}{16EI}$$

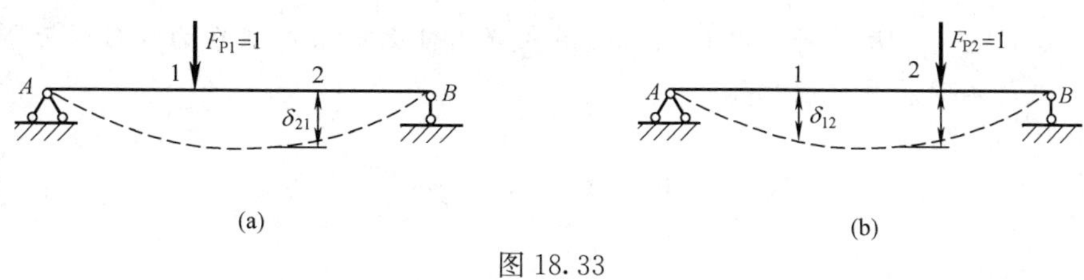

图 18.33

其中 $F_{P1}=1, M_1=1$，故有 $\varphi_{21}=\delta_{12}=\dfrac{l^2}{16EI}$。可见，虽然 φ_{21} 代表单位力引起的角位移，δ_{12} 代表单位力偶引起的线位移，含义不同，但此时二者在数值上是相等的。

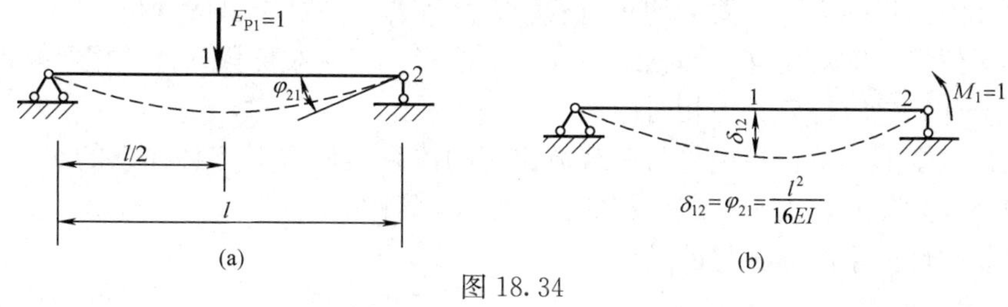

图 18.34

3. 反力互等定理

反力互等定理也是功的互等定理的另一种特殊情况。它对超静定结构才有意义（对于静定结构得到等于零的恒等式）。

图 18.35 所示为两个支座分别发生单位位移的两种状态。其中图 18.35（a）表示支座 1 发生单位位移 $\Delta_1=1$ 时，在支座 2 上产生的反力为 r_{21}；图 18.35（b）表示支座 2 发生单位位移 $\Delta_2=1$ 时，在支座 1 上产生的反力为 r_{12}。其他的支座反力未在图中一一绘出，因为它们所对应另一状态的位移都是等于零而不做虚功。根据功的互等定理，有

$$r_{12}\Delta_1=r_{21}\Delta_2$$

而 $\Delta_1=\Delta_2=1$，故有

$$r_{12}=r_{21} \tag{18.19}$$

式（18.19）就是**反力互等定理**。可表述为：支座 1 发生单位位移所引起的支座 2 的反力，等于支座 2 发生单位位移所引起的支座 1 的反力。

这一定理对结构上任何两个支座都适用，但应注意反力与位移在做功的关系上应相对应，即力对应于线位移，力偶对应于角位移。例如在图 18.36 的两个状态中，应有 $r_{12}=r_{21}$，它们虽然一为单位线位移引起的反力偶，一为单位角位移引起的反力，含义不同，但此时在数值上是相等的。

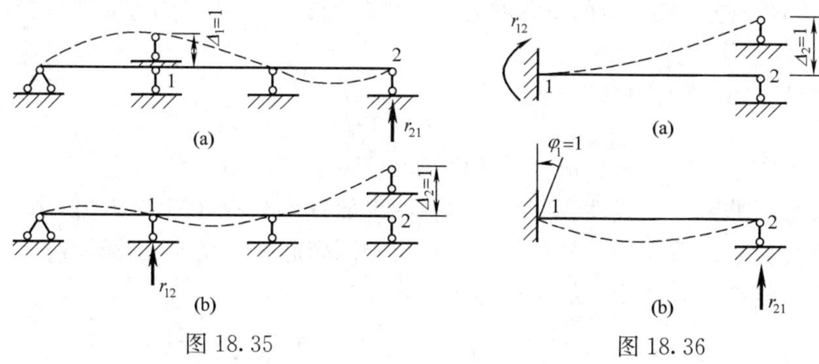

图 18.35　　图 18.36

反力互等定理可否用于静定结构？若使用会得出什么结果？在反力和位移互等定理中，为什么两个性质不同的量可以相等？

本　章　小　结

1. 基本概念

（1）线位移：指截面形心所移动的距离。

（2）角位移：指横截面转动的角度。

（3）广义力：集中力、力偶、均布荷载、力系等各类荷载类型的统称。

（4）广义位移：绝对位移（包括线位移、角位移）和相对位移（包括相对线位移和相对角位移）的统称。它应与广义力相对应。

（5）线弹性变形体系：指位移与荷载成比例的体系，荷载对这种体系的影响可以叠加，而且当荷载全部撤除时，由于荷载引起的位移将完全消失。

要构成线弹性体系的需满足的条件：

1）体系为几何不变的；

2）应力与应变关系符合胡克定律；

3）位移必须是微小的。

（6）功的概念。

1）功：统一表示为广义力和广义位移的乘积。

$$W = F\Delta$$

式中，F 为广义力，Δ 为广义位移，当广义力 F 与相应广义位移 Δ 方向一致时，做功为正；反之为负。

2）实功：指力在其自身引起的位移上所做的功。力是广义力，位移亦是广义位移。

3）虚功：力在其他因素引起的位移上所做的功。

（7）变形体的虚功原理。

变形体系处于平衡的充分和必要条件是，对于任意微小的虚位移，外力所做的虚功总和等于各微段上的内力在其变形体上所做的虚功总和，即外力虚功等于内力虚功，可写为

$$\text{外力虚功}\ W_e = \text{内力虚功}\ W_i$$

虚功原理在具体应用时有两种方式：

1）虚位移原理：这是在给定的力状态与虚设的位移状态之间应用虚功原理。

2）虚力原理：这是在给定的位移状态与虚设的力状态之间应用虚功原理。

2. 静定结构位移计算公式

单位荷载法计算结构位移的一般公式

$$\Delta_K = \sum\int\frac{\overline{F}_N F_{NP}}{EA}ds + \sum\int\mu\frac{\overline{F}_S F_{SP}}{GA}ds + \sum\int\frac{\overline{M}M_P}{EI}ds - \sum\overline{F}_{Ri}C_i$$

适用于弹性、非弹性、线性、非线性材料的平面杆系结构（静定或超静定）在荷载、支座移动、温度变化、制造误差、材料收缩等任何外因引起的小变形位移计算。

（1）静定结构在荷载作用下的位移计算公式

$$\Delta_K = \sum\int\frac{\overline{F}_N F_{NP}}{EA}ds + \sum\int\mu\frac{\overline{F}_S F_{SP}}{GA}ds + \sum\int\frac{\overline{M}M_P}{EI}ds$$

1）静定梁和刚架的位移计算公式

$$\Delta_K = \sum \int \frac{\overline{M} M_P}{EI} ds$$

2）静定平面桁架的位移计算公式

$$\Delta_K = \sum \frac{\overline{F}_N F_{NP}}{EA} l$$

3）静定平面组合结构的位移计算公式

$$\Delta_K = \sum \frac{\overline{F}_N F_{NP}}{EA} l + \sum \int \frac{\overline{M} M_P}{EI} ds$$

（2）静定结构在支座发生移动时，位移计算公式

$$\Delta_K = -\sum \overline{F}_{Ri} C_i$$

3. 虚设力状态

建立虚设力状态的目的是为了计算位移，单位荷载必须与所求位移对应。例如：求线位移时，在所求位移处沿所求位移方向加一单位集中力 $F_{PK}=1$；求角位移时，在所求位移处加一单位集中力偶 $M_K=1$；求某两点沿某方向的相对线位移时，在该两点沿某方向加一对指向相反的单位集中荷载；求某两截面的相对转角时，在该两截面加一对指向相反的单位力偶。

4. 静定结构位移计算的方法

（1）积分法（单位荷载法）。

1）建立虚设力状态，并分别列出各杆段的内力方程；

2）列出实际荷载作用下各杆段的内力方程；

3）将以上所得内力方程代入位移计算公式，并积分计算出位移。

（2）图乘法。

1）适用条件：

杆轴为直线；EI=常数；$\overline{M}$ 和 M_P 两个弯矩图中至少有一个是直线图形。

2）图乘公式

$$\Delta_K = \sum \frac{\omega y_C}{EI}$$

3）应用时应注意的问题：

①对于平面桁架和平面组合结构，只要满足这三个适用条件，也可用图乘法来计算其结构位移。

②纵标 y_C 必须在直线图形上取，而不能在折线或曲线图形上取。

③面积 ω 与纵标 y_C 若在杆轴同一侧时，乘积取正号；异侧时取负号。

④若 M_P 图和 $\overline{M}$ 图均为直线图形，ω 可从任一图形上取；若 M_P 图是曲线图形，$\overline{M}$ 图是折线图形，或杆件截面不同，而每段范围内截面不变。或两弯矩图中有一个其一部分为零，则均应当从转折点分开，分段图乘，然后叠加；若 M_P 图是梯形图形，或若 M_P 图和 $\overline{M}$ 图不在基线的同一侧，可将 M_P 图看作是两个三角形的叠加，这两个三角形面积分别与 $\overline{M}$ 图中相应的纵标相乘后取代数和；若杆件的 AB 段，其 M_P 图为非标准抛物线图形时，其弯矩图可划分为两个三角形和一个标准二次抛物线图形的叠加，然后再与 $\overline{M}$ 图图乘即可。

(3) 位移计算步骤:

1) 绘制实际状态荷载作用下的内力图;

2) 确定需虚设的单位荷载，绘制虚设单位荷载作用下的内力图;

3) 分段计算 M_P (或 $\overline{M}$) 图形的面积 ω 及其形心相应的 $\overline{M}$ (或 M_P) 图形的纵标;

4) 代入图乘公式 (18.15) 计算位移。

5. 互等定理

包括功的互等定理、位移互等定理、反力互等定理。其中最基本的是功的互等定理，其他可由功的互等定理推导出来。它们只适用于线弹性体。

位移互等定理 $\delta_{12}=\delta_{21}$ 中 δ_{12} 、δ_{21} 是位移与产生此位移的力的比值，它乘以力后才得到位移，故其为位移影响系数。同理，反力互等定理 $r_{12}=r_{21}$ 中 r_{12} 、r_{21} 是约束反力与产生此反力的位移的比值，它乘以位移后得到反力，故其为反力系数。

概念分析与工程应用实训

如图 18.37 (a) 所示屋架，在屋盖自重作用下，下弦各结点将产生虚线所示的竖向位移，其中结点 C 的竖向位移最大。为了减小屋架在使用阶段下弦杆结点的竖向位移，制作时常将各下弦的实际下料长度做得比设计长度短些，以使屋架拼装后，结点 C 位于点 C' 的位置，如图 18.37 (b) 所示。这样，屋盖系统施工完毕后，屋架在屋盖自重作用下，它的下弦各杆能接近于原设计的水平位置。这种做法称为建筑起拱。显然，欲知道 Δ_{max} 的大小及各下弦杆的实际下料长度，就必须研究屋架的变形和位移之间的关系。现在计算 C 点的竖向位移 Δ_{CV}。

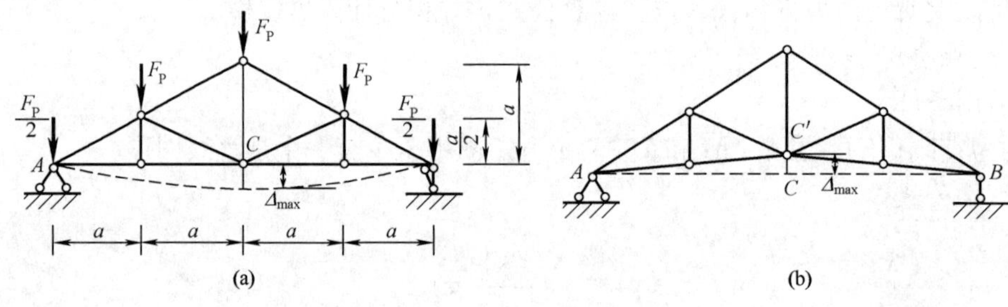

图 18.37

习　　题

18.1　用积分法求图 18.38 所示各结构的指定位移。设 EI 为常数。

18.2　试用图乘法求解题 18.1。

18.3　试用图乘法求图 18.39 所示各梁的指定位移。

18.4　试求图 18.40 所示各刚架的指定位移。

18.5　试用图乘法求图 18.41 所示结构梁铰 B 左右截面的相对角位移。已知各杆 EI 均为常数。

18.6　试求图 18.42 所示刚架 C、D 两点之间的相对水平位移。设各杆 EI 均为常数。

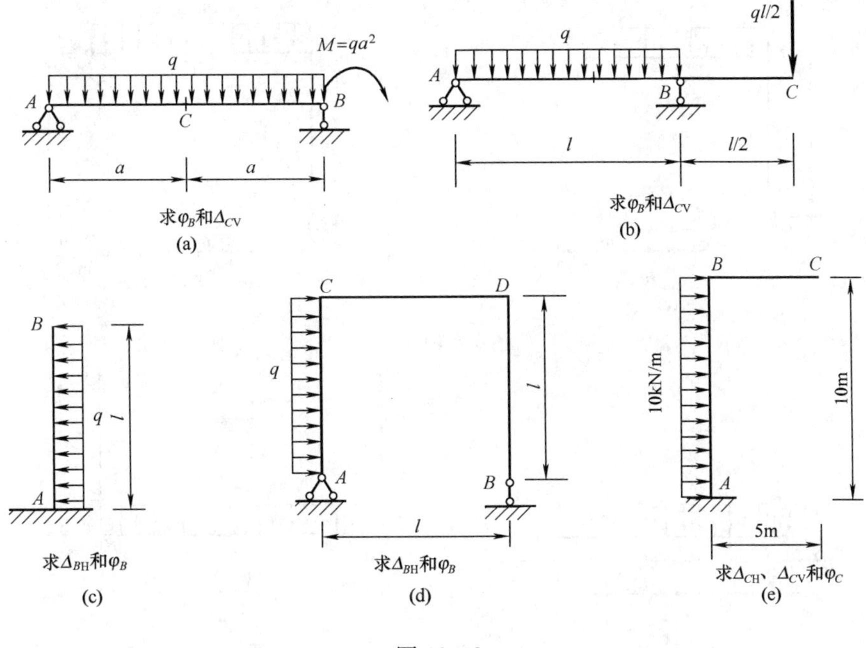

图 18.38

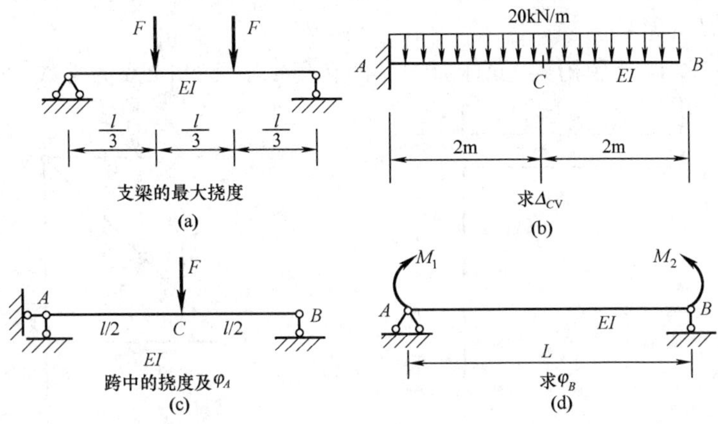

图 18.39

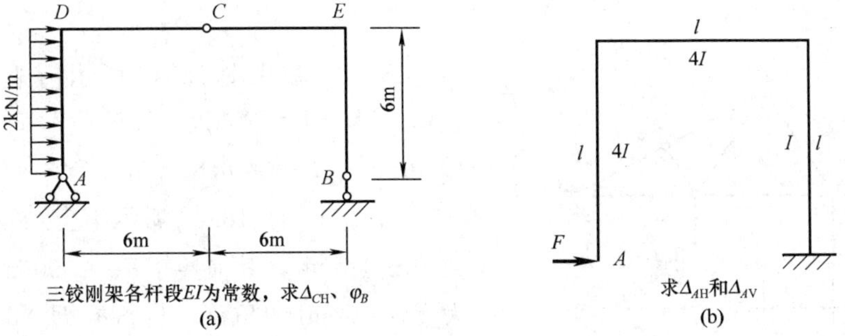

图 18.40（一）

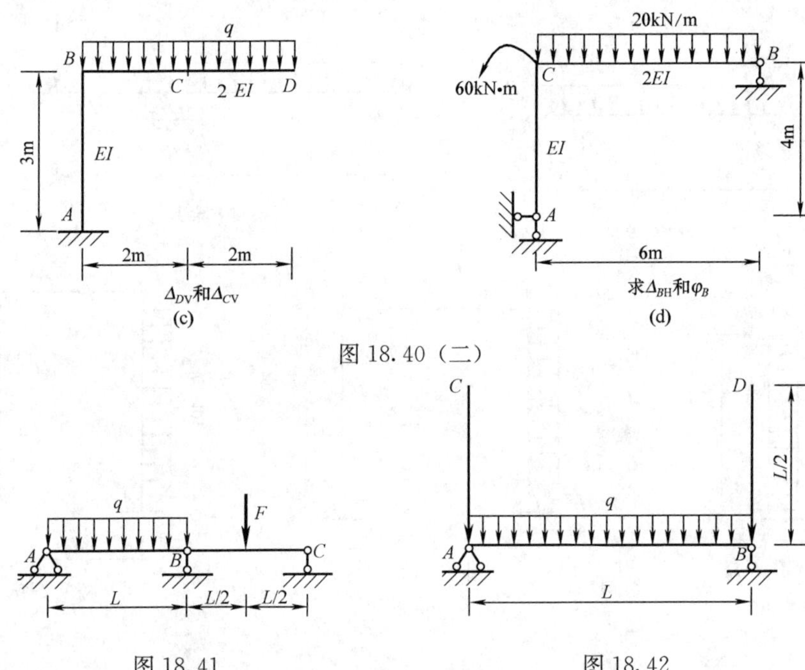

图 18.40（二）

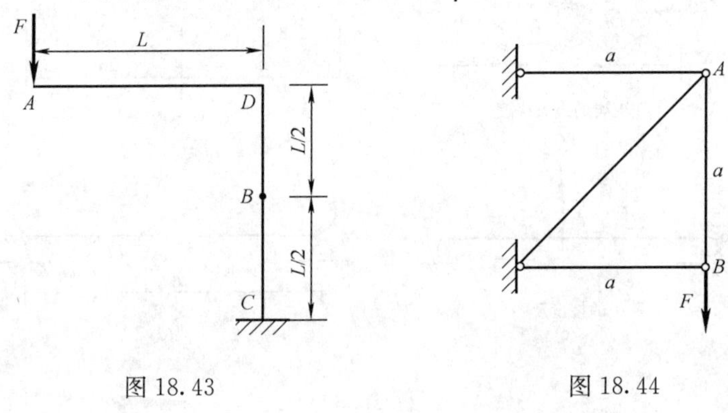

图 18.41　　　　图 18.42

18.7　试求图 18.43 所示刚架截面 A 与截面 B 之间的相对转角 ϕ_{AB} 及点 A 的竖向位移 Δ_{AV}。设各杆段 EI 为常数。

18.8　如图 18.44 所示桁架，试求杆 AB 的转角 φ_{AB}。已知 EA 为常数。

图 18.43　　　　图 18.44

18.9　试求图 18.45 所示桁架点 C 的竖向线位移。已知：各杆截面相等。$A=30\text{cm}^2$，$E=21\ 000\text{kN/cm}^2$。

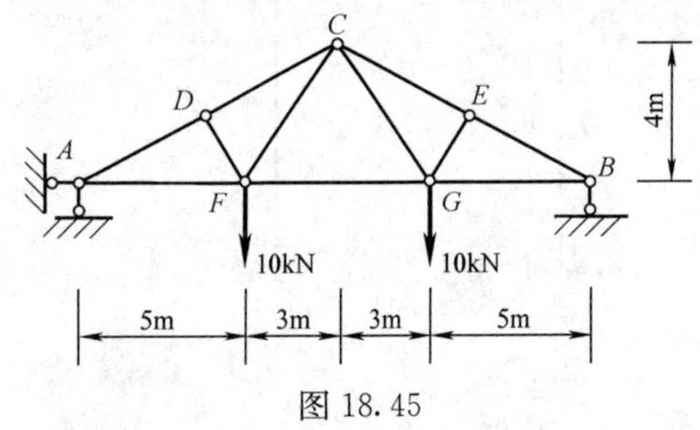

图 18.45

18.10　试求图 18.46 所示桁架点 C 的水平位移。已知 $F=20\text{kN}$，各杆段截面积均为 $A=1000\text{mm}^2$，$E=200\text{kN/mm}^2$。

*18.11　图 18.47 所示组合结构，横梁 AD 为 20b 工字钢，其惯性矩 $I=2500\text{cm}^4$，拉杆 BC 为直径 20mm 的角钢，材料的 $E=210\text{GPa}$，$q=5\text{kN/m}$，$a=2\text{m}$，试求点 D 竖向位移。

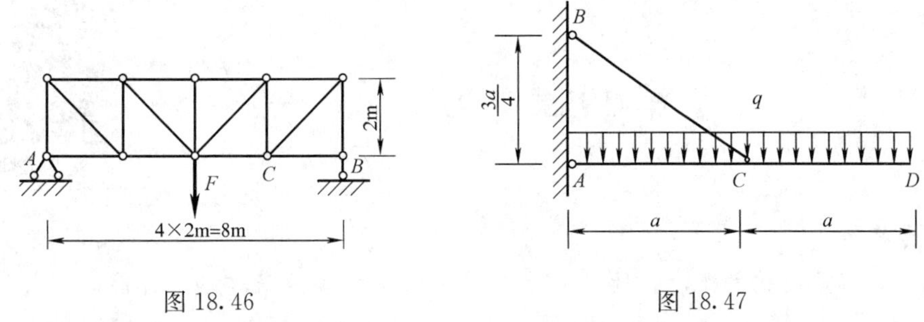

图 18.46　　图 18.47

18.12　图 18.48 所示简支刚架支座 B 下沉 b，试求点 C 水平位移。

18.13　图示梁跨简支梁 $l=16\text{m}$，支座 A、B、C 的沉降分别为 $a=40\text{mm}$，$b=100\text{mm}$，$c=80\text{mm}$，试求铰 B 左右两侧截面的相对角位移 φ。

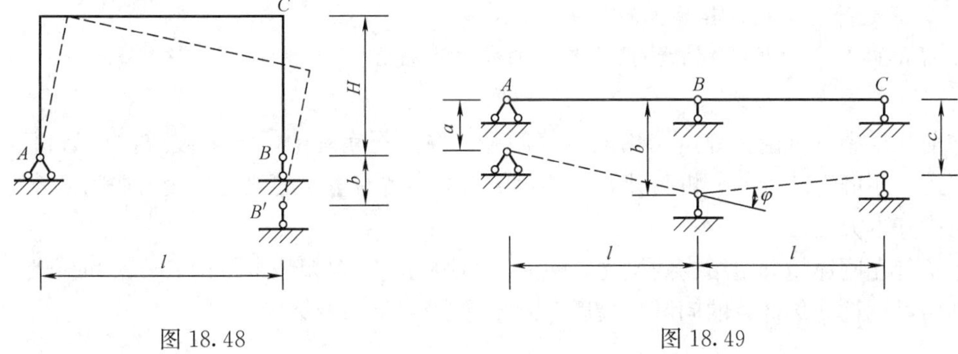

图 18.48　　图 18.49

18.14　结构分别承受两组荷载作用如图 18.50（a）、（b）所示，下列等式中哪些是正确的？（各位移均以同相应广义力指向一致为正）

（1）图 18.50（a）中截面 D 的转角＝图 18.50（b）中点 C 的水平位移；

（2）图 18.50（a）中点 C 的水平位移＝图 18.50（b）中截面 D 的转角；

（3）图 18.50（a）中铰 C 两侧截面相对转角＝图 18.50（b）中点 D 水平位移；

（4）图 18.50（a）中点 D 的水平位移＝图 18.50（b）中铰 C 两侧截面相对转角。

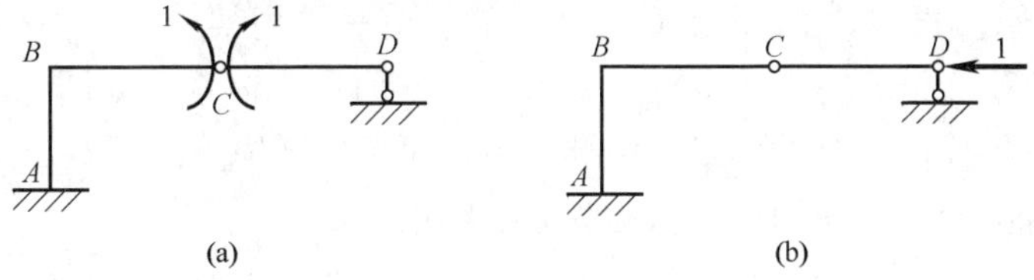

图 18.50

第 19 章　力　　法

教学要求

1. 建立超静定结构的概念，能正确区分静定结构和超静定结构，并能正确计算超静定次数；

2. 理解力法的基本思想，熟悉力法解题的基本方法和步骤，能熟练应用力法正确求解超静定结构；

3. 能利用对称性和反对称性，简化求解超静定结构的计算；

4. 掌握超静定结构位移计算的方法；

5. 了解超静定结构的基本特性及其在工程中的应用。

在前几章中，讨论了静定结构的计算问题。在工程实际中，大多数结构均为超静定结构，因此，超静定结构的分析与计算，在建筑力学中占有重要的地位，而力法则是计算超静定结构的基本方法之一。

本章首先阐述超静定结构的概念，然后介绍用力法求解超静定结构的方法和步骤，接着讨论利用对称性简化计算的问题，最后介绍超静定结构的位移计算。

§19.1　超静定结构的概念及工程实例

1. 超静定结构的概念

在结构的计算中，一个结构的支反力和内力仅用静力平衡条件就可以完全确定，则该结构就称为静定结构。例如，图 19.1（a）所示的简支梁是一个静定结构，从几何组成上分析，如果去掉简支梁任何一个外部支座约束链杆，如支座链杆 B，就变成了几何可变体系，如图 19.1（c）所示。再如，图 19.2（a）所示的静定简支桁架，如果去掉任何一个外部或内部约束，如去掉第 2 个节间中的斜杆，就变成了几何可变体系，如图 19.2（c）所示。由此可见，静定结构的任何一个外部或者内部约束，对保持结构的几何不变性都是必需的。这种使结构体系保持不变所必需的约束，称为**必要约束**。

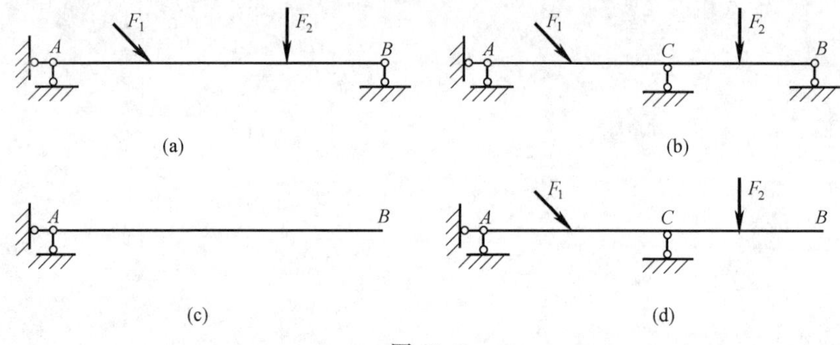

图 19.1

若在图 19.1（a）所示简支梁的基础上增加一支座链杆 C，如图 19.1（b）所示，变成了连续梁，有 4 个支座反力，但平面力系一般只有 3 个独立的平衡方程，仅靠平衡方程不能求出全部支座反力，也无法确定梁的内力。再如，图 19.2（a）所示的静定简支桁架，若在桁架内增加 4 根斜杆，如图 19.2（b）所示，虽然由平衡条件可以求出全部支座反力，但不能求出全部杆件的内力。一个结构的支反力和内力，如果仅用静力平衡条件不能完全确定，则该结构就称为**超静定结构**。图 19.1（b）所示的连续梁和图 19.2（b）所示的平面桁架均为超静定结构。

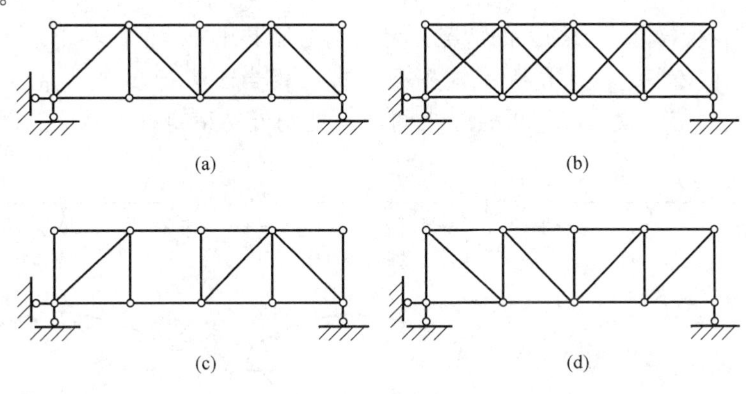

图 19.2

从几何组成上分析，若去掉图 19.1（b）所示超静定连续梁的任何一个外支座约束链杆，如支座链杆 B，变成了图 19.1（d）所示的外伸梁，仍然是几何不变体系。再如，在图 19.2（b）所示超静定平面桁架中，若分别去掉 4 个节间中的任一根斜杆，变成了图 19.2（d）所示的静定桁架，仍然是几何不变体系。通常，将这类对保持体系几何不变性不是必要的约束，称为**多余约束**。与多余约束相应的约束力，称为**多余约束力。**

工程实际中的结构，绝大多数都是超静定结构。例如，图 19.3 所示的单层钢筋混凝土厂房，其屋架就是超静定结构。因此，超静定结构的计算具有重要的工程实际意义。

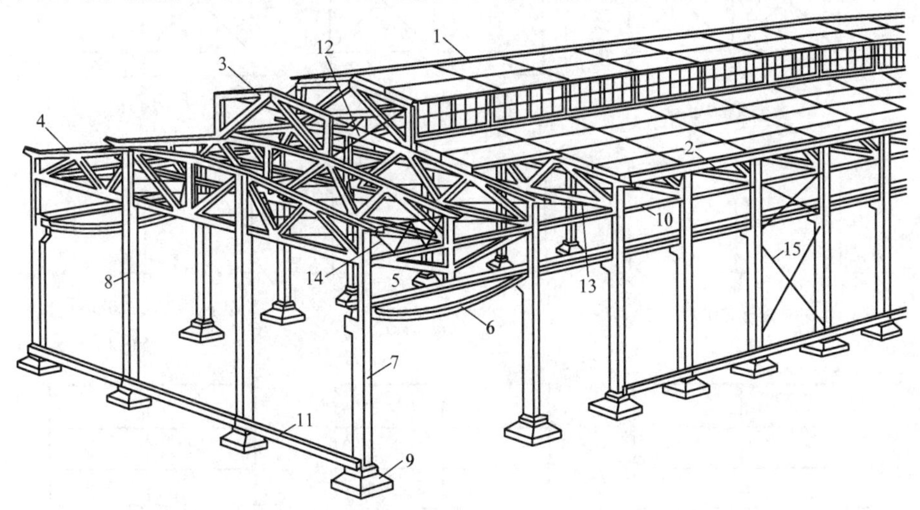

图 19.3

1—屋面板；2—天沟板；3—天窗架；4—屋架；5—托架；6—吊车梁；7—排架柱；8—抗风柱；9—基础；10—连系梁；11—基础梁；12—天窗架垂直支撑；13—屋架下弦横向水平支撑；14—屋架端部垂直支撑；15—柱间支撑

2. 超静定次数的确定

超静定结构中多余约束的个数，称为**超静定的次数**。可以将超静定结构看成是在静定结构上增加若干多余约束所构成的。因此，确定超静定次数最直接的方法就是，撤除多余约束，使原结构变成一个静定结构。所撤除多余约束的个数，就是原结构的超静定次数。例如，图 19.1（b）所示超静定连续梁，只需撤除 1 个外约束就变成为静定梁，为 1 次超静定；图 19.2（b）所示超静定平面桁架，则需撤除 4 个内约束，方可成为静定桁架，所以为 4 次超静定。

从超静定结构上撤除多余约束的情况，可归纳为如下几种类型：

（1）撤除一个支座链杆或切断一根桁架链杆，相当于去掉 1 个多余约束。例如，图 19.4（a）所示超静定连续梁，如果撤除中间截面处的外约束链杆，就成为图 19.4（a）所

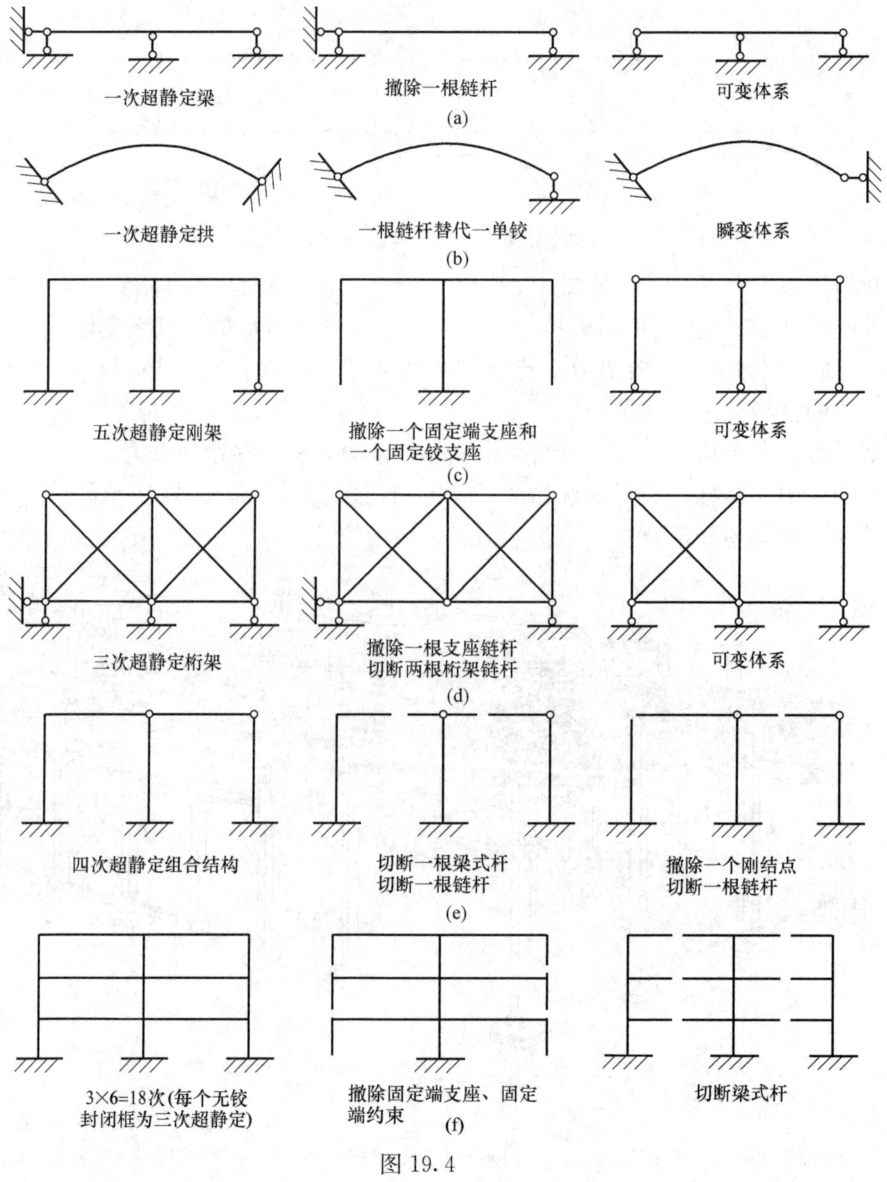

图 19.4

示的静定简支梁，因此原结构只有1个多余约束，是1次超静定结构。再如，图19.4（d）所示超静定平面桁架，如果撤除1个外约束链杆，再切断2根内约束斜链杆，就成为图19.4（d）所示的静定桁架，因此原结构共有3个多余约束，是3次超静定结构。

（2）撤除一个固定铰支座或去掉一个单铰，相当于去掉2个多余约束。例如，图19.5（a）所示超静定刚架，如果撤除横梁中间截面处的单铰C，就成为图19.5（b）所示的2个静定刚架。撤除单铰C相当于解除了在截面C处，左右两侧面之间沿上下和左右产生相对位移的2个约束，因此原刚架有2个多余约束，是2次超静定结构。再如，图19.5（c）所示超静定刚架，如果撤除右侧固定铰支座B，就成为图19.5（d）所示的静定悬臂刚架。撤除一个固定铰支座相当于解除了2个多余约束，因此原刚架是2次超静定结构。

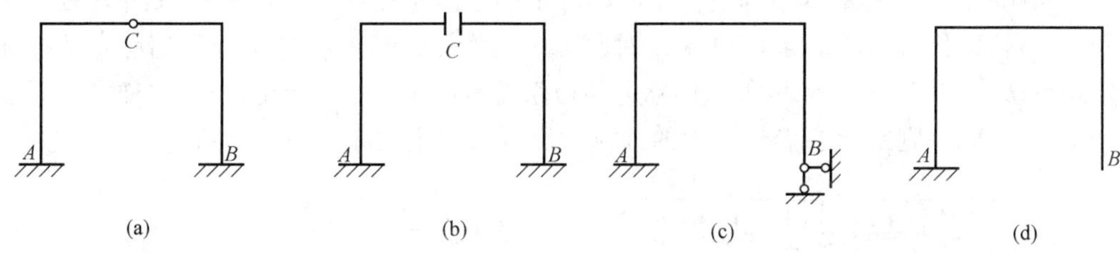

图19.5

（3）撤除一个固定端支座或切断一根梁式杆，相当于去掉3个多余约束。例如，图19.4（c）所示超静定刚架，如果撤除左侧固定端支座，相当于去掉3个多余约束；再撤除右侧固定铰支座，相当于又去掉2个多余约束，就成为图19.4（c）第二个图所示的静定悬臂刚架。因此，原刚架共有5个多余约束，是5次超静定结构。再如，图19.4（f）所示超静定刚架，撤除左右两侧的2个固定端支座，相当于去掉6个约束；再切开4个封闭刚架，即相当于切断4根梁式杆，等于又去掉12个约束。所以，将原结构变成图19.4（f）第二个图所示的静定悬臂刚架，共解除了18个多余约束，因此，原刚架为18次超静定结构。

（4）将固定端支座变成固定铰支座，将固定铰支座变成链杆支座，切断梁式杆或刚节点加一个单铰，上述这些情况均相当于去掉1个多余约束。例如，图19.4（b）所示超静定拱，如果将右侧固定铰支座变成链杆支座，相当于去掉1个多余约束，就成为图19.4（b）第二个图所示的静定拱。因此，原结构为1次超静定拱。再如，图19.6（a）所示超静定刚架，如果切断刚架顶部的刚结点C加一个单铰，将固定端支座A和B均变成固定铰支座，相当于共去掉3个多余约束，就将原刚架变成了图19.6（b）所示的静定三铰刚架。因此，原结构为3次超静定。

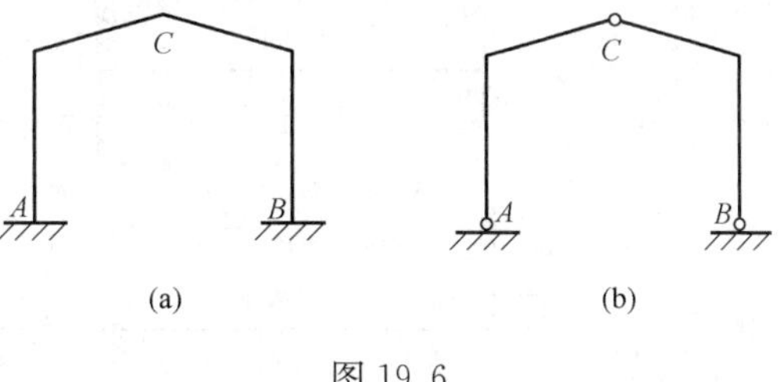

图19.6

对于同一个超静定结构，可按不同的方案解除多余约束，而得到不同的静定结构。但是，不论采取哪种方案，所解除的多余约束的数目必然相等。必须指出，撤除多余约束以后的结构体系必须是几何不变体系，并且没有多余约束，图19.4（a）、（b）、（c）、（d）中第三个图所示的撤除多余约束的方案，均使结构变成了几何可变体系，因此是不可取的。

§19.2　力法的基本思想和力法典型方程

1. 力法的基本思想

力法的基本思路是：将超静定结构的计算，转换成与原结构外力、内力和变形完全相同的静定结构的计算。因此，可用已熟悉的静定结构的计算方法，对超静定结构进行计算。

下面通过一个简单的例子来说明力法的基本思想。

图19.7（a）所示的梁，由于多出一个外部约束，因此为一次超静定梁。若将B端的链杆支座视为多余约束，撤除多余约束的结构［图19.7（b）］是静定结构，称为**基本结构**（primary structure）。在基本结构上作用原超静定结构所承受的荷载，并在截面B处加上多余未知力X_1，以代替撤除的多余约束B对原结构的作用，从而构造了与原超静定系统相当的静定新系统，如图19.7（c）所示，称为**相当系统**（equivalent system）。这样，如果求出了多余未知力X_1，则对原超静定结构的计算就可以在静定的相当系统上进行。

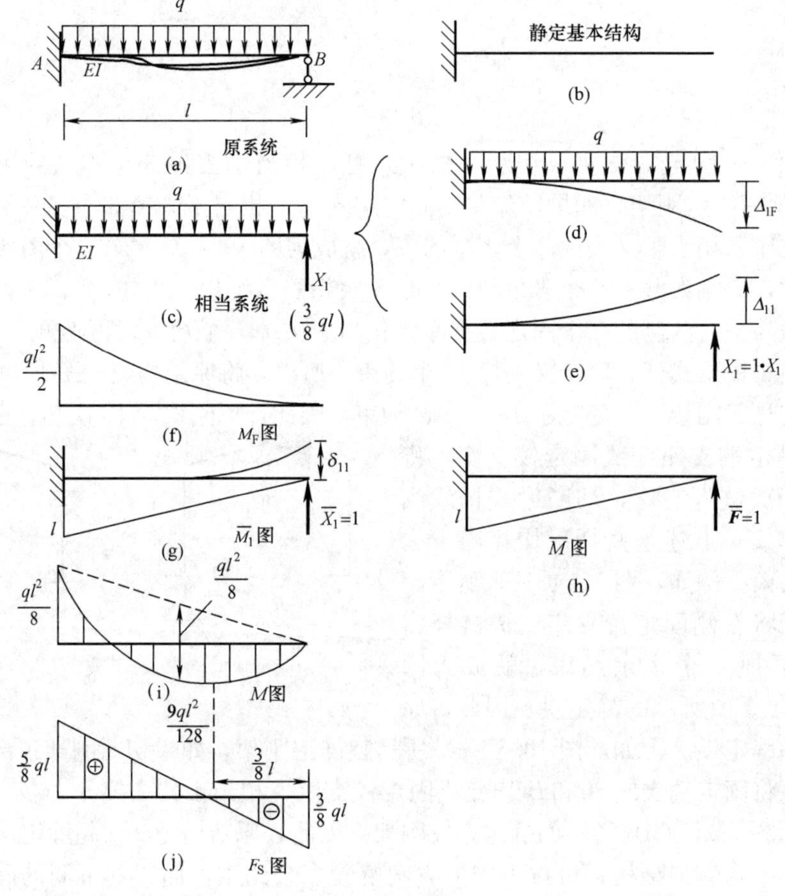

图19.7

相当系统在均布荷载q和多余未知力X_1同时作用下，以Δ_1表示基本结构（悬臂梁）B端沿X_1方向的位移。可以认为Δ_1由两部分组成，一部分是基本结构（悬臂梁）在均布荷载单独作用下产生的位移Δ_{1F}，如图19.7（d）所示；另一部分是在X_1单独作用下产生的位

移 Δ_{11}，如图 19.7（e）所示。因此有

$$\Delta_1 = \Delta_{11} + \Delta_{1F} \tag{a}$$

位移符号 Δ_{11} 和 Δ_{1F} 的第一个下标“1”，表示 X_1 作用点沿 X_1 方向的位移；第二个下标“1”或“F”，则分别表示由 X_1 或均布荷载 q 引起的位移。

在相当系统上同时作用原结构的荷载和多余未知力，其受力状况与原结构完全相同。但相当系统上截面 B 处的约束与原结构不同，为确保相当系统与原结构完全相同，必须比较相当系统与原结构在截面 B 处的几何位移情况，并使之相同。因为原结构 B 端有铅垂链杆约束，沿 X_1 方向的位移为零，所以，相当系统中的基本结构（悬臂梁）B 端沿 X_1 方向的位移也必须为零，即

$$\Delta_1 = \Delta_{11} + \Delta_{1F} = 0 \tag{b}$$

上式就是相当系统与原结构完全相同所必须满足的几何位移方程，也称为**变形协调条件。**

在计算 Δ_{11} 时，可在基本结构上沿 X_1 方向作用单位力［图 19.7（g）］，将点 B 沿 X_1 方向由该单位力产生的位移记为 δ_{11}。因为 X_1 是单位力的 X_1 倍，所以 Δ_{11} 也是 δ_{11} 的 X_1 倍［图 19.7（g）、（e）］。因此，式（b）可写成

$$\delta_{11} X_1 + \Delta_{1F} = 0 \tag{19.1}$$

式（19.1）称为**力法方程。**力法方程的实质是几何位移方程，即变形协调方程，方程中的系数 δ_{11} 和自由项 Δ_{1F}，对于直梁和刚架可用图乘法求得。

为求系数 δ_{11}，即求基本结构的截面 B 沿 X_1 方向由荷载 $\overline{X}_1 = 1$ 产生的位移，需在基本结构截面 B 处施加单位力 $\overline{F} = 1$［图 19.7（h）］。由图 19.7（g）和（h）可见，这两个单位力的弯矩图相同，因此，这两个弯矩图的图乘就是单位力 $\overline{X}_1 = 1$ 弯矩图 $\overline{M}_1$ 自乘，即

$$\delta_{11} = \frac{1}{EI}\left(\frac{1}{2} \times l \times l\right) \times \left(\frac{2}{3} l\right) = \frac{l^3}{3EI}$$

为求自由项 Δ_{1F}，即求基本结构的截面 B 沿 X_1 方向由均布荷载 q 产生的位移，需分别画出基本结构在均布荷载 q 和单位力 $\overline{X}_1 = 1$ 作用下的弯矩图 M_F 和 $\overline{M}_1$，如图 19.7（f）和图 19.7（g）所示。由这两个弯矩图的图乘可得

$$\Delta_{1F} = -\frac{1}{EI} \times \left(\frac{1}{3} \times l \times \frac{ql^2}{2}\right) \times \left(\frac{3}{4} l\right) = -\frac{ql^4}{8EI}$$

代入式（19.1）可求出

$$X_1 = -\frac{\Delta_{1F}}{\delta_{11}} = -\left(-\frac{ql^4}{8EI}\right) \Big/ \left(\frac{l^3}{3EI}\right) = \frac{3}{8} ql$$

将求出的 X_1 的数值标注在相当系统上，如图 19.7（c）所示。至此，超静定问题已解决，其余的问题则均可在静定的相当系统上采用熟悉的静力计算方法解决。例如，欲作超静定结构的弯矩图和剪力图，只需画相当系统的弯矩图和剪力图［图 19.7（i）、（j）］，就是原超静定结构的内力图；欲求超静定结构上指定截面的位移，只需在基本结构相应截面沿位移方向加单位力，由图乘法求出相当系统上相应截面上的位移，就是原超静定结构该指定截面的位移。

上述求解超静定结构的方法以“力”作为基本未知量，故称为**力法**（force method）。与§12.5 中求解超静定梁的变形比较法相比，除使用的记号不同外，其方法思路基本相同。但是，力法的求解过程更加规范化和程式化，这对求解高次超静定结构就更显示出优越性。

2. 力法典型方程

通过上述对一次超静定梁的分析，可知用力法求解超静定结构的关键是，根据解除约束截面处的几何位移条件，建立力法方程，以求解多余未知力。现以两端固定的四分之一圆弧曲杆［图 19.8（a）］为例，说明求解高次超静定结构时力法的应用。

因为曲杆两端固定，撤除固定端 B，可得静定的基本结构［图 19.8（b）］。在基本结构上，先施加原外荷载 F，在 B 端再施加三个多余约束力，即铅垂力 X_1，水平力 X_2 和力偶矩 X_3，得到相当系统，如图 19.8（b）所示。可见，原结构为三次超静定。

以 Δ_{1F} 表示在荷载 F 作用下，点 B 沿 X_1 方向的位移。以 δ_{11}、δ_{12} 和 δ_{13} 分别表示当 X_1、X_2 和 X_3 均为单位力，且分别单独作用时，点 B 沿 X_1 方向的位移。这些均已明确表示于图 19.8（d）、（e）、（f）中。根据叠加原理，点 B 沿 X_1 方向的总位移应为

$$\Delta_1 = \delta_{11}X_1 + \delta_{12}X_2 + \delta_{13}X_3 + \Delta_{1F}$$

因为曲杆的 B 端是固定端，点 B 的铅垂位移 Δ_1，即沿 X_1 方向的位移 Δ_1，应等于零。所以，几何位移方程，即变形协调方程为

$$\Delta_1 = \delta_{11}X_1 + \delta_{12}X_2 + \delta_{13}X_3 + \Delta_{1F} = 0$$

按完全相同的方法，根据 B 端在 X_2 方向的位移等于零和在 X_3 方向的转角等于零的几何变形条件，可以写出另外两个方程。最后，得到几何位移方程组如下

$$\begin{aligned} \delta_{11}X_1 + \delta_{12}X_2 + \delta_{13}X_3 + \Delta_{1F} &= 0 \\ \delta_{21}X_1 + \delta_{22}X_2 + \delta_{23}X_3 + \Delta_{2F} &= 0 \\ \delta_{31}X_1 + \delta_{32}X_2 + \delta_{33}X_3 + \Delta_{3F} &= 0 \end{aligned} \tag{19.2}$$

上式就是求解多余约束力 X_1、X_2、X_3 的力法方程，也称为**力法典型方程**。

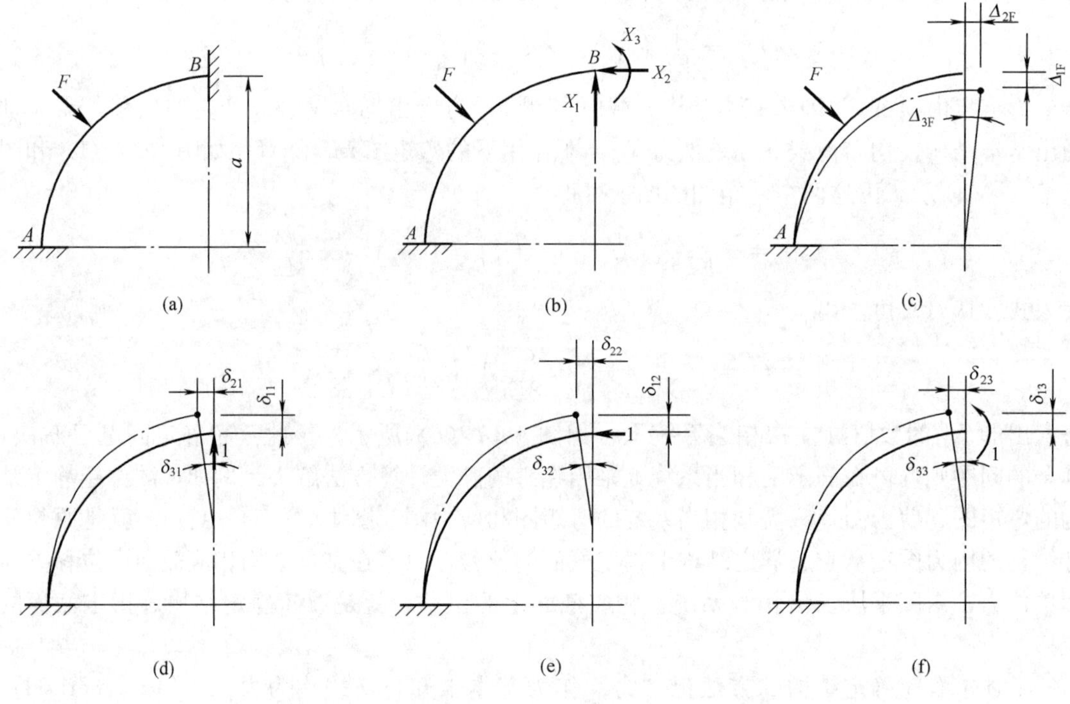

图 19.8

在上述力法典型方程组中，主对角线上的系数 δ_{ii} 两脚标相同，称为**主系数。**表示单位力 $X_i=1$ 单独作用在基本结构上，力作用点处所产生的沿 X_i 方向的位移，其值恒为正。主对角线两侧的其他系数 δ_{ij} 两脚标相异，称为副系数。表示单位力 $X_j=1$ 单独作用在基本结构上，力作用点处所产生的沿 X_i 方向的位移，与 X_i 方向一致为正，反之为负，也可为零。根据位移互等定理可得，$\delta_{ij}=\delta_{ji}$，即力法典型方程中位于主对角线两侧对称位置上的 2 个副系数相等。这样，方程组（19.2）中的 9 个系数独立的只有 6 个。自由项 Δ_{iF}，表示基本结构在原荷载作用下，在 X_i 作用点处所产生的沿 X_i 方向的位移，与 X_i 方向一致为正，反之为负，也可为零。

§19.3 用力法解超静定结构

根据上节所述，用力法计算超静定结构的步骤可归纳如下：

（1）撤除多余约束，得到基本结构，判定超静定次数。在基本结构上施加原外荷载和全部多余未知力，得到相当系统。

（2）根据“相当系统在多余约束处的位移等于原系统在相应位置的已知位移”的几何条件，建立力法典型方程。

（3）分别将原荷载及令各多余未知力等于单位力单独作用在基本结构上，可用图乘法求出力法方程中的系数和自由项。

（4）将系数和自由项代入力法方程，求出全部多余未知力。

（5）在相当系统上进行所要求的全部静定计算，即求出原结构的其余反力和内力等。例如，要求绘制原超静定结构的弯矩图，则可根据 $M=M_F+\overline{M}_1X_1+\overline{M}_2X_2+\cdots+\overline{M}_nX_n$，绘制相当系统的弯矩图，就是原系统的弯矩图。

1. 超静定梁与刚架

【例 19.1】 超静定梁及其受载情况如图 19.9（a）所示。已知：q,l,EI，试绘制梁的弯矩图。

解 （1）建立相当系统。

此结构为二次超静定梁，可选取两跨的简支梁为基本结构［图 19.9（b）］，即在固定端 A 处撤除限制转动的约束，变成固定铰支座 A，再加上多余未知力偶 X_1 来代替已撤除约束的作用；在截面 B 处将梁切断并加单铰，相当于撤除了该截面两侧限制转动的约束，再加上一对多余未知力偶 X_2 来代替已撤除约束的作用。在基本结构上，施加原均布荷载 q 并加上多余未知力偶 X_1 和 X_2，得到了原结构的相当系统，如图 19.9（b）所示。

（2）建立力法方程。

$$\delta_{11}X_1+\delta_{12}X_2+\Delta_{1F}=0$$
$$\delta_{21}X_1+\delta_{22}X_2+\Delta_{2F}=0$$

第一个方程表示：相当系统截面 A 处的转角应与原结构固定端 A 处的转角相等，即等于零。

第二个方程表示：相当系统截面 B 两侧截面的相对转角应与原结构截面 B 两侧截面的相对转角相等，即等于零。

（3）计算系数和自由项。

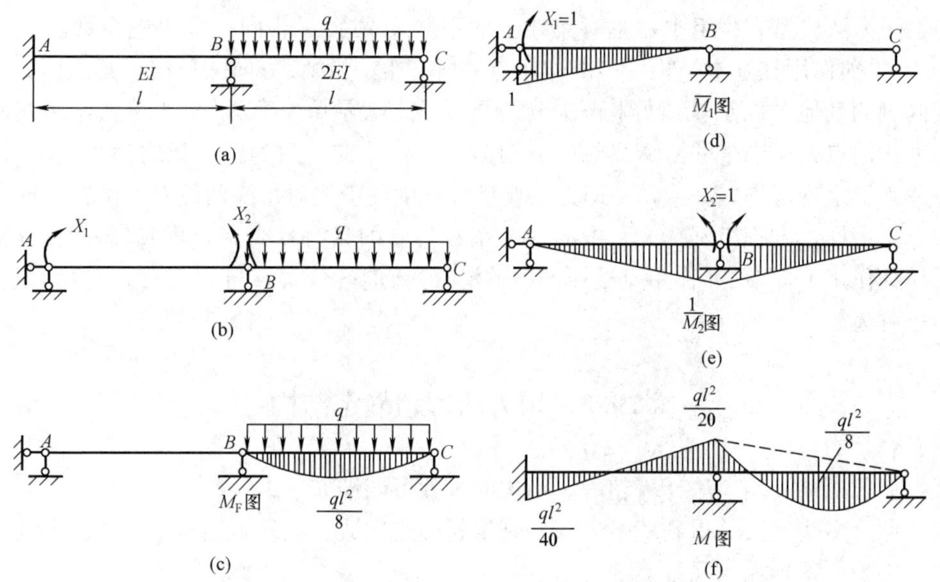

图 19.9

分别作均布荷载 q、单位力偶 $X_1=1$、$X_2=1$ 单独作用在基本结构上的弯矩图 M_F、$\overline{M}_1$、$\overline{M}_2$，如图19.9（c）、（d）、（e）所示。用图乘法可求得各系数和自由项分别为

$$\delta_{11}=\frac{1}{EI}\left(\frac{1}{2}\times l\times 1\right)\times\frac{2}{3}=\frac{l}{3EI}$$

$$\delta_{22}=\frac{1}{EI}\left(\frac{1}{2}\times l\times 1\right)\times\frac{2}{3}+\frac{1}{2EI}\left(\frac{1}{2}\times l\times 1\right)\times\frac{2}{3}=\frac{l}{2EI}$$

$$\delta_{12}=\delta_{21}=\frac{1}{EI}\left(\frac{1}{2}\times l\times 1\right)\times\frac{1}{3}=\frac{l}{6EI}$$

$$\Delta_{1F}=0$$

$$\Delta_{2F}=\frac{1}{2EI}\left(\frac{2}{3}\times l\times\frac{ql^2}{8}\right)\times\frac{1}{2}=\frac{ql^3}{48EI}$$

（4）求多余未知力偶。

将上述结果代入力法方程，整理后可得

$$2X_1+X_2=0$$

$$8X_1+24X_2+ql^2=0$$

解方程可得

$$X_1=\frac{ql^2}{40},\qquad X_2=-\frac{ql^2}{20}$$

求出 X_1 的结果为正，表示其实际转向与图 19.9（d）中假设的方向相同；求出 X_2 的结果为负，表示其实际转向与图 19.9（e）中假设的方向相反。

（5）绘制弯矩图。

将单位力偶 X_1 和 X_2 弯矩图的纵坐标分别放大 X_1 和 X_2 倍，并标注弯矩数值。根据式 $M=M_F+\overline{M}_1X_1+\overline{M}_2X_2$，用叠加法绘制弯矩图，如图 19.9（f）所示。

用力法求解超静定结构时，基本结构的选取并不是唯一的。选择不同的基本结构，尽管得到的最终结果完全相同，但在求解过程中的计算难易程度有很大的差异。因此，在求解过程中可对不同的基本结构进行比较，力求选择计算较简便的静定结构作为基本结构。

在［例 19.1］中，若撤除截面 B 和 C 处的约束，选取悬臂梁作为基本结构，试用力法进行求解计算，并与选取两跨简支梁为基本结构的解法进行比较。

【例 19.2】 超静定刚架及其受载情况如图 19.10（a）所示。已知：q，l，EI，试绘制刚架的弯矩图。

解 （1）建立相当系统。

此刚架为二次超静定结构，可选取悬臂刚架为基本结构［图 19.10（b）］，即撤除 C 端限制铅垂和水平位移的 2 个约束，代之以铅垂和水平方向的 2 个多余未知力 X_1 和 X_2。在基本结构上，施加原均布荷载 q 以及多余未知力 X_1 和 X_2，得到了原结构的相当系统，如图 19.10（b）所示。

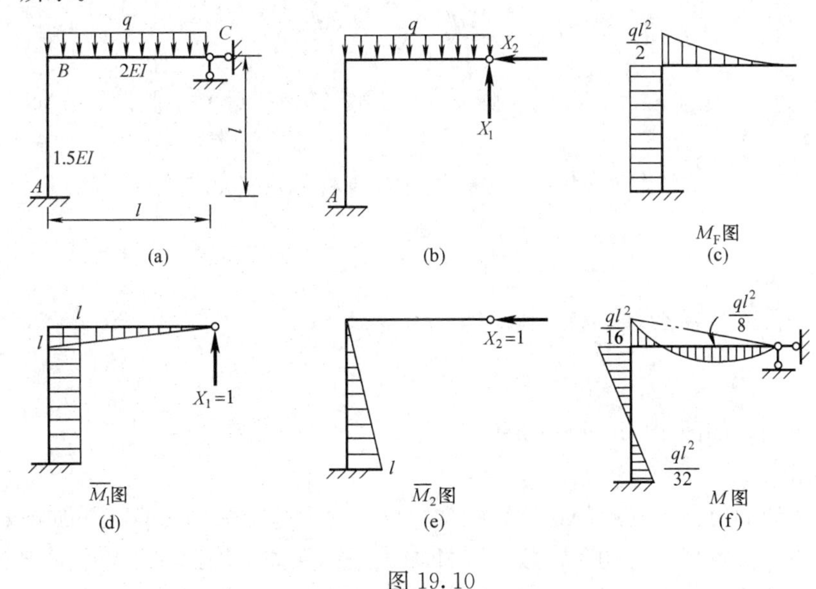

图 19.10

（2）建立力法方程。

$$\delta_{11}X_1+\delta_{12}X_2+\Delta_{1F}=0$$

$$\delta_{21}X_1+\delta_{22}X_2+\Delta_{2F}=0$$

上述两个方程分别表示：相当系统截面 C 处铅垂和水平方向的位移应与原结构固定铰支座 C 处的位移相等，即均等于零。

（3）计算系数和自由项。

分别作均布荷载 q、单位力 $X_1=1$、$X_2=1$ 单独作用在基本结构上的弯矩图 M_F、$\overline{M}_1$、$\overline{M}_2$，如图 19.10（c）、（d）、（e）所示。用图乘法可求得各系数和自由项分别为

$$\delta_{11}=\frac{1}{2EI}\left(\frac{1}{2}\times l\times l\right)\times\frac{2}{3}l+\frac{1}{1.5EI}(l\times l)\times l=\frac{5l^3}{6EI}$$

$$\delta_{22}=\frac{2}{3EI}\left(\frac{1}{2}\times l\times l\right)\times\frac{2}{3}l=\frac{2l^3}{9EI}$$

$$\delta_{12}=\delta_{21}=\frac{2}{3EI}\left(\frac{1}{2}\times l\times l\right)\times l=\frac{l^3}{3EI}$$

$$\Delta_{1F}=-\frac{2}{3EI}\left(\frac{ql^2}{2}\times l\right)\times l-\frac{1}{2EI}\left(\frac{1}{3}\times\frac{ql^2}{2}\times l\right)\times\frac{3}{4}l=-\frac{19ql^2}{48EI}$$

$$\Delta_{2F}=-\frac{2}{3EI}\left(\frac{ql^2}{2}\times l\right)\times\frac{l}{2}=-\frac{ql^4}{6EI}$$

（4）求多余未知力。

将上述结果代入力法方程，消去$\frac{l^3}{EI}$，整理后可得

$$\frac{5}{6}X_1+\frac{1}{3}X_2-\frac{19}{48}ql=0$$

$$\frac{1}{3}X_1+\frac{2}{9}X_2-\frac{1}{6}ql=0$$

解方程可得

$$X_1=\frac{7ql}{16},\ X_2=\frac{3ql}{32}$$

求出的结果均为正，表示X_1和X_2的实际方向就是图19.10（b）中假设的方向。

（5）绘制弯矩图。

根据式$M=M_F+\overline{M}_1X_1+\overline{M}_2X_2$，用叠加法计算杆端弯矩如下

$$M_{AB}=l\times\frac{7ql}{16}+l\times\frac{3ql}{32}-\frac{ql^2}{2}=\frac{ql^2}{32}$$

$$M_{BA}=M_{BC}=-\frac{ql^2}{2}+l\times\frac{7ql}{16}+0=-\frac{ql^2}{16}$$

$$M_{CB}=0$$

由叠加法作弯矩图，如图19.10（f）所示。

2. 超静定桁架

解超静定桁架的思路与解超静定梁和刚架相同。由于基本结构为静定平面桁架，在外荷载及单位力作用下，各杆轴力均为常数，与杆轴线坐标无关，因此，用单位荷载法求位移，即求力法方程中的系数和自由项，可用如下求和公式计算

$$\delta_{ii}=\sum\frac{\overline{F}_{Ni}^2}{EA}$$

$$\delta_{ij}=\sum\frac{\overline{F}_{Nj}\overline{F}_{Ni}}{EA}$$

$$\Delta_{iF}=\sum\frac{F_{NF}\overline{F}_{Ni}}{EA}$$

【例19.3】　超静定桁架及其受载情况如图19.11（a）所示。已知：F,a,EA，试求桁架各杆的轴力。

解　（1）建立相当系统。

此桁架为一次超静定结构，可撤除限制C处铅垂位移的多余约束，代之以铅垂多余约束力X_1，选取简支桁架为基本结构［图19.11（b）］。在基本结构上，施加原荷载，即两个结点集中力F以及多余未知力X_1，得到了原结构的相当系统，如图19.11（b）所示。

（2）建立力法方程。

相当系统截面C处铅垂方向的位移应与原结构支座C处的位移相等，即等于零。因此，

可得力法方程为

$$\delta_{11}X_1+\Delta_{1F}=0$$

（3）计算系数和自由项。

分别计算在原荷载 F 以及单位力 $X_1=1$ 单独作用在基本结构上各杆的轴力，如图 19.11（c）、（d）所示。由单位荷载法公式可求得系数和自由项分别为

$$\delta_{11}=\frac{1}{EA}\left[\left(\frac{1}{\sqrt{2}}\right)^2\times\sqrt{2}a\times 2+\left(-\frac{1}{\sqrt{2}}\right)^2\times\sqrt{2}a\times 2+\left(-\frac{1}{2}\right)^2\times 2a\times 2+1^2\times 2a\right]$$

$$=(3+2\sqrt{2})\frac{a}{EA}$$

$$\Delta_{1F}=\frac{1}{EA}\left[(-\sqrt{2}F)\times\left(\frac{1}{\sqrt{2}}\right)\times\sqrt{2}a\times 2+F\times\left(-\frac{1}{2}\right)\times 2a\times 2+(-F)\times 1\times 2a\right]$$

$$=-(4+2\sqrt{2})\frac{Fa}{EA}$$

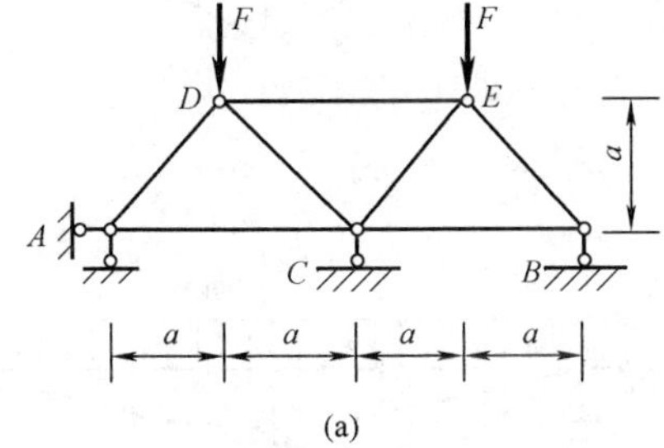

(a)

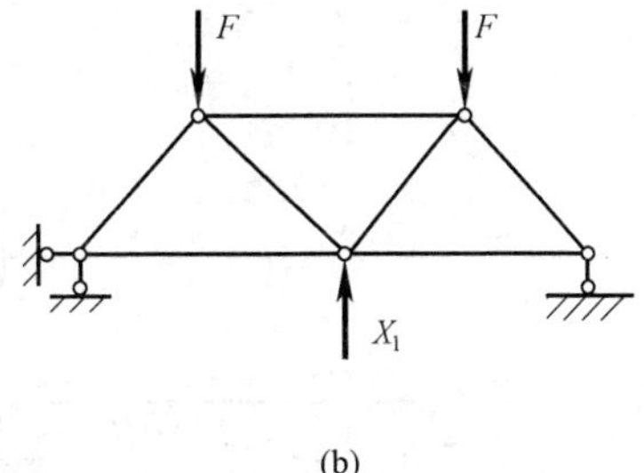

(b)

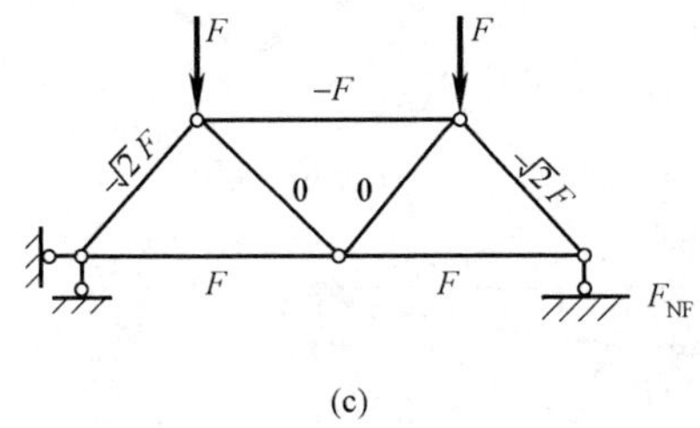

(c)

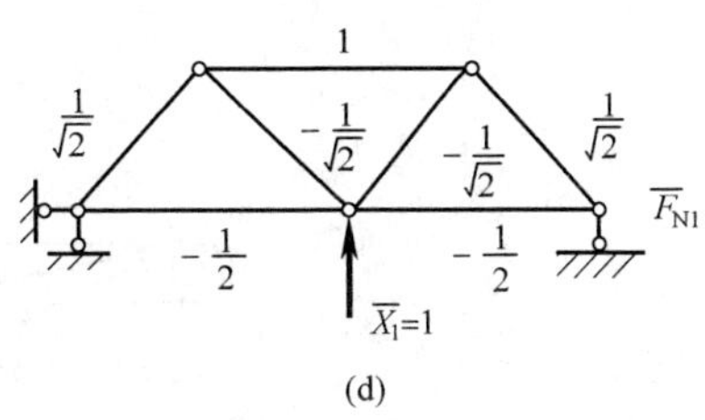

(d)

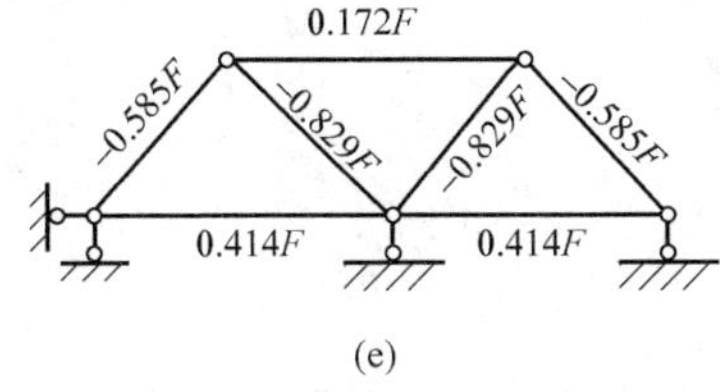

(e)

图 19.11

（4）求多余未知力。

将上述结果代入力法方程，可得

$$X_1=-\frac{\Delta_{1F}}{\delta_{11}}=\frac{4+2\sqrt{2}}{3+2\sqrt{2}}F=1.172F$$

（5）求各杆轴力。

根据式 $F_N=F_{NF}+\overline{F}_{N1}X_1$，用叠加法计算各杆轴力，例如

$$F_{AC}=F_{\mathrm{NF}}+\overline{F}_{\mathrm{N1}}X_1=F+\left(-\frac{1}{2}\right)\times 1.172F=0.414F$$

各杆轴力的计算结果，如图 19.11（e）所示。

3. 组合结构

组合结构的特点是，结构内同时存在受弯矩、剪力和轴力作用的梁式杆和只受轴力作用的二力直杆。计算组合结构时，力法方程中系数和自由项的计算特点是：二力直杆只考虑轴向拉压变形，梁式杆通常只考虑弯曲变形。

【例 19.4】 超静定组合结构及其受载情况如图 19.12（a）所示。已知：$F,a,EA,EI=9EA$，试求组合结构的内力。

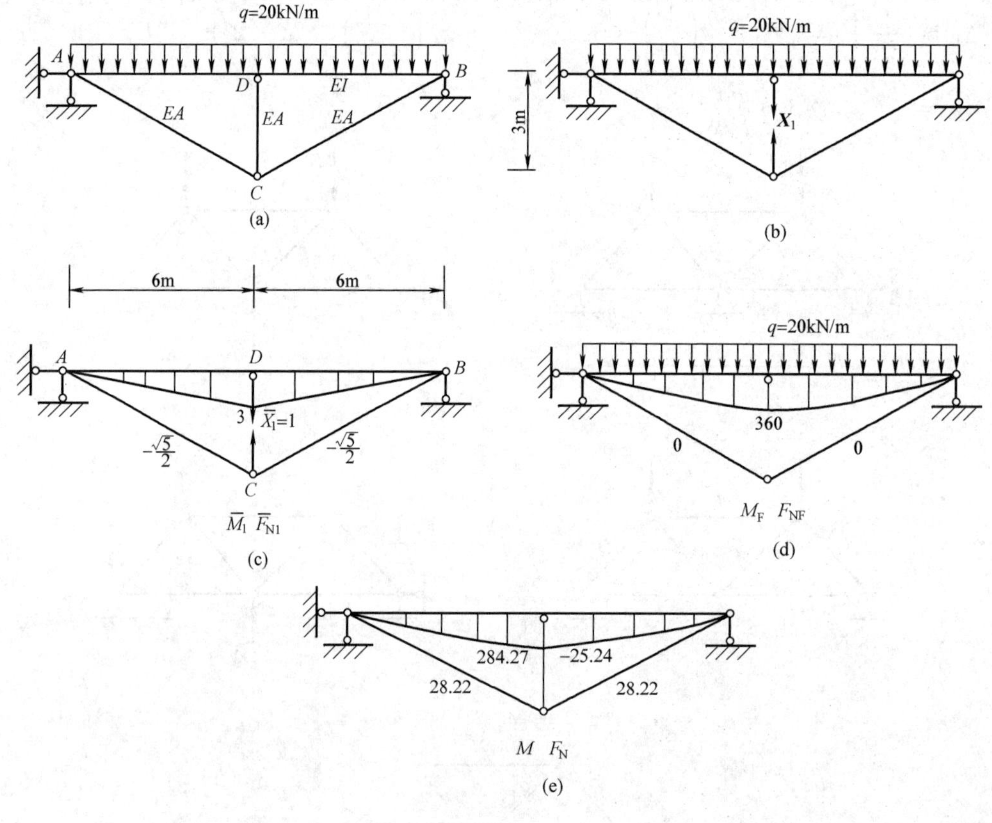

图 19.12

解 （1）建立相当系统。

此组合结构为一次超静定结构，可切断杆 CD 以解除一个多余约束，其作用以多余约束力 X_1 代替，选取静定组合结构为基本结构［图 19.12（b）］。在基本结构上，施加原均布荷载以及多余未知力 X_1，得到了原结构的相当系统，如图 19.12（b）所示。

（2）建立力法方程。

根据杆 CD 上切口两侧截面间的相对位移为零的几何条件，可建立力法方程为

$$\delta_{11}X_1+\Delta_{1\mathrm{F}}=0$$

（3）计算系数和自由项。

分别绘制在单位力 $X_1=1$ 以及均布荷载 q 单独作用在基本结构上，梁的弯矩图，并计

算各杆的轴力，其结果如图 19.12（c）、（d）所示。用图乘法可求得系数和自由项分别为

$$\delta_{11}=\frac{1}{EI}\left(\frac{1}{2}\times 3\times 6\right)\times\left(\frac{2}{3}\times 3\right)\times 2+\frac{1}{EA}\left[\left(-\frac{\sqrt{5}}{2}\right)^2\times 3\sqrt{5}\times 2+1^2\times 3\right]$$

$$=\frac{36}{9EA}+\frac{1}{EA}\left(\frac{15\sqrt{5}}{2}+3\right)$$

$$=23.77\frac{1}{EA}$$

$$\Delta_{1F}=\frac{1}{EI}\left(\frac{2}{3}\times 360\times 6\right)\times\left(\frac{5}{8}\times 3\right)\times 2=\frac{5400}{9EA}=600\frac{1}{EA}$$

（4）求多余未知力。

将上述结果代入力法方程，可得

$$X_1=-\frac{\Delta_{1F}}{\delta_{11}}=-\frac{600}{23.77}=-25.24(\text{kN})$$

负号表示 X_1 的方向与图中假设的方向相反，即为压力。

（5）绘制弯矩图和轴力图。

根据式 $F_N=F_{NF}+\overline{F}_{N1}X_1$ 和 $M=M_F+\overline{M}_1X_1+\overline{M}_2X_2$，用叠加法计算各二力直杆的轴力，绘制梁式杆的弯矩图，结果如图 19.12（e）所示。

4. 铰接排架

单层工业厂房的主要承重结构是由屋架（也称屋面大梁）、柱子和基础组成的横向排架结构，如图 19.13（a）所示。柱子和基础之间为刚性连接，屋架和柱顶可视为铰接。在屋面荷载作用下，屋架按桁架计算。计算排架在侧向荷载作用下柱的内力时，通常将屋架简化成拉压刚度 EA 为无限大的链杆，称为横梁。由于大多数工业厂房都需要在柱子上放置桥式起重机大梁，因此排架的立柱大多做成阶梯状。所以，可将图 19.13（a）所示的排架简化为图 19.13（b）所示的计算简图，称为铰接排架。

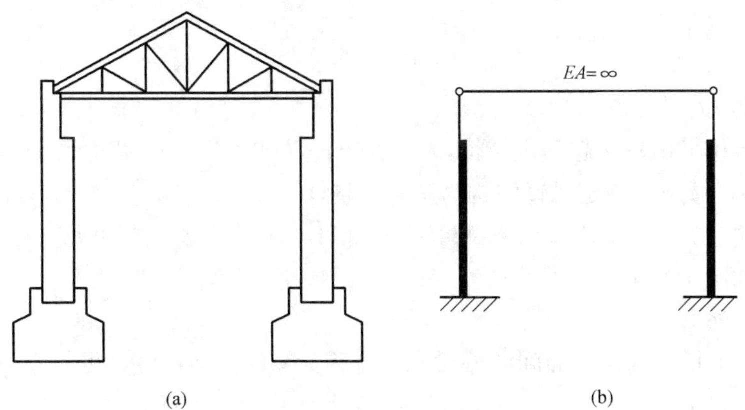

图 19.13

铰接排架为超静定结构，用力法计算铰接排架时，通常将横梁作为多余约束而切断，以撤除其轴向约束，代之以多余约束力，根据切口两侧截面沿轴向的相对位移为零的条件建立力法方程。

【例 19.5】　单跨铰接排架的计算简图及其尺寸如图 19.14（a）所示。已知：上柱抗弯

刚度为 EI_1，下柱抗弯刚度为 EI_2，$I_2=5.77I_1$，$M_E=78.7\text{kN}\cdot\text{m}$，$M_H=22.3\text{kN}\cdot\text{m}$，试绘制铰接排架的弯矩图。

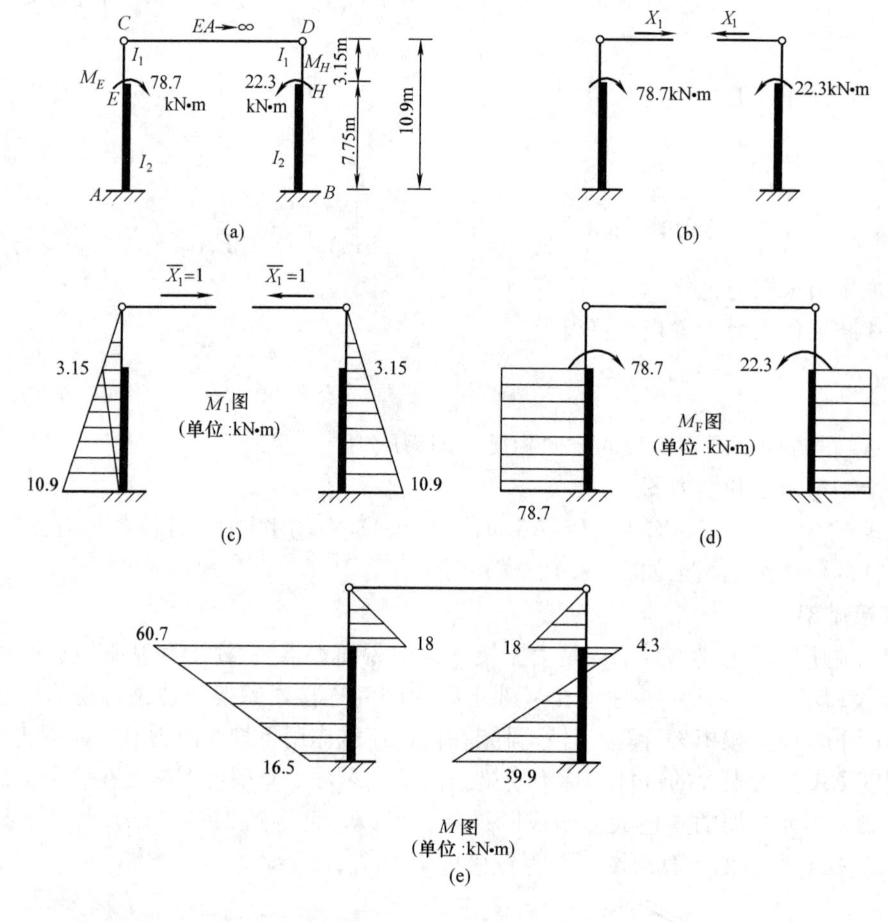

图 19.14

解　(1) 建立相当系统。

此单跨铰接排架为一次超静定结构，可切断杆 CD 以解除一个多余约束，其作用以多余约束力 X_1 代替，选取两静定悬臂结构为基本结构［图 19.14 (b)］。在基本结构上，施加原外荷载集中力偶 $M_E=78.7\text{kN}\cdot\text{m}$ 和 $M_H=22.3\text{kN}\cdot\text{m}$ 以及多余未知力 X_1，得到了原结构的相当系统，如图 19.14 (b) 所示。

(2) 建立力法方程。

根据杆 CD 上切口两侧截面间的相对水平位移为零的几何条件，可建立力法方程为

$$\delta_{11}X_1+\Delta_{1F}=0$$

(3) 计算系数和自由项。

分别绘制在单位力 $X_1=1$ 以及外荷载单独作用在基本结构上梁的弯矩图，其结果如图 19.14 (c)、(d) 所示。由于柱子各段的刚度不同，求位移时需分段进行。此外，横梁被视为刚杆，计算系数时不考虑横梁的变形。用图乘法可求得系数和自由项分别为

$$\delta_{11}=\frac{2}{EI_1}\left[\left(\frac{1}{2}\times3.15\times3.15\right)\times\left(\frac{2}{3}\times3.15\right)\right]+\frac{2}{EI_2}\left[\left(\frac{1}{2}\times3.15\times7.75\right)\right.$$

$$\times\left(\frac{10.9}{3}+\frac{2\times3.15}{3}\right)+\left(\frac{1}{2}\times10.9\times7.75\right)\times\left(\frac{3.15}{3}+\frac{2\times10.9}{3}\right)\Big]$$

$$=\frac{20.84}{EI_1}+\frac{2}{EI_2}(69.98+351.3)$$

$$=\frac{1}{EI_2}(20.84\times5.77+842.5)$$

$$=\frac{962.7}{EI_2}$$

$$\Delta_{1F}=\frac{1}{EI_2}\left[78.7\times7.75\times\frac{1}{2}\times(3.15+10.9)+22.3\times7.75\times\frac{1}{2}\times(3.15+10.9)\right]$$

$$=\frac{1}{EI_2}(4284.7+1214.1)$$

$$=\frac{5498.8}{EI_2}$$

(4) 求多余未知力。

将上述结果代入力法方程，可得

$$X_1=-\frac{\Delta_{1F}}{\delta_{11}}=-\frac{5498.8}{962.7}\text{kN}=-5.71\text{kN}$$

负号表示 X_1 的方向与图中假设的方向相反，即为压力。

(5) 绘制弯矩图和轴力图。

根据式 $M=M_F+\overline{M}_1X_1$，用叠加法绘制排架的弯矩图，结果如图 19.14（e）所示。

§19.4 对 称 性 的 利 用

在建筑工程中，许多结构是对称的，利用对称性可降低超静定问题的次数，使计算得到简化。

图 19.15（a）所示的门形刚架，结构的几何形状和支撑状况关于其对称轴是左右对称的。若杆件的截面尺寸和材料的物理性质（弹性模量等）也关于此轴对称，换句话说，若将结构绕对称轴对折，则左右部分形状完全重合且性质完全相同，这样的结构称为**对称结构**（symmetrical structure）。

如果将对称结构上的荷载绕对称轴对折后，两侧的荷载完全重合［图 19.15（b）］，这样的荷载称为**对称荷载**（symmetrical load）。若对称轴两侧的荷载大小相等，绕对称轴对折后作用点重合，但方向相反［图 19.15（c）］，这样的荷载称为**反对称荷载。**

若作用在对称结构上的荷载既不是对称荷载也不是反对称荷载，则称为一般荷载，如图 19.15（d）所示。一般荷载可分解为对称荷载［图 19.15（e）］和反对称荷载［图 19.15（f）］的叠加。

对称结构在对称荷载作用下，其变形是对称的［如图 19.15（b）的虚线所示］，弯矩和轴力图也是对称的，而剪力图是反对称的；对称结构在反对称荷载作用下，其变形是反对称的［如图 19.15（c）的虚线所示］，弯矩和轴力图也是反对称的，而剪力图是对称的。

1. 对称结构受对称荷载作用

图 19.16（a）所示的对称结构受到对称集中力作用，这是 3 次超静定问题。如果沿对

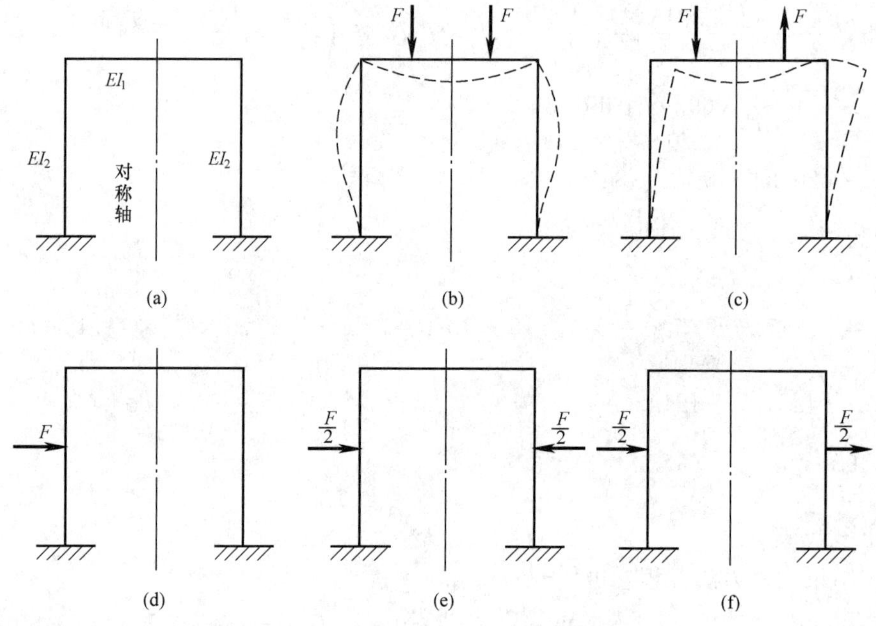

图 19.15

称轴将结构切开，得到相当系统如图 19.16（b）所示。可见，两侧切开截面上的多余未知力是按作用与反作用关系成对出现的。显然，在多余未知力中，弯矩 X_1 和轴力 X_2 是对称的，称为对称未知力；而剪力 X_3 是反对称的，称为反对称未知力。

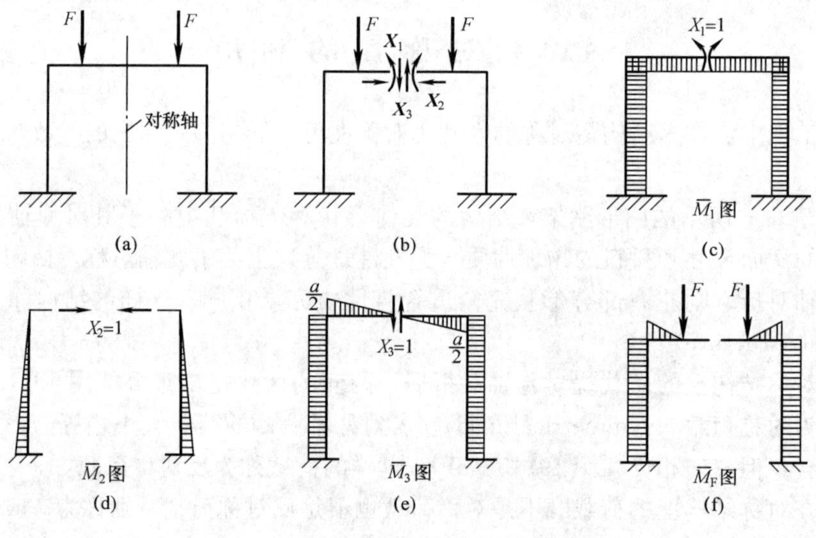

图 19.16

由于两侧截面水平相对位移、铅垂相对位移和相对转角都等于零，这三个变形协调条件可写成力法方程组为

$$\begin{aligned}\delta_{11}X_1+\delta_{12}X_2+\delta_{13}X_3+\Delta_{1F}=0\\ \delta_{21}X_1+\delta_{22}X_2+\delta_{23}X_3+\Delta_{2F}=0\\ \delta_{31}X_1+\delta_{32}X_2+\delta_{33}X_3+\Delta_{3F}=0\end{aligned} \qquad \text{(a)}$$

分别作出在多余为未知力 X_1、X_2、X_3 和荷载 F 作用下弯矩图 $\overline{M}_1$、$\overline{M}_2$、$\overline{M}_3$ 和 M_F，如图 19.16（c）、（d）、（e）、（f）所示。可见，弯矩图 $\overline{M}_1$、$\overline{M}_2$ 和 M_F 是对称的，$\overline{M}_3$ 是反对称的。由图乘法可知，对称的弯矩图与反对称的弯矩图相互图乘的结果为零，因此有

$$\delta_{13}=\delta_{31}=0,\ \delta_{23}=\delta_{32}=0,\ \delta_{3F}=0$$

于是力法方程简化为

$$\begin{aligned}&\delta_{11}X_1+\delta_{12}X_2+\Delta_{1F}=0\\&\delta_{21}X_1+\delta_{22}X_2+\Delta_{2F}=0\\&X_3=0\end{aligned}$$

所以，可得下述结论：对称结构在对称荷载作用下，在对称截面上，反对称内力（剪力）为零。

2. 对称结构受反对称荷载作用

图 19.17（a）所示的是对称结构上受反对称荷载作用的情况。如果沿对称轴将结构切开，多余为未知力弯矩 X_1、轴力 X_2、剪力 X_3，得到相当系统如图 19.17（b）所示。这时，力法方程仍为式（a），但外荷载单独作用下的 M_F 图是反对称的［图 19.17（f）］，而弯矩图 $\overline{M}_1$、$\overline{M}_2$ 是对称的［图 19.17（c）、（d）］，$\overline{M}_3$ 是反对称的［图 19.17（e）］。由图乘法可知，对称的弯矩图与反对称的弯矩图相互图乘的结果为零，因此有

$$\delta_{13}=\delta_{31}=0,\ \delta_{23}=\delta_{32}=0,\ \Delta_{1F}=0,\ \Delta_{2F}=0$$

于是力法方程简化为

$$\begin{aligned}&\delta_{11}X_1+\delta_{12}X_2=0\\&\delta_{21}X_1+\delta_{22}X_2=0\\&\delta_{33}X_3+\Delta_{3F}=0\end{aligned}$$

前两个方程为齐次线性方程组，只有零解，即 $X_1=0$，$X_2=0$。所以，可得下述结论：对称结构在反对称荷载作用下，在对称截面上，对称内力（弯矩和轴力）均为零。

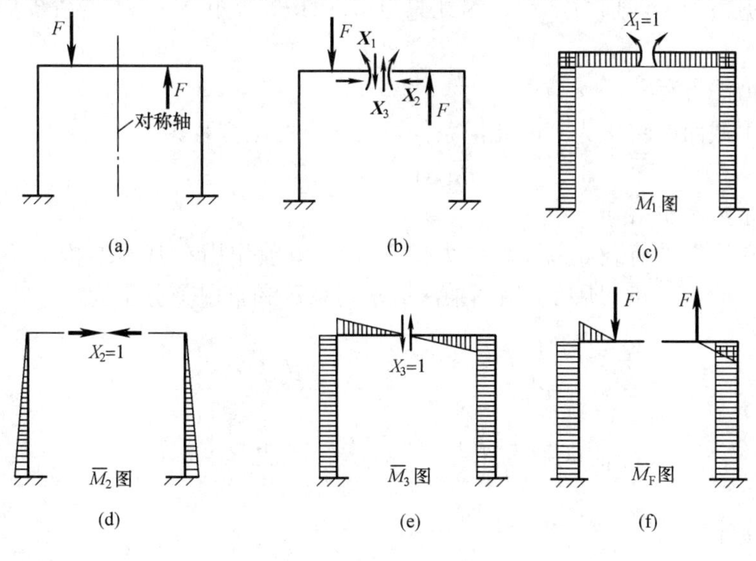

图 19.17

3. 对称结构受一般荷载作用

若作用在对称结构上的一般荷载既不是对称荷载也不是反对称荷载，如图 19.15（d）所示，通常可将一般荷载分解成两组：一组为对称荷载［图 19.15（e)］，另一组为反对称荷载［图 19.15（f)］。由对称荷载组可求解对称未知力，由反对称荷载组可求解反对称未知力，叠加后可得原荷载作用下的全部未知力。这样，可使原来的高阶的力法方程组降阶，从而使计算得到简化。

【例 19.6】 两端固支的单跨梁受均布荷载作用，如图 19.18（a）所示。已知：l,EI，q，若不计轴力的影响，试绘制图示结构的弯矩图。

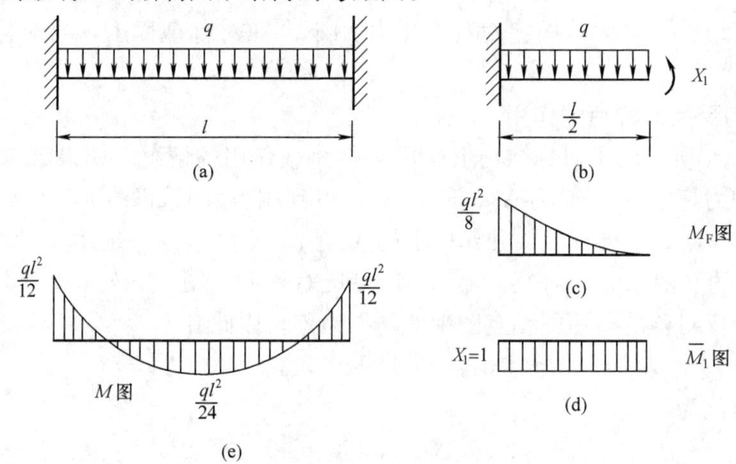

图 19.18

解 （1）建立相当系统。

图示结构为 3 次超静定梁，由于是对称结构上作用对称荷载，可在梁的跨中对称截面处切开，截面上剪力为零，轴力不计，因此只有多余未知弯矩 X_1，相当系统如图 19.18（b）所示。

（2）建立力法方程。

根据梁跨中截面的转角为零的几何条件，可建立力法方程为

$$\delta_{11}X_1+\Delta_{1F}=0$$

（3）计算系数和自由项。

分别绘制在均布外荷载 q 以及单位力偶 $X_1=1$ 单独作用在基本结构上梁的弯矩图，其结果如图 19.18（c)、(d）所示。用图乘法可求得系数和自由项分别为

$$\delta_{11}=\frac{1}{EI}\left(\frac{l}{2}\times 1\right)\times 1=\frac{l}{2EI}$$

$$\Delta_{1F}=-\frac{1}{EI}\left(\frac{1}{3}\times\frac{ql^2}{8}\times\frac{l}{2}\right)\times 1=-\frac{ql^3}{48EI}$$

（4）求多余未知力。

将上述结果代入力法方程，可得

$$X_1=-\frac{\Delta_{1F}}{\delta_{11}}=\frac{ql^2}{24}$$

求出结果的符号为正，表示 X_1 的实际转向就是图中假设的方向。

(5) 绘制弯矩图。

根据式 $M=M_F+\overline{M}_1X_1$，用叠加法绘制两端固支单跨梁的弯矩图，结果如图 19.18 (e) 所示。

可见，利用对称性，可将 3 次超静定问题降为 1 次超静定问题，使计算得以简化。

试取简支梁为基本结构，建立相当系统，用力法求解上例，并与上述解法进行比较。

【例 19.7】 对称的门式刚架承受左侧水平集中荷载作用，如图 19.19 (a) 所示。已知：F,l,h,EI_1,EI_2，若忽略轴向变形的影响，试绘制刚架的弯矩图，并讨论立柱和横梁刚度对弯矩图的影响。

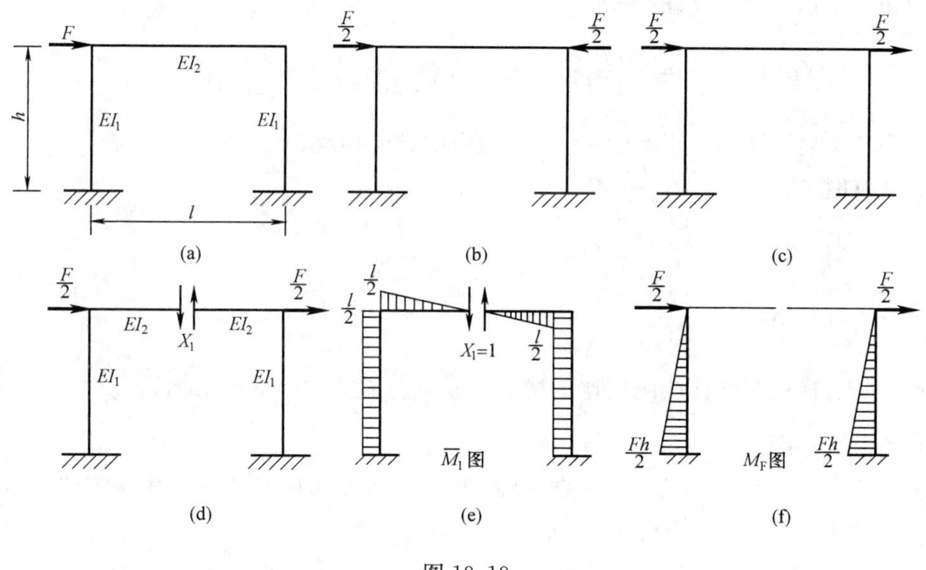

图 19.19

解 (1) 建立相当系统。

将荷载 F 分解为对称荷载［图 19.19 (b)］和反对称荷载［图 19.19 (c)］。

在对称荷载作用下，若忽略横梁的压缩变形，则只有横梁承受压力 $\frac{F}{2}$ 作用，而其他杆内力为零。因此，刚架在反对称荷载作用下［图 19.19 (c)］的弯矩图，就是刚架在原荷载作用下的弯矩图。

在反对称荷载作用下，沿对称轴切开，截面上只可能有反对称未知剪力 X_1，相当系统如图 19.19 (d) 所示。

(2) 建立力法方程。

根据刚架横梁跨中截面的挠度为零的几何条件，可建立力法方程为

$$\delta_{11}X_1+\Delta_{1F}=0$$

(3) 计算系数和自由项。

分别绘制在单位力 $X_1=1$ 以及外荷载单独作用在基本结构上梁的弯矩图，其结果如图 19.19 (e)、(f) 所示。用图乘法可求得系数和自由项分别为

$$\delta_{11}=\frac{2}{EI_1}\left(\frac{l}{2}\times h\right)\times\frac{l}{2}+\frac{2}{EI_2}\left(\frac{1}{2}\times\frac{l}{2}\times\frac{l}{2}\right)\times\left(\frac{2}{3}\times\frac{l}{2}\right)=\frac{hl^2}{2EI_1}+\frac{l^3}{12EI_2}$$

$$\Delta_{1F}=\frac{2}{EI_1}\left(\frac{1}{2}\times\frac{Fh}{2}\times h\right)\times\frac{l}{2}=\frac{Fh^2l}{4EI_1}$$

设：立柱的线刚度 $i_1=\frac{EI_1}{h}$，横梁的线刚度 $i_2=\frac{EI_2}{l}$，其比值 $k=\frac{i_2}{i_1}=\frac{I_2h}{I_1l}$，代入上式可得

$$\delta_{11}=\frac{hl^2}{2EI_1}+\frac{l^3}{12EI_2}=\frac{hl^2}{2EI_1}\left(1+\frac{1}{6k}\right)$$

（4）求多余未知力。

将上述结果代入力法方程，可得

$$X_1=-\frac{\Delta_{1F}}{\delta_{11}}=-\frac{Fh^2l}{4EI_1}\times\frac{2EI_1}{hl^2}\times\left(\frac{6k}{1+6k}\right)=-\frac{Fh}{2l}\left(\frac{6k}{1+6k}\right)$$

结果为负，表示 X_1 的实际方向与图中假设的方向相反。

当 $k\to 0$ 时，$X_1=0$；

当 $k=1$ 时，$X_1=-\frac{3Fh}{7l}$；

当 $k\to\infty$ 时，$X_1=-\frac{Fh}{2l}$。

可见，随着横梁与立柱线刚度比的增加，横梁剪力的大小从零增加到 $\frac{Fh}{2l}$。

（5）绘制弯矩图。

就上述 $k\to 0$、$k=1$、$k\to\infty$ 三种情况，根据式 $M=M_F+\overline{M}_1X_1$，用叠加法作出相应的弯矩图，如图 19.20（a）、（b）、（c）所示。

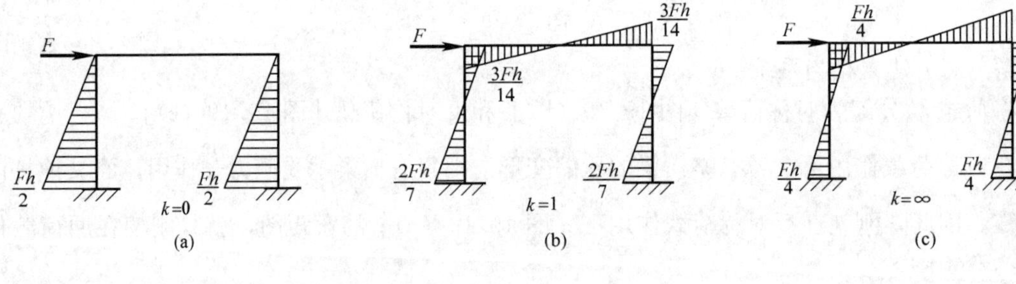

图 19.20

讨论：

（1）当 $k\to 0$ 时，即横梁线刚度远远小于立柱的线刚度时，立柱顶端的弯矩趋于零，如图 19.20（a）所示。

（2）当 $k=1$ 时，即横梁线刚度等于立柱的线刚度时，立柱顶端弯矩的大小为 $\frac{3Fh}{14}$，小于立柱根部弯矩 $\frac{2Fh}{7}$，如图 19.20（b）所示。

（3）当 $k\to\infty$ 时，即横梁线刚度远远大于立柱的线刚度时，立柱顶端弯矩与根部弯矩大小相等，均为 $\frac{Fh}{4}$，立柱中间截面上弯矩趋于零，如图 19.20（a）所示。

可见，当 k 从 0 增加到 ∞ 时，力柱弯矩为零的截面，从立柱顶端移动到柱的中间截面，此时柱顶截面上的弯矩达到最大值 $\frac{Fh}{4}$ 。

§ 19.5 支座移动时超静定结构的计算

静定结构在支座移动时，可以产生刚体位移，但不产生内力。例如，图 19.21（a）所示简支梁 AB，当支座 B 向下移动时，由于该可动铰支座可沿水平方向自由移动，因此梁只产生刚性位移，并不产生弹性变形和内力。

与静定结构相比较，超静定结构由于具有多余约束，将阻碍支座的位移。因此，在支座移动时，超静定结构既产生变形也产生内力，这是超静定结构的重要特性。例如，图 19.21（b）所示超静定梁 AB，当支座 B 向下移动时，由于受到多余约束可动铰支座 C 的阻碍，使梁产生弹性变形，因而各支座产生反力，梁产生内力。

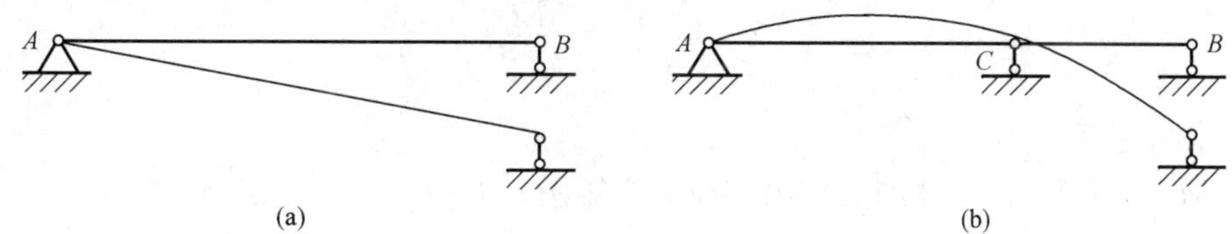

图 19.21

用力法计算支座移动时超静定结构的内力，其基本原理与荷载作用的情况相同，所不同的是力法方程中自由项的计算。下面通过例题来说明。

【例 19.8】 连续梁如图 19.22（a）所示。已知：弯曲刚度 EI，长度 l，若支座 C 下沉 Δ，试求由此产生的内力，并绘制连续梁的弯矩图。

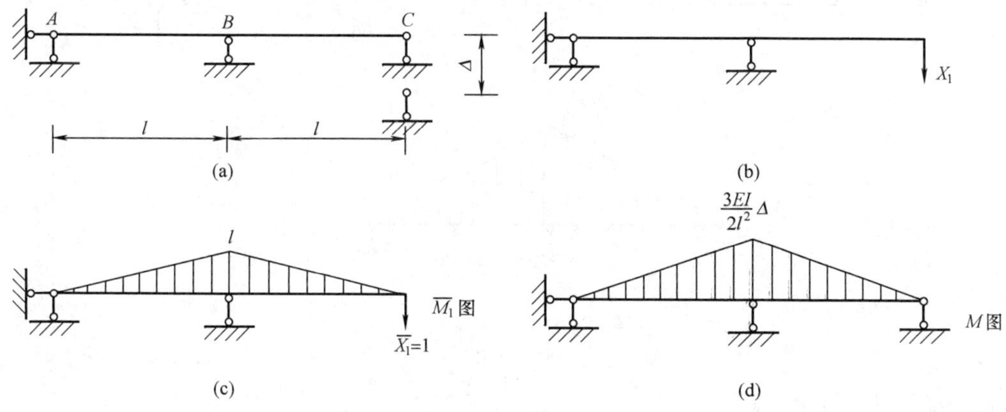

图 19.22

解

解法 1 （1）建立相当系统。

解除支座 C 的约束，取外伸梁为基本结构，原支座对截面 C 的作用，由多余未知力 X_1 代替，建立的相当系统如图 19.22（b）所示。

（2）建立力法方程。

根据相当系统截面 C 处铅垂向下的位移应与原结构相应位移相等的几何条件，可建立力法方程为

$$\delta_{11}X_1=\Delta$$

式中，位移 Δ 取正号，是因为支座下沉量 Δ 与多余未知力 X_1 指向一致。

（3）计算系数。

绘制在单位力 $X_1=1$ 作用在基本结构上梁的弯矩图，其结果如图 19.22（c）所示。用图乘法可求得系数为

$$\delta_{11}=\frac{2}{EI}\left(\frac{1}{2}\times l\times l\right)\times\frac{2}{3}l=\frac{2l^3}{3EI}$$

（4）求多余未知力。

将上述结果代入力法方程，可得

$$X_1=\frac{\Delta}{\delta_{11}}=\frac{3EI}{2l^3}\Delta$$

（5）绘制弯矩图。

根据 $M=\overline{M}_1X_1$，用叠加法作出相应的弯矩图，如图 19.22（d）所示。

解法 2 （1）建立相当系统。

也可以解除支座 B 的约束，取简支梁为基本结构，原支座对截面 B 的作用，由多余未知力 X_1 代替，建立的相当系统如图 19.23（a）所示。

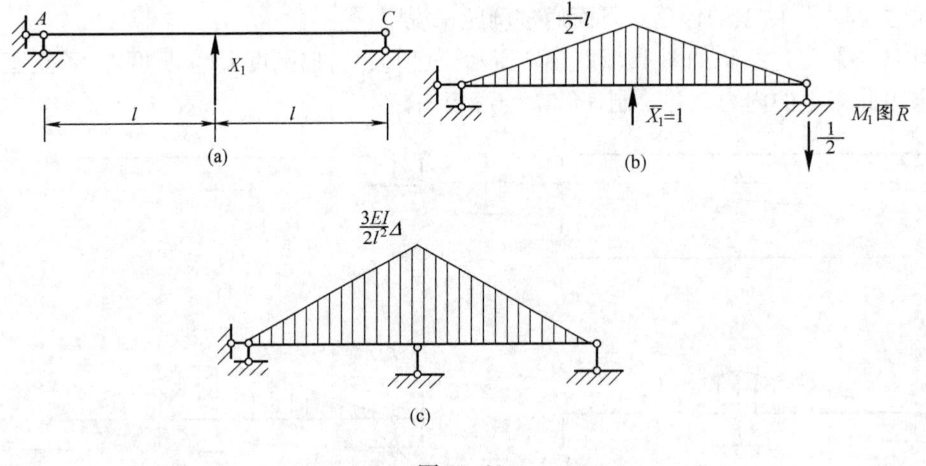

图 19.23

（2）建立力法方程。

根据相当系统截面 B 处铅垂向下的位移等于零的几何条件，可建立力法方程为

$$\delta_{11}X_1+\Delta_{1C}=0$$

式中位移 Δ_{1C} 表示基本结构由于支座位移引起的 X_1 作用点沿 X_1 方向的位移。

（3）计算系数和自由项。

绘制在单位力 $X_1=1$ 作用在基本结构上梁的弯矩图，其结果如图 19.23（b）所示。用图乘法可求得系数为

$$\delta_{11}=\frac{2}{EI}\left(\frac{1}{2}\times l\times\frac{l}{2}\right)\times\left(\frac{2}{3}\times\frac{l}{2}\right)=\frac{l^3}{6EI}$$

$$\Delta_{1C}=-\frac{1}{2}\times\Delta=-\frac{\Delta}{2}$$

（4）求多余未知力。

将上述结果代入力法方程，可得

$$X_1=-\frac{\Delta_{1C}}{\delta_{11}}=\frac{3EI}{l^3}\Delta$$

（5）绘制弯矩图。

根据 $M=\overline{M}_1X_1$，用叠加法作出相应的弯矩图，如图 19.23（c）所示。

由此可见，选取的基本结构不同，相应的力法方程不同，但最后内力计算的结果和内力图是相同的。

§ 19.6　超静定结构的位移计算

求出超静定结构的内力并绘制内力图后，往往还需计算结构的位移。计算超静定结构位移的目的主要是检查结构设计是否满足刚度要求；同时，还可用来校核原结构最后的弯矩图是否正确。

如前所述，用力法计算超静定结构，是根据基本结构与荷载和全部多余约束力组成的相当系统，其内力和变形与原系统完全一致的条件来进行的。换句话说，相当系统与原超静定结构对应截面上的内力和位移是完全相同的。因此，计算超静定结构指定截面的位移，只需在相当系统上计算相应截面的位移即可。这样，超静定结构的位移计算就转变为静定结构的位移计算了。具体计算步骤是：

（1）求解超静定结构，绘制最终的弯矩图。

（2）将单位力加在任一个基本结构上，绘制相应的单位力弯矩图。

（3）用图乘法计算超静定结构指定截面上的位移。

【例 19.9】　刚架受集中力作用，如图 19.24（a）所示。已知：力 F，弯曲刚度 EI，长度 a，试求刚架截面 C 的水平位移。

解　（1）绘制超静定刚架的弯矩图。

选取简支刚架作为基本结构，用力法求解后，绘制的最终弯矩图如图 19.24（b）所示。

（2）计算刚架截面 C 的水平位移。

在简支刚架的基本结构截面 C 处，沿水平方向加单位力，绘制弯矩图 $\overline{M}_1$，如图 19.24（c）所示。由图乘法可求得截面 C 的水平位移为

$$\begin{aligned}\Delta_{Cx}=&-\frac{1}{2EI}\left(\frac{1}{2}\times a\times a\right)\times\left(\frac{2}{3}\times\frac{19Fa}{232}\right)\\&-\frac{1}{2EI}\left(\frac{1}{2}\times a\times a\right)\times\left(\frac{2}{3}\times\frac{19Fa}{232}+\frac{1}{3}\times\frac{13Fa}{232}\right)\\&+\frac{1}{2EI}\left(\frac{1}{2}\times a\times\frac{Fa}{4}\right)\times\left(\frac{1}{2}\times a\right)\end{aligned}$$

$$=-\frac{19Fa^3}{6\times 232EI}-\frac{17Fa^3}{4\times 232EI}+\frac{Fa^3}{32EI}$$

$$=-\frac{Fa^3}{1392EI}\ (\leftarrow)$$

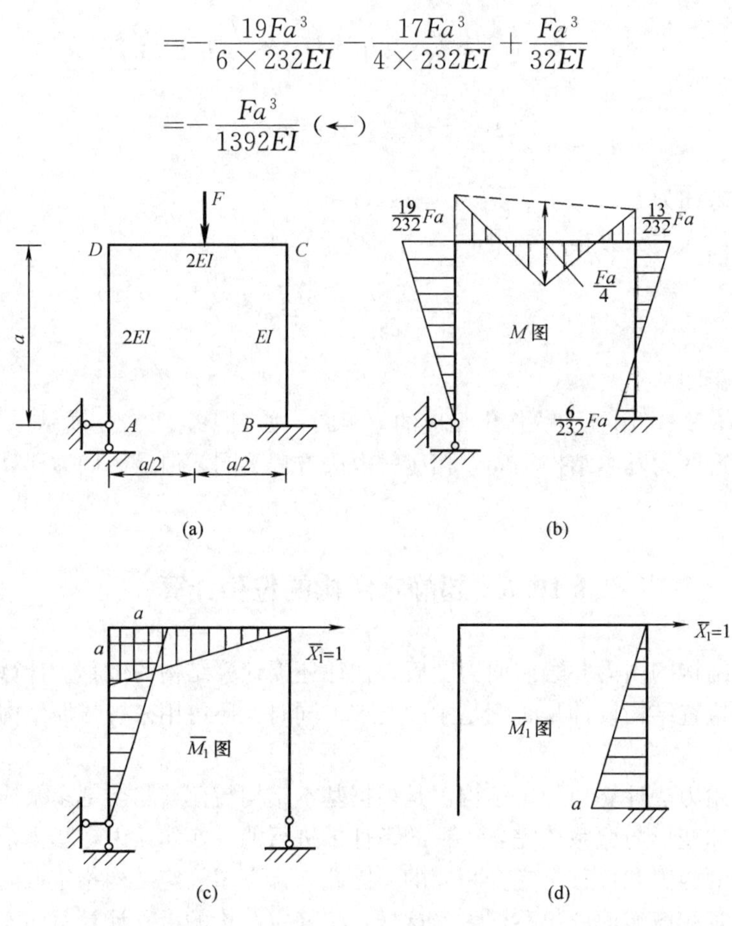

图 19.24

计算结果为负，表示截面 C 的水平位移指向与所设单位力指向相反，即该位移真实方向为水平向左。

计算超静定结构位移时，其基本结构的选取是任意的，即可有多种选择。例如在上例中，也可选取如图 19.24（d）所示的悬臂刚架作为基本结构，在截面 C 处沿水平方向加单位力，绘制弯矩图 $\overline{M}_1$，如图 19.24（d）所示。由图乘法可求得截面 C 的水平位移为

$$\Delta_{Cx}=\frac{1}{EI}\left(\frac{1}{2}\times a\times a\right)\times\left(\frac{2}{3}\times\frac{6Fa}{232}-\frac{1}{3}\times\frac{13Fa}{232}\right)=-\frac{Fa^3}{1392EI}\ (\leftarrow)$$

可见，选取不同的基本结构，计算结果完全相同。显然，选取图 19.24（d）所示的基本结构，位移计算要简单得多。因此，应尽量选取计算简便的基本结构，来计算超静定结构的位移。

§19.7 超静定结构的特性

通过将静定结构与超静定结构进行比较，可以了解超静定结构的下述特性，以便加深认

识，并在工程实际中加以合理应用。

1. 超静定结构的内力与材料的性质、构件截面的形状尺寸有关

静定结构的内力只用静平衡条件就能全部确定，其数值大小与材料的性质以及构件截面的形状尺寸无关。

超静定结构的内力仅由平衡条件则无法全部确定，还必须考虑几何变形关系和材料的物理关系才能求出解答。因此，其内力与杆件的刚度（如拉压刚度 EA、扭转刚度 GI_p、弯曲刚度 EI 等）有关，即与材料的性质和杆件截面形状尺寸有关。

2. 温度变化、支座位移等因素只能使超静定结构产生内力

静定结构在温度变化时可自由膨胀或收缩，在支座位移、制造误差等因素的影响下，只产生刚体位移，而不产生变形，因此均不会产生内力。

超静定结构，由于存在多余约束，当结构受到温度变化、支座位移、制造误差等因素的影响时，其自由膨胀或收缩以及刚体位移通常会受到多余约束的限制，从而在结构内产生内力。

3. 超静定结构解除部分约束后仍可能具有承载能力

静定结构是没有多余约束的几何不变体系，若结构的任一个约束被解除后，结构便立即变为几何可变体系而丧失承载能力。

超静定结构由于存在多余约束，即使在多余约束被解除后，结构仍能维持几何不变，还具有承载能力。

4. 超静定结构的内力分布比较均匀

静定结构在局部荷载作用下，往往在局部产生较大的变形和内力，而其他部分不受影响，如图 19.25（a）所示。

超静定结构由于有多余约束，在局部荷载作用下，通常由结构整体承担荷载，因此，其变形的分布以及内力的分布要比静定结构均匀，如图 19.25（b）所示。

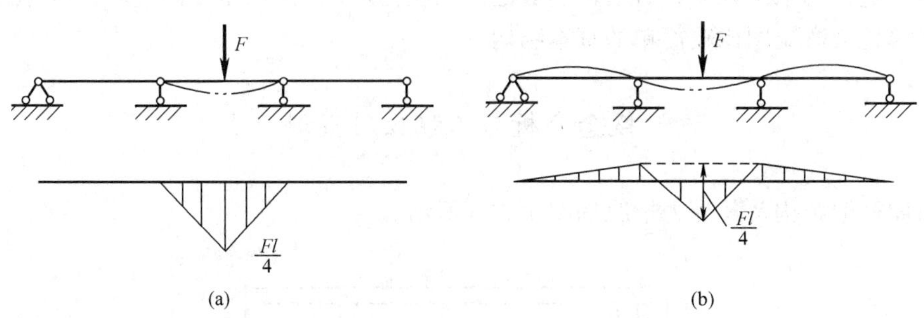

图 19.25

本 章 小 结

1. 判定超静定次数的方法

从超静定结构上撤除多余约束，用相应的多余未知力代替，使其变成静定结构，其多余未知力的数目就是该结构超静定的次数。

2. 力法解题的基本步骤

(1) 选取基本结构，建立相当系统。

在原结构上解除全部多余约束，得到的静定结构作为基本结构，所解除的多余约束用相应的多余未知力代替，其多余未知力的数目即为超静定次数。在基本结构上，加上相应的多余未知力和外荷载，得到相当系统。

(2) 建立力法方程。

根据相当系统在解除约束处沿多余未知力方向的位移应与原结构对应位置和方向的位移相等的条件，建立力法方程。在每个方程的左边是相当系统在多余未知力和外荷载作用下产生位移的总和，右边是原结构在相应位置和方向的已知位移。已知位移可能为零，也可能不为零，例如支座有位移。力法方程的数目等于结构超静定的次数。

(3) 计算系数和自由项。

分别作出基本结构在各单位多余未知力和外荷载单独作用下的弯矩图，然后用图乘法分别计算各系数和自由项。

(4) 求出多余未知力。

将系数和自由项代入力法方程，求出多余未知力。

(5) 绘制内力图。

用叠加法作弯矩图，然后根据弯矩图作剪力图，根据剪力图作轴力图。也可以在相当系统上，按照作静定结构内力图的方法作轴力图、剪力图和弯矩图。

3. 利用对称性简化力法计算

对于对称结构，可将非对称荷载分解成对称荷载和反对称荷载，沿结构的对称面切开，选取基本结构建立相当系统，利用对称性降低超静定次数，从而简化计算。

4. 超静定结构的位移计算

在待求位移作用处沿位移方向施加单位力，作基本结构在该单位力下的弯矩图，与原结构的弯矩图进行图乘法计算，可求得超静定结构上指定截面和方向的位移。为简化计算，尽可能选取单位力弯矩图比较简单的基本结构。

概念分析与工程应用实训

某房屋框架结构及其受力情况如图 19.26 所示。

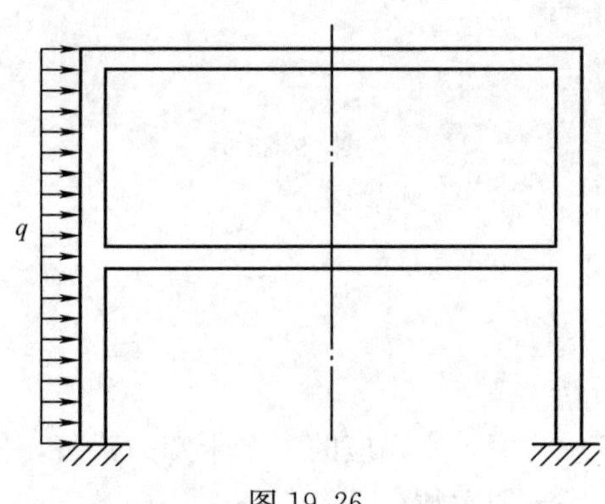

图 19.26

(1) 若不考虑结构自重，试画出框架的计算简图，假设尺寸参量并标注；
(2) 试利用对称性和反对称性，建立框架的相当系统；
(3) 试用力法求多余未知力的表达式；
(4) 试作框架结构的弯矩图，并画出其挠曲线的大致形状。

习 题

19.1 试确定图 19.27 所示超静定结构的超静定次数。

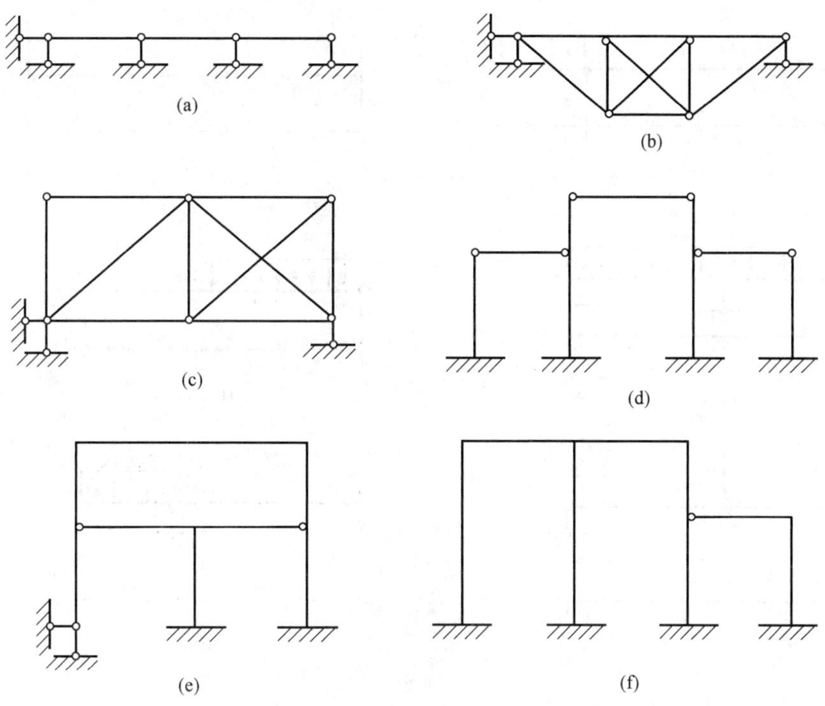

图 19.27

19.2 试用力法计算图 19.28 所示各超静定梁的内力，并作弯矩图。

19.3 试用力法计算图 19.29 所示各超静定刚架的内力，并作弯矩图。

19.4 试用力法计算图 19.30 所示桁架各杆的轴力。已知：EA=常数。

19.5 组合结构及其受载如图 19.31 所示，已知上弦横梁截面的弯曲刚度 $EI=14\ 000\text{kN}\cdot\text{m}^2$，腹杆和下弦杆的拉压刚度 $EA=2.56\times10^5\text{kN}$。试用力法计算图示组合结构中各杆的轴力，并作横梁的弯矩图。

19.6 排架及其受载情况如图 19.32 所示，试用力法计算图示排架，并作弯矩图。

19.7 对称刚架及其受载情况如图 19.33 所示，已知 EI=常数，试用力法计算图示刚架，并作弯矩图、剪力图和轴力图。

19.8 已知图 19.34 所示各梁抗弯刚度 EI=常数，试用力法计算图示各梁支座移动引起的弯矩，并作弯矩图和剪力图。

q
A
EI
B
l
(a)
F
A
EI
B
l
l2
(b)
8kN/m
A
B
C
D
EI
EI
4m
2m
2m
(c)
F
A
EI
B
l
l2
(d)
q
A
C
B
l
l
(e)
q
ql
A
2EI
C
EI
B
l
l/2
l/2
(f)
F
A
EI
B
l/2
l/2
(g)
5kN/m
A
EI
B
C
4m
2m
(h)
F
C
A
EI
B
l/2
l/2
(i)
q
A
EI
B
2EI
C
l
l
(j)

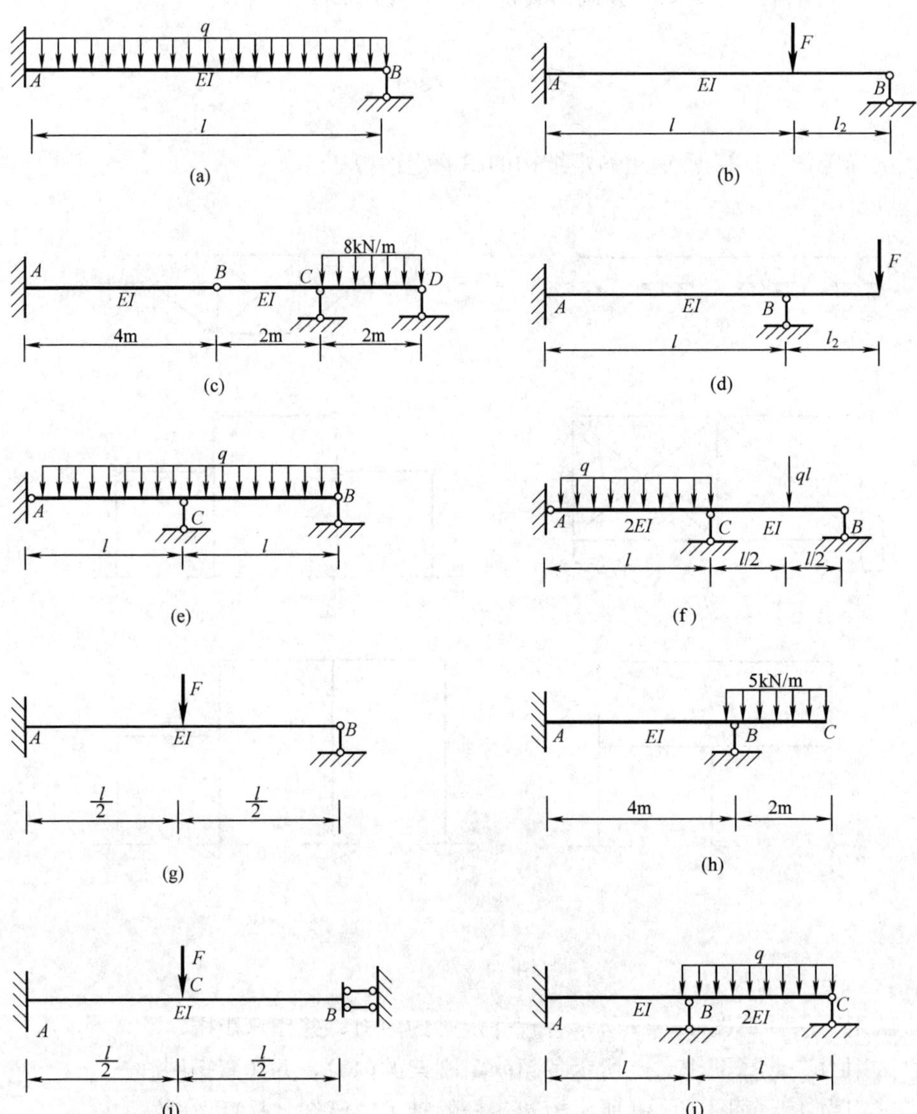

图 19.28

q
B
C
EI
EI
A
l
l
(a)
B
C
EI
EI
10kN/m
EI
D
A
2m
2m
4m
(b)
B
EI
C
100kN
EI
EI
3m
3m
A
D
4.5m
(c)
10kN/m
B
EI
C
EI
6m
A
4m
(d)
B
C
EI
EI
q
D
EI
l
l
A
2l
(e)
F
C
D
EI
EI
A
EI
B
l
l
l
(f)
B
C
EI
q
EI
EI
l
A
D
l
(g)
8kN/m
B
2EI
D
2EI
C
EI
4m
A
4m
4m
(h)
F
F
D
E
l
A
B
C
2l
2l
(a)
D
C
F
F
l
A
B
l
(b)
B
C
D
l
30°
30°
A
F
(c)
20kN
20kN
C
D
l
A
E
F
B
l
l
l
(d)

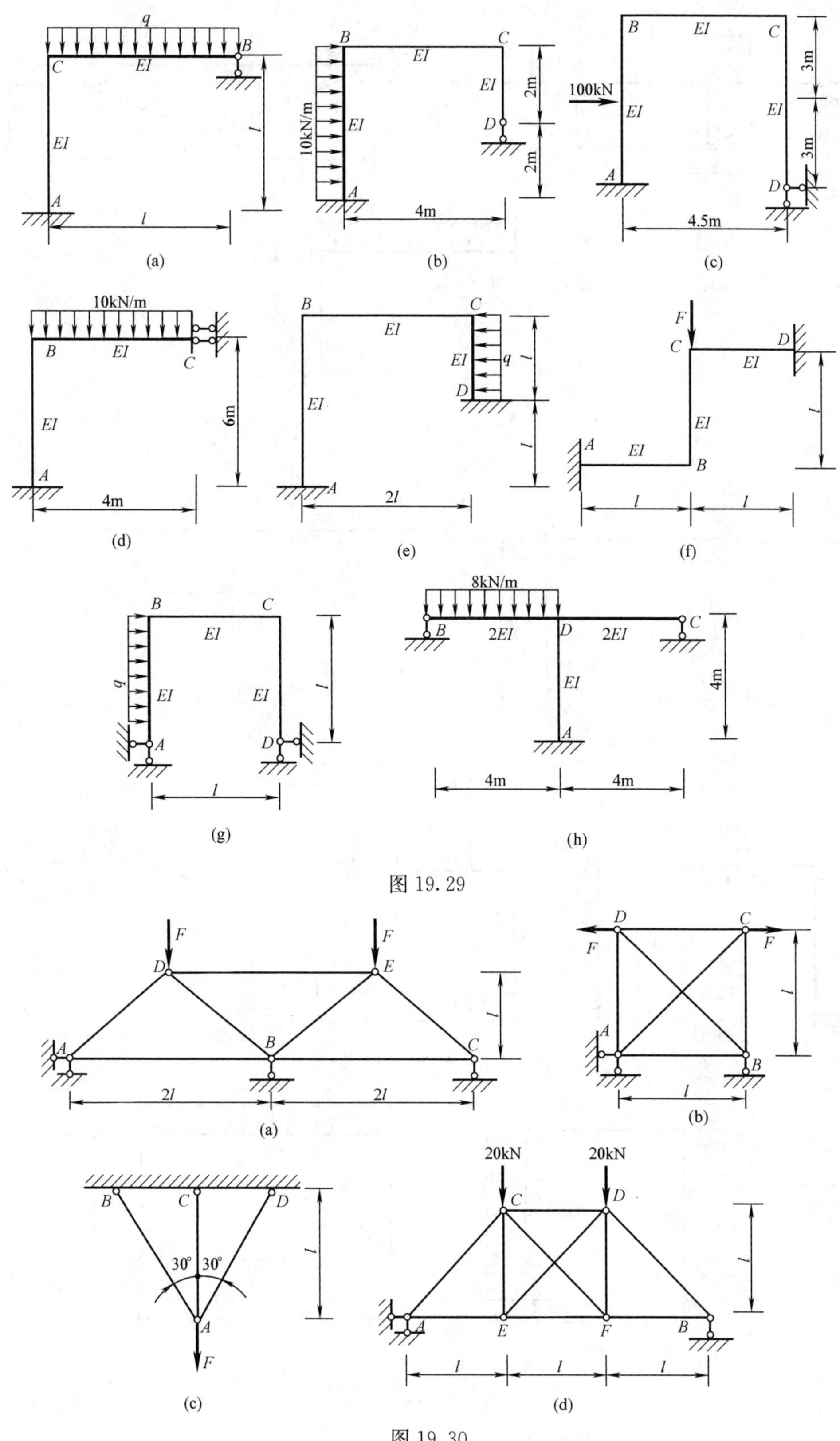

图 19.29

图 19.30

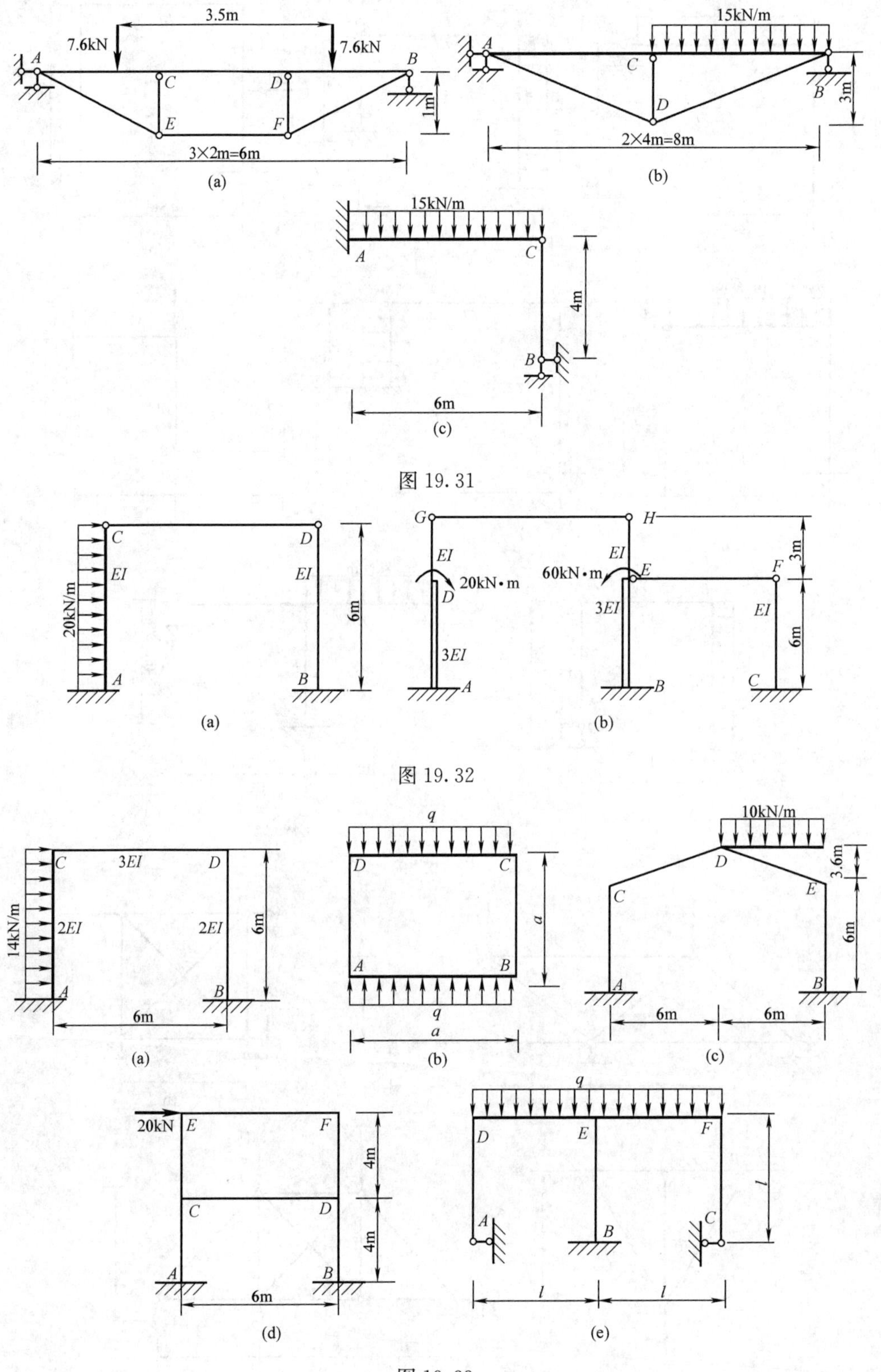

图 19.31

图 19.32

图 19.33

φ_A
A
B
EI
l
(a)
A
B
EI
Δ
l
(b)
φ_A
A
B
EI
l
(c)
φ_A
A
B
4EI
EI
l
l
(d)

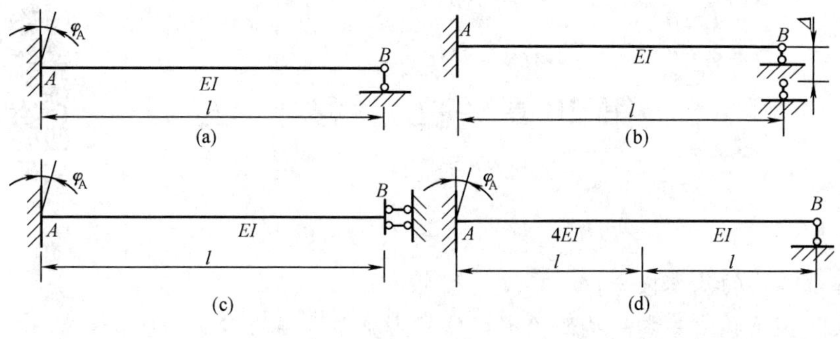

图 19.34

第 20 章 位 移 法

教学要求

1. 掌握位移法的基本概念；

2. 重点掌握位移法基本结构的确定，位移法典型方程的建立，系数及常数项的计算；

3. 能应用位移法计算简单超静定结构的内力，重点掌握弯矩图的绘制；

4. 能利用对称性，掌握半刚架法；

5. 理解和掌握力矩分配法中转动刚度、分配系数与传递系数三个基本参数的概念；能正确计算各种支撑条件下的转动刚度与结点的分配系数；

6. 理解和掌握力矩分配法的基本原理与应用条件；

7. 掌握力矩分配法的计算步骤，会用力矩分配法计算连续梁和无侧移刚架。

§20.1 位移法的基本概念

力法及位移法是解超静定结构的两个基本方法，其中力法是首先在工程实际中被创立运用而发展起来的方法。力法是以多余未知力为基本未知量的。从钢筋混凝土结构出现以后，高次超静定刚架被大量采用。图 20.1（a）所示码头与仓库之间的运输栈桥的计算简图，图 20.1（b）所示溢流式水电站厂房的计算简图，都是高次超静定结构的例子。用力法计算这种高次超静定结构十分烦琐，因此人们必须寻求适宜计算这类复杂刚架的方法，位移法便是在这种情况下产生的另一种求解超静定结构的基本方法。位移法不是以多余未知力而是以结点位移为基本未知量，先求出结点位移，然后再据此计算结构的内力。

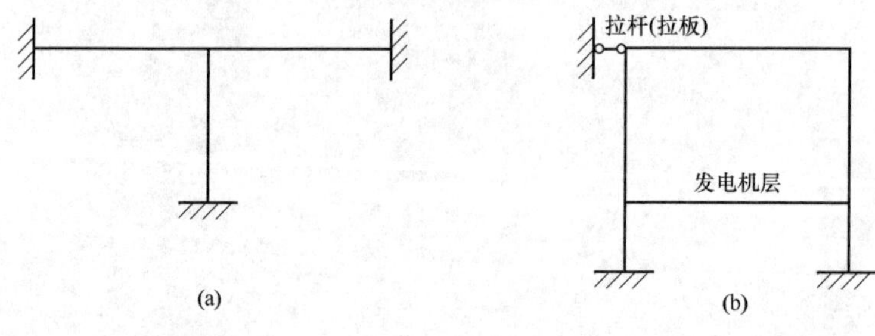

图 20.1

在本章讨论用位移法解等截面直杆组成的超静定刚架、连续梁等结构时，为简化计算，采用如下假设：

（1）刚性结点假定：刚性结点联结的各杆不能绕结点各自自由转动，变形前后在结点杆端切线的夹角保持不变，即假定变形时在该结点相交各杆端切线转动的角度相同。

（2）轴向刚度假定：对于受弯直杆，通常略去轴向变形和剪切变形的影响，并认为弯曲变形是微小的，因而假定各杆两端之间的距离在变形后仍保持不变。

(3) 小变位假定：即结点线位移的弧线可用垂直于杆件的切线来代替。

这些基本假定可使计算工作得以简化而并不引起较大的误差，是用位移法分析刚架时，画出结点变形示意图的主要依据。

下面通过简单的例子说明位移法解题的基本思路。

图 20.2 (a) 所示刚架结构，在荷载 F_P 作用下，该刚架将发生如虚线所示的变形。不考虑杆的轴向变形，刚结点 A 只有角位移而无线位移。设此角位移为 Z_1 (顺时针)，根据变形协调条件，与刚结点 A 相连的杆 AB 的 A 端和杆 AC 的 A 端也都发生了相同的转角 Z_1。该刚架的受力和变形状态与图 20.2 (b)、(c) 所示的两个单跨超静定梁的情况相同。其中杆 AB 相当于两端固定在 A 端发生转角 Z_1 的单跨超静定梁；杆 AC 相当于 A 端固定、C 端铰支受集中荷载 F_P 作用和 A 端产生转角 Z_1 的单跨超静定梁。显然，若 Z_1 为已知，这些单跨梁的内力就可以根据表 20.1 来确定。故刚结点 A 的转角 Z_1 就是求解该刚架的位移法**基本未知量**。

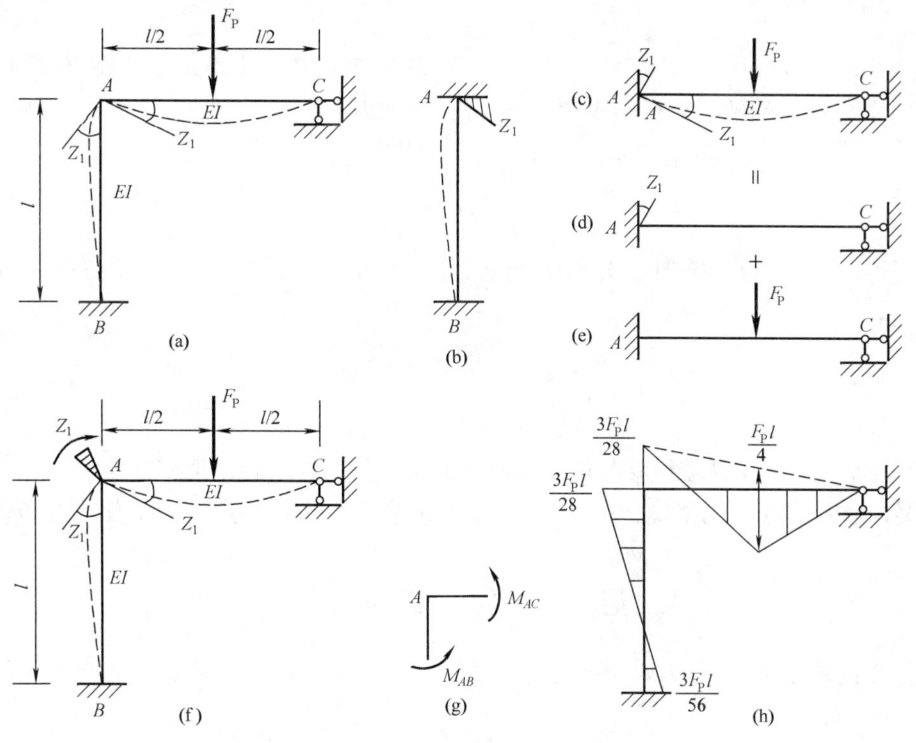

图 20.2

为了使原结构能转化为图 20.2 (b)、(c) 所示的两个单跨超静定梁来计算，可在原结构的结点 A 加一个约束刚结点转动 (但不能阻止移动) 的附加刚臂 [用符号“∀”表示，如图 20.2 (f) 所示]，因为结点 A 无线位移，故在添加附加刚臂后，A 端就变成了固定端，原结构变成了由两根单跨超静定梁 AB 和 AC 构成的组合体，如图 20.2 (f) 所示，该组合体成为原结构按位移法计算的**基本结构**。在基本结构上施加与原结构相同的外荷载，并使点 A 附加刚臂转过与实际变形相同的转角 Z_1，使基本结构的受力和变形与原结构一致，即可用基本结构代替原结构进行计算。

图 20.2 (f) 与图 20.2 (b)、(c) 是等价的。故要求解原超静定刚架，只要分别计算图

20.2（b）、（c）所示的两个单跨超静定梁，再利用叠加原理将计算结果进行叠加即可。

首先，如图20.2（b）所示的梁AB只在固定支座A处有转角Z_1，此时其A端的弯矩M_{AB}和B端的弯矩M_{BA}可由表20.1（表中结果由力法求得）查得，分别为

$$M_{AB}=4\frac{EI}{l}Z_1 \tag{a}$$

$$M_{BA}=2\frac{EI}{l}Z_1 \tag{b}$$

其次，如图20.2（c）所示的梁AC可视为图20.2（d）、（e）所示的两种情况的叠加。在图20.2（d）中，梁AC的A端固定，C端铰支，在固定端A处有转角Z_1，其A端的弯矩和C端的弯矩可由表20.1查得，分别为

$$M_{AC}=\frac{3EI}{l}Z_1 \tag{c}$$

$$M_{CA}=0 \tag{d}$$

在图20.2（e）中，梁AC的A端固定，C端铰支，在跨中承受集中荷载F_P的作用，其A端的弯矩和C端的弯矩可由表20.1查得，分别为

$$M_{AC}=-\frac{3F_Pl}{16} \tag{e}$$

$$M_{CA}=0 \tag{f}$$

将式（c）与式（e）叠加，式（d）与式（f）叠加，可得到梁AC的A端弯矩和C端弯矩分别为

$$M_{AC}=\frac{3EI}{l}Z_1-\frac{3F_Pl}{16} \tag{g}$$

$$M_{CA}=0 \tag{h}$$

以上关系式表示了杆端位移与杆端弯矩的关系，称为杆端转角位移方程。

再次，取刚结点A为隔离体，如图20.2（g）所示，由刚结点A的力矩平衡条件，有

$$M_{AB}+M_{AC}=0 \tag{i}$$

即

$$4\frac{EI}{l}Z_1+\frac{3EI}{l}Z_1-\frac{3F_Pl}{16}=0$$

解得结点A的转角为

$$Z_1=\frac{3F_Pl^2}{112EI}(\curvearrowright) \tag{j}$$

将式（j）代入式（a）、式（b）和式（g）得各杆杆端的弯矩，分别为

$$M_{AB}=\frac{3F_Pl}{28}$$

$$M_{BA}=\frac{3F_Pl}{56}$$

$$M_{AC}=-\frac{3F_Pl}{28}$$

$$M_{CA}=0$$

最后，绘制的弯矩图如图20.2（h）所示。

综上所述，位移法解题的步骤是：

（1）确定位移法的基本未知量（以独立的结点位移为基本未知量，包括结点角位移和结点线位移）；

（2）确定位移法的基本结构（以一系列单跨超静定梁的组合体为基本结构）；

（3）计算各单跨超静定梁的端部内力；

（4）建立位移法方程和求解。

在位移法中，要用力法对单个单跨超静定梁进行受力和变形分析，为了使用方便，对各种约束的单跨超静定梁由荷载及支座位移引起的杆端力（包括杆端弯矩和杆端剪力）数值列于表20.1中，以备查用。其中仅由荷载引起的杆端力，称为**固端力**（用M^F表示固端弯矩，F_S^F表示固端剪力），其为是只与荷载形式有关的常数，故称为**载常数**；而由单位支座位移引起的杆端力是只与梁的支撑情况、几何尺寸和材料性质有关的常数，故称为**形常数**。

表20.1中，$i=\frac{EI}{l}$称为杆件的线刚度。

表20.1 等截面单跨超静定梁杆端弯矩与杆端剪力$\left(i=\frac{EI}{l}\right)$

序号	简图	弯矩图	杆端弯矩		杆端剪力	
			M_{AB}	M_{BA}	F_{SAB}	F_{SBA}
1	A $\varphi_a=1$ B l		$4i_{AB}=S_{AB}$	$2i_{AB}$	$-\frac{6i_{AB}}{l}$	$-\frac{6i_{AB}}{l}$
2	A B $\Delta=1$ l		$-\frac{6i_{AB}}{l}$	$-\frac{6i_{AB}}{l}$	$\frac{12i_{AB}}{l^2}$	$\frac{12i_{AB}}{l^2}$
3	A $\varphi_a=1$ B l		$3i_{AB}=S_{AB}$	0	$-\frac{3i_{AB}}{l}$	$-\frac{3i_{AB}}{l}$
4	A B $\Delta=1$ l		$-\frac{3i_{AB}}{l}$	0	$\frac{3i_{AB}}{l^2}$	$\frac{3i_{AB}}{l^2}$
5	A $\varphi_a=1$ B l		$i_{AB}=S_{AB}$	$-i_{AB}$	0	0

续表

序号	简图	弯矩图	杆端弯矩		杆端剪力	
			M_{AB}	M_{BA}	F_{SAB}	F_{SBA}
6	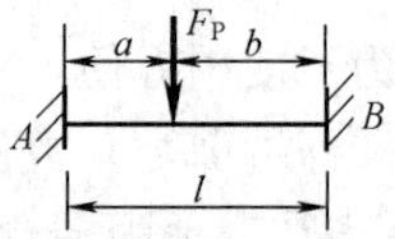	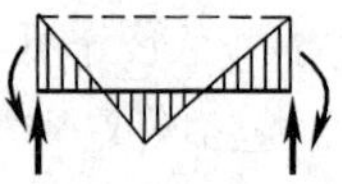	$-\frac{F_P ab^2}{l^2}$ $a=b$ $-\frac{F_P l}{8}$	$+\frac{F_P a^2 b}{l^2}$ $a=b$ $\frac{F_P l}{8}$	$F_P b^2\left(1+\frac{2a}{l}\right)$ $a=b$ $\frac{F_P}{2}$	$-\frac{F_P a^2}{l^2}\left(1+\frac{2b}{l}\right)$ $a=b$ $-\frac{F_P}{2}$
7	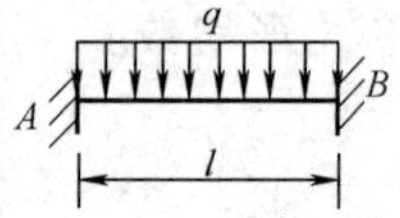	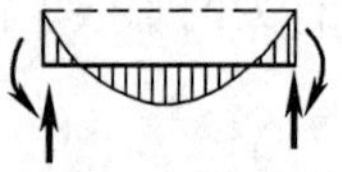	$-\frac{ql^2}{12}$	$\frac{ql^2}{12}$	$\frac{ql}{2}$	$-\frac{ql}{2}$
8	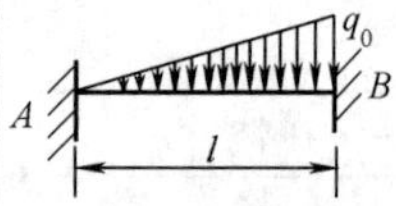	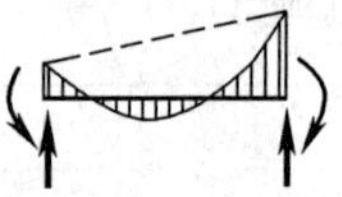	$-\frac{q_0 l^2}{30}$	$\frac{q_0 l^2}{20}$	$\frac{3q_0 l}{20}$	$-\frac{7q_0 l}{20}$
9	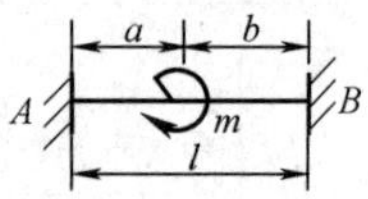	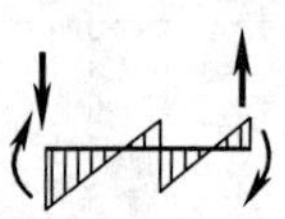	$\frac{mb}{l^2}(2l-3b)$	$\frac{ma}{l^2}(2l-3a)$	$-\frac{6ab}{l^3}m$	$-\frac{6ab}{l^3}m$
10	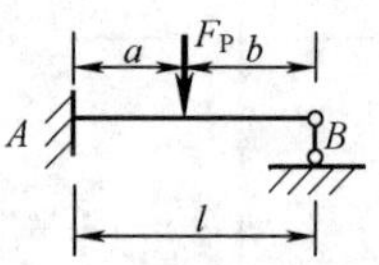	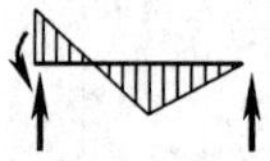	$-\frac{F_P b(l^2-b^2)}{2l}$ $a=b$ $-\frac{3F_P l}{16}$	0	$\frac{F_P b(3l^2-b^2)}{2l^3}$ $a=b$ $\frac{11F_P}{16}$	$\frac{F_P a^2(3l-a)}{2l^3}$ $a=b$ $-\frac{5F_P}{16}$
11	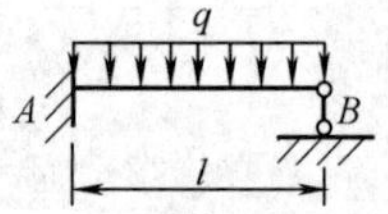	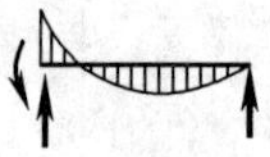	$-\frac{ql^2}{8}$	0	$\frac{5ql}{8}$	$-\frac{3ql}{8}$
12	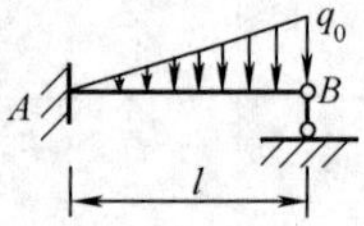	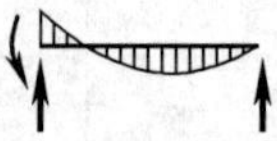	$-\frac{7q_0 l^2}{120}$	0	$\frac{9q_0 l}{40}$	$-\frac{11q_0 l}{40}$
13	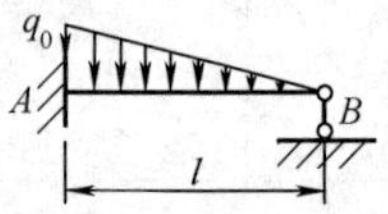	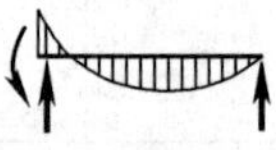	$-\frac{q_0 l^2}{15}$	0	$\frac{2q_0 l}{5}$	$-\frac{q_0 l}{10}$
14	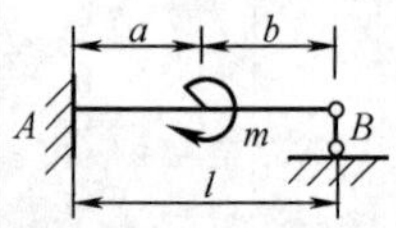	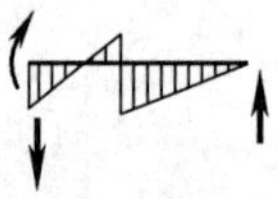	$\frac{m(l^2-3b^2)}{2l^2}$	0	$-\frac{3m(l^2-b^2)}{2l^3}$	$-\frac{3m(l^2-b^2)}{2l^3}$

续表

序号	简图	弯矩图	杆端弯矩		杆端剪力	
			M_{AB}	M_{BA}	F_{SAB}	F_{SBA}
15			$-\frac{F_Pa(l+b)}{2l}$	$-\frac{F_Pa^2}{2l}$	F_P	0
16			$-\frac{ql^2}{3}$	$-\frac{ql^2}{6}$	ql	0

杆端位移和杆端力的正负号规定：

(1) 杆端位移：杆端角位移以顺时针方向转动为正；杆件两端的相对线位移Δ以使杆件顺时针方向转动为正，如图20.3 (a)、(b) 所示杆端位移均为正。

(2) 杆端力：对杆端而言，杆端弯矩以顺时针方向转为正（对支座或结点而言，则以逆时针方向转动为正），反之为负，如图20.3 (c)、(d) 所示；杆端剪力以使杆件顺时针转动为正，反之为负。

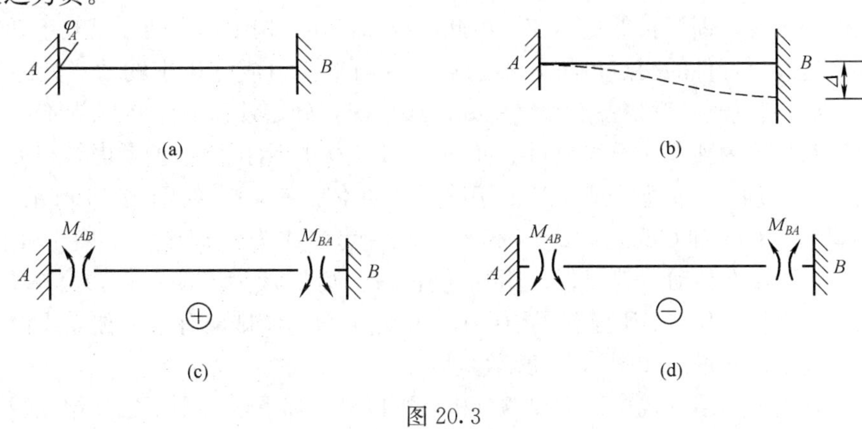

图20.3

§20.2 位移法的典型方程

1. 基本未知量

位移法的基本未知量为结点位移，结点位移包括结点角位移和独立结点线位移。基本未知量的数目等于独立结点位移的总数目。

(1) 结点角位移。

根据变形协调条件，结构中某刚结点的转角等于交于该结点各杆件的该端的杆端转角，即交于同一刚结点的各杆的杆端角位移相等，故一个刚结点只有一个独立的角位移。在固定支座和定向支座处角位移为零；铰结点或铰支座处相连各杆端的转角与计算杆端弯矩无直接关系，不必作为基本未知量。因此，结点角位移未知量的数目等于刚结点的个数。如图20.4 (a) 所示，连续梁结点角位移未知量的数目为2（分别为B、C两个刚结点的角位移）；

如图20.4（b）所示，刚架的结点角位移未知量的数目为3（分别为B、C、D三个刚结点的角位移）；如图20.4（c）所示排架，柱子CE应视为CD和DE两根杆件在结点D刚接，结点D成为由该刚结点和右侧的铰结合而成的组合结点（半铰），此处刚结点角位移取为未知量，而各柱子顶端的角位移则不应取为未知量，因此该排架结点角位移未知量的数目为1。

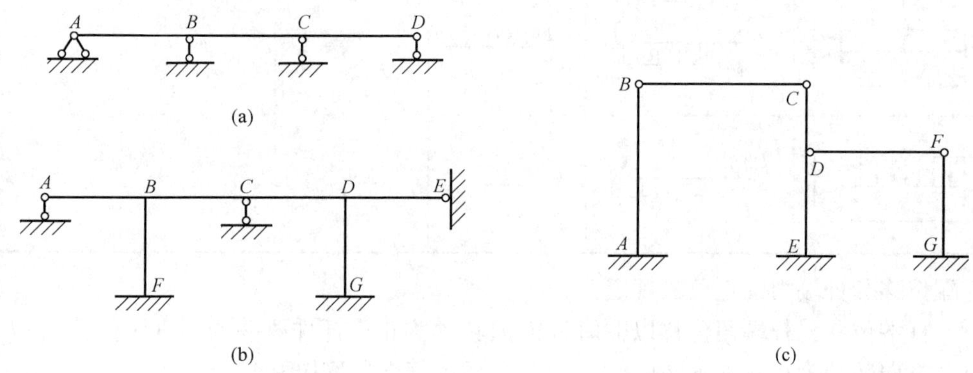

图 20.4

（2）独立结点线位移。

根据轴向刚度假定，对于受弯直杆，弯曲变形是微小的，因而假定各杆两端之间的距离在变形后仍保持不变，即杆长保持不变。由此可推知：在结构中，由两个已知不动点分别引出两根杆件，这两根杆件的交点也将是不动点（这与平面组成分析中的“二元体”规则相似）。据此，则可通过逐一考察各点和支座处位移情况，确定使所有结点成为不动点所需加入的附加链杆数目即为独立线位移数目。如图20.4（c）所示排架：①考虑结点C，易知结点C可以移动，若加入一附加链杆CH（用符号“○—⚲”表示），如图20.5所示，则因E、H为已知不动点，CH和CE之间距离不变，故结点C成为不动点（不发生任何位移）；②考虑结点F，可左右移动，若加入一附加链杆FI，则F成为不动点；③由杆DF与DE控制了结点D，由杆AB与CB控制了结点B。由此可知，该排架有两个独立线位移，故该排架共有3个基本未知量，如图20.5所示。

根据上述有关独立结点线位移个数的分析，可以推出如下取得刚架独立结点线位移数目的方法（“铰化结点，增加链杆”）：把刚架的所有刚结点改为铰结点，把所有固定支座改为固定铰支座，使相应的铰结体系成为几何不变体系所需添加的最少链杆数，等于原结构的独立结点线位移的数目。图20.6所示为图20.4（b）刚架的铰结体系，该铰结体系为几何不变体系，故原刚架结点线位移数为零。图20.7（a）所示的刚架，其相应的铰结体系如图20.7（b）所示，必须增加2根链杆（用虚线表示），才能成为几何不变体系，故原结构独立结点线位移数目为2，另外，未知结点角位移数目为3，因此原结构的未知量总数目为5。

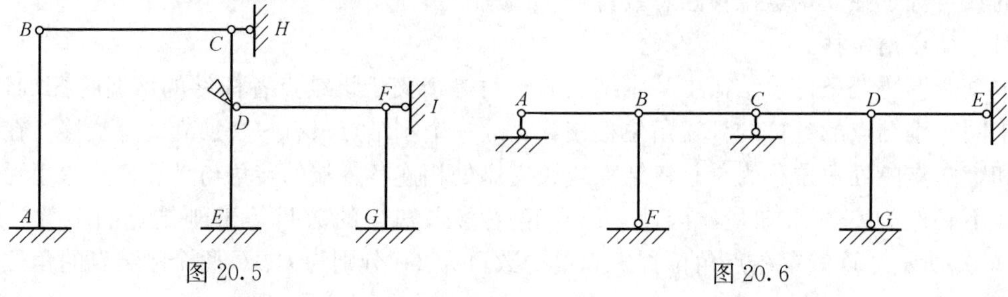

图 20.5　　　图 20.6

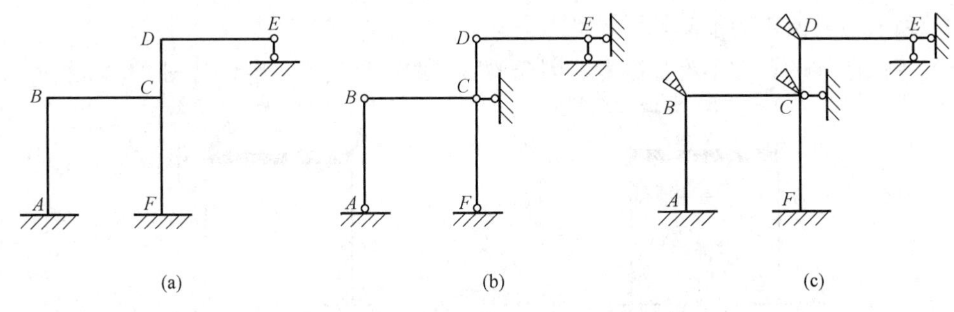

图 20.7

需要特别注意，利用“铰化法”来判断结点独立线位移数目不适合于具有平行于杆轴的可动铰支座和定向支座的刚架。如图 20.8 和图 20.9 所示结构，此处结点 B 的线位移不作为基本未知量，该结构只有一个独立的结点线位移，如用“铰化法”来判断，则会得出错误结论。

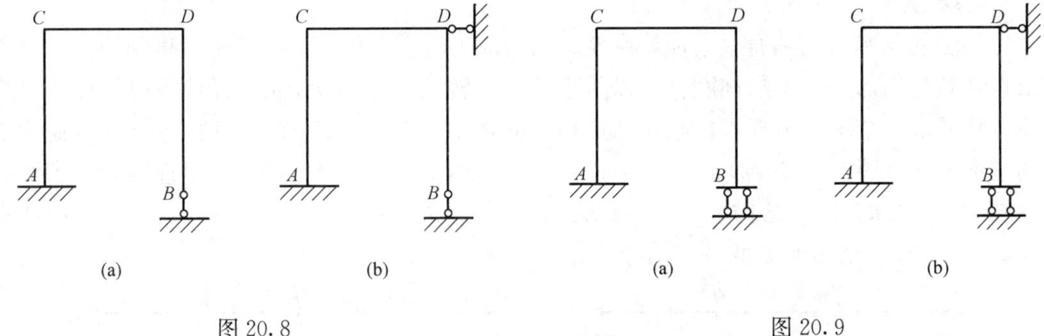

图 20.8　　图 20.9

综上所述，位移法基本未知量数目等于刚结点数目与独立线位移数目之和。但在保证能够计算的前提下，尽可能较少附加约束以减少未知量。以下各种情况不必附加约束：

（1）悬臂杆（含沿杆轴仅有一个链杆支撑的杆）的杆端不附加垂直杆轴的链杆。

（2）定向支座处不附加垂直杆轴的链杆，如图 20.10 所示。

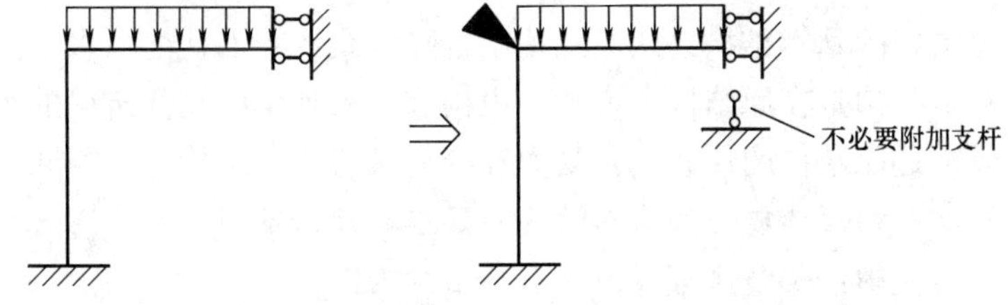

图 20.10

（3）剪力静定柱的柱端不附加链杆，如图 20.11 所示。

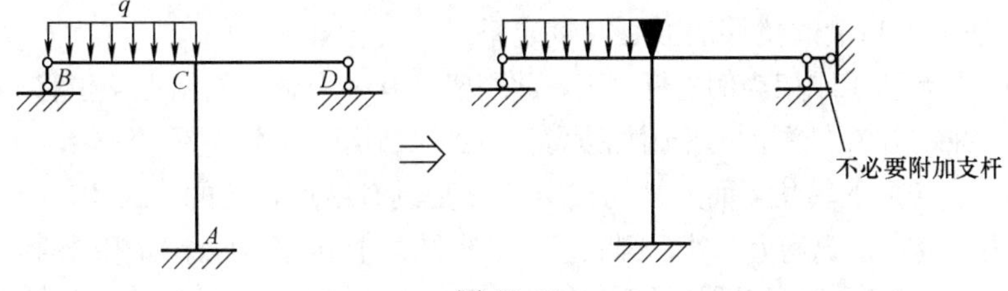

图 20.11

（4）所有铰支座不附加刚臂。

（5）无限刚架的梁端不附加刚臂，因横梁对柱约束相当于刚臂，如图 20.12 所示。

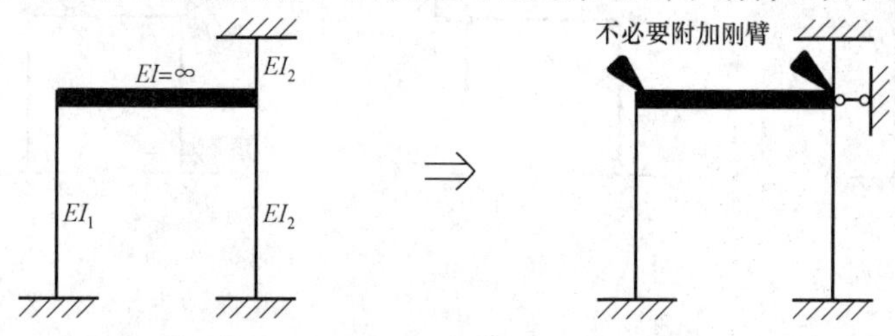

图 20.12

位移法的基本未知量有哪些？结点角位移的数目怎样确定？独立结点线位移的数目是怎样确定的？

2. 基本结构

位移法的基本结构是通过增加约束使原结构成为若干个单跨超静定梁而得到的。在每个刚结点处假想地加上一个附加刚臂，以阻止结点的转动（但不阻止结点移动）；具有独立结点线位移处加一个附加链杆，以阻止结点相应的移动（但不阻止结点转动），即可得到原结构的基本结构。图 20.13（a）、（b）所示结构分别为图 20.4（a）、（b）所示连续梁和刚架的基本结构，图 20.5 所示结构即为图 20.4（c）所示排架的基本结构，图 20.7（c）所示结构即为图 20.7（a）所示刚架的基本结构。

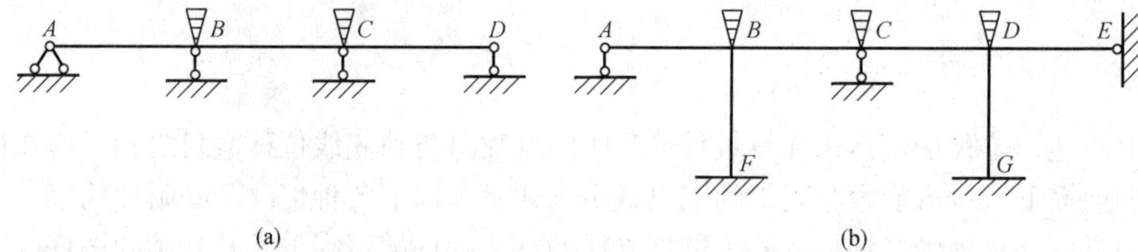

图 20.13

需要注意：力法中的基本结构是从原结构中拆除多余约束而代之以多余未知力的静定体系。而位移法的基本结构是在原结构上增加约束构成一系列单跨超静定梁的组合体。虽然它们的形式不同，但都是原结构的代表，其受力和变形状态与原结构完全相同。

建立位移法基本结构与选取力法基本结构的思路有什么不同？对于同一结构，在力法中可以选择不同的基本结构，位移法有不同的基本结构吗？

3. 位移法的典型方程及计算步骤

为了方便起见，位移法的基本未知量（包括结点角位移和独立结点线位移）统一用 Z 表示。

（1）一个基本未知量的位移法方程及其求解。

以图 20.14（a）所示刚架为例进行讨论。此刚架只有一个独立的结点角位移 Z_1，故只有一个基本未知量。在结点 A 处添加一个附加刚臂便得到原结构的基本结构。基本结构由于加入附加刚臂，便阻止了结点 A 的转角，而原结构在结点 A 是具有结点转角的。因此，为了使基本结构和原结构在受力和变形情况均上一致，则除了在基本结构上施加与原结构相同的荷载 F_P 外，还应令其附加刚臂发生与原结构相同的转角 Z_1，这样，基本结构上的位移与原结构上的位移就完全相同了。基本结构在荷载和基本未知量（即结点位移）共同作用下形成的体系成为基本体系。从受力方面看，在基本结构上因附加刚臂阻止了结点的转动，故在附加刚臂内必然产生附加反力矩，即给结点加了一个与转角 Z_1 反向的力偶，以 F_{R1} 表示，并规定以顺时针（与转角方向一致）为正，图 20.14（b）所示为正，实际上 F_{R1} 应为负。但原结构的结点处并没有该附加刚臂，当然也就不存在这一附加反力矩。基本体系上的位移与原结构的一致时，基本体系的受力也应与原结构相同。故基本结构上附加刚臂产生的附加反力矩 F_{R1} 应等于零。这时基本体系上虽然还有附加联系，但实际上已经不起作用，等于取消了（或放松）附加刚臂，这与原结构完全一致。为了便于今后的计算，现将附加刚臂上的反力矩 F_{R1} 分解为下述几种情况：

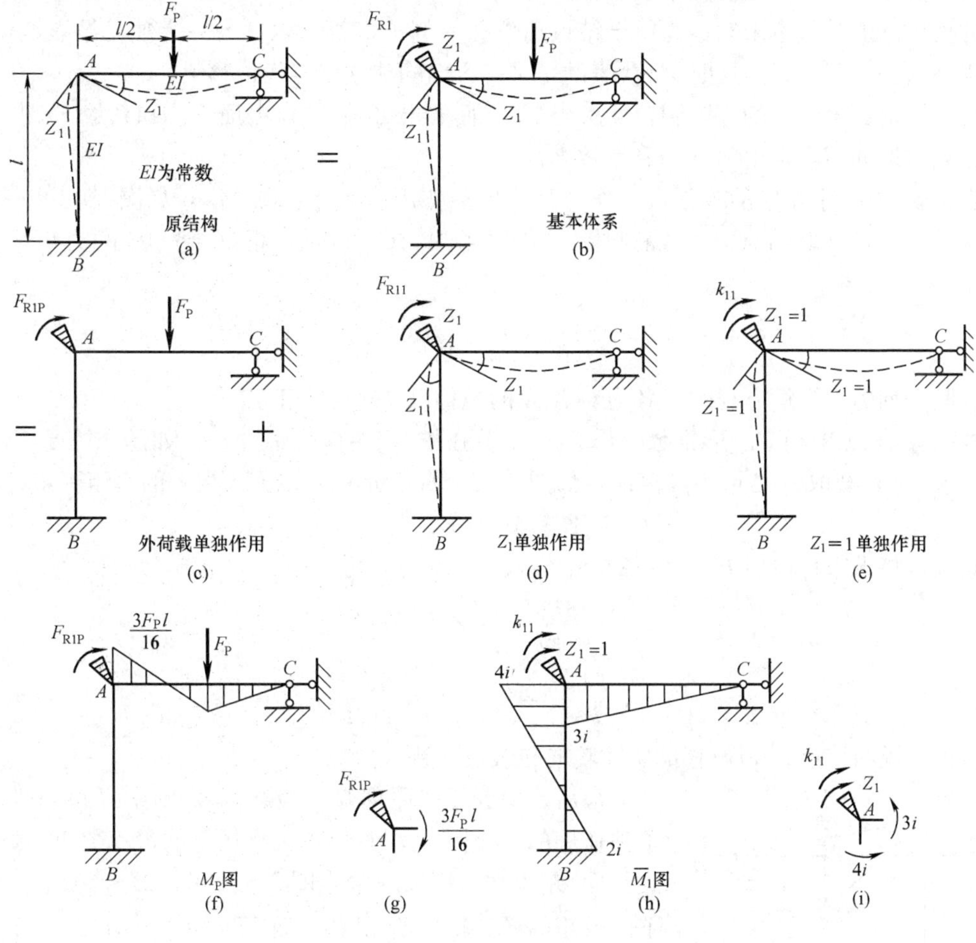

图 20.14

1）基本结构在荷载单独作用下，引起附加刚臂上的反力矩 F_{R1P}，如图 20.14（c）所示。

2）基本结构在位移 Z_1 单独作用下（即单独发生位移 Z_1），引起附加刚臂上的反力矩 F_{R11}，如图 20.14（d）所示。

根据叠加原理，附加刚臂上的总反力矩为

$$F_{R1} = F_{R1P} + F_{R11} = 0 \tag{a}$$

应该注意上式中 F_R 的两个下标的含义：第一个表示该反力的位置，第二个表示引起该反力的原因。

为了方便，设 $Z_1=1$ 单独作用在基本结构上时，在附加刚臂上的反力矩为 k_{11}，如图 20.14（e）所示。当 $Z_1\neq 1$ 时，其反力矩为

$$F_{R11}=k_{11}Z_1 \tag{b}$$

将式（b）代入式（a）得

$$F_{R1P}+k_{11}Z_1=0 \tag{20.1}$$

这就是求解未知角位移 Z_1 的位移法典型方程。其物理意义是：基本结构在荷载及各结点位移等因素共同作用下，每一个附加约束中的附加反力矩或附加反力都等于零。由此可见，位移法的典型方程实质上是静力平衡方程。

此处讨论的是基本未知量为一个结点角位移的例子，若未知量为一个独立结点线位移，也可得到这一方程，只是这时 Z_1 代表的是某一方向的独立结点线位移。

要最终得到该刚架的弯矩图，需求出 Z_1，而要求 Z_1 需把自由项 F_{R1P} 和系数 k_{11} 求出。

首先讨论如何求自由项 F_{R1P} 和系数 k_{11}。

根据表 20.1 中相应的载常数，作外荷载单独作用下的弯矩图 M_P，如图 20.14（f）所示。为求 F_{R1P}，截取结点 A 为隔离体，如图 20.14（g）所示，根据结点 A 的力矩平衡条件得

$$-F_{R1P}-\frac{3F_Pl}{16}=0,\quad F_{R1P}=-\frac{3F_Pl}{16}$$

注意：此处列力矩平衡方程时，各力对点 A 的矩仍以逆时针为正。

根据表 20.1 中相应的形常数，作 $Z_1=1$ 单独作用下的弯矩图 $\overline{M}_1$，如图 20.14（h）所示。为求 k_{11}，截取 A 结点为隔离体，如图 20.14（i）所示，根据结点 A 的力矩平衡条件得

$$-k_{11}+4i+3i=0,\quad k_{11}=7i$$

其次，将求得自由项 F_{R1P} 和系数 k_{11} 代入式（20.1）可求得 Z_1

$$-\frac{3F_Pl}{16}+7iZ_1=0$$

即

$$-\frac{3F_Pl}{16}+7\frac{EI}{l}Z_1=0,\ Z_1=\frac{3F_Pl^2}{112EI}\ (\curvearrowright)$$

结果为正，说明结点 A 角位移的实际转向与假设一致。

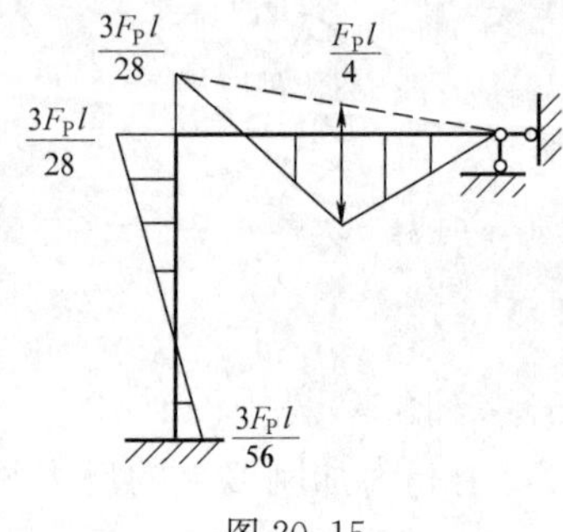

图 20.15

最后，根据叠加原理知，最终的弯矩图 M 可由外荷载单独作用的弯矩图 M_P 与 Z_1 单独作用下的弯矩图 M_1 叠加得到。而 Z_1 单独作用下的弯矩图 M_1 又可由 $Z_1=1$ 单独作用下的弯矩图 $\overline{M}_1$ 乘以 Z_1 得到。即 $M=M_P+\overline{M}_1Z_1$，于是该刚架的最终弯矩图 M 如图 20.15 所示。

（2）两个基本未知量的位移法方程及其求解。

下面讨论图 20.16（a）所示的刚架。该刚架有两个基本未知量 Z_1、Z_2。Z_1 为刚结点 C 的未知结点角位移，Z_2 为未知独立结点水平线位移。分别在刚结点 C 添加一个附加刚臂，在结点 D 添加一个水平附加链杆便得到原结构的基本结构。基本结构由于加入附加刚臂和链杆，便阻止了结点 C 的转角和结点 C、D 的线位移，而原结构在这些结点是具有结点转角和线位移的。因此，为了使基本结构和原结构在受力和变形情况上均一致，则除了在基本结构上施加与原结构相同的荷载 F_P 外，还

应令其附加刚臂发生与原结构相同的转角 Z_1 ，水平附加链杆处发生水平向右的位移，这样，基本结构上的位移与原结构上的位移就完全相同了，得到的基本体系如图 20.16 (b) 所示。从受力方面看，在基本结构上因附加刚臂和附加链杆阻止了结点的转动和移动，故在附加刚臂内产生附加反力矩以 F_{R1} 表示［如图 20.16 (b) 所示为正，实际应为负］，在附加链杆内产生附加反力以 F_{R2} 表示［如图 20.16 (b) 所示为正，实际应为负］，但原结构的结点处并没有该附加刚臂，当然也就不存在这一附加反力矩。基本体系上的位移与原结构的一致时，基本体系的受力也应与原结构相同。故 $F_{R1}=0$，$F_{R2}=0$。现将附加刚臂上的反力矩 F_{R1}、F_{R2} 分解为下述几种情况：

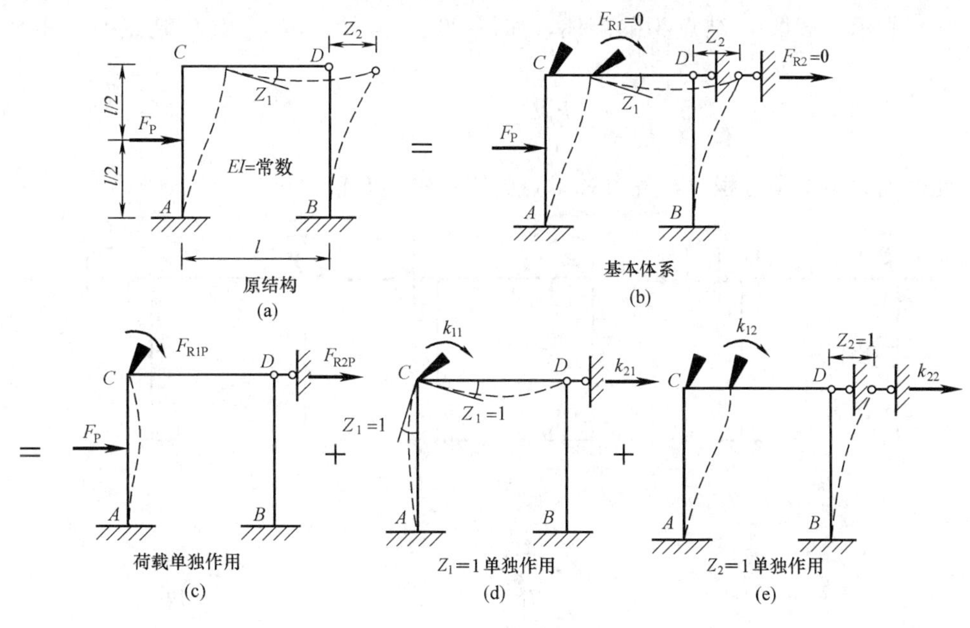

图 20.16

1）基本结构在荷载单独作用下，引起附加刚臂上的反力矩 F_{R1P}，引起水平附加链杆上的反力 F_{R2P}，如图 20.16 (c) 所示。

2）基本结构在位移 $Z_1=1$ 单独作用下（即单独发生位移 $Z_1=1$），引起附加刚臂上的反力矩 k_{11} ，引起水平附加链杆上的反力 k_{21} ，如图 20.16 (d) 所示。

3）基本结构在位移 $Z_2=1$ 单独作用下（即单独发生位移 $Z_2=1$），引起附加刚臂上的反力矩 k_{12} ，引起水平附加链杆上的反力 k_{22} ，如图 20.16 (e) 所示。

根据叠加原理，附加刚臂和附加链杆上的总反力矩和总反力分别为

$$F_{R1}=k_{11}Z_1+k_{12}Z_2+F_{R1P}$$

$$F_{R2}=k_{21}Z_1+k_{22}Z_2+F_{R2P}$$

即

$$k_{11}Z_1+k_{12}Z_2+F_{R1P}=0$$

$$k_{21}Z_1+k_{22}Z_2+F_{R2P}=0 \tag{20.2}$$

式中 Z_1、Z_2——位移法的基本未知量（可以是结点角位移或独立结点线位移）；

F_{R1P}、F_{R2P}——基本结构在荷载单独作用下，分别在各附加约束（附加刚臂和附加链杆）上产生的约束力矩或约束反力；

k_{11}、k_{21}——基本结构在 $Z_1=1$ 单独作用下，分别在各附加约束（附加刚臂和附加链

杆）上产生的约束力矩或约束反力；

k_{12}、k_{22} ——基本结构在 $Z_2=1$ 单独作用下，分别在各附加约束（附加刚臂和附加链杆）上产生的约束力矩或约束反力。

这就是求解 Z_1、Z_2 的位移法典型方程。

下面求解方程。

首先，求自由项和系数。

为求 F_{R1P}，根据表 20.1 中相应的载常数，作外荷载单独作用下的弯矩图 M_P，如图 20.17（a）所示。截取 C 结点为隔离体，如图 20.17（d）所示，由 C 结点的力矩平衡条件得

$$-F_{R1P}+\frac{F_P l}{8}=0,\quad F_{R1P}=\frac{F_P l}{8}$$

注意：此处列力矩平衡方程时，各力对 C 点的矩仍以逆时针为正。

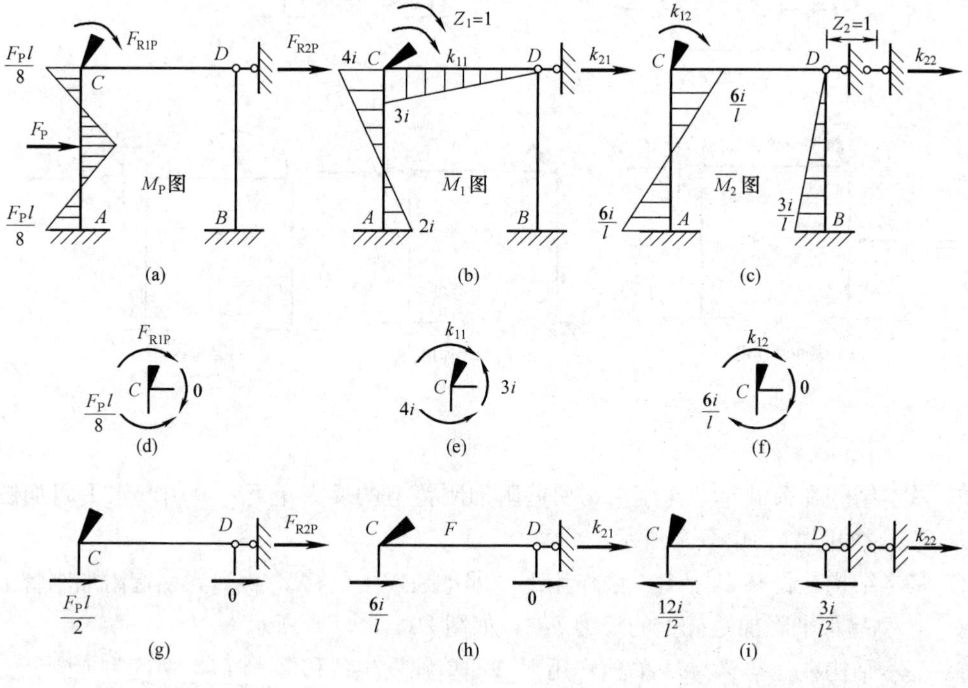

图 20.17

为求 F_{R2P}，截取如图 20.17（g）所示部分为隔离体，各切开横截面上的剪力由表 20.1 中相应的载常数得到，由 F_{R2P} 方向上的力平衡条件得

$$F_{R2P}+\frac{F_P}{2}=0,\quad F_{R2P}=-\frac{F_P}{2}$$

为求 k_{11}，根据表 20.1 中相应的形常数，作 $Z_1=1$ 单独作用下的弯矩图 $\overline{M}_1$，如图 20.17（b）所示。截取 C 结点为隔离体，如图 20.17（e）所示，根据 C 结点的力矩平衡条件得

$$-k_{11}+4i+3i=0,\quad k_{11}=7i$$

为求 k_{21}，截取如图 20.17（h）所示部分为隔离体，$Z_1=1$ 单独作用下各切开横截面上的剪力由表 20.1 中相应的载常数得到，由 k_{21} 方向上的力平衡条件得

$$k_{21}+\frac{6i}{l}=0,\quad k_{21}=-\frac{6i}{l}$$

为求 k_{12}，根据表 20.1 中相应的形常数，作 $Z_2=1$ 单独作用下的弯矩图 $\overline{M}_2$，如图 20.17（c）所示。截取 C 结点为隔离体，如图 20.17（f）所示，根据 C 结点的力矩平衡条件得

$$-k_{12}-\frac{6i}{l}=0,\quad k_{12}=-\frac{6i}{l}$$

为求 k_{22}，截取如图 20.17（i）所示部分为隔离体，$Z_2=1$ 单独作用下各切开横截面上的剪力由表 20.1 中相应的载常数得到，由 k_{22} 方向上的力平衡条件得

$$k_{22}-\frac{12i}{l^2}-\frac{3i}{l^2}=0,\quad k_{22}=\frac{12i}{l^2}+\frac{3i}{l^2}=\frac{15i}{l^2}$$

其次，将求得各自由项和系数代入式（20.2）可求得 Z_1，Z_2

$$7iZ_1-\frac{6i}{l}Z_2+\frac{F_Pl}{8}=0$$

$$-\frac{6i}{l}Z_1+\frac{15i}{l^2}Z_2-\frac{F_Pl}{2}=0$$

解上式得

$$Z_1=\frac{9F_Pl}{552i}$$

$$Z_2=\frac{22F_Pl^2}{552i}$$

结果为正，说明 Z_1、Z_2 的实际转向与假设一致。

最后，根据叠加原理知，最终的弯矩图 M 可由外荷载单独作用的弯矩图 M_P、Z_1 单独作用下的弯矩图 M_1 及 Z_2 单独作用下的弯矩图 M_2 叠加得到。而 Z_1 单独作用下的弯矩图 M_1 又可由 $Z_1=1$ 单独作用下的弯矩图 $\overline{M}_1$ 乘以 Z_1 得到，同理得到 M_2。即

$$M=M_P+\overline{M}_1Z_1+\overline{M}_2Z_2$$

于是该刚架的最终弯矩图 M 如图 20.18 所示。

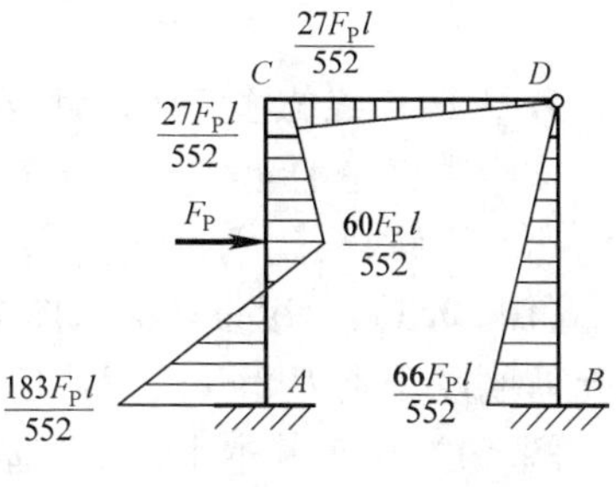

图 20.18

（3）多个基本未知量的位移法方程。

对于具有多个基本未知量的结构，同理可得到相应的位移法典型方程：

$$\left.\begin{aligned}k_{11}Z_1+k_{12}Z_2+\cdots+k_{1n}Z_n+F_{R1P}=0\\k_{21}Z_1+k_{22}Z_2+\cdots+k_{2n}Z_n+F_{R2P}=0\\\vdots\\k_{n1}Z_1+k_{n2}Z_2+\cdots+k_{nn}Z_n+F_{RnP}=0\end{aligned}\right\}\tag{20.3}$$

式中 系数 k_{ij} ——基本结构在 $Z_j=1$ 单独作用下（即附加约束 j 处的单位位移单独作用），在附加约束 i 上产生的约束力矩或约束反力。可由表 20.1 中的形常数绘制单位位移单独作用引起的单位弯矩图 $\overline{M}_j$，再由结点力矩平衡和截面剪力平衡条件求出。

自由项 F_{RiP}——基本结构在荷载单独作用下，在附加约束 i 上产生的约束力矩或约束反

力。可由表20.1中的载常数绘制荷载单独作用引起的弯矩图 M_P，再由结点力矩平衡和截面剪力平衡条件求出。

注意几个概念：

1）主系数：方程中对角线上的系数，用 k_{ii} 表示，恒大于零。

2）副系数：对角线两侧的系数，$k_{ij}=k_{ji}$（反力互等定理），可大于零，也可小于零，或等于零。

（4）位移法的解题步骤。

根据上述过程，可知用位移法计算超静定结构的步骤为：

1）确定基本未知量和基本结构。首先添加附加约束（附加刚臂或附加链杆），阻止刚结点的转动和结点的移动，从而得到一个单跨超静定梁的组合体作为基本结构。

2）列出位移法典型方程。使基本结构承受原荷载，并令附加约束产生与原结构相同的位移，然后根据其上的反力矩或反力等于零的条件，建立位移法的典型方程。

3）求解典型方程中的系数项和自由项。先画出各单位位移单独作用引起的单位弯矩图和荷载单独作用引起的弯矩图；再利用平衡条件求出系数项和自由项。

4）解算典型方程，求出各基本未知量。

5）按叠加原理作出最终弯矩图；然后根据最终弯矩图作出剪力图，最后根据剪力图作出轴力图。

位移法方程的物理意义是什么？位移法方程中的系数 k_{ii}、k_{ij} 和自由项 F_{RiP} 各代表什么物理意义？怎样计算？

§20.3 用位移法解超静定结构

1. 无结点线位移结构的计算

本章中讨论的无结点线位移结构包括连续梁和无侧移刚架。

（1）连续梁。

【例20.1】 用位移法求图20.19（a）所示连续梁的弯矩图。已知连续梁 AB、BC 段的抗弯刚度分别为 $2EI$、EI，EI 为常数。

解 1）确定基本未知量和基本结构。

基本未知量为结点 B 的角位移 Z_1，在结点 B 加阻止转动的约束得基本结构，如图20.19（b）所示。

2）列出位移法典型方程

$$k_{11}Z_1+F_{R1P}=0$$

3）计算系数和自由项。

基本结构在 $Z_1=1$ 单独作用下，查表20.1作相应的弯矩图 $\overline{M}_1$，如图20.19（c）所示，设 $i=\dfrac{EI}{6}$，因 AB、BC 段的抗弯刚度分别为 $2EI$、EI，故 $i_{AB}=2i$，$i_{BC}=i$。

基本结构在荷载单独作用下，查表20.1作相应的弯矩图 M_P，如图20.19（d）所示。

$$-M_{AB}^F=M_{BA}^F=\frac{ql^2}{12}=\frac{2\times 6^2}{12}=6(\mathrm{kN\cdot m})$$

$$M_{BC}^F=-\frac{3F_Pl}{16}=-\frac{3\times 16\times 6}{16}=-18(\mathrm{kN\cdot m})$$

分别考虑图 20.19（c）、（d）中结点 B 的平衡条件 $\sum M_B = 0$，得

$$k_{11} = 4i_{AB} + 3i_{BC} = 4 \times 2i + 3i = 11i$$

$$F_{R1P} = -18 + 6 = -12(\text{kN} \cdot \text{m})$$

4）解位移法典型方程，求 Z_1。

将上述求得的系数和自由项代入典型方程得

$$Z_1 = -\frac{F_{R1P}}{k_{11}} = -\frac{-12}{11\dfrac{EI}{6}} = \frac{72}{11EI}$$

5）由叠加法作最终弯矩图 M。

$$M = \overline{M}_1 Z_1 + M_P$$

$$M_{AB} = 2i_{AB}Z_1 + M_{AB}^F = 4i\frac{72}{11EI} - 6 = 4\frac{EI}{6} \times \frac{72}{11EI} - 6 = -1.64\text{kN} \cdot \text{m}$$

$$M_{BA} = 4i_{AB}Z_1 + M_{BA}^F = 4i\frac{72}{11EI} + 6 = 8\frac{EI}{6} \times \frac{72}{11EI} + 6 = 14.73\text{kN} \cdot \text{m}$$

$$M_{BC} = 3i_{BC}Z_1 + M_{BC}^F = 3i\frac{72}{11EI} - 18 = 3\frac{EI}{6} \times \frac{72}{11EI} - 18 = -14.73\text{kN} \cdot \text{m}$$

最终弯矩图 M 如图 20.19（e）所示。

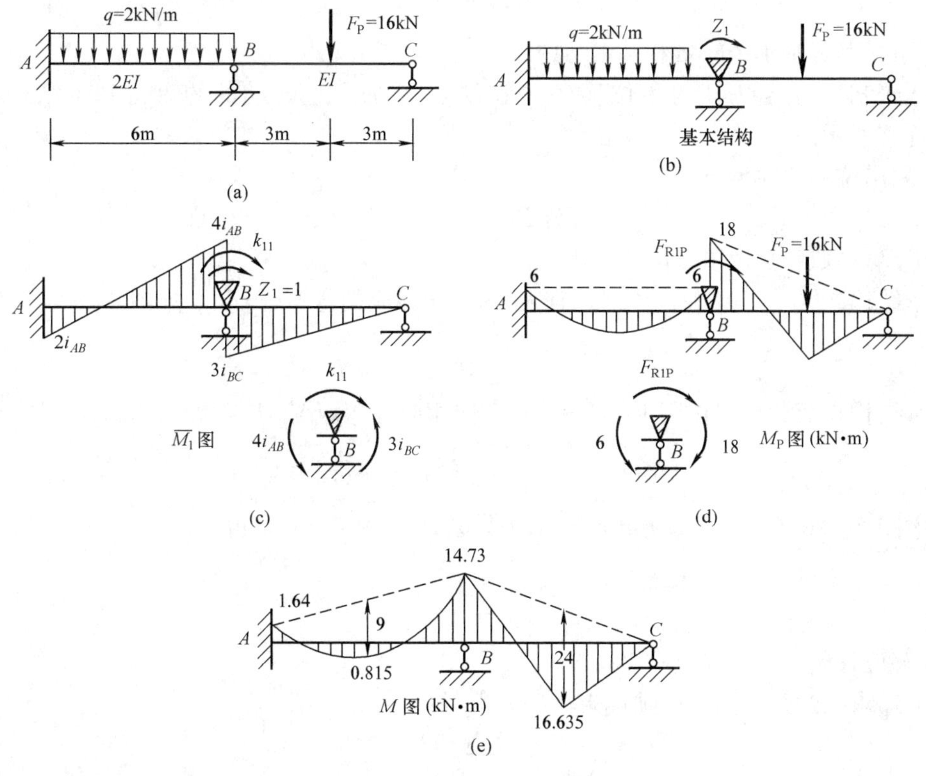

图 20.19

（2）无侧移刚架。

【例 20.2】　用位移法的典型方程法求图 20.20（a）所示刚架的弯矩。已知各杆段长均为 l，AB、BC、BD 段的抗弯刚度分别为 $2EI$、$2EI$、EI，EI 为常数。

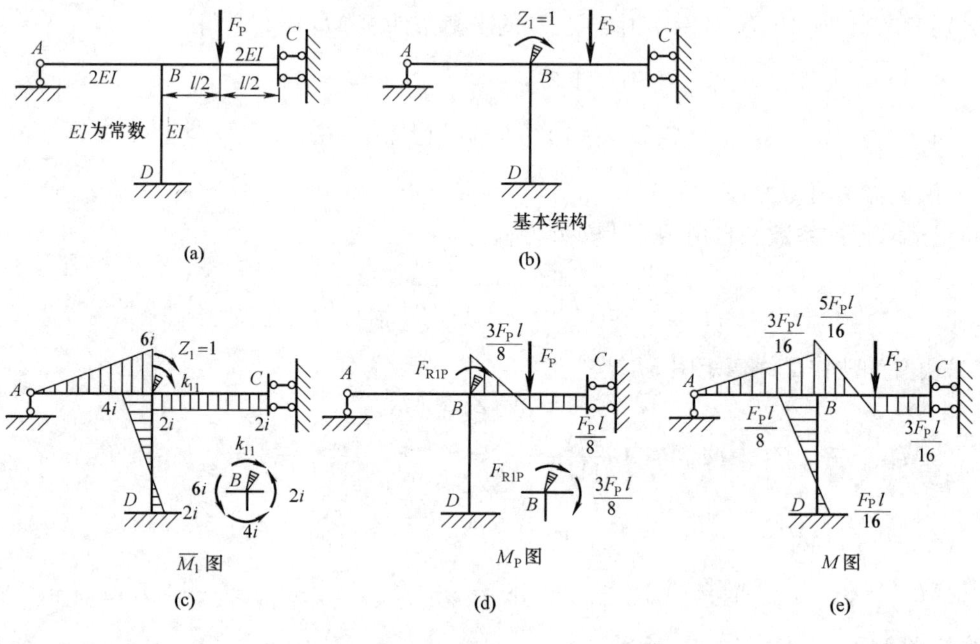

图 20.20

解 1）确定基本未知量和基本结构。

基本未知量为结点 B 的角位移 Z_1，在结点 B 加阻止转动的约束得基本结构，如图 20.20（b）所示。

2）列出位移法典型方程

$$k_{11}Z_1+F_{\mathrm{R1P}}=0$$

3）计算系数和自由项。

基本结构在 $Z_1=1$ 单独作用下，查表 20.1 作相应的弯矩图 $\overline{M}_1$，如图 20.20（c）所示，$i=\dfrac{EI}{l}$。

基本结构在荷载单独作用下，查表 20.1 作相应的弯矩图 M_{P}，如图 20.20（d）所示。

$$M_{BC}^{\mathrm{F}}=-\frac{3F_{\mathrm{P}}l}{8},\quad M_{BA}^{\mathrm{F}}=M_{BD}^{\mathrm{F}}=0$$

分别考虑图 20.20（c）、（d）中结点 B 的平衡条件 $\sum M_B=0$，得

$$k_{11}=12i$$

$$F_{\mathrm{R1P}}=-\frac{3F_{\mathrm{P}}l}{8}$$

4）解位移法典型方程，求 Z_1。

将上述求得的系数和自由项代入典型方程得

$$Z_1=-\frac{F_{\mathrm{R1P}}}{k_{11}}=-\frac{\dfrac{-3F_{\mathrm{P}}l}{8}}{12i}=\frac{F_{\mathrm{P}}l}{32i}=\frac{F_{\mathrm{P}}l^2}{32EI}$$

5）由叠加法作最终弯矩图 M。

$$M=\overline{M}_1Z_1+M_{\mathrm{P}}$$

例如 $$M_{BC}=2iZ_1+M_{BC}^{\mathrm{F}}=2i\frac{Pl^2}{32EI}-\frac{3F_{\mathrm{P}}l}{8}=\frac{F_{\mathrm{P}}l}{16}-\frac{3F_{\mathrm{P}}l}{8}=-\frac{5F_{\mathrm{P}}l}{16}$$

$$M_{CB}=-2iZ_1+M_{CB}^{F}=-2i\frac{F_{P}l^2}{32EI}-\frac{F_{P}l}{8}=-2\frac{EI}{l}\frac{F_{P}l^2}{32EI}-\frac{F_{P}l}{8}=-\frac{3F_{P}l}{16}$$

$$M_{BA}=6iZ_1+M_{BA}^{F}=6i\frac{F_{P}l^2}{32EI}+0=6\frac{EI}{l}\frac{F_{P}l^2}{32EI}+0=\frac{3F_{P}l}{16}$$

$$M_{BD}=4iZ_1+M_{BD}^{F}=4i\frac{F_{P}l^2}{32EI}+0=4\frac{EI}{l}\frac{F_{P}l^2}{32EI}+0=\frac{F_{P}l}{8}$$

$$M_{DB}=2iZ_1+M_{DB}^{F}=2i\frac{F_{P}l^2}{32EI}+0=2\frac{EI}{l}\frac{F_{P}l^2}{32EI}+0=\frac{F_{P}l}{16}$$

最终弯矩图 M 如图 20.20（e）所示。

2. 有结点线位移结构的计算

既有结点角位移，又有结点线位移的刚架是指侧移刚架。

【例 20.3】 用位移法的典型方程法求图 20.21（a）所示刚架的弯矩。已知各杆段长均为 l，EI 为常数。

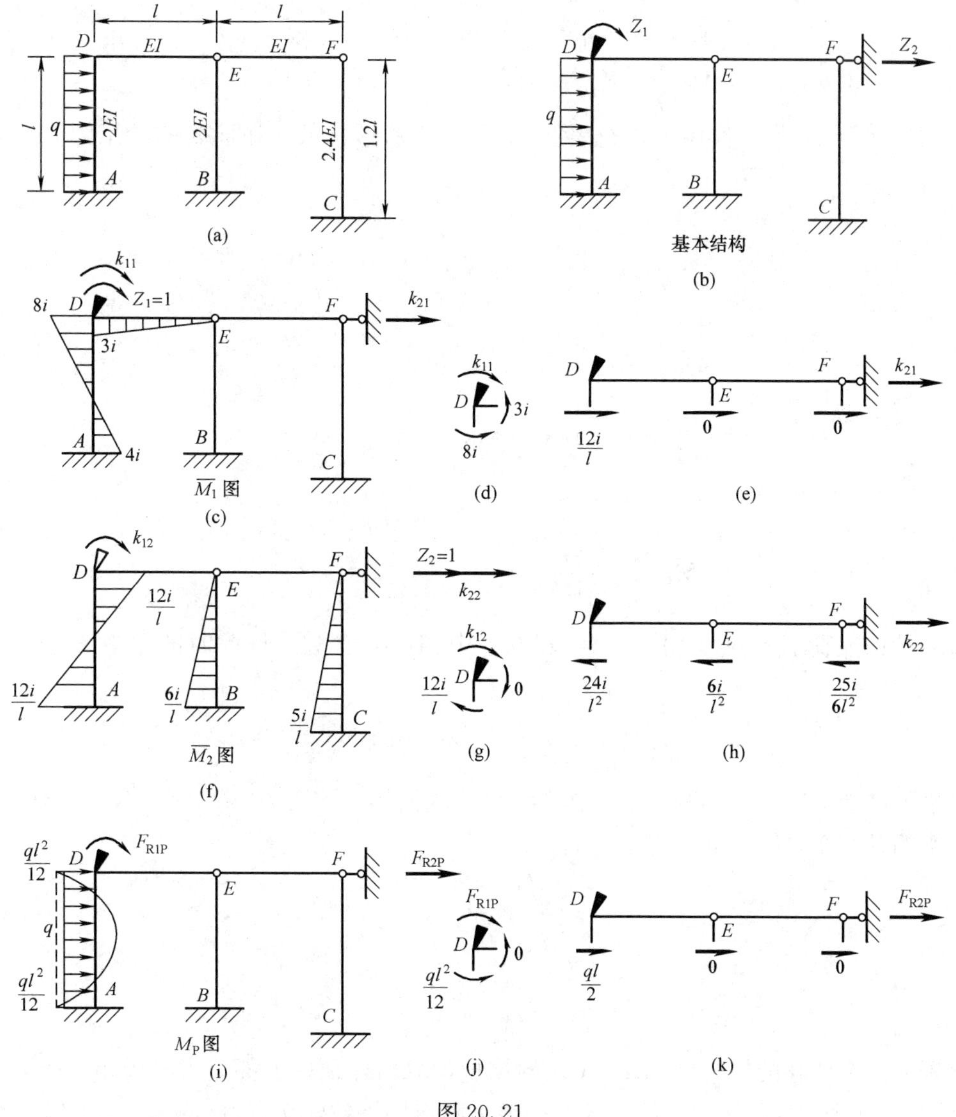

图 20.21

解 (1) 确定基本未知量和基本结构。

基本未知量为刚结点 D 的角位移 Z_1 和 E、F 结点的水平位移 Z_2，共两个。在结点 D 加阻止转动的附加刚臂，在结点 F 加一阻止水平位移的附加链杆，得到基本结构，如图 20.21 (b) 所示。

(2) 列出位移法典型方程

$$\left.\begin{aligned} k_{11}Z_1 + k_{12}Z_2 + F_{R1P} = 0 \\ k_{21}Z_1 + k_{22}Z_2 + F_{R2P} = 0 \end{aligned}\right\}$$

(3) 计算系数和自由项。

基本结构在 $Z_1 = 1$ 单独作用下，查表 20.1 中相应的形常数，作此时的弯矩图 $\overline{M}_1$，如图 20.21 (c) 所示，$i = \dfrac{EI}{l}$。

$$\overline{M}_{1DA} = 4i_{DA} = 4\left(\frac{2EI}{l}\right) = 4\ (2i) = 8i$$

$$\overline{M}_{1AD} = 2i_{AD} = 2\ (2i) = 4i$$

$$\overline{M}_{1DE} = 3i_{DE} = 3\frac{EI}{l} = 3i$$

基本结构在 $Z_2 = 1$ 单独作用下，查表 20.1 中相应的形常数，作此时的弯矩图 $\overline{M}_2$，如图 20.21 (f) 所示，$i = \dfrac{EI}{l}$。

$$\overline{M}_{2DA} = -\frac{6i_{DA}}{l} = -\frac{6\ (2i)}{l} = -\frac{12i}{l}$$

$$\overline{M}_{2AD} = -\frac{6i_{DA}}{l} = -\frac{12i}{l}$$

$$\overline{M}_{BE} = -\frac{3i_{BE}}{l} = -\frac{3\ (2i)}{l} = -\frac{6i}{l}$$

$$\overline{M}_{CF} = -\frac{3i_{CF}}{1.2l} = -\frac{3\left(\dfrac{2.4EI}{1.2l}\right)}{1.2l} = -\frac{5i}{l}$$

基本结构在荷载单独作用下，查表 20.1 中相应载常数，作此时的弯矩图 M_P，如图 20.21 (i) 所示。

$$M_{DA}^F = \frac{ql^2}{12},\quad M_{AD}^F = -\frac{ql^2}{12}$$

分别取图 20.21 (c)、(f)、(i) 中结点 D 为隔离体，如图 20.21 (d)、(g)、(j) 所示，由力矩平衡条件 $\sum M_D = 0$，得

$$k_{11} = 11i$$

$$k_{12} = -\frac{12i}{l}$$

$$F_{R1P} = \frac{ql^2}{12}$$

分别截开有侧移的柱 AD、BE、CF 的柱顶，取出柱顶以上部分为隔离体，如图 20.21 (e)、(h)、(i) 所示，$Z_1 = 1$、$Z_2 = 1$ 和荷载单独作用下各柱端剪力由表 20.1 中相应的载常

数得到，由 DF 方向上的力平衡条件得

$$k_{21}+\frac{12i}{l}=0,\quad k_{21}=-\frac{12i}{l}$$

$$k_{22}-\frac{24i}{l^2}-\frac{6i}{l^2}-\frac{25i}{6l^2}=0,\quad k_{22}=\frac{205i}{6l^2}$$

$$F_{R2P}+\frac{ql}{2}=0,\quad F_{R2P}=-\frac{ql}{2}$$

（4）解位移法典型方程，求 Z_1。

将上述求得的系数和自由项代入典型方程得

$$\left.\begin{aligned}11iZ_1-\frac{12i}{l}Z_2+\frac{ql^2}{12}=0\\-\frac{12i}{l}Z_1+\frac{205i}{6l^2}Z_2-\frac{ql}{2}=0\end{aligned}\right\}$$

解方程得

$$Z_1=0.0136\frac{ql^2}{i},\quad Z_2=0.01941\frac{ql^3}{i}$$

（5）由叠加法作最终弯矩图 M。

$$M=\overline{M}_1Z_1+\overline{M}_2Z_2+M_P$$

如 $M_{AD}=4iZ_1-\frac{12i}{l}Z_2+M_{AD}^F=4i\left(0.0136\frac{ql^2}{i}\right)-\frac{12i}{l}\left(0.01941\frac{ql^3}{i}\right)-\frac{ql^2}{12}=-0.262ql^2$

$$M_{DA}=8iZ_1-\frac{12i}{l}Z_2+M_{DA}^F=8i\left(0.0136\frac{ql^2}{i}\right)-\frac{12i}{l}\left(0.01941\frac{ql^3}{i}\right)+\frac{ql^2}{12}=-0.0408ql^2$$

$$M_{DE}=3iZ_1+0\times Z_2+M_{DA}^F=3i\left(0.0136\frac{ql^2}{i}\right)-0\times\left(0.01941\frac{ql^3}{i}\right)+0=0.0408ql^2$$

$$M_{BE}=0\times Z_1-\frac{6i}{l}Z_2+M_{DA}^F=0\times\left(0.0136\frac{ql^2}{i}\right)-\frac{6i}{l}\left(0.01941\frac{ql^3}{i}\right)+0=-0.116ql^2$$

$$\begin{aligned}M_{CF}&=0\times Z_1-\frac{5i}{l}Z_2+M_{DA}^F\\&=0\times\left(0.0136\frac{ql^2}{i}\right)-\frac{5i}{l}\left(0.01941\frac{ql^3}{i}\right)+0\\&=-0.0971ql^2\end{aligned}$$

最终弯矩图 M 如图 20.22 所示。

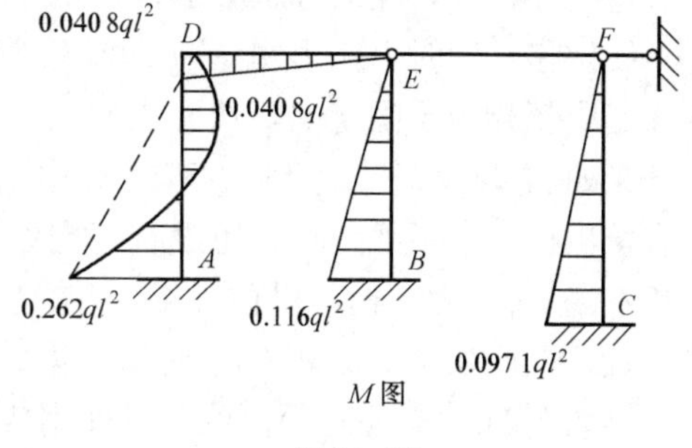

图 20.22

用位移法能否计算由非荷载因素引起的超静定结构的内力，此时可否采用刚度的相对值？为什么？

§20.4　对称性的利用

在力法计算超静定结构时，已经讨论过对称性的利用并得到如下结论：对称结构在

对称荷载作用下，其内力和位移都是正对称的；在反对称荷载作用下，其内力和位移都是反对称的。在位移法中，同样可利用上述结论来简化计算，其先决条件是刚架本身为对称结构，即在形状、尺寸、材料和支座情况等方面都对称的结构。利用以上结论，可以在计算之前就知道哪些结点位移是彼此相关的，因而可使基本未知量和计算工作都相应地减少。

为了便于在位移法中利用对称性来进行计算，由上述可推出如下结论：

（1）对称结构在正对称荷载作用下，在对称轴处只有正对称的未知力（弯矩和轴力）和正对称的位移（竖向线位移）；

（2）对称结构在反对称荷载作用下，在对称轴处只有反对称的未知力（剪力）和反对称的位移（水平线位移和角位移）。

据此，通常可截取结构的一半来进行计算。

下面分别对图 20.23（a）、（c）进行讨论。

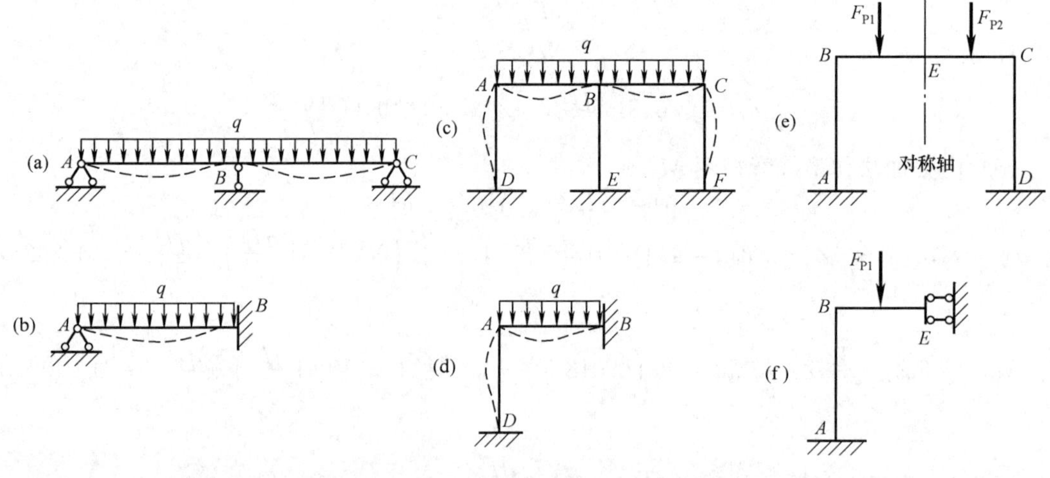

图 20.23

图 20.23（a）为两跨对称连续梁，受正对称荷载 q 作用，虚线为变形后的梁轴线，由变形连续性条件，在对称轴上的截面 B 处不可能产生对称于对称轴的转角，也不可能产生水平线位移，同时由于 B 处有一活动铰支座，该处也不可能产生竖向线位移。故对称轴 B 截面实质就相当于固定端，从而取如图 20.23（b）所示的半边结构进行计算。

又如图 20.23（c）所示的双跨对称刚架受正对称荷载作用，在对称轴上的结点 B 处既没有角位移、水平线位移，也没有竖向线位移（因为根据位移法杆件长度不变的假定，BE 杆长不变），且由结构的对称性知，BE 柱不可能产生弯曲和剪切变形，故截面 B 也相当于固定端，可取如图 20.23（d）所示的半结构计算。

再如图 20.23（e）所示单跨对称刚架的计算简图，它的横梁 BC 被对称轴穿过。在对称荷载作用下，位移必然是对称的，所以 BC 杆中点 E 的角位移及水平位移为零，但可以发生沿对称轴方向的线位移；这个刚架的内力也必然是对称的，所以 E 点应有弯矩和轴力但不应有剪力。从位移和内力两方面来看，这个刚架完全可以按图 20.23（f）所示的计算简图进行计算，其中 E 为滑动端。由于支座的限制，E 点的位移和内力都具有和原刚架相同的特点。

图 20.24（a）所示一对称刚架反对称荷载作用下的计算简图，它的横梁 BC 被对称轴穿过。在反对称荷载作用下，刚架的位移必然是反对称的，所以 BC 杆中点 E 只产生水平位移及角位移，其竖向位移为零；刚架的内力也必然是反对称的，所以 E 点应有剪力但不应有弯矩和轴力。从位移和内力两方面来看这个刚架完全可以按图 20.24（b）所示的简图进行计算。同理可知图 20.24（c）所示的刚架可以按图 20.24（d）所示的简图进行计算。

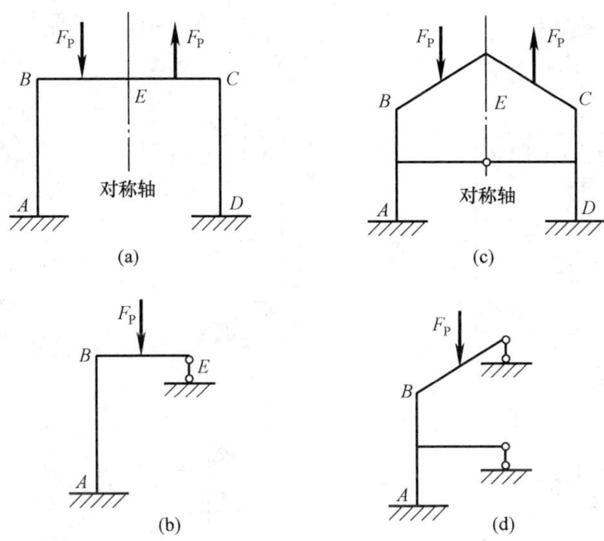

图 20.24

图 20.25 所示的对称刚架中间立柱。在反对称荷载作用下，位于对称抽上的结点 C 将有角位移及水平位移产生。在此情况下，若仍采用取一半刚架的方法进行计算，带来的好处并不显著。因为这种做法使基本未知量减少得并不多，而且对中间立柱的刚度还需作专门的处理。因此，建议仍按本节前半部分介绍的方法进行计算，即仍按原计算简图进行计算，但将所具有的对称及反对称关系考虑进去（此外尚有基本未知量），这样即可达到简化计算的目的。

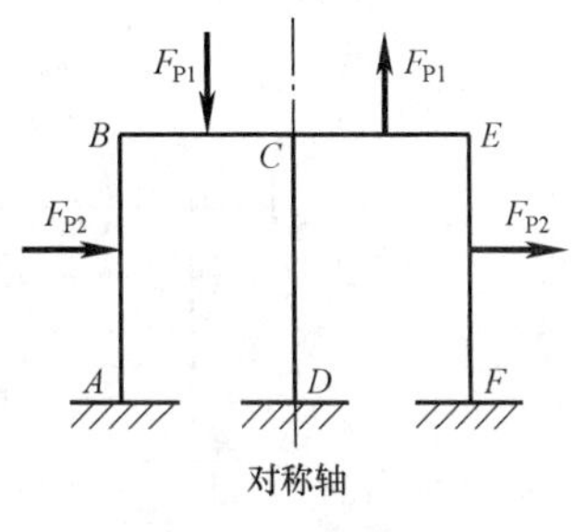

图 20.25

【例 20.4】 用位移法作图 20.26（a）所示对称刚架的弯矩图（E 为常数）。

解 （1）确定基本未知量和基本结构。

如图 20.26（a）所示为受正对称荷载作用的对称刚架。利用对称性取其一半结构，如图 20.26（b）所示，该半结构只有一个基本未知量，即结点 B 的角位移 Z_1 。刚架的基本结构如图 20.26（c）所示。

（2）列出位移法典型方程

$$k_{11}Z_1 + F_{R1P} = 0$$

（3）计算系数和自由项。

通过查表 20.1 中相应形常数和载常数，分别作基本结构在 $Z_1 = 1$ 和荷载单独作用下的

弯矩图 $\overline{M}_1$ 、M_P ，如图 20.26（d)、(e）所示。

$$i_{AB}=\frac{EI}{l_{AB}}=\frac{EI}{4},\quad i_{BE}=\frac{E3I}{l_{BE}}=\frac{E3I}{3}=EI$$

$$M_{BE}^{F}=-\frac{ql_{BE}^{2}}{3}=-\frac{12\times3^{2}}{3}=-36(\text{kN}\cdot\text{m})(\text{上侧受拉})$$

$$M_{EB}^{F}=-\frac{ql_{BE}^{2}}{6}=-\frac{12\times3^{2}}{6}=-18(\text{kN}\cdot\text{m})(\text{下侧受拉})$$

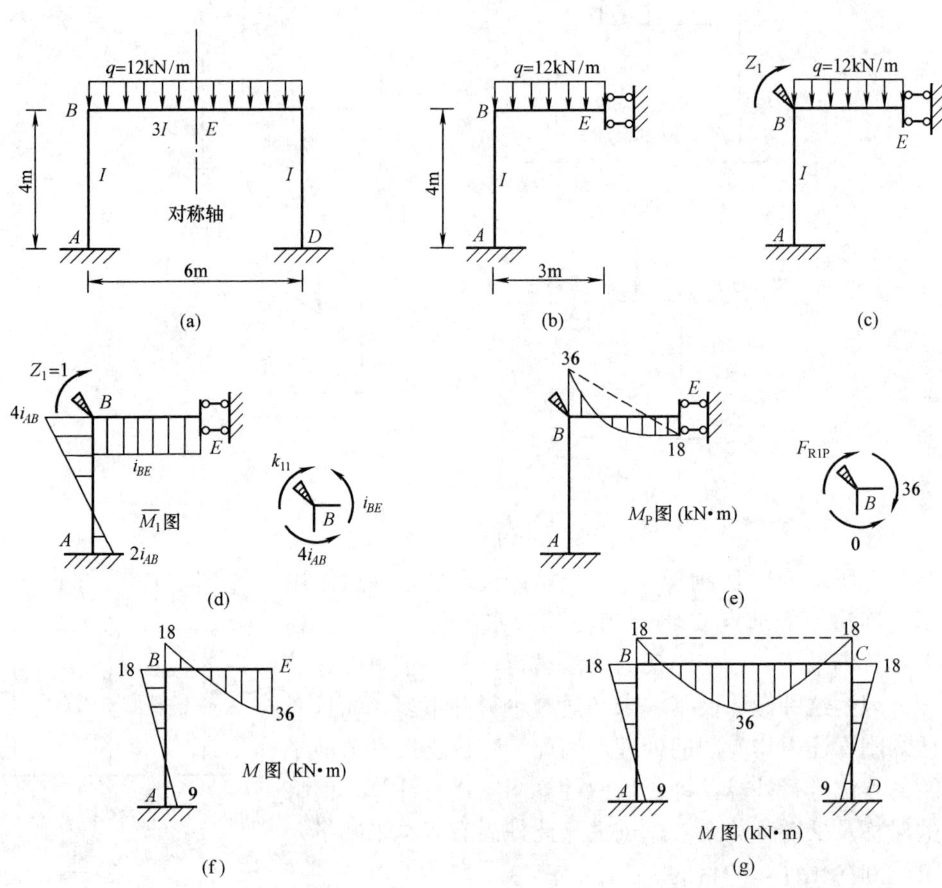

图 20.26

分别取图 20.26（d)、(e）中结点 B 为隔离体，由力矩平衡条件 $\sum M_B=0$ ，得

$$k_{11}=4i_{BA}+i_{BE}=4\,\frac{EI}{4}+EI=2EI$$

$$F_{R1P}=-36\text{kN}\cdot\text{m}$$

（4）解位移法典型方程，求 Z_1 。

将上述求得的系数和自由项代入典型方程得

$$2EIZ_1-36=0$$

解方程得 $$Z_1=\frac{18}{EI}$$

（5）由叠加法作最终弯矩图 M。

利用叠加公式 $M=\overline{M}_1 Z_1+M_P$，作出半结构的 M 图，如图 20.26（f）所示，再利用对称性作出整个刚架的最终弯矩图，如图 20.26（g）所示。

如
$$M_{BA}=\overline{M}_{1BA}Z_1+M_{BA}^F$$
$$=EI\frac{18}{EI}+0=18\text{kN}\cdot\text{m}$$
$$M_{AB}=\overline{M}_{1AB}Z_1+M_{AB}^F$$
$$=\frac{EI}{2}\frac{18}{EI}+0=9\text{kN}\cdot\text{m}$$
$$M_{BE}=\overline{M}_{1BE}Z_1+M_{BE}^F$$
$$=EI\frac{18}{EI}-36=-18\text{kN}\cdot\text{m}$$
$$M_{EB}=\overline{M}_{1EB}Z_1+M_{EB}^F$$
$$=-EI\frac{18}{EI}-18=-36\text{kN}\cdot\text{m}$$

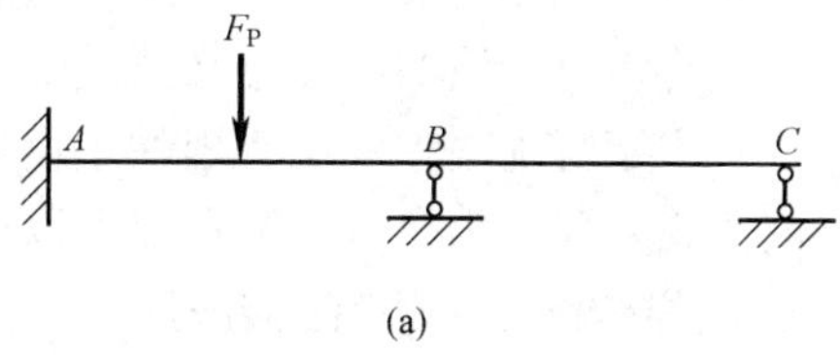

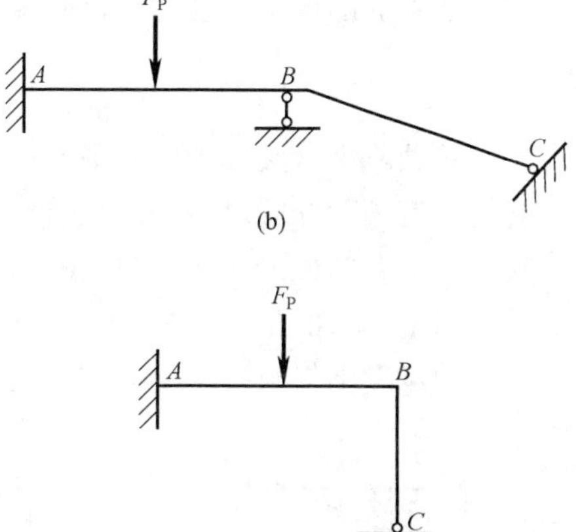

图 20.27

图 20.27 所示各结构中，截面 A 和 B 的弯矩是否相同？为什么？（各段杆长相同、刚度相同，荷载 F_P 作用在杆 AB 中点。）

图 20.28 中所示刚架，若分别用力法和位移法计算，哪种方法较简便？为什么？

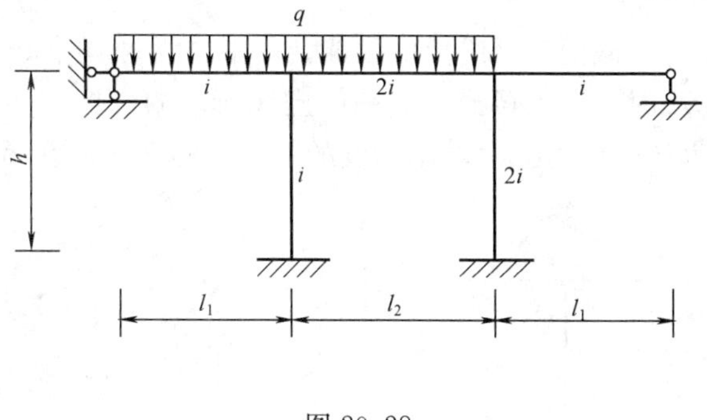

图 20.28

§20.5　无侧移结构的力矩分配法

在力矩分配法中，有关的计算假定、正负号规定、形常数和载常数的运用等都和位移法相同，选取基本结构和根据原结构的实际变形情况使基本结构还原为原结构的基本思路也是相同的，二者所不同的只是采用的未知量不同，还原的过程不同。位移法的未知量是结点的角位移和线位移，力矩分配法的未知量则是杆端弯矩；位移法需要通过联立求解多元方程组，先求得基本未知量，然后再计算内力，力矩分配法则是采用逐渐逼近的方法，直接求出各杆的杆端弯矩，不需要联立求解多元方程组；位移法是一种基本方法，其适用范围比较广泛。力矩分配法则一般只用于求解结点无移动的结构，如连续梁和无结点线位移刚架。

由于力矩分配法的物理意义清楚，计算简单，是工程设计中常用的方法。

注意力矩分配法中杆端弯矩的正负号规定与位移法相同。杆端弯矩对杆端而言以顺时针转动时为正，反之为负（对结点而言以逆时针为正）。

1. 力矩分配法中的有关名词

（1）线刚度。

杆件横截面的抗弯刚度与杆件长度之比称为杆件的**线刚度**。即

$$i=\frac{EI}{l} \tag{20.4}$$

（2）转动刚度（又称劲度系数）。

转动刚度表示杆端对转动的抵抗力。杆端转动刚度用S表示，在数值上等于使杆端产生单位转角时需要施加的力矩。图20.29所示为各种不同远端支撑情况下，等截面杆件在A端的转动刚度S_{AB}的值。其中第一个脚标代表施力端（或称近端），第二个脚标代表远端。可见，转动刚度不仅与线刚度有关还与远端支撑情况有关。

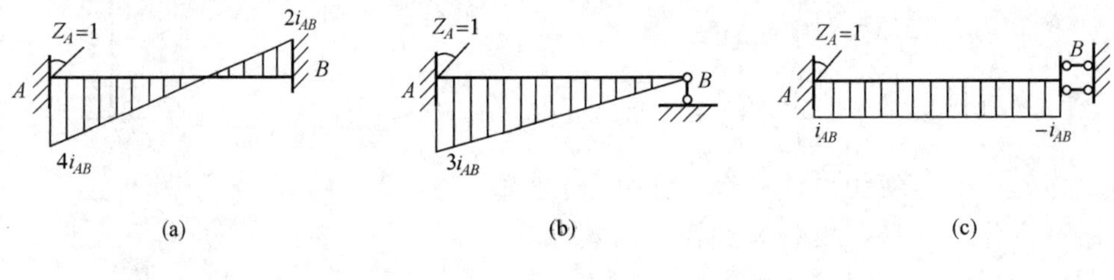

图20.29

（3）分配系数与分配弯矩。

图20.30（a）所示为等截面直杆组成的刚架，其中A为刚结点，只能转动而不能移动。当有外力偶作用于结点A时，刚架可产生如图中虚线所示的变形，各杆的A端均产生相同的转角Z_A，同时各杆也产生内力。由转动刚度的定义可知，各杆在A端的弯矩为

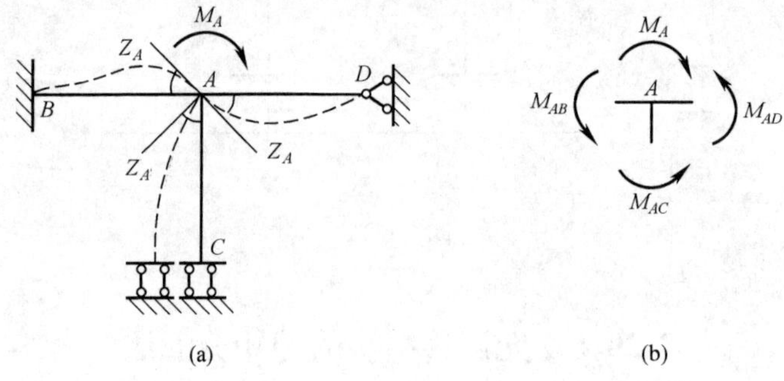

图20.30

$$\left.\begin{aligned}M_{AB}&=S_{AB}Z_A=4i_{AB}Z_A\\M_{AC}&=S_{AC}Z_A=i_{AC}Z_A\\M_{AD}&=S_{AD}Z_A=3i_{AD}Z_A\end{aligned}\right\} \tag{a}$$

取结点 A 为隔离体，如图 20.30（b）所示，利用结点 A 的力矩平衡条件可得

$$\sum m_A = 0,\quad M_{AB} + M_{AC} + M_{AD} - M_A = 0$$

即

$$M_A = S_{AB}Z_A + S_{AC}Z_A + S_{AD}Z_A$$

故

$$Z_A = \frac{M_A}{S_{AB} + S_{AC} + S_{AD}} = \frac{M_A}{\sum S_{Aj}}$$

式中，$\sum S_{Aj}$ 表示汇交于点 A 各杆近端转动刚度之和，下标 j 表示各杆的远端，例如本例中的远端为 B、C、D。将 Z_A 代入式（a）得

$$\left.\begin{aligned} M_{AB} &= \frac{S_{AB}}{\sum S_{Aj}}M_A \\ M_{AC} &= \frac{S_{AC}}{\sum S_{Aj}}M_A \\ M_{AD} &= \frac{S_{AD}}{\sum S_{Aj}}M_A \end{aligned}\right\} \tag{b}$$

由式（b）可知，各杆的近端弯矩与其转动刚度成正比，即转动刚度越大则所承担的弯矩也越大。换而言之，可理解为：作用在结点上的外力矩，由汇交于结点的所有杆件的近端来共同承担，每杆承担的弯矩则按该杆近端的转动刚度分配，因此我们把这一过程称之为弯矩分配，而所得的近端弯矩 M_{Aj}（本例中的 M_{AB} 、M_{AC} 、M_{AD} ）则称为**分配弯矩**，记为 M^{μ}_{Aj} 。

设 $\mu_{Aj} = \dfrac{S_{Aj}}{\sum S_{Aj}}$ ，称之为**分配系数。**如本例中 μ_{AB} 为杆 AB 在结点 A 的分配系数，等于 A 端的转动刚度除以汇交于点 A 各杆的 A 端的转动刚度之和。

则式（b）可写为

$$M^{\mu}_{Aj} = \mu_{Aj}M_A \tag{20.5}$$

即

$$[\text{分配弯矩}] = [\text{分配系数}] \times [\text{结点外力矩}] \tag{20.6}$$

显然，汇交于同一结点的各杆的分配系数之和等于 1。在本例中有

$$\sum \mu_{Aj} = \mu_{AB} + \mu_{AC} + \mu_{AD} = 1 \tag{20.7}$$

可利用这个条件来检查分配系数计算是否正确。

（4）传递系数与传递弯矩。

图 20.30（a）中，作用在结点 A 的外力矩不仅使各杆近端产生弯矩，同时也使各杆的远端产生弯矩，由表 20.1 可得各杆的远端弯矩为

$$\left.\begin{aligned} M_{BA} &= 2i_{AB}Z_A \\ M_{CA} &= -i_{AC}Z_A \\ M_{DA} &= 0 \end{aligned}\right\} \tag{c}$$

这种将近端弯矩向远端按比例传递的过程称为力矩传递，而所得的远端弯矩，则称为**传递弯矩。**远端弯矩与近端弯矩的比值称为**传递系数。**如杆 AB，由 A 端向 B 端的传递系数为 $C_{AB} = \dfrac{M_{BA}}{M_{AB}}$ 。传递系数与远端的支撑情况有关。由式（a）和式（c）求得等直杆的传递系数见表 20.2 第二列。

表 20.2　　等直杆的转动刚度和传递系数

远端支撑情况	转动刚度 S	传递系数 C
固定	$4i$	0.5
铰支	$3i$	0
滑动	i	-1
自由	0	

$$\left.\begin{aligned} M_{BA}^{C} &= C_{AB}M_{AB}^{\mu} = \frac{1}{2}M_{AB}^{\mu} \\ M_{CA}^{C} &= C_{AC}M_{AC}^{\mu} = -M_{AC}^{\mu} \\ M_{DA}^{C} &= C_{AD}M_{AD}^{\mu} = 0 \end{aligned}\right\} \tag{d}$$

也可写为

$$M_{jA}^{C} = C_{Aj}M_{Aj}^{\mu} \tag{20.8}$$

即 $$[传递弯矩] = [传递系数] \times [分配弯矩] \tag{20.9}$$

能否说杆的横截面大转动刚度就大？图 20.31 所示结构中杆 AB 和杆 BC 哪个的转动刚度大？

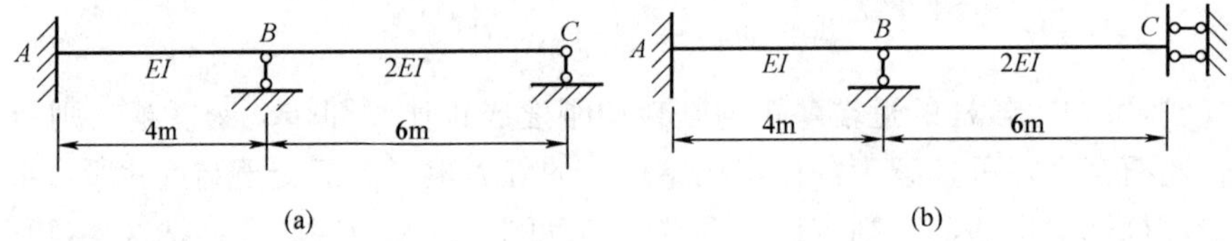

图 20.31

分配系数与转动刚度有何关系？为什么汇交于一个结点上各杆端的分配系数总和等于零？图 20.32 所示结构中 AB 杆端的转动刚度和分配系数各等于多少？

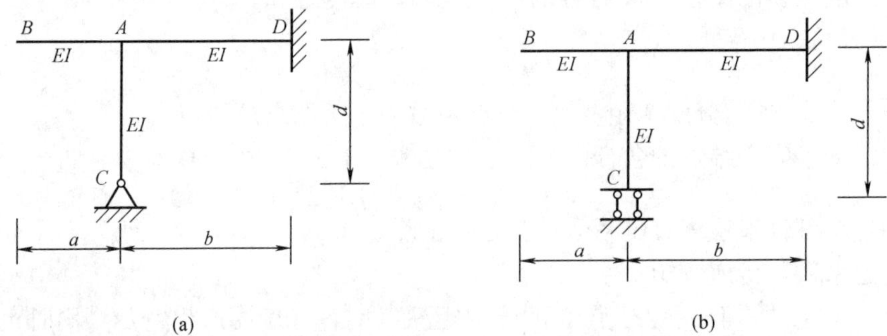

图 20.32

2. 力矩分配法的基本原理

下面以一个简单例子来说明力矩分配法的基本原理。如图 20.33（a）所示连续梁，属于只有一个刚结点且各结点均不会发生移动的结构。用砝码加荷载 F_P 后，连续梁的变形如图 20.33（a）中虚线所示。伴随着这个变形出现的杆端弯矩 M_{AB}、M_{BA}、M_{BC} 是计算目标。

首先，设想在结点 B 加一个刚臂阻止结点 B 的转动，然后再加砝码。这时只有 AB 一跨发生变形，如图 20.33（b）中虚线所示。这表明结点约束（刚臂）把连续梁 ABC 分成两个单跨梁 AB 和 BC。AB 跨受荷载 F_P 作用发生变形后，相应地产生固端弯矩 M_{AB}^{F}、M_{BA}^{F}（对杆端而言以顺时针转动时为正，反之为负；对结点而言以逆时针为正）。结点 B 的约束承担的力矩 M_{B}^{F}，其大小可通过取结点 B 为分离体，用力矩平衡条件求得，即

$$M_{B}^{F} = M_{BA}^{F} + M_{BC}^{F} = M_{BA}^{F} \tag{e}$$

上式表明刚臂上的约束反力矩等于汇交于同一点各杆固端弯矩的代数和。它是未被平衡的各杆固端弯矩的差值，故称为结点上的不平衡力矩。

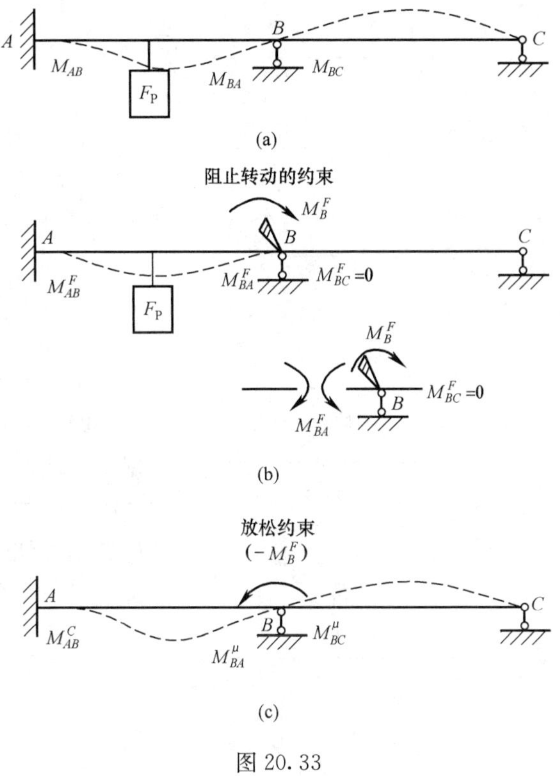

图 20.33

其次，放松结点即取消刚臂，此时连续梁将在上述变形的基础上产生新的变形，其最后形状如图 20.33（c）所示。取消刚臂意味着刚臂上的不平衡力矩的消失，这相当于在结点 B 上加一个不平衡力矩等值而反向的力矩即 $-M_B^F$。连续梁在这个不平衡力矩作用下，产生图 20.29（c）所示的变形和结点转角 Z_A，同时各杆近端产生分配弯矩，远端产生传递弯矩，然后结点 B 才达到平衡状态。

在上述两个过程中，前一过程有刚臂，约束情况与实际不符合，后一过程的外力矩即不平衡力矩也与实际不符合，因此从任一过程单独来看，都不是实际问题的解答，只有将两个过程相叠加，其作用外力与约束情况才与实际连续梁相同，其变形和内力也就与实际连续梁一致。因此，只要将各杆杆端的固端弯矩分别和分配弯矩或传递弯矩叠加起来，就可以求得原结构各杆端的实际总弯矩值，即

$$\left.\begin{aligned}[\text{近端总弯矩}] &= [\text{近端固端弯矩}] + [\text{分配弯矩}] \\ [\text{远端总弯矩}] &= [\text{远端固端弯矩}] + [\text{传递弯矩}]\end{aligned}\right\} \tag{20.10}$$

例如杆 AB，其近端弯矩应为固端弯矩 M_{BA}^F 与分配弯矩 M_{BA}^μ 相加，即

$$M_{BA} = M_{BA}^F + M_{BA}^\mu$$

其远端弯矩应为固端弯矩 M_{AB}^F 与分配弯矩 M_{AB}^C 相加，即

$$M_{AB} = M_{AB}^F + M_{AB}^C$$

以上所述，就是力矩分配法的基本思路。

力矩分配法的基本思路可概括为“固定”加“放松”。

（1）“固定”（附加刚臂）：先通过在刚结点 B 加上阻止转动的约束（刚臂），把原结构分为若干根单跨梁，求出各杆端产生的固端弯矩。结点 B 各杆固端弯矩之和即为约束力矩 M_B^F。

（2）“放松”（允许结点转动）：去掉约束（即相当于在结点 B 新加 $-M_B^F$），使结构恢复到原来的状态，求出各杆 B 端新产生的分配弯矩和远端新产生的传递弯矩。将结构在“固定”时的杆端弯矩与在“放松”时的杆端弯矩叠加起来，就可以求得原结构中的杆端最终弯矩。

在力偶作用下杆件的分配弯矩和传递弯矩是如何得到的？图 20.34 所示结构中杆 AB 和杆 BC 的固端弯矩各为多少？B 点的不平衡力矩为多少？

3. 用力矩分配法计算连续梁和无侧移刚架

【例 20.5】 图 20.35 所示两跨连续梁，各杆抗弯刚度如图所示，试作其弯矩图。EI 为常数。

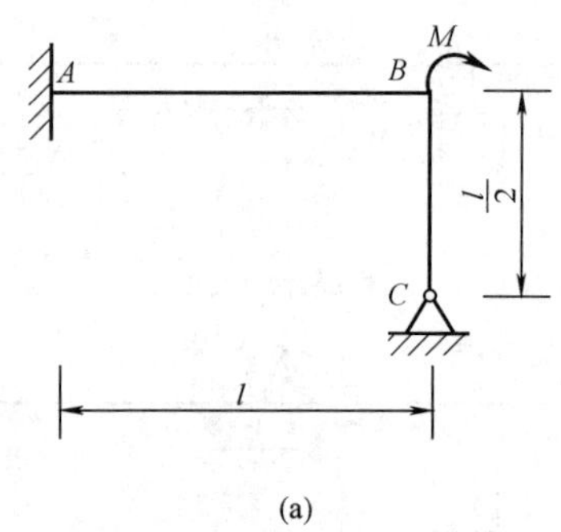

(a)

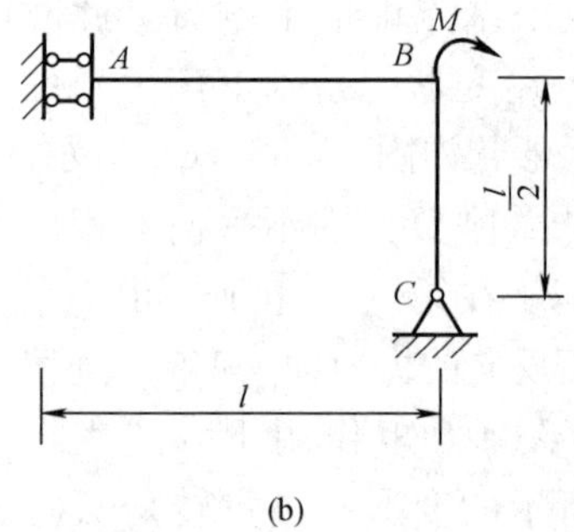

(b)

图 20.34

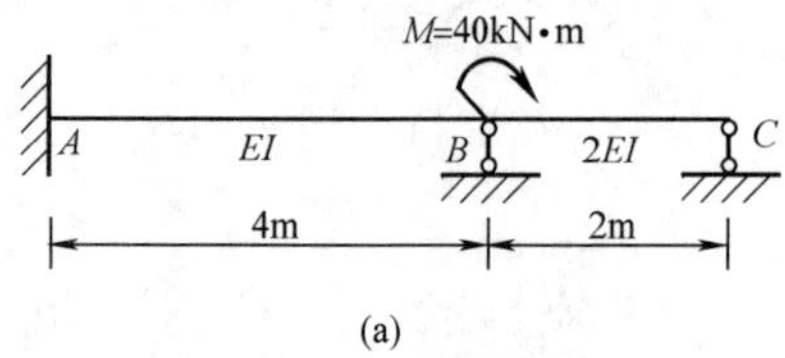

(a)

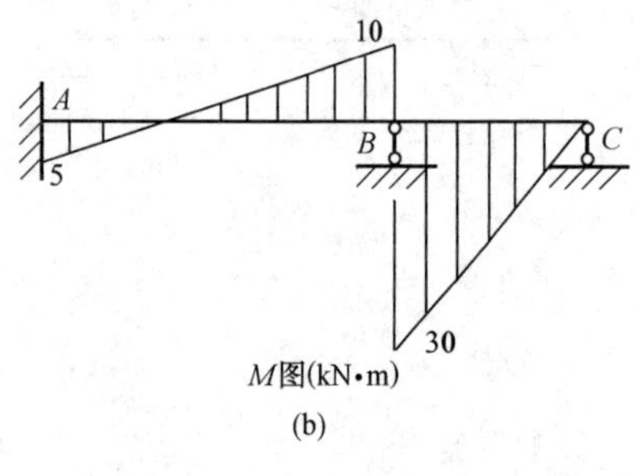

(b)

图 20.35

解 此梁为单结点结构，荷载作用于结点处，根据位移法概念，可将 AB 和 BC 分别看成两端固定和一端固定一端铰支的单跨梁，在刚结点 B 处汇交。各项计算结果如表 20.3 所示。

(1) 计算分配系数。

$$i_{AB} = \frac{EI}{4}$$

$$i_{BC} = \frac{2EI}{2} = EI$$

$$\mu_{BA} = \frac{4i_{AB}}{4i_{AB} + 3i_{BC}} = \frac{4\,\dfrac{EI}{4}}{4\,\dfrac{EI}{4} + 3EI} = \frac{1}{4}$$

$$\mu_{BC} = \frac{3i_{BC}}{4i_{AB} + 3i_{BC}} = \frac{3EI}{4\,\dfrac{EI}{4} + 3EI} = \frac{3}{4}$$

表 20.3 **[例 20.5] 中计算数值**

分 配 系 数	0.25	0.75
固定弯矩/(kN·m)	/	/
分配与传递弯矩/(kN·m)	5←10	30 → 0
杆端弯矩/(kN·m)	5 10	30 0

(2) 计算分配弯矩。

$$M_{BA}^{\mu} = \mu_{BA}M = \frac{1}{4} \times 40 = 10(\text{kN}\cdot\text{m})$$

$$M_{BC}^{\mu} = \mu_{BC}M = \frac{3}{4} \times 40 = 30(\text{kN}\cdot\text{m})$$

(3) 计算传递弯矩。

$$M_{BA}^{C} = C_{BA}M_{BA}^{\mu} = \frac{1}{2} \times 10 = 5(\text{kN}\cdot\text{m})$$

$$M_{BC}^{C} = C_{BC}M_{BC}^{\mu} = 0 \times 40 = 0(\text{kN}\cdot\text{m})$$

（4）计算杆端最终弯矩，作弯矩图如图 20.35（b）所示。

【例 20.6】 某两跨连续梁各杆抗弯刚度如图 20.36 所示，试作其弯矩图。EI 为常数。

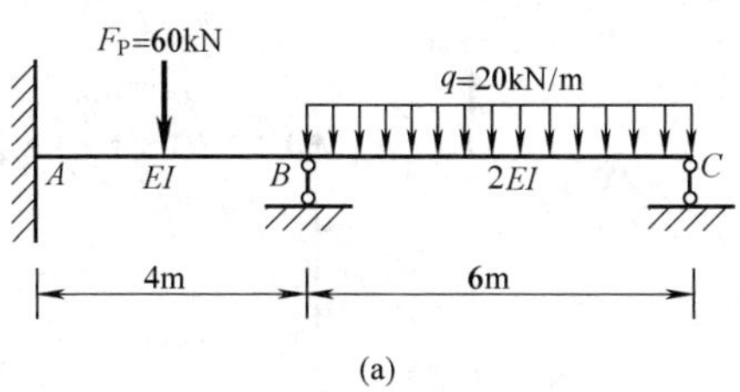

(a)

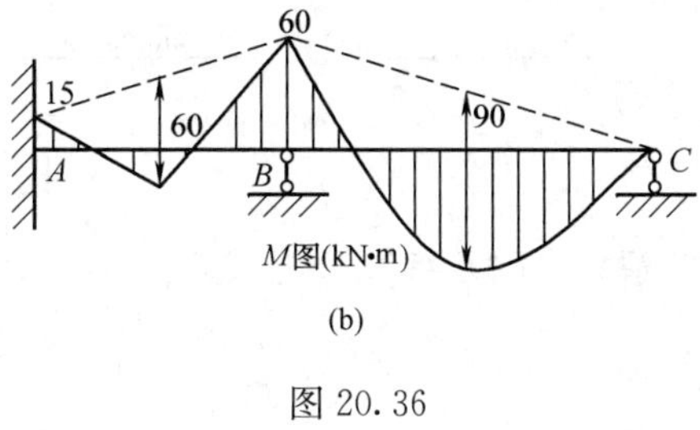

(b)

图 20.36

解 （1）计算分配系数。

$$i_{AB}=\frac{EI}{4},\quad i_{BC}=\frac{2EI}{6}=\frac{EI}{3}$$

$$\mu_{BA}=\frac{4i_{AB}}{4i_{AB}+3i_{BC}}=\frac{4\,\dfrac{EI}{4}}{4\,\dfrac{EI}{4}+3\,\dfrac{EI}{3}}=0.5$$

$$\mu_{BC}=\frac{3i_{BC}}{4i_{AB}+3i_{BC}}=\frac{3\,\dfrac{EI}{3}}{4\,\dfrac{EI}{4}+3\,\dfrac{EI}{3}}=0.5$$

（2）计算固端弯矩和不平衡力矩。

$$M_{AB}^{F}=-\frac{F_{P}l_{AB}}{8}=-\frac{60\times4}{8}=-30(\text{kN}\cdot\text{m})$$

$$M_{BA}^{F}=\frac{F_{P}l_{AB}}{8}=\frac{60\times4}{8}=30(\text{kN}\cdot\text{m})$$

$$M_{BC}^{F}=-\frac{q\,l_{BC}^{2}}{8}=-\frac{20\times6^{2}}{8}=-90(\text{kN}\cdot\text{m})$$

结点的不平衡力矩

$$M_{B}^{F}=M_{BA}^{F}+M_{BC}^{F}=30-90=-60(\text{kN}\cdot\text{m})$$

（3）计算分配弯矩。

$$M_{BA}^{\mu}=\mu_{BA}\,(-M_{B}^{F})=0.5\times60\text{kN}\cdot\text{m}=30\text{kN}\cdot\text{m}$$

$$M_{BC}^{\mu}=\mu_{BC}\,(-M_{B}^{F})=0.5\times60\text{kN}\cdot\text{m}=30\text{kN}\cdot\text{m}$$

（4）计算传递弯矩

$$M_{AB}^{C}=C_{BA}M_{BA}^{\mu}=\frac{1}{2}\times30\text{kN}\cdot\text{m}=15\text{kN}\cdot\text{m}$$

$$M_{CB}^{C}=C_{BC}M_{BC}^{\mu}=0\times30\text{kN}\cdot\text{m}=0\text{kN}\cdot\text{m}$$

（5）计算杆端最终弯矩，作弯矩图如图 20.36（b）所示。计算过程中各项数值列于表 20.4 中。

表 20.4 **［例 20.6］中计算数值**

分配系数	0.5	0.5
固定弯矩/(kN·m)	−30 30	−90 0
分配与传递弯矩/(kN·m)	15←30	30→0
杆端弯矩/(kN·m)	−15 60	−60 0

【例 20.7】 图 20.37 所示无侧移刚架，利用力矩分配法作该刚架的弯矩图。

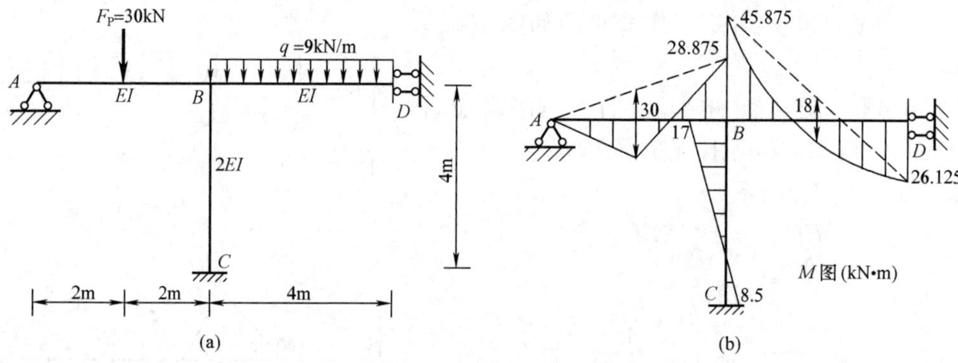

图 20.37

解　(1) 计算分配系数。

$$i_{AB}=\frac{EI}{4},\quad i_{BC}=\frac{2EI}{4}=\frac{EI}{2},\quad i_{BD}=\frac{EI}{4}$$

$$\mu_{BA}=\frac{3i_{AB}}{3i_{AB}+4i_{BC}+i_{BD}}=\frac{3\times\frac{EI}{4}}{3\times\frac{EI}{4}+4\times\frac{EI}{2}+\frac{EI}{4}}=\frac{1}{4}$$

$$\mu_{BC}=\frac{3i_{BC}}{3i_{AB}+4i_{BC}+i_{BD}}=\frac{4\times\frac{EI}{2}}{3\times\frac{EI}{4}+4\times\frac{EI}{2}+\frac{EI}{4}}=\frac{2}{3}$$

$$\mu_{BD}=\frac{i_{BD}}{3i_{AB}+4i_{BC}+i_{BD}}=\frac{\frac{EI}{4}}{3\times\frac{EI}{4}+4\times\frac{EI}{2}+\frac{EI}{4}}=\frac{1}{12}$$

(2) 计算固端弯矩和不平衡力矩。

$$M_{AB}^F=0,\quad M_{BA}^F=\frac{3F_Pl}{16}=\frac{3\times30\times4}{16}=22.5(\text{kN}\cdot\text{m})$$

$$M_{BC}^F=0,\quad M_{CB}^F=0$$

$$M_{BD}^F=-\frac{ql_{BD}^2}{3}=-\frac{9\times4^2}{3}=-48(\text{kN}\cdot\text{m})$$

$$M_{DB}^F=-\frac{ql_{BD}^2}{6}=-\frac{9\times4^2}{6}=-24(\text{kN}\cdot\text{m})$$

结点不平衡力矩

$$M_B^F=M_{BA}^F+M_{BC}^F+M_{BD}^F=22.5+0-48=-25.5(\text{kN}\cdot\text{m})$$

(3) 计算分配弯矩。

$$M_{BA}^\mu=\mu_{BA}\ (-M_B^F)=\frac{1}{4}\times25.5=6.375(\text{kN}\cdot\text{m})$$

$$M_{BC}^\mu=\mu_{BC}\ (-M_B^F)=\frac{2}{3}\times25.5=17(\text{kN}\cdot\text{m})$$

$$M_{BD}^\mu=\mu_{BD}\ (-M_B^F)=\frac{1}{12}\times25.5=2.125(\text{kN}\cdot\text{m})$$

(4) 计算传递弯矩。

$$M_{AB}^C=C_{BA}M_{BA}^\mu=0$$

$$M_{CB}^C=C_{BC}M_{BC}^\mu=\frac{1}{2}\times17=8.5(\text{kN}\cdot\text{m})$$

$$M_{DB}^C=C_{BD}M_{BD}^\mu=-1\times2.125=-2.125(\text{kN}\cdot\text{m})$$

(5) 计算杆端弯矩。

分配系数、杆端弯矩如图 20.38 所示，并作最终弯矩图，如图 20.37 (b) 所示。

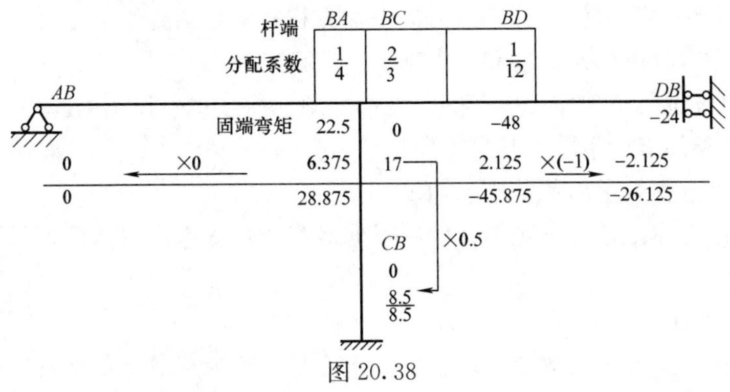

图 20.38

本 章 小 结

1. 位移法的基本概念

位移法是计算超静定结构的基本方法之一，适用于计算超静定次数较高而结点位移较少的连续梁和刚架，是力矩分配法的基础。

(1) 位移法的基本未知量：结构的结点位移，即刚结点的角位移和独立结点的线位移。其中刚结点的角位移数目等于刚结点数，独立结点线位移数目需根据直接判断法或铰化结点判断法确定。

(2) 位移法的基本结构：由若干根单跨超静定梁组合而成的体系。通过在每个刚结点处加上一个附加刚臂；在具有独立结点线位移处加一个附加链杆即可得到原结构的基本结构。

(3) 杆端位移和杆端力的正负号规定：

1) 杆端位移：杆端角位移以顺时针方向转动为正；杆件两端的相对线位移 Δ 以使杆件顺时针方向转动为正。

2) 杆端力：对杆端而言，杆端弯矩以顺时针方向转为正（对支座或结点而言，则以逆时针方向转动为正），反之为负；杆端剪力以使杆件顺时针转动为正，反之为负。

2. 位移法的典型方程

$$\left.\begin{aligned} k_{11}Z_1+k_{12}Z_2+\cdots+k_{1n}Z_n+F_{\mathrm{R1P}}&=0\\ k_{21}Z_1+k_{22}Z_2+\cdots+k_{2n}Z_n+F_{\mathrm{R2P}}&=0\\ &\vdots\\ k_{n1}Z_1+k_{n2}Z_2+\cdots+k_{nn}Z_n+F_{\mathrm{RnP}}&=0 \end{aligned}\right\}$$

式中　系数 k_{ij} ——基本结构在 $Z_j=1$ 单独作用下（即附加约束 j 处的单位位移单独作用），在附加约束 i 上产生的约束力矩或约束反力。可由表 20.1 中的形常数绘制单位位移单独作用引起的单位弯矩图 $\overline{M}_j$，再由结点力矩平衡和截面剪力平衡条件求出。

自由项 F_{RiP} ——基本结构在荷载单独作用下，在附加约束 i 上产生的约束力矩或约束反力。可由表 20.1 中的载常数绘制荷载单独作用引起的弯矩图 M_{P}，再由结点力矩平衡和截面剪力平衡条件求出。

3. 位移法的解题步骤：

（1）确定基本未知量和基本结构。

（2）列出位移法典型方程，即结点力矩平衡方程和立柱剪力平衡方程。

（3）求解典型方程中的系数项和自由项：

1）画出各单位位移单独作用引起的单位弯矩图和荷载单独作用引起的弯矩图；

2）利用平衡条件求出系数项和自由项。

（4）解算典型方程，求出各基本未知量。

（5）按叠加原理作出最终弯矩图；然后根据最终弯矩图作出剪力图，最后根据剪力图作出轴力图。

4. 对称性的利用

对于对称结构，用位移法解题时，必须先将荷载分解为正对称荷载或反对称荷载，然后取半结构进行计算。

5. 力矩分配法

力矩分配法是建立在位移法基础上的一种渐近计算法。适用于求解连续梁和无侧移刚架。其优点是不需要建立和求解多元方程组，收敛速度快，力学概念明确，直接以杆端弯矩进行计算等。

在力矩分配法计算过程中，总是重复一个基本运算，即单结点的力矩分配。主要有以下两个环节：

（1）“固定”（附加刚臂）：根据荷载计算各杆端的固端弯矩，并求出结点不平衡力矩；

（2）“放松”（允许结点转动）：根据分配系数将结点不平衡力矩反号后进行分配，求出分配弯矩，再根据传递系数求传递弯矩。

各杆最后的杆端弯矩等于其固端弯矩与历次分配弯矩和历次传递弯矩的代数和。

应该注意：在力矩分配法中规定，杆端弯矩对杆端而言以顺时针转向为正，对支座而言以逆时针为正。

概念分析与工程应用实训

20.1 图 20.39（a）为某厂房的示意图，为两跨排架结构，在结点受水平荷载作用。设作用在结点 B、E 的水平荷载各为 30kN、25kN。现需进行柱子截面设计及配筋计算，则应先进行结构的内力计算。在此要求用位移法典型方程计算柱子的弯矩，并绘制弯矩图。

提示：左跨屋架采用平行弦桁架，用预埋钢筋与钢筋混凝土柱子焊牢并浇筑在一起，结点抗转能力较大，可视为刚结。右跨屋架采用抛物线桁架，结点抗转能力较小，可视为铰结。当荷载作用在柱子上时，这两个屋架都可简化为刚度很大的杆件，即假设左杆 BD 和右杆 EG 的 $EI=\infty$，计算简图如图 20.39（b）所示。

20.2 图 20.40 表示一正方形单孔钢筋混凝土输水涵洞的剖面图，此涵洞结构由项板、边墙和底板组成。由于荷载并不沿水流方向变化，故可用彼此相距单位距离的两个截面切出一小段结构，按闭合正方形刚架进行计算，其计算简图如图 20.40（b）所示。现在要求计算在图 20.40（b）所示均布荷载作用下的端弯矩并绘弯矩图。

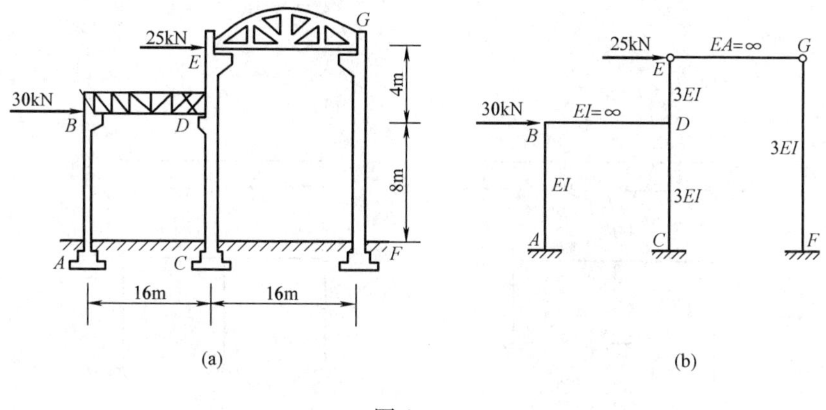

图 20.39

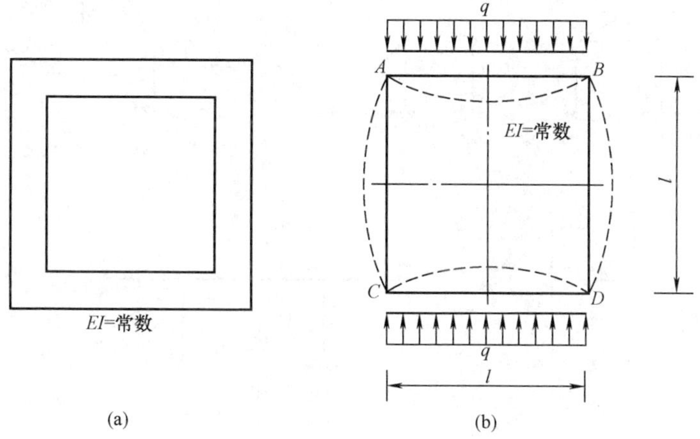

图 20.40

习　　题

20.1　对图 20.41 所示结构，试确定在位移法计算中其基本未知量的数目。

20.2　试用位移法求图 20.42 所示各连续梁的弯矩，并绘出弯矩图。

20.3　用位移法求图 20.43 所示刚架的杆端弯矩，并作弯矩图。

20.4　用位移法求图 20.44 所示刚架的杆端弯矩，并作弯矩图。

20.5　利用对称性，用位移法计算图 20.45 所示刚架，并绘制弯矩图。EI=常数。

20.6　利用分配系数和传递系数的概念，画出图 20.46 所示结构的弯矩图。

20.7　用力矩分配法求图 20.47 所示刚架的杆端弯矩，并作弯矩图。

20.8　用力矩分配法计算题 20.3 中各连续梁的弯矩，并绘制弯矩图。

20.9　用力矩分配法计算题 20.4 中各刚架的杆端弯矩，并绘制弯矩图。

20.10　利用对称性，用力矩分配法计算图 20.48 所示结构，并作弯矩图。各杆 EI 均为常数。

20.11　利用对称性，用力矩分配法计算题 20.6 中各结构的弯矩，并作弯矩图。

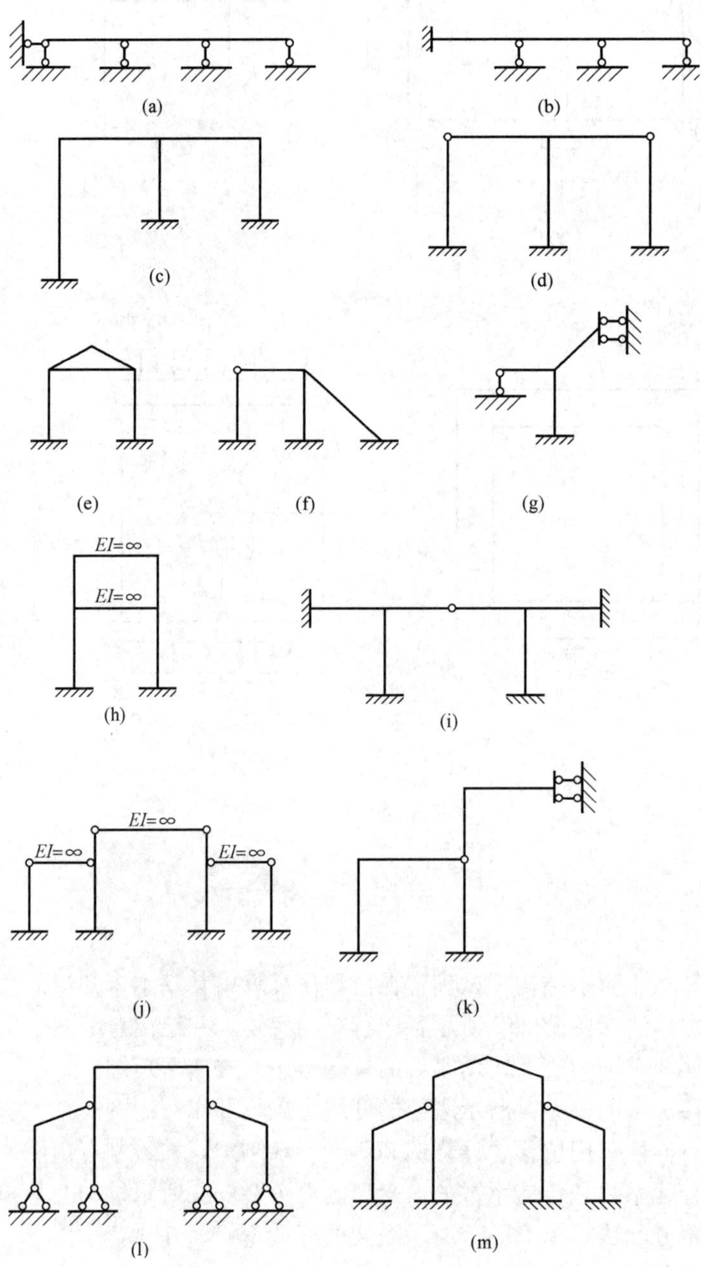

图 20.41

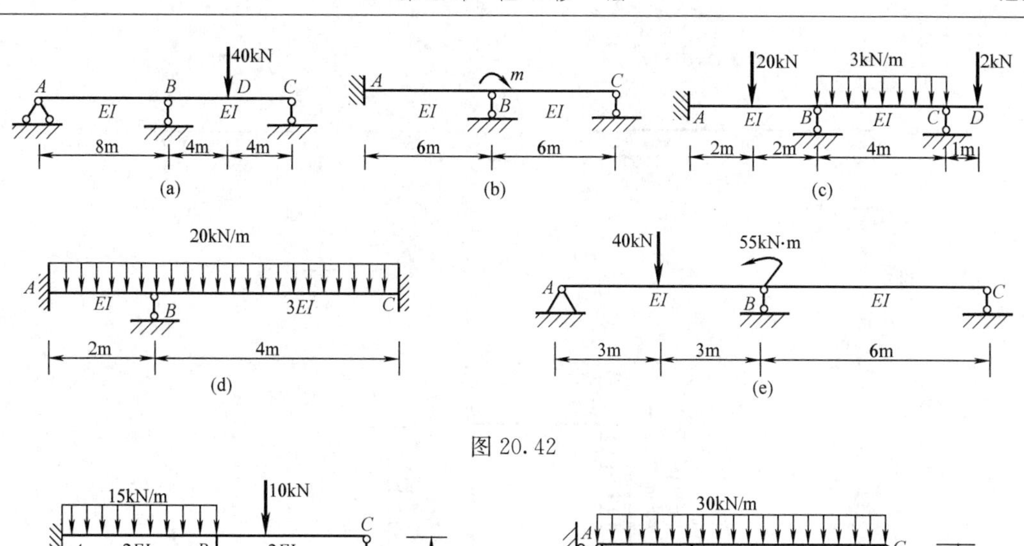

图 20.42

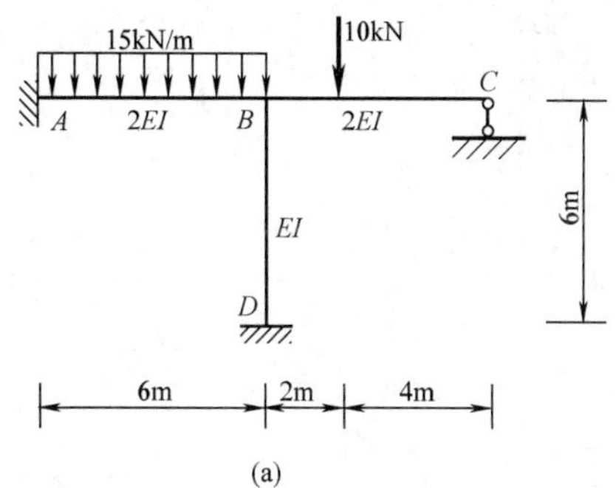

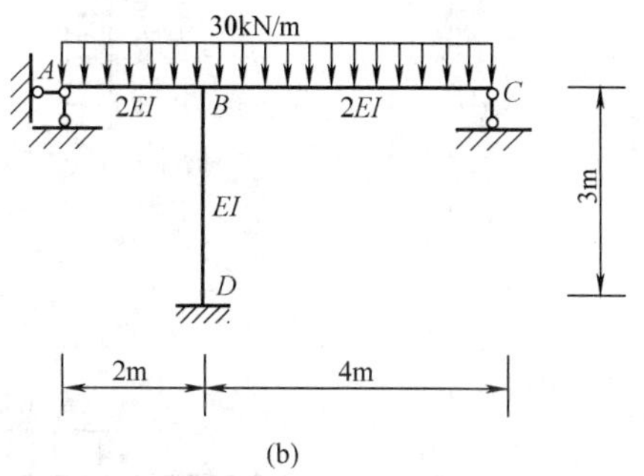

图 20.43

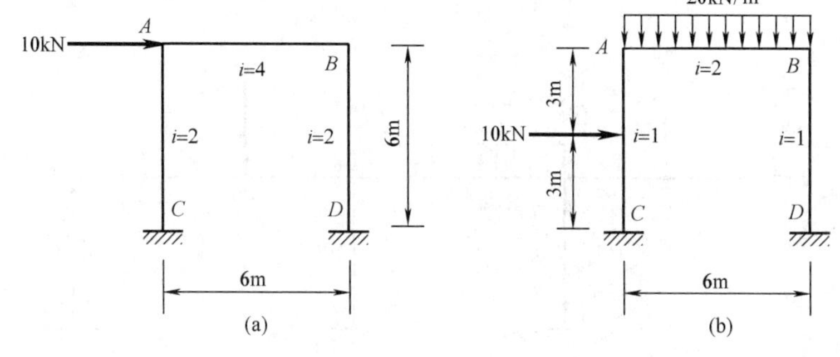

图 20.44

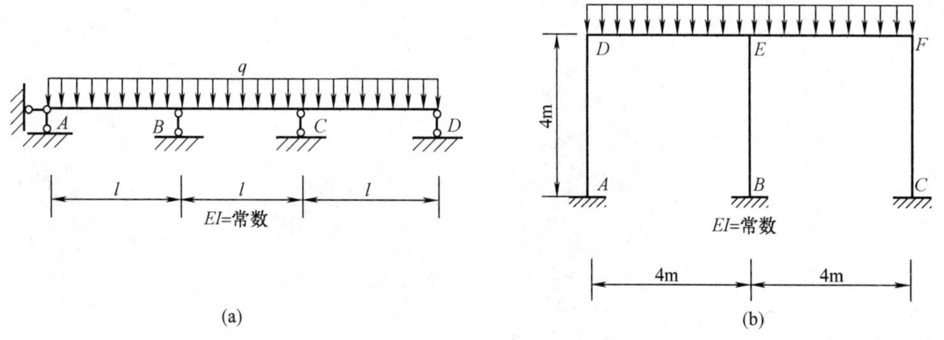

图 20.45

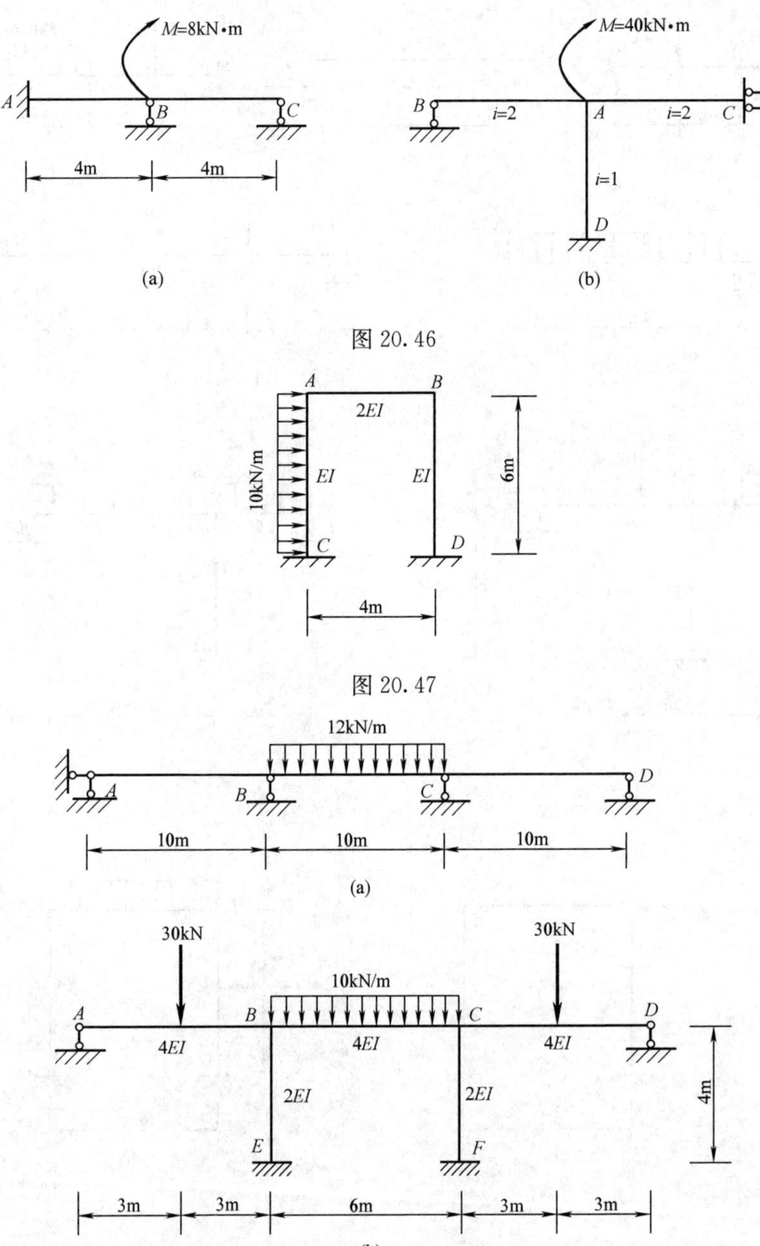

图 20.46

图 20.47

图 20.48

第 21 章　影响线与内力包络图

教学要求

1. 正确理解并掌握影响线的概念；
2. 熟练掌握用静力法绘制简支梁影响线的方法；
3. 掌握用机动法绘制简支梁影响线的方法；
4. 熟练掌握影响线的应用，特别是最不利荷载位置的确定；
5. 了解梁的内力包络图的概念及梁绝对最大弯矩的确定。

§21.1　影响线的基本概念

在前面的章节中讨论了在固定荷载作用下结构的内力计算问题。所谓固定荷载，是指荷载作用位置是固定不变的。但在工程实际中，有些结构除了承受固定荷载外，还要承受移动荷载的作用。例如在图 21.1 所示工业厂房中，当小车起吊重物沿吊车桥架运行时，小车的轮压为移动荷载；当吊车桥架在吊车梁上沿厂房纵向移动，则吊车轮压为作用于吊车梁上的移动荷载。另外，桥梁上行驶的火车、汽车等都是移动荷载的例子。

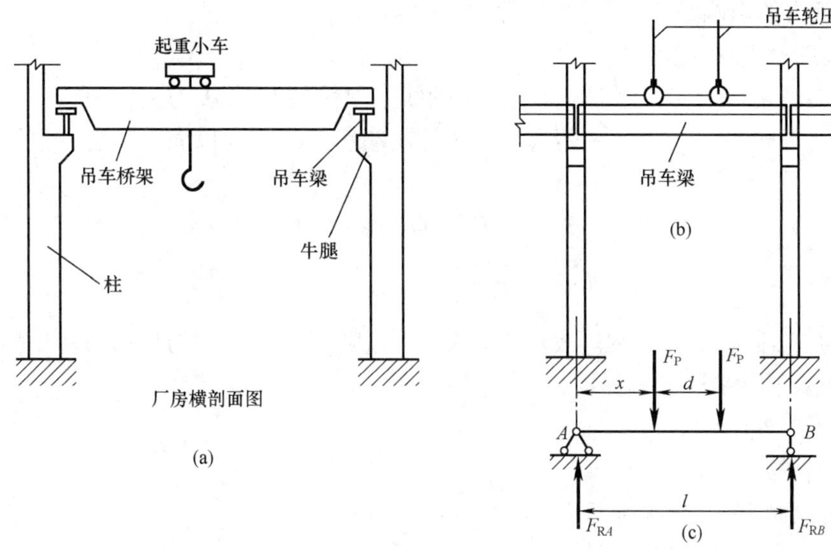

图 21.1

由于移动荷载在结构上作用位置是变化的，因此结构的各支座反力、各截面的内力及位移，就会随着荷载的移动而变化。为了方便起见，将某一反力、某截面的某一内力或位移简称为**量值**，用符号 S 表示。使结构上的某量值 S 产生最大值的移动荷载作用的位置称为该量值 S 的**最不利荷载位置**。在结构设计中，研究荷载移动时各量值的变化规律，确定各量值的最不利荷载位置，可为结构设计提供依据，有着十分重要的意义。

在移动荷载作用下，结构上各量值的变化规律各不相同，例如图21.1（c）所示，当吊车桥架由左向右行驶时，反力 F_{RA} 将逐渐减小，反力将 F_{RB} 逐渐增大；此外，梁内各截面的内力也将随之变化。因此，只能逐一考虑。然而，工程实际中移动荷载的组合形式是复杂多样的，逐一考虑各个荷载组合作用下的各量值的变化规律，计算非常繁杂。由于移动荷载通常具有大小和方向保持不变的特点，因此可首先研究单位集中荷载 $F_P=1$ 在结构上移动时，某一量值的变化规律，再根据叠加原理进一步研究在各种移动荷载作用下该量值的变化规律，并确定它的最不利荷载位置。

单位集中荷载（通常为竖直向下）沿结构移动时，表示某一量值 S 变化规律的图形，称为该量值 S 的影响线。利用影响线可确定移动荷载对结构某量值的最不利位置，从而求出该量值的最大值。

绘制影响线的基本方法有静力法和机动法。

§21.2 用静力法作简支梁的影响线

静力法是将荷载 $F_P=1$ 作用于梁上任意位置，并选定坐标系，以横坐标 x 表示荷载作用的位置，通过平衡方程确定所求某一量值 S（内力或支座反力）与荷载位置 x 之间的函数关系式，这种关系式称为影响线方程，再根据方程绘制影响线。

在作影响线时，通常规定将正值影响线竖标绘在基线的上侧，负值影响线竖标绘在基线下侧，并注明正负号。

1. 支座反力的影响线

（1）支座反力 F_{RA} 的影响线。

如图21.2所示，为作支座反力 F_{RA} 的影响线，取梁的左端 A 为坐标原点，令 x（$0\leqslant x\leqslant l$）表示 $F_P=1$ 作用点至点 A 的距离，并假定支座反力的方向以向上为正。根据平衡条件 $\sum M_B=0$，得

$$-F_{RA}l+F_P(l-x)=0$$

则

$$F_{RA}=\frac{l-x}{l}\quad(0\leqslant x\leqslant l)$$

此方程为 F_{RA} 的影响线方程，表示支座反力 F_{RA} 随荷载 $F_P=1$ 的移动而变化的规律。由方程可知，F_{RA} 的影响线为一直线。

当 $x=0$ 时，$F_{RA}=1$；

当 $x=1$ 时，$F_{RA}=0$。

因此，可绘制 F_{RA} 的影响线，如图21.2（b）所示。

（2）支座反力 F_{RB} 的影响线。

同理，根据平衡条件 $\sum M_A=0$，得

$$F_{RB}l-Px=0$$

则

$$F_{RB}=\frac{x}{l}\quad(0\leqslant x\leqslant l)$$

此方程为 F_{RB} 的影响线方程，表示支座反力 F_{RB} 随荷载 $F_P=1$ 的移动而变化的规律。由方程可知，F_{RB} 的影响线也为一直线。

当 $x=0$ 时，$F_{RB}=0$；

当 $x=1$ 时，$F_{RB}=1$。

因此，可绘制 F_{RB} 的影响线，如图 21.2（c）所示。

注意：由于 $F_P=1$ 为无量纲量，因此支座反力影响线的竖标也为无量纲量。

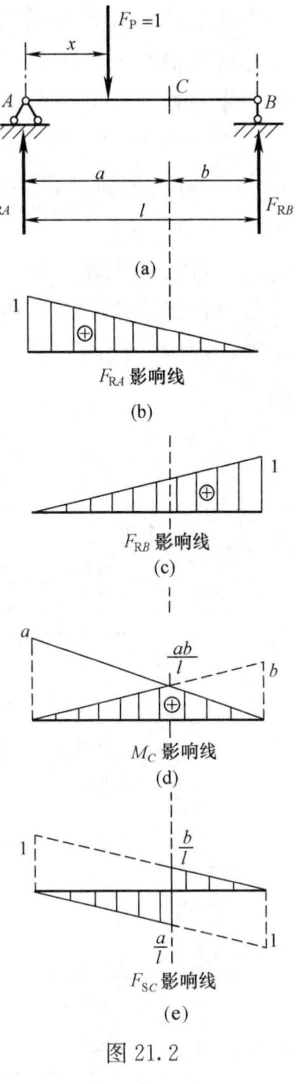

图 21.2

2. 指定截面的弯矩影响线

绘制弯矩影响线时，必须明确是哪一截面的弯矩影响线。现绘制简支梁上任一截面 C 的弯矩影响线。当单位移动荷载 $F_P=1$ 作用在点 C 时，弯矩图出现尖角，故应分段列弯矩影响线方程。弯矩的正负号规定仍然是使脱离体下边受拉的弯矩为正，使脱离体上边受拉的弯矩为负。

当 $F_P=1$ 在 AC 段上移动时，选取截面 C 右侧的 BC 部分为研究对象，由平衡条件 $\sum M_C=0$，可得截面 C 的弯矩影响线方程为

$$M_C = F_{RB}b \quad (0 \leqslant x < a)$$

当 $F_P=1$ 在 BC 段上移动时，选取截面 C 左侧的 AC 部分为研究对象，由平衡条件 $\sum M_C=0$，可得截面 C 的弯矩影响线方程为

$$M_C = F_{RA}a \quad (a \leqslant x \leqslant l)$$

由弯矩 M_C 的影响线方程可见，AC 段截面 C 弯矩影响线的竖标值是支座反力 F_{RB} 影响线竖标值的 b 倍；BC 段截面 C 弯矩影响线的竖标值是支座反力 F_{RA} 影响线竖标值的 a 倍。因此，可利用反力影响线来绘制 M_C 的影响线，即在左、右两支座处分别取竖标 a、b，将它们的顶点与右、左两支座处的零点用直线相连，则这两根直线交点与左右两点相连所形成的三角形就是指定截面 C 的弯矩影响线。三角形的顶点与所求截面的位置相对应，且各竖标均为正值，交点处竖标为 $\frac{ab}{l}$，如图 21.2（d）所示。通常称截面以左的直线为左直线，截面以右的直线为右直线。

注意：由于所假定的单位荷载 $F_P=1$ 为无量纲量，故任一截面的弯矩影响线的单位为长度单位。

3. 指定截面的剪力影响线

绘制剪力影响线时，必须明确是哪一截面的剪力影响线。现绘制简支梁上任一截面 C 的剪力影响线。与绘制简支梁指定截面上弯矩的影响线相同，仍需分 AC 和 BC 两段列出影响方程。

当 $F_P=1$ 在 AC 段上移动时，选取截面 C 右侧的 BC 部分为研究对象，由平衡条件 $\sum F_y=0$，可得截面 C 的剪力影响线方程为

$$F_{SC} = -F_{RB} \quad (0 \leqslant x \leqslant a)$$

由此上式可知，F_{SC}的影响线在截面C以左的部分（左直线）与支座反力F_{RB}的影响线各竖标的数值相同，但符号相反。因此，可知右支座处取等于-1的竖标，以其顶点与左支座处的零点相连，并由截面C引竖线即得出F_{SC}影响线的左直线，如图21.2（e）所示。

当$F_P=1$在BC段上移动时，选取截面C左侧的AC部分为研究对象，由平衡条件$\sum F_y=0$，可得截面C的剪力影响线方程为

$$F_{SC}=F_{RA}\quad (a\leqslant x\leqslant l)$$

因此，可直接利用支座反力F_{RA}的影响线作出F_{SC}影响线的右直线，如图21.2（e）所示。

需要指出的是，影响线与内力图是截然不同的，现将图21.3中指定截面C的弯矩影响线与荷载作用在截面C处时弯矩图的竖标值作比较。指定截面弯矩影响线与弯矩图的比较见表21.1。

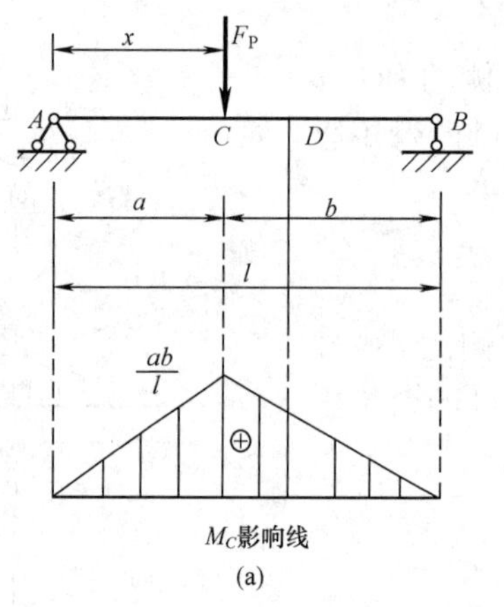

M_C影响线

(a)

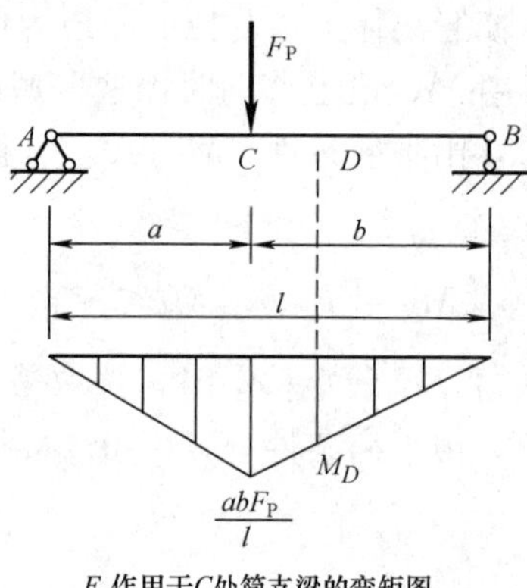

F_P作用于C处简支梁的弯矩图

(b)

图21.3

表21.1 **指定截面弯矩影响线与弯矩图的比较**

弯矩影响线	弯 矩 图
荷载值为1，且无量纲	荷载为实际荷载，有量纲
荷载是移动的（随x变化）	荷载位置是固定的
所求截面弯矩影响线的截面位置是固定的	弯矩图的截面是变的（随x而变）
其上某点竖标表示$F_P=1$移到该点时，对指定截面的弯矩值	某点的竖标表示实际荷载处在固定位置上时，该竖标所对应的截面处的弯矩值
正的竖标画在基线上面	弯矩图画在杆件的受拉一侧
竖标的量纲是［长度］	竖标的量纲是［力］×［长度］

试说明图21.4（a）、（b）中哪个是弯矩图（什么荷载，作用于何处?）？哪个是弯矩影响线（是哪个指定截面的）?

图21.5（a）所示梁在跨中承受集中力F_P，能否利用图（b）所示反力F_{RB}的影响线计算此荷载作用下支座B的反力。

【例21.1】 试作图21.6所示伸臂梁的支座反力影响线，以及截面C和D的弯矩、剪力影响线。

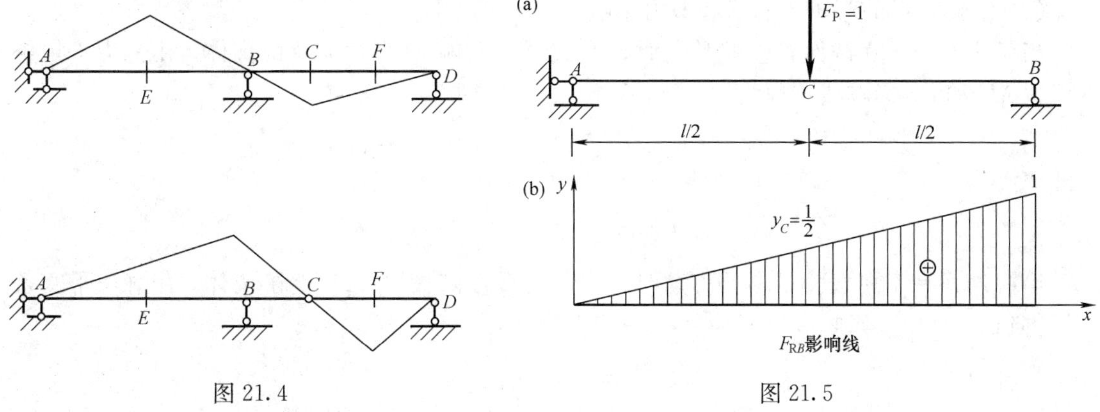

图 21.4　　图 21.5

解　(1) 支座反力影响线。

取支座 A 为坐标原点，AB 方向为 x 的正方向。由静力平衡条件求得

$$F_{RA}=1-\frac{x}{l}\quad(-d\leqslant x\leqslant l+d)$$

$$F_{RB}=\frac{x}{l}\quad(-d\leqslant x\leqslant l+d)$$

据以上两个反力影响线方程，绘出 F_{RA}、F_{RB} 影响线如图 21.6 (b)、(c) 所示。

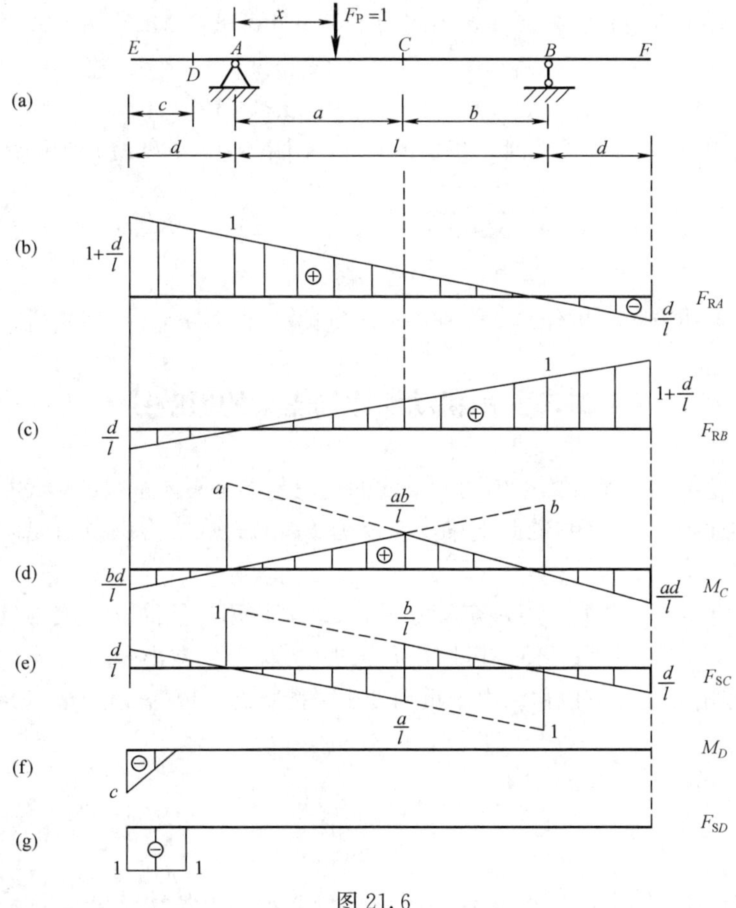

图 21.6

(2) 作截面 C 的弯矩影响线和剪力影响线。

当荷载 $F_P=1$ 在截面 C 左侧移动时，取截面 C 右侧（CF 段）为隔离体，由静力平衡条件可得 M_C 和 F_{SC} 影响线方程为

$$M_C = F_{RB}b = \frac{bx}{l} \quad (-d \leqslant x \leqslant a)$$

$$F_{SC} = -F_{RB} = -\frac{x}{l} \quad (-d \leqslant x \leqslant a)$$

当荷载 $F_P=1$ 在截面 C 右侧移动时，取截面 C 左侧（EC 段）为隔离体，由静力平衡条件可得到 M_C 和 F_{SC} 影响线方程为

$$M_C = F_{RA}a = \frac{l-x}{l} \quad (a \leqslant x \leqslant l+d)$$

$$F_{SC} = F_{RA} = 1-\frac{x}{l} \quad (a \leqslant x \leqslant l+d)$$

从这两个方程可知，伸臂梁在跨中的内力影响线方程与相应简支梁的相同，故只需将相应简支梁的反力和内力影响线向两个伸臂部分延伸。伸臂梁的 M_C 和 F_{SC} 影响线如图 21.6 (d)、(e) 所示。

(3) 作截面 D 的弯矩影响线和剪力影响线。

取截面 D 为坐标原点，DE 方向为 x_1 的正方向，则当 $F_P=1$ 在截面 D 左侧移动时，取截面 D 左侧部分（ED 段）为隔离体，由静力平衡条件可求得 M_D 和 F_{SD} 影响线方程为

$$M_D = -x_1 \qquad (0 \leqslant x \leqslant c)$$

$$F_{SD} = -1 \qquad (0 \leqslant x \leqslant c)$$

当 $F_P=1$ 在截面 D 右侧移动时，仍取截面 D 左侧部分（ED 段）为隔离体，由静力平衡条件可求得

$$M_D = 0 \qquad (0 \leqslant x \leqslant -l-2d+c)$$

$$F_{SD} = 0 \qquad (0 \leqslant x \leqslant -l-2d+c)$$

根据以上影响线方程，可作出 M_D 和 F_{SD} 影响线如图 21.6 (f)、(g) 所示。

§21.3 用机动法作简支梁的影响线

机动法作静定结构支座反力或内力影响线的理论基础是刚体系统的虚位移原理。

下面以绘制如图 21.7 所示的简支梁支座反力 F_{RB} 的影响线为例说明如何用机动法绘制影响线。

将与 F_{RB} 相应的约束去掉，用未知反力 F_{RB} 代替其作用，使简支梁成为具有一个自由度的机构，如图 21.7 (b) 所示。使该机构在 F_{RB} 的正方向产生微小的虚位移 δ_B，设 δ_P 为外力 F_P 作用点沿力作用方向的虚位移。由于机构处于平衡状态，根据虚位移原理有

$$F_P\delta_P + F_{RB}\delta_B = 0$$

由 $F_P=1$，可得

$$F_{RB} = -\frac{\delta_P}{\delta_B}$$

式中，沿反力 F_{RB} 方向的虚位移 δ_B，在给定虚位移的条件下是任意给定的一个常数；而 δ_P

却随 $F_P=1$ 作用点位置的变化而变化。因此，$F_P=1$ 移动时，F_{RB} 与 $F_P=1$ 作用点的虚位移 δ_P 成正比。如令 $\delta_B=1$，则有

$$F_{RB}=-\delta_P$$

由上式可知，虚位移 δ_P 就代表反力 F_{RB} 的大小。亦即 $F_P=1$ 移动时 F_{RB} 的变化规律（影响线）与 $F_P=1$ 作用点的虚位移 δ_P 的变化规律（虚位移图）一致，只是符号相反。由于规定虚位移 δ_P 是以与外力 F_P 的方向一致为正，即 δ_P 图以向下为正，而 F_{RB} 与 δ_P 反号，故 F_{RB} 的影响线应以向上为正。F_{RB} 的影响线如图 21.7（c）所示。

由上可知，用机动法求某量值 S 影响线的步骤如下：

（1）在原结构上去掉与待求量值 S 相应的约束，用正向量值 S 代替该约束的作用；

（2）令 S 的作用点沿 S 的正方向产生单位虚位移，作出单位荷载平移时沿其作用方向的虚位移图，就是量值 S 的影响线；

（3）虚位移图在基线上方，S 的影响线为正；虚位移图在基线下方，S 的影响线为负。

机动法的优点在于不必经过具体计算就能迅速绘出影响线的轮廓，这对设计工作很有帮助，同时也便于对静力法所作的影响线进行校核。

【例 21.2】　用机动法绘制图 21.8（a）所示简支梁截面 C 的弯矩和剪力影响线。

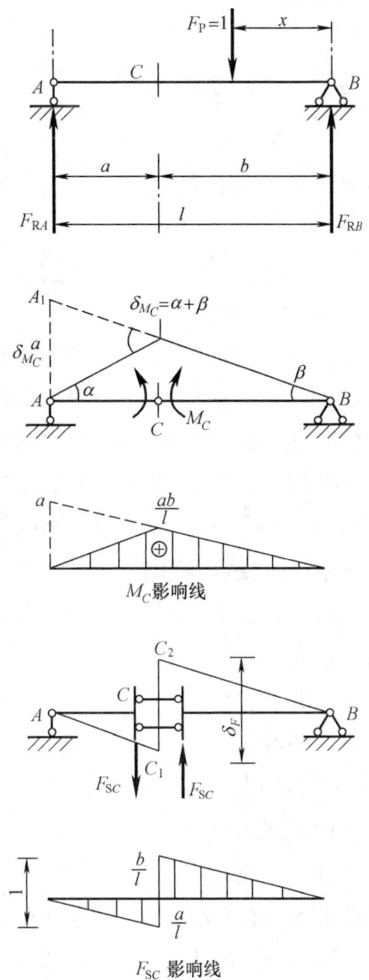

图 21.8

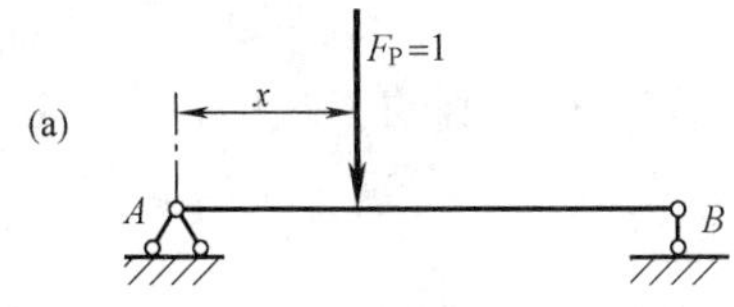

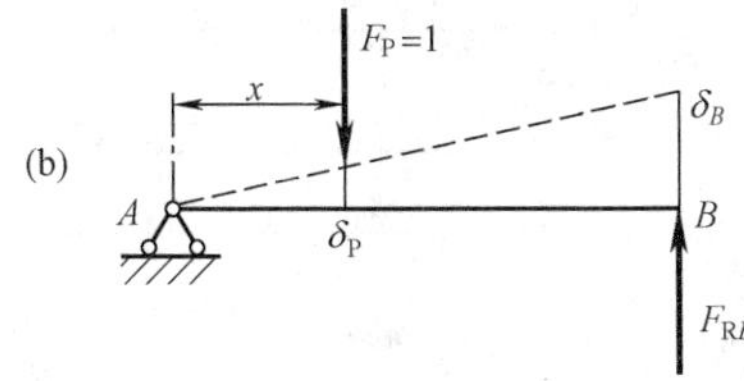

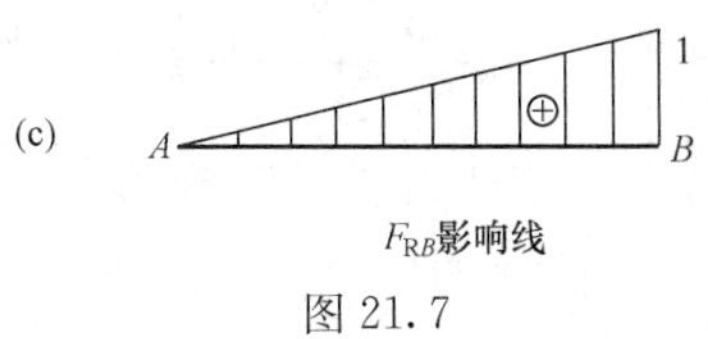

图 21.7

解　(1) 弯矩 M_C 的影响线。

去掉截面 C 处与 M_C 相应的约束（即在截面 C 处加铰），并以一对等值反向的力偶 M_C 代替原有约束的作用。然后，使刚杆 AC 和 CB 沿 M_C 的正方向发生单位虚位移，即 C 处两侧截面的相对转角 $\alpha+\beta=1$，如图 21.8 (b) 所示。由于 $\alpha+\beta$ 是微小转角，故可求得 $AA_1=(\alpha+\beta)\ a$，再由几何关系可求出点 C 的竖向位移为 $(\alpha+\beta)\ a\times\dfrac{b}{l}=\dfrac{ab}{l}$，则所得的虚位移图，如图 21.8 (c) 所示，即为弯矩 M_C 的影响线。

(2) 剪力 F_{SC} 的影响线。

去掉截面 C 处与 F_{SC} 相应的约束，即在截面 C 处加两根平行的链杆［图 21.8 (d)］，并以一对等值反向的剪力 F_{SC} 代替原有约束的作用。然后，给该几何可变体系在 C 处施加两侧截面的单位相对位移 $\delta_C=1$，即使刚杆 AC 和 CB 沿 F_{SC} 的正方向发生单位虚位移 $C_1C_2=1$，并使 AC_1、C_2B 仍保持平行，如图 21.8 (d) 所示。由直角三角形边的比例关系可求出 CC_2 点的竖向位移为 $\dfrac{b}{l}$，CC_1 点的竖向位移为 $\dfrac{a}{l}$，则所得的虚位移图，如图 21.8 (e) 所示，即为剪力 F_{SC} 的影响线。

应该指出，机动法不仅适用于绘制单跨静定梁的支座反力或内力影响线，也适用于其他静定结构及超静定结构的支座反力或内力影响线。

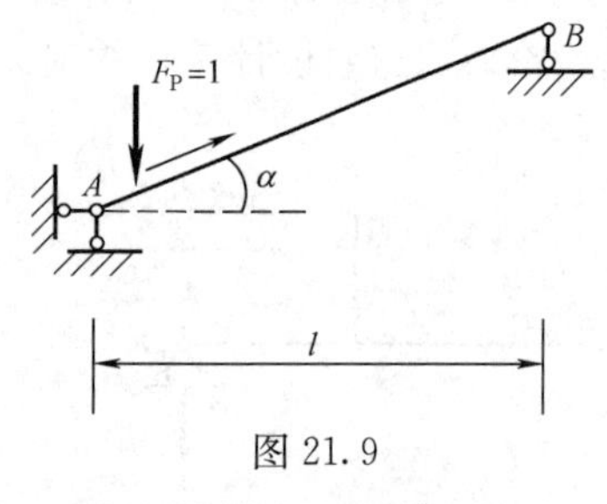

图 21.9

试用机动法作图 21.9 所示简梁 F_{RB} 的影响线，并比较影响线与实际位移图的差别。

§21.4　影 响 线 的 应 用

如前所述，影响线是研究移动荷载作用的基本工具，可用来确定实际的移动荷载对结构上某量值的最不利影响，即确定移动荷载作用下某量值的最不利荷载位置，从而得到该量值的最大值，为结构设计提供依据。为此需解决以下两个问题：① 实际的移动荷载在结构上的位置已知时，如何利用某量值的影响线确定该荷载对该量值的影响值；② 当实际的移动荷载在结构上移动时，如何利用影响线确定其最不利荷载位置。现分别讨论如下。

1. 利用影响线求量值

下面分别讨论移动荷载为集中荷载和均布荷载这两种情况。

(1) 一组集中荷载作用。

设有一组位置已知的集中荷载 F_{P1}、F_{P2}、F_{P3} 作用于简支梁上，如图 21.10 (a) 所示。现求梁上截面 C 的剪力值。

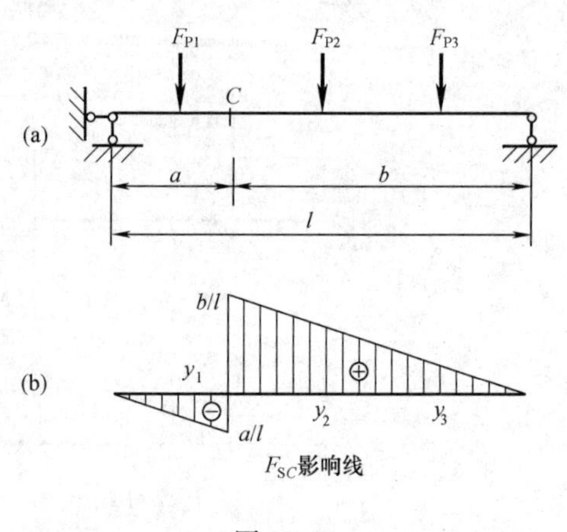

图 21.10

首先作 F_{SC} 的影响线，如图 21.10 (b) 所示。各荷载作用点处影响线的竖标分别为 y_1、y_2、y_3，则由 F_{P1} 产生的 F_{SC} 为 $F_{P1}y_1$，由 F_{P2} 产生的 F_{SC} 为 $F_{P2}y_2$，由 F_{P3} 产生的 F_{SC} 为 $F_{P3}y_3$。根

据叠加原理，该集中荷载组合所产生的影响量等于各荷载所产生影响量的代数和，即

$$F_{SC}=F_{P1}y_1+F_{P2}y_2+F_{P3}y_3$$

将上述结果推广为一般情况：设一组集中荷载 F_{P1}、F_{P2}、…、F_{Pn} 作用于结构，而结构中某量值 S 的影响线在各荷载作用点处的竖标分别为 y_1、y_2、…、y_n，则这组荷载作用下某量值 S 的数值为

$$S=F_{P1}y_1+F_{P2}y_2+\cdots+F_{Pn}y_n=\sum_{i=1}^{n}F_{Pi}y_i \qquad (21.1)$$

应用上式时，要注意影响线竖标的正负号。

(2) 均布荷载作用。

如图 21.11 (a) 所示，设结构中 AB 段承受均布荷载 q 的作用，则微段 $\mathrm{d}x$ 上的荷载 $q\mathrm{d}x$ 可视为集中荷载，所产生的 S 值为 $yq\mathrm{d}x$，则在 AB 段均布荷载作用下 S 的量值为

$$S=\int_A^B yq\,\mathrm{d}x=q\int_A^B y\,\mathrm{d}x=qA \qquad (21.2)$$

式中，A 表示 S 影响线图形在均布荷载作用范围内的面积。应用上式时，规定 q 与 $F_P=1$ 方向一致为正，反之为负。同时要注意受载段影响线的面积有正有负，计算面积 A 时应取代数和。

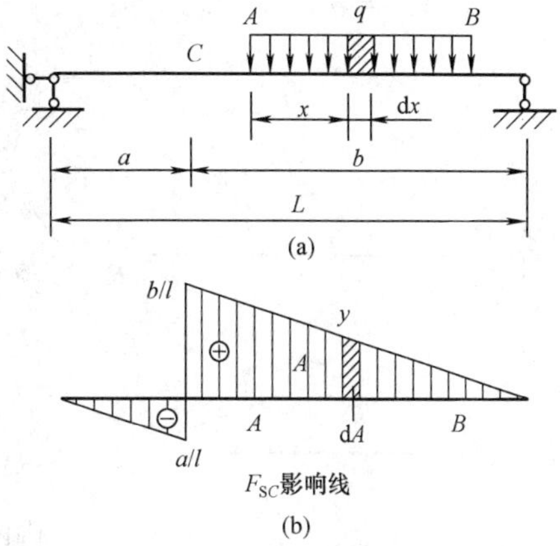

图 21.11

【例 21.3】 外伸梁及其受载情况如图 21.12 (a) 所示，试利用影响线求外伸梁截面 C 处的剪力值和弯矩值。

解 (1) 计算剪力值 F_{SC}。

先作 F_{SC}的影响线，如图 21.12 (b) 所示。在均布荷载作用段内的负面积和正面积分别用 A_1 和 A_2 表示，集中荷载作用位置相应的竖标为 $y=-\frac{1}{4}$。

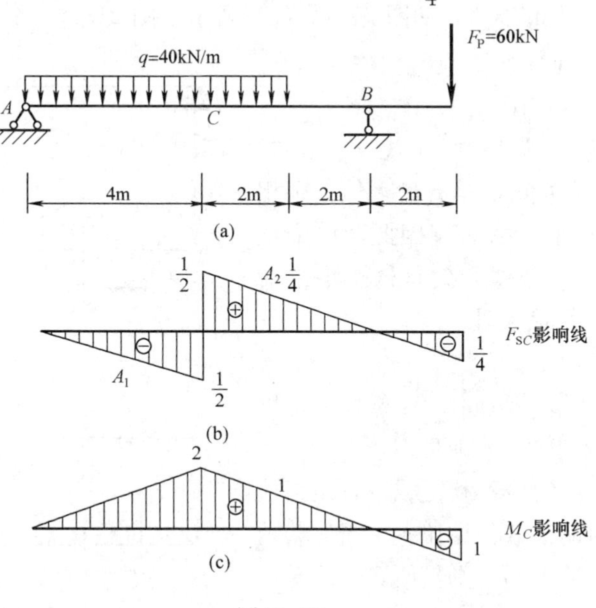

图 21.12

由式(21.1)、式(21.2)得

$$F_{SC}=q(A_1+A_2)+F_P y$$
$$=40\times\left[\frac{1}{2}\times\left(-\frac{1}{2}\right)\times 4+\frac{1}{2}\times\left(\frac{1}{2}+\frac{1}{4}\right)\times 2\right]+60\times\left(-\frac{1}{4}\right)=-25\text{kN}$$

(2)计算弯矩值 M_C。

先作 M_C 的影响线,如图21.12(c)所示。在均布荷载作用段内的面积为 A,集中荷载作用位置相应的竖标为 $y=-1$。由式(21.1)、式(21.2)得

$$M_C=qA+F_P y$$
$$=40\times\left[\frac{1}{2}\times 2\times 4+\frac{1}{2}\times(2+1)\times 2\right]+60\times(-1)=220\text{kN}\cdot\text{m}$$

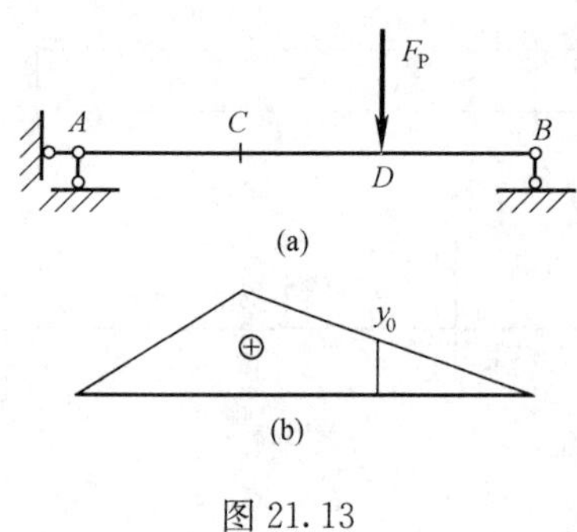

图21.13

如图21.13所示,图(a)中 F_P 为净荷载,图(b)为图(a)中所示梁截面 C 的弯矩影响线,则图(a)中截面 D 的弯矩 $M_D=F_P y_D$。对吗?

2. 确定最不利荷载位置

在结构设计中,需要求出量值 S 的最大值(包括最大正值 S_{max} 和最大负值 S_{min},后者又称为最小值)作为设计依据。由于移动荷载在结构上的位置是移动的,结构的某一量值 S(反力或指定截面内力)也将随之变化。若能找到量值的最不利荷载位置,就可以利用上述方法求出量值的最大值和最小值,而确定最不利荷载位置需借助于影响线。

(1)均布荷载作用。

对于任意断续布置的均布活荷载,如人群、材料、货物等,由式(21.2)有 $S=q\sum A_i$,而 A_i 为量值 S 影响线的面积。当均布活荷载 q 布满对应于影响线所有正面积的范围时,则量值 S 产生最大值,如图21.14(c)所示;当均布活荷载布满对应于影响线所有负面积的范围时,则量值 S 产生最小值,如图21.14(d)所示。图21.14(c)、(d)均为均布活载 q 的相应最不利荷载位置。

(2)单个集中荷载作用。

若移动荷载为单个集中荷载 F,由式(21.1)可知,要使某量值 S 具有最大值,则相应的影响线竖标 y 应取最大值。因此,单个集中荷载作用下最不利荷载位置就是这个集中荷载作用在影响线的竖标最大处。

(3)行列荷载作用。

所谓行列荷载是指一组间距不变的移动集中荷载,如吊车、火车、汽车车队等。

如前所述,某量值的最不利荷载位置是指使该量值 S 产生最大值的荷载作用位置。当荷载稍向左或向右移动微小距离 Δx,则量值 S 的绝对值都会减小(或其增量 $\Delta S<0$)。

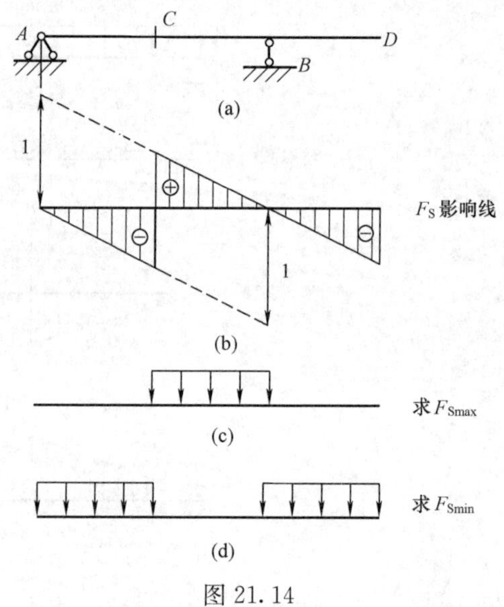

图21.14

如图 21.15（a)、(b）所示，分别表示一行列荷载和某量值的影响线。各段直线的倾角为 α_1，α_2，α_3，…，α_i，…，α_n，若坐标轴 x 取向右为正，y 取向上为正，倾角 α 逆时针转动为正。设各段上集中荷载的合力为 F_{P1}，F_{P2}，F_{P3}，…，F_{Pi}，…，F_{Pn}。

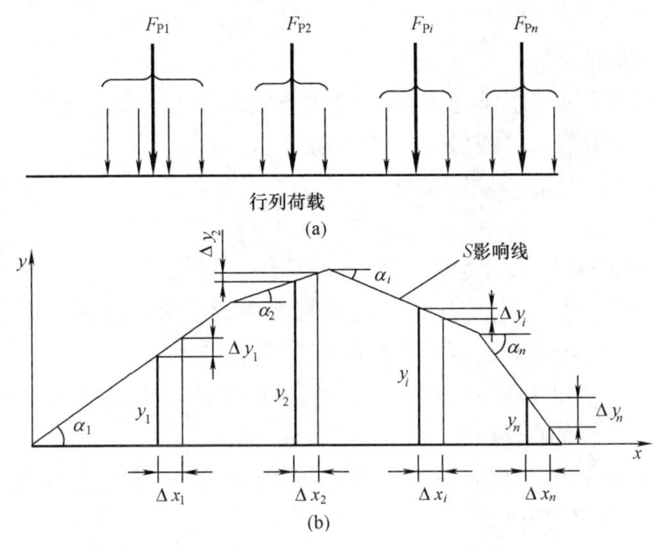

图 21.15

荷载位置如图所示时，该量值的大小为

$$S=F_{P1}y_1+F_{P2}y_2+F_{P3}y_3+\cdots+F_{Pi}y_i+\cdots+F_{Pn}y_n=\sum F_{Pi}y_i \tag{a}$$

当荷载向右移动微小距离 Δx 时，各集中荷载对应的竖标也将随之改变，设相应的增量为 Δy_1，Δy_2，Δy_3，…，Δy_i，…，Δy_n，于是量值 S 的增量 ΔS 为

$$\Delta S=F_{P1}\Delta y_1+F_{P2}\Delta y_2+F_{P3}\Delta y_3+\cdots+F_{Pi}\Delta y_i+\cdots+F_{Pn}\Delta y_n=\sum F_{Pi}\Delta y_i \tag{b}$$

因为 $\Delta y_i=\Delta x\tan\alpha_i$

$$\Delta S=\sum F_{Pi}\Delta x\tan\alpha_i=\Delta x\sum F_{Pi}\tan\alpha_i \tag{c}$$

由高等数学可知，无论荷载向左或向右移动微小距离，S 值均减小，即 $\Delta S<0$ 时，量值 S 有极大值。当荷载向右微移时，Δx 为正增量，式（c）中$\sum F_{Pi}\tan\alpha_i<0$；当荷载向左微移时，$\Delta x$ 为负增量，式（c）中$\sum F_{Pi}\tan\alpha_i>0$。同理，无论荷载向左或向右移动，始终有 $\Delta S>0$ 时，量值 S 有极小值。当荷载向右微移时，Δx 为正增量，式（c）中$\sum F_{Pi}\tan\alpha_i>0$ $\sum F_{Pi}\tan\alpha_i<0$；当荷载向左微移时，$\Delta x$ 为负增量，式（c）中$\sum F_{Pi}\tan\alpha_i<0$。总之，无论荷载向左或向右移动，$\sum F_{Pi}\tan\alpha_i$必须变号，这是确定最不利荷载位置的条件之一。

但 $\tan\alpha_i$ 是常数，要使$\sum F_{Pi}\tan\alpha_i$变号，必须改变一段合力 F_{Pi}的数值。欲使 F_{Pi}的数值在短距离 Δx 内发生改变，只有使行列荷载中的某一集中荷载位于影响线的某一个转折点处才有可能。

当某一荷载处于某一转折点上，此时无论向左或向右移动，都使$\sum F_{Pi}\tan\alpha_i$ 变号，则称该荷载为临界荷载 F_{PK}，该转折点成为临界位置。

由以上的分析过程可得，判断量值 S 极值的条件如下：

（1）判断 S 极大值的条件。

$$\left.\begin{aligned}&\text{当 } F_{PK}\text{ 在影响线转折点向左微移时}\quad \sum F_{Pi}\tan\alpha_i\geqslant 0\\&\text{当 } F_{PK}\text{ 在影响线转折点向右微移时}\quad \sum F_{Pi}\tan\alpha_i\leqslant 0\end{aligned}\right\} \tag{21.3}$$

以上两条件需同时满足。

（2）判断 S 极小值的条件。

$$\left.\begin{array}{ll}\text{当 } F_{PK} \text{ 在影响线转折点向左微移时} & \Sigma F_{Pi}\tan\alpha_i \leqslant 0 \\ \text{当 } F_{PK} \text{ 在影响线转折点向右微移时} & \Sigma F_{Pi}\tan\alpha_i \geqslant 0\end{array}\right\} \tag{21.4}$$

以上两条件需应同时满足。

一般情况下，临界位置可能不止一个，因此 S 的极值也不止一个，这时需将各个 S 极值分别求出，再从中选出最大（或最小）的 S 值。

现将量值 S 最大值的计算步骤归纳如下：

1）作出 S 影响线；

2）从行列荷载中试选出一个集中荷载 F_{Pi}，移动行列荷载 F_{Pi} 位于 S 影响线某一转折点上。为了减少试算次数，选 F_{Pi} 时应注意使行列荷载中数值大，排列密度部分位于影响线最大竖标附近，并使位于同号影响线范围内的荷载尽可能多。

3）当 F_{Pi} 在影响线转折点稍左或稍右时，若满足判别式（21.3），则此荷载是一个临界荷载即 $F_{Pi}=F_{PK}$，其位置即临界位置。

4）对每一个临界位置求出相应的 S 极值。然后从中选出最大值即为 S 的最大值。其相应的荷载位置称为最不利荷载位置。

当量值 S 的影响线为三角形时，如图 21.16 所示，设临界荷载 F_{PK} 恰好位于三角形影响线的顶点处，以 $F_{R左}$ 和 $F_{R右}$ 分别表示 F_{PK} 左侧和右侧所有荷载的合力。$\tan\alpha_1=\dfrac{h}{a}$，$\tan\alpha_2=\dfrac{-h}{b}$，临界位置的判别式如下：

$$\left.\begin{array}{ll}F_{PK} \text{ 在 } C \text{ 稍左} & \dfrac{F_{R左}+F_{PK}}{a} \geqslant \dfrac{F_{R右}}{b} \\ F_{PK} \text{ 在 } C \text{ 稍右} & \dfrac{F_{R左}}{a} \leqslant \dfrac{F_{R右}+F_{PK}}{b}\end{array}\right\} \tag{21.5}$$

式（21.5）表明，临界荷载算入临界位置的哪一边（左边或右边），则哪一边的荷载平均集度就大。

应当指出，有时临界位置也可能在均布荷载越过三角形影响线顶点时发生，如图 21.17 所示。此时的判别条件为 $\dfrac{\Delta S}{\Delta x}=\Sigma F_{Ri}\tan\alpha_i=0$，最后可简化为

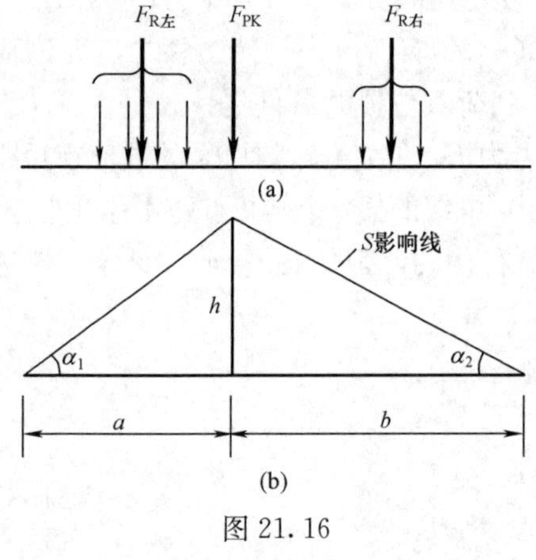

图 21.16

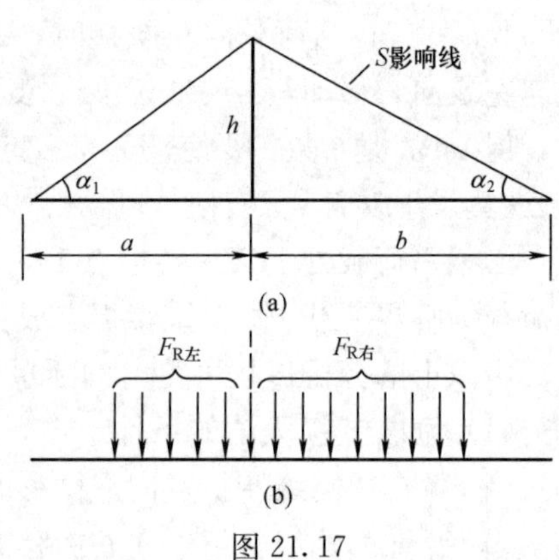

图 21.17

$$\frac{F_{R左}}{a}=\frac{F_{R右}}{b} \tag{21.6}$$

式（21.6）表明，在临界位置时，影响线顶点左右两边的“荷载平均集度”相等。

【例 21.4】 设一简支梁 AB，跨度为 16m，受一组集中移动荷载作用，如图 21.18（a）所示，试求截面 C 的最大弯矩。

解 确定最不利荷载位置，求 M_C 最大影响量。

（1）作 M_C 影响线，如图 21.18（b）所示。

（2）确定临界荷载 F_{PK}。对应于影响线的顶点的临界荷载 F_{PK} 的判别式

$$\frac{F_{R左}+F_{PK}}{6}\geqslant\frac{F_{R右}}{10},\frac{F_{R左}}{6}\leqslant\frac{F_{R右}+F_{PK}}{10}$$

依次将 F_{P1}、F_{P2}、F_{P3}、F_{P4} 假设为临界荷载 F_{PK}，移至影响线的顶点，计算左边影响线上的合力 $F_{R左}$ 及右边影响线上的合力 $F_{R右}$，检验以上判别式，满足该式时计算相应的影响量，不满足则不必计算。列表计算如下。

由表 21.2 可知，只有 F_{P2}、F_{P3} 满足判别式，故 F_{P2}、F_{P3} 为临界荷载，于是将 F_{P2}、F_{P3} 分别置于影响线顶点，如图 21.18（c）、（d）所示，其相应的极值为

$$M_{C1}=\sum F_{Pi}y_i$$
$$=2\times3.75\times\frac{2}{6}+6\times3.75+5\times3.75\times\frac{5}{10}+8\times3.75\times\frac{1}{10}$$
$$=37.375\text{kN}$$

$$M_{C2}=\sum F_{Pi}y_i=6\times3.75\times\frac{1}{6}+5\times3.75+8\times3.75\times\frac{6}{10}=40.5\text{kN}$$

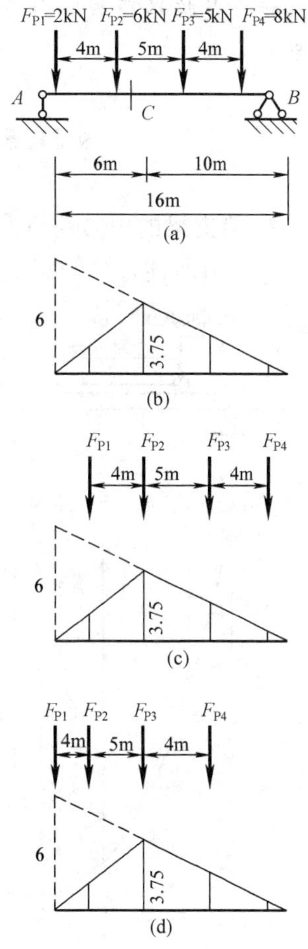

图 21.18

可见，M_C 最大影响量为 40.5kN，对应的荷载位置为 M_C 的最不利荷载位置。

表 21.2　　**荷载计算结果**

$F_{R左}$	F_{PK}	$F_{R右}$	判别式
0	$F_{P1}=2\text{kN}$	$F_{P2}+F_{P3}=9\text{kN}$	$\frac{2}{6}<\frac{9}{10}$，$\frac{0}{6}<\frac{2+9}{10}$ 不满足
$F_{P1}=2\text{kN}$	$F_{P2}=6\text{kN}$	$F_{P3}+F_{P4}=13\text{kN}$	$\frac{2+6}{6}>\frac{13}{10}$，$\frac{2}{6}<\frac{6+13}{10}$ 满足
$F_{P2}=6\text{kN}$	$F_{P3}=5\text{kN}$	$F_{P4}=8\text{kN}$	$\frac{6+5}{6}>\frac{8}{10}$，$\frac{6}{6}<\frac{5+8}{10}$ 满足
$F_{P3}=5\text{kN}$	$F_{P4}=8\text{kN}$	0	$\frac{5+8}{6}>\frac{0}{10}$，$\frac{5}{6}>\frac{8+0}{10}$ 不满足

什么是临界荷载？什么是临界位置？移动荷载组的临界位置和最不利荷载位置有何区别？

§21.5 简支梁的内力包络图及绝对最大弯矩

1. 简支梁的内力包络图

如上节所述，梁的每个截面都有其内力的最不利荷载位置，由最不利荷载位置即可把各个截面内力的最大值和最小值确定出来。若将简支梁上各截面的最大内力用同一比例尺绘出，并连成曲线，该曲线即为**内力包络图**。内力包络图一般由两条曲线组成，曲线的竖标分别表示梁各截面的内力最大值。内力包络图反映了各个截面上内力的极值，是结构设计的重要依据。例如在吊车梁、连续梁及桥梁等结构设计中，需要根据弯矩包络图和剪力包络图来确定纵向和横向受力钢筋的位置。

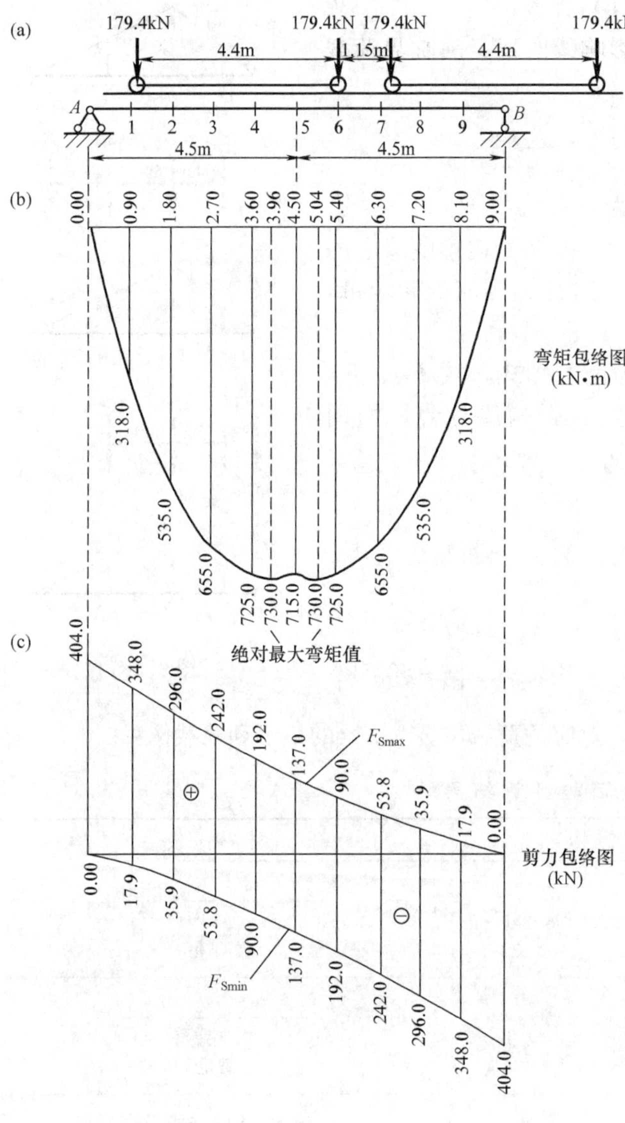

图 21.19

简支梁求包络图，可以在梁上截取一些点，用上节求最不利荷载位置的方法求出最大值，然后连接成图线。图 21.19 即为吊车梁在一组吊车荷载作用下弯矩、剪力的包络图。

2. 绝对最大弯矩

梁端弯矩包络图给出了各截面可能出现的最大弯矩，这些最大弯矩中的最大值，就是绝对最大弯矩。绝对最大弯矩是结构分析的重要依据，由各包络图可以直观地判断最大内力分布情况。从图 21.19 可以看出，该吊车梁的绝对最大弯矩不在梁的中点，而是靠近中点处。

在实际工程中，有时为了计算简便，近似的取中点的最大弯矩为绝对最大弯矩。

1. 什么是简支梁的绝对最大弯矩？绝对最大弯矩如何确定？绝对最大弯矩与跨中截面的最大弯矩是否相同？什么情况下二者是一样的？

2. 什么叫简支梁的内力包络图？它和内力图有无区别？和影响线的区别又是什么？

3. 判断下列说法是否正确：

（1）影响线是单位移动荷载作用下的内力值。

（2）简支梁的绝对最大弯矩就是跨中截面的最大弯矩。

（3）外伸梁的影响线只需将简支梁影响线的图形向伸臂部分作直线延伸。

（4）作影响线的方法有静力法和机动法两种，机动法的依据是虚功原理。

本　章　小　结

本章研究了在移动荷载作用下结构内力及支座反力的计算，而前述各章节中的荷载均是固定的。

单位集中荷载（通常为竖直向下）沿结构移动时，表示某一量值 S 变化规律的图形，称为该量值 S 的影响线。要注意内力影响线和内力图的区别。内力影响线上的竖标是当单位集中荷载移动到该位置时，指定截面的内力值；而内力图中的竖标则为荷载位置固定不变时，该截面上的内力值。

绘制影响线的基本方法有静力法和机动法。

（1）静力法是利用静力平衡条件先列出某指定量值 S（内力或支座反力）随单位移动荷载作用位置 x 的移动而变化的数学表达式，即影响线方程，然后再按影响线方程绘制该量值 S 的影响线。

（2）机动法是以刚体系的虚位移原理为基础，把支座反力或内力影响线的静力问题转化为作位移图的几何问题。用机动法作影响线可以直接给出影响线的轮廓，不必先列出影响线方程。

影响线可解决以下两个问题：实际的移动荷载在结构上的位置已知时，如何利用某量值的影响线确定该荷载对该量值的影响值；当实际的移动荷载在结构上移动时，如何利用影响线确定其最不利荷载位置。

在恒载和活载共同作用下，结构各截面所产生的最大（最小）内力的外包线成为内力包络图。

概念分析与工程应用实训

21.1　前述图 21.1 所示厂房吊车梁的计算简图如图 21.1（c）所示，当吊车桥架在吊车梁上沿厂房纵向移动，则吊车轮压 F_P 为作用于吊车梁上的移动荷载。当 $F_P=60\text{kN}$，$l=5\text{m}$，$d=1\text{m}$。

（1）试分析确定跨中截面剪力和弯矩的最大值；

（2）试分析确定支座 A 和支座 B 处反力的最大值；

（3）试绘制当吊车轮处于弯矩最不利荷载位置时的剪力图和弯矩图。

21.2　连续梁是工程中常用的一种结构，如房屋建筑中的梁板式楼盖，其上的板、次梁和主梁经过结构简化后，均按连续梁进行计算，如图 21.20（b）、（c）、（d）所示。连续梁上承受的荷载既包括恒荷载（如板、次梁和主梁自重）又包括均布活荷载（如楼面上的人群荷载）。在结构设计中，需确定指定量值的最不利荷载位置的活荷载布置，此时只要知道影响线的轮廓。故一般用机动法连续梁的影响线。注意连续梁的影响线均为曲线。试解决以下问题：

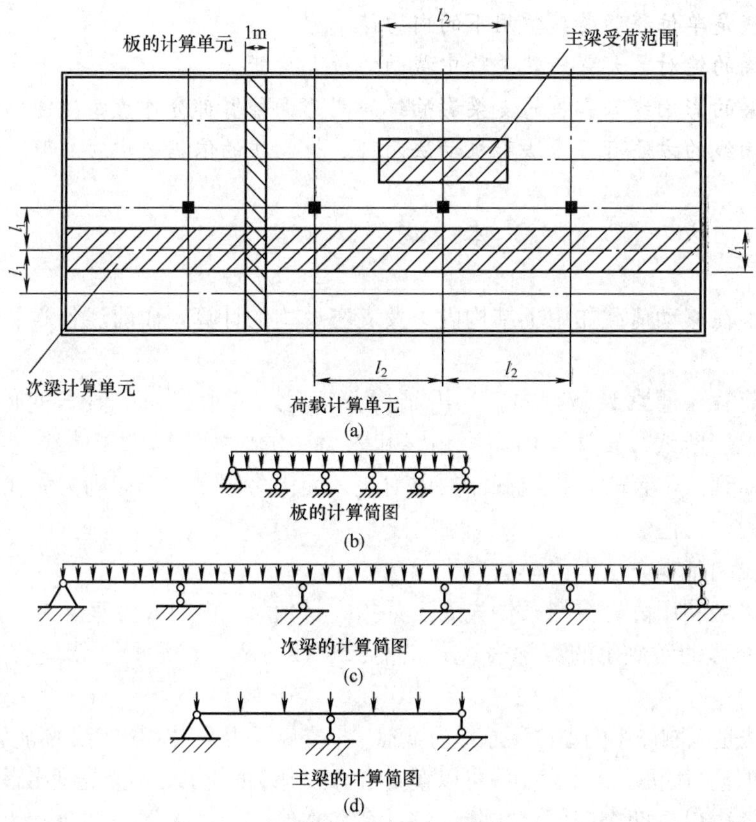

图 21.20　单向板楼盖板、梁的计算简图

(1) 用机动法绘制如图 21.21 (a) 所示的 5 跨连续梁中支座 B 的弯矩、支座 C 的弯矩，截面 1 的弯矩、截面 2 的弯矩、截面 3 的弯矩、支座 B 左右两侧剪力的影响线。

(2) 根据影响线确定相应量值的最不利荷载位置的活荷载布置。

(3) 判断图 21.21 (b) ～ (e) 中最不利活荷载位置分别为哪些量值的最不利荷载位置。

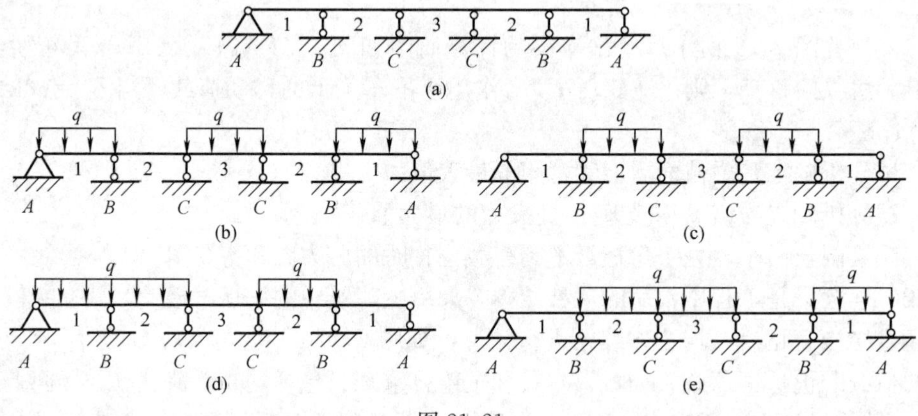

图 21.21

习　　题

21.1　试绘制图 21.22 中指定量值的影响线。

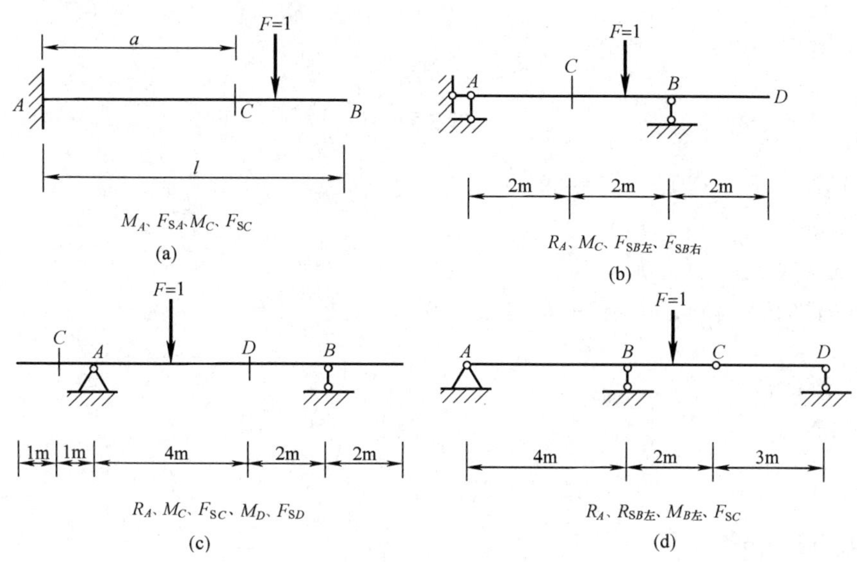

图 21.22

21.2　试用机动法绘制图 21.23 中所示外伸梁 F_{RA}、F_{RB}、$F_{SA左}$、$F_{SA右}$、F_{SB}的影响线。

21.3　试求图 21.24 中所示简支梁在移动行列荷载作用下截面 C 上的最大弯矩。

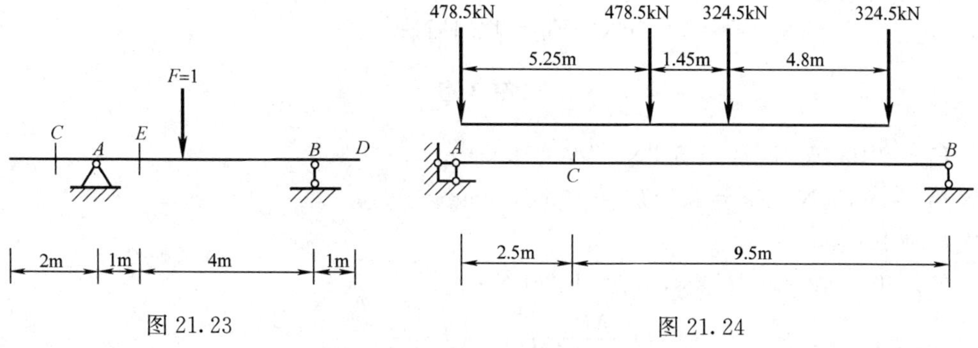

图 21.23　　　　图 21.24

21.4　图 21.25 所示梁自重 $q=10\text{kN/m}$，均布活载 $p=20\text{kN/m}$，试求截面 C 处 $M_{C,\max}$、$M_{C,\min}$、$F_{SC,\max}$、$F_{SC,\min}$。

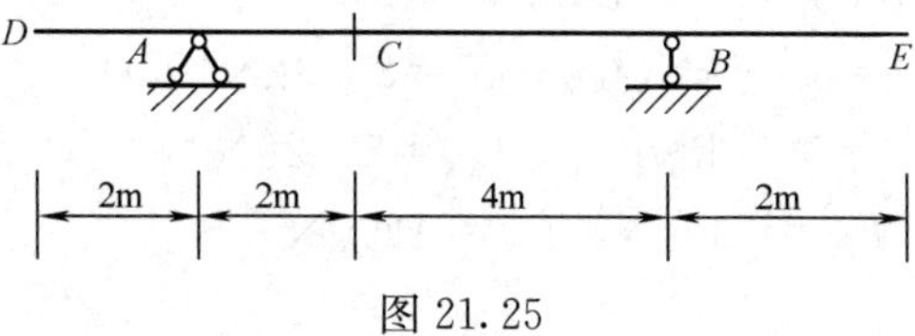

图 21.25

附录A 习 题 答 案

第1章

略

第2章

2.1 $F_R=161.2N$，$\angle(F_R, F_1)=29°44'$

2.2 $F_R=5000N$，$\angle(F_R, F_1)=38°28'$

2.3 $F_A=5000N$，$F_{BC}=5000N$(压)

2.4 $F_{AB}=54.64kN$(拉)，$F_{BC}=-74.64kN$(压)

2.5 $F_{NH}=\dfrac{F}{2\sin^2\theta}$

2.6 $F=80kN$

2.7 $\dfrac{F_1}{F_2}=0.64$

2.8 $M=4.5kN\cdot m$

2.9 $M_2=3N\cdot m$；$F_{AB}=5\ N$

2.10 $F_C=F_A=\dfrac{\sqrt{2}M}{4a}$

2.11 $F_A=\dfrac{\sqrt{2}M}{l}$

2.12 $F_{NA}=11.5kN$，$F_B=11.5kN$，$F_{BC}=14.1kN$

第3章

3.1 $F_{Rx}=2100N$，$F_{Ry}=-500N$，$M_O=10N\cdot m$

3.2 $F_{Rx}=-150N$，$F_{Ry}=0$，$M_O=-900N\cdot mm$

3.3 $F_A=1075N$

3.4 $F_{Ox}=0$，$F_{Oy}=-385kN$，$M_O=1626kN\cdot m$

3.5 (a) $F_{Ax}=0$，$F_{Ay}=-\dfrac{1}{2}\left(F+\dfrac{M}{a}\right)$，$F_B=\dfrac{1}{2}\left(3F+\dfrac{M}{a}\right)$

(b) $F_{Ax}=0$，$F_{Ay}=-\dfrac{1}{2}\left(F+\dfrac{M}{a}-\dfrac{5}{2}qa\right)$，$F_{RB}=\dfrac{1}{2}\left(3F+\dfrac{M}{a}-\dfrac{1}{2}qa\right)$

3.6 $F_{Ax}=0$，$F_{Ay}=8\ kN$，$M_A=21kN\cdot m$

3.7 $F_x=-20\ kN$，$F_y=100\ kN$，$M=130kN\cdot m$

3.8 $F_a=53.3kN$(压)，$F_b=70.7kN$(拉)，$F_c=83.3kN$(压)

3.9 (1) $F_A=33.2kN$，$F_B=96.8kN$；(2) $P_{max}=52.2kN$

3.10 $F_{BC}=848.5N$(拉)，$F_{Ax}=2400N$，$F_{Ay}=1200N$

3.11 $F_1/F=15.9$

3.12 $M=286\text{kN}\cdot\text{m}$，$F_B=176\text{kN}$，$F_{Ox}=176\text{kN}$，$F_{Oy}=-3150\text{kN}$

3.13 $F_{Ax}=0$，$F_{Ay}=-48.3\text{kN}$，$F_B=100\text{kN}$，$F_D=8.33\text{kN}$

3.14 (a)$F_{Ax}=\dfrac{M}{a}\tan\theta$，$F_{Ay}=\dfrac{-M}{a}$，$M_A=-M$；$F_B=F_C=\dfrac{M}{a\cos\theta}$

(b)$F_{Ax}=\dfrac{qa}{2}\tan\theta$，$F_{Ay}=qa/2$，$M_A=qa^2/2$；

$F_{Bx}=\dfrac{qa}{2}\tan\theta$，$F_{By}=qa/2$；$F_C=\dfrac{qa}{2\cos\theta}$

3.15 $F_{Ax}=1200\text{N}$，$F_{Ay}=150\text{N}$，$F_B=1050\text{N}$，$F_{BC}=-1500\text{N}$

3.16 $F_T=231\text{ N}$，$|F_{Cx}|=231\text{ N}$，$|F_{Cy}|=250\text{N}$

3.17 $F_{Ax}=-23\text{kN}$，$F_{Ay}=10\text{kN}$；$F_{Cx}=23\text{kN}$，$F_{Cy}=10\text{kN}$

3.18 $F_{Ax}=-F$，$F_{Ay}=-F$；$F_{Bx}=-F$，$F_{By}=0$；$F_{Dx}=2F$，$F_{Dy}=F$

第4章

4.1 略

4.2 $F_1=26\text{ kN}$，$F_2=20.9\text{kN}$

4.3 $f_s=0.8$

4.4 $l\geqslant167\text{mm}$

4.5 $s=0.456l$

4.6 $P\tan(\theta-\varphi_f)\leqslant F\leqslant P\tan(\theta+\varphi_f)$

4.7 $F=377\text{N}$

4.8 $b\leqslant110\text{mm}$

4.9 $\dfrac{M\sin(\theta-\varphi_f)}{l\cos\theta\cos(\beta-\varphi_f)}\leqslant F\leqslant\dfrac{M\sin(\theta+\varphi_f)}{l\cos\theta\cos(\beta+\varphi_f)}$

4.10 $f_s=0.289$

4.11 $\theta_{max}=28.1°$

4.12 (1) 平衡；(2) $F=1.443\text{kN}$

第5章

5.1 $F_A=F_B=-26.4\text{kN}$(压)，$F_C=33.5\text{kN}$(拉)

5.2 $F_A=-298\text{N}$(压)，$F_B=F_C=149\text{N}$(拉)

5.3 $M_x=-346.4\text{N}\cdot\text{m}$，$M_y=43.3\text{N}\cdot\text{m}$，$M_z=-200\text{N}\cdot\text{m}$

5.4 $M_x=14.14\text{N}\cdot\text{m}$，$M_y=-22.80\text{N}\cdot\text{m}$，$M_z=3.54\text{N}\cdot\text{m}$

5.5 主矢 $F'_R=(-144i+1011j-517k)\text{N}$，主矩 $M_O=(-48i+21.1j-19.4k)\text{N}\cdot\text{m}$

5.6 $F_1=4\text{kN}$，$F_2=4\text{kN}$，$F_3=12\text{kN}$

5.7 $F=50\text{N}$，$\theta=143°8'$

5.8 $F_{Ax}=4017\text{N}$，$F_{Az}=-1460\text{N}$；$F_{Bx}=7890\text{N}$，$F_{Bz}=-2872\text{N}$

5.9 $F_3=2F_4=4000\text{N}$；$F_{Ax}=-6375\text{N}$，$F_{Az}=-1296\text{N}$；$F_{Bx}=-4125\text{N}$，$F_{Bz}=-3900\text{N}$

5.10 $F_{Ox}=150\text{N}$，$F_{Oy}=75\text{N}$，$F_{Oz}=500\text{N}$；

$M_x=100\text{N}\cdot\text{m}$，$M_y=-37.5\text{N}\cdot\text{m}$，$M_z=-24.4\text{N}\cdot\text{m}$

5.11 $F_1=2F_2=10\ \text{kN}$;$F_{Ax}=-5.2\ \text{kN}$,$F_{Az}=6\ \text{kN}$;$F_{Bx}=-7.8\ \text{kN}$,$F_{Bz}=1.5\text{kN}$

5.12 $F_{Ax}=2667\ \text{N}$,$F_{Ay}=-325.3\ \text{N}$;$F_{Cx}=-666.7\ \text{N}$,$F_{Cy}=-14.7\ \text{N}$,$F_{Cz}=12640\text{N}$

5.13 $F_T=200\text{N}$;$F_{Ax}=86.6\text{N}$,$F_{Ay}=150\text{N}$,$F_{Az}=100\text{N}$;$F_{Bx}=F_{Bz}=0$

5.14 $F_{DE}=667\ \text{N}$;$F_{Kx}=-667\ \text{N}$,$F_{Kz}=-100\ \text{N}$;$F_{Mx}=133\ \text{N}$,$F_{Mz}=500\text{N}$

5.15 $F_1=F_5=-F$,$F_3=F$,$F_2=F_4=F_6=0$

5.16 $F_1=-F_2=\dfrac{F}{2\cos\varphi}$,$F_3=-F_5=\dfrac{cF}{a\cos\theta}$,$F_6=-F_4=F\cdot\dfrac{b+c\tan\theta}{a}$

5.17 $\tan\theta=\dfrac{f_s a}{\sqrt{l^2-a^2}}$

5.18 (a) $x_C=511.2\ \text{mm}$,$y_C=430\text{mm}$;(b) $x_C=90.7\ \text{mm}$,$y_C=35.7\text{mm}$

5.19 (a) $x_C=0$,$y_C=60.8\text{mm}$;(b)$x_C=110\text{mm}$,$y_C=0$;(c) $x_C=51\text{mm}$,$y_C=101\text{mm}$

第6章

略

第7章

7.1～7.4 略

7.5 $\sigma_{\text{I},\max}=-150\text{MPa}$,$\sigma_{\text{II},\max}=37.5\text{MPa}$

7.6

截面方位角	σ_α/MPa	τ_α/MPa
0°	100	0
30°	75	43.3
45°	50	50
60°	25	43.3
90°	0	0

7.7 $\Delta_D=\dfrac{Fl}{3EA}$

7.8 $\sigma=158.4\text{MPa}$

7.9 $[F]=12.1\text{kN}$

7.10 (1) $D=24.4\text{mm}$;(2) $\sigma=119\text{MPa}$,安全

7.11 杆 AC:两根 10 号槽钢

杆 BC:一根 14 号工字钢

7.12 (1) $n=119$ 根;(2) 40×40×4 等边角钢

7.13 $[P]=97\text{kN}$

7.14 $\theta=45°$

7.15 (1) $x=1.08\text{m}$;(2) $\sigma_1=44\text{MPa}$,$\sigma_2=33\text{MPa}$

7.16 $\Delta l=0.34\text{mm}$

7.17 $E=210\text{GPa}$,$v=0.242$

7.18 $\delta_C=2.61\text{mm}$

7.19 $u_B=-0.5\text{mm}$，$u_C=0.25\text{mm}$；$x=2\text{m}$ 处位移为零

7.20 $l\leqslant\dfrac{A[\sigma]-F}{\rho gA}$，$l\leqslant\dfrac{A^2[\sigma]^2-F^2}{2EA^2\rho g}$

7.21 $\Delta l=0.0804\text{mm}$

7.22 $\delta_C=0.0911\text{mm}$

7.23 (1) 不计自重：$V_\varepsilon=64\text{J}$，$v_\varepsilon=64\times10^3\ \text{J/m}^3$；
(2) 考虑自重：$V_\varepsilon=64.2\text{J}$，$v_\varepsilon=64.3\times10^3\ \text{J/m}^3$

7.24 $\delta_A=0.249\text{mm}$

7.25 $\delta_{AC}=0.683\times10^{-3}a$

7.26 $\dfrac{d_{AB}}{d_{AC}}=1.03$

7.27 力 F 作用点的垂直位移 $\delta=0.127\text{mm}$；点 C 的水平位移 $\delta_H=0.613\text{mm}$

7.28 $\sigma_{上}=10\text{MPa}$，$\sigma_{下}=-40\text{MPa}$

7.29 $\sigma_1=177\text{MPa}$，$\sigma_2=29.8\text{MPa}$，$\sigma_3=-19.4\text{MPa}$

7.30 $\sigma_{BE}=20\text{MPa}$，$\sigma_{CF}=100\text{MPa}$

7.31 两边支柱：$\sigma=-8.1\text{MPa}$，中间支柱：$\sigma=-1.7\text{MPa}$

第8章

8.1 $\tau=70.8\text{MPa}>[\tau]$；$d\geqslant32.6\text{mm}$

8.2 $d\geqslant50\text{mm}$；$b\geqslant100\text{mm}$

8.3 $d/h=2.4$

8.4 $M_e=145\text{N}\cdot\text{m}$

8.5 $\tau=30.3\text{MPa}\leqslant[\tau]$，$\sigma_{bs}=44\text{MPa}\leqslant[\sigma_{bs}]$

8.6 $l=127\text{mm}$

8.7 $d=34\text{mm}$，$t=10.4\text{mm}$

8.8 $n=2$；$\sigma=138\text{MPa}$，安全

8.9 $n=4$

8.10 $F\leqslant245\text{kN}$；$F\leqslant235\text{kN}$

第9章

9.1～9.3 略

9.4 (1) $\tau_{max}=16.36\text{MPa}$，$\varphi=1.04°$；
(2) $\tau_A=8.18\text{MPa}$，$\gamma_A=0.102\times10^{-3}$

9.5 $\tau_{max}=53\text{MPa}$

9.6 (1)略
(2) $\tau_{AB}=2.4\text{MPa}$，$\tau_{BC}=4.83\text{MPa}$，$\tau_{CD}=12.1\text{MPa}$
(3) $\varphi=0.645°$

9.7 $D=320\text{mm}$

9.8 $d\geqslant111.4\text{mm}$

9.9 $T=157.1\text{N}\cdot\text{m}$，$P=1.65\text{kW}$

9.10 $d_1\geqslant 56.5\text{mm}$，$D_2\geqslant 57.6\text{mm}$

9.11 (1) $m=9.76\text{N}\cdot\text{m/m}$；(2) $\tau_{max}=17.8\text{MPa}$，安全；(3) $\varphi_{AB}=8.5°$

9.12 $P=1033\text{kW}$，$\tau_{max}=41.9\text{MPa}$

9.13 $d=70\text{mm}$

9.14 $\tau_{max}=26.4\text{MPa}\leqslant[\tau]$，$\varphi'=0.27°/\text{m}<[\varphi']$，安全

9.15 (1) $d_1\geqslant 84.6\text{mm}$，$d_2\geqslant 74.5\text{mm}$

(2) $d\geqslant 84.6\text{mm}$

(3) 略

9.16 1∶1.36

9.17 略

第10章

略

第11章

11.1、11.2 略

11.3 (a) $I_y=\frac{1}{12}[h_1b^3+(h_2-h_1)B^3]$，$I_z=\frac{1}{12}[Bh_2^3+(B-b)h_1^3]$

(b) $I_y=I_z=\frac{a^4}{12}$

(c) $I_y=\frac{\pi d^4}{128}$，$I_z=0.006\ 86d^4$

(d) $I_y=3.25\times10^4\text{cm}^4$，$I_z=6.04\times10^3\text{cm}^4$

11.4 (a) $I_{yC}=2.86\times10^4\text{mm}^4$

(b) $I_{yC}=101.8\times10^6\text{mm}^4$

11.5 (a) $I_z=2473\times10^4\text{mm}^4$，$i_z=65\text{mm}$

(b) $I_z=1.547\times10^{10}\text{mm}^4$，$i_z=293\text{mm}$

11.6 $\sigma_{max}=\frac{Ed}{d+D}$

11.7 $\sigma_A=2.38\text{MPa}$，$\sigma_{max}=3.24\text{MPa}$

11.8 $\sigma_{max}=82.8\text{MPa}$

11.9 $\sigma_{t,max}=73.6\text{MPa}$，$\sigma_{c,max}=147\text{MPa}$

11.10 $l\leqslant 500\text{mm}$

11.11 两根10号槽钢

11.12 $q=15.7\text{kN/m}$

11.13 $a=1.385\text{m}$

11.14 $[F]=58.9\text{kN}$

11.15 $\tau_A=0$，$\tau_B=3.75\text{MPa}$，$\tau_C=2.81\text{MPa}$

11.16 $\sigma_{max}=149\text{MPa}$，$\tau_{max}=13.2\text{MPa}$

11.17 $\tau=27.9\text{MPa}$

11.18 $\tau=-1.57\text{MPa}$

11.19 $\sigma_{max}=31\text{MPa}<[\sigma]$，$\tau_{max}=4.25\text{MPa}<[\tau]$，安全

11.20 两根 25b 号工字钢

11.21 $\sigma_{max}=130\text{MPa}<[\sigma]$，$\tau_{max}=29.9\text{MPa}<[\tau]$，安全

第 12 章

12.1 (a) $\theta_B=-\dfrac{9Fl^2}{8EI}$，$w_A=-\dfrac{Fl^3}{6EI}$

(b) $\theta_B=-\dfrac{5Fa^2}{4EI}$，$w_A=-\dfrac{3Fa^3}{2EI}$

(c) $\theta_B=-\dfrac{3qa^3}{128EI}$，$w_A=-\dfrac{5qa^4}{768EI}$

(d) $\theta_B=\dfrac{ql^2}{24EI}(5l+12a)$，$w_A=\dfrac{qal^2}{24EI}(5l+6a)$

12.2 $w_D=-\dfrac{Fa^3}{3EI}$

12.3 $w_C=-\left(\dfrac{4Fa}{EA}+\dfrac{Fl^3}{12EI}\right)$

12.4 $l\leqslant 8.6\text{m}$

12.5 $w=12.05\text{mm}\leqslant[w]=\dfrac{l}{500}=17.52\text{mm}$，安全

12.6 选 28a 工字钢

12.7 $a=1\text{m}$，$[F]=18.5\text{kN}$，$w_{max}=9.29\text{mm}\leqslant[w]=10\text{mm}$，安全

12.8 (a) $F_B=\dfrac{14}{27}F$；(b) $F_B=\dfrac{17}{16}ql$

12.9 (a) $F_B=\dfrac{11}{8}F$；(b) $F_A=\dfrac{9M_0}{8l}$；(c) $F_B=\dfrac{11}{8}F$

12.10 (1) $F_C=\dfrac{5}{4}F$；(2) M_{max}减小 50%，w_B 减小 39%

第 13 章

13.1、13.2 略

13.3 (a) $\sigma_A=\dfrac{F_1}{bh}+\dfrac{6F_2l}{bh^2}+\dfrac{6F_3l}{hb^2}$，$\sigma_B=\dfrac{F_1}{bh}-\dfrac{6F_2l}{bh^2}-\dfrac{6F_3l}{hb^2}$

(b) 点 A：$\tau=4.38\text{MPa}$，点 B：$\sigma=15.6\text{MPa}$，$\tau=1.4\text{MPa}$

13.4 (a) $\sigma_\theta=52.3\text{MPa}$，$\tau_\theta=18.7\text{MPa}$

(b) $\sigma_\theta=-27.3\text{MPa}$，$\tau_\theta=27.3\text{MPa}$

(c) $\sigma_\theta=-12.5\text{MPa}$，$\tau_\theta=-65\text{MPa}$

(d) $\sigma_\theta=79.6\text{MPa}$，$\tau_\theta=-6\text{MPa}$

13.5 (a) $\sigma_1=57\text{MPa}$，$\sigma_2=0$，$\sigma_3=-7\text{MPa}$，$\theta_0=19.3°$

(b) $\sigma_1=37\text{MPa}$，$\sigma_2=0$，$\sigma_3=-27\text{MPa}$，$\theta_0=-70.7°$

(c) $\sigma_1=11.2\text{MPa}$，$\sigma_2=0$，$\sigma_3=-71.2\text{MPa}$，$\theta_0=52°$

第14章

14.1 $\sigma_{max}=148.7\text{MPa}$

14.2 $\sigma_A=8.5\text{MPa}$，$\sigma_B=0.16\text{MPa}$，$\sigma_C=-8.5\text{MPa}$，$\sigma_D=-0.16\text{MPa}$

$\sigma_A=8.5\text{MPa}<[\sigma]=10\text{MPa}$

14.3 (1) $b=91\text{mm}$，$b=182\text{mm}$

(2) $d=156\text{mm}$

14.4 $q_{max}\leqslant 1.385\text{kN/m}$

14.5 $\sigma=-8.5\text{MPa}$

14.6 $a=4.63\text{m}$

14.7 $d=5.65\text{m}$

14.8 (a) $\sigma=-11.66\text{MPa}$；(b) $\sigma=-8.75\text{MPa}$

14.9 $s=\dfrac{l}{2}+\dfrac{d}{8}\tan\theta$

14.10 (1) $\sigma_{max}=55\text{MPa}$；(2) $\sigma_{max}=45.7\text{MPa}$

14.11 $\sigma_{max}=135\text{MPa}$

14.12 $F=18.38\text{kN}$，$e=1.785\text{mm}$

14.13 $\sigma_A=8.83\text{MPa}$，$\sigma_B=3.83\text{MPa}$，$\sigma_C=-12.2\text{MPa}$，$\sigma_D=-7.17\text{MPa}$

第15章

15.1 (c) 最大，(a)最小

15.2 $F_{cr}=150\text{kN}$

15.3 $n=5.95>n_{st}$

15.4 $F\leqslant 90\text{kN}$

15.5 $F_{cr}=\dfrac{3\pi^2 EI}{4h^2}$

15.6 $F_{cr}=\dfrac{\pi^2 Ed^4}{128l^2}$

15.7 工字钢 No. 28a

15.8 (1) $d_1=89\text{mm}$；(2) $D_2=94\text{mm}$，$d_2=56\text{mm}$

15.9 $d=180\text{mm}$

第16章

16.1 (a) 几何常变体系

(b) 几何不变体系，且有一个多余约束

(c) 常变体系

(d) 瞬变体系

(e) 几何不变体系，且无多余约束

(f) 几何不变体系，且无多余约束

(g) 几何不变体系，且无多余约束

(h) 几何不变体系，且无多余约束

(i) 几何不变体系，有 2 个多余约束

(j) 几何不变体系，且无多余约束

(k) 几何不变体系，且无多余约束

(l) 瞬变体系

(m) 几何不变体系，且无多余约束

(n) 几何不变体系，且无多余约束

(o) 几何不变体系，且有一个多余约束

16.2 略

16.3 (a) 几何不变，一次超静定

(b) 几何不变，两次超静定

(c) 几何不变，三次超静定

(d) 几何不变，两次超静定

第 17 章

17.1、17.2 略

17.3 $M_C=0$，$F_{RA}=10\text{kN}$，$F_{RC}=10.67\text{kN}$，$F_{RD}=21.33\text{kN}$

17.4 $a=\dfrac{l}{6}$

17.5 (a) $F_{RA}=-\dfrac{1}{5}F$，$F_{RB}=\dfrac{5}{6}F$，$F_{RC}=0$；

(b) $F_{RA}=-\dfrac{3}{40}F$，$F_{RB}=\dfrac{38}{40}F$，$F_{RC}=\dfrac{5}{40}F$

17.6 略

17.7 (a) $M_A=Fa$；(b) $M_{BC}=0$

17.8 (a)、(b)略；(c) $M_B=h$；(d) $M_B=a$；(e) $M_B=a$

17.9 $M_B=180\text{kN}\cdot\text{m}$，$M_D=180\text{kN}\cdot\text{m}$

17.10 $M_{CD}=-504\text{kN}\cdot\text{m}$，$F_{SCD}=-168\text{kN}$，$F_{NCD}=-259.9\text{kN}$

17.11 是静定结构。$M_A=M_B=M_D=0$，$M_E=2Fa$，$F_{NBC}=F_{NCD}=-F$

17.12 $F_{SK}=18.301\text{kN}$，$F_{NK}=-43.301\text{kN}$，$M_K=165.85\text{kN}\cdot\text{m}$

17.13 (a) 4 根 (b)7 根 (c)11 根 (d)7 根

17.14 (a) $F_{N75}=\sqrt{2}F$，$F_{N76}=-F$，$F_{N56}=-F$，$F_{N53}=-F$，$F_{N63}=\sqrt{2}F$，$F_{N64}=-2F$，

$F_{N31}=2F$，$F_{N34}=-F$，$F_{N41}=2\sqrt{2}F$，$F_{N42}=-4F$，$F_{N12}=2F$

(b) $F_{N12}=\dfrac{3}{4}F$，$F_{N17}=\dfrac{5}{4}F$，$F_{N67}=-\dfrac{3}{2}F$，$F_{N28}=\dfrac{5}{4}F$，$F_{N27}=F$，$F_{N78}=-\dfrac{3}{4}F$

(c) $F_{NAD}=F_{NDF}=F_{NFB}=20\text{kN}$，$F_{NAE}=F_{NEG}=F_{NGC}=10\sqrt{5}\text{kN}$

17.15 (a) $F_{Na}=0$；

(b) $F_{Na}=0$，$F_{Nb}=0$；

(c) $F_{Na}=F$，$F_{Nb}=-2\sqrt{2}F$，$F_{Nc}=2F$；

(d) $F_{Nb}=2F$；

(e) $F_{N1}=0$

17.16 略

第18章

18.1 (a) $\varphi_B=\dfrac{qa^3}{3EI}$(↻)，$\Delta_{CV}=\dfrac{qa^4}{24EI}$(↑)

(b) $\varphi_B=\dfrac{ql^3}{24EI}$(↻)，$\Delta_{CV}=\dfrac{ql^4}{24EI}$(↓)

(c) $\Delta_{BH}=\dfrac{ql^4}{8EI}$(←)，$\varphi_B=\dfrac{ql^3}{6EI}$(↻)

(d) $\Delta_{BH}=\dfrac{11ql^4}{24EI}$(→)

(e) $\Delta_{CH}=\dfrac{12\ 500}{EI}$(→)，$\Delta_{CV}=\dfrac{25\ 000}{3EI}$(↓)，$\varphi_C=\dfrac{5000}{3EI}$(↻)

18.2 同题18.1

18.3 (a) $\dfrac{23Fl^3}{648EI}$↓；(b) $\dfrac{680}{3EI}$↓；(c) $f=\dfrac{Fl^3}{48EI}$(↓)，$\varphi_A=\dfrac{Fl^2}{16EI}$(↻)；

(d) $\varphi_B=\dfrac{1}{6EI}(M_1L+2M_2L)$

18.4 (a) $\Delta_{CH}=\dfrac{486}{EI}$(→)，$\varphi_B=\dfrac{99}{EI}$(↻)

(b) $\Delta_{AH}=\dfrac{2Fl^3}{3EI}$(→)，$\Delta_{AV}=\dfrac{5Fl^3}{8EI}$(↓)

(c) $\Delta_{DV}=\dfrac{112q}{EI}$(↓)，$\Delta_{CV}=\dfrac{53.67q}{EI}$(↓)

(d) $\Delta_{BH}=\dfrac{120q}{EI}$(→)，$\varphi_B=-\dfrac{60}{EI}$(↻)

18.5 $\varphi_B=\dfrac{qL^3}{24EI}+\dfrac{FL^2}{16EI}$

18.6 $\Delta_{CD}=\dfrac{qL^4}{24EI}$(→←)

18.7 $\Delta_{AV}=\dfrac{4FL^3}{3EI}$，$\varphi_{AB}=\dfrac{FL^2}{EI}$

18.8 $\varphi_{AB}=\dfrac{F}{EA}$(↻)

18.9 $\Delta_{CV}=0.12\text{cm}$(↓)

18.10 $\Delta_{CH}=0.2\text{mm}$(→)

*18.11 8.02mm↓

18.12 $\dfrac{Hb}{l}$→

18.13 上边角度减小 0.005rad

18.14 (4)

第19章

19.1 (a)2 次 (b)1 次 (c)1 次 (d)3 次 (e)6 次 (f)8 次

19.2 (a) $M_{AB}=\dfrac{ql^2}{8}$ (b) $M_{AB}=-\dfrac{Fl_1l_2(l_1+2l_2)}{2(l_1+l_2)^2}$ (c) $M_{AB}=0.8\text{kN}\cdot\text{m}$

(d) $M_{AB}=0.5Fl_2$ (e) $M_{CA}=\dfrac{ql^2}{8}$ (f) $M_{CA}=\dfrac{ql^2}{6}$

(g) $M_{AB}=\dfrac{3Fl}{16}$ (h) $M_{AB}=5\text{kN}\cdot\text{m}$ (i) $M_{BA}=\dfrac{Fl}{8}$

(j) $M_{BC}=\dfrac{ql^2}{20}$

19.3 (a) $M_{CA}=\dfrac{ql^2}{32}$ (b) $M_{BC}=20\text{kN}\cdot\text{m}$ (c) $M_{BC}=45.08\text{kN}\cdot\text{m}$

(d) $M_{BC}=42.6\text{kN}\cdot\text{m}$ (e) $M_{BC}=-\dfrac{ql^2}{68}$ (f) $M_{BC}=\dfrac{5Fl}{22}$

(g) $M_{CB}=\dfrac{11ql^2}{40}$ (h) $M_{DC}=7.38\text{kN}\cdot\text{m}$

19.4 (a) $F_{AB}=F_{BC}=0.41F$(拉) $F_{AD}=F_{EC}=0.59F$(压)

$F_{BD}=F_{BE}=0.83F$(压) $F_{DE}=0.17F$(拉)

(b) $F_{AD}=F_{AB}=F_{BC}=0.1F$(压) $F_{AC}=F_{BD}=0.15F$(拉)

$F_{DC}=0.9F$(拉)

(c) $F_{AD}=F_{AB}=0.33F$(拉) $F_{AC}=0.44F$(拉)

(d) $F_{AC}=F_{BD}=28.3\text{kN}$(压) $F_{AE}=F_{EF}=F_{FB}=20\text{kN}$(拉)

$F_{CF}=F_{DE}=0$ $F_{CE}=F_{DF}=0$ $F_{CD}=20\text{kN}$ (压)

19.5 (a) $F_{AB}=9.4\text{kN}$(压),$F_{AE}=F_{BF}=10.5\text{kN}$(拉),$F_{CE}=F_{DF}=4.7\text{kN}$(压)

$F_{EF}=9.4\text{kN}$(拉),$M_{CA}=-0.1\text{kN}\cdot\text{m}$

(b) $F_{AB}=23.8\text{kN}$(压),$F_{CD}=35.7\text{kN}$(压),$F_{AD}=F_{BD}=29.8\text{kN}$(拉)

$M_{CA}=11.4\text{kN}\cdot\text{m}$

(c) $F_{BC}=33.65\text{kN}$(压),$M_{AC}=68.1\text{kN}\cdot\text{m}$

19.6 (a) $M_{AC}=225\text{kN}\cdot\text{m}$

(b)$M_{AD}=78.1\text{kN}\cdot\text{m}$

19.7 (a) $M_{BD}=61.2\text{kN}\cdot\text{m}$ (b) $M_{AD}=0.04qa^2$

(c) $M_{BE}=23.9\text{kN}\cdot\text{m}$ (d) $M_{EF}=22.1\text{kN}\cdot\text{m}$

(e) $M_{EF}=\dfrac{3ql^2}{8}$

19.8 (a) $M_{AB}=\dfrac{3EI}{l}\varphi_A$ (b) $M_{AB}=-\dfrac{3EI}{l^2}\Delta$

(c) $M_{AB}=\dfrac{EI}{l}\varphi_A$ (d) $M_{AB}=\dfrac{48EI}{11l}\varphi_A$

第20章

20.1 (a)2φ (b)2φ (c)$3\varphi 1\Delta$ (d)$1\varphi 1\Delta$ (e)$3\varphi 1\Delta$ (f)$1\varphi 1\Delta$
(g)1φ (h)2Δ (i)$2\varphi 1\Delta$ (j)$2\varphi 3\Delta$ (k)$3\varphi 1\Delta$
(l)$6\varphi 3\Delta$ (m)$7\varphi 4\Delta$

20.2 (a) $M_{AB}=30\text{kN}\cdot\text{m}$，$M_{DB}=-65\text{kN}\cdot\text{m}$
(b) $M_{AB}=0.286m$，$M_{DB}=0.571m$，$M_{CB}=0.429m$
(c) $M_{AB}=-11.14\text{kN}\cdot\text{m}$，$M_{BA}=7.72\text{kN}\cdot\text{m}$，$M_{CB}=2\text{kN}\cdot\text{m}$
(d) $M_{AB}=-2.67\text{kN}\cdot\text{m}$，$M_{BA}=14.67\text{kN}\cdot\text{m}$，$M_{CB}=32.67\text{kN}\cdot\text{m}$
(e) $M_{AB}=-5\text{kN}\cdot\text{m}$，$M_{BA}=-50\text{kN}\cdot\text{m}$

20.3 (a) $M_{AB}=-30.3\text{kN}\cdot\text{m}$，$M_{BA}=74.3\text{kN}\cdot\text{m}$
(b) $M_{BA}=38.14\text{kN}\cdot\text{m}$，$M_{BC}=-48.43\text{kN}\cdot\text{m}$，$M_{BD}=10.29\text{kN}\cdot\text{m}$，$M_{DB}=5.14\text{kN}\cdot\text{m}$

20.4 (a) $M_{AB}=13.8\text{kN}\cdot\text{m}$；(b) $M_{AB}=-15.4\text{kN}\cdot\text{m}$

20.5 略

20.6 略

20.7 $M_{CA}=-79.6\text{kN}\cdot\text{m}$

20.8 同题 20.3

20.9 同题 20.4

20.10 (a)略；(b) $M_{BA}=32.4\text{kN}\cdot\text{m}$

20.11 同题 20.6

第21章

21.1、21.2 略

21.3 $M_{C,\max}=1912.2\text{kN}\cdot\text{m}$(下边受拉)

21.4 $M_{C,\max}=\frac{275}{3}\text{kN}\cdot\text{m}$，$M_{C,\min}=-\frac{135}{3}\text{kN}\cdot\text{m}$

$F_{SC,\max}=\frac{235}{3}\text{kN}$，$F_{SC,\min}=-\frac{95}{6}\text{kN}$

附录B 型 钢 表

表 B1 **热轧等边角钢**

符号意义：

b—边宽度； I—惯性矩；

d—边厚度； i—惯性半径；

r—内圆弧半径； W—截面系数；

r_1—边端内圆弧半径； z_0—重心距离

角钢号数	尺寸(mm)			截面面积 (cm^2)	理论质量 (kg/m)	外表面积 (m^2/m)	参考数值										z_0 (cm)
							$x-x$			x_0-x_0			y_0-y_0			x_1-x_1	
	b	d	r				I_x (cm^4)	i_x (cm)	W_x (cm^3)	I_{x0} (cm^4)	i_{x0} (cm)	W_{x0} (cm^3)	I_{y0} (cm^4)	i_{y0} (cm)	W_{y0} (cm^3)	I_{x1} (cm^4)	
2	20	3	3.5	1.132	0.889	0.078	0.40	0.59	0.29	0.63	0.75	0.45	0.17	0.39	0.20	0.81	0.60
		4		1.459	1.445	0.077	0.50	0.58	0.36	0.78	0.73	0.55	0.22	0.38	0.24	1.09	0.64
2.5	25	3		1.432	1.124	0.098	0.82	0.76	0.46	1.29	0.95	0.73	0.34	0.49	0.33	1.57	0.73
		4		1.859	1.459	0.097	1.03	0.74	0.59	1.62	0.93	0.92	0.43	0.48	0.40	2.11	0.76
3.0	30	3	4.5	1.749	1.373	0.117	1.46	0.91	0.68	2.31	1.15	1.09	0.61	0.59	0.51	2.71	0.85
		4		2.276	1.786	0.117	1.84	0.90	0.87	2.92	1.13	1.37	0.77	0.58	0.62	3.63	0.89
3.6	36	3	4.5	2.109	1.656	0.141	2.58	1.11	0.99	4.09	1.39	1.61	1.07	0.71	0.76	4.68	1.00
		4		2.756	2.163	0.141	3.29	1.09	1.28	5.22	1.38	2.05	1.37	0.70	0.93	6.25	1.04
		5		3.382	2.654	0.141	3.95	1.08	1.56	6.24	1.36	2.45	1.65	0.70	1.09	7.84	1.07
4.0	40	3	5	2.359	1.852	0.157	3.59	1.23	1.23	5.69	1.55	2.01	1.49	0.79	0.96	6.41	1.09
		4		3.086	2.422	0.157	4.60	1.22	1.60	7.29	1.54	2.58	1.91	0.79	1.19	8.56	1.13
		5		3.791	2.976	0.156	5.53	1.21	1.96	8.76	1.52	3.01	2.30	0.78	1.39	10.74	1.17

续表

角钢号数	尺寸(mm)			截面面积 (cm^2)	理论质量 (kg/m)	外表面积 (m^2/m)	参考数值										z_0 (cm)
	b	d	r				$x-x$			x_0-x_0			y_0-y_0			x_1-x_1	
							I_x (cm^4)	i_x (cm)	W_x (cm^3)	I_{x0} (cm^4)	i_{x0} (cm)	W_{x0} (cm^3)	I_{y0} (cm^4)	i_{y0} (cm)	W_{y0} (cm^3)	I_{x1} (cm^4)	
4.5	45	3	5	2.659	2.088	0.177	5.17	1.40	1.58	8.20	1.76	2.58	2.14	0.90	1.24	9.12	1.22
		4		3.486	2.736	0.177	6.65	1.38	2.05	10.56	1.74	3.32	2.75	0.89	1.54	12.18	1.26
		5		4.292	3.369	0.176	8.04	1.37	2.51	12.74	1.72	4.00	3.33	0.88	1.81	15.25	1.30
		6		5.076	3.985	0.176	9.33	1.36	2.95	14.76	1.70	4.64	3.89	0.88	2.06	18.36	1.33
5	50	3	5.5	2.971	2.332	0.197	7.18	1.55	1.96	11.37	1.96	3.22	2.98	1.00	1.57	12.50	1.34
		4		3.897	3.059	0.197	9.26	1.54	2.56	14.70	1.94	4.16	3.82	0.99	1.96	16.69	1.38
		5		4.803	3.770	0.196	11.21	1.53	3.13	17.79	1.92	5.03	4.64	0.98	2.31	20.90	1.42
		6		5.688	4.465	0.196	13.05	1.52	3.68	20.68	1.91	5.58	5.42	0.98	2.63	25.14	1.46
5.6	56	3	6	3.343	2.624	0.221	10.19	1.75	2.48	16.14	2.20	4.08	4.24	1.13	2.02	17.56	1.48
		4		4.390	3.446	0.220	13.18	1.73	3.24	20.92	2.18	5.28	5.46	1.11	2.52	23.43	1.53
		5		5.415	4.251	0.220	16.02	1.72	3.97	25.42	2.17	6.42	6.61	1.10	2.98	29.33	1.57
		8	7	8.367	6.568	0.219	23.03	1.68	6.03	37.37	2.11	9.44	9.89	1.09	4.16	47.24	1.68
6.3	63	4	7	4.978	3.907	0.248	19.03	1.96	4.13	30.17	2.46	6.78	7.89	1.26	3.29	33.34	1.70
		5		6.143	4.822	0.248	23.47	1.94	5.08	36.77	2.45	8.25	9.57	1.25	2.90	41.73	1.74
		6		7.288	5.721	0.247	27.12	1.93	6.00	43.03	2.43	9.66	11.20	1.24	4.46	50.14	1.78
		8		9.515	7.469	0.247	34.46	1.90	7.75	54.56	2.40	12.25	14.33	1.23	5.47	67.11	1.85
		10		11.657	9.151	0.246	44.09	1.88	9.39	64.85	3.36	14.56	17.33	1.22	6.36	84.31	1.93
7	70	4	8	5.570	4.372	0.275	26.39	2.18	5.14	41.80	2.74	8.44	10.99	1.40	4.17	45.74	1.86
		5		6.875	5.397	0.275	32.21	2.16	6.32	51.08	2.73	10.32	13.34	1.39	4.95	57.21	1.91
		6		8.160	6.406	0.275	37.77	2.15	7.48	59.93	2.71	12.11	15.61	1.38	5.67	58.73	1.95
		7		9.424	7.398	0.275	43.09	2.14	8.59	68.35	2.69	13.81	17.82	1.38	6.34	80.29	1.99
		8		10.667	8.373	0.274	48.17	2.12	9.68	76.37	2.68	15.43	19.98	1.37	6.98	91.92	2.03

续表

角钢号数	尺寸(mm)			截面面积 (cm²)	理论质量 (kg/m)	外表面积 (m²/m)	参考数值										z_0 (cm)
							$x-x$			x_0-x_0			y_0-y_0			x_1-x_1	
	b	d	r				I_x (cm⁴)	i_x (cm)	W_x (cm³)	I_{x0} (cm⁴)	i_{x0} (cm)	W_{x0} (cm³)	I_{y0} (cm⁴)	i_{y0} (cm)	W_{y0} (cm³)	I_{x1} (cm⁴)	
7.5	75	5	9	7.367	5.818	0.295	39.97	2.33	7.32	63.30	2.92	11.94	16.63	1.50	5.77	70.56	2.04
		6		8.797	6.905	0.294	46.95	2.31	8.64	74.38	2.90	14.02	19.51	1.49	6.67	84.55	2.07
		7		10.160	7.976	0.294	53.57	2.30	9.93	84.96	2.89	16.02	22.18	1.48	7.44	98.71	2.11
		8		11.503	9.030	0.294	59.96	2.28	11.20	95.07	2.88	17.93	24.86	1.47	8.19	112.97	2.15
		10		14.126	11.089	0.293	71.98	2.26	13.64	113.92	2.84	21.48	30.05	1.46	9.56	141.71	2.22
8	80	5	9	7.912	6.211	0.315	48.79	2.48	8.34	77.33	3.13	13.67	20.25	1.60	6.66	85.36	2.15
		6		9.397	7.376	0.314	57.35	2.47	9.87	90.98	3.11	16.08	23.72	1.59	7.65	102.50	2.19
		7		10.860	8.525	0.314	65.58	2.46	11.37	104.07	3.10	18.40	27.09	1.58	8.58	119.70	2.23
		8		12.303	9.658	0.314	73.49	2.44	12.83	116.60	3.08	20.61	30.39	1.57	9.46	136.97	2.27
		10		15.126	11.874	0.313	88.43	2.42	15.64	140.09	3.04	24.76	36.77	1.56	11.08	171.74	2.35
9	90	6	10	10.637	8.350	0.354	82.77	2.79	12.61	131.26	3.51	20.63	34.28	1.80	9.95	145.87	2.44
		7		12.301	9.656	0.354	94.83	2.78	14.54	150.47	3.50	23.64	29.18	1.78	11.19	170.30	2.48
		8		13.944	10.946	0.353	106.47	2.76	16.42	168.97	3.48	26.55	43.97	1.78	12.35	194.80	2.52
		10		17.167	13.476	0.353	128.58	2.74	20.07	203.90	3.45	32.04	53.26	1.76	14.52	244.07	2.59
		12		20.306	15.940	0.352	149.22	2.71	23.57	236.21	3.41	37.12	62.22	1.75	16.49	293.76	2.67
10	100	6	12	11.932	9.366	0.393	114.95	3.01	15.68	181.98	3.90	25.74	47.92	2.00	12.69	200.07	2.67
		7		13.796	10.830	0.393	131.86	3.09	18.10	208.97	3.89	29.55	54.74	1.99	14.26	233.54	2.71
		8		15.638	12.276	0.393	148.24	3.08	20.47	235.07	3.88	33.24	61.41	1.98	15.75	267.09	2.76
		10		19.261	15.120	0.392	179.51	3.05	25.06	284.68	3.84	40.26	74.35	1.96	18.54	334.48	2.84
		12		22.800	17.898	0.391	208.90	3.03	29.48	330.95	3.81	46.80	86.84	1.95	21.08	402.34	2.91
		14		26.256	20.611	0.391	236.53	3.00	33.73	374.06	3.77	52.90	99.00	1.94	23.44	470.75	2.99
		16		29.627	23.257	0.390	262.53	2.98	37.82	414.16	3.74	58.57	110.89	1.94	25.63	539.80	3.06

续表

角钢号数	尺寸(mm)			截面面积 (cm^2)	理论质量 (kg/m)	外表面积 (m^2/m)	参考数值										z_0 (cm)
							$x-x$			x_0-x_0			y_0-y_0			x_1-x_1	
	b	d	r				I_x (cm^4)	i_x (cm)	W_x (cm^3)	I_{x0} (cm^4)	i_{x0} (cm)	W_{x0} (cm^3)	I_{y0} (cm^4)	i_{y0} (cm)	W_{y0} (cm^3)	I_{x1} (cm^4)	
11	110	7	12	15.196	11.928	0.433	177.16	3.41	22.05	280.94	4.30	36.12	73.38	2.20	17.51	310.64	2.96
		8		17.238	13.532	0.433	199.46	3.40	24.95	316.49	4.28	40.69	82.42	2.19	19.39	355.20	3.01
		10		21.261	16.690	0.432	242.19	3.38	30.60	384.39	4.25	49.42	99.98	2.17	22.91	444.65	3.09
		12		25.200	19.782	0.431	282.55	3.35	36.05	448.17	4.22	57.62	116.93	2.15	26.15	534.60	3.16
		14		29.056	22.809	0.431	320.71	3.32	44.31	508.01	4.18	65.31	133.40	2.14	19.14	625.16	3.24
12.5	125	8	14	19.750	15.504	0.492	297.03	3.88	32.52	470.89	4.88	53.28	123.16	2.50	25.86	521.01	3.37
		10		24.373	19.133	0.491	316.67	3.85	39.97	573.89	4.85	64.93	149.46	2.48	30.62	651.93	3.45
		12		28.912	22.696	0.491	423.16	3.83	41.17	671.44	4.82	75.96	174.88	2.46	35.03	783.42	3.53
		14		33.367	26.193	0.490	481.65	3.80	54.16	763.73	4.78	86.41	199.57	2.45	39.13	915.61	3.61
14	140	10	14	27.373	21.488	0.551	514.65	4.34	50.58	817.27	5.46	82.56	212.04	2.78	39.20	915.11	3.82
		12		32.512	25.522	0.551	603.68	4.31	59.80	958.79	5.43	96.85	248.57	2.76	45.02	1099.28	3.90
		14		37.567	29.490	0.550	688.81	4.28	68.75	1093.56	5.40	110.47	284.06	2.75	50.45	1284.22	3.98
		16		42.539	33.393	0.549	770.24	4.26	77.46	1221.81	5.36	123.42	318.67	2.74	55.55	1470.07	4.06
16	160	10	16	31.502	24.729	0.630	779.53	4.98	66.70	1237.30	6.27	109.36	321.76	3.20	52.76	1365.33	4.31
		12		37.411	29.391	0.630	916.58	4.95	78.98	1455.68	6.24	128.67	377.49	3.18	60.74	1639.57	4.39
		14		43.296	33.987	0.629	1048.36	4.92	90.95	1665.02	6.20	147.17	431.70	3.16	68.244	1914.68	4.47
		16		49.067	38.518	0.629	1175.08	4.89	102.63	1865.57	6.17	164.89	484.59	3.14	75.31	2190.82	4.55
18	180	12	16	42.241	33.159	0.170	1321.35	5.59	100.82	2100.10	7.05	165.00	542.61	3.58	78.41	2332.80	4.89
		14		48.896	38.388	0.709	1514.48	5.56	116.25	2407.42	7.02	189.14	625.53	3.56	88.38	2723.48	4.97
		16		55.467	43.542	0.709	1700.99	5.54	131.13	2703.37	6.98	212.40	698.60	3.55	97.83	3115.29	5.05
		18		61.955	48.634	0.708	1875.12	5.50	145.64	2988.24	6.94	234.78	762.01	3.51	105.14	3502.43	5.13
20	200	14	18	54.642	42.894	0.788	2103.55	6.20	144.70	3343.26	7.82	236.40	863.83	3.98	111.82	3734.10	5.46
		16		62.013	48.680	0.788	2366.15	6.18	163.65	3760.89	7.79	265.93	971.41	3.96	123.96	4270.39	5.54
		18		69.301	54.401	0.787	2620.64	6.15	182.22	4164.54	7.75	294.48	1076.74	3.94	135.52	4808.13	5.62
		20		76.505	60.056	0.787	2867.30	6.12	200.42	4554.55	7.72	322.06	1180.04	3.93	146.55	5347.51	5.69
		24		90.661	71.168	0.785	2338.25	6.07	236.17	5294.97	7.64	274.41	1381.53	3.90	133.55	6457.16	5.87

表 B2 热轧不等边角钢

符号意义：

B—长边宽度；　b—短边宽度；

d—边厚度；　r—内圆弧半径；

r_1—边端内圆弧半径；　I—惯性矩；

i—惯性半径；　W—截面系数；

x_0—重心距离；　y_0—重心距离

角钢号数	尺寸(mm)				截面面积(cm²)	理论质量(kg/m)	外表面积(m²/m)	参考数值													
								$x-x$			$y-y$			x_1-x_1		y_1-y_1		$u-u$			
	B	b	d	r				I_x (cm⁴)	i_x (cm)	W_x (cm³)	I_y (cm⁴)	i_y (cm)	W_y (cm³)	I_{x1} (cm⁴)	y_0 (cm)	I_{y1} (cm⁴)	x_0 (cm)	I_u (cm⁴)	i_u (cm)	W_u (cm³)	tanα
2.5/1.6	25	16	3	3.5	1.162	0.912	0.080	0.70	0.78	0.43	0.22	0.44	0.19	1.56	0.86	0.43	0.42	0.14	0.34	0.16	0.392
			4		1.499	1.176	0.079	0.88	0.77	0.55	0.27	0.43	0.24	2.09	0.90	0.59	0.46	0.17	0.34	0.20	0.381
3.2/2	32	20	3		1.492	1.171	0.102	1.53	1.01	0.72	0.46	0.55	0.30	3.27	1.08	0.82	0.49	0.28	0.43	0.25	0.382
			4		1.939	1.522	0.101	1.93	1.00	0.93	0.57	0.54	0.39	4.37	1.12	1.12	0.53	0.35	0.42	0.32	0.374
4/2.5	40	25	3	4	1.890	1.484	0.127	3.08	1.28	1.15	0.93	0.70	0.49	6.39	1.32	1.59	0.59	0.56	0.54	0.40	0.386
			4		2.467	1.936	0.127	3.93	1.26	1.49	1.18	0.69	0.63	8.53	1.37	2.14	0.63	0.71	0.54	0.52	0.381
4.5/2.8	45	28	3	5	2.149	1.687	0.143	4.45	1.44	1.47	1.34	0.79	0.62	9.10	1.47	2.23	0.64	0.80	0.61	0.51	0.383
			4		2.806	2.203	0.143	5.69	1.42	1.91	1.70	0.78	0.80	12.13	1.51	3.00	0.68	1.02	0.60	0.66	0.380
5/3.2	50	32	3	5.5	2.431	1.908	0.161	6.24	1.60	1.84	2.02	0.91	0.82	12.49	1.60	3.31	0.73	1.20	0.70	0.68	0.404
			4		3.177	2.494	0.160	8.02	1.59	2.39	2.58	0.90	1.06	16.65	1.65	4.45	0.77	1.53	0.69	0.87	0.402

续表

角钢号数	尺寸(mm)				截面面积 (cm²)	理论质量 (kg/m)	外表面积 (m²/m)	参考数值														
								$x-x$			$y-y$			x_1-x_1		y_1-y_1		$u-u$			
	B	b	d	r				I_x (cm⁴)	i_x (cm)	W_x (cm³)	I_y (cm⁴)	i_y (cm)	W_y (cm³)	I_{x1} (cm⁴)	y_0 (cm)	I_{y1} (cm⁴)	x_0 (cm)	I_u (cm⁴)	i_u (cm)	W_u (cm³)	$\tan\alpha$
5.6/3.6	56	36	3	6	2.743	2.153	0.181	8.88	1.80	2.32	2.92	1.03	1.05	17.54	1.78	4.70	0.80	1.73	0.79	0.87	0.408
5.6/3.6	56	36	4	6	3.590	2.818	0.180	11.45	1.79	3.03	3.76	1.02	1.37	23.39	1.82	6.33	0.85	2.23	0.79	1.13	0.408
5.6/3.6	56	36	5	6	4.415	3.466	0.180	13.86	1.77	3.71	4.49	1.01	1.65	29.25	1.87	7.94	0.88	2.67	0.78	1.36	0.404
6.3/4	63	40	4	7	4.058	3.185	0.202	16.49	2.02	3.87	5.23	1.14	1.70	33.30	2.04	8.63	0.92	3.12	0.88	1.40	0.398
6.3/4	63	40	5	7	4.993	3.920	0.202	20.02	2.00	4.74	6.31	1.12	2.71	41.63	2.08	10.86	0.95	3.76	0.87	1.71	0.396
6.3/4	63	40	6	7	5.908	4.638	0.201	23.36	1.96	5.59	7.29	1.11	2.43	49.98	2.12	13.12	0.99	4.34	0.86	1.99	0.393
6.3/4	63	40	7	7	6.802	5.339	0.201	26.53	1.98	6.40	8.24	1.10	2.78	58.07	2.15	15.47	1.03	4.97	0.86	2.29	0.389
7/4.5	70	45	4	7.5	4.547	3.570	0.226	23.17	2.26	4.86	7.55	1.29	2.17	45.92	2.24	12.26	1.02	4.40	0.98	1.77	0.410
7/4.5	70	45	5	7.5	5.609	4.403	0.225	27.95	2.23	5.92	9.13	1.28	2.65	57.10	2.28	15.39	1.06	5.40	0.98	2.19	0.407
7/4.5	70	45	6	7.5	6.647	5.218	0.225	32.54	2.21	6.95	10.62	1.26	3.12	68.35	2.32	18.58	1.09	6.35	0.98	2.59	0.404
7/4.5	70	45	7	7.5	7.657	6.011	0.225	37.22	2.20	8.03	12.01	1.25	3.57	79.99	2.36	21.84	1.13	7.16	0.97	2.94	0.402
(7.5/5)	75	50	5	8	6.125	4.808	0.245	34.86	2.39	6.83	12.61	1.44	3.30	70.00	2.40	21.04	1.17	7.41	1.10	2.74	0.435
(7.5/5)	75	50	6	8	7.260	5.699	0.245	41.12	2.38	8.12	14.70	1.42	3.88	84.30	2.44	25.37	1.21	8.54	1.08	3.19	0.435
(7.5/5)	75	50	8	8	9.467	7.431	0.244	52.39	2.35	10.52	18.53	1.40	4.99	112.50	2.52	34.23	1.29	10.87	1.07	4.10	0.429
(7.5/5)	75	50	10	8	11.590	9.098	0.244	62.71	2.33	12.79	21.96	1.38	6.04	140.80	2.60	43.43	1.36	13.10	1.06	4.99	0.423
8/5	80	50	5	8	6.375	5.005	0.255	41.96	2.56	7.78	12.82	1.42	3.32	85.21	2.60	21.06	1.14	7.66	1.10	2.74	0.388
8/5	80	50	6	8	7.560	5.935	0.255	49.49	2.56	9.25	14.95	1.41	3.91	102.53	2.65	25.41	1.18	8.85	1.08	3.20	0.387
8/5	80	50	7	8	8.724	6.848	0.255	56.16	2.54	10.58	16.96	1.39	4.48	119.33	2.69	29.82	1.21	10.18	1.08	3.70	0.384
8/5	80	50	8	8	9.867	7.745	0.254	62.83	2.52	11.92	18.85	1.38	5.03	136.41	2.73	34.32	1.25	11.38	1.07	4.16	0.381

续表

角钢号数	尺寸(mm)				截面面积(cm²)	理论质量(kg/m)	外表面积(m²/m)	参考数值													
								x—x			y—y			x_1—x_1		y_1—y_1		u—u			
	B	b	d	r				I_x (cm⁴)	i_x (cm)	W_x (cm³)	I_y (cm⁴)	i_y (cm)	W_y (cm³)	I_{x1} (cm⁴)	y_0 (cm)	I_{y1} (cm⁴)	x_0 (cm)	I_u (cm⁴)	i_u (cm)	W_u (cm³)	tanα
9/5.6	90	56	5	9	7.212	5.661	0.287	60.45	2.90	9.92	18.32	1.59	4.21	121.32	2.91	29.53	1.25	10.98	1.23	3.49	0.385
			6		8.557	6.717	0.286	71.03	2.88	11.74	21.42	1.58	4.96	145.59	2.95	35.58	1.29	12.90	1.23	4.18	0.384
			7		9.880	7.756	0.286	81.01	2.86	13.49	24.36	1.57	5.70	169.66	3.00	41.71	1.33	14.67	1.22	4.72	0.382
			8		11.183	8.779	0.286	91.03	2.85	15.27	27.15	1.56	6.41	194.17	3.04	47.93	1.36	16.34	1.21	5.29	0.380
10/6.3	100	63	6	10	9.617	7.550	0.320	99.06	3.21	14.64	30.94	1.79	6.35	199.71	3.24	50.50	1.43	18.42	1.38	5.25	0.394
			7		11.111	8.722	0.320	113.45	3.29	16.88	35.26	1.78	7.29	233.00	3.28	59.14	1.47	21.00	1.38	6.02	0.393
			8		12.584	9.878	0.319	127.37	3.18	19.08	39.39	1.77	8.21	266.32	3.32	67.88	1.50	23.50	1.37	6.78	0.391
			10		15.467	12.142	0.319	153.81	3.15	23.32	47.12	1.74	9.98	333.06	3.40	85.37	1.58	28.33	1.35	8.24	0.387
10/8	100	80	6	10	10.637	8.350	0.354	107.04	3.17	15.19	61.24	2.40	10.16	199.83	2.95	102.68	1.97	31.65	1.72	8.37	0.627
			7		12.301	9.656	0.354	122.73	3.16	17.52	70.08	2.39	11.71	233.20	3.00	119.98	2.01	36.17	1.72	9.60	0.626
			8		13.944	10.946	0.353	137.92	3.14	19.81	78.58	2.37	13.21	266.61	3.04	137.37	2.05	40.58	1.71	10.80	0.625
			10		17.167	13.476	0.353	166.87	3.12	24.24	94.65	2.35	16.12	333.63	3.12	172.48	2.13	49.10	1.69	13.12	0.622
11/7	110	70	6	10	10.637	8.350	0.354	133.37	3.54	17.85	42.92	2.01	7.90	265.78	3.53	69.08	1.57	25.36	1.54	6.53	0.403
			7		12.301	9.656	0.354	153.00	3.53	20.60	49.01	2.00	9.09	310.07	3.57	80.82	1.61	28.95	1.53	7.50	0.402
			8		13.944	10.946	0.353	172.04	3.51	23.30	54.87	1.98	10.25	354.39	3.62	92.70	1.65	32.45	1.53	8.45	0.401
			10		17.167	13.476	0.353	208.39	3.48	28.54	65.88	1.96	12.48	443.13	3.70	116.83	1.72	39.20	1.51	10.29	0.397
12.5/8	125	80	7	11	14.096	11.066	0.403	277.98	4.02	26.86	74.42	2.30	12.01	454.99	4.01	120.32	1.80	43.81	1.76	9.92	0.408
			8		15.989	12.551	0.403	256.77	4.01	30.41	83.49	2.28	13.56	519.99	4.06	137.85	1.84	49.15	1.75	11.18	0.407
			10		19.712	15.474	0.402	312.04	3.98	37.33	100.67	2.26	16.56	650.09	4.14	173.40	1.92	59.45	1.74	13.64	0.404
			12		23.351	18.330	0.402	364.41	3.95	44.01	116.67	2.24	19.43	780.39	4.22	209.67	2.00	69.35	1.72	16.01	0.400

续表

角钢号数	尺寸(mm)				截面面积 (cm^2)	理论质量 (kg/m)	外表面积 (m^2/m)	参考数值													
								$x-x$			$y-y$			x_1-x_1		y_1-y_1		$u-u$			
	B	b	d	r				I_x (cm^4)	i_x (cm)	W_x (cm^3)	I_y (cm^4)	i_y (cm)	W_y (cm^3)	I_{x1} (cm^4)	y_0 (cm)	I_{y1} (cm^4)	x_0 (cm)	I_u (cm^4)	i_u (cm)	W_u (cm^3)	$\tan\alpha$
14/9	140	90	8	12	18.038	14.160	0.453	365.64	4.50	38.48	120.69	2.59	17.34	730.53	4.50	195.79	2.04	70.83	1.98	14.31	0.411
			10		22.261	17.457	0.452	445.50	4.47	47.31	146.03	2.56	21.22	913.20	4.58	245.92	2.12	85.82	1.96	17.48	0.409
			12		26.400	20.724	0.451	521.59	4.44	55.87	169.79	2.54	24.95	1096.09	4.66	296.89	2.19	100.21	1.95	20.54	0.406
			14		30.456	23.908	0.451	594.10	4.42	64.18	192.10	2.51	28.54	1279.26	4.74	348.82	2.27	114.13	1.94	23.52	0.403
16/10	160	100	10	13	25.315	19.872	0.512	668.69	5.14	62.13	205.03	2.85	26.56	1362.89	5.24	336.59	2.28	121.74	2.19	21.92	0.390
			12		30.354	23.592	0.511	784.91	5.11	73.49	239.06	2.82	31.28	1635.56	5.32	405.94	2.36	142.33	2.17	25.79	0.388
			14		34.709	27.247	0.510	896.30	5.08	84.56	271.20	2.80	35.83	1908.50	5.40	476.42	2.43	162.23	2.16	29.56	0.385
			16		39.281	30.835	0.510	1003.04	5.05	95.33	301.60	2.77	40.24	2181.79	5.48	548.22	2.51	182.57	2.16	33.44	0.382
18/11	180	110	10	14	28.373	22.273	0.571	956.25	5.80	78.96	278.11	3.13	32.49	1940.40	5.89	447.22	2.44	166.50	2.42	26.88	0.376
			12		33.712	26.464	0.571	1124.72	5.78	93.53	325.03	3.10	38.32	2328.38	5.98	538.94	2.52	194.87	2.40	31.66	0.374
			14		38.967	30.589	0.570	1286.91	5.75	107.76	369.55	3.08	43.97	2716.60	6.06	631.95	2.59	222.30	2.39	36.32	0.372
			16		44.139	34.649	0.569	1443.06	5.72	121.64	411.85	3.06	49.44	3105.15	6.14	726.46	2.67	248.94	2.38	40.87	0.369
20/12.5	200	125	12		37.912	29.761	0.641	1570.90	6.44	116.73	483.16	3.57	49.99	3193.85	6.54	787.74	2.83	285.79	2.74	41.23	0.392
			14		43.867	34.436	0.640	1800.97	6.41	134.65	550.83	3.54	57.44	3726.17	6.02	922.47	2.91	326.58	2.73	47.34	0.390
			16		49.739	39.045	0.639	2023.35	6.38	152.18	615.44	3.52	64.69	4258.86	6.70	1058.86	2.99	366.21	2.71	53.32	0.388
			18		55.526	43.588	0.639	2238.30	6.35	169.33	677.19	3.49	71.74	4792.00	6.78	1197.13	3.06	404.83	2.70	59.18	0.385

注 1. 括号内型号不推荐使用。

2. 截面图中的 $r_1 = d/3$ 及表中 r 的数据用于孔型设计，不作交货条件。

表 B3 热轧工字钢

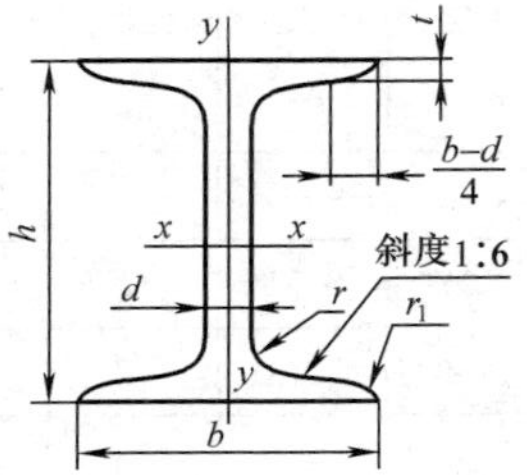

符号意义：
h—高度；
b—腿宽度；
d—腰厚度；
t—平均腿厚度；
r—内圆弧半径；
r_1—腿端圆弧半径；
I—惯性矩；
W—截面系数；
i—惯性半径；
S—半截面的静矩

型号	尺寸(mm)						截面面积 (cm²)	理论质量 (kg/m)	参考数值							
									$x-x$					$y-y$		
	h	b	d	t	r	r_1			I_x (cm⁴)	c	W_x (cm³)	i_x (cm)	$I_x:S_x$ (cm)	I_y (cm⁴)	W_y (cm³)	i_y (cm)
10	100	68	4.5	7.6	6.5	3.3	14.3	11.2	245	49	49	4.14	8.59	33	9.72	1.52
12.6	126	74	5	8.4	7	3.5	18.1	14.2	488.43	77.529	77.5	5.195	10.85	46.906	12.677	1.609
14	140	80	5.5	9.1	7.5	3.8	21.5	16.9	712	102	102	5.76	12	64.4	16.1	1.73
16	160	88	6	9.9	8	4	26.1	20.5	1130	141	141	6.58	13.8	93.1	21.2	1.89
18	180	94	6.5	10.7	8.5	4.3	30.6	24.1	1660	185	185	7.36	15.4	122	26	2
20a	200	100	7	11.4	9	4.5	35.5	27.9	2370	237	287	8.15	17.2	158	31.5	2.12
20b	200	102	9	11.4	9	4.5	39.5	31.1	2500	250	250	7.96	16.9	169	33.1	2.06
22a	220	110	7.5	12.3	9.5	4.8	42	33	3400	309	309	8.99	18.9	225	40.9	2.31
22b	220	112	9.5	12.3	9.5	4.8	46.4	36.4	3570	325	325	8.78	18.7	239	42.7	2.27
25a	250	116	8	13	10	5	48.5	38.1	5023.54	401.88	402	10.18	21.58	280.046	48.283	2.403
25b	250	118	10	13	10	5	53.5	42	5283.96	422.72	423	9.938	21.27	309.297	52.423	2.404
28a	280	122	8.5	13.7	10.5	5.3	55.45	43.4	7114.14	508.15	508	11.32	24.62	345.051	56.565	2.495
28b	280	124	10.5	13.7	10.5	5.3	61.05	47.9	7480	534.29	534	11.08	24.24	379.496	61.209	2.493
32a	320	130	9.5	15	11.5	5.8	67.05	52.7	11 075.5	692.2	692	12.84	27.46	459.93	70.758	2.619

续表

型号	尺寸(mm)						截面面积 (cm²)	理论质量 (kg/m)	参考数值							
									$x-x$					$y-y$		
	h	b	d	t	r	r_1			I_x (cm^4)	c	W_x (cm^3)	i_x (cm)	$I_x:S_x$ (cm)	I_y (cm^4)	W_y (cm^3)	i_y (cm)
32b	320	132	11.5	15	11.5	5.8	73.45	57.7	11 621.4	726.33	726	12.58	27.09	501.53	75.989	2.614
32c	320	134	13.5	15	11.5	5.8	79.95	62.8	12 167.5	760.47	760	12.34	26.77	543.81	81.166	2.608
36a	360	136	10	15.8	12	6	76.3	59.9	15 760	875	875	14.4	30.7	552	81.2	2.69
36b	360	138	12	15.8	12	6	83.5	65.6	16 530	919	919	14.1	30.3	582	84.3	2.64
36c	360	140	14	15.8	12	6	90.7	71.2	17 310	962	962	13.8	29.9	612	87.4	2.6
40a	400	142	10.5	16.5	12.5	6.3	86.1	67.6	21 720	1090	1090	15.9	34.1	660	93.2	2.77
40b	400	144	12.5	16.5	12.5	6.3	94.1	73.8	22 780	1140	1140	15.6	33.6	692	96.2	2.71
40c	400	146	14.5	16.5	12.5	6.3	102	80.1	23 850	1190	1190	15.2	33.2	727	99.6	2.65
45a	450	150	11.5	18	13.5	6.8	102	80.4	32 240	1430	1430	17.7	38.6	855	114	2.89
45b	450	152	13.5	18	13.5	6.8	111	87.4	33 760	1500	1500	17.4	38	894	118	2.84
45c	450	154	15.5	18	13.5	6.8	120	94.5	35 280	1570	1570	17.1	37.6	938	122	2.79
50a	500	158	12	20	14	7	119	93.6	46 470	1860	1860	19.7	42.8	1120	142	3.07
50b	500	160	14	20	14	7	129	101	48 560	1940	1940	19.4	42.4	1170	146	3.01
50c	500	162	16	20	14	7	139	109	50 640	2080	2080	19	41.8	1220	151	2.96
56a	560	166	12.5	21	14.5	7.3	135.25	106.2	65 585.6	2342.31	2340	22.02	47.73	1370.16	165.08	3.182
56b	560	168	14.5	21	14.5	7.3	146.45	115	68 512.5	2446.69	2450	21.63	47.17	1486.75	174.25	3.162
56c	560	170	16.5	21	14.5	7.3	157.85	123.9	71 439.4	2551.41	2550	21.27	46.66	1558.39	183.34	3.158
63a	630	176	13	22	15	7.5	154.9	121.6	93 916.2	2981.47	2980	24.62	54.17	1700.55	193.24	3.314
63b	630	178	15	22	15	7.5	167.5	131.5	98 083.6	3163.38	3160	24.2	53.51	1812.07	203.6	3.289
63c	630	180	17	22	15	7.5	180.1	141	102 251.1	3298.42	3300	23.82	52.92	1924.91	213.88	3.268

注 截面图和表中标注的圆弧半径 r、r_1 的数据用于孔型设计，不作交货条件。

表 B4 **热 轧 槽 钢**

符号意义：
h—高度；
b—腿宽度；
d—腰厚度；
t—平均腿厚度；
r—内圆弧半径；
r_1—腿端圆弧半径；
I—惯性矩；
W—截面系数；
i—惯性半径；
z_0—$y-y$ 轴与 y_1-y_1 轴间距

型号	尺寸(mm)						截面面积 (cm²)	理论质量 (kg/m)	参考数值							
									$x-x$			$y-y$			y_1-y_1	z_0 (cm)
	h	b	d	t	r	r_1			W_x (cm³)	I_x (cm⁴)	i_x (cm)	W_y (cm³)	I_y (cm⁴)	i_y (cm)	I_{y1} (cm⁴)	
5	50	37	4.5	7	7	3.5	6.93	5.44	10.4	26	1.94	3.55	8.3	1.1	20.9	1.35
6.3	63	40	4.8	7.5	7.5	3.75	8.444	6.63	16.123	50.786	2.453	4.50	11.872	1.185	28.38	1.36
8	80	43	5	8	8	4	10.24	8.04	25.3	101.3	3.15	5.79	16.6	1.27	37.4	1.43
10	100	48	5.3	8.5	8.5	4.25	12.74	10	39.7	198.3	3.95	7.8	25.6	1.41	54.9	1.52
12.6	126	53	5.5	9	9	4.5	15.69	12.37	62.137	391.466	4.953	10.242	37.99	1.567	77.09	1.59
14a	140	58	6	9.5	9.5	4.75	18.51	14.53	80.5	563.7	5.52	13.01	53.2	1.7	107.1	1.71
14b	140	60	8	9.5	9.5	4.75	21.31	16.73	87.1	609.4	5.35	14.12	61.1	1.69	120.6	1.67
16a	160	63	6.5	10	10	5	21.95	17.23	108.3	866.2	6.28	16.3	73.3	1.83	144.1	1.8
16	160	65	8.5	10	10	5	25.15	19.74	116.8	934.5	6.1	17.55	83.4	1.82	160.8	1.75
18a	180	68	7	10.5	10.5	5.25	25.69	20.17	141.4	1272.7	7.04	20.03	98.6	1.96	189.7	1.88
18	180	70	9	10.5	10.5	5.25	29.29	22.99	152.2	1369.9	6.84	21.52	111	1.95	210.1	1.84
20a	200	73	7	11	11	5.5	28.83	22.63	178	1780.4	7.86	24.2	128	2.11	244	2.01

续表

型号	尺寸(mm)						截面面积 (cm^2)	理论质量 (kg/m)	参考数值							
									$x-x$			$y-y$			y_1-y_1	z_0 (cm)
	h	b	d	t	r	r_1			W_x (cm^3)	I_x (cm^4)	i_x (cm)	W_y (cm^3)	I_y (cm^4)	i_y (cm)	I_{y1} (cm^4)	
20	200	75	9	11	11	5.5	32.83	25.77	191.4	1913.7	7.64	25.88	143.6	2.09	268.4	1.95
22a	220	77	7	11.5	11.5	5.75	31.84	24.99	217.6	2393.9	8.67	28.17	157.8	2.23	298.2	2.1
22	220	79	9	11.5	11.5	5.75	36.24	28.45	233.8	2571.4	8.42	30.05	176.4	2.21	326.3	2.03
25a	250	78	7	12	12	6	34.91	27.47	269.597	3369.62	9.823	30.607	175.529	2.243	322.256	2.065
25b	250	80	9	12	12	6	39.91	31.39	282.402	3530.04	9.405	32.657	196.421	2.218	353.187	1.982
25c	250	82	11	12	12	6	44.91	35.32	295.236	3690.45	9.065	35.926	218.415	2.206	384.133	1.921
28a	280	82	7.5	12.5	12.5	6.25	40.02	31.42	340.328	4764.59	10.91	35.718	217.989	2.333	387.566	2.097
28b	280	84	9.5	12.5	12.5	6.25	45.62	35.81	366.46	5130.45	10.6	37.929	242.144	2.304	427.589	2.016
28c	280	86	11.5	12.5	12.5	6.25	51.22	40.21	392.594	5496.32	10.35	40.301	267.602	2.286	426.597	1.951
32a	320	88	8	14	14	7	48.7	38.22	474.879	7598.06	12.49	46.473	304.787	2.502	552.31	2.242
32b	320	90	10	14	14	7	55.1	43.25	509.012	8144.2	12.15	49.157	336.332	2.471	592.933	2.158
32c	320	92	12	14	14	7	61.5	48.28	543.145	8690.33	11.88	52.642	374.175	2.467	643.299	2.092
36a	360	96	9	16	16	8	60.89	47.8	659.7	11 874.2	13.97	63.54	455	2.73	818.4	2.44
36b	360	98	11	16	16	8	68.09	53.45	702.9	12 651.8	13.63	66.85	496.7	2.7	880.4	2.37
36c	360	100	13	16	16	8	75.29	50.1	746.1	13 429.4	13.36	70.02	536.4	2.67	947.9	2.34
40a	400	100	10.5	18	18	9	75.05	58.91	878.9	17 577.9	15.30	78.83	592	2.81	1067.7	2.49
40b	400	102	12.5	18	18	9	83.05	65.19	932.2	18 644.5	14.98	82.52	640	2.78	1135.6	2.44
40c	400	104	14.5	18	18	9	91.05	71.47	985.6	19 711.2	14.71	86.19	687.8	2.75	1220.7	2.42

注 截面图和表中标注的圆弧半径 r、r_1 的数据用于孔型设计，不作交货条件。

表 B5 **热轧宽翼缘 H 型钢**

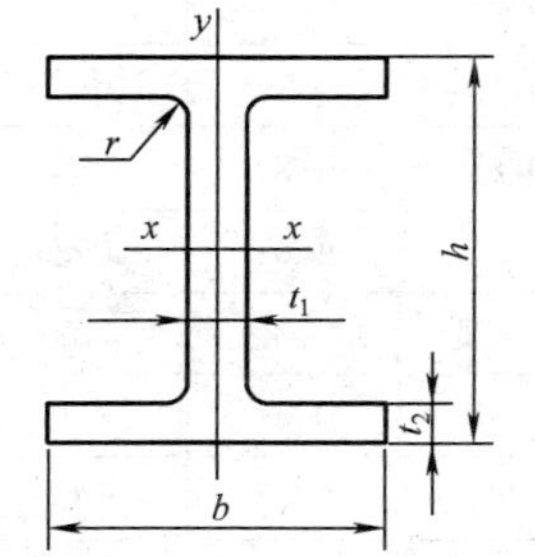

符号意义：
h—高度；
b—宽度；
t_1—覆板厚度；
t_2—翼缘厚度；
r—圆角

型号		截面尺寸(mm)					截面面积 (cm^2)	理论质量 (kg/m)	特性参数					
									x—x 轴			y—y 轴		
		h	b	t_1	t_2	r			I_x (cm^4)	W_x (cm^3)	i_x (cm)	I_y (cm^4)	W_y (cm^3)	i_y (cm)
HK100	a	96	100	5.0	8.0	12	21.2	16.7	349	72	4.1	133	26	2.51
	b	100	100	6.0	10.0	12	26.0	20.4	449	89	4.2	167	33	2.53
	c	120	106	12.0	20.0	12	53.2	41.8	1142	190	4.6	399	75	2.74
HK120	a	114	120	5.0	8.0	12	25.3	19.9	606	106	4.9	230	38	3.02
	b	120	120	6.5	11.0	12	34.0	26.7	864	144	5.0	317	52	3.06
	c	140	126	12.5	21.0	12	66.4	52.1	2017	288	5.5	702	111	3.25
HK140	a	133	140	5.5	8.5	12	31.4	24.7	1033	155	5.7	389	55	3.52
	b	140	140	7.0	12.0	12	43.0	33.7	1509	215	5.9	549	78	3.58
	c	160	146	13.0	22.0	12	80.6	63.2	3291	411	6.4	1144	156	3.77
HK160	a	152	160	6.0	9.0	15	38.8	30.4	1672	220	6.6	615	76	3.98
	b	160	160	8.0	13.0	15	54.3	42.6	2491	311	6.8	889	111	4.05
	c	180	166	14.0	23.0	15	97.1	76.2	5098	566	7.2	1758	211	4.26

续表

型号		截面尺寸(mm)					截面面积 (cm²)	理论质量 (kg/m)	特性参数					
									x—x轴			y—y轴		
		h	b	t_1	t_2	r			I_x (cm⁴)	W_x (cm³)	i_x (cm)	I_y (cm⁴)	W_y (cm³)	i_y (cm)
HK180	a	171	180	6.0	9.5	15	45.3	35.5	2510	293	7.4	924	102	4.52
	b	180	180	8.5	14.0	15	65.3	51.2	3830	425	7.7	1362	151	4.57
	c	200	186	14.5	24.0	15	113.3	88.9	7482	748	8.1	2579	277	4.77
HK200	a	190	200	6.5	10.0	18	53.8	42.3	3691	388	8.3	1335	133	4.98
	b	200	200	9.0	15.0	18	78.1	61.3	5695	569	8.5	2003	200	5.06
	c	220	206	15.0	25.0	18	131.3	103.1	10 641	967	9.0	3650	354	5.27
HK220	a	210	220	7.0	11.0	18	64.3	50.5	5409	515	9.2	1954	177	5.51
	b	220	220	9.5	16.0	18	91.0	71.5	8090	735	9.4	2842	258	5.59
	c	240	226	15.5	26.0	18	149.4	117.3	14 604	1217	9.9	5011	443	5.79
HK240	a	230	240	7.5	12.0	21	76.8	60.3	7762	674	10.1	2768	230	6.00
	b	240	240	10.0	17.0	21	106.0	83.2	11 258	938	10.3	3922	326	6.08
	c	270	248	18.0	32.0	21	199.6	156.7	24 288	1799	11.0	8152	657	6.39
HK260	a	250	260	7.5	12.5	24	86.8	68.2	10 453	836	11.0	3666	282	6.50
	b	260	260	10.0	17.5	24	118.4	93.0	14 918	1147	11.2	5133	394	6.58
	c	290	268	18.0	32.5	24	219.6	172.4	31 305	2159	11.9	10 447	779	6.90
HK280	a	270	280	8.0	12.0	24	97.3	76.4	13 671	1012	11.9	4761	340	7.00
	b	280	280	10.5	18.0	24	131.4	103.1	19 268	1367	12.1	6593	470	7.08
	c	310	288	18.5	33.0	24	240.2	188.5	39 546	2551	12.8	13 161	914	7.40
HK300	a	290	300	8.5	14.0	27	112.5	88.3	18 261	1259	12.7	6307	420	7.49
	b	300	300	11.0	19.0	27	149.1	117.0	25 163	1677	13.0	8561	570	7.58
	c	320	305	16.0	29.0	27	225.1	176.7	40 948	2559	13.5	13 734	900	7.81
	d	340	310	21.0	39.0	27	303.1	237.9	59 198	3482	14.0	19 401	1251	8.00

续表

型号		截面尺寸(mm)					截面面积 (cm²)	理论质量 (kg/m)	特性参数					
									x—x轴			y—y轴		
		h	b	t_1	t_2	r			I_x (cm⁴)	W_x (cm³)	i_x (cm)	I_y (cm⁴)	W_y (cm³)	i_y (cm)
HK320	a	305	203	7.8	13.0	27	80.8	63.4	13 783	903	13.1	1819	179	4.75
	b	311	205	9.6	16.0	27	98.6	77.4	17 137	1102	13.2	2306	225	4.84
	c	308	254	9.0	14.5	27	105.0	82.4	18 619	1209	13.3	3968	312	6.15
	d	311	254	9.4	16.0	27	113.8	89.3	20 516	1319	13.4	4379	344	6.20
	e	310	300	9.0	15.5	27	124.4	97.6	22 926	1479	13.6	6983	465	7.49
	f	320	300	11.5	20.5	27	161.3	126.7	30 821	1926	13.8	9237	615	7.57
	g	359	309	21.0	40.0	27	312.0	245.0	68 132	3795	14.8	19 707	1275	7.95
HK340	a	330	300	9.5	16.5	27	133.5	104.8	27 690	1678	14.4	7434	495	7.46
	b	340	300	12.0	21.5	27	170.9	134.2	36 654	2156	14.6	9688	645	7.53
	c	377	309	21.0	40.0	27	315.8	247.9	76 369	4051	15.6	19 709	1275	7.90
HK360	a	342	203	7.7	13.5	27	85.3	67.0	18 235	1066	14.6	1889	186	4.71
	b	345	204	8.5	15.0	27	94.2	74.0	20 322	1178	14.7	2130	208	4.76
	c	347	205	9.6	16.5	27	104.0	81.7	22 391	1290	14.7	2378	232	4.78
	d	351	255	10.8	18.0	27	132.1	103.7	29 721	1693	15.0	4985	391	6.14
	e	359	257	12.8	22.0	27	159.7	125.3	36 920	2056	15.2	6239	485	6.25
	f	350	300	10.0	17.5	27	142.8	112.1	33 087	1890	15.2	7885	525	7.43
	g	360	300	12.5	22.5	27	180.6	141.8	43 191	2399	15.5	10 139	675	7.49
	h	395	308	21.0	40.0	27	318.8	250.3	84 864	4296	16.3	19 520	1267	7.82

续表

型号		截面尺寸(mm)					截面面积(cm²)	理论质量(kg/m)	特性参数					
									x—x轴			y—y轴		
		h	b	t_1	t_2	r			I_x (cm⁴)	W_x (cm³)	i_x (cm)	I_y (cm⁴)	W_y (cm³)	i_y (cm)
HK400	a	390	300	11.0	19.0	27	159.0	124.8	45 066	2311	16.8	8562	570	7.34
	b	400	300	13.5	24.0	27	197.8	155.3	57 678	2883	17.1	10 817	721	7.40
	c	432	307	21.0	40.0	27	325.8	255.7	104 116	4820	17.9	19 333	1259	7.70
	d	452	417	30.0	50.0	27	528.9	415.2	182 051	8055	18.6	60 533	2903	10.70
	e	492	432	45.0	70.0	27	769.5	604.0	289 894	11 784	19.4	94 376	4369	11.10
HK430	a	415	260	10.0	17.0	27	132.8	104.2	41 765	2012	17.7	4990	383	6.13
	b	420	261	11.2	19.5	27	150.7	118.3	48 140	2292	17.9	5791	443	6.20
	c	431	265	14.8	25.0	27	195.1	153.2	63 620	2952	18.1	7775	586	6.31
	d	425	203	13.5	22.0	27	147.0	115.4	44 652	2101	17.4	3085	303	4.58
HK450	a	440	300	11.5	21.0	27	178.0	139.7	63 718	2896	18.9	9463	630	7.29
	b	450	300	14.0	26.0	27	218.0	171.1	79 884	3550	19.1	11 719	781	7.33
	c	478	307	21.0	40.0	27	335.4	263.3	131 481	5501	19.8	19 337	1259	7.59
HK500	a	490	300	12.0	23.0	27	197.5	155.1	86 971	3549	21.0	10 365	691	7.24
	b	500	300	14.5	28.0	27	238.6	187.3	107 172	4286	21.2	12 622	841	7.27
	c	524	306	21.0	40.0	27	344.3	270.3	161 926	6180	21.7	19 153	1251	7.46
HK550	a	540	300	12.5	24.0	27	211.8	166.2	111 928	4145	23.0	10 817	721	7.15
	b	550	300	15.0	29.0	27	254.1	199.4	136 687	4970	23.2	13 075	871	7.17
	c	572	306	21.0	40.0	27	354.4	278.2	197 980	6922	23.6	19 156	1252	7.35

续表

型号		截面尺寸(mm)					截面面积 (cm^2)	理论质量 (kg/m)	特性参数					
									x—x轴			y—y轴		
		h	b	t_1	t_2	r			I_x (cm^4)	W_x (cm^3)	i_x (cm)	I_y (cm^4)	W_y (cm^3)	i_y (cm)
HK600	a	590	300	13.0	25.0	27	226.5	177.8	141 204	4786	25.0	11 269	751	7.05
	b	600	300	15.5	30.0	27	270.0	211.9	171 037	5701	25.2	13 528	901	7.08
	c	620	305	21.0	40.0	27	363.7	285.5	237 443	7659	25.6	18 973	1244	7.22
HK650	a	640	300	13.5	26.0	27	241.6	189.7	175 174	5474	26.9	11 722	781	6.97
	b	650	300	16.0	31.0	27	286.3	224.8	210 612	6480	27.1	13 982	932	6.99
	c	668	305	21.0	40.0	27	373.7	293.4	281 663	8433	27.5	18 977	1244	7.13
HK700	a	690	300	14.5	27.0	27	260.5	204.5	215 296	6240	28.7	12 177	811	6.84
	b	700	300	17.0	32.0	27	306.4	240.5	256 883	7339	29.0	14 439	962	6.87
	c	716	304	21.0	40.0	27	383.0	300.7	329 273	9197	29.3	18 795	1236	7.01
HK800	a	790	300	15.0	28.0	30	285.8	224.4	303 435	7681	32.6	12 636	842	6.65
	b	800	300	17.5	33.0	30	334.2	262.3	359 076	8796	32.8	14 901	993	6.68
	c	814	303	21.0	40.0	30	404.3	317.3	442 590	10 874	33.1	18 624	1229	6.79
HK900	a	890	300	16.0	30.0	30	320.5	251.6	422 066	9484	36.3	13 545	903	6.05
	b	900	300	18.5	35.0	30	371.3	291.4	494 056	10 979	36.5	15 813	1054	6.53
	c	910	302	21.0	40.0	30	423.6	332.5	570 425	12 536	36.7	18 449	1221	6.60

表 B6 **热轧窄翼缘H型钢**

型号	截面尺寸(mm)					截面面积(cm^2)	质量(kg/m)	特性参数					
								$x—x$轴			$y—y$轴		
	h	b	t_1	t_2	r			I_x (cm^4)	W_x (cm^3)	i_x (cm)	I_y (cm^4)	W_y (cm^3)	i_y (cm)
HZ80	80	46	3.8	5.2	5	7.6	6.0	80	20	3.2	8	3	1.04
HZ100	100	55	4.1	5.7	7	10.3	8.1	171	34	4.0	15	5	1.23
HZ120	120	64	4.4	6.3	7	13.2	10.4	317	52	4.9	27	8	1.45
HZ140	140	73	4.7	6.9	7	16.4	12.9	541	77	5.7	44	12	1.65
HZ160	160	82	5.0	7.4	9	20.1	15.8	869	108	6.6	68	16	1.84
HZ180	180	91	5.3	8.0	9	23.9	18.8	1316	146	7.4	100	22	2.05
HZ200	200	100	5.6	8.5	12	28.5	22.4	1943	194	8.3	142	28	2.24
HZ220	220	110	5.9	9.2	12	33.4	26.2	2771	251	9.1	204	37	2.48
HZ240	240	120	6.2	9.8	15	39.1	30.7	3891	324	10.0	283	47	2.69
HZ270	270	135	6.6	10.2	15	45.9	36.1	5789	428	11.2	419	62	3.02
HZ300	300	150	7.1	10.7	15	53.8	42.2	8355	557	12.5	603	80	3.35
HZ330	330	160	7.5	11.5	18	62.6	49.1	11 766	713	13.7	787	98	3.55
HZ360	360	170	8.0	12.7	18	72.7	57.1	16 264	903	15.0	1043	122	3.79
HZ400	400	180	8.6	13.5	21	84.5	66.3	23 127	1156	16.5	1317	146	3.95
HZ450	450	190	9.4	14.6	21	98.8	77.6	33 741	1499	18.5	1675	176	4.12
HZ500	500	200	10.2	16.0	21	115.5	90.7	48 197	1927	20.4	2141	214	4.31
HZ550	550	210	11.1	17.2	24	134.4	105.5	67 114	2440	22.3	2666	253	4.45
HZ600	600	220	12.0	19.0	24	156.0	122.4	92 080	3069	24.3	3386	307	4.66

参 考 文 献

[1] 郭应征．理论力学．北京：中国电力出版社，2012.
[2] 哈尔滨工业大学理论力学教研室．理论力学：Ⅰ，Ⅱ．8版．北京：高等教育出版社，2018.
[3] 王铎．理论力学解题指导及习题集：上册，下册．北京：高等教育出版社，2000.
[4] 浙江大学理论力学教研室．理论力学．3版．北京：高等教育出版社，2006.
[5] 郝桐生．理论力学．3版．北京：高等教育出版社，2002.
[6] 郭应征．材料力学．北京：中国电力出版社，2010.
[7] 梁治明，邱侃，陆耀洪．材料力学(删订本)．2版．北京：高等教育出版社，1988.
[8] 郭应征，李兆霞．应用力学基础．北京：高等教育出版社，2000.
[9] 郭应征．材料力学提要与例题解析．北京：清华大学出版社，2008.
[10] 孙训方．材料力学(Ⅰ)．6版．北京：高等教育出版社，2019.
[11] 孙训方．材料力学(Ⅱ)．6版．北京：高等教育出版社，2019.
[12] 刘鸿文．材料力学(Ⅰ)．6版．北京：高等教育出版社，2018.
[13] 刘鸿文．材料力学(Ⅱ)．6版．北京：高等教育出版社，2018.
[14] 郭应征，周志红．工程力学．北京：中国电力出版社，2008.
[15] 沈养中．工程力学．北京：高等教育出版社，2017.
[16] 龙驭球，包世华．结构力学教程．北京：高等教育出版社，2002.
[17] 李廉锟．结构力学．上册，下册．6版．北京：高等教育出版社，2017.
[18] 梁圣复．建筑力学．2版．北京：机械工业出版社，2007.
[19] 罗弈．建筑力学：上册，下册．北京：人民交通出版社，2003.
[20] 张曦．建筑力学．北京：中国建筑工业出版社，2020.
[21] 丁大钧，蒋永生．土木工程总论．北京：中国建筑工业出版社，2000.